浙江省"十四五"普通高等教育本科规划教材

（第二版）

植物学

主编 傅承新 邱英雄

ZHEJIANG UNIVERSITY PRESS
浙江大学出版社
·杭州·

图书在版编目（CIP）数据

植物学 / 傅承新，邱英雄主编. — 2版. — 杭州：
浙江大学出版社，2022.12（2025.8重印）
ISBN 978-7-308-20990-8

Ⅰ. ①植… Ⅱ. ①傅… ②邱… Ⅲ. ①植物学 Ⅳ.
①Q94

中国版本图书馆CIP数据核字(2020)第252753号

封面图解：左上为天目山银杏；左下为APG Ⅳ系统树；右上为眼子菜茎的解剖结构；
右下为夏蜡梅花；中间为世界银杏545棵大树基因组重测序揭示的银杏进化谱系图

封底图解：基于质体全基因组数据建立的被子植物系统发育关系（Li et al. 2021）

植物学（第二版）
ZHIWUXUE
傅承新　邱英雄　主编

责任编辑	秦　瑕
责任校对	王元新
封面设计	十木米
出版发行	浙江大学出版社
	（杭州市天目山路148号　邮政编码310007）
	（网址：http://www.zjupress.com）
排　　版	杭州林智广告有限公司
印　　刷	浙江全能工艺美术印刷有限公司
开　　本	889mm×1194mm　1/16
印　　张	26.75
字　　数	847千
版 印 次	2022年12月第2版　2025年8月第7次印刷
书　　号	ISBN 978-7-308-20990-8
定　　价	109.00元

编写组

第二版主编：傅承新　邱英雄

副主编：李　攀　姜维梅　黄爱军　赵云鹏（浙江大学）

葛斌杰（上海辰山植物园）

邓　敏（云南大学）

李　进（新疆师范大学）

陈士超（同济大学）

参　编：（以姓氏拼音顺序排列）

陈士超（同济大学）　丁开宇（云南大学）　邓　敏（云南大学）

傅承新　葛斌杰（上海辰山植物园）　黄爱军　姜维梅　蒋金火

李　攀　李　进（新疆师范大学）　刘　妍（哈尔滨师范大学）　玛　青（浙江树人学院）

邱英雄　祁哲晨（浙江理工大学）　热衣木·马木提（新疆大学）

王一涵（河南农业大学）　赵云鹏

插　图：（以姓氏拼音顺序排列）

陈生荣　傅承新　葛斌杰　蒋金火　李　攀　等

主　审：丁炳扬　王全喜

第一版主编：傅承新　丁炳扬

副主编：阮积惠　黄爱军

参　编：邱英雄　姜维梅　于明坚　蒋金火

序
FOREWORD

　　"植物学"是大学生物科学、生态学专业的必修基础课，也是农学、园艺、植保、药学等相关专业的重要基础课程。植物学已有200多年的历史，近100年来，其研究内容随着生命科学其他学科的发展而深入，尤其是近50年来，分子生物学技术极大地推动了植物学各领域的发展。植物形态学和植物系统分类学知识体系有了很大的改变，亟须编写新一代的教材。

　　浙江大学的"植物学"课程有着悠久的历史，可追溯到1927年在浙江大学农学院任教的钟观光先生，追溯到1934年从英国邱园学成回国在浙江大学生物系任教的张肇骞教授，以及我的植物学老师复旦大学王凯基等（1952年浙江大学生物系的植物学组从浙江大学迁往了复旦大学）。1998年新浙江大学组建前，"植物学"课程主要由原杭州大学的方云亿、余象煜、郑朝宗、张朝芳等教授，以及前浙江农业大学的陈开基、过全生等教授负责。1998年组建了新浙江大学，生命科学学院成立，我出任第一任院长，浙江大学生命科学学院植物学教研室得以恢复。本教材2002年第一版就是在两位中青年学者傅承新教授和丁炳扬教授主导下编写的，曾是国内第一本引入APG植物分类系统的植物学教材。20年来，浙江大学植物学及植物系统发生、进化与分类的研究与教学得到了快速发展，浙江大学的"植物学"课程已成为国家精品课程和国家精品资源共享课程，培养了一大批植物学及植物系统发生、进化与分类的年轻学者。这次第二版的编写，除了浙江大学植物学课程组整个团队的骨干参与外，还吸收了其他高校，尤其是浙江大学对口支援高校的老师参与，实现了优秀课程的辐射效应。

　　这次编写与修订，吸收了近20年国内外植物学科和植物系统发生、进化与分类领域的最新成果，采用了APG IV（2016）系统并综合了国内外近5年新的研究进展，尤其扩展了"植物的自然分类、系统发育与进化"这一章的内容，即增加了基本理论和方法的讲解，同时在数字化、排版、图片编辑、印刷水平上也学习了国外教材的先进之处，使人耳目一新。

中国科学院植物研究所研究员
中国科学院院士（浙江大学生命科学学院首任院长）

洪德元

2021年10月于杭州

前 言
PREFACE

植物学是综合性大学、师范类院校生物科学、生态学和生物技术专业,以及农林院校农学、园艺、林学、植保专业的必修基础课;也是中医、药学等专业的选修课。植物学知识是生物科学与技术、生态学的三大基础知识(植物学、动物学和微生物学)之一。21世纪的前20年,尤其是中国特色社会主义进入新时代以来,植物科学与其他学科一样,得到了高速发展,知识内涵发生了质的飞跃,已成为与人类生存密切相关的重要研究领域之一。浙江大学涉及植物学的学科专业较多,原有教材已难以适应各相关学科的教学,因此,很有必要修订、完善已使用多年的《植物学》教材,编写第二版。编者从多年植物学教学与研究的实际经验出发,以近20年植物科学的发展为基础,对原有教材进行了修订,以适应学科发展和推进中国式现代化建设,进一步满足不同专业的需要。本书可作为综合性大学、师范院校、农林院校的生物学类、生态学类、农学类、园艺学类等各专业的基础课教材,也可供有关专业的师生及植物学爱好者参考。

本教材从植物的多样性着手,介绍了丰富多彩的植物、植物界的最新划分、植物在自然界的作用以及与人类的关系;从植物生活史开始,系统地引入了孢子和种子的结构特点,植物细胞、组织和各器官的生长发育与结构,植物开花结果的过程和特点;较详细地介绍了植物自然分类和系统发育的基本原理和基本知识;并基于近20年分子系统学和植物系统学的发展和新的发现,在原来第一版国内最早使用APG系统基础上,完成了按照被子植物APG IV系统(2016)的修改,完整且图文并茂地反映了整个APG系统;同时,综合了近年国内外藻类、苔藓、石松类和蕨类、裸子植物和被子植物的最新研究进展和成果,分析了植物各大类群的特点和分类;最后,对植物多样性保护与可持续利用做了必要的阐述,党的二十大报告指出要"提升生态系统多样性、稳定性、持续性",植物作为地球生态系统的基础和重要组成部分,因此,保护植物多样性就是保护生态系统。考虑到生态学已成为一门独立的课程,本次修订删掉了原版植物生态相关章节的内容。本书参考并引入了植物学领域许多国内外的新资料和新思想,采用彩色排版印刷,使植物形态更接近于自然,并增加了数字化资源以丰富教材内容。

本次编写还吸收了部分其他高校的教师和研究单位人员一起参与。根据援疆和对口支援大学的实际需要,吸收了云南大学和新疆师范大学等高校相关老师参与,体现了东部高校帮扶西部高校学科发展的具体措施,响应了党的二十大报告中"促进区域协调发展"的号召。

由于各方面原因,书中难免有错误或不完美之处,请各位读者谅解。希望读者提出宝贵意见(cxfu@zju.edu.cn或panli@zju.edu.cn),以便再版时改进。

编 者

2022年12月于紫金港

目 录
CONTENTS

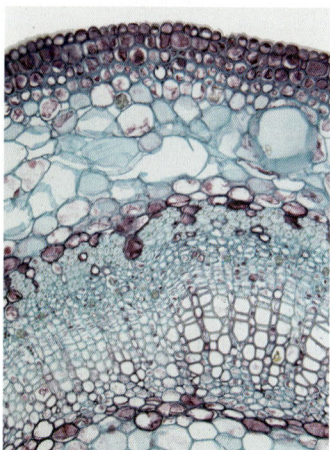

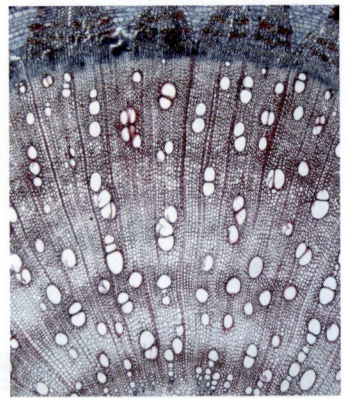

原始生命自出现以来，经历了漫长的演化过程。至今地球上的200多万种生物中，有一类能够自养的、对人类极其重要的生物——我们称它为Plant的——就是广义的植物。它包括藻类、地衣、苔藓、石松类与蕨类、裸子植物和被子植物等多种类型。植物体的大小、形态结构、寿命、生活习性、营养方式、生态适应和生态习性等多种多样，各不相同，共同组成了千姿百态、五光十色的植物界。

第一节　植物的多样性及其在自然界中的作用

一　植物的多样性

（一）地球上的植物

我们生活的地球，从高山到平原，从沙漠绿洲到大洋洋底，存在着各种各样能够进行光合作用的植物。亿万年来，这些植物覆盖和存在于整个地球表面的陆地和水域中，已知的有40万种。从热带的雨林、亚热带的常绿阔叶林、温带的针叶阔叶混交林（图1-1）到寒带的草甸；从海底森林的褐藻、平原的栽培植物、丘陵山地的森林到高山的矮灌丛，植物与人类息息相关。这种多样性不仅体现在植被类型上，而且体现在其形态上。例如最小的单细胞衣藻，个体直径仅1mm；而北美的巨杉，高可达142m；种子植物中，寿命长的可生活几千年（如银杏），而荒漠寿命短的菊科植物仅需数周就可完成整个生活史。最简单的植物——硅藻只有一个细胞；较复杂的植物由多细胞群体组成，继而出现丝状体、叶状体，最后演化出复杂结构并具有根、茎、叶等分化。植物有的生活在陆地上，有的生活在水中，有的需要强烈阳光，有的则喜欢光弱阴暗的地方。绝大多数植物自养能光合作用，但也有的退化回到异养（腐生和寄生）等。经200多年的传统生物学、近年分子系统学和分子进化的研究，我们发现，植物的多样性，不是偶然产生的，而是植物有机体在和环境的相互作用中，经过长期、不断的分子水平的变异、适应和选择等一系列过程，有规律地遗传、进化形成的。它的演化规律是从原核到真核，从水生到陆生，简单到复杂，低等到高等。

图1-1　植物与群落多样性
A.亚热带的常绿阔叶林（浙江）；B.温带的针叶阔叶混交林（黑龙江）；C.热带季雨林（海南）；D.温带干旱荒漠（新疆）

植物具有哪些特点？就陆地植物来说，第一，一般具有固着生活方式；第二，植物细胞具有细胞壁，有稳定的形态；第三，多数含有叶绿体，能进行光合作用；第四，大多数植物终生具有分生组织，能不断产生新器官；第五，与动物相比，植物应激较迟缓。

（二）世界及我国的植物资源

目前世界上存在的植物（包括所有能光合作用的物种，但不包括菌物）大约有40万种。我国是世界上植物种类最丰富的国家之一，植物总数（含藻类和地衣）达到4万～5万种（表1-1）。其中种子植物就有2.5万～3.0万种，仅次于巴西，与哥伦比亚和印度尼西亚大致相近，居世界第2～4位。我国也是世界上经济植物最多的国家，许多原产我国的植物，现世界各地广为栽培。

表1-1　世界及中国已知的植物物种数（含藻类和地衣）

类群	世界已知种数/万	中国已知种数/万	中国占世界已知种数比例/%
藻类植物	4.0	0.90~1.25	22.5~31.3
地衣植物	2.6	0.30	11.5
苔藓植物	2.2	0.30	13.0
石松类与蕨类植物	1.3	0.26	20.0
裸子植物	0.1	0.02	20.0
被子植物	25.0~30.0	2.50~3.00	10.0
合计	35.2~40.2	4.28~5.13	12.0~13.0

全世界现有裸子植物13科，约980种，而我国就有12科，约240种。它们多是经济和用材树种。我国的银杏、水杉、水松素有"三大活化石"之誉，1956年发现的银杉是又一种"活化石"。此外，还有很多特产树种，如金钱松、油杉、白豆杉等。

在被子植物方面，就经济植物来说，稻、小米，早在数千年前已有栽培。豆类中的大豆原产于我国。果树中的桃、梅、梨、板栗、枇杷、荔枝、杨梅、橘、金柑、猕猴桃皆原产于我国。我国也是蔬菜种类最多的国家之一。就特产经济作物来说，原产我国的有茶、桑、油桐、大麻、香樟等多种。药用植物方面，人参、三七、铁皮石斛及数千种中草药更是宝贵的财富。在蕨类、藻类、苔藓中，我国也有许多特产的属种。

在我国的辽阔地域上，可以看到北半球多种地带性植被和许多重要的经济植物。

最北部的大兴安岭、长白山一带分布有针阔落叶混交林，组成以落叶松、云杉、红松等为代表

的森林植被，林下分布着我国闻名中外的药材——人参。华北山地和辽东、山东半岛一带分布有落叶阔叶林，也是全国小麦、棉花和杂粮的重要产区，盛产苹果、梨、桃、葡萄、枣、核桃、板栗等经济植物。长江流域广阔的亚热带地区分布着常绿落叶阔叶混交林和常绿阔叶林，也是我国水稻主要产区；生长有银杏、水杉、银杉、毛竹、油茶、油桐、乌桕、漆树、杉木、马尾松等重要经济植物。粤、桂、闽、台和滇南部的热带地区分布有热带季雨林，生长着或栽培有菠萝、甘蔗、剑麻、香蕉、荔枝、龙眼、芒果、橡胶、椰子、咖啡、可可、胡椒、油棕、槟榔等多种热带经济植物，也是全国的主要花卉生产地。东北平原和内蒙古高原有一望无际的大草原，生长着大量禾本科和豆科牧草，是畜牧业的基础。而青藏高原生长着青稞和荞麦等作物。新疆、甘肃、青海等西北干旱地区有我国最优质的长绒棉生产基地，也是葡萄、西瓜和哈密瓜等瓜果的主要产地，还生长着枸杞、甘草、黄芪、肉苁蓉等重要药用植物；此外，在戈壁滩上生长着沙拐枣和麻黄等耐旱经济植物。

目前，人们已经认识到现代化建设，离不开植物资源的研究、开发和利用。新的栽培植物正在不断涌现，新的药用植物和特殊用途植物正不断被发现，对植物资源的研究已成为现代工、农业发展和现代生物技术的重要基础之一。但必须指出，由于人类的活动，大量的物种已经或正在走向灭绝，正如著名的美国植物学家Peter H. Raven博士1999年在第十六届国际植物学大会上指出的人类正在以惊人的速度毁灭植物，世界上40万种植物中的大约10万种正在走向濒危。在20世纪80年代以前，为了满足经济建设和人类生活的需要而重砍轻造、缺乏保护意识，我国当时的森林覆盖率仅为12%，占世界总数的10%左右。而改革开放近40年来，我国加强了森林的培育和保护，随着科学技术的发展，直接利用森林的活动正在减少。同时，国家强调保护野生植物，提倡人工繁殖经济植物，制定植物的保护和利用的措施，使我国森林覆盖率已上升到23.04%（2020年数据）。当然，合理开发、保护、繁育、利用植物资源仍将是21世纪人类面临的重要任务，任重道远。

（三）生物界的划分

植物界（Plantae）的含义以及它在生物界所处的位置，是随着科学的发展和人对自然界的认识而逐步改变的。1753年，林奈最先把生物界分为动物界（Animalia）和植物界，即两界系统。1866年，

德国人赫凯（Haeckel）提出了三界系统，即原生生物界（Protista）、植物界、动物界。1938年，美国人科帕兰（Copeland）提出了四界的分法：原核生物界（Prokaryota）、原始有核界（Protoctista）、后生植物界（Metaphyta）、后生动物界（Metazoa）。1949年，Jahn兄弟在他们的《如何认识原生动物》一书中首先提出了五界的概念。到1969年，美国人维德克（Whittakder）根据生物营养方式的不同，把生物分为五界的概念加以确认，即原核生物界、原生生物界、植物界、真菌界、动物界。1979年，我国科学家陈世骧在五界的基础上，提出把病毒独立出来自成一界，提出六界系统。目前，将真菌独立作为一界的观点已被人们所接受，即在动物界、植物界的基础上，建立真菌界。1999年，200名植物学家经过5年的研究，在第十六届国际植物学大会上宣布：我们传统认识的植物实际上由四个独立的"界"组成，即绿色植物、褐色植物、红色植物和真菌。

随着近20年来分子生物学和分子系统学的发展，我们对生物的分界已越来越清楚。20世纪70年代，美国学者Woese等人基于16s rRNA序列发现原核的细菌由2个不同的分支组成：古菌（archaea）和真菌（bacteria）。到1996年，基于进一步分子证据（Carol，1996），这个假说获得了证实。目前生物学家已肯定世界上的**生命之树（Tree of Life）**由3个域（Domains）组成：**古菌域（Archaea）、细菌域（Bacteria）和真核生物域（Eukarya）**（图1-2）。进一步的研究已确立地球上的生物可以划分为三大域6个类群：原核生物的古菌域和细菌域，以及真核生物域。真核生物域可进一步划分为原生生物界（Protista），植物界（Plantae），真菌界（Fungi）和

动物界（图1-3）。

本书作为生物科学、农学、园艺学、药学等学科的基础课教材，以目前普遍接受的绿色植物界为主来讲解，也将介绍能够光合作用的其他生物，如原核生物中的蓝藻——蓝细菌（cyanobacteria）、原生生物界的藻类（algae），以及藻类与真菌的共生生物地衣（lichens），但以种子植物作为叙述的主要对象。

植物是自然界中生物的一员，约有40万种。如此众多的植物如何划分，也有着不同看法。早期人们根据有无根、茎、叶和胚的分化，将植物分成**低等植物（lower plants）**和**高等植物（higher plants）**两大类。前者包括藻类、菌类和地衣三类，后者包括苔藓、蕨类、裸子和被子植物四类，即目前认知的陆生植物。关于植物各类群的特点和分类，我们将在后面的章节中详细叙述。

二　植物在自然界中的作用

（一）推动地球和生物界的发展和进化

地球形成初期没有生命，大气中也没有游离氧。地球上最早出现的原始生命，是只能从有机物分解中获取能量的化能营养生物。直至出现了蓝藻，有了光合作用的色素，才能利用光能制造有机物，并释放氧气，使大气中氧浓度增加，在高空中逐渐形成臭氧层，阻挡太阳紫外线的直接辐射，改变了地球的整个生态环境。在五亿年之前，地球大气中的氧达到现在的10%时，植物才有了更大的发展。再以后大气中的氧含量逐步增加到现有水平。因此，可以说没有氧气，就没有生物界，也没有人类。由此可见，绿色植物在地球上的出现，不

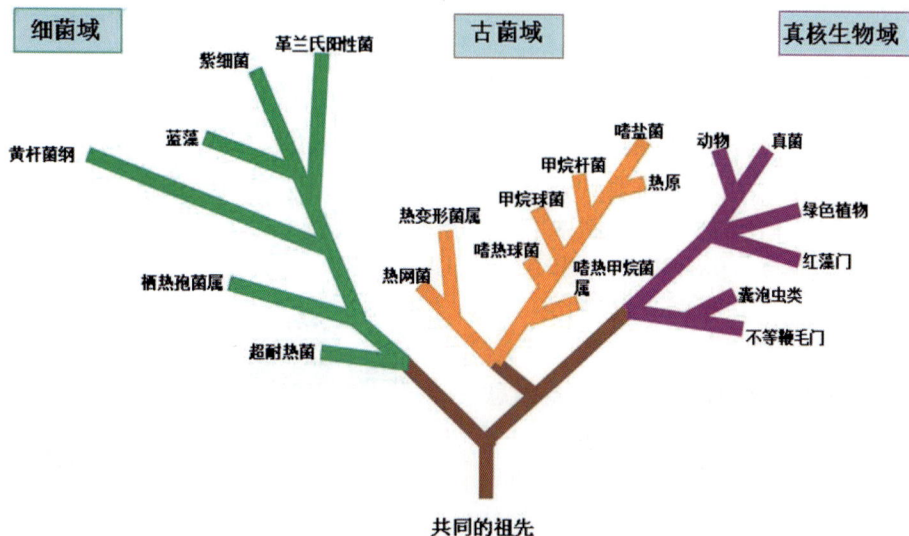

图1-2　生命之树的三个域（改自Raven等，2008）

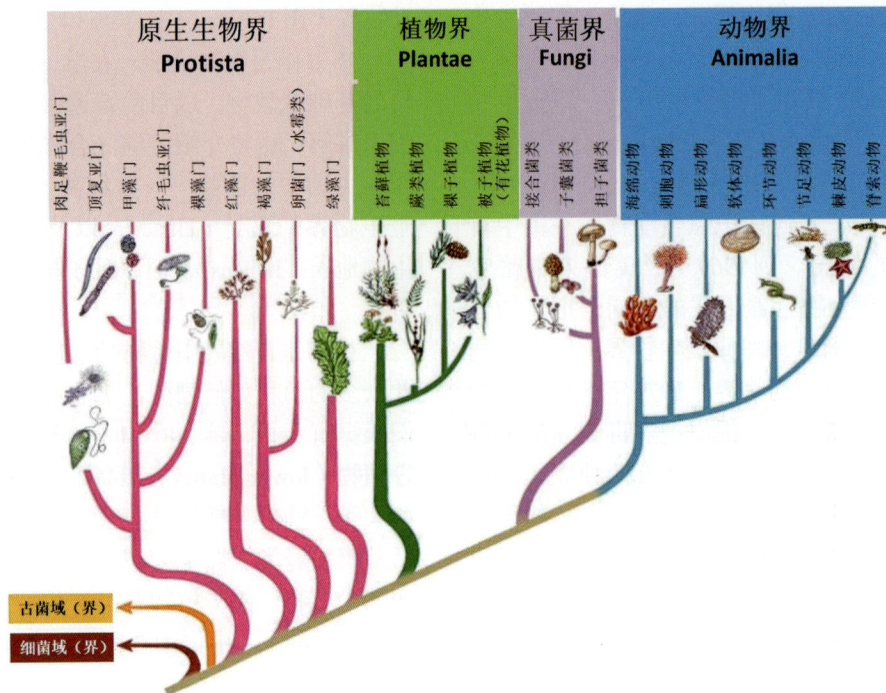

图1-3　生物的三域六大类示意图

仅推动了地球的发展，也推动了生物界的发展，整个动物界都直接或间接依靠植物界才获得了生存和发展。

（二）为地球上一切生命提供能源

地球上所有生物的生命活动所利用的能量最终来自太阳的光能。绿色植物通过光合作用，把光能转变成化学能贮藏在光合作用的有机产物中。这些产物如糖类，在植物体内进一步同化为脂类、蛋白质等有机产物，为人类、动物及各种异养生物提供生命活动所不可缺少的能源。人类日常利用的煤炭、石油、天然气等能源物质，也主要是历史上绿色植物的遗体经地质变迁形成的。因此，地球上绿色植物在整个自然生命活动中所起的巨大作用是无可代替的。

目前估算，光合作用（photosynthesis）产生的干物质达到 171.8×10^9 吨/年（其中陆地 116.8×10^9 吨/年，海洋 55×10^9 吨/年）。其中森林最高可达 64.5×10^9 吨/年，总能量为 6.9×10^{17} 千卡/年，远远超过其他物质产生的能量，是无可争议的第一生产力。

（三）参与土壤形成，并为一切生物准备栖息的场所

地球表面土壤的形成，主要是由植物参与的。细菌和地衣在岩石表面或初步风化的成土母质上不断侵袭，再经苔藓植物、草本植物到木本植物，在漫长岁月中，以强大根系吸收母质中有效矿物质，使养分呈有机态，固定在植物体中。植物死亡后，尸体经异养微生物分解，一部分养料可供植物再利用，另一部分形成腐殖质，改善土壤母质的理化性质，使土壤变成具有一定结构和肥力的基质，经过长期利用，土壤渐趋成熟。这样就为一定的植物和动物在其中或其上滋生繁衍创造了条件，形成了一定的生物群落。

（四）促进自然界的物质循环

自然界中有各种物质循环，植物起着非常重要的作用。如碳的循环，植物在光合作用中吸收了空气中的二氧化碳，将其转变成糖类等有机物，构成植物、动物躯体。细菌、真菌等在分解动植物尸体和排泄物等有机物时，又把碳以二氧化碳的形式释放出来。动植物呼吸、物质燃烧、火山爆发所释放的二氧化碳，又可供植物利用，保持自然界碳的相对平衡（图1-4，图1-7）。

图1-4　碳循环

植物光合过程中所释放的氧，又可补充动植物呼吸和物质燃烧及分解时所消耗的氧，保持自然界中氧的相对平衡（图1-5，图1-7）。

在氮的循环中，固氮细菌和固氮蓝藻把大气中的游离氮，固定成植物能吸收的氨态氮，或经硝化细菌转化成硝态氮，供植物吸收。这些氮化物与糖类被加工成植物细胞内的蛋白质、核酸等，建造了植物自身。植物被动物取食后，植物蛋白等转化为动物躯体的一部分。动植物死亡后，尸体被细菌、真菌分解，又把氮以氨或铵的形式释放出来，后者可为植物利用。环境中的硝态氮可由反硝化细菌的作用，形成游离氮或氧化亚氮返回大气中。在氮的循环中，大气氮和土壤中的铵态氮或硝态氮，通过植物辗转而保持相对平衡（图1-6，图1-7）。

自然界中的其他元素也有循环。总之，在物质循环中，植物、细菌和真菌，通过吸收、合成、分解、释放，互为依存，促进自然界和地球上生物的不断运动和进化。

在上述物质循环中，也包含着能量的流动。这样，在一定范围内，生物和非生物的成分之间，通过不断的物质循环和能量流动而互相作用，互相依存，构成了生态系统。在生态系统中，动物和植物的种类和数量保持相对平衡。如果生态系统受到外界的压力和冲击太大，就会引起生态系统的崩溃，导致生物种类和数量的减少。人类的生产活动会干扰自然生态系统的平衡并改变其面貌。人类对

图1-5 氧循环

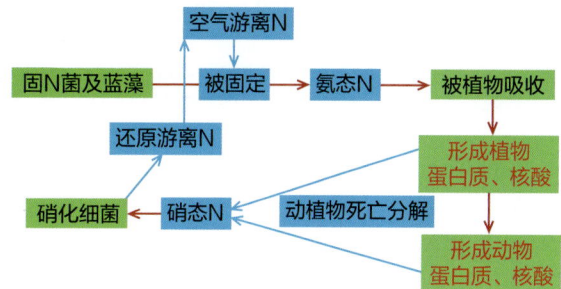

图1-6 氮循环

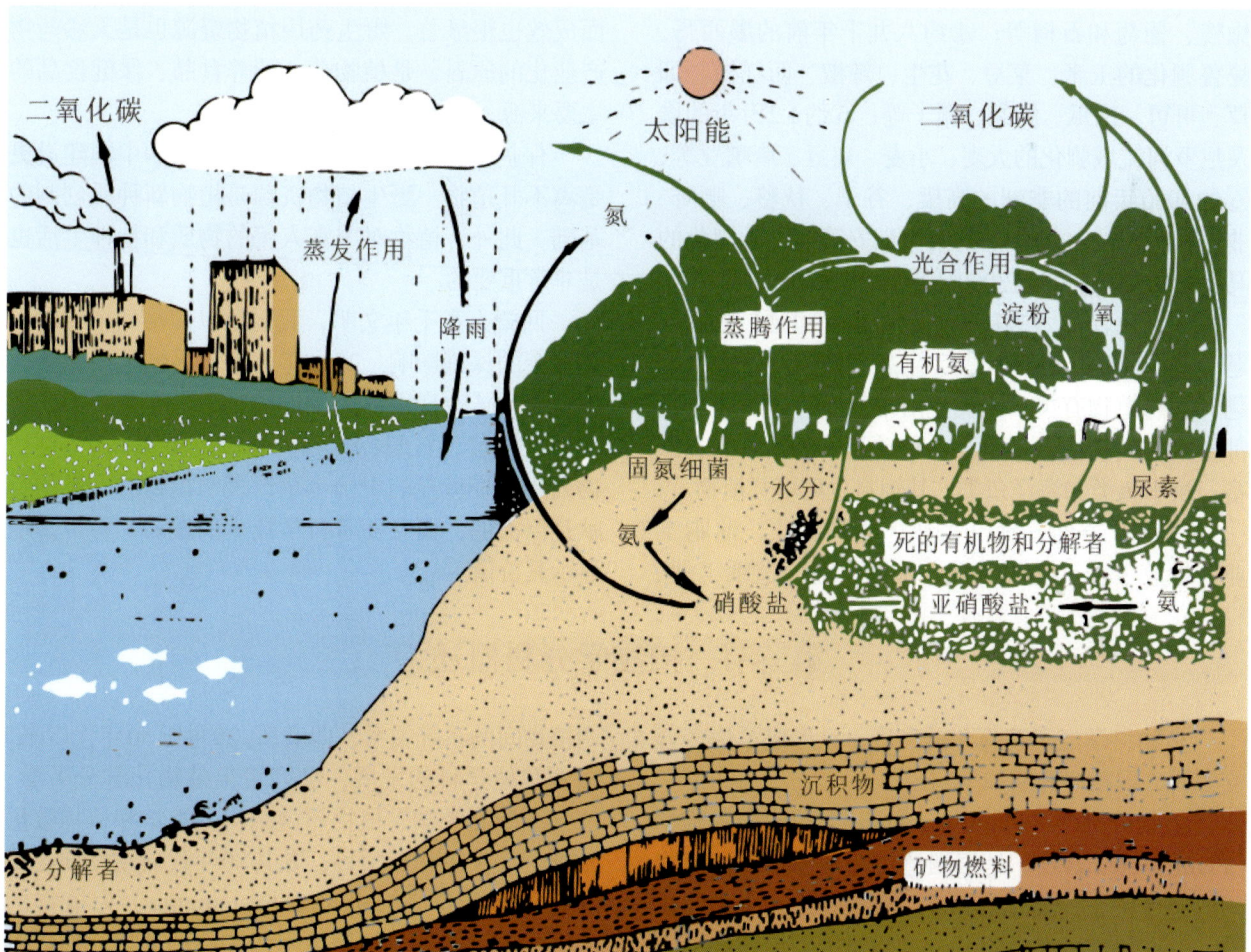

图1-7 自然界的物质循环

自然的合理开发，能促进生态系统的发展；不合理开发，常导致森林毁灭、水土流失、水源枯竭、草原荒废、河流干涸、土地沙漠化或盐渍化、野生动植物趋于绝灭等。不合理的开发，在获得一定"成功"之后，必然遭到自然界的"报复"。

与此同时，应高度重视和警惕工业排放的"三废"和使用大量化肥、农药引起的环境和水质污染给人类和动植物的生存带来危机。我国已推动了恢复生态系统，提倡生态文明、生态经济、生态农业等一系列工作。

第二节　植物与人类生产生活的关系

在地球上，植物是人类最需要、关系最密切的朋友之一。

农业是国民经济的基础，我国要在21世纪中叶达到中等发达国家水平，人民生活比较富裕，基本实现现代化，必须实现农业现代化，这直接或间接地与植物的研究与开发利用有密切的关联。当今世界上的绝大多数农作物与水果都是人类从各大洲的野生植物中筛选、长期驯化获得的。典型的有：①约1.5万年前在中国黄河和长江流域驯化的水稻、粟、大豆、桃、柑橘、萝卜、韭菜、猕猴桃等；②东南亚的泰国约在1.2万年前驯化的水稻和甘蔗等；③约1万年前在两河流域的伊朗、叙利亚、伊拉克、黎巴嫩驯化的大麦、小麦、扁豆、蚕豆、油橄榄、葡萄和石榴等；④约八九千年前的墨西哥、秘鲁驯化的玉米、菜豆、花生、辣椒、西红柿、烟草、可可、南瓜、鳄梨、瓠子等；⑤约1.2万年的埃及尼罗河流域驯化的大麦、小麦、扁豆、鹰嘴豆等；⑥约6000年前的非洲的高粱、谷子、秋葵、咖啡、非洲棉；⑦约4000年前的南美洲安第斯山脉驯化的马铃薯、烟草；⑧约3000年前的印度的亚洲棉。

人类关注的六大社会问题：粮食问题、资源问题、能源问题、环保问题、生态平衡问题、人口问题，都与植物有关。人类生活中的衣、食、住、行都直接或间接来自植物。各种动物，包括家禽、家畜、淡水鱼类和海洋鱼类，其饲料也离不开植物。

在工业方面，食品工业、建筑工业、油脂工业、橡胶工业、纺织工业、油漆工业、造纸工业、化妆品工业等需要植物或农作物提供原料。酿造工业、发酵工业可利用某些真菌或细菌制酒、醋、酱油、腐乳、有机酸、维生素、激素等发酵产品。人们还可从发酵产品中提取淀粉酶、蛋白酶等酶类。

在冶金工业方面，可利用细菌对石油脱蜡，利用硫化细菌冶金或对硫铁矿脱硫，利用某种单细胞绿藻富集海水中的铀等。

在医药卫生与健康方面，药用植物资源的开发利用已引起世界各国的重视。多年来，我国在利用植物的生物碱、甙类、黄酮类、挥发油等物质治疗多种疾病方面取得了很好的成效。青蒿素的发现便是一个典型的例子。我国在利用某些细菌发酵生产多种抗生素以及提取凝血素、辅酶A等医药产品方面成效也很显著。野生药用植物资源也是天然药物产业化的原料，是植物药、营养食品、保健食品的主要来源，与人类健康密切相关。

保护、改造与改良环境，以及美丽中国建设更是离不开植物。野生植物资源是植物新种质创制的基础。此外，植物对丰富人民的物质和精神生活也是非常重要的。

回望人类千年文明，我们可以领略到植物对人类社会的深刻影响。2019年北京世界园艺博览会大型纪录片《改变世界的中国植物——本草》中，将银杏、塔黄、石斛、人参、青蒿（黄花蒿）5种植物列为改变世界的中国本草，表明植物对人类的贡献是巨大的，而且随着科学技术的发展，将更多地显示其价值。

第三节　植物学分科概述

植物科学经过几百年的发展，已形成了许多分支学科，现粗略介绍如下：

植物分类学（Plant Taxonomy）和**植物系统学**（Plant Systematics）是根据植物的形态特征，植物间的亲缘关系、演化的顺序，对植物进行分类的科学，并在研究的基础上建立和逐步完善植物各级类群的进化系统。两者常常混用，但植物系统学更强调植物间的系统关系，即谱系。20世纪50年代以来，随着其他学科的发展，已产生出植物化学分类学、植物细胞分类学、植物超微结构分类学和植物数量分类学等次级分支学科；尤其80年代后期发展起来的**分子系统学**（Molecular Systematics）为植物的系统发育研究提供了新的手段和新的证据，形成了各类群新的系统发育系统：被子植物分类的APG系统（1998，2003，2009，2016），蕨类分类PPG系统（2016）；裸子植物系统（Christenhusz et al. 2011）。另外，对具体某一类群植物分类的研究也产生了相应的分支学科，如真菌学、藻类植物学、苔藓植物学和种子植物分类学等。

植物形态学（Plant Morphology）是研究植物个体构造、发育及系统发育中形态建成的科学，它已发展为植物器官学、植物解剖学、植物胚胎学、植物细胞学以及研究分子水平的形态发育关系的**植物进化发育生物学**（Plant Evo-Devo Biology）。

植物生理学（Plant Physiology）是研究植物生命活动及其规律性的科学。近代植物生理学中各分支学科，如细胞生理、种子生理、光合生理、呼吸生理、水分生理、营养生理、开花或生殖生理及生态生理等已有很大发展。有的已形成专门学科如植物分子生理学、植物代谢生理学、植物发育生理学等。与植物生理学密切相关的学科有植物生物化学。

植物遗传学（Plant Genetics）是研究植物的遗传和变异规律性的科学。因和细胞学和分子生物学密切相关，已发展出植物细胞遗传学、群体遗传学和分子遗传学。

植物生态学（Plant Ecology）是研究植物与环境间相互关系的科学，又可分成植物个体生态学、植物种群生态学、植物群落生态学、生态系统生态学以及新兴学科——**分子生态学**（Molecular Ecology）。

植物化学（Phytochemistry）研究的主要内容是植物代谢产物的成分、结构、分布规律，与中药有效成分、植物系统分类有密切关系，如植物化学分类学就是一个交叉学科。

植物资源学（Plant Resourses）是研究自然界所有植物的分布、数量、用途及其开发的科学，与药用植物学、植物分类学和保护生物学有密切关系。

分子植物学（Molecular Botany）是近30年随着生物大分子（核酸、蛋白质）结构以及基因结构和功能的研究而发展起来的；专门研究和揭示植物的核酸、蛋白质等大分子的结构和功能，以及基因的结构和功能规律的科学。它是当今植物学各领域研究的前沿，其分子生物学研究使用的方法已被植物各分支学科所采用，也称植物分子生物学。

植物系统发育基因组学（Phylogenomics of Plants）是近10多年发展起来的一个新分支，它主要从全基因组水平探讨植物的系统进化、植物性状

的调控和功能基因的发生和进化，将成为21世纪植物科学乃至整个生命科学的重点。

现代植物科学已进入实验阶段，因而出现了一些实验的学科分支，如20世纪80年代出现的**实验分类学**（Experimental Taxonomy 或者称Systematic Biology），研究植物物种及种下居群的形成和变异；实验形态学，研究形态发生及器官建成；实验胚胎学，研究植物细胞、组织或器官在培养条件下胚胎的发生及建成；实验生态学，研究人工实验条件处理下，植物生理生化及内部结构的变化；而实验植物群落学是以人工生态环境，或营造人工植物群落研究植物群落结构动态变化的科学。

现代的科学也是相互渗透，并围绕一个中心，从各个方面进行研究和利用的。如新近建立起来的**系统和进化植物学**（Systematic and Evolutionary Botany），是建立在植物分类学、形态学、解剖学、胚胎学、孢粉学、细胞学、分子生物学、遗传学、基因组学、植物化学、生态学、古植物学等学科基础上的一门综合性的学科。**植物亲缘地理学**（Plant Phylogeography）则是利用生物地理学、群体遗传学、分子生态学、古地理和古气候理论以及计算机科学的发展而发展起来的一个专门研究物种发生、迁移、发展和演化的分支。

第十六届国际植物学大会（1999年8月在美国召开），把植物的分支学科划分为：植物多样性——系统与进化，生态、环境与保护，结构、发育与细胞生物学，遗传与基因，生理与生物化学，人类与植物——经济植物学及生物技术等六大块。这与上一届的划分有了很大区别（1993年划分为十一类：分子植物学、代谢植物学、细胞及结构植物学、发育植物学、环境植物学、群落植物学、遗传植物学、系统及进化植物学、菌物学、古植物学和经济植物学等），表明了学科的发展趋势。后来的每一届国际植物学大会在学科的划分上均有变化，如2005年在维也纳召开的第十七届国际植物学大会，出现了**细胞生物学与分子遗传学**（Cell Biology and Molecular Genetics），**基因组学、蛋白组学和代谢组学**（Genomics，Proteomics，Metabolomics），**种群生物学**（Population Biology），**植物生态生理学**（Plant-/Eco-Physiology），**自然资源、生物技术与经济植物学**（Natural Resources，Biotechnology，Economic Botany），**数据库和生物信息学**（Databases，Bioinformatics）。2011年在澳大利亚墨尔本举行的第十八届国际植物学大会对系统学和生态学的分组标题为：系统进化、生物地理

学与生物多样性信息学；生态学、环境变化与保护生物学。而2017年在我国深圳召开的第十九届国际植物学大会除了正常的分组外，还强调：①生物多样性、资源与保护；②生态、环境与全球变化。从国际植物学大会的分组可以看出，国际植物学的发展历史，正在走向以分子生物学、基因组学为手段，以植物的功能、结构、进化和生态为出发点，综合现代植物学各分支学科的理论和知识的全面研究新阶段，聚焦于人类社会的发展和人类面临的问题来研究植物科学。这指明了21世纪植物学科的研究方向，值得我们注意。

近代生物科学发展日新月异，许多边缘科学更是如此。有人预言，21世纪将是生物科学的世纪。作为未来生物科学、生物技术和生态学，或者农学、园艺学、药学等领域的科学工作者，我们应该学好植物学基础理论，掌握其基本的实验技术和方法，迎接挑战，使植物科学更好地为中国式现代化服务。

第四节　学习植物学的目的和方法

植物学是生物科学、生物技术和生态学各专业的必修基础课，也是农、林、牧、医药等专业的重要专业基础课。本课程将简要介绍植物体的组成单位——细胞（尤其是植物特有的细胞结构）和组织，然后按照植物的生活史，植物发育的顺序，从生活史中的孢子和种子开始，阐述营养器官根、茎、叶和生殖器官花、果实、种子的形态、发生和结构的基本知识；介绍能光合自养的藻类、绿色植物界的基本类群和植物分类的基本理论和知识，让同学们对植物的生长发育和结构、植物界的演化、植物和环境之间的关系和规律有一个初步认识，对植物学基本的实验技能和研究方法有初步掌握，培养其分析问题和解决问题的能力，让其掌握植物学为国民经济建设和中国式现代化建设服务的基本手段，并为后续课程的学习打下必要的基础。我们学习植物学的目的是掌握植物个体结构、生长发育与生殖的规律，掌握物种形成和系统发育的规律，从而了解植物，认识植物，利用和改造植物，以满足人类生存的需要。

学习植物学应树立辩证唯物主义的观点。形形色色的植物类群，都是植物和环境在相互作用的过程中有规律地长期演化而来的，充满自然辩证法的哲理。

植物学早期以形象描述为主，但近50年来，已开始聚焦于实验研究，揭示外部形态特征的物质与分子基础，揭示植物形态特征与物种形成和演化的关系。因此，学习植物学必须理论联系实际。植物种类繁多，结构复杂多样，教学内容较多，所以在学习理论的基础上，必须重视实验观察和实习课程，加强基本技能的训练。要通过课外自主研究来增加感性认识，掌握理论知识，培养用实验的方法去探索植物生命现象的本质和奥秘。

本章提要

地球上的植物多种多样。我们生活的地球，从高山到平原，从沙漠绿洲到大洋底，存在着约40万种能够进行光合作用的绿色、褐色和红色植物，覆盖和存在于整个地球表面的陆地和水域中。

我国是世界上植物种类最丰富的国家之一，总数达到4万种，其中种子植物有2.5万种以上。我国也是世界上经济植物最多的国家。

生物界可分为三个域：原核生物的古菌域和细菌域，以及真核生物域；真核生物域可分为四个界：原生生物界、植物界、真菌界、动物界，有时将病毒单立一界。这里的植物界即指绿色植物，包括绿藻、苔藓、石松类和蕨类、裸子植物和被子植物。

植物在自然界中起到了巨大的作用。它推动了地球和生物界的发展和进化，为地球上一切生命提供了能源。它还参与了土壤的形成，为生物提供了栖息的场所，促进了自然界的物质循环。

在地球上，植物是与人类关系最密切的朋友之一。农业与植物的关系密切，人类的衣、食、住、行都直接或间接依赖植物，我们的工业生产和环境保护都离不开植物。

植物科学是生物学的一门基础学科，经过几百年的发展，已形成许多分支学科，如植物分类学、植物系统学、植物形态学、植物生理学、植物遗传学、植物生态学、植物化学、植物资源学、分子植物学、植物发育生物学、植物地理学、系统发育基因组学等。现代植物科学已进入实验阶段和分子阶段，出现了如实验分类学、实验形态学、实验胚胎学、实验生态学，以及诸如植物分子系统学、分子生理学、亲缘地理学和分子生态学这样的现代分支领域。

植物学是生物科学、生物技术和生态学专业的必修基础课，也是农、林、牧、医药等专业的重要专业基础课。学习植物学应树立辩证唯物主义的观点。植物学是一门形象描述科学，但可以通过实验研究，揭示外部形态特征形成和进化的物质与分子基础，是学习分子生物学、遗传学、基因工程及许多与植物相关学科的基础。

思考题

1. 浅谈植物多样性及其对自然界及人类的作用。

2. 我国植物资源丰富主要表现在何处？

3. 谈谈生物界划分的历史演变及目前人类对植物界的划分和认识。

4. 植物在物质循环中有何作用？

5. 掌握植物各分支学科概况及植物学科划分的新趋势。

6. 了解全球变化对植物的影响。

第一节　生活史的类型及其起点

一　生活史的类型及其演化

（一）生活史的概念

地球上现存的植物约有40余万种。根据植物形态、结构和生活习性等可将其分为6大类，即藻类、地衣、苔藓、石松类与蕨类植物、裸子植物和被子植物。其中藻类、地衣、苔藓和蕨类植物因不开花结果，而以各种**孢子**（spore）进行繁殖，故称**孢子植物**（spore plants）；裸子和被子植物因开花结实，以**种子**（seed）繁殖，称为**种子植物**（seed plants）。也有学者根据植物体内组织和器官分化的程度、生殖器官的细胞组成数目以及生活史中有无胚的出现等特征，将藻类和地衣划为低等植物；将苔藓、蕨类和种子植物划为高等植物。新的观点（Evert et al., 2013）认为植物应包括光合自养的藻类，即原核界的蓝藻，原生生物界的裸藻、金藻、硅藻、褐藻、红藻、绿藻等，地衣以及**陆生植物**（land plants）。所有的孢子植物和种子植物，无论是水生还是陆生的植物，在其一生中都要经历生长发育和繁殖阶段。这两个阶段前后相继，有规律地循环的全部过程，称为**生活史**（life history）或生活周期（life cycle）。孢子植物的生活史是从孢子萌发开始，直接长成植物体，最后又产生孢子的过程；而种子植物是从种子萌发开始，经过生长、分化，发育为成熟的植物体，再经过繁殖阶段，最后又产生种子的过程。

繁殖是植物生命活动过程中的一个重要环节，也是一切植物都具有的共同特性。通过繁殖，不仅延续了种族，还可以从中产生出生活力更强，适应性更广的后代，使种族得到发展。植物的繁殖一般有三种方式：一种是**营养繁殖**（vegetative propagation），即植物营养体的某一部分与母体分离（或不分离），而直接形成新个体的繁殖方式；第二种为**无性生殖**（asexual reproduction），即在植物体上产生无性生殖细胞——孢子，由孢子直接发育为新个体；第三种是**有性生殖**（sexual reproduction），即植物体产生有性生殖细胞——**配子**（gamete），配子结合为**合子**（zygote）或**受精卵**

（oosperm），再由合子或受精卵发育为新个体。

按照植物的生殖情况，我们将植物生活史分成**无性生殖型**（asexual reproduction type）和**有性生殖型**（sexual reproduction type）。无性生殖型是指生活史中没有有性生殖，因此也没有减数分裂和核相变化，它是早期藻类和菌类植物的生活史类型，包括孢子繁殖型、出芽繁殖型、分裂繁殖型、营养繁殖型，如细菌、蓝藻、酵母。而有性生殖型则是通过两性生殖细胞（雌配子与雄配子，或卵子与精子）的结合，产生新个体的生殖方式。在真核生物产生之后的一定阶段，才出现了有性生殖。有性生殖的出现，标志着生物进入新的进化历程，物种的数目增加，适应环境的能力增强，进化的速度也加快。凡是进行有性生殖的植物，在它们的生活史中都有配子的结合过程和减数分裂的过程。也就是说在其生活史中存在着双相（2n）和单相（n）的核相交替。多数植物在整个生活史中，除了存在核相交替外，还出现了两种植物体，一种是能产生配子，行有性生殖的**配子体**（gametophyte），如果雌雄两种配子分别由两种植物体发生，就有雌配子体和雄配子体之分，配子体是由孢子发育形成的，其细胞核染色体为单倍的；另一种能产生孢子，行无性生殖的称为**孢子体**（sporophyte），孢子体是由合子发育形成的，其细胞核染色体是二倍的。植物学把生活史中植物体细胞内染色体为二倍（2n）的称二倍体阶段（或称孢子体阶段），即无性世代，而植物体细胞内染色体为单倍（n）的称单倍体阶段（或称配子体阶段），即有性世代。在植物的生活史中，这两个世代交替进行，代代相传，我们称这种现象为**世代交替**（alternation of generation）。

植物以孢子体产生孢子行无性生殖和以配子体产生配子行有性生殖这样两个世代的交替，一方面可借无性世代产生众多的孢子，大量繁殖后代；另一方面，可通过有性世代中两性配子的结合，丰富孢子体的遗传基础，增强其变异性和适应性，从而保证植物种族的繁衍和发展。藻类植物中有些类群，如绿藻、褐藻和红藻的一些种类具有世代交替，而高等的陆生植物都有世代交替，但不同类群的植物，这两个世代的特点是各不相同的。

（二）生活史的类型和演化

具有有性世代的植物，根据减数分裂在生活史中发生的不同时期，其生活史可分为3种类型。

1. 减数分裂在合子萌发前进行（合子减数分裂）

这种类型在藻类植物中相当普遍。如绿藻中的衣藻、团藻、丝藻、轮藻都属于这一类型。以衣藻为例，常见的植物体是单倍的，除了有性生殖方式外，还有无性生殖或营养繁殖。有性生殖时，两个配子互相融合成合子，合子一萌发就进行减数分裂，形成单倍的孢子。在植物体的整个生活史中，合子实际上就成了唯一的二倍体阶段，而无真正的二倍体植物体。所以，这一类植物只存在单倍和二倍的**核相交替**（alternation of nuclear phases），而没有世代交替（图2-1A）。

2. 减数分裂在配子产生时进行（配子减数分裂）

这种类型在绿藻门中的管藻目和褐藻门中的无孢子纲植物，以及多种硅藻中普遍存在。以褐藻门的鹿角菜为例：这些植物的营养体为二倍体，减数分裂在配子产生时进行，配子受精形成合子，合子萌发又成为二倍的植物体。在它们的生活史中，配子是生活史中唯一的单倍体阶段，无真正的单倍体植物体，所以也没有世代交替出现。动物和人类也属于这个类型（图2-1B）。

3. 减数分裂在二倍的植物体形成孢子时进行（孢子减数分裂）

这种类型亦称居间减数分裂。绿藻中的石莼、浒苔，褐藻门除了无孢子纲植物外的其他类群，红藻门的石花菜、多管藻，以及所有的陆生植物全都属于这一类型。在这一类型的植物中，二倍体的孢子体在产生孢子时进行减数分裂，孢子萌发形成单倍体的配子体（配子体在不同类群中变化很大），配子体再产生配子，雌雄配子结合成二倍的合子。在陆生植物中，合子分裂后要经过胚的阶段，胚再发育成为二倍体的孢子体。所以这一类型的生活史中有产生孢子的二倍体阶段，也有能产生配子的单倍体阶段，而且在整个生活史中，二者是相互交替出现的，因而存在着世代交替（图2-1C）。

在孢子减数分裂类型中，有同形世代交替和异形世代交替之分。在世代交替中，配子体和孢子体在形态构造上完全相同，即称**同形世代交替**（isomorphic alternation of generation），如石莼、水云（图2-2A）；配子体和孢子体在形态构造上不相同的，则称为**异形世代交替**（heteromorphic alternation of generation）（图2-2B）。异形世代交替的植物中，又有配子体世代占优势和孢子体世代占优势的两种类型。前者有苔藓植物、藻类植物中的紫菜等，后者如褐藻中的海带以及所有维管植物的生活史。在异形世代交替的生活史类型中，还有一类三相的生活史，存在于真红藻纲（Florideae）植物中，在它们的配子体和孢子体世代之间插入了一个寄生的**果孢子体**（carposporophyte）（图2-3）。其生活史中包括3个世代：配子体世代、果孢子体世代和四分孢子体世代。果孢子体世代和四分孢子体是二倍体的，后者的形态与它们的配子体相似。

从植物界各类群的世代交替来看，同形世代交替是比较原始的，它只存在于低等植物藻类中，而所有陆生植物都是异形世代交替。我们还可以看出，植物进化程度越高，它的孢子体也愈发达。例如苔藓植物的配子体不但营独立生活，而且结构也较复杂，有的已经有了茎、叶的分化，而孢子体"寄生"在配子体上，它的主要部分也只是一个称

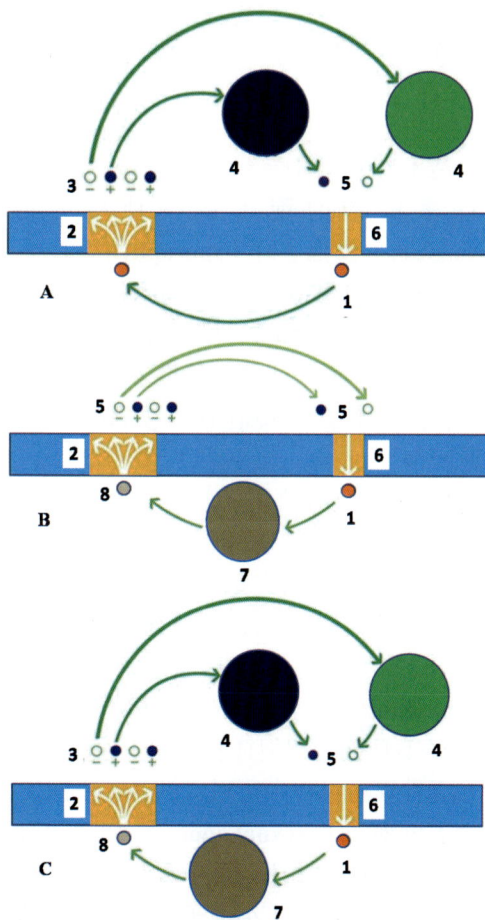

图2-1　生活史类型

A.合子减数分裂；B.配子减数分裂；C.孢子减数分裂

1.合子；2.减数分裂；3.孢子；4.单倍体个体或生殖器官；5.配子；6.受精作用；7.二倍体个体；8.孢子母细胞

（改自Raven et al. 2005）

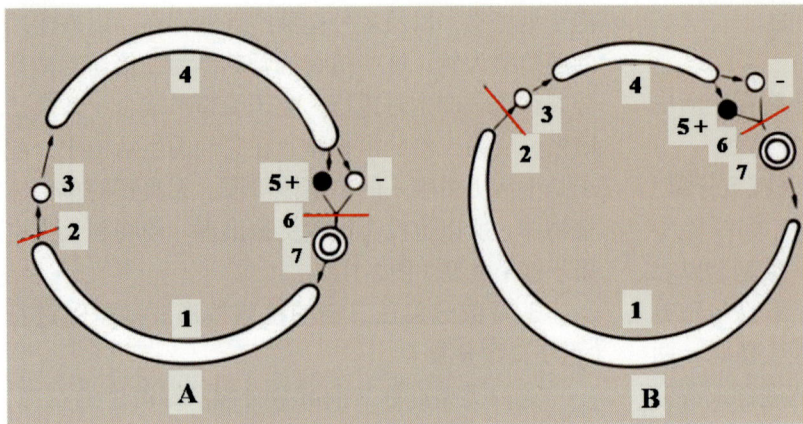

图2-2 同形和异形世代交替
A.同形世代交替；B.异形世代交替
1.孢子体（$2n$）；2.减数分裂；3.孢子（n）；4.配子体（n）；
5.雌雄配子；6.配子结合；7.合子（$2n$）

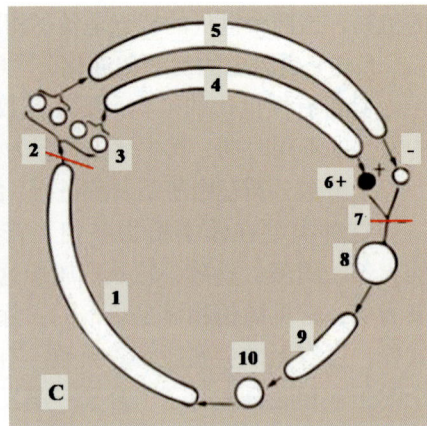

图2-3 真红藻纲的3种植物体的异形世代交替
1.四分孢子体（$2n$）；2.减数分裂；3.四分孢子；4.雄配子体（n）；5.雌配子体（n）；6.配子（n）；7.同配结合；8.合子（$2n$）；9.果孢子体（$2n$）；10.果孢子（$2n$）

为**孢蒴**（capsule）的孢子囊。蕨类植物的配子体退化为丝状、块状或鳞片状，而它的孢子体不但能自养，而且已具有真正的根和茎、叶的分化。到了种子植物，配子体进一步退化，有的仅由几个细胞组成，"寄生"在孢子体上；与此相反，孢子体的形态结构达到了植物界最复杂的程度。

总之，植物生活史类型的演化过程，是随着整个植物界的进化而发展的，它经历了由简单到复杂，由低级到高级的演化过程。蓝藻等原核光合植物没有世代交替，也没有核相交替。到真核生物出现以后，才开始出现有性生殖的核相交替，随后再出现世代交替。世代交替中，以孢子减数分裂类型在植物界中最为普遍，一般认为在异形世代交替中，孢子体世代越发达，则进化程度越高。

（二）生活史的起点——孢子和种子

在自然界，无论是以水生为主的藻类，还是以陆生为主的裸子植物和被子植物，其生活史都有一个起点。这种起点一般是能"传宗接代"的细胞或器官，这种特殊的细胞和器官具有抵抗不良环境、借助外力传播的能力，这就是孢子和种子。孢子和种子在植物的演化历史和生长发育中起了重要的作用，与人类的生活也密切相关。

（一）孢子的类型和结构

我们日常见到的藻类、地衣、苔藓和蕨类植物都是以孢子进行繁殖的。孢子既可通过有性生殖过程产生，也可通过无性繁殖过程中产生，但不同植物产生孢子的方式以及孢子的类型和结构有所不同。

1.孢子的结构

孢子实际上是一种特殊的细胞。成熟的孢子一般近似球形，外面被较厚的纤维素构成的细胞壁所包围，含有丰富的营养物质，能抵抗不良的外界环境。除游动孢子外，主要靠外力（如水和风）进行传播。

2.孢子的类型

许多植物的孢子在一种称为**孢子囊**（sporangium）或**孢子叶**（sporophyll）的器官内产生，一般称为**内生孢子**（endospore），如苔藓的孢蒴和蕨类的孢子囊就是这种器官，所产生的孢子就属于内生孢子。另一些植物的孢子常常在孢子囊外形成，称**外生孢子**（exospore），如藻类中的休眠孢子和厚壁孢子。

孢子的类型因植物的种类而异（图2-4）。同种植物在不同的环境条件下或不同的生长发育阶段，也往往产生不同类型的孢子。水生的藻类常产生具有鞭毛，能运动，适应水环境的**游动孢子**（zoospore）；也产生不具鞭毛，靠水流传播的**不动孢子**（aplanospore）。而陆生的苔藓及蕨类植物的孢子同样不具鞭毛，但体积稍大，主要靠风传播。植物在无性繁殖过程中所形成的各种不同类型的孢子称为**无性孢子**（asexual spore），如游动孢子、似亲孢子、不动孢子、休眠孢子和厚壁孢子及种子植物中形成的单核花粉（小孢子）和单核胚囊（大孢子）等。还有些低等植物，在有性生殖时不产生配子，而是通过形成有性生殖器官——配子囊的配合或以营养细胞的接合进行有性生殖，然后通过减数分裂再产生单倍的孢子。把这种有性生殖过程所形

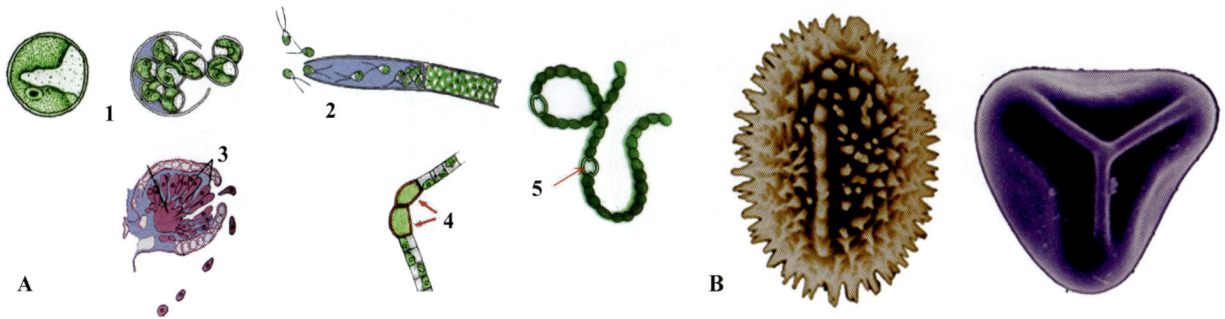

图2-4 各种孢子类型

A.藻类各种无性繁殖的孢子；B.电子显微镜下的蕨类孢子形态（单裂缝的为一种钩毛蕨，三裂缝的为一种燕尾蕨）

1.小球藻的似亲孢子；2.刚毛藻孢子囊释放游动孢子；3.多管藻孢子囊释放的不动孢子；4.丝藻的厚壁孢子；5.念珠藻的休眠孢子

成的孢子称为**有性孢子**（sexual spore），如水绵的接合孢子等。

另外，根据孢子形成的方式，还可将孢子分为**营养孢子**（vegetative spore）、**接合孢子**（zygospore）和**真孢子**（euspore）。

（1）营养孢子　营养孢子是由植物营养体细胞直接分化形成的孢子，如藻类常见的游动孢子和似亲孢子等。**游动孢子**（zoospore）是营养孢子一种常见类型，由**游动孢子囊**（zoosporangium）产生，具有一条或几条鞭毛；**厚壁孢子**（chlamydospore）是藻丝的个别细胞膨大，积累养分，细胞壁增厚，可以渡过不良环境。

（2）接合孢子　接合孢子是藻类接合藻纲有性生殖所形成的孢子。接合孢子由两个配子囊细胞融合，直接形成具坚厚细胞壁的孢子。

（3）真孢子　真孢子是孢子体的部分细胞通过减数分裂而形成的孢子，如苔藓植物和蕨类植物所具有的孢子（图2-4B）。红藻、褐藻类具有的四分孢子。真孢子还包括在种子植物中形成的单核花粉（小孢子）和单核胚囊（大孢子）等。

（二）种子的类型和结构

种子植物包括裸子植物和被子植物，是植物界演化历史上的高级类群，生殖过程中有了花粉管，有了特有的繁殖器官——种子。种子比孢子具有更强的抵抗外界不良环境的能力，有更长的寿命，是植物进化的产物。

1.种子的结构

成熟的种子由胚（embryo）、胚乳（endosperm）和种皮（seed coat）三部分组成。胚是种子最重要的部分，它是新植物的原始体，来自受精卵（合子）。发育完全的胚由**胚芽**（plumule）、**胚轴**（hypocotyl）、**胚根**（radicle）和**子叶**（cotyledon）四部分组成（图2-5，2-6，2-7）。但是，被子植物的种子，在合子经胚发育成种子的过程中，某些结构发生了变化，产生了四种不同类型的种子。即根据胚的子叶数目可分为单子叶种子（胚中仅有1枚子叶）和双子叶种子（胚中有2枚形态、大小相似的子叶）。在这两种类型中，又根据成熟种子内胚乳的有无，将种子分为**有胚乳种子**（albuminous seed）和**无胚乳种子**（exalbuminous seed）。

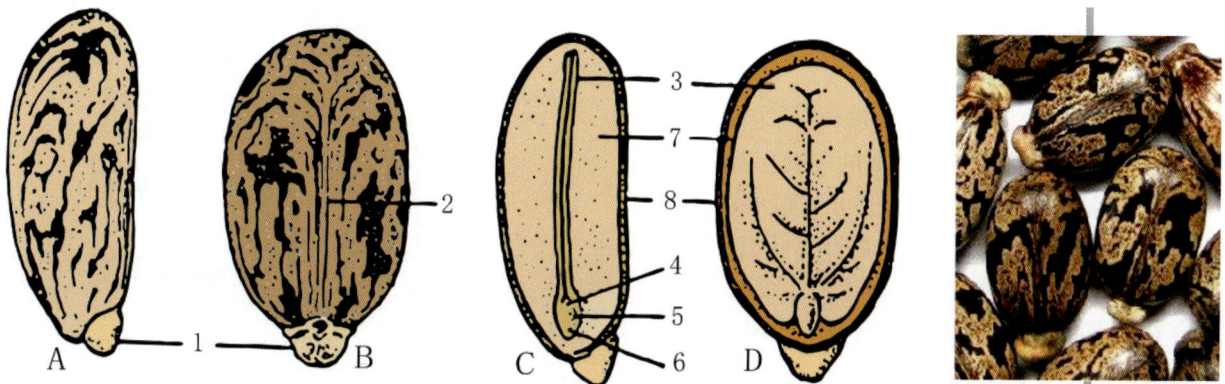

图2-5 蓖麻种子的结构

A.种子外形侧面图；B.种子外形腹面图；C.与子叶面垂直的纵切；D.与子叶面平行的纵切。右图为种子外观

1.种阜；2.种脊；3.子叶；4.胚芽；5.胚轴；6.胚根；7.胚乳；8.种皮

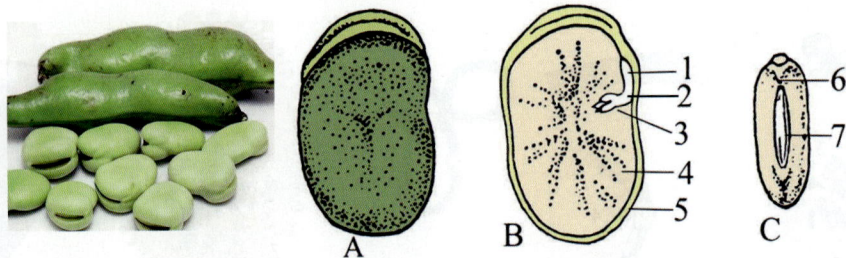

图2-6 蚕豆种子

左图为果实和种子外观。A.种子外形侧面图；B.剥去一半子叶示内面结构；C.种子外形的顶面观
1.胚根；2.胚轴；3.胚芽；4.子叶；5.种皮；6.种孔；7.种脐

少数植物种子在形成的过程中，胚珠中的一部分珠心组织保留下来，在种子中形成类似胚乳的营养组织，称**外胚乳**（perisperm）。外胚乳与胚乳来源不同，功能相同。

2.种子的类型

（1）基部被子植物和真双子叶植物有胚乳种子 蓖麻、番茄、桑、柿等植物的种子属于这种类型。种子由种皮、胚和胚乳三部分组成。现以蓖麻种子为例（图2-5）说明其结构。蓖麻的种皮坚硬、光滑并有花纹。种子的一端有似海绵状的突起，称为种阜。它由外种皮衍生而成。种脐邻近种阜，不明显。种孔被种阜覆盖。在种子腹面的一边种皮上，可见到长条状突起称种脊，它倒生在胚珠的珠柄和珠被愈合处，是胚珠发育成种子时，留在种皮上的痕迹。胚被包在胚乳中央。剥去种皮、沿种子侧面中央做一纵剖面，在剖面上可见到胚，胚有两片大而薄的子叶，其上有明显的脉纹；胚轴很短，其下方连接着突出的胚根，上方连接胚芽；胚芽夹在两片子叶之间。胚乳占种子的大部分，位于种皮与胚之间，白色，富含脂肪，包围着胚。

（2）基部被子植物和真双子叶植物无胚乳种子 蚕豆、棉、油菜、茶、桃、瓜类等植物的种子属于这种类型。其成熟的种子由种皮和胚两部分组成，胚乳在胚发育过程中被子叶吸收了。现以蚕豆为例（图2-6）说明其结构。

蚕豆种子的种皮黄褐色或绿色，干时变硬，浸水后呈革质。种脐在种子较宽的一端，不易察看，但种子经水浸胀后手稍挤压，可见到水从种孔溢出；种脊短，不太明显。胚由胚芽、胚根、胚轴和两片子叶组成。子叶肉质肥厚（两片豆瓣），相对叠合着生于胚轴两侧；胚芽夹于两片子叶之间；胚根光滑露于叠合子叶外面。

（3）单子叶植物有胚乳种子 水稻、小麦、玉米、洋葱等植物的种子属于这种类型。现以水稻、小麦为例（图2-7），说明其结构。一颗稻谷或小麦，习惯上被叫作种子。其实一颗去谷壳的糙米和小麦，不是真正的种子而是果实。其种皮在果皮之内，并与果皮紧密地合在一起，不能分开。植物学上称这种果实为颖果。因此，一颗糙米或小麦粒的外面是愈合的果皮与种皮。此类种子胚较小，位于籽粒一端基部的一侧，胚由胚芽和包在胚芽外的**胚芽鞘**（coleoptile）、胚根、包在胚根外的**胚根鞘**（coleorhiza）、胚轴和子叶组成。胚芽包括幼叶和生长锥；胚轴短，上接胚芽下连胚根；只有一片发育的子叶，着生于胚轴一侧，形如盾，称为**盾片**（scutellum）。盾片与胚乳相接的一面有一层排列整齐的细胞，称为**上皮细胞**（epithelial cell）。当种子萌发时，盾片细胞形成赤霉素，扩散至糊粉层，诱导α-淀粉酶等水解酶的产生，转运至胚乳细胞，降解胚乳中主要的贮藏物质，作为胚其他部分生长的营养物质来源。与盾片相对的一侧有一小突起，称为**外胚叶**（epiblast），即退化的子叶。胚乳占籽粒的大部分，胚乳包括主要贮藏蛋白质和脂肪的**糊粉层**（aleurone layer），以及贮藏淀粉的胚乳细胞两部分。

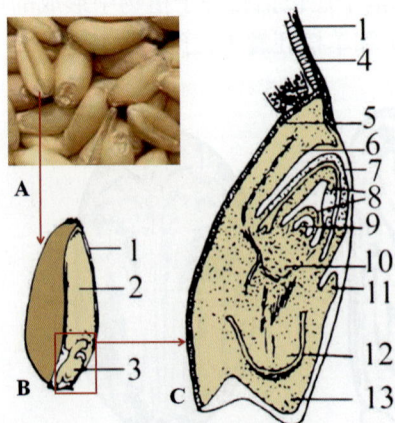

图2-7 小麦籽粒结构

A.颖果外形；B.颖果纵切；C.胚放大示结构
1.种皮和果皮；2.胚乳；3.胚；4.糊粉层；5.上皮细胞；6.盾片；7.胚芽鞘；8.幼叶；9.胚芽生长点；10.胚轴；11.外胚叶；12.胚根；13.胚根鞘

（4）单子叶植物无胚乳种子的结构　慈姑、泽泻等植物的种子属于此类型，种子无胚乳。在农作物中少见。

（5）裸子植物种子的结构　裸子植物胚珠裸露，不为心皮所包被，种子的外面没有果皮包被。胚珠成熟后形成的种子也由胚、胚乳和种皮组成。它的胚来源于受精卵，但它的胚乳来源于雌配子体，是单倍的，与被子植物的受精极核（三倍的）所形成的胚乳功能相同而来源不同。大多数裸子植物的种子发育过程中有多胚现象，在胚胎发育过程中，通过选择，通常只有1个（很少2个）幼胚正常分化和发育成成熟胚。成熟胚的子叶通常为2枚（图2-8），也有多枚的，如银杏、水杉，红豆杉和圆柏为2枚，黑松为5～10枚，马尾松有5～8枚。

总之，种子的出现使胚受到种皮的保护，胚乳或子叶供给其萌发时所需的营养物质，有利于植物的繁殖、适应和传播。

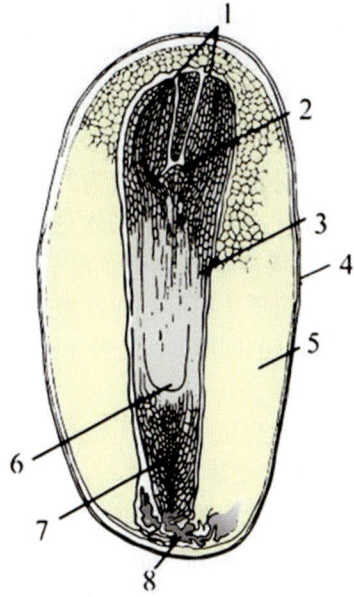

图2-8　裸子植物种子结构
1.子叶；2.胚芽生长点；3.胚轴；4.种皮；5.雌配子体；6.胚根及根尖；7.根冠；8.珠心组织的残留

第二节　各有特色的生活史

经过自然界亿万年的演化，形成了当今世界约40万种各种各样的植物，并且在生活方式、细胞结构等方面体现了一定程度的相似性，但是生活史类型却各有特色。下面以藻类植物、苔藓植物、石松类与蕨类植物、裸子植物和被子植物的几种为代表，说明各大类群植物生活史的特点。

一　藻类植物的生活史

前面提到的三种生活史类型在藻类（algae）中都有存在，但相对比较原始和简单。

1.衣藻

衣藻生活史存在无性生殖与有性生殖（合子减数分裂，多同配），只有核相交替，无世代交替。

绿藻门的衣藻属（*Chlamydomonas*）是常见的单细胞绿藻，通常进行无性生殖。生殖时藻体常静止，鞭毛收缩或脱落，原生质分裂为许多块，各形成具有细胞壁和2条鞭毛的游动孢子，母细胞成为游动孢子囊。孢子囊破裂后，游动孢子逸出发育成新个体。衣藻的有性生殖多数为同配生殖。单细胞的原生质体分裂成8～64个小细胞，称**配子**（**gamete**）。配子在形态上和游动孢子相似，只是体形较小。配子体从母细胞中放出后，成对结合，成为二倍体、具4条鞭毛和厚细胞壁的合子。合子休眠后，再经过减数分裂形成单倍体的衣藻（图2-9）。衣藻无性生殖多代后，再进行有性生殖。有性生殖

属于合子减数分裂的生活史类型，我们通常所见植物体为单倍体，合子为唯一的二倍体阶段。因此，衣藻生活史中只有核相交替而无世代交替，配子体占绝对优势。

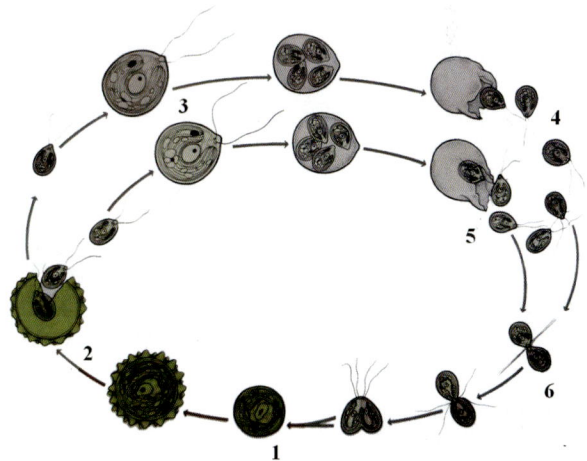

图2-9　衣藻的生活史（引自Raven et al.，2005）
1.合子；2.减数分裂；3.有丝分裂；
4.“-”配子；5.“+”配子；6.配子融合

2.石莼

石莼存在无性生殖与有性生殖（孢子减数分裂，同配），为同形世代交替。

绿藻门的石莼属（*Ulva*）植物的生活史有典型的世代交替现象。无性世代的孢子体，在孢子囊中

经过减数分裂可产生具4鞭毛的游动孢子。单倍体的游动孢子，可发育为有性世代的配子体。这种配子体在形态上与孢子体相同，不过配子体上产生具两根鞭毛的同型配子，配子结合形成合子。合子萌发不再进行减数分裂，直接发育为二倍染色体的孢子体。石莼的世代交替中，孢子体与配子体的形态相同，只是它们所产生的游动细胞（4鞭毛的游动孢子和2鞭毛的配子）在形态和行为上不同。石莼的世代交替是典型的同形世代交替（图2-10）。

3. 海带

海带存在无性生殖与有性生殖（孢子减数分裂，卵配），为异形世代交替。

褐藻门植物，无性繁殖时产生游动孢子和不动孢子。有性生殖时以同配、异配或卵配进行生殖。如海带（*Laminaria japonica*），孢子体成熟时，带片的两面丛生许多棒状的孢子囊，囊内的孢子母细胞减数分裂产生很多具单倍染色体、侧生双鞭毛的游动孢子。游动孢子萌发后，形成体型很小的雌、雄配子体。雄配子体上的精子囊产生精子和雌配子体上卵囊排出的卵在体外受精，形成二倍的合子，萌发为幼小孢子体。海带的生活史中孢子体与配子体在形态上有明显的差异，是典型的异形世代交替。但它的有性世代不发达，孢子体与配子体比较，孢

子体明显占优势（图2-11）。由于藻类植物的生殖方式多样，形成了不同类型的生活史。蓝藻和某些单细胞真核藻类，如小球藻，它们没有有性生殖过程，细胞就没有核相的变化，亦无世代交替现象。大多数真核藻类植物出现了有性生殖，由于两性配子的结合，单倍染色体转变为二倍染色体，再通过减数分裂，二倍体变为单倍体，既存在核相交替，又出现世代交替现象。许多绿藻如衣藻、丝藻等，生活史中只有一种单倍性的藻体，它们的生活史中只有合子是双相的，因此整个生活史中仅有核相交替而无世代交替。绿藻门中的石莼，有形态相同而核相不同的配子体（n）和孢子体（$2n$），其孢子体上的孢子是通过减数分裂产生的，因此孢子是单相的，由它发育长成单相的配子体。配子体上产生两性配子（n），两性配子结合形成合子（$2n$），合子发育形成双相的孢子体。孢子体和配子体同样发达，即属同形世代交替。

褐藻门中的海带，其生活史中的核相交替基本上和石莼一样，但其孢子体发达，配子体趋向退化，属异形世代交替类型。褐藻门中的鹿角菜（*Pelvetia siliquosa*），其生活史中的减数分裂发生于植物体上的两性器官形成配子时，由两性配子结合的合子发育为二倍性的植物体，即我们见到的藻

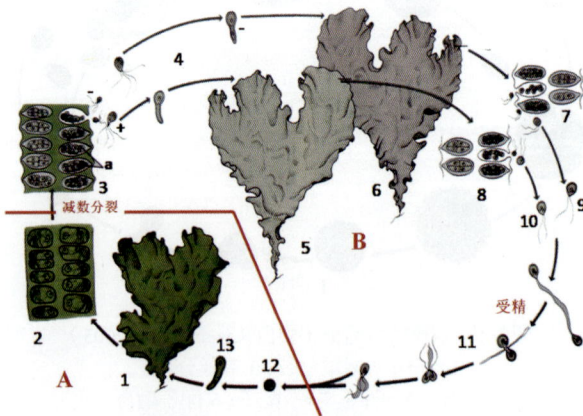

图2-10 石莼的生活史（引自Raven et al., 2005）
A.孢子体世代；B.配子体世代
1.植物体（孢子体，$2n$）；2.孢子体上的孢子囊；3.孢子囊减数分裂形成孢子（a.每个囊内8个孢子n）；4."+，−"孢子（n）萌发；5."+"配子体（n）；6."−"配子体（n）；7."−"配子囊；8."+"配子囊；9."−"配子；10."+"配子；11.受精作用；12.合子（$2n$）；13.合子萌发

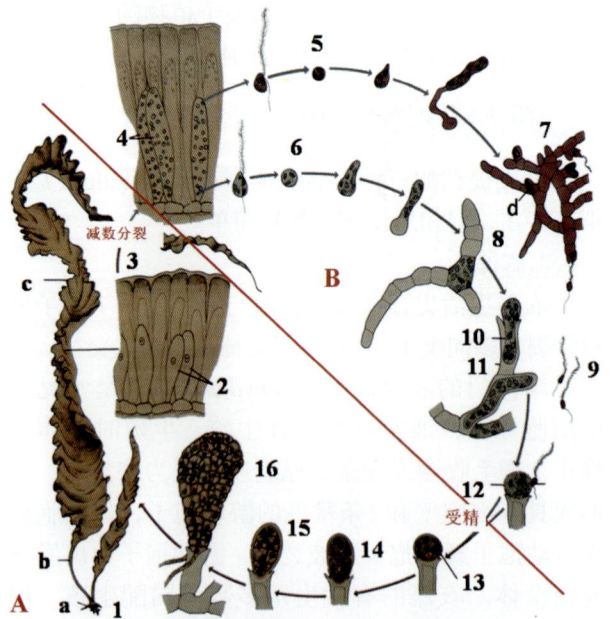

图2-11 海带的生活史（引自Raven et al., 2005）
A.孢子体世代（$2n$）；B.配子体世代（n）。
1.孢子体（a.固着器；b.带柄；c.带片）；2.未成熟的孢子囊；3.减数分裂；4.成熟的孢子囊；5.雄性孢子；6.雌孢子；7.雄配子体（d.精子器）；8.雌配子体；9.精子；10.卵；11.卵囊；12.受精作用；13.合子；14—16.合子萌发

体。因而其生活史中不存在配子体，无世代交替现象（图2-12）。在藻类植物，可以看到世代交替演化的趋向是由配子体世代占优势向孢子体世代占优

势发展。蕨类植物，裸子植物和被子植物的系统发育也是如此。异形世代交替的生活史中，也有少数藻类是配子体世代占优势的，如绿藻门礁膜属（*Monostroma*）、褐藻门的萱藻属（*Scytosiphon*）等。

二 苔藓植物的生活史

　　苔藓植物具有明显的世代交替现象，其重要特征是配子体占优势，孢子体不发达，并且依附在配子体上，不能独立生活。苔藓植物的雌雄生殖器官都是由多细胞所组成的。雌性生殖器官为颈卵器，雄性生殖器官称精子器。下面以地钱为例，说明苔藓植物的生活史（图2-13）。

　　地钱主要以胞芽进行营养繁殖。胞芽生于叶状体背面的胞芽杯中，呈绿色圆片形，两侧有缺口，下部具柄。成熟后自柄处脱落，萌发成新的植物体。我们见到的地钱是它的配子体，配子体雌雄异株。有性生殖时，分别在雌雄配子体上产生伞形有柄的雌器托（颈卵器托）和雄器托（精子器托）。雌器托的托盘边缘有指状分裂的指芒，两指芒之间有一列倒悬瓶状的颈卵器，卵细胞就

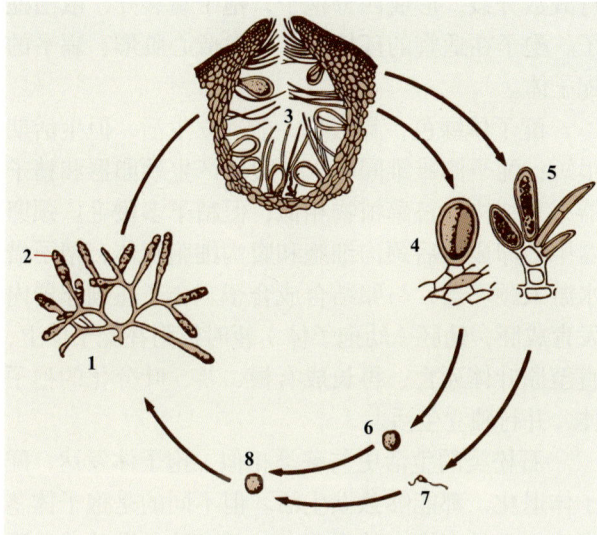

图2-12　鹿角菜的生活史
1.植物体；2.生殖托；3.生殖窝；4.卵囊；5.精囊；6.卵；
7.精子；8.合子

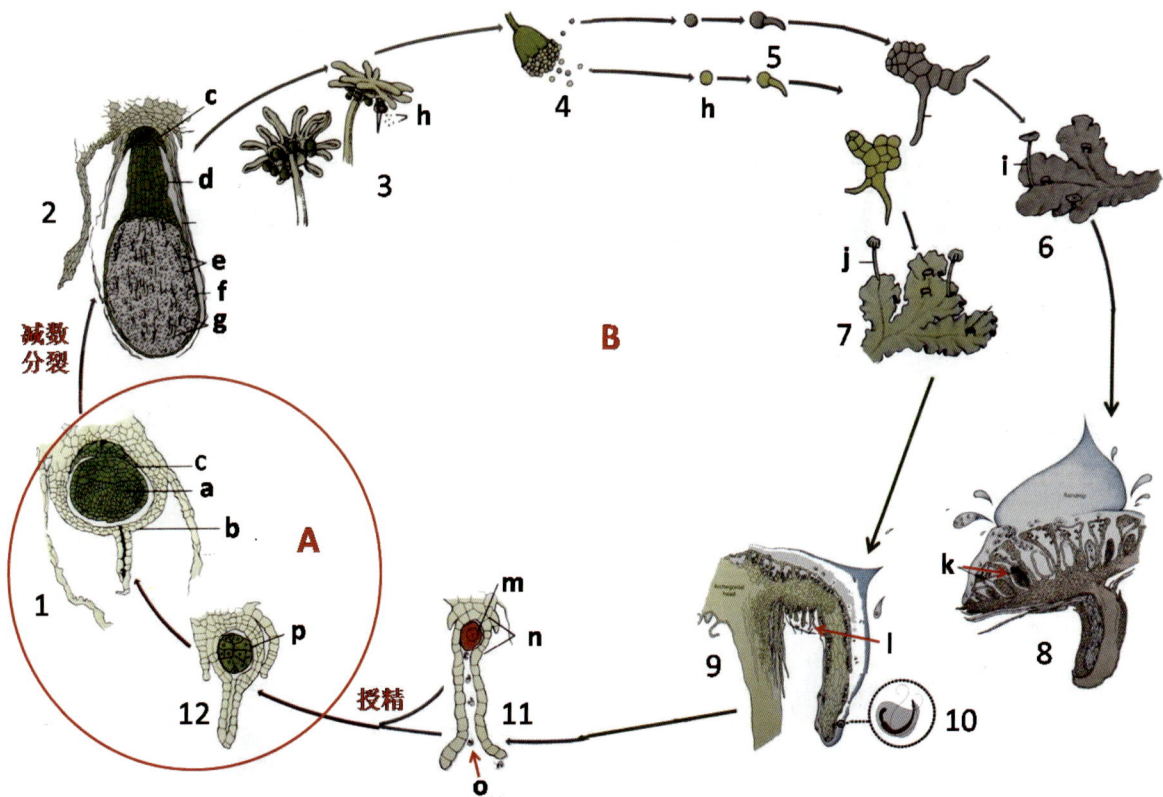

图2-13　地钱的生活史（引自Raven et al. 2005）
A.孢子体世代；B.配子体世代
1.幼孢子体（a.孢子体组织 $2n$；b.长大的颈卵器壁 n）；2.成熟的孢子体（c.基足；d.蒴柄；e.孢子；f.孢蒴；g.弹丝）；3.雌生殖器托（h.孢子）；4.孢蒴内孢子散发；5.孢子萌发；6.雄配子体（i.雄生殖器托）；7.雌配子体（j.雌生殖器托）；8.雄生殖器托纵切（k.精子器）；9.雌生殖器托纵切（l.颈卵器）；10.精子，需水游动到颈卵器；11.颈卵器（m.卵；n.颈卵器腹部；o.游动的精子）；12.合子发育成胚（P.幼胚）

位于颈卵器中；而雄器托中具有精子器，会产生无数精子。成熟后的颈卵器其颈沟细胞和腹沟细胞解体，精子可游入颈卵器中与卵结合形成合子。合子在颈卵器内直接发育成胚，胚长大形成很简单的孢子体，仅由孢蒴、蒴柄和基足组成。孢蒴内的孢子母细胞经过减数分裂形成孢子，孢蒴成熟后开裂，孢子借孢蒴内弹丝的力量散出，这一切都在配子体上完成。所以说，苔藓植物的孢子体依附在配子体上。孢子在适宜的环境中会萌发成雌性或雄性的原丝体，进而发育成雌、雄配子体（叶状体），即常见的植物体。

三 石松类与蕨类植物的生活史

石松类与蕨类植物与苔藓植物一样，也具有明显的世代交替现象，无性生殖产生孢子囊和孢子，有性生殖时产生精子器和颈卵器。但是石松类与蕨类植物的孢子体远比配子体（称为原叶体）发达，我们日常见到的石松类与蕨类植物就是它的孢子体。此外，石松类和蕨类植物的孢子体和配子体都能独立生活，这与苔藓植物及种子植物均不相同。下面以水龙骨（*Polypodium niponicum*）为例，说明蕨类植物的生活史（图2-14）。水龙骨孢子体的叶发达，高15～35cm（我们见到的是它的羽状深裂的叶），根状茎发达而茎不明显。孢子囊群成对生于叶裂片背面的主脉两侧。孢子囊中的孢子母细胞进行减数分裂，形成四分孢子，孢子囊裂开，散出孢子。孢子在适宜的环境中，萌发成心脏形、扁平的配子体。

配子体绿色，具假根，能独立生活，但生活期很短；配子体雌雄同株，在腹面产生颈卵器和精子器，其结构与苔藓植物相似，但精子多鞭毛。颈卵器中的卵成熟后颈沟细胞和腹沟细胞解体，精子借水游入颈卵器，与卵结合成合子。合子在颈卵器内发育成胚，幼胚（幼孢子体）暂时依附在配子体上，直至原叶体死亡，再长成有根、茎、叶分化的孢子体，并行独立生活。

石松类的生活史与蕨类相似，孢子体发达，配子体退化，都能够独立生活。但不同的是孢子体茎发达，且具有横走的根茎，叶不发达呈鳞片状，孢子囊常呈穗状生于茎顶端；配子体并非心形，部分属种是绿色不规则形，部分与菌根共生不能进行光合作用（如石松科（Lycopodiaceae）植物）。

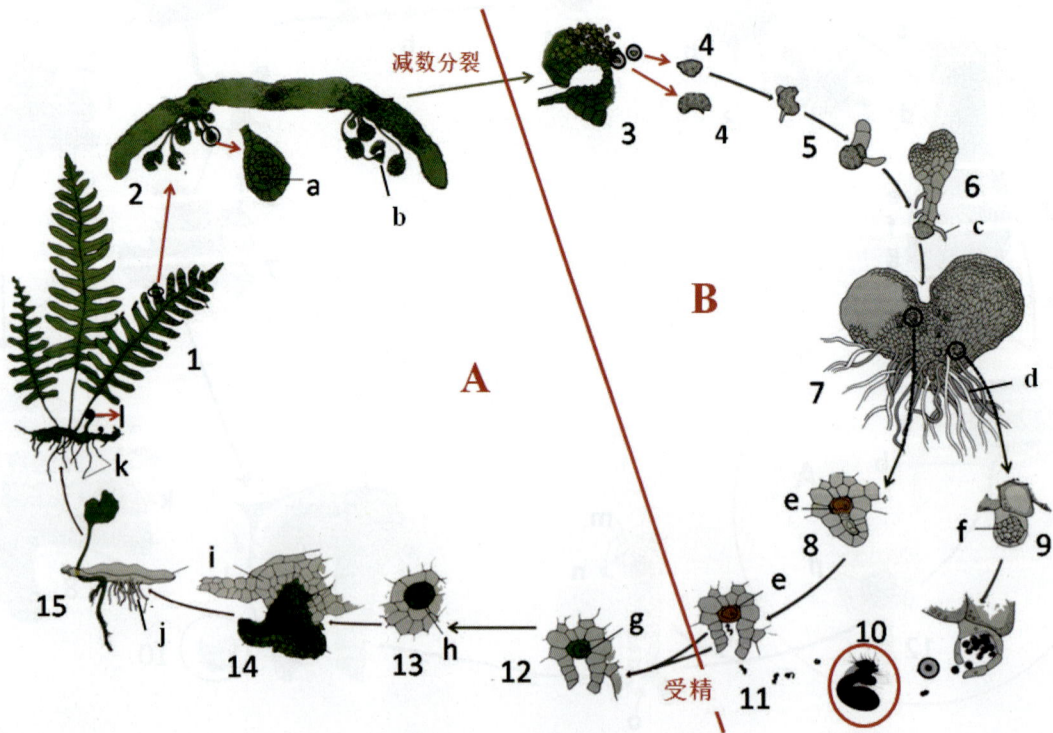

图2-14　水龙骨的生活史
A.孢子体世代（2n）；B.配子体世代（n）
1.孢子体（1.幼叶拳卷）2n；2.叶背面的孢子囊群（a.造孢组织，b.孢子囊群）；3.孢子囊开裂散发孢子（n）；4.孢子（n）；5.孢子萌发；6.幼配子体（n）（c.不定根）；7.成熟心形的配子体（n）（d.假根）；8.颈卵器（e.卵细胞）；9.精子器（f.未成熟精子）；10.散发多鞭毛需要水游动的精子，红圈内为精子放大；11.受精；12.颈卵器（g.合子）（2n）；13.合子分裂（h.胚）；14.幼孢子体（2n）（i.残留配子体（n））；15.幼孢子体叶出现（2n）（j.不定根）

(四) 裸子植物的生活史

裸子植物是一类保留着颈卵器，具有维管束，能产生种子的高等植物。它属颈卵器植物，又是种子植物，是介于蕨类植物和被子植物之间的一类维管植物。裸子植物与蕨类植物都是多年生木本植物，具有形成层、次生结构具发达的输导组织。裸子植物孢子体更发达，但其配子体简化，且依附在孢子体上。胚囊（雌配子体）在近珠孔端产生2至多个结构简化的颈卵器，其余部分将来发育成胚乳，少数进化类型则不产生颈卵器。花粉粒（雄配子体）的出现也是一大进步，花粉萌发形成花粉管，内有两个游动或不游动的精子，通过花粉管使受精过程完全脱离了水。下面以松科的松属（*Pinus*）为代表，说明裸子植物的生活史（图2-15）。松属的孢子体为高大多年生常绿乔木。每年在枝条的上部生大小孢子叶球。小孢子叶球（雄球花）常聚生于每年新生的长枝近基部；小孢子叶球背面有1对长形的小孢子囊，其中产生的小孢子母细胞（花粉母细胞），经减数分裂形成小孢子（单核花粉粒），小孢子发育形成雄配子体。雄配子体有两个发育阶段：第一阶段为小孢子在小孢子细胞内经过3次分裂，形成4个细胞的幼雄配子体（花粉粒），其中包括2个退化原叶体细胞、1个管细胞和1个生殖细胞。第二阶段为传粉后，花粉粒在胚珠的珠孔处长出花粉管，生殖细胞先后经2次分裂形成1个柄细胞和2个不具鞭毛的精子。此时花粉管为成熟的雄配子体。大孢子叶球（雌球花）常1至数个着生于新枝的近顶部。每一大孢子叶（珠鳞）的腹面基部着生2个胚珠，珠心的大孢子母细胞经减数分裂形成4个大孢子，通常只有合点端的1个大孢子发育成雌配子体（胚囊），其余3个退化。这个大孢子进一步发育，在胚囊上端产生2～7个无颈部的颈卵器。颈卵器具1个大型的卵细胞。成熟的雌配子体包括2～7个颈卵器和大量的胚乳。传粉后，至第二年夏季，约经13个月，花粉管和颈卵器才发育完成并进行受精作用。受精时花粉管内的管细胞、柄细胞及2个精子都一起流入卵细胞中，但仅1个精子核与卵核结合形成合子。每个颈卵器的卵都可受精，然而只有1个受精卵能正常发育，成为种子中成熟的胚；同时，珠被发育成种皮，与胚、胚乳共同构成种子。种子成熟，种鳞张开，种子随风飞出，在环境适宜时，萌发成新的植物体。

(五) 被子植物的生活史

被子植物为植物界最高等、也最繁茂的类群。被子植物的孢子体得到了进一步发展，具有真正的花，输导系统更完善而发达。而雌雄配子体较裸子植物更为退化，一般仅有由7个细胞形成的胚囊（雌配子体）和2～3个细胞的花粉粒（雄配子体），同时颈卵器已完全消失。

在被子植物整个生活史中，配子体阶段极短，从花粉母细胞和胚囊母细胞减数分裂开始，到形成2或3个细胞的花粉粒以及7个细胞的成熟胚囊为止。而且配子体不能独立生活，必须依附于孢子体来获得营养物质。而孢子体阶段则较长，是从合子开始，到形成种子，种子萌发、生长、开花直到花粉母细胞和胚囊母细胞减数分裂前为止，有些木本植物的这个阶段长达10多年。图2-16示被子植物的整个生活史。

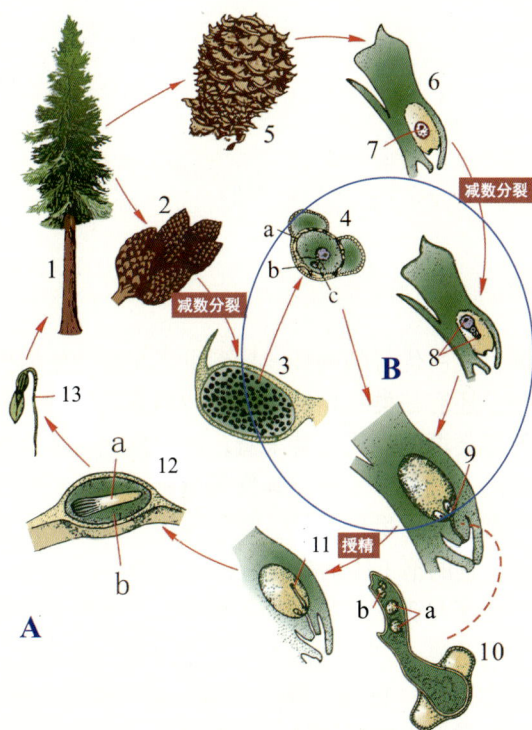

图2-15 松的生活史
A.孢子体世代；B.配子体世代
1.发达的孢子体；2.小孢子叶球（雄球花）；3.小孢子叶和小孢子；4.花粉－雄配子体（a.管细胞，b.退化原叶体细胞，c.生殖细胞）；5.大孢子叶球（雌球花）；6.大孢子叶的珠鳞和苞鳞；7.腹部的胚珠和大孢子母细胞；8.减数分裂后的大孢子（靠珠孔端3个消失）；9.雌配子体产生多个退化的颈卵器；10.传粉－花粉粒萌发花粉管（a.精细胞，b.管细胞）；11.授精的合子萌发成胚；12.仅一个胚形成种子（a.胚，b.原雌配子体单倍的胚乳）；13.种子萌发

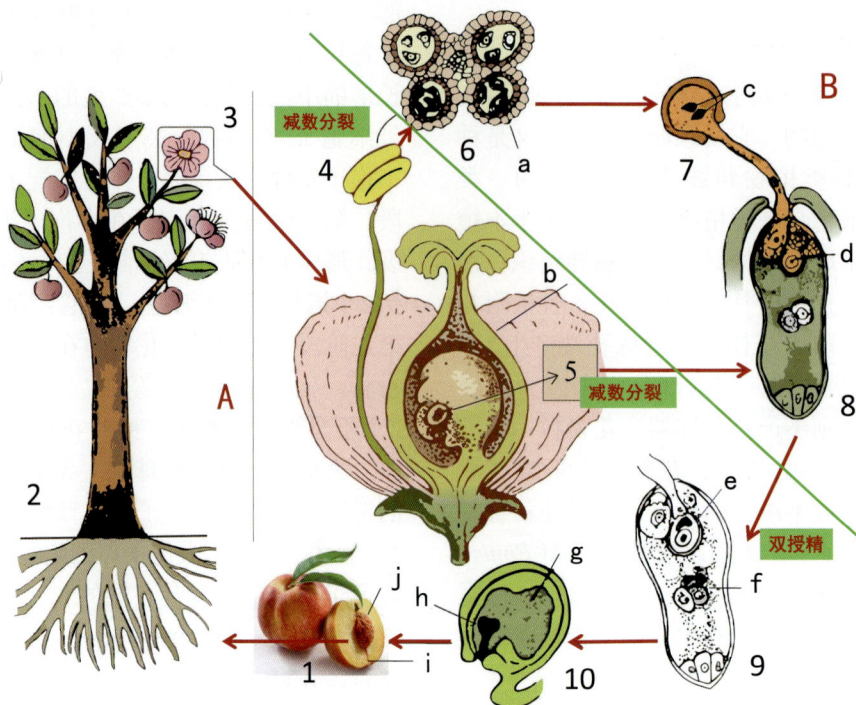

图2-16　被子植物的生活史
A.孢子体世代（2n）；B.配子体世代（n）

1.果实与种子（i.外、中果皮，j.内果皮）；2.植株（成熟孢子体，2n）；3.花；4.雄蕊的花药；5.雌蕊子房纵切示胚珠内胚囊母细胞（b.子房壁）；6.花药横切示减数分裂后的小孢子（a.单核花粉，n）；7.成熟花粉（雄配子体）传粉、花粉管萌发（c.两个精细胞）；8.成熟胚囊（雌配子体）（d.卵细胞，n）；9.成熟胚囊内双受精过程（e.一个精子与卵细胞结合形成合子（2n），f.一个精子与中央极核结合形成初生胚乳核（3n））；10.合子发育成胚（g.胚乳（3n），h.幼胚）

本章提要

　　原核生物的生殖方式为细胞分裂和营养繁殖，所以它们的生活史非常简单。在真核生物发生之后的一定阶段，才出现了有性生殖。在它们的生活史中存在着双相（2n）和单相（n）的核相交替。在大多数植物的生活史中，都要经过两个基本阶段：孢子体阶段和配子体阶段。

　　有性生殖的植物，根据其减数分裂进行的时期，生活史可分为3种类型：①合子减数分裂类型，这一类植物只有单倍的植物体和二倍的合子，只有核相交替，而没有世代交替，在藻类植物中较普遍。②配子减数分裂类型，在它们的生活史中，配子是生活史中唯一的单倍体阶段，不存在单倍的植物体，所以也不存在世代交替。③孢子（居间）减数分裂类型，减数分裂在二倍的植物体产生孢子时进行。在这一类植物中，生活史中有产生孢子的二倍体植物，也有能产生配子的单倍体植物或阶段，而且在整个生活史中，二者是交替出现的。在孢子减数分裂类型中，有同形世代交替及异形世代交替之分。异形世代交替又有配子体世代占优势的和孢子体世代占优势的两种。异形世代交替的生活史类型中，还有一类三相的生活史，如真红藻纲。从植物界各类群的世代交替来看，同形世代交替是比较原始的，只存在于藻类等低等生物中，所有的陆生植物都为异形世代交替。我们还可以看出，植物愈进化，它的孢子体也愈发达。

　　孢子是孢子植物的繁殖细胞，产生孢子的器官称为孢子囊。大部分孢子是在孢子囊内形成的，称为内生孢子；在孢子囊外形成的孢子称外生孢子。孢子的类型不但因生物的种类而异，就是同种生物在不同的环境条件下或不同的生长发育阶段，往往也产生不同类型的孢子。有些藻类植物营养细胞具有配子的功能，通过质配和核配形成合子，合子减数分裂产生孢子，称为有性孢子，如接合孢子等。

　　种子是所有种子植物特有的繁殖器官。种子植物的受精作用完成后，胚珠继续发育形成种子。成熟的种子由胚、胚乳和种皮三部分组成。裸子植物种子的结构与被子植物种子略有不同，如胚乳为单倍的。

被子植物的种子，根据胚中子叶数目可分为单子叶植物种子和双子叶植物种子。又根据成熟种子内胚乳的有无，将种子分为有胚乳种子和无胚乳种子。

藻类植物的生殖方式多样，生活史多样性也较高，表现为在核相交替和世代交替上的不同形式。蓝藻和某些单细胞真核藻类，还没有发现其有性生殖过程，细胞就不存在核相交替，亦无世代交替现象。许多真核藻类植物能进行有性生殖，会出现核相交替及世代交替现象。在藻类植物中，可以看到世代交替演化的趋势是由配子体世代占优势向孢子体世代占优势发展。

苔藓植物具有明显的世代交替现象，其重要特征是配子体占优势，孢子体不发达，并且"寄生"在配子体上，不能独立生活。无性生殖时产生孢子囊和孢子，有性生殖时产生多细胞的精子器和颈卵器。

石松类和蕨类植物与苔藓植物一样，也具有明显的世代交替现象，无性生殖产生孢子囊和孢子，有性生殖时产生多细胞的精子器和颈卵器。但是石松类和蕨类植物的孢子体远比配子体（称为原叶体）发达，我们习见的蕨类植物是它的孢子体，石松类和蕨类植物的孢子体和配子体多数能独立生活。

裸子植物是一类保留着颈卵器，具有维管束，能产生种子的高等植物，是介于蕨类植物和被子植物之间的一类植物。裸子植物的生活史中，孢子体特别发达，绝大多数为多年生木本植物。配子体进一步简化，且完全"寄生"在孢子体上。雄配子体即4细胞花粉，雌配子体（胚囊）由多数细胞组成，近珠孔端会产生2至多个结构简化的颈卵器，其余部分将来发育成胚乳。

被子植物为植物界最高等、最繁茂的类群。被子植物的生活史中，孢子体进一步发达，有了真正的花，输导系统更完善而发达，其雄配子体退化成2细胞花粉或3细胞花粉；雌配子体较裸子植物更为退化，一般是仅由7个细胞8个核组成的成熟胚囊，颈卵器已退化为2个助细胞和1个卵细胞。

思考题

1. 简述植物生活史的类型及其演化。

2. 藻类生活史的类型和特点有哪些？

3. 何谓世代交替？苔藓、石松类与蕨类和种子植物的世代交替各有何重要特征？

4. 简述孢子的结构、种子的结构和主要类型。裸子植物和被子植物种子的主要区别是什么？

5. 从种子和孢子谈为什么种子植物能成为目前地球上最高级、最繁茂的类群？

6. 名词解释：生活史、合子减数分裂、配子减数分裂、孢子减数分裂、孢子体、配子体、孢子、原叶体、世代交替、核相交替、种子。

7. 从各种类型生活史谈生物在延续生命活动中的进化现象。

第一节　植物细胞的结构及功能

一　细胞的概念

细胞是生物体（病毒和噬菌体除外）形态结构和生命活动的基本单位。最简单的植物，由一个细胞构成；多细胞的植物由数个到亿万个细胞构成。细胞是有机体生长发育的基础，植物从受精卵、种子萌发到开花结实形成下一代种子的过程中，经历生长、发育和繁殖等一系列的变化，归根到底是细胞不断进行分裂、生长和生命活动的结果。同时组成植物体的各个细胞，在结构和功能上有着密切联系，它们分工合作，共同完成个体的生命活动。在有机体一切代谢活动与执行功能的过程中，细胞具有独立的、有序的自控代谢体系，一切生化反应过程都是在这种体系下完成的，因此，细胞是代谢的基本单位。在多细胞生物中，各种组织所执行的特定功能，都是在细胞这个基本单位中进行的，而且不同组织细胞间有广泛的信号联络，表现为分工合作的关系。这使多细胞生物的生命活动得以顺利进行。因此，细胞也是功能的基本单位。细胞还是遗传的基本单位，组成生物体的每个细胞都包含它全套的遗传信息，因而植物体细胞还具有遗传上的全能性。

细胞是长达数十亿年进化的产物，根据细胞的进化地位、结构的复杂程度、遗传机制的类型与生命活动的主要方式，可以把构成生物有机体的细胞分为**原核细胞**（**prokaryotic cell**）和**真核细胞**（**eukaryotic cell**）。我们把细胞核有核膜包被、细胞质中分化有多种细胞器的细胞称为真核细胞；把有细胞结构，但没有细胞核膜和细胞器的细胞，称为原核细胞（图3-1）。原核细胞的核物质，如DNA，集中聚在某一区，没有膜包围，称为**拟核**（**nucleoid**）。原核细胞的不同代谢活动不是固定在一定的细胞器中进行的。而真核细胞的代谢活动是由不同的细胞器承担的，这有利于各种代谢活动的高效进行。由原核细胞构成的生物称为原核生物，目前已知的原核生物主要包括支原体、衣原体、立克次氏体、细菌、放线菌、蓝藻和**原绿藻**（**prochloron**）等，几乎所有的原核生物都是由单个原核细胞构成的。由真核细胞构成的生物，称为真核生物。陆生植物和绝大多数藻类植物均由真核细胞构成。

然而，随着分子生物学和生物系统学的发展，

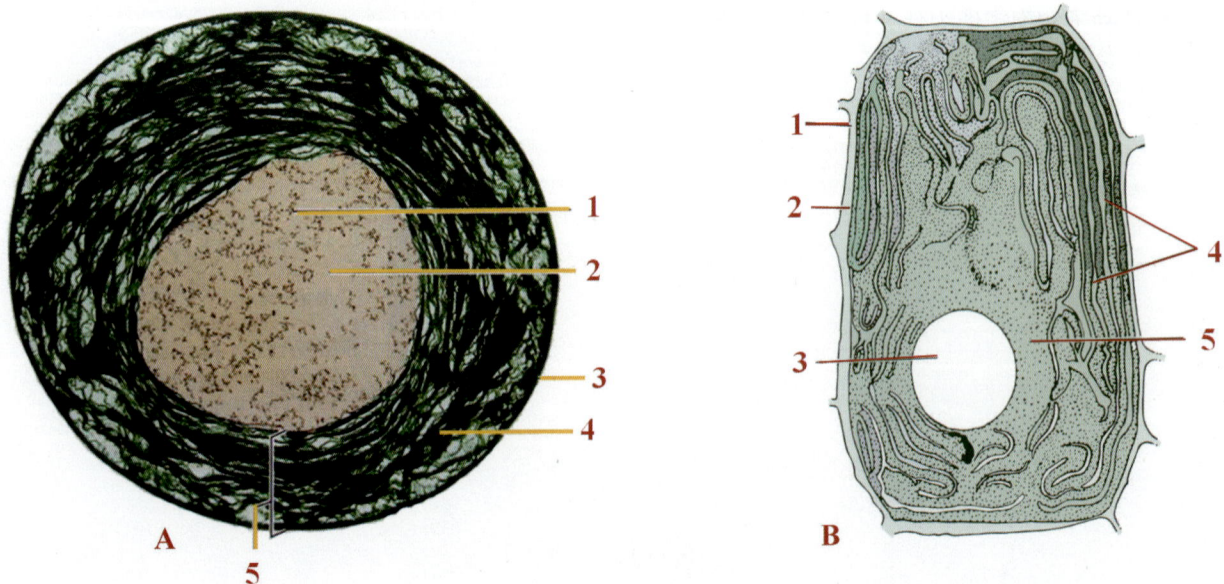

图3-1　原核细胞的结构
A.原绿藻（1.核酸；2.拟核区；3.细胞壁与质膜；4.光合片层；5.周质）；B.蓝藻（1.细胞壁；2.细胞膜；3.食物储藏泡；4.光合片层；5.拟核区）（A引自Raven等，2008；B引自Raven等，2005）

研究人员发现有一类原核细胞生物与其他的原核细胞差异很大，而与真核细胞更接近，将它们定义为**古核生物或古菌域（Archaea）**（图3-2），与**原核生物或细菌域（Bacteria）**以及真核生物域共同构成**生物三大域（domains）**。真核生物又分为四大类（界）（图3-2）。

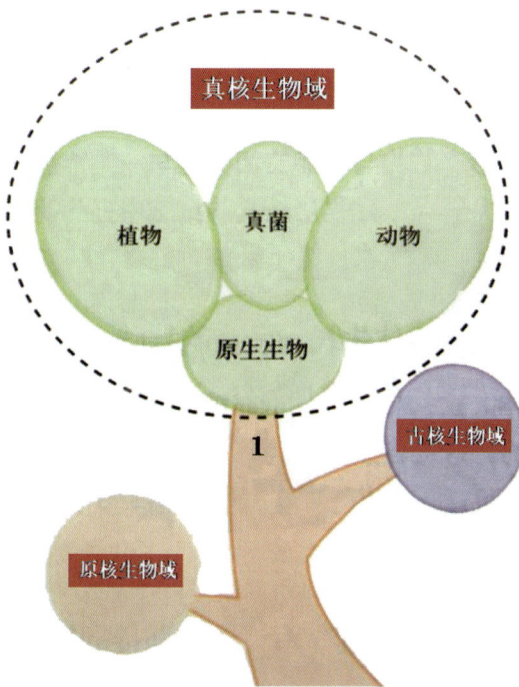

图3-2　三域六大类（界）系统示意图，1.真核生物共同祖先

二 细胞生命活动的物质基础——原生质

植物细胞由细胞壁和**原生质体（protoplast）**组成。细胞腔内充满半透明的胶状物质，Parkinje（1839）称它为**原生质（protoplasm）**。原生质是构成生活细胞的生活物质，细胞中有生命的部分是由原生质构成的，所以原生质是细胞结构和生命活动的物质基础。原生质有着极其复杂的且不断变化的化学成分和物理性质，以及特有的新陈代谢能力，因而具有一系列生命活动的特征。

（一）原生质的化学组成

原生质不是单一物质，它有十分复杂的化学组成。在不同植物中，在同一植物组织与组织、细胞与细胞之间，甚至在同一细胞的不同发育时期，原生质的组成都存在差异。尽管如此，所有细胞的原生质却有着相同的基本组成成分。

1.无机物

原生质中含量最多的无机物是水，一般占细胞全重的60%～90%。原生质中的水，以**游离水（free water）**和结合水（**bond water**）两种方式存在。前者又称自由水，作为细胞内生理生化反应的溶剂，同时兼具运输功能，对代谢活动起着至关重要的作用。结合水依靠氢键与蛋白质等其他物质结合，溶解性、流动性均降低，不参与代谢，成为细胞结构组分，其含量与植物的抗性有密切联系。水的两种存在方式在一定条件下可以相互转化。在代谢旺盛的细胞中，自由水的含量一般较多；而在休眠的种子和越冬的植物、生活在干旱和盐渍等胁迫环境下的植物中，结合水的含量相对较多。

此外，水的比热较大，能吸收大量的热能，使原生质的温度不至于过高或过低，有利于维持细胞的生命活动。除了水之外，原生质中的无机物还包括：溶于水中的气体（如氧和二氧化碳等）、无机盐类以及许多呈离子状态的元素，如铁、铜、锌、锰、钙、镁、钾、钠、氯等（图3-3）。

2.有机物

构成原生质的有机物约占细胞干重的90%（图3-3），包括**蛋白质（proteins）、核酸（nucleic acids）、脂类（lipids）和糖类（carbohydrates）**，以及极微量的生理活性物质如酶、维生素、激素和抗生素等。这里主要叙述前四大类物质。

（1）蛋白质　由氨基酸组成，是一种空间结构复杂的大分子有机物，约占原生质干重的60%，其基本化学组成为碳、氢、氧和氮，有些还含有硫、

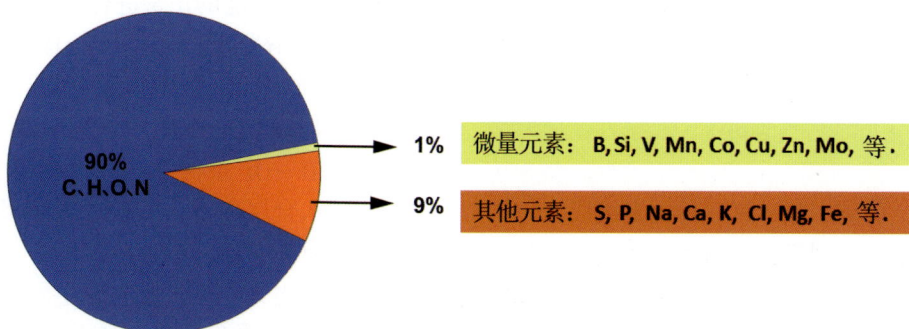

90% C、H、O、N

1%　微量元素：B, Si, V, Mn, Co, Cu, Zn, Mo, 等.

9%　其他元素：S, P, Na, Ca, K, Cl, Mg, Fe, 等.

图3-3　细胞的化学元素组成

磷、铁、锌等元素。蛋白质是细胞结构中最重要的有机成分，既是原生质的结构成分，又是细胞参与调节各种代谢活动、完成各种功能、维持生命过程所不可缺少的，所以蛋白质是体现生命活动的重要物质。

在细胞中，蛋白质以结构蛋白和贮藏蛋白两种形式存在。在原生质中，蛋白质常与其他物质结合，共同执行特定功能，如与脂类结合形成脂蛋白，与核酸结合形成核蛋白，与糖类结合形成糖蛋白，与某些金属离子结合形成色素蛋白等。这种蛋白质所表现出的多样性与它们执行多种功能有关。

所有生活细胞内都有一类重要的蛋白质，叫作**酶（enzyme）**，酶是细胞内生化反应的有机催化剂。原生质体不同部位或结构之所以执行特定功能，与它们所在部位含有特定酶类有关。例如线粒体中含有许多呼吸作用的酶类，而细胞核中则没有。

（2）核酸　为**核苷酸（nucleotide）**形成的多聚体大分子化合物，是普遍存在于活细胞内的遗传物质，主要组成元素有碳、氧、氢、氮和磷，可分为**脱氧核糖核酸（deoxyribonucleic acid，DNA）**和**核糖核酸（ribonucleic acid，RNA）**。这两种核酸共同担负着贮存和传递遗传信息的功能，同时与蛋白质的合成有密切关系。

DNA主要存在于细胞核内的染色体上，控制生物体遗传信息的储存及其在代际间的传递，对RNA和蛋白质的合成起着决定性的指导作用。此外，叶绿体与线粒体中也有DNA存在。RNA主要分布在核仁与细胞质中，与蛋白质的合成有关。详细的结构和功能请参阅《细胞生物学》有关章节。这里将DNA和RNA的主要区别列于表3-1供参考。

表3-1　DNA和RNA的主要区别

DNA	RNA
存在于染色体，也存在于线粒体和叶绿体	存在于细胞质和核仁
双螺旋结构	单链结构
五碳糖为脱氧核糖	五碳糖为核糖
含胸腺嘧啶和胞嘧啶	含尿嘧啶和胞嘧啶
仅一种类型	三种类型：rRNA、tRNA和mRNA

（3）脂类　由碳、氢、氧三种元素组成，包括中性油脂、磷脂、类固醇、某些色素和蜡等，其共同特点是难溶于水。中性油脂，主要起能量贮藏的作用，可分为油和脂。前者常见于植物中，如花生油、大豆油。磷脂是细胞膜与细胞内膜的重要组成

原料，有"生物膜骨架"之称，对维持细胞的结构与功能起着十分重要的作用。类固醇在调节植物的生长发育和提高逆境胁迫下的抗性方面可起到一定作用，如油菜素类固醇。类胡萝卜素、维生素A在细胞生理上有活跃的作用（如光合作用过程中的聚光分子）。蜡是植物保护屏障的主要组成原料，如角质、木栓质在防止植物过度失水方面起至关重要的作用。

（4）糖类　由碳、氢、氧三种元素组成，可分为单糖、双糖和多糖。糖类是植物光合作用的产物，也可作为合成其他有机物质的原料，参与原生质和细胞壁的构成，并作为能量用于原生质的生命活动，或贮存于细胞内供植物体生命活动的需要。

单糖包括五碳糖（如核糖、脱氧核糖）和六碳糖（如葡萄糖、果糖、半乳糖）。其中，五碳糖是核酸的组成部分，而六碳糖则是重要的能量物质；双糖包括蔗糖、麦芽糖、乳糖；多糖包括淀粉和纤维素。其中，淀粉是植物体中主要的贮藏物质，纤维素则是细胞壁的主要成分。

蛋白质、核酸和多糖是构成细胞的大分子物质。原生质中某些脂类虽不是大分子化合物，但它们和大分子物质紧密结合，所以也很重要。这四类物质错综复杂的有机结合，是细胞构造和生命活动的物质基础。

（二）原生质的物理性质

从物理学角度来看，原生质是具有一定弹性和黏度的、半透明的、不均一的亲水胶体，比重为1.04～1.06。

所谓胶体，是由分散相和连续相构成的。原生质胶体的分散相是生物大分子，主要是蛋白质、核酸和多糖，形成直径0.001～0.1μm的小颗粒，均匀地分散在以水为主（溶有简单糖、氨基酸、无机盐）的溶液连续相中。由于蛋白质和核酸带有正电荷和负电荷，而水分子又具有两极性，所以水合作用可使其处于更稳定的状态，保证了原生质结构的稳定性和生理功能的正常进行。

在通常情况下，原生质胶体的颗粒是悬浮在液体的介质中的，称为溶胶状态。溶胶具有半流动性，所以在生活细胞中常可见到原生质的流动现象。但在一定条件下，如温度降低，水分减少时，胶粒水合层变薄，胶粒之间互相连接形成网状结构，而液体介质分散在胶粒网中，胶体失去流动性，这时称之为凝胶。此时原生质的生理活动降到最低点。原生质有时呈溶胶状态，有时呈凝胶状态，有时介于两者之间。这种状态的变化，受生理

生化反应和环境条件（温度、酸碱度）等的影响而不断变化。原生质的这种胶体性状，与细胞生命活动有密切关系。例如干燥的植物种子的细胞，其原生质呈凝胶状态，生命活动降到最低点，因而能较长时期贮藏并保持其生命力；当种子萌发时，吸收大量水分，原生质转变为溶胶状态，生命活动又得以恢复。

（三）原生质的运动

生活的原生质不仅具有新陈代谢的能力，而且在不断运动着，原生质的运动是生命活动的表现，它对维持细胞正常代谢、物质转移及信息传递有利。植物细胞原生质的运动可分为两种（图3-4）。

1.原生质旋转运动

细胞内原生质以顺时针或逆时针方向沿着中央大液泡流动，称为**旋转运动（rotational motion）**（图3-4B），流动中可携带细胞核和质体一起运动。如在黑藻幼叶细胞和水稻的根毛中可看到此种运动。

2.原生质循环运动

细胞内原生质以不同方向围着一些小液泡流动，称为**循环运动（circulation）**（图3-4A）。在紫鸭跖草叶表皮细胞和南瓜花丝的毛细胞中可以看到此种运动。

三　植物细胞的形状与大小

（一）植物细胞的形状

植物细胞的形状和大小，取决于细胞的遗传、对环境的适应和生理上所担负的功能。单细胞的藻类植物如小球藻和一些细菌的细胞常呈球形；但在多细胞植物体中，由于细胞互相挤压而呈不规则的多面体形。种子植物的细胞，具有精细的分工，因此，它们的形状变化很大。例如起输导作用的细胞呈长筒形（导管分子和筛管分子），起支持作用的纤维细胞呈长纺锤形，而吸收水肥的根毛是表皮细胞向外产生的一种管状突起，有利于增大与土壤的接触面积。细胞形状的不同，体现其形态和功能的统一。

（二）植物细胞的大小

植物细胞的体积通常很小，其直径一般在 $10 \sim 100\mu m$，但不同种类细胞的体积差异很大。现知最小的细胞是**支原体（mycoplasma）**，直径 $0.1 \sim 0.3\mu m$。种子植物的分生组织细胞，直径 $5 \sim 25\mu m$；而分化成熟的细胞，直径 $15 \sim 65\mu m$。也有少数大型的细胞，直径可达1mm，如西瓜瓤细胞；纤维细胞的一般长度在 $3 \sim 10mm$，棉籽的表皮毛一般长度在25 ～ 33mm，最长可达75mm；苎麻茎的纤维可长达620mm，但大多数的细胞直径都很小（图3-5）。细胞体积之所以小，主要受两个因素的影响。其一，一个细胞核所能控制的细胞质的量是有一定限度的，细胞的大小受细胞核所能控制范围的制约；其二，在细胞生命活动的过程中，必须与周围环境（包括相邻细胞）不断地进行物质交换，同时，进入细胞的物质，在内部也有一个扩散和传递的过程。细胞体积小，则它的相对表面积大，有利于物质交换和转运，对细胞生活具有特殊意义。

在同一植物体内，不同部位细胞体积的大小与各细胞的代谢活动及功能有关。一般来说，生理活跃的细胞往往较小，而代谢弱的细胞，则往往较大。例如分生组织的细胞就明显比代谢弱的各种贮

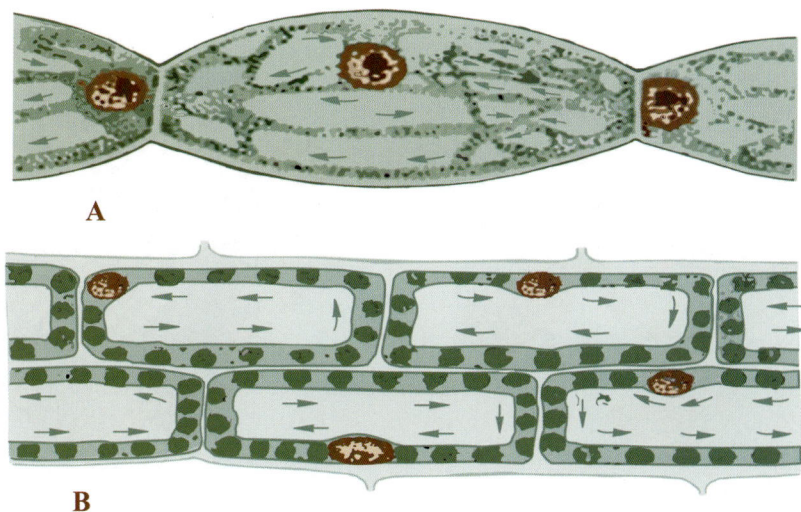

图3-4　原生质的运动
A.原生质循环运动；B.原生质旋转运动

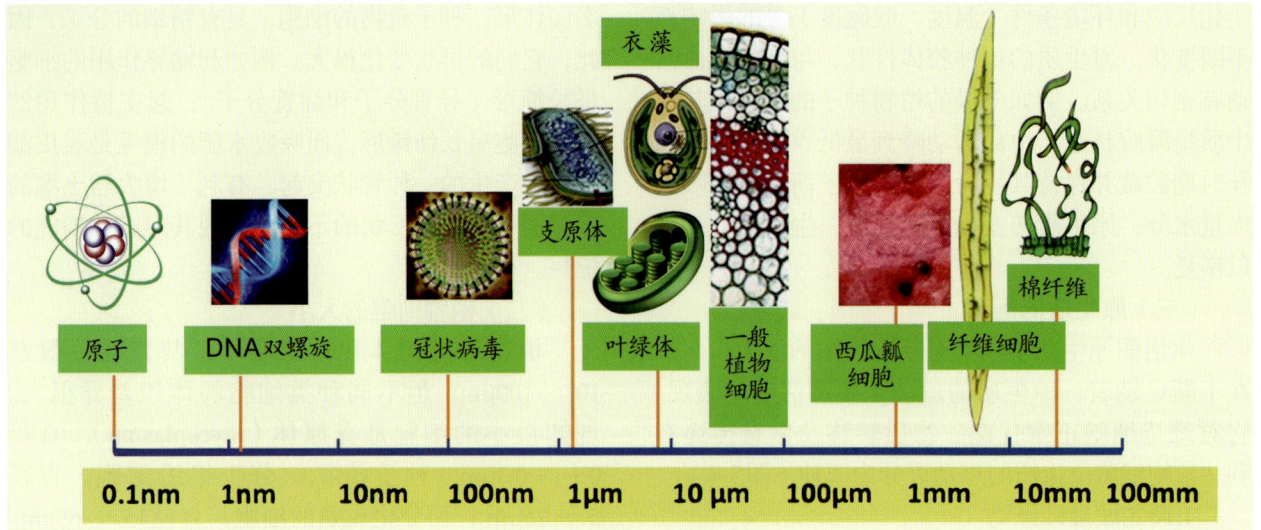

图3-5　植物细胞大小对照

藏细胞要小。细胞的大小也受许多外界条件的影响，例如水、肥、光照等。

四　植物细胞的结构与功能

植物细胞虽然大小不一，形状多样，但一般都有基本相同的构造（图3-6）。

植物细胞的基本结构包括细胞壁、细胞膜或质膜、细胞质和细胞核等部分（图3-6）。细胞膜或质膜、细胞质和细胞核由原生质特化而来，总称**原生质体（protolplast）**。所以原生质体是指单个细胞内的原生质，它是细胞的最主要部分，细胞的一切代谢活动都在这里进行。因此，植物细胞的基本结构，也可概述为细胞壁和原生质体两大部分。原生质体内还包括多种细胞器：叶绿体、线粒体、内质网、液泡、高尔基体，而细胞壁、叶绿体和液泡是植物细胞特有的结构。

（一）细胞膜（plasma membrane）或质膜（plasmalemma）

植物细胞的细胞质外方与细胞壁紧密相接的一层薄膜，称为细胞膜或质膜（图3-7）。由于质膜在细胞与环境的物质交换中起到了至关重要的作用，通常认为质膜，而非细胞壁，是细胞的外边界。质膜的厚度5～10nm，所以只有在电子显微镜下才能看清楚。

质膜的化学组成，包括磷脂、蛋白质和少量糖类。

在电子显微镜下看到的质膜是由两层染色深的暗层和中间一层染色浅的亮层组成。现已了解

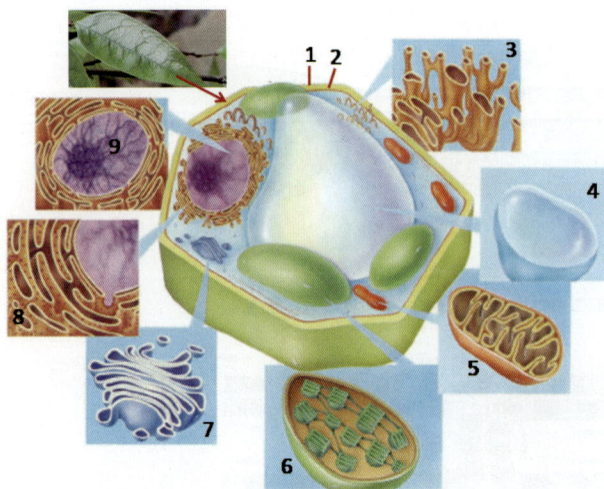

图3-6　植物叶细胞的基本结构
1.细胞壁；2.细胞膜；3.光面内质网；4.液泡；
5.线粒体；6.叶绿体；7.高尔基体；8.粗面内质网；9.细胞核

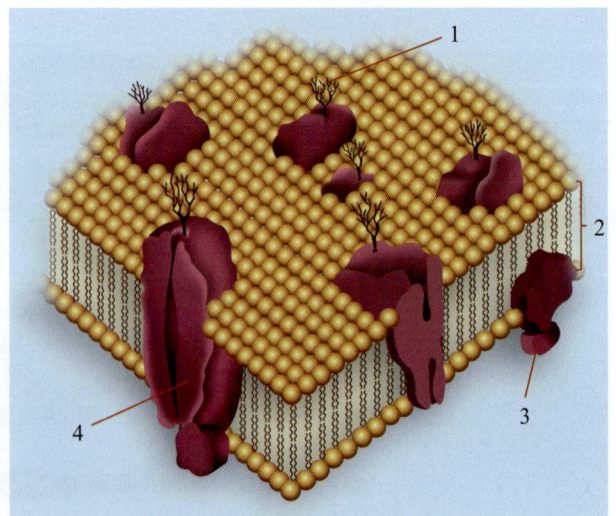

图3-7　细胞膜结构的液态镶嵌模型
1.与蛋白质结合的糖链；2.磷脂双分子层；3.外周蛋白；4.镶嵌连通内外的蛋白

中间的一层为双分子类脂层，两侧各覆盖着一层蛋白质的分子层，这样的结构称为**单位膜**（**unit membrane**）。细胞质膜和其他细胞器表面包被的膜一般都是由单位膜组成的，但各自的厚度、结构和性质存在差异。1972年，提出了膜结构的**流动镶嵌模型**（**fluid mosaic model**）（图3-7）：这一模型有两个结构特点：一是膜的流动性，膜蛋白和膜脂均可侧向移动；二是膜蛋白分布的不对称性，蛋白质有的镶嵌在膜的内或外表面，有的嵌入或横跨磷脂双分子层。在脂质双子层中，镶嵌的球蛋白分别称**外周蛋白**（**extrinsic protein**）和**内在蛋白**（**intrinsic protein**）。膜中的蛋白质有的是特异酶类，在一定条件下具有"识别"、"捕捉"和"释放"某些物质的能力，从而对细胞内外物质进出起到选择作用。

质膜主要生理功能包括：①维持稳定的细胞内环境；②控制细胞内外的物质交换，如选择透性、胞吞胞吐等；③接收外界信号，引起细胞内代谢和功能的变化，调节细胞的生命活动。

质膜在光学显微镜下是看不到的，当细胞发生**质壁分离**（**plasmolysis**）时，原来与细胞壁紧贴的质膜就会和细胞壁分离开来，这时能看到质膜的界线。在实验中，我们常将20%～30%（或0.3g/mL）的蔗糖溶液加到细胞周围观察这个现象。农业上，如对作物和苗木施肥浓度过高，也会发生质壁分离，严重时会损伤作物，甚至造成死亡。

（二）细胞质（cytoplasm）及其细胞器

细胞质是质膜以内、细胞核以外的原生质。在光学显微镜下，我们能见到质体、线粒体和液泡等少数亚细胞结构。随着电子显微镜的应用，逐渐看到更多的微小结构。细胞质实际上可分为**胞基质**（**cytoplasmic matrix**）和**细胞器**（**organelle**）两部分。细胞器是细胞内具有特定结构和功能的亚细胞结构。包围细胞器的胞基质是无色透明的胶体物质。胞基质与细胞器的关系密切：细胞器悬浮在胞基质中，为胞基质提供支持结构；胞基质能提供维持细胞器的实体完整性所需的离子环境、供给细胞器行使功能所必需的物质，同时胞基质本身也进行某些生化反应。

细胞质内的细胞器有很多种，现就重要的细胞器分别叙述如下。

1. 质体（plastid）

质体是绿色真核植物所特有的细胞器。在幼龄的细胞中，质体尚未分化成熟，称为原质体或**前质体**（**proplastid**）。它的形状不太规则，直径约1μm，具有双层膜，有少量片层和基质。随着细胞长大和分化，原质体逐渐分化为成熟质体。根据色素和功能的不同，可分为叶绿体、有色体和白色体（图3-8A、3-9、3-10）。它们是一类合成和积累同化产物的细胞器，有半自主性的DNA，对整个生物界有着重要意义。在藻类中我们把质体称为色素体，形态多种多样（图3-8B）。

（1）叶绿体（chloroplast）　高等植物的叶绿体，主要存在于叶肉细胞内，在幼茎和幼果表面也有存在，其功能是进行光合作用。高等植物叶绿体的形状为球状椭圆形，长径5～10μm，短径2～3μm。在一个细胞中，叶绿体的数目一般为十多个至数十个，多的可达百个以上。如菠菜叶的栅栏组织细胞内有300～400个叶绿体，海绵组织细胞内有200～300个叶绿体。细胞内的叶绿体常分布在外围靠近质膜处的细胞质中，但光的强弱变化可使其分布位置发生变化。

叶绿体有复杂的超微结构，在电镜下可见是由它双层**质体被膜**（**plastid envelope**）、**基质**（**stroma**）和**类囊体**（**thylakoid**）三部分构成。类囊体是由单位膜形成的扁平小囊。在有些部位，许多圆盘状的类囊体叠成垛称为**基粒**（**grana**）。组成基粒的

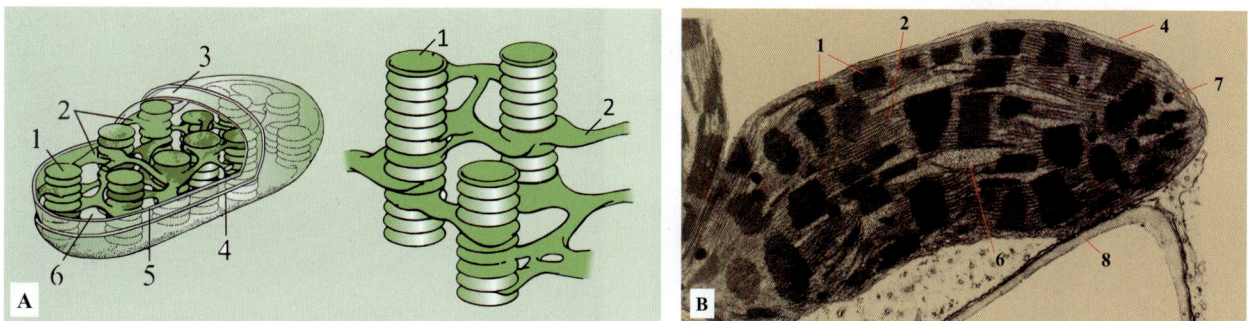

图3-8　叶绿体的超微结构
A.超微结构图示；B.电镜下的叶绿体（B改自Raven et al.，2005）
1.基粒类囊体；2.基质类囊体；3.膜间隙；4.外膜；5.内膜；6.基质；7.油滴；8.细胞壁

类囊体通常称为**基粒类囊体（granum thylakoid）**，连接基粒的类囊体部分称为**基质类囊体（stroma thylakoid）**或**基质片层（stroma lamella）**（图3-8），所以叶绿体也是一个膜系统。

高等植物的叶绿体含有**叶绿素a（chlorophyll a）**、**叶绿素b（chlorophyll b）**以及橙红色的**胡萝卜素（carotin）**和橙黄色的**叶黄素（xanthophyll）**（两者合称类胡萝卜素），均存在于类囊体膜中。叶绿体基质中含有DNA、核糖体、类脂球、蛋白质颗粒、酶和淀粉粒等。光合作用的不同反应是在类囊体和基质中分别完成的。**叶绿体DNA（chloroplast DNA，cpDNA）**是一个独立的基因组，我们常称其为**叶绿体基因组（cp genome）**，呈环状。目前已知大小为120～217kb，含100多个编码基因（图3-11）。叶绿体基因组在大多植物中呈现出单亲遗传的特点，且基因组结构稳定，通过研究不同物种或同一物种不同居群的叶绿体基因组变异，可以解析物种的系统发育关系，以及追踪物种的扩张、压缩等种群动态历史。

如果叶在黑暗中生长或某些植物进行黄化栽培（如韭黄），原质体的内膜可产生许多小管形成网状结构，称为**前片层体或前层膜体（prolamellar body）**，即为**黄化质体（etioplast）**。这种质体在光照条件下，能够发育成正常的叶绿体。

叶绿体一般由原质体分化而成，分化时一般需要光；叶绿体也可由造粉体转变而成，如马铃薯的块茎见光后能发生这种转变。

（2）**有色体（chromplast）**（图3-9） 指含有类胡萝卜素的质体，呈橘红至黄色。有色体存在于成熟果实、花瓣、老叶以及胡萝卜根等器官的细胞中。有色体的形状多样，其结构较叶绿体简单，基质内的基粒和基质片层多已变形或解体，基质中含有小油滴等。有色体多从叶绿体转化而来，果实成熟时由绿转红就是这种变化；有的则由造粉体形成，如胡萝卜的根。某些植物的有色体可以再转变成叶绿体。有色体能积累淀粉、脂肪和胡萝卜素，同时赋予花果以鲜艳色彩，有利于花粉和种子的传播。

（3）**白色体（leucoplast）**（图3-10） 白色体是无色的质体，近球形，大小为2μm×5μm。白色体常存在于幼嫩组织和无色的贮藏器官中，在种子的胚以及少数植物叶的表皮细胞中也有存在。不同类型组织中，白色体的功能有所不同，可分为：**造粉体（amyloplast）**，积累淀粉，分布于贮藏组织内；**造蛋白体（proteinoplast）**，含有蛋白质，常以结晶状存在；**造油体（elaioplast）**，含油脂。白色体结构简单，基质中仅有少数不发达的片层。

在一定条件下，一种质体可转变成另一种质体。质体间的相互转化可见图3-12。

2.线粒体（mitochondrion）

除细菌、蓝藻和厌氧真菌外，生活的细胞一般都有线粒体。线粒体是进行呼吸作用的主要产所，也是细胞供能的动力车间。在光学显微镜下，线粒体呈粒状、棒状、丝状或分枝状。线粒体较小，直径一般为0.2～1.0μm，长1～2μm。在一个细胞内线粒体的数量因细胞种类不同而有很大差异。如玉米的一个根冠细胞有100～3000个线粒体，而拟南芥一个叶肉细胞平均只有50个。线粒体无色且体积小，在光学显微镜下用**詹纳斯绿B（Janus green B）**染色才能看到。

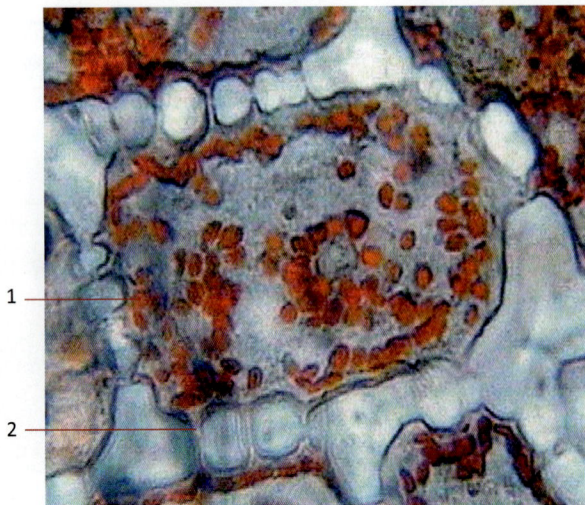

图3-9　辣椒果皮细胞内的有色体
1.有色体；2.纹孔

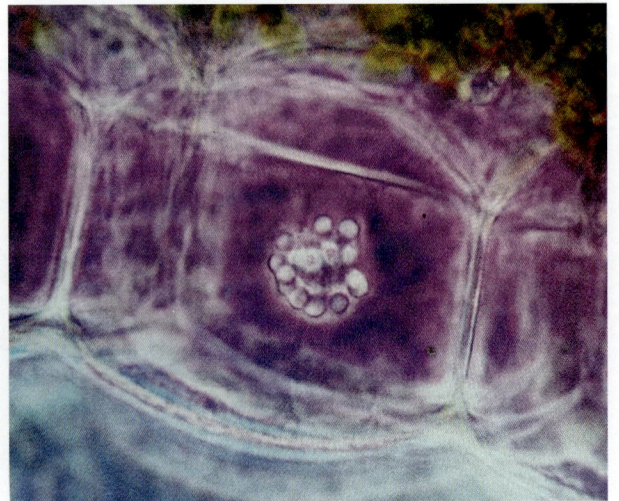

图3-10　白色体（紫鸭跖草表皮细胞核外围）
（改自Evert等，2013）

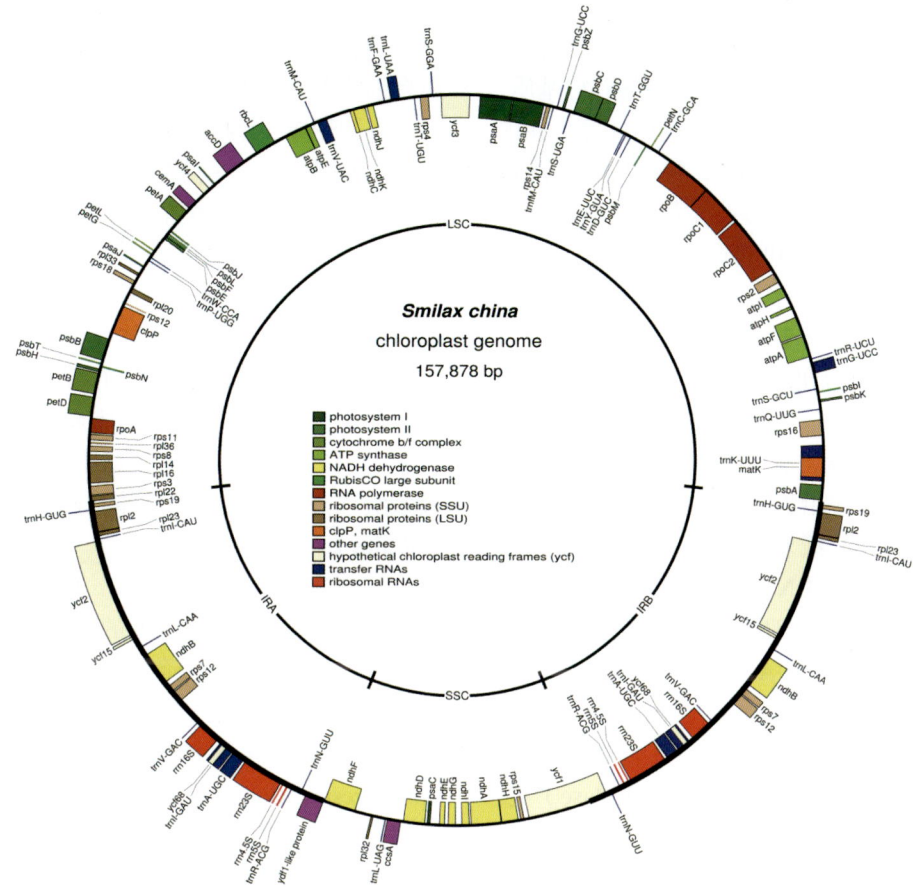

图3-11 植物叶绿体基因组结构（菝葜，*Smilax china*）

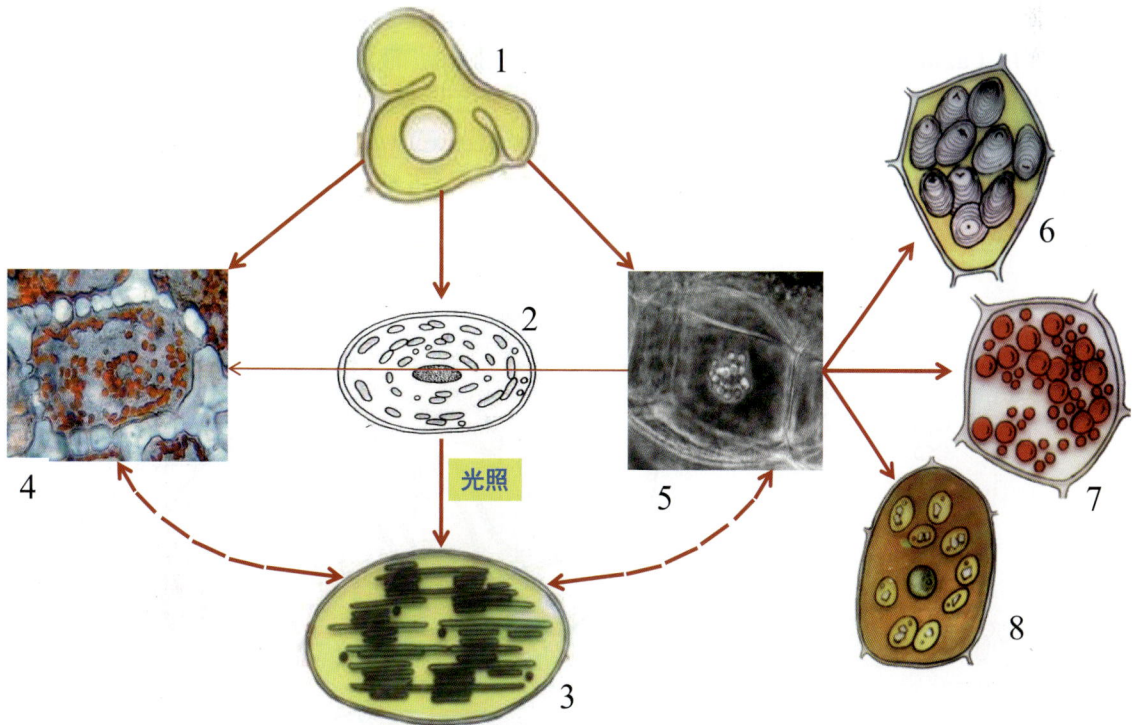

图3-12 质体的转换

1.前质体；2.前片层体；3.叶绿体；4.有色体；5.白色体；6.造粉体；7.造油体；8.造蛋白体

在电子显微镜下，可观察到线粒体具有双层膜结构，内膜在许多部位向内褶皱形成管状或搁板状突起，称为**嵴**（cristae）。内膜和嵴包围的腔称基质，其中含有DNA、蛋白质、核糖体、类脂球等。在内膜和嵴上有许多带柄的球状小体，称为**电子传递粒**（elementary particle），是可溶性腺苷三磷酸酶复合体（图3-13），同时在内膜和基质中还含有与呼吸作用有关的酶类。因此线粒体是细胞进行有氧呼吸的场所。利用定时摄影技术观察到，线粒体总是处在不断运动中，它们可以扭动、旋转，从细胞的一个地方运动到另一个地方。并且，线粒体在细胞内总是聚集在能量需要的地方，当质膜活跃地进行物质转运时，大量的线粒体沿着质膜表面分布。

与叶绿体一样，线粒体同样具有半自主性的基因组，即**线粒体DNA**（mitochondrial DNA，**mtDNA**）。它们多呈双链环状，分子结构与细菌DNA相似。植物线粒体DNA大小在300kb左右。

3. 溶酶体（lysosome）

溶酶体是一种异质性的细胞器，常为圆球形，只有一层膜包围，内含多种**水解酶**（hydrolase）类，以酸性磷酸酶为特有的酶。但一般认为溶酶体的膜未破裂以前，其酶是不活化的。

溶酶体在细胞内起消化作用，能降解生物大分子。它可以消化进入细胞的病毒和细菌，称为**内吞作用**（endocytosis）；也可消化细胞本身的部分结构，称为**自体吞噬作用**（autophagy）；甚至消化整个细胞，称**自溶作用**（autolysis）。溶酶体还有利于细胞分化和个体发育。如种子植物的导管、纤维等细胞在发育成熟过程中原生质体解体消失，与溶酶体的作用有一定的关系。植物细胞中还有其他含有水解酶的细胞器，如液泡、圆球体、糊粉粒等。因此有人认为植物细胞中的溶酶体应是指发生水解作用的所有细胞器，而不是某一特殊形态的细胞器。

4. 圆球体（spherosome）

圆球体是一层膜包围的球状小体，直径0.1～1.0μm。圆球体含有脂肪酶，是积累脂肪的场所，因而是一种贮藏性细胞器。当脂肪大量积累后，变成透明的油滴。油料植物种子含有很多圆球体。在一定条件下，圆球体所含的脂肪酶，也能将脂肪水解，因此圆球体也具有溶酶体的性质。电镜观察显示，圆球体与周围细胞质的界面上存在半单位膜。此外，圆球体有类似脂肪的染色反应，可被锇酸强烈还原，故圆球体又被称为**类脂球**（lipid globules）。

5. 微体（microbody）

微体是由一层膜包围的、内含一种或几种氧化酶类的细胞器，直径0.5～1.5μm。微体有两种主要类型：一种是**过氧化物酶体**（peroxisome），存在于高等植物的叶肉细胞内，与**光呼吸**（photorespiration）有密切关系，常与叶绿体、线粒体配合参与乙醇酸循环；另一种是**乙醛酸循环体**（glyoxysome），存在于油料植物种子和大、小麦种子的糊粉层及玉米的盾片中，与脂肪代谢有关，与圆球体和线粒体配合，能将脂肪酸转化为糖类。

6. 液泡（vacuole）

液泡是植物细胞的特有细胞器之一。在分生组织细胞中，液泡很小。随着细胞的生长和分化，小液泡逐渐增大，或合并为几个甚至一个**中央大液泡**（central vacuole，图3-14），细胞核和细胞质被排挤到靠近细胞壁。液泡由一层膜包围而成，称为

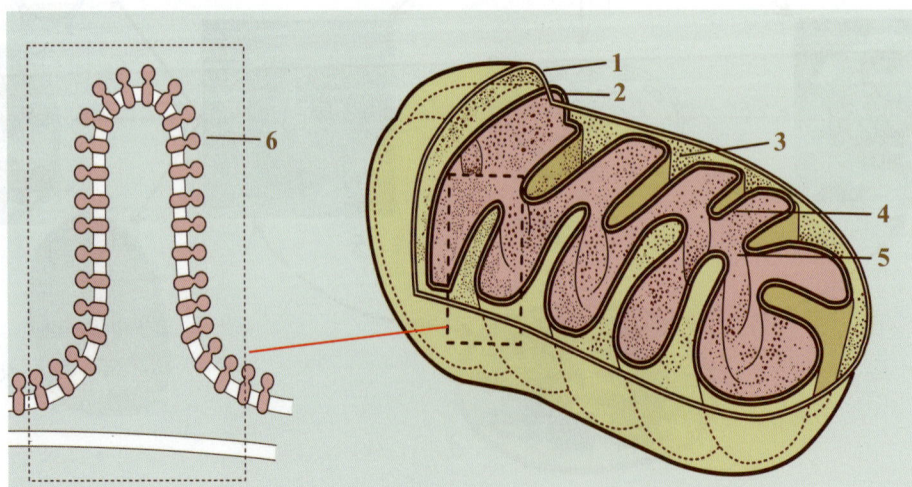

图3-13 线粒体超微结构（改自Evert等，2013）
1.外膜；2.内膜；3.膜间隙；4.嵴；5.基质；6.ATP酶复合体

液泡膜（**tonoplast**）。液泡内的汁液称**细胞液**（**cell sap**），其主要成分是水，并含有糖、有机酸、脂类、蛋白质、酶、氨基酸、树胶、黏液、植物碱、**色素**（**pigment**）和无机盐（包括结晶）等物质。例如甘蔗茎细胞的液泡中含有蔗糖；茶叶、柿子和石榴的果皮及许多植物的树皮细胞液泡中含有单宁；果实细胞液泡中含有机酸，如草酸、柠檬酸和苹果酸等；许多植物细胞的液泡中含有植物生物碱，如茶叶和咖啡含有咖啡碱，罂粟果实中含有吗啡，金鸡纳的树皮含有奎宁，医药中的很多药物就是用植物碱制成的；部分植物的花瓣和果实上的红色或蓝色是因为含有一类水溶性色素，称为类黄酮色素（花色素苷或黄酮醇）。花色素苷显现的颜色会随着细胞液的酸碱性不同而有变化，细胞液酸性时呈红色，碱性时呈蓝色。

液泡主要有贮藏作用、消化作用；因含有水解酶，故也具有溶酶体的功能；能调节渗透压和pH，参与细胞中物质的生化循环。尤其是中央大液泡，它的细胞液浓度较高，与植物体水分的吸收和运输，以及维持植物细胞的膨压有着直接关系。同时液泡在维持细胞质的内环境的稳态上起着重要作用。液泡的个体发育是一个有争议的问题。电镜研究认为液泡是由内质网的槽库或小泡膨胀形成的，或由质膜内陷而成胞饮囊泡形成的。大麦根尖分生组织的细胞，有些没有液泡，细胞分化开始时，高尔基体产生富含水解酶的囊泡和小管（以酸性磷酸酶为典型代表），因此，液泡很可能是通过多种途径形成的一种细胞器。

7.核糖体（核糖核蛋白体 ribosome）

核糖体是细胞内合成蛋白质的细胞器，主要成分是蛋白质和RNA，其中蛋白质占60%，RNA约占40%。核糖体主要存在于细胞质中，在细胞核、内质网、叶绿体和线粒体中也有存在。核糖体为直径17～23nm的小颗粒，由大小两个亚单位组成。在质体和线粒体中，核体与原核细胞核糖体相似。在合成蛋白质时，核糖体常几个到几十个与mRNA分子结合成念珠状复合体（图3-15），称为**多聚核糖体**（**polyribosome**），以提高蛋白质的合成效率。

附在内质网的核糖体合成的蛋白质将被分泌到细胞外，游离在细胞质中的核糖体合成细胞内部的蛋白质。

8.内质网（endoplasmic reticulum，ER）

内质网是由封闭的膜系统及其围成的腔形成的相互沟通的网状结构。在电子显微镜下可见成对平行的膜形成了一层层扁平的囊泡或槽库、**池**（**cisterna**）、互相沟通成网状系统（图3-16）。内质网有两种类型：膜的外表面附有核糖体颗粒的叫**粗面内质网**（**RER**）；膜的外表面没有核糖体颗粒的叫**光面内质网**（**SER**）。两种类型可同时存在于一个细胞内，也可相互连接。粗糙型内质网还可与外核膜相连接，使细胞核与细胞质相沟通。内质网也与质膜相连，并通过胞间连丝和相邻细胞内质网相通。

内质网在细胞质中呈网状分布，有支持细胞的作用。同时它把细胞质分隔成不同的区域，使代谢活动在特定区域内进行。就内质网本身来说，粗面内质网参与蛋白质合成，并运输和贮存蛋白质；光滑内质网与脂类、激素合成有关。合成的物质可经过光面内质网形成小泡，输送到高尔基体。同时内质网是许多细胞器的来源，如液泡、高尔基体、

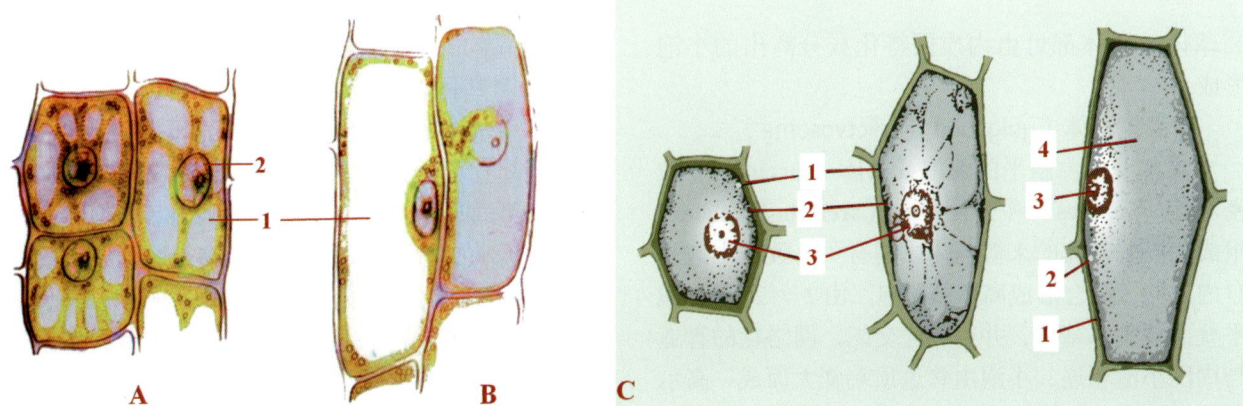

图3-14　液泡的形成

A.分生组织细胞形成初期（1.液泡；2.细胞核）；B.成熟细胞（1.液泡）；C.液泡的形成过程，从若干小液泡形成一个成熟细胞的大液泡（1.细胞壁；2.细胞膜；3.细胞核；4.液泡）

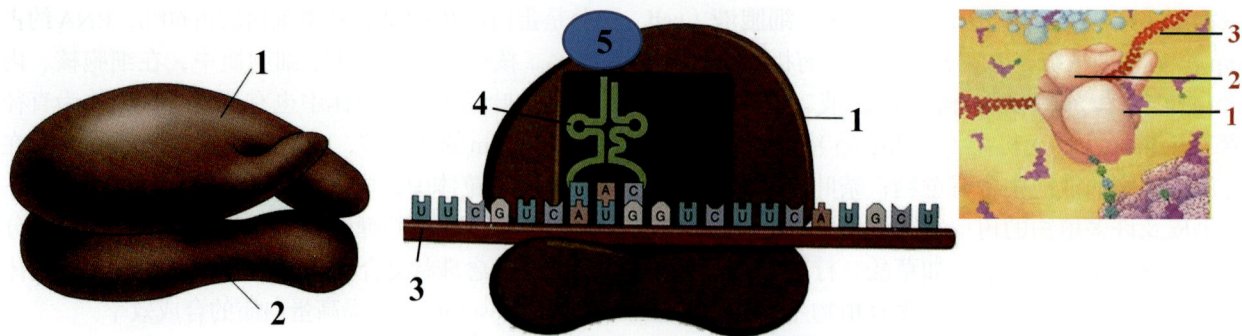

图3-15 核糖体超微结构及工作过程
1.大亚基；2.小亚基；3.mRNA；4.tRNA；5.合成的蛋白质；右上图为核糖体在细胞内的工作状态

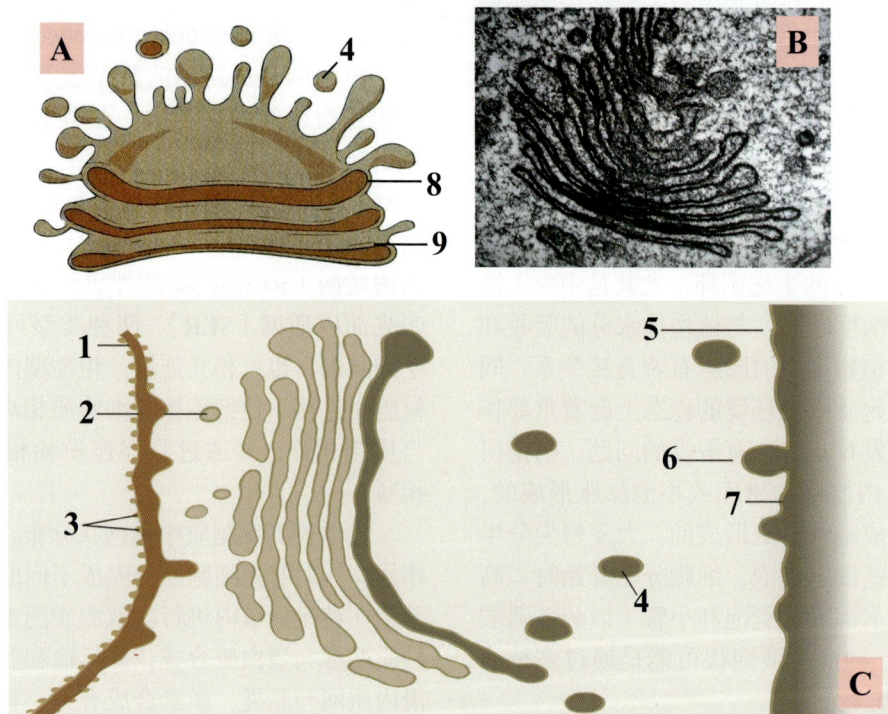

图 3-16　高尔基体及内膜系统结构
A.高尔基体模式图；B.高尔基体电镜图；C.内膜系统中高尔基体的作用示意图（1.连接核膜的糙面内质网，2.分泌小泡，3.核糖体，4.分泌小泡，5.细胞膜，6.分泌小泡与质膜融合，7.细胞壁，8.成熟面，9.形成面）

圆球体及微体都可由内质网特化或分离出的小泡形成。

9.高尔基体（golgi body 或 dictyosome）

高尔基体由扁平的**囊泡或槽库（saccules）**、**致密小泡（vesicles）**和**分泌小泡（secreting vesicles）**组成。高尔基体的来源与内质网有关。致密小泡来自内质网，结合形成高尔基囊泡。由2～20个囊泡平叠而成高尔基体，并以相互交织、网络状的管道与周围小泡相连，小泡由管道顶端膨大而成。高尔基体是具有极性的细胞器，靠近细胞中心的一面称**形成层（forming face）**，远离中心的一面称**成熟面（mature face）**。形成面的囊泡结构与内质网相近，而成熟面的囊泡的性质与质膜更为接近。成熟面周围小泡脱落形成分泌小泡（图3-16）。

高尔基体的功能与细胞分泌相关。在植物细胞内，高尔基体在蛋白质与糖类的加工、包装、运输方面起到了至关重要的作用。经由高尔基体加工的物质可通过分泌小泡运输至细胞内其他细胞器参与生命活动，也可运送至生物膜参与膜形成，或参与细胞壁形成，还可分泌至细胞外。例如，高尔基体可合成纤维素、半纤维素等构成细胞壁的多糖类物质，同时将多糖或多糖与蛋白质的复合物，以分泌小泡形式排到原生质体外参与细胞壁的生长或加厚。有丝分裂过程中新的细胞壁形成和花粉管顶端的新壁生长均与高尔基体的活动有关。此外，高尔基体加工的物质分泌到细胞外也有一定的生理意义，如玉米根冠细胞的高尔基体能分泌黏液，有利于根在土壤中生长。

10.内膜系统（endomembrane system）

内膜系统是指内质网、高尔基体、溶酶体和液泡等四类膜结合细胞器，因为它们的膜是相互流动的，处于动态平衡，在功能上也是相互协同的。广义上的内膜系统概念也包括线粒体、叶绿体、过氧化物酶体、细胞核等细胞内所有膜结合的细胞器。内膜系统中各细胞器是一个个封闭的区室，并各具一套独特的酶系，有着各自的功能，在分布上有各自的空间（图3-16C）。但由于膜是一种动态结构，它们的形态和表面积处在不断的变化中。因此，内膜系统具有动态性质。

11.细胞骨架（cytoskeleton）

细胞骨架的概念正在不断发展，广义的细胞骨架包括细胞核骨架、细胞质骨架、细胞膜骨架和细胞外基质。这里所指的细胞骨架是狭义的细胞骨架，即细胞质骨架，它是植物细胞质中存在的蛋白质纤维网架体系。构成细胞骨架的三种蛋白质纤维是**微管（microtubule）、微丝（microfilament）和中间纤维（intermediate filament）**（图3-17）。细胞骨架是真核生物维持细胞形状和细胞内部结构，并与

细胞运动有关的丝状蛋白质网络系统。它们和细胞质基质中更细微的纤维状蛋白一起被称为**微梁系统（microtrabecular system）**，共同形成细胞内部的复杂网络系统。

微管呈中空管状或纤丝状结构，外径约25nm，微管的壁管由13条原纤丝集合而成。每条原纤丝由 α 及 β 球状蛋白即微管蛋白的亚基组成二聚体，微管通过其亚单位的组装和去组装改变其长度，对低温、高压和秋水仙素等刺激敏感。植物细胞内，微管起支架作用，使细胞保持一定的形状。例如用秋水仙素处理破坏微管后，植物的精子细胞不再呈纺锤形，而变为球形；微管还参与构成有丝分裂和减数分裂的纺锤丝，以及参与细胞壁的形成和生长，并与胞质运动和鞭毛运动有关。

微丝是比微管更细的纤丝，直径5～8nm，它由类似于肌动蛋白和肌球蛋白螺旋形成。微丝在细胞中呈纵横交错的网状，与微管共同构成细胞的支架，支持和网络各种细胞器。除起支架作用外，还有收缩功能，故与细胞内的物质运输和原生质流动有关。另外，有中间纤维，直径约10nm。微管、微丝和中间纤维，三者在细胞内形成错综复杂的立体网络，起着支架作用，并与细胞的运动和物质运输有关。

（三）细胞核（nucleus）

细胞核常被认为是真核细胞原生质体中最大和最重要的结构。真核细胞一般有且只有一个细胞核，少数细胞没有细胞核。例如，维管植物的筛管细胞早期具有细胞核，但在发育过程中为提高运输效率，细胞核与许多细胞器皆退化消失，故而成熟的筛管细胞不具细胞核。也有少数细胞有多个核，例如藻类植物、维管植物的乳汁管细胞和绒毡层细胞。在细胞生活周期中，细胞核有两个不同时期：分裂期和间期。本节所讨论的是间期核，它通常呈圆球形。幼小细胞中，核居于细胞中央；成熟细胞中，由于液泡的形成，核常位于外围薄层的细胞质中或被线状的细胞质吊悬在中央。高等植物的细胞核直径为5～20μm，它可分为核膜、核仁、染色质和核基质，后三者可统称为**核质（nucleoplasm）**（图3-18）。

1.核膜（nuclear envelope, nuclear membrane）

核膜由两层膜构成。外层膜上附有核糖体，且在一些部位向外延伸与粗面内质网相连，与细胞质相沟通。内层膜是光滑的。在内外膜之间有宽20～40nm的间隙称**核周隙（perinuclear space）**，与内质网腔连通。两层膜在一定间隔愈合形成**核**

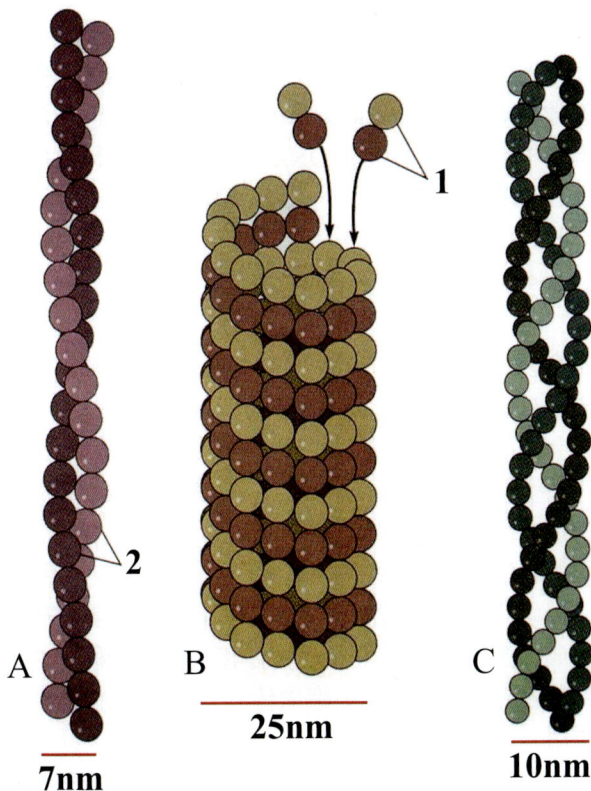

图3-17　细胞质骨架的三种成分
A.微丝（肌动蛋白）；B.微管；C.中间纤维
1.维管亚单位；2.蛋白分子

25nm

7nm　　　**10nm**

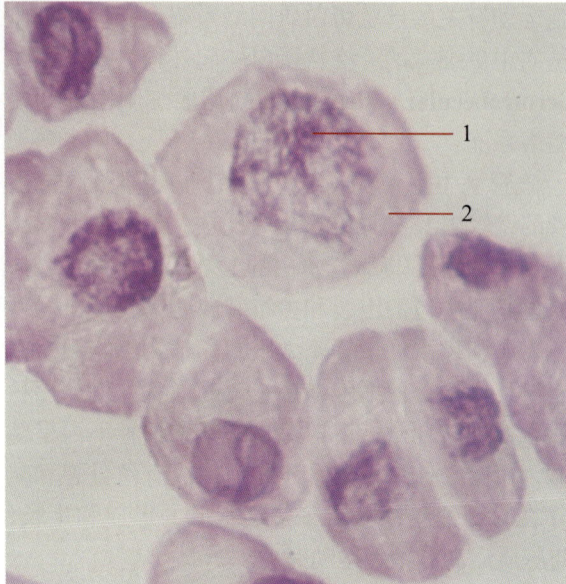

图 3-18　细胞核结构
1.核仁；2.细胞质

图3-19　核膜的超微结构
1.核孔；2.核膜

孔（nuclear pore）（图3-19），此处的核膜称**孔膜区**（**pore membrane domain**），其特征蛋白质成分是跨膜糖蛋白。核孔具有选择透性，是控制细胞核和细胞质之间的物质交换的通道。

　　在内核膜与染色体之间紧贴内核膜处有一层蛋白质网络结构，称**核纤层**（**nuclear lamina**），一般厚10～20nm。核纤层是一种动态结构，在细胞分裂期间发生去组装和重组装的周期性的变化，为核膜和染色体提供结构支架。

2.核仁（nucleolus）

　　大多数细胞的核内有1至几个核仁；在光学显微镜下，核仁的折光率较强，呈致密的匀质球体（图3-18）。核仁的化学成分主要是蛋白质、RNA及DNA。

　　电子显微镜观察表明，核仁没有膜包围。它的中央为纤维区，含有弥散的染色质细丝；外围是颗粒区，含有直径15～20nm的颗粒，可能是核糖体的前体。在有的细胞中，核仁有一个染色较浅的部分，称为核仁液泡。

　　核仁的主要功能是进行核糖体RNA的合成、加工和核糖体亚单位的装配。由此可见，没有核仁的细胞是不能进行正常生活的。

3.染色质（chromatin）

　　染色质是细胞中遗传物质存在的主要形式，在间期细胞核内是DNA、组蛋白、非组蛋白和少量RNA组成的线性复合结构。间期染色质按其形态表现和染色性能分为**常染色质**（**euchromatin**）和**异染色质**（**heterochromatin**）。前者是指间期核内染

色质丝折叠压缩程度低，用碱性染料染色时着色浅的那些染色质；后者则是折叠程度高，处于凝集状态，碱性染料染色时，着色深的染色质。在细胞分裂时，染色质高度螺旋化变粗为光学显微镜能看见的染色体（图3-20A）。染色质和染色体是细胞生活周期中不同时期同一物质的两种存在形式。1953年，沃森和克里克发现了DNA双螺旋的结构后的数十年间，人们已经搞清楚DNA在间期的超微结构，它由**无数个核小体**（**nucleosomes**）构成，是染色质的基本结构单元，由200bp DNA、组蛋白8聚体（H2A、H2B、H3、H4各2分子）和1个H1组蛋白分子构成（图3-21）。

4.核基质（nuclear matrix）

　　在真核细胞的核内除染色质、核膜与核仁外，还有一个以蛋白质成分为主的网架结构体系，称为核基质，也有人称之为**核骨架**（**nuclear skeleton**）。它与核纤层、中间纤维相互连接形成网架体系，是贯穿于细胞核中的一个独立结构体系。其主要成分是由非组蛋白的纤维蛋白构成的，与DNA复制、基因的表达调控及染色体的包装与构建有密切关系。

　　综上所述，细胞核的主要功能是控制蛋白质的合成，控制细胞的生长、发育和遗传，被称为"细胞的控制中心"，在细胞遗传和代谢方面起着主导作用。

　　前面已叙述了细胞膜、胞基质、细胞器和细胞核的结构与功能，这些"部门"之间相互联系、相互影响和相互统一，共同完成细胞的生命活动。例如从功能上来看，叶绿体进行光合作用制造有机

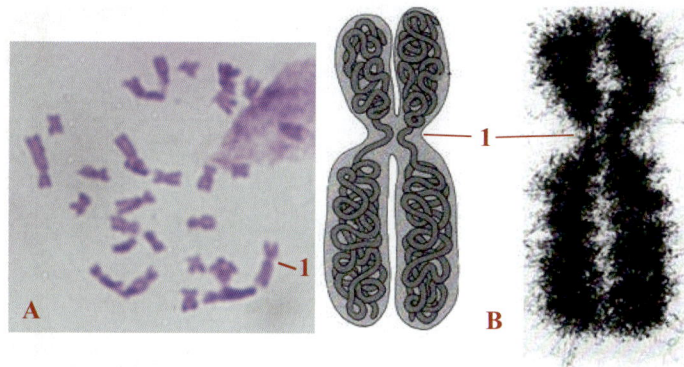

图3-20　染色体超微结构
A.木本牛尾菜（*Smilax ligneoriparia*）染色体在有丝分裂
中期形态（光镜，100×）；B.左边为染色体结构模型；
右边为电镜下的超微结构（1.着丝点）

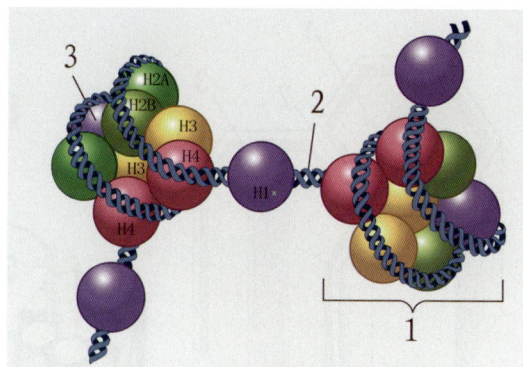

图3-21　核小体的结构模型
1.核小体；2.连接DNA；3.组蛋白

物，提供核糖体等其他细胞器合成蛋白质、糖类、脂类的物质原料，合成的有机物通过内质网、高尔基体等细胞器转移到其他"部门"；而进行这些生理过程的能量是由线粒体进行呼吸作用提供的；呼吸作用所产生的能量通过胞基质运输到其他细胞器；水和二氧化碳必须借助于质膜排出体外；而参与上述各种代谢活动的酶是由核糖体合成的；而酶的合成又受到细胞核的控制。由此可见，这些"部门"是作为一个整体单位而进行生命活动的。此外，从结构和起源上来看，各"部门"也是相互联系的。绝大部分的细胞器都具有膜结构，膜在成分上和结构上虽各具特异性，但其基本结构都是单位膜。它们在发育上的联系可参见图3-16 C。

细胞核的外膜与粗糙内质网相联系。光滑内质网产生的囊泡可转化成高尔基体囊泡，内质网和高尔基体又可衍生出液泡和各类小泡，小泡又进一步发育为溶酶体、圆球体和微体等。因此认为内质网、高尔基体、液泡、圆球体、微体、溶酶体和细胞核外核膜等的膜结构，在功能上相互协同，形成连续统一的单位，称为**内膜系统**（**endomembrane system**）（图3-16 C）。

内膜系统中各细胞器可独立为封闭的区室，各具一套独特的酶系，占据各自空间，行使各自功能。同时，膜是一种动态结构，形态和表面积一直处在不断的变化中，因而内膜系统具有动态性质。内膜系统的存在使一个很小的细胞在极有限的空间内实现高效的细胞内区域分工，能同时进行多种不同的生化反应。此外，内膜系统还与质膜相连，相邻细胞间的内膜通过胞间连丝互相沟通，提供细胞内和细胞间的物质和信息运输系统，使多细胞的植物体成为协调的统一整体。

（四）细胞壁

植物细胞的质膜外方有**细胞壁**（**cell wall**），这是植物细胞的显著特征之一。细胞壁是具有一定硬度和弹性的固体结构，起着保护和支持的作用，并与吸收、蒸腾、运输和分泌等功能有很大关系。

1. 细胞壁的结构和化学组成

由于植物种类、细胞年龄和功能的不同，细胞壁的结构和化学成分有很大差异。纤维素是细胞壁的主要成分，它构成细胞壁的框架，其他物质可以填充在其内。纤维素分子是由链状的一串葡萄糖基构成的，它聚集成**微纤丝**（**microfibril**），微纤丝又聚集成**大纤丝**（**macrofibril**）（图3-22B、C）。纤维素与其他构成细胞壁的组分在细胞内形成并通过高尔基体的囊泡运输至细胞膜外。微管在囊泡运输到质膜的过程中发挥重要的作用。

植物细胞的质膜外方有细胞壁，这是植物细胞的显著特征之一，可以在光学显微镜下看到（图3-22A）。细胞壁是具有一定硬度和弹性的固体结构，起着保护和支持的作用，并与吸收、蒸腾、运输和分泌等功能有很大关系。

细胞壁的结构可分为三层：胞间层、初生壁和次生壁。一般认为细胞分化完成后仍保持有生活原生质体的细胞，不具次生壁。

（1）胞间层（middle lamella）　又称中胶层，主要成分是果胶质，是相邻细胞间共有的一层薄膜，在细胞分裂产生新细胞时形成。胞间层具有胶粘和柔软的特性，故能缓冲胞间挤压，又不致阻碍随初生壁生长再扩大表面面积。

（2）初生壁（primary cell wall）　在细胞生长过程中，原生质体分泌的造壁物质在胞间层上沉积，构成细胞的初生壁。它的主要成分除纤维素、半纤

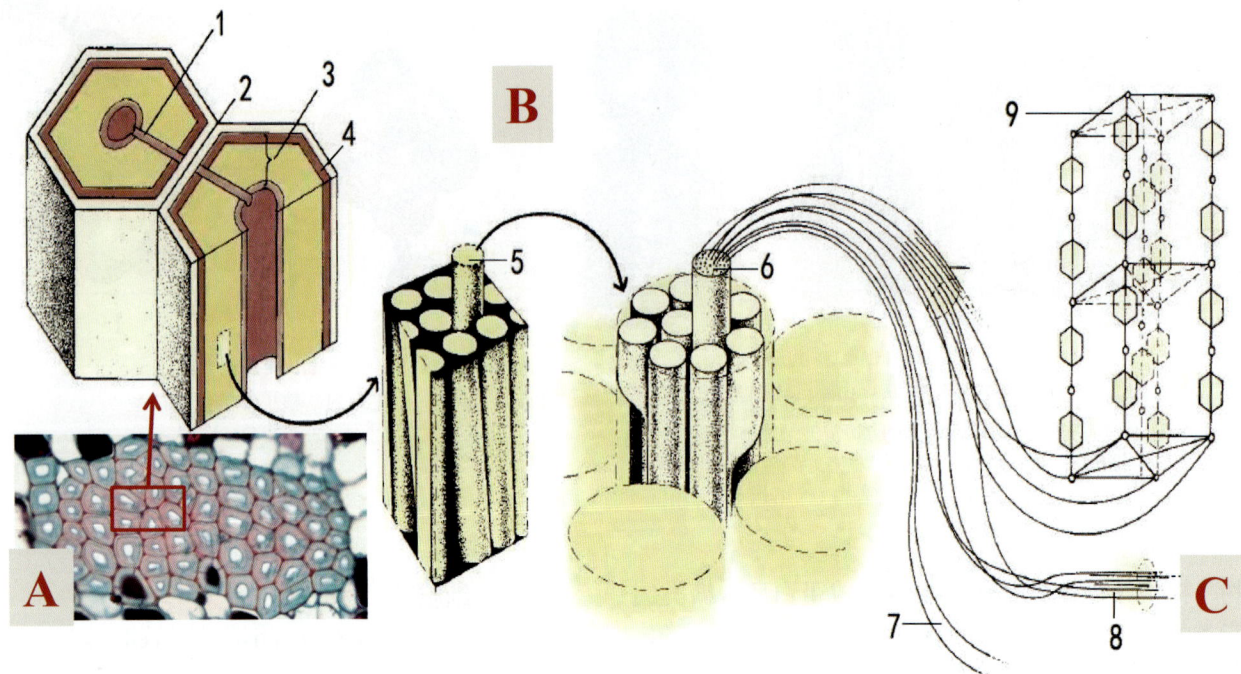

图3-22　细胞壁的组成与结构（B、C改自Evert等，2013）
A.光学显微镜下的具有次生壁的纤维细胞；B.细胞壁结构模型；C.细胞壁纤维素的超微结构
1.纹孔；2.胞间层；3.次生壁；4.初生壁；5.大纤丝；6.微纤丝；7.纤维素分子；8.微团；9.晶格状排列的纤维素

维素和果胶质外，还有多种酶类和糖蛋白以及木质素(图3-23)。初生壁是紧接在胞间层的内侧形成的，因此每个细胞都有自身的初生壁。初生壁较薄，柔软而有弹性，能随细胞生长而伸长。分生细胞和初生薄壁细胞仅具有初生壁。通常初生壁并不是均匀增厚的，初生壁上有一些非常薄的区域，称**初生纹孔场（primary pit field）**，相邻细胞原生质体的胞间连丝往往集中在这一区域。

（3）**次生壁（secondary cell wall）**　次生壁是细胞体积停止增大后加在初生壁内表面的壁层。

在植物体中，并非所有细胞有次生壁，只有那些在生理上分化成熟后细胞壁继续增生、加厚，才产生次生壁，如纤维细胞、导管、管胞等。次生壁越厚，细胞腔越小，以起机械支持作用的厚壁细胞表现得最为明显。次生壁的纤维素含量大于初生壁，缺乏果胶类物质，且常有木质素等物质填充其内而发生质变。

2.纹孔和胞间连丝

多细胞植物体，细胞间通过纹孔和胞间连丝互相紧密联系形成统一体。

（1）**纹孔（pit）**　细胞形成初生壁时，某些区域形成了初生纹孔场。以后产生次生壁时，在初生纹孔场处往往不被次生壁物质覆盖，结果形成许多凹陷的区域，称纹孔，相邻两个细胞的纹孔常成对存在，称**纹孔对（pit pair）**（图3-22B）。中间的胞间层和初生壁称为**纹孔膜（pit membrane）**。它的腔称为**纹孔腔（pit cavity）**，纹孔可分为单纹孔（图3-24A）和具缘纹孔（图3-24B），前者呈圆筒形，纹孔的口、腔和膜大小相同；后者由于次生壁增厚时，向细胞内方拱起成**纹孔缘（pit border）**，故口小、腔大而成圆锥形（图3-24B）。导管、管胞等具有具缘纹孔。松科植物具缘纹孔的纹孔膜中央加厚成**纹孔塞（torus）**，能随着两边压力大小不同而开闭纹孔（图3-24C）。纹孔是细胞壁较薄的区域，有利于细胞间沟通和水分的运输。

（2）**胞间连丝（plasmodesma）**　在新形成的子细胞中，两子细胞间的细胞板（后发育为细胞壁）并非一个连续的屏障。子细胞之间有内质网带在发育的细胞壁中形成膜通道。内质网带、内质网带之间的孔隙以及包围在管道外侧的膜共同组成了胞间连丝。胞间连丝穿过胞间层和初生壁，以连接相邻细胞间的原生质体（图3-25），它们往往在初生纹孔场和纹孔膜上密集发生。胞间连丝需经特殊处理才能在光学显微镜下看到。在电子显微镜下，胞间连丝是质膜包围的直径40～50nm小管道（图3-25B），相邻细胞的质膜和细胞质通过此管连接起来。胞间连丝的中间部分的内质网带，称为连丝微管，而包围管道的圆柱形胞质则被称为胞质袖筒。胞间连丝

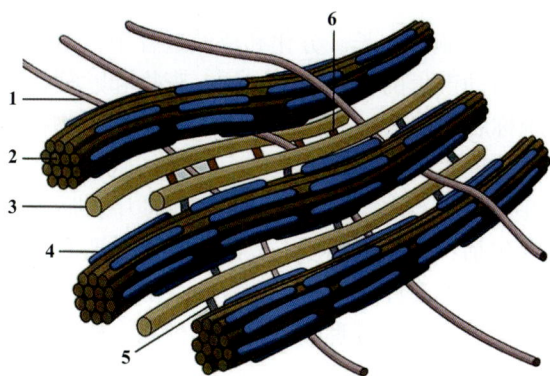

图3-23 初生壁结构模型
1.蛋白质；2.纤维素微纤丝；3.蛋白质；4.半纤维素；5.果胶；
6.钙桥蛋白

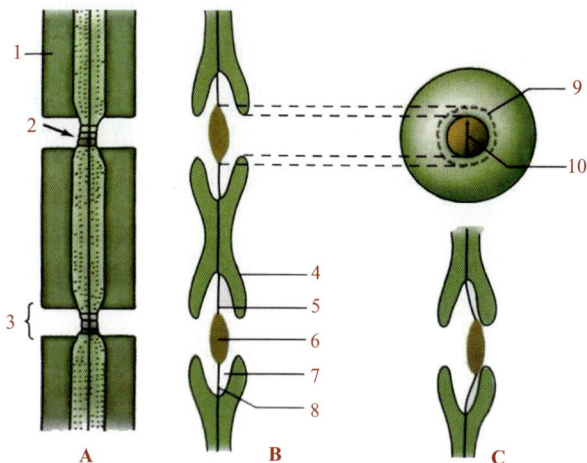

图3-24 纹孔模型
A.单纹孔；B.具缘纹孔；C.纹孔塞的作用
1.次生壁；2.胞间层和初生壁组成的纹孔膜；3.单纹孔孔道；
4.纹孔缘；5和8.胞间层和初生壁；6.纹孔塞；7.纹孔腔；9.显微
镜下外观的纹孔缘；10.纹孔塞

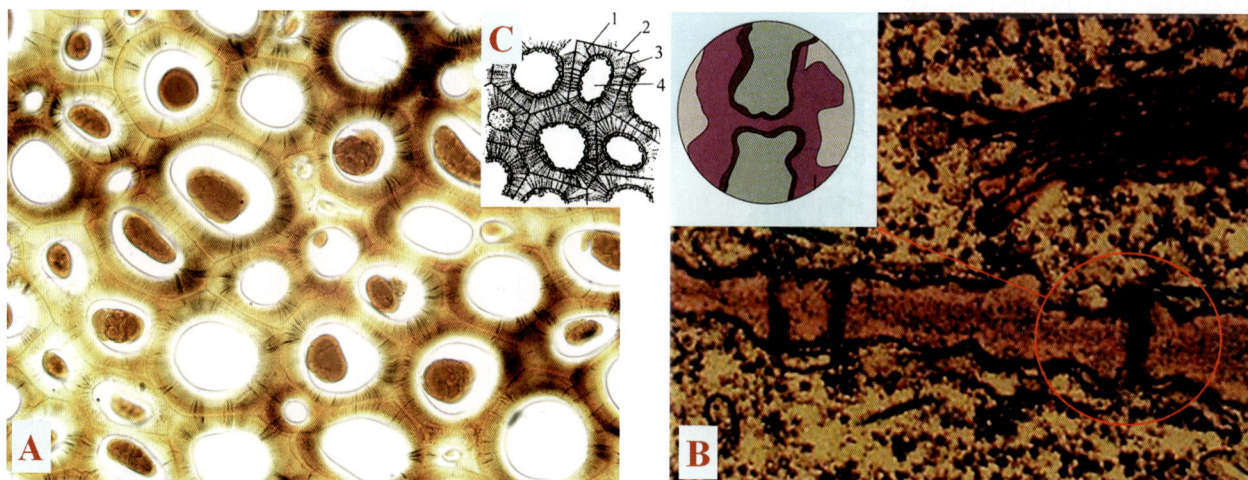

图3-25 胞间连丝
A.光镜下的柿胚乳细胞；B.电镜下的胞间连丝及模式图；C.胞间连丝模式
1.胞间连丝；2.细胞壁；3.胞间层；4.细胞腔

的数量，可随细胞发育的进程而发生变化，不同面的壁中，数量也可不同，如筛管分子和某些传递细胞之间，胞间连丝特别多。胞间连丝在细胞间起着物质运输、传递信息及控制细胞分化的作用。通过胞间连丝，整个植物体细胞的原生质体连成一个整体。绝大多数已知的有关胞间连丝的运动都涉及物质经过胞质袖筒的运输，但胞质袖筒并非对所有的物质都具有通透性。对于绝大多数的胞间连丝来说，可通过的最大分子量约为1kDa。但有一类植物细胞为了适应特定的功能并不形成胞间连丝，典型的例子是气孔中的保卫细胞。

3. 细胞壁的特化

由于生理上的分工，植物细胞细胞壁也会发生差异和性质的变化，而具有特定的功能。

（1）木质化（lignification） 细胞在代谢过程中产生一种**木质素（lignin）**，填充于纤维素的框架内，以增强细胞壁的硬度，增加细胞的支持力量。如导管、管胞、纤维细胞和石细胞就是细胞壁木质化的显著例子（图3-26A）。

（2）角质化（cutinization） 细胞的细胞壁常为**角质（cutin）**（脂类化合物）所浸透，且常在细胞壁外形成角质层或膜。蜡质也常浸透在角质中，覆盖于角质的外面而组成最外层，如甘蔗茎的外表和一些叶背面被白粉覆盖（图3-26C）。角化后细胞壁透水性降低，因而有降低水分蒸腾的作用；油类或脂溶性的物质较易透过，因此以油作溶剂的农药，药效提高。同时角质层能透光，不影响植物对光的吸收。角质层厚薄和植物机械抗病性的强弱有一定关系。

（3）栓质化（suberization） 多发生在次生壁的部分。栓化是**木栓质**（**suberin**，脂类化合物）渗入细胞壁引起的变化，使细胞壁既不透水，也不透气，增加了保护作用，但细胞最终变为死细胞，如茎的次生保护组织木栓层细胞的细胞壁（图3-26B）。植物体表细胞壁的栓化程度与抗病性有一定关系。

（4）矿化（mineralization） 细胞壁渗入二氧化硅或碳酸钙可引起矿化。稻、麦、玉米等禾谷类作物的叶片和茎秆的表皮细胞常含有大量的二氧化硅，它们不仅存在于细胞壁中，还常和角质一起形成表皮细胞上的大小乳突，甚至形成特殊的表皮细胞即硅细胞（含硅胶晶体）（图3-26D）。细胞壁的矿化能增强作物茎、叶的机械强度，提高抗倒伏和病虫害的能力。如水稻茎、叶表皮细胞硅化程度越高，抗稻瘟病等能力就越强。

（5）黏液化（胶化） 是细胞壁中果胶质和纤维素变成黏液或树胶的一种变化（图3-26E），多见于茎、叶、果实或种子的表面。种子的表皮细胞吸水膨胀，变为黏液，可保持水分，并有利于种子与土粒紧密附着和萌芽。

五 植物细胞的后含物

植物细胞在生长、分化和成熟过程中，由于新陈代谢活动产生的代谢中间产物、废物和贮藏物质等，统称**后含物**（**ergastic substances**）。后含物在结构上是非原生质的物质，有的存在于细胞壁中，有的存在于细胞器内，有的分散于细胞质中。后含物中主要包括：①贮藏物质，以淀粉、蛋白质和脂类为主；②生理活性物质；③还有一些晶体和植物次生物质（植物碱、芳香油、单宁、树脂、树胶和橡胶等）。

1.贮藏物质

它们在薄壁组织中含量较多，供植物生长发育一定时期的需要。

（1）淀粉（starch） 淀粉是植物细胞中最普遍的贮藏物质，通常呈颗粒状，称**淀粉粒**（**starch grain**）。植物光合作用时，在叶绿体中形成同化淀粉，然后转化成可溶性糖，运输到贮藏细胞的造粉体内，再形成贮藏淀粉。在淀粉粒中常可见到**脐**（**hilum**）。它是积累淀粉的起点，而围绕脐的同心层次，称轮纹。脐的位置可在中央或偏向一侧，因植物种类而异。轮纹被认为是直链淀粉和支链淀粉交替积累造成的。禾本科植物淀粉粒的分层有昼夜节奏性，其层数和生长天数一致。

淀粉粒可为单粒、复粒和半复粒三种类型。单粒淀粉只有一个脐和围绕的轮纹；复粒淀粉有两个

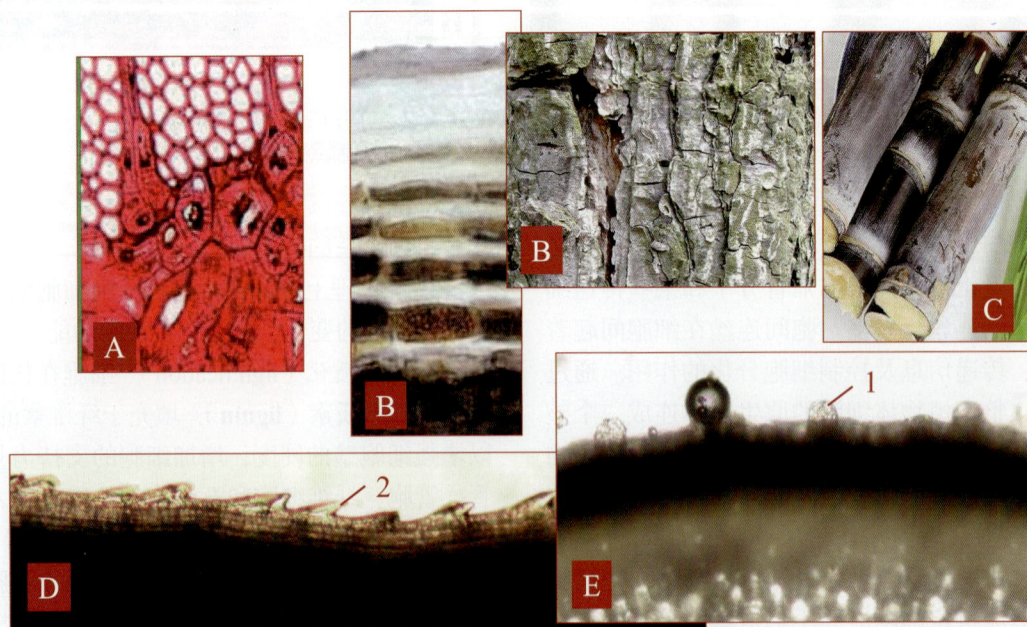

图3-26 细胞壁特化的类型
A.木化（导管及纤维细胞壁的木质素沉积）；B.栓化（周皮木栓层细胞壁）；C.角化（甘蔗茎细胞壁脂类化合物沉积）；D.硅化（狗尾草叶边缘的二氧化硅突起）；E.黏液化（秋葵叶柄表皮细胞分泌的黏液；1.黏液，2.硅质突起）

以上的脐，每个脐各有轮纹围绕；半复粒淀粉是在复粒淀粉的外围还有共同的轮纹围绕。马铃薯块茎中，三种类型的淀粉粒均能见到（图3-27）。淀粉粒的形状、大小差异很大，不同种植物淀粉粒的形状、大小和脐的位置各有其特点，可在显微镜下鉴别出来，因而可作为商品检验和生药鉴定的依据。淀粉粒遇到碘呈蓝到紫色，据此可鉴定淀粉。

（2）蛋白质 贮藏蛋白质常贮存于种子中。这种蛋白质处于非活性的、比较稳定的状态，且常以无定形或结晶状态存在于细胞中，形成**糊粉粒（aleurone grain）**。水稻、小麦的糊粉粒就是无定形的蛋白质小液泡，在籽粒成熟过程中脱水而成（图3-28A）。糊粉粒较多地分布于植物种子的胚乳或子叶中，有时集中分布在某些特殊的细胞层。例

如谷类种子胚乳最外面的一层或几层细胞，含有大量的糊粉粒，特称**糊粉层（aleurone layer）**（图3-28）。蛋白质遇碘呈黄褐色，可据此鉴定蛋白质。

（3）脂肪和油 在植物细胞中，油和脂肪可少量地存在于每个细胞内，大量地存在于种子和果实中，常呈小油滴或固体状。在常温下呈液态的称为**油（oil）**（图3-29），呈固态的称为**脂肪（fat）**。脂肪形成有多种途径，如质体和圆球体都能积聚脂类物质发育成油滴。脂肪遇苏丹Ⅲ呈橙红色。食用、医药用和工业用的植物油大多是从某些植物种子中榨取的。

2.生理活性物质

生理活性物质是生命活动过程中的产物，含量虽微，但对细胞生命活动有非常重要的作用。生理

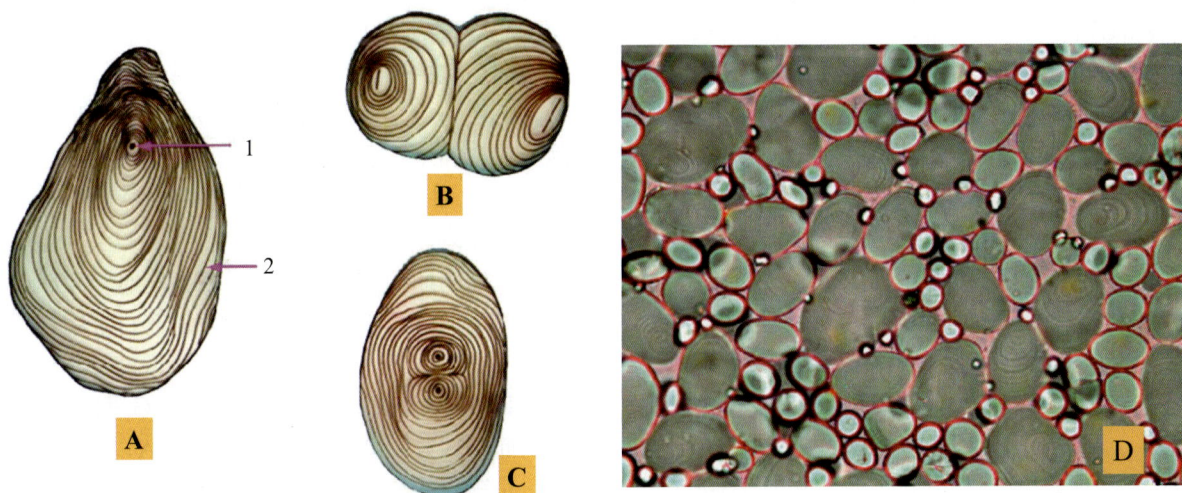

图3-27 马铃薯淀粉粒的三种形态
A.单粒淀粉；B.复粒淀粉；C.半复粒淀粉；D.光镜下的淀粉粒
1.脐；2.轮纹

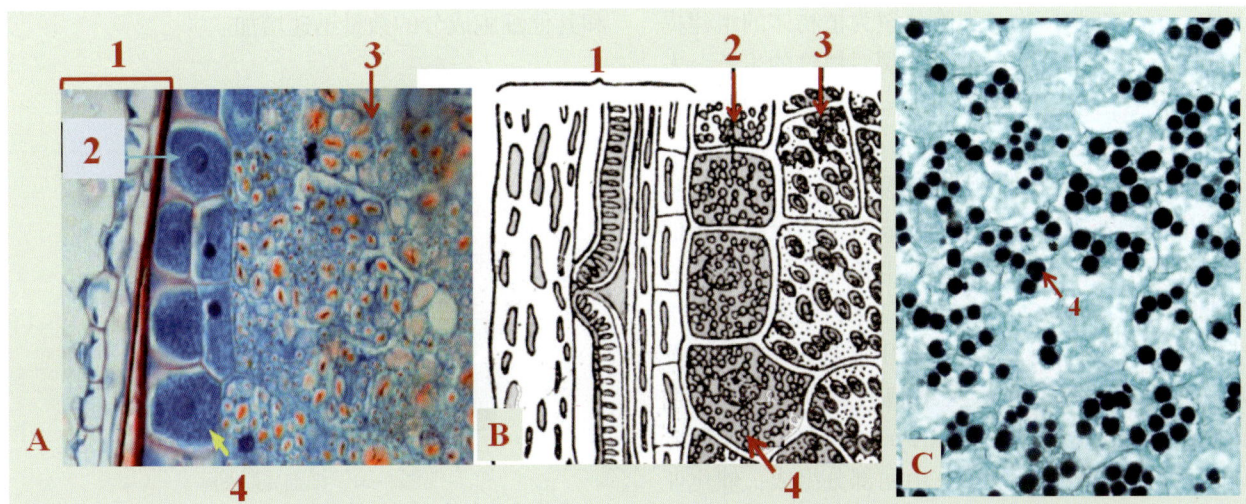

图3-28 A-B.小麦颖果纵切及模式；C.蓖麻种子胚乳细胞中的糊粉粒；（光学显微镜下）
1.果皮和种皮；2.糊粉层；3.贮藏淀粉的胚乳细胞；4.糊粉粒

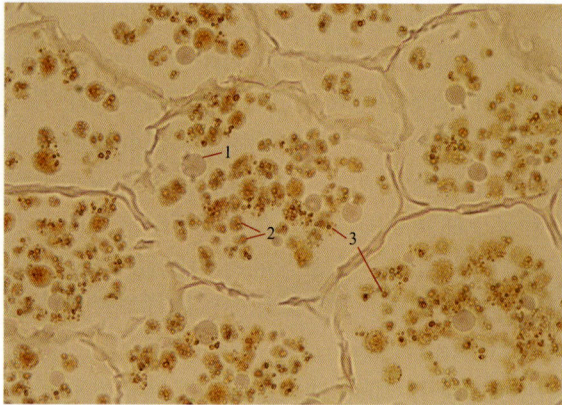

图3-29 花生子叶细胞内的储藏物质
1.油滴；2.糊粉粒（蛋白质）；3.淀粉

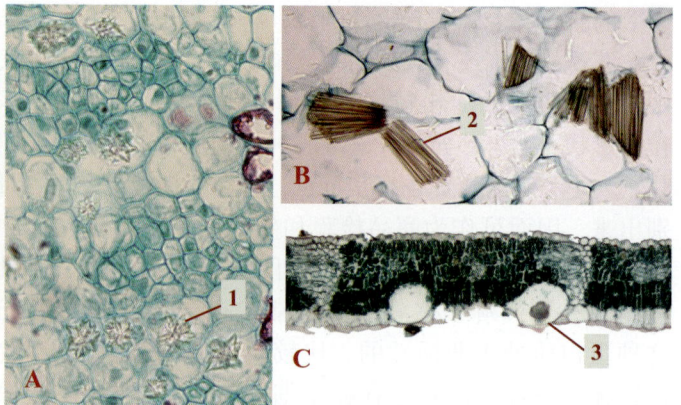

图3-30 细胞内的结晶
A.棉花细胞内的簇晶；B.兰科植物的针晶体；C.桑树钟乳体
1.簇晶；2.针晶；3.钟乳体

活性物质主要有维生素、植物激素、抗生素、植物杀菌素等。

3.晶体

在植物细胞内，常可见到各种形态的**晶体**（crystal）（图3-30）。如在棉花茎细胞中，可见到棱形晶体和晶簇。晶体常为草酸钙，沉积在液泡内。桑叶上表皮中所见到的钟乳体就是一种晶体，它由纤维素组成，并且浸透了碳酸钙。晶体常被认为是代谢废物集中到个别细胞内形成的，从而避免了对细胞的毒害，有些也可能重新加入代谢中去。

禾本科等植物的茎、叶表皮细胞内含有二氧化硅晶体，称硅胶晶体。

六 植物细胞的增殖

植物细胞的增殖是通过细胞分裂使细胞数量不断增加的生命现象。细胞的增殖是以分裂的方式进行的。单细胞植物，每分裂一次，就增加了一个新个体；而多细胞植物，细胞分裂为植物体的组建提供了所需的细胞。所以细胞分裂对植物的生长、发育和后代繁衍有重大意义。

1.细胞周期（cell cycle）

细胞能不断分裂。细胞分裂后所产生的新细胞生长增大，随后又平均地分裂成两个和母细胞相似的子细胞。我们把细胞的这种生长与分裂的周期称为**细胞周期**（cell cycle）。具体说来，细胞周期是指持续分裂的细胞由这一次分裂开始到下一次分裂开始的全过程（图3-30）。在细胞周期中，控制各期转换的调控因子是一个CDK/cyclin异源二聚体复合体，具有蛋白激酶活性。它由两部分组成：催化亚基——**细胞周期蛋白依赖性激酶**（cyclin-dependent kinase，CDK）和调节亚基——**细胞周期蛋白**

（cyclin）。CDK要与相应的细胞周期蛋白结合才能表现激酶活性。在细胞周期的特定阶段，这些蛋白激酶起着开启和关闭细胞功能的作用。一个完整的细胞周期包括分裂间期和分裂期两个阶段。

（1）分裂间期（interphase） 这一阶段是为细胞分裂做准备。所以间期是细胞进行生长的时期，是合成代谢最为活跃，进行包括DNA合成在内的一系列生理生化反应并且积累能量，准备分裂的时期。根据间期的生化反应过程可将其划分为DNA合成前期（G_1期）、DNA合成期（S期）和DNA合成后期（G_2期）。

DNA合成前期（G_1期，gap 1）。G_1期（图3-31）是从前一次分裂结束开始到合成DNA以前的间隔时期，是决定细胞继续进行分裂还是停止分裂走向分化的时期。对于继续进行分裂的细胞，G_1期活跃地合成RNA、蛋白质和磷脂等，此时细胞生理活动的主要特征是细胞体积增大，各种细胞器、内膜结构和其他细胞成分的数量迅速增加。

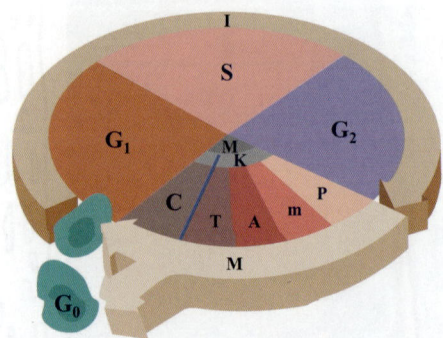

图3-31 细胞周期图解
I.间期；G_1.合成前期；S.合成期（DNA复制）；G_2.DNA合成后期；M.分裂期；K.核分裂；C.胞质分裂；P.有丝分裂前期；m.中期；A.后期；T.末期；G_0.暂时离开细胞周期

进入G_1期的细胞，一般有三种"前途"：第一种是持续进行分裂，如分生组织的细胞。第二种暂不分裂，处于停止分裂状态，我们称为G_0期（图3-31）。当植物体需要细胞分裂补充新细胞时，又回到G_1期参加细胞周期运行（如嫁接愈合、扦插生根等）。第三种是终生处于G_1期而失去分裂能力，从而脱离细胞周期，进行生长和分化，如植物体的各种成熟组织。

DNA合成期（S期，synthesis） 是细胞核DNA的复制期，其复制过程受细胞质信号的控制，只有当S期激活因子（SPT——促S因子）出现后，DNA合成的开关才会打开。S期主要合成DNA、各种组蛋白和其他DNA有关蛋白。

DNA合成后期或有丝分裂准备期（G_2期，postsynthesis） 是指DNA复制完成到分裂开始前的时期，RNA和蛋白质的合成继续进行，同时合成构成纺锤体的微管蛋白及贮备能量。

（2）分裂期 这一时期是具体的分裂过程，包括**核分裂（karyokinesis）**和**胞质分裂（cytokinesis）**。核分裂就是细胞核物质复制、一分为二，产生两个在形态和遗传上相同的子细胞核的过程；胞质分裂则是指两个新的子核之间形成新细胞壁，把一个母细胞分成两个子细胞的过程。

细胞周期经历四个时期，包括分裂间期的G_1期、S期、G_2期，以及细胞分裂的M期。其中任何一个时期受到抑制，都会阻碍细胞分裂。细胞周期的运转是沿着G_1—S—G_2—M的顺序进行的，不同时期出现不同的变化，是一个十分有序的过程，是基因有序表达的结果。植物细胞周期的持续时间一般在十几小时到几十小时，时间长短与核中DNA的含量呈负相关；而且与温度关系也很密切，即在一定的范围内，与温度呈正相关。例如向日葵根尖的分生组织细胞在25℃时，总时间需7.8h；但在20℃时需要12.5h，15℃时需要23.2h；10℃时则长达46h。从整个细胞周期来说，各个时期的长短，以S期最长，M期最短；G_1期的长短变化最大。

2. 细胞分裂（cell division）

植物细胞的分裂方式有三种。第一种，也是最常见的一种，即**有丝分裂(mitosis)**，例如植物根尖、茎尖的细胞分裂；第二种是**无丝分裂（amitosis）**，它发生在低等植物或高等植物的某些区域；第三种是**减数分裂（meiosis）**，它是一种特殊形式的有丝分裂，与植物的有性生殖有关。

（1）有丝分裂 是一种最普遍的细胞分裂方式（图3-32）。它是真核细胞繁殖的基本方式。通过分裂，细胞遗传物质得以在细胞世代间传递。有丝分裂是一个连续的过程，为了叙述方便，根据形态学特点，按有丝分裂整个过程的先后顺序，划分为前期、中期、后期和末期。

1）前期（prophase）： 在此时期发生的主要变化有：染色质螺旋化缩短变粗成染色体；分裂极的确定；核仁和核膜的解体（图3-32A—C）。

染色质形成染色体：间期核内的染色质以纤丝状存在，进入前期时，它开始螺旋化变粗，成为可见的念珠状细丝。随着分裂进行，染色质继续螺旋化缩短、变粗，终成为一个个分离开来的、形态上可以辨认的染色体，散布在核区内。

分裂极的确定：分裂极决定细胞分裂的方向（图3-32D）。植物细胞的分裂极与微管的分布有关。当微管从周围分布变成集中于细胞中段的带状分布时，其带状分布的两极即为分裂极，而带状分布的中央部分，即末期形成细胞板的位置（图3-32D，F）。

核仁解体（图3-32C）：是在前期后半期发生的重要过程。开始时核仁缩小，然后解体成核仁物质黏附在染色体上，分配到两个核中去。

核膜解体（图3-32C）：前期末，染色体形成后趋向于核膜，使核中央变空。染色体的这种离心移动标志着核膜即将解体，而核膜的解体，标志着前期的结束。与此同时，在核的两极开始出现少量由微管组成的纺锤丝。应当指出，前期的每条染色体，包含由经S期复制的两条完全相同的**染色单体（chromatid）**。除了着丝点区域之外，两条单体之间是不相联系的。

2）中期（metaphase）： 中期是纺锤体形成和染色体排列在赤道板上的时期（图3-32D）。

纺锤体（spindle apparatus） 形成：纺锤丝出现于晚前期，核膜破裂后，由纺锤丝构成的纺锤体变得非常明显（图3-32D）。纺锤体是由大量微管在赤道面垂直排列组成的中部宽阔、两极缩小的细胞器，形如纺锤。它是一个具有动力结构的装置，与染色体的运动有关。纺锤体由**连续微管（continuous microtubules）、着丝粒微管（kinetochore microtubules）及区间微管（interzonal microtubules）**组成。其中连续微管从细胞的一极延伸到另一极；着丝粒微管是一端由极部发出、另一端结合到着丝粒上的微管；区间微管指分裂后期和末期时连接已经分向两极的染色体和子核的微管。每条染色体的着丝点与纺锤丝相连后，染色体开始移动，最后移到纺锤体的**赤道板（equatorial plate）**上，进入到中期。应当注意，只有染色体

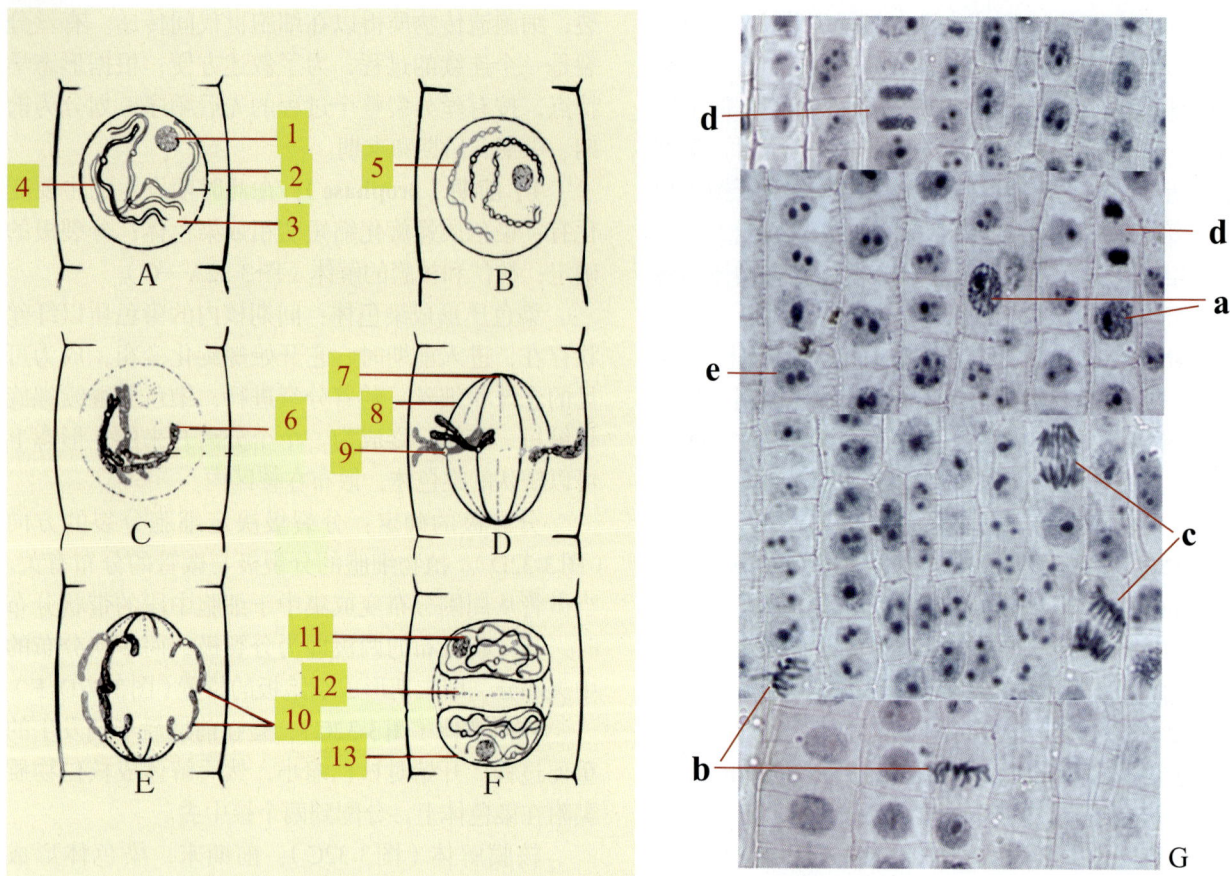

图3-32　有丝分裂过程
A-F 分裂各时期模式图；G.洋葱根尖纵切有丝分裂各时期
A,B.前期（染色体螺旋化）（1.核仁；2.核膜；3.染色质；4.染色质浓缩；5.螺旋化形成染色体）；C.前期末（核仁、核膜解体）（6.近中期染色体）；D.中期（染色体在赤道板排列，纺锤体形成，着丝点与纺锤丝相连）（7.极；8.纺锤丝；9.着丝点）；E.后期（染色单体被拉向两极）（10.染色单体）；F.末期（细胞板形成，子细胞染色体解螺旋，核仁核膜出现）（11.子细胞核仁；12.细胞板；13.子细胞核膜）；G.洋葱根尖有丝分裂（a.前期；b.中期；c.后期；d.末期；e.间期细胞核（具有1~2个核仁））

的着丝点占据在赤道面上，其他部分可处在任何位置。中期的染色体有典型的形态，并彼此松开，因此是研究染色体数目、形态和结构的最好时期。

3）后期（anaphase）：是着丝点分裂，染色单体分离，并分别从赤道面移向两极的时期（图3-32E）。每个染色单体独立后，就成为一个新的染色体，即**子染色体（daughter chromosome）**。

染色体的运动与纺锤体有关。实验证明，用秋水仙素处理，使纺锤体解体或不形成纺锤体，这样染色体的运动就不会发生，可使细胞内的染色体数目加倍，多用于人工产生多倍体。

4）末期（telophase）：从子染色体到达两极后至形成两个新细胞为止。末期的主要过程包括子核的形成和胞质分裂。

子核的形成（图3-32F）：到达两极的染色体，首先解螺旋，形成一个大块状的染色质，然后继续解螺旋伸长变为细丝状染色质而恢复到间期状态。

与此同时，其周围集合新的核膜成分，合成新的核膜。核仁也重新出现，从而形成子细胞核。

胞质分裂：染色体到达两极后，两极的纺锤丝消失，但在两个子核之间的纺锤丝（区间微管）越来越密，在赤道面区域形成桶状的**成膜体（phragmoplast）**。同时赤道面上有来自高尔基体的小泡，小泡间有内质网、微管穿过。这些小泡排列整齐，泡内含有果胶质，形成由一单层小泡组成的**细胞板（cell plate）**。小泡内的果胶质形成新的细胞壁的胞间层，两侧的单层膜成为两个子细胞的质膜，贯穿于小泡之间的内质网与微管形成胞间连丝，细胞板扩展形成新的细胞壁，分隔成两个细胞。细胞壁上的纤维素微纤丝是在质膜表面上合成的，纤维素前体物质由原生质体合成后运到细胞表面，在纤维素合酶催化下聚合成微纤丝。近年来的研究发现，细胞壁的构建受到细胞骨架微管的引导。微纤丝在细胞壁中沉积的方向是由分布在质膜内的微管决定的。很多研究结果表明，细胞中周质微管的方向与纤维素微纤丝的方向一致，当微管的方向改变时纤维素微纤丝的方向也会发生相应改变。而用药物破坏微管时，导管分子次生壁的加厚方式也受到了影响。

在有丝分裂过程中，每个染色体都是由两个染色体单体组成的，因此，分裂后子细胞的染色体数目和母细胞相同。

有丝分裂各个时期的持续时间是不同的。通常前期的时间最长，可持续 1～2h，甚至更长；中期的时间较短，只有 2～10min；末期则在10～30min 完成。

（2）无丝分裂（amitosis） 也称**直接分裂（direct division）**，分裂时细胞核的变化不像有丝分裂那样复杂。无丝分裂有许多方式，如横缢、纵裂、出芽等。最常见的是横缢，现以此为例加以说明（图3-33）。分裂开始时，核仁先行分裂为二，接着细胞核伸长，然后在核的中部一面或两面向内凹进产生横缢，使核成肾形或"8"字形，接着中间分开，形成两个细胞核，然后在细胞中部产生新壁，形成两个细胞。由于无丝分裂过程中，细胞核无显著变化，不能保证母细胞的遗传物质平均地分配到两个子细胞中去，从而涉及遗传的稳定性问题。

过去认为无丝分裂在藻类等比较低等的植物中较为常见，在陆生绿色植物中仅见于衰老和病态细胞。近年来研究证明，在薄壁组织、表皮、生长

点、靠近表皮的部分细胞、木质部细胞、花药绒毡层细胞、胚乳细胞、禾本科植物节间基部、蚕豆花芽和胚囊的形成、甘薯和马铃薯贮藏器官的膨大等都可见到无丝分裂，所以无丝分裂在高等植物中也是普遍存在的。

（3）减数分裂（reduction division 或 meiosis） 是植物生活周期中的一个重要阶段，它与植物的有性生殖有着密切的关系。它发生在花粉母细胞形成花粉粒和胚囊母细胞形成胚囊的时期。减数分裂包括两次连续的分裂，但DNA只复制一次，染色体也仅分裂一次。经过减数分裂后，形成4个子细胞，而每个子细胞中的染色体数目（以 N 表示）比母细胞的（以 $2N$ 表示）减少了一半，减数分裂即因此得名。如水稻花粉母细胞的染色体数目为 24（$2N=24$），经过减数分裂所产生的花粉粒，染色体数目只有 12（$N=12$）了。关于减数分裂的详细过程，将在第四节中论述。

核内再复制（endoreduplication）是细胞周期的一种变化形式，在核内复制的过程中，细胞核的基因组加倍复制，却不出现染色质凝聚、染色体分离和细胞核分裂的现象，因而细胞具有一个**多倍体（polyploid）**大核。多倍体现象几乎存在于所有的植物中，是植物进化的重要机制之一。当细胞周期不断重复 G_1 期和 S 期，并保持复制复合体及相关 CDK/cyclin 复合体的周期性振荡活性时，可产生核内再复制现象。在植物细胞中，多倍体与高水平

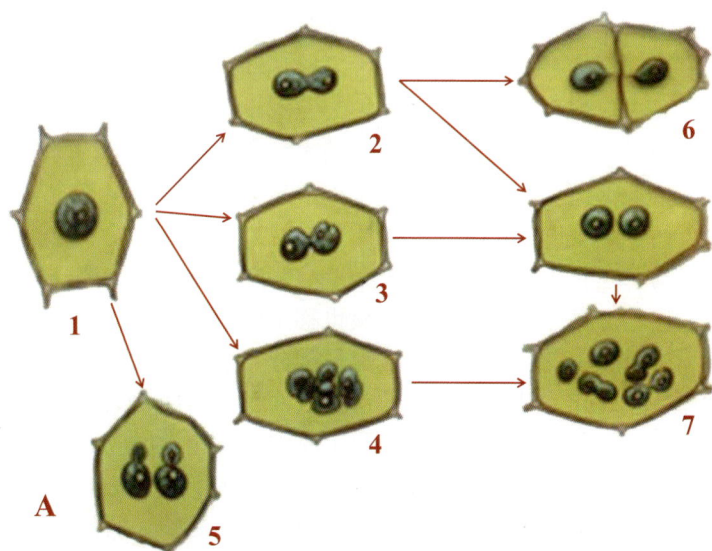

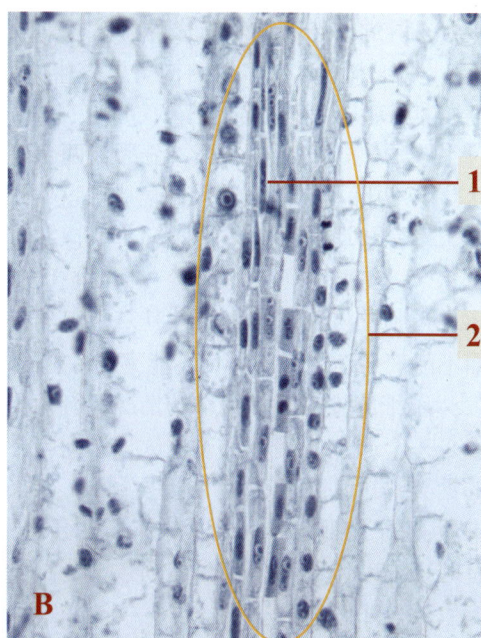

图3-33 细胞的无丝分裂
A.细胞无丝分裂模式（1.母细胞；2.细胞核横溢；3.细胞核劈裂；4.细胞核碎裂；5.细胞核出芽分裂；6.子细胞；7.多核体）
B.小麦茎近节处纵切示居间分生组织及细胞无丝分裂（1.无丝分裂；2.居间分生组织）

的**信使RNA**（messenger RNA）和蛋白质合成密切相关。例如，玉米的**胚乳**（endosperm）细胞可能有超过200倍的单倍体基因组拷贝，高度多倍化与种子中大量合成的贮藏物质有关。

3. 非正常的分裂类型

核分裂（karyokinesis）和**胞质分裂**（cytokinesis）为细胞分裂过程中紧密联系的两个阶段。但在植物的有些组织中，细胞核分裂时细胞质并不分裂，由此形成多核细胞。许多种子营养组织中的细胞会发育成多核细胞。藻类的无隔藻属（Vaucheria）就是典型的多核管状细胞。如果细胞变得非常大，有成千上万的细胞核，则将这种细胞称为多核细胞或**多核体**（coenocyte）。

在细胞减数分裂中，细胞质分裂过程和细胞核分裂过程常常并不直接相关。在一些物种中，减数分裂Ⅰ和减数分裂Ⅱ后，细胞质都进行分裂，最终由原来的二倍体母细胞分裂成四个单倍体细胞。但是在另外一些物种中，减数分裂Ⅰ后不发生细胞质分裂，而减数分裂Ⅱ后发生两次细胞质分裂，最终也由原来的二倍体母细胞分裂成四个单倍体细胞。例如，花粉粒能够以这两种方式中的任一方式减数分裂生成四个单倍体细胞。但是在有些生物的减数分裂中，大孢子产生卵细胞的过程中不发生细胞质分裂，而是生成四核细胞，然后可能保持这种状态，也可能其中三个细胞核被降解，最终通过这种减数分裂仅产生一个单倍体卵细胞，生成一个大的卵细胞似乎比生成四个小的卵细胞更具选择优势。

4. 叶绿体与线粒体的分裂

线粒体与叶绿体的结构与原核生物细胞相似，细胞器中也含有裸露的环状DNA。这些细胞器通过细胞器膜内陷或被拉开，分裂成两个细胞器，环状DNA也随机分配到子细胞器中。这些细胞器含有细胞发育与功能所必需的DNA，所以在细胞质分裂时每个子细胞必须获得至少一个线粒体和一个叶绿体。否则，该细胞将因缺乏其基因组的细胞器部分而不能产生新的细胞器，不能完成特定的功能。

子细胞中缺乏叶绿体的情况偶有发生，通常这不是一个严重的问题。通过从相邻细胞中转运重要的糖类，这种细胞也能随组织生长。如果幼嫩叶子中所有的子细胞都缺乏叶绿体，则会有白斑产生。有时植物叶肉细胞中叶绿体的数量会减少，但不影响生长，如白茶。

子细胞中缺乏线粒体的情况也偶有发生，但这种情况更难被发觉。缺乏线粒体的细胞不能呼吸，不能产生大量ATP。因为不能从相邻细胞转运ATP，

所以这个细胞生长缓慢甚至会死亡。

引发核DNA复制的新陈代谢刺激物不能控制细胞器DNA的复制。在细胞周期中，核DNA的复制用时短暂，发生在占整个细胞周期的特定时段——S期。但是细胞其他部分的复制似乎仍在继续，质体、线粒体、细胞质、内质网和其他细胞器的体积似乎在分裂间期逐渐平稳增大，而不是在一个特定的时段急剧增多。

七 植物细胞的生长、分化与信号转导

植物从受精卵开始，经细胞分裂形成胚，以后种子萌发成幼苗，再长成植株。在此过程中，由一个受精卵的细胞发展到亿万个细胞，由一种细胞发展到许多形态结构不同的细胞，要经过一系列有节律的细胞分裂、生长和分化。因此细胞的生长和分化，涉及植物发育的根本问题。

细胞的**生长**（growth）和**分化**（differentiation）是两个主要的发育过程，通常生长和分化是同时进行的。所谓生长，是指细胞体积和重量增加的过程；所谓分化，是细胞的形态结构与功能的特化。所以植物体的各种组织与器官的形成，都取决于细胞的分化。

1. 植物细胞的生长

植物细胞的生活过程包括生长和分化以及伴随两者的代谢活动。所以根据细胞的生理和形态的特点，可将细胞的生长过程分为分生期、增长期和成熟期。分生期细胞有很强的分生能力，能形成新的原生质。当原生质增加到一定程度时，便发生细胞分裂。分裂产生的细胞，有一小部分细胞仍能继续分裂，其余细胞进入增长期。增长期细胞代谢加强，细胞体积迅速扩大，重量迅速增加。植物细胞的生长包括原生质体的生长和细胞壁的生长两个方面。原生质体生长过程中最为显著的变化是液泡化程度的增加。原生质体中原来小而分散的液泡逐渐长大，合并成中央大液泡，细胞质的其余部分则紧贴于细胞壁，细胞核也移至侧面。此外，原生质体中的其他细胞器在数量和分布上也发生了复杂的变化。细胞壁的生长包括表面积的增加和细胞壁的加厚，其生长过程受原生质体生物化学反应的严格控制。原生质体在细胞生长过程中不断分泌细胞壁的构成物质，使细胞壁随原生质体的长大而延伸，这种表面积的扩大是以**填充生长**（intussusception）的方式进行的。同时壁的厚度和化学组成也发生变化，细胞壁（初生壁）厚度增加，并且由原来含有大量的果胶质和半纤维素转变成有较多的纤维素和

非纤维素多糖。成熟细胞壁的增厚是一层层进行的，是一种**敷加生长（apposition）**的方式，一般多在细胞停止生长后进行。当细胞停止生长时，细胞就开始特化，其形态上会出现各种变化。

2. 植物细胞的分化

对多细胞植物而言，不同的细胞往往执行不同的功能；而执行不同功能的细胞常常在细胞的形态和结构上表现出不同变化。植物细胞在分化过程中，大多数细胞的核不像细胞壁那样发生明显的变化，而细胞质和细胞壁则表现出分化细胞的特殊性质。诸如此类的形态变化有很多。例如小液泡合并或增大形成大液泡，质体的分化，细胞器的种类、数量、大小和分布的变化，贮藏物质的合成和积累，次生壁的形成或部分细胞壁的消失等。但应当明确细胞分化不仅包括形态上的可见变化，而且还有早在形态变化以前已发生的复杂的生物化学和生物物理学的变化。

细胞为什么会向不同方向分化？这与遗传的基因表达有关，是目前研究的热点。因为通过细胞分裂所产生的子细胞，都能得到与母细胞相同的全套遗传物质。细胞在分化时，并非所有遗传物质在一个细胞的任何时期都能进行表达，某一个时期特定基因的表达与植物生长过程和环境中的某些因子的影响和调控有关。但是，每个细胞都保存有发育所需要的全套遗传物质。这一点可从细胞的**全能性（totipotency）**得到说明。所谓细胞的全能性，即植物大多数生活细胞，在适当的条件下，都能由单个细胞产生一株完整的植物体。这一点已被近年来进行的细胞培养和花粉培养所证实，也表明离体的单个植物细胞在一定条件下具有分化成各种类型细胞的潜在能力。但是在通常情况下，它只能发育成某一类型的细胞。究竟是哪些因素控制细胞分化，使植物表现出一定的性状，这是现代分子生理学、发育生物学和**进化发育生物学（Evolutionary Developmental Biology，evo-devo）**研究中一个十分重要的问题（见第四章）。

通常认为，细胞的不均等分裂对于细胞分化有重要影响。植物体内有许多细胞，如合子、花粉、形成筛管分子的母细胞、形成根毛和气孔器的母细胞等，它们分裂产生的两个子细胞不尽相同，并朝不同方向分化。实际上在细胞分裂时，细胞的两极就有了差异。极性的建立，导致不均等分裂，从而产生两个大小不同、性质各异的细胞。

现代分子生理学和发育生物学的研究说明，细胞分化的机理是极其复杂的，且受到多种因素的作用而影响基因的表达。这些因素主要有：调控和激活基因并适时表达；核质的相互作用；信使RNA的产生；遗传物质的不同区域的相互作用；细胞内多种物质对遗传物质活动的控制；各种酶和它们的相互作用；激素的作用和细胞之间及环境的相互作用等。这些因素均能对细胞分化发生作用。目前，相关研究进展非常快。细胞分化机理的深入研究将大大提高人类对植物生长发育的认知水平，为农业、药用植物等应用学科带来福音。

3. 细胞信号系统和转导

高等动植物由数以亿计的细胞组成。各种特化的细胞既有明确的分工又必然要保持相互间协调，这涉及信号分子的传递。多细胞生物体受到外界环境刺激后，常产生胞间化学信号。该信号到达细胞表面或胞内受体后，通过产生胞内信号起作用，从而完成整个信号转导过程。人们通常把细胞外信号（包括胞外环境刺激信号和胞间信号）称为第一信使或**初级信使（primary messenger）**，而把胞内信号分子统称为第二信使或**次级信使（secondary messenger）**。初级信使包括胞外环境信号和**胞间信号（intercellular signal）**。胞外环境信号是指机械刺激、磁场、辐射、温度、风、光、CO_2、O_2、土壤性质、重力、病原因子、水分、营养元素、伤害等影响植物生长发育的重要外界环境因子。胞间信号是指植物体自身合成的、能从产生之处运到其他器官，并能作为其他细胞的刺激信号的细胞间通信分子，通常包括植物激素、气体信号分子NO以及多肽、糖类、细胞代谢物、甾体、细胞壁片段等。胞外信号的概念并不是绝对的，随着研究的深入，人们发现有些重要的胞外信号如光、电等也可以在生物体内组织、细胞之间或者在其内部起信号分子的作用。次级信使是指细胞感受胞外环境信号和胞间信号后产生的胞内信号分子，从而将细胞外信息转换为细胞内信息。一般公认的细胞内第二信使有钙离子（Ca^{2+}）、**肌醇三磷酸（inositol 1，4，5-trisphosphate，IP_3）**、**二酰甘油（1,2-Diacylglycerol，DG）**、**环腺苷酸（cAMP）**、**环鸟苷酸（cGMP）**等。随着细胞信号转导研究的深入，人们发现NO、H_2O_2、花生四烯酸、环ADP核糖、IP_4、IP_5、IP_6等胞内成分在细胞特定的信号转导过程中也可充当第二信使。

受体（receptor）是细胞表面或亚细胞组分中的一种天然分子，多为蛋白质。它可以识别并特异地与有生物活性的化学信号物质——**配体（ligand）**结合，从而激活或启动一系列生物化学反应，导致该信号、物质产生特定的生物学效应。在植物感受各种外界刺激的信号转导过程中，受体的功能主要表现在两个方面：第一，识别并结合特异的信号物质，接收信息，告知细胞在环境中存在一种特殊信号或刺激因素；第二，把识别和接收的信号，准确无误地放大并传递到细胞内部，启动一系列胞内信号级联反应，最后导致特定的细胞效应。要使胞外信号转换为胞内信号，受体的这两方面功能缺一不可。

植物细胞的信号转导过程可以简单概括为：刺激与感受—信号转导—反应三个重要的环节。细胞外的信号刺激主要包括胞外环境信号和胞间信号。胞外信号通过细胞表面的受体和质膜内受体感受。植物细胞表面的受体主要包括：离子通道连接受体、酶联受体和G蛋白偶联受体。胞外信号通过细胞膜转换为细胞内信号的过程，称为信号的跨膜信号转换。在信号的跨膜转换过程中，细胞表面的受体尤其是G蛋白偶联受体起着重要的作用。胞外信号进入细胞后通常在胞内信使系统的参与下生成第二信使（Ca^{2+}、IP_3、DG、cAMP、NO等），从而将胞外配体所含的信息转换为胞内第二信使信息。植物细胞的胞内信使系统研究较多的是钙信使系统和肌醇磷脂信使系统，尤其是钙信使系统。尽管有研究表明，环核苷酸系统参与植物气孔运动的细胞信号转导过程，但DAG/PKC途径是否在植物细胞中存在尚待进一步的证实。

蛋白质可逆磷酸化是细胞信号传递过程中几乎所有信号传递途径的共同环节，也是中心环节，由蛋白激酶和蛋白磷酸酶完成。植物中的蛋白激酶主要包括类受体蛋白激酶和钙及钙调素依赖的蛋白激酶。CDPK（Ca^{2+}依赖的蛋白激酶）是植物特有的蛋白激酶。

反应是细胞信号转导的最后一步。依据感受刺激产生相应生理反应的时间，植物的生理反应可简单分为长期生理效应和短期生理效应。细胞内的各个信号转导途径之间具有相互作用，存在信号系统之间的"交谈对话"（cross talk），形成了细胞内的信号转导网络。

第二节　植物组织的结构、分布及功能

一　植物组织的概念

细胞分化导致植物形成多种类型的细胞。同种类型的细胞常常聚在一起，形成细胞群。我们把形态结构相似、生理功能相同，在个体发育中来源相同（即由同一个或同一群分生细胞生长、分化而来）的细胞群组成的结构和功能单位，称为**组织**（tissue）。组织是植物进化过程中复杂化和完善化的产物。由一种类型细胞构成的组织称为**简单组织**（simple tissue）。由多种类型细胞构成的组织称为**复合组织**（complex tissue）。

植物的各个器官：根、茎、叶、花、果实和种子等都是由某几种组织构成的。其中每一种组织都具有一定的分布规律，行使一到多种主要的生理功能。而这些组织的功能又必须相互配合、相互依赖，才能使某一器官所担负的生理功能得以正常进行。所以组成器官的不同组织表现为整体条件下的分工合作、有机协同，保证器官功能的完成。

二　植物组织的分类

植物体的组织种类很多，常按其发育程度和主要生理功能的不同，以及形态结构的特点，把组织分为分生组织、保护组织、薄壁组织、机械组织、输导组织和分泌结构。后五种组织由分生组织衍生的细胞发育而成，总称为**成熟组织**（mature tissue），由于具有一定的稳定性，故也称**永久组织**（permanent tissue）。因而我们也可以把组织分成两大类：**分生组织**和**成熟组织**。但组织的"成熟"是相对的，成熟组织并非一成不变，有些分化程度较低的组织，有时能随植物体的发育，进一步转化为另一种组织。如分化程度较低的薄壁细胞可以**脱分化**（dedifferentiation）为分生细胞或特化为石细胞。

（一）分生组织（meristem）

在植物胚胎发育早期，所有胚细胞均能分裂。而发育成植物体之后，只有在特定的部位才能保持这种胚性特点，继续进行分裂活动。由这种能继续分裂的细胞组成的细胞群，称为分生组织。分生组织在植物一生中常持续地或周期性地保持强烈的分裂能力，一方面为植物体产生其他组织的细胞，另一方面本身继续"永存"下去。

一般来说，分生组织的细胞具有以下特征：细胞体积小，细胞壁薄，细胞核相对较大，细胞质丰富，没有大液泡，具有极强的分生能力等。但有的分生组织也会出现一些变化，如维管形成层细胞会有较多液泡，木栓形成层中可出现少量叶绿体等。

按照不同的分类依据，分生组织可细分为不同的类型。

根据分生组织在植物体内分布的位置不同，可分为顶端分生组织、侧生分生组织和居间分生组织（图3-34）。

1.顶端分生组织（apical meristem）

顶端分生组织存在于根和茎的主干及其分枝顶端，其最先端部分由胚性细胞构成（图3-34）。它们一般能比较长期地保持分裂能力，虽然也有休眠时期，但环境条件适宜时，又能继续进行分裂。顶端分生组织的活动与植物初生生长密切相关，其分裂可使根和茎不断伸长，并在茎上形成侧枝，使植物体营养面积增大。同时也有不少植物，发育到一定阶段，茎端分生组织的细胞发生质的变化而形成花或花序。

2.侧生分生组织（lateral meristem）

侧生分生组织包括**维管形成层**（**vascular cambium**）和**木栓形成层**（**cork cambium**），与次生生长密切相关，为种子植物所特有。它们出现在成熟组织中，在植物体的周围与根或茎的长轴平行。

维管形成层的细胞多为长纺锤形。其细胞具有不同程度的液泡化。维管形成层的活动时间较长，分裂出来的细胞分化为次生韧皮部和次生木质部，使根和茎增粗。木栓形成层由薄壁细胞转化而来，为一层长轴细胞，分裂活动的时间较短，产生的细胞分化为木栓层和栓内层，在器官表面形成一种新的保护组织——周皮。

3.居间分生组织（intercalary meristem）

居间分生组织穿插于茎、叶、子房柄、花梗、花序等器官的成熟组织之中，它是顶端分生组织在某些器官中局部区域的保留，在种子植物中并不是普遍存在的，且只能保持一定时期的分生能力，以后则完全变为成熟组织。如稻、麦等禾本科植物的节间基部具有居间分生组织；稻、麦的拔节，雨后春笋的迅速生长都是这种分生组织活动的结果。又如稻、麦倒伏后逐渐恢复向上生长，花生开花后入土结实，葱、韭叶子割取后能继续伸长，也是居间分生组织活动的结果。

根据分生组织的来源和性质不同，可分为原分生组织、初生分生组织和次生分生组织。

（1）原分生组织（promeristem）由胚性细胞构成，分布在根尖生长点的最前端，通常具有持久而强烈的分生能力。

（2）初生分生组织（primary meristem）由原分生组织的细胞分裂衍生而来，位于原分生组织的后部，可发育、分化形成初生组织。例如，根尖稍后部分的原表皮、原形成层和基本分生组织，其特点是细胞能继续分裂，并已出现了最初的分化，因此可看作介于原分生组织向成熟组织之间的过渡类型。

（3）次生分生组织（secondary meristem）由已经分化成熟的薄壁细胞重新恢复分裂能力转变而

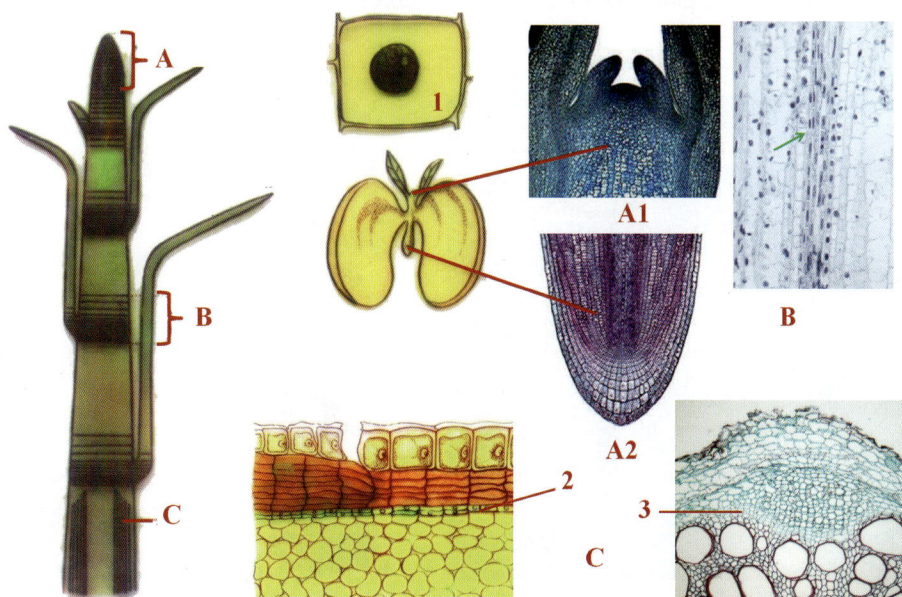

图3-34 分生组织在植物体内分布
A.茎顶端分生组织；B.居间分生组织；C.侧生分生组织；A1.胚芽生长的茎尖纵切示茎顶端分生组织；A2.胚根发育的根尖纵切示根顶端分生组织；1.根顶端分生组织的胚性细胞；2.侧生分生组织的木栓形成层；3.侧生分生组织的维管形成层；右侧B图上的箭头指分裂中的细胞（居间分生组织）

成。它们与根、茎的增粗和重新形成保护层有关，并非所有的植物都有。木栓形成层和束间形成层是典型的例子。

（二）成熟组织（mature tissue）

成熟组织区别于分生组织，按照生理功能的不同分为以下五种类型。

1.保护组织（protective tissue）

保护组织存在于植物体表面，由一层或数层细胞组成，其功能是减少水分蒸腾、防止机械损伤和其他生物的侵害。保护组织按其来源可分为表皮和周皮。

（1）表皮（epidermis） 为初生保护组织，由原表皮分化而来。表皮通常为一层细胞，少数植物具有多层表皮或复表皮。表皮分布于幼茎、叶、花和果实的表面，由表皮细胞、气孔器的保卫细胞和副卫细胞、表皮毛或腺毛等附属物组成（图3-35，图3-36）。其中表皮细胞是最基本成分。

表皮细胞是生活细胞，常呈扁平而不规则形状，侧壁波浪形凹凸镶嵌，无胞间隙。根、茎的表皮细胞常为圆柱体形。从横切面上看，表皮细胞多呈长方形或方形，液泡化明显，一般无叶绿体，因而呈现透明状态以透光，但有时可有白色体存在。细胞的外壁较厚，并角化形成角质层，有些植物的表皮还有蜡被。这对于减少水分蒸腾，防止病菌侵入有重要作用，所以角化程度高或蜡质层厚，也可作为选育抗病品种的特征之一。气生表皮上有许多气孔器，它是由两个**保卫细胞**（guard cell）合围而

成的（图3-35），中间留有间隙，称为**气孔**（stoma），是细胞与环境进行气体交换的通道。通常在白天开放以进行光合作用，夜晚关闭；在干旱情况下白天也会关闭。保卫细胞是含有叶绿体的生活细胞，有些植物的保卫细胞外侧还有1至数个**副卫细胞**（subsidiary cell），如禾本科植物的气孔器。

表皮上普遍存在有**表皮毛**（epidermal hairs）或腺毛等附属物（图3-36，图3-37）。其形态结构多样，有单细胞或多细胞的，有单条的或分枝的，有些表皮毛的细胞壁是纤维素的，有的矿化。表皮毛的存在，加强了表皮的保护作用。例如，高盐环境下的植物表面有大量表皮毛，对排出体内积累的盐分起着至关重要的作用；沙漠中表皮毛密生的植物表皮，由于折射的关系，常呈白色，可削弱强光的影响，降低内部组织温度，减少水分蒸发，是植物中常见的抗旱的形态结构；部分植物的器官，如荨麻叶片，表皮毛含有刺激性物质，可以防止食草动物的取食。此外，表皮附属物兼具吸收功能（根毛）与分泌功能（腺毛，图3-37）。

（2）周皮（periderm） 属次生保护组织，由**木栓细胞**（cork cell）和**木栓薄壁细胞**（cork parenchyma cell）组成。有些植物的根、茎在加粗过程中，原来的表皮损坏脱落，在表皮下面又形成新的保护组织，即周皮（图3-38）。它由侧生分生组织——木栓形成层分裂形成。木栓形成层平周分裂，向外分化形成**木栓层**（cork layer），向内分化形成**栓内层**（phelloderm）。木栓层具有多层细胞，

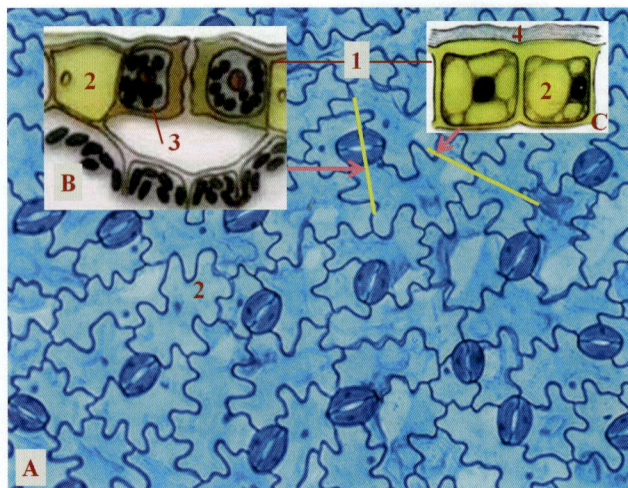

图3-35 表皮及气孔示意图
A.叶表皮细胞装片示表皮细胞和气孔器；B.叶表皮纵切示气孔器
1.黄线为切面的方向；2.表皮细胞；3.保卫细胞；C.叶表皮纵切示表皮细胞；4.角质层

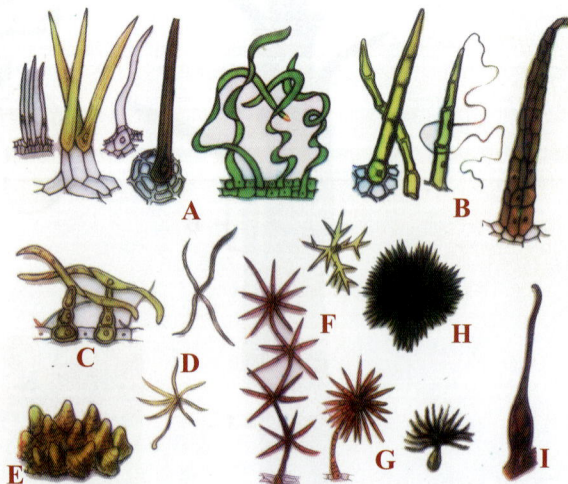

图3-36 表皮附属物
A.单细胞表皮毛（含直立型和扭曲型）；B.多细胞表皮毛；C."丁"字形表皮毛；D.星状毛；E.疣突；F.分枝表皮毛；G.盾形表皮毛；H.鳞毛；I.蛰毛

图3-36续 表皮附属物
A.铁苋菜幼茎密被伏毛；B.舟山新木姜子叶背密被绵毛；C.红千层茎上的长柔毛；D.红花檵木叶密被星状毛；E.枇杷幼叶密被锈色
毛；F.葛藤茎上的粗伏毛；G.冬瓜叶柄上的刺毛

细胞扁平，无胞间隙，细胞壁高度栓化，最后细胞的内容物消失，成为死细胞，具有抗压、隔热、绝缘等特性，能起到很好的保护作用。许多植物栓内层是薄壁的生活细胞，常具有叶绿体，主营贮藏功能。木栓层和木栓薄壁细胞（木栓形成层和栓内层）共同构成周皮。

在茎的原气孔处，木栓形成层向外分裂衍生出排列疏松的薄壁细胞，称为**补充细胞**（complementary cell）。补充细胞突破周皮，在表面形成小突起，称为**皮孔**（lenticel），即水分、气体内外交流的通道（图3-38C）。

当树木加粗时，原有周皮破裂，再形成新的周皮。这样，随着植物的生长，周皮积累形成树木茎干和老根的树皮，起保护作用。由于木栓层发育的规律以及均一或不均一特点，各种树木形成不同的木栓层（树皮）（图3-39），这种特征也是识别树种的一个重要标志。

图3-37 腺毛
A.茅膏菜叶的腺毛；B.秋葵叶表皮，分泌黏液；C.紫苏叶腺点；
（A由丁炳扬惠赠）

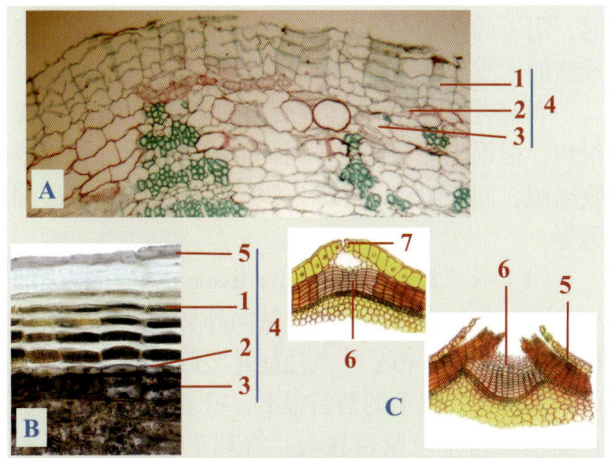

图3-38 周皮结构、周皮和皮孔形成
A.高大草本植物棉花老根的周皮结构；B.木本植物的周皮结构；
C.周皮和皮孔形成模式
1.木栓层，2.木栓形成层，3.栓内层，4.周皮，5.破碎的表皮，
6.木栓形成层向外产生木栓层细胞，而在原气孔位置细胞不加
厚，形成补充细胞；7.幼时的表皮细胞

图3-39 木栓层发育不均一形成的不同树皮
A.二球悬铃木木栓层块状剥落；B.银杏具有不规则的木栓层；
C.羊蹄甲具有许多扁形的皮孔；D.马尾松具有纵裂的木栓层

2.薄壁组织（parenchyma）

薄壁组织是植物体内数量最多，分布最广的组织。它存在于根、茎、叶、花、果实和种子中，如苹果、土豆的可食用部分，其共同特点是由**薄壁细胞（parenchyma cells）**组成（图3-40）。薄壁细胞在植物光合作用、贮藏和分泌过程中发挥重要作用。大多数薄壁细胞的细胞壁较薄，具有初生壁性质，液泡较大，细胞质较少，细胞间排列疏松，有明显的胞间隙。薄壁细胞的分化程度较低，有潜在的分生能力，部分细胞可以脱分化而恢复分裂能力。这对于扦插、嫁接的成活和进行组织离体培养均有实际意义。这种潜在的分生能力还能在植物受到伤害时起到一定的修复作用。如植物木质部受损时，附近的薄壁细胞会在短时间内分裂、分化，形成新的木质部细胞。

薄壁组织是植物体进行各种代谢活动的主要组织，根据生理功能的不同，可将薄壁组织分为吸收组织、同化组织、贮藏组织、通气组织和传递细胞等。

（1）吸收组织（absorptive tissue） 位于根尖的根毛区，包括表皮细胞和外壁向外突起形成管状结构的根毛（图3-40A）。其功能是吸收水分和溶于水中的无机盐。根毛的数目很多，壁上角质层薄，常具黏液，与土粒紧密接触，有利于根吸收水分和养料。

（2）同化组织（assimilating tissue） 以叶肉内最多（图3-40D），在幼茎、发育中的果实和种子中也有存在。其细胞形状多样，有长柱形、圆形、多角形，甚至"王"字形，其最大特点是细胞内含有大量叶绿体，主要功能是进行光合作用。

（3）贮藏组织（storage tissue） 常见于根和茎的皮层、髓部、果实和种子的胚乳或子叶，以及块根、块茎等贮藏器官中。细胞中常储藏的营养物质，主要有淀粉、糖类、蛋白质和油类等（图3-40B）。某些植物中存在能积聚大量水分的**贮水组织（aqueous tissue）**，也可将其看作贮藏组织的一种。如仙人掌、秋海棠、景天等茎或叶中具有贮藏大量水分和黏液的薄壁细胞（图3-40C），是植物适应干旱的一种结构。

（4）通气组织（ventilating tissue） 水生或湿生植物常有通气组织，如水稻、莲、毛茛、金鱼藻、灯芯草的根、茎、叶中都可见到（图3-40F，G）。通气组织中胞间隙非常发达，常有一些薄壁细胞解体而形成气腔或互相贯通形成气道。气腔和气道中贮有大量空气，有利于器官中细胞呼吸时的气体交换。

图3-40 植物的各种薄壁组织及其细胞特点
A.吸收组织的根毛；B.储藏组织的淀粉细胞（马铃薯）；C.储水组织的薄壁细胞（秋海棠叶）；D.同化组织的叶肉细胞（栅栏组织，夹竹桃叶）；E.占比最多的薄壁组织的薄壁细胞；F.G.薄壁组织的通气组织（F.金鱼藻，G.灯芯草）
1.具有储水作用的薄壁细胞；2.具有同化作用的栅栏组织

（5）传递细胞（transfer cell） 是近年来发现的一种特化的薄壁细胞。这种细胞的最显著特征是细胞壁内突生长，即向内突入细胞腔内，形成许多指环或鹿角状的不规则突起，这种特殊的构造显著扩大了质膜的表面积（约20倍以上），有利于细胞对物质的吸收和传递，故称传递细胞，也称转输细胞或转移细胞（图3-41）。由于它们都出现在植物体内溶质集中的部位，与溶质局部运转有密切的关系，通常认为它们起短途运输的作用。例如，叶中小叶脉的一些木薄壁细胞和韧皮薄壁细胞可形成壁的内突，同时也可发育成传递细胞，成为叶肉细胞和输导组织之间物质运输的桥梁。此外，在植物茎或花序轴节的维管组织中、种子的子叶、胚乳或胚柄中，传递细胞均有存在。由此可见，传递细胞的分布是相当广泛的。

3. 机械组织（mechanical tissue）

机械组织对植物体起着机械支持作用。植物器官幼嫩部分的机械组织不发达。随着器官的成熟，器官的内部逐渐分化出机械组织。机械组织细胞的共同特点是细胞壁局部或全部加厚，有的还发生木质化。根据细胞形态结构和细胞壁加厚的方式不同，可分为厚角组织和厚壁组织。

（1）厚角组织（collenchyma） 为初生的机械组织，由长轴形的活细胞，即**厚角细胞（collenchyma cell）**组成。厚角细胞最明显的特征是细胞壁不均匀加厚，只在几个细胞邻接处的角隅部分加厚（图3-42），且这种加厚是初生壁性质的，故有一定的坚韧性，还具有可塑性和延伸性，既可支持器官直立，又可适应器官的迅速生长。因此厚角组织普遍存在于正在生长或摆动的器官、非木质的柔软器官中，如双子叶植物的幼茎、叶柄、花梗等部位的表皮内侧。厚角组织的细胞常含叶绿体，并有一定的分裂潜能，能参与木栓形成层的形成。

厚角组织的分布往往连续成环状或分离成束状，在有棱部分特别发达，以增强支持力量，如芹菜、南瓜的茎和叶柄（图3-43）。

（2）厚壁组织（sclerenchyma） 由同时具有初生壁和次生壁的**厚壁细胞（sclerenchyma cells）**组成。厚壁细胞具有均匀增厚的次生壁，且常木质化。细胞成熟后，细胞腔小，通常没有生活的原生质体，成为只留有细胞壁的死细胞，对植物体起支持作用。厚壁组织一般可分为纤维和石细胞。

纤维（fiber）是两端尖细的长纺锤形细胞（图3-44），通常呈束状、簇状分布，多见于木材、树皮内部、叶脉。其次生壁明显增厚，但木质化程度不一致，壁上有少数纹孔。成熟时原生质体一般都消失，细胞腔中空且小，纤维在植物体内多成束分布，而且可增强植物器官的支持强度。根据纤维在植物体内的分布和细胞壁特化程度不同，可分为韧皮纤维和木纤维。

韧皮纤维（phloem fiber）分布于韧皮部内，但有时将出现在皮层和维管束鞘部分的纤维也称为韧皮纤维。韧皮纤维的细胞壁虽厚，但含纤维素丰富，木化程度低，坚韧而有弹性，可为植物体提供良好的结构支持，细胞的纹孔较少，常呈裂缝状。各种植物韧皮纤维的长度不一，木化程度也各异。麻类作物的纤维较长，黄麻可达8～40mm，纤维用大麻10～100mm，苎麻5～620mm，亚麻9～70mm，尤其是后两者的纤维，不木化、韧性强、质地好，是优质的纺织原料；红麻、黄麻的韧皮纤维较短，木化程度较高，质硬而韧性低，只供做麻袋和绳索。

木纤维（xylem fiber）分布于木质部，比韧皮纤维短，长约1mm。其细胞壁木化程度高，细胞腔小，坚硬且无弹性，脆而易断，在植物体中起

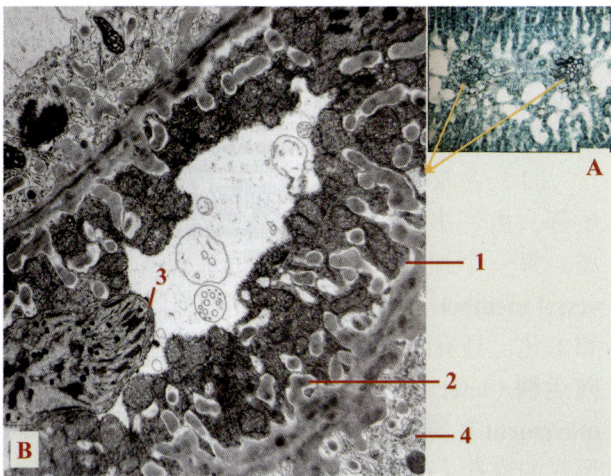

图3-41　传递细胞
A. 光镜下传递细胞的位置（夹竹桃叶）；B. 电镜下的传递细胞
1. 传递细胞；2. 内凸生长的细胞壁；3. 细胞核；4. 紧紧相连的筛管
（B引自Evert等，2013）

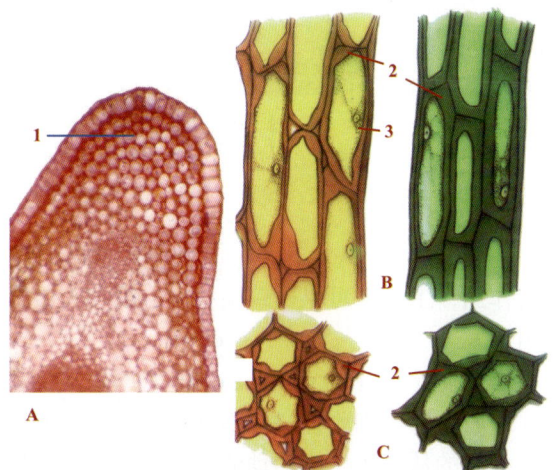

图3-42　厚角组织
A. 蚕豆茎横切面示角部的厚角组织；B. 厚角组织细胞纵切面（左，南瓜茎；右，薄荷茎）；C. 厚角组织细胞横切面；
1. 厚角组织在植物中的常见部位；2. 角部增厚的细胞壁；
3. 细胞核和原生质

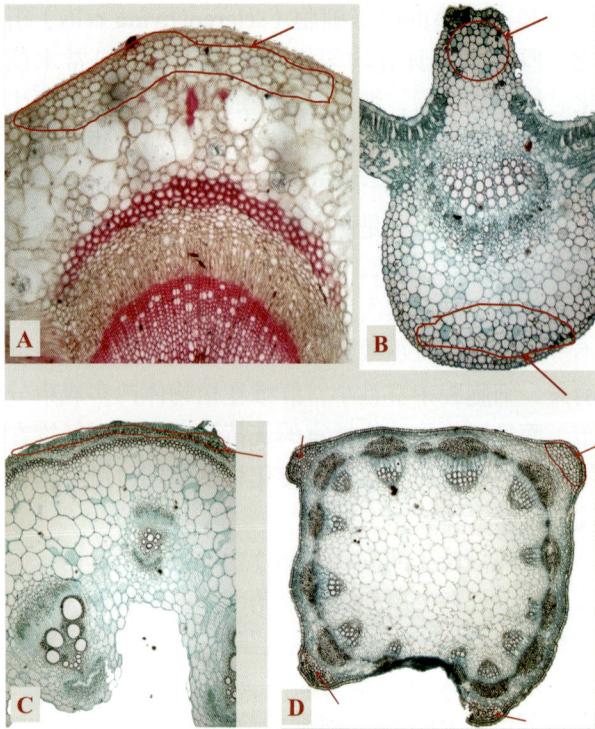

图3-43　厚角组织在植物中的分布
A.茶树叶横切；B.棉叶中脉横切；C.南瓜草茎横切；D.苜蓿茎横切（厚角组织见箭头所指的红圈内）

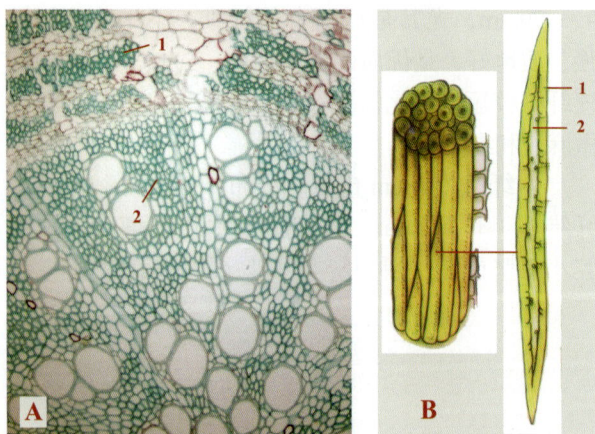

图3-44　纤维
A.棉花老根中的纤维（1.韧皮纤维束；2.木纤维束）
B.纤维束和一个纤维分子的模式图（1.次生加厚细胞壁；2.纤维的细胞腔，已无原生质）

支持作用，工业上可供建筑用材、造纸和人造纤维之用。

　　石细胞（sclereid 或 stone cell）相对纤维而言较短，一般由薄壁细胞经过细胞壁的强烈增厚分化而来，也有的从分生组织活动的衍生细胞产生。石细胞广泛分布于植物体中，可单生或聚生于茎、叶、果皮和种皮内。石细胞的形状差别很大，有短宽的、分枝的、星状的、长柱形的等（图3-45）。石细胞的壁强烈次生增厚和木化，有时也可栓化或角

化，呈现同心环状层次；壁上有许多单纹孔，可呈分枝状的纹孔道；细胞腔极小，通常原生质体消失，成为仅具坚硬细胞壁的死细胞，例如桃、李、梅、椰子等果实坚硬的核，水稻的谷壳、花生的果壳等，都有大量石细胞存在。茶、桂花叶片中有单个分枝状的石细胞，豆类种皮上有常呈栅栏状和骨状的石细胞。

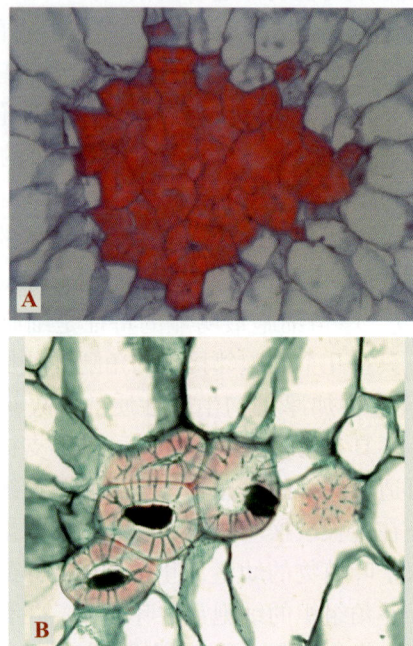

图3-45　石细胞
A.梨果肉中的石细胞；B.山楂果肉中的石细胞

4.输导组织（conducting tissue）

　　输导组织是构成维管束维管组织的主要成分（图3-46），是植物体内担负长途运输的管状结构，它们在各器官间形成连续的输导系统。根据它们运输的主要物质不同，分为两大类：一类是运输水和无机盐的导管和管胞；另一类是运输有机养料的筛管和筛胞，存在于植物根、茎、叶中。

　　（1）**导管**（vessel）　存在于被子植物的木质部，由许多长筒形的细胞顶端对顶端连接而成，每一个细胞称为**导管分子**（vessel element 或 vessel member）。导管分子的侧壁不同程度地增厚和木化，具有纹孔，此间可发生水在导管间的**横向运输**（lateral transport）或侧向运动（sideways movement）；**端壁**（end wall）溶解消失，形成不同形式的**穿孔**（perforation）（图3-47）；有的成为大的**单穿孔**（simple perforation），有的成为由数个孔穴组成的**复穿孔**（compound perforation），具有穿孔的端壁称为**穿孔板**（perforation plate）；原生质体解体而成为仅剩细胞壁的中空死细胞。整个导管

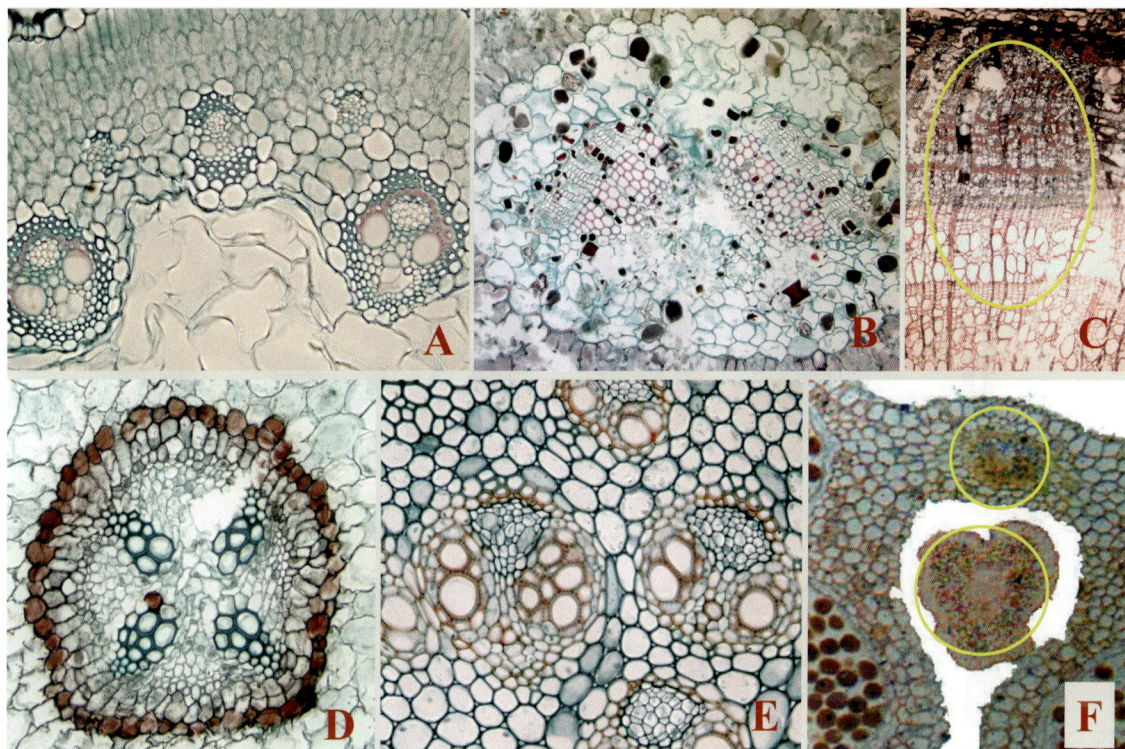

图3-46　植物的维管束及维管组织

A.单子叶植物灯芯草茎的维管束；B.裸子植物松树叶的维管束；C.真双子叶植物椴树茎次生结构中的维管组织；D.真双子叶植物棉花根初生结构的维管组织；E.木本单子叶植物毛竹茎节的维管束；F.单子叶植物百合花药中的维管束（上面的黄圈内是花药药隔中的维管束，下面圈内是花丝的维管束）

为一长管状结构，在系统演化上，分子外形扁宽且端壁与侧壁近于垂直的导管，比外形狭长而末端尖锐的导管进化程度更高；端壁单穿孔的又较复穿孔的导管进化程度更高。

导管的直径大小及侧壁增厚存在差异。根据导管发育先后及其侧壁次生增厚和木化方式的不同，可将导管分为五种类型（图3-48）。**环纹导管**（annular vessel），每隔一定距离有一环状的木化增厚次生壁；**螺纹导管**（spiral vessel），侧壁呈螺旋带状木化增厚；**梯纹导管**（scalariform vessel），侧壁呈几乎平行的横条状木化增厚，与未增厚的初生壁相间排列，呈梯形；**网纹导管**（reticulate vessel）侧壁呈网状木化增厚，"网眼"为未增厚的初生壁；**孔纹导管**（pitted vessel），侧壁大部分木化增厚，未增厚部分形成纹孔。

上述五种导管类型中，前两种导管出现较早，常发生于生长初期的器官中，导管直径较小，输水能力较弱，未增厚的初生壁还可以随着器官的伸长而延伸。后三种导管多在器官生长后期分化形成，导管直径大，每个导管分子显得较短，输导效率高。研究认为这种变化具有从原始到进化的演化趋势。有时在一个导管上可见到部分是环纹加厚，部分是螺纹加厚；有时在梯纹和网纹之间的差别十分微小；也有网纹与孔纹结合而成网孔纹的过渡类型。导管的长度可以从几厘米到几米，藤本植物的导管最长，例如紫藤茎的导管可达5m多。

但植物体内的水分运输，不是一条导管从根直通到顶的，而是分段经过许多条导管曲折连贯地向上运行的。导管是一种比较完善的输水结构，水流可顺利通过导管细胞腔及穿孔上升，也可通过侧壁上的纹孔横向运输。导管的输导功能并非能永久保持，其有效期长短因植物种类而异。在多年生植物中有的可达数年，有的长达十余年。当新的导管形成后，老的导管常相继失去输导水分的能力。这是因为导管四周的薄壁细胞胀大，通过导管侧壁上的纹孔，侵入导管腔内形成大小不等的囊泡状突起，充满在导管腔内，这种突入生长的囊泡状结构称为**侵填体**（tylosis）（图3-47C）。它包含单宁、晶体、树脂和色素等物质，薄壁细胞的细胞核和细胞质也可移入侵填体内。侵填体把导管堵塞起来的现象在双子叶植物中是常见的，尤其在木本植物中更为普遍。但侵填体的形成，能增强抗腐力，防止病菌侵害，对增强木材的坚实度和耐水性有一定的作用。

（2）**管胞**（tracheid） 是多数石松类、蕨类植

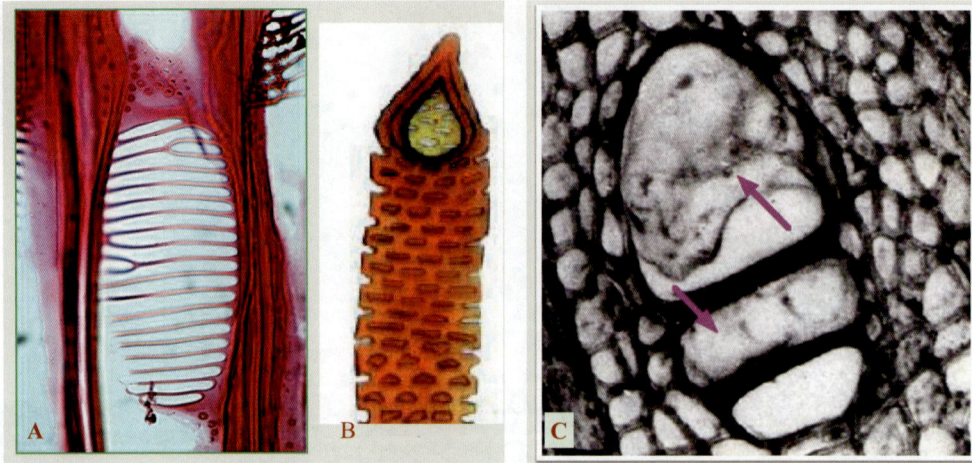

图3-47　扫描电镜示木质部导管端壁穿孔和侵填体
A.梯纹穿孔；B.单穿孔；C.老的、失去输导功能的导管，形成囊泡状的侵填体（箭头指示）

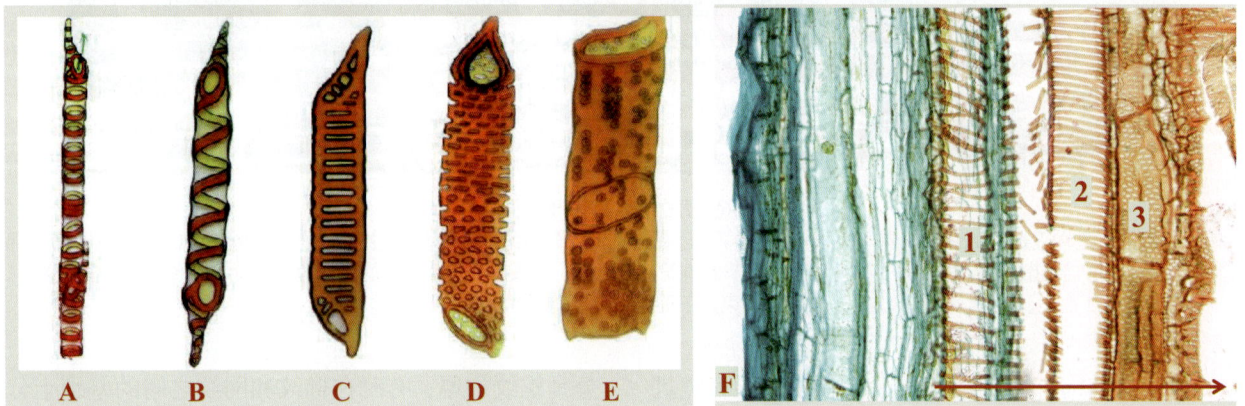

图3-48　导管的主要类型和次生壁加厚纹式
A.环纹导管；B.螺纹导管；C.梯纹导管；D.网纹导管；E.孔纹导管；从A到E是导管的演化趋势；F.南瓜茎纵切示导管，箭头方向
表示从内到外表现出演化趋势，1.螺纹导管；2.梯纹导管；3.网纹导管

物和裸子植物唯一的输水结构，而在大多数被子植物中，管胞和导管同时存在。

管胞是一种狭长而两头斜尖的管状细胞，一般长为1～2mm，直径较小，细胞壁也次生增厚并木化，最后原生质体消失，成为仅剩细胞壁的中空死细胞。它与导管的主要区别在于管胞的端壁不形成穿孔。管胞的次生壁增厚和木化时，也形成环纹、螺纹、梯纹和孔纹等纹理（图3-49）。裸子植物的管壁上多具有典型的具缘纹孔。管胞纵向排列时，各以先端斜尖面彼此贴合，水溶液主要通过侧壁上的纹孔进入另一个管胞，逐渐向上或横向运输，故输导效率较低。管胞常成群分布，尤其是在裸子植物中，故还能起机械支持作用（图3-49A）。

（3）导管与管胞的发生与发育　在基部被子植物、真双子叶、单子叶植物中，导管由顶端分生组织的周围区细胞（茎尖）、原形成层细胞（根尖），以及次生分生组织维管形成层的纺锤形原始细胞分裂到内侧的细胞组成。这些细胞呈长管形，细胞两端端壁穿孔使两个细胞（导管分子）上下相互连接，其原生质体解体形成一管状结构，同时侧壁发生不规则次生壁增厚，形成环纹、螺纹、梯纹、网纹和孔纹等多种类型的导管，行使输导水和无机养分的功能（图3-50A—D）。而在裸子植物、石松类和蕨类植物，管胞由顶端分生组织分裂的细胞，以及次生分生组织的维管形成层分裂到内侧的细胞组成，这些细胞呈长管形（图3-50E）。

（4）筛管（sieve tube）　存在于被子植物的韧皮部，由一些管状活细胞连接而成，每一个细胞称为**筛管分子**（**sieve-tube element**）。筛管分子的壁通常只具有初生壁，主要由纤维素和果胶质组成。筛管的端壁上有许多小孔，称为**筛孔**（**sieve pore**）。筛孔常成群分布于细胞壁上，壁上具筛孔的区域称**筛域**（**sieve area**）。分布一至多个筛域的端壁称**筛板**（**sieve plate**）。筛板上只有一个筛域的称单筛板，

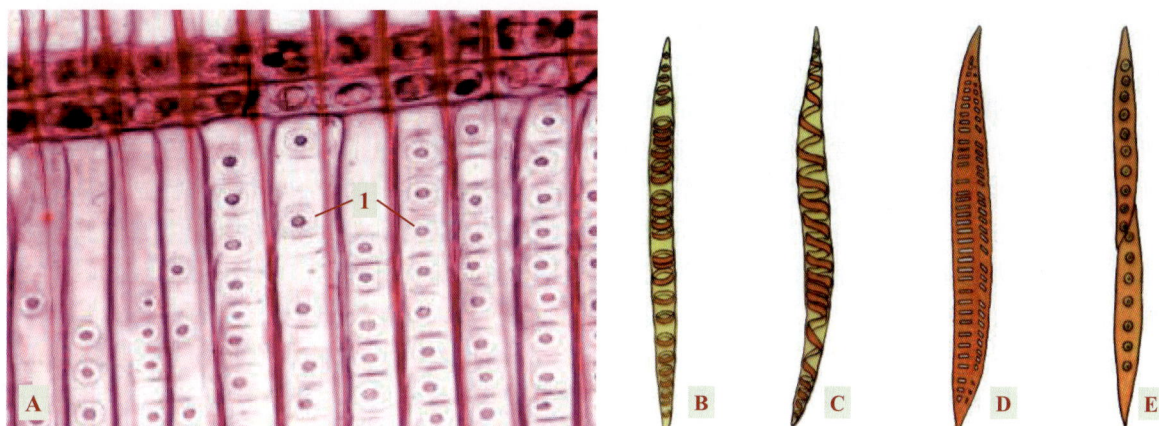

图3-49 裸子植物的管胞及管胞的主要类型
A.松树茎纵切（切向切面）示孔纹管胞和具缘纹孔（1.具缘纹孔）；B.环纹管胞；C.螺纹管胞；D.梯纹管胞；E.孔纹管胞

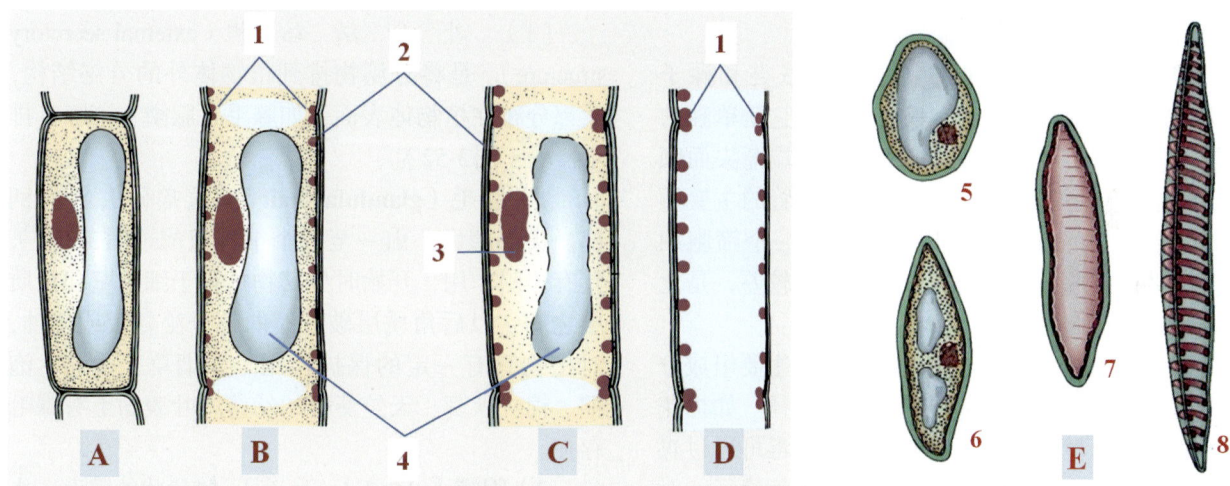

图3-50 导管和管胞分子的发育形成过程（E改自James，2003）
A-D.导管发育，A.分生组织细胞伸长，B.上下两端壁消失或梯状穿孔，细胞壁次生不规则加厚，C.细胞核和细胞质溶解，D.上下导管分子形成一长管状结构（1.穿孔部位，2.次生壁加厚，3.分解中的细胞核，4.液泡）；E.管胞分子发育过程，除了两头尖、端壁不呈穿孔状，其他类似导管分子（5.发育初期的薄壁细胞；6.原生质和细胞核溶解；7.细胞壁各种次生加厚（此处为环纹加厚）；8.两头变尖，由侧面与另一管胞分子相连）

如南瓜的筛管；具有多个筛域的称复筛板，如葡萄的筛管。筛管分子是生活细胞，具有生活的原生质体。但在成熟过程中，其细胞核解体，许多细胞器退化，液泡膜破裂，最后仅有结构退化的质体和线粒体、"变形"内质网、含蛋白质的**黏液体（slime body）**以及存留在筛管分子周缘的一薄层细胞质。筛管分子是少数不具细胞核的真核细胞之一，通常它们的生命非常短暂（少于一年），也有一些棕榈树的筛管分子可存活100多年。黏液体中含有一种特殊的蛋白质，称为**P-蛋白（phloem protein）**，与物质运输有关。黏液体呈黏液分散在细胞中，并具有呈细丝状的**联络索（connecting strand）**，通过筛板上的筛孔把相邻筛管分子的原生质体连接起来，从而构成有机物质运输的通道（图3-51）。

筛孔的周围衬有**胼胝质（callose）**，随着筛管的成熟老化，胼胝质不断增多，以至于成垫状沉积在整个筛板上，此时联络索相应变细，至完全消失，筛孔被堵塞。这种垫状物质称为**胼胝体（callosity）**（图3-51D）。单子叶植物筛管的输导功能在整个生活周期内不丧失。存在一些多年生双子叶植物，在冬天来临之前，由于胼胝体的形成，筛管会暂时丧失输导功能；到翌年春天，胼胝体溶解，筛管的功能又逐渐恢复。一般筛管分子的长度为0.1～2mm，宽为10～70μm。同化产物的输送速度可达10～100（最高200）cm/h。运输方向可向上也可向下，通常由营养物质丰富的部位向含量较低的部位输送。

伴胞（companion cell）是紧贴筛管分子旁边的一至数个小型、细长、两头尖的薄壁细胞（图3-51）。伴胞与筛管分子由同一个母细胞分裂而来，两者长度相等或伴胞较筛管稍短。伴胞有明显的细胞核，且细胞质浓厚，具有多种细胞器，有许多小液泡，含有大量的线粒体，说明伴胞的代谢活动活跃，但质体内膜分化较差。通常认为伴胞的细胞核指导筛管分子和伴胞的生命活动。伴胞与筛管侧壁之间有胞间连丝相通，它对维持筛管质膜的完整性进而维持筛管的功能有重要作用。伴胞本身没有运输营养物质的能力，但在将营养物质装载到筛管分子上的过程中发挥了重要的作用。在某些双子叶植物中，筛管分子与邻近细胞之间物质交换特别强烈的部分，伴胞发育出内褶的细胞壁，具有传递细胞的特点，有效地加强了短途运输，表明伴胞与筛管起装载和卸除的作用。例如，在叶肉组织中，光合产物从叶肉细胞经细脉运输到筛管。

（4）筛胞（sieve cell）石松类、蕨类和裸子植物的韧皮部中没有筛管，只有筛胞，它是单独的输导单位。筛胞是一种细长的细胞，两端渐尖而倾斜，侧壁上有不甚特化的筛域。它与筛管的主要不同是端壁不形成筛板，而以筛域与另一个筛胞相通。有机物质通过筛域输送，输导功能较差，是比较原始的输导结构。

导管和筛管是植物体内输导组织的主要组成分子，但常常也是某些病菌侵袭感染的途径。如棉花枯萎病菌的菌丝可从导管侵入，某些病毒可通过媒介昆虫进入韧皮部，引起病害。了解致病途径，对研究和防治病虫害具有重要的实践意义。

5.分泌结构（secretory structure）

某些植物在代谢过程中，会产生蜜汁、挥发油、黏液、树脂、乳汁、单宁、生物碱、盐类等物质。这些物质可能聚积在细胞内、胞间隙或腔道中，或通过一定的细胞或细胞群组成的分泌结构排出体外，后者称为分泌现象。此类单细胞或多细胞结构称为分泌结构。许多植物的分泌物具有重要的经济价值，如橡胶、生漆、芳香油、蜜汁等。

植物产生分泌物的结构的来源各异，形态多样，分布方式也不尽相同。有的以单个细胞分散于其他组织中，也有的集中分布或特化成一定结构。根据分泌物是否排出体外，可分为外分泌结构和内分泌结构。

（1）外分泌结构（external secretory structure）是将分泌物排到植物体外的分泌结构，大都分布在植物体表面，如腺毛、腺鳞、蜜腺、排水器等（图3-52）。

1）腺毛（glandular hair）：通常分头部和柄部。头部膨大，由一至数个细胞组成（图3-52A），具有分泌作用，开始时分泌物贮存于细胞壁和角质层之间，以后角质层破裂而向外分泌黏液或精油，对植物具有一定的保护作用。如烟草、番茄、泡桐、棉、秋葵、天竺葵等的幼茎或叶表面上有腺毛存在。

2）腺鳞（glandular scale）：鳞片状的腺毛，头部大而扁平，柄部极短或无，排列成鳞片状。腺鳞

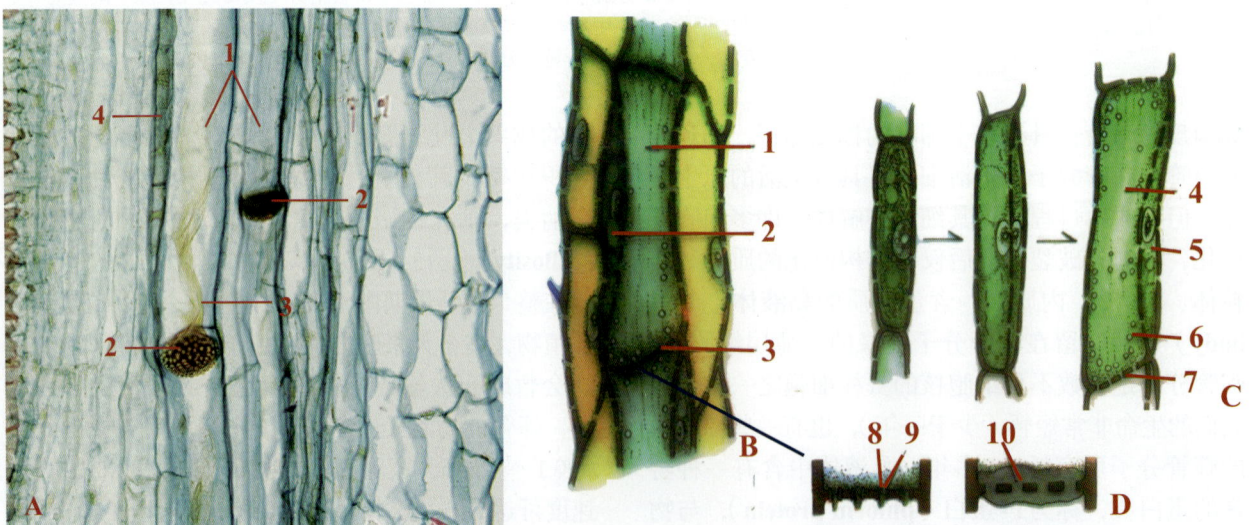

图3-51　筛管和伴胞
A.南瓜茎纵切示内韧维管束的筛管分子，可见筛板、联络索和伴胞（1.筛管分子，2.筛孔、筛域和筛板，3.联络索，4.伴胞）
B.筛管与伴胞示意图（1.原生质，2.伴胞，3.筛板）
C.筛管的发育，侧生分生组织维管形成层纺锤状原始细胞向外分裂形成的细胞，先分裂一次形成一个筛管和一个伴胞，成熟的筛管分子细胞核消失（4.原生质，5.伴胞具有细胞核，6.P-蛋白，7.筛板与筛孔）
D.筛板模式与胼胝体形成（8.联络索，9.胼胝质沉积，10.秋冬胼胝体形成）

在植物中相当普遍，特别常见于唇形科、菊科、桑科和锦葵科植物。

3）蜜腺（nectary）：能分泌糖液，由细胞质浓厚的一至数层分泌细胞群组成，位于植物体表面的特定部位。蜜腺包括常位于虫媒植物的花部的**花蜜腺（floral nectary）**和营养体上的**花外蜜腺**（**extrafloral nectary**），如油菜花托上的花蜜腺、棉叶中脉和蚕豆托叶上的花外蜜腺（图3-52C、E）。蜜汁分泌多的植物，是良好的蜜源植物，有较高的经济价值。

4）盐腺（salt gland）：分泌盐类，一般分布于盐碱地生长的植物体表，可分泌出过多的盐分以保持体内的盐分平衡。如矾松属、柽柳属等植物的茎和叶表面即存在盐腺。

5）腺表皮（glandular epidermis）：植物体某些部位具有分泌功能的表皮细胞。如矮牵牛、漆树等许多植物花的柱头表皮均为腺表皮。其细胞呈乳头状突起，能分泌含有糖、氨基酸、酚类等化合物的柱头液，有利于粘住花粉。

6）排水器（hydathode）：植物将体内的多余水分排出体外的结构。排水器常分布在叶尖和叶缘，由**水孔（water pore）**和**通水组织（epithem）**构成（图3-52D）。水孔与气孔相似，但它的保卫细胞分化不完全，无自动调节开闭的作用，故始终开放着；通水组织是排列疏松而无叶绿体的叶肉组织，细胞较小，与脉梢的管胞相连。水从木质部的管胞经通水组织到水孔排出体外，这种现象往往可作为根系正常活动的一种标志。排水器排出多余水的过程称为**吐水（guttation）**。

（2）内分泌结构（internal secretory structure） 其分泌物积聚于植物体的细胞内、胞间隙、腔穴或管道内。常见的有分泌细胞、分泌腔、分泌道和乳汁管（图3-53和3-54）。

1）分泌细胞（secretory cell）：以单个细胞存在，可以是生活细胞或非生活细胞，是在细胞腔内积聚特殊的分泌物。分泌细胞常大于它周围的细胞，外形有囊状、管状或分枝状，甚至可扩展为巨大细胞，容易识别，因此又称为**异细胞（idioblast）**（一种特殊的细胞，在形状、结构或内含物上明显不同于同一组织中的其他细胞）。

根据分泌物的类型不同可分为油细胞（樟科、木兰科）（图3-53B）、黏液细胞（仙人掌科、锦葵科）、含晶细胞（桑科、蔷薇科、景天科）以及树脂细胞、芥子酶细胞等。

2）分泌腔（secretory cavity）和分泌道（secretory canal）：是一群最初有分泌能力的细胞，后来部分细胞溶解，形成囊状的间隙（**溶生的，lysigenous**）或细胞分离形成裂生间隙（**裂生的，schizogenous**），或两种方式结合而形成间隙（**裂溶生的，schizo-lysigenous**）。分泌物贮存于腔穴

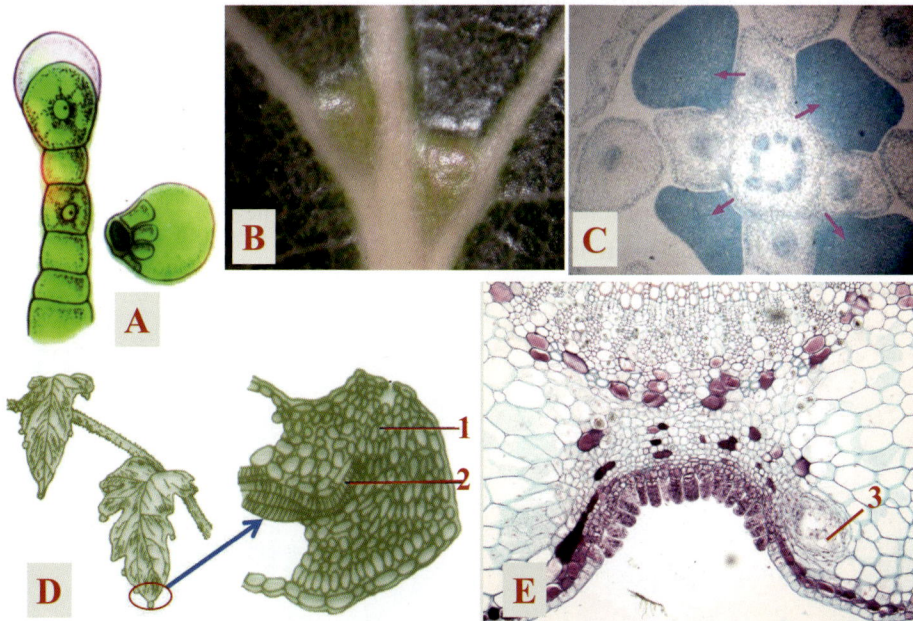

图3-52 外分泌结构

A.腺毛，左为天竺葵属茎上多细胞腺毛（具柄），右为秋葵表皮腺毛（柄部很短）；B.樟树叶脉处的腺体；
C.油菜花花丝基部4个蜜腺；D.番茄叶边缘水孔及吐水现象（1.水孔下方叶肉细胞；2.导管末梢）；
E.棉叶主脉下部的蜜腺窝（3.分泌腔，内分泌结构）

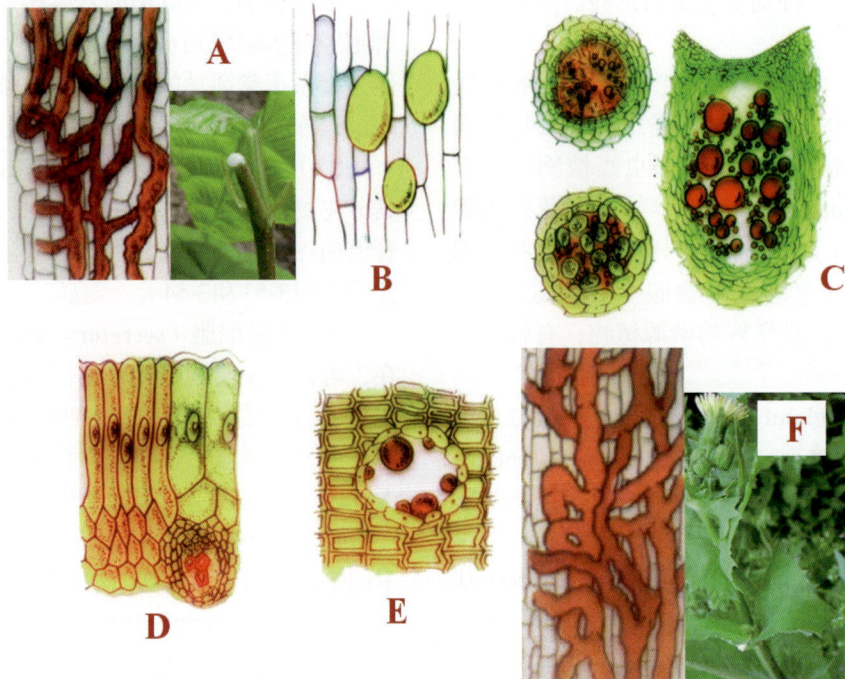

图3-53　内分泌结构
A.无节乳汁管（桑）; B.分泌细胞; C.分泌腔（左上为溶生性分泌腔，左下为裂生性分泌腔，右为柑橘橘皮的分泌腔）;
D.蜜腺; E.分泌道（如松属的树脂道）; F.苦苣菜的有节乳汁管

中。例如柑橘叶和果皮中透亮的小圆点，就是溶生分泌腔，在这个腔的周围可以看到有部分损坏的细胞（图3-53C）。松柏类木质部中的树脂道和漆树韧皮部中的漆汁道是裂生型的分泌道（图3-53和3-54）。它们是分泌细胞之间的胞间层溶解形成的纵向或横向的长胞间隙，完整的分泌细胞衬在分泌道的周围，树脂或漆液由这些细胞排出，积累在管道中。芒果属的叶和茎中的分泌道是裂溶生起源的。分泌腔和分泌细胞所分泌的挥发性物质，很多是重要的药物或香料。

3）乳汁管（laticifer）：是分泌乳汁的管状结构。它可分为**无节乳汁管（non-articulate laticifer）**和**有节乳汁管（articulate laticifer）**（图3-53和3-54）。无节乳汁管是一个细胞发育而成的，随着植物体的生长不断伸长和分枝，贯穿于植物体内，长度可达几米以上，如桑科、夹竹桃科、菊科和大戟属植物的乳汁管。有节乳汁管由许多圆柱形的细胞连接而成，以后横壁消失，如菊科、罂粟科、番木瓜科、旋花科以及橡胶树属等植物的乳汁管均属于这种类型。乳汁通常为白色或乳白色，少数植物为黄、橙甚至红色。乳汁的成分很复杂，有橡胶、蛋白质、淀粉、糖类、酶、植物碱、有机酸、盐类、脂类、单宁等物质，很多有一定的经济价值。

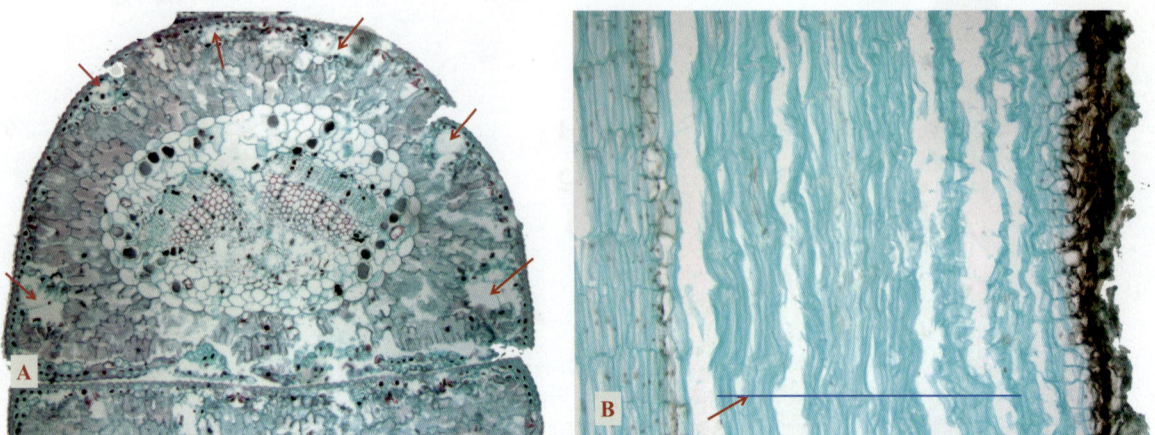

图3-54　松叶中的树脂道（A）和蒲公英根的无节乳汁管（B，见箭头所指处）

（三）维管组织、维管束和组织系统

1.维管组织（vascular tissue）

高等植物体内的导管、管胞、木薄壁细胞和木纤维等经常有机组合在一起形成木质部。筛管、筛胞、伴胞、韧皮薄壁细胞和韧皮纤维等组成分子则组合为韧皮部。由于木质部和韧皮部的主要组成分子是管状结构，又将它们称为维管组织。木质部和韧皮部是典型的复合组织，在植物体内主要起输导作用，它们的形成对于植物适应陆生生活有着重要的意义。从石松类植物开始，已有维管组织分化，种子植物体内的维管组织则更为发达进化。通常将石松类、蕨类植物和种子植物总称为**维管植物**（**vascular plants**）。

2.维管束（vascular bundle）

维管束是由木质部和韧皮部共同构成的束状结构，普遍存在于植物体中。而在根的初生结构中，木质部呈若干辐射角，韧皮部间生于辐射角之间，两者交互呈辐射排列，不相连接，并不形成维管束。

根据维管束中有无形成层和能否继续发展扩大，可将维管束分为有限维管束和无限维管束两类（图3-55）。

（1）有限维管束（closed bundle） 有些植物的原形成层完全分化为木质部和韧皮部，没有留存能继续分裂出新细胞的形成层。这类维管束不能再进行发展扩大，称为有限维管束，如大多数单子叶植物中的维管束。

（2）无限维管束（open bundle） 有些植物的原形成层除大部分分化成木质部和韧皮部以外，在两者之间还保留一层分生组织——束中形成层。这类维管束通过形成层的分生活动，能产生次生韧皮部

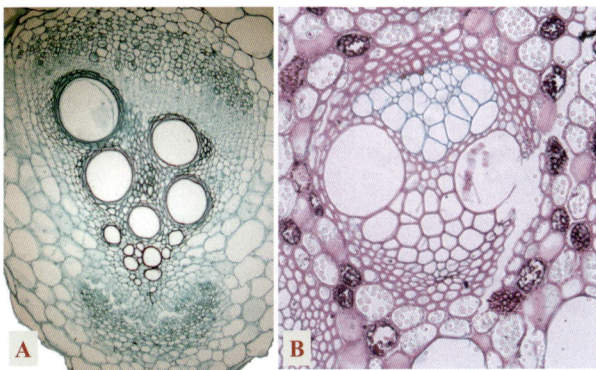

图3-55 有限与无限维管束
A.无限维管束（南瓜茎的一个维管束，可见维管形成层）
B.有限维管束（菝葜茎的一个维管束，无维管形成层）

和次生木质部，可以继续发展扩大，称为无限维管束，如很多双子叶植物和裸子植物的维管束。

另外，也可根据木质部和韧皮部的位置和排列情况，将维管束分为下列四种（图3-56）。

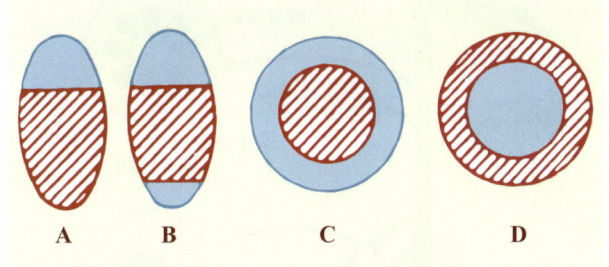

图3-56 维管束类型图解
A.外韧维管束；B.双韧维管束；
C.周韧维管束；D.周木维管束（木质部用红色斜线表示，韧皮部用蓝色表示）

（1）外韧维管束（collateral bundle） 木质部排列在内，韧皮部排列在外，两者内外并生成束。一般种子植物具有这种维管束。如果联系形成层的有无一并考虑，则可分为无限外韧维管束和有限外韧维管束。前者束内有形成层，如基部被子植物、真双子叶植物的维管束；后者束内无形成层，如单子叶植物的维管束。

（2）双韧维管束（bicollateral bundle） 木质部内外都有韧皮部，如瓜类、茄类、马铃薯、甘薯等茎中的维管束。

（3）周木维管束（amphivasal bundle） 木质部围绕着韧皮部呈同心排列，如芹菜、胡椒科的一些植物茎中和少数单子叶植物（如香蒲）的根状茎中有周木维管束。

（4）周韧维管束（amphicribral bundle） 韧皮部围绕着木质部，如被子植物的花丝，酸模、秋海棠的茎，以及石松类和蕨类植物的根状茎均具有周韧维管束。

3.组织系统

一个植物整体，或一个器官上的一种组织，或几种组织在结构和功能上组成的一个单位，称为**组织系统**（**tissue system**）（图3-57）。在维管植物中，组织系统可分为三类。

（1）维管组织系统（vascular tissue system） 维管组织贯穿于某一器官或整个植物体中，组成一个具有一定结构和功能的单位，使一个器官或整个植物体的各个部分得以连接起来。因此，一株植物或一个器官的全部维管组织统称维管组织系统，包括

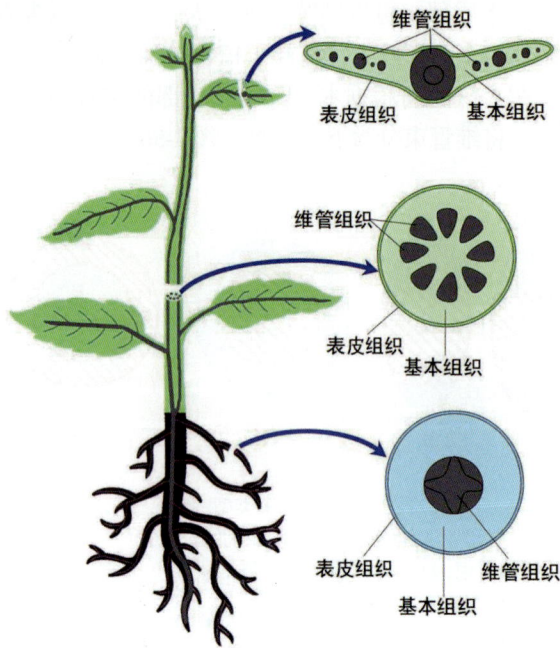

图3-57　植物的组织系统

木质部的导管和管胞、韧皮部的筛管和伴胞等。

（2）表皮组织系统（dermal tissue system）　通常将植物的表皮及周皮称皮组织系统，位于植物体最外层，起保护内部组织的作用。草本植物的皮组织系统即为一层表皮细胞。

（3）基本组织系统（ground tissue system）　植物体内的各种薄壁组织、厚角组织和厚壁组织等，都是植物体各部分的基本组成物质，在完成各项生命活动、物质运输、支撑植物体等方面起至关重要的作用，因此统称为基本组织系统。

植物的整体结构表现为维管组织系统包埋于基本组织之中，而外面又覆盖着皮组织系统。各个器官结构上的变化，除表皮或周皮始终包被在最外面，主要表现在维管组织和基本组织的相对分布上的差异。

本章提要

细胞是生物体形态结构和生命活动的基本单位。细胞中有生命的部分是由原生质构成的，原生质是细胞生命活动的物质基础。

构成原生质的有机物主要有蛋白质、核酸、脂类和糖类。蛋白质是构成生命的基本物质，核酸控制遗传和蛋白质合成。脂类是构成膜的重要物质，糖类是细胞重要的能源物质。原生质是亲水胶体，它可以在溶胶、凝胶状态之间变化。溶胶状态时，生命活动活跃并有流动现象，凝胶状态时生命活动降到最低点。

植物细胞的基本结构可分为细胞壁、细胞膜、细胞质和细胞核等部分。后三者是原生质特化而来，统称为原生质体。质膜由脂质双分子层和蛋白质构成，其功能包括起屏障的作用，维持细胞内环境，控制内外物质交流，接收外界信号，调节细胞生命活动等。

细胞质包括基质和细胞器。细胞器是细胞内具有特定结构和功能的亚细胞结构，悬浮在胞基质中。植物特有的细胞器及结构包括质体、液泡，以及特有的纤维素细胞壁。质体是与营养物质合成和积累有关的细胞器。由原质体发育为成熟质体，有叶绿体、有色体和白色体三类，在藻类中称色素体。叶绿体由双层膜包围，内有类囊体叠成的基粒、基质片层和基质。叶绿素存在于类囊体和基质片层的膜上，基质内有叶绿体DNA、核糖体等，其

功能与光合作用有关。有色体含胡萝卜素和叶黄素，内部片层结构简单；白色体不含色素，可分为造粉体、造油体和造蛋白体。线粒体具有双层膜包围，内膜内突成嵴，上有电子传递粒，嵴间为基质，含有线粒体DNA、核糖体等，功能与有氧呼吸有关。核糖体是富含RNA的小颗粒，分布在细胞质、内质网、外核膜、线粒体和叶绿体中，与蛋白质合成有关。内质网是单层膜围成的片层管道系统，可分为粗糙型的内质网，与蛋白质合成有关；光滑型内质网，与脂类、激素合成有关，并可形成小泡，输送到高尔基体；同时内质网产生的小泡，可进一步参与形成液泡、高尔基体等细胞器。高尔基体由扁平囊泡、分泌小泡和致密小泡组成。其功能除合成多糖外，具有为细胞内提供运输与分泌的功能，并与细胞壁形成有关。单层膜包围的还有溶酶体，含有水解酶；圆球体，积累脂肪；微体，有过氧化物酶体和乙醛酸循环体。液泡包括液泡膜和细胞液。细胞液成分复杂。液泡有贮藏作用、消化作用、调节pH和渗透的作用，并与抗性有关。微管、微丝和中间纤维构成细胞骨架，起支架作用，并与细胞运动有关。

细胞核的核膜是双层膜。膜上有核孔，控制内外物质交换。内有核仁和核质（染色质和核液），核仁与RNA合成有关，染色质是遗传物质。细胞核的功能是控制细胞的生长、发育和遗传，控制蛋白质

的合成，故是细胞的控制中心。

细胞壁可分为胞间层、初生壁和次生壁（有的细胞无次生壁）。细胞壁上的纹孔和胞间连丝，使多细胞植物体连成一个整体。细胞在分化过程中，细胞壁会出现质的变化，有角化、木化、栓化、矿化、黏液化等。

细胞的繁殖以分裂的方式进行。细胞的生长与分裂的周期称为细胞周期。它可分为间期和分裂期。间期又可分为 G_1 期、S 期和 G_2 期；细胞分裂期包括前期、中期、后期和末期。

形态结构相似且生理功能相同，在个体发育中来源相同的细胞群组成的结构和功能单位，称为组织。由一种类型细胞构成的组织称为简单组织；由许多类型细胞构成的称为复合组织。植物体的组织种类很多，常按其发育程度和主要生理功能的不同，以及形态结构的特点，把组织分为分生组织、保护组织、基本组织、机械组织、输导组织和分泌结构。后五种组织由分生组织衍生的细胞发展而成，统称为成熟组织。植物体内分生组织按位置分为顶端分生组织、侧生分生组织及居间分生组织。按来源分为原分生组织、初生分生组织和次生分生组织。

维管束是复合组织，根据有无形成层可分为有限维管束和无限维管束两种类型。另外，也可根据木质部和韧皮部的位置和排列情况，将维管束分为外韧维管束、双韧维管束、周木维管束、周韧维管束。木质部和韧皮部的组成分子是管状结构的，因此称为维管组织。维管组织的形成，对于植物适应陆生生活有着重要的意义。在一株植物的整体上或一个器官的全部维管组织统称为维管组织系统。除此之外，通常将植物的表皮及周皮称皮组织系统；植物的全部基本组织统称为基本组织系统。植物的整体结构表现为维管组织包埋于基本组织之中，而外面又覆盖着皮组织系统。

思考题

1. 植物细胞有哪些特有细胞器？说明它们的超微结构和功能。

2. 叙述陆生绿色植物细胞壁的结构及其组成物质。自然界还有哪些生物具有细胞壁？它们的结构有区别吗？

3. 植物细胞有哪些分裂形式？说明有丝分裂的主要过程及其意义。

4. 植物细胞分化在个体发育和系统发育上有什么意义？试述植物细胞的全能性。

5. 什么叫组织？植物有哪些主要的组织类型？

6. 植物有哪几类组织系统？阐述其各自在植物体内的分布规律及其功能。

7. 从输导组织的结构和组成来分析被子植物比裸子植物更高级的原因。

8. 传递细胞的特征与功能是什么？

9. 厚角组织与厚壁组织的区别是什么？

10. 从叶绿体和线粒体的结构谈真核细胞的起源。

11. 名词解释：胞间连丝；细胞分化；染色质和染色体；分生组织；细胞周期；器官；液泡；吐水现象。

植物**器官**（organ）是由多种组织按一定的分布规律组成的，具有一定形态结构和特定生理功能的结构单位。植物的器官主要有根、茎、叶、花、果实和种子，前三种器官多在植物营养生长期形成，负责植物体的营养生长，常称为**营养器官**（vegetative organs）；后三种器官与植物的繁殖有关，所以称**繁殖器官**（reproductive organs）。本章将详细叙述各营养器官的形态结构、功能及其生长发育过程。

第一节　种子的萌发及幼苗的形成

前面已经提到，种子是种子植物生活史的起点，是由胚珠发育而来的繁殖器官。在人类发展历史上，种子起到了重要的作用。在自然界，种子的第一个生命活动就是萌发。

一　种子的萌发及其条件

风干的成熟种子，细胞内的原生质处于凝胶状态，代谢活动很不活跃，几乎完全停止生长，处于**休眠**（dormancy）状态。具有充沛生活力的种子，一旦解除休眠，在适宜的条件下，胚会由休眠状态转为活动状态，吸收种子内（胚乳或子叶）的营养物质开始生长，形成幼苗，这个生长过程称种子**萌发**（germination）。农业生产及园艺学上，把从形态角度看，胚根突破种皮向外伸展的现象称为种子萌发。

种子的萌发，首先需要种子的结构健全，具有较强的生活力并解除休眠；其次，种子萌发还需要有一定的外界条件，主要是充足的水分、适宜的温度及足够的氧气。

充足的水分是种子萌发的必要条件。风干的种子含水很少。粮食的种子，水分占本身重量的10%～14%，一切生理活动都很微弱。只有吸收水分，种皮膨胀软化，氧气才容易透入，呼吸增强，种子各种生理活动才会大大加强；只有吸足水分，种子内胚乳或子叶贮藏的营养物质溶解于水并经酶的分解后才能转运到胚，供胚吸收利用。

各类作物种子萌发时需要的吸水量是不同的，这与贮藏养料的性质有关，如以淀粉为主的谷类作物，种子萌发时最低水量为其本身重量的22.6%～60.0%；以脂肪为主的油料种子最低吸水量为40%～60%；以蛋白质为主的豆类种子吸水量为80%以上，甚至超过100%。以上数字说明，含蛋白质的种子萌发时吸水量最多，含脂肪的种子吸水量次之，含淀粉的种子吸水量最少。

适宜的温度是种子萌发的主要条件。种子萌发时，种子内物质和能量的转化，是一个复杂的生化反应过程，有多种酶的参与。而酶的活动需要在一定温度范围内进行，酶在最适温度下活动最活跃，温度过低或过高，酶活性低或失去活性。因此，种子的萌发对温度的要求也表现有**最低温度**（minimum temperature）、**最适温度**（optimum temperature）和**最高温度**（maximum temperature）三基点。下面列出几种植物种子萌发时要求的温度三基点（表4-1）。

表4-1　几种植物作物种子萌发时要求的温度

（单位：℃）

植物名称	最低温度	最适温度	最高温度
水　稻	8~14	30~35	38~42
小　麦	1~4	20~30	30~35
油　菜	0~3	15~20	40~45
棉　花	10~12	25~32	40~45
豌　豆	1~2	25~30	35~37
西　瓜	20	30~35	45
芹　菜	5~8	10~19	25~30
紫云英	1~2	15~30	39~40
大　豆	6~8	25~30	39~40
浙江樟		20	
青冈栎		25	

了解不同植物种子萌发所要求的温度，对于确定播种期很重要。所以，种子萌发的温度三基点是生产上确定适时播种的重要依据。

足够的氧气是种子正常萌发的必要条件。当种子吸足水分和获得最适温度后，胚开始萌动，呼吸作用逐渐加强，需氧量急剧增加。有足够的氧气供呼吸，使细胞内贮藏的养料氧化、分解成二氧化碳和水并释放能量供生命活动之用，种子才能正常萌发。如缺少氧气，则只能进行无氧呼吸暂时维持它的生命。如长期缺氧，无氧呼吸产生的CO_2和酒精积累过多，种子会出现烂种和烂根现象。因此，生产上在播种前的整地、松土，就是为了增加土壤空隙，为种子萌发准备充足的空气条件。

水分、温度和氧气对种子的萌发都很重要，这三个因素是相互联系及相互制约的，要根据种子萌发的特性，在种子萌发不同的阶段，调节水分、温度和氧气三者之间的关系，以利于种子的萌发。在生产上选择适当的播种时期，采用播种、浸种、催芽等方法，就是为种子萌发创造良好的条件。

除上述因子外，有少数植物种子需在有光的条件下才能很好地萌芽，如烟草、莴苣、早熟禾以及伞形科植物种子等。相反，也有少数植物的种子只有在黑暗条件下才能很好地萌发，如苋菜、鸡冠花、瓜类等苗期喜阴的植物的种子。而大多数植物的种子萌发时对光不敏感。

二 种子的萌发过程

种子萌发之前，首先吸水膨胀，将种皮撑破。胚细胞里存在的各种酶物质吸水后，在适当的温度下，代谢活动加强，将种子中不溶性大分子化合物分解成简单的可溶性小分子化合物，通过细胞间共质体运输，运往胚的各部分，供细胞吸收利用。种子胚细胞同化了部分养料，使之成为原生质的一部分，细胞的体积增大。同时细胞的分裂也增加了细胞数量，使胚根、胚芽和胚轴很快生长起来。在一般情况下，胚根首先突破种皮露出种子，并向下生长形成主根。在直根系的植物中，这一主根发育为植物根系的主轴，并由此生出各级侧根。但在须根系的植物中，如小麦、玉米等禾本科植物（图4-1），在胚根生出后不久，又有几根与主根粗细相仿的不定根，由胚轴基部生出，形成植物的须根系。种子萌发时先形成根，可使早期的幼苗固定在土壤中，及时地吸收水分和养料。胚根生出不久，胚轴也相应生长和伸长，把胚芽或胚芽连同子叶一起推出土面，如大豆和油菜等。胚轴将胚芽推出土面后，胚芽发展成新的茎叶系统，逐渐形成幼苗。

三 幼苗的类型

种子萌发形成具有根、茎和叶的幼小植物体称

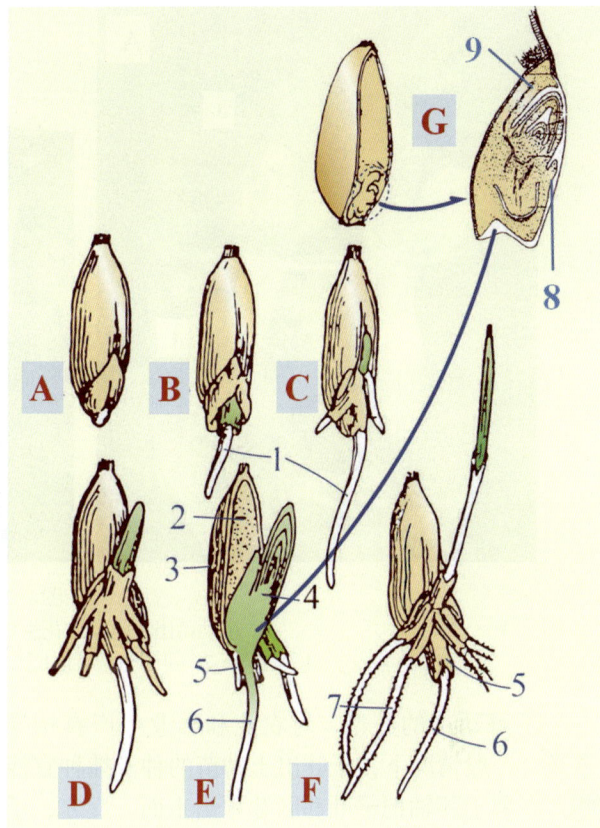

图4-1 小麦种子萌发的过程

A.种子萌发前；B.初期萌动种子；C.胚根向下伸长，并在两侧出现不定根，胚芽鞘开始露出；D.胚芽鞘继续长大，不定根数目有所增加；E.幼苗纵切；F.须根系形成，第一片真叶穿出胚芽鞘；G.种子期的胚与胚乳

1.胚根；2.胚乳；3.果皮与种皮（颖果的外壁）；4.胚；5.胚根鞘；6.由胚根长成的主根；7.由胚轴分出的不定根；8.外胚叶；9.子叶（盾片）

为幼苗。在种子萌发形成幼苗的过程中，由于胚轴的生长情况不同，形成了不同形态的幼苗。常见的幼苗主要有两种类型，即**子叶出土幼苗**（epigaeous seedling）和**子叶留土幼苗**（hypogaeous seedling）。

（一）子叶出土的幼苗

油菜、棉花、番茄、桑、梨等植物的种子在萌发形成幼苗的过程中，下胚轴（子叶着生部位到胚根之间的胚轴部分）生长较快，将子叶和胚芽推出土面，形成了子叶出土幼苗（图4-2 A）。子叶出土后可暂时进行光合作用，在胚芽生长发育出真叶进行光合作用后脱落。

（二）子叶留土幼苗

水稻、小麦、玉米、蚕豆、柑橘、茶等植物的种子在萌发形成幼苗的过程中，下胚轴不伸长，而上胚轴（子叶着生部位到第一片真叶之间的胚轴部分）和胚芽向上生长露出土面，子叶留在土中，形成子叶留土幼苗（图4-2B）。

图4-2　幼苗类型
A.幼苗出土萌发（花生种子）；B.留土萌发（玉米籽粒）
1.下胚轴；2.子叶；3.真叶；4.胚芽鞘；5.胚根鞘；6.主根；7.子叶和胚乳

了解幼苗的类型，对农业和林业生产有指导意义。一般情况下，子叶出土幼苗的种子播种宜浅些，有利于胚轴把子叶和胚芽顶出土面。反之，子叶留土幼苗的种子，播种可以稍深。除此，还可根据种子萌发时的顶土能力及土壤条件等来决定播种的实际深浅度。

根据上述种子的萌发和幼苗的形成过程，概括总结为下列几点：

具有结构健全、较强生活力以及解除休眠的种子，在外界水分、温度和氧气适宜的条件下才能顺利萌发；种子萌发过程，先是吸水膨胀，而后种子内物质及能量转化，胚细胞分裂和生长。一般胚根先突破种皮生长，随后胚芽生长，逐渐形成具有根、茎、叶的幼苗；由于种子萌发时，胚轴生长情况不同而形成子叶出土幼苗及子叶留土幼苗；种子的萌发和幼苗的形成过程，也是种子的胚由异养方式转向自养方式的过程。

第二节　根的形成、结构及生长发育

根（root）对生长于陆地的高等植物具有极其重要的实际意义。除了少数气生根外，根是植物体生长在地下的营养器官。陆生高等植物的系统发育表明，根独立演化了两次，分别发生在石松类和其他陆生植物中。形态上的具体表现是：从仅有假根的植物类型，逐步进化到具有真根的植物类型。

一　被子植物的根

（一）根的形态及其在土壤中的分布

1.根的类型

按根的发生部位不同，根可分为定根和不定根两大类。

定根（normal root）是从植物体固定部位长出来的根，有**主根**（main root）和**侧根**（lateral root）两种（图4-3）。种子萌发时，由胚根直接发育而成的根称为主根；在根一定部位上发生的各级大小分枝称为侧根；主根和侧根都在植物体固定的部位发生，属于定根。有许多植物除产生定根外，从胚轴、茎、叶和老根上也能产生根，由于发生的部位不固定，这些根称为**不定根**（adventitious root）（图4-4）。不定根的功能和结构与定根相似，也能产生分枝。植物能自然产生不定根的特性常被用于营养繁殖。

2.根系类型及其在土壤中的分布

植物体地下所有的根称为**根系**（root system）。按其形态不同，根系可分为**直根系**（tap root system）和**须根系**（fibrous root system）两种。能明显区别出主根与侧根的根系称为直根系（图4-5），基部被子植物和真双子叶植物的根系多属此类型。不能明显区别出主根与侧根的根系称为须根系（图4-6），此根系的主根长出后不久停止生长或死亡，根系全部由长出的不定根及其侧根组成，单子叶植

图4-3 定根
A.黄山栾树；B，血水草；1.主根；2.侧根

图4-4 不定根
A.秋海棠叶；B.天竺葵茎；1.不定根

图4-5 基部被子植物与真双子叶植物的直根系
从左到右是：樟树、铁苋菜、鸡冠花

图4-6 单子叶植物狗尾草及玉米的须根系
A.狗尾草；B.玉米

物根系多属此类型。

各种植物的根系在土壤中分布的深度和宽度，与植物的种类、土壤条件有关。

一般来说，基部被子植物和真双子叶植物的根系以垂直向下生长为主，分布在较深层的土壤中，称为深根系；而单子叶植物的根系，其水平方向的生长占优势，因此分布在较浅层土壤中，称为浅根系。

土壤的环境条件，如土层的深浅、通气状况、水分和肥料、温度和光照等条件对根的生长影响很大。同一种植物如果生长在土层较深、通气良好、地下水位低、土壤肥沃、光照充足的土壤中，根系比较发达，可深入到较深的土层。反之，根系不发达，多分布在较浅的土层。

（二）根的结构及其生长发育

1.根尖的结构与根的伸长生长

根尖（root tip）是指根的顶端到着生根毛的部分。根尖是根部生命活动最旺盛、最重要的部分。根的伸长生长、对水分和矿质元素的吸收以及根内

各种组织的形成，主要是在根尖完成的。因此要了解根的伸长生长和根的结构，必须首先了解根尖的形态结构及活动规律。

（1）根尖分区 依据根尖各部位细胞的形态结构和生理功能不同，从根尖最顶端起，可将其分为根冠、分生区、伸长区和根毛区（成熟区）等部分（图4-7）。

1）**根冠（root cap）**：位于根尖的顶端，外形如帽子，套在分生区的外方，起保护根尖分生区的作用。根冠由许多薄壁细胞组成，其外层细胞能分泌出多糖和氨基酸等物质，可减少根尖不断穿越土壤生长时与土粒之间的摩擦，有利于根在土壤中生长；同时，其分泌物能吸引许多细菌和真菌到根的周围，分解土壤中的有机物质，供根吸收。根冠外层细胞在生长中由于与土粒不断摩擦而脱落（图4-8），但能由其内部的分生区细胞不断分裂加以补充，因此，根冠能始终保持一定的形状和厚度。

2）**分生区（meristematic zone）**：位于根冠内侧，由分生组织细胞组成，包括原分生组织和初生

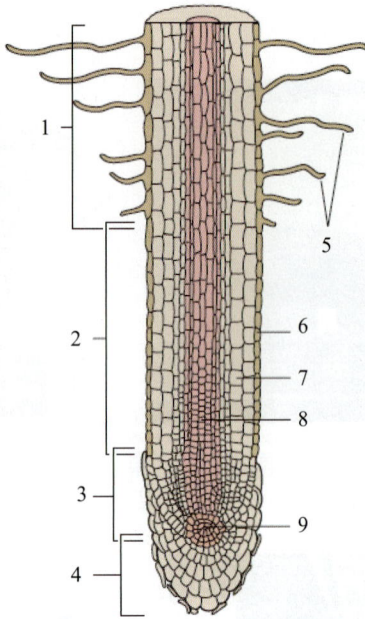

图4-7 根尖纵切——示根尖分区
1.成熟区；2.伸长区；3.分生区；4.根冠；5.根毛；6.表皮细胞；
7.基本组织；8.中柱；9.原分生组织

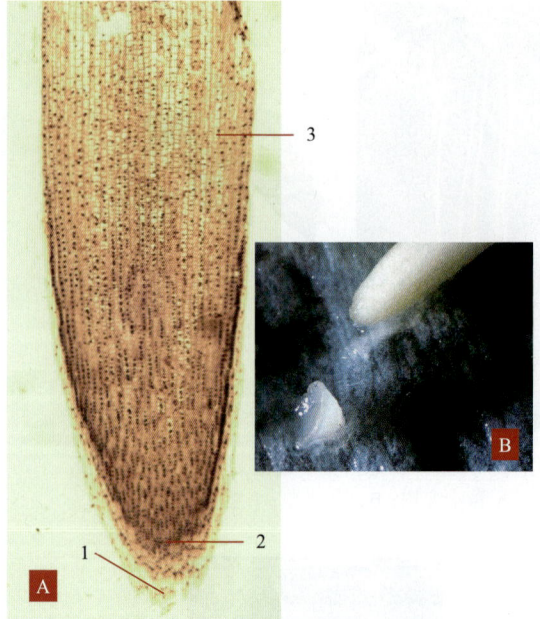

图4-8 显微镜下的根尖及根冠
A.光学显微镜下的豌豆根尖；B.根冠与根尖的关系
1.根冠；2.根尖分生组织（分生区）；3.伸长区细胞

分生组织，是根尖细胞分裂最活跃的区域。其分裂产生的细胞，除部分细胞补充到根冠外，大部分细胞逐渐生长分化形成根的各种初生组织。

被子植物的根尖分生区最前端为原分生组织的原始细胞。它具有分层分化特征，一般分为三层（图4-9），各层原始细胞分裂衍生的细胞分别形成**原表皮**（protoderm）、**基本分生组织**（ground meristem）和**原形成层**（procambium）三种初生分生组织，然后再分化为根中的各种初生成熟组织。从这三层原始细胞与它们将来分化的组织之间的关系分析，不同的植物种类有差别。在烟草、蚕豆等真双子叶植物根尖的三层原始细胞（图4-9 A—C），第一层细胞称**表皮根冠原**（dermatocalyptrogen），衍生分化出根冠和表皮；第二层细胞称**皮层原**（periblem），衍生分化形成皮层；第三层细胞称**中柱原**（plerome），衍生分化形成中柱。大麦、玉米等单子叶植物根尖的三层原始细胞（图4-9 D—F）中，由下而上的第一层为**根冠原**（calyptrogen），产生形成根冠；第二层细胞即**表皮原**（dermatogen），既产生基本分生组织又形成原表皮，以后分别分化形成根的皮层和表皮；第三层细胞为中柱原产生原形成层，以后分化形成根的中柱。

生理生化技术，特别是氚-胸腺嘧啶饲喂后的放射自显影技术证实，在许多植物根尖的分生区最

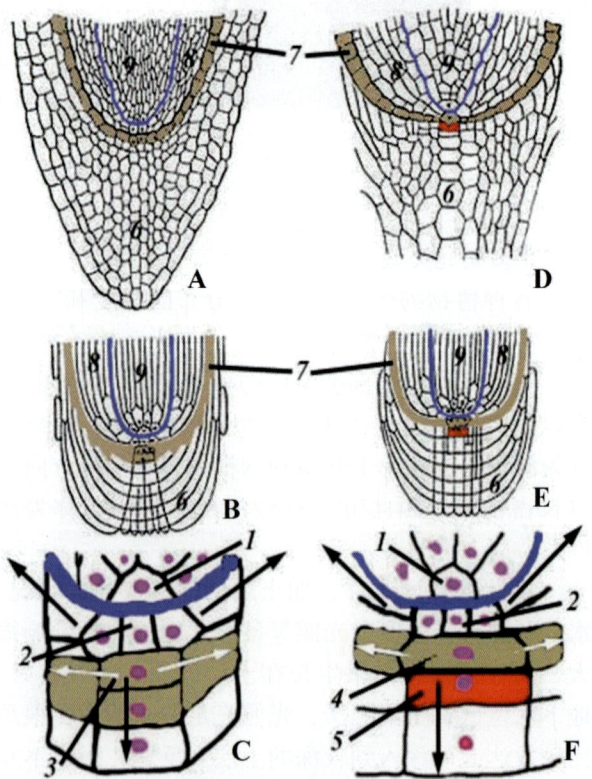

图4-9 根尖纵切图解——示顶端原始细胞与其分化组织之间的关系
A—C.真双子叶植物（1.中柱原；2.皮层原；3.表皮根冠原）
D—F.单子叶植物（4.表皮原；5.根冠原；6.根冠；7.原表皮-表皮；8.基本分生组织-皮层；9.原形成层-中柱）

前端的中心部分，其细胞分裂非常微弱或停止了有丝分裂，核酸的合成较低，这些细胞形成了一个半圆形的区域，称**不活动中心**（quiescent center）或静止中心（图4-10）。不活动中心并非永远不进行细胞分裂，用射线或手术切割使根受伤，或用冷冻使其休眠后，当根再生时，不活动中心可以恢复细胞分裂。不活动中心在胚根和幼小的侧根原基中不存在。最近研究认为，不活动中心的细胞会向原始细胞发送信号以防止其分化，有干细胞的功能。

3）**伸长区**（elongation zone）：位于分生区上方，是分生区分裂产生的细胞逐渐生长和分化形成各种成熟组织的过渡区。其显著特征是细胞沿根的长轴方向迅速伸长生长。细胞逐渐液泡化，并逐渐分化出不同的组织。

4）**根毛区**（root–hair zone）：位于伸长区上方。细胞停止生长，并分化形成各种初生成熟组织，故称**成熟区**（maturation zone）。其部分表皮细胞的外壁向外突出延伸形成**根毛**（root hair）（图4-11）。根毛的细胞壁被有一层很薄的角质层，细胞壁薄且较柔软，易与土粒紧密结合，能有效地吸收土壤中的水分与养料。根毛能分泌酸类化合物，溶解土壤中难于溶解的物质以利于根的吸收。根毛的长度，一般为0.5～1cm。根毛的数量因植物不同而异，例如，豌豆根尖成熟区每平方毫米的表皮上约有230条根毛，而玉米为420条。根毛对环境的变化非常敏感，在湿润环境中，根毛数量多，在淹水情况下，根毛很少或不发育；在干旱环境中，根毛难以发育，甚至会萎蔫或枯死。根毛的寿命很短，一般几天或十几天左右即死亡，但由于伸长区后端的表皮细胞不断产生新的根毛来补充代替死亡的根毛，所以根毛区始终保持一定的长度。伸长区和根毛区是吸收作用最强的部位，而失去根毛的成熟区，其主要功能是输导和支持。

（2）根的伸长生长 根增加长度的生长，一般只在根毛区以下的顶端区域进行，也称顶端生长。根的顶端生长有其周期性，即有活动的生长期和不活动的休止期。根的伸长是根顶端生长的结果，一方面根尖分生区的细胞不断分裂，增加细胞数量；另一方面根尖伸长区的细胞迅速伸长生长，从而使根的长度不断增加。因此，根尖分生区细胞分裂和伸长区细胞迅速伸长是根伸长生长的主要动力。

2.基部被子植物和真双子叶植物根的初生结构

根尖分生区的细胞经分裂、生长和分化形成的组织，称**初生组织**（primary tissue）。由初生组织构成的结构，称为**初生结构**（primary structure）。现以棉、蚕豆等真双子叶植物幼根为例，通过根毛区横切面说明根的初生结构（图4-11，4-12，4-13，4-14）。根的初生结构由表皮、皮层和中柱三部分组成。

（1）表皮（epidermis） 表皮为根表面的一层生活细胞，由原表皮分化而来。细胞略呈长方形，其长轴与根的长轴平行，在横切面上近方形。表皮

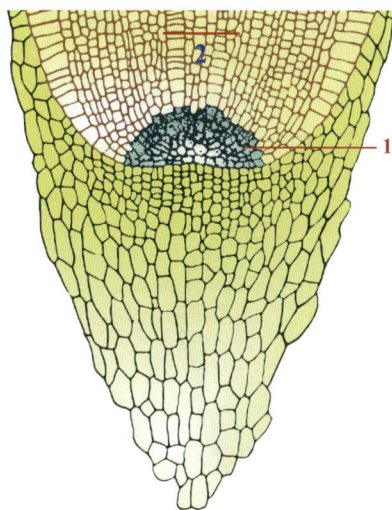

图4-10 根尖纵切——示不活动中心
1.不活动中心；2.中柱

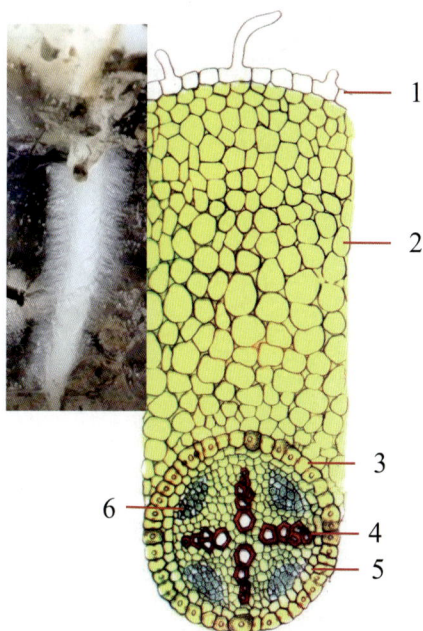

图4-11 细辛根初生结构
1.表皮及根毛；2.皮层；3.内皮层；4.初生木质部；5.中柱鞘
6.初生韧皮部。左上图为种子萌发时的根毛

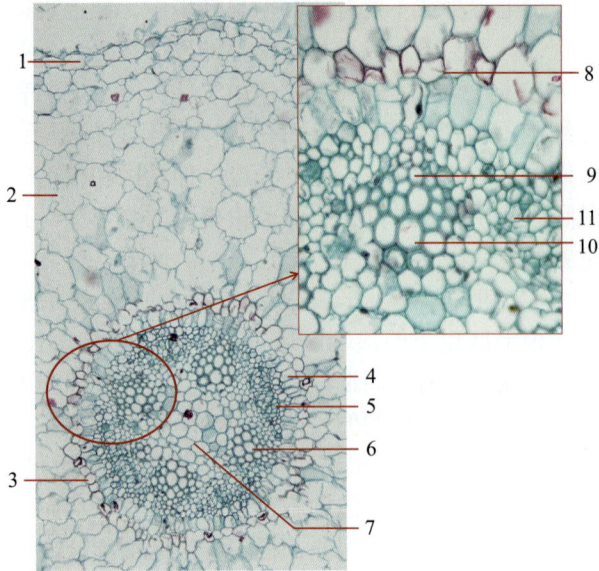

图4-12　棉初生根横切面部分
1.表皮；2.皮层；3.内皮层；4.中柱鞘；5.初生韧皮部；6.初生木质部；7.髓；8.凯氏带；9.原生木质部；10.后生木质部；11.初生韧皮部

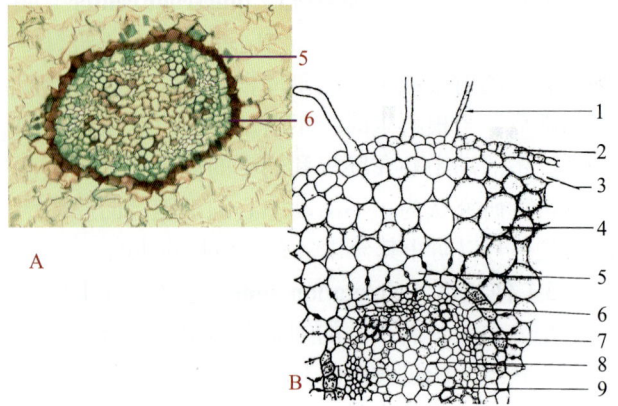

图4-13　梨初生根横切面部分
A.显微镜下的梨初生根的中柱；B.梨初生根模式；
1.根毛；2.表皮；3.外皮层；4.皮层；5.内皮层及凯氏点；6.中柱鞘；7.初生韧皮部；8.髓；9.初生木质部

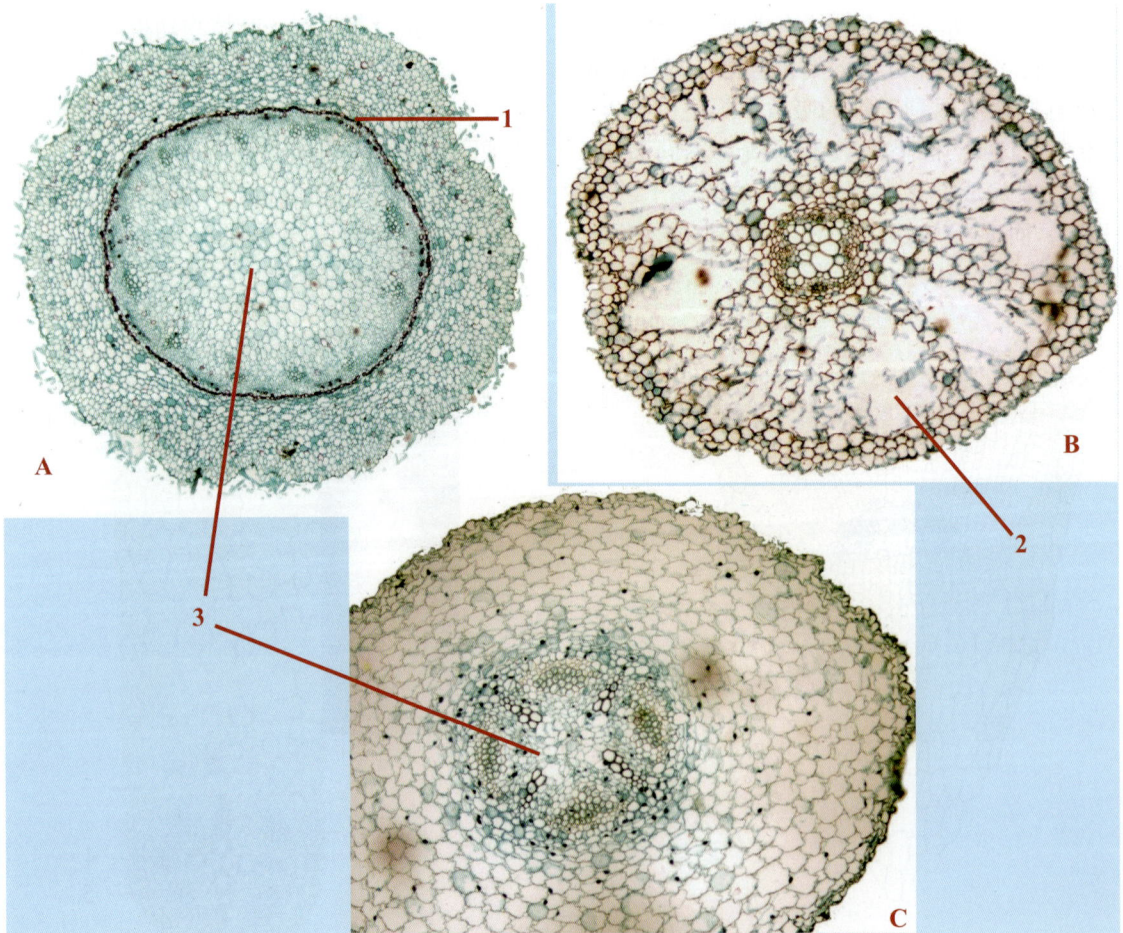

图4-14　不同真双子叶植物的初生根结构
A.茶树，注意木质部为多束，具有很大的髓部；B.毛茛，可见无髓的四束木质部和气腔（湿生植物结构）；C.蚕豆，木质部四束，也具有髓。1.内皮层；2.气腔；3.髓

细胞排列紧密，无细胞间隙，细胞壁由纤维素及果胶质组成，壁薄，角质层薄，无气孔，一部分表皮细胞外壁向外突起生长形成根毛，扩大根的吸收面积。幼根的表皮是根行使吸收功能的部位，一般认为幼根的表皮属于基本组织中的吸收组织。近年来，研究认为，幼根表皮细胞有两种：根毛细胞与非根毛细胞，临近根毛细胞的非根毛细胞。当根毛细胞用激光切除后，非根毛细胞会转变为根毛细胞。

一些攀缘生长的真双子叶植物，如凌霄、常春藤和络石等生长在热带亚热带等温暖湿润地区，常具有**气生根**（**aerial root**），其表皮为多层细胞组成，也称为**根被**（**velamen**）（图4-34）。这些细胞后期常具有加厚的次生壁，起机械保护和减少皮层中水分过多丧失的作用。

（2）皮层（cortex） 皮层位于表皮和中柱之间，所占的比例较大，由基本分生组织分化而来。皮层主要由薄壁细胞组成，细胞体积较大，具胞间隙，细胞壁薄，细胞内常积累淀粉。皮层具有贮藏以及横向运输的作用，有的具有通气作用，属于基本组织。

皮层最外面的1至几层细胞形状较小，排列较整齐而紧密，称为**外皮层**（**exodermis**）。当根毛枯死后，外皮层细胞壁栓化，起临时的保护作用。

皮层最内的一层细胞称**内皮层**（**endodermis**），其细胞紧密排列成一圈，细胞的**横壁**（**cross wall**）和**径向壁**（**radial wall**）上有一条木栓化的带状增厚，称为**凯氏带**（**casparian strip**）（图4-16）。电子显微镜下可见：凯氏带处的质膜较厚而平直，并紧密地贴附在凯氏带上，此处无胞间连丝；而其他区域的质膜较薄并呈波浪状（图4-17），有胞间连丝。当质壁分离时，质膜仍紧贴着凯氏带，而其余部分的质膜则发生质壁分离。由于凯氏带的存在，一般认为内皮层可以主动控制根内水分和溶质的输导。根毛和根表皮吸收的水分与溶质由皮层进入中柱时，由于内皮层凯氏带的存在，溶质到内皮层后无法通过非原生质体（质外体）途径移动，唯有通过内皮层的原生质体进入中柱（图4-18，4-19）。

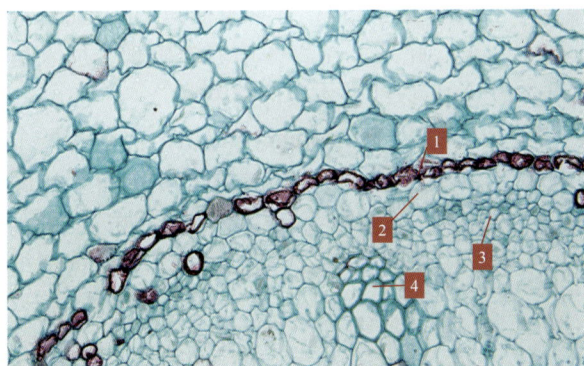

图4-15 茶树根的内皮层结构
1.内皮层细胞及凯氏带；2.中柱鞘；3.初生韧皮部筛管与伴胞；4.初生木质部导管

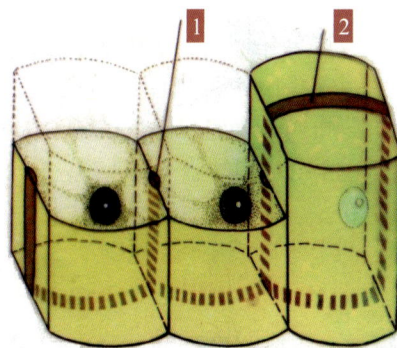

图4-16 内皮层细胞模式图
1.凯氏点；2.凯氏带

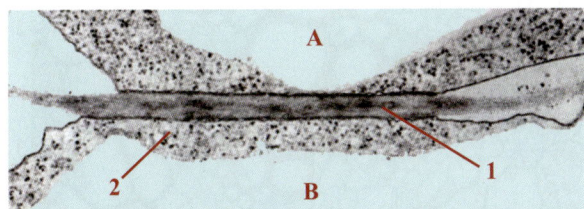

图4-17 电镜下的内皮层结构
A和B.相邻两个内皮层细胞
1.木栓质加厚的凯氏点；2.细胞壁

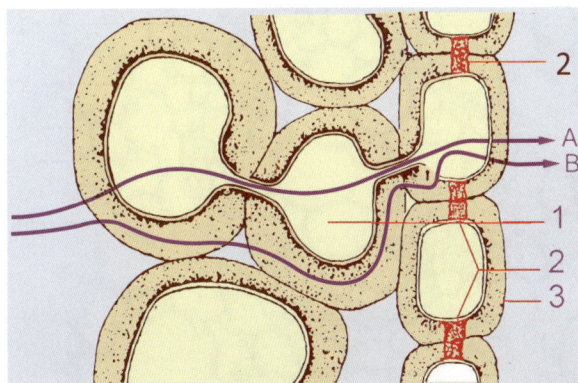

图4-18 内皮层细胞改变水和溶质的非原生质体（质外体）输导途径
A.原生质体途径；B.非原生质体途径和原生质体途径
1.皮层细胞；2.凯氏带；3.内皮层细胞

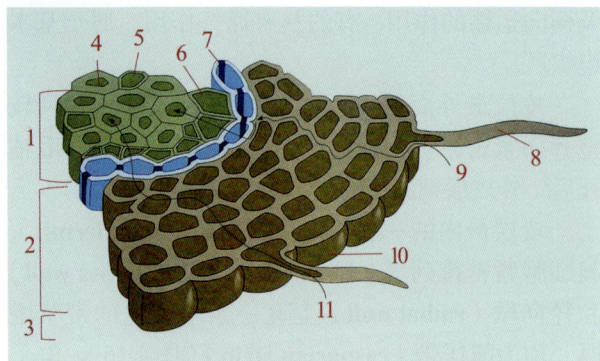

图4-19 初生根横切面模式示初生结构及内皮层功能
1.中柱；2.皮层；3.表皮；4.木质部细胞；5.韧皮部细胞；6.中柱鞘细胞；7.具有凯氏带（点）的内皮层；8.根毛；9.水和溶液非原生质输入途径；10.表皮；11.水和溶液的原生质输入途径

少数真双子叶植物的内皮层细胞，其横向壁、径向壁以及内切向壁全部增厚形成五面增厚的细胞，只有少数正对着木质部的内皮层细胞的内切向壁没有增厚，这种细胞称为**通道细胞（passage cell）**。它是皮层与中柱之间物质转移的通道，与单子叶植物相似。

（3）**中柱（stele 或 central cylinder）** 也称**维管柱（vascular cylinder）**，是内皮层以内所有组织的统称，由原形成层分化而来。它包括中柱鞘、初生木质部、初生韧皮部和薄壁细胞四个部分（图4-20）。

1）**中柱鞘（pericycle）**：中柱鞘为中柱外围与内皮层紧接的1至几层细胞（图4-13，19—21）。细胞排列紧密，壁薄，分化程度低，具有潜在的分生能力。侧根、木栓形成层和部分维管形成层都是由

中柱鞘细胞恢复分生能力而产生的。

2）**初生木质部（primary xylem）**：位于根的中央，在横切面上，呈星芒状，具有几个辐射角（木质部束）（图4-21，22A）。初生木质部由导管、管胞、木纤维和木薄壁细胞组成。根中初生木质部是向心分化成熟的，所以其辐射角尖端部分的木质部是最早分化成熟的，此处的导管口径较小，为环纹和螺纹导管，这部分木质部称**原生木质部（protoxylem）**。接近中心部位的木质部，分化成熟较迟，导管口径较大，多为梯纹、网纹或孔纹导管，这部分木质部称**后生木质部（metaxylem）**。根中初生木质部的这种由外向内逐渐分化成熟的发育方式，称为**外始式（exarch）**。它是根初生木质部的重要特征。

不同植物根中，初生木质部辐射角（木质部束）的数目不同，如油菜、萝卜、胡萝卜、番茄等为2束；细辛（图4-11）、蚕豆为4束；毛茛、棉花为4～5束（图4-20、4-21）；梨（图4-13）、苹果为5束。同种植物的不同品种或主侧根的木质部束数也有不同，如茶的不同品种，其木质部的束数有5束、6束、8束甚至12束（图4-15）；甘薯主根为4束，而侧根有5束或6束。此外，在离体培养中发现，加入适量的吲哚乙酸可以改变木质部的束数。

3）**初生韧皮部（primary phloem）**：位于两个木质部束之间。它与初生木质部呈相间排列，因此，初生韧皮部的束数与初生木质部的束数相同。初生韧皮部由筛管、伴胞、韧皮纤维和韧皮薄壁细

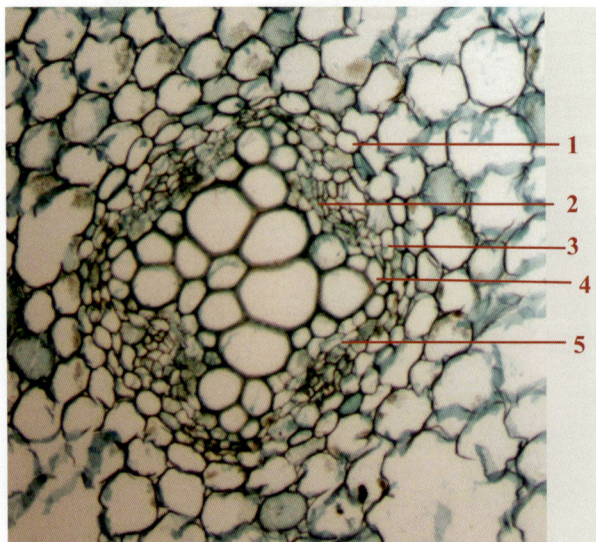

图4-20 毛茛根初生结构的中柱
1.内皮层；2.初生韧皮部内侧的薄壁细胞；3.中柱鞘；4.初生木质部；5.初生韧皮部

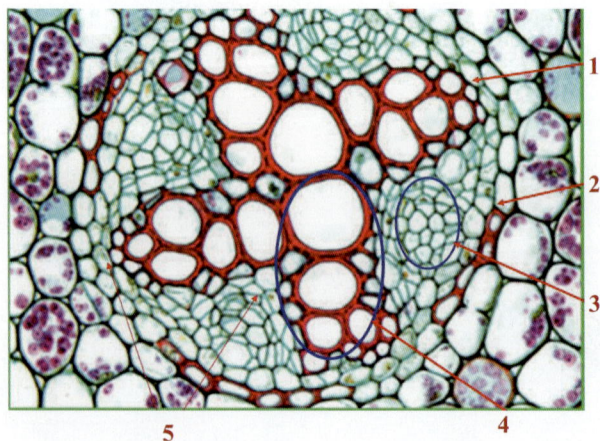

图4-21 棉根中柱的横切面——示维管形成层的发生
1.中柱鞘；2.内皮层；3.初生韧皮部；4.初生木质部；5.维管形成层发生部位（初生木质部外侧的中柱鞘细胞和初生韧皮部内侧的薄壁细胞）

胞组成。根中韧皮部分化成熟的发育方式也是外始式，在外方的为**原生韧皮部**（protophloem），在内方的为**后生韧皮部**（metaphloem）。

4）**薄壁细胞**：位于初生木质部与初生韧皮部之间。其中有一层是未分化的原形成层细胞，在双子叶植物根进行次生生长时，进行分裂活动，成为**维管形成层**（vascular cambium）的大部分。另外，根的初生结构刚刚形成时，其中柱中央的薄壁细胞还未发育形成后生木质部，而常常被称为**髓**（pith）（图4-12—14）。

初生根由于细胞少、层数简单，是目前研究根发育的一个很便利的模式系统。

3. 基部被子植物和真双子叶植物根的次生生长与次生结构

大多数基部被子植物和真双子叶植物的根，在初生生长的基础上进行**次生生长**（secondary growth），即在中柱产生维管形成层及**木栓形成层**

（phellogen），并进行细胞分裂、生长和分化，使根不断增粗生长。这个过程称为次生生长。次生生长中产生的各种组织称为**次生组织**（secondary tissue），由次生组织组成的结构称为**次生结构**（secondary structure）。

（1）**根的次生生长**

1）**维管形成层的发生及其活动**：当根在初生生长之后开始进行次生生长时，位于初生韧皮部内方薄壁细胞中的原形成层，首先发生分裂形成片段状的形成层（图4-22A）；接着片段状的形成层向左右两侧扩展，与正对原生木质部的中柱鞘细胞相连接，此时，正对着原生木质部的中柱鞘细胞也恢复分生能力转变为形成层的一部分，把片状的形成层连接成波状的维管形成层环（图4-22B）。由于形成层发生的时间以及它们的分裂速度不相同，通常位于初生韧皮部内侧的形成层发生早，先分裂，分裂速度快，而在初生木质部与初生韧皮部之间形成的

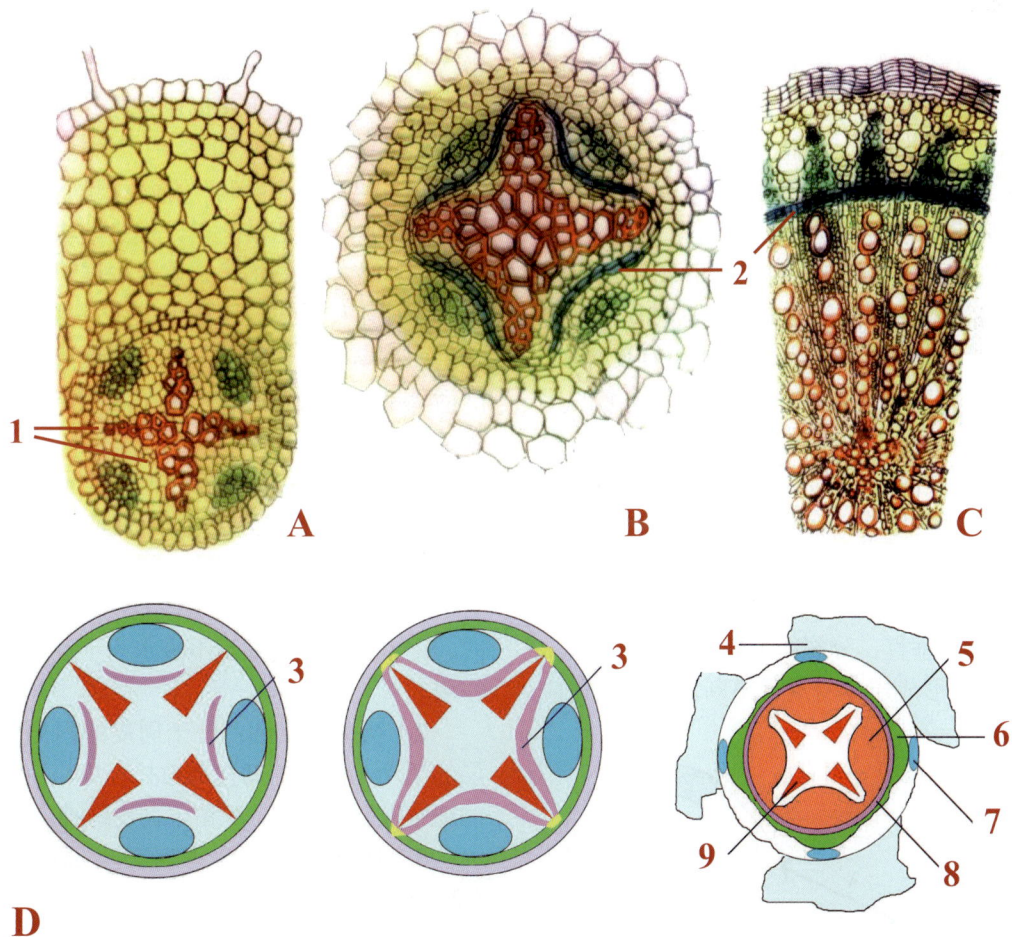

图4-22　根的次生生长中维管形成层发生形成的图解（上图A—C），示意图（D）
A.初生结构后期，形成层在韧皮部内侧和木质部外侧片段发生；
B.形成层呈波浪形；C.形成层呈圆环形
1.根维管形成层发生部位；2.维管形成层；3.初期形成层发生在韧皮部内侧和木质部外侧，形成波浪形形成层；4.破碎的皮层；5.次生木质部；6.次生韧皮部；7.被挤压的初生韧皮部；8.形成环的形成层；9.初生木质部

次生组织较多。而初生木质部辐射角处的形成层活动较迟，所形成的次生组织较少。这样，初生韧皮部内侧的形成层被新形成的次生组织推向外方，最后使波状的形成层环变成圆环状的形成层环（图4-22）。

维管形成层环（vascular cambium ring）的分裂活动以**切向分裂**（tangential division）也称**平周分裂**（periclinal division）（图4-23B，即细胞分裂产生的新壁与所在器官的表面平行，分裂结果增加内外细胞层次，使器官直径加大）为主，向内分裂产生的细胞分化形成次生木质部添加于初生木质部的外方；向外分裂产生的细胞分化形成次生韧皮部添加在初生韧皮部内方。除此之外，部分形成层细胞（木质部与韧皮部之间的）也分裂产生一些径向排列的薄壁细胞，构成**维管射线**（vascular ray）贯穿于次生木质部与次生韧皮部中（图4-22C）。根据射线存在的部位不同，把位于次生木质部的射线称为木射线，位于次生韧皮部的射线称韧皮射线，次生韧皮部的射线通常较宽呈三角形。维管射线是次生结构中新产生的组织，有横向运输水分和养料的功能，有时也贮藏养料。

次生木质部由导管、管胞、木纤维、木薄壁细胞和木射线组成。次生韧皮部由筛管、伴胞、韧皮薄壁细胞、韧皮纤维和韧皮射线组成。

多年生真双子叶植物根的维管形成层是每年活动的，在形成层不断进行切向分裂的过程中，向内产生的次生木质部比向外产生的次生韧皮部多，因此次生木质部在次生增粗的根中占有较大的比例。随着根的不断增粗，形成层的位置被不断地向外推移，形成层的周径要随之增大才能相适应，所以形成层除进行切向分裂使根的直径加大外，也进行少量的**垂周分裂**（anticlinal division），又称**径向分裂**（radial division）（即细胞分裂产生的新壁与所在器官表面垂直，分裂结果使器官周径加大）（图4-23A），使形成层本身周径不断增大，以适应

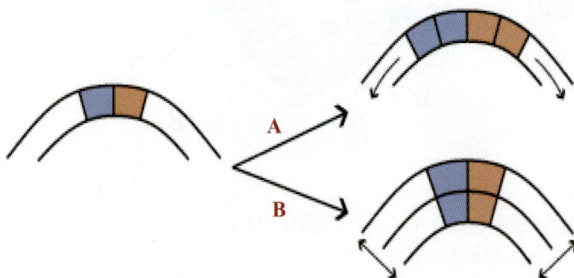

图4-23　形成层细胞的两种分裂方式
A.垂周分裂；B.平周分裂

根的增粗。

2）木栓形成层的发生及其活动：在维管形成层分裂活动产生的次生木质部与次生韧皮部使根不断增粗的过程中，初生韧皮部及以外的组织未破裂之前，中柱鞘细胞恢复分生能力，形成几层细胞，其外层细胞成为**木栓形成层**（phellogen 或 cork cambium），并进行切向分裂，向外产生多层的**木栓细胞**（cork cell），组成木栓层，向内产生少量的薄壁细胞，组成**栓内层**（phelloderm）。由木栓层、木栓形成层和栓内层共同组成**周皮**（periderm）（图4-24，4-25）。由于木栓层细胞壁栓质化，不透气、不透水，其外方的皮层和表皮得不到水分和养料而死亡脱落，就由位于次生增粗根最外面的木栓层起次生保护作用。

多年生植物根中的维管形成层随季节进行周期性活动使根不断增粗。而木栓形成层通常活动一个时期后便失去再分裂的能力而本身分化为木栓细胞。第二年，木栓形成层要重新产生，其发生的位置可逐年向根的内方推移，最后可达次生韧皮部，由次生韧皮部的薄壁组织（包括韧皮射线）发生。逐年死亡的周皮积累而形成较厚的**树皮**（bark，图4-29）。

（2）根的次生结构　在经过维管形成层和木栓形成层的产生与活动之后，根的结构发生了很大的变化。一些初生结构（表皮、皮层）由于中柱鞘细胞转化成木栓形成层而产生了不透水、不透气的木栓层而逐渐死亡、脱落。经维管形成层和木栓形成层活动进行的次生生长产生了新的结构，即根的次生结构（图4-26—29）。

1）周皮：由中柱鞘细胞形成木栓形成层，进行切向分裂（平周分裂），向外产生木栓层，向内产生栓内层而共同组成的结构（图4-24，4-25，图4-29）。木栓层细胞多层，排列紧密。细胞成熟时，壁木栓化，使细胞不透水、不透气而具有保护作用。

2）初生韧皮部：位于周皮的内侧；维管形成层的活动，使初生韧皮部被挤压缩小。其中，生活的细胞破裂被吸收，只留下韧皮纤维。

3）次生韧皮部：占据韧皮部的大部分（图4-26，4-27，4-29）；是由维管形成层的分裂活动向外产生的结构。其中有沿径向排列的薄壁细胞，称韧皮射线。

4）形成层：即维管形成层，由侧生分生组织组成，其分裂活动呈周期性，不断地向内、向外产生次生木质部和次生韧皮部等新的维管组织。

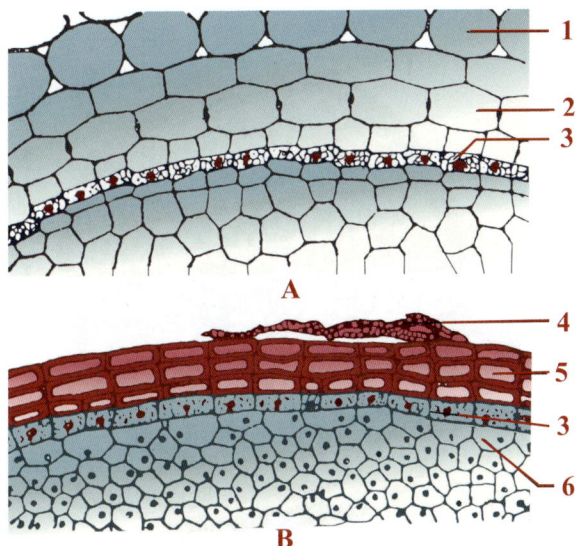

图4-24 根木栓形成层的发生
A.木栓形成层形成；B.周皮形成
1.皮层；2.内皮层；3.中柱鞘细胞分裂形成木栓形成层；
4.皮层碎片；5.木栓层；6.栓内层

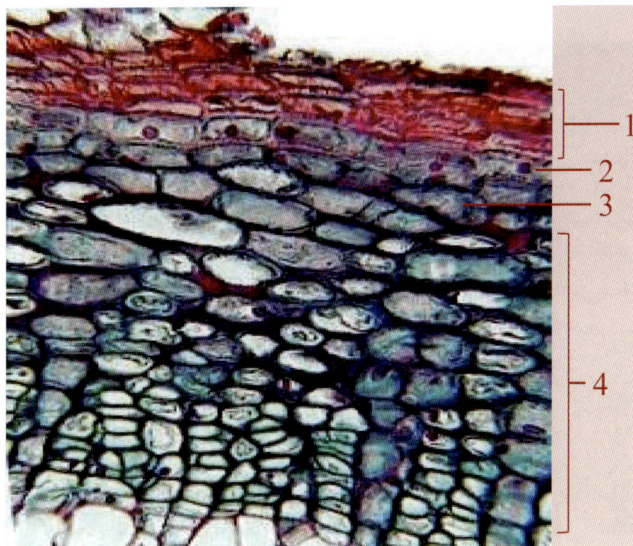

图4-25 茶树根的周皮
1.木栓；2.木栓形成层；3.栓内层；4.次生韧皮部

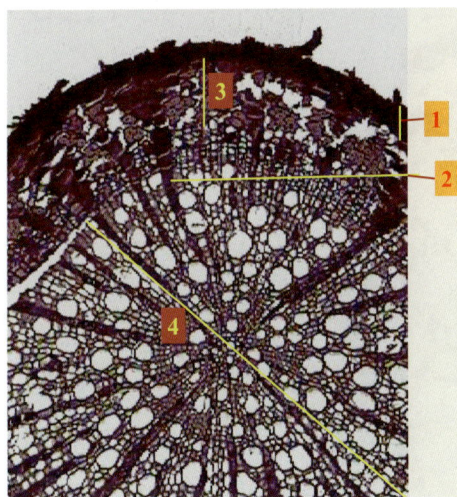

图4-26 木本植物梨次生根横切示发达的次生结构
1.周皮；2.髓射线；3.次生韧皮部；4.次生木质部；

图4-27 高大草本植物棉花次生根横切示次生结构
1.周皮；2.次生韧皮部；3.维管形成层；4.韧皮纤维；5.漏斗形髓射
线；6.次生木质部；7.初生韧皮部；8.初生木质部；9.分泌腔

5）**次生木质部**：位于初生木质部的外方，占据木质部的大部分区域和根的大部分面积（图4-27）。由维管形成层的分裂活动向内产生的结构，其中也有径向排列的薄壁细胞，称木射线（图4-28）。木射线与韧皮射线通过维管形成层相连，称为维管射线，成为根的横向运输结构。

6）**初生木质部**：维管形成层的活动向内产生大量的次生木质部细胞，加在初生木质部的外方，并不断挤压初生木质部，使之向根的中部压缩。其中的薄壁细胞被挤毁，一般只剩下导管、管胞和木纤维。在显微镜下仔细观察能见到原来2～4束的初生木质部（图4-28）。

不同植物的次生结构总的来说是很接近的，但木本植物，如柳树、茶树、栎树、梨树、木槿等（图4-26，4-29A，4-29B）的次生木质部要远发达于草本植物的棉花、蚕豆等（图4-27，图4-29C）。此外，茶树次生木质部的木纤维常散在分布，栎属次生韧皮部的韧皮纤维集中成一束，木槿的次生韧皮部纤维与筛管伴胞呈典型的交替排列（图4-29B）。

根据根的生长发育过程和特点，将基部被子植物和真双子叶植物根的生长发育过程及其变化归纳于表4-2。

根据根的生长发育过程与特点，将真双子叶植物根的生长发育过程及其变化用图解表示（图4-30）。

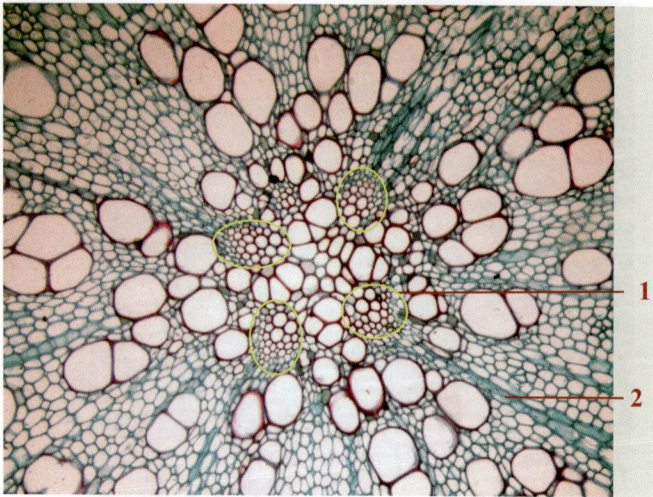

图4-28 棉花老根的横切面示中央部分
1.四束的初生木质部；2.射线

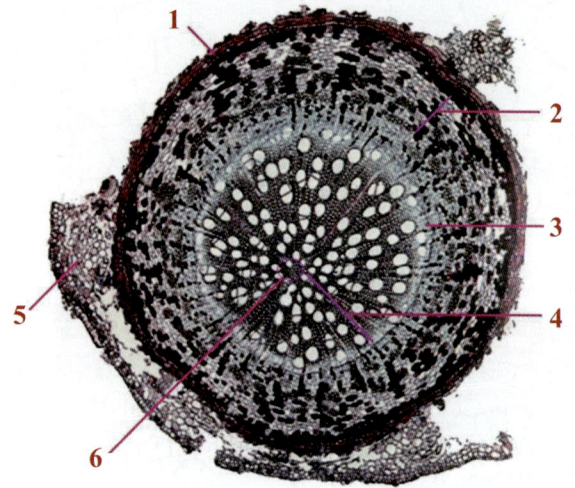

图4-29A 柳树根的次生结构（引自Evert等，2013）
1.周皮；2.次生韧皮部；3.维管形成层；
4.次生木质部；5.破碎皮层；6.初生木质部和髓

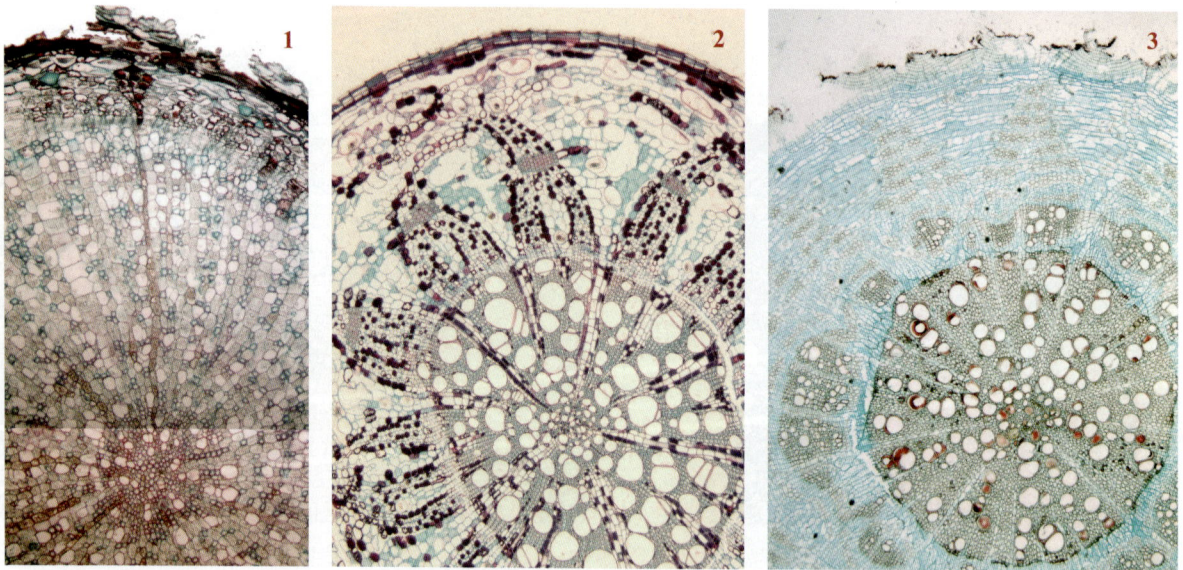

图4-29B 真双子叶木本植物根次生生长后的次生结构
1.茶树；2.栎属一种；3.木槿（试搞清各部分组织与细胞名称）

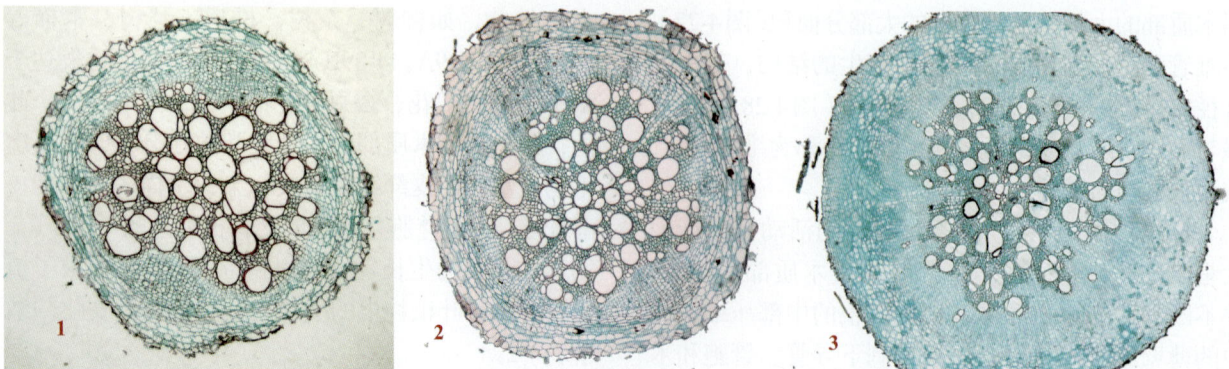

图4-29C 真双子叶草本植物根次生生长后的次生结构
1.蚕豆；2.向日葵；3.芸薹（试搞清各部分组织与细胞名称）

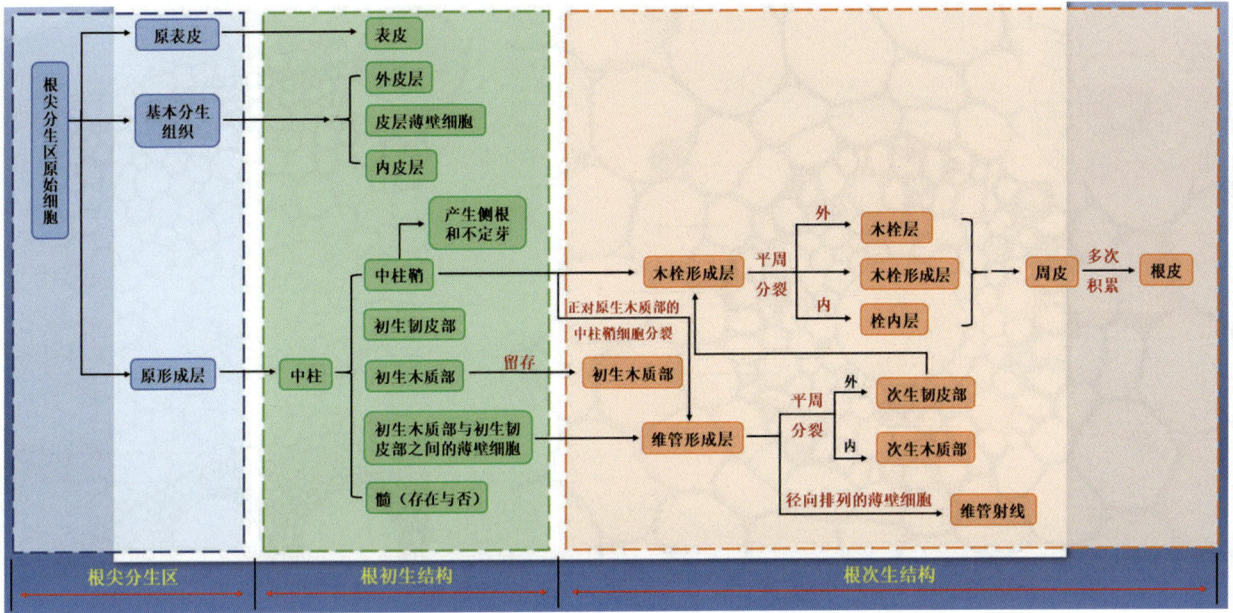

图4-30　根的生长发育与结构形成过程

4.单子叶植物根的结构

单子叶植物根一般不能进行次生生长而产生次生结构。其结构与双子叶植物根的初生结构基本相似。从根毛区的横切面看，其结构由表皮、皮层和中柱三部分组成（图4-31—34，图4-36A，图4-37C）。

（1）表皮　与双子叶植物相同，由一层生活细胞组成。水稻幼根具根毛，长期淹水根毛不发育，老根毛多数破裂脱落（图4-32）。

生长在热带亚热带的单子叶兰科、天南星科等附生植物和天门冬科吊兰等的**气生根**（**aerial root**），其表皮同样为多层细胞组成，也称为**根被**（**velamen**）（图4-35）。这些细胞后期常具有加厚的次生壁，形成死细胞，主要起机械保护和减少皮层中水分过多丧失的作用。根被细胞也是兰科植物与真菌共生形成菌根的部位。

（2）皮层　与双子叶植物相似，表皮下方的1至数层排列紧密的细胞为外皮层。水稻根的外皮层有2层，外层为薄壁细胞，内层为厚壁细胞（图4-31），但后期壁会加厚起支持作用；小麦根的外皮层为几层薄壁细胞（图4-33）；玉米根的外皮层为数层厚壁细胞（图4-34）；兰科植物石斛气生根的外皮层为一层厚壁细胞（图4-36C）；而木本单子叶棕榈科植物的根也有多层加厚的外皮层细胞，起支持作用（图4-37A）。

在根的发育后期，外皮层的薄壁细胞，其细胞

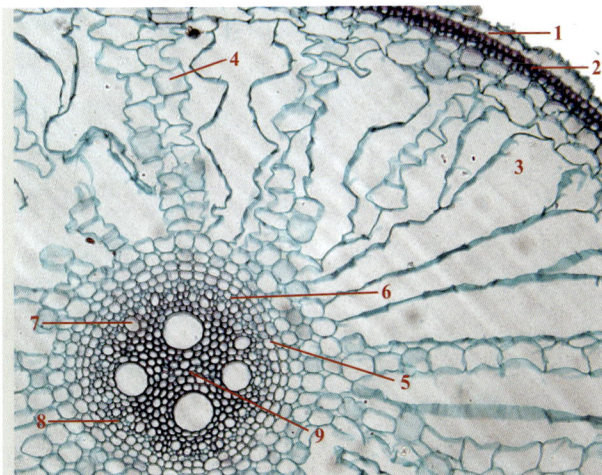

图4-31　水稻老根的部分横切面
1.表皮；2.二层加厚的外皮层；3.气腔；4.皮层薄壁细胞；
5.内皮层；6.中柱鞘；7.初生木质部；8.初生韧皮部；9.厚壁组织

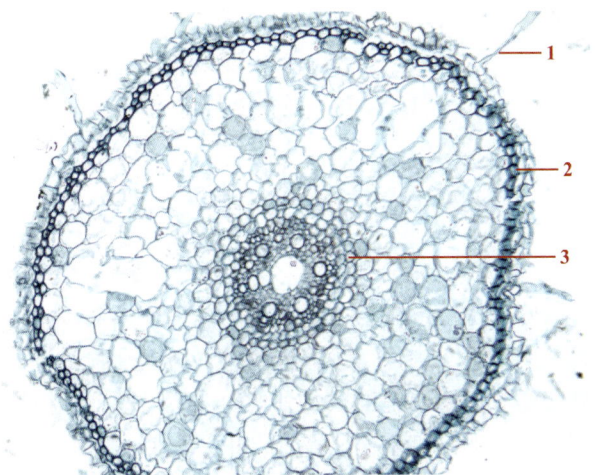

图4-32　水稻幼根
1.根毛；2.加厚的外皮层；3.内皮层
（注意：皮层细胞完好，气腔尚未形成）

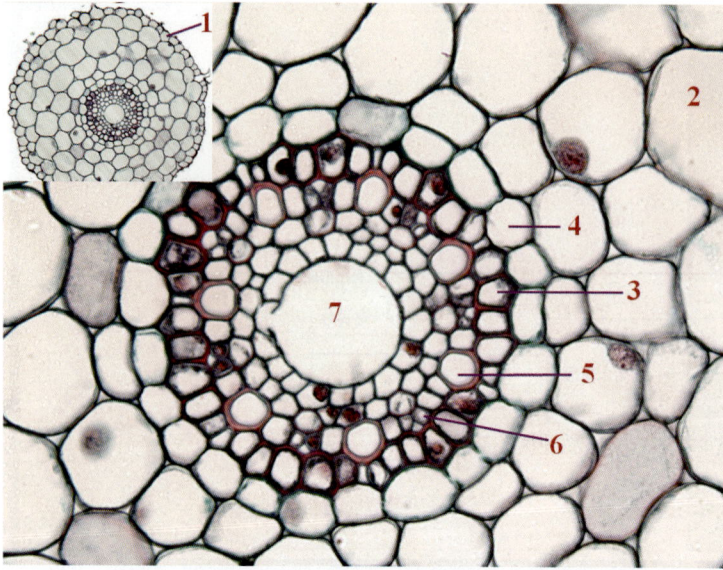

图4-33　小麦不定根横切面
1.表皮；2.皮层；3.中柱鞘；4.内皮层；5.多原型木质部
6.韧皮部；7.中央大导管

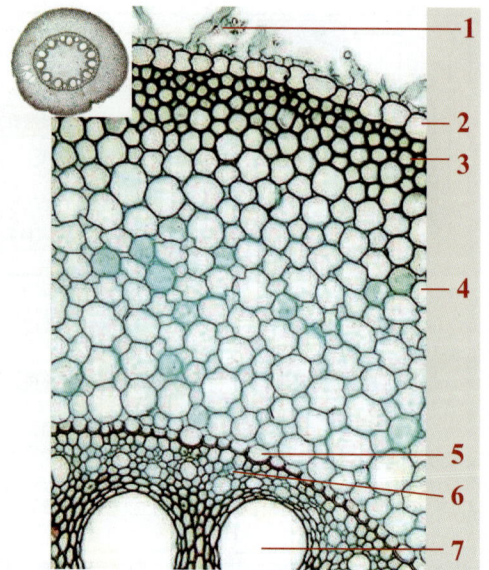

图4-34　玉米根部分横切面
1.根毛；2.表皮；3.外皮层厚壁细胞；4.皮层；
5.内皮层；6.韧皮部；7.多原型木质部导管

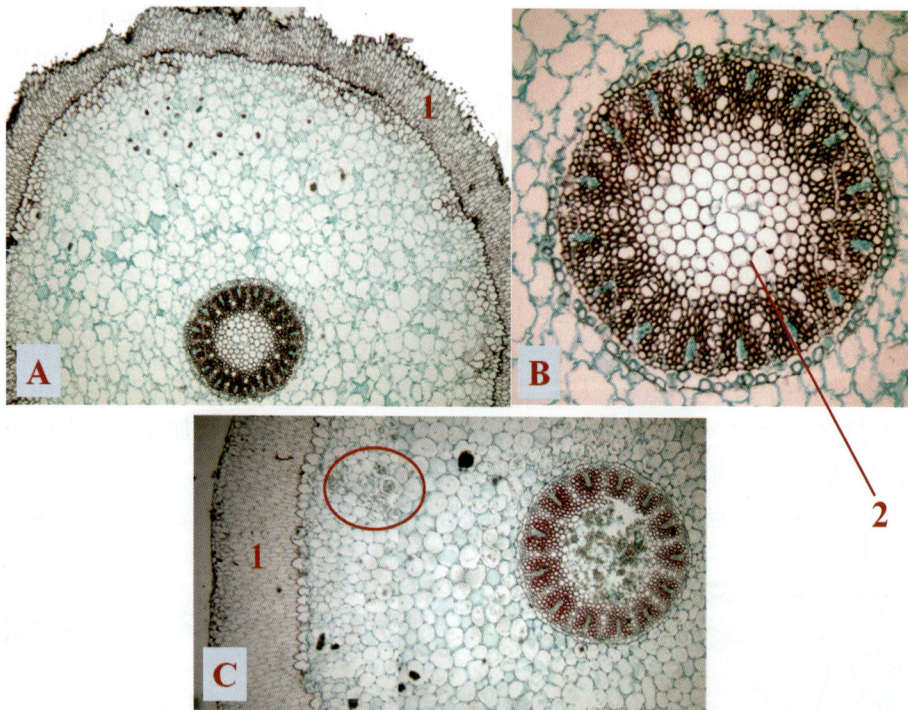

图4-35　根被结构
A、B.吊兰气生根结构，可见多束木质部和根被；C.一种兰科的气生根结构，具有相似的根被和多束木质部；
1.根被；红圈内可见共生的菌丝；2.髓

壁增厚成为厚壁组织，起支持和保护作用。皮层最内一层细胞为内皮层，在根的发育后期细胞壁具有显著的五面增厚，即只有外切向壁不增厚，在横切面看增厚的细胞壁呈马蹄形；正对着原生木质部的内皮层细胞，其壁不增厚，称通道细胞，是根吸收水分和无机盐进入中柱的主要通道（图4-36B）。位于内外皮层之间的薄壁细胞，在水稻老根中呈明显

的同心辐射状排列，细胞间隙较大，部分皮层细胞在根发育过程中相继萎缩、解体而形成许多辐射状排列的大腔道，称为气腔，属通气组织（图4-31）。这种组织结构在许多单子叶湿生植物中均有出现，如木本单子叶植物的棕榈根（图4-37A），湿生植物芦苇以及大蒜（图4-37C2）。

（3）中柱　中柱最外的一层薄壁细胞为中柱鞘

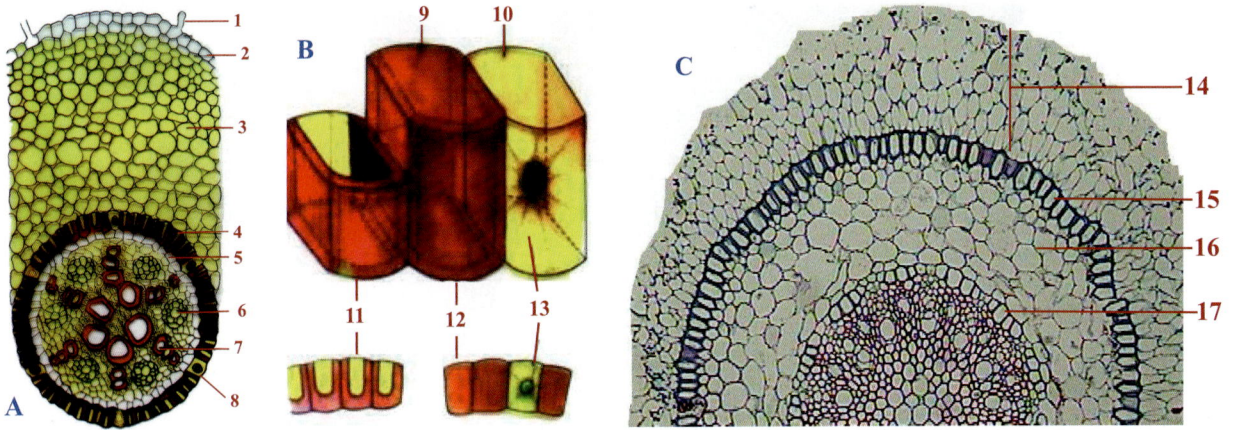

图4-36　A.鸢尾属植物根部分横切面模式图；B.单子叶植物内皮层五面加厚示意图；C.石斛根部分横切面注意外皮层、根被与内皮层位置

1.根毛；2.表皮；3.皮层；4.内皮层细胞5面加厚；5.中柱鞘；6.初生韧皮部；7.多元型初生木质部；8.内皮层通道细胞正对木质部；9.细胞壁五面加厚的内皮层细胞；10，13.未加厚的通道细胞；11.切去中上部的五面加厚的内皮层细胞（马蹄形）；12.通过上下壁切面的内皮层细胞；14.石斛根的根被（多层表皮）；15.细胞壁加厚的外皮层；16.皮层；17.内皮层

细胞，它是侧根的发生部位。中柱鞘细胞到发育后期，细胞壁加厚并木质化转变为厚壁组织，不能恢复分生能力产生木栓形成层，而是起支持作用。

初生木质部与初生韧皮部呈相间排列，但单子叶植物的初生木质部的原生导管与后生导管的排列不像双子叶植物根中那样连续而呈明显的星芒状。单子叶植物木质部和韧皮部的束数通常在6束以上，如水稻6～10束，小麦8～10束，鸢尾6束，棕榈约10束，玉米、甘蔗、石斛、吊兰等都在12束以上（图4-31—36）。初生木质部与初生韧皮部的分化成熟方式都为外始式，与双子叶植物根一样。初生木质部主要由导管组成，初生韧皮部主要由少数

筛管和伴胞组成。位于初生木质部与初生韧皮部之间的薄壁细胞，在根的发育后期转变为厚壁组织，不能产生维管形成层，所以根无次生生长和次生结构。中柱的中央常被薄壁细胞占据，称为髓（图4-35），在发育后期也转变为厚壁组织，增加机械支持力。在水稻、小麦的种子根中，其中柱中央常被一个后生大导管占据（图4-33）。

大多数单子叶植物的根没有形成层和次生结构，使其增粗生长受到一定的限制。但是，有少数单子叶植物根中能产生形成层和次生结构，如薯蓣科以及龙血树属、丝兰属、芦荟属和芭蕉属的植物根中都具有形成层。其形成层产生于中柱鞘细胞或

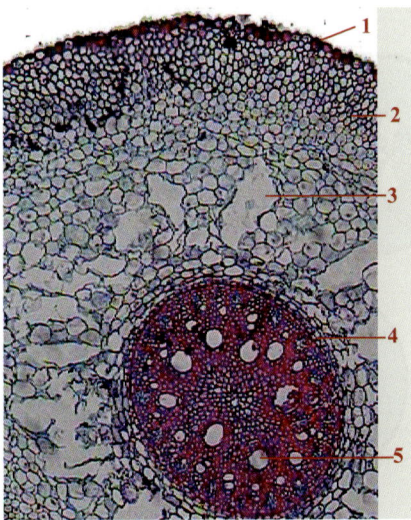

图4-37A　棕榈根横切面
1.表皮；2.皮层；3.通气组织；4.内皮层；
5.多原型木质部的后生导管

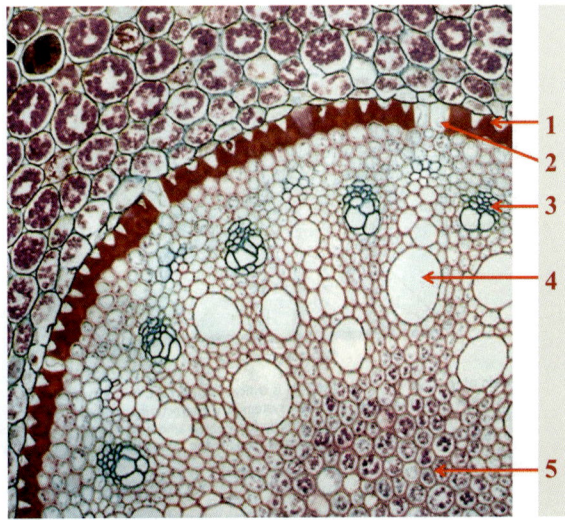

图4-37B　木本单子叶植物菝葜根结构（引自James，2003）
1.五面加厚的内皮层；2.通道细胞；3.韧皮部；
4.后生木质部导管；5.含淀粉的髓细胞。
（注意皮层细胞也含丰富的淀粉）

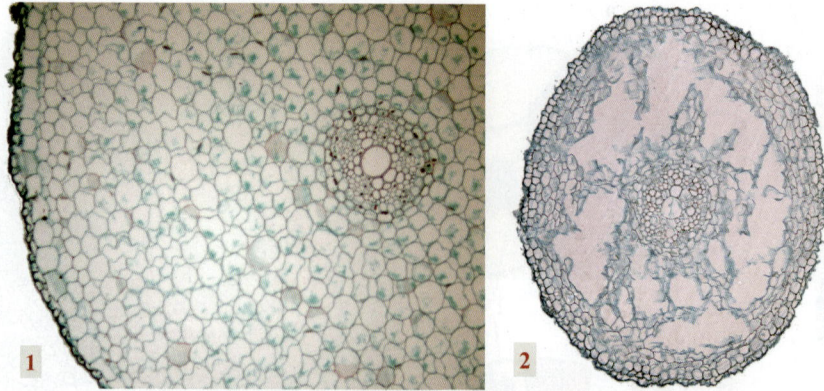

图4-37C　单子叶植物韭菜和大蒜根的结构
1.韭菜；2.大蒜（试搞清各部分组织与细胞名称）

皮层细胞，形成层向外产生皮层，向内产生大量的基本组织。其中一部分基本组织分化为若干个成环状排列的有限维管束，每个维管束中有次生木质部和次生韧皮部，维管束侧周有一圈厚壁细胞构成的维管束鞘。随着基本组织的增厚，分化产生的维管束逐渐增加，根也随之增粗。但是木本单子叶植物菝葜科无次生生长现象（图4-37B）。

（三）侧根的形成

　　植物根能不断产生分枝即侧根。侧根是从根内中柱鞘的一定部位产生的。每种植物侧根发生的具体部位与初生木质部的束数都有一定的关系（图4-38）。一般情况下，二原型（2束木质部）的根，其侧根从正对着原生韧皮部或原生木质部与原生韧皮部之间的中柱鞘细胞发生，如萝卜、胡萝卜的侧根；三、四原型（3～4束木质部）的根，其侧根从正对原生木质部的中柱鞘细胞发生，如棉花、蚕豆的侧根（图4-40）；多原型（5束以上木质部）的根，其侧根从正对原生韧皮部的中柱鞘细胞发生，如水稻、小麦的侧根（图4-40）。

　　侧根开始发生时，中柱鞘相应部位的细胞恢复分生能力，并进行平周分裂，增加细胞层数，接着进行各个方向的分裂，突起形成**侧根原基（lateral-root primordia）**，并分化出根冠和生长点（图4-39）。

　　生长点细胞不断分裂、生长和分化，穿过皮层和表皮，伸入土壤中，成为侧根。侧根分化出的输导组织与母根的输导组织相连接而形成相互连通的输导系统。侧根起源于根内部的中柱鞘细胞，因此，它的起源方式称**内起源（endogenous origin）**。

　　拟南芥侧根发生研究表明胚根与侧根的调控机制相似，其中柱鞘细胞第一次分裂形成细胞质浓密的双层细胞，继续分裂形成侧根原基（包括根冠、表皮、皮层、内皮层、中柱鞘和中柱的原基）（图

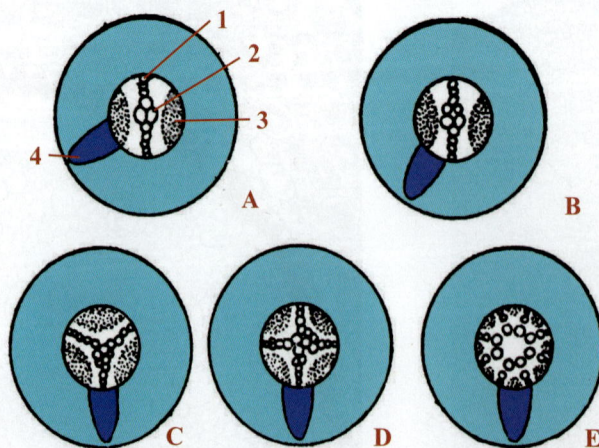

图4-38　侧根发生的位置与根中初生木质部束数的关系
A和B.二原型，侧根发生于正对初生韧皮部的中柱鞘细胞或发生于韧皮部与木质部之间的中柱鞘细胞；C.三原型；D.四原型，侧根发生于正对木质部的中柱鞘细胞；E.多原型
1.原生木质部；2.后生木质部；3.初生韧皮部；4.侧根发生于正对初生韧皮部的中柱鞘细胞

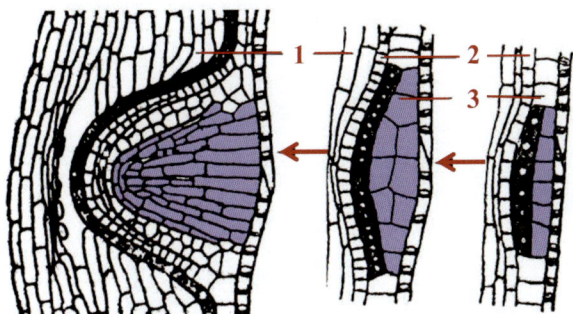

图4-39　侧根的发生过程
1.皮层；2.内皮层；3.中柱鞘

4-39）。研究发现在胚初生分生组织形成过程中表达的基因（如*Scare-Crow*和*Short Root*基因）在侧根分生组织中也有表达。目前，研究还发现生长素对侧根形成具有促进作用。

侧根与主根有着密切的联系，当主根被切断时，能促进侧根的产生和生长。因此，在农、林、园艺生产上常利用此特性，在移苗时切去外围主根，以促进更多侧根的产生，保证植株根系的旺盛发育，从而使整个植株能更好地生长。对野生型施加生长素可促进侧根增殖，在农业上有重要意义。

（四）特殊根的结构

如胡萝卜的根，薄壁细胞在维管组织中占主导地位，次生韧皮部比次生木质部更发达，缺乏较硬的机械组织，称为薄壁细胞的"木材"（图4-41）。甜菜的储藏根具有三**生构造（teriary structure）**，甘薯的储藏根具有大量的储藏薄壁细胞（图4-42）。

（五）根瘤与菌根

植物根系与土壤中的微生物有密切的关系。根部分泌的物质，许多是微生物的营养来源，而土壤微生物分泌的一些物质，又可直接或间接影响根的生长发育。有些微生物甚至可入侵到根的组织中，与根形成**共生（symbiosis）**关系。高等植物根与土壤微生物发生的共生现象，通常有根瘤和菌根两种类型。

1. 根瘤（root nodule）

豆科植物的根上常长有各种形态的瘤状突起物，即根瘤（图4-43）。它是豆科植物的根与土壤中的**根瘤菌（nodule bacteria）**所形成的共生结构。豆类植物根的分泌物使土壤中的根瘤菌在根系周围大量繁殖，根瘤菌的分泌物刺激根毛，使根毛顶端卷曲和膨胀溶解，根瘤菌便侵入到根毛内，并在根毛中滋生并聚集成带状，外被一层黏液形成感染丝，与此同时，根细胞也相应分泌出纤维素，包裹在感染丝外面，从而形成了具有纤维素鞘的内生管，称为侵入线。根瘤菌沿侵入线进入根的皮层并进行大量繁殖，皮层细胞由于受到根瘤菌分泌物的刺激，也迅速分裂产生大量的新细胞，使皮层出现局部膨大，并向外突起形成一定形状的瘤状物，称根瘤（图4-44）。根瘤内含有根瘤菌的薄壁细胞，其细胞质和细胞核被根瘤菌破坏解体成为**拟菌体（bacterioid）**，开始进行固氮。根瘤菌含有固氮酶，在它的催化作用下，根瘤菌能把空气中的游离氮和细胞内的糖合成含氮化合物，植物的根可得到氮素。而根瘤菌则从植物根的皮层细胞中吸收水分、无机盐和有机物质，自身得以生长和繁殖，双方建立互利共生关系。

据统计，大豆的根瘤在大豆整个生长期中，每亩地可固定13.5公斤氮素，相当于67.5公斤硫酸铵。由于根瘤菌的固氮作用，豆科植物种子的蛋白质含

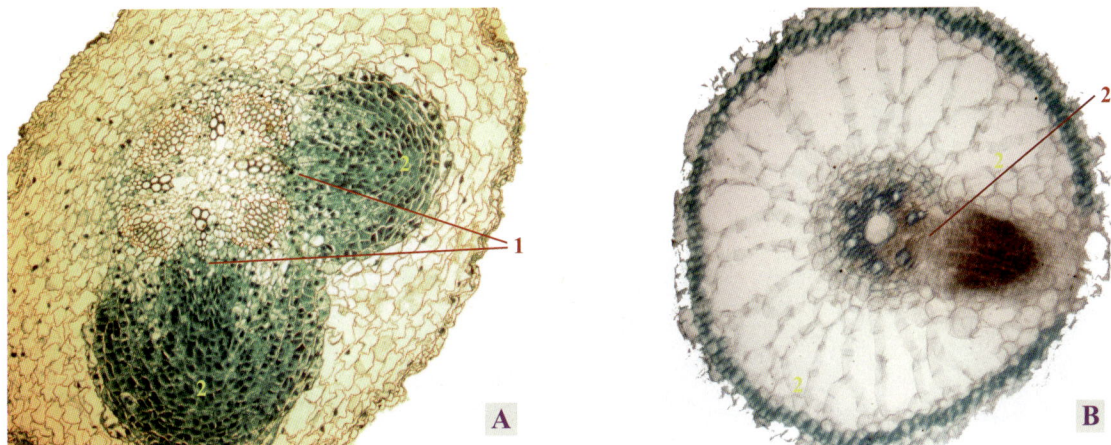

图4-40　侧根发生
A.四原型蚕豆根侧根的发生；B.水稻侧根的发生
1.正对初生木质部的中柱鞘细胞发生侧根；2.正对初生韧皮部的中柱鞘细胞发生侧根

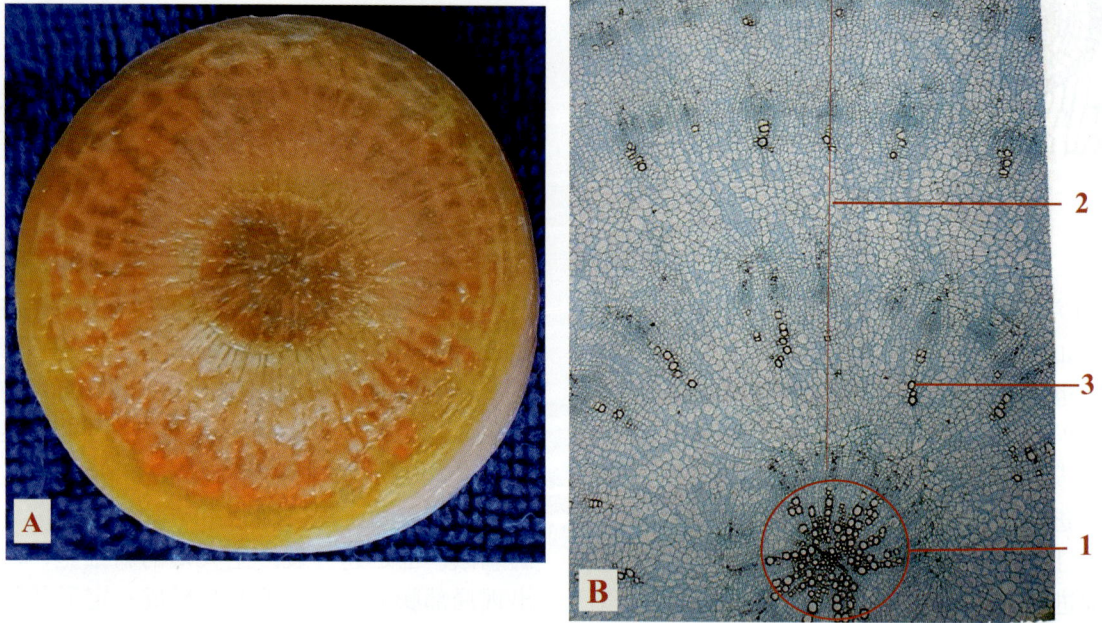

图4-41 胡萝卜直根横切示三生构造和薄壁细胞的"木材"
A.肉眼下的胡萝卜肉质直根横切可见中央的初生和次生木质部；B.显微镜下的胡萝卜肉质直根横切
1.中央的初生木质部和次生木质部；2.三生构造；3.三生构造的导管

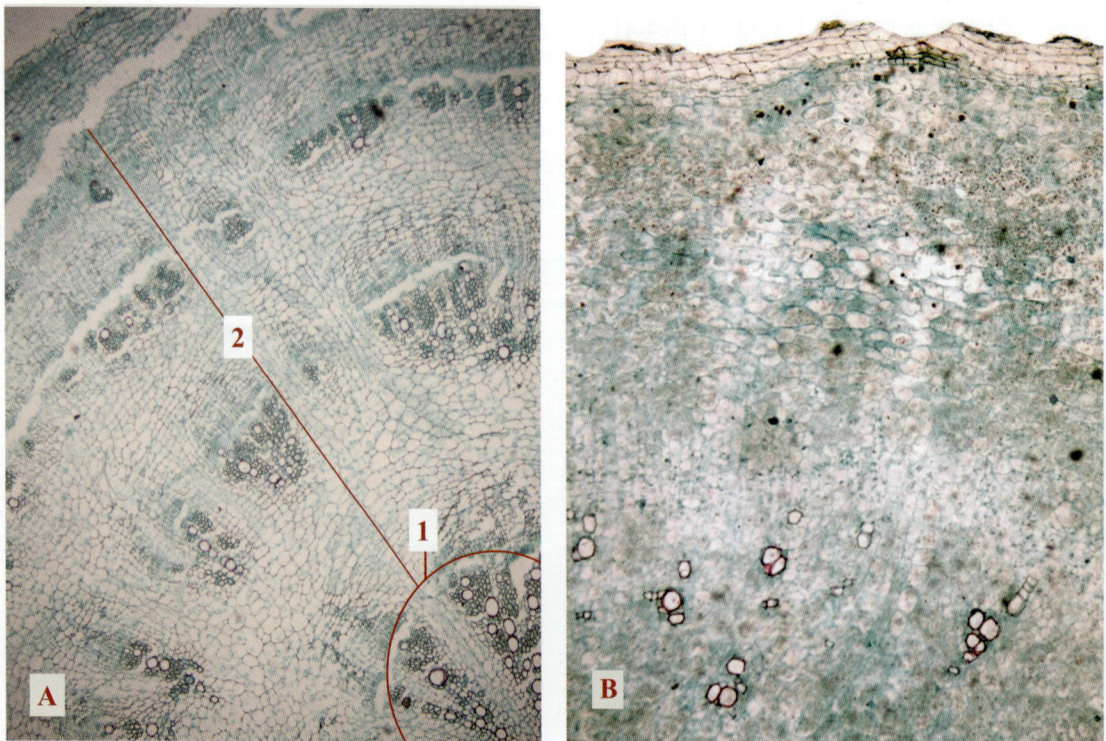

图4-42 A.甜菜储藏根示三生构造；B.甘薯的储藏根具有大量的储藏淀粉的薄壁细胞
1.初生和次生木质部；2.三生构造

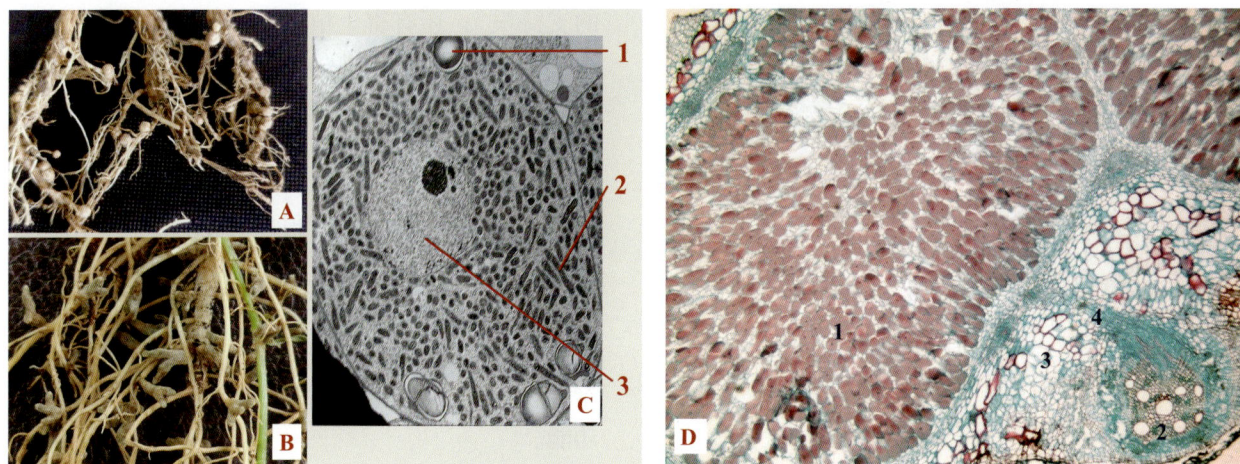

图4-43 豆科植物的根瘤外形和根瘤细胞（C改自James，2003）
A.大豆；B.豌豆；C.电镜下的根瘤细胞（1.淀粉粒；2.根皮层细胞内的根瘤菌；3.根皮层细胞核）
D.大豆根瘤横切示根瘤细胞与根的次生结构的联系（1.根瘤细胞；2.木质部；3.原来的皮层；4.通往根瘤的输导组织）

量也比较高。根瘤菌固定的氮化合物可提高土壤含氮量，所以豆类植物可作为绿肥，在农业生产的间作和轮作上都有着重要的意义。

根瘤菌的种类很多，且与豆科植物发生共生关系，表现出专一现象，所以不同的豆科植物，其根瘤的形状、颜色和大小并不相同。

在自然界中，一些非豆科植物也能与类似根瘤菌的固氮细菌共生而形成根瘤并能固氮，如杨梅、

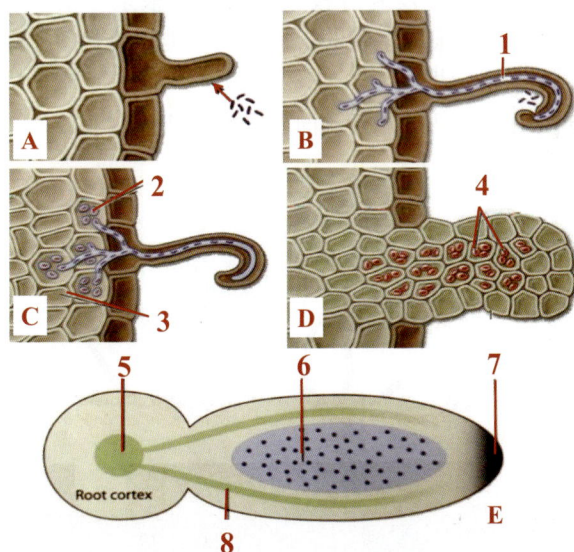

图4-44 根瘤的形成
A.土壤中的根瘤菌接近根毛；B.根瘤菌感染通过根毛进入皮层细胞；C.根瘤菌在根皮层细胞进行繁殖；D.刺激皮层细胞细胞增生形成根瘤；E.根瘤结构模式图（1.根瘤菌在根毛内的侵入线；2.根瘤细胞；3.皮层细胞；4.根瘤细胞；5.根的中柱；6.根瘤与根瘤菌；7.根瘤的顶端分生组织；8.通往根瘤的维管组织）
（部分改自Raven等，2008）

桤木、罗汉松、木麻黄、胡颓子等。近年来非豆科植物固氮的研究，引起了人们的重视。目前正开展固氮遗传特性的转移研究，以使某些非豆科作物也能长出根瘤进行固氮，以提高作物产量。

2. 菌根（mycorrhiza）

许多高等植物的根能与土壤中的某些真菌发生共生关系。这些和真菌发生共生的根，称为菌根。与根发生共生关系的真菌无严格的专一性，因此，菌根比根瘤更为普遍。依真菌菌丝在根部生长分布的情况，通常将菌根分为外生菌根和内生菌根两种类型（图4-45）。

（1）外生菌根（ectomycorrhiza） 真菌的菌丝包在根尖的外面，形成鞘状的菌丝体结构，仅有少数菌丝侵入皮层的细胞间隙中，如板栗、松、桉树等植物的菌根。

（2）内生菌根（endomycorrhiza） 真菌的菌丝侵入根的表皮和皮层细胞的内部，如桑、李、葡萄、小麦等植物的菌根。

此外，还有内外生菌根（ectendomycorrhiza），即在根表面、细胞间隙和细胞内均有菌丝，如草莓、苹果等植物的菌根。

菌根的共生关系表现在：一方面，真菌的菌丝代替了根毛，可增加根吸收水分和无机物质的作用；菌丝还能产生维生素B_1（硫胺素）、维生素B_6（吡醇类），促进根系发育；有些真菌能固氮，把不能利用的无机氮变为可吸收的状态，供根吸收利用。另一方面，根能供应真菌以碳水化合物、氨基酸、维生素和其他有机物质。研究表明，有些具有

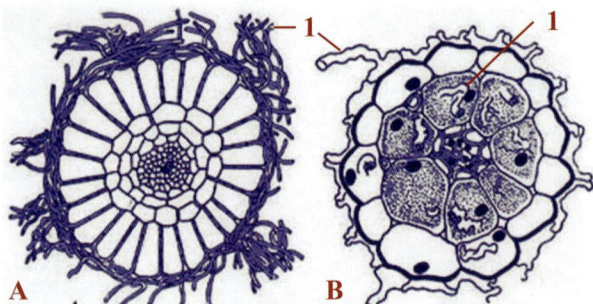

图4-45 菌根
A.外生菌根；B.内生菌根；1.菌丝

菌根的树种，如松、栎、橘（图4-46），如果缺乏菌根，则会生长不良，所以在荒山造林或播种时，常需要拌有菌丝的土壤，使其菌根发达，保证树木良好地生长。不过，在某种情况下，两者也会发生矛盾，如真菌生长过旺，会使根的营养物质消耗过多，树木出现生长不良。内生真菌与植物根共生的关系已经比较清楚，可见菌丝可达到内皮层区域（图4-47）。

（六）根对环境的适应

陆地植物的根与环境的关系经过长期的进化和生态适应已演化出多种多样特殊的形态特征，以适应环境的变化（图4-48）。在热带雨林地区，由于一年四季温暖潮湿，许多植物可以在树杈上生长，形成附生根，如兰科、天南星科、凤梨科以及凤丫蕨、槲蕨类等植物；在热带、亚热带沿海的红树林，为适应盐生和潮汐环境，形成气生根；有些植物为支持高大的树冠和茎秆而形成支持根（如榕树的气生支持根——独木成林现象、热带雨林中高大乔木的板状根，以及在茎秆基部节上的不定根形成

的支持根）；还有寄生植物的寄生根（槲寄生、桑寄生、菟丝子等）；以及在干旱的荒漠和沙漠中生长的植物，其根系为了吸收土壤深处的水分，可以深入地下深处。如骆驼刺，它是极其耐旱的沙漠植物，植株虽矮小，却拥有长达15m的根，像胡杨、红柳、沙蒿等沙漠植物，根都可以深入地下10多米甚至更深。

（七）根的生理功能

根是植物长期适应陆地生活而形成的器官。具有吸收、固着与支持、输导、合成、贮藏与繁殖等功能。

1. 吸收作用

吸收作用是根的主要生理功能。植物体内所需的物质（水、CO_2、无机盐等）除一部分由叶和幼嫩的茎从空气中吸收外，大部分是由根部的根毛和幼嫩的表皮从土壤中吸收取得的。水为植物体所必需，因为它是原生质组成的成分之一；是制造有机物的原料，是细胞膨压的维持者，为植物体内一切生理活动所必需。二氧化碳是光合作用的原料，除了叶能从空气中吸收的二氧化碳外，根也从土壤中吸收溶解状态的二氧化碳或碳酸盐，以供植物光合作用的需要。无机盐类也是植物生活所不可缺的，例如硫酸盐、硝酸盐、磷酸盐以及钾、钙、镁等离子，它们溶于水，并随水分一起被根吸收。

2. 固着与支持作用

根在地下反复分枝形成庞大的根系与土壤紧密接触，且根内牢固的机械组织和维管组织的共同发挥作用，把植物固着在土壤中，并支持地上部分；根与沙、土的接触面积极大，能控制泥沙的移

图4-46 菌根的作用，橘树苗期的试验
A为土壤灭菌，无真菌共生；B为正常土壤有真菌共生

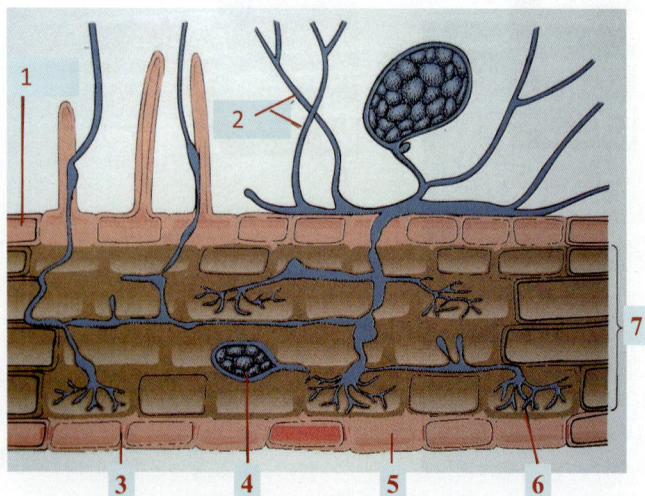

图4-47 内生真菌侵入根表皮和皮层的模式（引自James，2003）
1.表皮；2.外生菌丝；3.凯氏带；4.菌丝囊泡（有性繁殖）；5.内皮层；6.真菌在皮层细胞内的分枝状吸器；7.侵入根尖内的真菌菌丝

动，因此，具有固定流沙、保护堤岸和防止水土流失的作用。

3. 输导作用

由根毛、表皮吸收的水分和无机盐进入皮层细胞，经横向运输到达根的维管组织（中柱），通过根的维管组织输送到茎、叶。叶所制造的有机养料经过茎输送到根，再经根的维管组织输送到根的各部分，以维持根的生长和生活的需要。

4. 合成作用

放射性同位素示踪证明，根能合成组成蛋白质的多种氨基酸，并输送到植物体的其他部位合成蛋白质，作为形成新细胞的材料。另外，根中也能合成生长激素和植物碱，对植物地上部分的生长发育有较大的影响。

5. 贮藏与繁殖作用

根内的薄壁组织较发达，是贮藏物质的场所。此外，不少植物的根能产生不定芽，特别是在伤口

处，因此，利用根能繁殖的特点，可使一些森林树种得以更新。我们平时食用的甘薯就是利用其块根的繁殖功能进行农业生产的，药用植物的分根繁殖也是利用了这一点（图4-49）。

根有多种经济用途，可食用、药用和作工业原料。如萝卜、胡萝卜等植物的根可食用，也可用作饲料；人参、大黄、当归等植物的根可供药用；甜菜的根为制糖原料，甘薯的根可制淀粉和酒精；枣、葡萄、青风藤等植物的根可制作工艺美术品。

二 苔藓、石松类和蕨类以及裸子植物的根

（一）苔藓植物的根

苔藓植物是高等植物中比较原始的类群，是由水生生活方式向陆生生活方式的过渡类群之一。苔藓植物一般体型较小，大者不过几十厘米；我们通常见到的苔藓植物营养体是它们的配子体，而苔藓植物的孢子体不能独立生活，必须寄生或半寄生在

图4-48 植物根的生态适应
A.一种榕树的支柱根（加尔各答植物园世界最大的榕树）；B.菟丝子的寄生根及结构（1.寄生根；2.菟丝子与寄主植物外观）；C.红树林的呼吸根（施苏华惠赠）；D.铁皮石斛的气生根

续图4-48　E.玉米的支持根；F.大叶榕气生根（肇庆）；G.露兜树的支持根（茂名）；H.热带雨林中的板状根（儋州）；I.一种榕树的气生根（梅州）；J.绿萝的气生根；K.鹿角蕨的附生根；L.槲寄生通过寄生根寄生

配子体上。苔藓植物与其他高等陆生植物相比，一个很重要的区别在于它没有维管系统的分化，没有真正的根、茎、叶分化。苔藓植物的配子体有两种形态：一类是无茎、叶分化的叶状体（图4-50），另一类为有拟茎、叶分化的茎叶体（图4-51）。

虽然苔藓植物体没有真正的根，但有与根功能相类似的结构，称为假根。叶状苔藓植物的假根为单细胞，由叶状体的腹面表皮细胞突起伸长生长形成（图4-52）。假根的类型有两种：一种是简单假根，其细胞表面光滑，无任何增厚，起固着作用；另一种为舌状假根，其细胞特别长而成管状，细胞壁内突生长、分枝并增厚，起吸收作用。

图4-49 植物根的繁殖作用
A.甘薯块根繁殖产生不定芽；B.三叶崖爬藤块根可以用于繁殖；C.玄参纺锤状块根可以分根繁殖

图4-50 石地钱示叶状体和假根
1.叶状体；2.假根

图4-51 提灯藓示茎叶体和假根
1.茎叶体；2.假根；3.寄生配子体上的孢子体

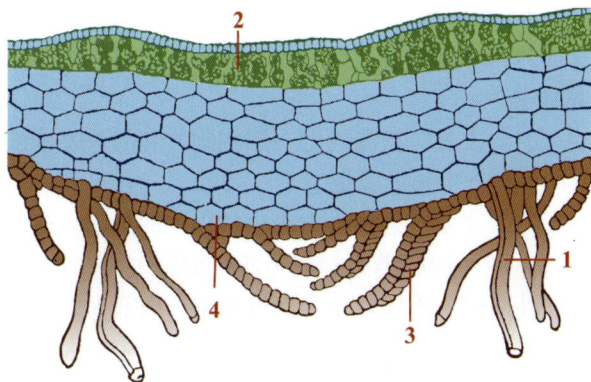

图4-52 地钱叶状体横切面
1.单细胞简单假根；2.同化组织层；
3.多细胞鳞片状假根；4.基本组织细胞

苔藓植物茎叶体的假根是从其茎基部长出的多细胞长丝，细胞间具有倾斜的横壁，假根能分枝，并能产生芽和与初生原丝体一样的原丝体（图4-53）。因此，苔藓植物的多细胞假根除了具有吸收与固着功能外，还具有繁殖作用。

苔藓植物的孢子体结构简单，不能独立生活而通过吸盘式的基足着生在配子体上，并从配子体内吸取营养（图4-54）。

（二）石松类和蕨类植物的根

石松类和蕨类植物是陆生植物中早期分化出维管组织的植物类群，其营养体为孢子体，有了真正的根、茎、叶等器官分化（图4-55）。但石松类和蕨

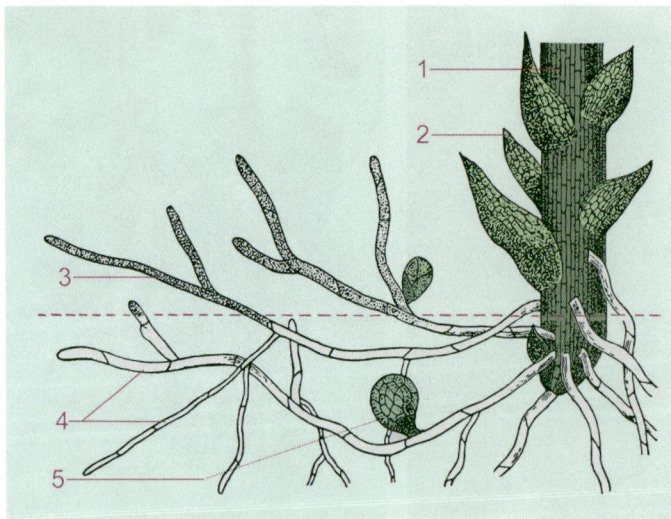

图4-53 葫芦藓——示多细胞假根
1.茎；2.叶；3.孢子萌发形成原丝体；4.多细胞假根；5.芽

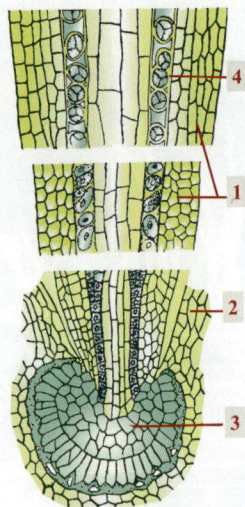

图4-54 藓孢子体基足纵切面
1.蒴柄；2.配子体；3.孢子体基足；4.蒴柄的输导组织细胞

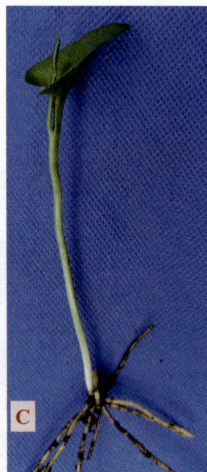

图4-55 石松类和蕨类植物的根
石松类：A.江南卷柏，B.蛇足石杉；蕨类：C.心叶瓶尔小草，D.贯众；1.叶柄；2.根茎；3.根

类及种子植物的根在演化历史上是分两次独立发生的。蕨类植物的维管系统主要由木质部和韧皮部组成。木质部中含有运输水分和无机盐的管胞，韧皮部中含有运输有机养料的筛胞。

1. 根的形态

石松类和蕨类植物的根通常为不定根，生长于匍匐茎的下表面（石松类，图4-55A）或由茎变态形成的根托上（石松类，图4-55B）以及根状茎的节上（蕨类，图4-55D）或茎基的不定根（图4-55C）。根常为二叉分枝或不分枝，并常产生细小的侧根。

2. 根的结构

蕨类植物根尖主要由根冠和顶端分生组织组成，其分生组织多数是一个单独的倒金字塔形细胞

（图4-56）。蕨类植物根由表皮、皮层和中柱组成。如图4-57为瓶尔小草根的单原型中柱，图4-58为芒萁根的四原型中柱，以及图4-59为莲座蕨根的多原型中柱。

（1）表皮　根表面的一层细胞，其部分表皮细胞向外突起生长形成根毛。

（2）皮层　表皮内方与中柱以外的组织。皮层有时由同一细胞类型构成（薄壁细胞），有时分为内、外两层。外层通常为薄壁细胞，内部为厚壁细胞。皮层最内层常分化形成具凯氏带的内皮层。

（3）中柱　位于皮层内方，为根中央的组织，由中柱鞘、木质部和韧皮部组成。蕨类植物根中的中柱属原生中柱，木质部与韧皮部相间排列。木质部呈星芒状，分化成熟的方式为外始式，其束数变

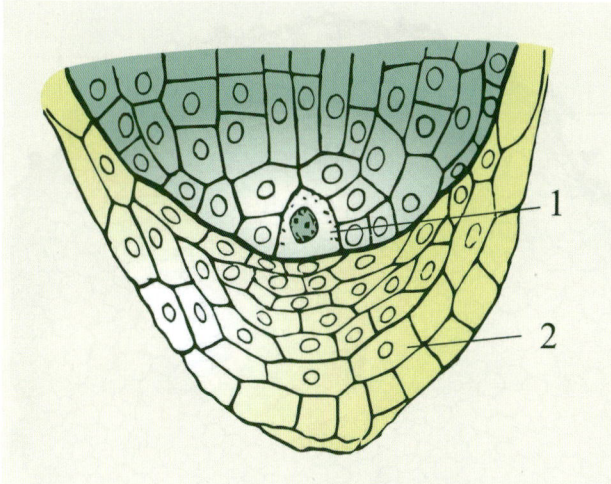

图4-56 蕨类植物根生长点纵切面
1.顶端分生组织细胞；2.根冠

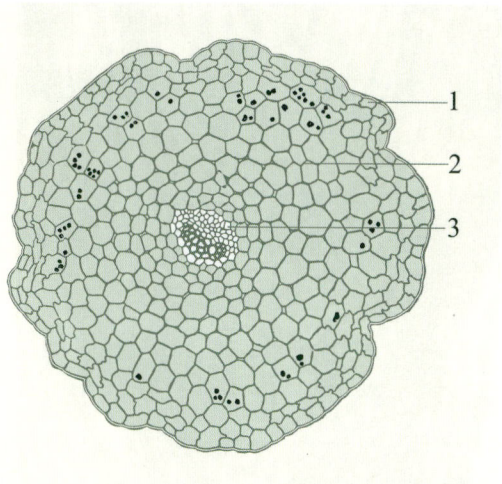

图4-57 瓶尔小草根的横切面——示单原型中柱
1.表皮；2.皮层；3.中柱

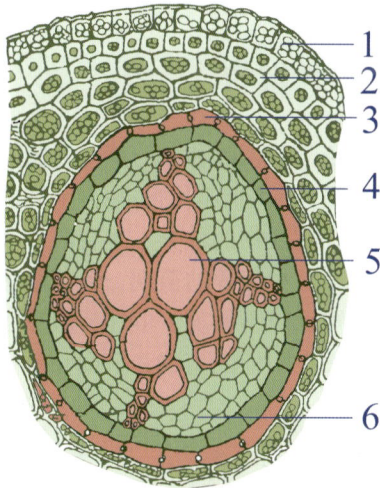

图4-58 芒萁根的部分横切面——示四原型中柱
1.表皮；2.皮层；3.内皮层；4.中柱鞘；5.木质部；
6.韧皮部

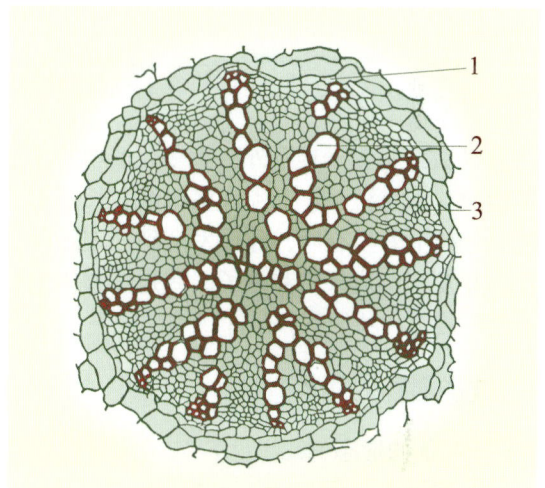

图4-59 莲座蕨根的部分横切面示多原型中柱
1.中柱鞘；2.木质部；3.韧皮部

化很大，有单原型、二至四原型（图4-57—58），或多原型（图4-59）。

3. 根的生理功能

石松类与蕨类植物的根与苔藓植物根有着相似的生理功能，即固着植物体于土壤上，吸收土壤中的水分和养料以供植物体生长发育所需。蕨类植物根中还出现了维管组织和机械组织，根也有分枝，使其固着支持作用大大增强，并有了输导功能。

（三）裸子植物的根

裸子植物是介于蕨类植物和被子植物之间的一个类群。由于其以种子繁殖，故将裸子植物与被子植物合称为种子植物。

裸子植物的根与被子植物中双子叶植物的根相似，其根系为庞大的直根系；根尖、根的初生结构、次生结构以及侧根的形成也类似于双子叶植物。但是，大部分裸子植物的木质部由管胞组成，韧皮部由筛胞组成，一般没有导管，也没有筛管（图4-60，4-61）。只有少数种类（买麻藤纲）有导管、有筛管及伴胞的分化，但其来源和结构与被子植物仍有区别：其管胞分子是通过管胞端壁上的具缘纹孔增大或是相互合并形成单穿孔而连接的；其筛胞与伴胞分别来自不同的形成层细胞，而非同一母细胞。

裸子植物根的庞大根系具有固着支持植物的地上部分、吸收土壤中的水分和营养、运输物质等生理功能。

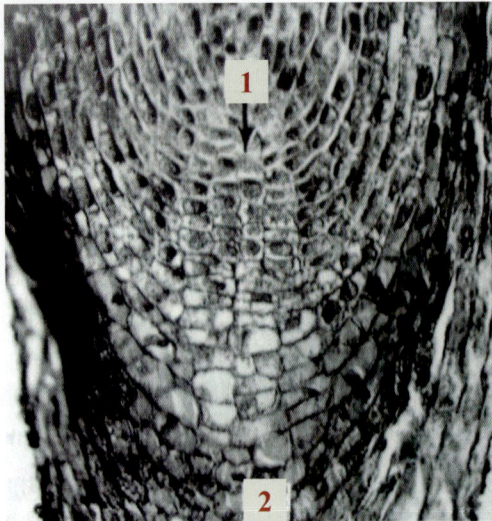

图4-60　银杉根尖纵切
1.顶端分生组织；2.根冠

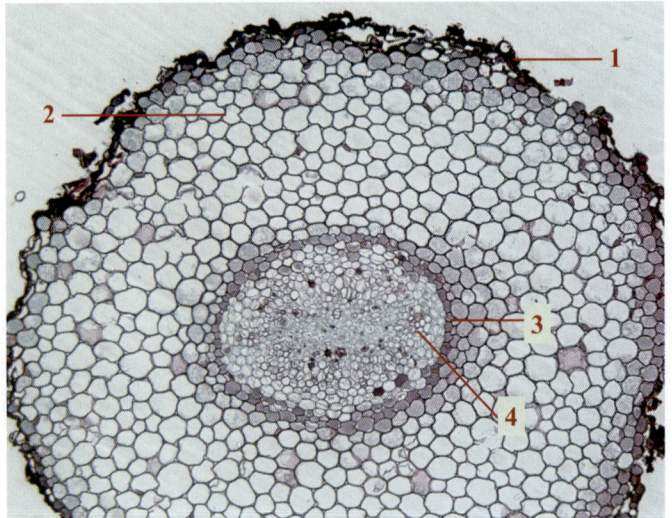

图4-61　松树根初生结构
1.表皮；2.皮层；3.内皮层；4.初生木质部

第三节　茎的形成、结构及生长发育

除少数植物生于地下外，大多数植物的主茎直立于地面，下连根系，上生许多粗细、长短不一的分枝。分枝上着生有叶，分枝发育到一定阶段会产生花，并发育形成果实和种子。茎是植物体生长在地上并连接根和叶的营养器官。

一　被子植物的茎

（一）茎的形态

1.茎的基本形态

（1）茎的外形　茎的外形多呈圆柱形；有些植物的茎呈三棱形（如莎草、夹竹桃幼茎）、方柱形（如蚕豆、芝麻、云南黄素馨）或呈扁平叶状（如昙花、仙人掌）。茎上着生叶的部位，称为**节**（node）；相邻两节之间的部分，称为**节间**（internode）；叶腋和茎的顶端具有**芽**（bud）；当叶子脱落后，在节处留下的痕迹称为**叶痕**（leaf scar）；叶痕内的点状突起是茎通向叶柄的维管束断裂后留下的痕迹，称**束痕**（bundle scar）。在木本植物和生长高大的草本植物的茎上还可见到**皮孔**（lenticel），它是植物体和外界进行气体交换的一种通道。在有的枝条上还有**芽鳞痕**（bud scale scar），这是当芽鳞展开时，芽鳞片依次脱落后留下的痕迹（图4-62）。在通常情况下，顶芽每年活动一次，所以根据芽鳞痕的数目和相邻芽鳞痕的距离，可判断枝条的年龄和生长速度。这对选择枝条进行扦插、嫁接有实践意义。裸子植物的枝条同样有芽鳞痕，也可以辨别年生长速率（图4-64）。

（2）枝条　着生叶和芽的茎称为**枝条**（shoot），枝条生长快慢，影响节间的长短。节间的长短和节的明显程度，随植物的种类、生育时期和生长条件而异，如水稻、小麦等幼苗期，各节密集于茎的基部，节间极短，节不明显，但在拔节后，节间长而节明显。生长在阴地的植物，节间长于生长在阳地

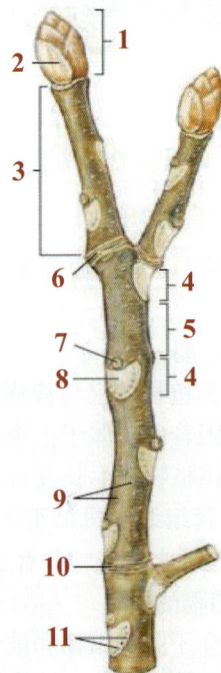

图4-62　茎的外形
1.顶芽；2.芽鳞片；3.当年生长枝条；4.节；5.节间；6.芽鳞痕；7.侧芽；8.叶痕；9.皮孔；10.去年的芽鳞痕；11.束痕（维管束痕迹）

的植物。有些植物在同一株植株上，有的枝条节间较长，称为**长枝**（long shoot）；有的枝条节间短而节密集，称为**短枝**（short shoot）（图4-63）。梨、苹果、银杏等植物的枝条都有长短枝之分。长枝常常是长叶的枝条，称为营养枝；短枝是开花结果的枝条，又称果枝。园艺上和栽培上很重视花枝和果枝的生长，常采用各种措施来促进、控制花果枝的生长发育，以达到增强观赏效果，以及高产、稳产的目的。

（3）茎的生长习性　不同植物的茎在长期的进化过程中，形成了各自的生长习性，以适应外界环境，使叶在空间合理分布，充分接受光照而有利于光合作用，因此出现了茎的不同生长方式（图4-65）。常见的有：直立茎（茎背地面而生，直立，如油菜、茶、棉等大多数植物），缠绕茎（茎不能直立，以茎本身缠绕其他支柱向上生长，如菜豆、牵牛、何首乌等），攀缘茎（茎不能直立，以特有的结构攀缘其他支柱向上生长，如黄瓜、葡萄、爬山虎等），匍匐茎（茎细长柔软，平行于地面生长，节上能生不定根，节上的芽能形成叶或花，如草莓、甘薯、活血丹等）以及平卧茎（茎平卧生长，节上不会生根，如地锦、蒺藜）。

2. 芽

（1）芽的基本结构　芽是未发育的枝条、花或花序的原始体。以叶芽（leaf bud）的结构为例，芽由茎顶端的生长锥及其周围的小突起**叶原基**（leaf primordium）、**腋芽原基**（axillary bud primordium）、幼叶及中央未伸长的茎轴组成（图4-66）。叶芽开展后发育形成枝条。如果是**花芽**（flower bud），其生长锥周围产生的是花各个组成部分的原始体或花序的原始体。以单生花芽的结构为例，生长锥分化出萼片原基、花瓣原基、雄蕊原基和雌蕊原基后，其本身不再存在（图4-67）。有的芽

图4-63　长枝与短枝
A.银杏；B.晚樱；1.短枝

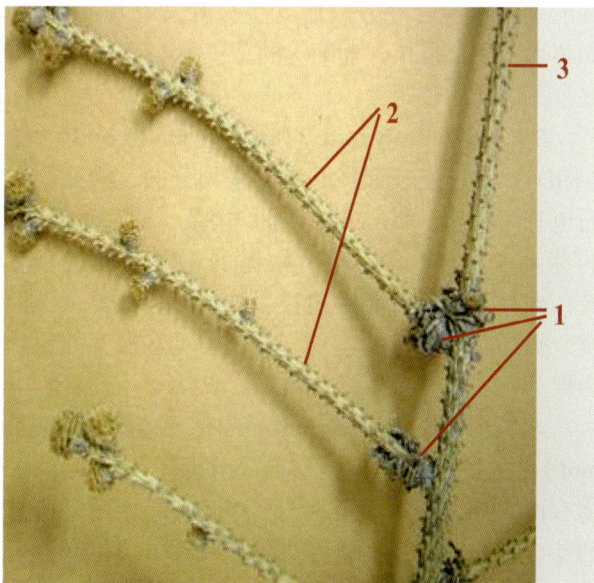

图4-64　裸子植物一种冷杉的枝条外形
1.芽鳞痕（年痕）；2.当年生枝条；3.叶座

图4-65　茎的各种生长习性
A.直立茎；B.匍匐茎；C.平卧茎；D.左缠绕茎；
E.右缠绕茎；F.攀缘茎

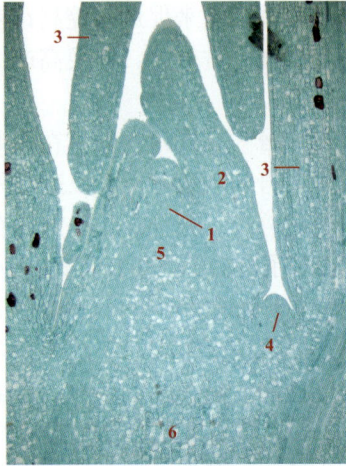

图4-66 叶芽纵切示结构（黄杨）
1.生长锥；2.叶原基；3.幼叶；
4.腋芽原基；5.分生区；6.伸长区

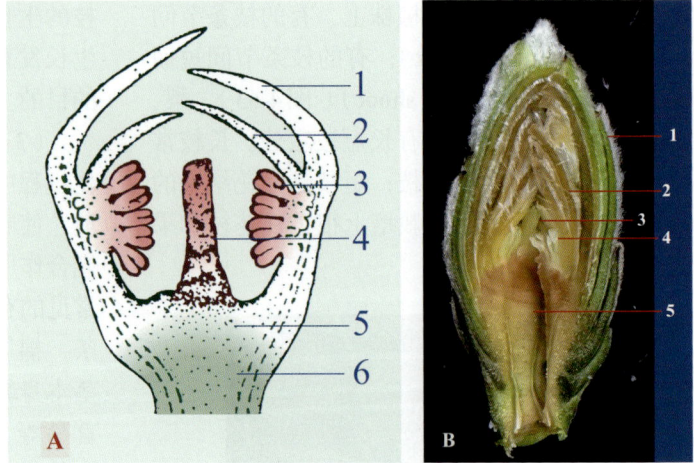

图4-67 花芽纵切面
A.桃花的花芽纵切（1.花萼；2.花冠；3.雄蕊；4.雌蕊；5.花托；6.花柄）
B.采自9月的重瓣山茶花花芽纵切（1.芽鳞；2.花瓣幼期；3.雌蕊花柱；
4.雄蕊幼期；5.花托）

最外面还有芽鳞片包裹（图4-68）。

（2）芽的类型 按芽着生的位置、性质、结构和生理状态的不同，可分为下列几种类型：

1）定芽（normal bud）和不定芽（adventitious bud）：是按芽在枝条上着生的位置来划分的。定芽是指生长在茎上一定位置的芽，包括顶芽和侧芽。顶芽生长在茎顶端；而生长在叶腋的芽叫侧芽（lateral bud），也叫腋芽（axillary bud）。多数植物的每一叶腋处只长一个芽，少数植物则有几个芽并生或叠生在同一叶腋处，如桃的每个叶腋有2～3个芽并生。中央的芽称腋芽，两侧或一侧的芽称副芽（accessory bud）（图4-68）；桂花的每个叶腋有2～3个上下重叠生长的芽（图4-69A）；有些植物芽的生长位置低，被叶柄基部覆盖，称为叶

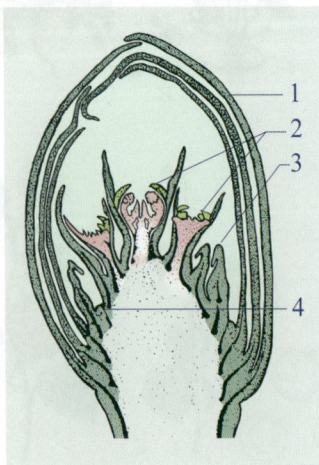

图4-68 苹果混合芽纵切面
1.芽鳞片；2.花芽；3.幼叶；
4.腋芽原基

柄下芽（infrapetiolar bud），如悬铃木的侧芽（图4-69C）。不定芽通常不生长在茎顶或叶腋，它是从老根、茎、叶上产生的芽，如甘薯、枣、李等植物根上长出的芽；桑、柳等植物茎干被砍伐后，在伤口周围发生的芽；落地生根、秋海棠等植物的叶上长出的芽等都是不定芽。在生物技术、园艺和农业生产上常利用植物体能产生不定芽这一特性进行营养繁殖。

2）叶芽、花芽和混合芽（mixed bud）：是按芽的性质，即芽发育后所形成的器官来划分的。叶芽开放后发育成枝条，如桃的腋芽；花芽开放后发育成花或花序，如桃的副芽（图4-69B）、油菜生殖期的顶芽；混合芽开放后既生枝叶又有花或花序，如苹果、梨、板栗、葡萄等的芽（图4-68）。花芽和混合芽通常比较肥大，易与叶芽区别。

3）鳞芽（scaly bud）和裸芽（naked bud）（图4-69D和E）：是按芽鳞的有无来划分的。鳞芽的外面包有芽鳞片，如山茶科（茶、山茶、油茶、茶梅）的芽，以及杨、桑、桃、松树的越冬芽均具有芽鳞；裸芽外面无芽鳞片包被，如胡桃科植物（山核桃、枫杨等）的芽，水稻、棉、黄瓜和油菜的芽均为裸芽。

4）活动芽（active bud）和休眠芽（dormant bud）：是按芽的生理活动状态来划分的。一株植物有许多芽，但在生长季节或生长过程中不是所有的芽全都能活动，通常在当年生长季节或生长过程中能活动的芽称为活动芽；反之，称休眠芽（潜伏芽）或不活动芽。一般植株上的顶芽和几个腋芽在生长季节能活动，而植株下部的腋芽往往是不活动

图4-69　芽的各种类型

A.桂花的叠芽（箭头处）；B.桃花的副芽（1.主芽为叶芽；2.副芽为花芽）；C.悬铃木的叶柄下芽（3.叶柄）；D.枫杨的裸芽（箭头处），
E.茶梅的鳞芽；F.梅花的休眠芽（箭头处）

的。但在不同的条件下，休眠芽和活动芽是可以转变的，如当植物顶部的部分芽被除去时，下部的休眠芽可转变成活动芽。因此，在园艺及农业生产上，对花木和果树，如桑、茶、梅等上部枝条的修剪，可促进下部的休眠芽转变为活动芽（图4-69F）。

　　一个具体的芽，分类依据不同，可有许多不同的类型名称。例如，水稻主秆上顶端的芽称顶芽，也称为定芽、活动芽或者裸芽。在其营养生长期称叶芽，而在其生殖生长期，芽分化发育成穗而被称为花芽。

3.茎（或枝条）的分枝

　　种子萌发后，由胚芽背地向上生长形成植物体的主茎，茎上顶芽活动使茎不断伸长，新叶不断出现。每个腋芽经活动产生侧枝，侧枝可再产生分枝，植物体就形成许多分枝。由于分枝的方式与芽的性质及活动情况有关，与顶芽和侧芽的相关性有关，所以每种植物有一定的分枝方式。种子植物常

见的分枝方式有下列几种（图4-70）。

　　（1）单轴分枝（monopodial branching）（图4-71A）　植株从幼苗开始，主茎的顶芽活动始终占优势，形成直立而粗大的主干。侧芽活动形成的侧枝较不发达，侧枝又以同样方式产生次级侧枝，使整个树冠呈塔形。这种分枝方式称为单轴分枝，是松、杉、银杏等大多数裸子植物和桉树、樟树、杨树等许多木本被子植物的主要分枝方式，其树干粗大直立，常为有价值的建筑及工业用材。红麻、黄麻等草本被子植物以及棉、桃、梨等植物的营养枝也为单轴分枝。

　　（2）合轴分枝（sympodial branching）（图4-71B）　植物主干的顶芽在生长季节中，生长迟缓或死亡，或顶芽形成花芽，由紧接着顶芽下面的腋芽活动，代替原有的顶芽生长形成主干，如此交替进行，使主干继续生长，这种主干是由许多腋芽发育而成的侧枝联合组成的，所以称为合轴。合轴分

图4-70 茎的分枝方式

A.雪松的单轴分枝（左）和垂柳的合轴分枝（右）；B.二叉分枝（芒萁叶轴）；C.桂花的假二叉分枝（1.停止活动的顶芽）；D.二叉分枝（卷柏茎）

枝所产生的各级分枝也是如此。这种分枝在幼嫩时呈显著曲折的形状，在老枝上由于加粗生长，不易分辨。合轴分枝的植株其上部或树冠呈展开状态，既提高了支持和承受能力，又使枝叶繁茂，通风透光，有效地扩大光合作用面积，是较进化的分枝方式。大多数被子植物为这种分枝方式，如马铃薯、番茄、柳树、无花果、梧桐、桑、桃、苹果等。

（3）假二叉分枝（false dichotomous branching）（图4-71C） 常在具有对生叶序的植物中发生。植物主轴的顶芽活动到一定时期停止活动或分化为花芽，由靠近顶芽的一对腋芽同时发育形成两个次级主轴，外表上看与由顶端分生组织分成两半所形成的二叉分枝一样，但实际上是由两个对生腋芽发育形成的，故称假二叉分枝。如石竹、桂花、丁香、茉莉等植物的分枝就是这种方式。

合轴分枝和假二叉分枝是被子植物的主要分枝方式，是较为进化的性状，因顶芽死亡或停止生长可促进侧芽的生长和发育，使枝叶繁茂，增加受光面积，有利于同化产物的合成。

在植物界，真正的二叉分枝（**dichotomous branching**）可在石松类、蕨类植物中找到，如石松和卷柏的茎、芒萁叶轴的分枝方式，是较原始的性状（图4-71B，D）。

4.禾本科植物的分蘖

禾本科植物（如水稻、小麦等）的分枝方式与上述几种不同。其分枝由茎基部接近地面密集的几个节上的腋芽发育形成，同时在节上产生不定根，这种分枝方式较特殊，称为**分蘖（tiller）**。主茎上产生的分蘖称第一次分蘖；从第一次分蘖枝上产生的分蘖称第二次分蘖，以此类推（图4-72）。产生分蘖的节，称为分蘖节；分蘖节的位置，称为蘖位，如第三片叶的腋部长出的分蘖，其蘖位为三，第四片叶的腋部长出的分蘖，其蘖位为四，蘖位三比蘖位四低，蘖位越低，分蘖产生得越早，生长期也就越长，抽穗结实的可能性就越大。能抽穗结实的分蘖，称为有效分蘖；不能抽穗结实的分蘖，称为无效分蘖。而分蘖程度受品种特性、播种期、播种密度、温度、水、肥料和光等因素的影响，因此，在农业生产上常采用合理密植、巧施肥料、调整播种期、选取合适的作物种类和品种等措施，来促进有效分蘖的生长发育，控制无效分蘖的发生。

（二）茎的结构及其生长发育

1.茎尖的结构与茎的生长

茎尖和根尖一样，具有一定的形态结构特征。茎尖的分生组织细胞不断进行分裂、生长和分化，使茎不断伸长并不断产生新枝叶。茎尖的生长分化过程与根尖基本相似，但茎和根所处的环境和所担负的生理功能不同，在形态结构上相应地存在着差别。茎尖在分生区前端无类似根冠的结构，而是被发育程度不同的幼叶包被着；茎尖分生区基部侧面

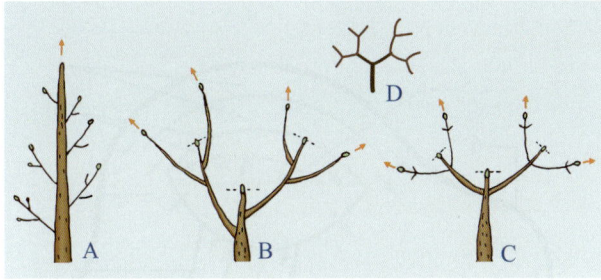

图4-71　各种分枝方式的模式图
A.单轴分枝；B.合轴分枝；C.假二叉分枝；D.二叉分枝

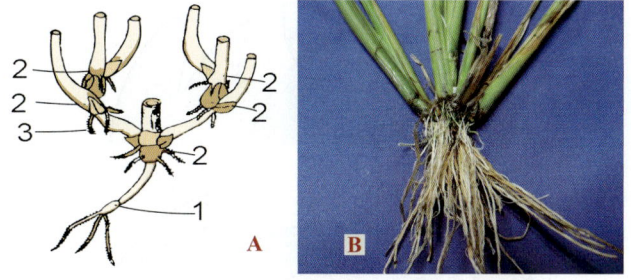

图4-72　单子叶植物禾本科植物分蘖及模式图
A.分蘖的模式（1.种子；2.分蘖节；3.不定根）；B.水稻的分蘖

的细胞分裂产生叶原基、腋芽原基等侧生器官，而根尖不产生侧生器官，因此，茎尖的形态结构比根尖更复杂。

（1）茎尖分区　茎尖从顶部往下依次可分为分生区、伸长区和成熟区等部分（图4-73）。

1）**分生区**：茎尖分生区顶端一般呈半圆形突起，称**生长锥**（growing tip；growth cone），它由一群分生组织细胞组成。生长锥基部周围有叶原基和腋芽原基。茎内的各种组织及茎上的叶和侧枝都是由生长锥的细胞分裂、生长和分化形成的。生长锥的结构及其细胞活动，在大多数被子植物中具有分区分化的特征，可分为**原套**（tunica）和**原体**（corpus）两部分（图4-74）。原套位于生长锥的表面，由1至几层细胞组成，细胞排列整齐而紧密，主要进行垂周分裂以扩大表面积而不增加细胞层数；原套的外层将分化形成表皮，内层将分化形成部分皮层细胞。原体是位于原套内方的一群细胞，细胞排列不规则，可进行各个方向的分裂以增大体积；原体将来分化为皮层、维管束、髓和髓射线。生长锥基部周围的第二层原套和第一层原体细胞常发生分裂

产生叶原基和腋芽原基。在营养生长过程中，原套和原体的分裂活动互相配合，使茎尖生长锥始终保持一定的结构。被子植物的原套细胞层数由1～8层组成，不同植物有区别。大多数双子叶植物的原套通常为两层，而单子叶植物为1～2层。在拟南芥的茎顶端分生组织，有2个原套层（L1和L2）包围着内部的分生组织细胞，称为L3层，可以向各个方向分裂。同一植物的原套层数和原体的相对体积，在不同的生长发育阶段也会有变化。例如，水稻茎尖在营养生长期，原套为2层，进入幼穗分化时则变为1层。

根据细胞学特征和组织分化动态的观察，大多数被子植物茎尖的原套和原体各有其原始细胞。原套的原始细胞位于顶端中央的位置（图4-75A），与下方原体的原始细胞一起称为**中央区**（central zone），其细胞进行垂周分裂后，有的细胞保留为原始细胞，有的则衍生为围绕于生长锥侧面的**周围分生组织**（peripheral meristem）成为**周围区**（peripheral zone）的一部分（图4-75，4-76）。原体的原始细胞位于原套原始细胞的下方（图4-75A）。

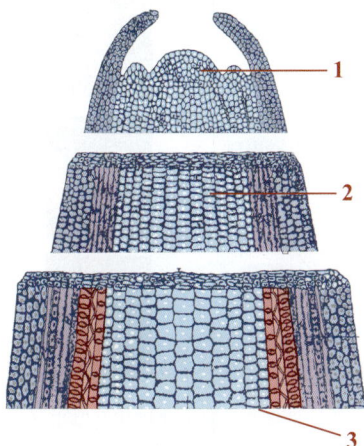

图4-73　茎尖分区
1.分生区；2.伸长区；3.成熟区

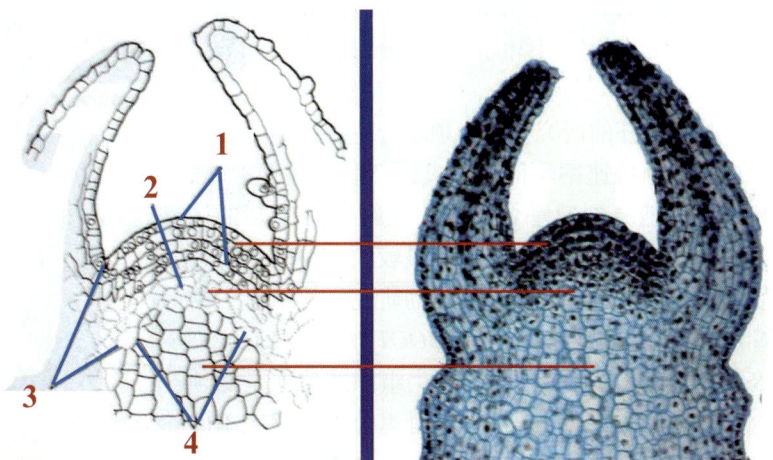

图4-74　茎尖生长锥——示原套与原体（中央母细胞），以及周围分生组织和髓分生组织（肋状分生组织）（引自Evert等，2013）
1.原套；2.中央母细胞；3.周围分生组织；4.髓分生组织

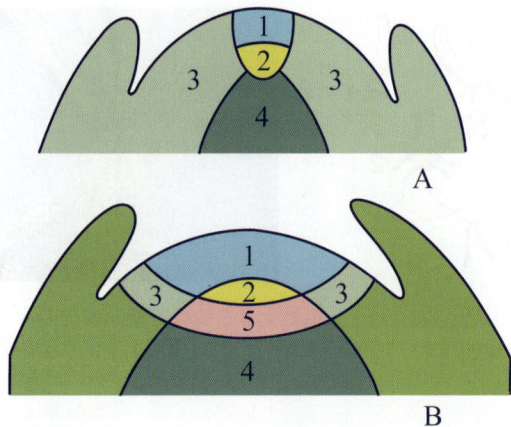

图4-75　茎尖顶端组织分区
A.一般分区；B.特殊分区
1.原套原始细胞；2.原体原始细胞（统称中央区）；3.周围分生
组织区；4.肋状分生组织区；5.形成层状过渡区

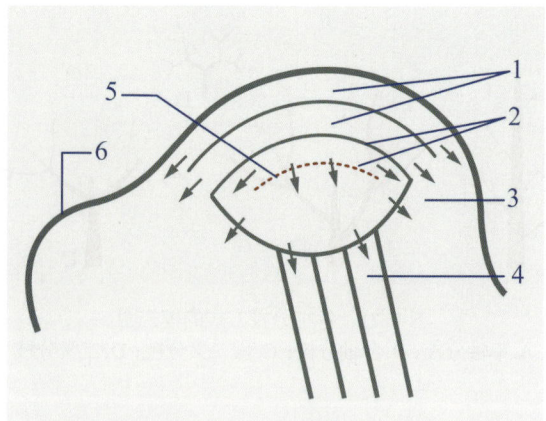

图4-76　原套、原体与顶端分生组织分区的关系
1.原套；2.原体原始细胞层；3.周围分生组织区；
4.肋状分生组织区；5.原体；6.叶原基

这些原始细胞进行各个方向的分裂，外周的细胞成为周围分生组织，而中央的细胞成为**肋状分生组织（rib meristem）**，称为**髓分生组织区（pith meristem zone）**（图4-75B，4-76）。周围区的细胞小，细胞质浓，有丝分裂活跃；在一定部位上，细胞进行强烈的分裂活动而产生小突起，形成叶原基（图4-74）和腋芽原基；周围区的活动也可引起茎的伸长和增粗，整个周围区分化形成原表皮、基本分生组织和原形成层，最后形成表皮、皮层、髓射线和维管束。肋状分生组织的细胞较为液泡化，也有活跃的细胞分裂，而且常以横向分裂为主，使分裂产生的细胞纵向排列并形成一种特殊的形态；肋状分生组织也进行一些垂周分裂，使行数增加。此外，有些植物的茎尖分生区较宽大，如胜利油菜、雏菊等，在原体原始细胞区与周围区及肋状分生组织之间，出现一层**形成层状过渡区（cambiumlike transition zone）**（图4-75B），它分裂产生的细胞组成肋状分生组织。肋状分生组织的细胞经分裂、生长和分化形成髓。

对拟南芥的研究发现，顶端分生组织的不同部位的细胞分裂速率不同，中央区细胞分裂速率慢，周围区细胞分裂速率快，是形成新器官原基的区域。裸子植物中央区的细胞明显较大，但被子植物大小差异不明显。对一些植物的研究已揭示有三类基因调控顶端分生组织：①*SHOOT MERISTEMLESS*（*STM*），不但对胚胎中顶端分生组织的建立是必须的，后期对维持细胞分裂以及延迟分生组织细胞的分化也是必不可少的。它的突变会失去分生组织和器官原基。②在分生组织的维持中起核心作用的基因*WUSCHEL*（*WUS*）。它的突变将失去分生组织，只形成叶原基。③三个*CLAVATA*（*CLV*）基因，它们相当于一个制动闸，能限制和调控*WUS*的表达，与*WUS*形成一个调控环路，维持茎端分生组织的大小，它们的突变会使中央区增大（图4-77）。

2）伸长区：伸长区位于分生区下方，其细胞沿茎的纵轴方向迅速伸长，已有由原表皮、基本分生组织、原形成层三种初生分生组织逐渐分化产生的一些初生组织。伸长区是分生区产生的组织分化形成成熟组织的过渡区。

3）成熟区：成熟区位于伸长区下方。本区细胞停止生长，各种初生组织分化成熟并构成茎的初生结构。

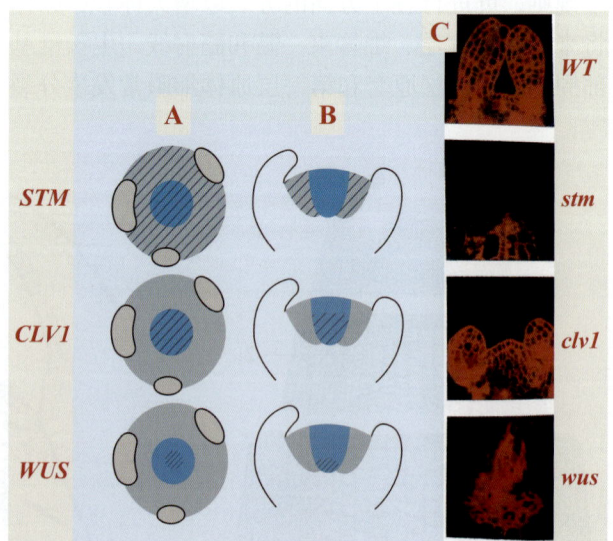

图4-77　拟南芥分生组织中调控基因的表达模式及突变体中的相应（瞿礼嘉，等译，2012）
展示分生组织各区域，A.俯视图；B.侧视图；C.激光共聚焦显微镜图像；*WT*.野生型；*stm*、*clv1*、*wus*是三种调控基因的突变体

（2）茎的生长 茎的生长方向与根相反，是背地性的。茎的生长方式与根基本相似，主要有顶端生长、居间生长和增粗生长。

1）顶端生长（apical growth）：由顶端分生组织细胞分裂活动而引起的生长，称为顶端生长。茎的顶端生长使节数增加，节间伸长，并使茎不断伸长。

2）居间生长（intercalary growth）：禾本科植物茎的伸长生长，除顶端生长外，还有居间生长。在禾本科植物的每个节间基部保留有分生组织，称为居间分生组织。由居间分生组织分裂活动引起每个节间伸长的生长方式，称为居间生长。当禾本科植物水稻、小麦等植物进行居间生长时，可看到节间明显伸长，这在农业生产上称拔节。此生长方式不是所有植物茎都具有的。

居间生长对禾本科植物茎早期倒伏的复原起着一定的作用。由于地心引力的刺激，倒伏茎近地面一侧的细胞内激素浓度较高，细胞的生长较快，促使倒伏茎向上弯曲生长而使茎部分恢复直立。

3）增粗生长（thickening growth）：通常将由侧生分生组织细胞分裂活动而引起体轴增粗，而长度不增加的生长方式称为增粗生长。此生长是由次生分生组织活动而引起的，属于次生生长，如双子叶植物及裸子植物根与茎的次生生长。绝大多数单子叶植物无此生长方式。

植物在初生生长时，茎也有增粗现象，这种增粗为初生增粗生长。双子叶植物的初生增粗生长主要在髓部、皮层或分散在整个茎轴上。加粗生长时，在髓和皮层有平周分裂和细胞增大现象。不同植物的初生增粗生长方式有差别。有些单子叶植物的初生增粗生长，如玉米、高粱、甘蔗、竹子是生长锥叶原基基部的初生增粗分生组织活动而引起的。

2.基部被子植物及真双子叶植物茎的初生结构

茎尖初生分生组织细胞经过分裂、生长、分化而形成的初生组织构成了茎的初生结构。双子叶植物茎的初生结构由表皮、皮层和维管柱等三部分组成，但轮廓可以为圆形、三角形和四棱形（图4-78，图4-79A，4-79B）。

（1）表皮 表皮是位于茎表面的一层生活细胞，由原表皮发育而来。表皮属初生保护组织，由表皮细胞、气孔器和各种表皮毛组成。

茎表皮细胞一般呈砖形，其长径与茎的纵轴平行，横切面近长方形或方形，其细胞排列紧密，无胞间隙；细胞内一般不含叶绿体，有的含有花色素苷，细胞外壁常角化形成角质层（图4-80B—D），有的还有蜡被（如蓖麻、油菜、甘蔗等）。这些是植物茎表皮细胞的共同特征，主要适于保护和控制蒸腾，防止水分过度散失。在旱生植物或木本植物茎的表皮上，角质层显著增厚（图4-80C，D）。表皮上分布有少量的气孔器和表皮毛，**气孔（stoma）**是植物体与外界进行气体交换的通道；表皮毛由单细胞或多细胞组成，形状多样，具有加强保护的功能。有的表皮上有腺毛，如棉、番茄；而天竺葵既

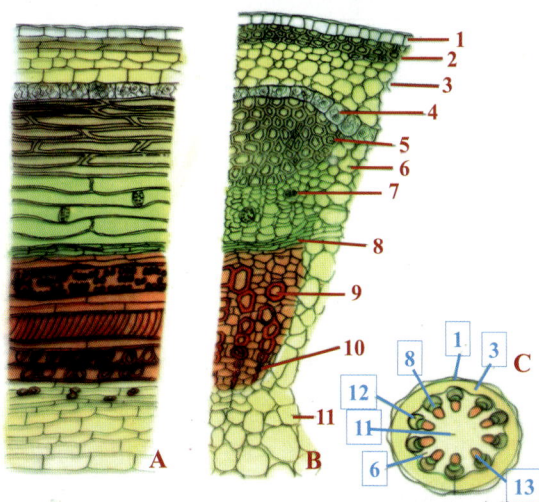

图4-78 真双子叶草本植物初生茎结构图解
A.纵切面；B.横切面；C.整个横切面示维管束排列；
1.表皮；2.近表皮皮层厚角细胞；3.皮层薄壁细胞；4.淀粉鞘（少数有）；5.初生韧皮纤维；6.射线薄壁细胞；7.韧皮部的筛管；8.束中形成层；9.木质部后期发生的导管；10.初生木质部早期发生的导管；11.髓细胞；12.初生韧皮部；13.初生木质部

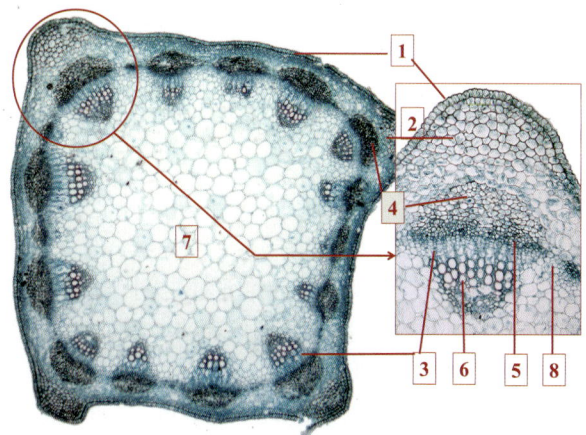

图4-79A 苜蓿茎部分横切面详图
1.表皮；2.皮层厚角细胞；3.束中形成层；4.初生韧皮部纤维；5.初生韧皮部；6.初生木质部；7.髓；8.束间形成层

图4-79B　三种不同形状木本植物初生茎
A.云南黄素馨；B.夹竹桃幼茎；C.海桐（1.表皮；2.皮层；3.维管束；4.髓）

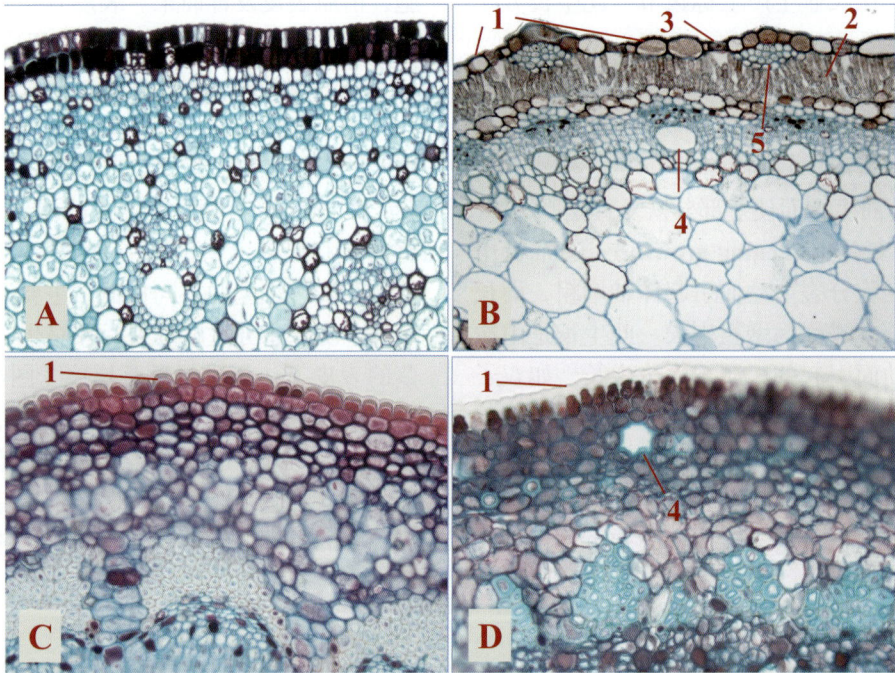

图4-80　各种植物初生茎的表皮和皮层
A.睡莲，具有双层表皮；B.萹蓄（1.角质层；2.皮层的同化细胞层；3.气孔器；4.分泌腔；5.皮层的机械组织细胞束）；
C和D.悬铃木和樟树，具有强烈的角质层

有腺毛又有表皮毛（图4-81）。

（2）皮层　位于表皮和维管柱之间，由多层细胞组成，由基本分生组织分化而来（图4-80）。茎中的皮层不如根中那样发达。近表皮的皮层常有成束或连成圆筒状的厚角组织（图4-79，4-80B），它担负着幼茎的机械支持作用；厚角组织内方是皮层薄壁细胞，细胞排列疏松，具胞间隙。在厚角组织细胞和靠外方的皮层薄壁细胞中含有叶绿体，故幼茎呈绿色，能进行光合作用，有的形成独特的同化层（如萹蓄，图4-80B）。有的植物茎皮层中分布有分泌腔（如棉、樟、天竺葵等，图4-80B、D）、乳汁管（如甘薯）、石细胞（如桑）或纤维（如南瓜、丝瓜），见第三章组织一节及图4-81B）。

绝大多数植物的茎中没有内皮层，只有沉水植物（如单子叶的眼子菜）的茎和一些地下茎中具有凯氏带加厚的内皮层（图4-82）。有些植物的幼茎在皮层最内层细胞里含有丰富的淀粉粒，称该细胞层为**淀粉鞘（starch sheath）**（图4-78），如大豆、旱金莲等。

（3）维管柱　也称中柱，是皮层以内所有组织的总称。维管柱由初生维管束、髓和髓射线组成。由原形成层和基本分生组织分化形成。

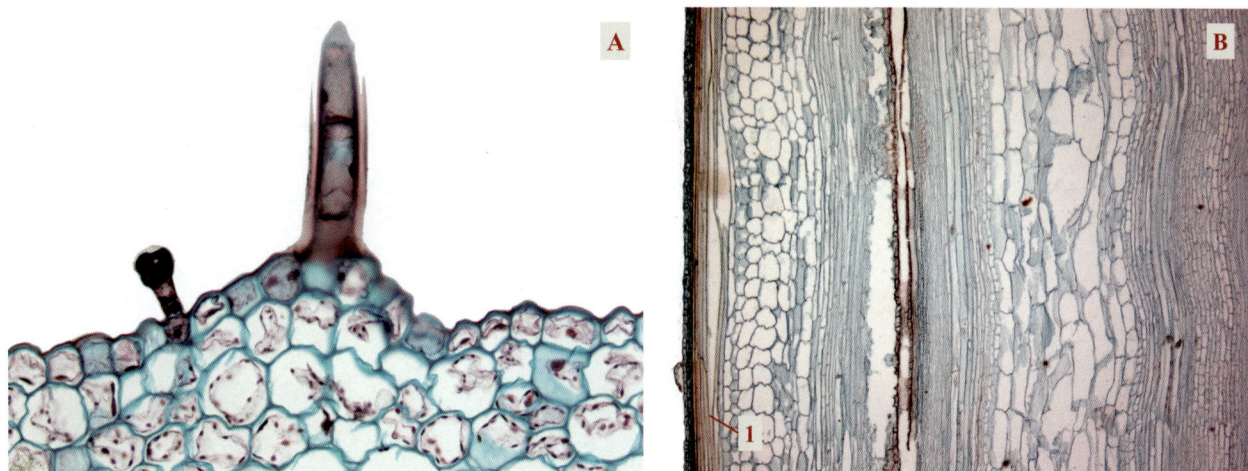

图4-81　茎表皮附属物和皮层内的纤维
A.天竺葵茎的表皮毛和腺毛；B.丝瓜茎纵切示皮层的纤维；1.皮层的纤维

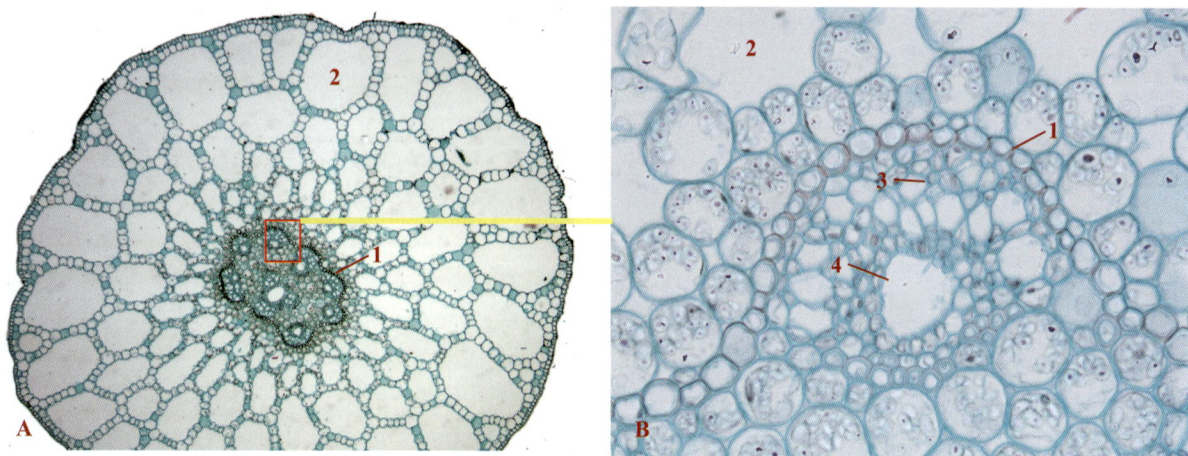

图4-82　单子叶植物眼子菜
A.茎横切；B.维管柱局部（1.具有凯氏带加厚的内皮层；2.通气组织气腔；3.韧皮部；4.水生植物退化的木质部）

1）**初生维管束**（**primary vascular bundle**）：它是维管柱中最重要的部分，是由初生韧皮部、初生木质部以及介于它们之间的**束中形成层**（**fascicular cambium**）共同构成的束状结构（图4-83，4-84）。基部被子植物和真双子叶植物的维管束多数为外韧维管束，如樟、棉、茶、桑、桃等；但也有双韧维管束，如南瓜、茄、马铃薯、甘薯等。维管束在基部被子植物和真双子叶植物茎中呈环状排列。一些草本植物（如棉花、苜蓿、蚕豆、蓖麻、向日葵、天竺葵等）茎中，各维管束以一定的间距做环状排列（图4-78C，4-79，4-83A，图4-85）；而另一些草本植物和木本植物（如烟草、梨、桑、茶、杨树、悬铃木、水青冈、椴树等）的茎中，各维管束几乎连成一环，维管束之间的分隔界限不明显（图4-84）。有些木本植物的初生茎维管束也似多数草本植物间断地一圈排列（如洋槐、木槿）（图4-85）。

茎中初生木质部与初生韧皮部的组成分子与根基本相同。木质部由导管、管胞、木薄壁细胞和木纤维等多种细胞组成；韧皮部由筛管、伴胞、韧皮薄壁细胞和韧皮纤维共同组成。在发育顺序上，韧皮部与根相同，也是**向心发育**（**centripetal development**），即外始式发育；而茎中初生木质部的发育顺序与根不同，是**离心发育**（**centrifugal development**），即**内始式**（**endarch**）发育，这是茎中初生木质部的重要特征（即图4-78A中由10向9方向发育）。

2）**髓**：位于茎的中央，一般由薄壁细胞组成，有些植物的髓部还有石细胞、分泌细胞等；薄壁细胞内常含有淀粉粒，有的含有结晶体；髓具有贮藏作用。有些基部被子植物和真双子叶植物茎髓的中央部分，因细胞早期停止生长，而周围的细胞仍在生长，以致细胞破裂而形成空腔，称为**髓腔**（**pith**

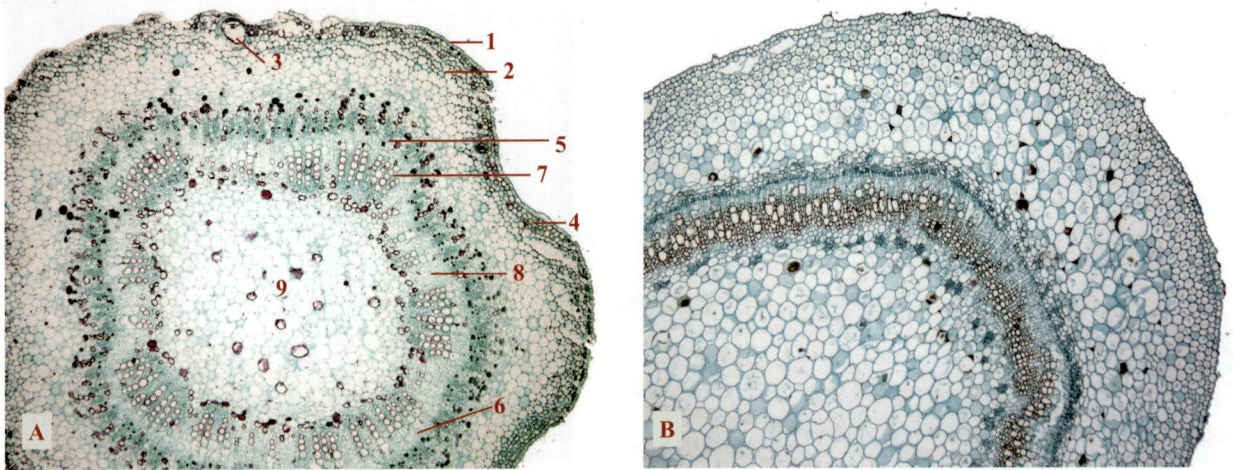

图4-83　草本植物初生茎结构
A.棉花茎维管束呈束状一圈排列，B.烟草茎呈连续排列，似木本
A.棉花（1.表皮；2.皮层；3.分泌腔；4.皮层厚角细胞层；5.初生韧皮部；6.束中形成层；7.初生木质部；8.髓射线；9.髓）；
B.烟草茎初生结构，请识别和区分不同结构

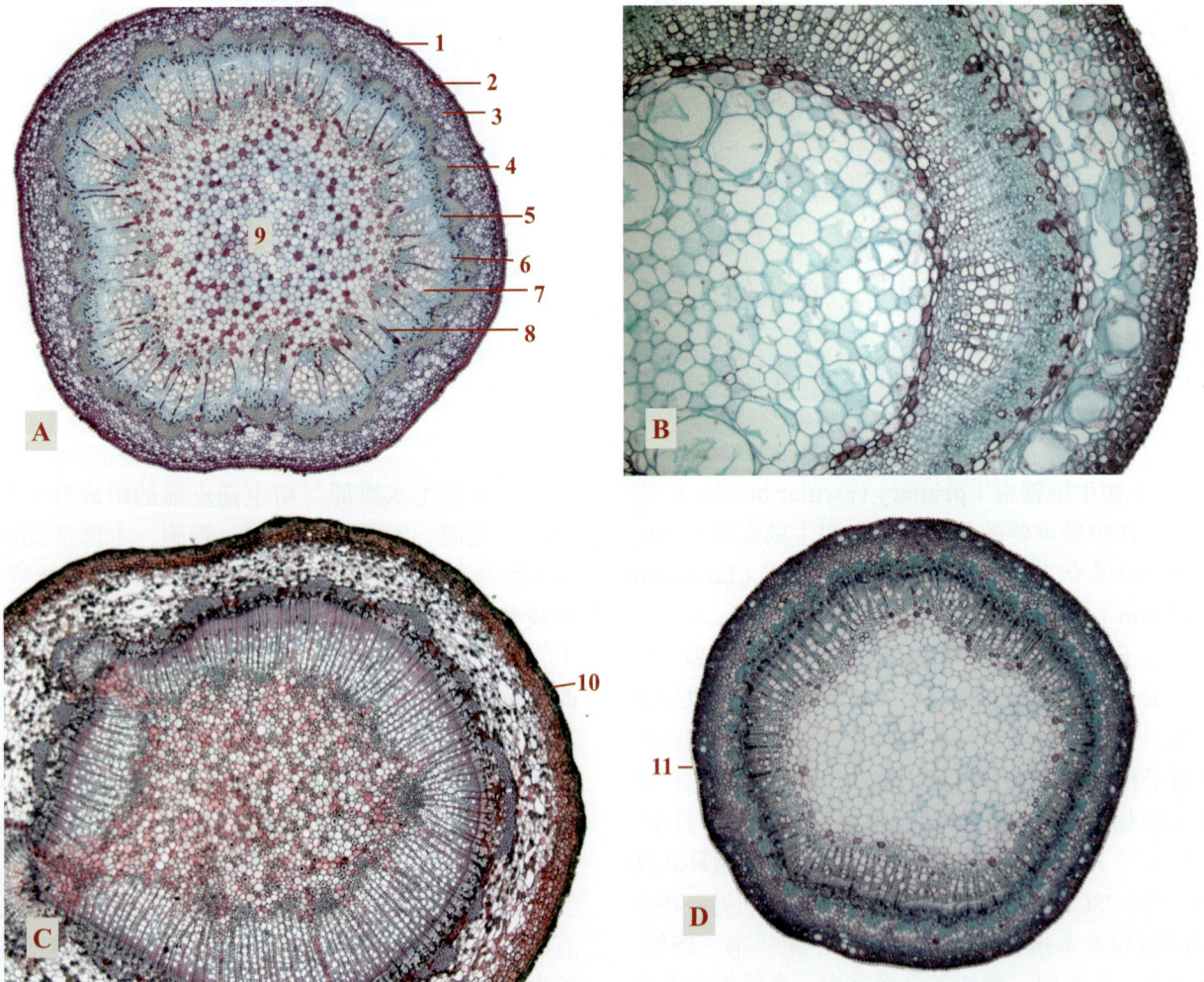

图4-84　植物茎的初生结构（1）
木本的：A.悬铃木（1.表皮；2.厚角组织；3.皮层薄壁细胞；4.韧皮纤维；5.初生韧皮部；6.束中形成层；7.初生木质部；8.髓射线；
9.髓）；B.椴树；C.梨树（10.次生生长初期的木栓层）；D.樟树（基部被子植物）（11.发达的角质层）

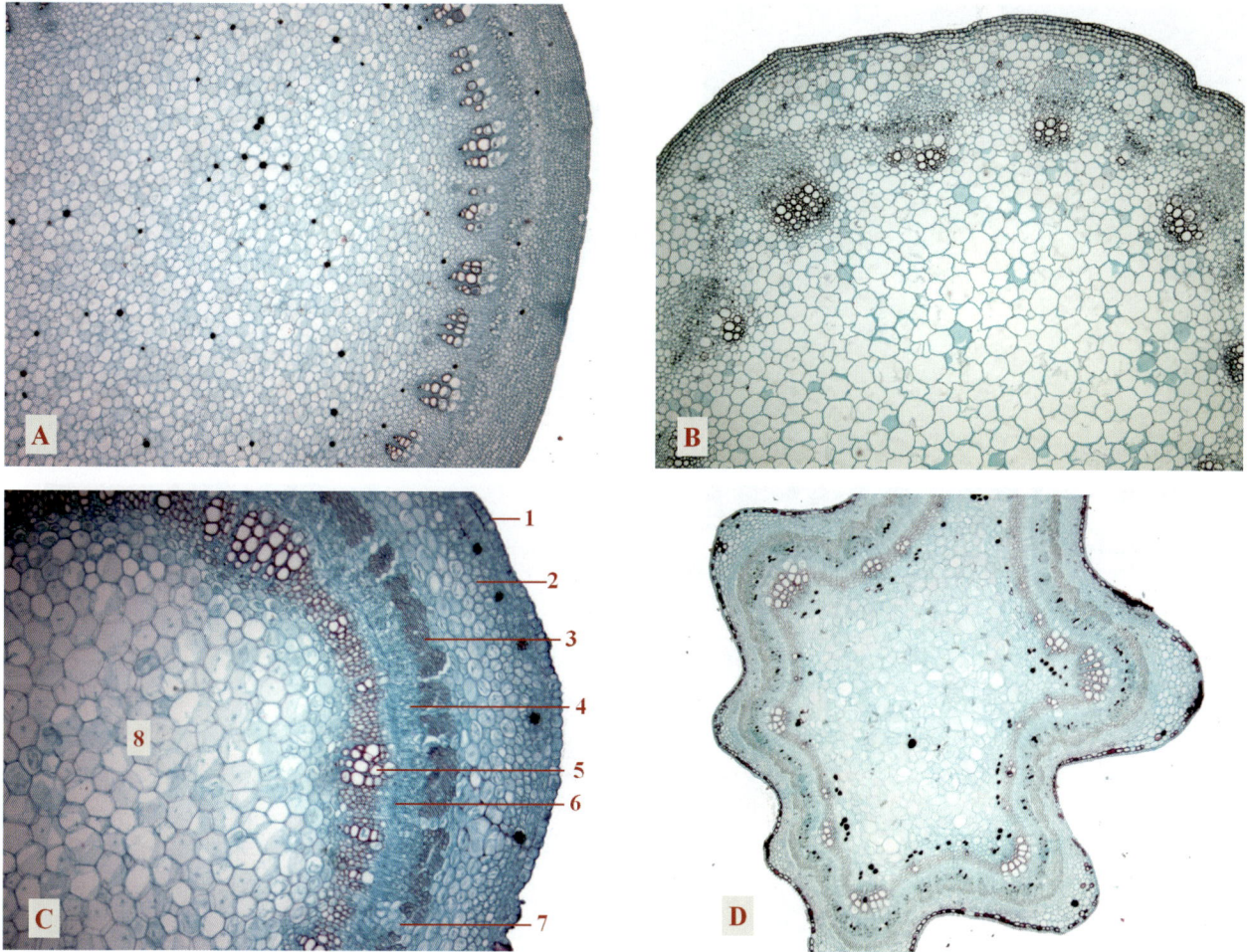

图4-85　植物茎初生结构（2）各维管束以一定间距呈环状排列

草本的：A.蓖麻；B.向日葵；少数木本也有这种类型；C.木槿（1.表皮；2.皮层；3.初生韧皮纤维；4.初生韧皮部；5.初生木质部；6.维管形成层；7.髓射线；8.髓）；D.洋槐

cavity），如蚕豆、南瓜等；有些植物茎的髓部保留一系列水平片状的组织，如胡桃、枫杨等；有些植物茎中近维管束的髓薄壁细胞较小且排列紧密，形成明显的周围区，特称为**环髓带（perimedullary zone）**或**髓鞘（perimedullary sheath）**，如椴树等（图4-84B）。在水生或湿生植物中，有时还具有通气组织——气腔存在（如基部被子植物睡莲，图4-86）。

3）**髓射线（pith ray）**：位于相邻两个维管束之间的薄壁细胞，内连髓部，外通皮层（图4-78，4-79，4-83，4-85）。它具有横向运输和贮藏功能。在茎进行次生生长时，与束中形成层相连的髓射线细胞能恢复分生能力，转变为**束间形成层（interfascicular cambium）**。

3. 基部被子植物和双子叶植物茎的次生生长和次生结构

大多数双子叶植物和基部被子植物的茎同根一样，在初生生长的基础上，能进行次生生长，产生次生结构，也是维管形成层和木栓形成层的产生及

其活动的结果。但是基部水生的被子植物睡莲由于生长在水中，已不具有次生生长特点，反之与单子叶植物接近（图4-86D）。

（1）**茎的次生生长**

1）**维管形成层的发生及其活动**：茎在初生结构时，其维管束中就已经存在束中形成层（图4-87），当茎的次生生长开始时，与束中形成层相连的髓射线细胞会恢复分生能力，转变为束间形成层；束中形成层与束间形成层相连接，形成维管形成层环。束间形成层在初生维管束间断分布的植物中很明显，如蓖麻、苜蓿（图4-78，4-79，4-87A）；而在初生结构维管束呈一圈的植物中，束间形成层不明显。

茎中维管形成层的原始细胞有两种形态类型：一种是长梭形细胞，称为**纺锤状原始细胞（fusiform initial）**；另一种是近于等径的细胞，称为**射线原始细胞（ray initial）**（图4-88）。纺锤状原始细胞是形成层的主要成员，沿茎的长轴平行排列；射线原

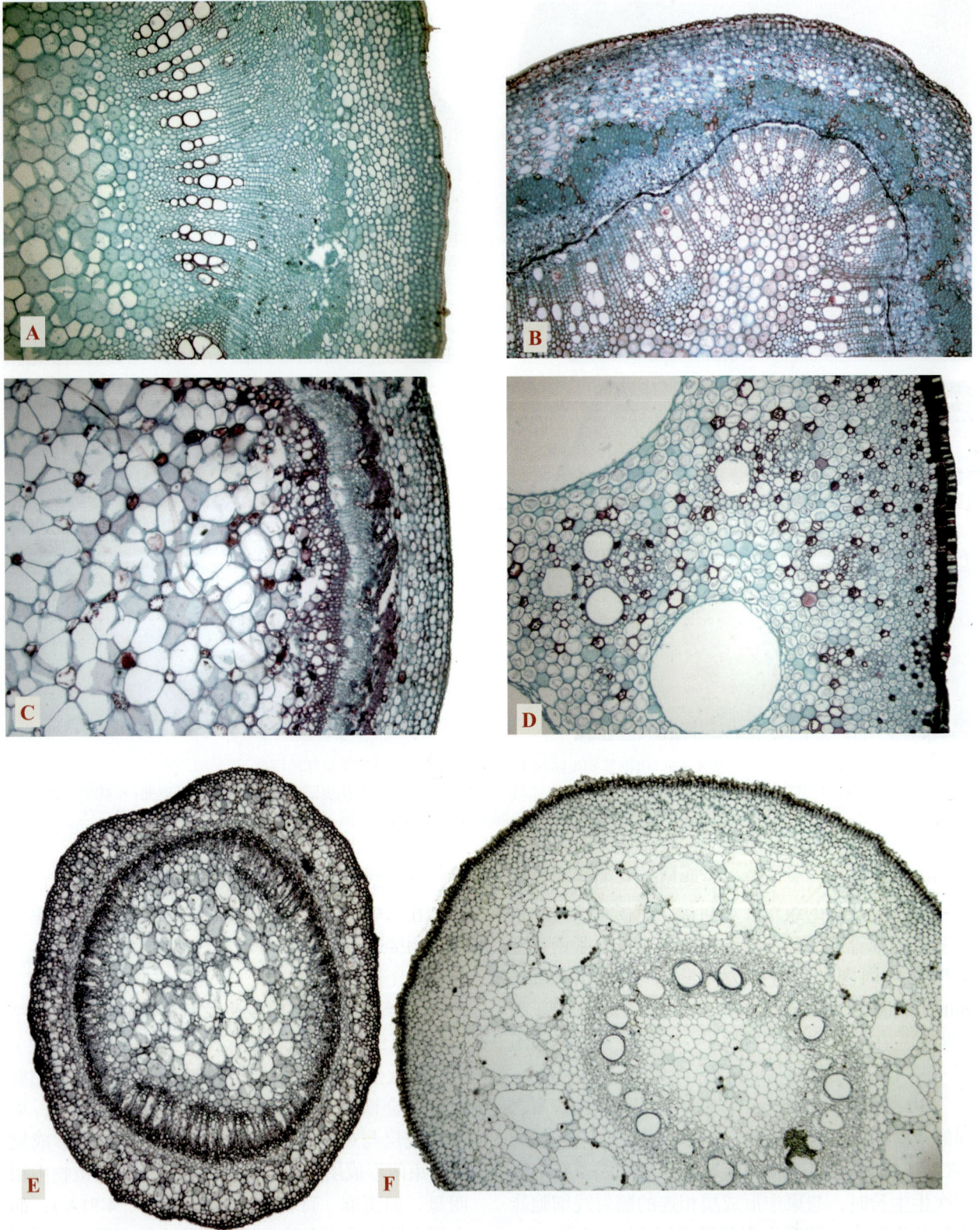

图4-86 其他植物茎结构
A.桑树；B.水青冈；C.一种悬钩子；D.基部水生被子植物睡莲；请试搞清各部分结构
E.茶树茎；F.真双子叶水生植物菱的茎；请试搞清各部分结构

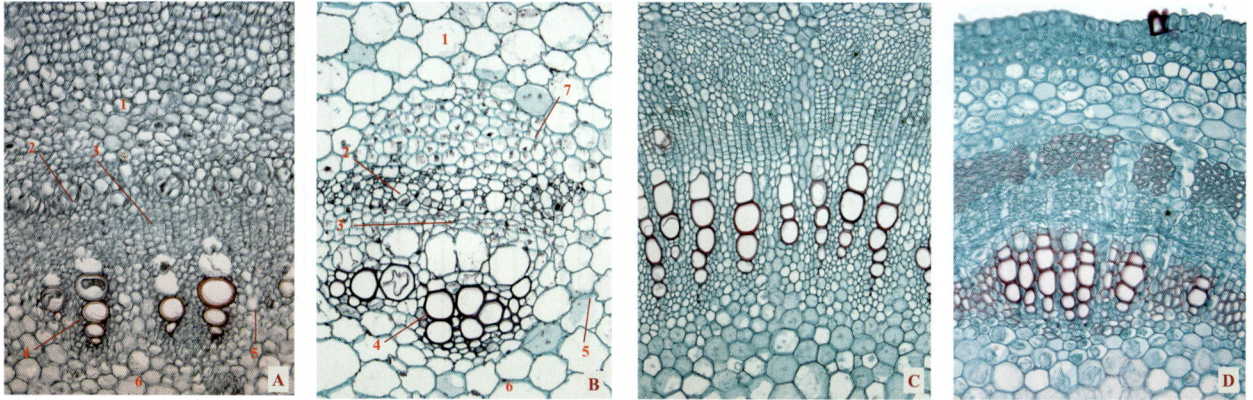

图4-87 茎次生生长的维管形成层——束中形成层

草本真双子叶植物：A.蓖麻；B.向日葵；木本真双子叶植物（1.皮层薄壁细胞；2.初生韧皮部；3.束中形成层；4.初生木质部（内始式）；5.髓射线；6.髓薄壁细胞；7.初生韧皮纤维初期）C.桑树；D.木槿；请试识别C和D各部分结构

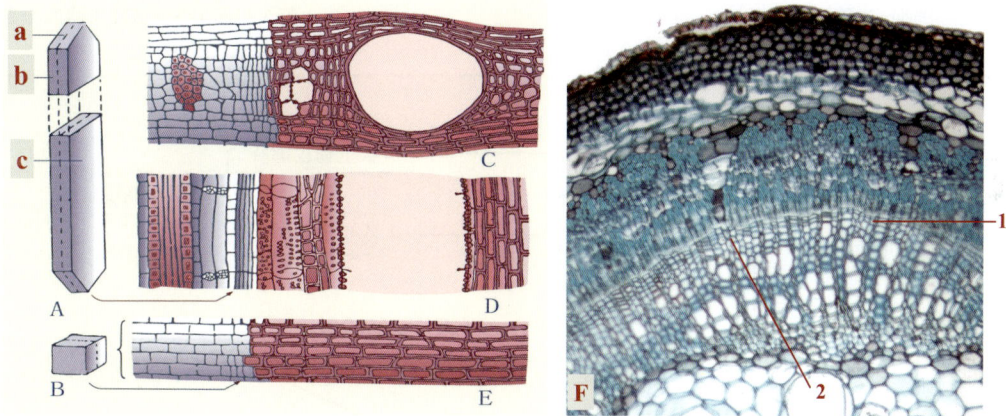

图4-88 维管形成层及其衍生组织

A.纺锤状原始细胞（a.横向面；b.径向面；c.切向面）；B.射线原始细胞；C.横切面；D.径向切面示轴向系统；E.径向切面示射线 F.一年生椴树茎横切面示维管形成层（1.纺锤状原始细胞；2.漏斗状的髓射线，在形成层处即射线原始细胞，表明茎的径向系统）

始细胞与茎轴垂直排列，分布于纺锤状原始细胞之间。从横切面上看，纺锤状原始细胞呈扁平长方形，而射线原始细胞近方形。

电镜观察发现，美国白蜡树的维管形成层细胞在夏季活动时期和冬季休眠时期，其超微结构有所不同。在夏季，形成层细胞具有单核仁的大细胞核，核孔明显，核糖体、粗糙内质网及高尔基体小泡密度高；到冬季，形成层细胞中的内质网及高尔基体小泡的密度相对降低，细胞中出现不少液泡。

茎中维管形成层活动与根相同。纺锤状原始细胞主要进行切向分裂（即平周分裂），向内向外产生新细胞，并不断分化形成次生木质部和次生韧皮部，沿茎的长轴平行排列成纵行，构成纵向的次生维管组织系统，即**轴向系统**（axial system，图4-89）。同时，射线原始细胞也进行切向分裂（即平周分裂），产生径向排列的维管射线并延长髓射线，构成径向的次生组织系统，即**径向系统**（radial system）（图4-88）。纺锤状原始细胞不断进行切向

分裂，向内产生的细胞数量比向外产生的细胞数量多，即向内分化形成的次生木质部数量多于向外分化形成的次生韧皮部。随着次生木质部的不断增加，维管形成层的位置逐渐向外推移，其周径也需随之扩大。维管形成层周径的扩大主要是通过纺锤状原始细胞进行径向、侧向和斜向的垂周分裂（图4-90A）来增加其细胞数目，来扩大其周径。射线原始细胞的垂周分裂也使维管形成层的周径扩大。此外，纺锤状原始细胞也可通过横向、侧向分裂来增加射线原始细胞的数量（图4-90B）。

维管形成层活动产生的次生木质部和次生韧皮部的组成分子与根相同，只是各种成分的数量有所差异。例如，茎中的木纤维比根中的发达，而麻类作物的次生韧皮纤维特别发达。

下面将维管形成层的活动与其衍生的次生组织的关系归纳为图4-91。

2）木栓形成层的发生及其活动：茎中木栓形成层发生的部位与根不同；多数植物最初形成的木

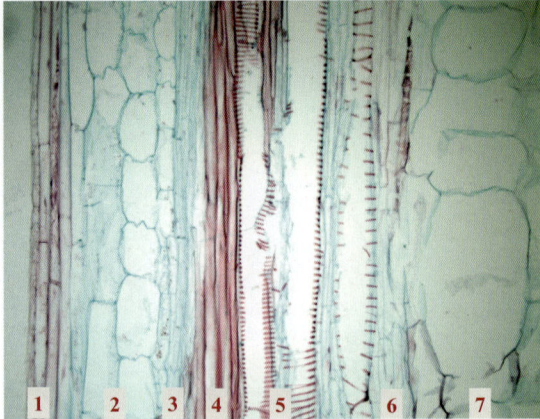

图4-89 凤仙花初生茎纵切示轴向系统
1.表皮及表皮下的纤维细胞初期；2.皮层细胞；3.初生韧皮部的筛管；4.韧皮纤维；5.初生木质部导管；6.环髓带细胞；7.髓细胞

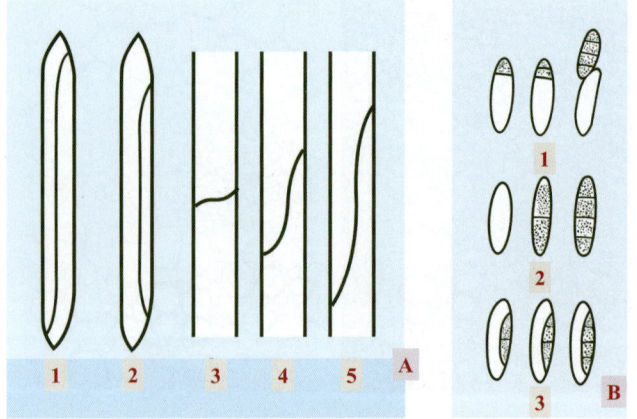

图4-90 纺锤状原始细胞的增殖方式
A和B纺锤状原始细胞分裂形成射线原始细胞的方式
A：1.径向垂周分裂；2.侧向垂周分裂；3—5.拟横向分裂；B：1.顶端分裂形成；2.整个细胞分裂形成；3.侧面分裂形成

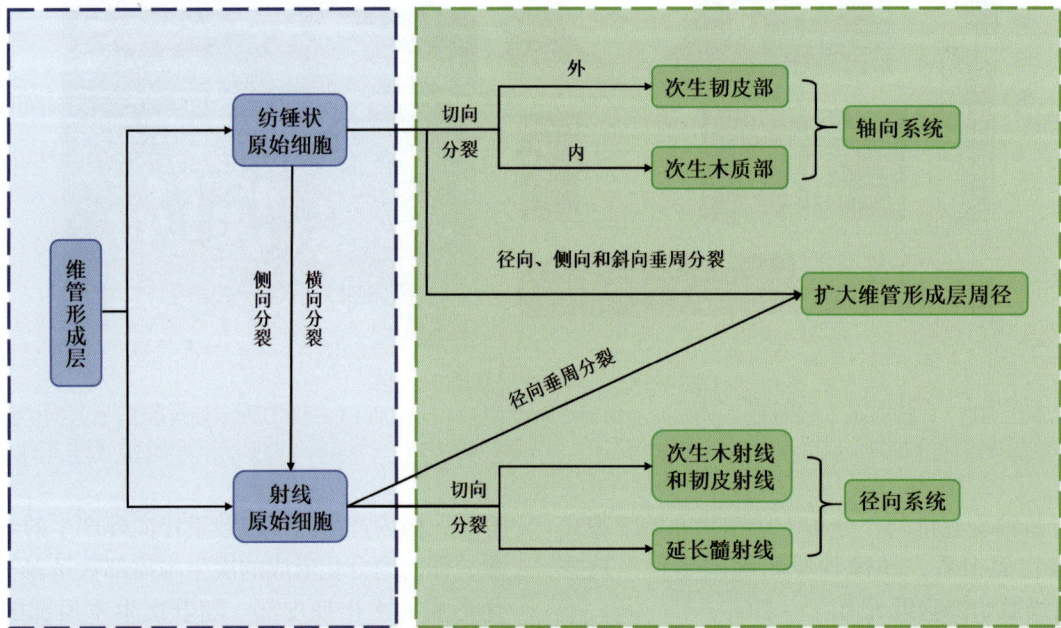

图4-91 基部被子植物与真双子叶植物维管形成层的活动与其衍生的次生组织的关系

栓形成层是由表皮内方的第一层皮层细胞转变而来的，如桃、梅、胡桃等（图4-92C，D），椴树、杨树也属此类型（图4-92E，图4-93）；有的则发生于表皮，如梨、苹果、柳等（图4-92A，B）；还有的发生于初生韧皮部的薄壁细胞，如棉花、葡萄、石榴等，这类植物在次生生长后就见不到皮层了（图4-96）。

茎的木栓形成层进行切向分裂，向外产生木栓层，向内产生栓内层。茎的栓内层细胞为活细胞，数量少，细胞内常含叶绿体。木栓层、木栓形成层和栓内层共同构成周皮（图4-93）。在周皮上还分布有**皮孔**（lenticel）来代替气孔和外界进行气体交换。皮孔多位于原来气孔或几个气孔的下方，

由木栓形成层向外分裂产生大量的薄壁细胞，细胞排列疏松，具有发达的胞间隙，称为**补充细胞**（complementary cell）。随着补充细胞的增多，向外突出把外面的组织胀破，形成不同形状的裂口，即皮孔（图4-94）。皮孔的形状常作为木本植物的鉴别性状之一。

皮孔具有两种类型：具**封闭层**（closing layer）：结构上具有显著的分层。栓化的细胞形成封闭层，如刺槐、梅、夏蜡梅等。不具封闭层：结构简单，无分层现象，如杨、棉。

木栓形成层的活动期有限，一般只能活动几个月就失去活力而转变成为木栓层。木本植物的茎由于维管形成层的周期性活动，逐年增粗，原有的周

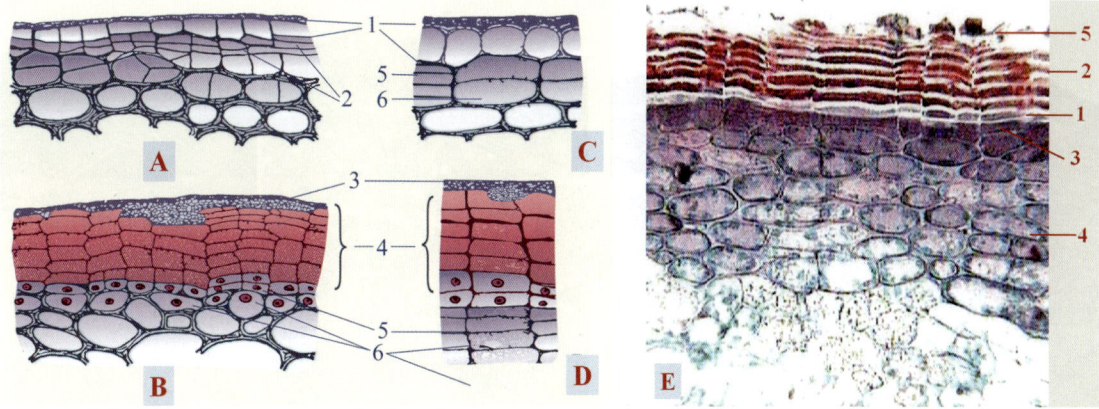

图4-92 茎中木栓形成层的发生与活动
A，B梨；C，D梅；（1.表皮；2.木栓形成层开始形成；3.被挤压的表皮；4.木栓层；5.木栓形成层；6.栓内层）；
E.椴树茎木栓形成层及木栓层（1.木栓形成层；2.木栓层；3.栓内层；4.皮层；5.破碎的表皮）

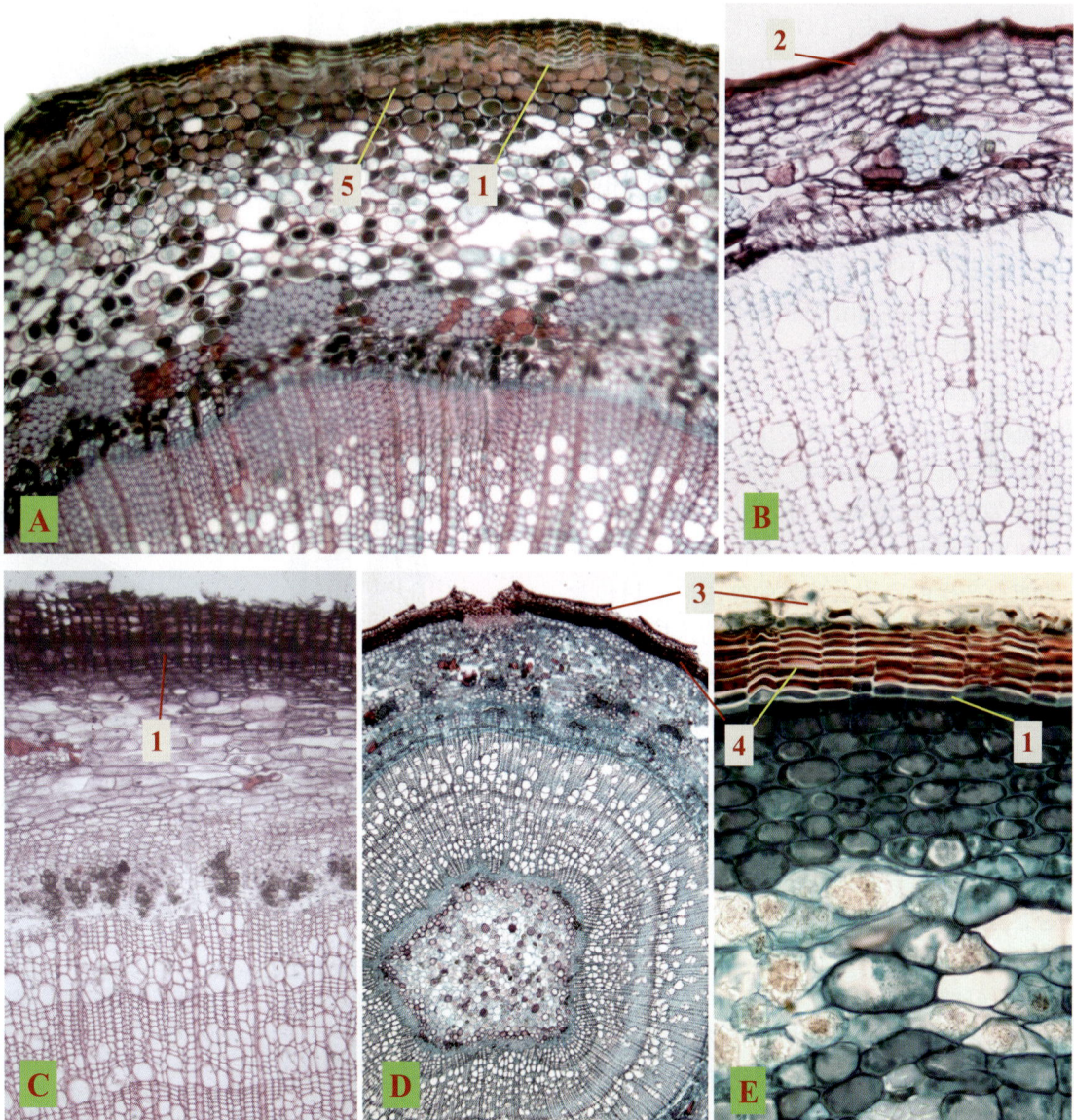

图4-93 植物茎的木栓层、木栓形成层、栓内层
A.梨树和B.柳树，木栓形成层起源于表皮；C.夏蜡梅三年生茎和D.杨树，来源于第一层皮层细胞；
E.棉花，来源于第一层皮层细胞（1.木栓形成层；2.表皮细胞转变为木栓形成层初期；3.破碎的表皮细胞；4.木栓层；5.栓内层）

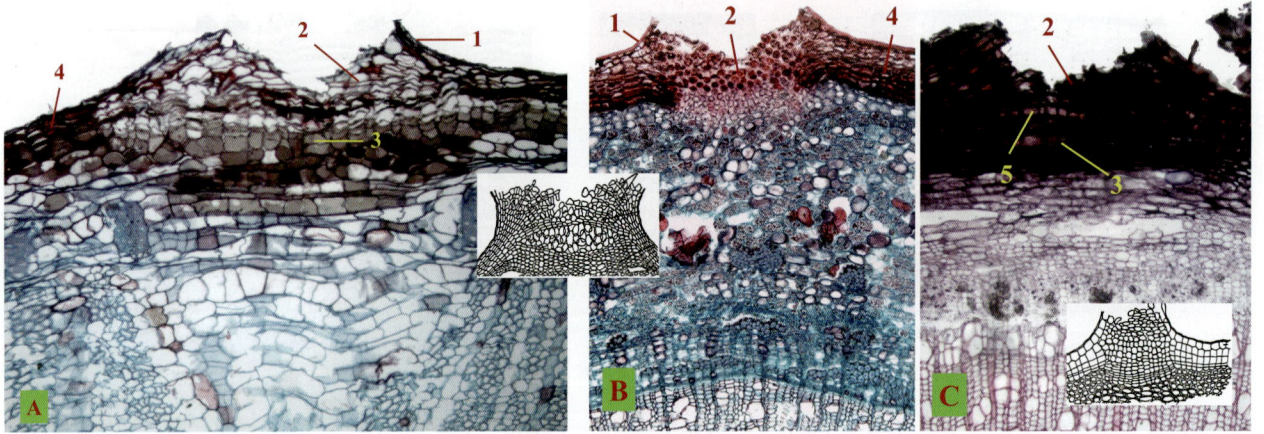

图4-94 皮孔的结构类型
A.棉；B.杨树，无封闭层型；C.夏蜡梅，具封闭层型（1.表皮；2.补充细胞；3.木栓形成层；4.木栓层；5.封闭层）

皮不能适应而被胀裂，于是在周皮内方产生新的木栓形成层，再形成新周皮，以后依次向内发生，最后在次生韧皮部内发生。所以，在老的木本植物茎横切面上不存在皮层细胞了。木栓层细胞不透气、不透水，使新生周皮以外的组织得不到水分和营养物质，而逐渐死亡并累积形成**树皮（bark）**。由于木栓形成层的发生、分布以及树皮组成分子的积累情况不同，树皮常出现不同的形态及色泽（见第三章图3-39）。例如，樟树和银杏树皮有许多深裂纵沟纹，其木栓形成层呈条状分布，是死亡组织不脱落而纵向开裂的结果；悬铃木（法国梧桐）树皮鳞片状光滑的斑痕，是其木栓形成层呈片状分布，而树皮成片状剥落的结果；羊蹄甲皮孔发达。

研究还发现幼树的树皮与老树的树皮有显著的不同。如果开始的木栓形成层是由表皮细胞重新恢复分生能力产生的，那么这类的外层树皮只包含周皮和角质层，非常光滑；如果开始的木栓形成层出现在皮层，那么外层树皮就包括周皮、皮层和表皮，一般也是平滑的。对于木本植物来说，最后的木栓形成层会出现在次生韧皮部薄壁细胞，就产生了仅包含木栓和初生韧皮部的外层树皮（这时原来早期的外层树皮会脱落），即树干上的树皮。这些老茎树皮的质地和特点很大程度上取决于在其中存在的细胞类型：纤维细胞产生纤维状的、细绳状的树皮；厚壁的韧皮部细胞（石细胞）会产生坚硬的树皮，起到更好的保护作用。

（2）茎的次生结构 基部被子植物和真双子叶植物茎在次生生长时，维管形成层细胞不断分裂向内、向外产生次生组织，使茎增粗，茎的结构发生变化（图4-95）。在初生木质部外方增添了次生木质部；在初生韧皮部内方加添了次生韧皮部，初生韧

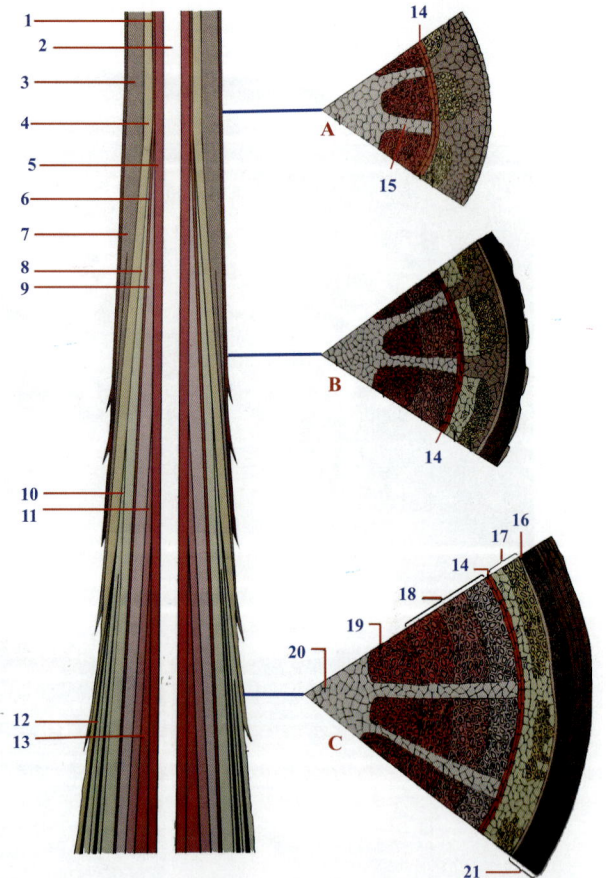

图4-95 植物茎从初生结构到次生结构各组织的发育
A.幼茎的初生结构模型（含束中形成层和束间形成层）；B.茎的次生结构模型（含次生韧皮部、维管形成层、次生木质部和周皮）；C.第三年木本植物茎的次生结构模型（含周皮、次生韧皮部、次生木质部、年轮和年轮线）1.原形成层（初期的束中形成层）；2.髓；3.皮层；4.初生韧皮部；5.初生木质部；6.维管形成层；7.皮层和周皮初期；8.第一年形成的次生韧皮部；9.第一年形成的次生木质部；10.第二年形成的次生韧皮部；11.第二年形成的次生木质部；12.第三年形成的次生韧皮部；13.第三年形成的次生木质部；14.初期的维管形成层；15.髓射线；16.木栓形成层；17.次生韧皮部；18.次生木质部；19.初生木质部；20.髓；21.周皮）（改自Evert等，2013）

皮部由于受到内部组织的挤压，只留下发达的初生韧皮纤维。木栓形成层的产生与活动，形成了次生保护组织——周皮，从而构成了茎的次生结构。

现以棉次生茎横切面为例，简要说明第一次形成周皮时茎的次生结构（图4-96）。

1）**周皮**：位于茎表面，由木栓层、木栓形成层和栓内层组成，其上分布有皮孔。

2）**皮层**：位于周皮内方，由薄壁细胞组成；棉茎的皮层中有分泌腔。

3）**初生韧皮部**：位于皮层内方，常常只有韧皮纤维，呈束状分布。

4）**次生韧皮部**：位于初生韧皮纤维内方，常呈三角形，由筛管、伴胞、韧皮纤维和韧皮薄壁细胞组成，其中韧皮纤维较根中发达。有沿径向排列的薄壁细胞组成的韧皮射线。

5）**维管形成层**：位于次生韧皮部内方，为次生分生组织，细胞近方形。

6）**次生木质部**：位于形成层内方，由导管、管胞、木纤维和木薄壁细胞组成，但木纤维较发达。有沿径向排列的薄壁细胞组成的木射线。

7）**初生木质部**：位于次生木质部内方，主要组成为导管，为内始式发育。

8）**髓和髓射线**：髓为位于茎中央的薄壁细胞。髓射线即次生木质部和次生韧皮部中的径向的、放射状排列的薄壁细胞，内连髓部，外通皮层，在横切面上常呈漏斗状，在皮层呈较大的喇叭口。

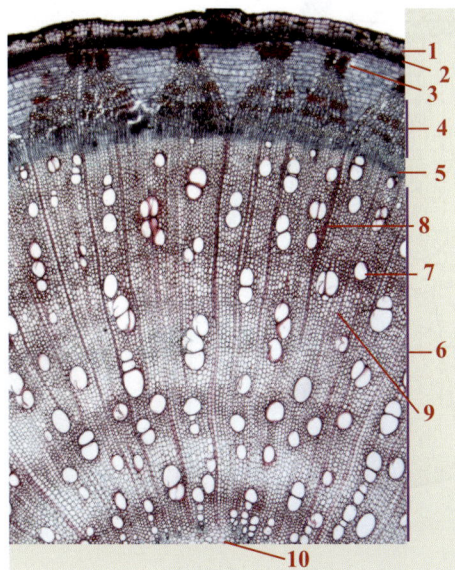

4. 多年生木本茎的结构

多年生木本茎的结构一般分为三个部分：树皮、维管形成层和木材（图4-97，4-98）。

（1）**树皮** 位于树干外围，即维管形成层以外所有的组织，包括无生命部分的**落皮层**（rhytidome）及有生理功能的新周皮、皮层和次生韧皮部。

（2）**维管形成层** 位于树皮内方，仅有一层细胞，但由于刚分裂产生的新细胞尚未分化，形状与形成层细胞相同，在横切面上可看到数层长形或方形的细胞，因此称之为形成层带或**形成层区**（cambium zone）。

（3）**木材** 维管形成层以内所有的组织，包括历年来产生的次生木质部、初生木质部和髓。在木材的横切面上可见**春材**（spring wood）**与秋材**（autumn wood）、**年轮**（annual ring）与年轮线、**心材**（heart wood）**与边材**（sap wood）等形态结构（图4-98）。

1）**春材与秋材**：生长在温带和亚热带的双子叶植物的茎在每年生长季节的初期，即春季，气候温和，雨水充沛，维管形成层活动旺盛，细胞分裂快，向内分化形成的次生木质部，其导管直径较大，壁较薄，木纤维少，材质较疏松，称为**春材或早材**（early wood）。当植物到了生长季节的晚期，即夏末和秋季，气候逐渐转冷，维管形成层活动减弱，细胞分裂少，分化形成的次生木质部，其导管直径较小，壁较厚，木纤维多，材质较紧密，称为

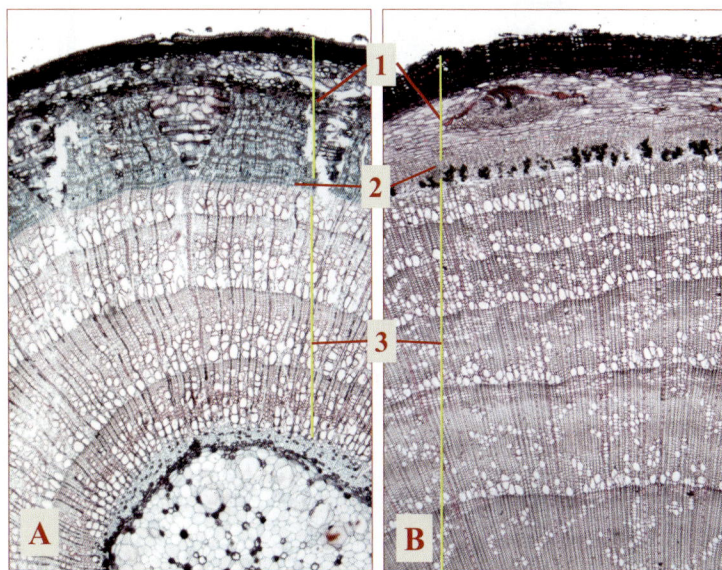

图4-96 一年生草本植物棉次生茎
1.木栓层；2.木栓形成层；3.分泌腔；4.次生韧皮部；5.维管形成层；6.次生木质部；7.导管；8.髓射线；9.木射线；10.髓

图4-97 多年生木本茎的次生结构
A.四年生的椴树；B.六年生的夏蜡梅；1.树皮；2.维管形成层；3.次生木质部；试找到髓射线、年轮等其他结构

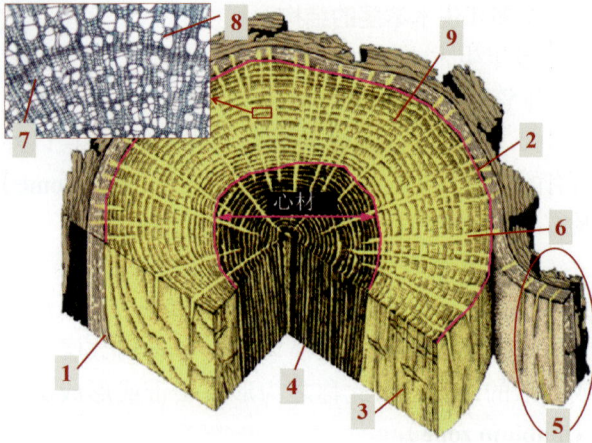

图4-98　多年生木本茎的立体结构图解（改自Evert等，2013）
1.次生韧皮部；2.维管形成层；3.边材；4.心材；
5.树皮；6.木射线；7.秋材；8.春材；9.年轮线

秋材或**晚材**（**late wood**），有时也称**夏材**（**summer wood**）（图4-98）。

2）**年轮与年轮线**：年轮，即木材横切面上所见到的同心环。它是维管形成层活动受气候因素的影响，表现出有节奏的变化而形成的。同一年内产生的早材和晚材构成一个年轮（图4-99）。由于气候影响维管形成层的活动是逐渐的，所以，同一年的早材与晚材之间没有明显的界线。但是，头年的

晚材与后一年的早材之间，因维管形成层在冬季停止活动而有明显的界线，称为年轮线，它表示维管形成层由休眠转为活动状态的转折点。年轮在树干基部多于上部，通常是一年长一轮，因此，根据年轮的数目和距离，可以了解树龄和每年的木材生长量及气候情况。不过，有些植物（如柑橘）一年有3个生长较活跃的季节（春、夏、秋），因此形成层相应出现3个生长高峰，在一年内可产生3轮，称**假年轮**（**false annual ring**）。有时气候变化反常或受到严重的病虫害等因素影响，也会产生假年轮。在热带地区生长的树木，只有生长在干湿两季的地区才形成年轮，湿季产生的木材相当于春材，干季产生的木材相当于晚材。若生长在一年四季气候变化不大的地区，植物则不形成年轮。

3）**边材与心材**：随着年轮的增多，在树干横切面上可见，边缘部分和中央部分的木材也有所不同（图4-98）。靠近形成层的几个年轮是近几年形成的次生木质部，颜色常较浅，其导管和管胞有输导功能，木薄壁细胞和木射线细胞都是生活的，这部分木材称为边材。而靠近茎中央部分的木材是早期形成的次生木质部，颜色一般较深，导管常被**侵填体**（**tylosis**，图4-100D）堵塞或被沉积的单宁、树脂、色素等物质堵塞而失去输导功能，其他细胞也

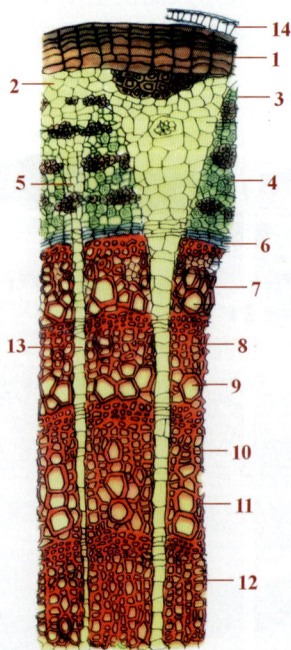

图4-99　四年生木本茎横切面模式图
1.周皮；2.皮层；3.初生韧皮部；4.次生韧皮部；5.韧皮射线；6.形成层；7.第四年木材；8.第三年晚材；9.第三年早材；10.第二年晚材；11.第二年早材；12.第一年木材；13.髓射线；14.残留表皮

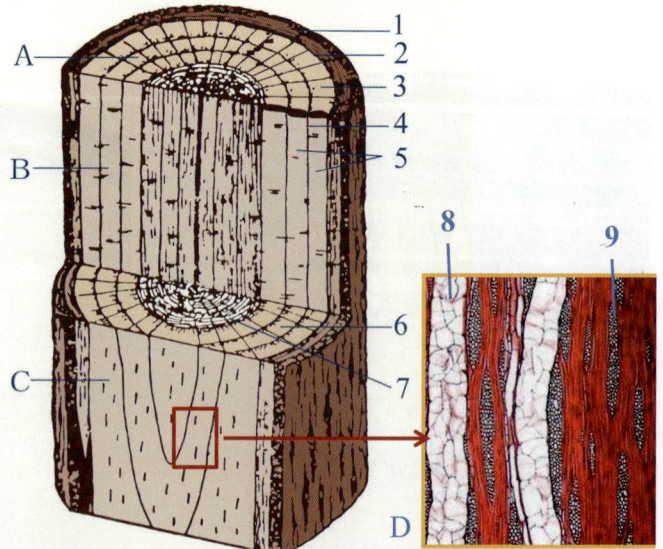

图4-100　木材的三维立体结构图
A.横切面；B.径向；C.切向切面；D.侵填体
1.树皮；2.维管形成层；3.木材；4.年轮线；5.年轮；6.边材；7.心材；8.切向心材可见侵填体；9.切向面上心材的射线细胞特点

成为死细胞，这部分木材称为心材。心材无输导功能，但有支持作用。心材的直径会不断增大，而边材则始终有一定的厚度而保持其输导功能。图4-100为木本植物三个不同切面的结构特征。

根据茎的生长发育过程及其特点，将双子叶植物茎的生长发育过程用图4-101表示。

5. 单子叶植物茎的结构

单子叶植物在系统学上是一个一次性起源的单系类群，茎的结构具有独特性。

（1）禾本科植物茎的结构　禾本科植物在单子叶类群中与人类的关系最为密切，其茎的结构具有一定代表性。禾本科植物茎与根一样，只有初生结构，没有次生结构。现以水稻、小麦和玉米为例，从节间做一横切面说明其结构，可见有表皮、机械组织、基本组织和维管束等结构部分（图4-102）。

1）**表皮**：位于茎表面的一层生活细胞，由长细胞、短细胞、气孔器及表皮毛有规律地排列而成

（图4-103）。长细胞构成表皮的大部分，细胞长度远大于宽度，纵向壁呈细密的波浪形，细胞外壁厚不仅角化且硅化，并常有角质和硅质的乳突。短细胞有栓细胞和硅细胞两种类型，多数成对纵向排列于长细胞之间；栓细胞的细胞壁栓化；硅细胞内含大量二氧化硅，其细胞壁的硅化程度与茎秆强度和对病虫害的抵抗能力强弱有关。有的禾本科植物茎秆表皮上还被有蜡粉（如甘蔗）。表皮上还分布有少量气孔器，它与长细胞成纵行间隔排列。此外，表皮上还分布有各种表皮毛，增强其保护功能。

2）**机械组织**：位于表皮内方的1至几层厚壁细胞。在水稻、玉米等茎中，机械组织连成环状（图4-103、4-104）。而小麦茎的机械组织环中，间生有束状分布的同化组织（图4-105）。

3）**基本组织**：位于机械组织内方的薄壁细胞。近外方的数层细胞常含有叶绿体，因此茎表面呈绿色。有些禾本科植物的茎秆呈紫色，这是细胞内含

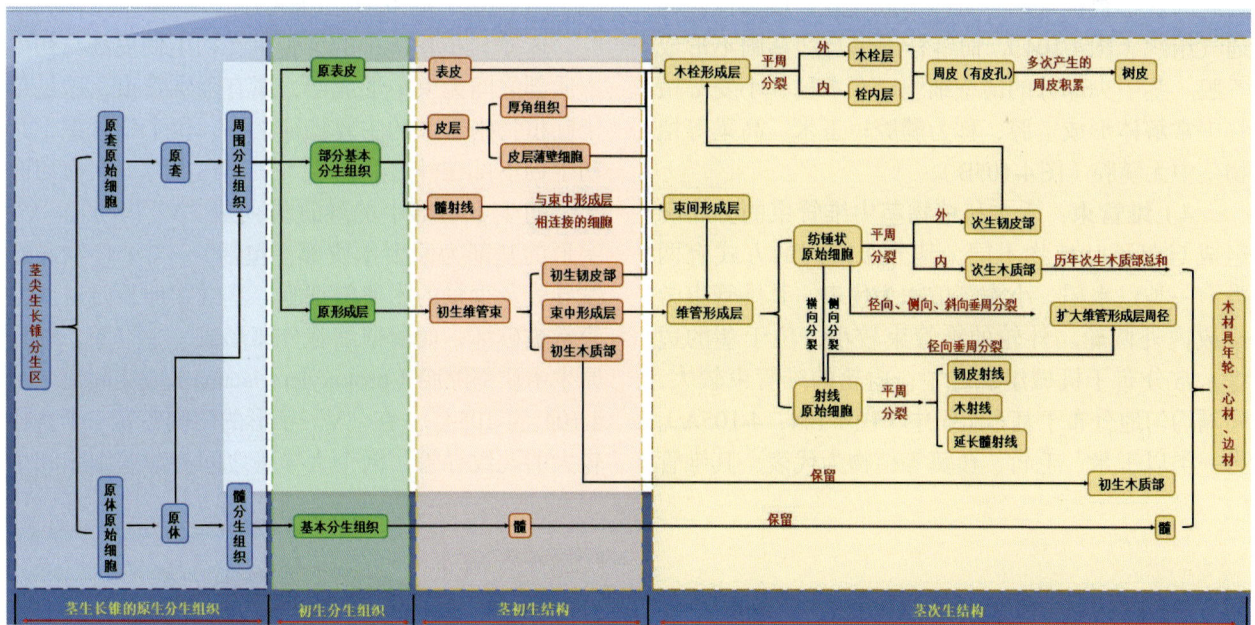

图4-101　基部被子植物及双子叶植物茎的生长发育过程

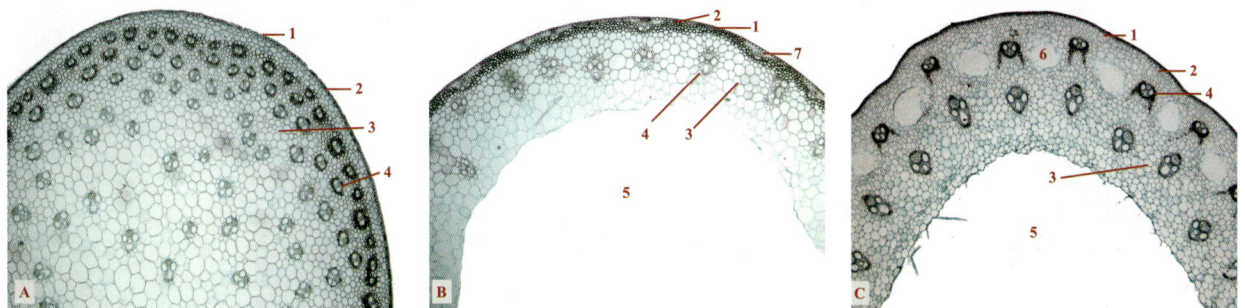

图4-102　禾本科植物茎横切
A.玉米；B.小麦；C.水稻
1.表皮；2.机械组织；3.基本组织；4.维管束；5.髓腔；6.气腔；7.同化组织

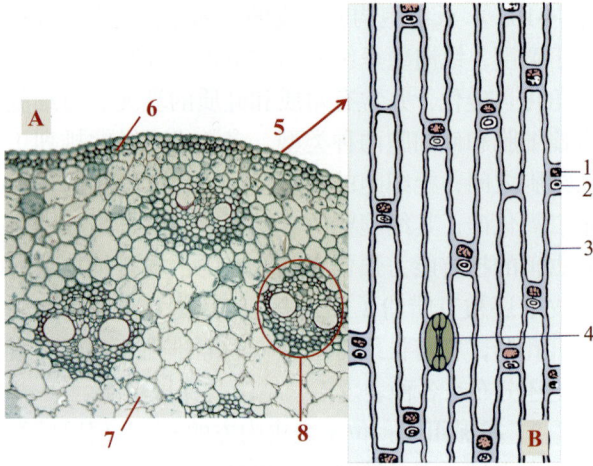

图4-103 玉米茎及表皮
1.栓细胞；2.硅细胞；3.长细胞；4.气孔器；
5.表皮；6.机械组织层；7.基本组织；8.维管束

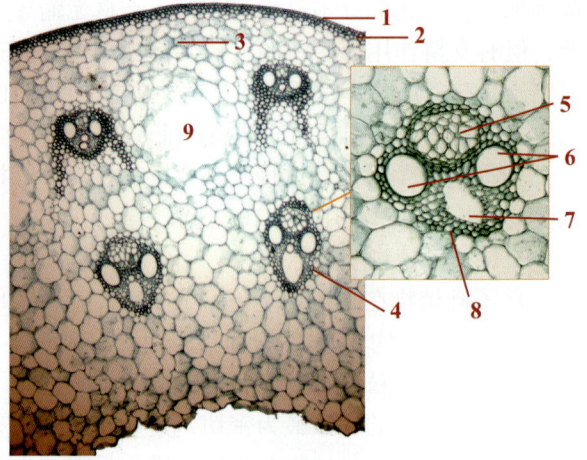

图4-104 水稻茎部分横切面及其维管束结构
1.表皮；2.机械组织；3.基本组织；4.维管束；5.韧皮部；
6.木质部；7.胞间道；8.维管束鞘；9.通气组织

有花色素苷的缘故。

水稻是湿生植物，在茎秆基部的节间，维管束之间的基本组织常部分解体形成气腔，成为良好的通气组织（图4-104），而茎秆上部及幼茎则不形成气腔。茎中央部分的薄壁细胞，在水稻、小麦等植物中常解体形成空腔，称为髓腔；玉米、高粱等植物茎中无髓腔（图4-105B）。

4）维管束：禾本科植物茎中维管束的分布和组成与双子叶植物不同。其分布排列的方式有两类：一类以水稻、小麦等植物为代表，其维管束常排成内外两轮。外轮的维管束较小，位于茎的边缘，常分布于机械组织之中；内轮的维管束较大，间隔均匀地分布于基本组织中（图4-104，4-105A）。另一类以玉米、毛竹、菝葜等植物为代表，其维管

束分散分布于基本组织之中。近茎边缘的维管束较小，分布较密；而茎内方的维管束较大，分布较稀疏（图4-102，4-105B，106A）。

禾本科植物茎中的维管束在初生韧皮部与初生木质部之间无束中形成层，属有限维管束，这是单子叶植物维管束的主要特征之一。每个维管束，其初生韧皮部在外方，初生木质部在内方。在横切面上，初生木质部中的导管排列成"V"字形。"V"字形的基部为原生木质部，包括1～2个环纹和螺纹导管及少量的木薄壁细胞。茎继续伸长时这些导管常被破坏，而薄壁细胞分离形成一个空腔，称为原生木质部隙腔（protoxylem lacuna）或胞间道（图4-104，4-105A）。在"V"字形的两侧各有一个直径较大的孔纹导管，两个大导管之间有薄壁细胞和小

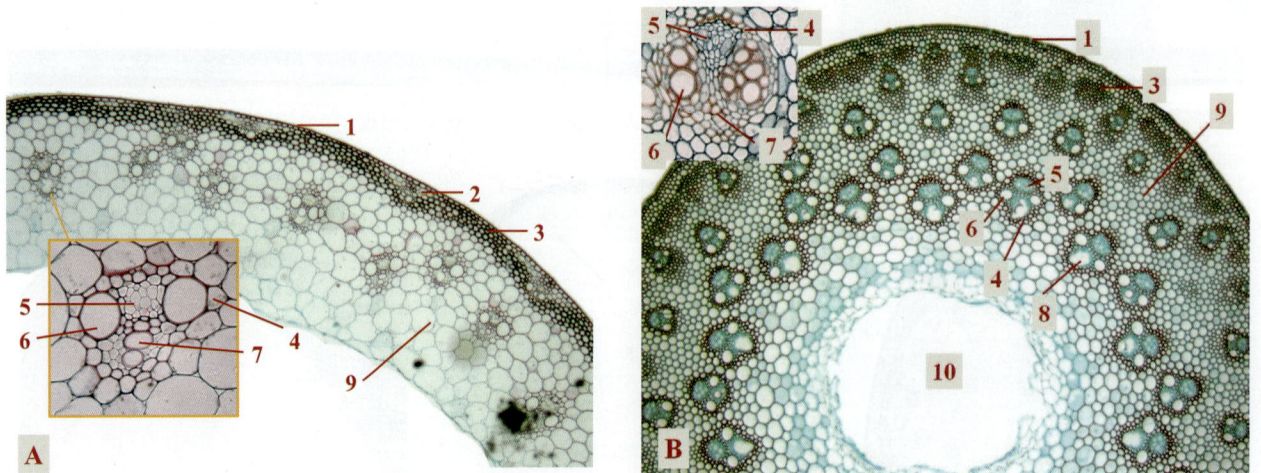

图4-105 小麦、毛竹茎部分横切面
A.小麦茎；B.毛竹茎近节部分（1.表皮；2.同化组织；3.机械组织；4.维管束鞘；5.韧皮部；6.后生木质部；7.原生木质部；8.胞间道；9.基本组织；10.髓腔）

型管胞。位于外方的初生韧皮部，其原生韧皮部常被挤毁而留下的残余痕迹，后生韧皮部主要由筛管和伴胞组成。在横切面上筛管呈多边形而伴胞呈方形或三角形。在初生木质部与初生韧皮部的外围，有厚壁细胞组成的维管束鞘包围。

（2）其他单子叶植物茎结构　其他单子叶植物茎的结构与禾本科植物的茎基本相似，也有两种类型：实心型和空心型，分别类似于禾本科的小麦和玉米。如兰科植物石斛的茎和菝葜科植物菝葜（*Smilax china* L.）的茎与玉米茎相似，但菝葜科植物的茎多数是木质的，由于无次生生长，其机械组织特别发达（图4-106A）；而灯芯草的茎是中空的，类似于小麦茎（图4-106B）。鸢尾的茎介于两者之

间（图4-107B）。而水生单子叶植物眼子菜除了有发达的通气组织外（图4-107A），其结构与单子叶植物根的结构有相似性（具有内皮层，见图4-82）。

6.单子叶植物茎的初生增粗生长与次生生长

大多数单子叶植物的茎无形成层发生，因此也无次生生长。但玉米、高粱、甘蔗、竹子等单子叶植物的茎长得比棉、黄麻等双子叶植物的茎还粗大，它们的增粗生长是茎尖叶原基下面的初生增粗分生组织分裂活动引起的。

从玉米、竹子茎尖的纵切面上可见，在叶原基的下面有许多扁平的细胞，这些细胞有规律地沿垂周方向排列，并具有分裂能力，称为初生增粗分生组织（primary thickening meristem，图4-108）。初生

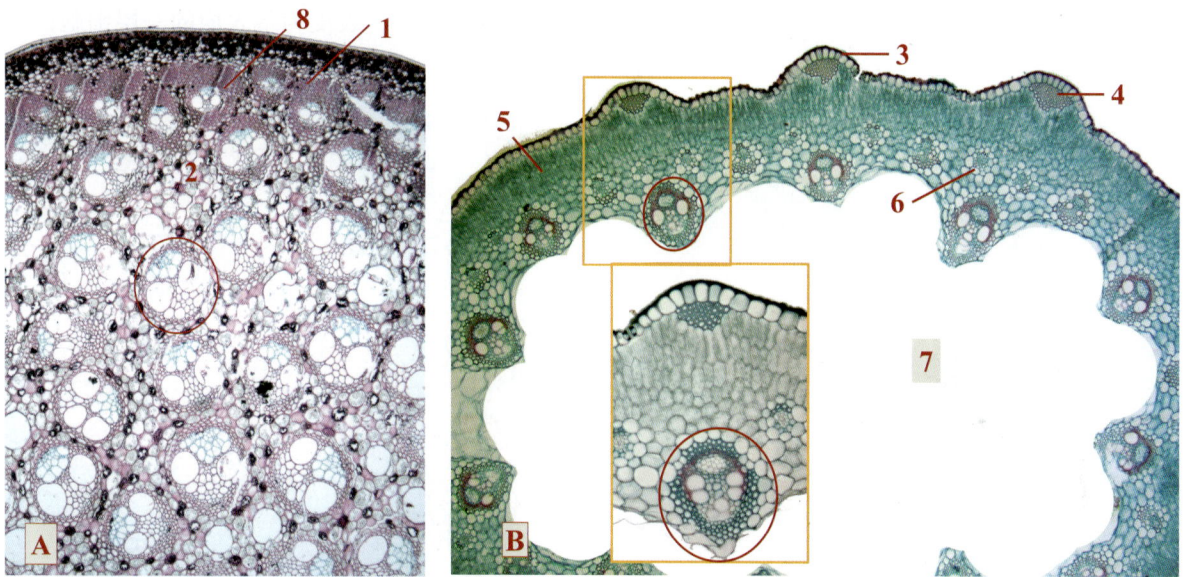

图4-106　其他单子叶植物茎的结构（1）

A.菝葜（木本茎，维管束散生）；B.灯芯草（草本茎，维管束呈2圈）：1.具有发达的机械组织；2.基本组织，注意红圈内为一个维管束，表明菝葜是一个阳生植物，需要大量的输导组织；3.角质较厚的表皮；4.表皮下的机械组织束；5.茎内2～3层皮层细胞呈现叶肉栅栏组织特征，具有叶绿体行光合作用（因为灯芯草叶退化）；6.外圈的较小的维管束，与禾本科植物近似；7.发达的髓腔；8.菝葜后来发生的强烈的机械组织（木纤维）。请搞清各部分结构。

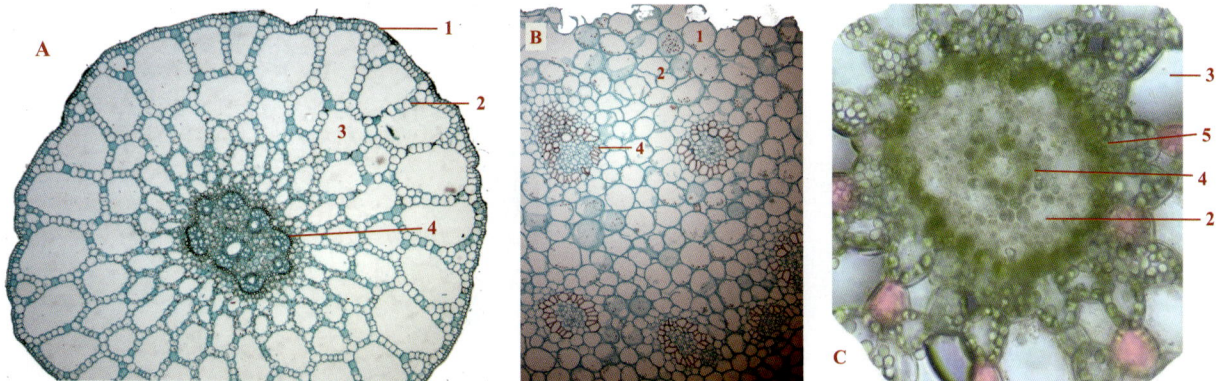

图4-107　其他单子叶植物茎的结构（2）

A.眼子菜；B.鸢尾；C.小茨藻；1.表皮；2.皮层；3.气腔；4.维管束（柱）；5.茎中的类似叶肉细胞（起光合作用）；注意搞清各部分特殊结构

增粗分生组织进行平周分裂，产生许多薄壁细胞，增加内外的细胞层次，扩大茎尖直径。在节间伸长以后，这些细胞可再分裂增大，使茎在伸长后再进一步增粗，这种增粗生长称为初生增粗生长。

少数单子叶植物的茎也能产生维管形成层，进行次生生长而产生次生结构。例如，丝兰、龙血树（图4-109）、菠萝等植物的茎，在维管束外方的薄壁组织中，一些薄壁细胞能恢复分生能力形成形成层，形成层细胞分裂向内产生的细胞分化形成维管束（图4-106A）和薄壁组织，向外产生的细胞则分化形成少量的薄壁组织。

（三）茎的生理功能

茎是连接根与叶、花及果实的营养器官。茎的主要生理功能是输导和支持作用以及繁殖、贮藏等。

二 苔藓、石松类与蕨类、裸子植物的茎

（一）苔藓植物的茎

常见的苔藓植物体是配子体，其形态有叶状体和茎叶体两种。叶状体苔藓植物为扁平的叶片状结构，呈二叉分枝并有简单的组织分化。这种叶状体常匍地生长而有腹背之分（图4-110）。背面一层细胞为表皮，上有气孔；背面表皮下方的细胞向上呈直立状态，排列疏松，内含叶绿体，为同化组织；同化组织下方为多层薄壁细胞，排列紧密，贮藏水分和养料。腹面表皮由一层细胞组成，其中有些细胞向下生长发育形成假根或叶片状鳞片。

茎叶体苔藓植物茎的结构比叶状体复杂，其茎上有分枝和叶。茎的结构有了表皮、皮层和中柱的分化（图4-111）。表皮为茎表面的一层细胞，其内

图4-108　竹子茎的增粗来自初生增粗组织
1.顶端分生组织；2.幼叶；3.初生增粗分生组织；4.节间

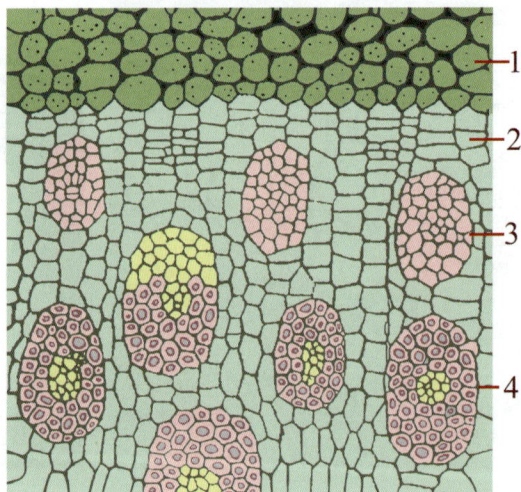

图4-109　龙血树茎的部分横切面模式
1.皮层；2.形成层；3.正在形成的维管束；4.已经形成的维管束

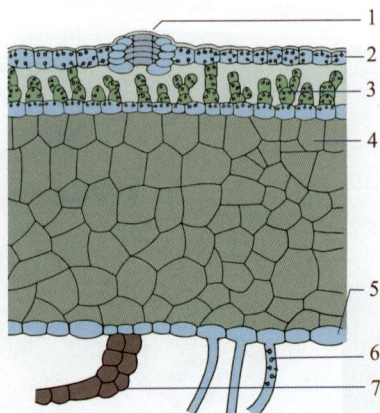

图4-110　苔纲植物叶状体横切面模式
1.气孔；2.背面表皮；3.同化组织；4.薄壁细胞；
5.腹面表皮；6.假根；7.叶片状鳞片

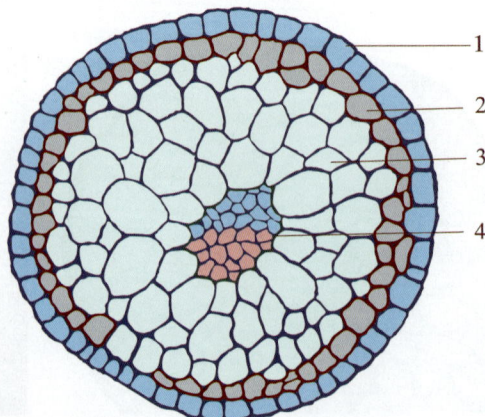

图4-111　葫芦藓茎的横切面模式
1.表皮；2.机械组织；3.皮层；4.中柱（原始的输导组织）

常含叶绿体，细胞壁除外壁较薄外，其他几面的细胞壁都有一定的增厚。皮层在表皮内方，一般分为两部分，近表皮的皮层细胞为厚角组织；近中柱的皮层细胞为薄壁组织。中柱位于茎的中央，由长柱形薄壁细胞组成，具有输导能力。

苔藓植物的茎中有大量含叶绿体的细胞，能吸收光进行光合作用；茎中的厚角组织以及表皮细胞壁的增厚，使茎具有支持作用；长柱形薄壁细胞的出现，将假根吸收的水分和营养运输到茎、叶中，同时将茎、叶经光合作用产生的有机物运输到植物体的各个部分。

（二）石松类和蕨类植物的茎

陆生植物从石松类和蕨类开始有了输导水分和养分的细胞群的分化。这种细胞群即维管组织，它们在植物体内聚集，形成了不同排列的柱状结构，称为中柱。蕨类植物茎中，中柱的变化多样，因此在叙述蕨类植物茎的结构之前，首先介绍维管植物体中中柱的各种基本类型（图4-112）。

最原始的中柱为原生中柱（图4-112A，B，C），仅由木质部和韧皮部组成，中央无髓部，又据其木质部与韧皮部的分布不同，有单中柱（木质部呈圆形在中央，韧皮部围绕在周围）（图4-112A）、星状中柱（木质部呈星芒状）（图4-112B）和编织中柱（木质部与韧皮部呈片状、束状交织在一起）（图4-112C）。比原生中柱进化的是管状中柱（图4-112D，E），其中央有髓部，木质部与韧皮部呈环状分布，依据韧皮部的多少和位置分为双韧管状

中柱（木质部的内外方均有韧皮部）（图4-112D）和单韧管状中柱（韧皮部仅生于木质部外方）（图4-112E）。管状中柱进一步分化，维管组织被分隔成多个分离的维管束，形成了网状中柱（由多个周韧维管束排列成环状组成）（图4-112F）和较为进化的真中柱（由多个外韧或双韧维管束环状排列而成）（图4-112G）。真中柱进一步分化，产生了系统发育中最高级的中柱类型——散生中柱（多个维管束散生分布于茎中）（图4-112H）。

石松类和蕨类植物茎的形态多样，有匍匐生长的平卧茎（伏地卷柏），有垂直于地面生长的直立茎（木贼），也有缠绕生长的缠绕茎（海金沙）。但是大多数石松类和蕨类植物仅具根状地下茎。石松类和蕨类植物茎存在真正的二叉分枝类型。

石松类和蕨类植物的茎尖分生组织多为一单独的顶细胞，茎的各种组织由它分裂、生长、分化而来，茎尖周围有多个叶原基（图4-113）。茎的结构有表皮、机械组织、基本组织和中柱（图4-114）。

表皮为茎最外一层细胞，是直接从皮层分裂形成的，并非来自幼茎尖端的表皮原，表皮上通常具有气孔和表皮毛。

皮层介于表皮与中柱之间，通常可分为两部分，外部皮层多为厚角或厚壁细胞组成的机械组织，而内部皮层多为薄壁细胞。在一些种类中，内部皮层的最内一层细胞常有条状加厚的凯氏带。

石松类与蕨类植物的中柱类型在植物界中是最多的，常见的中柱类型有原生中柱（如水韭）、星

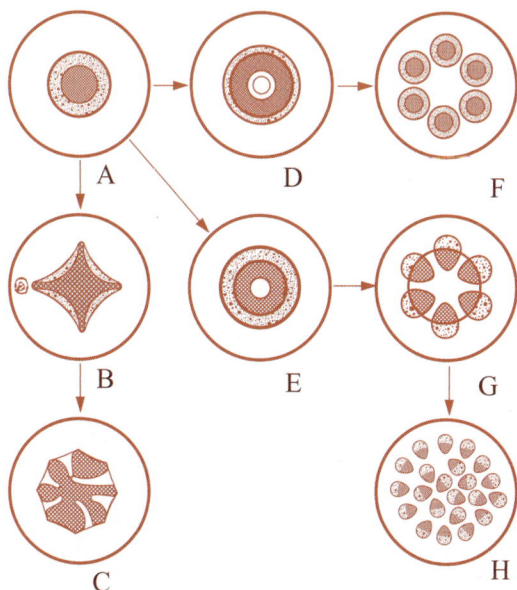

图4-112 石松类与蕨类植物中柱的各种类型及其可能进化关系
A.单中柱；B.星状中柱；C.编织中柱；D.双韧管状中柱；E.单韧管状中柱；F.网状中柱；G.真中柱；H.散生中柱

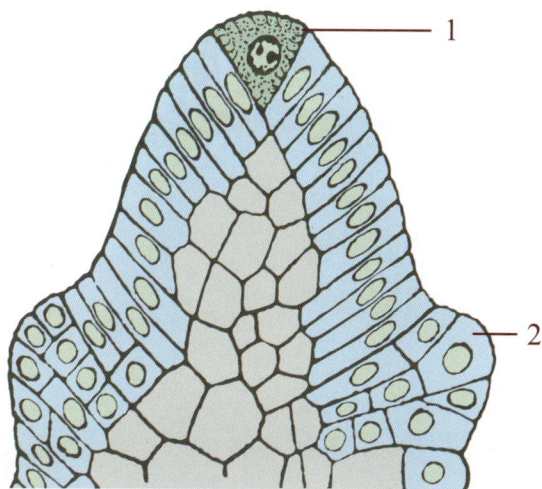

图4-113 蕨类植物茎尖纵切面模式
1.顶端分生组织细胞；2.叶原基

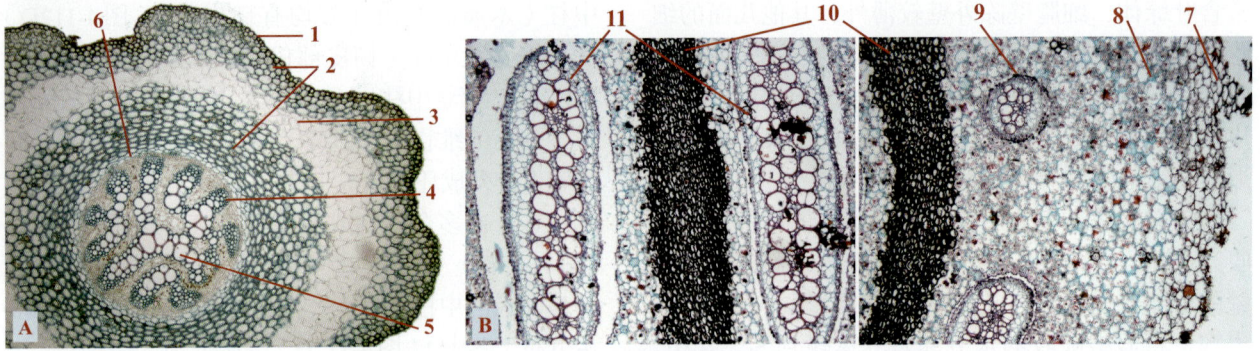

图4-114 石松茎及蕨类地下茎的横切面

A.石松茎横切示编织中柱（1.表皮；2.机械组织；3.基本组织；4.中柱的韧皮部；5.中柱的木质部（外始式）；6.中柱及中柱鞘）；B.蕨类地下茎横切（7.木栓层；8.基本组织——皮层；9.外围的维管柱；10.机械组织的厚壁细胞；11.中柱，注意韧皮部环绕木质部）

状中柱（如松叶蕨）、编织中柱（如石松）以及管状中柱（如卷柏）和网状中柱（如木贼）等。中柱内木质部的输导组织为管胞，韧皮部的输导组织为筛胞；木质部的分化成熟方式多样，有外始式（如石松、卷柏、水韭等）、内始式（如木贼）和中始式（一些真蕨）。

蕨类植物的茎除了输导与支持等主要功能外，地下茎也具有贮藏物质和进行营养繁殖的功能。

（三）裸子植物的茎

裸子植物的茎与被子植物木质茎的形态结构及生长发育过程相似，但也有所不同。裸子植物的茎都为木质、单轴分枝，其茎尖结构与被子植物相似，但其分生区生长锥不显示原套-原体的分化结构，其茎顶端分生组织的最外层细胞能进行平周和垂周分裂，将新生细胞加入周围和茎内部的组织中。

裸子植物茎的初生结构与双子植物茎类似，由表皮、皮层和维管柱三部分组成（图4-115，图4-116）。它们的主要区别在于木质部和韧皮部的组成成分不同。大多数裸子植物的木质部由管胞组成，缺大孔径的导管，韧皮部由筛胞组成，且筛胞所有壁上的筛域都十分相似，没有筛板的分化；除此以外，有些裸子植物（如松树）的皮层中还有树脂道（resin canal，图4-115A）。

裸子植物茎的次生生长和次生结构与真双子叶植物的木本茎也大致相似，但它们的维管组织组成成分具有显著的差异（图4-115）。多数裸子植物茎的次生木质部主要由管胞和木射线组成，无导管（买麻藤例外），无典型的木纤维，因而在结构上显得均匀、整齐，管胞兼具输导和支持双重功能（图4-115A，图4-116，图4-117）；次生韧皮部由筛胞、韧皮薄壁细胞和韧皮射线组成，没有伴胞和韧皮纤

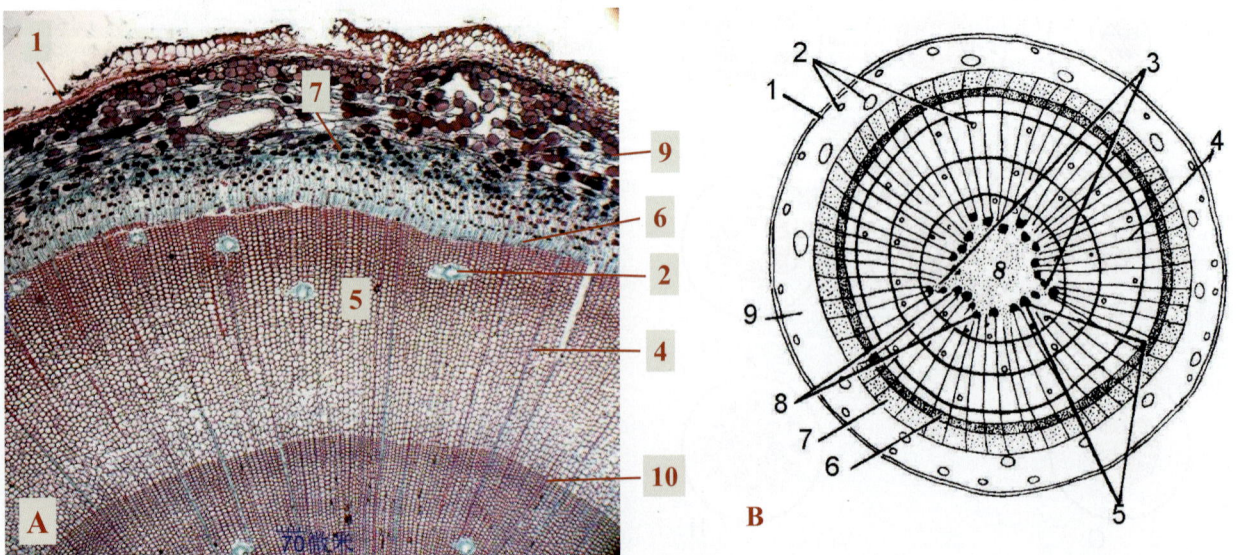

图4-115 松茎横切面

A.茎横切；B.模式图

1.周皮；2.树脂道；3.髓；4.髓射线；5.次生木质部（致密管胞）；6.维管形成层；7.次生韧皮部；8.初生木质部；9.皮层；10.年轮线

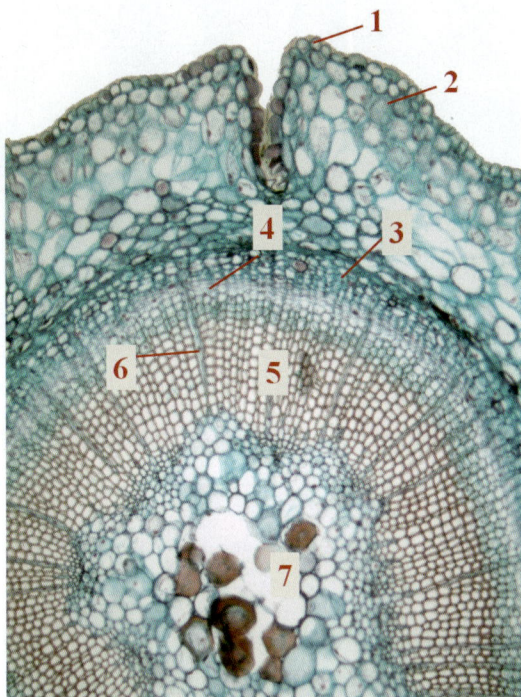

图4-116 红豆杉幼茎
1.表皮；2.皮层；3.韧皮部；4.维管形成层；5.早期的次生木质部；6.髓射线；7.髓

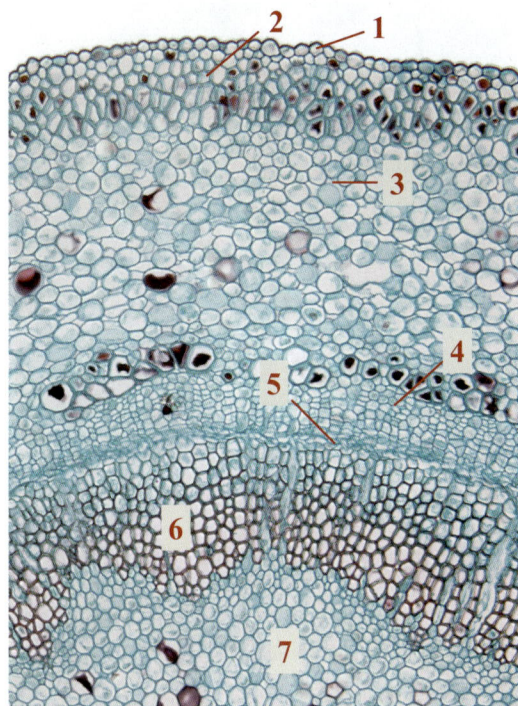

图4-117 银杏幼茎
1.表皮；2.机械组织；3.皮层；4.初生韧皮部；5.维管形成层；6.初生木质部；7.髓

维（少数松科或柏杉类植物有韧皮纤维和石细胞）。有些裸子植物（特别是松科或柏杉类植物）茎的皮层和维管柱中，常分布有许多管状分泌结构——树脂道，松脂就是由松树的树脂道产生的。

裸子植物中有当今世界上最高大、最粗壮的树种，如北美红杉，有"世界爷"之称（图4-118）。裸子植物茎中有发达的维管组织，维管组织细胞长度的增加，大大加强了其输导能力。同时管胞细胞的紧密排列方式使茎的支持力加强，加上其单轴分枝的方式，主茎不断增长，从而使裸子植物能成为植物界中的高大者。

图4-118 北美红杉（*Sequoia sempervirens*）

第四节　叶的形成、结构及生长发育

叶是着生于茎节上的营养器官，从其发生的位置看，它是茎上的侧生器官；叶是陆生植物制造有机养料的重要器官，也是植物进行光合作用的重要场所。

一　被子植物的叶

（一）叶的形态

1.基部被子植物和真双子叶植物叶的组成

基部被子植物和真双子叶植物的叶一般由叶片、叶柄和托叶三部分组成（图4-119），称为**完全叶**（complete leaf），如棉、桃等植物的叶。而缺少其中任何一部分或两部分的叶，称为**不完全叶**（incomplete leaf）（图4-120）。如油菜、茶等植物的叶缺少托叶；烟草、莴苣等植物的叶缺少叶柄和托叶；台湾相思树的叶缺少叶片而由扩展的叶柄代替叶片；这些都属不完全叶。

（1）叶片（blade）　叶片是叶行使其生理功能的主要部分，多呈扁平绿色。可以划分为**近轴面**（adaxial surface）和**远轴面**（abaxial surface）（图4-121）。叶片可分为叶尖、叶基和叶缘等部分，其

图4-119　完全叶的组成
A.樱属；B.扶桑
1.叶片；2.叶柄；3.托叶

图4-120　不完全叶的组成
A.羊蹄甲，没有托叶；B.香叶忍冬，既无叶柄又无托叶
1.叶片；2.叶柄

形状、大小等特征可作为识别植物的形态依据。叶片上分布着许多脉纹称叶脉，其中一至数条大的叶脉为主脉（一级脉），主脉的分枝为侧脉（二级脉），其余更小的叶脉为细脉（三级或四级脉），细脉的末端称脉梢或盲脉。叶脉有支持叶片和输导水分及营养物质的功能。基部被子植物和真双子叶植物的叶脉连接成网，脉梢游离于叶肉组织中，从而形成开放式脉序，称为**网状脉序**（**reticulate venation**）（图4-121）；单子叶植物的叶脉大部分几乎是平行排列的，通过细脉相互连接起来，细脉脉梢成封闭式，称**平行脉序**（**parallel venation**）。

（2）**叶柄**（petiole）叶柄为连接叶片与茎的部分。叶柄内有维管束与茎和叶片中的维管束相连接，具有输导和支持作用。叶柄能扭曲生长以调节叶片的位置和方向，使各叶片不重叠，形成**叶镶嵌**（**leaf mosaic**）的排列，有利于叶充分接受阳光。有部分温带植物叶柄基部还会形成膨大，包被腋芽，形成叶柄下芽（图4-69C）。

（3）**托叶**（stipule）托叶是叶柄基部的附属物，通常成对而生。托叶的形状随植物的种类不同而不同。有三角形（棉）、线形（梨）、叶片状（豌豆）、刺状（刺槐）以及鞘状（荞麦、红草等蓼科植物的托叶鞘）。托叶通常在叶发育早期起保护作用。一般植物的托叶通常早落。

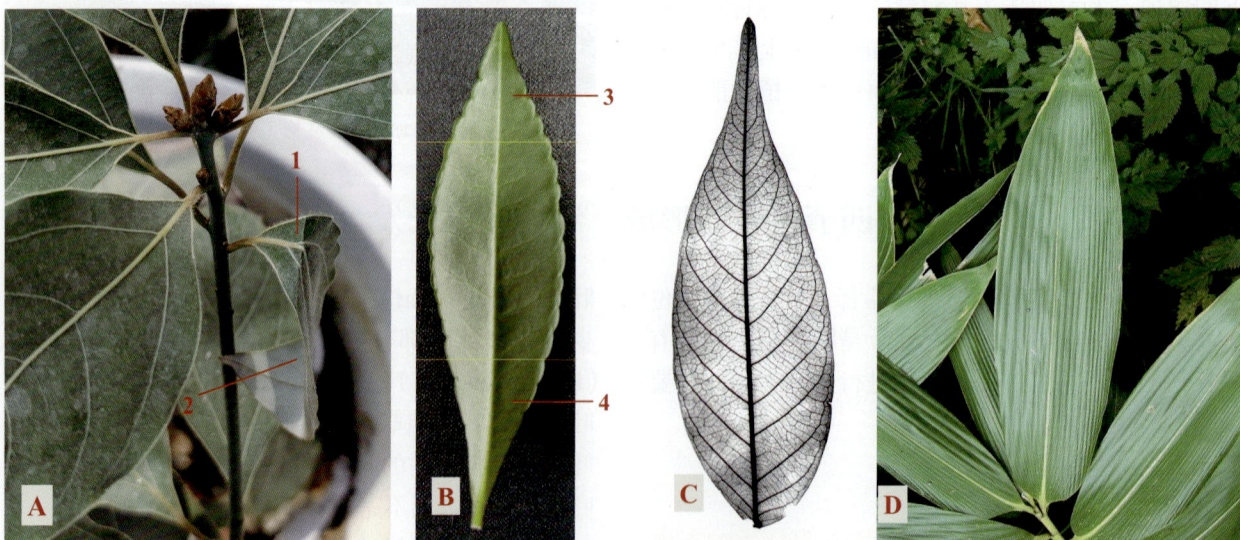

图4-121　叶的着生
A.舟山新木姜子叶近轴面（叶上表面）和远轴面（叶下表面）；B.朱砂根叶的先端和基部的划分；
C.银叶锥 *Castanopsis argyrophylla*，网状脉的叶片；D.箬竹平行脉的叶片
1.叶上表面；2.叶背面（下表面）；3.叶先端；4.叶基部

根据叶片的复杂程度，还可以将叶划分为**单叶**（simple leaf）和**复叶**（compound Leaf）（图6-28）。复叶有二至多枚分离的**小叶**（leaflet），共同着生在一个叶柄上。在复叶类型中，根据小叶的着生状态，可以进一步划分为四类：

1）羽状复叶：小叶片排列在总叶柄两侧呈羽毛状，可进一步划分为：①奇数羽状复叶，顶生小叶一枚者称为奇数羽状复叶，如刺槐、紫藤等；②偶数羽状复叶，顶生小叶两枚者称为偶数羽状复叶，如决明、皂荚等。此外，根据叶轴分支次数还可以将复叶划分为一回羽状复叶（月季、核桃），二回羽状复叶（合欢），三回羽状复叶（苦楝、南天竹），以及多回羽状复叶。

2）掌状复叶：小叶排列在叶轴顶端如掌状称掌状复叶，如木棉、七叶树等。

3）三出复叶：仅有三小叶的复叶，如树三加、车轴草等。

4）单身复叶：仅有一个先端小叶、左右2小叶退化的复叶称单身复叶，常见于芸香科柑橘属的植物（图6-29）。

2.单子叶禾本科植物叶的组成

禾本科水稻、大麦、小麦等单子叶植物叶的组成与真双子叶植物不同。它由叶片、叶鞘、叶环（叶枕）、叶耳和叶舌等组成（图4-122）。叶片呈条形或狭带形，其上分布有纵向排列的平行叶脉；**叶鞘**（leaf sheath）包裹着茎秆，保护腋芽和加强茎的支持力；叶环（叶枕）是叶片与叶鞘的连接部位，它有一定的延伸性，可以调节叶片的位置；**叶舌**（ligule）为膜状突起物，位于叶片和叶鞘连接处的内侧（腹面），具有防止水分、病菌孢子和昆虫进入叶鞘内的作用；**叶耳**（auricle）位于叶片与叶鞘连接处两侧的边缘，是叶片基部边缘伸长的突起物。叶舌和叶耳的有无、形状及大小常作为识别禾本科植物的依据之一。例如，水稻和小麦叶具有叶舌和叶耳。叶舌呈膜状，叶耳膜质披针形并有毛（图4-122A）。稗草无叶舌和叶耳；大麦有叶耳；而野燕麦叶耳不显著（图4-122B）。

（二）叶的发生与生长

叶是茎尖生长锥周围的原套和原体，或周围分生组织区外围的1至几层细胞分裂所产生的叶原基生长发育而成的。基部被子植物和真双子叶植物的叶原基通常是由茎尖表层的第一、二层细胞发生的；而单子叶植物的叶原基通常是由茎尖表层细胞发生的。叶起源于茎尖分生组织表面的1至几层细胞，叶的这种起源方式称为**外起源**（exogenous origin）。

叶原基产生后，先进行顶端生长，使叶原基伸长呈锥形，称为叶轴；不久，顶端生长停止，在叶轴两侧各出现一列边缘分生组织，进行边缘生长，使叶轴变为扁平的叶片，无边缘生长的叶轴分化为叶柄；具有托叶的叶，其叶原基基部的细胞迅速分裂、生长、分化为托叶；当叶的各组成部分形成后，其细胞仍继续分裂、生长（即居间生长）直到形成成熟叶片（图4-123）。从发育的角度来看，复叶与单叶的不同之处在于，复叶的发育包括一个由复叶原基干细胞介导的特殊形态建成过程：小叶的起始和排列。近期研究表明*PINNA1*基因与*LFY*基因和*PALM1*的协作参与了一回、二回或是多回复叶的形成。

叶是向基成熟的，有些植物在叶片基部留有居间分生组织，这在条形叶的单子叶植物中很常见。例如，禾本科植物的叶鞘能随节间的生长而伸长；

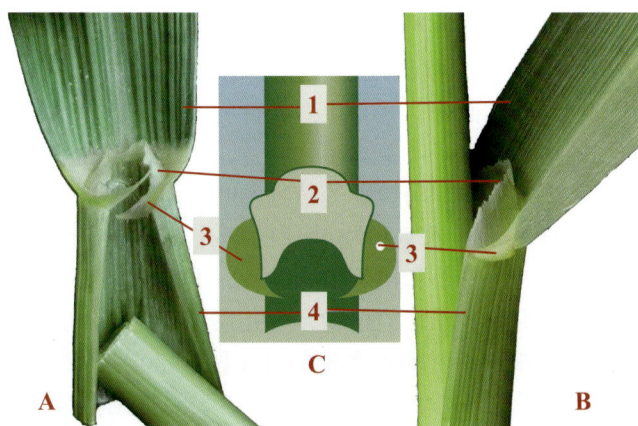

图4-122　禾本科植物叶的组成
A.小麦；B.野燕麦；C.模式；1.叶片；2.叶舌；3.叶耳；4.叶鞘

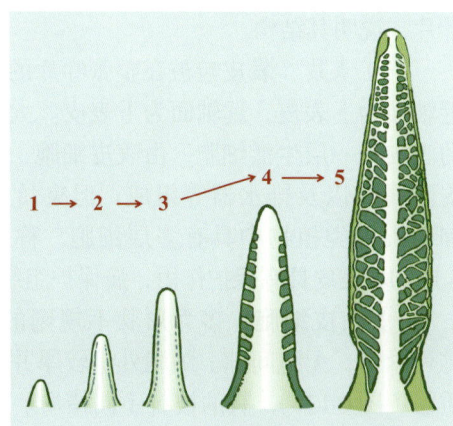

图4-123　烟草叶的生长图解
1.叶原基；2—3.顶端生长成叶轴；4.边缘生长；
5.居间生长成成熟叶

韭菜、葱等植物的叶在被割去之后，仍能继续生长，就是其叶片基部居间分生组织活动的结果。最近的生长素渠道假说认为，在叶发育早期，所有细胞都有从顶端和边缘向基部运输生长素的能力，这些运输的路径最终会发育成叶脉。

（三）叶的结构

1. 叶柄的结构

叶柄的结构与初生茎大致相似，从叶柄的横切面上可见，位于最外面的一层为表皮；表皮内方是由厚角细胞组成的机械组织，起支持作用，但不影响叶柄的延伸及扭曲生长；机械组织内方为基本组织及分布其中的维管束。维管束的排列方式与植物的种类有关，常见的类型是维管束排列成半月形，缺口朝上（图4-124）。维管束的结构与茎的初生维管束相似，其木质部在向茎的一侧，韧皮部在背茎的一侧。

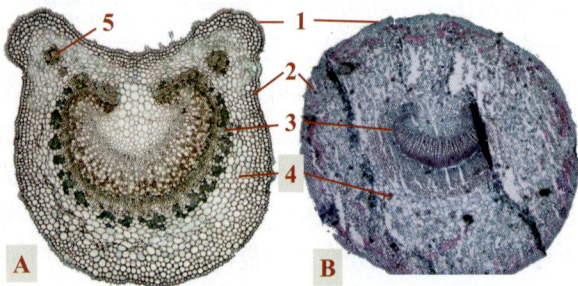

图4-124　真双子叶植物叶柄结构
A.丁香；B.茶；1.表皮；2.机械组织；3.维管束；4.基本组织；
5.侧生小维管束

2. 双子叶植物叶片的结构

叶片的形状、大小虽多种多样，但其内部的结构比较一致，由表皮、叶肉和叶脉三部分组成（图4-125、4-126）。现以棉叶片为例，结合其他植物的叶片，说明其结构。

（1）表皮　表皮包被在整张叶片的表面，叶片近轴面为上表皮，远轴面为下表皮。大多数植物叶的表皮为一层生活细胞，由表皮细胞、气孔器、表皮附属物以及排水器等组成；但夹竹桃、橡胶树和高山栎类植物中具有多层细胞，称复表皮（图4-127）。表皮具有保护作用，属保护组织。

1）**表皮细胞**：多为形状不规则的扁平细胞，排列紧密，无胞间隙。细胞外壁较厚并角化形成角质层（图4-127），有的被有不同蜡质。表皮细胞在横切面上成方形或长方形。

2）**气孔器**（**stomatal apparatus**）：由两个肾形的**保卫细胞**（**guard cell**）和它们之间形成的细胞间

隙，即**气孔**（**stoma**）组成（图4-125C）。有的植物在保卫细胞旁还有**副卫细胞**（**subsidiary cell**）。保卫细胞的细胞壁厚薄不均，与表皮细胞接触的一面，细胞壁较薄；而向气孔的一侧细胞壁较厚，细胞内含有丰富的细胞质，具有明显的细胞核，并有叶绿体和淀粉粒。

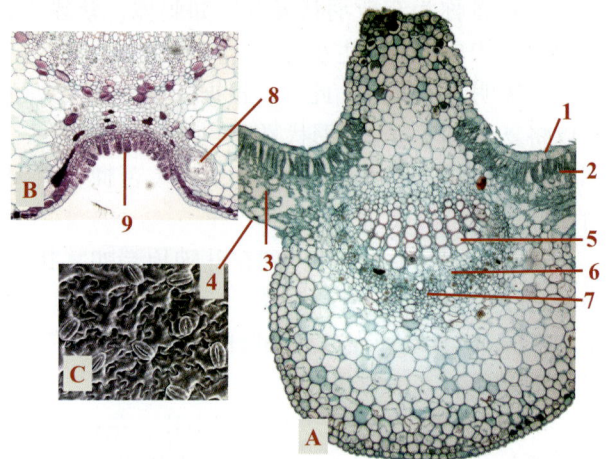

图4-125　棉叶片中脉处横切示结构
A.横切面示基本结构（1.上表皮；2.栅栏组织；3.海绵组织；4.下表皮；5.木质部；6.微弱的束中形成层；7.韧皮部）
B.横切面示中脉下表皮凹陷处（8.分泌腔；9.蜜腺窝）；
C.下表皮扫描电镜图

保卫细胞的结构特征与气孔开闭的自动调节有关。当保卫细胞吸水膨胀时，近气孔的细胞壁较厚，扩张较少，而邻接表皮细胞的壁较薄，扩张较大，致使两个保卫细胞呈弯曲状，气孔张开；当保卫细胞失水时，膨压降低，保卫细胞恢复原状，气孔缩小以致关闭。植物缺水时，水分就成为控制气孔开闭的决定因素，气孔的关闭，使植物避免继续大量失水而造成损害。近年的研究表明，脱落酸ABA是调控气孔开闭的重要植物激素。

气孔的数目及在表皮上的分布和位置，随植物的种类而异，并与生态条件相关。一般基部被子植物和真双子叶草本植物叶片，下表皮气孔多于上表皮，如棉、马铃薯等植物的叶片。基部被子植物和真双子叶木本植物叶片的气孔集中分布于下表皮，如桑、茶和桃等植物的叶，上表皮无气孔或极少。少数叶浮水的植物，气孔仅分布在叶片的上表皮，如睡莲、菱和水鳖的叶（图4-130D）；沉水植物的叶，一般没有气孔。表4-2表明常见植物上下表皮的气孔频率。同株植物上，叶位高的叶其单位面积上的气孔数多于叶位低的叶。同一叶片上，叶尖与叶缘单位面积上的气孔数多于叶的其他部分。

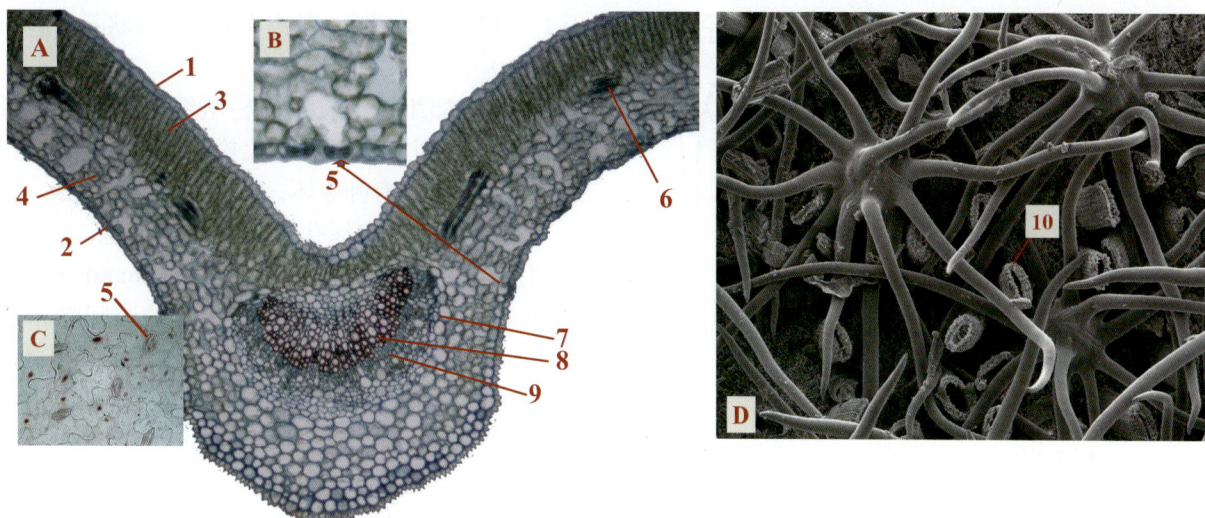

图4-126　真双子叶植物叶结构

A.中脉处横切；B.下表皮气孔器及气孔下室；C.下表皮结构；D.扫描电镜下福建青冈下表皮的辐射状表皮和气孔表面；

1.上表皮；2.下表皮；3.栅栏组织；4.海绵组织；5.气孔器；6.侧脉；7.维管束鞘；8.木质部；9.韧皮部；10.气孔具筒状蜡质帽盖

大多数植物的气孔与表皮细胞位于同一平面上。但是，旱生植物叶片的气孔位置常下凹，低于表皮细胞，有时会形成气孔窝，如夹竹桃的叶下表皮（图4-127B）。在湿生植物中，气孔位置常稍高于表皮细胞。

表4-2　种子植物叶片上下表皮气孔频率

（单位：n/cm²）

植物种名	上表皮	下表皮
苹果	0	38700
菜豆	4000	24800
栎树	0	58100
南瓜	2790	27130
玉米	9800	10800
松树	12000	12000
洋葱	17500	17500

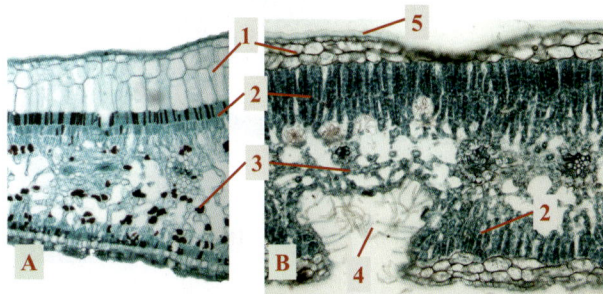

图4-127　橡胶叶和夹竹桃叶横切面结构

A.橡胶树；B.夹竹桃；

1.复表皮；2.栅栏组织；3.海绵组织；4.气孔窝；5.角质层

3）**表皮附属物**：最常见的为表皮毛，它是由表皮细胞向外突起生长或分裂形成的。有单细胞也有多细胞，形态多样（图4-126D，也见第三章图3-36，3-37）。根据表皮毛是否具有分泌功能，可以分为**腺毛**（glanduar hair，图4-129G）和**非腺毛**（non-glandular hair）。在腺毛中可进一步划分为**单列毛**（uniseriate hair）、**分枝腺毛**（branches glandular hair）、**盾状毛**（peltate hair）等。在非腺毛中，常见有**单毛**（single hair）、**束状毛**（fasciculate）和**星状毛**（stellate hair）等。如苹果叶表面的单细胞表皮毛和马铃薯叶表面的多细胞表皮毛可增强表皮的保护作用；棉叶表面的蜜腺和分泌腔（图4-125），以及甘薯叶表面腺鳞具有分泌功能，福建青冈树的下表皮毛是辐射状的。

4）**排水器**（hydathode）：是叶片上一种排出水滴的结构，由水孔和通水组织构成（图4-128）。水孔与气孔相似，但它的保卫细胞没有自动调节水孔开闭的作用，因此水孔始终是开的。水孔的内方是一群排列疏松的小型细胞，与脉梢的管胞相连，称为通水组织。排水器常分布在植物的叶尖和叶缘。在温暖的夜晚或清晨空气湿度较大时，可见到有些植物的叶尖和叶缘出现水滴（如草莓），这是植物体内过多的水分通过排水器排出并集成水滴的现象，称为吐水。吐水现象可作为根系吸水力较强的标志之一。

有的植物叶表皮细胞还有一些特殊结构，如桑树叶上表皮具有**钟乳体**（cystolith）细胞（图4-129C），也常见于桑科和葫芦科等植物，是一种难

图4-128 植物叶水孔及吐水现象

A.草莓叶早晨的吐水现象；B.叶顶端纵切面示吐水现象的水孔结构；

1.水孔；2.气腔；3.通水组织；4.叶脉脉梢；5.叶肉组织

溶盐的储存库，如草酸盐、碳酸盐等。

（2）**叶肉**（mesophyll） 是位于上下表皮之间的同化组织。叶肉是进行光合作用的主要场所。在具有腹背面之分的叶片（两面叶）中，叶肉分化成**栅栏组织**（palisade tissue）和**海绵组织**（spongy tissue）（图4-129，图4-130）。

1）**栅栏组织**：位于上表皮下方，由1至几层圆柱形的细胞组成。栅栏组织细胞的长径与表皮垂直，细胞排列整齐如栅栏状，胞间隙较小，细胞内含有大量的叶绿体。叶绿体能随光照条件而移动，使其既不被强光破坏又能充分接受光能。栅栏组织的细胞层数，随植物种类而不同，如棉叶中栅栏组织只有一层，叶肉中还有分泌腔（图4-125），莲也只有一层（图4-130F），柑橘有2～3层，也有分泌腔（图4-130A）；桃、梨、南瓜、菱叶中的栅栏组织则有2层（图4-129，4-130）；茶叶随品种不同，

有1～4层（图4-129），叶肉中分布有枝状石细胞（图4-130B）。

2）**海绵组织**：位于栅栏组织与下表皮之间，细胞呈不规则形状，排列疏松，细胞间隙特别发达，细胞内也含有叶绿体，但数量较少。

在上、下表皮气孔内方的叶肉细胞，形成较大的空隙叫**气孔下室**（substomatic chamber）（图4-126）。它与海绵组织和栅栏组织的胞间隙相连，构成叶片内部的通气系统，并通过气孔与外界相通。这种发育良好的细胞间隙系统，具有很大的表面积，有利于气体交换和对二氧化碳的吸收，对叶片进行光合作用有重要意义。

如果叶在茎上着生角度较小呈近直立状态，叶片两面受光差异不大，叶肉则无栅栏组织和海绵组织的分化，或近上、下表皮内的叶肉细胞都分化出栅栏组织，这种叶片称等面叶，例如单子叶禾本科植物以及蒿属、矢车菊属、夹竹桃属植物的叶（图4-127，图4-130H）。个别双子叶植物叶着生角度虽然不小，但叶片栅栏组织和海绵组织分化也不明显，如桑树的叶片（图4-129C）；有些栅栏组织很弱，如石竹科小草本植物繁缕（图4-130C）。

（3）**叶脉**（vein） 叶脉分布于叶肉之中，纵横交错成网状，起输导和支持作用。各级叶脉的结构有所不同。主脉和较大的侧脉结构相似，由机械组织、薄壁组织和维管束组成（图4-125，图4-126，图4-129）。机械组织位于叶脉外表皮内方，有的为厚角组织（如棉、茶）；有的为厚壁组织（如柑橘）（图4-129，图4-130）；机械组织一般在叶的背面较发达，故叶背面叶脉常突起（图4-129A，D、H）。

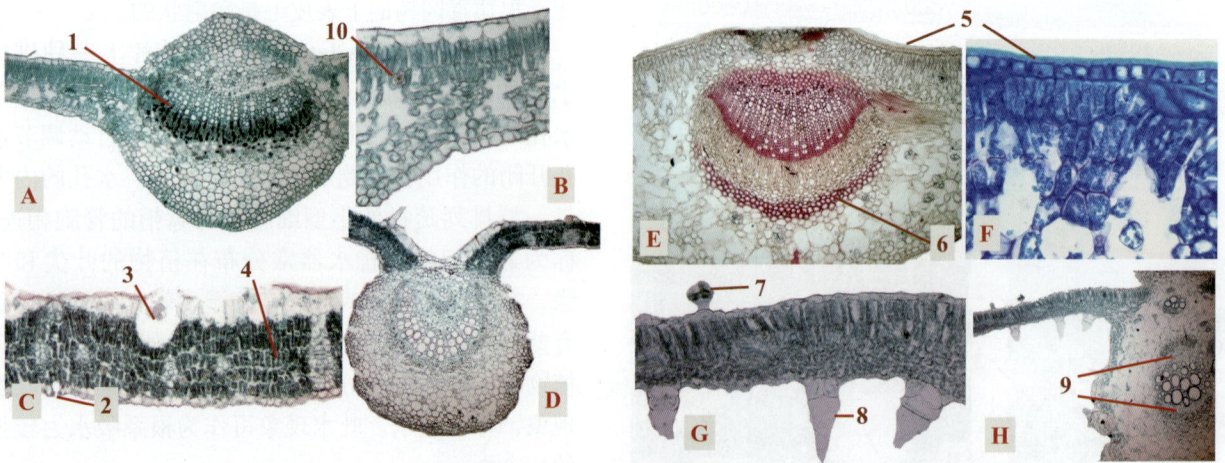

图4-129 梨（A、B）、桑（C、D）、茶（E）、乌冈栎（F）、南瓜（G、H）叶片结构

1.梨叶主脉中微弱的维管形成层；2.下表皮及气孔；3.桑树叶上表皮中的钟乳体；4.桑树叶栅栏组织与海绵组织不明显；5.茶叶和乌冈栎上表皮较厚的角质层；6.茶叶厚壁的维管束鞘；7.南瓜叶上表皮腺毛；8.南瓜叶下表皮多细胞毛；9.南瓜叶主脉维管束也具有双韧维管束；10.结晶细胞

机械组织的内方是薄壁组织。维管束位于薄壁组织之中；维管束的木质部位于上方（腹面），韧皮部位于下方（背面），在木质部与韧皮部之间有时有微弱的束中形成层，但活动有限；维管束外方有薄壁组织细胞包围，有的被厚壁细胞或者厚壁细胞与薄壁细胞相间所包围，而称为维管束鞘（如茶叶、梨叶等，图4-126，图4-129A）。维管束鞘可一直延伸到维管束的末端；许多真双子叶植物叶的维管束鞘可扩展到叶的上、下表皮或某一面表皮并与表皮相连接，这部分细胞被称为**维管束伸展区**（**bundle sheath extension**）。主脉维管束绝大多数呈半月形，但也有形成一圈的，如柑橘叶的主脉（图4-130A）。

叶脉越分越细，其结构也越来越简单，首先是束中形成层消失；其次，机械组织逐渐减少以至不存在；接下来，木质部与韧皮部的组成分子逐渐减少，到细脉脉梢其木质部仅有1～2个螺纹管胞，韧皮部仅有筛管分子或仅有薄壁细胞（图4-131）。

3. 单子叶植物叶片的结构

（1）禾本科植物叶片的结构　禾本科植物的叶片也由表皮、叶肉和叶脉三个部分组成（图4-132），但各个部分结构的特征与基部被子植物和真双子叶植物叶片有所不同。现以水稻叶为例，结合其他禾本科植物的叶片，说明其结构。

1）**表皮**：也有上、下表皮之分，由表皮细胞（包括长细胞、短细胞）、泡状细胞、气孔器和表皮毛等组成（图4-132，图4-133）。

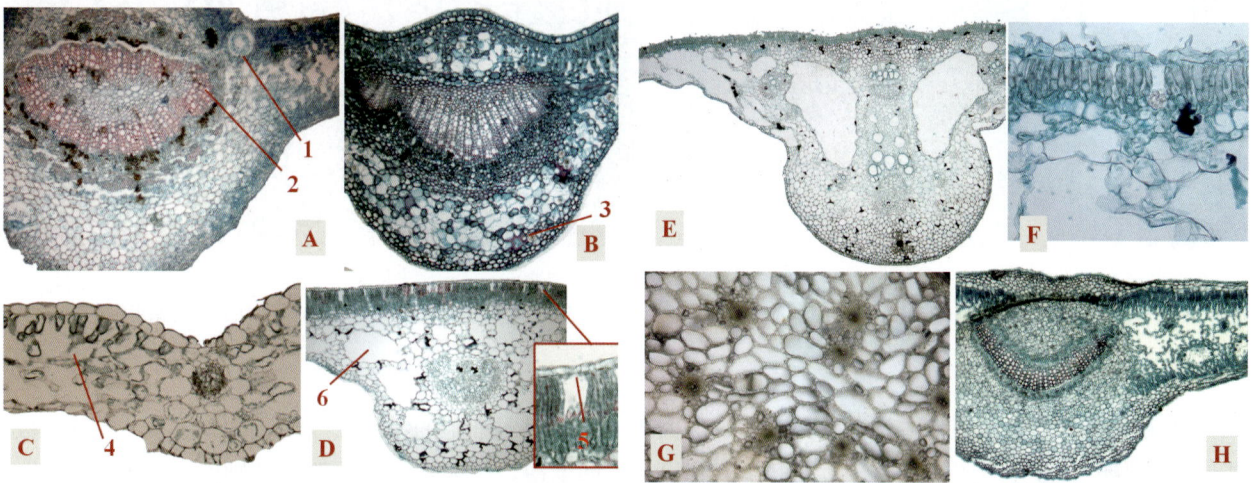

图4-130　柑橘、茶、繁缕、菱、莲、香菇草、夹竹桃叶结构特点
A.柑橘；B.茶树；C.繁缕；D—G.水生植物，菱（D）、莲（E，F）、香菇草叶柄（G）；H.旱生植物夹竹桃
1.分泌腔；2.柑橘叶主脉维管束呈一圈，似茎；3.茶叶主脉基本组织中具有石细胞；4.繁缕叶栅栏组织不发达；5.菱的浮水叶的气孔位于上表皮；6.起到浮水作用的气腔；注意观察D—G水生植物菱和H旱生植物的结构特点，及其如何适应生态环境

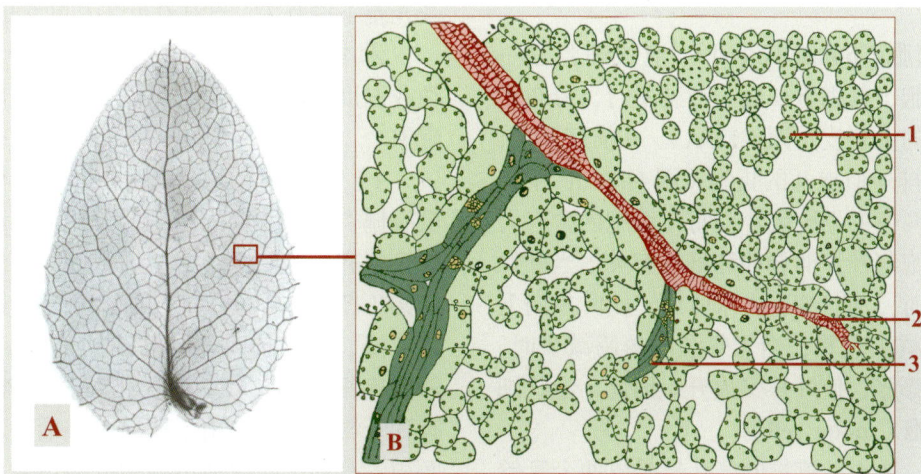

图4-131　叶片中的脉梢结构
A.网状叶脉的叶片；B.显微镜下可见放大后的细脉脉梢模式；
1.叶肉组织；2.叶脉脉梢的螺纹管胞；3.脉梢韧皮部的长形薄壁细胞，与海绵组织细胞相连

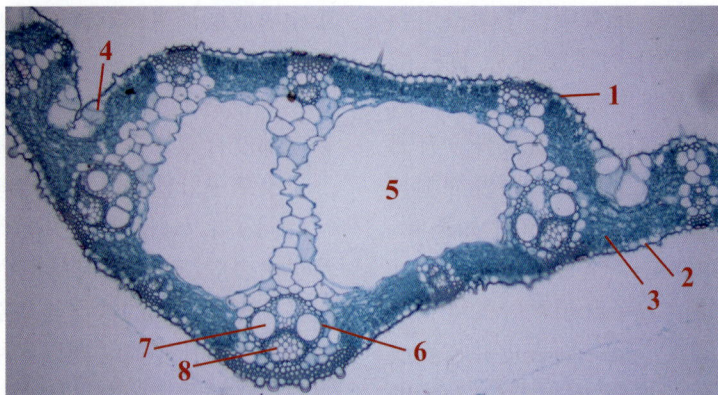

图4-132 水稻叶片部分横切面
1.上表皮；2.下表皮；3.叶肉组织；4.泡状细胞；5.气腔；6.维管束鞘；7.木质部；8.韧皮部

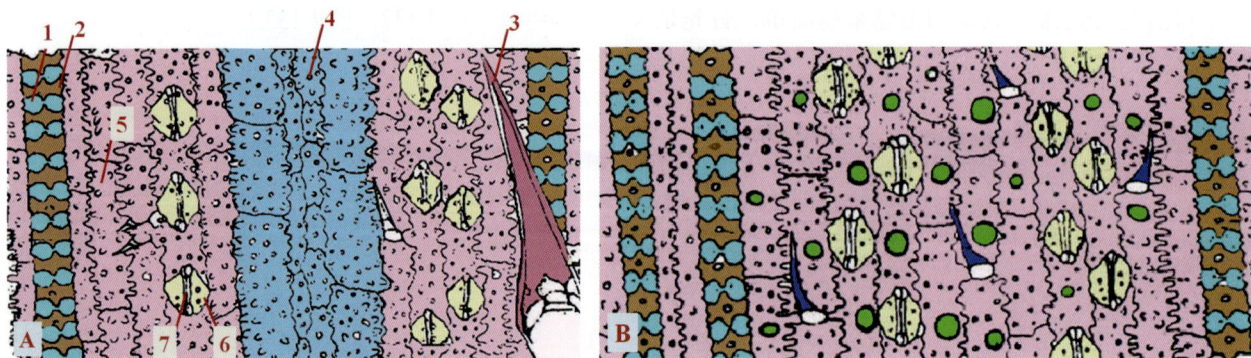

图4-133 水稻叶表皮
A.上表皮；B.下表皮；1—2.短细胞（1.硅细胞；2.栓细胞）；3.刺毛；4.泡状细胞；5.长细胞；6.副卫细胞；7.保卫细胞；
注意观察下表皮与上表皮结构有什么不同

a. 表皮细胞。表皮细胞中长细胞构成表皮的大部分，细胞长径与叶的伸长方向平行，并呈纵行排列，较整齐，细胞外壁不仅角化而且矿化，水稻叶还形成硅质和角质的**乳突（papilla）**。长细胞也可与气孔器交互排成纵行（图4-133）。短细胞中的硅细胞和栓细胞相互交替成纵行排列，常分布在叶脉的上方。

b. **泡状细胞（bulliform cell）**。泡状细胞是一些大型薄壁细胞，其细胞长轴与叶脉平行，分布于两个叶脉之间的上表皮（图4-133A）。在横切面上，每组泡状细胞排列似展开的折扇（图4-132），中间的细胞最大，两旁的细胞较小。每个细胞内含有大液泡。泡状细胞与叶片的卷曲和舒展有关。当叶片蒸腾失水过多时，泡状细胞失水收缩，使叶片向上卷成筒状，以减少蒸腾；当天气湿润蒸腾减少时，泡状细胞吸水膨胀，使叶片又展开。因此，泡状细胞又称**运动细胞（motor cell）**。

c.气孔器。禾本科植物的气孔器是由两个哑铃形的保卫细胞、保卫细胞外侧的一对近菱形的**副卫细胞（subsidiary cell）**和气孔组成（图4-134）。哑

铃形保卫细胞的细胞壁厚薄不均匀，两端膨大部分的壁薄，中央狭长部分的壁特别厚。当保卫细胞吸水膨胀时，薄壁的两端相互撑开，于是气孔张开；当失水时，两端收缩使气孔关闭。

禾本科植物叶片的上、下表皮均分布有气孔，且数目相差不大，这与叶在茎上着生近直立、两面受光差不多有关。气孔在叶尖和叶缘的部位较多。

禾本科植物的叶尖分布有排水器，在温暖的夜晚或湿度较大的清晨，可见到稻、麦的叶尖有吐水现象。

2）**叶肉**：禾本科植物的叶属于等面叶，叶肉没有栅栏组织和海绵组织的分化。水稻的叶肉细胞比较整齐，胞间隙小，但细胞壁向内皱褶形成多环结构（图4-135A）。小麦的叶肉细胞具有明显的所谓"峰、谷、腰、环"的结构（图4-135B）。当相邻叶肉细胞的"峰、谷"相对时，增加了胞间隙，有利于气体交换。由于壁向内皱褶增加了质膜的表面积，有利于叶绿体沿皱褶壁的边缘排列，更利于接受阳光，进行光合作用。

3）**叶脉**：禾本科植物叶脉中的维管束与茎中

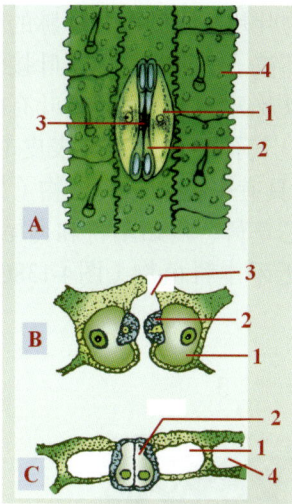

图4-134　水稻气孔器的结构
A.表面观；B.气孔中央横切；C.气孔顶端横切
1.保卫细胞；2.副卫细胞；3.气孔；4.表皮细胞

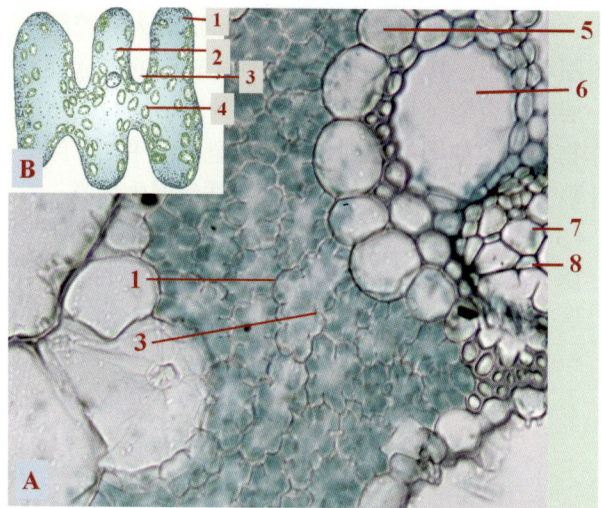

图4-135　禾本科叶肉细胞
A.水稻叶横切示叶肉细胞；B.小麦叶肉细胞模式
1.峰；2.环；3.谷；4.腰；5.外圈的维管束鞘（可见内圈厚壁维管束鞘）；
6.木质部导管；7.韧皮部筛管；8.韧皮部伴胞

的维管束基本相似，也属有限维管束，但木质部位于上方（近上表皮），韧皮部位于下方（近下表皮），其维管束鞘有两种类型。如水稻、大麦、小麦等植物叶的维管束鞘有两层细胞（图4-135A），外层为薄壁细胞，细胞较大，不含或含少量叶绿体；内层为厚壁细胞，细胞较小（图4-136B，C）。而玉米、高粱等植物叶的维管束鞘为单层的薄壁细胞，内含丰富的线粒体和较大的叶绿体。叶绿体内没有或仅有少量基粒，但其累积淀粉的能力超过叶肉细胞中的叶绿体。这单层维管束鞘细胞常形成"花环形"

（**Kranz-Type**）结构（图4-136A）。

禾本科植物叶维管束鞘的解剖结构特征，可作为区分C3与C4植物的形态结构依据。具有"花环形"结构特征的植物为C4植物（如玉米、高粱），它们在进行光合作用时，能将叶肉细胞中由四碳化合物释放出的CO_2再固定还原，提高光合效能，被称为高光效植物。水稻、大麦等植物叶的维管束鞘属C3植物结构，为低光效植物。高光效C4植物在单子叶植物的莎草科，以及真双子叶植物的苋科、藜科等科中也有发现。

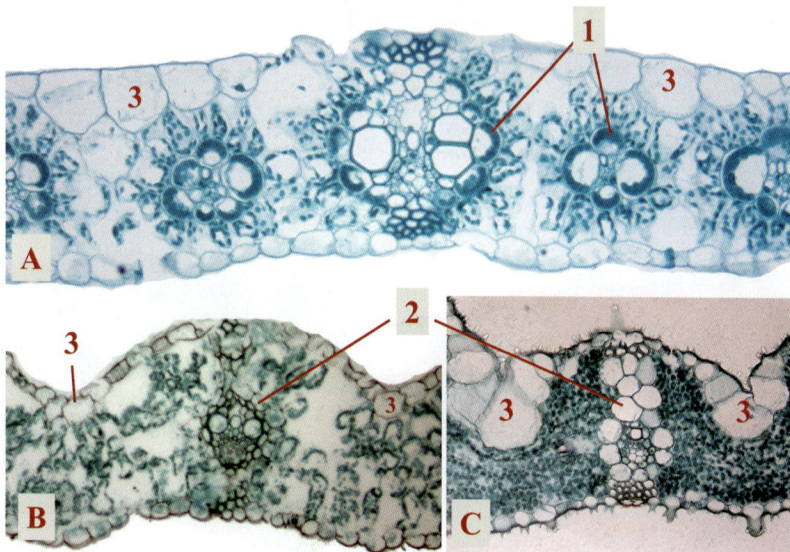

图4-136　禾本科C3植物（小麦和水稻）与C4植物（玉米）植物叶片部分横切
A.玉米；B.小麦；C.水稻
1.C4植物维管束鞘大，具有大量叶绿体；2.C3植物维管束鞘细胞小，叶绿体少或缺；3.泡状细胞

　　水稻叶片的中脉较复杂。由数个大小不一的维管束、薄壁组织相间排列以及中央形成的大气腔组成（图4-132）；其他侧脉平行排列，较细的细脉仅有一层维管束鞘。其他禾本科植物的叶结构与广布的作物相似，如图4-137D（白顶早熟禾）和E（芦苇叶鞘），都具有气腔，表明它们能适应湿生环境。

　　（3）其他单子叶植物叶的结构

　　除了禾本科植物外，其他单子叶植物叶的结构随叶脉类型的不同而不同，具有与基部被子植物和真双子叶植物叶片相同的网状叶脉的植物，其叶片的结构与基部被子植物或真双子叶接近，如菝葜科、薯蓣科，以及天南星科绿萝的叶有栅栏组织与海绵组织分化，气孔叶分布于下表皮（图4-137B，图4-138A）。而具有平行叶脉的植物（如百合科的部分植物、灯芯草科、鸭跖草科和鸢尾属的植物）其叶片结构接近禾本科植物（图4-138C）。水生的

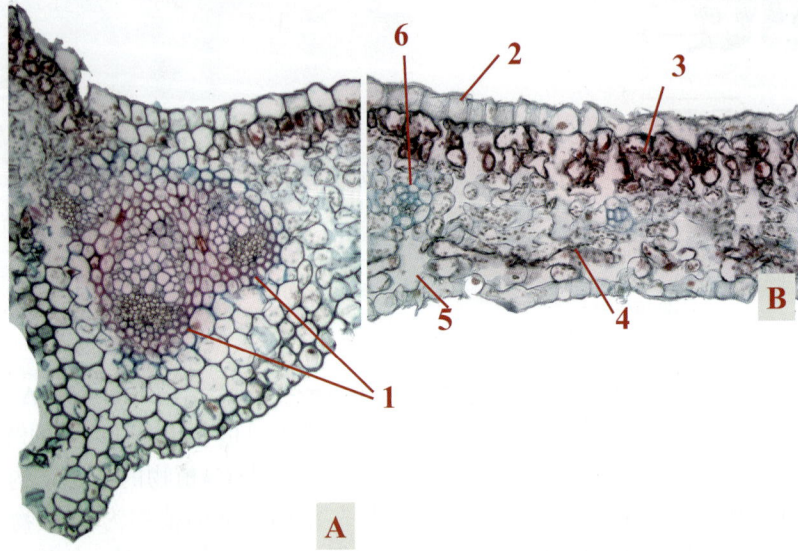

图4-137　菝葜（木本单子叶植物）叶片部分横切面
A.中脉部位；B.叶片部分；1.中脉维管束有3个，木质部在上韧皮部在下；2.上表皮；3.栅栏组织；4.海绵组织；5.气孔及气孔下腔；6.细脉

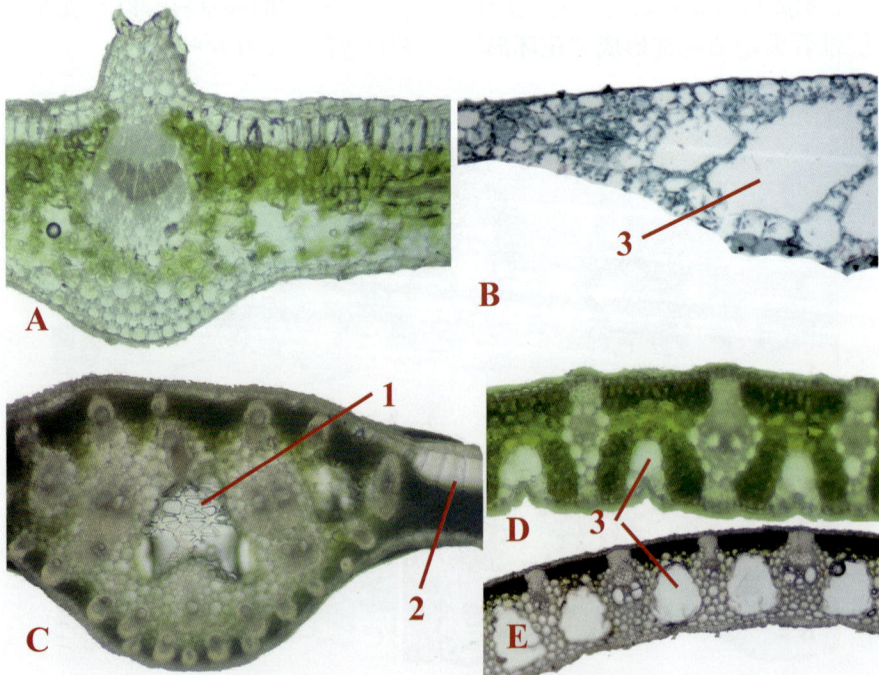

图4-138　其他常见单子叶植物叶的结构
A.绿萝；B.眼子菜；C.鸢尾；D.白顶早熟禾；E.芦苇叶鞘；1.网状的通气结构；2.泡状细胞；3.气腔（学生课外研究徒手切片）；
请进一步区分各部分结构

眼子菜属植物也具有发达的气腔（图4-138B），而鸢尾的网状气腔表明它是湿生植物（图4-138C）。但无论是哪种类型，其维管束木质部都具有"V"字形结构，无形成层，具有单子叶植物的共同特征，但木本单子叶植物菝葜的叶脉维管束机械组织发达，木质部不呈"V"字形。

（四）叶的生态类型

叶的形态结构，容易随生态环境的不同而发生变化，特别是水分和光照对其影响很大。根据植物与水分的关系，将植物分为旱生植物、水生植物和中生植物三大类，下面简要说明这三类植物叶的形态结构特征。

1. 旱生植物的叶

旱生植物（xerophyte）长期生活在干旱的环境条件下，在适应其生活环境的过程中，叶的形态结构特征主要朝着降低蒸腾和贮藏水分两个方面发展。

旱生植物叶的最明显特征是外表面与体积的比值小，叶小而厚。表皮细胞的角质层和蜡被较厚，表皮毛较发达。有的旱生植物的表皮由多层细胞组成，称为复表皮；气孔下陷或位于特殊的气孔窝内，如有些地中海地区的栎树、夹竹桃和橡胶树（图4-127）。叶肉中栅栏组织发达，海绵组织及其胞间隙不发达。叶脉比较稠密。这些特征能降低蒸腾作用，提高光合效率。

有些旱生植物的叶片肥厚多汁，有发达的储水组织；细胞液浓度高，保水力强，如盐生、沙生的苋科植物，旱生或阴生的马齿苋科、景天科植物，以及阴生的秋海棠科植物都有储水组织和细胞（图4-139）。

2. 水生植物的叶

水生植物（hydrophyte）长期生活在水生的环境条件下，叶的形态结构特征主要是向有利于接受阳光及获得空气等方面发展。因此，水生植物的叶小而薄，有的沉水叶呈细丝状分裂，以增加表面积；表皮细胞壁薄，不角化或轻度角化，一般具叶绿体，表皮上常无气孔；叶肉不发达，无栅栏组织与海绵组织的分化，胞间隙特别发达，形成通气组织。机械组织和输导组织退化，特别是木质部数量减少，这是水生植物叶的显著特点，如眼子菜、莲、菹草、香菇草和菱的叶（图4-140，图4-130D—G，图4-138B）。还有一些湿生植物的叶也具有水生植物的特点，如鸢尾、芦苇（图4-138C、E）。

3. 中生植物的叶

中生植物（mesophyte）生长在水分含量适中的土壤中。但不同的中生植物或同一植物不同部位的叶片对阳光的需求不同，又将中生植物分为阳生植物和阴生植物（图4-140）。

阳生植物是指在阳光直接照射的环境下生长良好的植物。大多数农作物、草原和沙漠植物以及先叶开花植物都属阳生植物。阳生植物受光和热比较强，周围的空气较干燥。因此，叶倾向于旱生叶的结构特征（图4-141A）：叶片较小而厚，角质层较厚，机械组织和栅栏组织较发达，细胞间隙小。但阳生植物不等于旱生植物，阳地植物中也有湿生植物，如水稻是阳生植物，又是湿生植物。

阴生植物是指在较弱光照条件下，即荫蔽环境中生长良好的植物。其叶倾向于水生叶结构特征（图4-141B）：叶片一般大而薄；表皮细胞角质层薄，气孔较少；栅栏组织不发达，细胞间隙较发达，叶绿体较大，叶绿素含量较高。这些结构特征有利于光的吸收和利用，以适应弱光环境下生长。

在同一生境条件下，同一植株其顶部的叶和下部的叶、朝阳面的叶片和背阴面的叶，在结构上

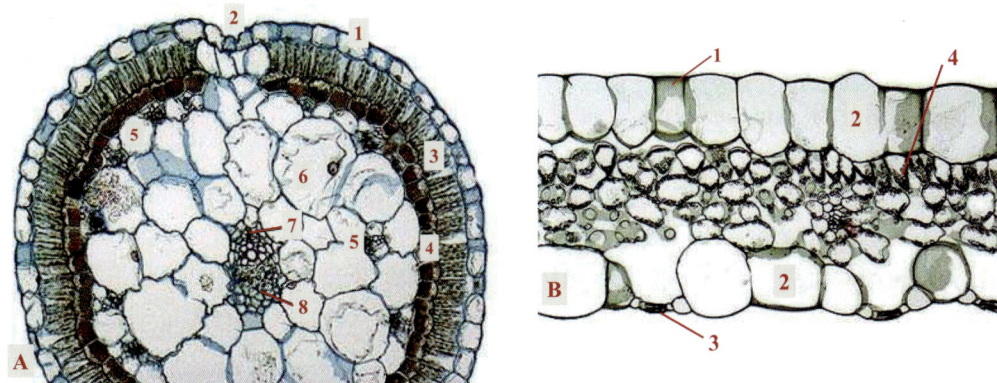

图4-139　旱生、阴生植物叶的贮水组织

A.盐碱地的肉质叶横切（苋科）（1.表皮；2.气孔；3.叶肉同化组织层；4.黏液细胞层；5.普通基本组织细胞；6.储水组织细胞；7.木质部；8.韧皮部）；B.阴生的秋海棠属植物叶横切（1.上表皮；2.储水细胞；3.下表皮气孔；4.叶肉同化组织）

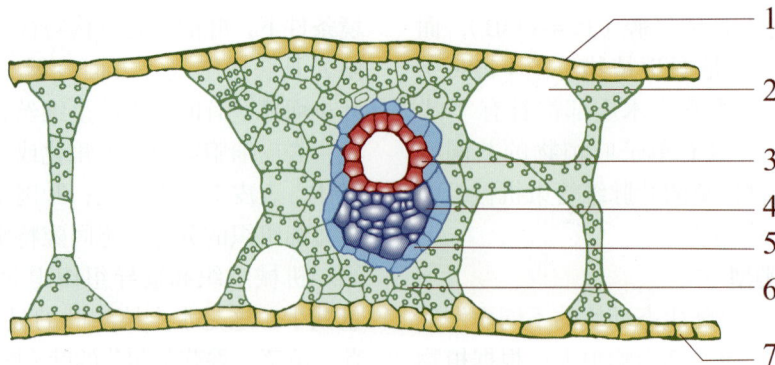

图4-140 水生植物菹草叶的结构模式
1.上表皮；2.通气组织；3.木质部；4.韧皮部；5.维管束鞘；6.叶肉组织；7.下表皮

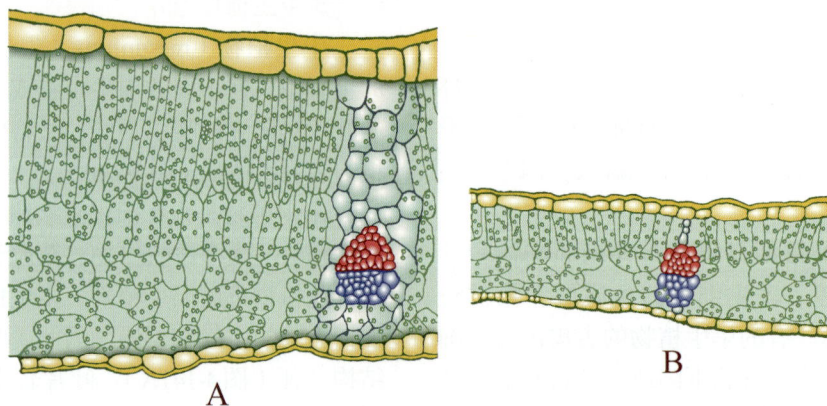

图4-141 糖槭叶的部分横切面——示中生植物叶结构模式
A.阳生叶；B.阴生叶

也存在着一些差异。顶部的朝阳面的叶倾向于阳生叶的结构，而下部的或背阴面的叶倾向于阴生叶的结构。

（五）落叶与离层

植物的叶片具有一定的寿命，在一定生活期终结时，叶就枯死。叶生活期的长短，各种植物不同。一般植物的叶只能生活几个月，如水稻、小麦、大豆等植物的叶；有些木本植物的叶（如桃、桑、柳）生活了一个生长季节后，在冬季来临时，叶从枝上脱落下来，这种现象称落叶。每年寒冷或干旱季节到来，叶变色而枯黄，最终全部从树上脱落，仅留枝干的树称**落叶树**(deciduous tree)，如桃、李、桑、柳、色木槭等（图4-142A）；有一些植物的叶可以生活1至多年，在新叶发生后，老叶才逐渐脱落，全树看上去终年有绿叶，这种树称**常绿树**（ evergreen tree)，如茶、柑橘、女贞、松树、樟树等（图4-142B）。

植物在落叶前，由于叶肉细胞内叶绿体中的叶绿素分解，叶黄素显露，叶片由绿变黄（图4-142A）。有些植物的叶还会产生花色素苷而使叶呈黄红色（图4-143A）。叶柄基部或近基部的某些

细胞发生变化，形成**离区**（ abscission zone ）（图4-143B）。离区内的一些细胞，其胞间层的果胶酸钙转化为可溶性的果胶和果胶酸，导致胞间层黏液化和溶解，从而形成**离层**（ abscission layer ），即发生分离的部位（图4-143C）。有的除胞间层溶解外，还有部分或全部初生壁甚至整个细胞发生溶解。在叶片本身重量的影响和外界（如风吹、雨打）机械力的作用下，叶中维管束机械地折断，叶从离层处分离而脱落。与此同时，在离层断离处的细胞层，其细胞壁发生栓化，有时在细胞壁和胞间隙内还有木质、伤胶沉积，从而形成**保护层**（ protective layer)（图4-143），它与茎上的木栓层相连，起保护作用。叶脱落后，在茎上留下痕迹，叫叶痕。叶痕内有凸起的维管束痕迹，即断裂的叶中维管束。

落叶是植物对不良环境的一种适应性，是植物在长期进化过程中形成的。引起离层产生的外因是日照长度的改变，短日照可加速离层的产生，长日照可以推迟离层的产生；形成离层的内因是体内激素失去平衡，如生长素含量减少，**脱落酸**（ abscisic acid ）和**乙烯**（ ethylene ）的含量增加。生长素可抑制离层的形成，而脱落酸是一种生长抑制剂，可加

图4-142 植物的落叶
A.秋天的落叶树（色木槭）；B.春天的常绿树（樟树）
1.新叶；2.即将脱落的老叶

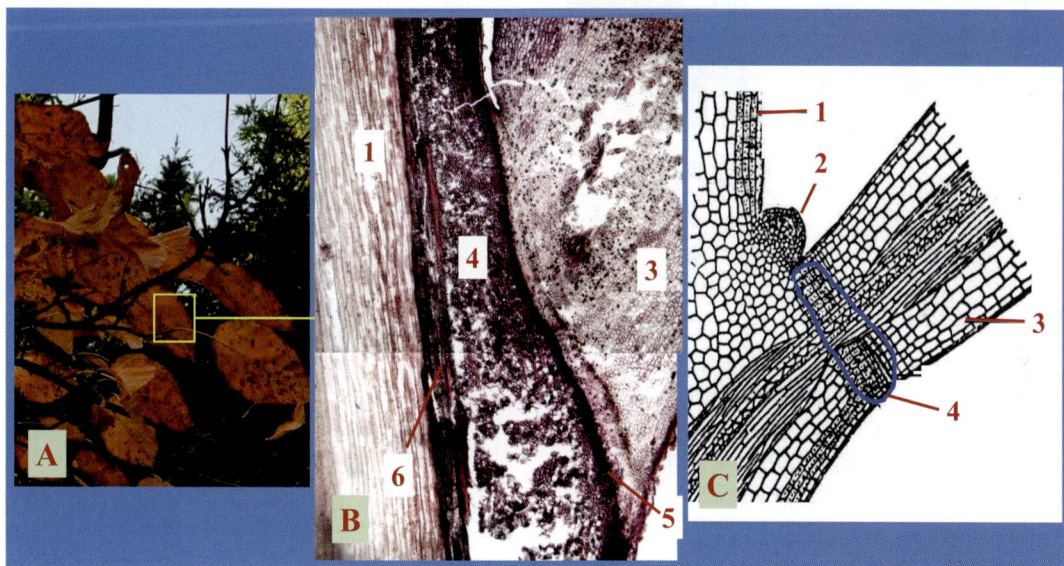

图4-143 叶脱落叶柄基部纵切示离区、离层和保护层
A.秋叶变黄、脱落处；B.叶柄基部纵切；C.叶柄基部纵切模式（1.茎；2.腋芽；3.叶柄；4.离区；5.离层；6.木栓化的保护层）

速叶的脱落。叶子在脱落前，会将一些营养元素收回到植物的其他部位。

离层不仅仅发生在叶柄基部，在花柄、果柄基部也会发生，造成落花、落果，给生产造成不利的后果。当前在生产上常用喷洒一定浓度的生长素或生长调节剂（如2，4-D）的方法来控制离层的形成，防止落花、落果。

（六）叶的生理功能

叶的主要生理功能是光合作用和蒸腾作用。此外，叶还有吸收功能。农业上在叶面上喷洒肥料就利用了叶的吸收功能。

（七）其他植物的叶

1.苔藓植物的叶

苔藓植物是自然界中最早具有光合器官——叶的植物；从苔藓植物的叶状体到茎叶体的过渡，可以看出叶这一营养器官从无到有的过程。

我们肉眼见到的苔藓植物是具有单倍染色体的配子体。叶状体苔类植物没有真正叶的分化，只有类似叶的扁平、绿色茎，代替叶进行光合作用；叶状体（茎）表皮上的气孔具有叶的蒸腾功能（但不会关闭，图4-144）。虽然叶状体苔类植物没有茎叶的分化，但在其叶状体下表面有似叶的结构——腹叶（鳞片状叶）。腹叶由叶状体上的生长点产生或由下表皮细胞突起生长而形成（图4-144A），从形态学的观点看，它应被视为幼叶。腹叶呈多细胞、鳞片状，常带暗紫色，它的作用主要是使假根束紧贴叶状体下方，保护假根束不干燥。

角苔类植物体的叶类似叶状体结构（图7-44）。较高级的茎叶苔藓类植物才有了叶的分化，但其结构较为简单。大部分茎叶苔藓类植物的叶生于茎上部，以宽阔的基部固着于茎上；叶片为全缘不分裂的绿色扁平结构，由一层薄壁细胞组成，细胞内含大量叶绿体，是其光合作用的场所（图4-145）；叶片中部有一中肋贯穿叶片，中肋由一群纵向伸长的

厚壁细胞组成，其上、下表面覆盖具叶绿体的薄壁细胞，中肋由叶通向茎的皮层，具有输导物质和支持叶片的作用（图4-145）。有些苔藓植物的叶较特别（如金发藓），其叶片为线状披针形，叶缘有锯齿，全叶由多层细胞组成，其同化组织为多层细胞组成的片状体，分布在叶的上表面，并沿叶的纵轴排列，是其光合作用的主要场所，同时由于其同化组织具有毛细管的作用，易于吸收水分而使水分不易散失（图4-146）。

2. 石松类与蕨类植物的叶

石松类植物（石松和卷柏）的叶是单叶、小型、无叶柄而全缘，以前常称为小型叶蕨类。蕨类植物的叶有单叶与复叶之分。单叶有的为小型叶，无叶柄，常退化，如木贼、松叶蕨，以茎替代光合作用功能；有的单叶大型，具有叶柄，如瓶尔小草、石韦、瓦韦和水龙骨科的部分植物。复叶为大型叶，具叶柄，常有各种叶裂或形成一回到数回羽状复叶。石松类和蕨类植物的叶无论大小，其结构相类似，由表皮、叶肉和叶脉组成。

石松类植物叶的结构多为小型叶，如石松和卷柏，叶结构由上、下表皮，叶肉组织和中柱组成（图4-147）；而石松类群中的水韭科植物叶较发达，似韭菜而得名，叶结构似水生被子植物，由表皮、基本组织、中柱和气腔组成，但中柱缺导管和筛管，只有管胞和筛胞（图4-147E—G）。

石松类与蕨类植物的大部分叶表皮与茎表皮相似，由表皮细胞，气孔器以及表皮附属物组成，气孔器通常在叶的上、下表皮都有分布；除此之外，表皮上通常有毛、刺、腺体、排水器等结构。叶肉

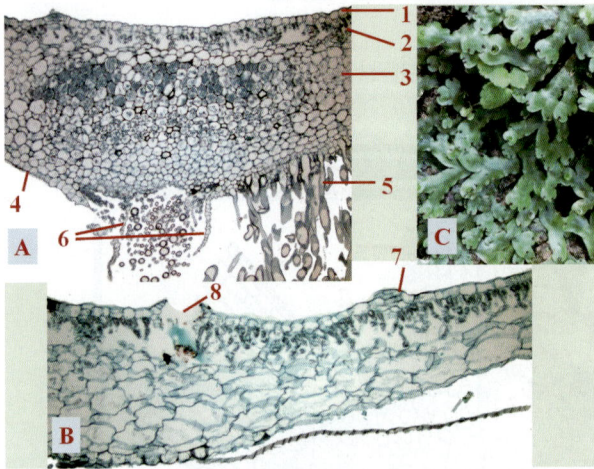

图4-144 地钱叶状体纵切示结构
A.具有鳞片状叶部位切片；B.不具鳞片状叶部位切片；C.叶状体苔类-地钱配子体；1.上表皮；2.同化组织；3.储藏组织（基本组织）；4.下表皮；5.无色平滑的假根；6.多细胞鳞片状腹叶；7.气孔（切到边缘部分）；8.正切到气孔中央部位，下面有气室

图4-145 藓叶结构
A—C.提灯藓属；D.葫芦藓叶片横切示意图
A.野外活体；B.显微镜下示同化组织细胞及中肋；C.高倍下的同化组织细胞；1.同化组织；2.中肋

图4-146 大金发藓叶片横切面
A.具孢子体孢蒴的配子体（植株）；B.茎叶体近观；C.叶横切示结构；
1.同化组织层；2.表皮；3.中肋（A、B由吴玉环惠赠）

图 4-147　石松类的叶

A、B.石松科藤石松（1.上表皮；2.叶肉细胞；3.中柱；4.下表皮；5.气孔器和气孔）；C—D.卷柏科卷柏（5.气孔器和气孔，6.中脉；7.茎）；E—G.水韭科中华水韭：E.中华水韭植物体；F.水韭叶横切；G.水韭叶中柱（8.水韭叶；9.根；10.叶表皮；11.叶肉细胞；12.气腔；13.中柱；14.机械组织；15.木质部；16.韧皮部；17.叶片基部的大小孢子囊）（E—G照片由刘保东惠赠）

为上、下表皮间的同化组织。叶肉有的没有分化或分化不明显（图4-148）；有的分化成栅栏组织与海绵组织，如桫椤（图4-149）。叶肉中常具有气隙或气室。叶脉分布在叶肉中，有二叉分支脉或网状脉。叶脉中的中柱类型为原生中柱，单叶中具单中柱，而分叉的叶则具有2条中柱。中柱的周围有内皮层和中柱鞘。中柱内的木质部常为外始式发育，木质部近上表皮一侧，韧皮部近下表皮一侧。木质部的分化从叶基部到叶尖，但韧皮部的分化限于叶的基部。多数蕨类植物的叶背面还生有孢子囊群（图4-148）。木贼科植物叶退化成鳞片，茎代替叶的

功能（图4-148）。

3. 裸子植物的叶

裸子植物的叶多呈针形、披针形或鳞片状，少数植物的叶为大型羽状复叶（如苏铁）或为二裂的扇形叶（如银杏）。裸子植物的叶在结构上比被子植物叶的变化少，而且不太受环境的影响。松科和柏杉类植物的针叶、披针形或鳞片状叶是我们日常生活最常见的（图4-150）。首先，针叶在形态和结构上具有明显的旱生特点，能忍耐低温和干旱。针叶多束生在短枝上，两针一束（如马尾松、油松，图4-150A）、三针一束（如白皮松）或五针一束（如华

图4-148　蕨类植物叶的结构
A.节节草（木贼科）植物外形；B.节上退化的鳞片状叶（1.茎；2.退化的叶）；C.一种蕨类叶横切示叶片结构和孢子囊群，右上图为
蕨叶切片位置（1.上表皮；2.类似栅栏组织的叶肉组织；3.类似海绵组织的叶肉组织；4.下表皮；5.叶背面的孢子囊群）

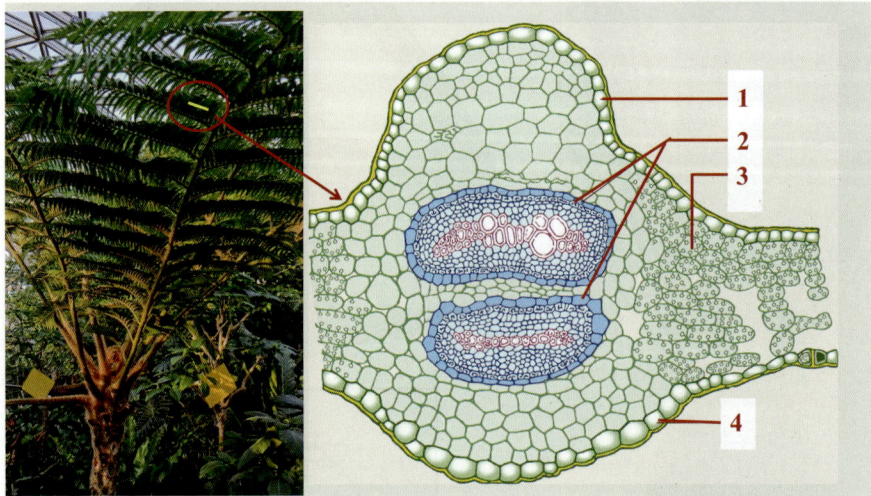

图4-149　桫椤叶部分横切面
左.桫椤植株；右.叶部分切片；
1.上表皮；2.叶脉中柱及维管束鞘；3.叶肉组织；4.下表皮

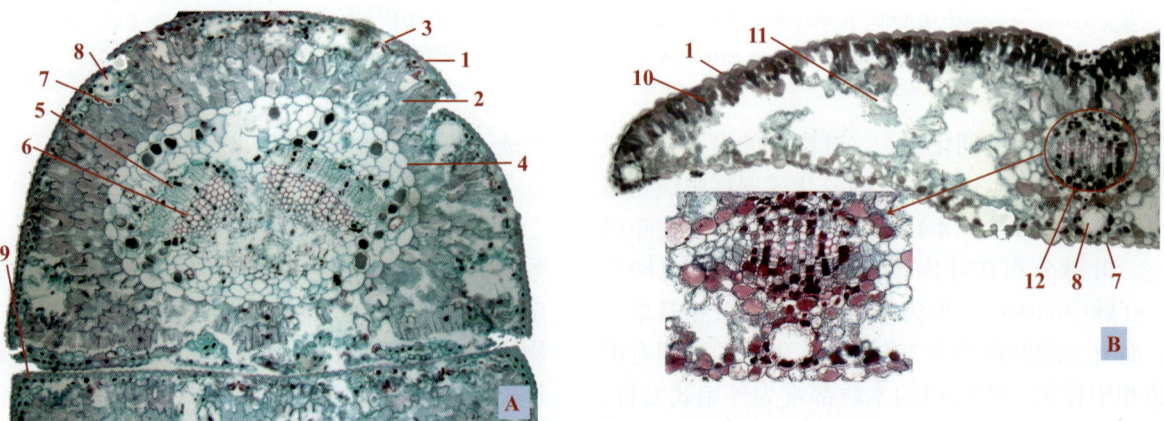

图4-150　松树、水杉叶的结构
A.二针一束松树叶横切；B.水杉叶横切；
1.表皮；2.叶肉同化组织；3.下陷的气孔；4.内皮层；5.韧皮部；6.木质部；7.树脂道的上皮细胞；
8.树脂道；9.相对的另一叶；10.叶肉的栅栏组织；11.叶肉的海绵组织；12.维管束及放大（左下）

山松）。针叶的表皮细胞壁较厚，角质层发达，表皮下有几层厚壁细胞称为**下皮层（hypodemis）**，气孔下陷在下皮层中。叶肉细胞的细胞壁常向内凹陷成褶皱（图4-150A），叶绿体沿褶皱分布，扩大了光合作用的表面积；叶肉组织中分布有树脂道，且在叶肉细胞与维管束的交界处有明显的内皮层结构；内皮层以内有一个或两个维管束（图4-150A）。披针形叶的水杉（图4-147B）有栅栏组织和海绵组织之分；柏科鳞片状叶的形态结构与针叶基本相似。

一些苏铁科的大型羽状复叶与被子植物中的真双子叶植物相近，也有较明显的栅栏组织（图4-151A）。注意在其表皮内有1～2层皮下层细胞、中脉上方都有叶肉组织，以及特殊的旱生植物气孔特点（除气孔在下表皮下陷外，表皮细胞还在气孔外方形成一个盖，见图4-151A左下方）。银杏二裂的扇形叶具有二叉型叶脉，其结构见图4-151B，接近等面叶，叶肉细胞似松树，细胞壁具有凹凸特点；气孔多分布下表面，维管束似单子叶植物。

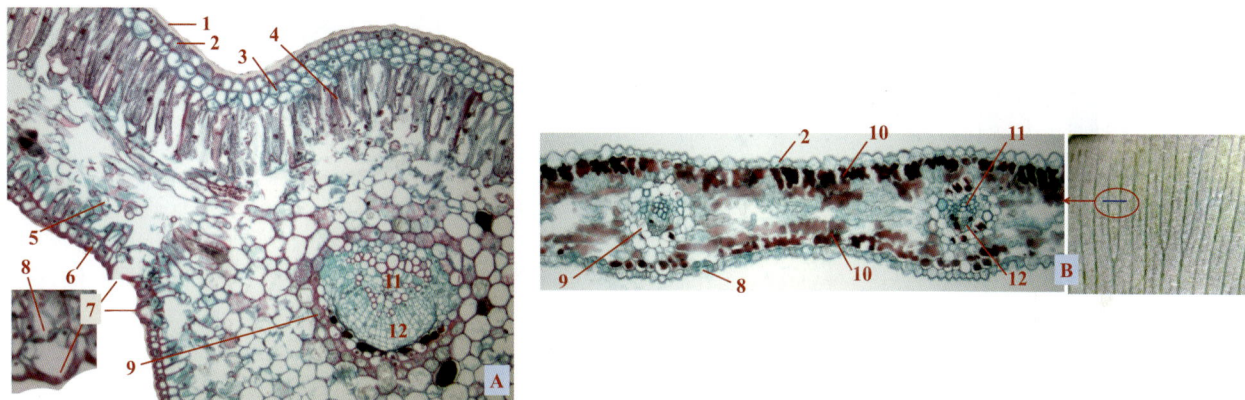

图4-151 苏铁（A）和银杏叶（B）的部分横切面
1.角质层；2.上表皮；3.下皮层；4.栅栏组织；5.海绵组织；6.下表皮；7.特殊的防止水蒸发的气孔盖；8.气孔；9.维管束鞘；10.凹凸不平的叶肉组织细胞；11.木质部；12.韧皮部

第五节　营养器官之间的联系

一　根、茎、叶之间维管组织的联系

根、茎、叶中的维管组织，相互连接并贯穿于整个植物体内，构成植物体内的输导系统。在植物初生生长阶段，根中维管组织其初生木质部与初生韧皮部呈相间排列；而茎中初生木质部与初生韧皮部呈内外排列。根中的初生木质部为外始式发育；而茎中的初生木质部为内始式发育。在根与茎交界处，维管组织的排列形式发生了转变。根与茎维管组织发生转变的部位称为**过渡区（transition zone）**，多位于下胚轴。

初生维管组织在过渡区由根中的排列形式转变成茎中的排列形式，其转变方式和过程因植物的不同而有所差异。现以二原型根转变为具有四个外韧维管束的茎为例（图4-152）。开始发生转变时，在过渡区的中柱通常稍有增粗。图4-152右侧是幼根的横切面模式，由下往上分别是下胚轴的下、中、

上部以及幼茎的横切面，从幼根开始每束木质部纵向分裂成二分叉，各分叉逐步转向180°，其中的一个分叉与相邻韧皮部束的一个分叉汇合成束，移位到韧皮部内方，使原来呈相间排列的木质部与韧皮部变成内外排列，也就是由根中维管组织的排列方式转变成茎中维管组织的排列方式。这样，根与茎的维管组织就相互联系起来。

茎中维管束与叶的维管束也是相互连接的。叶着生在茎节上，茎内维管束从中柱斜向分枝到茎边缘，然后伸入叶柄到叶片。从茎中柱斜出穿过皮层到叶柄基部为止的这段维管束，称为叶迹维管束（图4-153）。叶迹维管束的数目随植物不同而不同，在叶柄脱落后，叶痕内看到的小突起就是叶迹维管束断离的痕迹。在叶迹上部由薄壁细胞填充的区域，称为**叶隙（leaf gap）**（图4-153）。

主茎的维管束也同样分枝到各侧枝，从主茎分枝到侧枝（各分枝）基部的维管束，称为**枝迹**

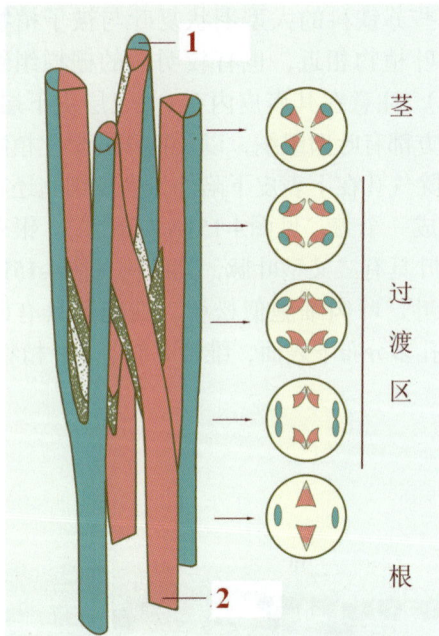

图4-152 根茎间维管束转位图解
1.韧皮部（绿色）；2.木质部（红色）；

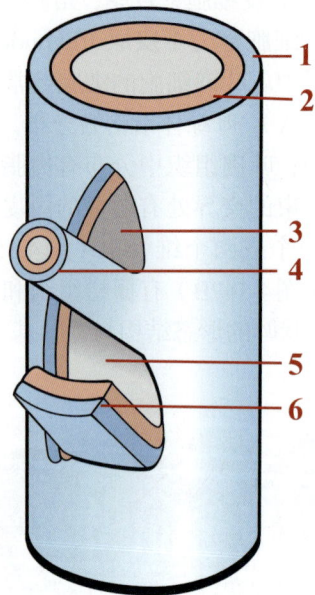

图4-153 枝迹和叶迹
1.茎韧皮部；2.茎木质部；3.枝隙；4.枝迹；5.叶隙；6.叶迹

（**branch trace**）维管束。枝迹上方的薄壁细胞区域，称为**枝隙**（**branch gap**）（图4-153）。

综上所述，植物体内的维管组织，从根中通过过渡区与茎中维管组织相连，再通过枝迹和叶迹与所有的分枝和叶中的维管束相连，从而构成了根、茎、叶整个植株完整的维管系统。

二 营养器官生长的相关性

植物体各个器官，在生长的过程中存在着相互促进或抑制的关系，称为生长相关性。

（一）植株地下部分与地上部分的生长相关性

"根深叶茂"这句话概括了植物地下部分和地上部分存在着生长相关性（图4-154A）。植物的生长是靠根从土壤中吸收水分、矿物质、氮素，以及根合成的氨基酸、细胞分裂素等物质运往地上部分，以及地上部分（茎、叶）光合作用所制造的糖等有机养料以及一些生理活性物质，如维生素、生长素等往根部运输供根系的生长而得以实现的。在植物的整个生长期中，根系的健全发展，保证了地上枝叶的繁茂；而繁茂的枝叶，在充足的阳光下合成的碳水化合物较多，输送到根部，可促进根系进一步发展。如果地上的枝叶繁茂，而光照不足或枝叶相互荫蔽，合成的碳水化合物较少，大部分用于枝叶徒长，很少输送到根系，根的生长受到抑制；根系发育不好，地上枝叶因得不到根部吸收的水和矿物质等营养也不可能很好地生长。这充分反映了

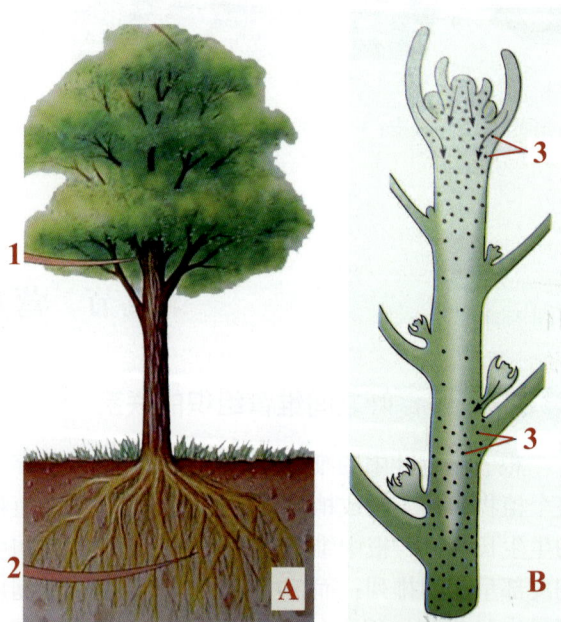

图4-154 根深叶茂与顶端优势图解
A.乔木的根深叶茂示意；B.顶端优势示意；
1.树冠与根系的宽度相同；2.庞大根系；3.生长素浓度从顶芽往下递减，下部侧芽也类似

植物地下部分与地上部分的生长相关性。植物的根系和枝叶的生长，常出现一定的比例关系，这种比例关系称为**根冠比**（**root shoot ratio**）。

（二）顶芽与侧芽的相互关系

植物的顶芽与侧芽也存在着生长相关性。当顶芽生长活跃时，下部的侧芽往往被抑制而处于休

眠状态；如果顶芽受伤或被摘去，侧芽就迅速活动而形成侧枝。这种顶芽生长对腋芽（侧芽）生长的抑制作用，称为**顶端优势（apical dominance）**（图4-154B）。顶端优势的存在，决定了植株的冠型或株型，即地上部分的形态。

顶端优势的强弱程度，随植物的种类不同而异。玉米的顶端优势强，植株一般不分枝；而水稻、大麦、小麦的顶端优势较弱，在分蘖期，可发生多次分蘖。在木本植物中，单轴分枝的植物，其顶端优势强，如松、杉等裸子植物和杨树、桉树、龙脑香等，具有明显而直立的主干，侧枝不发达；合轴分枝的植物，其顶端优势弱，如茶、桃、桑、柳或其他灌木，没有明显的直立主干，侧枝发达。

顶芽对侧芽的抑制作用，一般认为受植物体内生长素浓度的影响。当顶芽活跃生长时，产生大量生长素，这些生长素向下传导，其浓度高于侧芽生长所需，对侧芽生长起抑制作用（图4-154B）。

第六节　营养器官的变态

营养器官（根、茎、叶）都有一定的生理功能以及与之相适应的形态和结构。一般来说，在不同植物中，同一种器官的形态、结构是大同小异。但是，由于环境的变化，植物器官会因适应某一特殊环境而改变其原有的功能，也改变其形态和结构。经过长期的自然选择，这些改变就成为该种植物的特征。这种由于功能的改变所引起的植物器官在形态和结构上的可遗传性变化称为变态。

一 根的变态

（一）贮藏根

此类变态根贮藏大量营养物质，肥厚多汁，形状多样，常见于二年生或多年生草本真双子叶植物。贮藏根是越冬植物的一种适应，所贮藏的养料可供来年生长发育的需要，使根能抽出枝、叶并开花结果。根据来源不同，可将贮藏根分为肉质直根和块根两种类型。

1.肉质直根

肉质直根（fleshy tap root）主要由主根和下胚轴发育而成，如萝卜、胡萝卜、芜菁、甜菜等植物的肥大主根（图4-155）。肉质直根上部没有长侧根的部分，由下胚轴发育而成，其下部长有侧根的部分，由主根发育而成。

不同植物的肉质直根，在结构上各有特点。萝卜的肉质直根具有发达的次生木质部，木质部中没有纤维，导管也少，大部分是薄壁细胞，有些薄壁细胞能恢复分生能力转变成为**副形成层（accessory cambium）**，并由它分裂产生**三生韧皮部（teriary phloem）**和**三生木质部（teriary xylem）**构成三生结构；而次生韧皮部不发达，所占比例较小（图4-156A）。胡萝卜的肉质直根与萝卜外形相似，但其次生木质部所占比例较小（图4-156B），而次生韧皮部较发达，其中韧皮薄壁细胞非常发达，贮藏

着大量的营养物质（如胡萝卜素），食用后能转变为维生素A，所以胡萝卜根具有较高的营养价值。

2.块根

块根（root tuber）由不定根或侧根发育形成的贮藏根，如甘薯、木薯、大丽花和三叶青等植物的块根（图4-157C）。甘薯块根的形状常不规则（图

图4-155　几种肉质直根形态
A.萝卜；B.胡萝卜；C—D.甜菜及横切面示三生构造的木质部（1）；E.芜菁

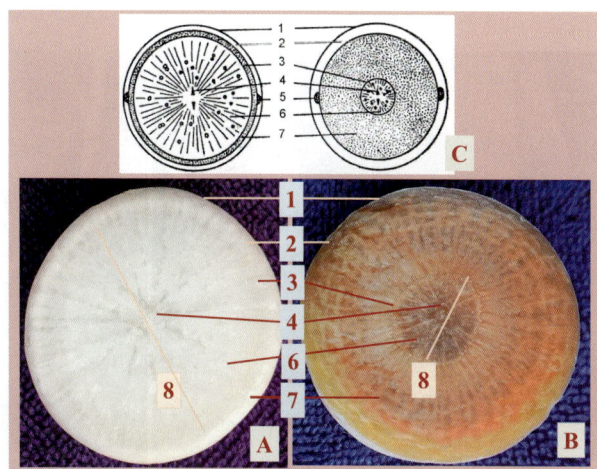

图4-156　萝卜和胡萝卜根横切面及结构图解
A.萝卜；B.胡萝卜；C.模式比较
1.周皮；2.皮层；3.形成层；4.初生木质部；5.初生韧皮部；6.次生或三生木质部；7.次生韧皮部；8.示木质部大小比较

4-157A），这是次生木质部中的薄壁细胞恢复分生能力形成的副形成层不均匀，并分裂产生分布不均匀的三生构造造成的（图4-157B）；甘薯韧皮部中有乳汁管，所以伤口常有白色乳汁流出。甘薯块根贮藏有大量的淀粉和糖；大丽花块根中贮藏的主要是菊糖；三叶青是近年发展起来的药用植物，其块根入药。

（二）气生根

生长在空气中的根称气生根（aerial root）。由于担负的功能不同，气生根可分为不同的类型，主要有支持根、攀缘根和呼吸根。

1.支持根

支持根（prop root）是指从靠近地面茎节上产生许多不定根，并向下伸入土中，形成支持植物体的辅助根。如玉米、高粱、甘蔗等植物茎基部节上的根（图4-158A，B）。支持根也具有吸收作用。

2.攀缘根

从茎的一侧产生许多不定根，附着在树干或墙壁上使植物得以攀缘生长，如常春藤、络石、凌霄等藤本植物茎上的根（图4-158C）。这类气生根叫攀缘根（climbing root）。

3.呼吸根

有些生长在海涂、沼泽地带或红树林的木本植物，因植株的根部埋在淤泥或水中呼吸困难，有一部分根垂直向上生长伸出地面或水面暴露于空气中进行呼吸，叫呼吸根（respiratory root）。呼吸根内组织疏松，通气组织发达，利于空气的贮存，如，我国南部海边的红树林（图4-159B、C）及华东生长在水边的水松、落羽杉等（图4-159A）。

二　茎的变态

（二）地下茎的变态

茎的变态类型较多，根据变态茎的生长环境，可分为地上茎变态和地下茎变态两类。

常见的地下茎变态有块茎、鳞茎、球茎、根状茎等类型。

图4-157　块根
A.甘薯块根外形；B.三叶青块根；C.木薯的块根；D.甘薯块根部分横切面示副形成层；
1.侧根；2.次生韧皮部；3.形成层；4.次生木质部；5.副形成层再形成三生构造

图4-158　支持根和攀缘根
A.甘蔗的支持根；B.玉米支持根；C.常春藤的攀缘根，箭头为气生根和攀缘根

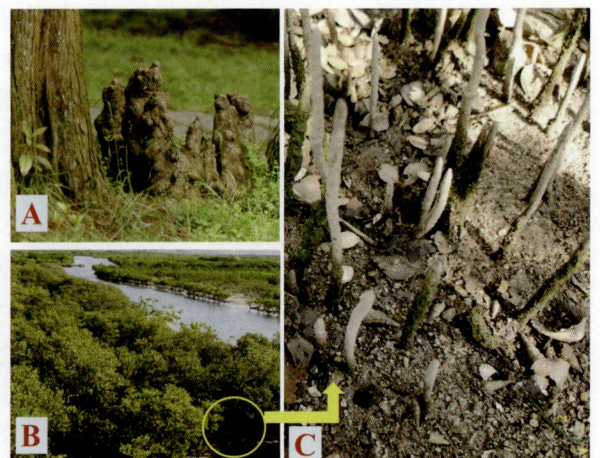

图4-159　呼吸根
A.杭州植物园的落羽杉（王挺摄）；B.海南红树林，C.红树林的呼吸根

1. 块茎

马铃薯的食用部分，是由地下纤匐枝的顶端逐渐膨大而成的（图4-160A），称为**块茎（tuber）**。块茎的顶端有顶芽，侧周有许多螺旋状排列的芽眼，芽眼内长有芽，每个芽眼下方有芽眉，它是鳞片叶脱落后留下的痕迹，所以芽眉处即是节的部位；两个芽眉或芽眼之间是节间。由此可见，块茎实际上是节间缩短的变态茎。成熟块茎的内部结构，由外至内为周皮、皮层、外韧皮部、形成层、木质部、内韧皮部和髓部（图4-160B，为双韧维管束）。其中内韧皮部较发达，组成块茎的主要部分。整个块茎，除周皮外，其主要组成是薄壁组织，内含大量淀粉粒。有块茎的植物还有薯蓣的块茎（山药）、天麻、半夏等。

2. 鳞茎

洋葱、百合、蒜、郁金香、水仙等植物具有**鳞茎（bulb）**。整个鳞茎是节间极度缩短的枝条的变态。洋葱基部扁平的鳞茎盘，是节间极其缩短的茎轴，其上着生许多肉质的鳞片叶是变态的叶子（图4-161）；在鳞片叶腋部有腋芽；肉质鳞片叶外面有几层膜质鳞片叶；鳞茎盘下可产生许多不定根（图4-161B，C）。

大蒜鳞茎盘的顶芽开花后，鳞叶干枯呈膜状而失去了食用价值；鳞叶间的腋芽发育成肥大的子鳞茎，也称蒜瓣。郁金香的鳞茎球形，外被干膜质鳞片叶（图4-161C）。

3. 球茎

球茎（corm）即球状的地下茎，茎短而肥。如荸荠、慈姑、番红花、唐菖蒲的球茎是地下纤匐枝顶端膨大而成的；而芋头的球茎是茎基部膨大而形成的。球茎具有明显的节与节间及顶芽，节上有鳞片叶及腋芽（图4-162）。

4. 根状茎

横生于土壤中的茎，外形似根，称为**根状茎（rhizome）**（图4-163）。如竹、莲、白茅、美人蕉等植物的地下茎具有明显的节与节间；茎的顶端有顶芽，节上有腋芽，腋芽可向上生长形成地上茎，节上产生不定根。菊芋、生姜的根状茎肥短而呈肉质；藕的根状茎内有发达的通气组织。

（二）地上茎的变态

1. 茎卷须

一些植物的茎细长，不能直立，其上的一些枝条变态成卷须，称为**茎卷须（stem tendril）**或**枝卷须**（图4-164）。茎卷须的位置和形态因植物种类不同而有所差异：有的与花枝的位置相当（如葡萄科的卷须，葡萄卷须由顶芽转变来，在生长后期常发生位置的扭转，其腋芽代替顶芽继续发育，向上生长，而使茎卷须长在叶和腋芽位置的对面了）；有的生于叶腋部（如南瓜和黄瓜等葫芦科的卷须）；有的单条卷须生叶腋（如西番莲）；有的前端3叉或单条（如炮仗花）（图4-161）；有的植物茎卷须顶端呈吸盘状（如爬山虎），特称为茎吸盘。

2. 茎刺

茎上的一些枝条有时变为针刺状，称为**茎刺（stem thorn）**，如山楂、皂荚、橘等茎上的刺。茎刺位于叶腋部，由腋芽发育而来，具有保护作用（图4-165）。但是，蔷薇、月季和玫瑰等植物茎上的

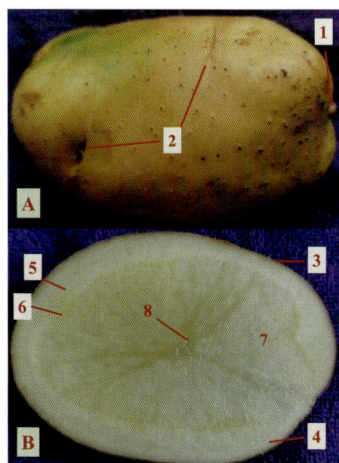

图4-160 马铃薯的块茎
A.块茎外形；B.块茎横切面
1.地下茎与块茎连接处；2.芽眼
（节）和芽；3.周皮；4.皮层；5.外韧
皮部；6.木质部；7.内韧皮部；8.髓

图4-161 洋葱和郁金香的鳞茎
A.洋葱鳞茎外形；B.洋葱鳞茎纵切面；C.郁金香鳞茎
1—2.顶芽；3.鳞片叶；4.鳞茎盘；5.不定根

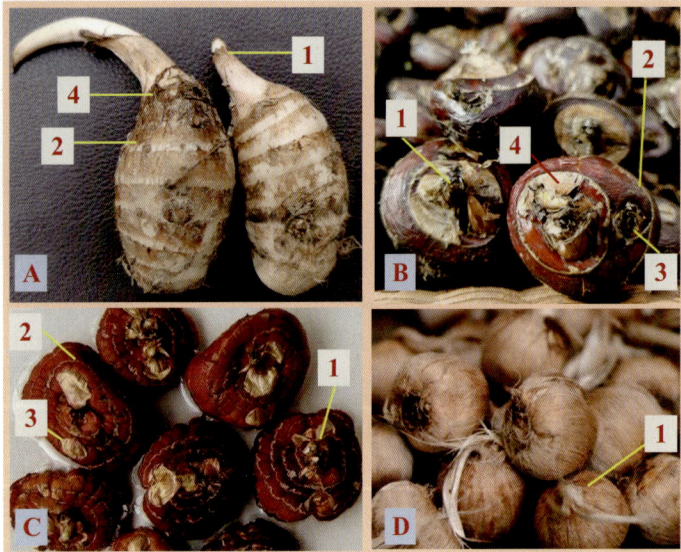

图4-162　球茎
A.芋；B.荸荠；C.唐菖蒲；D.番红花
1.顶芽；2.节；3.腋芽；4.鳞片状叶

图4-163　根状茎
A、B.竹子的根状茎（A毛竹，B早园竹）；
C.莲的根状茎；D.姜的根状茎；黄色箭头指不定芽，
红色箭头指茎的节，金黄色箭头指不定根

刺不是茎刺，它是表皮突起物，称皮刺。

3. 肉质茎

莴苣、仙人掌、榨菜等植物的茎变成肥厚多汁的**肉质茎**（**succulent stem**）（图4-166A，B），其中贮藏着大量的养分及水分。

4. 叶状茎

有些植物的茎变成叶片状，扁平呈绿色，能进行光合作用，称为**叶状茎或叶状枝**（**cladode或phylloid**）。如昙花、文竹和竹节蓼等植物的茎（图4-166C，D）。叶状茎上的叶片退化成鳞片，其叶腋内能产生花。由于鳞片叶小，不易辨认，人们常将

叶状茎误认为叶，而将叶状茎上开的花误认为叶上开花。

三　叶的变态

1. 叶卷须

有些植物叶的一部分变成卷须，称**叶卷须**（**leaf tendril**），用来攀缘生长。如豌豆羽状复叶顶端有2～3对小叶变成卷须（图4-167A）；苕子、野豌豆复叶顶端的一片小叶也变为卷须；菝葜科多数植物的一对托叶变为卷须（如菝葜，图4-167B）。猪笼草的叶柄呈叶片状、前面细长的连接捕虫囊的似卷

图4-164　茎卷须
A.葡萄的茎卷须与叶对生；B.黄瓜的茎卷须生叶腋；
C.西番莲；D.炮仗花

图4-165　茎刺
A.树三加的茎刺；B.代代花的茎刺；
箭头指茎刺

图4-166 肉质茎和叶状茎
A.海南的仙人掌肉质茎；B.莴笋的肉质茎；C.昙花的叶状茎；D.文竹的叶状茎

图4-167 叶卷须和叶刺
A.豌豆的顶端2～3对小叶形成的卷须；B.菝葜的托叶形成的成对卷须；C.钩骨冬青叶的叶刺；D.仙人掌的叶刺；
E.小檗属的叶和托叶形成的刺；F.一种龙舌兰肉质叶边缘和顶端成刺

须，具有卷须的功能（图4-168）。

2.叶刺

有些植物的叶或叶的某一组成部分变成针刺状，称为**叶刺（leaf thorn）**，起保护作用。如小檗的叶和托叶变成叶刺（图4-167E）；刺槐的托叶变成托叶刺；仙人掌肉质茎上的刺是叶子的变态，起保护作用（图4-167D）；凤尾兰、龙舌兰叶缘或叶尖呈刺（图4-167F），大蓟叶裂片顶端呈刺，均对叶有保护作用。在荒漠干旱环境下，很多灌木具有叶刺，起保护作用。

3.鳞叶

有些植物茎上的叶变成肉质多汁的鳞叶或干膜质的**鳞叶（scale leaf）**。如洋葱茎的肉质鳞片及外部的几层干膜质鳞叶（图4-161）；另外，荸荠、慈姑的球茎上，文竹节上也有膜状退化的鳞叶（图

4-162）。肉质鳞叶是贮藏营养物的器官，而膜质鳞叶主要是退化的器官，有时对鳞茎有保护作用。

4.捕虫叶

有些植物的叶发生变态，成为捕食小昆虫的器官，这类变态叶称为捕虫叶。具捕虫叶的植物称**食虫植物（insectivorous plant）**或**食肉植物（carnivorous plant）**，如猪笼草、茅膏菜等（图4-168）。捕虫叶有分泌黏液和消化液的腺毛，当捕捉昆虫后，由腺毛分泌消化液把昆虫消化和吸收。

（四）同功器官与同源器官

植物营养器官的变态，根据其来源或生理功能是否相同，可分为**同功器官（analogous organ）**和**同源器官（homologous organ）**。

功能相同而来源不同的变态器官称为同功器

图4-168　捕虫叶
A.猪笼草的捕虫叶（印度尼西亚野生）；B.茅膏菜的捕虫叶
1.叶柄呈叶状行光合作用；2.部分叶柄成卷须；3.叶片特化成捕虫囊；4.捕虫囊的盖子；5.捕虫叶及腺毛

官。例如叶卷须与茎卷须的功能都是用作攀缘生长，但前者是叶的变态，后者是茎的变态，它们因变态器官的功能相同而来源不同，属同功器官。来源相同而功能不同的变态器官称为同源器官。如块茎、茎卷须、茎刺，其来源都是茎的变态，但它们的功能分别是贮藏营养物质、作攀缘生长、起保护作用，可见它们来源相同，但功能不同，属同源器官。

本章提要

器官是由多种组织按一定的分布规律组成的，并具有一定的形态特征和特定功能的结构单位。在植物生长过程中，担负植物营养生长的器官为营养器官，即根、茎、叶。

根为陆生植物的重要营养器官，有定根和不定根两种。定根发生在植物体的固定部位；不定根发生在不固定的部位；一株植物地下所有根的总和称根系。根系有直根系和须根系两种类型。

根尖由根冠、分生区、伸长区和根毛区（成熟区）组成。根的伸长生长是分生区细胞不断分裂增加细胞数量和伸长区细胞迅速伸长生长的结果。

基部被子植物和真双子叶植物根的初生结构由表皮、皮层和中柱组成。表皮上有根毛，具吸收功能；皮层常分外皮层、皮层和内皮层；内皮层有凯氏带和凯氏点控制水分进出；中柱由中柱鞘（可产生形成层和侧根）、初生木质部（呈星芒状，外始式发育）、初生韧皮部（呈束状，与木质部相间排列）和薄壁细胞组成。

基部被子植物和真双子叶植物根次生生长过程：首先木、韧间的薄壁细胞和正对木质部的中柱鞘细胞恢复分裂能力形成维管形成层；维管形成层主要进行平周分裂，向外产生次生韧皮部和韧皮射线加在初生韧皮部内方，向内产生次生木质部和木射线加在初生木质部的外方；维管形成层也进行垂周分裂来扩大形成层周径。中柱鞘细胞可恢复分裂能力形成木栓形成层；木栓形成层主要进行平周分裂向外产生木栓层，向内产生栓内层而构成周皮；木栓形成层也进行垂周分裂来扩大形成层周径。基部被子植物和真双子叶植物根经次生生长后，其结构从外到内为周皮、初生韧皮部、次生韧皮部、维管形成层、次生木质部、初生木质部以及维管射线。

单子叶植物根的结构与基部被子植物和真双子叶植物根的初生结构基本相似，也由表皮、皮层和中柱组成。其主要区别为单子叶植物根的内皮层细胞五面增厚，部分细胞不增厚而成为通道细胞；中柱鞘及薄壁细胞不能恢复分生能力，不能形成次生结构；其木质部的束数常多于5。

根的分枝即侧根，起源于中柱鞘，这种起源方式为内起源。侧根发生的具体部位与根中初生木质部的束数相关。根瘤是由土壤中的根瘤菌侵入根部皮层，刺激皮层细胞迅速生长而形成的瘤状结构，是根与根瘤菌的共生结构，常见于豆科植物。菌根为根与土壤中真菌的共生体，有普遍性，有外生菌根和内生菌根两种类型。

根的生理功能主要是吸收和固着，还有输导、合成、贮藏和繁殖等功能。

苔藓植物没有真正的根，其植物体中起吸收和固着作用的是单细胞假根（叶状体苔藓）或多细胞假根（茎叶体苔藓）。石松类和蕨类植物有了真正的根但为不定根，能产生细小侧根，其结构由表皮、皮层和中柱组成。表皮上具有根毛；皮层一般由薄壁细胞组成，内皮层也形成凯氏带；中柱由中柱鞘、木质部和韧皮部组成，木质部为外始式发育并与韧皮部相间排列。裸子植物的根与双子叶植物的根在根系、初生结构、次生生长与结构以及侧根的发生上都相似，主要区别在于：大多数裸子植物的木质部由管胞组成，韧皮部由筛胞组成，一般没有导管、筛管和伴胞的分化。

茎是连接根与叶的营养器官。茎上有节、节间、叶痕、叶迹、芽、皮孔和芽鳞痕等结构。着生叶的茎称枝条，有长枝与短枝之分。茎的生长习性有直立茎、缠绕茎、攀缘茎和匍匐茎等类型。

芽是未发育枝条、花或花序的原始体。芽（叶芽）由生长锥、叶原基、腋芽原基、幼叶及未伸长的茎轴组成。茎的分枝方式主要有单轴分枝、合轴分枝、假二叉分枝以及禾本科植物的分蘖。

茎尖分为分生区、伸长区和成熟区。分生区常被划分为原套和原体两部分，或划分为中央区、周围区和肋状分生组织区。

基部被子植物与真双子叶植物茎的初生结构由表皮、皮层和维管柱组成。表皮由表皮细胞、气孔器和表皮附属物组成，具保护功能；皮层分为厚角组织和薄壁细胞；维管柱由初生维管束、髓及髓射线组成，初生维管束由初生韧皮部（位于外方）、束中形成层（木质部与韧皮部之间）和初生木质部（在内方，为内始式发育）组成，并在茎中呈环状排列。

基部被子植物与真双子叶植物茎的次生生长过程：首先与束中形成层相邻的髓射线细胞恢复分裂能力形成束间形成层，二者相连成为维管形成层。维管形成层由纺锤状原始细胞和射线原始细胞组成。纺锤状原始细胞平周分裂向外产生次生韧皮部加在初生韧皮部的内方，向内产生次生木质部加在初生木质部外方；射线原始细胞平周分裂产生维管射线并延长髓射线；维管形成层也进行垂周分裂来扩大形成层周径。同时，茎的表皮、皮层厚角组织或皮层薄壁细胞能恢复分裂能力形成木栓形成层。木栓形成层平周分裂向外形成木栓层，向内形成栓

内层而共同构成周皮；同时也进行垂周分裂以扩大形成层周径。基部被子植物与真双子叶植物茎次生生长后，其结构从外到内为周皮、皮层、初生韧皮部、次生韧皮部、维管形成层、次生木质部、初生木质部和髓。在维管束内有木射线和韧皮射线，相连而成维管射线；在维管束之间的射线称髓射线。

多年生木本茎结构一般分为三部分：树皮（落皮层、新生周皮和次生韧皮部）、维管形成层和木材（历年产生的次生木质部、初生木质部和髓）。在木材部分可见年轮、年轮线、春材与秋材、心材与边材等结构。

禾本科植物茎的结构由表皮、机械组织、基本组织和维管束组成。表皮由表皮细胞（长、短细胞）、气孔器和表皮毛组成；机械组织在表皮内方，常为数层厚壁细胞，有时也有同化组织（小麦）；基本组织为机械组织内方的薄壁细胞，有的植物其茎中央的薄壁细胞解体成髓腔（空心茎，如水稻、毛竹），而有的植物茎中央无髓腔（实心茎，如玉米、菠葜）；维管束在茎中排列成两轮（水稻、小麦）或散生（玉米、菠葜）；维管束由维管束鞘（厚壁细胞）、木质部（多呈"V"字形）和韧皮部组成。

茎的生理功能主要是输导和支持作用，还有贮藏、繁殖和光合等功能。

叶状体苔类植物具有茎和叶的功能，其结构由上、下表皮，同化组织和薄壁组织组成；茎叶体藓类植物的茎由表皮、皮层（近表皮的为厚角组织，近中柱的为薄壁组织）和中柱（长形的薄壁细胞）组成。石松类和蕨类植物的茎由表皮、皮层和中柱组成。表皮上有气孔和表皮毛；皮层常分为两部分，外部皮层为厚角或厚壁组织，内部皮层为薄壁细胞，最内层皮层细胞常具凯氏带；中柱由木质部和韧皮部组成，其主要类型有原生中柱、星状中柱、编织中柱、管状中柱和网状中柱。木质部的发育方式多样。裸子植物茎的初生结构、次生结构与基部被子植物和真双子叶植物木质茎相近，其区别在于：裸子植物茎中的次生木质部主要由管胞和木射线组成，无导管和木纤维，管胞兼具输导和支持双重功能；次生韧皮部由筛胞、韧皮薄壁细胞和韧皮射线组成，没有筛管、伴胞和韧皮纤维。

叶是着生于茎节上的具有光合作用的营养器官。一般植物的叶由叶片、叶柄和托叶组成（完全叶）。禾本科植物的叶由叶片、叶鞘、叶舌和叶耳组成。叶是由茎尖生长锥周围的叶原基经顶端生长、边缘生长和居间生长而形成的。

基部被子植物和真双子叶植物叶片的结构由表

皮、叶肉和叶脉组成。表皮有上、下表皮之分，一般上表皮的角质较厚、气孔较少，而下表皮的角质较薄、气孔较多；叶肉为上下表皮间的同化组织，常有栅栏组织与海绵组织之分（背腹叶或等面叶），叶存在少数等面叶；叶脉是分布在叶片中的维管束，其结构主要由木质部（近上表皮）、微弱束中形成层或无、韧皮部（近下表皮）以及维管束鞘（维管束周围厚壁细胞或薄壁细胞）组成。

单子叶（禾本科）植物叶片的结构由表皮、叶肉和叶脉组成。表皮由表皮细胞（长、短细胞）、泡状细胞（只在上表皮）、气孔器和表皮毛组成；叶肉多无栅栏组织与海绵组织之分（等面叶）；叶脉为平行脉，由维管束鞘、木质部（近上表皮）和韧皮部（近下表皮）组成。

叶的主要生态类型有旱生叶、水生叶和中生叶（阳地叶与阴地叶）。植物的叶是有寿命的，叶生活一定的时间后，其叶柄基部产生离层，叶在其重力及风、雨等外力的作用下离开母体，即落叶。

叶的生理功能主要是光合作用和蒸腾作用，其次还有吸收与繁殖功能。

叶状体苔类植物没有茎叶的分化，而茎叶体藓类植物才有叶的分化。其叶的结构多由一层内含叶绿体的薄壁细胞组成，叶片中部有一中肋贯穿叶片，组成中肋的是一群纵向伸长的厚壁细胞和其上下的薄壁细胞，具有输导物质和支持叶片的作用；少数有多层细胞（金发藓）。石松类植物叶多为小型（水韭除外），不发达；蕨类植物的叶有单叶与复叶之分（木贼科、松叶蕨科除外）；单叶常无叶柄，复叶为大型叶，具叶柄。其叶由表皮、叶肉和叶脉组成。表皮有上、下表皮之分，由表皮细胞、气孔器和表皮附属物组成；叶肉为同化组织，有时无栅栏组织与海绵组织之分；叶脉即中柱，其类型为原生中柱。裸子植物的叶多为针形、披针形或鳞片状。其叶的结构由表皮、皮层、叶肉和叶脉组成。表皮细胞壁较厚，角质层发达；皮层为几层薄壁细胞，有时细胞壁加厚；叶肉常为细胞壁凹凸特征的同化组织，也有分化为栅栏和海绵组织的；叶脉由1～2个维管束组成。

植物体内的维管组织，从根中通过位于下胚轴的过渡区与茎中的维管组织相连；茎中的维管组织再通过枝迹和叶迹与所有的分枝及叶中的维管组织相连，从而构成了根、茎、叶整个植物体完整的维管组织系统。

植物体的各个器官在生长过程中存在着相互促进或相互抑制的关系。植物地上部分（茎、叶）与地下部分（根系）的生长存在着一定的比例，称为根冠比；顶芽的生长对侧芽的生长产生抑制作用，称为顶端优势。

由于功能的改变，营养器官的形态与结构发生了可遗传的变化，这种变化称为营养器官的变态。根的变态类型有肉质直根、块根、支持根、攀缘根、呼吸根和寄生根。茎的变态类型有块茎、球茎、鳞茎、根状茎等地下茎变态，以及肉质茎、叶状茎、茎刺、茎卷须等地上茎变态。叶的变态类型有鳞叶、叶刺、托叶刺、叶卷须和捕虫叶。

来源相同，功能不同的变态器官，称为同源器官；功能相同，来源不同的变态器官，称为同功器官。

思考题

1. 主根和侧根为什么叫定根？什么叫不定根？

2. 根系有几种类型？各有何区别？了解根系类型有什么实际意义？

3. 根尖一般可分为哪几区？各区有何特征及功能？为什么说根尖是根最重要的部分？

4. 徒手切一下基部被子植物和真双子叶植物的初生根，了解初生结构，绘制横切面简图，并注明各部分名称及所属组织。

5. 根为什么能不断伸长和增粗？根增粗后其内部结构发生了哪些变化？

6. 禾本科植物根与基部被子植物和真双子叶植物根的初生结构相比，有何主要不同？其他单子叶植物根的结构如何？

7. 侧根是怎样发生的？属何种起源？侧根与根毛有什么的结构不同？

8. 根尖分生区的组织分化与根的初生结构及次生结构有何关系？

9. 陆生植物的根与其他生物有哪些共生实例？豆科植物为什么能肥田？

10. 石松类、蕨类、裸子植物根的结构如何？有何特点？

11. 什么叫芽？以叶芽为例说明芽的结构组成。

12. 种子植物常见的几种分枝方式是怎样形成的？了解分枝规律在实际工作中有何意义。

13. 被子植物茎尖生长锥的结构及其细胞活动有何特征？其活动结果与茎的初生结构有何关系？

14. 茎的生长方式有几种？举例说明。

15. 徒手切一下基部被子植物和真双子叶植物的初生茎，了解初生结构，绘制横切面简图，并注明各部分名称及所属组织与功能。

16. 茎中维管形成层怎样发生的？形成层环有几种细胞形态？其活动结果各产生什么结构？

17. 茎中木栓形成层可从哪些部位发生？其活动结果产生何种组织？起什么作用？

18. 树皮是怎样形成的，年轮呢？树干中空的树仍然会成活，为什么？

19. 单子叶植物茎的结构有何共同特点？禾本科植物水稻、小麦、玉米茎的结构有何不同？

20. 你如何从茎的外部形态及内部结构识别其与根的区别？

21. 举例说明完全叶和不完全叶的组成。禾本科植物叶由哪几个部分组成？

22. 徒手切一下基部被子植物和真双子叶植物的叶，了解结构，绘制横切面简图，并注明各部分名称及所属组织。

23. 禾本科植物水稻和玉米叶片的结构如何？其结构上有何不同？

24. 其他单子叶植物叶片的结构如何？

25. 你如何从结构上区分叶的上、下表皮？

26. 旱生、水生、阳生和阴生植物叶片结构各有何特征？

27. 离层与落叶有什么关系？已知哪些内外因素与离层的产生有关？

28. 营养器官之间的维管组织在什么部位发生连接而使植物体的维管组织连成完整的输导系统？

29. 植物地上部分与地下部分有何相关性？举例说明。

30. 何谓顶端优势？了解它有何实际意义？

31. 根有哪几种变态类型？甘薯块根形状不规则的原因是什么？

32. 举例说明地下茎与地上茎的几种常见变态类型。

33. 举例说明叶的常见变态类型。

34. 何谓同功器官和同源器官？举例说明。

第一节　植物的繁殖与种子植物的繁殖器官

植物的全部生命活动周期，包括两个互相依存的方面：一方面维持植物个体的生存，另一方面保持种族的延续。植物的个体生命有一定的时限，虽然寿命有长有短，但都要经过生长、发育、衰老并趋向死亡。所以植物生长发育到一定阶段，就要复制与自己相似的个体，以维持种族的延续，这种现象叫**繁殖**（reproduction）。繁殖是植物生命活动周期的一个重要环节，也是所有生物有机体的重要生命现象之一。

植物通过繁殖，不仅增加了新生一代的个体，延续了种族生命，还丰富了后代的遗传性和变异性，产生出生活力更强、适应性更广的后代，使种族得到发展。在实际工作中，人类正在运用植物繁殖的各种方法，并通过人工杂交、选择，分子育种等方式获得大量优良的栽培品种，使植物资源更好地为人类服务。所以繁殖在实际工作中所起的作用是很大的。

植物的繁殖一般有三种方式：**营养繁殖**（vegetative propagation 或 vegetative reproduction）、**无性生殖**（asexual reproduction）和**有性生殖**（sexual reproduction）。营养繁殖是植物的一部分从母体分离后，又长成一个新个体的繁殖方式。由于生物的种类不同，营养繁殖的方式也不尽相同。随着生物的进化，多细胞生物的细胞特化的程度也越来越高，它们的繁殖是由特定部分所产生的**生殖细胞**（generative cell）来进行的。植物体所产生的生殖细胞可以不经过有性结合直接发育成新个体，即无性繁殖，也可以通过两性细胞的结合形成新个体，即有性生殖。有性生殖是植物繁殖的高级形式。植物在长期的演化过程中，不同类群的植物形成了有各自特色的繁殖方式，下面将分别叙述。

一　孢子植物的繁殖

孢子植物并非自然的单系类群，一般指能用一种特化细胞——孢子进行繁殖的一类植物，它包括藻类、地衣、苔藓、石松类和蕨类。它们的繁殖也包括营养繁殖、无性生殖和有性生殖三种类型，各具特点。

1.营养繁殖

孢子植物的营养繁殖形式多样。**裂殖**（fission）是单细胞孢子植物中比较普遍的一种营养繁殖方法，其主要特点是通过细胞分裂，将母体细胞分为大小、形态、结构相似的两个子细胞，每个子细胞都成为新个体。例如某些单细胞藻类的裂殖（图5-1A），细菌也普遍存在这种繁殖方式。有些丝状或叶状的藻类，叶状的地衣和苔类，由于细胞间的连接较弱或机械损伤，常常发生断裂，每一断裂的部分再通过细胞分裂，成长为新个体，这也是营养繁殖，我们称之为**断裂生殖**（fragmentation）（图5-1B）。目前在生物制药中，用单细胞藻类，如小球藻（图5-2），基于工程发酵方式生产人类所需的保健食品，就是利用营养繁殖的特性。

2.无性生殖

无性生殖是以孢子为繁殖方式的植物的重要繁殖方式。进行无性生殖的生殖细胞称孢子，这种孢子是植物的营养细胞、藻丝或植物体产生的，不需经过两性的结合，所以无性生殖又叫孢子生殖。例如衣藻等单细胞藻类不经配子结合产生不动孢子和游动孢子，丝状的藻类某些细胞产生游动孢子或厚壁孢子，叶状的地钱产生胞芽杯中的胞芽，地衣在表面产生藻类细胞外缠绕一段真菌菌丝的粉芽等都

图5-1　孢子植物的营养繁殖

A.颤藻的断裂繁殖；B.念珠藻胶质体断裂繁殖；C.眼虫的细胞分裂繁殖；D.小球藻细胞分裂营养繁殖用来生产保健食品

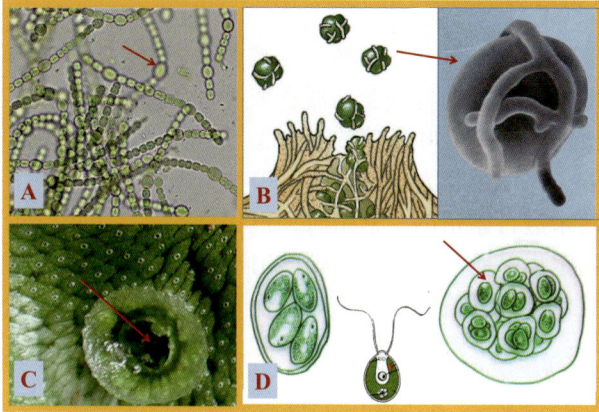

图5-2　孢子植物的无性生殖
A.鱼腥藻形成厚壁孢子；B.叶状地衣形成的粉芽；C.地钱叶状
体上表面的胞芽杯产生的胞芽；D.衣藻产生的不动孢子

属于无性生殖（图5-2，也可见图2-4）。无性生殖也是真菌主要的繁殖方式。

　　生物在营养繁殖和无性生殖中，由于不经过有性过程，遗传信息不进行重组，子代继承下来的遗传信息与亲代相同，所以无性生殖有利于保持亲代的特性。同时，又由于无性生殖不经过复杂的有性过程和胚胎发育阶段，所以繁殖快，产生子代的数量多，有利于种族的繁衍和性状保持，这也就是目前所说的**克隆**（clone），clone这个英文单词的原意就是无性繁殖。例如一些藻类如果环境合适，会快速进行无性生殖，使后代个体的数量成倍地增加，形成水华。细菌在最适宜的环境里，也常通过无性生殖来增加数量。可见，无性生殖对于生物保持其固有的性状和快速繁衍种族都是非常有利的。但是，由于无性生殖的后代来自同一个基因型的亲本，对外界环境的适应性会受到一定的限制，生活力也往往出现逐渐衰退的现象。

3.有性生殖

　　孢子植物的有性生殖在比较原始的同配到进化的卵配中都存在，显示了植物有性生殖的演化过程（图5-3）。在有性生殖过程中，一般都包含有三个不同的阶段：首先是两个带有雌雄遗传基础的原生质体相互结合的阶段，即**质配**（plasmogamy）；然后是两性细胞核的结合，即**核配**（karyogamy），成为二倍体的细胞。在核配前后必然有一个染色体减半，即**减数分裂**（meiosis）的过程，才能使后代个体的染色体数目与亲体相一致。

　　在孢子植物的有性生殖中，配子是在植物体的特定部分——**配子囊**（gametangium）中形成的。配子释放以后，两个不同性别的配子相遇，雄配子的原生质体流入雌配子细胞里进行质配和核配形成**合子**（zygote）。然后，由合子萌发为新个体。根据两性配子之间的差异程度，孢子植物有性生殖可分为三种不同的类型。

　　（1）同配生殖　两种相互结合的配子，形态、结构、运动能力相同，大小也无差别，这种配子结合的有性生殖叫作**同配生殖**（isogamy），是一种较原始的形式。如衣藻的某些种类，有性生殖时，整个细胞形成配子囊，经减数分裂产生大量具有两条鞭毛的配子，再由配子相互结合形成合子，合子再萌发为新个体。这种相互结合的配子，在形态、构造、运动能力以及体积的大小上都是相同的，很难从形态上判断其性别，所以常用"+"、"-"号表示这两个配子生理上的差别（图5-3A）。

　　（2）异配生殖　在藻类植物中有存在。如石莼在有性生殖时产生的两种配子，在形态和构造上都与母体的营养细胞相似，但大小不同。其中较大的一个为雌配子，两种不同的配子结合后形成合子，

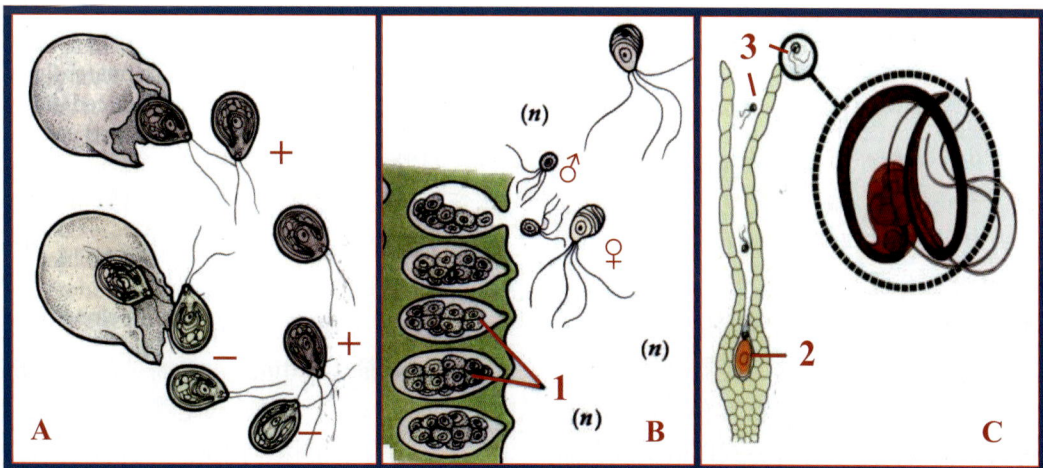

图5-3　有性生殖的各种类型
A.衣藻的同配生殖；B.石莼的异配生殖；C.藓的卵式生殖；1.配子囊内的配子；2.颈卵器中的卵细胞；3.游动的精子（配子）

然后萌发为新个体。这种有性生殖的方式，叫作**异配生殖**（heterogamy）（图5-3B）。

（3）卵式生殖　生物在进化过程中，两种不同性别的配子有了进一步的分化。它们不但大小不同，而且在形态、结构和运动能力方面也有明显的差异。雄配子较小，有的具有鞭毛，能运动；雌配子较大，多呈卵球形，不具鞭毛，不能运动。这样的雄配子称为**精子**（sperm），雌配子则称为**卵**（egg）。产生精子和卵的性器官称为**精子囊**（antheridium）和**卵囊**（oogonium）。在苔藓、石松类和蕨类中已进一步形成多细胞的有性生殖器官叫精子器和颈卵器（图5-3C）。精子和卵相互融合的过程称为**受精作用**（fertilization）；形成的合子称为**受精卵**（fertilized egg）。像这种由游动的精子和不动的卵子相互结合形成受精卵再发育成为新个体的生殖方式，称为**卵式生殖**（oogamy）。卵式生殖是有性生殖的高等形式，在藻类的轮藻中就已出现，是陆生植物各类群的共有繁殖方式。

有的藻类在有性生殖时虽然也形成配子囊，但并不产生配子，配子囊内是一团没有分化为配子形态的原生质体。"+"、"-"两个不同的配子囊里的原生质进行质配和核配形成合子，常称为接合生殖，合子又称为**接合孢子**（zygospore），如水绵（图7-26）。

二 种子植物的繁殖

1.营养繁殖——种子植物的克隆

植物的营养器官（根、茎、叶）具有再生的能力，当它与母体分离（或不分离）后，在适当的条件下能长出不定根和不定芽，从而发育成一个新个体，这就是种子植物的营养繁殖——种子植物的克隆。由营养繁殖所产生的后代，能保持母体的遗传特性，并能提早开花结实。因此，营养繁殖在农业、林业、花卉、园艺等生产上，以及野生珍稀植物的保护方面具有广泛的用途，尤其是对一些有性生殖器官退化，不能产生有生活力种子的植物种类，如香蕉、无花果、柑橘、葡萄、芋等，只能把营养繁殖作为主要的繁殖手段。

营养繁殖常可分成自然营养繁殖和人工营养繁殖两大类。所谓自然营养繁殖，就是植物在自然条件下，在长期演化中形成的靠营养器官产生新植株的一种繁殖方式。人类利用植物具有营养繁殖的特性，经过人工辅助，采取各种方式以繁殖改良品种或濒危物种个体，或保留母本优良性状的营养繁殖，则称为人工营养繁殖。现将这两种营养繁殖分述如下：

（1）自然营养繁殖　在被子植物中，自然营养繁殖大多借助各种变态器官来进行（见第四章营养器官根、茎、叶各节的变态）。最常见的如竹、莲、姜、芦苇、美人蕉、白茅等植物，它们是利用地下茎来进行繁殖的。繁殖时，根状茎的每一节上长出不定根，而节上的腋芽则伸出土面，逐渐长成一新植株。马铃薯的块茎、姜的根茎，荸荠、芋等的球茎；大蒜、百合、水仙的鳞茎，都能用于营养繁殖（图5-4）。

有些植物，如草莓、狗牙根等茎的基部具有**匍匐茎**（stolon）。匍匐茎向四周生长时，茎节或茎顶端与土壤接触会很快长出不定根，此后这些芽会向上生长形成新的个体。

有些植物还可以用根来进行营养繁殖。实际工作中，通常把甘薯和大丽花的块根作为繁殖材料，当块根上的不定芽长成幼枝后，再用嫩枝扦插法扩大繁殖。银杏、枣、刺槐、白杨和丁香等木本植物的主干周围，有时可看到大量的根蘖"幼苗"，这些"幼苗"也是由老根上的不定芽发育而成的。这些根蘖植物的产生也属于自然的营养繁殖（图5-4E）。

某些植物的叶也有营养繁殖的能力，如景天科的落地生根繁殖时，其叶缘上可长出具有不定芽和不定根的小植株，当它们落地后便能长成一个新植株。"落地生根"就因此而得名。蕨类的胎生狗脊也有这个特点（图5-4C和D）。

（2）人工营养繁殖　通常利用植物具有自然营养繁殖的特性，或植物细胞的全能性，将植物的一部分，如根、茎、叶或植物的一些组织甚至单个细胞，通过人工培养使它生长成为一个新的植株。在实践中经常采用的人工营养繁殖通常有下列几种方法：

1）**分离繁殖**（division）：人为地分割一部分植株（如分割根蘖的"幼苗"），或一些特殊的变态器官，如根状茎、块茎、球茎、匍匐枝等，使之与母体分离，长成独立的植株叫分离繁殖。分离的地下变态茎需要带有节或芽、芽眼；分离的根蘖的"幼苗"或小植株，一般已有了根、茎和叶以及休眠的芽，所以成活率高，成苗快，应用很广。

2）**扦插**（cutting）：扦插是截取植物营养器官的一部分，将其下端插入土壤或基质中，使其生根发芽长成为新植株（图5-5）。扦插繁殖方法简便，能在短期内获得较多的植株，它是繁殖园林植物和经济木本植物的常用方法。按扦插材料不同，通常可分茎插、根插和叶插。**茎插（stem cutting）**的具体方法是：剪取10～15cm长、具有2～3个节的枝条。去掉下方一节的叶片，保留上面一节的叶片，插入湿润、疏松、空气流通、排水良好、温度适中的土壤或基质中即能生根成活。扦插成活的关键是能否及时形成不定根。不定根通常由次生韧皮部的薄壁细胞发生而来，有时候亦可从维管射线、形成层、韧皮部、皮层或髓部发生。扦插时，在切口处首先产生愈伤组织，然后再长出不定根。一些植物可以由愈伤组织处分化产生不定根，如悬铃木等；但有些植物不定根的产生与愈伤组织无关。

对于一些插条不易生根的植物，可在采枝前先在枝条下端的适当部位进行环状剥皮（即切断韧皮部）或在插条基部刻伤（wounding），刺激细胞分裂，使伤口积累更多的物质，以提高发根力；亦可在剪下之后，用适当浓度的生长刺激剂，如2，4-二氯苯氧乙酸（2，4-D）、萘乙酸（NAA）、吲哚丁酸（IBA）和吲哚乙酸（IAA）等处理，促其生根。如柑橘可用50毫克/升的萘乙酸溶液或20毫克/升的2，4-D溶液浸泡12小时，对当年生的插条，生根效果极好。番茄的侧枝先用50毫克/升的萘乙酸或100毫克/升的吲哚乙酸浸泡基部10分钟，再插入水中，能收到更好的效果。**根插（root cutting）**通常用于枝插不易成活、种源少或具有其他生物学特性的树种，例如楸树、泡桐等。用**叶插（leaf cutting）**进行繁殖的植物较少，常见的有秋海棠、非洲紫罗兰、大岩桐等花卉。

3）**压条（layering）**：用于压条繁殖的枝条先不割离母体，待埋入土中的枝条长出不定根后，再从母体上割离栽植（图5-6）。此法成活率极高，但繁殖数量有限，常用于生根比较困难的名贵花木的繁殖。压条有堆土压条和空中压条两种。**堆土压条（mound layering）**常用于萌蘖枝较多的灌木种类，如贴梗海棠、蜡梅、夹竹桃、栀子、迎春、瑞香、牡丹、木兰、栀子、木槿等。压条时，先用利刀刻伤将要埋入土中的部位，然后把枝条压入土中，上面用石块或卡扣压住。待处理部位产生新根后，再切离母体，另行种植。**空中压条（air layering）**适用于萌蘖少、枝条硬的常绿名贵花木，如桂花、米兰、山茶花、杜鹃、荔枝、白兰花、含笑、梅花、九里香等。具体做法是：选择生长旺盛的直枝，在适当部位剥去一圈树皮，然后用塑料薄膜在剥去树皮的地方围成圆圈，下端用线绳扎牢。之后，将拌过水的山泥填入塑料袋内，再把上端扎牢。以后经常浇水，使塑料袋内的土壤保持湿润。当看到生出许多不定根时，就可连袋一起剪下，剥去塑料袋，移栽种植。

4）**嫁接（grafting）**：将一株植物的枝条或芽体移接另一株带根的植株上，这种方法就叫嫁接（图5-6）。接上去的枝条或芽称**接穗（cion）**，另一棵存有根系的被接植物，称**砧木（stock）**。

嫁接是利用植物受伤后能够愈合的原理来进行的。嫁接时，接穗和砧木的各部分活组织，如形成层、射线细胞、韧皮部的薄壁细胞、皮层和髓等都

图5-4　自然营养繁殖
A.姜的根状茎向外扩展；B.百合鳞茎分生的鳞叶；C.陆地生根叶边缘的出芽（幼苗）；D.胎生狗脊叶上的出芽（幼苗）；E.银杏基部根蘗形成的"幼苗"

图5-5　茶的扦插繁殖（程刚惠赠）

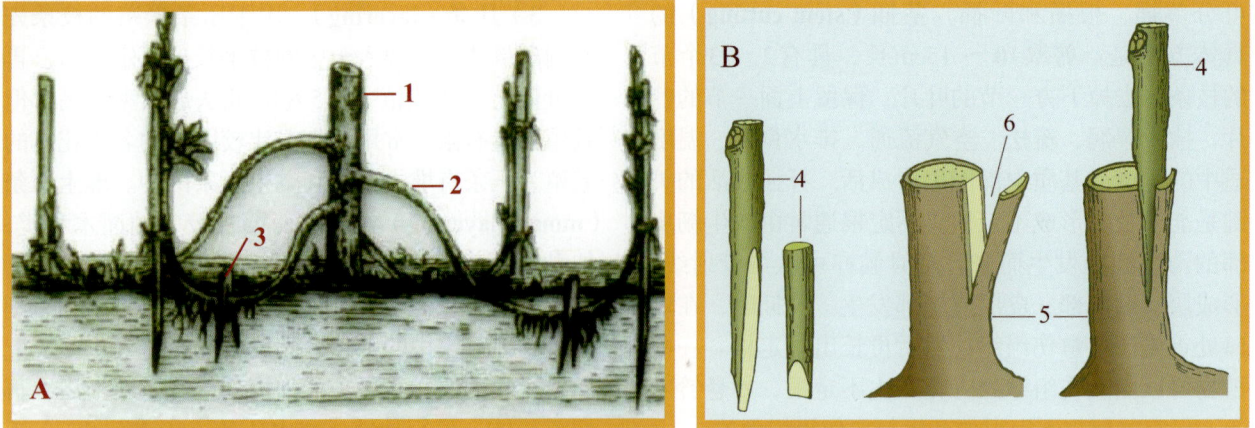

图5-6　人工营养繁殖——压条与嫁接
A.压条繁殖；B.嫁接繁殖；
1.原植株主干；2.原植株基部分枝作压条；3.卡扣；4.接穗；5.砧木；6.切口

参与愈伤组织的形成。这些愈伤组织填充在接穗和砧木的隙缝中，然后，愈伤组织的某些细胞分化出新生的形成层细胞。以后，新生的形成层活动产生新的维管组织，与接穗和砧木原来的形成层连接。构成接穗和砧木共同的维管组织，使两者形成一个统一的整体。

嫁接成活的关键，一方面取决于嫁接技术，即要扩大接穗和砧木形成层的接触面，使切口紧密贴合，接穗和砧木间的空隙很快地被愈伤组织充满；另一方面也取决于接穗与砧木间的亲和性，这种亲和性通常与接穗与砧木的亲缘关系有关。亲缘关系越近，亲和性越大，嫁接的成活率也越高。

嫁接是一种特殊的繁殖方式，它能克服其他繁殖方法不易成活的困难。对于一些不产生种子的果树（如一些柑橘和葡萄品种），以及濒危植物或用种子繁殖不能保存亲代优良品质的植物（如梨、苹果等）都可以用嫁接进行繁殖。用嫁接繁殖的后代，不但能够保持母本的优良特性，还能利用某些野生近缘种作砧木带来优良性状，使嫁接苗获得优良的抗性；并能够按照人类需要改变枝形；此外，嫁接还能促使接穗早熟，提前开花结果，以及开出不同颜色的花朵，许多园艺植物都有用这种方法创造新品种，如具有不同颜色花朵的菊花、三角梅（图5-7）。

过去，嫁接繁殖多用于木本植物，但近年来，嫁接法已广泛应用到葫芦科等草本植物上，如以南瓜作砧木，黄瓜作接穗，能使危害黄瓜的枯萎病病菌难于从南瓜的根系中侵入植物体内，从而达到抗病、高产和优质的目的。西瓜目前也有用嫁接方法来提高抗病性等，如用南瓜、瓠子、葫芦作砧木；

图5-7　由嫁接形成的具有不同色彩花的植株
A.三角梅；B.菊花

另外，采用组织培养和嫁接技术相结合的方法，还为发展无籽西瓜开辟了新的途径。

5）**组织和细胞培养（图5-8）**：即将植物的一部分，如少量的器官、组织、单个细胞在人工合成的培养基上进行无菌培养，诱导出一个完整的植株。这是一种特殊的营养繁殖方式，现在称之为"**快速繁殖技术**"（rapid propagation）或"**微繁殖技术**"（micropropagation），也属于生物技术的一部分。它具有快速、能够获得无病毒植株等优点，目前已在农业、林业、果蔬、花卉、药用植物等生物技术产业上得到广泛应用。

用植物组织或细胞培养技术繁殖可概括为四种途径：

a.原球茎（protocorm）途径。 通常是将植物的茎尖分生组织进行培养，得到球状体，每个球状体上又可分化出数个球状突起。这种小球体和由种子胚发育而来的球状体非常相似，称原球茎。若将

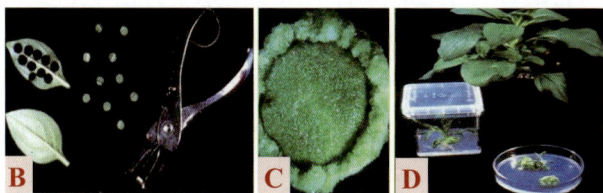

原球茎切成数块，进一步培养，可以形成完整的种苗，目前在兰花繁殖中采用较多。

b.愈伤组织（callus）途径。 即先将离体组织或细胞诱导成愈伤组织，然后再将愈伤组织转移到分化培养基上，使其分化出芽和根，形成植株，用于一些药用植物和濒危植物。在八角莲、猫人参、三叶青等植物常用当年幼茎进行组培产生基部愈伤组织，再分化形成具有根茎叶的幼苗（图5-8E—J）。

c.胚状体（embryoid）途径。 所谓胚状体是指组织培养中，一种不来自受精卵，而来自体细胞或与生殖结构有关的细胞所产生的胚胎。其发育顺序与合子胚发育相似，也有球形、心形、鱼雷形等时期。胚状体途径是从离体的组织、细胞或原生质体获得胚状体，或从愈伤组织上得到胚状体然后再将胚状体培养成独立植株。

d.不定芽（adventitious bud）途径。 从离体培养组织上直接形成不定芽，再由不定芽长成植株。

上述四种途径因植物不同而异，就是同一种植物也可在相同或不同的培养条件下沿着不同的途径培养成一个新的植株。

2. 种子植物的无性生殖和有性生殖

种子植物的无性生殖和有性生殖仅仅占生活史中极短的时期。这两种生殖的过程都是通过植物开花、传粉和受精来体现的。也就是说种子植物的这两种生殖都是在花的结构里完成的。在一朵花的雄蕊与雌蕊内形成单核花粉与单核胚囊的过程属于无性生殖，而从两性配子——精子和卵细胞经过传粉和受精后形成合子的过程属于有性生殖。这里需要说明，在种子植物中，人们常不区分营养生殖和无性生殖这两个术语（图5-9）。有关被子植物生殖的详尽内容将在下一节叙述。

图5-8 植物组织培养的几种途径
A.胡萝卜根体细胞胚胎发生途径；B—D.烟草叶肉组织诱导愈伤组织及植株再生途径；E—J.大籽猕猴桃微扦插快繁途径

图5-9 种子植物的无性生殖和有性生殖
1.无性生殖（即营养繁殖）；2.有性生殖

三 种子植物的繁殖器官

种子植物的种子在萌发成幼苗后，经过一段时间（少则几周，多则数年到10多年不等）的营养生长，才能转入生殖生长。被子植物首先在植株的一定部位形成花芽后，经开花、传粉、受精，最后形成果实和种子。而裸子植物无真正的花，只形成裸露的种子。种子植物的花、果实和种子与繁殖有关，称为**繁殖器官（reproductive organs）**。种子内孕育着新一代的原始体——胚。种子萌发后，胚长成新一代的植物体，使植物的种族得以延续和发展。

果实或种子是种子植物的特有产物，与植物的遗传、进化有着密切的关系；果实和种子也是很多栽培植物的主要收获对象。因此，研究种子植物繁殖器官的形态、结构和发育过程在实际工作中有着十分重要的意义。

第二节　被子植物花的组成、结构及生长发育

花是被子植物最重要的繁殖器官之一，因此，在了解花的生长发育之前，必须先了解花的组成和结构，掌握花芽分化的规律。

关于花的起源，一般认为，花是适应于生殖的变态枝条，而花的各部分则是变态的叶。花的各部分虽然在形态上和功能上与正常的叶有很大的差别，但在形态发生、生长方式以及维管系统等方面都与叶相似。

一 花的形态结构

一朵完整的花由六部分组成：花梗（花柄）、花托、花萼、花冠、雄蕊群和雌蕊群（图5-10）。

1.花梗和花托

花梗（pedicel）是着生花的小枝，起支持和输送营养物质的作用。花梗的长短，常因植物而不同。有的很长，如梨、垂丝海棠；有些植物的花梗很短，如桃、贴梗海棠；有些花几乎无梗，如桑、柳等。果实成熟时，花梗便成为果梗（果柄）。

花托（receptacle）通常是花梗顶端略为膨大的部分，花萼、花冠、雄蕊和雌蕊依次着生在花托上。花托有多种形式：如木兰的花托伸长呈圆柱状；草莓的花托隆起呈圆锥状；莲的花托膨大呈倒圆锥状；桃的花托中央凹陷而呈杯状；有些植物的花托与花萼、花冠、雄蕊群的基部以及雌蕊的子房愈合，形成下位子房，如梨、苹果等；有些植物的花托还具有花蜜腺，如柑橘、葡萄的雌蕊基部具有盘状蜜腺；油菜的蜜腺有4个，着生于雄蕊之间的花托上。

2.花萼

花萼（calyx）是花的最外一轮变态叶，由若干**萼片（sepal）**组成，常呈绿色。萼片之间相互分离的叫离生萼，如油菜、茶、桑。萼片之间彼此联合的称合生萼，如棉、蚕豆、烟草。花萼下端连合的部分，叫**萼筒（calyx tube）**，先端分裂部分叫**萼裂片（calyx lobe）**。有些植物在花萼外方还有**副萼（epicalyx）**，如棉（图5-11）、草莓、锦葵。花萼和副萼具有保护幼花的作用，还具有光合作用的功能。一串红的花萼呈花瓣状，具色彩，能吸引昆虫传粉。茄、番茄、柿、茶、桑的花萼在花后仍然存在叫宿存萼；莴苣、蒲公英的花萼呈毛状，花后变成冠毛，有助于果实的传播。

3.花冠

花冠（corolla）位于花萼的内轮，由若干**花瓣（petal）**组成。花瓣有离瓣、合瓣之分。花瓣完全分离的叫离瓣花，如油菜、桃等；花瓣部分或全部合生的叫合瓣花，如南瓜、番茄等。花冠的合生部分称**花冠筒（corolla tube）**，上部分离的部分称**花冠裂片（corolla lobe）**。

花冠有各种颜色（图5-12），有些因细胞质中含有有色体，故呈现黄、橙黄或橙红色；有些因液

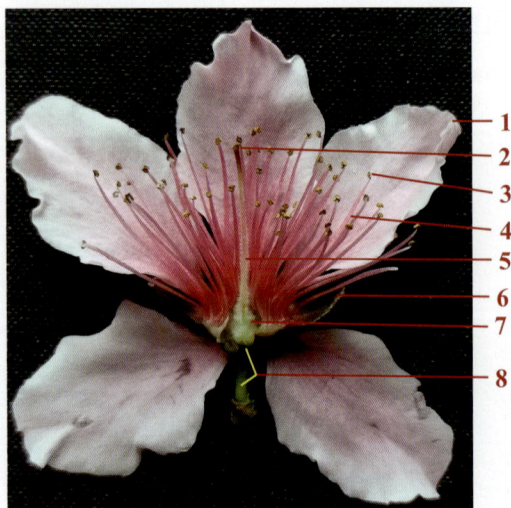

图5-10　花的组成（桃花）
1.花瓣；2.柱头；3.花药；4.花丝；5.花柱；6.花萼；7.子房；8.花托与花梗

泡中含有花青素苷等物质，花呈现红、淡红、淡紫和蓝色等色彩。缺乏色素的花瓣呈白色。植物的花瓣往往能散发出特殊的香甜味。花冠的颜色和芳香能吸引昆虫和其他动物进行传粉。此外，花冠还有保护雌、雄蕊的作用。有些植物的花冠退化，以适应风力传粉，如杨、栎、玉米、大麻和车前等。

玉兰、洋葱、百合、萱草、郁金香等植物的花萼、花冠形态、色泽相似不易区分。这种花萼与花冠可统称**花被**（**perianth**），每一片花被称为**花被片**（**tepal**）。花萼、花冠都有的花称**双被花**（**double perianth flower**），如桃、棉、油菜等；仅有花萼而无花冠的叫**单被花**（**simple perianth flower**），如桑、板栗、甜菜等；既无花萼又无花冠的花称**无被花**（**achlamydeous flower**），如柳和杨梅等（图5-12，也见图6-30，6-32）。

4.雄蕊群

一朵花内所有**雄蕊**（**stamen**）总称为**雄蕊群**（**androecium**）。雄蕊位于花冠的内方，一般直接着生在花托上，但有些植物的雄蕊可以着生在花冠或花被上。雄蕊是花的重要组成部分之一，其数目常随植物种类而不同，如小麦有3枚，桑有4枚，番茄有5枚，油菜、洋葱、水稻有6枚，而棉、桃花等具多数雄蕊（图5-11，也见图6-32）。

雄蕊由**花药**（**anther**）和**花丝**（**filament**）两

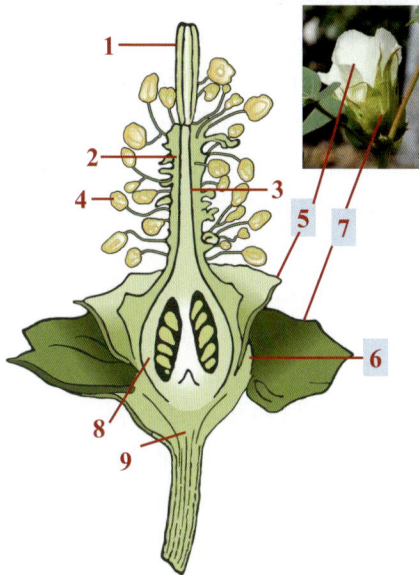

图5-11 棉花花的纵切面，示花的组成
1.柱头；2.单体雄蕊柱（花丝联合包花柱外）；3花柱；4.花药（花丝下部联合）；5.花瓣；6.联合的花萼；7.叶状副萼；8.子房与胚珠；9.花托与连接的花梗

图5-12 不同植物的花
A.玉兰；B.油菜；C.巴西光荣树，野牡丹科；D.毛茛；E.桃；F.木棉；G.山茶；H.秋葵；I.仙人球；J.矮牵牛；K.南瓜；L.海伦兜兰；M.郁金香；N.野燕麦

部分组成。花药是花丝顶端膨大成囊状的部分，有各种形状；花药内部有花粉囊，是产生花粉粒的部位。花丝支持花药，常细长，但形态有多种变化：有扁平带状的，如莲；也有远短于花药的，如白玉兰；花丝完全消失的，如栀子；花丝转化为花瓣的，如美人蕉等。

有关雄蕊的类型、花药在花丝上着生的方式以及花药开裂的方式等在第六章中有详细介绍。

5. 雌蕊群

雌蕊（pistil）位于花的中央或花托顶部，是花的重要组成部分之一。一朵花内所有的雌蕊总称为**雌蕊群**（gynoecium）。雌蕊是由适应于生殖的顶芽或腋芽分化形成的。构成雌蕊的基本单位，叫作**心皮**（carpel）。雌蕊的形态可以分为柱头、花柱和子房。由于组成雌蕊的心皮数目和结合情况有所不同，雌蕊常可分为若干不同的类型，这些内容将在本章稍后介绍。

柱头位于雌蕊的上部，是承受花粉的地方，常扩展成各种形状；有些植物的柱头具有很多柱头毛，以此增加承受花粉粒的表面积。花柱是柱头和子房的连接部分，其长短随植物而不同，是花粉管进入子房的通道。雌蕊基部膨大的部分叫子房，其外为子房壁，内有一至多个子房室。胚珠就着生在子房室内。受精后，整个子房发育成果实，子房壁发育成果皮，胚珠发育成种子。

一朵花中兼有雄蕊和雌蕊的花叫**两性花**（bisexual flower），如油菜、桃、茶、水稻等。只具其中之一者叫**单性花**（unisexual flower）；其中仅有雌蕊的叫**雌花**（pistillate flower）；仅有雄蕊的叫**雄花**（staminate flower）。如果雌花和雄花长在同一植株上的，称为**雌雄同株**（monoecious），如南瓜、蓖麻、玉米等；如果雌花和雄花分别生在不同植株上的，称**雌雄异株**（dioecious），如大麻、菠菜、柳等。花中既无雌蕊，又无雄蕊的称为**无性花**（asexual flower）或**中性花**（neutral flower），如向日葵等菊科管状花亚科植物花序边缘的舌状花等（图6-30）。

6. 禾本科植物的花及小穗

单子叶植物中，小麦、水稻等禾本科植物的花，与一般基部被子植物和真双子叶植物花的组成不同。它们通常由1枚**外稃**（lemma）、1枚**内稃**（palea）、2枚**浆片**（lodicule）、3枚或6枚雄蕊以及1枚雌蕊组成。外稃为花基部的苞片变态所成，其中脉常外延成**芒**（awn）。内稃和浆片由花被片变态而成。开花时，浆片吸水膨胀，撑开外稃和内稃，使雄蕊和柱头露出稃片外，以利于风力传粉。开花

后，浆片便退化。

禾本科植物的**小穗**（spikelet）是一种小型的穗状花序，常由1至多朵小花与1对**颖片**（glume）组成；小穗可以再组成多种花序。颖片着生在小穗的基部，相当于花序分枝基部的小总苞（变态叶）。具有多朵小花的小穗，中间有**小穗轴**（rachilla）；只有1朵小花的小穗，小穗轴退化或不存在。例如，小麦是复穗状花序，小穗无梗，单生于每一穗轴节上。小穗基部有2枚颖片，每一小穗含2至5朵花，上部几朵花往往发育不全。每朵小花的外面有内外稃各1枚，浆片2枚，雄蕊3枚和雌蕊1枚（图5-13）。而水稻是圆锥花序（复总状花序），小穗有梗，每小穗有3朵小花，但只有上部一小花能结实，下部的2朵小花退化，仅留1枚很小的外稃。颖片极度退化，仅保留2个小突起。结实小花外面有内、外稃各1枚，内有浆片2枚，雄蕊6枚和雌蕊1枚（图5-14）。

其他禾本科植物也具有相似的花序和花结构，如早熟禾（图5-15）、野燕麦（图5-12N）等。

（二）花器官发育的形态结构变化

花由花芽发育而成，而花芽的发育是花分生组织活动的结果，即从顶端的营养分生组织转变成花序分生组织或花分生组织。多数植物经过**幼年期**（juvenile phase），达到一定的生理状态之后，经外界信号（光周期、低温等）的诱导，茎尖生长锥（顶端分生组织）不再形成叶原基和腋芽原基，而分化出花序及花分生组织，即花芽，并逐步形成花或花序的各个部分，这个过程称为**花芽分化**（flower-bud differentiation）。目前已证明其保守基因*LEAFY*在转化中起了重要作用。

植物幼年期的长短，各不相同。如牵牛、油菜等几乎没有幼年期，种子萌发后2～3天，只要能得到适当长度的日照，就可长出花芽。草本植物的幼年期较短，木本植物的幼年期较长，同是木本植物的差异也很大，如桃为2～3年，梨、苹果、茶为3～4年以上，龙舌兰为20年，银杏要达20多年，竹子约为50年。

关于营养顶端到生殖顶端的转化过程，从解剖学的角度，主要有两种学说。细胞组织分区学说认为，茎的营养顶端可分中央母细胞区、周围分生区和髓分生组织区3个区。花芽分化时，中央母细胞区下部和髓分生组织区上部的边界处（原体的有关部分），有丝分裂活性增加，分裂出来的细胞加到原套中去，结果使中央母细胞区和周围分生区的界线消失。与此同时，茎尖中心髓分生组织区分裂

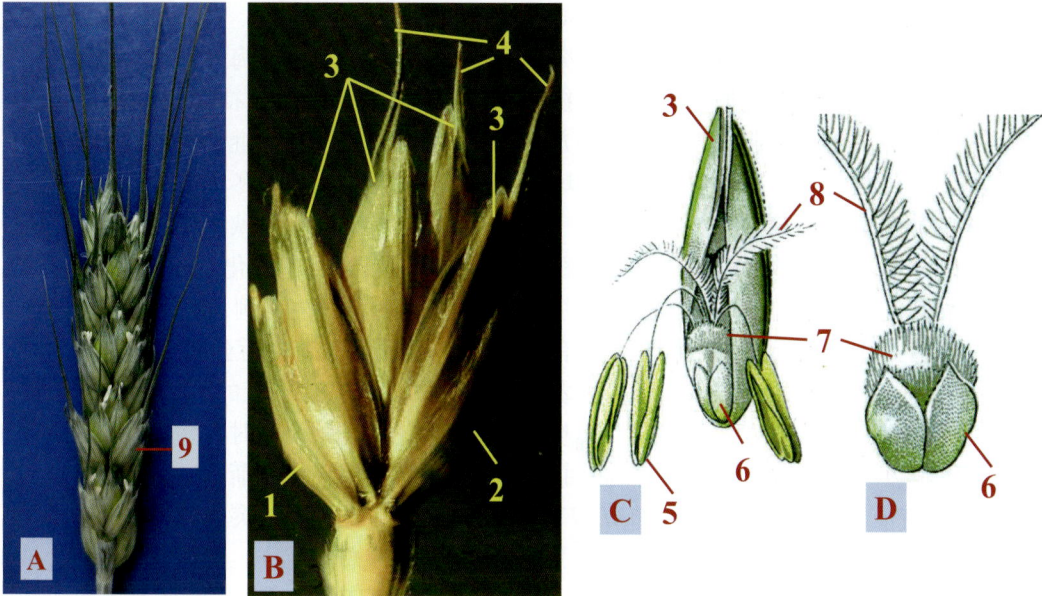

图5-13　小麦小穗和花结构
A.复穗状花序；B.小穗；C.带外稃的小花结构；D.去掉稃片和雄蕊的浆片和雌蕊
1.外颖；2.内颖；3.具芒的外稃与包藏在内的花；4.芒；5.雄蕊的花药；6.浆片（退化2花被）；7.子房；8.羽毛状花柱与柱头；9.在花序上的一个小穗

图5-14　水稻复总状花序、小穗和花结构
A.复总状花序及小穗的局部；B.一小穗解剖图；C.小穗模式及第三发育小花结构图；1.外稃顶端的芒；2.外稃；3.内稃；4.雄蕊的花药；5.雌蕊的柱头；6.雌蕊的子房；7.浆片；8.第二退化小花的外稃；9.第一退化小花的外稃；10.内颖；11.外颖；12.小穗梗

图5-15　早熟禾复穗状花序、小穗和花结构
A.复穗状花序；B.一小花幼期；C.花果期的植株；D.具有2朵小花的小穗，1.外颖；2.内颖；3.二朵小花；4.内稃；5.外稃；6.雌蕊幼果

出来的细胞体积增大，出现较大的液泡，逐渐分化成髓部的细胞，最后髓分化组织也消失。总之，从营养顶端转变成生殖顶端时，在一些植物中其分区会变得更加简单，即外面的细胞小，染色深，形成"分生组织罩"；里面的细胞大，染色浅，形成薄壁组织中心。

　　原套-原体学说认为，原套的层数和原体的体积也会发生变化，或原套与原体的分界变得不清，不易识别。如水稻，在营养生长期原套层数最多，

有2层；幼穗分化时，有减少的倾向，为一层，有时为不清晰的2层。随着上述茎尖细胞的分裂分化活动，茎顶端的生长锥在形态上常有伸长，基部加宽，呈圆锥形，如桃、棉等，但亦有生长锥不伸长呈扁平状的，如胡萝卜等伞形科植物。但无论哪种情况，生长锥的表面积都变大；随后，通常在茎尖周围分生组织区若干点的第二层或第三层细胞，也即是原套的第二层或原体的外层细胞，禾本科植物则可发生于第一层原套细胞，细胞先进行平周分

裂，接着进行垂周分裂，结果形成第一轮突起，即萼片原基。以后，依次由外向内再分化出若干轮突起，即花瓣原基、雄蕊原基和雌蕊原基。复雌蕊在发生时，各心皮原基常先各自突起，再按不同的方式连接起来，形成一个复雌蕊。当心皮原基形成雌蕊后，茎尖顶端的分生组织就不复存在。

从遗传学和分子生物学的角度，人们已经陆续鉴定了一系列与花分生组织分化相关的基因及其功能，包括：①与感受开花诱导信号有关的基因，编码转录因子，激活开花基因的表达，如感受光周期信号的 CONSTANS（CO）基因，感受低温信号的 FRIGIDA（FRI）基因。②决定花分生组织特征（特化）的基因，如 LEAFY（LFY）、APETALA1（AP1）、CAULIFLOWER（CAL），其中 LFY 基因也影响开花时间。

花芽分化的顺序，除花托外通常是由外向内进行的。植物不同，花芽分化的顺序稍有变化，但最早分化的多是萼片原基。油菜在萼片原基形成后，接着就分化出雄蕊原基和雌蕊原基，最后才形成花瓣原基。石榴的雄蕊原基最后分化。花序的发生和分化与花相似，花序基部或外侧的总苞通常最早分化，然后自基向顶或自外向内进行小花的分化。

花芽分化和形成的时间，在一些植物中一生只有一次，如水稻、麦、向日葵等；而棉、番茄等植物能不断形成花芽，直到最后死亡。一般落叶树种如桃、梨、苹果、梅等，花芽分化从开花前一年的夏季便开始了，且持续时间较长。到第二年春季，未成熟的花部才继续发育直至开花。春夏开花的常绿树木，大多在冬季或早春进行花芽分化，如柑橘、油橄榄等；而秋冬开花的油茶、茶和木芙蓉等，均在当年夏季分化，没有休眠期。现以油菜、桃、拟南芥和小麦为例，说明花芽分化的过程。

1.油菜和桃的花芽分化

油菜经过80多天的营养生长后，转入生殖生长。当花芽开始分化时，茎尖生长锥由半圆形逐渐变为平坦，横径也渐渐增大，并在生长锥基部的外围出现一些花原基小突起。当花原基继续分化以后共同发育成总状花序。油菜花原基分化成花，一般要经历以下四个阶段（图5-16）。

（1）花萼形成阶段 花原基膨大后，其侧面先产生4个萼片原基突起，接着花原基下部的花梗伸长，之后，随着花原基的继续增大，萼片原基逐渐伸长和分开，这时从纵切面观察，花原基呈"山"字形。

（2）雌雄蕊形成阶段 当花萼伸长至其顶部互相接触而包围时，花原基的顶端中央出现一个较大的雌蕊原基突起，接着在雌蕊原基与花萼之间的基部内侧，出现4个小的雄蕊原基（图5-16D）。在雌

图5-16 油菜花芽的分化过程

A.3月开花时总状花序顶端；B.左图为花序顶端生长锥与下部的花原基，右图为在花原基外围出现花萼原基；C.花萼原基继续伸长；D.雄蕊原基和雌蕊原基出现；E.最后出现花瓣原基；F.雌雄蕊继续发育；G.花蕾形成（此时相当于A图的黄色小圈中的花蕾），花萼包围花瓣、雌雄蕊，花药已明显，花丝还很短，雌蕊开始分化为子房、花柱和柱头；

1.花序顶端生长锥；2.花原基；3.花萼原基；4.幼小花萼；5.雄蕊原基；6.雌蕊原基；7.花瓣原基；8.雌蕊原基伸长；9.花萼；10.花瓣；11.花药；12.雌蕊；13.花丝；14.花梗

蕊原基逐渐长大，雄蕊还未迅速伸长之前，有2个雄蕊原基的顶端各纵裂为二，以后形成油菜花中4个较长的雄蕊，而另2个未分裂的雄蕊原基形成的雄蕊则较短。

（3）花冠形成阶段　雌、雄蕊原基略为伸长时，在雄蕊与花萼之间出现4个舌状的花瓣原基（图5-16E—F）。当雌、雄蕊迅速伸长膨大时，花瓣原基仅略为膨大，伸长不明显。

（4）花药、胚珠形成阶段　雌、雄蕊继续分化的结果，雌蕊的子房膨大，子房室中形成假隔膜，其上着生胚珠；雄蕊的花药及其花粉粒也逐渐形成；同时，花梗、花萼、花冠都伸长，整个油菜花分化和发育完成，成为待开的花蕾（图5-16G，即相当于图5-16A中黄色小圈中的花蕾）。

有些双子叶植物的花芽分化顺序与油菜不同。如桃的花芽分化，各原基出现的顺序是花萼原基、花瓣原基、雄蕊原基和雌蕊原基（图5-17）。

2.拟南芥花序的发育

拟南芥是植物生物学研究的模式植物，总状花序，小花具4枚萼片、4枚花瓣、四强雄蕊（4枚长雄蕊，2枚短雄蕊）、2枚心皮、侧膜胎座。Smyth等（1990）总结了拟南芥花的发育过程（表5-1，每6小时检测一次，图5-18）。

表5-1　拟南芥花发育的阶段

阶段	起始的标志性事件	持续时间/小时	阶段末花的年龄/天
1	花原基形成突起	24	1
2	花原基形成	30	2.25
3	萼片原基形成	18	3
4	萼片在花分生组织上凸起	18	3.75
5	花瓣原基和雌蕊原基产生	6	4
6	萼片包裹花芽内部结构	30	5.25
7	长雄蕊原基在基部形成柄（花丝）	24	6.25
8	长雄蕊上部形成花粉囊	24	7.25
9	花瓣原基基部形成柄	60	9.75
10	花瓣高度与短雄蕊齐平	12	10.75
11	柱头形成乳突	30	11.5
12	花瓣高度与长雄蕊齐平	42	13.25

3.小麦的幼穗分化

禾本科植物的花序分化，一般称为幼穗分化。如小麦的花序是复穗状花序，小穗无柄，着生在穗轴的两侧，每小穗含数朵小花。幼穗分化开始时，叶片仍处于丛生状态，生长锥却发生明显的变化。

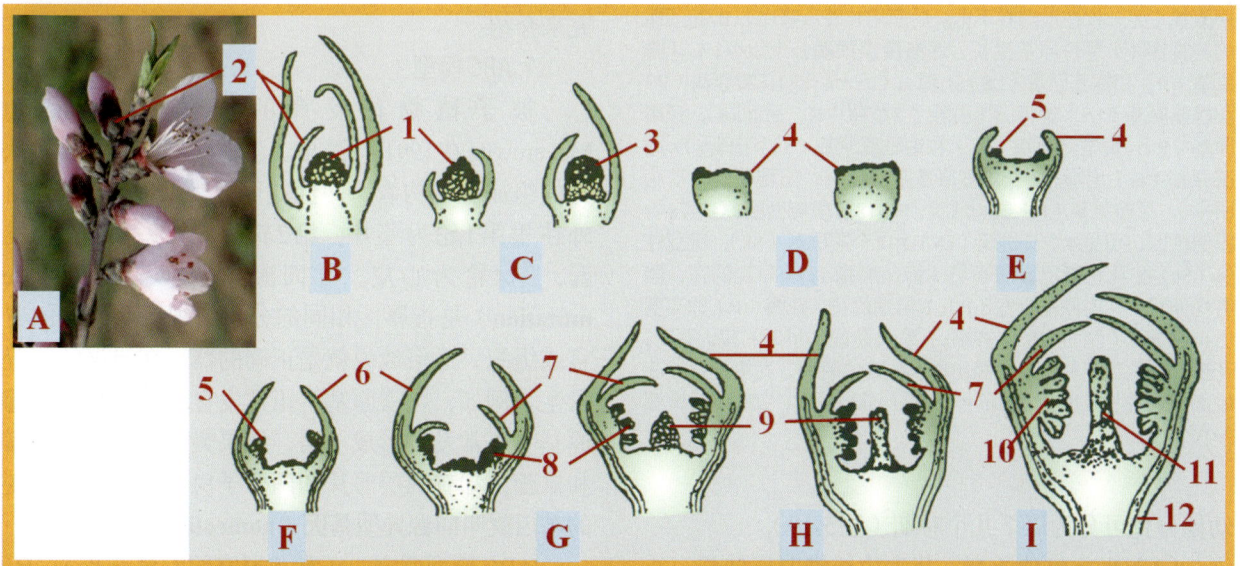

图5-17　桃的花芽分化

A.春天的花蕾和花；B—C.具有芽鳞的生长锥；D.去掉芽鳞的生长锥，萼片原基开始突起；E.花瓣原基出现；F.萼片原基继续长大；G.雄蕊原基和雌蕊原基开始出现；萼片花瓣伸长；H—I.秋末的花蕾纵切，萼片已成形包在花蕾外围，雄蕊花药和雌蕊花柱已现雏形，但花瓣还很小；1.生长锥；2.芽鳞；3.生长锥变宽大；4.生长锥变平坦，花萼原基首先出现；5.接着花瓣原基出现；6.幼期花萼；7.幼小花瓣出现；8.雄蕊原基发育；9.最后雌蕊原基生长；10.花药已显现；11.雌蕊伸长；12.通向花的维管束

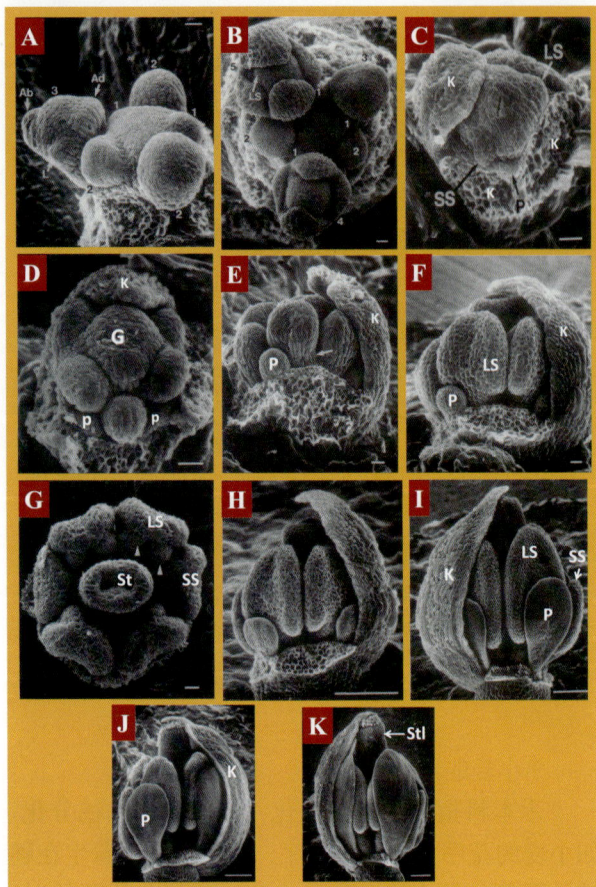

图5-18　拟南芥花发育的扫描电镜图（改自Smyth等，1990）。A.茎端分生组织和幼花序原基侧面图；数字表示小花原基不同阶段（1.茎端分生组织上花原基凸起；2.花原基继续从茎端分生组织上分离并突起；3.萼片原基出现；Ab，Ad，L表示3枚萼片原基（另一枚在远端看不见，后面用K表示萼片）；B.花顶端的俯视图（4.萼片原基生长，逐渐覆盖顶端分生组织；5.花瓣原基（P）和雄蕊原基（LS）出现；C.一朵花的花瓣原基（P）和雄蕊原基（LS）俯视图（去除了2枚萼片K，后面同），花瓣原基（P）、长雄蕊原基（LS）和短雄蕊原基（SS）出现；D.雌蕊原基（G）出现；E.长雄蕊原基基部变窄，出现花丝（箭头所指），花瓣原基（P）成圆球状；F.第8阶段侧面图；G.第8阶段俯视图，可见4个长雄蕊（LS）和2个短雄蕊（SS），雌蕊柱头（St）和花粉囊已显著可见（箭头所指）；H.早期的花，器官均伸长、花瓣原基变宽（P）；I.早期的花，花瓣（P）的高度已与短雄蕊（侧面的SS）齐平；J.第11阶段，早期的花，萼片，花瓣，雄蕊花药和柱头已经出现；K.第12阶段，花瓣已达雄蕊的高度，花柱（Stl）。（Bar ＝ 10μm，从A—K，每6小时检测一次）

幼穗分化可分为以下几个时期（图5-19）。

（1）生长锥伸长期　茎尖生长锥明显伸长，并扩大成长圆锥形。此时不再形成新的叶原基。

（2）单棱期　在茎尖生长锥基部两侧自下而上出现一系列环脊状突起，这就是苞叶原基。它包围着茎枝的轴。

（3）二棱期　在苞叶原基的叶腋处分化出小穗原基。这样在茎尖的两侧就出现了由两种原基突起

形成的双棱，上方的一个棱为小穗原基，下方的一个棱为苞叶原基。以后小穗原基继续增大，苞叶原基不再发育，渐渐为小穗原基所盖没，最后苞叶原基消失。

（4）颖片分化期　幼穗中部的小穗开始分化，出现颖片原基，随后向上、向下依次排列的小穗陆续分化。

（5）小花分化期　当小穗分化出颖片原基后，在小穗的两侧自下而上地进行小花的分化，出现小花原基。每一朵小花依次发育出外稃、内稃、浆片、雄蕊和雌蕊原基。

（6）雌雄蕊分化期　当小花中发育出两枚浆片原基后，在小花中部分化出三个圆形突起即雄蕊原基。稍后，在小花的中心部位发出雌蕊原基，并渐展伸为环状。以后环状结构闭合，其内又产生胚珠原基，上部则分化出花柱及二叉羽毛状的柱头。位于小穗上部的小花，其雄、雌蕊常退化，成为不孕花。

三　花器官发育的分子机理模型

近20年来，对花发育的遗传与分子机理研究是植物分子生物学的热点，主要是对模式植物拟南芥、玉米、矮牵牛、金鱼草、烟草，特别是拟南芥的研究。近年对毛茛科等非模式生物花发育的分子机理也有不少研究。下面我们主要基于拟南芥的研究来介绍。

1. ABC模型

被子植物花发育的ABC模型由Coen和Meyerowitz在1991年提出。有两点要说明：①从花的组成和结构看，两性花可分为4轮花器官，由外往里第1轮为萼片，第2轮为花瓣，第3轮为雄蕊，第4轮为心皮。②**同源异型突变**（**hemeotic mutation**）是指属性相同的分生组织产生异位的器官或组织，通俗地说就是正确的器官在错误的位置发生。例如，花瓣原基不正常发育形成萼片，雄蕊原基不正常发育形成子房，结果突变的花没有花瓣和雄蕊，却有两层萼片和两个子房。引起这种突变的基因就叫**同源异型基因**（**homeotic gene**）。

ABC模型假定，正常花器官的发育涉及A、B、C三类同源异型的功能基因，A类基因在第1、2轮花器官中表达，B类基因在第2、3轮花器官中表达，C类基因在第3、4轮花器官中表达。在三类功能基因中，A和B、B和C的表达可以互相重叠，但A和C相互拮抗，即A抑制C在第1、2轮花器官中表达，C抑制A在第3、4轮花器官中表达。各基因的不同

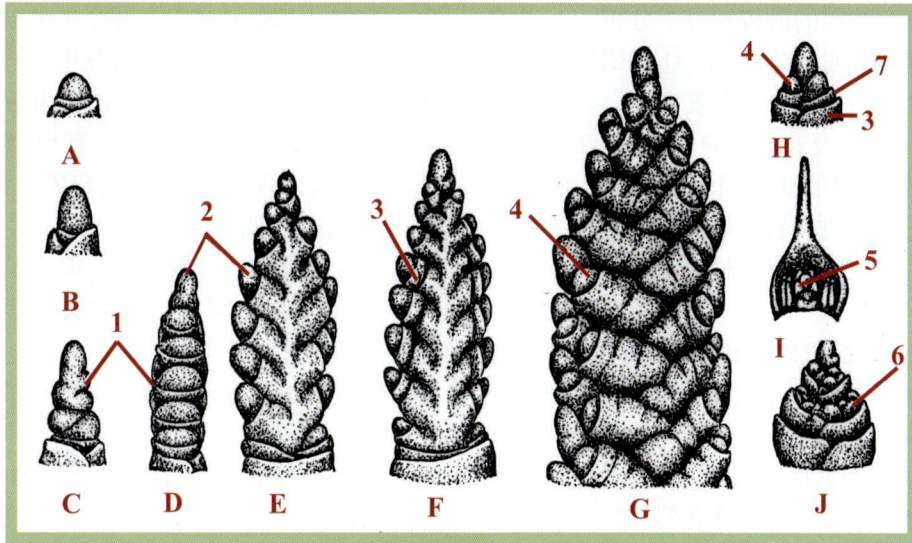

图5-19 小麦幼穗的分化过程

A.生长锥；B.生长锥伸长期；C.苞原基分化期（单棱期）；D.小穗分化期开始；E.小穗分化期末期；F.颖片分化期；G.小花分化期；
H.一个小穗（正面观）；I.雄蕊分化期；J.雌蕊形成期
1.苞原基；2.小穗原基；3.颖片原基；4.小花原基；5.雄蕊原基；6.雌蕊原基

组合分别形成各轮不同花器官，即单独A类基因表达形成萼片，A、B类基因共同表达形成花瓣，B、C类基因共同表达形成雄蕊，单独C类基因表达形成心皮。如果三者之一发生突变而失去功能，则可以产生不同的突变表型。其中若A、C中一者发生突变，则另一者将在四轮花器官中均发挥功能（图5-20）。通过研究花器官减少、变形或错位的突变体，研究者已经从拟南芥中鉴定了影响花器官发育的三类基因：A类（*AP1*、*AP2*），B类（*AP3*、*PI*）、和C类（*AG*）。ABC模型较好地解释了这些基因突变的器官形成模式。

2. ABC 模型的改进

虽然ABC模型较好地描述了花器官的特异性，但随着同源异型基因的克隆，陆续发现若干与模型不符的模式。①*PI*的表达模式：在花瓣、雄蕊、雌蕊的形态决定发生之前，*PI*就在早期花的第2、3、4轮中表达，而一旦形态分化开始，*PI*的表达就与*AP3*的表达类似，均在第2、3轮。②*AP2*的表达模式：即在整个花的发育过程中，*AP2*除了在第1、2轮表达外，还在第3、4轮表达；在第3、4轮中，*AP2*与*AG*互相不拮抗。所以针对这两点矛盾之处，对ABC模型做了如下改进：①引入了*SUP*基因，*SUP*是B类基因*PI*和*AP3*的负调控因子，*SUP*的突变可使*PI*和*AP3*的表达扩展到第四轮；②认为在第1、2轮中存在未知基因*X*，*AP2*与*X*的产物互作，从而抑制*AG*在第1、2轮的表达（图5-21）。

目前已经清楚*AG*、*PI*、*AP1*、*AP3*编码的蛋

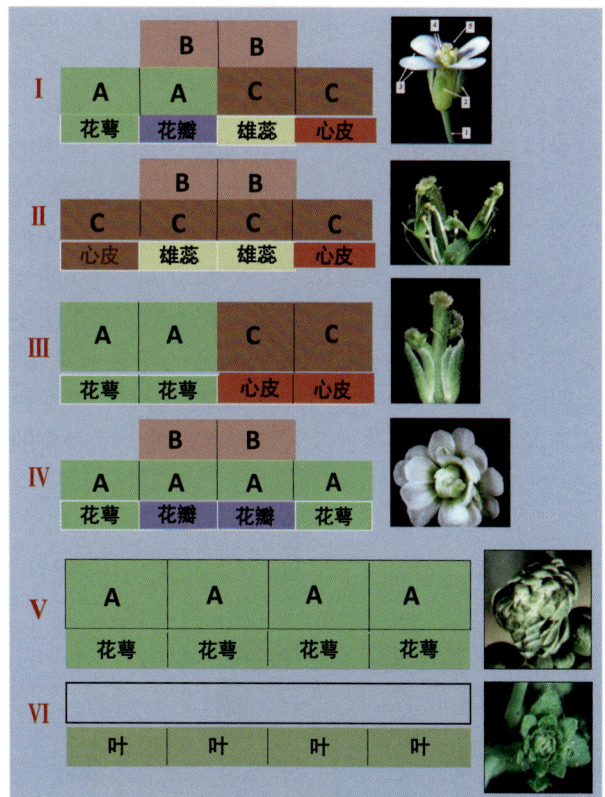

图5-20 ABC模型及同源异型突变体表现型示意图

Ⅰ.野生型；Ⅱ.敲除A基因；Ⅲ.敲除B基因；
Ⅳ.敲除C基因；Ⅴ.B、C基因均敲除；
Ⅵ.A、B、C基因全敲除

白质属于一类进化上保守的转录因子家族，*AP2*也很可能编码转录因子，所以这些花器官特征决定基因很可能通过调控其他基因的表达，决定花器官的

特异性。对这5个基因的遗传和分子分析，阐明了植物控制花发育的一些基本原则。①编码转录因子的基因可能调控着一系列复杂的靶基因，后者最终决定花原基的命运以及花原基向成熟器官的分化；②这些调控基因以不同的组合来发挥作用，从而控制发育的命运；③一些特征决定基因的产物（如 *AP2* 和 *AG*）可以控制彼此的活性。

3. ABCDE模型

从ABC模型我们可以知道模式生物花发育过程中基因的表达模式：①开花诱导激活了花分生组织特征基因，从而产生花分生组织；②花分生组织特征基因激活了花器官特征基因，在后者的严格调控下，花分生组织发育成花；③花器官特征基因激活下游决定各组织和细胞类型的基因，从而形成各类型器官。

虽然ABC改进模型较好地解释了花同源异型基因的表达模式，阐明了花器官突变的分子机制，并能够预测单突变、双突变和三重突变体花器官的表型，但是随着更多花同源异型基因的克隆，出现了许多ABC模型无法解释的现象。如ABC三重突变体的花器官具有心皮状结构，并非如预测那样不出现任何花器官状组织，这说明应该还存在与 *AG* 功能相近的、能促进心皮发育的基因。随后的研究发现了能促进心皮分化的 *CRC*、*SPT* 基因。在ABC三重突变体中，如果继续使 *CRC* 和 *SPT* 基因功能丧失，心皮组织的数目减少，但是在ABC+*SPT* 四重突变体中，叶状花仍能产生胚珠状的花器官结构，说明除了这些已知的基因外，仍存在影响心皮发育的基因。对这些问题的深入研究逐步扩展了经典的ABC模型。

1995年Angenent等在矮牵牛中发现决定胚珠发育的D类基因 *FBP11*。拟南芥中与 *FEB11* 同源的D类基因是 *AGL11*（后被重新命名为 *STK*），和属于C类基因的 *AG* 亲缘关系较近，有相似的基因表达模式。后来又发现2个D类基因 *SHP1*、*SHP2*。

虽然通过调控ABC基因的表达，可以人为地操作每轮花器官的发育状态，但是无法使叶片转变成花器官。可见这些基因虽然对花器官的发育至关重要，但是它们并不是营养器官转化成花器官的充分条件。这也预示营养器官向花器官的转变过程还涉及另一类花特征基因。2000年Pelaz等发现了与花器官特异性决定有关的 *AG* 类基因 *AGL2*、*AGL4*、*AGL9*（后被重新命名为 *SEP1*、*SEP2*、*SEP3*），后来人们又发现 *AGL3*（即 *SEP4*），SEP蛋白复合体可以激活 *AG* 的下游基因 *SHP2*，完成花器官的发育。因此 *SEP* 基因也被称为E类基因，连同D类基因一起将ABC模型延伸为ABCDE模型（图5-22）。

总之，被子植物ABCDE模型认为，花发育由5类保守的同源异型基因（A、B、C、D、E）调控，这些同源异型基因协同作用，共同调控花器官的发育，其中A+E调控第1轮（萼片）的发育；A+B+E调控第2轮（花瓣）的发育；B+C+E调控第三轮（雄蕊）的发育；C+E活性调控第4轮（心皮）的发育；D+E调控胚珠的发育。**四因子模型（Quartet Model）** 指4种花同源异型基因（或基因产物）的不同组合决定不同花器官的特征。

四 雄蕊结构、小孢子发生与雄配子体发育

雄蕊由花药和花丝两部分组成。花丝的作用是将花药推举到花冠外以利传粉，此外也是花药的水

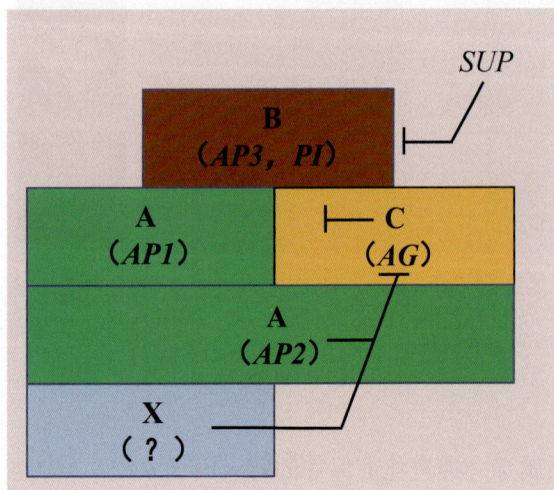

图5-21 改进的ABC模型示意图
（仿布坎南等，2004）

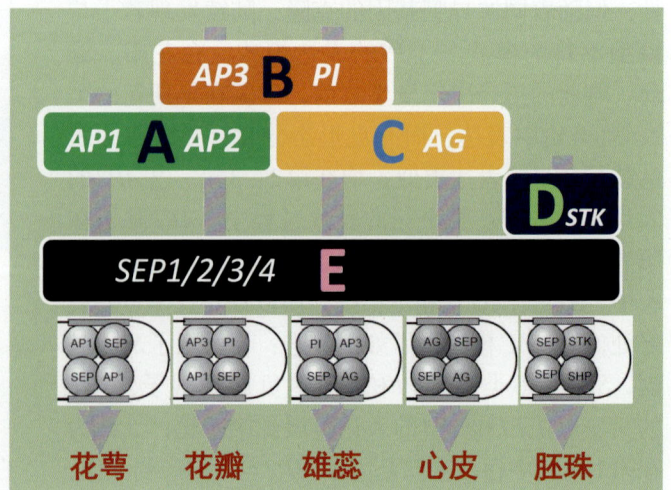

图5-22 ABCDE模型示意图
第5行是Thessen 2001提出的四因子模型

分和营养输送通道。花丝的结构较简单，最外一层是表皮，内为薄壁组织，中央有一个维管束（周韧或外韧维管束）。花丝维管束上达花药，下与花梗中的维管束相接。花丝在花芽中常不伸长，临开花前或开花时，以居间生长的方式迅速伸长，但花丝与花药连接的位置有多种，包括基着药、背着药、贴着药、丁字着药、个字着药和广歧药（可见第六章图6-35）。花药通常具有4个**花粉囊**（pollen sac），但棉花等植物的花药中只有2个花粉囊。花粉囊是产生**花粉粒**（pollen grain）的地方，中间由药隔分为左右两半。药隔内多为薄壁细胞，还有一个维管束通过。药隔支持着花粉囊，并供应花药发育时所需的水分和养料。花粉粒成熟后，药隔每一侧的1～2个花粉囊互相连通，花药开裂，花粉粒散出，进行传粉。

（一）花药的发育与结构

花药在发育初期，构造很简单，外围是一层表皮细胞，内为一群形态相似的幼嫩细胞。不久，由于花药四个角隅处的细胞分裂较快，花药变成四棱形。以后，在每个棱角处的表皮内方出现一到多列**孢原细胞**（archesporial cell），其细胞较大，核也相对较大，细胞质较浓（图5-23A）。小麦等植物，在每一棱角处只有一列孢原细胞，故在幼嫩花药的横切面上，只能见到4个孢原细胞。以后，孢原细胞进行一次平周分裂，形成内、外两层：外层称**周缘细胞**（parietal cell），内层称**造孢细胞**（sporogenous cell）（图5-23B—C）。周缘细胞继续进行平周分裂

和垂周分裂，自外向内逐渐形成药室内壁、中层和绒毡层。这几层细胞和表皮一起构成花粉囊的壁。造孢细胞一般经过几次分裂形成花粉母细胞。花粉母细胞再经过减数分裂，逐渐发育成花粉粒。花药中部的细胞逐渐分裂、分化形成维管束和薄壁细胞，构成药隔（图5-23E—F）。

表皮（epidermis）在花药的发育过程中，只进行垂周分裂，增加细胞数目以适应内部组织的迅速发展。表皮一般起保护作用。

药室内壁（endothecium）为紧接表皮的一层细胞，初期常贮藏大量淀粉和其他营养物质。在花药接近成熟时，这层细胞长得特别大，并径向延长，细胞内的贮藏物质消失；同时在这一层细胞的内切向壁、径向壁和横壁上都发生不均匀的条纹状次生加厚，并木质化或栓质化，而紧靠表皮层的外切向壁仍是薄壁的（图5-23G）。由于有条纹状的加厚，所以药室内壁又称**纤维层**（fibrous layer）。但是在两个花粉囊交接处的外侧，则无条纹状的加厚，仅是一狭条薄壁细胞，此处表皮细胞也较小，称为裂口。由于药室内壁具有细胞壁次生加厚的特点，且两个花粉囊连接处具裂口的特殊结构，有助于花粉囊的开裂。花药一旦成熟，就在裂口处裂开，散出花粉。

中层（middle layer）在药室内壁的内方，通常由1至数层较小的细胞组成，初期也可贮藏淀粉等营养物质。当花粉母细胞进行减数分裂时，中层细胞及其内含物减少，细胞变得扁平，并逐渐解体，

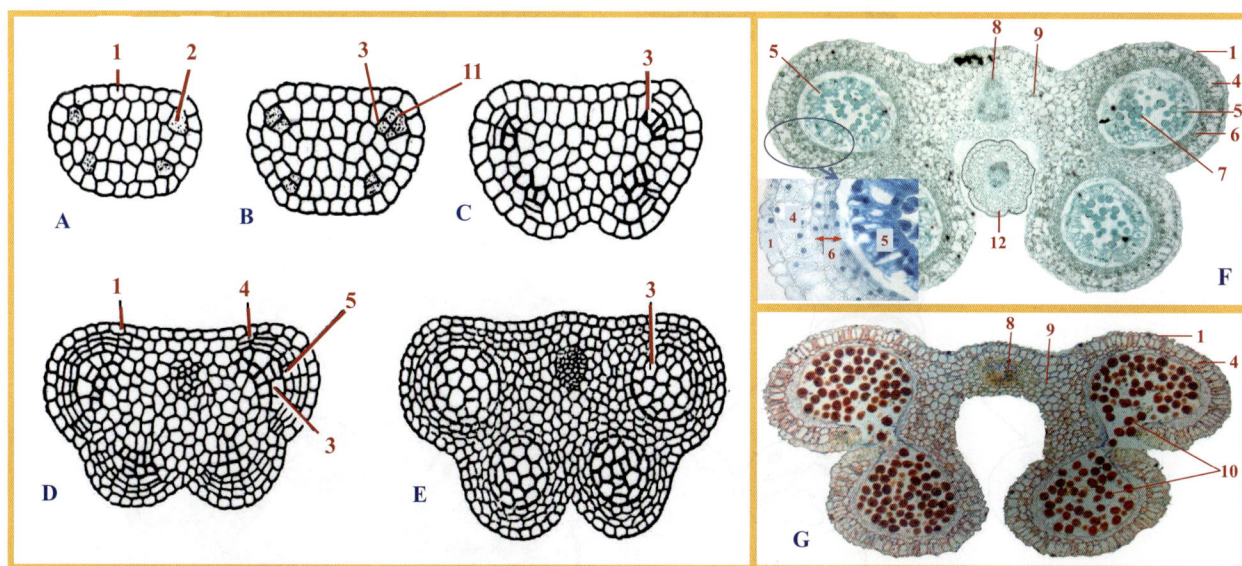

图5-23　花药的发育及构造

A—E.花药的发育过程；F.幼期花药，示花药壁分化已完成，花粉母细胞已开始减数分裂；G.已开裂的花药，示成熟花药构造；1.原表皮和后期的表皮；2.孢原细胞；3.造孢细胞；4.图F幼期称药室内壁，图G成熟期称纤维层；5.绒毡层；6.中层；7.花粉母细胞；8.药隔维管束；9.药隔基本组织；10.成熟花粉粒；11.周缘细胞；12.幼期花丝

最终被吸收而消失，所以在成熟花药中一般不存在中层。

绒毡层（tapetum）为花粉囊壁的最内一层细胞。造孢细胞经分裂逐渐转化成花粉母细胞，花粉母细胞减数分裂形成小孢子四分体之前，绒毡层细胞变得特别大，并且常沿半径方向伸长，该层细胞最初为单核，以后由于核分裂时并不伴随着细胞壁的形成，故具有双核或多核体结构。绒毡层细胞的细胞质浓，细胞器丰富，含有较多的RNA和蛋白质，还含有丰富的油脂和类胡萝卜素等营养物质。该细胞层对花粉粒的发育和形成起着重要的营养和调节作用。它可帮助四分体转变为游离花粉；形成花粉外壁；当花粉成熟时，绒毡层也解体消失，但其释放的内含物，可供应花粉营养。绒毡层功能的失常，是花粉败育主要原因之一。

花粉粒发育完成后，花药也已成熟。此时，花粉囊的壁中的中层和绒毡层解体消失，最后只剩下表皮和药室内壁了。

（二）花粉母细胞的减数分裂

在周缘细胞分裂、分化形成花粉囊壁的同时，造孢细胞也不断进行分裂，形成大量的**花粉母细胞**（PMC，pollen mother cell）（图5-24G）。极少数植物的造孢细胞可不经过分裂，直接发育为花粉母细胞，如锦葵科和葫芦科某些属的植物。

花粉母细胞的体积较大，原生质浓，核也较大，没有明显的液泡，与壁细胞有很大的不同。在早期，它具有一般的纤维素壁，花粉母细胞之间和花粉母细胞与绒毡层细胞之间都有胞间连丝相贯通。在减数分裂过程中，原来的纤维素壁逐渐消失，胞间连丝被切断，代之以**胼胝质壁**（callose wall）。胼胝质为β-1,3-葡聚糖，是一种没有微纤丝结构的不定形物质，合成和分解都很容易。花粉母细胞被胼胝质壁隔离，有利于减数分裂的完成。

减数分裂（meiosis）是孢子体世代向配子体世代转变的标志性步骤，它发生在花粉母细胞（小孢子母细胞）和胚囊母细胞（大孢子母细胞）分别形成花粉粒和胚囊的时候。减数分裂包括两次连续的分裂，但DNA只复制一次，染色体也仅分裂一次（图5-24）。这样，一个花粉母细胞或胚囊母细胞经过减数分裂后，形成4个子细胞，而每个子细胞中染色体数目比母细胞的减少了一半，减数分裂即因此得名。如水稻花粉母细胞的染色体数目为24（$2n$），经过减数分裂所产生的花粉粒的染色体数目只有12（n）了。

减数分裂有一个间期，称为**减数分裂前间期**（premeiotic interphase），其持续的时间比有丝分裂

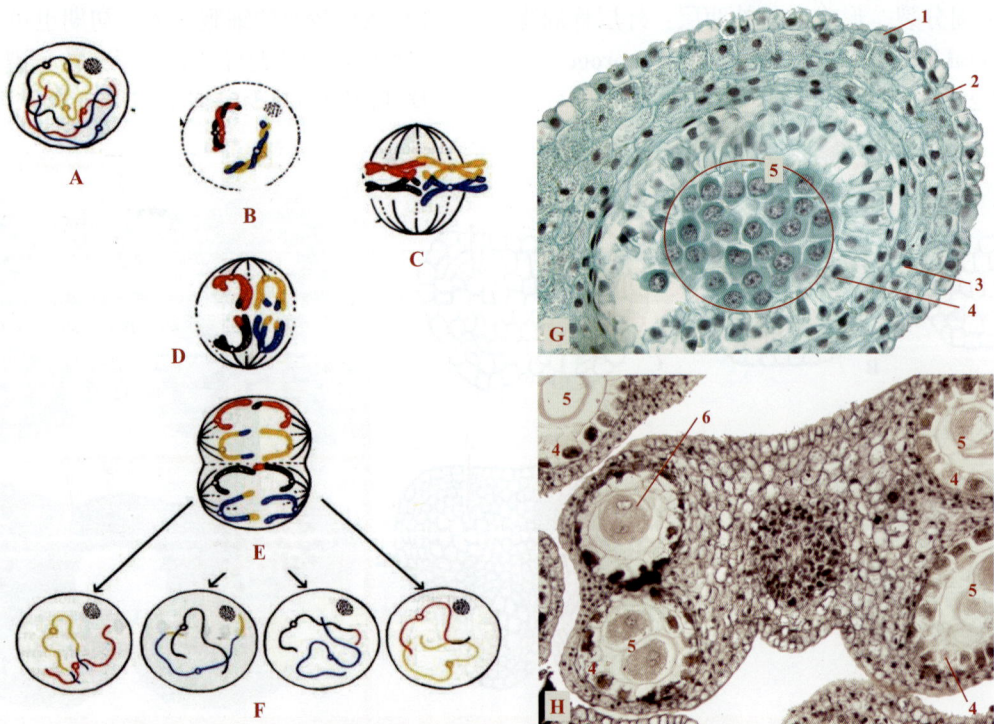

图5-24 减数分裂模式图及花药幼期结构

A.前期Ⅰ，细线期；B.粗线期；C.中期Ⅰ；D.后期Ⅰ；E.后期Ⅱ；F.末期Ⅱ，四个子细胞；G.百合花药横切示一个幼期花粉囊及大量花粉母细胞（PMC）；H.棉花花药横切示幼期花药，可见花粉母细胞或已开始减数分裂；
1.表皮；2.药室内壁；3.中层；4.绒毡层；5.花粉母细胞；6.开始减数分裂的花粉母细胞，第一次分裂完成

间期长。减数分裂的过程比较复杂，是一个连续的过程（图5-24）。为了方便描述，人为地分为下列几个时期。

1.减数分裂的第一次分裂，可分为4个时期

（1）前期 I（prophase I） 经历时间很长，染色体变化复杂，又可进一步分为5个时期。

1）细线期（leptotene）（图5-24A）：核中出现细长、线状的染色体，以后染色体因缠绕、缩短变粗，轮廓清晰可见。此时每条染色体应由2条**染色单体**（**chromatids**）构成，它们仅在着丝点处相连。在一些植物中，许多细线状的染色体可密集成一团，位于核的一侧；而另一些植物中，细线状的染色体一端都集中在核膜一侧，而另一端呈放射状伸开，形似花束。此期核的体积增大，核仁也较大。

2）**偶线期**（**zygotene**）：细胞内的**同源染色体**（**homologous chromosomes**），一条来自父本，一条来自母本，两者的形状、大小相似，基因排列顺序也是相同的染色体两两配对，平列靠拢，这一现象称**联会**（**synapsis**）。如水稻，原来细胞中有24条染色体，这时候便配成12对。配对后的染色体叫**二价体**（**bivalent**），故每一对联会后的同源染色体，即每个二价体含有4个染色单体，称联会复合体（图5-24B）。此时核膜和核仁逐渐解体。

3）**粗线期**（**pachytene**）：染色体进一步缩短变粗，同时在联会复合体内，同源染色体上的一条染色单体与另一条同源染色体的染色单体彼此交叉扭合，并在相同部位发生横断和片段的互换。而另外2个染色单体则不变（图5-24B）。这种现象称为**交换**（**crossing over**）。交换对生物的遗传和变异有重大的意义。粗线期内也有极少量DNA的合成，对染色单体中DNA断裂后的修复可能起一定的作用。

4）**双线期**（**diplotene**）：染色体更为粗短，发生交换和**交叉**（**chiasma**）的染色单体彼此排斥并开始分离，由于交叉常常不止发生在一个位点，因此染色体呈现出X、Y、S、O等各种形状（图5-24C）。

5）**终变期**（**diakinesis**）：染色体螺旋化达到最高程度，缩得更加短粗，常常分散排列在核膜内侧，此时是观察、计算染色体数目的最适时期。终变期末，核膜、核仁消失（有的核仁还在，如玉米），出现纺锤丝（图5-24C）。

（2）中期 I（metaphase I） 配对的同源染色体（二价体）排列在细胞中部的**赤道板**（**equatorial plate**）上，而来自父本和母本的同源染色体随机分列于赤道板的两侧，并有纺锤丝附着，此时，整个形成一个**纺锤体**（**spindle apparatus**）（图5-24C）。

此时，子代染色体的重组已完成。

（3）后期 I（anaphase I） 由于纺锤丝的牵引，着丝点连着二价体分别向两极移动，使二价体分离（图5-24D），故移向两极的是整条染色体，所以每极只有原来染色体数目的一半。

（4）末期 I（telophase I） 到达两极的染色体又聚集起来，然后染色体解螺旋，并重新出现核膜、核仁，形成两个子核。同时，子核间形成细胞板，并发生胞质分裂，将母细胞分隔成2个子细胞，称**二分体**（**dyad**），如水稻、小麦等，接着新生成的子细胞发生第二次分裂。但有些植物要在第二次核分裂后才同时发生胞质分裂，最后分隔成4个子细胞，如蚕豆、棉花等。

2.减数分裂的第二次分裂

第二次分裂一般紧接着第一次分裂，或有一个极短的**减数分裂间期**（**interkinesis**）。此时，细胞无DNA的合成，也无染色体的复制。第二次分裂与一般有丝分裂相同，也可以分4个时期（图5-24E, F）。

（1）前期 II（prophase II） 如果染色体在末期 I 时已经解螺旋，此期则有染色体重新螺旋化缩短；若未发生螺旋解体，则本期很短促。最后也有核膜、核仁消失的过程。

（2）中期 II（metaphase II） 染色体以着丝点排列在赤道板上，纺锤丝明显。

（3）后期 II（anaphase II） 每条染色体的2个染色单体随着着丝点的分裂而彼此分开，由纺锤丝牵向两极。

（4）末期 II（telophase II） 移至两极的染色体又逐渐解螺旋，出现核膜、核仁。在一些有二分体阶段的植物中，新产生的细胞板一般与第一次壁成直角，经胞质分裂后，各自形成2子细胞，这样4个细胞排列在一个平面上，如水稻、小麦、百合等，称为**连续型**（**successive type**）（图5-25）。在一些没有二分体阶段的植物中，待第二次分裂后，才同时形成壁，4个细胞常呈四面体形，如棉花、油菜、茶、蚕豆等，称为**同时型**（**simultaneous type**）（图5-26）。经过第二次分裂后，每个子细胞中的DNA含量减少一半，形成4个含单倍染色体组的核（图5-24）。

每个花粉母细胞经过上述两次连续分裂后，产生4个子细胞。它们包藏在共同的胼胝质壁中，各个子细胞之间也被胼胝质所分隔。这4个子细胞在没有分离之前称为**四分体**（**tetrad**）。以后，四分体的每个细胞互相分离，形成四个单核的花粉粒。

减数分裂的持续时间因植物种类不同而不同，

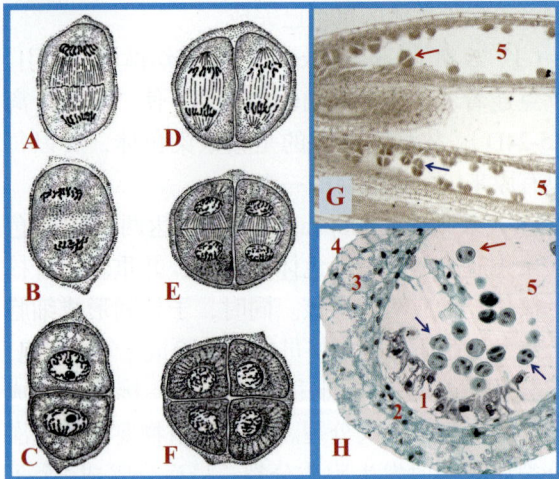

图5-25 小麦、水稻、百合小孢子(花粉)母细胞的连续型胞质分裂
A—F示小麦花粉母细胞胞质分裂过程模式;G.水稻花粉母细胞减数分裂的2分体和4分体阶段;H.百合花粉母细胞减数分裂的2分体和4分体阶段;1.多核的绒毡层细胞;2.中层;3.纤维层;4.药室表皮;5.花药药室;红箭头示二分体;蓝箭头示4分体

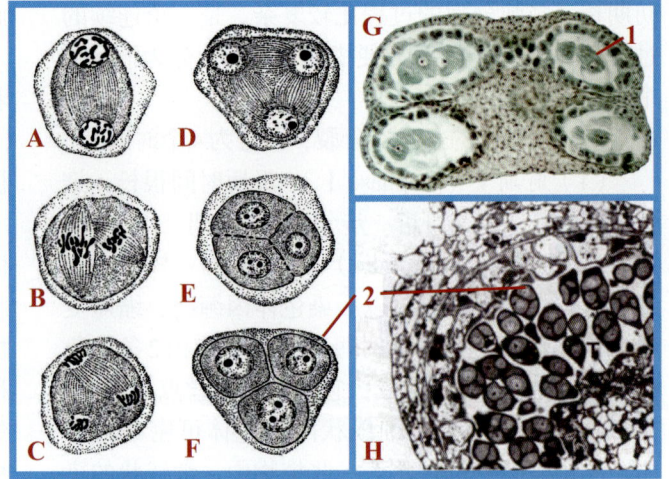

图5-26 蚕豆、棉花小孢子(花粉)母细胞的同时型胞质分裂
A—F示蚕豆同时型减数分裂形成四分体过程的模式;G.棉花花药横切示花粉母细胞及减数分裂开始;H.棉花成熟花药横切示同时型的四分体;1.花粉母细胞减数分裂开始;2.可见四面体性的四分体(有一个在后面)

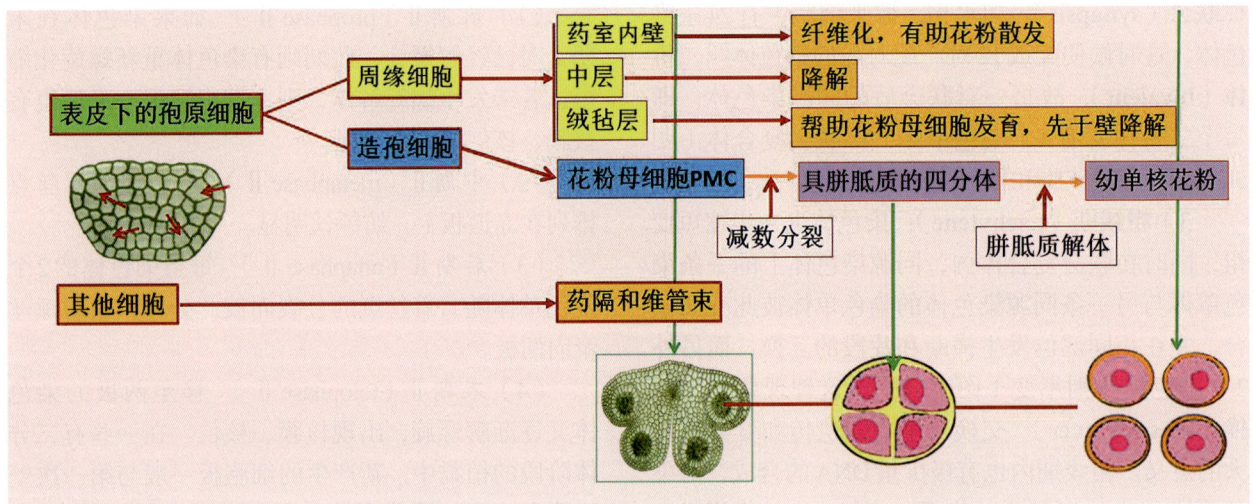

图5-27 雄蕊花药发育、花粉母细胞(小孢子母细胞)至单核花粉形成的完整过程

如矮牵牛为12小时,小麦为24小时,洋葱为96小时,麝香百合可达192小时。在减数分裂的各个时期中,通常前期Ⅰ所需的时间最长,其余各期较短。

减数分裂有两个重要的作用:①减数分裂形成的精子与卵细胞只含有一套染色体,即单倍体(n)。卵与精子受精后形成合子,恢复二倍体($2n$)。这样保持了物种染色体数目的相对稳定,从而也保持了物种在遗传上的相对稳定。②减数分裂过程中发生同源染色体的配对、染色体片段的交换以及来自父本、母本的同源染色体随机重组等现象,是配子遗传变异的重要来源,从而丰富了物种的遗传多样

性,增强了进化潜力。因此,研究植物的减数分裂在探索植物遗传和变异的内在规律,进行有性杂交育种等方面都有着重要的意义。

花药发育、单核花粉形成过程见图5-27。

(三)花粉粒的发育与形态结构

减数分裂后,四分体中的4个单核细胞互相分离,形成单核花粉粒,也叫**小孢子**(microspore)。它们在花粉囊中进一步发育,核经过一次或两次有丝分裂,形成具有2个或3个细胞的成熟**花粉粒**(pollen grain)(图5-28)。

1.花粉粒的发育

(1)小孢子的不对称分裂 花粉粒发育过程

中最突出的特征是两次不对称分裂。第一次是单核花粉粒（小孢子）的不对称分裂。刚游离出来的单核花粉粒，细胞壁薄，细胞质浓，没有大液泡，细胞核位于中央。它们不断地从周围绒毡层吸收营养物质和水分，液泡不断增大，占据细胞的大部分空间，使细胞核及细胞质移向花粉粒的一侧（核靠边）。这样小孢子就呈现极性状态，即一侧为大液泡，另一侧为细胞核。在水稻、小麦等禾本科植物中，液泡偏向萌发孔一极，而细胞核偏向另一极。极性建立后不久，就开始不对称分裂。细胞核就在近壁处进行有丝分裂，形成两个子核：一个偏液泡一极（营养极），即营养核；另一个偏原细胞核一极（生殖极），即生殖核，然后形成两个大小悬殊的细胞。大的叫**营养细胞**（vegetative cell），包含原来的大液泡和大部分细胞质；较小的称**生殖细胞**（generative cell），呈凸透镜形或半球形，只有少量的细胞质（图5-28A—D）。

（2）生殖细胞的不对称分裂　花粉粒成熟时，如只含有生殖细胞和营养细胞，称为2细胞花粉粒（雄配子体的早期阶段）。大多数被子植物（70%），如棉花、茶、桃、梨、柑橘、桑、百合等属于这种类型（图5-28G，H，图5-30）。另一些植物，如水稻、小麦、玉米、油菜、向日葵等，其生殖细胞还要进行一次有丝分裂，形成2个**精细胞**（sperm cell），即**雄配子**（male gamete），花粉粒才成熟。这种花粉粒叫作3细胞花粉粒（雄配子体）（图5-29，图5-30）。而2细胞花粉粒，其生殖细胞的分裂和精子的产生是在花粉管中完成的（图5-28J）。第二次不对称分裂发生于生殖细胞分裂时，也是生殖细胞在线粒体和质体的极性分布所致，形成了一对在大小、形状、内含物上均有所不同的精细胞。较大的精细胞富含线粒体，以其尾部缠绕营养核，而以另一端与较小的富含质体的精细胞联结。这一现象称为**精细胞二型性**（sperm cell dimorphism）或**异型性**（heteromorphism）。精细胞的二型性与倾向受精密切相关，将在受精部分继续介绍。

（3）花粉（小孢子）壁的变化　在花粉粒内细胞分裂的同时，小孢子的壁也逐渐发育成花粉粒的壁。刚形成的四分体，各细胞之间有胼胝质壁分隔，同时它们又被共同的胼胝质壁包围。不久，在小孢子质膜的外方，也就是胼胝质壁的内侧，逐渐形成纤维素的**初生外壁**（primexine），它是花粉外壁的前身。初生外壁的加厚是不均匀的，不加厚的地方就是将来形成萌发孔和萌发沟的位置，将来花粉萌发时，花粉管就从这些孔、沟处向外突出生长。花粉的初生外壁按照特定的式样发育，在外壁上形成各种**雕纹**（sculpture），同时还积累孢粉素等物质，组成花粉粒**外壁**（exine）的外层（图5-30）。

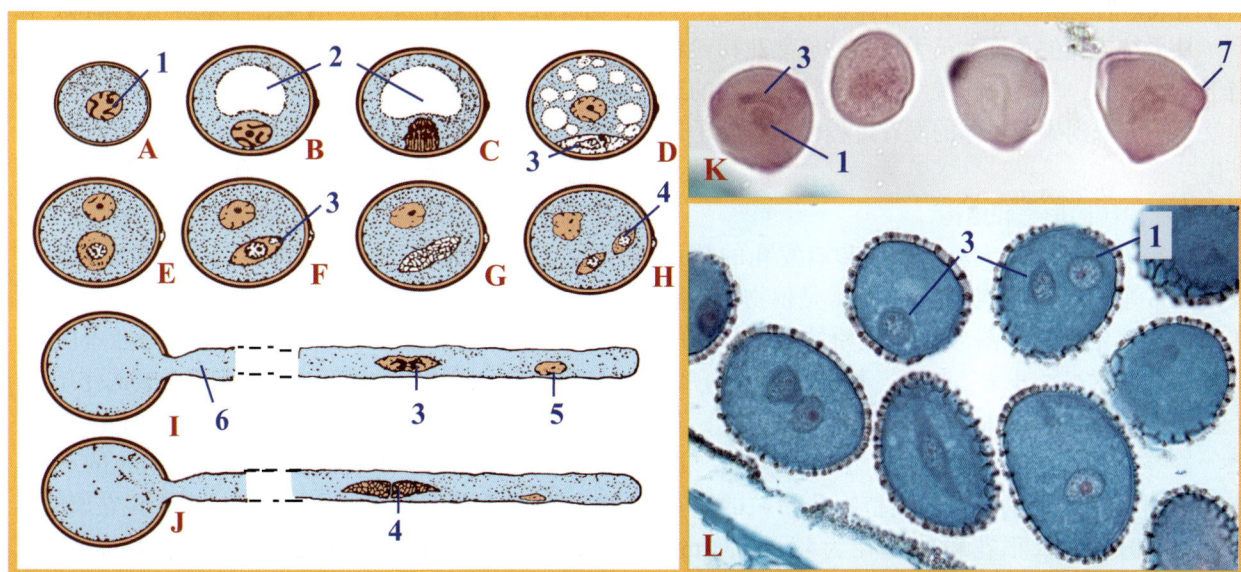

图5-28　被子植物花粉粒的发育与花粉管的形成
A.单核花粉（小孢子）；B.单核花粉发育，液泡形成；C—D.细胞不对称分裂，形成1营养细胞和1生殖细胞；E—F.生殖细胞游离进入营养细胞内，在花粉外壁发育同时完成，此时的F即成熟的二核花粉；G—H.生殖细胞分裂形成2个精细胞，加上发育完成的外壁即成熟的三核花粉；I—J.传粉后花粉管萌发，如果是二核花粉，营养细胞在前，生殖细胞在后，生殖细胞还需要进一步分裂形成2个精细胞；K.光学显微镜下牡丹的2细胞花粉；L.光学显微镜下百合的2细胞花粉；
1.单核花粉细胞核（后来分裂一次大部分转为营养细胞核）；2.液泡；3.生殖细胞核或游离在营养细胞内的生殖细胞；4.精细胞；5.营养细胞核；6.花粉管；7.萌发孔

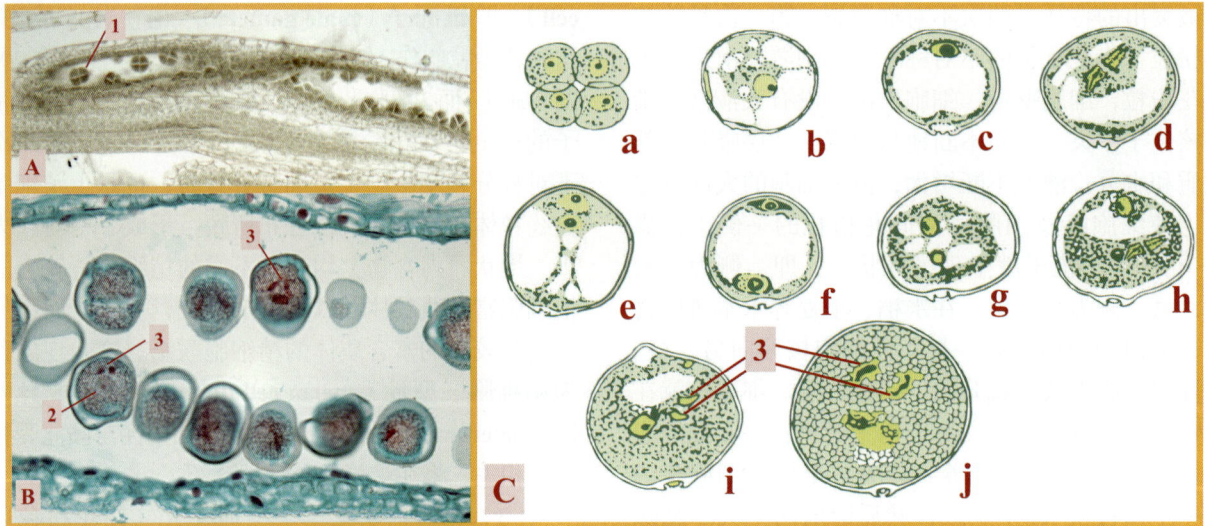

图5-29　水稻和小麦花粉粒的发育（从花粉母细胞到成熟雄配子体的3细胞花粉形成）

A.水稻花药横切，示减数分裂结束的四分体，由胼胝质连着；B.小麦花药纵切，示成熟的3细胞花粉粒；C.从减数分裂结束形成的四分体解体到成熟花粉—雄配子体（三核花粉）形成模式；a—c.四分体解体到单核花粉粒；d.单核花粉粒进行第1次有丝分裂；e—g.形成2个细胞：1营养细胞和1生殖细胞；h.生殖细胞进行有丝分裂；i—j形成成熟的3细胞花粉粒，两个精子在发育过程中形态发生变化；注意：在整个过程中花粉壁也形成外壁和萌发孔等；

1.四分体花粉时期；2.营养细胞核；3.两精细胞

在外壁的腔穴中还贮存着活性蛋白质，它是由绒毡层制造并转移而来的，在初生外壁的内侧形成**外壁内层**（nexine）。但在成熟的花粉粒中，一般见不到这一层。花粉粒外壁的内侧为**内壁**（intine），它的发育常在萌发孔区开始，然后遍及整个花粉粒外壁的内侧。内壁由纤维素、果胶质、半纤维素和蛋白质等组成，内壁蛋白质是花粉粒本身制造的。

从系统进化的角度，被子植物的成熟花粉粒相当于雄配子体，单核花粉粒发育成成熟花粉粒的过程就是小孢子到雄配子体的发育过程，属于配子体世代。

2.花粉粒的形态和结构

花粉粒的形状、大小、雕纹和萌发孔的数目及其分布等，随植物种类而异，常常是植物科、属甚至种的鉴定依据（图5-30）。花粉的形状，有的圆球形，如水稻、小麦、棉花、桃、柑橘、南瓜、紫云英等；有的椭圆形，如油菜、蚕豆、梨、苹果、桑等；也有略呈三角形的，如茶。此外，还有线形的及四方形的。大多数植物花粉粒的直径在15～50μm。水稻花粉的直径为42～43μm；小麦为45～60μm；玉米为77～89μm；棉花为125～138μm；南瓜的花粉粒很大，为150～200μm；最小的是高山勿忘草（*Myosotis alpestris*），仅2.5～3.5μm。

花粉粒的外壁较厚，硬而缺乏弹性。外壁的**雕纹**（sculpture）变化很大，在扫描电镜下可见美

丽的图案（图5-31）。有刺状突起的，如棉花、向日葵；有网状的，如油菜、百合；还有颗粒状、瘤状等；也有比较光滑的，如水稻、小麦等。**萌发孔**（germinal aperture）是外壁不增厚的地方，也是花粉粒萌发伸出花粉管的部位。水稻、小麦等禾本科植物，其花粉粒只有1个萌发孔；棉花有8～16个萌发孔；油菜、蚕豆、烟草、苹果等有3条沟，在每条沟中央有1个萌发孔（图5-31）。外壁的主要化学成分是**孢粉素**（sporopollenin），此外尚有纤维素、类胡萝卜、类黄酮素、脂类和蛋白质等，所以花粉常呈现黄、橙色。孢粉素是一种脂类物质，具抗酸和抗生物分解的特性，故在地层中能长期保存。花粉粒的内壁较薄，软而有弹性，仅在萌发孔处较厚。内壁的主要化学成分为纤维素、果胶质、半纤维素和活性蛋白质。外壁和内壁中的活性蛋白质，传粉之后在和柱头的相互识别中起着重要的作用。

花粉粒以及孢粉的形态学研究有一门专门的学科，即**孢粉学**（palynology）。根据花粉粒的形态，可以鉴定古代植物和现代植物，一般来说在属的鉴定上是有意义的。根据地层中花粉粒的特征，可以推断古植物的地理分布及当时的气候条件，帮助重建植物和植被的进化历史，同时也应用于预测矿藏位置。另外，花粉可作为保健食品的原料。

（四）花粉囊开裂的方式

花粉囊开裂的方式多种多样：最常见的是沿两个花粉囊交界处纵向开裂，称纵裂，如牵牛，百

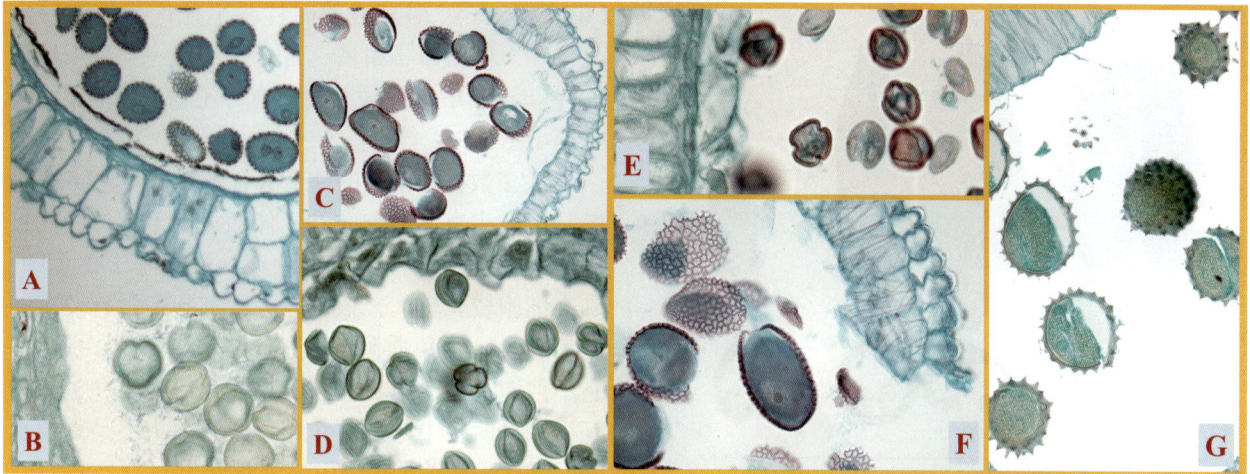

图5-30　光学显微镜下成熟花粉形态及花粉外壁的纹饰

A.百合花粉网状纹饰；B.桃树三沟花粉的光滑外壁；C.油菜花粉的网状纹饰；D.枸杞花粉的三沟萌发孔和光滑外壁；E.梨树三沟花粉；F.黄花菜的单沟花粉和网状纹饰；G.棉花花粉的刺突纹饰

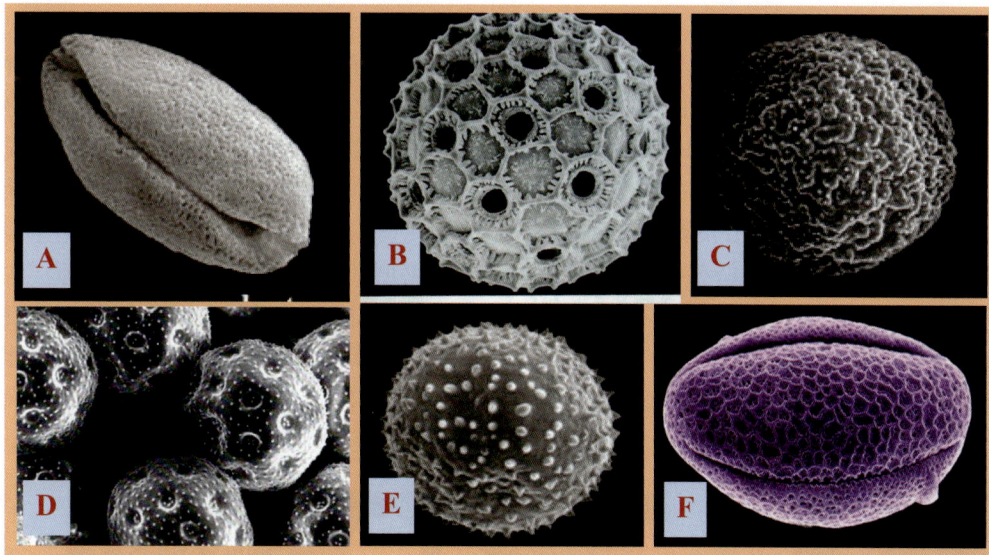

图5-31　扫描电镜下的花粉粒形态及外壁纹饰

A.单沟花粉具细网纹（菝葜藤属，*Ripogonum*）；B.多孔花粉具粗网格；C.无萌发孔花粉具脑纹（肖菝葜）；D.多孔花粉具疣突；E.无孔花粉具乳突（菝葜）；F.三沟花粉具网纹（百合科）（B引自James，2003）

合；有的沿花药中部横向裂开，称横裂，如木槿、蜀葵；有的在药室顶端开一小孔，称孔裂，如杜鹃、茄；有的在花药侧壁形成几个向外推开的小瓣，称瓣裂，如樟树、小檗（见第六章图6-36）。

五　雌蕊结构、大孢子发生与雌配子体发育

（一）雌蕊的组成

心皮是适应于生殖的变态叶（图5-32），是构成雌蕊的基本单位。心皮卷合成雌蕊后，其顶端分化成为柱头，中间为花柱，下方膨大部分为子房。雌蕊可以由一个心皮构成，也可以由多个心皮构成。由一个心皮构成的雌蕊叫作**单雌蕊**（**simple pistil**），如蚕豆、大豆、桃等；若一朵花中有若干

彼此分离的单雌蕊就叫**离生心皮雌蕊群**（**apocarpous gynoecium**），如广玉兰、毛茛、绣线菊、草莓等；由2个或2个以上心皮卷合而成的雌蕊，叫作**复雌蕊**（**compound pistil**）或称**合生心皮雌蕊**（**syncarpous pistil**）（图5-33）。在复雌蕊中，子房、花柱、柱头三者可以全部合生，如油菜、番茄、柑橘等；有些雌蕊的子房与花柱合生而柱头分离，如棉花、向日葵等；也有仅仅是子房合生而花柱与柱头分离的，如梨、石竹等（图5-33）。

每个心皮向内（近轴面或称腹面）卷合成雌蕊时，由边缘愈合部分形成的一条缝线，称**腹缝线**（**ventral suture**）；腹缝线两侧各有一个较小的维管束称**腹束**（**ventral capellary bundle**）。腹束一般与

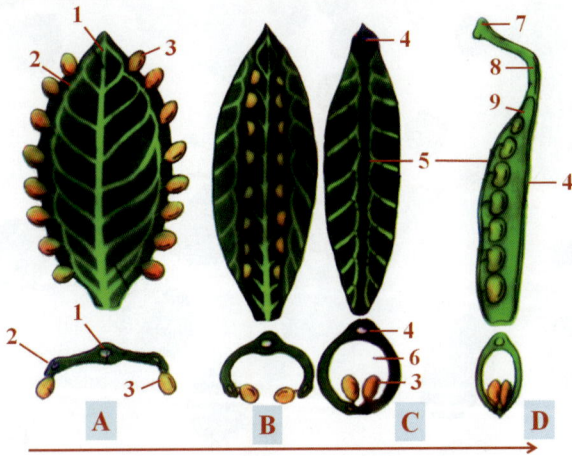

图5-32 单个心皮形成雌蕊的示意图
A.一个心皮即一枚变态叶子（1.中脉，2.侧脉，3.胚珠）；A—D.卷合而成雌蕊，（4.背缝线，5.腹缝线，6.子房室）；D.形成的单心皮雌蕊分化成柱头（7）、花柱（8）和子房（9）

胚珠中的维管束相连。心皮中间相当于叶片中脉的部分，称**背缝线**（dorsal suture），其中有一个较大的维管束称**背束**（dorsal carpellary bundle）。单雌蕊或离心皮雌蕊，每一心皮只有1条背缝线和1条腹缝线（图5-32）。复雌蕊或合生心皮雌蕊，背缝线和腹缝线的数目和心皮数相同（图5-33F—G）。

1.柱头的类型

柱头是承受花粉的地方，也是花粉粒和雌蕊相互识别的场所。柱头可分两大类：一类称**湿柱头**（wet stigma），雌蕊成熟时柱头上能产生许多液态分泌物，如烟草、柑橘、百合等；另一类称**干柱头**（dry stigma），雌蕊成熟时没有分泌物，如油菜、棉花等（图5-34）等。

大多数被子植物的柱头具有**乳突**（papilla）。乳突是由柱头表皮细胞向外延伸而成的毛状体，其长短与组成因植物而异。在油菜、百合等干柱头中，乳突细胞较长较大，核也较大，细胞中含有较多的淀粉粒。乳突角质膜外面还覆盖着一层蛋白质膜，它不但能快速黏合花粉粒，还在花粉粒与柱头的相互识别、萌发中起重要作用，故干柱头不是真正干的。干柱头在被子植物中最为常见。

2.花柱的类型

花柱通常也有两种类型：**空心型花柱**（hollow style）和**实心型花柱**（solid style）（图5-34）。

所谓空心型花柱，就是在花柱中央有1至数条自柱头通向子房的纵行沟道，称**花柱沟**（stylar canal）。花柱沟的内表面常常有一层特殊的腺性细胞，称**花柱沟细胞**（stylar canal cells）或通道细胞；其向着中空管道的一面，常作拱形，壁很厚。如百合、柑橘的花柱有一条花柱沟，其花柱沟细胞是一种分泌型的传递细胞。在花柱道细胞与拱形的厚壁与角质膜之间储藏着大量分泌物。开花前或传粉时，角质膜破裂或部分细胞解体，分泌物释放到中空的花柱内，花粉管就在花柱沟内的黏液中前进。

图5-33 心皮构成雌蕊的主要形态和特点
A.单心皮雌蕊（紫荆）；B—E.离心皮雌蕊群，各心皮相互分离，B.白玉兰，C.蛇莓，D.毛茛；E.景天；F—M.合生心皮雌蕊（复雌蕊）；F—H.几种复雌蕊模式图，F,I和J.子房联合，柱头和花柱分离（I.石竹,J.酢浆草）；G和K.子房和花柱联合，柱头分离（K.喜旱莲子草）；H、L和M.子房、花柱和柱头全部联合（L.油菜，M.映山红）

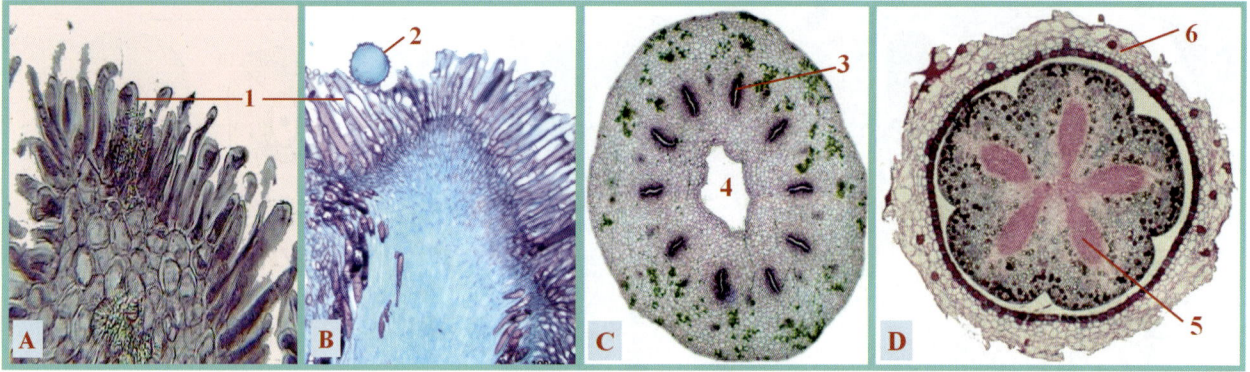

图5-34 花柱和柱头类型
A.柑橘湿柱头；B.棉花干柱头；C.柑橘空心型花柱；D.棉花实心型花柱；
1.乳突；2.花粉；3.通向心皮的花柱道；4.花柱中空部分；5.引导组织；6.棉花联合的花丝管

实心型花柱的花柱中常有一些特殊的细胞群，称**引导组织（transmitting tissue）**。该组织由一些长形的细胞组成，其细胞纵向壁厚，横向壁薄，核大，质浓。横切面观，引导组织的细胞圆形，细胞间隙大，间隙中有许多分泌物。传粉以后，花粉管就沿着这些充满分泌物的细胞间隙前进，如棉花、烟草、番茄、灯笼椒等。有些植物如水稻、小麦、菠菜等，花柱虽然也是实心的，但中央无引导组织，花粉管通常在花柱中央的薄壁细胞间隙中穿过。

3.子房的结构

子房由**子房壁（ovary wall）、子房室（locule）、胚珠（ovule）和胎座（placenta）**等组成（图5-35）。从子房的横切面看，子房壁的内外两面都有一层表皮，表皮上常有气孔及表皮毛。两层表皮之间为多层薄壁细胞及维管束。子房壁内侧的空腔，叫子房室，其数目因植物的种类、心皮数目和胎座类型（心皮连合成雌蕊的方式）而有所不同。如豆科植物的单雌蕊仅由一个心皮构成，子房只有一室。而棉花的子房由3～5个心皮构成，其子房室的数目就是它的心皮数。有些植物的子房心皮仅以边缘相连接，全部心皮参与形成子房壁，这样的子房虽由几个心皮组成，但仍为1室，如南瓜和黄瓜。子房内的胚珠数也因植物而异。如水稻、小麦只有1个子房室，每室中只有一个胚珠；桃也为1室，但有2个胚珠（其中只有一个发育）；梨有5个子房室，每室2个胚珠；棉花子房有3～5室，每个子房中有9～11个胚珠；而南瓜的1室中则含多数胚珠。胚珠通常沿心皮的腹缝线着生，该部位在子房内壁处较膨大，称为胎座。胎座类型也因植物不同而不同（图6-38）。

（二）胚珠的组成与发育

被子植物的胚珠是由珠心、珠被、珠孔、珠柄和合点等几部分组成的（图5-36M，N）。

胚珠是在心皮内侧腹缝线的胎座上发展起来的。最初，在子房壁表皮下的一些细胞平周分

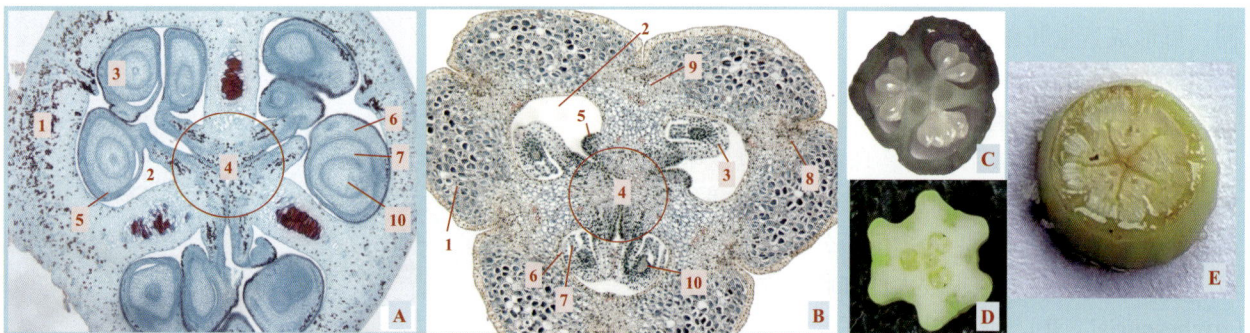

图5-35 被子植物子房横切示子房和胚珠结构
A.棉花3心皮中轴胎座子房；B—C.百合3心皮中轴胎座子房，B显微镜下的切片，C.解剖显微镜下的子房横切；D.解剖显微镜下鸢尾属的3心皮中轴胎座子房；E.红花酢浆草5心皮中轴胎座子房
1.子房壁；2.子房室；3.胚珠；4.胎座；5.珠心；6.外珠被；7.内珠被；8.背缝线及维管束；9.腹缝线及维管束；10.幼期胚囊；注意区分C—E几种子房的各部分结构

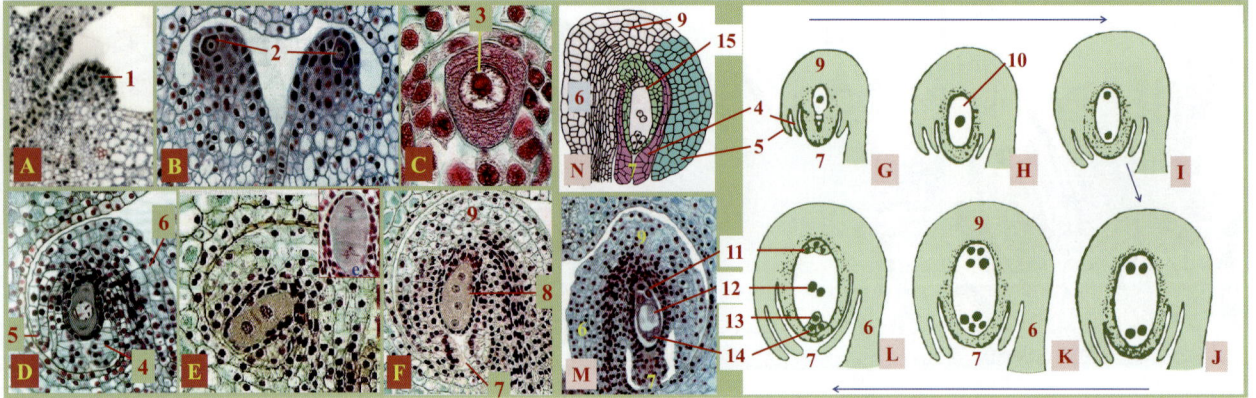

图5-36　胚珠的结构和蓼型胚囊发育过程

A.早期胚珠的珠心组织凸起；B.珠心组织表皮下有一个细胞发育形成孢原细胞；C.部分植物孢原细胞不再分裂直接长大形成造孢细胞，并进一步发育成胚囊母细胞（大孢子母细胞）；D.胚囊母细胞开始减数分裂；E.第一次减数分裂完成，出现二分体（右上图二个子细胞随即开始第二次分裂）；F.四个子细胞（四分体）形成；G—H.靠珠孔端3个子细胞解体，仅合点端1个进一步发育形成单核胚囊（大孢子）；I.大孢子开始三次有丝分裂（核分裂，图为第1次分裂完成形成2个核，分别移到两端）；J.第2次核分裂完成，成4个核；K.第3次核分裂完成，珠孔端和合点端各有4个核；L.两端各有1个核移向胚囊中央构成中央细胞，合点端3个核形成3个反足细胞，珠孔端3个发育成卵细胞和助细胞，形成7细胞8个核的成熟胚囊；M.成熟胚珠纵切示胚珠和胚囊结构；N.成熟胚珠和胚囊结构模式；

1.珠心组织；2.孢原细胞；3.胚囊母细胞（大孢子母细胞）；4.内珠被；5.外珠被；6.珠柄；7.珠孔；8.成一条线排列的四分体；9.合点区；10.单核胚囊（大孢子）；11.反足细胞；12.中央细胞；13.卵细胞；14.助细胞；15.7细胞8核的成熟胚囊

裂，产生一团突起，形成胚珠原基。原基前端为**珠心**（nucellus），基部将来成为**珠柄**（funiculus）。由于珠心基部外围的细胞分裂较快，产生一环状突起，并逐渐向上扩展，将珠心包围起来，形成**珠被**（integument）。番茄、向日葵、胡桃等只有一层珠被，而水稻、小麦、百合、油菜、棉花、桃等有内外两层珠被。具两层珠被的植物，一般先形成**内珠被**（inner integument），然后产生**外珠被**（outer integument）。成长后的珠被将珠心包住，仅在珠心的顶端留下一个小孔，这就是**珠孔**（micropyle）。子房中维管束的分枝由珠柄进入胚珠，最后到达合点，为胚珠输送养料。胚珠通过珠柄着生在胎座上（图5-36）。

胚珠在生长时，由于胚珠各部分生长速度不同，可形成直生胚珠、倒生胚珠、横生胚珠和弯生胚珠等类型（图6-39）。

（三）胚囊的发育与结构

在珠被形成前或形成时，珠心内部也发生变化。最初，珠心由一团相似的薄壁细胞所组成。之后，在靠近珠孔端的珠心表皮下，分化出一个体积较大，细胞质较浓，核也较大的细胞，称**孢原细胞**（archesporial cell）。孢原细胞进一步发育成**胚囊母细胞**（embryo-sac mother cell或EMC）（图5-36A—C），该细胞的发育方式因植物不同而有差异。棉花等大多数被子植物，其孢原细胞要先进行一次平周分裂，形成内外2个细胞：外侧是**周缘细胞**（parietal

cell），内侧是**造孢细胞**（sporogenous cell）。此后，周缘细胞进行平周分裂和垂周分裂，形成多层珠心细胞（厚珠心），如玉米等（图5-37），而造孢细胞则进一步发育成为胚囊母细胞（大孢子母细胞）。但是有些植物的孢原细胞不再分裂，直接发育成胚囊母细胞，如水稻、小麦、百合、向日葵等（图5-36B、C，图5-38）。

接着，胚囊母细胞进行减数分裂。在大多数植物中，减数分裂的第一次分裂和第二次分裂都形成横壁，四个子细胞（大孢子四分体）常作线形排

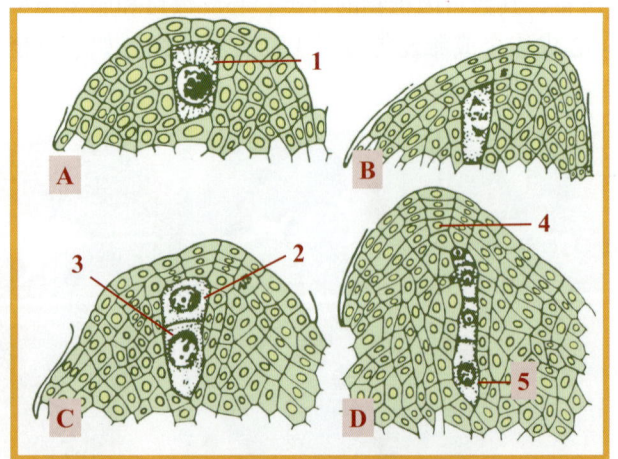

图5-37　玉米厚珠心的发育过程

A.孢原细胞期；B.孢原细胞分裂一次；C.形成周缘细胞与造孢细胞；D.周缘细胞形成厚珠心，造孢细胞减数分裂形成四个子细胞；1.孢原细胞；2.周缘细胞；3.造孢细胞；4.周缘细胞多次分裂形成后珠心；5.合点端子细胞继续发育，珠孔端3个消失

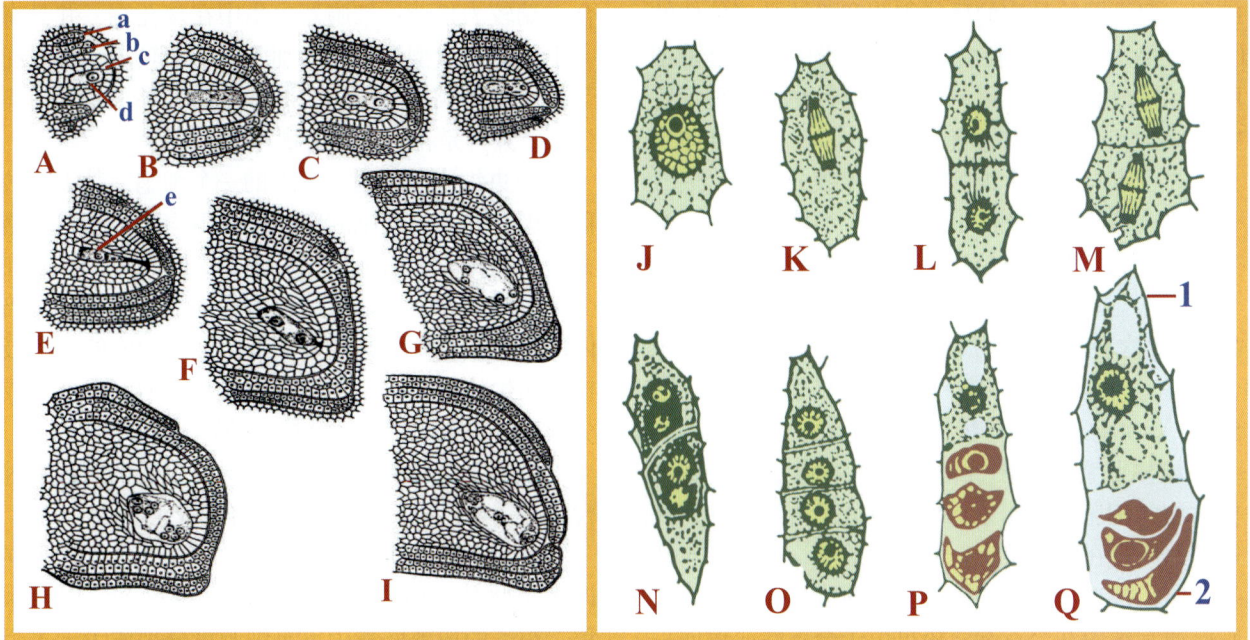

图5-38　水稻胚珠和胚囊发育以及一种苔草胚囊母细胞减数分裂模式
A—I.水稻：A.胚囊母细胞的形成，外珠被和内珠被的发育；B.胚囊母细胞减数分裂I前期；C.中期；D.减数分裂的第二次分裂，形成四分体；E.四分体近珠孔端的3个细胞退化，近合点端1个发育成胚囊；F—H.单核胚囊进行3次有丝分裂，形成8个核；I.成熟胚囊（7细胞8核），珠孔端和合点端各1核向胚囊中央移动，成为极核；J—Q.一种苔草：J.大孢子（单核胚囊）；K—O.减数分裂形成4个子细胞；P—Q.靠珠孔端3个退化，发育形成单核胚囊；
a.外珠被；b.内珠被；c.薄珠心；d.胚囊母细胞；e.合点端子细胞发育；1.合点端；2.珠孔端

列，每个细胞只含单倍的染色体数（图5-36F）。以后，靠近珠孔端的3个逐渐退化，只有远珠孔合点端的一个核具有正常功能，发育成为胚囊，称为单核胚囊（也称大孢子）。单核胚囊不断从珠心组织吸取营养物质，体积不断增大，细胞核也稍有增大，同时出现大液泡；接着其细胞核连续进行三次有丝分裂。这三次有丝分裂仅是核分裂，并未伴随胞质分裂和新壁的形成。第一次分裂后形成的2个子核，分别移到胚囊细胞的两端。此二核随即再分裂一次，这样在两极各有2个核。之后，这4个核又各自分裂一次，形成8个细胞核，其中在珠孔端有4个，合点端也有4个。随着核的分裂，胚囊细胞进一步长大，8个核暂时游离于共同的细胞质中。以后每一端的4个核中，各有1核向胚囊中部移动，互相靠拢，这两个核称为**极核**（polar nucleus）；有些植物的极核在受精前常融合成为**中央细胞**（central cell）二倍体的**次生核**（secondary nucleus）。珠孔端的3个核，1个分化成**卵细胞**（egg cell），2个分化成**助细胞**（synergid），合称为**卵器**（egg apparatus）；近合点端的3个核，则分化成**反足细胞**（antipodal cell）。单核胚囊经过上述三次有丝分裂，长大和分化成为具有7个细胞8个核的成熟胚囊，这就是被子植物的**雌配子体**（female

gametophyte），其中卵细胞就是有性生殖细胞，即**雌配子**（female gamete）。这种胚囊的发育形式在蓼科植物中可以见到，故称**蓼型胚囊**（polygonum-type embryo sac），是被子植物中最常见的一种发育形式（图5-36F—N）。

除了常见的蓼型胚囊外，自然界还存在（图5-39）**双孢型胚囊**（bisporic embryo sac）和**四孢型胚囊**（tetrasporic embryo sac）。四孢型胚囊又称贝母型，在发育中，其胚囊母细胞减数分裂形成的4个单倍体子核，不形成细胞壁，均参与随后的发育（没有3个退化现象），其中有1个核移向珠孔端，另外3个核均移向合点端；紧接着，合点端的3个核相互融合成一个三倍体核后再进行有丝分裂，形成2个三倍体子核，其体积较单倍体子核大，核仁也多，形状也不同；同时，珠孔端的单倍体核也进行一次正常的有丝分裂形成2个单倍体子核；然后，合点端2个三倍体核和珠孔端2个单倍体核各再进行一次有丝分裂，形成8个核。结果是4个在合点端的核是三倍体的，4个在珠孔端的核是单倍体的；随后，两端各有一核移向中央形成中央细胞（有四套染色体），之后与蓼型胚囊相似，在胚囊的珠孔端发育为1个卵细胞和2个助细胞，在合点端为3个反足细胞，在中部的2个极核构成1个中央细胞，但不同的是它的反足细胞和极核是三倍体的（图5-39A）。双孢型胚囊在发育过程中，胚囊母细胞在减数分裂时，其第一次分裂减数后便出现细胞壁，成为二个单倍体细胞（二分体）。在二分体中只有靠合点端的一个细胞的核能继续分裂，形成二个单倍体核，而二分体中的另一个细胞即退化、消失。这时的胚囊是单倍双核的，一个靠近合点端一个靠近珠孔端，以后的发育与蓼型胚囊相似了，再各进行2次有丝分裂，形成8个单倍体核，4个位于合点端，4个位于珠孔端，共同参与胚囊的形成（图5-39B），如葱、慈姑等植物的胚囊发育。

成熟胚囊中（图5-40A），卵细胞是一个高度极性化的细胞，它与2个助细胞呈三角形排列，并以基部固定在胚囊壁上。卵细胞的壁，通常在珠孔端较厚，接近合点端的壁逐渐变薄或只有质膜。细胞质通常集中在合点端，核也位于合点端或偏向一侧，大液泡则居于珠孔端。卵细胞将来与精细胞融合并发育成胚。

助细胞亦是一个明显极性化的细胞，其细胞壁也以珠孔端为最厚，向合点端逐渐变薄。助细胞最突出的特征是珠孔端的部分细胞壁向内延伸成指状突起，称**丝状器（filiform apparatus）**（图5-40A，B）。图5-40B是油菜的成熟胚囊的纵切结构，可见丝状器、中央极核、助细胞和反足细胞。丝状器是一个多孔的结构，助细胞的核位于中央或偏向珠孔端，细胞质在珠孔端或丝状器的附近较为稠密，在

合点端较为稀薄，细胞器也集中在珠孔端，并具有一个或多个大型液泡。助细胞的寿命较短，一般在受精作用完成后就解体。助细胞能引导花粉管定向生长，并且是花粉管内含物释放的场所。

中央细胞是胚囊中最大的一个细胞，其细胞核称为极核。中央细胞的壁厚薄也不均匀，细胞的绝大部分被一个大液泡占据。中央细胞的两个极核在受精前相互靠近，在有些植物中则融合为一个二倍体的次生核，该核常靠近卵器。中央细胞的两个极核或次生核将来也会与精细胞融合成为三倍体（或少数五倍体）的初生胚乳核，随后发育成为胚乳。

上述三类细胞的极性对于保证双受精的正常进行至关重要，我们将在下一节详细介绍。

反足细胞是胚囊中变异最大的一个组分。在许多植物的胚囊中反足细胞通常是三个，但在水稻、小麦的成熟胚囊中反足细胞可分裂成为十多个或几十个细胞；在玉米、向日葵中常可形成多核的结构；某些菊科植物的反足细胞可形成**内多倍体（endopolyploid）**。反足细胞通常是短命的，如在禾本科植物中反足细胞在受精前或受精后不久即退化。反足细胞的功能，一般认为与胚囊营养吸收有关，在受精后，合点端维管束终点通过反足细胞将营养转运到胚和胚乳中。

图5-41归纳了被子植物胚珠和胚囊发育的基本框架。

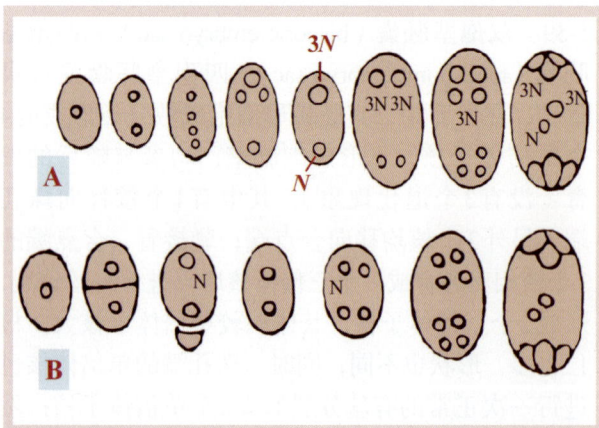

图5-39 植物胚囊发育的四孢型和双孢型模式
A.贝母的四孢型胚囊发育特点；B.葱、慈姑的双孢型胚囊发育特点；N.单倍染色体核；3N.3倍染色体核

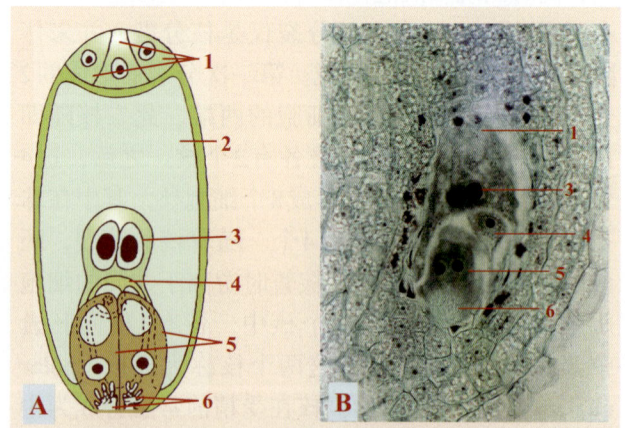

图5-40 成熟胚囊的结构特点
A.成熟胚囊的结构模式，具有极性化；B.油菜成熟胚囊结构，可见明显的丝状器结构；1.合点的反足细胞；2.中央细胞；3.中央细胞极核（2N）；4.卵细胞；5.助细胞；6.珠孔端助细胞基部的丝状器

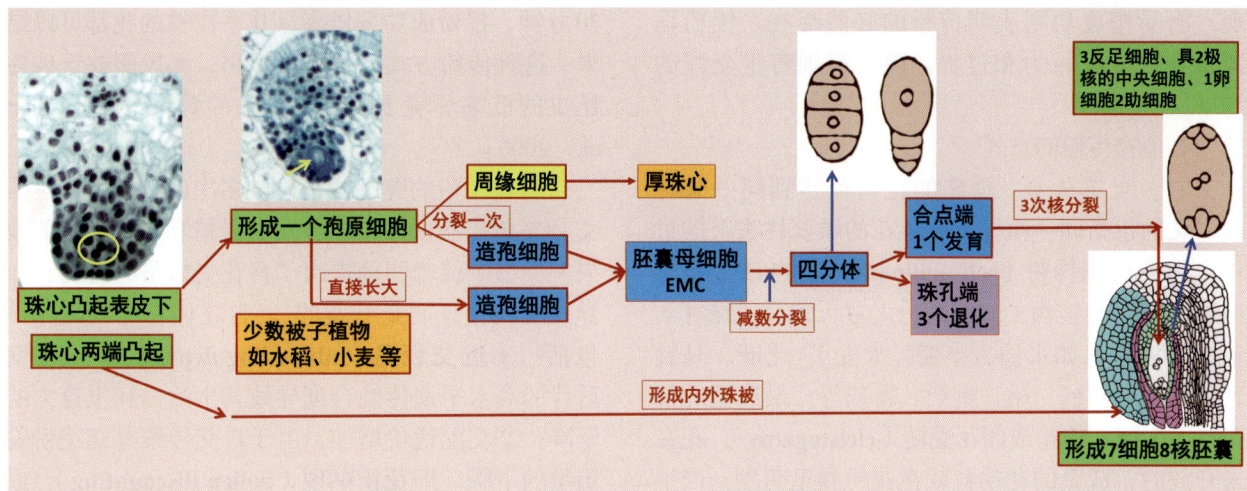

图5-41 被子植物胚珠和胚囊发育的基本框架

第三节 开花、传粉与受精

一 开花与开花期

若雄蕊中的花粉粒和雌蕊中的胚囊（或二者之一）已经成熟，花萼和花冠即行开放，露出雄蕊和雌蕊，这种现象叫**开花（anthesis）**。

植物开花的习性因种类不同而异。一般一、二年生植物生长几天至几个月后就能开花，且仅开花一次，结籽后植株就枯萎死亡。多年生植物要到一定的年龄才开花，从2～3年到数十年不等，以后能每年按时开花延续多年，直至死亡。竹子虽是多年生植物，但一生多只开花一次，开花后即死去。多数植物开花的季节在早春至春夏之间，如蜡梅、梅、李、桃等，它们在上年的枝条上形成花芽，开花最早，花后生叶或花叶同放。梨、苹果等在短枝上形成混合芽，花叶同时生出，开花较晚。葡萄、柿、枣等由上年的混合芽先抽出新梢，再在新梢的叶腋发育花芽而开花，故开花更晚。茶、油茶、枇杷等常绿植物在每年秋天在新生的枝条上形成花芽，当年开花，故开花最迟。但也有许多园艺植物的开花受季节影响很小，几乎四季都能开花，如月季、天竺葵等。

所谓**开花期（blooming stage）**是指一株植物在同一生长季内从第一朵花开放到最后一朵花凋谢所经历的时间。如樱花、早稻的开花期为5～7天；晚稻为9～10天；小麦为3～6天；桂花、柑橘、梨、苹果为6～12天；油菜为20～40天；三角梅、棉花、花生、番茄等的开花期可延续1至几个月。在热带和南亚热带，有些植物可以常年开花，如长

春花、扶桑、虎刺、地涌金莲等。各野生植物的开花期与物种遗传特性和分布区气候等有关，各种栽培植物的开花期与品种特性、营养状况以及外界环境条件等有着密切的关系。

大多数植物的开花都有一定的昼夜周期性。例如，在正常的气候条件下，许多禾本科植物的花，一般从7:00—8:00时开始开放，11:00左右最盛，午后减少。但也有例外，如昙花、高粱一般在2:00—3:00开始开放，如紫茉莉、丝兰、月见草等常在傍晚开放。虫媒传粉植物开花的昼夜周期性与传粉昆虫的昼夜活动规律有密切关联。

每朵花开放时间长短也因植物不同而不同。如小麦只能开5～30分钟；水稻为1～2小时；南瓜、黄瓜、西瓜等在清晨开放，中午闭合；棉花则在早晨开放，傍晚萎蔫，次日凋落；番茄的花大约能延续4天；桃、梨大约能延续4～8天。某些热带植物的花（如蝴蝶兰、红掌等），一朵花的开放时间可长达30～80天。研究、掌握植物的开花习性，可便于人工授粉及有性杂交，培育新品种；在栽培上，也可以因此采取相应的措施，以提高其产量和品质。

二 传 粉

开放后的花，一般雌雄蕊都已成熟。因此，随着花的开放，花药开裂，成熟花粉散出，并借助一定的媒介传播到达雌蕊的柱头上，这一过程称为**传粉（pollination）**。传粉是受精的必经阶段，是有性生殖的重要环节。传粉完成并不代表受精一定实

现，而受精成功则表明传粉的必然存在。传粉强调植物的交配行为和过程，而受精则着重交配的结果。

1. 植物传粉的方式

（1）自花传粉　成熟的花粉粒传到同一朵花或广义的也指同一植株不同朵花的雌蕊柱头上的过程，称为**自花传粉**（self-pollination）。自花传粉常见于一些豆类植物（如花生、大豆、豌豆、绿豆）、禾本科植物（如水稻、小麦、大麦）、芝麻、马铃薯、烟草、柑橘、桃、枇杷、番茄等。最典型的自花传粉为闭花传粉或**闭花受精**（cleistogamy），花在未开放时，成熟的花粉粒就在花粉囊里萌发，产生花粉管，花粉管穿过花粉囊壁进入雌蕊子房，把精子送入胚囊，完成受精。如豌豆、大麦、堇菜属植物以及花生植株下部的花等都存在有闭花受精的现象。闭花受精是植物对自然界的适应现象，在环境条件不适于开花或异花传粉时，闭花传粉恰好弥补了这一不足，保证了正常的生殖过程，而且可以避免花粉受雨水的冲淋和昆虫的吞食。

自花传粉植物的特征是：①两性花，雄蕊常围绕雌蕊而生，且挨得很近，所以花粉易于落在同一朵花的柱头上；②雄蕊的花粉囊和雌蕊的胚囊必须同时成熟；③雌蕊的柱头对于本花的花粉萌发和花粉管中雄配子的发育没有任何生理阻碍。栽培作物如小麦、水稻、番茄等，通常多行自花传粉。此外，一些植物为适应特殊自然环境，也会产生新型的自花授粉机制。如2004年王英强等研究发现，分布于华南的广东、广西的特有姜科多年生草本植物黄花大苞姜（*Caulokaempferia coenobialis*）滑动授粉方式。该植物的花形酷似黄色花朵的兰花；其滑动授粉方式十分独特，花粉呈球形油质黏液状，从花粉囊流出后铺满花药面，缓慢流向柱头的开口，从而完成自花授粉，是植物为适应高度潮湿且传粉昆虫匮乏的生存环境，而产生的适应性授粉机制（图5-42，Wang et al. 2004）。还有一种通过转动花药来进行自花传粉的罕见方式，见于我国云南产的一种树生兰科植物大根槽舌兰（*Holcoglossum amesianum*）。该植物采用一种非常奇特的自花传粉方式：雄蕊簇中的一枚雄蕊先向上伸长生长，而后再向下弯曲后朝前伸出，穿过蕊喙；接着雄蕊朝下弯曲且向后折回，使得花粉团位于蕊喙的下方，这时这条独特的雄蕊已经绕行了270°；接着雄蕊向上弯曲，总共绕行360°，将花粉送到柱头；而后柱头的小孔闭合，雄蕊则保持授粉过程几经扭曲而形成的环状，直到受精卵形成。整个授粉过程15到30分钟，授粉成功率较高，几乎授粉的花都可以结果。这种传粉方式是植物在干旱、无风而缺乏传粉昆虫的极端环境下，演化出来的繁殖策略（Liu et al.，2006）。

自花授粉的弊端或代价被多次证实，早在达尔文1876年出版的《植物界自花受精和异花受精的效果》一书中就曾明确提出"自花受精是有害的，而异花受精被证明是有益的"。自花传粉导致的弊端包括：①**近交衰退**（inbreeding depression），自交后代的高水平遗传纯合度导致其生活力和生育力的下降；②交配代价增加，由于自交导致异交花粉输出量的下降，即**花粉贴现**（pollen discounting），或者导致异交胚珠数量的下降，即**胚珠贴现**（ovule discounting）。但自然界仍然存在为数不少的自花传粉植物，自花传粉之所以被自然选择保留，是因为在一定条件下表现出近交优势。首先，当由于很低的群体密度或缺少传粉者等导致外来花粉量不足时，自交可以提高植物的结实率，即产生了**繁殖保障效应**（reproductive assurance）；其次，如果自交花粉比异交花粉更易获得使胚珠受精的机会，那么自交可以提高植物通过花粉途径向后代所贡献的基因数，即所谓的**自动选择优势**（automatic selection advantage）。前者可以认为是自交的生态学优势，而后者则属于自交的遗传学优势。

（2）异花传粉　**异花传粉**（cross-pollination）是指一朵花的花粉传到另一植株的花柱头上的过程。这种传粉方式可以发生在同一株植物的各个花之间，同样也可以发生于同一品种或同种内不同品种的植株之间，例如油菜、玉米、向日葵、梨、苹果等。在自然界中，异花传粉植物占多数。这是因为植物异花传粉的卵细胞和精细胞遗传差异较大，二者结合降低了隐性有害基因纯合的概率，提高了

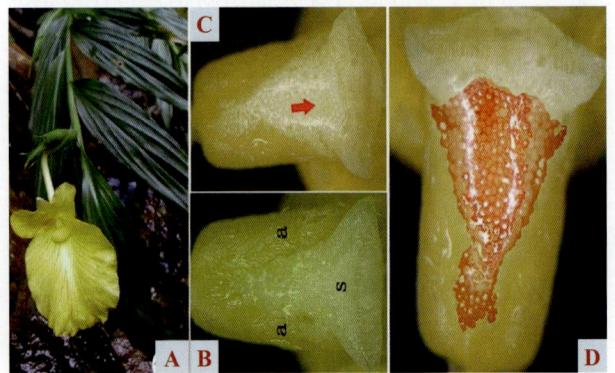

图5-42　黄花大苞姜滑动自花授粉（引自Wang et al.2004）
A.开放的花朵；B.合蕊柱的柱头（s）和由2个花粉囊的花药（a）；C.可见花粉流向柱头，箭头指柱头上的毛；D.苏丹Ⅲ染色的油状花粉膜流向柱头

有利基因的作用，所以其后代一般具有更强的生活能力和适应能力，以及更强的抗逆性，即**杂种优势**（heterosis）。并且由于重组产生了新的变异，有利于保持或提高后代群体的遗传多样性和进化潜力。目前研究证实，被子植物的基部类群以异花传粉为主，而自花传粉少见且是次生的，从异花传粉转变为自花传粉并非一次完成，而是在被子植物中反复、独立地发生过多次。

（3）混合传粉　在自然界中，大多数被子植物并不严格采用单一的传粉方式，两种传粉方式均不同程度地存在。大多数异花传粉植物可以自花传粉，而大多数自花传粉植物也可以异花传粉，所以同时具有自花传粉和异花传粉的混合交配系统相当普遍。由于在对传粉者吸引力、柱头和雄蕊的接近程度、柱头和雄蕊成熟的同步性，以及自交亲和水平等方面存在着显著差异，同一物种不同群体的自交率也可能发生很大的变化。自花传粉由于近交衰退，难以在被子植物中占据主导地位，而异花传粉的成本较高，受外界条件影响大。因此，只进行异花传粉的专性异花传粉植物和只进行自花传粉的专性自花传粉植物，在自然界都只是少数。权衡二者利弊，折中的进化导致兼有异花传粉和异花传粉的混合交配系统的植物在植物界约占三分之一。大多数植物倾向于异花传粉，而把自花传粉作为备选，称为**滞后自交**（delayed selfing）。

2.植物适应异花传粉的策略

由于自花受精一般有害，异花受精往往有益，植物会演化出多种策略以降低自花受精、提高异花受精的概率。同种植物可能同时拥有几种不同的策略。

（1）空间隔离　自然界的植物有几种空间隔离方式。①**单性花**（unisexual flower）必然异花传粉。**雌雄异株**（dioecious），是指雌雄不同性别的单性花着生在不同的植株上。被子植物中有143科959属约14620种均具有雌雄异株现象，如杨柳科、菝葜科、桑属、柿属、大麻、菠菜、芦笋等。也有**雌雄同株**（monoecious）的，如玉米、瓜类、板栗、胡桃等。而裸子植物均为雌雄异株或雌雄同株的。雌雄异株是最明显也是最有效的空间隔离方式，可以有效避免自交衰退。近20多年，人们发现自然界还存在**隐性雌雄异株**（cryptic dioecy）现象，如中华猕猴桃、葡萄属、水东哥属（Saurauia）、茄属、锡叶藤属（Tetracera）等属的部分植物，存在表面上看似二性花，有雄蕊和雌蕊，但是有的花雄蕊是不育的，有的花雌蕊是不育的，即实际是单性

花。②**花柱异长**（heterostyly）或雌雄蕊异位，是指在同种植物的群体中存在两种或三种类型的雌雄蕊不等长的花，即花柱最长的长花柱型、花柱居中的中花柱型、花柱最短的短花柱型。每个植株只具有其中一种花型，只有异型花之间的交配才能有效地结实。主要有两种形式：二型花柱（distyly）和三型花柱（tristyly）（图5-43）。二型花柱至少存在于被子植物28科中，如连翘属（图5-43A）、报春花属（图5-43B）、亚麻属等。三型花柱植物种类较少，见于黄花酢浆草、千屈菜属等。传粉时只有长柱花的花粉落在短柱花的柱头上，或短柱花的花粉落在长柱花的柱头上才能萌发，所以能避免自花传粉，促进异交（图5-43C）。此类植物常具有筒状花冠，依靠动物传粉且具有特殊的**异型不亲和系统**（heteromorphic incompatibility）。③**花柱卷曲**（flexistyly），是在姜科植物中发现的，通过花柱运动和异型雌雄异熟相结合而形成的性二态现象。植物群体内存在两种表型的个体，在开花过程中这两种表型的花柱运动方向相反。一种表型在刚开花时，柱头位于花药之上而后向下运动，称为花柱下垂型；另一种则相反，刚开花时柱头下垂，随后向上运动，称为花柱上举型，从而实现个体之间的雌雄性别功能在时间和空间上分离。这种独特的柱头反向移动，不仅避免了自花授粉，而且避免了同种异花授粉和同种个体之间的授粉，从而促进不同基因型之间的杂交融合。

（2）时间隔离　主要指**雌雄蕊异熟**（dichogamy），是两性花的雌雄蕊不同时成熟的现象。这种异时性除了体现在花内，也会体现在花序和植株水平。在雌雄蕊异熟现象中，有雄蕊先成熟的，如玉米、向日葵、莴苣等，或是雌蕊先成熟的，如紫玉兰（图5-44）、甜菜、油菜、柑橘等。雌雄蕊异熟有一种特殊形式是**同步雌雄异熟**（synchronous dichogamy），需同时满足两个条件：①单朵花内为雌雄异熟；②整个植株（或分株）上正值花期的花均处于同一开花进程。该种现象可以有效阻止同株异花授粉，并可能是一种进化选择的特殊繁殖保障机制。

（3）生理隔离　在长期进化的过程中，有花植物的花采用多种生殖机制来抑制近亲繁殖，其中最重要的就是**自交不亲和**（self-incompatibility，SI），也称自交不育性，是指同一朵花的雌配子与本花的雄配子虽均有正常生活活性，在不同花朵间、不同基因型株间授粉能正常结籽，但自交不能结籽或结籽率极低的现象。有花植物中有约70多科250多属

图5-43　雌雄蕊异长花代表及传粉特点

A.连翘雌雄蕊异长，上图为雄蕊高，下图为柱头高；B.鄂报春雌雄蕊异长，左为柱头矮，右为柱头高；C.雌雄蕊异长花的种类及不亲和图解；

Ⅰ.二型花柱；Ⅱ.三型花柱；St.柱头；An.花药；注：实线和虚线箭头分别代表亲和及不亲和授粉方向

图5-44　紫玉兰雌雄蕊异熟

A.紫玉兰花枝；B.雌蕊成熟阶段，柱头向外向下卷曲，表面具白色突起及黏液，雄蕊群紧贴雌蕊群基部；C.雄蕊成熟阶段：花药由外轮向内轮依次开裂散粉，雄蕊群逐渐外展并开始掉落，后期柱头表面突起萎缩，无黏液；Gy.雌蕊群；An.雄蕊群；Sti.柱头；Sta.雄蕊

存在自交不亲和性。根据植物花形不同，自交不亲和可划分为**同形性SI**（homomorphic SI）和**异形性SI**（heteromorphic SI）两类。前者植物所有花形相同，自花授粉能否完成受精取决于雌、雄双方S基因的识别；后者个体花形存在多样性（如前述的花柱异长），只有等长的花药和花柱之间授粉才能亲和。

根据花粉自交不亲和的遗传控制方式，同形性自交不亲和又可分为**配子体型自交不亲和性**（gametophytic self-incompatibility，GSI）和**孢子体型自交不亲和性**（sporophytic self-incompatibility，SSI）（图5-45）。植物自交不亲和性主要是由自交不亲和基因（S基因）决定的，S基因是复等位基因（具有多个等位基因）。配子体自交不亲和性取决于花

粉本身的S基因型，当它与雌蕊的S基因型相同时，花粉一般能在柱头上萌发并伸入花柱，但花粉管在花柱中生长会受到抑制（图5-45A），这种类型见于玄参科、茄科、蔷薇科、禾本科和罂粟科；孢子体自交不亲和性由花粉母细胞的S基因决定，当花粉母细胞的S基因型和雌蕊的S基因型相同时，花粉粒在柱头乳突表面萌发受阻（图5-45B），常见于十字花科、菊科、旋花科等。在植物育种中，特别是在十字花科作物中，可利用这种特性选育遗传上稳定的自交不亲和系，从而不用去雄就能利用杂种优势，生产杂交种子。

目前已鉴定出大量S基因，每个S等位基因都携带雌雄特异性决定因子（S决定因子），并明确了不亲和反应涉及花粉与柱头、花柱相互识别的一系

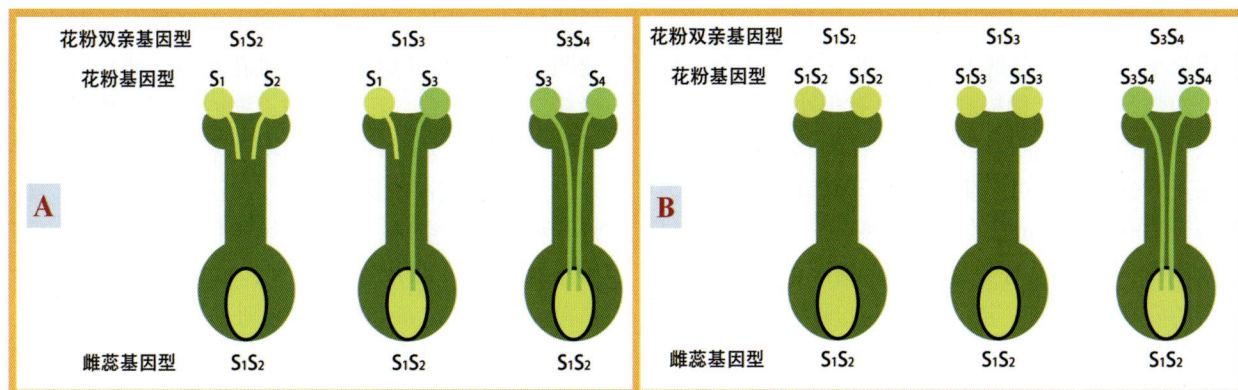

图5-45 同形性自交不亲和的两种类型模型
A.配子体型自交不亲和（GSI）；B.孢子体型自交不亲和（SSI）

列复杂过程。对于配子体自交不亲和系统，识别不亲和反应的部位在花柱上部。茄科、蔷薇科和玄参科的一些类群属于配子体自交不亲和类型，*S*位点主要包括两个紧密连锁的基因，分别是花柱特异表达的*S-RNase*基因和花粉特异表达的*F-box*（*S-locus F-box*，*SLF*，也叫作*SFB*或*SFBB*）基因（表5-2）。雌蕊*S*决定因子*S-RNase*蛋白具有核酸酶活性，在花粉管伸长阶段，高浓度的*S-RNase*蛋白从柱头进入花粉管中，特异性降解自身花粉管的RNA，抑制花粉管的进一步伸长，达到排斥自身花粉的目的。花粉*S*决定因子为SLF蛋白，能介导异己*S-RNase*的降解，导致杂交亲和；但是不能介导自身*S-RNase*的降解，抑制自身花粉管的伸长，从而导致自交不亲和。孢子体自交不亲和系统的识别和反应部位在柱头。十字花科的自交不亲和现象属于孢子体自交不亲和类型，它的雌雄蕊*S*决定因子是最早被鉴定的。雌蕊*S*决定因子为SRK基因编码的**S-受体激酶**（***S-locus receptor kinase***），雄蕊*S*决定因子为*SCR/SP11*基因编码的**S-富含半胱氨酸蛋白**（***S-locus cysteine rich protein***）（表5-2）。植物的自交不亲和模型和*S*-位点基因互作机理目前仍在探索中。不同的自交不亲和类型汇总见表5-2。

需要强调的是，导致植物花器官雌雄功能时空分离的进化动力除了避免自交以外，还包括避免花粉输出（雄性功能）与花粉接受（雌性功能）之间的干扰和提高花粉传递的精确性（以避免花粉浪费），后者的作用甚至有可能大于前者。

3. 异花传粉的媒介

异花传粉植物必须借助一定的媒介，才能把花粉传送到其他花的柱头上。传送花粉的媒介有非生物媒介和生物媒介两大类，前者包括风、水、雨，约占被子植物传粉方式的20%，后者包括昆虫（蜂、蝶、蛾、蝇、蚁等）、鸟类、兽类（蝙蝠等）。其中最为普遍的是风和昆虫。植物为了适应特定的传粉方式，往往产生一些特殊的适应性结构，使传粉得到保证。

（1）风媒（anemophily） 依靠风力传粉的花称风媒花，如水稻、小麦、玉米、板栗、核桃、杨、桦木等（图5-46）。风媒花一般花小而多，花被很小或花被退化，不具色彩，无香气和蜜腺，花丝细长，易随风摆动，散布花粉，每个花产生的花粉粒多，小而轻，外壁光滑干燥，适于乘风远播。雌蕊柱头大，常呈羽毛状，伸出花被外，有利于承受花粉粒（图5-47）。多数风媒花有先叶开花的习性，散

表5-2 一些科属的自交不亲和类型

代表科	代表属	雌蕊（花柱、柱头）决定因子	雄蕊（花粉）决定因子		类型
			基因名	基因个数	
十字花科	芸薹属，鼠耳芥属	SRK	*SCR/SP11*	单个	孢子体型
罂粟科	虞美人属	PrsS	*PrpS*	单个	配子体型
茄科	矮牵牛属，茄属，烟草属	*S-RNase*	*SLF*	多个	配子体型
玄参科	金鱼草属	*S-RNase*	*SLF*	多个	配子体型
蔷薇科	李属	*S-RNase*	*SFB*	单个	配子体型
	梨属，苹果属	*S-RNase*	*SFBB*	多个	配子体型

出的花粉受风吹送时可不受枝叶的阻挡。风媒花虽然花朵小，色彩、气味和蜜汁等也不具有优势，但花粉的数量多，产量极高。只要有很小比例的花粉在风中能准确着陆，其数量也是惊人的。据估计，一株玉米的雄花序可产生约5000万粒花粉，可借风力传到200～250m远的距离。所以，玉米杂交试验或制种时，必须有数百米的隔离区，以防混杂。花粉的随风传播在一定程度上符合现代空气动力学中微粒传送的规律，其传送距离决定于自身重力导致的沉降速度和风速。风媒花粉的沉降速度一般为2～6cm/s，而一般风速为1～10m/s。

传统观点认为，风媒传粉比虫媒传粉更原始，理由是裸子植物多为风媒传粉，而被子植物则虫媒占优，并且虫媒方式极大多样化。但新近的研究表明，虫媒的出现时间早于风媒。在一亿多年前的白垩纪早期，原始被子植物刚出现，地球仍以裸子植物占统治地位，甲虫已经在为苏铁传粉，其他裸子植物也可能利用昆虫传粉。到了白垩纪晚期，被子植物开始繁茂起来时，甲虫也是最早的被子植物传粉者。

（2）水媒（hydrophily）　大约150种被子植物（隶属11科31属）是水媒传粉，其中半数物种生活在咸水中，而且单子叶植物占多数（9科），其花粉可在从空中、水面或水中传播。典型的例子是水鳖科苦草属植物（图5-46），这些沉水植物的雄株在水下抽出带苞片的穗状花序，成熟时从苞片中脱出浮到水面开放，花粉似小舟随水漂流；这时，雌株

的花柄迅速伸长，将雌花送到水面开放，并形成轻微凹陷的水面，以利于捕获雄花花粉。捕获后随即授粉，雌花闭合，花柄卷曲，缩回水中继续果实的发育。水鳖科另一种植物黑藻也采用类似的传粉方式，但其雄花在水面上漂浮，当花药成熟后开裂，将花粉喷射到空中，再借助风媒传粉。大叶藻的花粉呈长丝状，漂浮在水面上，借助水流传播。泰来藻（*Thalassia hemperichii*）则是水下传粉，其花粉呈球形，并被黏质包裹，释放到水面以下，随波而流。

（3）雨媒（ombrophily）　这种传粉方式早在1950年就开始被人们关注，但因缺少可靠证据，一直存在争议。普遍的观点认为，雨水对于植物的传粉大多是不利的，因此很多植物进化出了防止花粉接触雨水的花部结构。2012年，我国学者在西双版纳石灰山雨林的一种常见附生兰科植物多花脆兰（*Acampe rigida*）中首次证实。该植物花序直立、花朵交叉排列、向上开放，花瓣肉质厚实有弹性，为特殊的合蕊柱结构，这些特征使其在雨水滴溅下，能够将花粉团翻绕270°，越过蕊喙，直接落入柱头窝，完成自花传粉。这是植物在多雨生境中，缺少传粉者，经受和利用雨水机械力滴打和花粉被冲刷而演化出的一种传粉策略。多花脆兰由此进化出了不同于兰科植物中其他已知的自交机制，是有花植物中第一例真正意义上的雨媒植物（Fan et al., 2012）。

（4）虫媒（entomophily）　以昆虫（蜂、蝶、蛾、

图5-46　异花传粉中的风、虫、水、鸟为传粉媒介的花特征
A.风媒（桦木属）；B.虫媒（矢车菊）；C.水媒（苦草）；D.鸟媒（刺桐属）；E—H.虫媒，E.蜂兰属（*Ophrys*），
F.铁皮石斛，G.景天属（由卢宝荣惠赠），H.美丽马兜铃

蝇、胡蜂、甲虫、蚂蚁等）为传送花粉媒介的花，称为虫媒花，大多数被子植物利用昆虫进行传粉，如油菜、向日葵、枣、瓜类和许多花卉等。虫媒花一般大而显著，有鲜艳的色彩，具香气和蜜腺，有的有提供昆虫停泊的结构（图5-46，图5-48）。花粉粒较大，外壁粗糙有黏液，易黏附在虫体上（图5-48）。虫媒花的大小、形态、结构、蜜腺的位置等，常与传粉昆虫的大小、形态、口器结构等有密切的适应关系。虫媒植物的分布以及开花的季节性和昼夜周期性，也与传粉昆虫在自然界中的分布和活动规律有密切的关系。产热带的美丽马兜铃（*Aristolochia littoralis*，图5-46H）花朵散发出来的怪异味道和花瓣的斑点能引诱昆虫进入囊中，由于内壁布满倒毛，昆虫一旦进入囊中就失去自由。雄蕊成熟后花药破裂散出花粉，这时内壁倒毛萎缩，沾满花粉的昆虫才可以飞离囊中，带着满身的花粉飞向另一个刚朵花，将花粉传到柱头上。

（5）其他动物媒介　包括鸟类、哺乳类、爬行类（如蜥蜴）等，哺乳类中包括蝙蝠、啮齿类、有袋类、灵长类。鸟媒的传粉鸟类多是一些小型蜂鸟（*Heliothrix*）、太阳鸟等。蜂鸟的头部有细长的喙，在摄取花蜜时传播花粉（图5-46D）。

上述传粉方式充分表明植物的传粉对环境的适应，对于靠生物传粉的植物，其传粉效率取决于**传粉者（pollinator）**的种类和植物对传粉者觅食行为的操纵。植物的操纵方式包括：①通过花的颜色、气味、提供温度适宜的小环境等，以及控制花开放

速率、花寿命和花朵在花序内的空间排列等，吸引和诱导传粉者访花，并调节其访花频率；②以花蜜、花粉作为报酬，补偿传粉者访花付出的能量消耗。生物传粉涉及花与传粉者两方面，因此它们不仅要在生物体形态特征上相吻合（图5-46E），而且只有在开花时间及**诱惑物（attractant）**的出现与传粉者的活动同步时，传粉机制才可能发挥作用。所以存在两方面的相互适应，并在此过程中导致了二者的**协同进化（coevolution）**。

虽然植物花器官的形态、结构、交配方式非常多样，但万变不离其宗。这些多样性是不同植物为实现后代的繁殖和物种的延续，在不同时空面临不同的外部压力时，而采用的有效且经济的适应策略。

4. 人类对传粉规律的利用

根据植物传粉的规律，人为地加以控制和利用，就可以提高各种栽培植物的产量和品质，还可以培育出新的品种。

（1）人工辅助授粉　异花传粉受外界环境的影响较大，如气候不良或缺乏适当的传粉媒介时，往往会使授粉受阻，从而降低受精率，影响种子和果实的产量。人工辅助授粉的方法是人工从雄蕊收集花药将花粉撒在雌蕊的柱头上。在林业上常采用人工辅助授粉的方法，生产大量的云杉和松树的种子。在果园中，进行人工喷施花粉以增加水果的收获量已是行之有效的方法。对玉米进行人工辅助授粉可以提高结实率，一般可增产8%～10%；同样

图5-47　风媒花的特点

1.雄蕊花药常伸出花外散发花粉；2.花粉小而轻，表面光滑；3.雌蕊柱头常大而具毛，能兜住花粉

图5-48　虫媒花-油菜花特点

1.花基部横切示花瓣基部的蜜腺；2.花粉外壁纹饰适应昆虫传粉；3.三沟花粉的萌发沟

方法用于山核桃可增产35%左右。向日葵在自然传粉条件下，秕粒率较高，如果采用人工辅助授粉，可以提高结实率和含油量，后代的抗病力也较强。在田间放蜂，可间接起到辅助传粉的作用，能明显增加作物和果树的产量。如在棉花田放蜂可增产20%左右；向日葵可增产30%～50%；瓜类增产50%～60%；在紫云英留种田里放蜂，可使紫云英种子提早成熟，且可提高产量。

（2）自花传粉的利用 自花传粉虽会引起其后代衰退，但也有提纯品种的可能性。在玉米的杂交育种中，根据育种目标，从优良品种中选择具有某些优良性状的单株，进行人工自花传粉（自交），经过连续4～5代严格的自交和选择后，生活力虽然有所衰退，但在苗色、叶型、穗型、穗粒、生育期等方面达到整齐一致后，就能形成一个稳定的自交系。利用两个纯化的优良自交系来配制杂种（即单交种），增产就十分显著。

（3）天然传粉者的保护和利用 联合国粮食及农业组织（FAO）估计，目前全世界有100余种作物为146个国家提供了90%的食物，其中71种是通过蜜蜂（主要是野蜂）授粉的。每年传粉者为全球农业创造的价值超过2000亿美元，缺少传粉者时其产量会减少90%。但是传粉者为农业提供的免费服务一直被视为理所当然和忽视。当前我们面临的一个危机是传粉者正在从地球上逐渐减少。其原因包括栖息地丧失、外来物种入侵、农业集约化、滥用农药和气候变化。气候变化是一个双重问题，它不仅影响传粉者的生存，而且还改变了作物的生长季节，这也意味着到了农作物开花并需要授粉时，传粉者却无处可寻。养护传粉者最具有效性和复原力的方法是将蜜蜂等驯化的传粉昆虫与不同的野生物种相结合。所以应调整集约化生产系统，减少农药的使用，并利用覆盖作物、作物轮作和绿篱来促进多样性，同时保护野生物种的天然栖息地和种群乃至整个地球环境，使天然传粉者重返农业生态系统。

三 受精作用

传粉作用完成后，亲和的花粉粒在柱头上萌发出花粉管，花粉管在花柱中生长，并最终把精子送入胚囊内部，精细胞与卵细胞的互相融合的过程，叫作受精。被子植物还包括另1个精细胞与中央细胞2个极核的受精，即双受精作用。双受精作用包括花粉粒在柱头上萌发、花粉管在花柱中生长、花粉管进入胚囊并释放内容物、配子的融合等一系列

连续的过程。在植物生活史中，这是一个极为重要的阶段。

1.花粉粒在柱头上的萌发

花粉粒落在柱头上后，经过花粉粒与柱头的识别作用，识别成功的花粉（亲和花粉）在柱头上吸水，体积增大，代谢活动增强，从花粉内壁萌发孔伸出形成花粉管（图5-49），这一过程称为花粉粒的萌发。

花粉粒与柱头的识别作用是花粉粒萌发的先决条件，识别作用依赖花粉粒和柱头组织间所产生的蛋白质之间的相互作用，同种或亲缘关系很近的花粉粒才能萌发。有些异花传粉植物的柱头，会抑制自身花粉的萌发，但对同种异株花粉的萌发和花粉管伸长有促进作用。通过相互识别，可以防止遗传背景差异过大或过小的个体交配，是植物在长期进化过程中形成的一种维持物种稳定的适应现象，具有重要的生物学意义。

当花粉粒落在柱头表面时，花粉外壁的识别蛋白在花粉与柱头接触的最初几分钟内即释放到柱头表面，并与柱头上的亲水性蛋白质薄膜相互识别。若二者亲和，花柱进而提供水分、碳水化合物、胡萝卜素、各种酶和维生素及刺激花粉萌发的特殊物质，同时花粉粒从柱头吸收水分，花粉内壁释放出的角质酶前体，在被柱头蛋白质薄膜活化后，将蛋白质薄膜下的角质膜溶解，花粉粒的内壁从一个萌发孔向外形成的突起形成花粉管，并进入花柱（图5-49）。若二者不亲和，经识别后，可诱使柱头乳突细胞产生胼胝质，阻碍花粉管的穿入。至于花粉粒本身，由于不被"认可"，通常不吸水、不萌发。有的虽然萌发，但在进一步的活动中，会遇到诸如花粉管不能穿入柱头，花粉管在花柱中生长受阻等方面的障碍。研究发现，编码这些花粉和雌蕊柱头

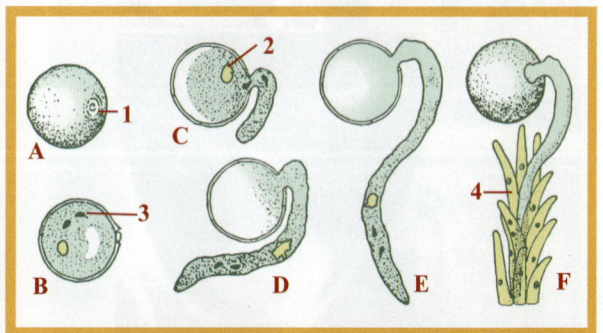

图5-49 花粉粒萌发和花粉管形成
A—E.3-细胞型花粉粒萌发和花粉管形成；F.花粉粒萌发和花粉管进入柱头；1.萌发孔；2.营养细胞核；3.二个精细胞；4.雌蕊柱头乳头细胞

上蛋白的基因是紧密连锁、共同遗传的（称为S位点），同一个S位点上等位基因的蛋白质能够彼此识别，能引起自交不亲和反应；而不同个体的花粉与雌蕊柱头具有不同组合的基因型，不能识别，使花粉管可以生长（图5-45）。

由于花粉是以部分失水的状态从花药中散出的，被雌蕊柱头"认可"的亲和花粉粒必须吸水才能长出花粉管。要完成吸水过程，首先柱头及其周围环境要有水可吸，其次因为花粉外膜和柱头上均有脂质，二者必须接触引起水合作用，才能使外部水分通过外膜进入花粉成为可能。由于不同植物花粉的干燥度不同，柱头又分为干性和湿性，所以花粉粒的萌发与否既取决于这二者的特性，也因环境湿度的不同而异。例如拟南芥属于干性柱头，其*cer*突变体的花粉因缺乏外膜，不能发生水合作用，所以在干燥环境下，常导致雄性不育；但是当环境湿度增大时，*cer*花粉粒就能进行水合作用，使育性恢复。烟草属于湿性柱头，花粉的外膜突变则不会导致不育。目前还从多种植物花粉中分离出多种具有抗原性的糖蛋白，它们可以与特异性免疫球蛋白结合，在识别反应中起到重要作用。此外，不同植物柱头表面分泌物在成分和浓度上各不相同，特别是酶系统和酚类物质的变化，对花粉萌发起到促进或抑制作用。实验证明，硼可以减少花粉破裂，提高花粉萌发率，促进花粉管生长；钙有诱导花粉管定向生长的作用。多数植物的花粉萌发很快，如玉米、橡胶草的花粉在柱头上能立即萌发，棉花、小麦、甜菜等植物的花粉需要经过几分钟甚至更长时间才能萌发。

2. 花粉管的生长

亲和的花粉在酶的促进作用下会萌发形成花粉管，通常情况下花粉萌发产生一个花粉管，部分植物如锦葵科、葫芦科、桔梗科等，其多萌发孔（沟）花粉可同时萌发数个花粉管，但最终只有一个继续伸长。花粉管通过雌蕊的**质外体（apoplast）**从花柱经子房、胎座、胚珠直至抵达胚囊。从花粉萌发形成花粉管到花粉管抵达胚囊，通常持续不到24小时，一般不会超过两天。在玉米中，花粉管可能要生长超过50cm的距离才能抵达目的地，但绝大多数植物的花粉管生长距离要短得多。花粉管有顶端生长的特性，其生长只限于前端3～5μm处，它的生长过程受细胞骨架组分特别是肌动蛋白微丝的严格控制。在花粉管亚顶端的细胞质中，含有高尔基体、线粒体、内质网等多种细胞器。随着花粉管的生长，花粉粒的内容物都会全部注入并集中在花粉管的前端。与此同时，被子植物花粉管壁发育出一种独特的结构：一个可塑的、迅速伸展的顶端和一个由胼胝质组成的加强侧壁，也就是**胼胝质塞（callose plug）**，它使细胞质集中到花粉管前端，防止内容物的倒流。

花粉管通过花柱到达子房的生长模式有两种：在空心型花柱（也称开放型花柱）中，花粉管沿着花柱道表面的黏性分泌物向下伸长；在无花柱道的实心型花柱（也称闭合型花柱）中，花粉管在薄壁组织的胞间隙生长，若花柱中存在特化的**引导组织（transmitting tissue）**，则花粉管就集中在引导组织的胞间隙生长。研究发现花粉管会在柱头油脂层渗透出的水分梯度的引导下朝柱头乳突细胞处生长，最终突破柱头细胞壁进入花柱的引导组织。但部分植物如棉花的花柱引导组织细胞壁很厚且分层，胞间隙不发达，花粉管则在疏松的壁层中生长。花粉管的生长和管壁的建成是非常耗能的过程，在此过程中除了花粉本身贮存的营养外，还由花柱组织向花粉管沿途补充养料，如淀粉、肌醇、钙离子、**阿拉伯半乳糖蛋白（Arabinogalactan proteins，AGPs）**等。其中广泛存在的AGPs对花粉管有重要的黏附、营养和导向作用。

花粉管到达子房后，或沿着子房内壁或经胎座生长，直接伸向珠孔，进入胚囊，或经过弯曲、折入胚珠珠孔口，再由珠孔进入胚囊，统称为**珠孔受精（porogamy，图5-50A）**。有的花粉管通过胚珠合点端进入胚囊，称为**合点受精（chalazogamy，图5-50B）**。前者是大多数植物具有的，而后者的受精类型较为少见，如榆、胡桃、木麻黄的受精现象即属于合点受精。此外，也有穿过珠被，由侧面进入胚囊的，称为**中部受精（mesogamy，图5-50C）**，这一模式更为少见，如南瓜、羽衣草。花粉管在子房的生长过程中，无论采用哪种途径，总能准确地把精细胞输送到胚珠和胚囊中进行双受精。这一现象产生的原因，一般认为与雌蕊某些组织（如珠孔道、花柱道、胎座、子房内壁和助细胞等）中存在能诱导花粉管定向生长的化学物质有关。近年来，研究发现助细胞分泌的**小肽物质（small peptide，SP）**是一种高效的花粉管吸引信号，在拟南芥中参与植物的高效受精。

3. 被子植物的双受精过程

花粉管从花柱再穿过子房、胎座后，抵达胚珠的珠孔。珠孔虽小，却是花粉管进入胚囊的最后一道关口，其地位十分重要。这个区域的组织富含细

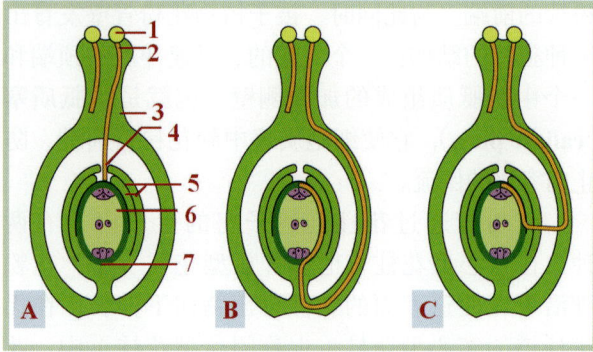

图5-50　胚珠受精的三种类型
A.珠孔受精；B.合点受精；C.中部受精；1.花粉；2.花粉管；
3.子房壁；4.珠孔；5.内外珠被；6.胚囊；7.合点

胞质和细胞外基质，与花柱引导组织的结构十分相似，同样富含钙离子和AGP等成分。花粉管通过珠孔组织的细胞外基质朝胚囊方向继续生长。植物种类不同，其花粉管进入胚囊的途径存在差异，有从卵细胞和助细胞之间进入胚囊的，如荞麦；有从一个助细胞进入胚囊的，如棉花；也有从解体的助细胞或破坏后的助细胞进入的，如玉米和天竺葵。花粉管进入胚囊后，末端一侧会形成一个小孔，将精细胞及其他内容物注入胚囊（图5-51）。目前研究认为被子植物有性生殖的过程中，花粉管能在适当的地方和时间破裂从而释放精细胞的过程，涉及花粉管和雌性生殖组织之间复杂的细胞间交流，这种交流是受细胞间信号分子与花粉管表面的受体相互作用所控制的。与此同时，助细胞会立刻开始退化，其合点端的细胞膜解体，花粉管喷出内含物时的冲力加上其他因素，引导精细胞转移到卵细胞与中央细胞之间的位置。在有些植物中，邻近受精前，卵细胞的核趋向其合点端，中央细胞的极核趋向其珠孔端，使二者与精细胞的距离更近，更有利于受精

的成功。迁移到卵细胞与中央细胞之间的两个精细胞，其中一个与卵细胞的无壁区渐渐接近并相互融合，形成**受精卵（或称合子）**（zygote）；另一个精细胞与中央细胞的两个极核（或次生核）融合，形成**初生胚乳核**（primary endosperm nucleus），这种受精现象称为**双受精**（double fertilization），是被子植物有性生殖的特有现象。在自然界中，裸子植物买麻藤纲一些植物，如麻黄属和买麻藤属，虽然也存在双受精，但第二次受精事件并不产生胚乳，而是额外产生一个最终退化的种子胚。

双受精的过程中，两个精细胞先在卵细胞和中央细胞的无壁区接触，接触处的质膜随即融合，两个精核分别进入卵细胞和中央细胞。其中一个精核与卵核接近时，其染色体会贴附在卵核的核膜上，然后断裂分散，同时出现一个小的核仁，而后精核与卵核的染色体混杂在一起，雄核和雌核的核仁融合为一个大核仁；另一个精核与极核的融合过程相似，但融合的速度较精卵融合快，精子初时也呈卷曲的带状，以后松开与极核表面接触，核质相融，核仁合并。精卵细胞的融合，仅仅是核的融合还是两个细胞的融合，往往因观察材料不同而存在差异。大多数被子植物，如棉花在受精时，只有两性核的相互融合，而精细胞质残留在已破坏了的助细胞中。但也有一些例子说明精细胞的细胞质是参与融合的，比如矮牵牛，其精子与卵细胞及中央细胞融合时细胞质都参与融合。受精结束后，原来一度消失的细胞壁又重新形成，将合子包围起来。合子核与初生胚乳核会向相反方向移动，尤其是后者移动更明显，一直迁移到胚囊中央甚至近合点处才开始分裂形成胚乳。

双受精涉及两个精细胞，二者与卵细胞和中央

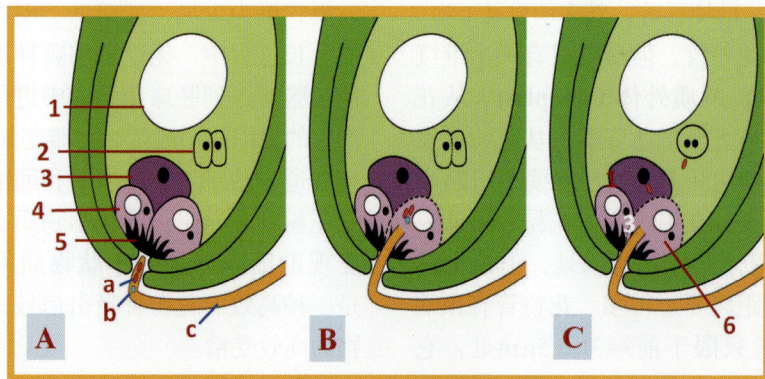

图5-51　胚囊纵切示双受精过程
A.花粉管达到珠孔，通过丝状器进入助细胞；B.花粉管经退化的助细胞进入胚囊，花粉管近顶端处破裂释放精子；C.两个精细胞分别与卵细胞和中央细胞融合；1.中央细胞；2.极核；3.卵细胞；4.助细胞；5.助细胞基部的丝状器；6.退化的助细胞；a.二个精细胞；b.营养细胞核；c.花粉管

细胞的结合并非随机进行的，事实上这些细胞间存在复杂的识别机制。随着应用电镜三维重构和立体显示等技术的发展，研究发现某些植物的成熟花粉中，营养核和两个精细胞之间存在着密切联系，从而提出了**雄性生殖单位（male germ unit）**的概念。雄性生殖单位的一对精细胞常具有二型性，即两个精细胞的大小、形状及其中所含细胞器的数量和类型均不相同。比如蓝茉莉、白花丹、芸薹属部分植物均证实了精细胞有选择性的受精功能：一个精细胞较大，线粒体含量较多，总是与极核融合；另一个精细胞较小，质体的含量较多，总是与卵细胞融合。据此推测两个精细胞的成分不同，卵细胞和中央细胞的质膜具有不同的受体，可以有区分地接受不同的精细胞。雄配子识别的分子机制研究也已取得了一定进展，有些玉米品系中被发现含有两组染色体，一组是正常的 A 染色体，另一组是额外的 B 染色体。当生殖细胞在花粉管中进行第二次有丝分裂时，B 染色体常出现不分离现象，所以一个精细胞可收到两条 B 染色体而另一个精细胞则没有，而前者常与卵细胞结合。在百合中鉴定出 *GCS1*（generative cell specific 1）**基因**，编码生殖细胞和精细胞表面的膜蛋白，在拟南芥中也发现了 *GCS1* 的同源基因，其突变体 *gcs1* 的花粉管虽然可以进入助细胞，但精细胞不能与卵细胞和中央细胞融合，暗示该基因编码的膜蛋白的缺失也许是阻碍配子识别的原因所在。一精一卵识别融合后，被子植物还存在能避免多精受精的精巧机制，保证卵细胞只与一个精细胞成功融合。在拟南芥中，研究证实卵细胞可以感知受精成功并释放蛋白酶（天冬氨酸内肽酶 ECS1 和 ECS2），减弱助细胞分泌的花粉管吸引信号，阻止多余花粉管进入胚囊。

被子植物的双受精的意义：①使两个染色体单倍的精卵细胞融合在一起，对父、母本具有差异的遗传物质重新组合，形成了兼有父母本双重遗传性的合子。这样，既恢复了植物原有的染色体数，保持了物种的相对稳定性，又为新变异提供了物质基础。②另一方面，双受精过程中还形成了三倍体的初生胚乳核，同样兼有父、母本的遗传特性，生理上更活跃，发育成的胚乳作为新一代胚体的养料，为巩固和发展这一特点提供物质条件。这样，子代的变异性就会更大，生活力更强，适应性也更广泛。所以，双受精不仅是植物界有性生殖的最进化、最高形式，也是植物遗传和育种学的重要理论基础。

4. 多精现象和多精入卵

在植物的受精过程中，通常只有一条生活力强、生长迅速的花粉管进入胚囊，释放一对精细胞，完成受精，其余花粉管均被同化吸收，但有时也有少数植物会出现多个花粉的花粉管同时进入胚囊，胚囊中具有两对及以上精细胞的情况，称为多精现象。胚囊中额外精细胞的存在可能引起异常受精作用，比如与胚囊中的其他细胞融合受精，或出现多个精细胞进入卵细胞的现象，称为多精入卵。

5. 无融合生殖及多胚现象

通常被子植物的有性生殖要经过精细胞与卵细胞的结合，发育成胚。但在部分植物中，不发生雌雄配子核融合也能产生具有发芽力的胚，这类现象称为**无融合生殖（apomixis）**。无融合生殖胚的形成有两类：一类是由胚囊内未经受精的单倍体卵、反足细胞或助细胞以及花粉发育成单倍体的胚，这类自然界中较罕见，在桃的实生苗中偶有单倍体苗；另一类是由胚囊母细胞未经减数分裂形成的二倍体卵细胞，或由珠心、珠被中的一个或一群细胞发育成的二倍体胚，在蔷薇科苹果属、悬钩子属中常有发现。

通常被子植物的胚珠只产生一个胚囊，每个胚囊也只有一个卵细胞，所以受精后只能发育成一个胚。但有的植物种子里往往有 2 个或更多的胚存在，这一情况称为**多胚现象（polyembryony）**。多胚现象的产生，可以是胚珠中发生多个胚囊、受精卵分裂成几个胚；或是无融合生殖的结果。芸香科柑橘属植物具有独特的多胚现象，其珠心组织能够发育成不定胚（称为珠心胚）进行无融合生殖，是自然界中最稳定的无融合生殖类型之一。裸子植物的多胚现象是裸子植物的特征之一，是由多个颈卵器的受精卵发育来或受精卵分裂成几个胚形成的，但最终只形成一个种子。

（四）外界环境条件对传粉、受精的影响

植物的传粉和受精受内在的繁殖特性、外在的生物和非生物因素的综合影响。影响传粉、受精的生物因素有传粉者、病虫害、捕食者等，非生物因素主要有营养与环境要素，包括光照、温度、湿度、风、降尘等。

1. 花粉和柱头的寿命以及对环境的需求

花粉粒在柱头上萌发到花粉管最后进入胚囊所需要的时间，随植物种类和外界环境条件而异。在正常情况下，多数植物需要 12～48 小时，但水稻

在传粉2～3分钟后花粉粒就开始萌发，20～30分钟后花粉管就进入胚囊。棉花在自然传粉情况下，经8～10小时花粉管才到达子房顶部。柑橘的花粉管到达胚珠则需30小时。温带地区的植物，花粉粒萌发和花粉管伸长的最适温度为20～30℃。此外，用多量的花粉粒传粉，会提高花粉管的生长速度和结实率。花粉的活力各植物不同，在1天、数天、10多天到数月不等，一般在花粉散发后24小时内最旺盛，然后活力逐渐下降。用TTC法可测定花粉活力，低温保存可延长花粉活力时间。

雌蕊柱头的生活力，一般能维持1至数天，如水稻、棉花的柱头可保持1～2天。油菜雌蕊承受花粉粒能力最强的时期为开花后1～3天，4天后下降，约6天后丧失其承受花粉粒的能力。

对于一般植物，传粉至受精的间隔时间是不长的，通常以小时或天计算。然而在这个时期中，植物对外界环境条件很敏感，只要全过程中的某一环节受到影响，就不能受精，致使子房不能发育，最后导致空粒、秕粒、落花和落果等现象，降低结实率。

2. 影响传粉、受精的环境因素

气候因素调控传粉、受精过程，对花粉的活力、花粉管萌发生长、柱头可授性具有重要影响。其中，植物的传粉、受精对温度极其敏感。低温会使花粉粒的萌发和花粉管的生长减慢，甚至会使花粉管不能到达胚囊。如水稻传粉、受精的最适温度是26～30℃，日均温在20℃以下，最低温度在15℃以下，可极大降低传粉和受精的效率。低温还会使卵细胞和中央细胞退化，或两性细胞核融合的时间增长。玉米传粉、受精的最适温度为26～37℃，如在传粉、受精期间遇到低温多雨会降低结实率。同样，高温干旱对传粉、受精也很不利，高温会导致柱头分泌黏液迅速干燥焦化，不利于花粉附着。如水稻，遇高温（38℃）时，花药开裂少，花粉粒不能在柱头上正常萌发。

湿度和水分是影响传粉、受精的重要环境因素。一般植物开花时，对大气的相对湿度要求为40%～90%，最适为70%～80%。干旱高温天气，会使柱头干枯，花粉粒萌发能力丧失，不利于花粉管生长。故水稻抽穗开花期，稻田要保持一定的水层，这不仅因为植株在这时需水量大，而且可以提高田间的相对湿度，有利于传粉和受精。大雨和长期的阴雨天气往往会降低植物的结实率。这是因为花粉粒吸水后易膨胀破裂，柱头上的分泌物也会被雨水冲洗或稀释，影响花粉粒的萌发。同时长期的阴雨，也会妨碍传粉昆虫的活动，降低植株的光合合成量，对传粉和受精不利。

风作为植物的直接传粉者，对植物传粉、受精发挥重要功能。风媒是部分植物传粉的重要途径，适宜的微风有助于花粉的传播，但恶劣的大风会导致传粉生物媒介活动减少、花粉和柱头风干失去活性，阻碍植物的受精过程。

此外，土壤营养条件以及环境污染等，对传粉、受精也有直接或间接的影响。如氮肥过多或过少，都会影响受精时间的长短。降尘对核桃、杏等植物花器官的生化特性产生影响，引起植物的生长发育异常。公路灰尘与工业粉尘的覆盖会导致桂花、柑橘等植物不开花。所以，实际上应结合当地气候的具体情况，选用生育期合适的良种，或适当调节栽种季节，加强栽培管理，保证各种作物在传粉和受精期间，少受不良环境条件的影响，使传粉、受精能顺利进行。

第四节　种子的形成、结构及生长发育

被子植物的花在完成双受精作用后，各部分会发生很大的变化。花冠、花萼（或宿存）、雄蕊和雌蕊的柱头与花柱等逐渐枯萎脱落；而子房逐渐发育成为果实；子房内的胚珠发育成为种子。其中，胚囊内的受精卵发育成胚，受精极核即初生胚乳核发育成胚乳，珠被发育成种皮。所以成熟种子包括胚、胚乳（或缺）、种皮三个部分。三者的发育过程有一定的独立性，所以在发育过程中必须相互协调才能最终形成具有正常功能的种子。种子的形成过程包括**形态发生（morphogenesis）、成熟（maturation）、脱水（desiccation）、休眠**（dormancy）等阶段。

一　胚的发育

胚（embryo）的发育是从受精卵（合子）开始的。合子通常有一个**静止期（resting stage）**，然后才进行分裂。不同植物的合子休眠期的长短不尽相同，一般要几小时到数天。如水稻为4～6小时，小麦为16～18小时，棉花为2～3天，苹果为5～6天，茶树则长达5～6个月。胚的发育一般包括3个彼此重叠的时期：组织分化、细胞增大和成熟（干燥）。在组织分化阶段，受精卵经历多次细胞分裂，

分化成胚胎组织和器官系统；同时胚柄形成，到了成熟中期（鱼雷形胚期），由于胚的生长，胚柄常常丧失功能。在成熟中期，细胞增大，并伴有贮藏物质的积累。在成熟干燥期，胚胎的形态发生基本完成，幼胚准备进入脱水状态。

1.胚发育的形态结构变化

合子的第一次分裂是不对称的横向分裂，结果形成2个异质的细胞，靠近合点端的一个细胞较小，叫**顶细胞**（**terminal cell或apical cell**），其细胞质较浓；靠近珠孔端的一个细胞较大，叫**基细胞**（**basal cell**），其细胞质较稀薄，具有较大的液泡。以后，由顶细胞进行多次分裂形成**胚体**（**embryo proper**）；基细胞则经分裂或不分裂，形成**胚柄**（**suspensor**）。有些植物的基细胞也可参与胚体的形成。胚柄是一个暂时的结构，常随着胚的成长而逐渐退化，而胚体具有进一步发育的潜能。

从2细胞胚开始，直至器官分化之前的胚胎发育阶段，称为**原胚**（**proembryo**）时期。在这个时期不同植物的发育方式没有显著区别，但从原胚发育为成熟的胚，不同类群的植物有不同的方式。下面以一些植物为例，说明真双子叶植物和单子叶植物胚胎发育的一般过程。

（1）真双子叶植物胚的发育 胚发育研究的常用模式植物是荠菜、拟南芥。这两种十字花科植物的发育方式十分相似，我们以荠菜为例（图5-52）来说明。胚是由合子发育而来的，合子是胚的第一个细胞。卵细胞受精成为合子后，便产生一层纤维素的细胞壁，进入休眠状态。一般情况下，胚的发育较迟于胚乳的发育。合子是一个高度极性化的细胞，它经过短暂休眠后，经不均等横裂，形成基细胞和顶细胞。基细胞略大，以后再进行横分裂，成为胚柄。顶细胞是胚的前身，其第一次分裂为纵分裂。以后，经纵裂为二的顶细胞又各自纵分裂，第二次的分裂面与第一次的分裂面垂直，于是形成**四分体**（**tetrad**）时期。然后四分体的各个细胞再进行一次横向分裂，形成8个细胞的**八分体**（**octant**），这八个细胞排列成上下两排。接着八分体的每个细胞进行平周分裂，形成16个细胞的**球形胚**（**globular embryo**），分内外两层：外面的8个细胞衍生形成**原表皮层**（**protoderm**），而里面的8个细胞则进一步分裂形成子叶和胚轴的**原形成层**（**protocambium**）和基本分生组织（**ground meristem**）。

在上述细胞分裂分化的同时，由基细胞分裂衍生而成的两个细胞经多次横分裂，形成由6～10个细胞组成的单列细胞结构的**胚柄**（**suspensor**）。分裂过程中，胚柄最末端（珠孔端）一个细胞通常不

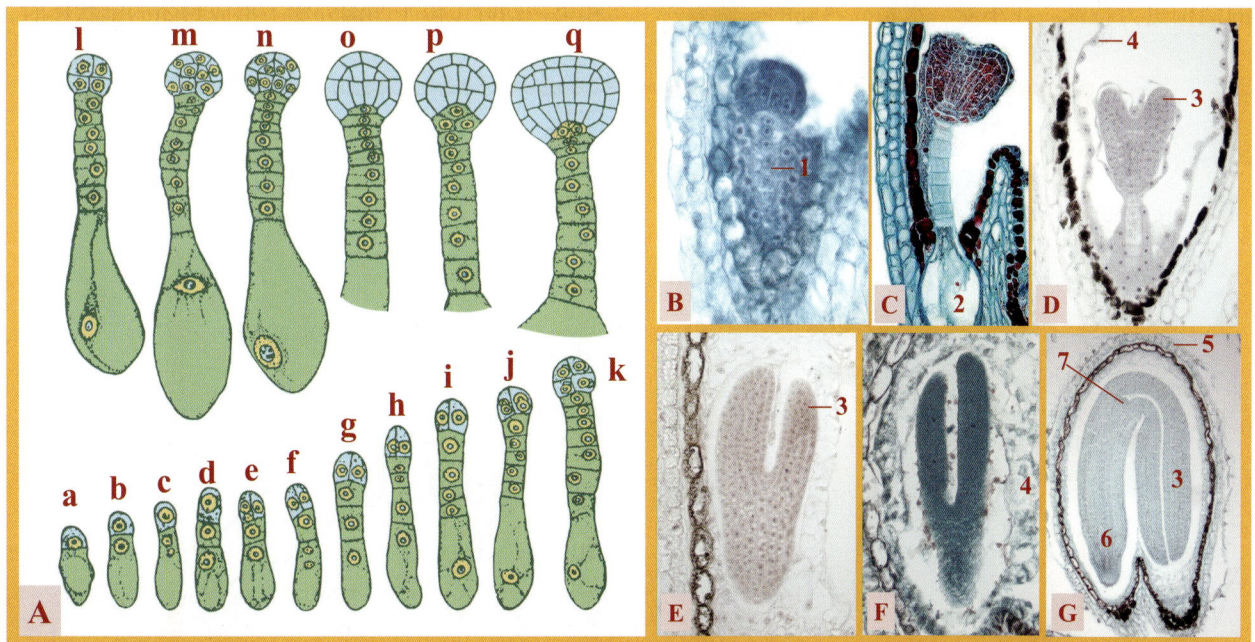

图5-52 荠菜胚的发育过程
A.从合子到球形胚的发育的模式；a.合子；b.顶细胞与基细胞分化；c—d.基细胞分裂；e.顶细胞第一次分裂成2细胞期；f—k.基细胞继续分裂形成胚柄；i—l.2细胞继续分裂成4细胞期；m—n.8细胞期，胚柄继续伸长将胚推入胚囊中央细胞；o—q.继续分裂发育成球形胚；B—G.显微切片下的胚发育；B.显微镜下的球形胚；C—D.心形胚，两端突起形成2子叶；E—F.子叶继续发育成鱼雷形胚；G.子叶继续发育并弯曲，胚柄伸长，形成成熟胚；1.胚柄；2.胚柄基部的泡状细胞；3.子叶；4.核型胚乳发育；5.珠被已发育成种皮；6.胚根；7.胚芽

分裂，并膨大成泡状，具有吸器的功能。靠近球形胚体（16个细胞）的一个胚柄细胞，称**胚根原**（**hypophysis**）。它第一次横分裂形成二个子细胞，以后每个细胞又进行两次相互垂直的纵分裂，结果形成8个，靠近胚体上层的4个细胞是胚根皮层的原始细胞，而下层的4个细胞形成根冠和根的表皮。

球形胚的后期在胚顶端两侧的细胞分裂生长得快，于是形成两个形状与大小相似的突起叫子叶原基，此时胚变成**心脏形**（**heart-shaped**）。以后，子叶原基发育成子叶；胚柄与球形胚体连接的细胞也不断分裂分化，形成胚根；而胚根与胚芽之间的部分则分化成胚轴；在子叶间的凹陷部分逐渐分化出胚芽。同时，由于胚轴和子叶的伸长，胚呈**鱼雷形**（**torpedo-shaped**）。最后，子叶进一步伸长，并顺着胚囊弯曲，形成马蹄形的**成熟胚**（**mature embryo**）。在横切面上，子叶与胚轴呈背倚状。珠被内部完全由球形的胚占据。至此，一个完整的胚体已经形成，胚柄渐渐退化消失。

（2）单子叶植物胚的发育　单子叶植物胚的发育，与双子叶植物在原胚阶段基本上相似，但在原胚分化为成熟胚时，在形态、结构上出现了很大的差异。单子叶植物只形成一片子叶，茎的生长锥居于胚的一侧，与双子叶植物胚的生长锥位于两子叶之间截然不同。单子叶植物中的禾本科植物，其胚的结构更为特殊。在小麦、水稻成熟胚的一侧有一

个大的盾片，即子叶（又称内子叶）；在盾片的相对一侧，有一个小突起称外子叶。外子叶一般认为是不发育的另一个子叶。胚芽包括数张幼叶、叶原基以及生长锥，外面有胚芽鞘包围；胚根则具有生长点和根冠，外面有胚根鞘。

现以小麦为例（图5-53），说明其胚的发育过程。

小麦合子的第一次分裂常常倾斜于合子的纵轴，即形成斜向的壁，结果形成2个大小不等的细胞。接着基细胞和顶细胞各再斜分裂一次，形成4个细胞的原胚。以后，原胚细胞不断向各个方向分裂，胚扩大成倒梨形或棍棒状，具有16～32个细胞。然后，在胚的中上部向着外稃的一侧出现一个凹沟，使胚两侧出现不对称状态，开始器官发生。这时的胚在形态上可分为三个部分：凹沟上面部分为顶端区，包括与凹沟相对一侧的一部分细胞，将来形成盾片的主要部分和胚芽鞘的一部分；凹沟的下面，即胚的中间部分，是器官形成区，这一区的细胞较其他二区细胞小，将来形成胚芽鞘的其余部分以及胚芽、胚轴、胚根、根冠、胚根鞘和外胚叶等；而凹沟胚的基部为胚柄细胞区，主要形成盾片的下部和胚柄。胚各部分器官分化顺序基本上是这样的：首先产生胚芽鞘原始体，并在胚顶端一侧分化出盾片（一枚子叶）。以后盾片伸长，当胚芽鞘和第一幼叶（位于凹沟外侧）形成封闭的锥状体时，

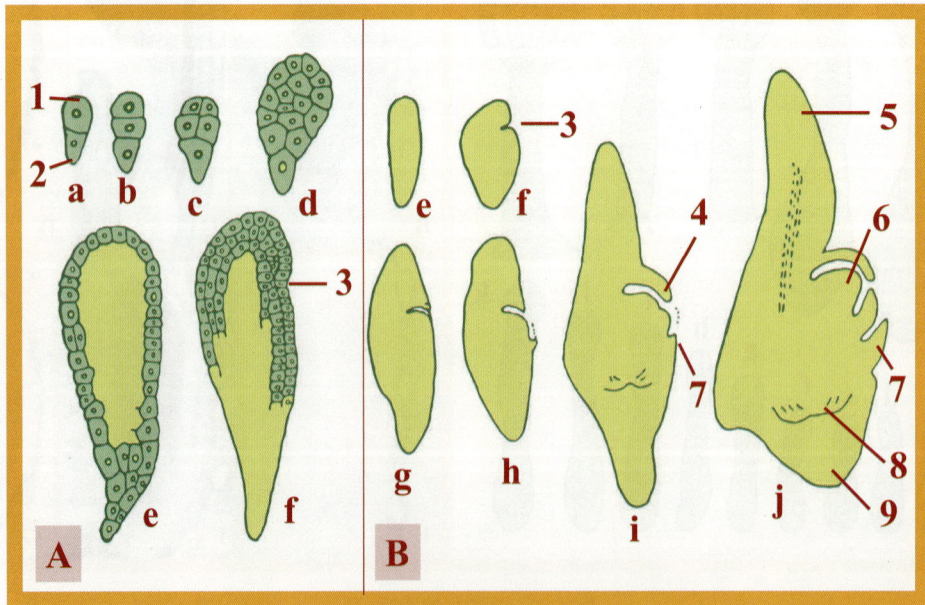

图5-53　小麦胚的发育过程简图

A.从2细胞胚到梨形胚及出现凹沟；a.二细胞胚；b—e.经多次分裂形成梨形胚；f.腹面出现凹沟；B.从梨形胚到成熟胚；f.腹面出现凹沟，凹沟期；g—i.凹沟上部发育成盾片（即1枚子叶），下部发育成胚，表明外胚叶不发育（1枚退化子叶）；j.成熟胚；1.胚细胞；2.胚柄细胞；3.凹沟；4.发育中的胚芽鞘及胚芽鞘生长锥；5.盾片（一枚子叶）；6.胚芽及生长锥；7.外胚叶（退化子叶）；8.胚根；9.胚根鞘

第二幼叶原基已在生长锥周围（位于盾片一侧）形成。与此同时，在胚的中央形成胚根及根冠，外围就成为胚根鞘；此时，在胚体盾片相对的另一侧形成一个新的突起，并继续长大，成为外胚叶退化子叶。以后在盾片、胚芽鞘和第一幼叶中开始分化出维管组织，盾片的背面分化出上皮细胞。最后，胚分化出第三片幼叶，并出现第一对不定根。小麦胚的分化到此结束。据观察，冬小麦约在传粉后16天，春小麦约在传粉后22天完成胚的发育。

水稻胚的发育过程与小麦相似，但胚胎发育时间较小麦短，各器官的形态分化约需11～14天才能完成，早籼稻比晚粳稻更短。7～10天的水稻胚离体培养就已具备发芽能力。

2.胚形态结构形成的分子调控

（1）合子的激活　胚胎发育始于合子开始分裂，所以合子的激活也就是启动胚胎发育的第一步。现在知道 *FAC1*（*EMBRYONIC FACTOR 1*）基因参与合子的激活，这个基因突变后，合子不能启动胚胎发生。*FAC1* 的表达可能促进合子细胞内ATP的势能，使之为合子激活提供能量；还可能通过其他途径参与激活的信号转导过程。

（2）合子极性的决定　在配子体形成过程中存在不对称分裂，同样在胚胎发育过程中也存在。如前所述，合子的极性导致了其第一次分裂的不对称性，从而使胚胎在发育早期就表现出明显的极性，这直接决定了胚胎的后续发育和分化。例如，造成植物极性生长的茎端分生组织和根分生组织的分化就起源于合子胚的第一次不对称分裂。迄今的研究表明，高等植物合子胚发育的极性均十分稳定且一致，即总是在合点端产生子叶和顶端生长点，在近珠孔端形成胚根。

那么合子的这种极性是如何产生的？细胞形态学显示，合子的合点端集中分布细胞核与浓厚的细胞质，而珠孔端分布大液泡与稀薄的细胞质。植物生理学分析发现，在二细胞原胚内，生长素呈现由基向顶递增的梯度分布，即存在由基向顶的生长素流向，所以顶细胞比基细胞的生长素含量要高。这种生长素的运输模式受基因调控。目前已知 *PIN7*（*PINFORMED 7*）便是调节生长素流向的一个基因。*PIN7* 在基细胞中特异表达，而另一个基因 *WOX2*（*WUSCHEL – related homeobox 2*）也与该过程中有重要联系。它们的突变扰乱了生长素的极性，导致分裂产物的异常。

另外还发现了一个与极性建立有关的基因 *EMB30*（又称 *GNOM*）。该基因的突变导致胚胎不能分化出根部和下胚轴。进一步追踪早期胚胎发育过程，发现该基因突变直接影响合子的第一次分裂，即在该基因的突变体中，合子的第一次分裂是对称的，从而形成大小相近的基细胞和顶细胞。由于基细胞参与胚根的形成，而突变体中的基细胞可能丢失了形成胚根所需的信号分子，造成最后形成的胚胎缺失胚根。

（3）生长点形成的调控　根尖和芽尖的生长点这两个顶端分生组织是高等植物胚胎发育过程中建立起来的最重要的组织。种子萌发后，这两个生长点持续保持器官发生能力，不断形成新的根、茎、叶，并在一定阶段分化形成花器官。

芽尖生长点可分为中央区和周围区，其中中央区有一小群分裂活动较慢的**胚性细胞**（**embryonic cell**），相当于动物的胚胎干细胞，即具有自我更新能力的潜能细胞。这些胚性细胞分裂产生的细胞，一部分留在中央区，保留胚性细胞特性，另一部分向周围区推移，加速分裂活动，并衍生侧生的子叶原基。现在知道，有一套基因调控芽尖分生组织的有序活动。其中 *WUS*（*WUSCHEL*）的功能是维持中央区的胚性细胞群体，同时激活另一组基因 *CLV*（*CLAVATA*）在周围区的表达。反过来，*CLV* 表达后又限制 *WUS* 的表达，使后者局限于中央区。这种 *WUS-CLV-WUS* 的反馈调节机制维持着芽尖中央区与周围区的动态平衡。胚性细胞具有自我复制和产生其他细胞的双重功能即源自这种动态平衡的调控机制。

与根生长点有关的基因除了与极性决定有关的 *GNOM* 基因外，还有其他一些基因。如 *MONOPTEROS* 基因，其突变造成拟南芥胚根和下胚轴同时缺失，其原因在于该基因突变导致胚柄顶端第一个细胞分裂模式的改变。但在外源激素诱导下，*monopteros* 突变体可以分化形成根，说明这个基因并不直接决定根的形态发生，只参与构建包括下胚轴在内的整个下部器官。而 *gnom* 突变体只能分化出愈伤组织，不能分化出根。

（4）形态发生的调控　形态发生是指胚胎发育过程中的器官发生或器官原基的形成过程，可视为伴随着细胞分裂而发生的一系列区域化和功能化行为。植物胚胎在纵向的顶基轴自上而下可分为三个区域：上区，由子叶、上胚轴、顶端生长点构成；中区，就是下胚轴；下区，包括根生长点和根冠。同样，胚胎在横向的辐射轴自外到里也可分为三层同心圆区域：表皮、基本组织、维管组织。胚胎发育过程中，建立上、中、下区的过程就称为**顶基模**

式形成（apical-basal pattern formation），或称为根茎轴模式形成，与器官发生有关；而建立表皮、基本组织和维管组织的过程称为**辐射模式形成**（radial pattern formation），与细胞分化有关。

这两种模式三个区域的形成可能分别由独立的基因控制。通过大规模的突变体筛选，已经发现有4个基因位点与胚胎的顶基模式形成有关：①**上区突变体**（apical mutant），其表型为子叶和顶端生长点缺失；②**中区突变体**（central mutant），表型为下胚轴缺失，子叶与胚根连在一起；③**下区突变体**（basal mutant），胚根和下胚轴同时缺失；④**两端突变体**（terminal mutant），上区和下区同时缺失。目前也发现了一些与辐射模式形成有关的基因，如ATML1、LTP，但在多数情况下，这种影响不是直接的。

（5）胚发育中晚期的调控　人们已经陆续知道了一些基因与胚的中晚期发育密切相关（图5-54）。如Buchanan等（2004）揭示决定组织分化和形态发生的RASPBERRY基因，其突变体在球形胚期形态发育停止，但其原形成层、基本分生组织和原表皮组织却在胚胎发生的末期完成了细胞分化。LEAFY COTYLEDON（LEC）、FUSCA（FUS）基因控制着心形胚期之后的晚期胚胎发生，在胚的晚期发育中，它们编码的蛋白质可能是参与环境和细胞信号转导的重要组分。这些基因功能丧失的突变，将导致发生许多缺陷，比如提早萌发、不能忍受脱水、不能合成某些贮藏蛋白和脂类、子叶发育成类似真叶的形态等。

二　胚乳的发育

被子植物的**胚乳**（endosperm）是中央细胞的2个极核与1个精细胞融合后发育而成的，因此是三倍体（百合胚乳是五倍体）。融合后的初生胚乳核通常没有休眠期，随即进行第一次分裂。因此，初生胚乳核的分裂早于合子的分裂，也就是说胚乳的发育总是早于胚的发育。胚乳的发育方式一般可分成核型、沼生目型、细胞型三种方式。

1.胚乳的发育方式

（1）核型胚乳　**核型胚乳**（nuclear endosperm）是被子植物中最普遍的一种发育形式。其主要特征是初生胚乳核的第一次分裂和以后的多次分裂都不伴随着细胞壁的形成，各个细胞核以游离状态分布在同一细胞的细胞质中。这一时期称为**游离核形成期**（free nuclear formation stage）。以后，游离核才逐渐地被细胞壁分隔，形成胚乳细胞（图5-55A—C）。

胚乳游离核的数目，随植物不同而有差异。如咖啡，初生胚乳核仅分裂2次，即四核阶段便形成胚乳细胞壁。水稻、柑橘、苹果等要形成几百个，棉花、石刁柏等要形成上千个的游离核后才逐渐形成细胞壁。下面以水稻为例，简要说明核型胚乳的发育过程。

水稻初生胚乳第一次分裂后，接着每隔一段时间核即分裂一次。这样，胚乳游离核不断增多，其分布均趋向胚囊边缘，其中以趋向珠孔端和合点端为多，胚囊中央为一大液泡。以后在胚囊周围由珠孔端向合点端逐渐形成胚乳细胞。开始时，胚乳细胞往往是单层的结构。随着颖果的发育，胚囊周围的胚乳细胞不断地向内分裂，层层叠加，形成许多新的胚乳细胞层。当胚乳细胞将充满胚囊时，胚囊边缘细胞逐渐分化形成**糊粉层**（aleurone layer）细胞，细胞中产生特殊的颗粒状物质，即**糊粉粒**（aleurone grain）；而胚囊中央的胚乳细胞则逐渐出现淀粉粒，形成淀粉贮藏组织。糊粉层在胚乳的腹侧处（基部有胚的一侧）层次较少，一般只有1～2层；而背侧处为2～4层。但在与胚连接的部分，即盾片内侧却没有糊粉层。

小麦的胚乳发育过程和水稻基本相似，但其糊粉层在背侧（基部有胚的一侧）一般只有一层，而在腹侧处却有2～3层。

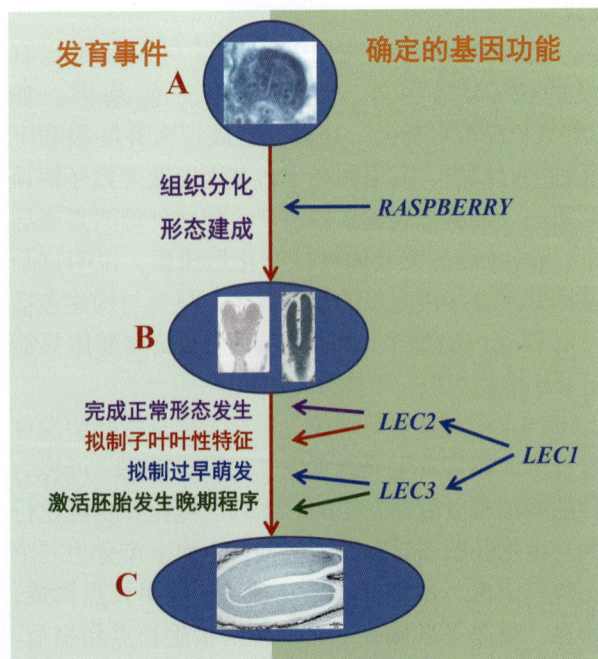

发育事件　　　　　　　确定的基因功能

A

组织分化
形态建成　←　RASPBERRY

B

完成正常形态发生　←
拟制子叶叶性特征　←　LEC2
拟制过早萌发　←　LEC1
激活胚胎发生晚期程序　←　LEC3

C

图5-54　拟南芥发育中后期的基因控制点（引自Buchanan等，2004）
A.球形胚期；B.心形胚期和鱼类胚形期；C.成熟胚

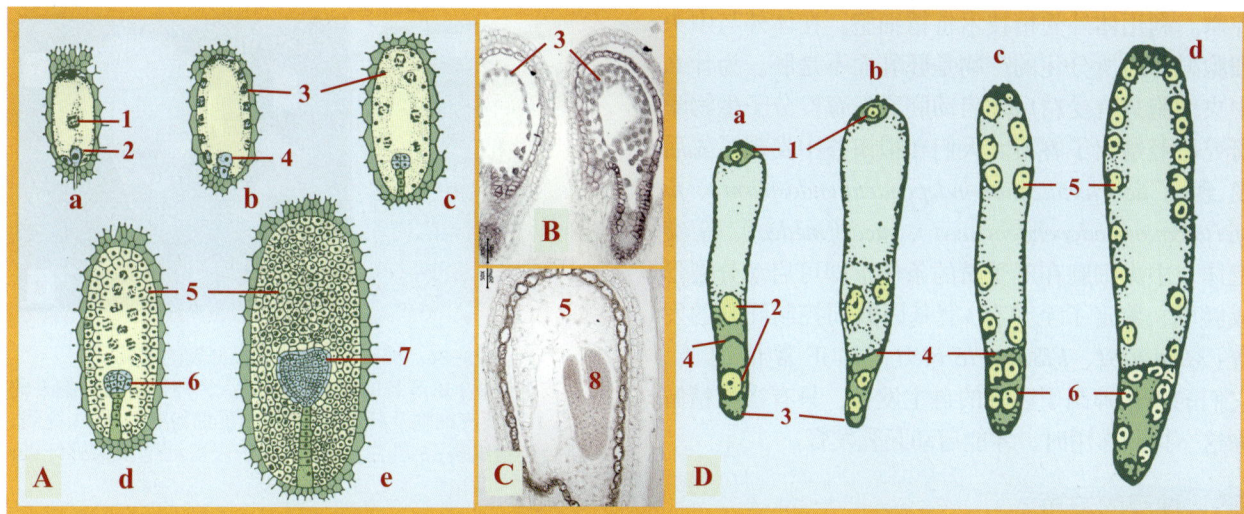

图5-55A—D 被子植物核型胚乳和沼生目型胚乳发育模式图

A—C.核型胚乳发育；A.发育模式（a.初生胚乳核开始发育；b.开始分裂，在胚囊周边产生许多游离核，同时受精卵开始发育；c.游离核继续增加，并由边缘逐渐向中部分布；d.由边缘向中部逐渐产生胚乳细胞，球形胚形成；e.胚乳发育完成，胚还在继续发育中）；B—C.显微镜下的核型胚乳发育（1.初生胚乳核；2.合子；3.游离的胚乳核；4.顶细胞；5.胚乳细胞形成；6.球形胚；7.心形胚）；D.沼生目型胚乳发育模式（1.珠孔端的合子；2.初生胚乳核一次分裂后形成2个细胞；3.合点端；4.细胞壁；5.靠珠孔端细胞的游离的胚乳核；6.靠合点端细胞的游离细胞核）

（2）沼生目型胚乳 **沼生目型胚乳（helobial endosperm）** 的发育介于核型与细胞型之间。其特点是初生胚乳核第一次分裂后，把胚囊分离成二室：即珠孔室（较大）和合点室（较小）。此后，每室（主要是珠孔室）分别进行几次游离核的分裂。最后，珠孔端的游离核形成细胞结构，完成胚乳的发育；而合点端的细胞分裂次数较少，并一直保持游离核状态。这一类型主要见于单子叶植物中的沼生目，如慈姑、独尾草属的胚乳（图5-55D）。

（3）细胞型胚乳 **细胞型胚乳（cellular endosperm）** 的发育，其初生胚乳核第一次分裂后随即形成细胞壁，分隔为2个胚乳细胞。之后，胚乳核的每次分裂都形成细胞壁。胚乳发育过程中无游离核时期。整个胚乳始终是多细胞结构。大多数真双子叶植物的合瓣花植物（图5-55E），如番茄、烟草、芝麻等，其胚乳发育属于这一类型。

许多植物，如豆类、瓜类、油菜、柑橘、茶等，其初生胚乳核在形成胚乳组织的过程中逐渐地被发育中的胚所吸收，养分被贮藏在胚的子叶里，所以在种子发育成熟时已无胚乳存在，故称为无胚乳种子。另一些植物，如水稻、小麦、蓖麻、番茄、桑等，则形成发达的胚乳组织，在胚乳细胞内贮藏大量的营养物质，形成有胚乳的种子。

2.外胚乳

由于胚和胚乳的发育，胚囊体积不断扩大，胚囊外围的珠心组织遭到破坏，最后为胚和胚乳所吸

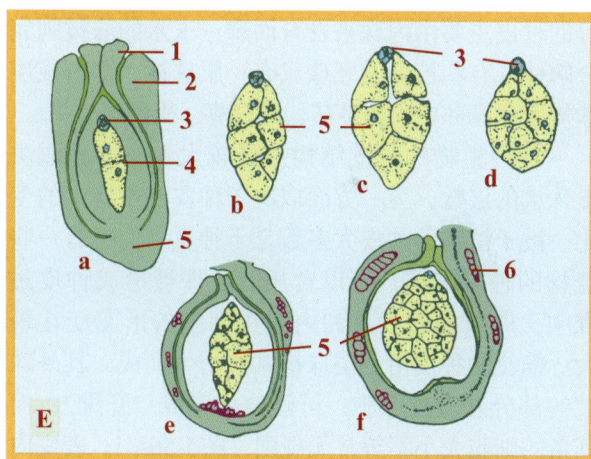

图5-55E 细胞型胚乳的发育模式（单心木兰，*Degeneria* sp.）a.受精后胚珠纵切面，示合子和2细胞时期的胚乳；b—d.胚乳发育，每次分裂都形成细胞，示胚乳细胞；e—f.发育中的胚珠纵切，示胚乳继续发育，胚乳细胞增多，但合子仍未开始分裂；1.内珠被；2.外珠被；3.合子；4.初生胚乳核第一次分裂后的2个胚乳细胞；5.合点端；6.含油细胞群

收，故在多数植物成熟的种子中没有珠心组织。但少数植物的珠心组织始终存在，并能够随种子的发育而形成一种类似胚乳的营养贮藏组织，称为**外胚乳（perisperm）**。例如，菠菜、甜菜、咖啡等成熟种子中就有外胚乳；胡椒、姜等成熟种子中既有胚乳又有外胚乳。胚乳和外胚乳同样储藏着胚发育所需的营养物质，所以两者属同功而非同源。

3.胚乳发育的调控

胚乳发育的决定和启动很可能主要由中央细胞

控制。利用体外受精技术将精细胞，在体外与中央细胞融合后所分化的产物是胚乳而不是胚。为什么中央细胞只有受精后才启动胚乳发育？分子生物学研究已经给出了答案。人们在拟南芥中发现了先后发现了 fie（fertilization-independent endosperm）、fis（fertilization-independent seed）、mea（medea）等突变体，中央细胞在不受精的条件下即可启动分裂形成胚乳，鉴定了至少有3套基因共同控制胚乳的发育：MEA/FIS1、FIS2、FIE/FIS3。在正常情况下，它们的表达抑制了胚乳的自主发育，只有当受精解除这一抑制作用时，才能启动胚乳发育。

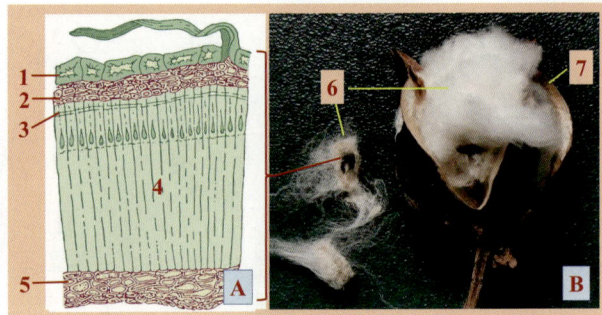

图5-56 棉花种皮的结构及开裂的蒴果
A.种皮的结构；B.开裂的蒴果和种子，示种子表皮细胞外的纤维；1.外表皮细胞及纤维；2.表皮内层细胞壁加厚；3.亮线；4.栅栏状组织层；5.乳白色层；6.种子表皮细胞上的棉纤维；7.木质果皮

三 种皮的发育

随着胚和胚乳的发育，珠被也同时发育成为**种皮（seed coat 或 testa）**，对种子起保护作用。有些植物的胚珠具有两层珠被，其种皮也可分成外种皮与内种皮，如棉花、蓖麻、油菜等。但有些植物的外珠被或内珠被在种子发育过程中消失，如大豆、蚕豆、南瓜等的种皮由外珠被发育而来；水稻、小麦等的种皮主要由内珠被发育而来；玉米的珠被则完全解体。有些植物的胚珠只有一层珠被，则由该层珠被发育成种皮，如番茄、向日葵、胡桃等。

各种植物的种皮结构差异较大，一方面取决于珠被的层数，另一方面取决于种皮在发育中的变化。被子植物的种皮大多数是干种皮。但也有一些植物的种皮肉质，可以食用。在珠被形成种皮过程中，珠被的外表皮和内表皮细胞的形态变化最大。棉花的种皮由二层珠被共同衍生而成，其外珠被的部分外表皮细胞，可延伸加厚成"纤维"，而其余的细胞大小不等常无规则（图5-56A）；表皮内层细胞壁加厚木质化成为厚壁细胞层。内珠被的外表皮发育得更加特殊，细胞非常伸长，并且高度木质化，细胞中大部分看不到细胞腔，形成所谓栅栏细胞层。内珠被的内表皮是毗邻珠心表面的表皮组织，称乳白色层，常常将此层看作胚乳和珠心组织的残留（图5-56A）。

大豆种子的内珠被在发育过程中消失，外珠被分化成一些明显的层次。外珠被的外表皮是一层径向伸长、壁不均匀加厚并木质化的栅栏状细胞，又称**大石细胞（macrosclereids）**，而表皮下层也分化成骨状的石细胞。较内侧的组织是多层的薄壁组织，是外珠被未经分化的细胞层，在种子发育时常被压扁。蚕豆、菜豆的种皮，基本上也有上述三个层次。早期的种皮细胞内含有淀粉等营养物质，所以柔软可食。但以后却形成坚韧的组织，如成熟的

豆类种皮，不透水，不透气，其厚壁的细胞结构和细胞壁的成分形成不透水的屏障。在这些连续的细胞层里，还含有酚类和醌类物质，加强了种皮的保护作用。

一些植物具有肉质的种皮，如玉兰的内珠被形成一保护层，外珠被则变成朱红色的肉质外种皮。石榴种子成熟时，外珠被分化成坚硬的外种皮，但其大部分表皮细胞呈辐射状延长成为囊状体，内含糖分和汁液，可以食用。肉质种皮在裸子植物中更为常见，如银杏、苏铁等的种子。

种皮上有种脐和种孔。种脐是种子成熟时，从种柄处脱落后在种子上留下的痕迹；种孔来自胚珠上的珠孔。蓖麻种子的种孔端有种阜，它是珠柄一侧的外珠被细胞增殖形成的。

有些植物的种皮外面还有**假种皮（aril）**，它是由珠柄、胎座等组织发育而成的。如荔枝的假种皮包于种皮之外。番木瓜和苦瓜的种子外也有假种皮。

四 胚胎的成熟和脱水

种子发育的最后阶段是脱水，从而产生成熟的干种子。**胚胎发育晚期丰富蛋白（late embryonic abundant protein，LEA蛋白）**是种子发育后期伴随着脱水干燥过程产生的一类小分子特异多肽，与植物耐脱水性密切相关，在种子成熟过程中起保护组织免受伤害的作用。另外，以玉米 VIVIPAROUS（VP，种子在植株上萌发）和拟南芥中 ABA INSENSITIVE（ABI，ABA不敏感）两个基因为代表的一些转录因子对种子形成过程也具有广泛影响，尤其是脱水过程、幼胚生长的抑制以及很多种子特异蛋白基因的表达。ABA对许多种子特异基因的表达也具有调控的作用。

第五节　果实的发育、结构及其对传播的适应

一　果实的结构和发育

果实由子房发育而成，由**果皮**（pericarp）和包含在果皮内的种子组成。果皮可分为三层：**内果皮**（endocarp）、**中果皮**（mesocarp）、**外果皮**（exocarp）。果皮的结构、颜色、质地以及各层的发达程度，因植物种类而异。这种仅由子房发育而成的果实叫**真果**（true fruit）（图5-57）。大多数植物的果实是真果。还有些植物的果实除子房外，还有花托、花萼或花序轴等其他花器官参与形成，这种果实叫**假果**（spurious fruit）。下面以桃、柑橘、大豆、小麦以及梨、苹果等为例，说明几种常见真果与假果的一般构造。

（一）果实的结构

1.真果的结构

桃的果实由1个心皮的子房发育而成，能明显地分为外、中、内三层。外果皮由一层表皮细胞和数层厚角组织组成，表皮上还能见到气孔、角质以及大量的表皮毛。中果皮由大型的薄壁细胞和维管束构成，肉质是食用的主要部分。内果皮细胞由许多木质化的石细胞构成，成为坚硬的核，里面含有1枚种子，这种果实称为核果（图5-57B）。李、杏、梅、枣、橄榄等的果实也是核果。椰子的核果成熟时干燥，中果皮成纤维状，俗称椰棕。

柑橘的果实是由具中轴胎座的子房发育而成的。外果皮坚韧革质，由表皮层及其下面的厚角组织和薄壁组织组成，外果皮中有很多**油腔**（oil cavity）分布。中果皮比较疏松，橘络就是中果皮内的维管束。内果皮膜质，由内表皮层和数层紧密的薄壁组织组成，可分为多个子房室，子房室中充满许多具柄的、纺锤形的**汁囊**（juicy sac）。汁囊由子房内壁的表皮层发生，但是也可能有近表皮层的

细胞参加，是果实的食用部分（图5-58）。这一类果实称为柑果。

大豆是由单心皮发育而成的，其外果皮由表皮与其下面的厚壁细胞组成。中果皮为大型的薄壁组织，内果皮则为几列厚壁细胞。果实成熟时，中果皮干燥收缩，整个果皮呈革质，能沿背缝和腹缝两面开裂，称为荚果（图5-59）。但少数荚果不开裂，如花生、皂荚等。平常所说的小麦"种子"，实际是一种颖果（图5-60A—B），禾本科特有的果实类型。其果皮与种皮合生，不易分离。果皮从外至内可分为：有角质膜覆盖的外表皮层，1至数层被挤

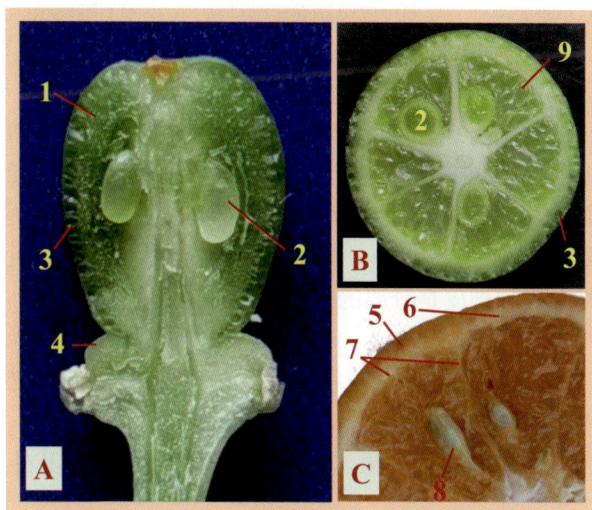

图5-58　柑果（金柑和橘子）
A.金橘幼嫩子房纵切图；B.金橘幼果横切面（可见6个心皮）；C.橘子成熟柑果横切（包括两个完整的心皮）；1.子房壁；2.胚珠；3.分泌腔；4.蜜腺花盘；5.革质外果皮；6.中果皮橘络；7.膜质内果皮；8.种子；9.汁囊；

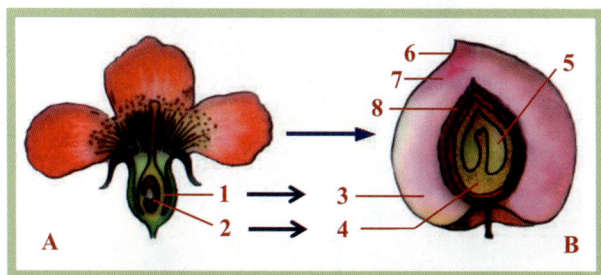

图5-57　真果：从子房发育到果实及结构（桃，核果）
A.桃花的单心皮雌蕊（1.子房壁；2.胚珠）；B.核果（3.果皮来自子房壁；4.种子来自胚珠；5.胚的2枚子叶；6.外果皮革质；7.中果皮肉质；8.内果皮骨质）

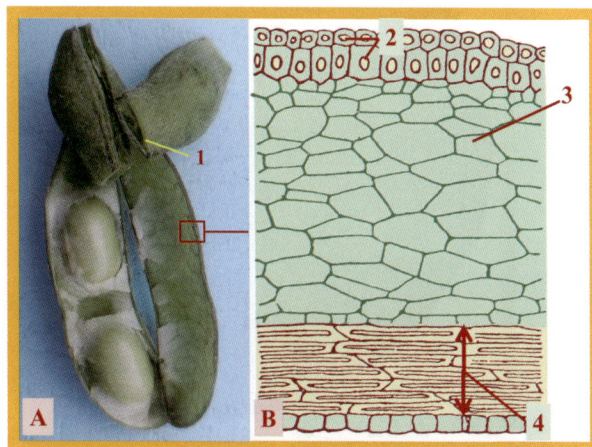

图5-59　大豆荚果的果皮
A.肉眼下的荚果与果皮；B.果皮横切面的显微结构模式；1.豆荚的果皮；2.外果皮；3.中果皮；4.内果皮

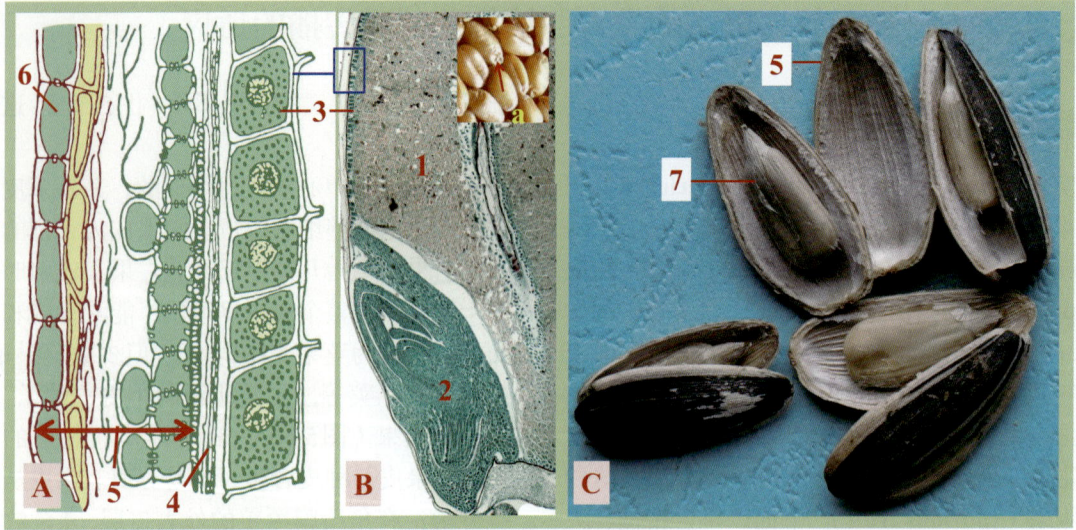

图5-60 颖果与瘦果

A.小麦颖果部分果皮种皮纵切面显微结构；B.小麦的颖果纵切示胚及胚乳结构；C.向日葵瘦果示果皮与种皮；a.颖果外形，箭头指胚；1.胚乳；2.胚；3.糊粉层（含大量蛋白质）；4.种皮；5.果皮；6.果皮的表皮细胞；7.向日葵种皮和种子

压的薄壁组织，部分吸收的薄壁组织，在籽粒长轴上横向伸长并加厚木质化的横细胞，以及位于内表面与籽粒长轴平行延长并加厚木质化的管细胞。而菊科常见的瘦果也只有1枚种子，与颖果相同，但其果皮和种皮是分离的（图5-60C）。

2.假果的结构

假果的结构比较复杂，除由子房发育成果皮外，还有花的其他部分参与果实的形成。

梨和苹果等的果实是由下位子房的心皮及其外围组织发育而成的，称为梨果（图5-61A）。心皮外围组织被认为是贴生或愈合在心皮上的花被，常称**花筒或萼筒（hypanthium）**。花托仅参与形成果实基部的很小的一部分。花筒含有10个维管束，其中5个的来源属于萼片，另外5个属于花瓣。花筒与子房之间，有心皮的维管束。食用部分，主要由花筒发育而成；由子房发育而来的果心，所占的比例很少，在横切面上可区分为外果皮、中果皮和内果皮，内果皮由厚壁细胞组成，果皮内还有种子。黄

图5-61 梨果和瓠果的结构

A.苹果（梨果）解剖示结构；1.从子房下位的花托与萼筒及心皮一起发育而成的果实（食用部分）；2.外果皮；3.中果皮；4.内果皮；5.子房室及种子；6.心皮维管束；7.萼筒维管束；8.花托与萼筒的外表皮；9.花托和心皮的维管束；B.黄瓜（瓠果）外形及横切面

瓜、南瓜等瓜类的果实也由下位子房发育而成，有花托的成分参与，也属假果，虽然心皮和心皮外组织之间没有清楚的界限，但可见花托的维管束，称为瓠果（图5-61B）。

3. 聚合果和聚花果

聚合果是一朵花内离生多心皮形成的果实。木兰科、毛茛科、五味子科等都具有这个特征，如木兰科的观光木和白兰花（图5-62A—B）。而聚花果是由整个花序形成的果实，在桑科和凤梨科一些植物中常见，图5-62D表明菠萝果实的结构，其食用部分实际是穗状花序膨大的花序轴，而花、果实生长在外围（图5-62C—D）。

根据果皮干燥还是肉质化，以及果实成熟后是否开裂，可将果实分成各种类型（参阅第六章第四节）。

（二）果实的发育

传粉、受精和胚珠的发育是形成**果实（fruit）**的前提。受精后胚珠发育成种子，这时植物能合成吲哚乙酸、乙烯等植物激素和特殊物质；同时，子房内新陈代谢活跃，整个子房迅速生长，进而发育成为果实。

在果实发育过程中，果实的颜色和化学成分会发生明显变化。如在幼嫩的果实中，一般含有多量的叶绿体，因此，幼果呈绿色。成熟时，叶绿体破坏，果皮细胞中会产生花色素苷等色素或有色体，因而出现各种鲜艳的颜色。有些植物的果皮里含有油腺，当果实成熟时，能放出芳香的气味，如茴香、枸橼、花椒等。有些植物的果实在其成熟过程中，细胞中的化学成分也有显著变化，如丹宁氧化成不溶状态，有机酸减少，糖分增加，所以，其成熟的果实不仅色艳质软，而且味美。果实在发育过程中形态也发生了很大的变化。如蚕豆、板栗等的果实在成熟时外、中、内果皮变干收缩成为膜质、肉质、草质或纤维状，加强了保护的功能。桃的内果皮坚硬如石，对种子起保护作用。也有不少果实，中果皮以及中果皮以内部分成为肉质的可食部分，如葡萄、番茄在果实成熟时连同胎座在内均形成可食部分；此外，果实薄壁组织内果胶酶的作用使细胞的进一步分离，细胞间隙增大，质地也由硬变软。

（三）单性结实

被子植物在双受精后形成果实是一种正常的生理现象。但也有子房不经过受精作用而形成果实的，这种现象叫**单性结实（parthenocarpy）**。单性结实分两种情况：一种是子房不经过传粉或其他刺激，便可形成无籽果实，称**营养单性结实（vegetative parthenocarpy）或称天然单性结实（natural parthenocarpy）**，如香蕉（三倍体）、葡萄、柿以及柑和橘的某些品种；另一种是子房必须经过一定的刺激才能形成果实的，称**刺激单性结实（stimulative parthenocarpy）**，如园艺上应用马铃薯的花粉刺激番茄的柱头，或用苹果的花粉刺激梨的柱头均可以得到无籽果实。另外，还可以用一些死亡花粉、花粉浸出液、生长素、赤霉素等处理雌蕊引起单性结实。

植物的单性结实，在一定程度上与子房所含的植物生长激素的浓度有关。所以，实际生产上常采用一些植物生长调节剂以诱导单性结实。如实际生产上常用一定浓度的2，4-D或吲哚乙酸喷射番茄的花，以获得无籽果实。园艺上还常用一定浓度的萘乙酸溶液处理以获得无籽葡萄。

图5-62 聚合果与聚花果
A.木兰科观光木的聚合果；B.木兰科白兰花的聚合果幼期；C.凤梨科菠萝的肉穗状花序形成的聚花果；D.菠萝聚花果果实纵切示肉质食用的花序轴；1.离生的多心皮雌蕊；2.外围的花果；3.肉质的花序轴（食用部分）；4.长在外围的花和果

二　果实和种子的传播

果皮是果实的最外层组织，在果实和种子的发育期间有保护种子的作用；在种子成熟后，则有助于种子的散布。成熟的果实和种子在形态与结构上往往有各种适应传播的特性。

1.对风力传播的适应

适应风力传播既有果实也有种子。它们大多小而轻，或具絮毛、果翅等附属物（图5-63A—D）。如蒲公英、莴苣、苦苣菜等菊科舌状花亚科的果实有冠毛。柳的种子外面有绒毛，俗称柳絮。械树、榆树、枫杨、鹅耳枥等的果实和松的种子具翅，可以随风传播。兰科植物的种子，细小而轻，能借风传播到很远的地方。

2.对人类和动物传播的适应

不少植物的果实，成熟后色泽鲜艳，果肉甘甜，能吸引人和动物食用，但种子往往具有坚硬的种皮，难以被动物消化，故种子会随粪便排出而帮助植物散布到其他各处。而有些果实，如鬼针草、窃衣、苍耳、蒺藜等植物的果实具有钩或刺（图5-63E—F），会黏附在人的衣裤或动物的皮毛上，从而被携带到各地。另外，有些野生植物的果实与栽培植物同时成熟，借人类的收获与播种来散布，如稗草、狗尾草等。

3.果实的自我开裂和弹力传播

有些植物的果实，其不同层次细胞的含水量不同，故成熟后，收缩的程度也不相同，因此，会有多种方式开裂并释放种子到周围。如蒴果的多种开裂方式，图5-64 A是荞麦叶大百合3心皮蒴果的纵裂散播种子，图5-64B是毒品植物罂粟的多心皮顶端孔裂的蒴果，而图5-64C是夏蜡梅顶端齿裂的蒴果。还有些蒴果成熟时会发生爆裂而将种子弹出，如大豆、油菜等的果实，成熟后借弹力可散出种子；又如凤仙花属的蒴果裂开时果皮内卷（图5-63H），紫堇果实裂开时果皮向外反卷，从而将种子弹出。葫芦科的喷瓜的果实成熟时，在顶端形成一个裂孔，当果实收缩时，可将种子喷到远处。而多数蒴果通过不同的开裂方式将种子散播到植株周围（图5-63G）。

4.对水力传播的适应

水生植物和沼泽植物的果实和种子，往往借水力传播。如莲的花托俗称莲蓬（图5-65C），由疏松的海绵状通气组织组成，适于水面飘浮传播。椰子的外果皮和内果皮坚硬，可抵抗海水的侵蚀；中果皮为疏松的纤维状，比重较小，能随海水飘浮至远方（图5-65A，B）；果实的中央腔保留着大量椰汁，内含丰富营养，可供胚萌发之需。

图5-63　果实对风力、人和动物、弹力传播的适应

A—D.适应风力传播的果实：A.野茼蒿带冠毛的瘦果；B.白及蒴果和多而细小的种子；C.金钱松种鳞和带一侧翅膀的翅果；D.枫杨的翅果具有左右两个翅膀；E—F.适应人和动物传播的刺果：E.苍耳；F.一种蒺藜草；G—H．靠自身弹力传播的果实：G.葫芦科的喷瓜果实；H.凤仙花属的蒴果

图5-64　蒴果通过自行开裂散播种子
A.荞麦叶大百合三心皮蒴果三纵裂；B.罂粟多心皮蒴果顶端孔裂；C.夏蜡梅多心皮蒴果顶端齿裂

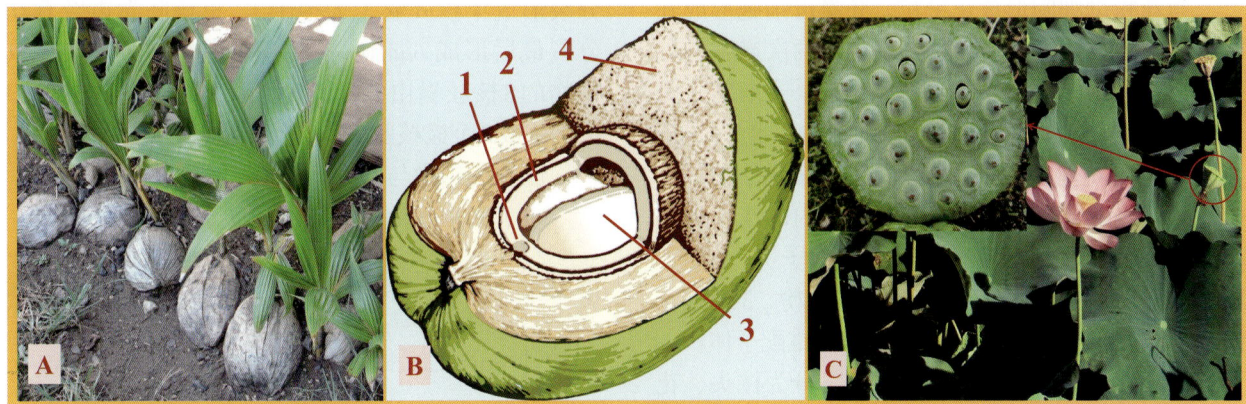

图5-65　适应水力传播的果实
A—B.靠海水传播的椰子；C.靠湖水传播的莲蓬；1.胚；2.固态胚乳；3.液态胚乳；4.海绵状中果皮

本章提要

　　植物的繁殖方式可分为营养繁殖、无性繁殖和有性繁殖。营养繁殖是利用植物营养器官的再生能力形成新个体的繁殖方式。无性繁殖是植物体产生一种无性生殖的细胞——孢子，再由孢子直接萌发成一个新植物体的繁殖方式。有性繁殖则是产生一种特化的细胞——配子，雌雄二配子经过受精形成合子，再由合子发育成新个体的繁殖方式。有性生殖又可分为同配、异配和卵配生殖三种。

　　花是适应于生殖的变态短枝。一朵典型的双子叶植物的花由花梗、花托、花萼、花冠、雄蕊群（花药、花丝）、雌蕊群（柱头、花柱和子房）等组成。禾本科植物的花特化为外稃、内稃、浆片和雌、雄蕊。

　　花由花芽发育而来。植物的花芽分化，一般最早形成的是萼片原基，以后相继分化出花瓣原基、雄蕊原基和雌蕊原基，最后生长发育成一朵花。禾本科植物花序和花的形成，是从幼穗分化开始的。花器官发育的分子机理——ABC模型和ABCDE模型：花发育由5类保守的同源异型基因（A、B、C、D、E）调控，这些同源异型基因协同作用，共同调控花器官的发育，其中A+E调控第1轮（萼片）的发育；A+B+E调控第2轮（花瓣）的发育；B+C+E调控第3轮（雄蕊）的发育；C+E调控第4轮（心皮）的发育；D+E调控胚珠的发育。

　　花药的结构与花粉粒的发育过程见图5-46。

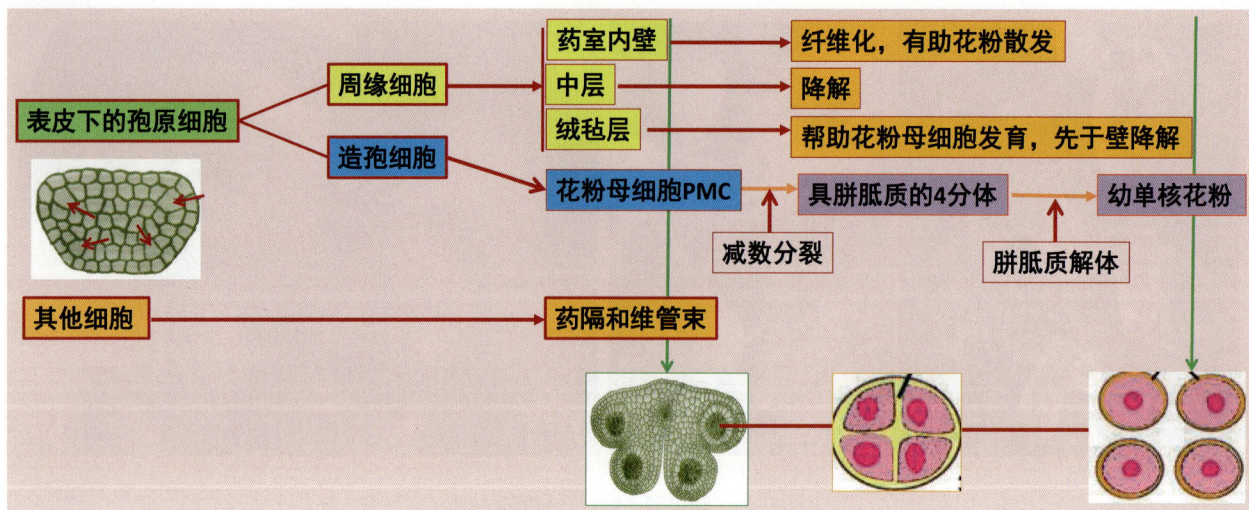

图5-46　花药的结构与花粉粒的发育过程

当花粉母细胞形成花粉粒，胚囊母细胞形成胚囊时要进行减数分裂。减数分裂包括两次连续的分裂，分裂的结果是一个母细胞形成4个子细胞，每个细胞核内染色体的数目只有母细胞的一半。

雄蕊由花丝与花药组成。花药的药壁由表皮、药室内壁、中层与绒毡层组成。药室内的花粉母细胞经减数分裂，形成单核花粉（小孢子）。小孢子经有丝分裂形成2细胞花粉与3细胞花粉。3细胞花粉由1个营养细胞与2个精子组成，即雄配子体。

组成雌蕊的单位叫心皮。雌蕊可分为柱头、花柱和子房三部分。柱头有湿柱头和干柱头两种类型。花柱可以分为空心型花柱和实心型花柱两大类。子房由子房壁、子房室、胚珠和胎座等组成。胚珠在发育时由于各部分生长速度不同而形成了直生胚珠、倒生胚珠和弯生胚珠等类型。胚珠着生在子房壁上腹缝线的部位称为胎座。

胚珠由珠柄、珠被、珠心组成。珠被包围珠心时留下的小孔即珠孔。珠心内的胚囊母细胞经减数

分裂形成单核胚囊（大孢子），单核胚囊再经有丝分裂最后形成7细胞8核胚囊，即雌配子体。多数植物的8核胚囊由1个卵细胞、2个助细胞、1个中央细胞或2个极核及3个反足细胞组成。

胚珠的结构与发育

（1）胚珠的结构，见图5-47。

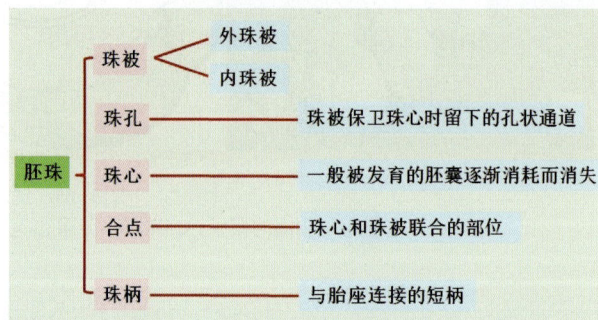

图5-47　胚珠的结构

（2）胚囊的发育过程（图5-48）　植物的传粉主要有自花传粉和异花传粉两种方式。异花传粉在

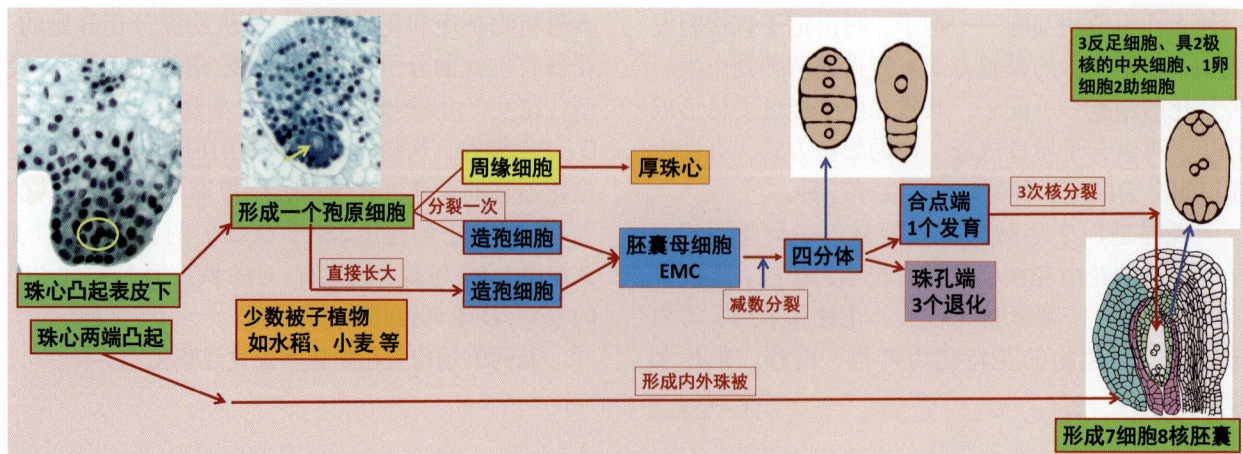

图5-48　胚囊的发育过程

自然界较普遍。为适应异花传粉，在花的形态结构上和生理上产生了各种适应方式：①空间隔离：主要有单性花（雌雄同株或异株），以及花柱异长或雌雄蕊异位；②时间隔离：主要有雌雄蕊异熟；③生理隔离：自花不孕或称自交不亲和。异花传粉的媒介有风、昆虫、鸟、水等。

双受精是被子植物特有的现象。花粉粒在柱头上萌发形成花粉管。花粉管通过柱头、子房壁、珠被、珠孔，进入胚囊的一个助细胞内，此时花粉管的顶端破裂，营养细胞和两个精细胞被释放出来。一个精细胞与卵细胞融合形成受精卵（合子），以后发育成胚；另一个精细胞与二个极核融合形成初生胚乳核，以后发育成胚乳。

双受精后，初生胚乳核的第一次分裂早于合子的分裂。根据胚乳发育的形态特征，可分核型、细胞型和沼生目型三种类型。真双子叶植物胚的发育和单子叶植物胚的发育，在原胚期以前无根本的区别，但在原胚期后，真双子叶植物的胚形成二枚子叶，而单子叶植物的胚只形成一枚子叶，另一子叶退化。

果实有真果和假果之分。真果完全由子房发育而成。假果，除子房外，还有其他部分参与果实的形成（如花托、花被及花序轴等）。根据果皮是否肉质化，可将果实分为肉果和干果两大类。一朵花中只有一枚雌蕊，以后形成一个果实的叫单果。若一朵花中有许多离生雌蕊发育而成，以后整个雌蕊群形成的果实聚生在花托上，这叫聚合果。由整个花序形成的果实叫聚花果。

思考题

1.植物的繁殖有哪些类型？生产上常用的有哪些营养繁殖方法？

2.被子植物典型花的结构分哪些部分？各部分的形态及结构如何？

3.说明禾本科植物花序的一个小穗及一朵小花的结构。

4.试以油菜及小麦为例说明花芽分化及幼穗分化的过程。

5.花药药壁的发育过程如何？花药的纤维层、中层和绒毛层在小孢子（花粉）形成过程中各起着什么作用？

6.试述花药发育时，孢原细胞发育为成熟花粉的过程，并说明成熟花粉的结构。

7.什么叫心皮？被子植物花中的雌蕊结构与心皮有何关系？

8.试述胚珠的发育过程，以倒生胚珠为例说明胚珠的结构。

9.什么叫蓼型胚囊？简述蓼型胚囊的发育过程。

10.详细说明7细胞8核胚囊中各细胞的形态结构和作用。

11.被子植物花的形态结构与不同的传粉方式有哪些适应性特征？

12.试述被子植物双受精的过程及其生物学意义。

13.详述荠菜和小麦胚的发育过程，并说明二者在发育过程中有何异同？

14.胚乳发育有哪三种不同的类型？试述其发育过程。

15.什么是无融合生殖？什么叫多胚现象？什么叫单性结实？

16.试述被子植物果实的结构与类型。

17.试述植物分子生物学研究对植物形态、器官发育的进展。

18.花器官发育的ABC模型和ABCDE模型的基本概念。

自然界的绿色植物（从苔藓到被子植物）目前知道的约有40万种。为了更好地利用和改造植物，首先就要认识它们。对植物每一分**类群（taxon）**给以正确的命名和描述，并且将它们按亲缘关系的远近，分门别类，排成分类系统，这就是植物系统与分类学的任务。

植物学是从早期的植物分类学基础上发展起来的。人们从生活实际的需求出发，逐渐开始了对植物最初的、原始的分类，如辨别什么可食，什么有毒，什么能治病……，并用文字记载下来，对植物的形态、性能、名称做一一描述，逐渐发展积累，最后形成了一个独立的学科。

当然，植物系统与分类学的目的，不仅仅是描述辨别植物，更要探索研究植物类群之间的亲缘关系，研究植物的发生发展、分布、演化历史的规律，建立一个符合自然演化历史的系统，继而为鉴别、发掘、利用、改造植物奠定基础。

植物系统与分类学是植物学领域中一个古老分支，是植物学各分支学科的基础，但随着现代植物科学的发展，植物系统与分类学已成为一门独立的学科。植物系统与分类学不仅是生物科学的重要基础学科，而且在农、林、牧、医药、环保等生产实践中也有重要的应用。要合理利用植物资源，首先就要正确识别植物种类。例如木兰科八角属（*Illicium*）植物有数十种，其中八角茴香（*I. verum*）为著名调味香料；但其他种类大多有毒，如莽草（*I. lanceolatum*）的果实甚至有剧毒。药用植物也是这样，不同的种类、成分和药效各不相同。如果误用，不但达不到治病的目的，反而会使患者受害。植物发生病害时，既要鉴定病原菌的种类，也要鉴定被侵害的植物种类，才能采取有效的防治措施。对农田杂草的防除也是如此。

根据植物的亲缘关系，能用来指导杂交育种和分子育种的工作。一般说来，亲缘关系愈近的（如同一种作物不同品种间），就易于进行杂交，创造新品种。亲缘关系较远的植物则不易杂交，但一旦杂交成功，其后代的生命力就更强。此外，还可以根据植物的亲缘关系，来预测某些相似的化合物（如生物碱、芳香油、橡胶等）在植物界的分布，进而开发利用新的植物资源。据研究，人参属（*Panax*）植物的10个种，均含有三萜皂苷的药用成分，尤以三七、人参、西洋参等3种的含量较高。因此，在遗传育种和分子育种方面，植物系统进化和分类学知识是很重要的基础。目前，人们正在努力从栽培种的近缘野生种或野生资源中寻找人类有用基因和化学成分，揭示基因的功能和代谢的过程，导入栽培种，或通过**基因编辑（gene editing）**，或通过微生物生产，为人类造福。

第一节　自然分类的历史与现状

一　分类学的简史

植物系统与分类学的起源可追溯到人类接触植物的原始社会。现代植物分类学者常根据人类认识植物的水平，人类认识植物的发展以及建立了什么样的分类系统而将分类学历史划分为若干阶段和时期。如英国植物分类学家杰弗雷（Jeffrey，1982）在《植物分类学入门》一书中，将植物分类的历史划分为三个时期。

（一）人为分类学时期（本草学）（远古—1830年左右）

从远古原始人类认识植物开始到十九世纪初，人们对植物的认识主要从用、食、药开始，给植物以俗名，称民间分类学或称本草学阶段。这个阶段相当漫长。

在我国，古书《淮南子》就有神农尝百草，一日而遇七十毒的记述。《神农本草经》已记载了植物药365种，分为上、中、下三品，上品为营养的和常服的药共120种；中品为一般药共120种；下品为专攻病、攻毒的药共125种。这是我国最早期的本草书。此后每个朝代都有本草书出版，但以明代李时珍（1518—1593，图6-1）的《本草纲目》最为著名，共收药物1892种，其中植物药1195种，分为草、谷、菜、果、木5部。草部又分为山草、芳草、湿草、青草、水草等11类。木部分乔、灌木等6类。虽然仍从实用角度出发，但已大大前进了

图6-1 李时珍（1518—1593）

一步，在世界上产生很大影响。1656年波兰传教士（Boym）记述了出使途中见到的动植物，以拉丁文出版《中华植物志》（*Flora Sinensis*）。清朝的吴其濬撰有《植物名实图考》一书，记载我国植物1714种，分为谷类、蔬类、山草、隰草、石草、水草、蔓草、芳草、毒草、群芳、果类、木类等12类。

在国外，这个阶段与我国相似，人类在和自然的斗争中认识了一些植物，并用实用的、本草学的思路去分门别类。早在公元前，亚里士多德的学生，古希腊人泰奥弗拉斯托斯（Theophrastus，371—287BC）著有《植物志》等书，记载已知植物480种，用粗放的形态性状将其分为乔、灌、半灌、草本等4类；但该书已描述了有限花序和无限花序，离瓣花和合瓣花之分，这在当时是非常了不起的事。后来，人们称他为"植物学之父"。希腊军医迪奥斯科里季斯（Dioscorides）（公元一世纪）编写了《药物论》一书，描述了近600种植物，这被认为是最早的本草学书。

整个中世纪，欧洲缺少植物学书籍。直到十六世纪，人们开始对植物真正产生了兴趣，本草学研究在西方又开始恢复和发展起来。当时著名的本草学家有比萨尔皮诺（Cesalpino，1524—1603）、布伦费尔斯（Brunfels，1488—1534）、福克斯（Fuchs，1501—1566）、博克（Bock，1498—1554）、德罗贝尔（de l'Obel，1538—1616）、哲拉德（Gerard，1545—1612）等人主要依据体态、生长习性和经济用途等性状进行分类，但仍以植物是上帝创造的为出发点，属本草学的范畴。

本草学的发展是历史的必然，这个时期的主要特点是从人类的需要和实用的角度出发的，因而分类的方法显然是**人为的（artificial）**。

（二）自然分类学时期（十七世纪—达尔文进化论发表，1859年）

1.机械分类阶段

英国植物学家约翰·雷（Ray，1627—1705）

在《植物志》一书中，首先认识到胚有一片或二片子叶之分，但没有认识到它的分类意义，只将其放在次要的地位。他写过很多书，在《植物的分类方法》中，以一种复杂的分类系统处理了18000种植物，认为植物的所有性状都是有用的。

瑞士人鲍欣兄弟（J. Bauhin和G. Bauhin），尤其后者在1623年写的《植物大观》一书，列出6000种植物，并给出了异名，使用了种加词，为林奈后来的《植物种志》提供了方向。

法国人德图内福尔（de Tournefort，1656—1708）写了《植物基础》，将9000种植物划归为22纲698属，对属的概念有了进一步认识，这一分类系统在法国一直被采用到今天。

瑞典人林奈（Linnaeus，1707—1778，图6-2），对大量植物进行了研究，将当时分类的混乱局面做了整理。1735年在他28岁时写了《自然系统》一书，根据雄蕊的数目、特征及其和雌蕊的关系，将植物分成24纲，即我们现在常称作的"性系统"。它虽不是一个自然系统，但以性器官来分类是一个首创。此后，林奈又发表了《植物属志》，1753年完成了 *Species Plantarum*《植物种志》，将约7700种植物归入1105个属，并首次使用了双名法，一直沿用至今。林奈对分类学的卓越贡献被后人称之为"分类学之父"。

这个阶段是从本草学向分类学的过渡，但还只使用了植物1～2个先验的性状，采用了机械的思维方法。

图6-2 林奈（C.Linnaeus，1707-1778）

2.自然分类阶段（从18世纪末—达尔文《物种起源》发表）

这个阶段的主要人物和著作有：法国植物学家裕苏（Jussien，1748—1836）于1789年在《植物属志》中发表了一个比较自然的系统，成为现代系统的奠基人，他将植物分成无子叶、单子叶、双子叶三大类，并认为单子叶植物是现代被子植物的原始类群。瑞典植物学家德堪多（de Candolle，1778—1841）1813年发表了《植物学基本理论》，将植物分成135目（科），后来他儿子阿尔方斯·德堪多（A. de Candolle）发展到213科，他们肯定了子叶的数目和花部特征的重要性，并将维管束的有无及其排列情况列为门、纲的分类特征，他们还确定了双子叶植物是被子植物的原始类群。英国的边沁（Bentham）和虎克（Hooker）于1862—1883发表了三卷《植物属志》，把双子叶分为三个纲（离瓣花纲、合瓣花纲、单被花纲），把多心皮类放在原始的位置。虽然他们的系统基本类似de Candolle的系统，但这三本巨著至今仍是植物分类学的重要文献。

这个时期的特点：从林奈的性系统到达尔文"进化论"的诞生，植物学家的分类原则已开始转向以植物性状的相似程度来决定植物的亲缘关系和系统排列，有了自然的因素。

（三）系统发育分类时期（1859年"进化论"后—现在）

自1859年达尔文在《物种起源》上发表了进化论后（图6-3），植物学家提出了系统分类要考虑植物的亲缘关系，要按性状的演化趋势来进行分类，使分类系统更接近自然，即**系统发育系统（phylogeny system）**。这个时期的主要人物和著作有德国的艾希勒（Eichler）、恩格勒（Engler）和韦特

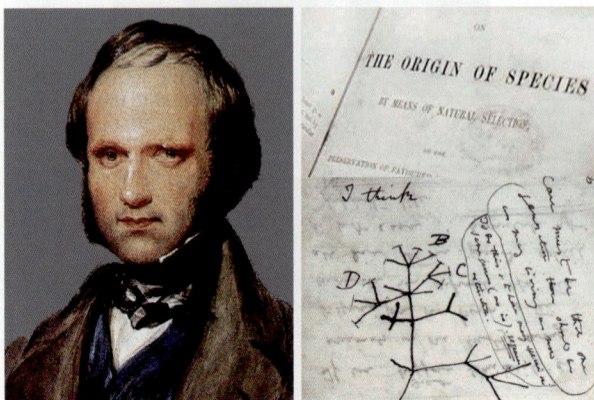

图6-3　达尔文（C.Darwin，1809-1882）

斯坦（Wetlstein），美国的柏施（Bessey）和英国的哈钦森（Hutchinsen）。但是，在学术观点上形成了"假花"学派和真花学派两个学派。

1."假花"学派（主张单性花原始）

代表人物为德国的恩格勒（Engler）和韦特斯坦（Wetlstein）。Engler系统1897年在《植物自然分科志》上发表，将种子植物分为裸子植物和被子植物两个亚门，将被子植物双子叶植物纲分为两个亚纲（原始花被和后生花被），并将双子叶植物置于单子叶植物之后，认为柔荑花序类群植物为双子叶植物的原始类群。这也是分类史上第一完整的自然系统，他将所有的植物分为13门，计280科。国内许多标本馆和植物志按该系统编排。但是，单性花原始的观点目前已为大多数学者所反对。在1964年该系统第12版《植物分科志要》中，已改变了这个观点。

2.真花学派（主张两性花原始）

代表人物为美国的柏施（Bessey）和英国的哈钦森（Hutchinson）。哈钦森1926年在《有花植物科志》发表的系统，把被子植物分为332科，认为两性花原始。最新版发表于1973年。他的检索表可将世界上任何一种被子植物鉴定到科，目前倾向这个两性花原始假说。但这个系统的缺点是将植物分成草本和木本两大支，现认为是完全错误的，在最新版已修正。

这个时期特点是以性状的演化趋势来推测植物的亲缘关系，从而建立自然分类系统。

此后，主要自20世纪50年代以来，植物各分支学科的发展，给植物分类学提供了更多亲缘关系的证据，因而出现了很多更符合自然的系统。主要有：前苏联植物分类学家塔赫他间（Takhtajan）的系统，1954年首次发表，赞成真花说观点，1966、1969、1980年三次做了修订。在1980年的版本中，将被子植物分为二纲10亚纲28超目，计410科。美国纽约植物园前主任克朗奎斯特（Cronquist）的系统，1958年发表第一版，1979、1981、1988年三次做了修订。该系统将被子植物分为二纲11亚纲83目383科（见附录Ⅰ）。

这两个系统均综合了来自各方面的性状，相对于早期的系统被认为是较自然的。克郎奎斯特系统在各级分类系统的安排上，似乎比前几个分类系统更为合理，科的范围较适中，有利教学，从1985—1998年的国外教材中运用较多，我国近三四十年的植物学教材也较多运用该系统编写。

二 植物系统发育研究现状和系统发育系统

长期以来，植物系统与分类学偏重以植物器官的外部形态特征作为分类的依据。主要的分类工作是采集标本，根据植物营养器官和生殖器官形态的差别和性状关联进行分类和命名，编写世界各地的植物志，以及致力于建立一个能反映自然进化历史的分类系统。工作的场所主要是自然界、标本室及图书馆，所以工具比较简单（放大镜和解剖镜），手段比较原始，方法也只限于描述和绘图而已，常称之为**经典分类学**（**Classical Taxonomy**）。20世纪50年代来，随着现代科学和技术的发展，特别是生态学、细胞学、生物化学、植物化学、分子生物学的发展，这些学科的成就渗透到植物分类学，产生了新的研究方向。细胞学的资料用作分类学的依据，在国际上20世纪40年代就开始出现，国内在80年代曾达到高峰，即把染色体的数目和形态（核型分析）、孢粉形态等作为分类的依据，解决了分类中的一些疑难问题，当时称为**细胞分类学**（**Cytotaxonomy**）。洪德元（1990）出版的《植物细胞分类学》是对国内外这一阶段的总结。**化学分类学**（**Chemotaxonomy**）是将植物化学（代谢产物）的特征作为分类的证据。人们发现植物形成各种代谢产物的遗传变异和植物科、属系统的演化是有关联的。一定类别的化学成分常分布在一定的植物科属中，可以解决种属的亲缘关系。20世纪70年代来，数学的思维方式和计算机的使用，使统计分析大量的性状资料成为现实，从而产生了**数值分类学**（**Numerical Taxonomy**）。数值分类学的建立，对系统学、分类学的许多工作方法、步骤和概念产生了很大的影响。还必须提到20世纪80年代，**物种生物学**（**Biosystematics**）（实验分类学）、**群体遗传学**（**Population Genetics**）和**种群生态学**（**Population Ecology**）中**居群**（**population**）[*]思想和实验方法的引入，使植物系统进化和发育的研究（尤其**小进化 microevolution**）进入了新的阶段。对物种概念、种间关系、变异、分化与适应有了新的认识，取得了很大进展。尤其20世纪80—90年代，分子生物学方法上的突破，给植物系统发育带来了新的活力，**分子系统学**（**Molecular Systematics**）名词的出现已充分表明了这一点。Palmer et al.（1982）发表了第一篇分子系统学论文，基于叶绿体DNA对番茄属（*Lycopersicon*）系统发育关系的研究是分子系统学时代的开始。10年后的1993年，Chase和Soltis等人基于叶绿体基因*rbc*L完成了一个较完整的种子植物系统发育和分子系统学研究；随后的1995年，Soltis夫妇完成了专著 *Systematics of Molecular of Plant*，2005年他们又完成了专著 *Phylogeny and Evolution of Angiosperms* 的第一版，最近我们已完成第二版（Soltis D. et al., 2018）的中译本。到1998年，Chase和Soltis等当时世界上早期的分子系统学家一起发表了著名的被子植物APG system（Angiosperm Phylogeny Group, 1998），简称APG Ⅰ，开创了分子系统学的里程碑。他们依据一些DNA分子序列分析，结合形态性状构建了被子植物**系统发育树**（**phylogeny tree**）。从APG Ⅰ的框架（图6-4）可见，单子叶与双子叶植物的界限、原始双子叶植物的系统发育都有了新的观点。自1998年以来，测序技术和基因组分析技术的快速发展，使基于DNA分子片段序列乃至质体基因组、全基因组数据的系统发育和分子系统学研究进入了高潮。被子植物系统发育研究团队（Angiosperm Phylogeny Group）在后面的18年相继发表了APG Ⅱ（2003）、APG Ⅲ（2009）和APG Ⅳ（2016），使被子植物各大类群之间的关系基本确定（图6-5为APG Ⅳ的基本框架）。本书以APG Ⅳ系统为基础，介绍被子植物的分类。

与此同时，植物系统分类学家对裸子植物、石松类与蕨类植物、苔藓植物以至绿色藻类都进行了系统发育和分子系统学研究，我们将在具体章节中介绍。

总之，植物系统与分类学既是一门古老的学科，又是一门在不断发展中的学科。细胞学、化学和分子生物学、分子系统学、比较基因组学、系统发育基因组学等新资料的出现，进一步补充了以前的各类分类证据。同时我们也要认识到形态学和解剖学的性状仍然是植物系统与分类学的基础，只有将传统的方法和现代科学的知识和手段相结合，才能建立一个更加自然的系统发育系统。

三 中国近代及现代植物系统分类学研究

中国早期的标本采集主要来自欧洲人和俄罗斯学者。后来，美国学者威尔逊1899—1918年5次来华采集了65000份约5000种中国植物标本，这些标本现存于哈佛大学标本馆（A）和英国皇家植物园

---

[*] population一词在不同学科有不同的中文译词。

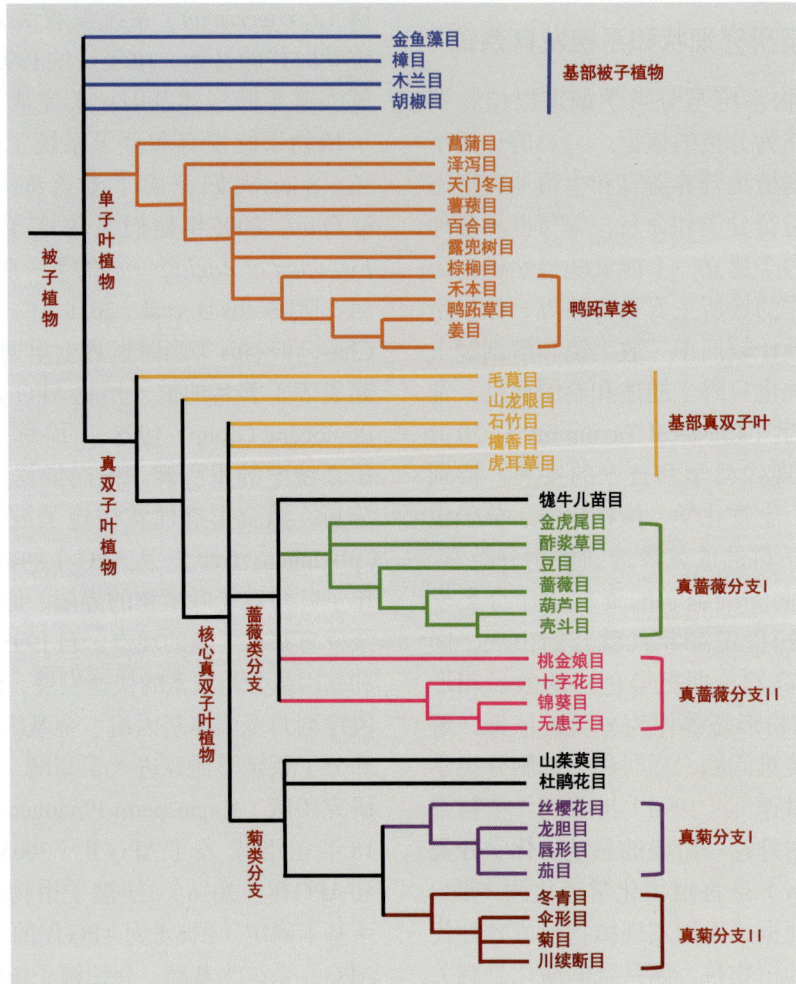

图6-4 被子植物APG I系统的基本框架（改自APG，1998）

邱园标本馆（K），见2019年马金双主编《中国植物分类学纪事》。我国近代植物系统分类研究是从20世纪初开始的。钟观光（1868—1940），浙江宁波人，可能是近代中国第一个用科学方法广泛采集与研究植物分类的学者，建立了北京大学植物标本馆（PEY）；1927年在国立第三中山大学（今浙江大学）农学院任教，创设了浙江大学农学院植物标本室（现HZU），还创办了中国近代第一个大学校园植物园。

但系统地将西方植物科学引进中国的是一批早年留学回国的学者，奠定了中国植物系统分类学的基础。著名的有：钱崇澍（1883—1965），浙江海宁人，中央研究院院士、中科院学部委员，曾任中科院植物研究所所长。1916年，他获伊利诺伊大学理学学士学位，后入芝加哥大学和哈佛大学学习；回国后先后在金陵大学、国立东南大学和北京农业大学任教，合编了我国第一部《高等植物学》教材；1926任清华学校生物系第一任系主任；1959年至1965年主持《中国植物志》的编撰工作。他的论文

"宾夕法尼亚毛茛的两个亚洲近缘种"是中国分类学家发表的第一篇分类学新种文章。

陈嵘（1888—1971），浙江安吉人，1906年赴日本学习林学，1913年回国创办了浙江省甲种农业学校（原浙江大学农学院前身），并任校长；1923年赴哈佛大学主攻树木学，获硕士学位，回国后任金陵大学森林系教授，1937年编写了《中国树木分类学》。

陈焕镛（1890—1971），祖籍广东，是中国近代植物分类学奠基人，1919年获哈佛大学林学硕士，回国后在国立中山大学农学院任教，曾编写《中国植物分类拉丁语基础》，与钱崇澍为《中国植物志》共同主编，曾任中科院华南植物研究所所长，首届中科院学部委员。

胡先骕（1894—1968），江西新建人，中国现代生物学的奠基人，被誉为"中国植物分类学之父"。他1913年到加州大学伯克利分校学习植物学，1916年回国后主攻植物分类，1921—1923年在国立东南大学任教时，与邹秉文、钱崇澍合编了《高等

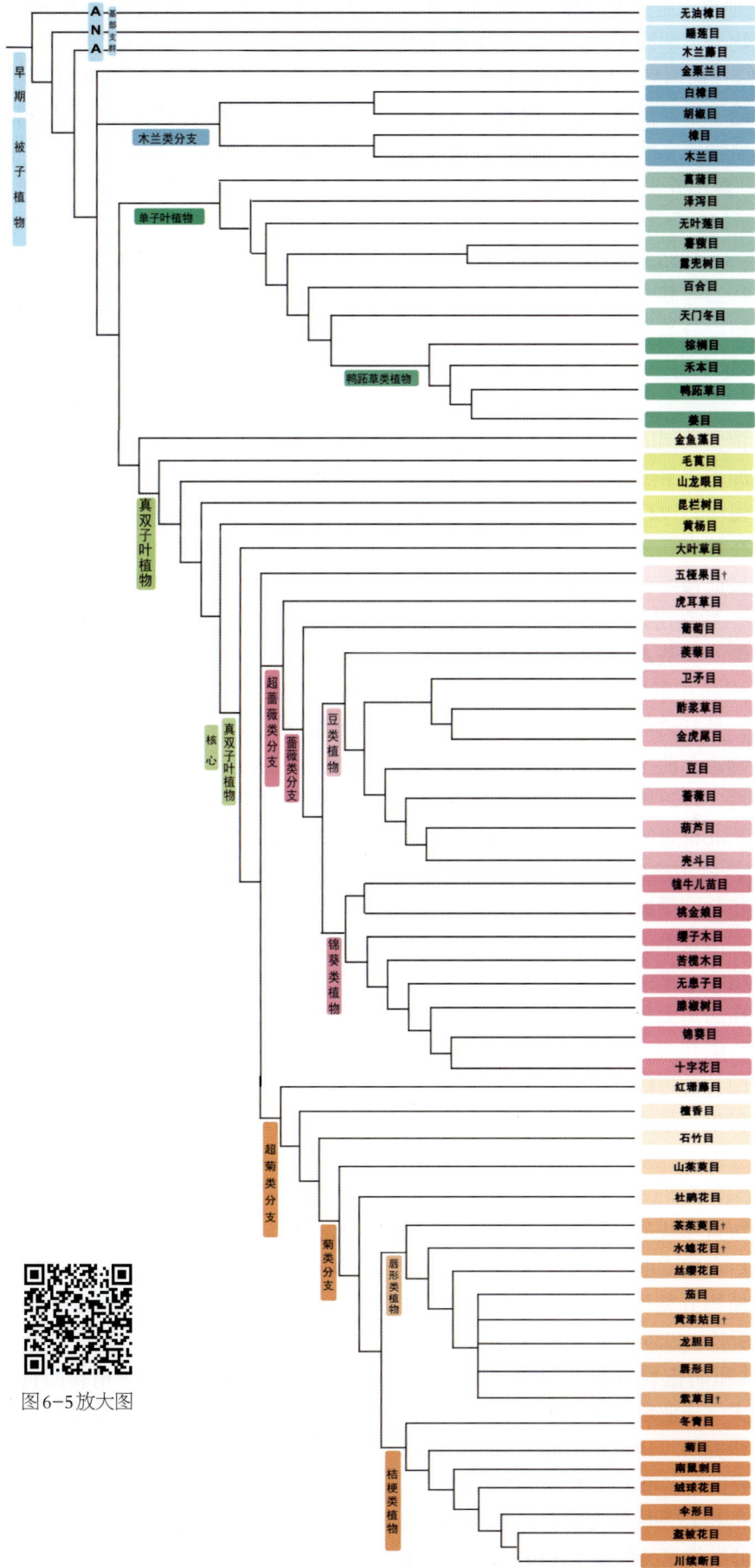

图6-5放大图

图6-5　被子植物系统 APG Ⅳ 的系统树框架（改自 APG，2016）

植物学》；1923年他再次赴美攻读博士，成为哈佛大学我国第一个植物分类学博士，其博士论文即《中国有花植物志属》；回国后，1928年创办北平静生生物调查所，筹建了中国植物学会，以及中科院庐山植物园和云南植物研究所；与郑万钧联合命名了活化石"水杉"；提出并发表了中国植物分类学家首次创立的"被子植物分类的多元系统"。

秦仁昌（1898—1986），江苏武进人，中国科学院学部委员，1925年获金陵大学理学士；1929年到丹麦学习蕨类植物分类，回国后任北平静生生物调查所研究员兼标本室主任，为中国蕨类分类学之父。

此外，早年留学美国的植物分类学家还有：李顺卿，1923年芝加哥大学植物学博士，主要研究中国木本植物；吴韫珍，1927年康奈尔大学博士，研究中国植物，后在西南联合大学任教，培养了著名植物分类学家的吴征镒院士；耿以礼，1933年乔治华盛顿大学博士，后在南京大学主攻禾本科分类，是我国禾本科分类的奠基人；李惠林，1942年哈佛大学博士，1946年起在东吴大学、台湾大学任教，1950年再次赴美，是1963年《台湾木本植物志》和1975年《台湾植物志》的主编。还有早年留学法国和欧洲的：刘慎谔，1929年巴黎大学理学博士，后主攻中国北方及东北植物的分类；林镕，1930年巴黎大学理学博士，后主攻菊科植物分类；陈封怀，1936年从爱丁堡植物园学成回国后在庐山植物园工作，先后任庐山、南京中山、武汉、华南植物园主任，是报春花科植物专家；方文培，1937年爱丁堡大学博士，一直在四川大学任教，是我国杜鹃花属和槭属分类专家；陈邦杰，1940年德国柏林大学植物学博士，是我国苔藓植物分类的专家。此外，对中国植物分类学做出贡献的还有：蔡希陶，1938年协助胡先骕创办云南农林植物研究所（昆明植物所前身），1958年创建了西双版纳热带植物园，并任主任；张肇骞，1934年从英国邱园和爱丁堡植物园深造回国后，先后在国立浙江大学生物系和中科院华南植物园从事植物分类和植物区系研究，曾任华南植物研究所代所长，1955年入选中科院学部委员，对菊科、堇菜科和胡椒科有深入研究；汪发缵，1927年国立东南大学毕业后，从1946年起，一直在北平研究院植物研究所（1949年后的中科院植物研究所）工作，是我国著名单子叶植物分类学家。

在中国现代的植物系统分类史上，值得一提的是当代著名植物分类学家吴征镒（1916—2013），江苏扬州人，1937年在国立清华大学生物系毕业后留

校任教，1942年西南联合大学研究生毕业后一直从事植物分类、植物区系地理、植被和地植物学研究，作出了重要贡献；1950任中科院植物研究所副所长，1955年入选中科院学部委员，1958年任昆明植物研究所所长，1964年他的"中国植物区系的热带亲缘"一文，充分分析了中国高等植物约3000个属的分布区类型；他是中国植物学家发现和命名植物最多的一位，达1000多种，涉及94科334属，在国际植物分类学研究领域有重要影响。1996完成的"东亚植物区系的特征和界限"一文，对世界植物区系分区系统有所突破，与有关学者合作提出"多系—多期—多域"种子植物的新系统纲要和具体系统。他主编《云南植物志》（1977）、《西藏植物志》（1983）、《中国植物志》（1986），1989年起担任英文版 Flora of China 中方主编，是获国家最高科学技术奖（2007）的世界杰出植物分类学家。还有1978年改革开放后入选中科院院士的为数不多的植物系统分类学家：①王文采研究员（1926—2022），山东掖县（今莱州市）人，1949年毕业于北京师范大学生物系，1950年到中国科学院植物研究所从事种子植物系统分类研究，1993年入选中国科学院院士，对毛茛科、苦苣苔科等多个科属有重要贡献，发现28个新属、约1370个新种，共同主持编著了《中国高等植物图鉴》和《中国高等植物科属检索表》，是中国当代著名植物分类学家之一。②洪德元研究员，安徽绩溪人，1962年毕业于复旦大学生物系，1966年中国科学院植物研究所研究生毕业留所，一直从事植物分类和进化研究，提出了多个类群的新系统，发现11个新属、近百个新种，是世界芍药科著名专家，对玄参科、桔梗科、百合科有深入研究，出版《植物细胞分类学》（1990），英文版《世界牡丹和芍药》（2010，2011，2021）和英文版《世界党参属及其近缘属植物》（2015）等专著，是中国实验分类学、细胞分类学以及分子系统学的推动者，协助吴征镒担任中国植物志英文版 Flora of China 中方主编，目前正在主持编写泛喜马拉雅植物志 Flora of Pan-Himalaya，1991年入选中国科学院院士、2001年增选为第三世界科学院院士，2012年获澳大利亚悉尼皇家植物园首发的"拉麦考瑞"奖，2017年获"恩格勒金奖"，是首位获得该奖的亚洲学者。

在21世纪的前20年，随着我国改革开放和经济的快速发展，植物系统分类学的研究也进入了高速发展时期，在海内外涌现了一大批中青年中国学者和华裔学者（见2019年马金双主编的《中国植物

分类学纪事》），在植物分类、专科专属、分子系统学、亲缘地理学、比较基因组学、进化-发育生物学、大尺度系统进化、群落系统发育、DNA条形码技术以及新型植物志书和数字化植物志等方面均有了一些有国际水平的成果，有的领域已经接近国际领先水平。

第二节 植物系统进化的原理和方法

一 被子植物分类的原则

多数学者认为，古代裸子植物的本内苏铁类（Bennettitales）的两性孢子叶球，最接近于被子植物的花。它的大孢子叶在中间，小孢子叶在下方，两者皆为多数、分离，排列于一个突出的轴上，其外侧包被着不育性的孢子叶。因此认为早期被子植物也具有类似的性状。图6-6是目前发现的被认为是被子植物最早期的化石和依据化石复原的植物。化石发现于我国辽宁北票晚侏罗纪的地层。这表明心皮离生确是原始性的表现。根据被子植物化石，最早出现的多为常绿、木本植物，以后随气体和地质条件的变化，产生了落叶的和草本的类群，由此可确认落叶、草本、叶形多样化、输导功能完善化等是次生的性状。再根据花、果的演化趋势具有向着经济、高效的方向发展的特点，确认花被退化或分化、花序复杂花、子房下位等都是次生的性状。基于上述认识，一般公认的形态构造的演化趋势和分类原则如表6-1所示。

但是我们要全面地、辩证地看待这些原则，不能孤立地、片面地根据一两个性状，就给一种植物下一个进化还是原始的结论。这是因为：①同一性状，在不同植物中的进化意义不是绝对的。例如：对于一般的两性花、多胚珠、胚小，认为是原始的性状，而在兰科中，恰恰是进化的标志。②各器官的进化是不同步的。常可见到，在同一植物上，有些性状是相当进化，另一些性状则保留原始性；而在另一些植物中恰恰相反。必须认识到这些原则是相对的，而并非绝对的。

表6-1 被子植物形态性状的演化趋势

	初生的、原始的性状	次生的、较进化的性状
茎	1. 木本	草本
	2. 直立	缠绕
	3. 无导管只有管胞	有导管
	4. 具环纹、螺纹导管，梯纹穿孔，斜端壁	具网纹、孔纹导管，单穿孔，平端壁
叶	5. 常绿	落叶
	6. 单叶全缘，羽状脉	叶形复杂化，掌状脉
	7. 互生（螺旋状排列）	对生或轮生
花	8. 花单生	花形成花序
	9. 聚伞类花序	总状类花序
	10. 两性花	单性花
	11. 雌雄同株	雌雄异株
	12. 花部呈螺旋状排列	花部呈轮状排列
	13. 花的各部多数而不固定	花的各部数目定数(3,4或5)
	14. 花被同形，不分化为萼片和花瓣	花被分化为萼片和花瓣，或退化为单被花、无被花
	15. 花各部离生	花各部合生
	16. 整齐花	不整齐花
	17. 子房上位	子房下位
	18. 花粉粒具单沟，二细胞	花粉粒具3沟或多孔，三细胞
	19. 胚珠多数，二层珠被，厚珠心	胚珠少数，一层珠被，薄珠心
	20. 边缘胎座、中轴胎座	侧膜胎座、特立中央座及基底胎座
果	21. 单果、聚合果	聚花果
	22. 真果	假果
种子	23. 种子有发育的胚乳	无胚乳，种子萌发所需的营养物质贮藏在子叶中
	24. 胚小，直伸，子叶2	胚大，弯曲或卷曲，子叶1
生活型	25. 多年生	一年生
	26. 绿色自养植物	寄生、腐生植物

图6-6　出土于辽宁北票的目前认为最早的被子植物中华古果化石，左：化石；右：根据化石还原的早期被子植物（孙革惠赠）

二　植物系统与分类的基本原理

植物系统演化有它的基本理论。我们不妨从原始和进化这个演化分类学问题开始，介绍**植物系统与分类**（plant systematics & taxonomy）的基本原理。

（一）演化分类学的问题

1.原始和进化的概念

原始和进化（primitive and evolutionary）从来不能分别讨论。我们首先要了解植物的进化趋势，即祖先沿某种途径演化为现在的样子。在生物中演化的这个途径称为"演化趋势"。

自然界的**突变和变异**（mutation and variation）一般认为是随机的，但目前已有证据显示它并不完全是随机的，Cronquist 1969年认为植物进化发生的时间、地点是随机的，而突变是有特异性的，不是随机的。达尔文发现是自然选择起了作用。

现代遗传学已经认识到突变是进化的源泉，但突变是有限制的，大象不会突变成骆驼，因为进化的通道对二者的开放是不同的，这种限制是建立在不同进化方向的不同突变控制基础上的。这并不是说植物和动物不会产生出演化方向之外的突变。

自然选择（natural selection）起到筛选突变的作用。Brooks（1982）认为进化的动力是一个非完美的繁殖器官系统信息的强制性增加，自然选择仅是一个外在因子，而不是进化变异的主要动力。

Stebbins（1974）早期描述了一些可以推断进化趋势的途径：即将化石的证据和不同方面证据的综合。但是人类发现的化石还不多，而且早期除形态外的资料也不多，尤其种间和种下的研究还不多，高阶层的系统发育研究缺乏，这使早期分类学家不得不依据现存植物的比较形态学来推测演化趋势。一些被子植物的演化趋势已被普遍承认。地层学也给我们了一些有用的帮助，例如某一特定状态在地层中出现越早就是越原始，反之是较进化的。比较功能的效率也是进化趋势的指示剂，如管胞输导力小是原始的。近20年来，分子系统学和进化发育生物学（Evo-Devo）的发展极大地推动了进化趋势的推断，也证实了一些早期的推断。

个体发育能反映系统发育，所以能帮助我们确定性状极性。个体发育越复杂，其结构就越特化。因为要求复杂而精确的基因关系和发育调控过程的性状状态很可能是较进化的，反之较原始。如半边莲属（*Lobelia*）的二裂花冠需要精确的基因互作，无疑比木兰属（*Magnolia*）的非特化花冠要进化；复心皮子房是较进化的，单心皮子房在个体发育上较原始。

但个体发育反映系统发育也有争议，如染色体数目这个性状不存在个体发育。即使承认系统学的目的仅仅是探索谱系，个体发育也不总能提供清楚的系统发育证据。

Nelson（1978）提出：普遍的形状是原始的性状，反之是衍生的。Willis（1922）提出：在一个已知类群中，大多数分类单位具有的性状状态可能是较原始的，这个观点已得到支持。也就是说如果在100种植物中，95个具状态A，余下的为B。可以肯定，祖先也具有状态A。然而这个结论如只考虑现存的代表，而不考虑灭绝的种类，也会得出不同的结果。如某科由12个属组成，其中5个已灭绝，性状状态a和a′的分布见图6-7。如果按照普遍的形状是原始的规律去衡量，就产生了矛盾，即现存植物中a′状态比a要多，但如果12个属均考虑，则具a状态的占多数。

Sporne（1976）指出原始性状有聚集的趋势，即和原始特征相联系的特征很可能也是原始的。

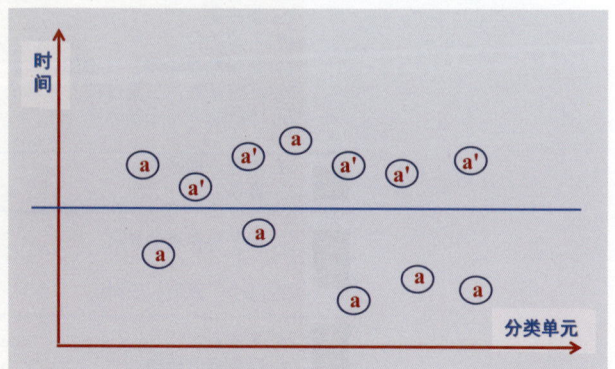

图6-7　某科12个属a及a′性状分布（线条下方5个属已灭绝）

现已知一个科的所有属或一个属的所有种并非以同速进化。进化速率取决于进化势、遗传可塑性和选择压力的类型。选择压力可称为自然选择的有效性，进化速率在不同谱系也是不同的。应注意谱系的进化率在进化历史中的不同阶段变化很大。Leppik（1977）认为木兰属的形态处于停滞状态，能够解释的是其具有稳定的选择和相对协调的基因联合体，这个基因联合体在个体发育的基因控制中起到精确的互相协调作用，因而不会导致它的灭绝。然而经过长期的稳定后，可能会出现突然爆发性的变化，称为"演化的兴盛时期"。

进化速率是复杂的，除了取决于遗传分子的进化速率外，环境因子也起了重要的作用。只有环境的边缘和波动的地区才会产生活跃的演化，会产生新的类群。被子植物替代裸子植物可以认为是暖湿气候代替了干冷气候所致。此外，同种不同个体以及同一分类单位的不同器官的进化速度也不相同，这一点也使性状极性的确定难度增加。

人们已注意到原始不是绝对的，而是相对的。原始的概念只用于特殊的类群和分类单位，否则毫无意义。我们应努力区别原始性状和具有原始性状的分类单位。一个原始的性状通常是祖先的。然而现存物种演化历史存在间断，唯一可能确定原始分类单位的方法是该类群拥有大量的原始性状以及化石记录。

一个原始或进化的类群可以是祖先的或现代的，取决于这个类群与祖先分离的时间。图6-8表示A到G 7个分类单位的产生时间，A最原始，E、C和G较进化。

2.单系和复系的概念

单系（monophyly）指植物的某一类群是由单一祖先发育分化来的，包含一个共同祖先及其所有后代的集合（图6-9A）。

复系（polyphyly）指植物的某一类群是由多于一个祖先类群分化来的，即由一些类群组成的集合，但并不包含它们的共同祖先（图6-9C）。

并系（paraphyly）包含一个共同祖先及其部分后代的集合（图6-9B）。

从图6-9可见，单系与复系是相对而言的，只能根据某研究类群而言。

分支分类学（Cladistic Taxonomy）认为分类单元反映了系统发育的过程，单系类群应包括最新的共有祖先。当这个类群含有所有最近祖先的后代时，就称为全系类群；当它不含有时，就称为并系类群（图6-9B）。复系类群不包括最近祖先。换句话说，这里所说的单系科和自然的科都表示同一意思，即包括所有分类单位的类群。这样的类群（科）被认为是自然的，并且具有共同的进化历史。

分支分类认为自然类群应是单系的，分支的端点即分裂点，可以是上一个分类群的，也可以是下一个分类群的（图6-10）。在分类学应用中，单系和复系的确定是早期依靠表型的证据，目前主要依据DNA分子序列的比较统计分析。系统发育可通过性状联锁来判断，假如一个给定的性状（存在于所有分类单元）与另一性状总是一起出现，即这个性状状态可能是单系的。如菊科舌状花亚科的乳汁与舌状花冠。分支分类理论是目前系统发育的基础。

3.趋同（convergence）与平行（parallelism）

趋同指相似的特征分别存在2个以上遗传上无关的类群中，无共同的祖先，是环境造成的。如大戟科和仙人掌科的肉质茎是一种趋同现象（图6-10）。

平行指相似的性状分别发展在二个以上遗传相似、关系相近的谱系中，强调的是基因型（图6-10）。

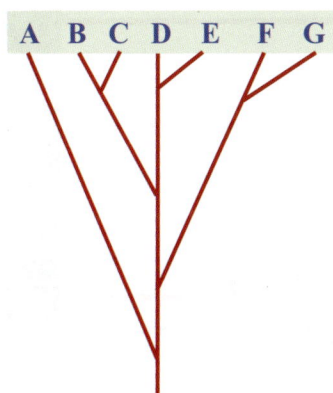

图6-8　原始与进化

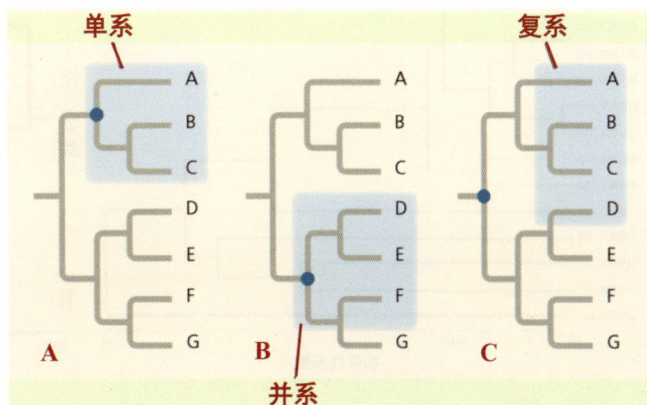

图6-9　单系与复系模式；单系（A）、复系（C）和并系（B）；
涂蓝部分的解释见文中

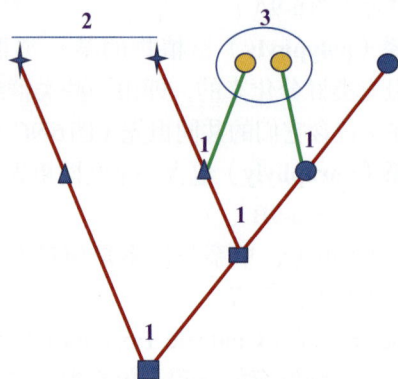

图6-10　分支、趋同和平行的图解
1.分支；2.平行；3.趋同

系统发育学家一般不采用趋同和平行现象的特征。

4.系统发育关系的表示

系统发育学家常用分支**树状图（dendrogram）**表示系统发育。表征图是以植物的表征总体相似度为依据而得出的一种表示分类关系的树状图，横坐标在分支树状图中表示的是时间或演化进程，而在表征图上表示的是表型的相似程度（图6-11A和B）。

（二）从表征分类到分支分类

1.表征分类（phenetic classification）

表征分类认为分类可依据植物本身的各种性状，在广泛收集性状的基础上，基于性状的全面相似性进行分类，是自然的分类。表征分类具有六条原则，即①分类中，信息量越多越好；②对性状要等价加权；③任何两类群的全面相似性是每一性状相似性的函数；④所研究的类群中，因性状相关不同，故可以区别不同类群；⑤从性状相关中可得出系统发育的推论；⑥根据表型性的相似性进行分类，称为"新阿当森"原理，也是早期数量分类学

的基础。表征分类要用到多个性状，首先要确立性状的同源性，只有同源的性状才能做比较。对运算分类单位（OTU）确定性状、记录、得到数据矩阵表（OTU×性状），再进行**聚类分析（cluster analysis）**，得到相似性系数表和树状图（表征图，图6-11A），用相似性系数来确定分类群界线。

2.分支分类（cladistic classification）

（1）分支分类的原理　分支分类学家认为生物演化的基本规律是分支性。在遗传突变、自然选择和其他因素作用下，生物不断分化，产生多个分支。同一居群的个体，生殖上存在基因交流，当随机变异大到超出生殖联系的程度以后，一个居群就分化为两个生殖上互相隔离的群体，即产生了分支。

表征分类使用数量性状和定性性状，而分支分类则利用后者，包括二元性状、有序多态和无序多态性状，很少用数量性状。

（2）分支分类的方法　首先，要分析性状，搞清哪些属祖征、哪些是衍征和哪些是趋同性状。只有衍征（共近裔性状）是有价值的；其次，要分析性状的同源性及历史演化顺序；第三，要确定性状的演化极性，给予性状演化顺序编码；第四，要选择合适的**外类群（out group）**；最后，获原始数值矩阵，用计算机软件按最简约原则等原理计算获得**分支图（cladogram**，图6-11B）。

性状的不同状态应具备以下三个基本点：功能相同、形态结构一致、同源。同源是分支分类性状分析的关键。同源即具有共祖性状，要注意去除趋同性状，即演化方向相同，但起源不同的性状。

外类群需和内类群（指所研究的类群）有共同祖先，是用来与内类群相比较的类群。如研究五加科则以伞形科为外类群，研究菝葜科以菝葜藤科

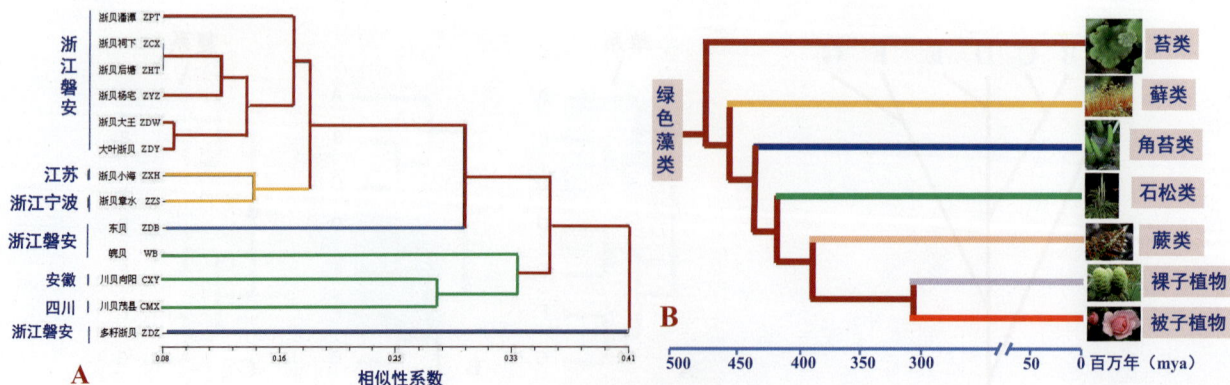

图6-11　表征图与分支图
A.表征图：栽培贝母和川贝母各栽培居群的表征关系图；
B.分支图：陆生植物（绿色植物）的系统发育关系

（Rhipogonaceae）为外类群。内、外类群共有的性状是**祖征**（plesiomorphy），仅发生在内类群的是**衍征**（apomorphy）。

三 系统发育与分类学资料的来源

分类学家认为任何能表明种与种之间差异的资料都有分类学意义。林奈以来的**经典分类学**（Classical Taxonomy）仅利用形态、解剖性状和地理分布资料。20世纪50年代以来发展起来的**现代分类学**（Modern Taxonomy）或实验分类学（Experimental Taxonomy）利用植物所有的性状（包括形态的、解剖的、细胞的、孢粉学的、化学的和地理分布的等）并进行实验验证。到20世纪80年代发展起来的分子系统学则将DNA分子序列信息运用到系统学研究中，使植物系统发育和分类的研究进入了新的阶段。

1. 形态与解剖性状

（1）繁殖器官性状（reproductive characters）和**营养器官性状**（vegetative characters）①繁殖器官中，以花、果实、种子的性状在被子植物中是最常用的，但花部的各个性状在不同类群中的价值是不一样的。如：毛茛科的花萼和花瓣形状很重要；菊科和禾本科的花序及苞片形状很重要；豆科的雄蕊和雌蕊形状很重要；玄参科的花瓣和雄蕊很重要；十字花科和伞形科的果实形状很重要；石竹科的种子形状很重要。然而，有时花和果实的性状在种间也是有用的，如水稻2亚种的颖果形态不同；菝葜属中花的大小、花被是否反折，雄蕊长短在不同种是不同的。②营养器官性状，茎和叶的特征在分类中很重要，是识别植物的主要性状。但是，植物茎和叶形态的变化往往受环境的影响较大，如：肉质茎在仙人掌科和大戟科中都具有；槭树、枫香和悬铃木的叶形很相似，表现了趋同性。所以形态性状用于分类时，要注意环境的影响及趋同性状的存在。叶形在种间的区别是存在的，但也常常受环境和生理、生长发育的影响。

叶形特征在禾本科用处不大，因而使禾本科的分类较困难。同样，叶形在毛茛科的漏斗菜属和唐松草属区别不大，但花果截然不同。原放在两个不同的族，但这两属的染色体 $x = 7$，与其他属不同，现已将这两属置于一独立的族。分子系统学也证实这一点，这也说明了营养性状的有用性。

（2）解剖性状（anatomy characters）解剖性状的应用已将近100多年，往往作为外部形态性状的补充。20世纪30年代来，维管束解剖的研究及系统意义已经揭示蕨类、单子叶、真双子叶植物、裸子植物和被子植物的区别，已认识到解剖性状是重要的，有时比形态性状更重要，如同样叶形的槭树和悬铃木，其解剖性状是不同的。事实上，内部结构的变异要远小于外部形态性状，在于内部解剖性状受外部环境影响小。但是，解剖性状对于种间分类意义不大，有的类群属间也无差别。20世纪，随着扫描电镜等技术和仪器的问世，分类学运用解剖性状已很普遍了，已做过大量的研究，如花粉、角质层、叶表皮层、气孔、叶脉、叶形、毛状体的形状，种子表面的特征。毛状体在十字花科、杜鹃花属、柳叶菜属、使君子科的分类上是有价值的。气孔器（副卫细胞的排列）很有用，存在31种排列方式。早期禾本科的分类很大程度上与解剖性状的分析有关。

但是，研究解剖性状，需要注意它们的发育阶段和成熟状况。目前，人们认识到有必要对解剖性状的发育进行研究，才能用于分类。

2. 化学性状

植物**化学分类学**（chemotaxonomy）是20世纪50年代提出并发展起来的。即用化学成分（小分子及代谢产物）的数据来辅助植物的分类。

（1）化学分类学的兴起化学性状用于分类学实际上是很早的事了，从本草学家、药物学家找药就开始了。这是因为类似的种类常具有相似的化学特征。人们的另一个兴趣来自形态解剖学，如颜色的实质是化学成分的变化，晶体形状反映的也是化学成分的不同。在禾本科植物中，人们已识别了20种硅质体。昆虫与植物的关系也可看作是化学的性状。

（2）化学分类学的新发展由于色谱及电泳技术的发展推动了化学分类学的发展，血清及许多次生代谢产物的化学途径的发现都对分类学有了改进。如生物碱、萜类、油、蜡质等，常有限地分布于各类群，如藜科含有甜菜拉因生物碱，十字花科具有花氰苷。黄酮类分布广泛，其式样及组合在目以下各等级的分类是有价值的。化学成分对于鉴定杂种特别有用，即杂种化合物具遗传累加作用。曾有4种豆科的赝靛属（Baptisia）植物及6个可能杂种，这10个种仅根据形态和黄酮化合物性状都无法区分，但两者结合起来考虑很容易分清。

蛋白质的结构也可用于分类研究，早期常用血清学、同工酶和等位酶。血清学研究主要用种子来进行，各个等级都有用。**同工酶**（isozyme）、**等位酶**（allozyme）及种子蛋白质电泳，在鉴定种间关系有价值，如小麦的祖先是通过蛋白质研究确定的。需指出的是，同工酶的变异不伴随形态的分化，而且个体间也存在差异，目前已逐渐被DNA分子系统学方法取代。

3. 染色体性状（细胞分类学）

染色体性状（chromosomal characters）是一个很有用的系统学资料，染色体数目和形态的不同常常代表遗传上的差异，在系统学上是一直很受重视的性状。

（1）染色体数目　20世纪初人们就已认识到同种细胞的染色体数目是一致的。除了染色体加倍外，亲缘关系越近，数目就越相同，这种相对保守性使其成为较有用的分类学证据。1967年苏联学者编了 *Plant Chromosome Number Index*，包含从1956年来的植物染色体记录。热带植物计过数的尚较少，中国也还有不少植物缺乏染色体计数。目前，查阅染色体数目可到网站http://legacy.tropicos.org/Project/IPCN进行。该网站记载了从1967年前或1967年以来，全世界对植物染色体数目的报道。洪德元（1990）在总结中国植物染色体研究基础上，完成了世界上该领域的第一部专著《植物细胞分类学》。后来人们也发现同属植物的染色体数目也可能不等，主要存在倍性变化，如羊茅属（*Festuca*）$2n = 14、28、42、56、70$，可见7是单倍染色体基数；菝葜属（*Smilax*）$2n = 30、32、64、96、128$，可见15和16是单倍染色体基数。染色体的变异可发生在：①**整倍性变异（euploidy）**，20世纪50年代，植物学家已经认识到多倍体是植物演化的一重要特征，比例在20%～50%。对植物的倍性，有时容易确定，而有时较难。如露兜树科，一类为$2n = 60$，另一类为$2n = 30$，只能推测基数（x）5或15，因为祖先$2x$种已绝迹，但可通过减数分裂二阶体数目来确立。在自然界，多倍体的起源可通过体细胞加倍和减数分裂时染色体不减数形成。目前发现自然界真正的同源多倍体（AAAA）不多见，主要由异源多倍体（AABB）为主。异源多倍体，可能由单基数亲本来，也可能由两个不同基数亲本来，如三种大米草的染色体数目分别为$2n = 60$，62和122，很明显122是来于60和62的杂交后的加倍。②**非整倍性（uneuploidy）**变化，指染色体数目的变化不是按基数加倍产生的，仅仅是某条或少数几条染色体发生了增加和减少，如堇菜属（*Viola*）存在着$2n = 10，12，14$非整倍性变化。还阳参属（*Crepis*）具有$2n = 6，8，10，12，14，16，22，24，42，44，66，88$的系列变化。

植物染色体数目已知从菊科单冠毛属植物 *Haplopappus gracilis*（原产墨西哥）$2n = 4$，到蕨类中的$2n = 1260$，其数目的演化可通过许多不同途径进行的，所以对于染色体数目这个性状只能在局部范围内（科、属或目）研究是有意义的。一个大科只有一种数目是极少见的，但松科（Pinaceae）几乎全为$2n = 24$。有人认为在进行科一级比较时，比较染色体基数是有效的。科内族和属一级，染色体数目也常是有用的。如毛茛科常以$x = 8$为主，因此分类学家将$x = 7$的属划为一独立的族，而将$x = 9$和$x = 13$列为另外的单属族。已有研究证明，染色体数目的种间变异具很大的系统学价值。在种这一级，存在数目变异，理论上可用来确定物种。通常认为每个种应以单一染色体数目来代表，有人强调一个属内不能有基数的差异，如有差异应作为新属。但是仅依据外部形态的话，这个种或属就难以被认可。当然用数目来确定属种也不一定完全正确，因此对数目变异的处理上还有分歧。反过来，不同种间的形态性状明显不同，但是染色体数目完全一致，这种现象在近缘属内及近缘种间也很普遍。

目前，生物学已进入**基因组（genome）**时代，揭示了植物染色体在进化历史曾经的多次加倍现象，也表明我们现在的二倍体实际上是一系列古多倍体。

（2）染色体结构（核型Karyotype）　核型即染色体在有丝分裂中期的形态，包括**着丝点（centromeres）**位置、绝对大小和相对大小、次缢痕位置和随体。人们已认识到如果将核型资料与染色体数目和大小相结合，则对植物各个阶层的系统演化分析是有价值的，而且比数目更有效。如丝兰属和龙舌兰属以前分属百合科和石蒜科，但是其二型核型的性状支持应归属龙舌兰科（Agavaceae），DNA分子系统学分析也支持这一点。图6-12是新种木本牛尾菜（$2n = 32$）和牛尾菜（$2n = 30$）的核型区别和形态学区别，后者不光在染色体数目上少了一对，而且核型也发生了大的改变，分子系统学研究也证实了它们具有一定的亲缘关系（Li P. et al. 2011）。

（3）染色体行为（属细胞遗传学的工作）　即指染色体在减数分裂中的配对行为及分离状况。配对程度可推测同源程度。不同源程度较大时，会导致不配对，进而导致不育。染色体行为对分类的意义不大，但对于推测种间关系、演化是有价值的。完全能育的异源多倍体，只形成二价体，如AA和BB，A和B不同源，则A—A，B—B配对；如果

图6-12 牛尾菜与木本牛尾菜的核型区别

A. 木本牛尾菜（*Smilax ligneoriparia*，（*x*）*n*=16，2*n*=32），具有一对最大的近中部着生点的染色体；B.草本的牛尾菜（*S.riparia*，（*x*）*n*=15，2*n*=30）；C.两个种核型的比较（A. 木本牛尾菜；B. 牛尾菜）

有部分同源，则可能出现A—B配对形成AABB的四价体。当然要注意的是同源现象并不是决定联会的唯一因素，斯泰宾斯（Stebbins）指出一些基因会抑制联会。

4. 繁育系统性状

繁育系统（breeding system）可定义为：某种植物同种居群间或个体间进行互交繁育的方式、类型及程度。繁育系统的特点具有分类学意义，由于繁育程度限定了变异式样，从而限定了分类界限。繁育系统限定变异式样的程度存在两个不同水平上的问题：一是种内近交和远交的比例限定居群内或居群间的变异程度。二是某个分类群与另一分类群进行互交繁育的可行性程度往往可作为衡量分类群的表型分离尺度，可衡量分类的正确性。

系统学家的理想种是遗传上存在隔离、有性而远交繁殖的、非杂交的种。但是这样的种很难找到。自然界一般存在的物种多少是可以与近缘种杂交的，也就是说，近缘种间的生殖隔离是有条件的，不是一成不变的。天然杂种的识别一般可通过外部形态、解剖、化学、DNA分子、能育性、F2代分离和人工再合成等方面进行。

由于植物存在以下一些隔离机制，自然杂种并不很多。①地理隔离：如北美—东亚的间断分布；②生态隔离，高山与平地的不同分布；③花期不同引起的季节隔离；④雌雄蕊异熟引起的暂时隔离；⑤昆虫传粉专一性产生的行为隔离；⑥花结构不同使传播媒介昆虫难以传粉的机械隔离；⑦繁育行为隔离（包括花粉在柱头上不能萌发的配子体隔离；花粉能萌发，但不授精的配子隔离；合子不发育或停止发育；F1代杂种不育）等。

杂交可育是生物隔离机制的丧失的后果，给分类学带来难题。杂交产生的杂种群，使两者的间

断不存在，常存在连续变异的性状。杂种一般是不稳定的，但可以通过营养繁殖、双二倍化（异源4倍体，6倍体）等来达到稳定。当F1代杂种各方面性状变稳定后，可作种。对芍药属（*Paeonia*）的综合研究表明，该属34个物种中有9个是种间杂交产生的异源四倍体（周士良，洪德元等，未发表数据），他们发现亚洲唯一的异源四倍体赤芍（*Paeonia mairei*）是两种二倍体芍药（*P. veitchii*（母本）和*P. obovata*（父本））杂交的产物。

因此，人们有这样的观点，即凡能互育的可考虑为单一种，不育的可认为是不同的种，不管表型如何变化。这也是"生物学种"的基本内涵，但植物学中很少坚持这个定义。最近，洪德元（2020）撰文详细论述了物种概念，认为到目前为止，还没有一个物种概念在理论上是合理的，在实践中是可操作的。他以芍药属植物研究为例，并结合其他植物的研究，从形态学、生物地理学、分子系统发育和生殖行为等方面结合现有物种概念，提出了**遗传-形态物种概念**（gen-morph species concept）：①需要考虑形态、遗传、分子特征的关联；②需要有具体形态学标准；③数量和质量性状对物种界定同样有价值，需要用统计学来分析。

无融合生殖（apomixis）：指被子植物未经受精的卵或胚珠内某些细胞直接发育成胚的现象。这也是自然界的一个常见现象。无融合生殖能产生稳定的外形，大体上每个无融合"居群"代表一个遗传型。它们较小，但稳定，所以无融合种具有较大迷惑性。可给予一特定的名称，但给什么等级有争议。

居群内变异程度取决于繁育系统，其次才取决于染色体数目、交换频率、居群大小和其他。生殖隔离的产生与居群内变异（基因突变、染色体

变异）、自然选择和遗传漂变相关。如山羊草属（*Aegilops*）伴随染色体结构的重大重排短时间形成了种间隔离。

5. 地理学、生态学性状

分类群的分布、分类群的变异和对环境的适应是系统学研究的另一个重要方面。

（1）地理分布式样　各分类群之间存在着地理分化（通过花粉传播或种子迁移）。现有类群的分布式样有：间断分布、替代现象、多样化中心、重叠分布和岛屿状分布等几种。

间断分布（disjunction）指一个分类群的分布被相当大的地区间隔开，如东亚—北美间断，南美—西澳大利亚—南非间断，形成了许多种的间断分布，已有许多研究。有亲缘关系的分类群间断分布在不同的大陆使我们认识到"间断分布是一种自然现象"，可用地理学、地质学和系统学中的大陆漂移、岛屿形成、陆桥适应辐射及演化速率等理论去解释。间断分布产生的一种解释是，物种远距离传播后，两地之间被大的自然演变产生的不适宜生境所占据，因而产生了间断。另一种解释是独立产生于不同的分布区，表明在演化上的并行和趋同，但这种可能性极小。对间断分布的类群做出精确的分类划分是重要的，仔细研究后会发现存在差异，现常做不同种处理。

替代现象（vicariance）指两个相近分类群存在于不同的地理（生态）区域称替代现象，如松属（*Pinus*）不同种的分布就是一种连续的替代现象。产生的可能方式是迁移后逐渐分化成两个不同的分类群（主要是环境的作用），即具有共同祖先的两个分支。**特有现象（endemism）**指仅仅出现于有限地理区域的分类群，包括：**新特有（neoendemism）**，指分类群在演化上是年轻的，尚未可能散布到其他地方去；**古特有（palaeoendemism）**，分类群的分布目前很局限，但过去曾广泛分布。某地区特有种的百分比与该地区的隔离程度有关，或与隔离后的时间有关。如不列颠岛与法国分离仅7500年时间，因此特有现象很少，仅1%。而夏威夷岛高达80%～90%。我国青藏高原三千万年前的逐渐隆起引起横断山脉形成许多隔离的区域，其特有现象很高达17%。

多样化中心（centres of diversity）指把某属内每个种的分布归结在一地图上，那么会发现种类集中在1至数个地区，这样的地区称该属的多样性中心。人们认为多样性中心也就是其起源中心，一般是正确的，尤其在大陆的热带部分。当然分类群越古老，分布中心和起源中心相一致的可能性就越小。每个类群的主要迁移过程、分布式样、适应辐射的方式对确定种属间的系统发育关系是有用的。细胞染色体核型研究认为一般起源中心二倍体为主，边缘会出现多倍体。但遗传学多样性中心一般不止一个，但总有一个为主，其余为次级的。植物系统分类研究常区分原始多样性中心与次级多样性中心，次级中心的多倍体一般要比原始中心多。

（2）生态分化　植物在不同生境下会引起变化，包括外形的、生理生化的和细胞的，如生长在高山的植物和生长在平地的植物，在株高、毛被、叶形等方面会发生大的变化，我们一般称它们为**生态型（ecotype）**。生态型存在从一个极端到另一个极端的各种情况。如果性状变异连续，就产生难以解决的分类问题；当性状变异间断时，可划分为不同分类群（亚种等）。

现代遗传学已知：遗传型＋环境→表现型。一个遗传型在不同环境下，其性状会变化，称为**表型可塑性（phenotypic plasticity）**。可塑性还会反应在化学成分和解剖结构上。可塑性可通过**同质园（common garden）**试验发现，但在分类中一般不给予学名。

6. 分子性状

20世纪70年代分子生物学的迅猛发展，尤其是80年代PCR（聚合酶链式反应）技术的发明、核酸（DNA，RNA）测序技术的发展和计算机系统发育分析软件的普及，使序列性状广泛应用于系统分类，大大推动了分子系统学的发展，让植物系统发育学家的观点发生了改变。它的原理来自1968年木村资生（Kimura，1968）的分子进化中性理论：DNA分子进化速率的相对恒定和进化的保守性，即DNA序列替换的速率是恒定的，替换率只和时间成正比（图6-13）。最近20多年的研究证明，分子序列性状已给了以形态性状为基础的单系类群很大

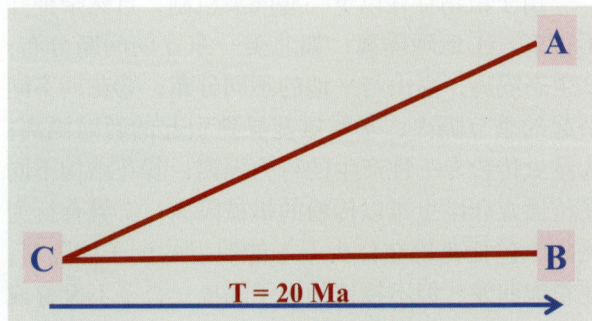

图6-13　DNA序列的替换率与时间成正比
根据DNA分子序列的差异和该分子进化速率可以推算A和B起源2000万年前的共同祖先C

的支持（如禾本科、豆科、蔷薇科等），也发现了原来形态学不能揭示的问题，如发现了基部被子植物，各大科内系统演化的问题等。更重要的是，分子的性状容许系统学家在一些系统关系的假设中做出选择。目前用于系统分析的分子资料主要来自一些特定基因和非编码区序列，或基因组分析，而后者将成为今后的主流。

植物细胞具有3个基因组：叶绿体、线粒体和核基因组。在分子系统学中，这三方面的数据都已得到了运用。叶绿体基因组是最小的（135～160 kbp），我们已搞清了许多种属的序列。1987年，Jansen等人通过叶绿体DNA限制性位点作图支持了分布南美的 *Barnedisiinae* 是菊科的原始类群。目前，人们用得最多的叶绿体基因是较保守的 *rbc*L 基因（在科以上水平有意义），*ndh*F、*rpl* 16、*rps* 16 和 *mat*K 基因已广泛被用于种属关系的研究。最近，我国李德铢团队（Li et al.，2021）基于比较叶绿体全基因组揭示了整个被子植物的系统发育。

在核基因组，核糖体基因是早期研究较多的，如18S、26S、5.8S基因以及在这3个基因之间的转录间隔区（ITS）。后者是目前在科属下使用最多的，也解决了一些种属间的关系问题。但是，也发现ITS在居群间甚至个体间均有变异存在。第二类是一些低拷贝数目的基因，如PGI等。目前从**转录组序列（RNA-seq）**挖掘单拷贝核基因用于系统发育分析已成为趋势。第三类是高拷贝非编码区，该区域DNA变化迅速，适于种的水平或种下水平的系统分析，如**微卫星（microsatellite）**或SSR（DNA简单序列重复）的指纹技术就依赖这个区间的快速变异。随机引物扩增多型DNA（RAPD），早期常用于居群水平的研究，可以找到居群间和居群内的遗传差异。有时也用于系统发育，但作用有限。

随着近10年来，全基因组测序技术的发展和成本的下降，比较基因组研究和系统发育基因组学开始运用到植物系统发育研究中来。常用的有：①**简化基因组序列（RAD-seq）**分析获得的大量SNPs（单核苷酸变异位点），可用于近缘种亲缘关系和种下居群间遗传多样性分析。②**叶绿体全基因组比较分析**，也称质体基因组，常用于种上水平的系统发育研究。当然，叶绿体基因组的单亲遗传虽然能揭示物种谱系的亲缘地理历史，但不足是它不能揭示杂交和网状进化。③**目标富集（target-enrichment）**混合测序，可以获得大量用于系统发育重建的寡拷贝核基因，这种测序方法适用于高度降解的组织，可以使用植物标本材料，近

年来已得到广泛应用，可用于系统发育重建，揭示类群间杂交、多倍化、基因渐渗等复杂的网状进化历史。④全基因组比较分析，即**系统发育基因组学（Phylogenomics）**近几年发展很快，有希望成为专科、专属研究的主要手段，在栽培种起源、物种居群水平的亲缘地理学分析、进化-发育研究等方面有重要价值。

植物**DNA条形码（DNA Barcoding）**技术是2002年由加拿大学者首先在动物物种鉴定中提出的，指生物体内能够代表该物种的、标准的、有足够变异的、易扩增且相对较短的DNA片段。动物主要用线粒体基因组的CO1基因序列；而植物DNA条形码经过大量的研究，中国学者在2011年确立了2+X方案（China Plant BOL Group，2011），即叶绿体基因组中的 *rbc*L、*mat*K、*trn*H-*psb*A选其2和核基因组中的ITS作为X。目前，该码已经成为植物物种鉴定的分子工具。如果你发现一种未知物种或者物种的一部分组织时，通过这些片段（甚至1个片段）的序列（即DNA条形码）与国际数据库内的这些片段序列进行比对，便可确定该物种的属，甚至种的身份。

（四）物种形成式样

物种形成（speciation）可定义为一个种经分化产生另一个种的过程，物种形成是衍征产生、祖征丧失的过程。这不是分类学家的范畴，是进化学家研究涉及的过程。然而目前，这两个领域的研究常常互相融合，以致人们发现要将进化和系统学分开是不可能的。物种形成的过程在进化学家和系统分类学家中间已成为经常性的讨论主题，已有大量的研究报道。在有性繁殖中，进化单元是能繁育的居群，也称孟德尔居群，是系统与进化研究的重要落脚点。物种形成的方式，人们已总结出下几种（表6-2）。

表6-2 物种形成的几种方式

空间上	异域的	邻域的
速率上	渐进的	飞跃式或量子式的
机制上	基因的	染色体的
性质上	原初的	次生的（指杂交种，多倍化种）

这些物种形成方式是相互关联的。如渐进式一般是异域的、机制上是基因突变的积累，它又是原初的，这是最常见的物种形成方式，是在自然选择作用下的结果，常常经过**生态宗（ecological race）**

的过程。另外，量子式的物种形成与染色体多倍化相联系，常发生在分布区边缘。关于物种形成的详细内涵和进展可以在"植物系统与进化"和"进化生物学"课程中进一步学习。

五 变异、自然选择和进化的一些概念

1.遗传变异（基因型）

遗传变异有两种来源：突变是变异的主要来源；**基因流（gene flow）**和重组也是变异的直接来源。人们认为突变包括基因突变或点突变和染色体突变。基因流表示居群间的基因交换（个体间异交可以产生）。而减数分裂过程中的染色体交换和重组则带来了新的基因和等位基因，形成新的基因型，由不同个体带来，会增加居群的基因型。

2.自然选择

进化发生于遗传的变异、突变、重组，但还需要有进化的外动力。这种外动力即自然选择。自然选择的结果是适应，使居群适应于所处的环境，所以不同基因型对环境的适应结果是不一样的。

环境提供了三种选择（Grant 1977）：稳定选择、定向选择和歧化选择。稳定选择即环境长期稳定，有利正常个体发育，会淘汰变异个体。巨大的环境变化会产生间断的选择（歧化选择），打破了居群的稳定环境而形成新的生态型，如青藏高原的隆升、横断山脉的形成产生了大量的新物种。

理论上，如果自然选择不存在，基因频率将保持恒定。然而在每一代随机传送给下一代中，基因频率会浮动。这样的变异对小的居群样本影响很大，会产生分化（称为**遗传漂变 genetic drift**）；但对大的居群来说，影响不会显现。对小的居群样本遗传漂变可大于自然选择的影响。所以物种居群中的遗传漂变在进化中具有重要意义。

3.进化（演化）

进化是自然现象，从低级到高级，简单到复杂再回复到简单，从水生到陆生再回复到水生，几亿年来从未间断。已知进化的来源是遗传的变异，而进化的动力是自然选择与适应。选择决定方向，而环境变化决定植物的演化。遗传与变异的统一是进化的内动力。

进化的不同方式：①复式进化（全面进化），是现存有花植物多样化的体现；②特式进化（特异适应），是局部器官，如变态叶、叶状茎形成的植物对环境的适应；平行、趋同也属这一类；③简式进化（退化），如寄生植物、单性花等。

进化速度在不同类群相差很大，取决于不同的

内外因素。慢的如水杉、银杏，自晚侏罗纪繁盛以来没发生太多变化；快的如裸子植物的苏铁类以及大多数被子植物类群的多样化都是在近几百万中演化完成的。

4.濒危及特有植物

（1）灭绝与进化　**灭绝（extinction）**是一种自然的、复杂的现象，指一个物种丧失通过繁殖维持生存的能力。大量的灭绝已被化石揭示，如种子蕨（古羊齿类）、银杏科的另外18个种。从化石的记录可推测某一物种灭绝的年代。灭绝应看成进化的部分内容，是结果也是起点。目前已知造成灭绝的因素有：生物的竞争（植物群落内物种的竞争、植物性捕食者和病害）；遗传多样性单一，如局域分布的遗传多样性单一的居群，物种应变能力差，一旦生存条件变化，物种就有灭绝的可能；地质变化和气候变化，人们已发现自然界的灾变与植物大灭绝有关，地球历史上有五种大灾变（海退、火山、造山运动、海洋形成以及来自太阳系和外星系的变化）。当然，当代植物的灭绝威胁主要来自人类的活动，人类对植物栖息地的开发和破坏。

（2）濒危植物（endangered plant）　正常灭绝是生物内部不适应环境而走向死亡。灭绝一般从广泛分布到变为局域分布，适应性逐渐丧失。物种的稀有可能是新近发生的，其适应性较弱，很容易被选择。尤其在大灭绝时期，大的属不容易灭绝，而小的属很容易消失。我国在1999年颁布了第一批《国家重点保护野生植物名录》，2021年公布了更新的《国家重点保护野生植物名录》。在国际上，有The IUCN Red List of Threatened Species（世界自然保护联盟濒危物种红色名录（2015版)），对受威胁植物划分为极危（CR）、濒危（EN）、易危（VU）和近危（NT）。半个世纪来，人类的保护行动起到了很好的效果，但任重道远。

（3）特有植物（endemic plant）　指仅局限分布某地区的属种。又可分为：①古特有，即进化很慢的种，历史上分布广，现野生居群仅保存少量，如银杏、水杉等；②新特有，指新分化形成的物种。

（4）灭绝的进化含义　自然的绝灭是进化的必然和必需，对进化起积极推动作用。灭绝使生物不断产生新的类型，又不断使不适应的类群走向衰亡。

六 物种生物学和亲缘地理学研究

物种生物学（Biosystematics）是Camp和Gilly在1943年提出来的。目的是确定自然界分类单元

的界限，探讨这些单元的进化关系、变异和进化动力。这里的自然的分类单元即**居群**（population）。居群概念是物种生物学研究的基础。其研究主要涉及居群遗传学和繁育生物学的工作，直接相关的领域是细胞遗传学和生态学。在这里，人们感兴趣的不是分类本身，而是进化的机制和过程。物种生物学常常和实验分类学相提并论，即在基于传统的形态和解剖性状基础上，利用各种实验获得的性状（如细胞染色体性状、繁育生物学性状、胚胎学性状、孢粉学性状、化学性状、DNA分子序列性状，以及同质园栽培）来研究植物物种的系统关系。相关学科的发展为分类学提供的性状越来越丰富，该名词的使用率也在下降。而更广泛的**系统发育**（phylogeny）和亲缘地理学（phylogeography）的使用频率正越来越广泛。

亲缘地理学，又称谱系地理学、系统发生生物地理学。这是Avise等人于1987年随着DNA分子序列性状的发展而提出的，主要研究基因谱系（尤其是种内和近缘种间）地理格局的历史演化以及形成的原理和过程。从系统发育角度来探讨类群的地理分布格局，并估计影响现存空间分布格局的影响因素有基因流、历史的地质或生态的阻断等。谱系地理学的重要理论基础之一是**溯祖理论**（coalescent theory）。溯祖理论是探讨近缘种或种内基因谱系的数学和统计学理论，即依据现存居群中存在的中性遗传变异，回推该变异产生的历史过程，以及共同祖先基因型所经历的历史事件。该领域在21世纪前20年获得了快速发展。选择适宜的分子遗传标记以获得全面的系统发育信息是该领域研究的关键。

七 系统发育与分类研究的基本方法

综合各方面研究文献，我们可以将植物系统发育与分类研究的基本程序概况如图6-14所示。

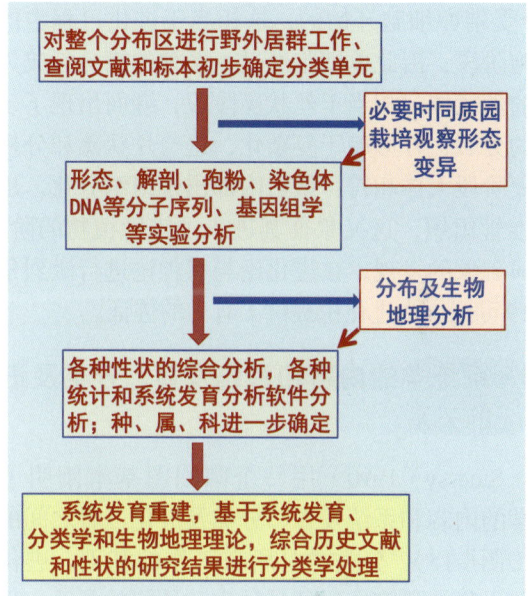

图6-14 植物系统发育与分类研究的基本程序

第三节 被子植物的系统发育与进化

一 植物的个体发育与系统发育

植物分类的基本单位是物种，每个物种又由无数的居群或个体组成。每一个体都有发生、生长、发育，以至成熟的过程，这一过程便称为**个体发育**（ontogeny）。在植物发育过程中，除外部形态发生一系列的变化外，其内部结构也随之出现组织分化，直到这一分化过程完全结束，回到生活史的原点。

所谓**系统发育**（phylogeny）是相对个体发育而言的，它是指某一个类群的形成和发展过程。大类群有大类群的发展史，小类群有小类群的发展史。从大的方面看，如果研究整个绿色植物的发生与发展，便称之为绿色植物的系统发育。同样，也可以研究某个门、纲、目、科、属的系统发育，甚至在一个包含较多种下单位（亚种，变种、居群）的物种中，也存在种的系统发育问题。例如，在单子叶植物的菝葜科（Smilacaceae）中有各种类型的植物，有木本的、草本的，有直立的、攀缘的，有单花序的，也有复合花序的，有花被联合的、花被分离的等，你可以研究整个科、整个属以及研究草本类群。探讨这些类群在进化上有何联系，哪个类群起源较早，哪个类群是近期分化的，就是探讨各类群的系统发育。种是分类的基本单位，但在种之下又有亚种、变种和生态宗，或者是由许多不同分布的居群组成的。这说明在一个种的范围内，也存在物种变异与分化，这就是种的系统发育。如对广布亚洲的菝葜（*Smilax china*），具有$2x$、$4x$、$6x$等不同倍性的居群和形态变异的研究，来探讨该物种的起源、分化、迁移等。

个体发育与系统发育，是推动生物进化的两种不可分割的过程，系统发育建立在个体发育的基础上，而个体发育又是系统发育的环节。在个体发育过程中，新一代的个体，既有继承上一代个体特性的遗传性，又有不同于上一代的变异性。种瓜得瓜，种豆得豆，便是遗传性决定的。但世上找不到两个完全相同的个体，即使是孪生兄弟，也有微小的差别，这就是变异性。自然界对新一代无数的大同小异的个体进行选择，使有利于种族发生的变异得以巩固和发展，由量的积累而到质的飞跃，这就产生出了新的物种、新的属。只要生命存在，这一过程就永远不会休止。

在绿色植物中，任何植物的个体发育，都是从1个受精卵细胞开始的，这相当于进化过程中的单细胞阶段；由此单细胞经过一系列的横分裂成为短小的丝状体，相当于丝状藻阶段；继而出现了多方面的分裂，外形趋于复杂化，这与片状藻和分枝丝状藻阶段大体相符；最后内部出现组织分化，出现了维管组织，这又象征其进入了维管植物的阶段。重演现象的发现，在进化论与有神论进行激烈争论的19世纪，为进化论提供了有力的佐证。

二　系统学的内容和系统发育、分类及进化的关系

Stuessy（1990）用一个圆圈图基本阐明了系统学的内容和系统发育、分类及进化三者之间的关系（图6-15）。分类学是所有工作的基础，进化及物种生物学研究探讨的是种内和种间的关系，以及变异、分化和起源的过程，我们常称之为**小进化**（**microevolution**）。而系统发育研究探讨的是所有类群（种上）的分化、发育、形成的模式、时间和地

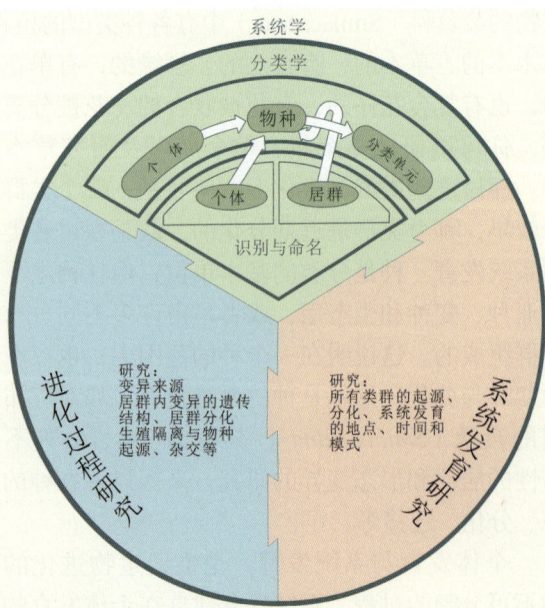

图6-15　系统发育、分类及进化研究的关系
（引自Stuessy，1990）

点，我们也称**大进化**（**macroevolution**）。两者研究的最终结果都将反馈到分类领域中，修正我们原有的系统，形成新的、更接近自然的系统。这就是**系统学**（**Systematics**）所做的全部工作。

三　被子植物的起源及系统发育

1.起源时间

近半个多世纪，古生物学和分子系统学研究都揭示了被子植物起源于早白垩纪或晚侏罗纪。斯科特（Scott）、马朗（Ba-rghoon）和利奥波德（Leopold）（1960）对以前记述过的化石进行了全面的讨论，发现白垩纪之前未曾保存具确实证据的被子植物化石。此外，从孢粉证据来看，同样表现在白垩纪以前的地层中，未能找到被子植物花粉，即支持被子植物最初的分化是发生在早白垩纪，认为在侏罗纪时期就可能为这个类群的发展准备好了条件，这一观点也被奥尔夫（Wolf，1972）从美国弗吉尼亚的帕塔克森特早白垩世岩层中得到的叶化石证据所支持。同时，他们还得出结论：在白垩纪，木兰目的发展先于被子植物的其他类群。我国学者潘广等人在20世纪70年代来，于华北燕辽地区中、晚侏罗纪地层中发现化石并确证了原始被子植物的存在，也揭示了那时的木兰类和柔荑花序类均已发育较好。1998年，孙革等在辽宁北票发现了晚侏罗纪的早期被子植物——古果，在《科学》杂志以封面文章发表，提出"迄今最早的花"已出现在距今1.25亿年前，较以前的认识又向前推了1500万年。2002年，中美学者又在辽宁相同地层发现了中华古果，并再次以封面文章发表在《科学》杂志，命名为"古果科"。

近20年基于分子数据的被子植物进化历史研究，多揭示被子植物应起源于晚侏罗纪。Bell等（2005）基于四个DNA片段运用不同方法和不同数据矩阵推测结果约在1.4亿～1.8亿年前的晚侏罗纪。最近，中科院昆明植物研究所李德铢团队与国际学者Soltis夫妇和Chase等合作（Li et al.，2019），基于叶绿体全基因组对全世界种子植物系统发育的研究揭示，被子植物主干群起源于侏罗纪至晚第三纪，其快速辐射分化在晚侏罗纪（图6-16）。然而，被子植物的冠群年龄可能在早白垩纪。

2.发源地

关于被子植物的发源地，存在着十分对立的观点：即高纬度——北极或南极起源说和低纬度——热带或亚热带起源说。目前，大多数学者支持后一学说。近数十年来的资料表明，大量被子植物化石

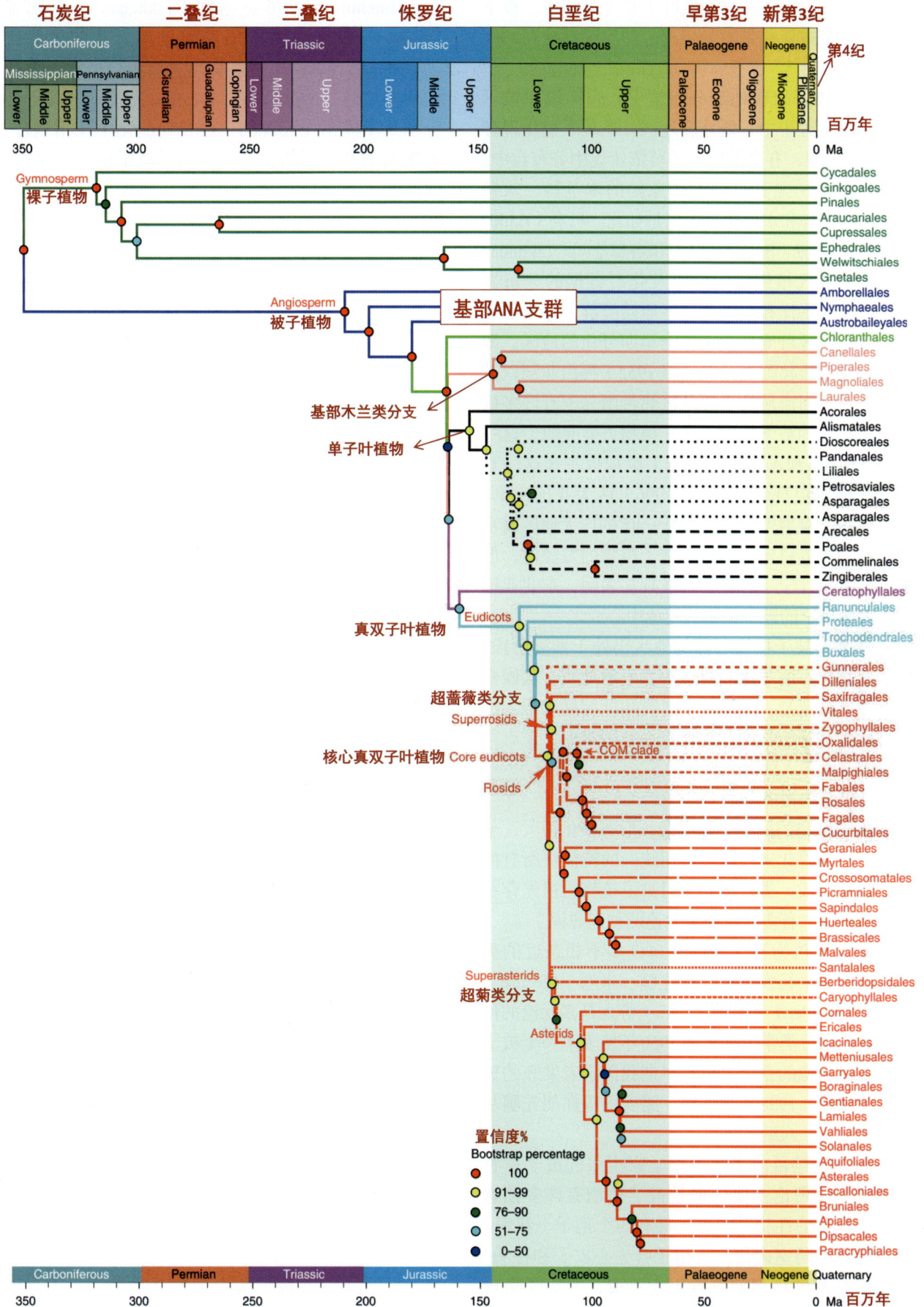

图6-16 基于叶绿体基因组序列的种子植物系统发育树（改自 Li et al.2019）

在中、低纬度出现的时间实际上早于高纬度。被子植物在热带或亚热带首先出现，然后逐渐向高纬度地区扩展。

现代被子植物地理分布情况，同样说明被子植物可能起源于中、低纬度地区。在被子植物现存的400多科中，有半数以上的科依然集中分布在中、低纬度地区，尤其是那些较原始的木兰科、八角科、昆栏树科和水青树科等更是如此。贝利（Bailey 1949）、史密斯（Smith 1967）和塔赫他间（Takhtajan 1969）对现代植物科的分布及化石证据的分析发现，西南太平洋和东南亚地区原始类群的分布占优势，这个地区可能是被子植物早期分化的地区，即东冈瓦纳古陆起源说。Camp（1952）提出非洲以及南美亚马孙河流域的平原地区热带雨林中有许多接近原始类型的被子植物，被子植物可能起源于这一区域。Raven和Axelrod（1974）也积极主张这一观点。我国的吴征镒（1964，1996）认为我国南部、西南部和中南半岛在北纬20º～40º的广大地区最富含特有的古老科属，可能是被子植物的发源地。但是，1998年辽宁"古果"的发现却表明，东北亚地区，可能最早的被子植物的起源中心或之一。

总之，被子植物起源的地区仍处于推测阶段，由于植物化石的不足和对过去发生的地质、气候变化还不十分清楚，虽多数学者赞同低纬度起源，但确切回答被子植物的起源地点是有困难的，还有待今后更全面深入的研究。

3. 可能的祖先

被子植物的属种十分庞杂，形态变化很大，分布极广，粗看起来，确实难用统一的特征将所有的被子植物归成一类。因此，对被子植物的祖先存在不同的假说，有多元论和单元论两种起源说。

多元论认为被子植物来自许多不相亲近的类群，彼此是平行发展的。胡先骕、米塞（Meeuse）、恩格勒（Engler）和兰姆（Lam）等人是多元论的代表。我国的分类学家胡先骕1950年发表了一个被子植物多元起源的系统，也是早期我国学者发表的被子植物系统。1998年吴征镒、路安民等在胡先骕基础上提出了"八纲系统"。

单元论是目前多数植物学家主张的被子植物起源说。该理论主要依据是被子植物有许多独特和高度特化的性状，如雄蕊都有四个孢子（花粉）囊和特有的药室内层，大孢子叶（心皮）和柱头。雌雄蕊在花轴排列的位置固定不变，有双受精现象、三倍体胚乳、筛管和伴胞的存在。因此，人们认为被子植物只能起源于一个共同的祖先。哈钦

森（Hutchinson）、塔赫他间（Takhtajan）、克朗奎斯特（Cronquist）和APG系统是单元论的主要代表。Stuessy（2004）曾经提出过渡组合假说，认为被子植物的三个重要特征（心皮、双受精和花）是分别从不同祖先起源的，在长期演化中互相组合、不断灭绝和不同的组合，逐渐向被子植物进化的，他调和了单元论和多元论之争（路安民，汤彦承，2020）。

被子植物如确系单元起源，那么它究竟发生于哪一类植物呢？推测很多，至今未有定论。目前的推测有蕨类、松杉目、买麻藤目、本内苏铁目、种子蕨等。比较流行的是本内苏铁目和种子蕨这两种假说。

塔赫他间和克朗奎斯特从研究现代被子植物的原始类型或活化石中，提出被子植物的祖先类群可能是一群古老的裸子植物，并主张木兰目为现代被子植物的原始类型。那么，木兰类是从哪一群原始被子植物起源的呢？莱米斯尔（Lemesle）主张起源于本内苏铁，认为本内苏铁的孢子叶球常两性，稀单性，和木兰、鹅掌楸的花相似；种子无胚乳，仅是两个肉质的子叶，以及次生木质部的构造亦相似等，从而提出被子植物起源于本内苏铁。但是，塔赫他间认为，本内苏铁的孢子叶球和木兰类花的相似性是表面的，因为木兰类的雄蕊（小孢子叶）像其他原始被子植物的小孢子叶一样是分离、螺旋状排列的，而本内苏铁的小孢子叶为轮状排列，且在近基部合生，小孢子囊合生成聚合囊；其次，本内苏铁目的大孢子叶退化为一个小轴，顶生一个直生胚珠。因此，这种简化的大孢子叶要转化为被子植物的心皮是很困难的。另外，本内苏铁以珠孔管来接受小孢子，而被子植物通过柱头进行授粉，所有这些都表明被子植物起源于本内苏铁的可能性较小。塔赫他间认为被子植物同本内苏铁有一个共同的祖先，有可能从一群最原始的种子蕨起源。路安民，汤彦承（2020）认为：从狭义来讲，被子植物可视为多源起源的，因为上述三个主要性状并非来自一个祖传系而来；从广义来讲可视为单源起源，因其三个主要性状均由种子蕨植物演化而来。目前，大部分系统发育学家接受种子蕨作为被子植物的可能祖先。中国辽宁"古果"的发现为种子蕨是被子植物的可能祖先提供了新线索，但"古果属"被认为属于草本水生的，这一点与APG系统表明的ANA支群（基部被子植物）是否吻合有待进一步研究。

综合分子系统学和形态学提出的APG系统以

及基于叶绿体基因组建立的系统树都表明被子植物是单系的，但早期存在多个演化分支（图6-4，图6-16）。

4.被子植物系统发育重建

人类研究植物分类、进化及系统发育的目的是要揭示植物世界的发生、发展、绝灭的历史，从现存被子植物和化石记录，通过宏观与微观特征的研究重建被子植物的系统发育，建立一个更接近自然的系统。图6-17为系统发育重建的简化模式，被子植物系统发育好比一棵树，亿万年来已产生了多次分支，而下方圈图表示目前自然界存在的植物种类和它们的关系，即结果与上方系统树历史吻合。

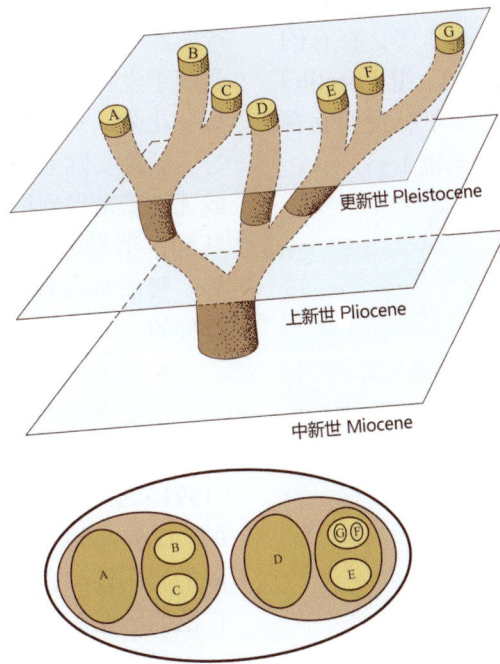

图6-17　系统发育重建的模式（改自Stuessy，1990）

第四节　植物系统进化与分类的基础知识

一 分类学的各级单位

1.分类等级

建立植物的系统，需要有一个完整的分类等级。再按照植物类群的等级高低、从属关系按顺序排列起来。分类学的主要等级单位为界、门、纲、目、科、属、种（表6-3）。

2.物种概念

物种（Species）是生物分类的基本单位。物种的概念经历了相当长的历史演变，仍存在不同的观点，有形态学种（分类学种）、生物学种、遗传学种、进化学种、系统发育种、生态学种等6种不同的概念。洪德元（2020）基于芍药属的研究提出了一个**遗传-形态种概念（gen-morph species concept）**。总之，按照近年生物学各相关学科研究结果的综合归纳，下述的物种概念是多数植物学家

表6-3　植物的各级单位

中文	拉丁文	英文	词尾
界	Regnum	Kingdom	
门	Divisio	Division（phylum）	-ophyta
纲	Classis	Class	-opsida
目	Ordo	Order	-ales
科	Familia	Family	-aceae
属	Genus	Genus	
种	Species	Species	

认同的，即：**物种是具有一定的形态和生理特征以及一定的自然分布的生物类群；同种植物的个体，起源于共同的祖先，有极近似的形态特征，个体间能进行自然交配并产生正常发育的后代；不同种的个体杂交，一般不能产生正常能育的后代，存在生**

殖隔离；一个物种是由1至无数个居群组成的，居群由数个到无数个个体组成，种是生物进化与自然选择的产物。

在分类学上，把具相似特征的种归纳成**属**（Genus）；把具相似特征的属归纳成**科**（Familia），依次类推。有时某一分类单位范围过大，在它与下一级分类单位之间可增设"亚"类，如**亚门**（Subdivisio）、**亚纲**（Subclassis）、**亚目**（Subordo）、**亚科**（Subfamilia）、**亚属**（Subgenus）等，在有的科或大属下，还可设立**族**（Tribus）、**组**（Sectio）和**系**（Series）。现以水稻为例（表6-4），说明它在分类上所属的各级单位（按APG Ⅳ系统）。

表6-4　水稻在分类上的地位

植物界 Plantae
　被子植物 Angiospermae
　　单子叶植物 Monocots
　　　鸭跖草类植物 Commelinids
　　　　禾本目 Poales
　　　　　禾本科 Poaceae (Gramineae)
　　　　　　稻亚科 Oryzoideae
　　　　　　　稻属 *Oryza*
　　　　　　　　水稻 *Oryza sativa* L.

3.种下分类单位

种虽为基本单位，但如果在种内的某些居群或个体之间又有差异，可视差异的大小，再划分为亚种、变种及变型等。

（1）**亚种**（Subspecies，subsp.）　是种内个体在地理和生殖上发生隔离初期所形成的居群，有一定的形态特征和地理分布区，故亦称"地理亚种"。如稻（*Oryza sativa*）种下的籼稻和粳稻即为不同的亚种，两者除形态、生理等性状有区别外，籼稻（subsp. *indica*）多种植在纬度较低的高温、强光、多湿的热带及亚热带地区；而粳稻（subsp. *japonica*）多种植于纬度较高、气候温和的温带及亚热带北缘地区。亚种是渐变型物种形成过程中的必经之路。

（2）**变种**（Varietas，var.）　它与原变种的区别通常仅有1～2个形态和生理性状的差异，无地理分布的区别。因此在系统进化理论上，认为变种实际上是同种不同基因型的表现，是不存在生殖隔离的，应该逐渐减少使用。如短柄枹（*Quercus serrata* var. *brevipetiolata*）是枹栎（*Quercus serrata*）的变种，华重楼（*Paris polyphylla* var. *chinensis*）是重楼（*Paris polyphylla*）的变种。

（3）**变型**（Forma，f.）　为形态上个别性状变异比较小的类型，通常只有1个性状的差异。变型常见于栽培植物之中，如碧桃为桃的一个变型，花重瓣；羽衣甘蓝为甘蓝的一个变型，其叶不结球，常带彩色，叶面皱缩，观赏用。理论上，有性生殖、异交的野生植物中的变型是不稳定的。

（4）**品种**（Cultivar）　品种不是植物分类学的分类单位，不存在野生植物中。品种是人类在生产实践中，经过选择培育而成的。一般来说，品种是基于生物学特性和经济性状的差异，如植株的高矮、花朵或果实的大小、色、香、味，成熟得迟早等。品种实际上是栽培植物的变种或变型，经营养或无性繁殖得到稳定的类型。如水稻的南粳33、农垦58；苹果的青香蕉、国光；郁金香中的黑牡丹等。目前常在种名后加单引号（' '）表示，如文旦是柚的一个品种，学名为 *Citrus maxima* 'Wentan'。

4. 属（Genus）与科（Family）的概念

（1）**属的概念**　属的定义很多，主要是强调相近种的集合，应和其他属有间断存在。Heywood（1993）指出3条确立属的最基本要素：①是自然的，②要与相关属进行比较分析，③要保持属间界限的实用性。在分类实际工作中，属的划分应基于广泛的研究工作。

属的概念在某些已定的科（如菊科、伞形科、十字花科）问题较多。在这些科中难以找到属间的显著区别特征。早期分和合似乎研究者常有争议，一般有两种不同的认识：一种是遵循已建立的属的轮廓，另一种对属的范畴不感兴趣，而感兴趣植物类群的起源、演化和分布。

（2）**科的概念**　科是更广泛的分类学范畴，含1至多个属。科应是自然而单系的类群。划分科的性状通常要求很明显，最常用的性状是花和果的性状。Magnol（1689）引入科的概念：认为是相近类群的集合。约翰·雷继承了这个观念。19世纪中叶，大多数科尚无定论，主要将相似类群组合在一起。由于缺少固定的原则，加上各植物分类学家的观点不同（如对特征的选择不同），科的大小是不同的。APG系统主要依据科的单系性。

在自然界中，存在两种类型的科：

一种是科内所有属具非常相近的性状，每个属与其他属都有交叉现象存在。整个分类常有些混乱。这样的科称为**有界限科**（**definable families**），通常以科的一个性状特征命名，如菊科（Asteraceae）、伞形科（Apiaceae）和兰科（Orchidaceae）。Stebbins（1974）认为这样的科是成功地达到进化适应顶点的类群。但由于保留大量中间类群，所以属间较难区分。

另一种科，是指一些属形成一个系列，靠具有一定变异程度的相似性状而集合在一起，也称为**非界限的科（indefinable families）**。这样的科主要按最主要的属命名的，如毛茛科（Ranunculaceae）和大戟科（Euphorbiaceae）。但这两类科都是自然的。

大多数现存植物的科是非界限的。总之，如果科的界限清楚，则属就不清楚，反之，科的界限不清楚，则属的界限清楚。所以在自然界，有些科的属很难定位，如唇形科（Lamiaceae）和马鞭草科（Verbenaceae）。

二　植物的命名

1.植物学名的意义

每种植物都有自己的名称。但由于国家和地区不同及语言的差异，同一种植物在各地的叫法往往各不相同。例如马铃薯，我国南方称洋山芋（或洋芋），北方叫土豆，英语称potato。番茄，我国南方称番茄，北方称西红柿，英语称tomato。所有这些名称，都是地方名或不同语言名，这种现象称为同物异名。另外还有同名异物现象，如我国叫"白头翁"的植物就有16种，但它们分属于4个科10多个属；又如中药贯众，据调查，全国有49种蕨类植物都称"贯众"，它们分属于6科17属。植物名称的混乱，给植物的利用和研究带来了极大的不便。因此，为了避免这种混乱，有必要给每一种植物制定国际上统一使用的科学名称，即**学名（scientific name）**。瑞典植物学家林奈在前人建议的基础上确立了**双名法（binomial nomenclature）**，作为生物命名的方法。1753年林奈发表巨著《植物种志》（*Species Plantarum*）时采用了双名法。以后，双名法为全世界的植物学家和动物学家采用。并在国际上建立了生物命名法规，如早期的《**国际植物命名法规**》（International Code of Botanical Nomenclature，ICBN），后改为《国际藻类、菌物和植物命名法规》，以及《**国际动物命名法规**》（The International Code of Nomenclature of Zoological，ICZN）等。

2.双名法

双名法是指每一种植物（或动物、微生物）的名称，都由2个拉丁词（或拉丁化形式的词）组成，前面一个词为属名，代表该植物所从属的分类单位，第二个词为种加词（以前常称为"种名"，这种叫法欠妥）。一个完整的学名，双名的后面还应附加上命名人的姓名或姓名的缩写。例如银杏的学名为 *Ginkgo biloba* L.，月季的学名为 *Rosa chinensis* Jacq.。**属名（Name of Genus）**，一般采用拉丁文的名词，单数第1格（主格），其第一个字母必须大写。例如*Oryza*（稻属），是稻米的古希腊名；*Ginkgo*（银杏属）为银杏的日本原名。属名可以用植物特征、俗名、地名、人名等来构成。

种加词（Specific epithet）通常用拉丁文的形容词，也可用同位名词或名词的第2格（所有格），其第1个字母一律小写。如上述例子中的sativa为形容词，是栽培的意思；biloba为形容词，二浅裂的意思（指叶片先端二浅裂），chinensis 表示中国的。种加词也常用植物特征、地名、人名等来构成。

命名人（作者名）（Author's name）是为该植物命名的作者。但在一般非植物分类学专门著作或文章中，通常可省略。植物学名后面加上命名人的姓名，既正确完整地指示该种植物的名称，也便于今后考证。因此，该作者对他所命名的种名负有科学责任。命名人的姓名一般采用缩写，第一个字母必须大写，缩写的人名右下角加省略号"."以示识别，如L.（或Linn.）即为林奈（Linnaeus）的缩写，Bunge缩写为Bge.，Maximowicz缩写为Maxim.，胡先骕（Hu Hsen-hsu）用Hu，王文采（Wang Wen-tsai）用W.T.Wang。

种以下等级则在种名后边，分别加上等级的缩写subsp.（亚种）、var.（变种）、f.（变型），然后再加上种下加词（有人称亚种名、变种名、变型名）以及命名人的姓氏或姓氏缩写（即作者引证），如糯稻为变种，学名为 *Oryza sativa* L. var. *glutionsa* Blanco。

三　植物命名法规概要

《国际植物命名法规》是1867年8月在法国巴黎举行的第一届国际植物学大会中，德堪多（de Candolle）的儿子受会议的委托，负责起草（Lois de la Nomenclature Botanique），经参酌英国和美国学者的意见后，出版了该法规，称为巴黎法规或巴黎规则。该法规共分3章68条，这是最早的植物命名法规。1910年在比利时的布鲁塞尔召开的第三届国际植物学大会，奠定了现行通用的国际植物命名法规的基础。以后在每6年召开一次的国际植物学大会上都对法规进行了修订和补充。1999年圣路易斯第十六届、2005年维也纳第十七届、2011年墨尔本第十八届和2017年深圳第十九届国际植物学大会均召开了命名法规会议。我国正式翻译出版的有蒙特利尔法规（匡可任译）、列宁格勒法规（赵士洞译）、圣路易斯法规（朱光华译）、维也纳法规（张丽兵译）、墨尔本法规（张丽兵译）和深圳法规（邓云飞、张力、李德铢译），这些是目前我国植物命名的主要参考文献。目前的法规全称已改为《国际藻类、菌物和植物命名法规》。

《国际藻类、菌物和植物命名法规》是各国植物分类学者对植物命名所必须遵循的规章。现将其要点简述如下：

1.植物命名的模式和模式标本

科或科级以下的分类群的名称，都是由命名模式来决定的。但更高等级（科级以上）分类群的名称，只有当其名称是基于属名的才由命名模式来决定。种或种级以下的分类群的命名必须有模式标本作依据。模式标本必须永久保存，不能是活植物。模式标本有下列几种：

（1）主模式标本（全模式标本、正模式标本）（holotype）是由命名人指定的一份标本，即作者发表新分类群时据以命名、描述和绘图的那一份标本或图示。

（2）等模式标本（同号模式标本、复模式标本）（isotype）系与主模式标本同为一采集者在同一地点与时间所采集的同号复份标本。

（3）合模式标本（等值模式标本）（syntype）著者在发表一分类群时未曾指定主模式而引证了2个以上的标本或被著者指定为模式的标本，其数目在2个以上时，此等标本中的任何1份，均可称为合模式标本。

（4）后选模式标本（选定模式标本）（lectotype）当发表新分类群时，著作未曾指定主模式、或主模式已遗失或损坏时、或多于一个分类群的材料被指定为模式时，后人根据原始资料，在等模式或依次从合模式、副模式、或其他原始材料中，选定1份作为命名模式的标本，即为后选模式标本。

（5）副模式标本（同举模式标本）（paratype）对于某一分类群，著者在原描述中除主模式、等模式或合模式标本以外同时引证的标本，称为副模式标本。

（6）新模式标本（neotype）当主模式、等模式、合模式、副模式标本均有错误、损坏或遗失时，从原始材料之外的其他标本中重新选定出来充当命名模式的标本。

2.每一个种或一个分类群只有1个正确名称

如土茯苓（*Smilax glabra*）是Roxburgh 1832年发表的，但后来的学者对该物种又发表了几个学名：*S. hookeri* Kunth，1850和*S. trigona* Warb. ex Diels，1900。按法规规定，Roxburgh 1832年发表的种名是土茯苓最早的、合法的正确名称，另两个是同物异名，作为异名处理。

3.学名之有效发表和合格发表

根据法规，植物学名之有效发表条件是发表作品一定要是印刷品，并可通过出售、交换或赠送，到达公共图书馆或者至少一般植物学家能去的研究机构的图书馆。仅在公共集会上、手稿或标本上以及仅在商业目录中或非科学性的报刊上宣布的新名称，即使有拉丁文特征集要，均无效。自1935年1月1日起，除藻类（但现代藻类自1958年1月1日起）和化石植物外，1个新分类群名称的发表，必须伴随有拉丁文描述或**特征集要（diagnosis）**或引证，否则不作为合格发表。自1958年1月1日以后，科或科级以下新分类群之发表，必须指明其命名模式，才算合格发表。例如新科应指明模式属，新属应指明模式种，新种应指明模式标本或图示（2007年1月1日后必须是一份标本）。

2011年，墨尔本法规做了以下重要修订：①新种发表时不限定要求拉丁文特征集要了，英文也可以或二者均可；②发表在杂志电子版上也算有效发表，但必须是公开发行的，大家能看到的。

4.优先律原则

植物名称有其发表的**优先律（priority）**：凡符合法规的最早发表的名称，为唯一的正确名称。优先律的起点为1753年5月1日，即以林奈1753年出版的《植物种志》（*Species Plantarum*）的第1版为起点；属以上名称的起点为1789年8月4日德朱西厄所著的《植物属志》（*Genera Plantarum*）。因此，1种植物如已有2个或2个以上的名称，应以最早发表的名称为合法名称。例如，金粟兰科的银线草有3个学名：*Chloranthus japonicus* Sieb.，in Nov. Act. Cur. 14（2）：681. 1829，*Chloranthus mandshuricus* Rupr. Dec. Pl. Amur. t. 2. 1859，*Tricercandra japonica*（Sieb.）Nakai，Fl. Sylv. Koreana 18：14. 1930，按命名法规优先律原则，*Chloranthus japonicus* Sieb.发表年代最早，应作合法有效的学名，后两名称均为它的**异名（synonym）**。

5.学名之改变

由于进行了专门的研究，认为一个属中的某一种植物应转移到另一属中去时，假如等级不变，可将它原来的种加词移动到另1属中而被留用，这样组成的新名称叫**新组合（combinatio nova）**。原来的名称叫**基名（basionym）**。原命名人则用括号括之，转移的作者写在小括号之外。例如，杉木最初是1803年由Lambert定名为*Pinus lanceolata* Lamb.。1826年，Robert Brown又定名为*Cunninghamia sinensis* R. Br. ex Rich.。1827年，Hooker在研究了该名的原始文献后，认为它属于*Cunninghamia*属。但*Pinus lanceolata* Lamb.这一学名发表早，按命名法规定，在该学名转移到另一属时，种加词"*lanceolata*"应予保留。故杉木的合法学名为*Cunninghamia lanceolata*（Lamb.）Hook.，其他两个学名成为它的异名，而*Pinus lanceolata* Lamb.称为基原异名。

6.保留名（nomen conservandum）

对不符合命名法规的名称，若历史上惯用已久，可提交命名法委员会总委员会讨论通过作为保留名。某些科名，其拉丁词尾不是-aceae，如豆科Leguminosae（互用名称Fabaceae），十字花科Cruciferae（互用名称Brassicaceae），菊科Compositae（互用名称Asteraceae）等，但是前面的科名仍然可以使用。

7.杂种

杂种用两个种加词之间加×表示，如旋花科打碗花属的*Calystegia sepium* × *C. silvatica*为*C. sepium*和*C. silvatica*之间的杂交种，但也可另取一名，用×分开，如*Calystegia* × *lucana*。

栽培植物有专门的命名法规，1953年建立，2016年有新版。基本的方法是在种级以上与自然种命名法相同，种下设**品种（cultivar）**。

四 植物分类研究和鉴定的工具

（一）检索表及其应用

植物分类检索表是鉴定植物的工具。检索表的编制是根据法国人拉马克（Lamardk）的二歧分类原则，把原来的一群植物用明显相关的形态特征分成相对应的两个分支，再把每个分支中的分类群用相对立的性状分成相对应的两个分支，依次下去，直到将所有分类群分开为止。为了便于使用，各分支按其出现的先后顺序，前边加上一定的顺序数字。相对应的两个分支前的数字及位置（距左边的距离）应是相同的，而且相对应的两个分支，较上一级分支均应向右退一字格，这样继续下去，直到要编制的终点为止。在各分支的最末端即为某分类群的名称。这种检索表称为**等距检索表（isometric key）**，在各种植物分类著作中普遍采用。此外，还有平行检索表等。

最常见的有分科、分属和分种检索表，可以分别检索出植物的科、属、种。鉴定植物时，可根据需要，应用某种检索表。当然检索一种植物时，先以检索表中出现的两个分支的形态特征，与植物相对照，选其与植物相符合或基本符合的一个分支，在这一分支下边的两个分支中继续检索，直到检索出该植物的科、属、种名（包括中文名和拉丁学名）为止。然后再用植物志等文献或电子数据库对照该植物的有关描述和插图，或与标本室中正确鉴定的标本核对，验证检索过程中是否有误，最后确定植物的正确名称。现将本教材涉及的植物各大类群以及菌物编成等距检索表（表6-5）。

要能达到鉴定植物的目的，除了有科学的分类检索表外，检索对象的标本必须完整（具有花和果实）。同时，对检索表中使用的有关形态术语要有明确的理解，如稍有差错和混淆，就不能找到正确的答案，因此检索时要求耐心而细致。对一个分类工作者，检索的过程是学习、掌握分类学知识的必经之路。

（二）其他工具

1.标本室（Herbarium）

标本室是植物标本收集保存的场所，也是研究植物分类、系统演化及植物学其他分支学科的必要场所。Holmgren 1981年编辑出版的《世界植物标本室索引》第7版列出了1600多个世界各地的标本室。傅立国等（1993）的《中国植物标本馆索引》第一版记载了我国的植物标本馆（室）107个，该书2019年有了第二版（覃海宁等主编）。一份植物标本能反映该植物的大量信息，包括人文、历史、地理和生态信息，对该植物的研究有重要价值。除了直观的形态特征外，高度、花果颜色、生长环境、物候期和种子性状，以及染色体数和DNA采集信息等都可记载在野外记录纸上或电子记录表中。标本室一般有四个用途：鉴定标本与研究该植物的历史和分布、编写植物志和专著、教学上用于学生识别、作为凭证标本（化学成分、细胞核型和DNA分子）。目前，国内外的大部分植物标本馆已完成或正在进行数字化工作，已经公开的有：**中国国家标本资源平台**（http://www.nsii.org.cn/，含中国国家植物标本馆，缩写为PE）；哈佛大学植物标

表6-5　植物的等距检索表

1　植物体无根、茎、叶的分化；雌性生殖器官为细胞（极少数例外）；合子不先形成胚，直接萌发植物体……………………		无胚植物
2　植物体不为藻、菌共生体，含有色素，能进行光合作用，生活方式为自养………………………		1. 藻类（Algae）
2　植物体为藻菌共生体………………………………		2. 地衣植物（Lichens）
1　植物体有根、茎、叶的分化；雌性生殖器官由多细胞组成；合子先形成胚，然后萌发为植物体…………………		有胚植物
3　植物体无维管组织；配子体占优势，孢子体不能离开配子体独立生活……………………		3. 苔藓植物（Bryophyta）
3　植物体有维管组织；孢子体占优势，能独立生活。		
4　不形成种子，主要用孢子繁殖 …………………		4. 石松类与蕨类植物（Lycophyta and Pteridophyta）
4　形成种子，主要用种子繁殖。		
5　胚珠裸露，没有子房包被……………………		5. 裸子植物（Gymnospermae）
5　胚珠包被在子房中，形成果实………………		6. 被子植物（Angiospermae）

本馆（http://www.huh.harvard.edu，标本馆缩写为A），英国皇家邱园标本馆（http://www.rbgkew.org.uk/collections/herbcol.html，标本馆缩写为K）等。

2. 图书馆和电子信息数据库

分类学对历史资料很依赖。分类学的出版物有四类：

（1）专著（monographs）　是指对某植物类群（如科、属）的专科、专属研究的著作。由章节、结论和讨论组成，包含属（种）和种下分类群的系统性描述，但这种研究应是世界性的，如洪德元（2010）的 *Peonies of the World*（《世界芍药属》）。还有一些也属专著，如**修订（revision）**，这类专著描述部分较短，着重于区别特征和修正，也应是世界性的；**纲要（synopsis）**，为较简单的分类学著作，只列出分类群及简短特征。

（2）植物志（flora）　指对特定地区植物分类群组成的详细阐述，着重于描述，包括两类：① **评论性植物志（critical floras）**，② 一般植物志，以描述为主，如《中国植物志》（*Flora Reipublicae Popularis Sinicae*），《欧洲植物志》（*Flora Europaea*），《浙江植物志》和《云南植物志》等。

（3）研究报告　指分类学最初的研究论文总结（即研究报告），以后往往编入新专著或植物志。

（4）辅助性文献（supporting literatures）　如《斯德哥尔摩索引》1969出版；邱园索引 *Index Kewensis* 1895出版，每五年一本。《中国植物系统学要览》（陈心启等，1993），《中国种子植物特有属》（应俊生，张玉龙，1994），《中国高等植物模式标本汇编》及补编（靳淑英，1994—2007），《东亚木本植物名录》（马金双，2017），《中国维管植物科属词典》和《中国维管植物科属志》（李德铢等，

2018，2020），《中国维管植物生命之树》（陈之端等，2020）等。

（5）电子数据库　随着信息技术、计算机技术的高速发展，许多成果也进入了植物系统分类领域，形成了许多实用的数据库和电子信息资源库，如国际植物学名索引（**The International Plant Names Index（IPNI），www.ipni.org/index.html**）；**国际植物标本馆索引（Herbaria index，http://sweetgum.nybg.org/ih/**；中国国家标本资源共享平台（NSII），http://www.nsii.org.cn；中国生物物种名录，http://www.sp2000.org.cn；中国数字植物标本馆（CVH），www.cvh.ac.cn；中国植物物种信息数据库，http://db.kib.ac.cn/；中国植物图像库（PPBC），http://ppbc.iplant.cn/；国际植物染色体索引，http://legacy.tropicos.org/Project/IPCN；GenBank是美国国家生物技术信息中心（National Center for Biotechnology Information，NCBI）建立的DNA序列数据库，存储着近几十年来全球对生物基因组、DNA片段的序列信息。

（6）植物分类研究论文和杂志　论文和杂志是全世界植物系统分类科学工作者发表最新研究成果的方式和地方。全世界有该领域杂志数百种，以各种文字发表，主要是英文杂志，著名的有：*Journals of plant systematics and evolution*；*Evolution*；*American Journal of Botany*；*Systematic Botany*；*Taxon*；*International Journal of Plant Systematics*；*Plant Systematics and Evolution*；*Botanical Journal of Linnean Society*；*New Phytologist*；*Annual Review of Ecology and Systematics*；*Molecular Ecology*；*Molecular Biological Evolution*；*Molecular Phylogeny and Evolution*；*Journal of Systematics and Evolution*；

Annals of the Missouri Botanical Garden；*Botanical Studies*；*Plant Diversity*；*Phytotaxa*等等，以及综合类科技刊物，如自然（*Nature*）、科学（*Science*）、美国科学院院报（*PNAS*）、中国科学通报（*Science Bulletin*）等。

3.实验室（Laboratory）

随着20世纪40年代生命科学仪器的发展，以及居群思想的提出，物种生物学和实验分类学迅速发展起来。人们基于传统的形态和解剖性状，利用各种实验获得的性状（如细胞染色体性状、繁育生物学性状、胚胎学性状、孢粉学性状、化学性状、生态学性状）来研究植物物种的分类和系统关系。尤其是20世纪80年代以来，分子生物学技术的发展使DNA分子序列性状和基因组性状成为植物系统发育和分类研究的重要性状，促使植物分类学家、植物系统学家跳出了"图书馆+放大镜、解剖镜"的研究范畴，进入了通过实验获得数据进行分析的阶段。目前，全世界研究植物系统进化和分类的单位几乎都有了"研究实验室+标本室+活植物试验地"的新模式。

五 植物分类的形态学基础知识

在学习分科知识之前，首先要掌握植物分类中经常用到的形态学基础知识（即形态**术语（term）**）。

在自然界，被子植物是最高级的植物类群。为了长期演化和适应多变的环境，被子植物在形态方面出现了各种各样的特征，植物分类工作者常将这些特征作为分类的主要依据，并制定出一系列术语用来描述这些性状。这些术语是学习植物系统与分类学的基础，有必要了解和掌握它们。

1. 木本植物（woody plant）

植物体木质部发达，茎坚硬，多年生（图6-18）。木本植物因植株高度及分枝部位等不同，可分为：

（1）乔木（tree） 高大直立的树木，高5m以上，主干明显，分枝部位较高，如松、杉、枫杨、樟等，有常绿乔木（evergreen tree）和落叶乔木（deciduous tree）之分。

（2）灌木（shrub） 比较矮小，高在5m以下的树木，主干不明显，分枝靠近茎的基部，如茶、月季、木槿等，有常绿灌木及落叶灌木之分。

（3）半灌木（亚灌木sub-shrub） 植物多年生，但仅茎的基部木质化，而上部为草质，冬季枯萎，如牡丹。

图6-18 植物的生长习性
A.乔木，B.灌木，C.木质藤本

2. 草本植物（herbaceous plant 或 herb）

植物体木质部较不发达至不发达，茎多汁，较柔软。按草本植物生活周期的长短，可分为：

（1）一年生草本（annual） 在一个生长季节内就可完成生活周期的，即当年开花、结实后枯死的植物，如水稻、大豆、番茄等。

（2）二年生草本（biennial） 第一年生长季（秋季）仅长营养器官，到第二年生长季（春季）开花、结实后枯死的植物，如冬小麦、甜菜、蚕豆等。实际上植物也只生长几个月，与一年生植物同。

（3）多年生草本（perennial herb） 能生活二年以上的草本植物。一些植物的地下部分为多年生，如宿根或根茎、鳞茎、块根等变态器官，而地上部分每年死亡，待第二年春又从地下部分长出新枝，开花结实，如藕、洋葱、芋、甘薯、大丽菊等；另外一些植物的地上和地下部分都为多年生，开花、结实后地上部分仍不枯死，并能多次结实，如万年青、麦冬、吉祥草等。

草本植物中，一年生、二年生和多年生的习性，有时会随地理纬度及栽培习惯的改变而变化，如小麦和大麦在秋播时为二年生草本，在春播时则成为一年生草本；又如棉花及蓖麻在江浙一带为一年生草本，而在低纬度的南方可长成多年生草本。

3. 藤本植物（Vine 或 liana）

藤本植物体细长，不能直立，只能依附别的植物或支持物，缠绕或攀缘向上生长。藤本依茎质地的不同，又可分为木质藤本（如葡萄、紫藤等）与草质藤本（如牵牛、长豇豆等）。

（二）茎的生长习性（habit of stem）（图6-19）

1. 直立茎（erect stem）

茎直立向上生长，如稻、麦、桃、梨等大多数植物的茎。

2. 缠绕茎（twining stem）

茎本身不能直立向上生长，必须螺旋缠绕于其他物体上才能向上生长，如长豇豆、菜豆、牵牛等的茎。

3. 攀缘茎（climbing stem）

茎也不能直立向上生长，而靠特化的结构攀缘在其他物体上，才能上升，如豌豆的茎（叶卷须），葡萄的茎（茎卷须），菝葜（托叶卷须），薜荔、络石的茎（气生根），旱金莲、铁线莲的茎（叶柄），扛板归的茎（皮刺），爬山虎的茎（吸盘）等。

4. 匍匐茎（creeping stem，或 stolon）

茎平卧地面，向四面生长，并从节上产生不定根，如甘薯、天胡荽、连钱草等植物的茎。

草莓、虎耳草的茎常变态成纤匐枝（runner），有时常混称为匍匐茎。它与后者不同之处为：纤匐枝常细长，从叶丛的叶腋中发生，其顶端在节上向下生不定根，向上长叶和芽，形成莲花状叶丛，当它独立生活后，纤匐枝的节间常枯死。

5. 平卧茎（prostrate stem）

茎平卧地面上，节上不产生根，如地锦等。

（三）叶（leaf）

我们已知叶可分为完全叶（complete leaf）和不完全叶（incomplete leaf）。每种植物的叶片常有一定的形状。叶的形态也为分类的依据之一，但在观察时应以大多数叶片的形态为准。

1. 叶序（phyllotaxy）

叶在茎上着生或排列的方式称为叶序，常见的有（图6-20，6-21）：

（1）互生（alternate） 每茎节上只生1枚叶，交互而生或成螺旋状着生，如水稻、小麦、樟树、桃、梨、蚕豆、棉、南瓜等的叶序。

（2）对生（opposite） 每节上相对着生2枚叶，如女贞、桂花、芝麻、薄荷等的叶序。在对生叶序中，一个节上的2枚叶常与上下相邻的2对叶交叉成"十"字形，称为交互对生（decussate），很多对生叶序常为交互对生，如薄荷和水苏。

（3）轮生（whorled 或 verticillate） 每节上着生3枚或3枚以上的叶，如夹竹桃、桔梗等的叶序。

图6-20　叶序（一）
A.1/2互生，B.1/3互生，C.1/5互生

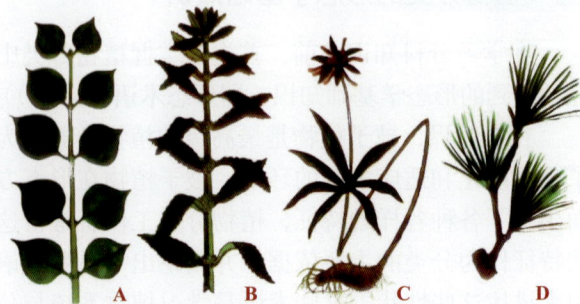

图6-21　叶序（二）
A.对生；B.交互对生；C.轮生；D.簇生

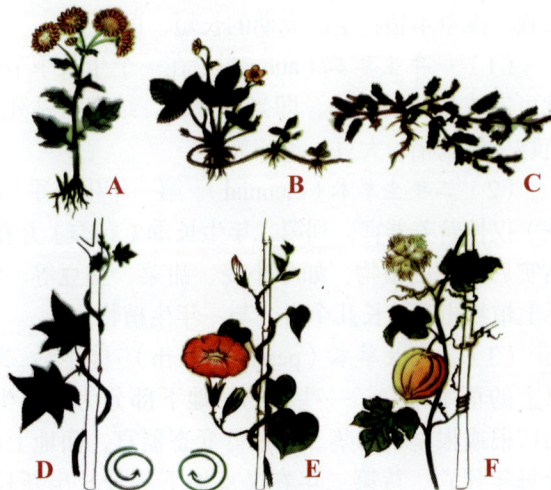

图6-19　茎的习性
A.直立茎；B.匍匐茎；C.平卧茎；D—E.缠绕茎；F.攀缘茎

（4）簇生（fascicled） 每节生1枚或2枚以上的叶，节间极度缩短，好像许多叶簇生在一起，如金钱松、银杏等。

2.叶形、叶尖、叶基和叶缘

叶片、叶的尖端、叶基部和叶边缘的形态变化很多，现以简图表示其主要类型（图6-22，6-23，6-24，6-25）。

（1）叶形（leaf shape） 叶片的形状常以长阔的比例、最阔部分的位置和叶的像形来描述。叶形常常有下列几种（图6-22）：

1）针形（acicular或acerose）：叶十分细长，先端尖，如松叶。

2）条形（线形或带形linear）：叶片狭长，全部的宽度略相等，两侧叶缘几平行，如稻、麦、韭菜和水仙的叶。

3）披针形（lanceolate）：叶中部以下最宽，向上渐狭，如桃。倒披针形（oblanceolate）为披针形的颠倒，如小檗。

4）矩圆形（长圆形oblong）：叶片较宽部分在中部，两侧边缘几平行，如枇杷。

5）椭圆形（elliptical）：与矩圆形相似，但两侧边缘成弧形，如茶、樟树的叶。

6）卵形（ovate）：叶片下部圆阔，上部稍狭，呈卵状，如女贞、苎麻的叶。倒卵形（obovate）为卵形的颠倒，如紫云英等。

7）菱形（rhomboidal）：叶片几成等边斜方形，如菱、乌桕的叶。

8）心形（cordate）：近似卵形，但基部更宽圆而凹入，先端尖，呈心脏形，如紫荆的叶。倒心形（obcordate）为心形的颠倒。

9）圆形（orbicular）：叶片呈正圆形，如莲的叶。有的圆形叶的叶柄着生在叶片中央或近一侧，又称盾形叶（peltate），如莲的叶。

10）肾形（reniform）：叶片基部凹入成钝形，先端钝圆，宽大于长，似肾脏形，如积雪草的叶。

此外，还有其他像形的叶：三角形叶（triangular），如荞麦的叶；扇形（fanshaped）的叶，如银杏的叶；匙形（spathulate）叶，如茼蒿的叶。有时叶形介于两者之间，可用两种叶形的复合名称来表示，如条状披针形，卵状长圆形。或加"长"、"广"等形容词更确切地描述叶形的特点，如长椭圆形，广披针形等。

（2）叶尖（leaf apex） 叶尖常见的有下列几种（图6-23）：

1）渐尖（acuminate）：叶尖较长，或逐渐尖锐，有稍内弯的边缘，如桃的叶。

2）急尖（acute）：叶尖较短而尖锐，边缘直，如荞麦的叶。

3）钝形（obtuse）：叶尖钝或狭圆形，如厚朴的叶。

4）截形（truncate）：叶尖如横切成平顶状，多少成一直线，如小巢菜、鹅掌楸的叶。

5）尖凹（微凹retuse）：叶尖顶端凹入，如细叶黄杨的叶。

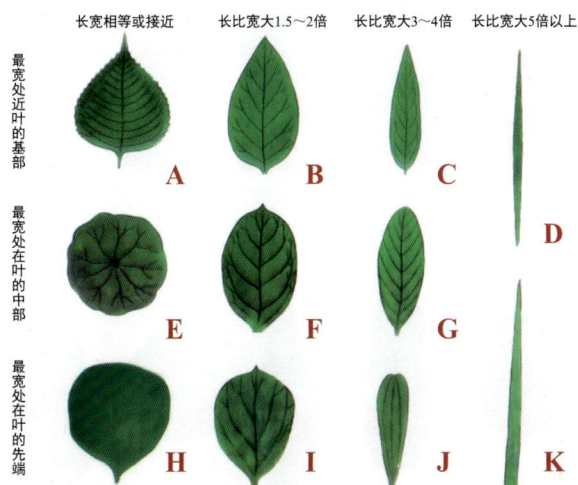

图6-22 叶形的分类
A.阔卵形；B.卵形；C.披针形；D.条形；E.圆形；F.阔椭圆形；G.长椭圆形；H.倒阔卵形；I.倒卵形；J.倒披针形；K.剑形

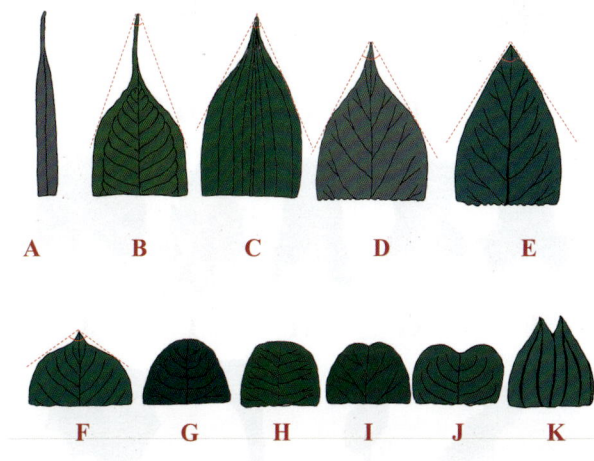

图6-23 叶尖的类型
A.芒尖；B.尾尖（<90°）；C.渐尖（顶端三角形两边与叶缘不缝合，顶角小于30°）；D.骤尖（硬尖，顶端三角形两边与叶缘不缝合，顶角大于30°）；E.锐尖（顶端三角形两边与叶缘缝合）；F.突尖（顶角大于90°）；G.钝形；H.截形；I.微缺；J.倒心形；K.二裂

6）微缺（emarginate）：叶尖具浅凹缺，如苜蓿的叶。

7）倒心形（obcordate）：叶尖具较深的凹缺，如酢浆草的叶。

（3）叶基（leaf base） 叶片的基部常见的有（图6-24）：

1）楔形（cuneate）：叶片自中部以下向基部两边逐渐变狭，形如楔子，如含笑花的叶。

2）圆形（rotund）：叶基呈半圆形，如杏、樱桃的叶。

3）心形（cordate）：叶基两侧各有一圆裂片，呈心形，如蔺麻、紫荆的叶。

4）耳形（auriculate）：叶基两侧的裂片钝圆，下垂如耳，如白英的叶。

5）箭形（sagittate）：叶基两侧的裂片尖锐，向下，似箭头，如慈姑的叶。

6）戟形（hastate）：叶基两侧的裂片向左右外展，如菠菜、小旋花的叶。

7）抱茎（amplexicaul）：叶基部抱茎，如青菜的茎生叶。

8）偏斜（oblique）：叶基两侧不对称，如秋海棠、地锦、朴树的叶。

（4）叶缘（leaf margin） 叶缘的变化，常见的有（图6-25）：

1）全缘（entire）：叶片边缘平整无缺，如女贞、紫荆、甘薯、稻和麦等的叶缘。

2）锯齿（状）（serrate）：叶缘裂成齿状，齿下边长，上边短，如大麻的叶缘。锯齿较细小的，称细锯齿（serrulate），如梨、桃等的叶缘；锯齿之上又有小锯齿的，称重锯齿（double serrate），如樱桃的叶缘。

3）牙齿（状）（dentate）：叶缘齿尖锐，两侧近相等，齿直而尖向外，如蜂斗菜、桑的叶缘。

4）钝齿（crenate 或 obtusely serrate）：叶缘具钝头的齿，如天竺葵的叶缘。

5）波状（undulate）：叶缘起伏呈波浪形，如茄的叶缘。

3. 叶裂

叶片除上述变化外，常有深浅与形状不一的缺刻（incision），缺刻之间的叶片叫裂片（lobe），这种缺刻统称叶裂。按叶裂的形式的不同，分为三大类（图6-26）：

（1）羽状分裂（pinnately divided） 叶裂自主脉向两侧排列呈羽状，如胡萝卜叶、马铃薯叶、油菜的基生叶等。

（2）掌状分裂（palmately divided） 叶裂自中脉以放射状向各方散开呈掌状，如棉叶、蓖麻叶等。

（3）三出分裂（ternately divided） 属于掌状分裂的一种，仅三个裂片，如三角槭、牵牛及益母草。

按叶裂的深浅不同，又可分为三类：

图6-24 叶基的类型

A.圆形；B.钝形；C.下延；D.渐尖；E.楔形；F.戟形；G.耳垂形；H.剑形；I.偏斜；J.心形；K.L.穿茎；M.抱茎；N.盾形

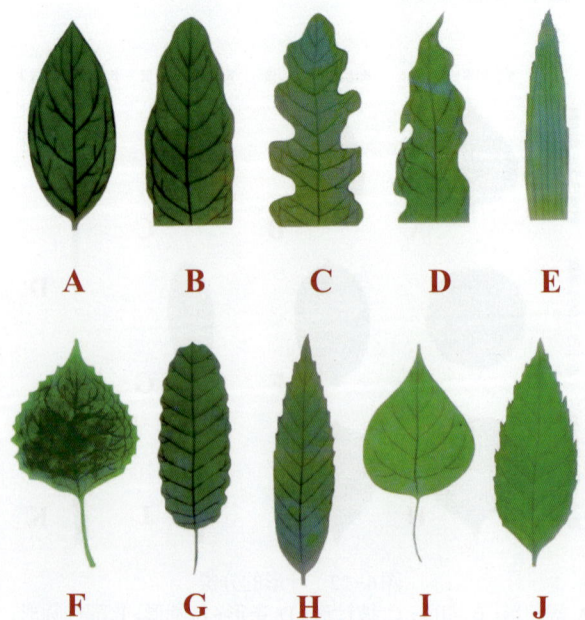

图6-25 叶缘的类型

A.全缘；B.浅波状；C.深波状；D.皱波状；E.睫毛状；F.牙齿状；G.钝锯齿；H.锯齿状；I.细锯齿状；J.重锯齿状

1）浅裂（lobed）：叶裂深度为叶缘至中脉的1/3左右。根据叶裂的形式，又可分为

2）深裂（partite）：叶裂深度超过叶缘至中脉的1/2。深裂也可分羽状深裂（pinnatipartite）和掌状深裂（palmatipartite）等。

3）全裂（divided 或 dissect）：叶裂深达中脉或叶片基部。全裂也可分羽状全裂（pinnatisect）、三出和掌状全裂（palmatisect）。

4.脉序（leaf venation）

指叶片中叶脉分布的类型。它可分为：

（1）网状脉序（reticular venation）　叶片上有1条或几条主脉，主脉向两侧分出许多侧脉，侧脉再分出许多细脉，相互连接成网状。双子叶植物的叶脉大多数属此类型（图6-27B、C）。

网状脉序又因主脉数和侧枝分支的不同，再分为羽状（网）脉（pinnate venation）和掌状（网）脉（palmate venation）。前者如梨、枇杷、茶、桑、柳等的叶脉；后者如棉、南瓜、蓖麻的叶脉。

（2）平行脉序（parallel venation）　叶片上中脉和侧脉都是自叶片的基部发出的，大致互相平行，至叶片的顶端汇合，或侧脉互相平行且与中脉呈一定角度。各平行脉间有细脉横向连接，但不成网状。单子叶植物的叶脉大多属此类型（图6-27）。

平行脉有的为直出（平行）脉，中脉与侧脉平行地自叶基直达叶尖，如水稻、小麦、玉米等的叶脉；有的为侧出（平行）脉，侧脉与中脉垂直，自中脉平行地直达叶缘，如芭蕉、香蕉等的叶脉；有的为射出（平行）脉，各叶脉从基部辐射而出，如棕榈的叶脉；有的平行脉自基部发出，在叶的中部彼此距离逐渐增大，呈弧状分布，最后在叶尖汇合，如车前、紫萼等的叶脉。

5.单叶与复叶

（1）单叶（simple leaf）　一个叶柄上只生1张叶片的，如棉、油菜、桃等的叶（图6-28A）。

（2）复叶（compound leaf）　一个叶柄上着生2至多数分离的叶片，如大豆、蚕豆、紫云英、七叶树等的叶。复叶的叶柄叫总叶柄（common petiole），其延伸的部分称叶轴（rachis）；其上着生的叶片称小叶（leaflet），小叶的柄称为小叶柄（petiolule），小叶的托叶称小托叶（stipel）。

复叶依小叶排列的形态不同，有几种类型（图6-28）。

1）羽状复叶（pinnately compound leaf）：3枚以上的小叶排列在叶轴的左右两侧，呈羽毛状，如蚕豆、月季等的叶。羽状复叶以小叶数目可为单数或双数，因此又分为：单（奇）数羽状复叶（odd-pinnately compound leaf），小叶的数目为单数，有一顶生小叶，如胡桃、月季的叶；双（偶）数羽状复叶（even-pinnately compound leaf），小叶的数目为双数，无顶生小叶，如花生、皂荚的叶。羽状复叶又因叶轴分枝的情况，可分为一回、二回、三回或多回羽状复叶：紫云英、蚕豆的复叶叶轴不分

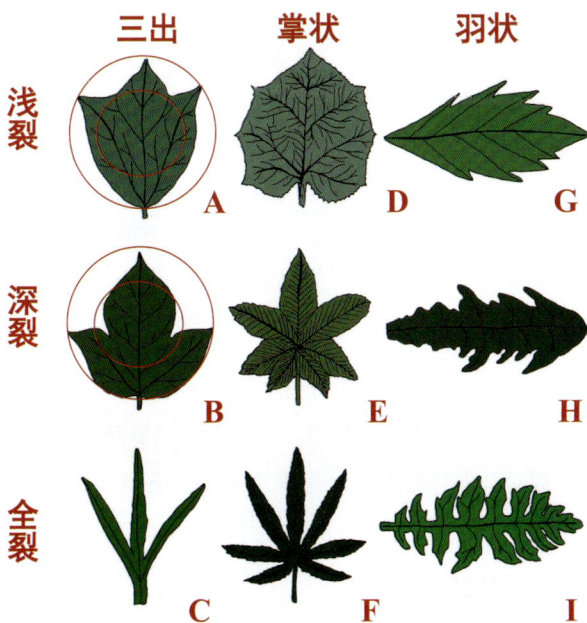

图6-26　叶的分裂

A.三出浅裂；B.三出深裂；C.三出全裂；D.掌状浅裂；E.掌状深裂；F.掌状全裂；G.羽状浅裂；H.羽状深裂；I.羽状全裂；

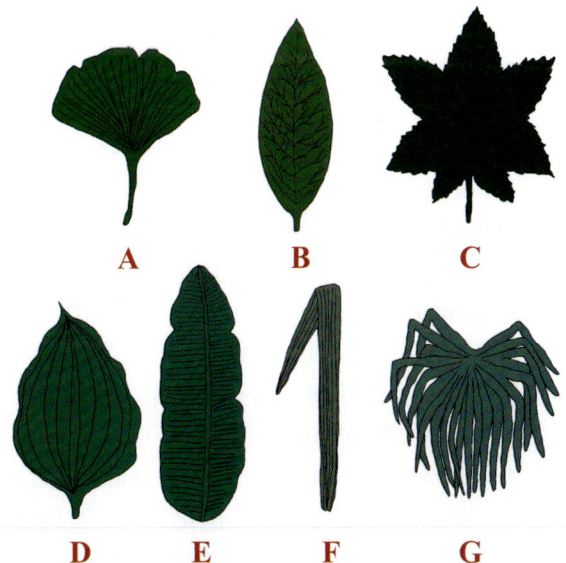

图6-27　叶脉的类型

A.二歧分支脉序；B—C.网状脉；B.羽状网脉；C.掌状网脉；D—G.平行脉；D.弧形脉；E.侧出平行；F.直出平行；G.射出平行

图6-28　单叶和复叶
A.单叶；B.单身复叶；C.三出深裂；D.三出复叶；E.掌状全裂；
F.掌状复叶；G.偶数羽状复叶；H.对生叶；红色箭头指腋芽

图6-29　复叶的类型
A—C.三出复叶；D—E.掌状复叶；F.偶数羽状复叶；G—H.奇
数羽状复叶；I.二回羽状复叶；J.二回掌状复叶；K.三回羽状复
叶；L.多回复叶

支，小叶直接生在叶轴上，属一回羽状复叶（simple pinnate leaf）；如叶轴分支一次，各分支也作羽状排列，小叶生在叶轴的分支上，称二回羽状复叶（bipinnate leaf），如合欢、云实的叶。此时叶轴的分支叫作羽片（pinna，复数pinnae）；如叶轴羽状分支二次，则为三回羽状复叶（tripinnate leaf），如南天竹、楝的叶；以此类推。

2）掌状复叶（palmately compound leaf）：3枚以上的小叶都着生在总叶柄的顶端，排列呈掌状，如大麻、木通的叶。

3）三出复叶（terately compound leaf）：仅有3片小叶着生在总叶柄的顶端。三出复叶又有：羽状三出复叶（ternately pinnate leaf），顶端的小叶柄较长，如大豆、菜豆、苜蓿等的叶；掌状三出复叶（ternate palmately leaf），3小叶柄等长，如酢浆草、车轴草的叶。有些二回掌状复叶和三回掌状复叶实际上是二回三出复叶和三回三出复叶。前者如淫羊藿的叶；后者如唐松草的叶。

4）单身复叶（unifoliate compound leaf）：形似单叶，可能是三出复叶的一退化类型，其两侧的小叶退化，顶生小叶的基部和叶轴交界处有一关节，叶轴向两侧延展，常成翅，如柑橘、金橘等的

叶（图6-28B）。

6-6和表6-7列出了单叶与复叶、全裂单叶和复叶的区别。

表6-6　单叶与复叶的区别

单叶	复叶
1.由一个叶柄和一张叶片组成	在总叶柄或叶轴上生着许多小叶，各小叶常具小叶柄
2.叶柄基部有腋芽（掌状复叶除外）	总叶柄基部有腋芽，各小叶基部无腋芽
3.各叶自成一平面	许多小叶片在总叶柄或叶轴上排成一个平面
4.脱落时，叶柄、叶片同时脱落	脱落时，小叶先落，总叶柄或叶轴最后脱落

表6-7　复叶与全裂单叶的区别

全裂单叶	复叶
1.裂片的形状与大小常差异很大	每小叶的形状与大小基本相同
2.裂片基部没有关节	每小叶基部常有小叶柄，并与总叶柄相接处有关节
3.落叶同单叶	落叶同复叶

（四）花（flower）

花的各部分（如花萼、花冠、雄蕊群和雌蕊群等）及花序在长期的进化过程中，产生了各式各样的适应性变异，因而形成了各种各样的类型。

1. 花的类型（图6-30）

（1）以花中各部分具备与否来分

1）完全花（complete flower）：花萼、花冠、雄蕊群和雌蕊群都具备的花，如油菜、棉、桃、番茄等的花。

2）不完全花（incomplete flower）：缺少花萼、花冠、雄蕊群、雌蕊群中的任何一部分或几部分的花，如桑、南瓜、柳等的花。

（2）以花的对称性来分（图6-31）

1）辐射对称花（actinomorphic flower）：通过花的中心，可作出2个以上对称面的，又称整齐花（regular flower），如棉、桃、茄等的花。

2）双面对称花（disymmetrical flower）：通过花的中心，能作出2个对称面的，如十字花科等植物的花。

3）两侧对称花（zygomorphic flower）：通过花的中心，只能作出1个对称面的，如蚕豆、三色堇、水稻等的花。

4）不对称花（asymmetrical flower）：通过花的中心，不能作出对称面的花，如美人蕉的花。

双面对称花、两侧对称花和不对称花，均为不整齐花（irregular flower）。

（3）花部排列的方式　被子植物的花，有各部分螺旋状排列的（spiral arrangement），如玉兰、毛茛的花，其花的某些部分（突出的如雄蕊群和雌蕊群）没有定数，而且是螺旋状排列的；而大多数被子植物花的各部分不仅有定数而且多为轮状排列（whorled arrangement）。

（4）连合状况　被子植物花的各部分，一般认为彼此离生是原始的，连合是进化的，即有离瓣花和合瓣花之分。花的各部在连合时，常同一组分会连合，如花瓣与花瓣连合，这种连合称为合生（connection）；也有花的不同部分之间连合，如棉的雄蕊群（花丝合生）与花瓣基部连合，这种连合称为贴生（adnation）。许多植物的花萼、花冠及雄蕊群和雌蕊的子房贴生，形成下位子房，如蔷薇科。

2. 花冠的类型

花瓣的离合、花冠筒的长短、花冠裂片的深浅等不同，形成各种类型的花冠，常见的有（图6-32）：

（1）蔷薇形花冠（roseform）　由5个分离的花瓣排成辐射状，如桃、梨的花冠。

（2）十字花冠（cruciform）　由4个分离的花瓣排成"十"字形，如油菜、萝卜等的花冠。此种花冠为十字花科植物的特征之一。

（3）蝶形花冠（papilionaceous）　由5个形状不同的花瓣排成蝶形，最大的一瓣称旗瓣，在最外面；其内方两边各有一瓣，形较小，称翼瓣；翼瓣下方为2龙骨瓣；如大豆、蚕豆等的花冠。此种花冠为蝶形花科（或亚科）植物特征之一。

（4）筒（管）状花冠（tubular）　花瓣结合成筒

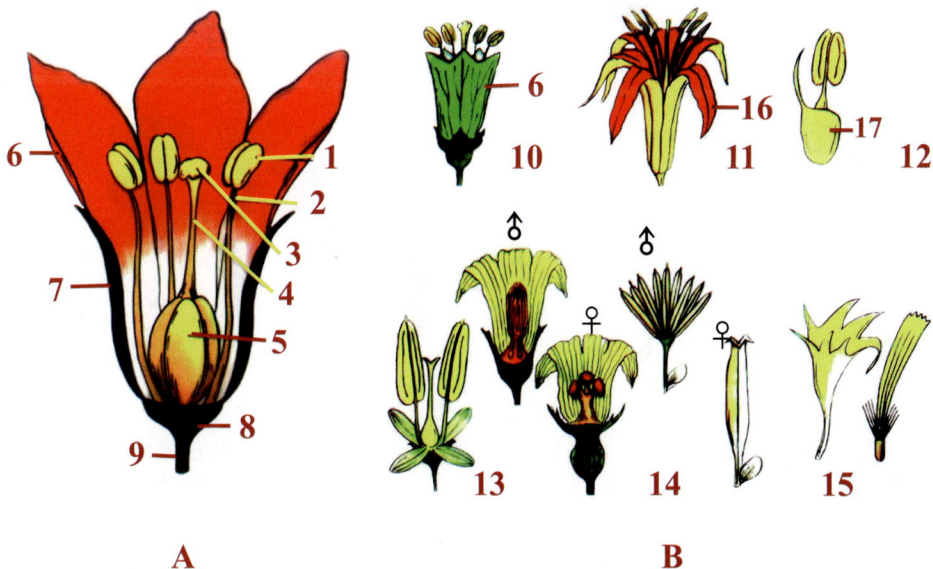

图6-30　花的组成和类型
A.完全花组成（1.花药；2.花丝；3.柱头；4.花柱；5.子房；6.花冠；7.花萼；8.花托；9.花梗）；
B.花的类型（10.双被花；11.单被花（16.花被片）；12.无被花（17.雌蕊）；13.两性花；14.单性花（南瓜与杜仲）；15.无性花（菊科边缘舌状花）

图6-31 花的对称面
A.辐射对称花；B.两侧对称花；C.不对称花

图6-32 花冠类型
A.十字花冠；B.石竹形花冠；C.蔷薇花冠；D.蝶形花冠（1.旗瓣，2.翼瓣，3.龙骨瓣）；E.假蝶形花冠（1.旗瓣，2.翼瓣，3.龙骨瓣）；F.管状花冠；G.漏斗状花冠；H.高脚碟状；I.钟状花冠；J.坛状；K.舌状花冠；L.辐射状（轮状）；M—N.唇形花冠；O—P.飞鸟状花冠

状，花冠裂片向上伸展，如向日葵花序中部的花。此种花冠为菊科植物特有。

（5）舌状花冠（liguliform） 花冠筒短，花冠裂片向一侧延伸呈舌状。此种花冠也为菊科植物所

特有。花冠顶端5裂的为舌状花冠，如蒲公英；花冠顶端3裂的为假舌状花冠，如向日葵花序周围的花。

（6）唇形花冠（labiate） 花瓣合生呈二唇状，

常上唇有2裂片，下唇有3裂片，如泡桐、芝麻、连钱草的花冠。

（7）轮状花冠（wheel-shaped） 花冠筒短，花冠裂片由基部向四周轮状扩展，如茄、番茄花冠。

此外，还有钟状花冠（companulate）（南瓜）、漏斗状花冠（funnelform）（牵牛）、高脚碟状花冠（salverform）（络石）和坛状花冠（小果南烛）。

3.花瓣和萼片在花芽内排列的方式（花被卷叠式）（图6-33）

（1）镊合状（valvate） 指花瓣或萼片各自的边缘彼此接触，但彼此不覆盖，如茄、番茄等的花。

（2）旋转状（contorted） 指花瓣或萼片每一片的一边覆盖相邻一片的边缘，而另一边又被另一相邻一片的一边所覆盖，如棉、牵牛的花。

（3）覆瓦状（imbricate） 和旋转状相似，只是花瓣或萼片的各片中有一片或二片完全在外，另一片完全在内，如油菜、桃的花。

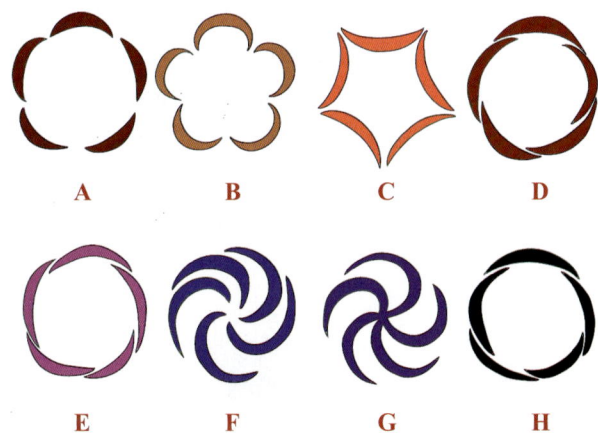

图6-33 花瓣和萼片在花芽内排列的方式
A—C.镊合状；D.单覆瓦状；E—G.旋转状；H.双覆瓦状

4.雄蕊的类型

雄蕊常因离合与否、花丝长短的不同，分为不同的类型，常见的有（图6-34）：

（1）离生雄蕊（stamen distinct） 一花中有多数雄蕊而彼此分离，如莲、油菜、小麦等花的雄蕊。

（2）单体雄蕊（monadelphous stamen） 一花中有10至多数雄蕊，其花丝连合成一束，组成花丝筒，花药分离，如棉、红麻、锦葵、大花猪屎豆、羽扇豆等花的雄蕊。

（3）两体雄蕊（diadelphous stamens） 一花中10枚雄蕊的花丝连合成二束，如蚕豆、豌豆的雄蕊，其中9枚花丝连合成一束，另1枚雄蕊单独分离，或者每束5枚。这种雄蕊为豆科蝶形花亚科植

图6-34 雄蕊的类型
A.六强雄蕊；B.五强雄蕊；C.四强雄蕊；D.二强雄蕊；E.二枚雄蕊；F.离生多雄蕊；G.聚药雄蕊；H.五体雄蕊（多体雄蕊）；I.二体雄蕊；J.单体雄蕊

物特有。

（4）多体雄蕊（polydelphous stamens） 一花中的多数雄蕊的花丝连合成数束或基部联合，如金丝桃和代代花的雄蕊。

（5）四强雄蕊（tetradynamous stamen） 一花有6枚雄蕊，外轮的2枚花丝较短，内轮的4枚花丝较长，如油菜、萝卜等花的雄蕊。此种雄蕊为十字花科植物特有。

（6）二强雄蕊（didynamous stamen） 一花有4枚雄蕊，2枚较长，2枚较短，如泡桐、连钱草、益母草等花的雄蕊。

（7）聚药雄蕊（synantherous stamen） 一花中雄蕊的花丝分离，花药贴合成筒状，如向日葵等菊科植物以及南瓜、大岩桐等花的雄蕊。

5.花药

（1）花药在花丝上着生的方式

常见的有（图6-35）：

1）贴着药（全着药adnate anther）：花药背部全部贴着花丝，如玉兰、白兰花的雄蕊。

2）基着药（底着药basifixed anther或innate anther）：仅花药的基部着生于花丝顶端，大多数被子植物雄蕊的花药着生方式属此类型。

3）背着药（dorsifixed anther）：花丝着生于花药的背部下方，并成一定的角度，如桃、李等花的雄蕊。

4）丁字着药（versatile anther）：花丝以细尖的

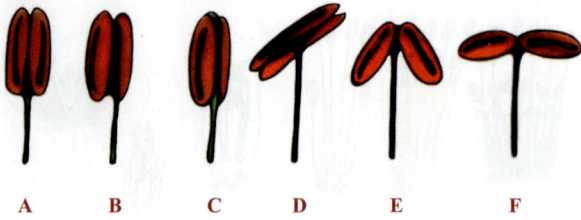

图6-35　花药的着生类型
A.基着药；B.背着药；C.贴着药；D.丁字着药；E.个字着药；
F.广歧药

顶端与花药背部的中央相连，易于随风动摇，如小麦、水稻、百合等雄蕊。

5）个字着药（divergent anther）：花药分成2半，基部张开，上部着生于花丝基部，形成"个"字状，如水蓑衣、婆婆纳等花的雄蕊。

6）广歧药（divaricate anther）：花药的2个半药完全分离，几乎成一直线着生在花丝顶部，如毛地黄、陌上菜等花的雄蕊。

（2）花药开裂的方式

常见的有（图6-36）：

1）纵裂（longitudinal dehiscence）：花药沿药室纵向开裂，如油菜、百合等大多数被子植物的花药。

2）孔裂（porous dehiscence）：花药在顶部或近顶部开一小孔，花粉由小孔散出，如杜鹃花、茄、番茄等的花药。

3）瓣裂（valvate dehiscence）：花药在侧面裂成2～4小瓣，花粉由瓣下的小孔散出，如小檗、香樟等的花药。

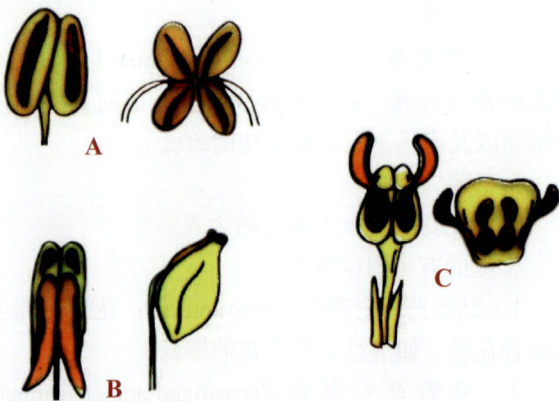

图6-36　花药开裂方式
A.纵裂；B.孔裂；C.瓣裂

6.雌蕊的类型

参阅第五章雌蕊的组成。

7.子房的位置和类型

有3种类型（图6-37）：

（1）上位子房（superior ovary）　子房仅以底部与花托相连合，花的其他部分不与子房相贴生。它又可分2种类型：

1）下位花（hypogynous flower）：子房着生在凸起或平坦的花托上，花萼、花冠和雄蕊群着生的位置低于子房（或在子房的下方），如油菜、稻、玉米等的花。

2）周位花（perigynous flower）：花托呈杯状，子房仅以底部着生在杯状花托凹陷的中央，花萼、花冠和雄蕊群着生在杯状花托的边缘或着生在由花萼、花冠和雄蕊群的下部贴生而成的花管（floral tube，有时称萼筒）的边缘，因位于子房的周围，故属周位花，如蔷薇、桃、梅等的花。

（2）下位子房（inferior ovary）　整个子房着生在凹陷的花托或花管中，并且与之合生，花萼、花冠和雄蕊群或它们的分离部分着生在子房的上方，故为下位子房，其花为上位花（epignous flower），如梨、瓜类、向日葵和仙人掌等的花。

（3）子房半下位（half-inferior ovary）　子房有一半左右与杯状花托或花管相合生，花的其他部分着生在子房的周围，故为下房半下位，其花为周位，如马齿苋、甜菜、菱等的子房。

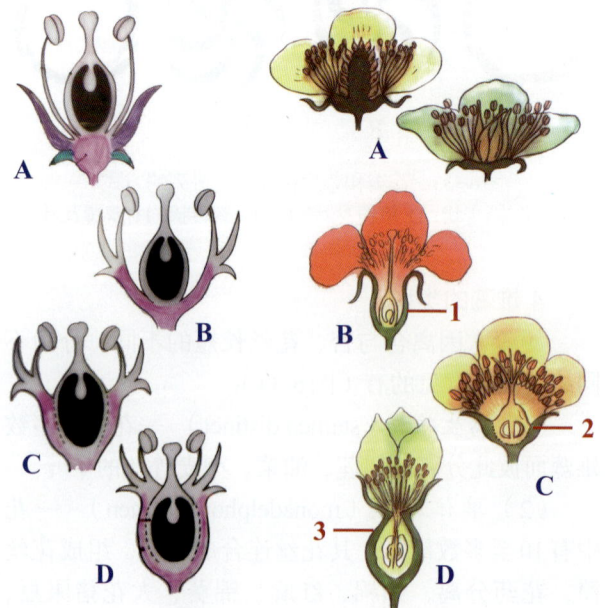

图6-37　子房在花中的位置
A.子房上位下位花；B.子房上位周位花；C.子房半下位；D.子房下位花上位；1.萼筒与子房壁分离；2.萼筒与子房壁一半联合；3.萼筒与子房壁完全联合

8.胎座的类型

胎珠在子房内着生的位置称胎座。胚珠在子房内着生的方式称胎座式（placentation），常见的有6种类型（图6-38）：

1）边缘胎座（marginal placentation）：雌蕊由单心皮构成，子房1室，胚珠着生在腹缝线上，如蚕豆、豌豆等豆科植物的胎座式。

2）中轴胎座（axial placentation）：雌蕊由多心皮构成，各心皮互相连合，在子房中形成中轴和隔膜，子房室数与心皮数相同，胚珠着生在中轴上，如棉、柑橘等的胎座式。

3）侧膜胎座（parietal placentation）：雌蕊由多心皮构成，各心皮边缘合生，子房1室，胚珠着生在腹缝线上，如油菜、三色堇和瓜类植物的胎座式。

4）特立中央胎座（free-central placentation）：雌蕊由多心皮构成，子房1室，心皮基部和花托上部贴生，向子房内伸突，成为特立于子房中央的中轴，但不达子房的顶部，胚珠着生在中轴上；有的因子房内隔或中轴上部消失而形成，前者如樱草，后者如石竹等的胎座式。

5）基生胎座（basal placentation）：雌蕊由2心皮构成，子房1室，胚珠着生在子房的基部，如向日葵等菊科、莎草科植物的胎座式。

6）顶生胎座（apical placentation）：雌蕊由2心皮构成，子房1室，胚珠着生在子房的顶部呈悬垂状态，如桑等植物的胎座式。

9.胚珠的类型

常见的有下列数种（图6-39）：

（1）直生胚珠（atropous ovule 或 orthotropous ovule） 胚珠各部分均匀生长，整个胚珠直立地着生在株柄上，即珠孔、珠心、合点和珠柄处于同一直线上，如荞麦、胡桃胚珠。

（2）倒生胚珠（anatropous ovule） 胚珠一侧生长快，另一侧生长慢，胚珠向生长慢的一侧倒转约180°，珠心并不弯曲，珠孔在珠柄基部的一侧，合点在珠柄相对的一侧，靠近珠柄一侧的外珠被常与珠柄贴生，形成一条珠脊，向外隆起。合点、珠心和珠孔的连接线几乎与珠柄平行。大多数的被子植物的胚珠属此类型，如稻、麦、百合、棉等的胚珠。

（3）横生胚珠（hemitropous ovule） 胚珠的一侧生长较快，胚珠在珠柄上扭转约90°，珠孔、珠心和合点的连接线与珠柄几乎成直角，如锦葵、毛茛等的胚珠。

（4）弯生胚珠（campylotropous ovule） 胚珠的下半部生长较均匀，上半部向生长慢的一侧弯曲，胚囊也有一定程度的弯曲，珠孔向珠柄方向下倾，如油菜、蚕豆、扁豆等的胚珠。

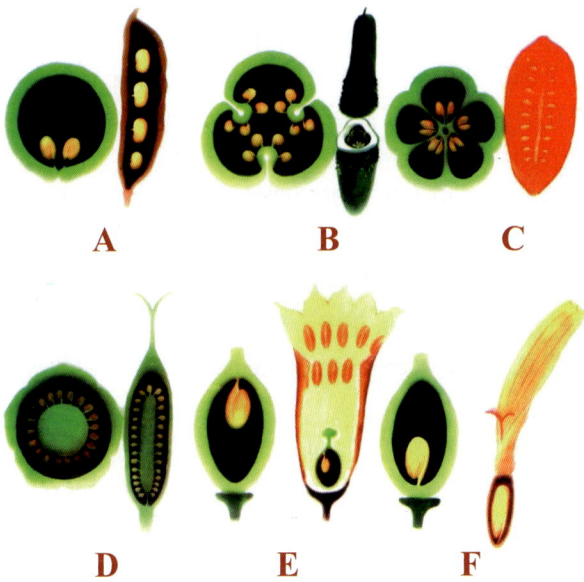

图6-38 胎座类型
A.边缘胎座；B.侧膜胎座；C.中轴胎座；D.特立中央胎座；
E.顶生胎座；F.基生胎座

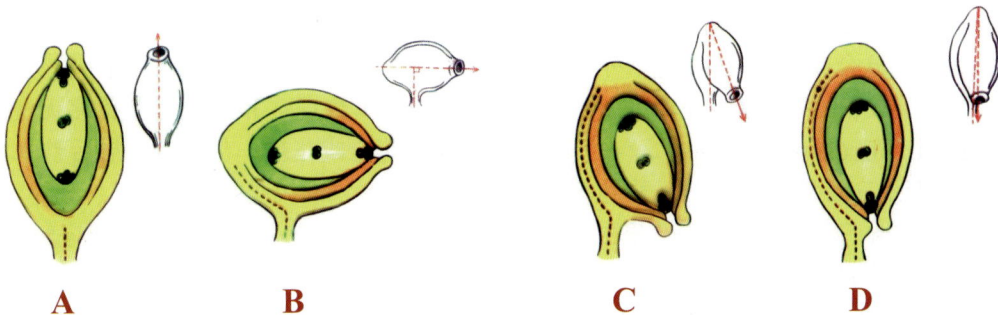

图6-39 胚珠的类型
A.直生胚珠；B.横生胚珠；C.弯生胚珠；D.倒生胚珠

10.花程式与花图式

（1）花程式　用符号和数字列成公式表示花的对称性、性别，各部分的数量、组成，连合情况以及位置等性状，这种公式叫**花程式（flower formula）**，见图6-40。

花的各部分以英文（或拉丁文）的字母来表示。如K或Ca表示萼片，C或Co表示花瓣，A表示雄蕊，G表示雌蕊，以∞表示花的某部分组成数目多于10枚或不定数，1、2、3、4表示组成的数量；0表示某部分缺少或不存在（或不写该部分的字母和数字）；＋表示同一花部多于一轮或一组；（ ）表示花的某一部分的组成彼此合生，无（ ）的数目表示该部的组成彼此离生；G、$\overline{\underline{G}}$、$\overline{G}$分别表示上位子房、半下位子房和下位子房，G（5：5：2）括号中第一个数字表示心皮数，第二个数字表示子房室数，第三个数字表示每子房室内的胚珠数；✳表示辐射对称花；↑表示两侧对称花；☿表示两性花；♀表示雌花；♂表示雄花。

$$↑\text{☿} K_{(5)} C_{(5)} A_{2+2} \underline{G}_{(2:2)}$$

$$✳ \text{♂} P_4 A_4; \quad \text{♀} P_4 \underline{G}_{(2:1)}$$

图6-40　花程式
泡桐花及花程式；B.桑树花及花程式

（2）花图式　是花的横切面简图，能表示花各部分的轮数、数目、离合、排列（包括花被卷叠方式）、胎座式等。花图式还能表示花的远轴面和近轴面。在绘制花图式时，用黑色圆点在花图式上方表示花着生的花轴；用空心或小点状的弧片表示花被或苞片；用带有线条的弧片表示萼片，弧片中央尖突的部分表示萼片的中脉；实心的弧片表示花瓣，雄蕊和雌蕊就用花药和子房的横切面来表示；用连接线表示雄蕊的联合或与花冠的贴生；子房的胎座式应绘出子房室数和胚珠的着生方式(图6-41)。

（五）花序（inflorescence）

单独一朵花着生在叶腋或枝顶的，称花单生（solitary），如棉、桃等的花。如果许多花集生于茎轴上则形成花序。花序是许多花按一定的次序排列在茎轴上的方式。花序的茎轴称花序轴（rachis），花序轴基部的变态叶称总苞（片）（involucre），而花梗基部的变态叶称苞片（bract）。常见花序可分为

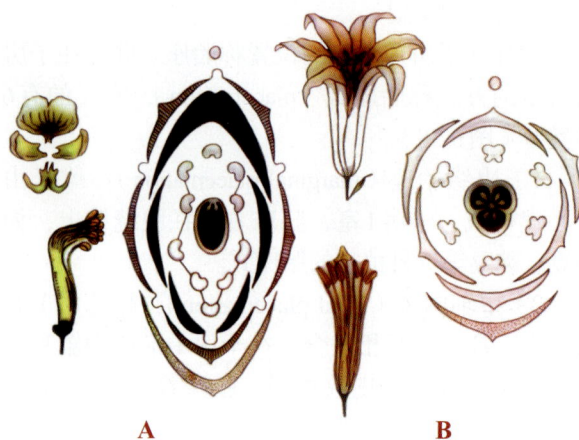

图6-41　花图式
A.蚕豆花，两侧对称；B.百合花，辐射对称

无限花序和有限花序两大类：

1.无限花序（总状类花序，indeterminate inflorescence）（图6-42）

无限花序也称作总状类花序，其开花顺序是花序下部的花先开，渐渐往上开，或边缘花先开，中央花后开。其中有：

（1）总状花序（raceme）　花序轴长，其上着生许多花梗长短大致相等的两性花，如油菜、大豆等的花序。

（2）圆锥花序（panicle）　总状花序花序轴分枝，每一分枝成一总状花序，整个花序略呈圆锥形，又称复总状花序（compound raceme），如稻、葡萄等的花序。

（3）穗状花序（spike）　长长的花序轴上着生许多无梗或花梗甚短的两性花，如车前等的花序。

（4）复穗状花序（compound spike）　穗状花序的花序轴上的每一分枝为一穗状花序，整个构成复穗状花序，如大麦、小麦等的花序。

（5）肉穗状花序（spadix）　花序轴肉质肥厚，其上着生许多无梗单性花，花序外具有总苞，称佛焰苞，因而也称佛焰花序。芋、马蹄莲的花序和玉米的雌花序属这类。

（6）柔荑花序（catkin）　花序轴长而细软，常下垂（有少数直立），其上着生许多无梗的单性花。花缺少花冠或花被，花后或结果后整个花序脱落，如柳、杨、栎的雄花序。

（7）伞房花序（corymb）　花序轴较短，其上着生许多花梗长短不一的两性花。下部花的花梗长，上部花的花梗短，整个花序的花几乎排成一平面，如梨、苹果的花序。

（8）伞形花序（umbel）　花序轴缩短，花梗几

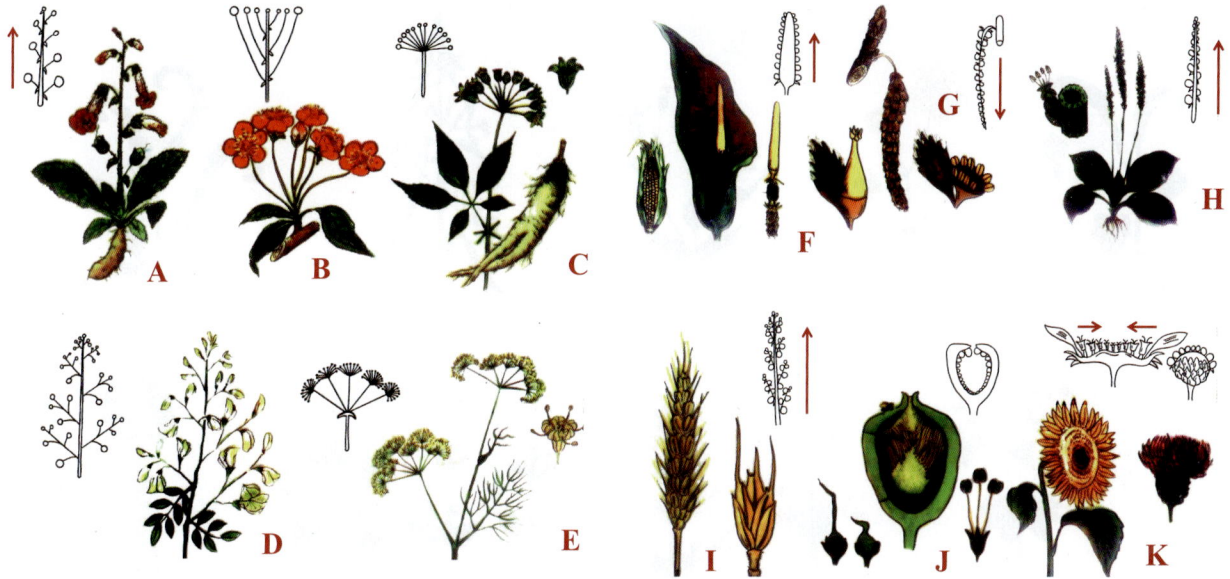

图6-42　花序类型（一）总状花序类

A.总状花序；B.伞房花序；C.伞形花序；D.复总状花序；E.复伞形花序；F.肉穗花序；G.柔荑花序；H.穗状花序；I.复穗状花序；J.隐头花序；K.头状花序

乎等长，聚生在花轴的顶端，呈伞骨状，如韭菜及五加科等植物的花序。

（9）复伞房花序（compound corymb）　花序轴上每个分枝为一伞房花序，如石楠、光叶绣线菊的花序。

（10）复伞形花序（compound umbel）　许多小伞形花序又呈伞形排列，基部常有总苞，如胡萝卜、芹菜等伞形科植物的花序。

（11）头状花序（capitulum）　花序上各花无梗，花序轴常膨大为球形、半球形或盘状，花序基部常有总苞，常称篮状花序，如向日葵；有的花序下面无总苞，如喜树；也有的花轴不膨大，花集生于顶端，如三叶草、紫云英等的花序。

（12）隐头花序（hypanthium）　花序轴顶端膨大，中央部分凹陷呈囊状。内壁着生单性花，花序轴顶端有一孔，与外界相通，为虫媒传粉的通路，如无花果等桑科榕属植物的花序。

2.有限花序（聚伞类花序，determinate inflorescence）（图6-43）

有限花序也称聚伞花序，其花序轴为合轴分枝，因此花序顶端或中间的花先开，渐渐外面或下面的花开放，或逐级向上开放。聚伞花序（cyme）根据轴分枝与侧芽发育的不同，可分为：

（1）单歧聚伞花序（monochasium 或 monochasial cyme）　顶芽成花后，其下只有1个侧芽发育形成枝，顶端也成花，再依次形成花序。单

歧聚伞花序又有2种，如果侧芽左右交替地形成侧枝和顶生花朵，成二列的，形如蝎尾状，叫蝎尾状聚伞花序（scorpioid cyme），如唐菖蒲、黄花菜、萱草等的花序；如果侧芽只在同一侧依次形成侧枝和花朵，呈镰状卷曲，叫螺形聚伞花序（helicoid cyme），如附地菜、勿忘草等的花序。

（2）二歧聚伞花序（dichasium 或 dichasial cyme）　顶芽成花后，其下左右两侧的侧芽发育成侧枝和花朵，再依次发育成花序，如卷耳等石竹科植物的花序。

（3）多歧聚伞花序（pleiochasium 或 pleiochasial cyme）　顶芽成花后，其下有3个以上的侧芽发育成侧枝和花朵，再依次发育成花序，如泽漆等。

（4）轮伞花序（verticillaster）　聚伞花序着生在对生叶的叶腋，花序轴及花梗极短，呈轮状排列，如野芝麻、益母草等唇形科植物的花序。

（5）混合花序（mixed inflorescence）　常常不同花序出现在同一植物中，如太子参，既有单花，又有单歧聚伞花序或二歧聚伞花序（图6-43H）。

（六）果实（fruit）

果实由子房发育而来。果皮由子房壁发育而成，它通常分为外果皮、中果皮、内果皮三层，这种果实称为真果（true fruit），多数植物的果实是真果。但是，有些植物其果实的形成，除子房壁外，还有花托或花管参与，甚至花序轴也参加组成，如梨、苹果、瓜类、无花果和凤梨（菠萝）等，这类

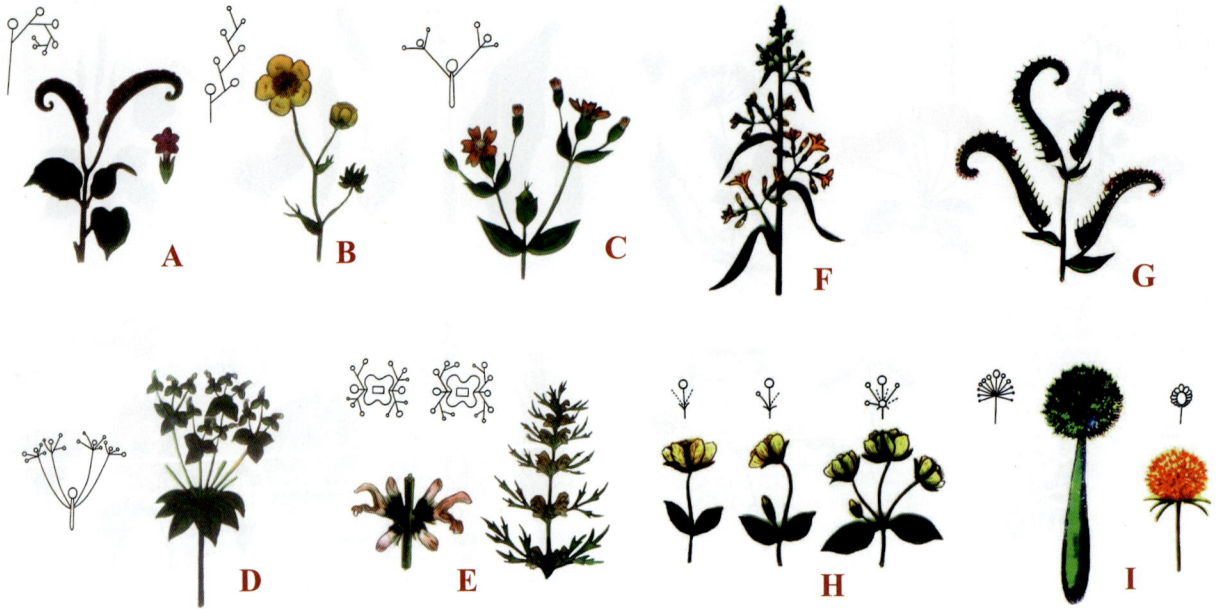

图6-43 花序类型（二）聚伞花序类

A.单歧聚伞花序（螺旋状）；B.单歧聚伞花序（蝎尾状）；C.二歧聚伞花序；D.多歧聚伞花序；E.轮伞花序；F—I.混合花序；F.每分枝是二歧聚伞花序，整个花序是无限的；G.每分枝是单歧聚伞花序，整个花序是无限的，H左为单花，中为单歧聚伞花序，右为二歧聚伞花序，出现在同一植物中；I.顶花先开的伞形花序和头状花序

果实称为假果（spurious fruits或false fruit）。下面介绍三大类果实类型。

1.单果（simple fruit）

每朵花中仅有的1个子房形成的单个果实称为单果，这种果实最为常见。按果皮肉质或干燥与否，可分为肉果及干果两大类：

（1）肉果（fleshy fruit）（图6-44）

1）核果（drupe）：外果皮薄，中果皮肉质，内果皮坚硬木化成果核，多由单心皮雌蕊形成，如桃、李、杏、梅等的果实；也有的由2～3枚心皮

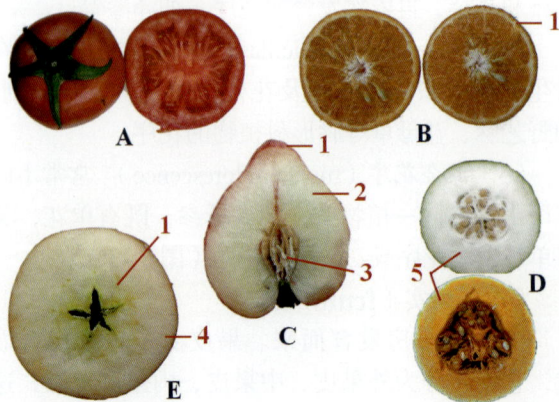

图6-44 果实类型（一）肉质果实

A.浆果（番茄）；B.柑果（橘）；C.核果（桃）；D.瓠果（冬瓜和南瓜）；E.梨果（苹果）；1.外果皮；2.中果皮；3.内果皮；4.膨大的萼筒；5.具有花托的成分

发育而成的，如枣、橄榄等的果实；有的核果成熟后，中果皮干燥无汁，如椰子的果实。

2）浆果（berry）：由1至多数心皮的雌蕊发育而成。外果皮薄，中、内果皮多汁，有的难分离，皆肉质化，如葡萄、番茄、柿等的果实。番茄这种浆果的胎座发达，肉质化，也是食用的部分。

3）柑果（hesperidium）：外果皮革质，有许多挥发油囊；中果皮疏松髓质，有的与外果皮结合不易分离；内果皮呈囊瓣状，其壁上长有许多肉质的汁囊，是食用部分，如柑橘、柚等的果实。柑果为芸香料植物所特有。

4）梨果（pome）：属于假果。由下位子房的复雌蕊和花管（萼筒）发育而成。肉质食用的大部分果肉是花管形成的，只有中央的很少部分为子房形成的果皮。果皮薄，外果皮、中果皮不易区分，内果皮由木化的厚壁细胞组成。如梨、苹果、枇杷、山楂等的果实，梨果为蔷薇科某些植物所特有。

5）瓠果（pepo）：属于假果。由下位子房的复雌蕊和花托共同发育而成，果实外层（花托和外果皮）坚硬，中果皮和内果皮肉质化，胎座也肉质化，如南瓜、冬瓜等瓜类的果实。西瓜的胎座特别发达，是食用的主要部分。瓠果为葫芦科植物所特有。

（2）干果（dry fruit） 如果果实成熟后，果皮干燥，这样的果实称为干果。成熟后果皮开裂，又

称裂果（dehiscent fruit）；成熟后果皮不开裂，称闭果（indehiscent fruit）。

1）常见的裂果有（图6-45）：

①荚果（legume）。由单心皮雌蕊发育而成，边缘胎座。成熟时沿背缝和腹缝线同时开裂，如大豆、豌豆、蚕豆等的果实；但也有不开裂的，如花生等的果实；有的荚果果皮在种子间收缩并分节断裂，如含羞草、山蚂蝗等的果实。荚果为豆目（或豆科）植物所特有。

②蓇葖果（follicle）。由单心皮雌蕊发育而成。果实成熟后常在腹缝线一侧开裂（有的在背缝线开裂），如飞燕草的果实。

③角果。由2心皮的复雌蕊发育而成，侧膜胎座，子房常因假隔膜分成2室，果实成熟后多沿2条腹缝线自下而上地开裂。角果有的细长，称长角果（silique），如油菜、甘蓝、桂竹香等的果实；有的角果呈三角形，圆球形，称短角果（silicle），如荠菜、独行菜等的果实。但长角果有的不开裂，如萝卜的果实。角果为十字花科植物所特有。

④蒴果（capsule）。由2个以上心皮的复雌蕊发育而成，有数种胎座式，果实成熟后有不同开裂方式。室背开裂（loculicidal dehiscence）：沿心皮的背缝线开裂，如棉、三色堇、胡麻（芝麻）、鸢尾等的果实；室间开裂（septicidal dehiscence），沿心皮（或子房室）间的隔膜开裂，但子房室的隔膜仍与中轴连接，如牵牛等的果实；孔裂（porous dehiscence），

果实成熟，在每一心皮上方裂成一个小孔，种子由小孔中因风吹摇动而散出，如虞美人、金鱼草的果实；盖裂（circumscissile dehiscence），果实成熟后，沿果实的中部或中上部作横裂，成一盖状脱落，如马齿苋、车前等的果实。

2）常见的闭果有（图6-46）：

①瘦果（achene）。由1～3心皮组成，内含1粒种子，果皮与种皮分离，如向日葵、荞麦等果实。

②颖果（caryopsis）。似瘦果，由2～3心皮组成，含1粒种子，但果皮和种皮合生，不能分离，如稻、小麦、玉米等的果实。颖果为禾本科植物所特有。

③坚果（nut）。由2～3心皮组成，只有1粒种子，果皮坚硬，常木化，如麻栎等壳斗科的果实。

④翅果（samara）。由2心皮组成，瘦果状，果皮坚硬，常向外延伸成翅，有利于果实的传播，如枫杨、榆、槭树等的果实。

⑤分果（schizocarp）。由复雌蕊发育而成，果实成熟时按心皮数分离成2至多数各含1粒种子的分果瓣（mericarp），如锦葵、蜀葵等的果实。双悬果（cremocarp）是分果的一种类型，由2心皮的下位子房发育而成，果熟时，分离成2悬果（小坚果），分悬于中央的细柄上，如胡萝卜、芹菜等的果实，双悬果为伞形科植物所特有。小坚果（nutlet）是分果的另一种类型，由2心皮的雌蕊组成，在果实形

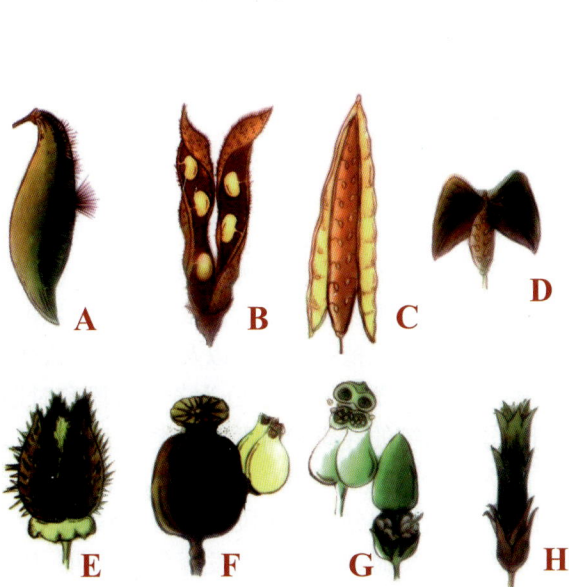

图6-45　果实类型（二）开裂干果
A.蓇葖果；B.荚果；C.长角果；D.短角果；
E—H.不同部位开裂的蒴果

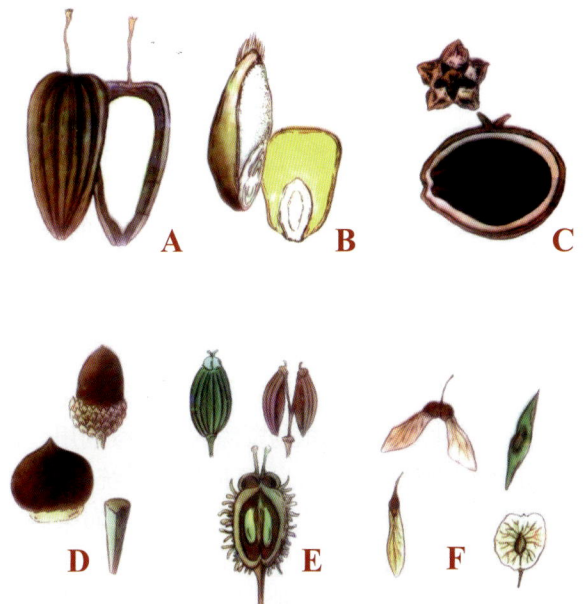

图6-46　果实类型（三）闭果
A.瘦果；B.颖果；C.胞果；D.坚果；E.双悬果；F.翅果

成之前或形成中，子房分离或深凹陷成4个各含一粒种子的小坚果，如薄荷、一串红等唇形科植物；附地草、斑种草等紫草科植物和马鞭草科等的部分果实也属这一种。

2.聚合果（aggregate fruit）（图6-47）

聚合果是由一朵花雌蕊中所有离生心皮形成的果实群。每一离生心皮所形成的小果实按其类型可分聚合瘦果，如草莓、毛茛、蛇莓等的果实；聚合蓇葖果，如牡丹、玉兰、绣线菊、八角茴香等的果实；聚合核果，如悬钩子等的果实；聚合翅果，如鹅掌楸的果实；聚合坚果，如莲的果实等。

3.聚花果（collective fruit）（图6-48）

由整个花序形成的果实，故称聚花果或复果（multiple fruit），如桑、无花果及凤梨（菠萝）等果实。

图6-47　果实类型（四）聚合果
A.聚合浆果；B.聚合瘦果；C.聚合瘦果（蔷薇果）；D.聚合蓇葖果；E.聚合核果；F.聚合坚果

图6-48　果实类型（五）聚花果
A.桑果；B.构果；C.无花果；D.菠萝

本章提要

植物系统与分类是植物学各分支学科的基础。植物系统与分类学是植物学领域中一个古老分支，但随着现代植物科学的发展，植物系统与分类学已成为一门独立的学科，成为研究植物起源、进化、多样性的重要基础。为了探讨植物的系统进化、植物生物多样性的保护和植物资源的可持续利用，首先要正确识别植物种类，了解植物的系统与分类，根据植物的形态特征、亲缘关系、地理分布来研究植物的起源和进化，可用于指导生物多样性保护和可持续利用，指导杂交育种、分子育种等工作。一般说来，亲缘关系愈近的（如同一种作物不同品种间，同一属的某些近缘种间）就易于进行杂交，创

造新品种。

植物分类学的起源可追溯到原始社会人类对植物的接触。现代植物分类学者常根据人类认识植物的水平，人类认识植物的发展以及建立了什么样的分类系统而将分类学历史划分为若干阶段和时期。人们按分类系统的性质和时期对分类的历史作了划分：①人为分类系统时期（本草学）；②自然分类学时期（包括机械分类学阶段和自然分类学阶段）；③系统发育分类时期。在系统发育分类时期，历史上存在2个主要学派："假花"学派（主张单性花原始，代表人物为德国的恩格勒和韦特斯坦，即恩格勒系统）；真花学派（主张两性花原始，代表人物为

美国的柏施和英国的哈钦森，即哈钦森系统），但是随着古植物学和分子系统学研究的深入，一些早期的假说需要进一步研究。

20世纪60年代以来，植物各分支学科的发展，给植物分类学提供了更多证实亲缘关系的证据，因而出现了很多更符合自然的系统。主要有塔赫他间（Takhtajan）的系统（1954年首次发表）和克郎奎斯特（Cronquist）系统（1958年发表），后者将被子植物分为二纲11亚纲83目383科。

恩格勒系统、哈钦森系统、塔赫他间系统和克郎奎斯特系统曾广泛应用在植物系统分类各领域。

长期以来，植物系统与分类学偏重以植物器官的外部形态特征作为分类的依据。植物化学特征也是系统分类的辅助证据。早期系统分类的主要工作是采集标本、根据植物营养器官和生殖器官形态的差别和联系进行分类和命名、编写世界各地的植物志以及致力于建立一个能反映自然历史的分类系统。工作的场所主要是自然界、标本室及图书馆，所以工具和手段比较简单，方法也只限于描述、推测而已。20世纪50年代来，随着现代科学的发展，特别是生态学、细胞学、生物化学、分子生物学的发展，这些学科的成就渗透到植物系统与分类学，形成了新的研究方向：物种生物学（Biosystematics）（实验分类学）和细胞分类学（Cytotaxonomy）。而实验分类学、居群遗传学（population genetics）和居群生态学（population ecologty）中居群思想和实验方法的引入，使植物系统与分类的研究（尤其是小进化即microevolution研究）进入了新的阶段。90年代，分子生物学方法上的突破，以及电子计算机及其技术的发展给植物系统与分类（植物系统发育）研究带来了新的动力、方法和理论，（分子系统学（Molecular Systematics）名词的出现充分表明了这一点），形成了新的、以分子系统学为基础的APG系统（APG Ⅰ，1998），揭示了单子叶植物与双子叶植物的系统发育关系，以及基部被子植物和真双子叶植物。

21世纪的植物系统与分类：本世纪来的20年，分子系统学、植物基因组分析技术快速发展，一些基于重要进化和分类理论的计算软件的不断更新，计算机技术和速度的不断提高，极大地推动了植物系统发育（phylogeny），即植物系统与分类的进展。系统发育基因组学（phylogenomics）新名词就代表这个进展。APG系统：APG Ⅱ（2003）、APG Ⅲ（2009）和APG Ⅳ（2016）的不断完善，使陆生植物系统树，尤其裸子植物和被子植物的系统与分类框架基本清楚。

植物分类的基本单位：界、门、纲、目、科、属、种。**物种（species）**是生物分类的基本单位。物种是具有一定的形态和生理特征以及一定的自然分布的生物类群；同种植物的个体，起源于共同的祖先，有很相似的形态特征，个体间能进行自然交配并产生正常发育的后代；不同种的个体间杂交，一般不能产生正常能育的后代，存在生殖隔离；一个物种由1至无数个居群组成，居群由数个到无数个个体组成，物种是生物进化与自然选择的产物。种下可分亚种、变种、变型和品种。变种和变型实际是种内的不同基因型，品种不是分类学的单位。

植物的命名：每种植物都有以国际上统一标准命名的科学名称，即学名。双名法是指每一种植物（或动物、微生物）的科学名称，由2个拉丁词（或拉丁化形式的词）组成，第一个词为属名，代表该植物所从属的分类单位，第二个词为种加词。一个完整的学名，还应加上命名人的姓名或姓名的缩写。

国际植物命名法规对植物命名有法规式限定，主要体现在：植物命名的模式和模式标本；每一种植物只有1个合法的正确学名，其他名称均作为异名；学名包括属名和种加词，最后附加命名人之名；学名必须有效发表和合格发表；植物名称有其发表的优先律；对学名的改变必须按规则进行；凡符合命名法规所发表的植物名称，不能随意予以废弃和变更。人类研究发现的自然杂种和人类创造的杂种在属名后的种加词前加×表示或用杂交亲本的种加词间加×表示；栽培植物有专门的命名法规。

植物分类和鉴别有很多必需的工具。检索表的编制是根据二歧分类原则进行的，等距检索表是各种植物分类著作中普遍采用的。标本室是植物标本收集保存的场所，也是研究植物分类、系统发育与演化，以及植物学其他分支学科的必要场所。图书馆（或网络数据库）对植物系统与分类学研究用处很大，系统与分类学的出版物有四类：专著、植物志、研究论文（报告）和辅助性文献。电子出版物和APP将成为新的工具。

小进化探讨的是种内和种间的关系，以及变异、演化和起源的过程，而大进化是探讨所有类群（种上）的分化、系统发育、形成的模式、时间和地点。

被子植物起源于白垩纪或晚侏罗纪；基于叶绿体全基因组的研究揭示被子植物主干群起源于侏罗纪至晚第三纪，其快速辐射分化在晚侏罗纪。被子植物的发源地存在着十分对立的观点：即高纬度——北极或南极起源说和低纬度——热带或亚热带起源说，大多数学者支持后一个学说。被子植物系单元起源，可能起源于本内苏铁目和种子蕨类。

要识别植物，首先要掌握必要的形态术语，要能够对任何一个植物进行形态描述，即对根、茎、叶、花、果、实具体描述。

思考题

1. 简述植物自然分类的目的和意义。

2. 简述植物分类学及系统发育研究的历史和发展。

3. 简述自然系统发育研究中早期的2大学派及其主要分歧。

4. 植物分子系统学的兴起对植物系统与分类学的推动作用和贡献是什么？

5. 植物分类学常用的各级单位有哪些？试以山茶花（水稻、桃、苹果、茶、桑等）为例，按照APG系统顺序列出其归属和拉丁名称。

6. 什么叫双名法？双名法的意义是什么？试举例说明。

7. 名词解释：物种、亚种、变种、品种，等距检索表、平行检索表、分子系统学、系统发育基因组学、单系、复系、系统树和分支（clade）。

8. 研究植物系统发育与分类学要用到哪些性状？

9. 简述国际植物命名法规的基本要点及意义。

10. 植物分类常用的工具有哪些？

11. 解释分类学形态术语：乔木、灌木、藤本，缠绕茎、攀缘茎；单叶、复叶、全裂叶；羽状脉、掌状脉、平行脉；总状花序类、聚伞花序类，总状花序、序花序、肉穗花序、柔荑花序、伞房和伞形花序、头状花序、隐头花序、圆锥花序，单歧和二歧聚伞花序、多歧聚伞花序，蝶形花冠、唇形花冠、蔷薇形花冠、管状花冠、舌状花冠、十字花冠；辐射对称、两侧对称；单体雄蕊、二体雄蕊、四强雄蕊、聚药雄蕊；子房上、下位、半下位；边缘胎座、侧膜胎座、中轴胎座、特立中央胎座、基生或顶生胎座；花程式、花图式；单果、聚合果、聚花果；浆果、核果、梨果、瓠果、柑果、荚果、角果、蓇葖果、瘦果、颖果、坚果、蒴果。

12. 如何描述一种植物的营养器官和生殖器官？

13. 植物进化的动力是什么？谈谈系统发育、分类和进化三者的关系。

14. 简述被子植物起源的可能时间、地点、可能的祖先。

15. 简述单元发生与多元发生。如何重建被子植物的系统发育？

植物在长期演化过程中，逐渐出现了形态结构、生活习性等方面的差别。大约在35亿年前的太古代就出现了能利用太阳能的**蓝藻细菌（cyanobacteria）**。到大约1.45亿年前的中生代侏罗纪被子植物的出现，这30多亿年、漫长的演化过程中，随着地球上多次地质和气候变迁，有些类群繁盛了，有的逐渐衰退或消亡，同时又有新的类群不断出现，形成了当今世界如此丰富的植物多样性。

大量资料表明，植物界的进化存在阶段性，表现出从简单到复杂、从低等到高等、从水生到陆生的演变和进化过程。不同地质年代的植物化石的研究，可以看出各大类群发展的大致情况（表7-1）。植物界的范畴以及它在生物界所处的位置，是随着科学的发展和人类对自然界的认识而逐步改变的。

1. 生物界的早期划分

早期生物界的划分有一个变化的过程。1753年林奈提出二界学说，即动物界、植物界（所有具有细胞壁的生物，或者生殖细胞具有细胞壁的生物）；19世纪前后，由于显微镜的发明和使用，人们发现许多单细胞生物是有动、植物两种属性的中间类型的生物，如裸藻、甲藻等既可自养，有的也是异养的并可运动，因而，赫克尔（Haeckel）将生物界进一步划分为原生生物界（包括细菌、藻类、真菌和原生动物、黏菌等）、植物界和动物界。1969年魏泰克（Whittaker）提出五界学说，即原核生物界（包括细菌，放线菌，蓝藻细菌）、原生生物界（包括蓝藻以外的藻类及原生动物）、真菌界、动物界和植物界。1977年伍斯（Woese）和伍夫（Wolfe）基于DNA分子序列研究提出原核生物在进化上有两个重要分支，应将原核生物分为二域：细菌域和古菌域，再加上真核生物域，提出了三域系统。

绿色植物的类群与生物界的划分密切相关。19世纪，植物学家把植物分成4大类：**藻菌植物门（Thallophyta）**、**苔藓植物门（Bryophyta）**、**蕨类植物门（Pteridophyta）** 和 **种子植物门（Spermatophyta）**。后来人们认为植物界中的藻菌类、苔藓类和蕨类3个门的植物因不开花、结果，以孢子进行繁殖，又称它们为**隐花植物（cryptogamae）** 或 **孢子植物（spore plants）**；把以种子进行繁殖、大多数开花结实的植物称为**显花植物（phanerogamae）** 或**种子植物（seed plants）**。

也有人把绿色植物中的蕨类和种子植物因体内具有维管组织，故合称为**维管植物（vascular plants）**；而把藻类、苔藓植物因体内无维管组织，称为**非维管植物（non-vascular plants）**。也有人以植物体内组织、器官分化的程度、生殖器官的细胞组成数目以及生活史中有无胚的出现等，将藻类、菌类和地衣等划属**低等植物（lower plants）**，又称无胚植物。将苔藓、蕨类和种子植物等划属**高等植物（higher plants）**，又称**有胚植物（embryophyta）**。此外，苔藓植物和蕨类植物的雌性生殖器官为颈卵器，而裸子植物也具有退化的颈卵器，因此，这三类植物又合称为**颈卵器植物（archegoniatae）**。

2. 近年的植物类群划分

植物从单细胞到多细胞，从无胚到有胚，从无根茎叶分化到有根茎叶分化，从水生到陆生是植物进化和多样性的方向。自20世纪90年代以来，分子生物学的快速发展对生物的进化和分类的研究有了很大的推进作用，揭示了一系列新的有意义的现象，对植物各类群的划分有了新的见解。Raven等2005年基于分子序列所揭示的系统发育树，揭示了三域五界的生物世界（图1-3，图7-1），确立了所有能光合作用自养生物的位置，揭示地球上的绿色植物包括绿藻和陆生植物（land plants），后者包括苔藓、石松类与蕨类、裸子和被子植物四类。所有菌物（不包括原来的黏菌）形成了独立的真菌界，更接近动物。而原来水生和湿生的藻类（含非自养的卵菌类的水霉，不包括蓝藻）处在原生生物界，由一系列独立的分支组成，而原来的蓝藻处在细菌域中，又称为蓝藻细菌（Raven等，2005；Evert et al.，2013）。

对于藻类植物，分子系统学研究揭示原来属于真菌的卵菌纲（Oomycetes）的物种（含常见的水霉）与金藻、褐藻、硅藻有共同祖先。此外，Leliaert等（2012）提出的藻类分子系统树揭示：广义的绿藻包括绿藻门（Chlorophyta）和链形植物门（Streptophyta），后者包括轮藻。也就是说我们原来认识的绿藻是由两大类组成的。程时锋等与国外研究者合作最近（2019）在*Cell*杂志发表研究论文，基于比较基因组数据进一步揭示了绿色植物各类群

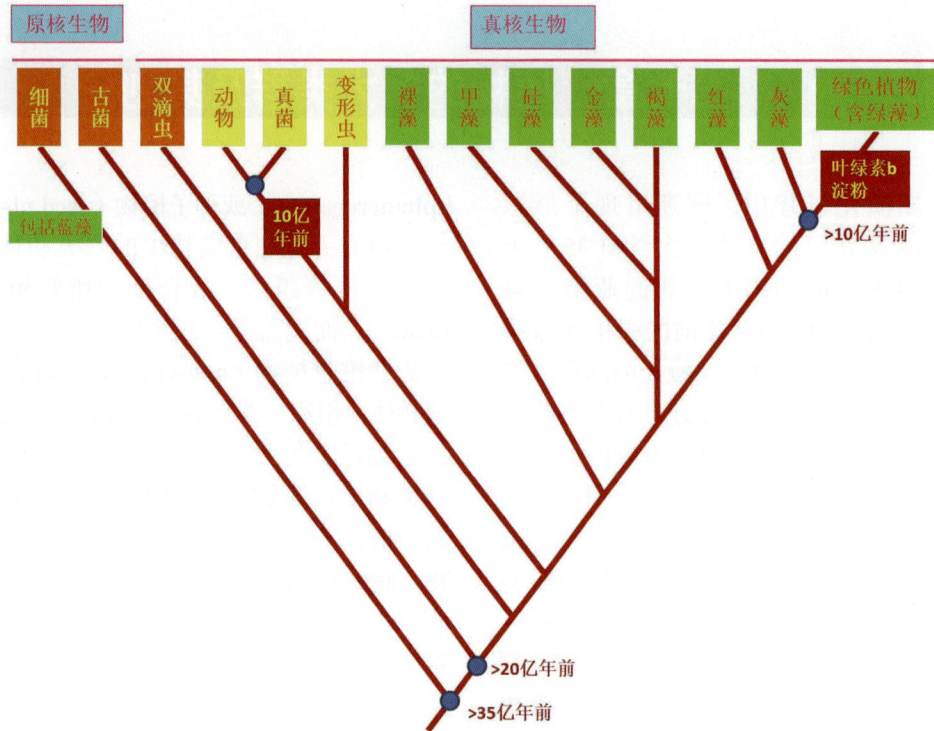

图7-1 基于综合的蛋白质序列构建的生命之树

之间的关系，即轮藻门中的双星藻类最接近陆地植物，并揭示从水生到陆生的进化过程中，存在土壤细菌的基因转移事件（图7-29A）。

综合各方面最新数据，我们对自养的、能光合的生物即广义的植物划分为：①原核的蓝藻。②属于真核生物–原生生物界，能够光合自养的原生生物。这里还必须强调这些藻类是一个多系类群，在系统树上属于4～5个**分支（clades）**；近些年来，还发现隐藻和鞘鞭藻等一些小类群。因此，常见的藻类主要包括裸藻、甲（鞭毛）藻、硅藻、金藻、黄藻、褐藻、红藻等。③**绿色植物（green plants）**，包括广义的绿藻门植物和陆生植物。

近年对陆生植物的研究，也提出了一些新的观点和新的划分。

原来的苔藓植物门早期分为苔纲和藓纲。1953年美国苔类学家休斯特（Schuster）根据原属于苔纲的角苔目（Anthocerotales）在形态构造上与苔纲和藓纲的显著差别，将其提升为纲，称为角苔纲（Anthocerotopsida，hornworts）。最近的分子系统树进一步确立了苔、藓和角苔的系统位置（图7-2，Raven等2013）；Sousa等2018年进一步确立了苔类的三个单系类群。Cole等2021年最新苔藓植物系统发育表明苔和藓是姐妹类群，然后苔藓再与角苔构成一个共同单系下的姐妹群（图7-34）。

蕨类植物门（Pteridophyta），以前被认为是一

个自然的类群，下分成4纲或5纲，或5个亚门（秦仁昌，1978）：松叶蕨亚门（Psilophytina）、石松亚门（Lycophytina）、水韭亚门（Isoephytina）、木贼亚门（Sphenophytina）和真蕨亚门（Filicophytina）。到了20世纪90年代，分子系统学工作揭示了广义的蕨类并非单系类群，在Judd等（2002）的《植物系统学》教材中，明确了石松类（包括石松、水韭、卷柏等）是独立的一类孢子植物。在2016年发表的PPG（蕨类系统发育系统）中，已确立石松类植物是所有其他蕨类＋种子植物的姐妹群关系。而狭义的蕨类则包括了基部的木贼、松叶蕨和瓶尔小草这些原始的蕨类以及种类众多的薄囊蕨类（图7-3）。

裸子植物（有时称裸子植物门）；早期一般分5个纲即苏铁纲、银杏纲、松柏纲、红豆杉纲和买麻藤纲；1978年，郑万钧和傅立国在《中国植物志》发表了郑万钧系统：4纲12科，即苏铁纲、银杏纲、松柏纲和盖子植物纲（即买麻藤纲），将红豆杉纲并入松柏纲。后来分子系统学工作支持了这一点。

Michhael等（2006）在《植物系统学》中基于分子序列和综合的分析给出的系统树显示，裸子植物只包括三大类四大支：苏铁分支、银杏分支、柏杉分支及松科，以及买麻藤分支，揭示原来的买麻藤纲最近的亲缘是松科，所有其他裸子植物（杉、柏、红豆杉类）构成一个单系。2018年，我国汪小全团队基于转录组获得的单拷贝核基因序列构建的

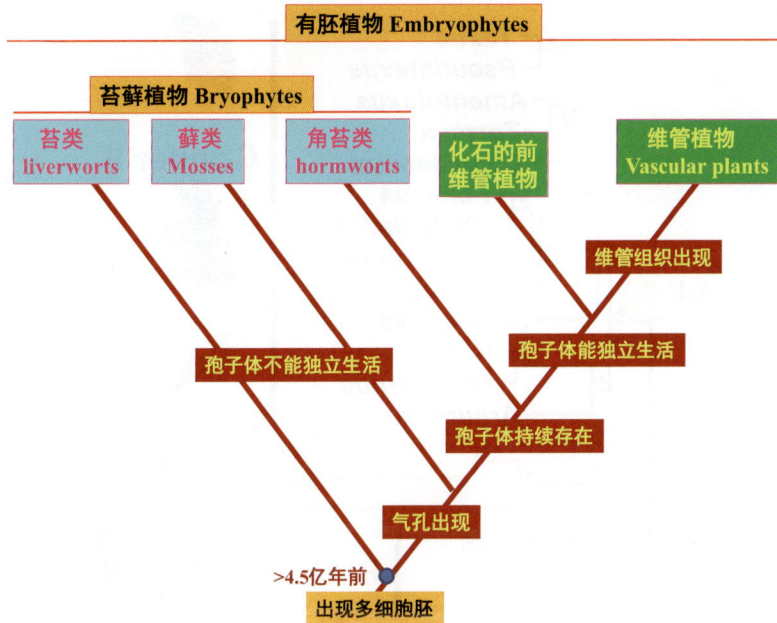

图7-2　有胚植物系统发育关系（改自 Evert and Susan，2013）

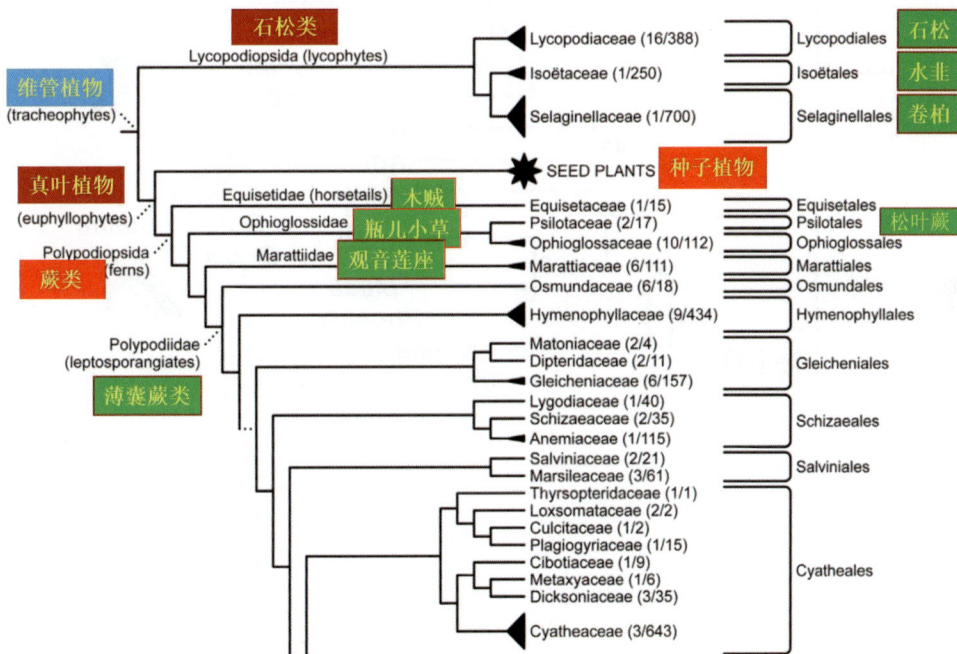

图7-3　石松类和蕨类植物的系统发育树部分（改自 PPG，2016）

裸子植物系统树进一步证实买麻藤纲与松科的姐妹群关系。按照这个研究结果，可以将裸子植物可以分为5大类，即苏铁类、银杏类、松科类、买麻藤类和柏杉类（图7-4）。

被子植物的分类系统是本章的重点，在第六章我们已经有一些介绍（图6-5）。我们将在本章第六节进行详细的学习。

表7-1表明了各大类群植物发生的地质历史年代和进化现象，供进一步理解植物的发生、发展和演化的历史。

本章我们将系统学习能光合自养的生物，包括：①光合原核生物：蓝藻；②光合原生生物：裸藻、甲藻、硅藻、金藻、红藻等多个门，这些常统称为藻类；③绿色植物：含水生的绿藻门（含链形藻、轮藻）和陆生植物（包括现在覆盖地球表面的苔藓、石松类与蕨类、裸子植物和被子植物）。

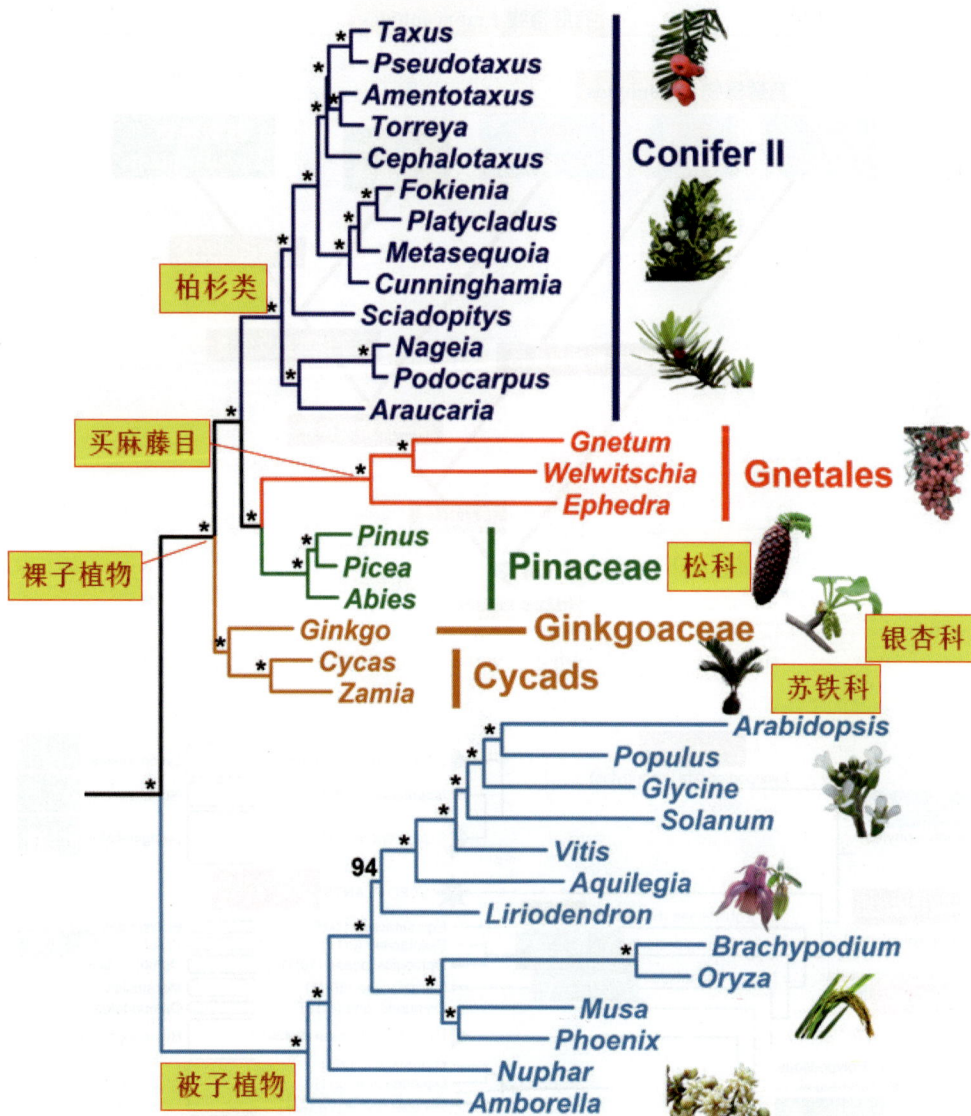

图7-4　基于转录组单拷贝核基数据的裸子植物系统发育树（改自 Ran et al.2018）

表7-1　地质年代和不同时期占优势的植物和进化情况

代	纪	距今年份/百万 Ma	进化情况	优势植物
新生代	第四纪	现代	被子植物占绝对优势	被子植物
		更新世，2.5	被子植物占绝对优势，草本植物进一步发展	
	第三纪	后期，25	经几次冰期，森林衰落，气候原因造成地方植物隔离，草本植物发生，植物界面貌与现代相似	
		早期，65	被子植物进一步发展，开始占优势。世界各地出现了大范围的森林	
中生代	白垩纪	上，90	被子植物得到发展	裸子植物
		下，136	裸子植物衰退，被子植物逐渐代替裸子植物	
	侏罗纪	190	裸子植物中松柏类占优势，原始的裸子植物逐渐消退，被子植物出现	
	三叠纪	225	木本乔木状蕨类继续衰退，蕨类繁茂。裸子植物继续发展、繁盛	

代	纪	距今年份/百万 Ma	进化情况	优势植物
古生代	二叠纪	上，260	裸子植物中的苏铁类、银杏类、针叶类生长繁茂	裸子植物
		下，280	木本乔木状蕨类开始衰退	蕨类植物
	石炭纪	345	气候温暖湿润，巨大的乔木状石松类、蕨类植物如鳞木类、芦木类、木贼类等遍布各地，形成森林，造成日后的大煤田。同时出现了少许矮小的蕨类植物，种子蕨类进一步发展	石松类、蕨类植物
	泥盆纪	上，360	松叶蕨类逐渐消逝	苔藓植物
		中，370	松叶蕨类植物繁盛。种子蕨出现，但为数较少。苔藓植物出现	
		下，390	为植物由水生向陆生的演化的时期，在陆地上已出现了松叶蕨类植物。有可能在此时期出现了原始维管植物。藻类植物仍占优势	藻类植物
	志留纪	435		
	奥陶纪	500	海产藻类占优势，其他类型植物群继续发展	
	寒武纪	570	初期出现了真核细胞藻类，后期出现了与现代藻类相似的藻类类群	
元古代		570—1500	晚期真核细胞出现	
太古代		1500—4600	46亿年前地球诞生，到约35亿年生命开始，细菌、蓝藻出现	原核生物

第一节 藻类植物的系统与分类

藻类植物（Algea）约有6万种，虽然是一个多系的类群，但它们具有一些共同的特征。植物体（简称藻体）大小差别很大，体现了丰富的多样性（图7-5），小的只有几微米，必须在显微镜下才能看到；较大的肉眼可见，最大的体长可达100m以上（如巨藻）。藻类植物体型多样，有单细胞（单细胞型往往具有鞭毛，或者不具鞭毛）、群体（由许多单细胞聚集而成，细胞没有紧密的生理联系）、多细胞的丝状体及叶状体。高等的藻类已有简单的组织分化，称为薄壁组织体，如海带。

所有的藻类在细胞内均具有能光合作用产生各种光合产物的光合片层和色素体。不同藻类具有不同的光合色素：如蓝藻的藻蓝素，红藻的藻红素，金藻、黄藻、硅藻具有叶绿素a，c和叶黄素，绿藻具有叶绿素a，b，β-胡萝卜素等。色素体的形状也多种多样，有杯状的、星状的、带状的，也有与陆生植物一样呈颗粒状的叶绿体。

藻类虽然不是单系起源的，但繁殖方式是相似的，主要进行营养繁殖和无性生殖为主，以无性的孢子进行繁殖；而有性生殖则以同配、异配为多，卵式生殖只在高级的类群中可见。藻类繁殖最常见的是形成无性的孢子进行繁殖，包括：①1个细胞经有丝分裂成多个游动孢子，每个游动孢子在合适环境下会分裂形成新的个体；②类似的1个细

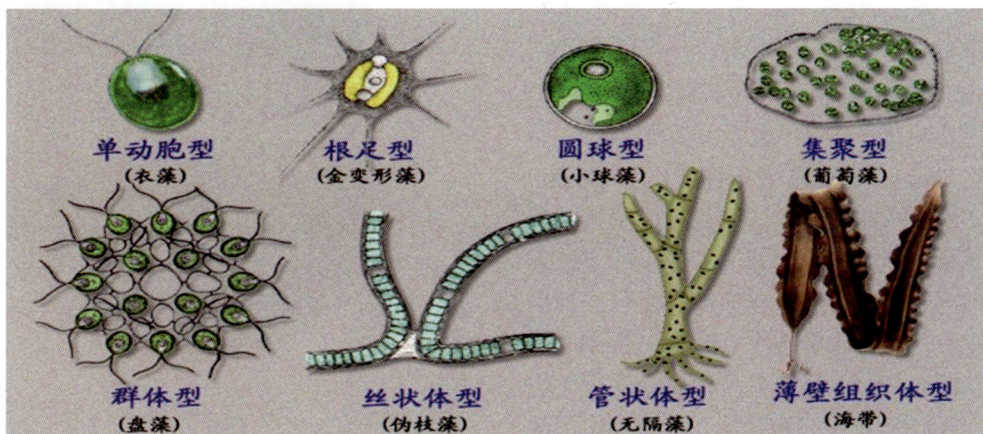

图7-5 藻类细胞核体型的多样性

胞有丝分裂产生多个不动孢子和似亲孢子；③还有一种无性繁殖是在不良环境下形成厚壁孢子和休眠孢子，以度过低温或干旱等不良环境。藻类的有性生殖，即精子和卵子的结合形成合子，除了与陆生绿色植物的有性生殖相同的卵配生殖外。大部分藻类的有性生殖主要以同配、异配进行。同配，即配子的大小、形状相似，分不出雌雄配子；异配，即配子大小不同，一般小的为雄配子。但是，到目前为止，不少藻类的有性生殖我们还没有发现，如蓝藻、裸藻、金藻等。

单细胞能游动的藻类或群体类型的每个单细胞，有鞭毛，会运动，有些藻类还具有感光功能的眼点。

藻类在分布和生境上的共性：藻类主要分布在海水和淡水的江、河、湖泊、池塘、湿地中，以及城市的积水和窖井处（蓝藻、裸藻等），潮湿的花盆、花坛表面（硅藻等），少数可生长在潮湿的路边地表（如无隔藻）。

藻类这个名词并非指一个自然的、在亲缘系统上有直接联系的类群。早期人们根据它们植物体的形态结构、所含色素的种类、贮藏营养物质（同化产物）的类别以及生殖方式和生活史类型等，将藻类分为蓝藻门、裸藻门、甲藻门、金藻门、黄藻门、硅藻门、绿藻门、红藻门、褐藻门等若干个门。

本课程将以 Evert et al.（2013），即 Raven《植物生物学》第8版的藻类分类为基础，根据最新的研究对自养的、能光合的藻类划分为：①原核的蓝藻细菌，②真核的能够光合自养的原生生物，③绿色植物中的藻类——绿藻，④其他藻类等，进行讲解，并对每一类群，选择有代表性的种类进行介绍。

一 光合自养的原核生物——蓝藻门（Cyanophyta）

1. 主要特征

蓝藻的藻体为单细胞、群体或丝状体多种类型，细胞内原生质体不分化为细胞质和细胞核，而分化成**中心质（centroplasm）**和**周围质（periplasm）**两部分（图7-6）。中心质相当于细胞核的位置，无核膜和核仁，但含有染色质，具有核的功能，故称原始核（原核）。蓝藻和细菌细胞构造相同，都没有真正的细胞核，两者均属**原核生物（Prokaryote）**。周质位于中央质的四周，蓝藻细胞没有分化出色素体等细胞器，但周质中有光合片层，是光合作用的场所，含叶绿素a、**藻蓝素（phycocyanin）**、**藻红**素（phycoerythrin）及一些黄色色素。蓝藻细胞壁的主要成分是**肽聚糖（peptidoglycan）**。肽聚糖是一个由二糖类衍生物、N-乙酰氨基葡萄糖、N-乙酰胞壁酸和几个不同的氨基酸组成的庞大聚合物。在细胞壁的外面又由**果胶酸（pectic acid）**黏多糖和少量纤维素构成的**胶质鞘（gelatinous sheath）**包围。胶质鞘普遍存在于蓝藻中，其可防止细胞变干，有的群体为公共的胶质鞘所包被。贮藏物质为**蓝藻淀粉（cyanophycean starch）**，与糖原结构类似，以微粒形式存在。

2. 繁殖

蓝藻无有性生殖，主要通过细胞直接分裂的方法进行营养繁殖，丝状体的类型还可断裂繁殖。断离的丝状体段，称为**藻殖段（homogonium）**。藻殖段是由异形胞、隔离盘或机械作用分离而形成的片段。蓝藻除了进行营养繁殖外，有的还可以产生孢子进行无性生殖。内生孢子是由细胞内的原生质体分裂形成的，一般呈圆球形，如皮果藻属（Dermocarpella）。外生孢子是由藻体细胞顶端处的壁破裂，顺次缢缩分裂形成的孢子，如管孢藻属（Chamaesiphon）。

3. 分类与分布

蓝藻门植物为地球上最原始、最古老的一个类群，约有4目150属，1500种，分布很广，从两极到赤道，从高山到海洋，到处都有它们的踪迹。大多生于淡水中或湿地上，在城市的污水处常见。

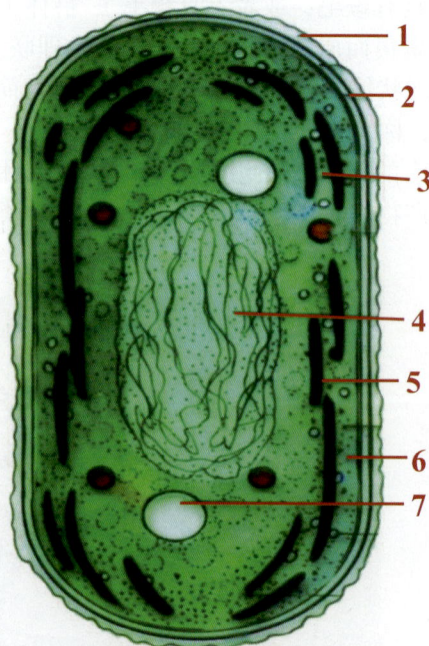

图7-6 蓝藻细胞结构

1.胶质鞘；2.细胞壁；3.周围质；4.中心质；5.光合片层；6.藻蓝素、藻红素；7.液泡

4.常见代表种属

常见的蓝藻有单细胞或群体的，如色球藻属（*Chroococcus*），常生于温室的花盆上或潮湿的岩石和树干上；微囊藻属（*Microcystis*），为浮游性群体，夏季大量繁殖形成"水华"，危害水生植物；丝状体的有颤藻属、念珠藻属及鱼腥藻属等（图7-7）。

色球藻属植物体为单细胞或群体。单细胞时，细胞为球形，外被固体胶质鞘。群体是由两代或多代的子细胞在一起形成的。每个细胞都有个体胶质鞘，同时还有群体胶质鞘包围。细胞呈半球形，或四分体型（图7-7A）。

颤藻属（*Oscillatoria*）植物体是由一列细胞组成的丝状体，不分枝，常丛生或形成团块，胶质鞘无或不明显。丝状体能前后伸缩或左右摆动，因而得名。丝状体中常被中空双凹形的死细胞所隔开，也产生胶化膨大、双凹形的隔离盘，两个死细胞或隔离盘之间的这一段称为藻殖段。可以用藻殖段进行营养繁殖。多生于有机质丰富的湿地或浅水中（图7-7B）。

念珠藻属（*Nostoc*）为丝状体念珠状，有的外有公共的胶质鞘包被而形成片状体。细胞圆球形，丝体上有**异形胞**（heterocyst）和**厚壁孢子**（akinete）。异形胞和厚壁孢子比营养细胞大。异形胞内部环境是厌氧的，是固氮的场所。本属多以藻殖段进行繁殖。本属的地木耳（图7-7D）、发菜、葛仙米等可供食用。

鱼腥藻属（*Anabaena*）与念珠藻属很相近。丝状体单一或成团，细胞圆形，厚壁孢子圆筒形，无公共胶质鞘。满江红鱼腥藻（*A. azollae*），为一种著名的固氮蓝藻，它和一水生蕨类植物满江红（又叫红萍或绿萍）共生在一起（存在于满江红的叶肉腔中），为水稻田的速生绿肥植物。

5.系统位置

蓝藻已存在35亿年（地球年龄约45亿年），在5亿年左右的寒武纪，称为**蓝藻时代"Cyanophyta Time"**。在系统树上（图7-1）可以看到蓝藻是独立于其他藻类的。

二 光合自养的原生生物

（一）裸藻门（Euglenophyta）

裸藻门是较低等的一个类群，它与裸藻门、绿藻门、金藻门及甲藻门中的一些种类，在营养时期具鞭毛，因而有人将它们合称为鞭毛藻类。鞭毛藻的构造和习性兼有动物和植物的特征，因而人们把鞭毛藻类作为动、植物的共同祖先，因此在原生动物学中也讲到它们。

1.主要特征

裸藻门绝大多数种类都是无细胞壁，有2根鞭毛，能自由游动的单细胞藻类。在电子显微镜下可见鞭毛上有1列螺旋排列的**鞭茸**（mastigoneme），故称**茸鞭型**（tinsel type）鞭毛；还有另一类**尾鞭型**（whiplash type）鞭毛，鞭毛平滑无附毛。

裸藻具有细胞核和色素体（载色体），细胞核较大。细胞进行有丝分裂时，核膜核仁不消失，没有纺锤体，纺锤丝在染色体之间穿过至两极；核中部凹陷，中期向两侧扩展，染色体移至核相对的两端，以环沟在核中部将核分开成2个子核，故称该核为**中核**（mesokaryotic）。本门藻类有绿色和无色的两种类型，在绿色种类的细胞内有棒状、块状色素体，含有叶绿素a、b和类胡萝卜素，与陆生植物近似。贮藏物质是**裸藻淀粉**（paramylon）或贮藏在液泡中的液态产物——**金藻昆布糖**

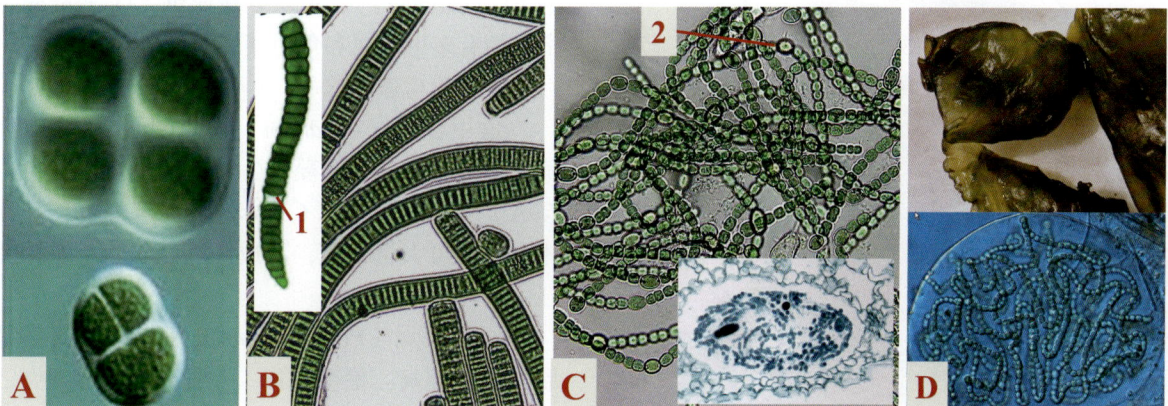

图7-7 蓝藻门常见代表属
A.色球藻属；B.颤藻属；C.鱼腥藻属及在蕨类满江红叶肉腔内的藻丝；D.念珠藻（地木耳）；
1.双凹形的隔离盘；2.异形孢

（**chrysolaminarin**）。而无色类型，营腐生生活，或为动物的营养方式，能吞食固体食物，现在有时把这一类移入原生动物。

2. 繁殖

主要以细胞纵裂的方式进行营养繁殖，有性生殖尚不能确定。

3. 分类与分布

裸藻门约有40属800～1000种，大多数分布在淡水中，少数种类生活在海水中。裸藻常生长在有机质丰富的水体中，可作为水质污染的指示藻类。在夏季，大量繁殖后会使水体呈绿色，形成水华。近年人们发现，有2个属的裸藻生长在两栖动物的消化道内。

4. 常见代表种属

裸藻属（眼虫属）（*Euglena*），属于裸藻目，为多具1根鞭毛的绿色纺锤形细胞，后端延伸成尾状，会变形。前端为胞口，胞口下为胞咽，胞咽下部的膨大部分叫贮蓄泡。贮蓄泡周围有一至数个伸缩泡，体中的废物可经胞咽及胞口排出体外，贮蓄泡旁有趋光性的红色眼点，藻体仅有一层富有弹性的**表膜（pellicle）**，没有纤维素的壁，因而形状易变。细胞核大、球形，位于细胞的中部，细胞内有许多色素体（图7-8）。主要分布于有机质丰富的静水水体，常大量繁殖形成膜状水华，呈现绿色或红褐色。

扁裸藻属（*Phacus*）属于裸藻目。细胞明显扁平，有的呈螺旋形扭转，后端多呈尾状。具1根鞭

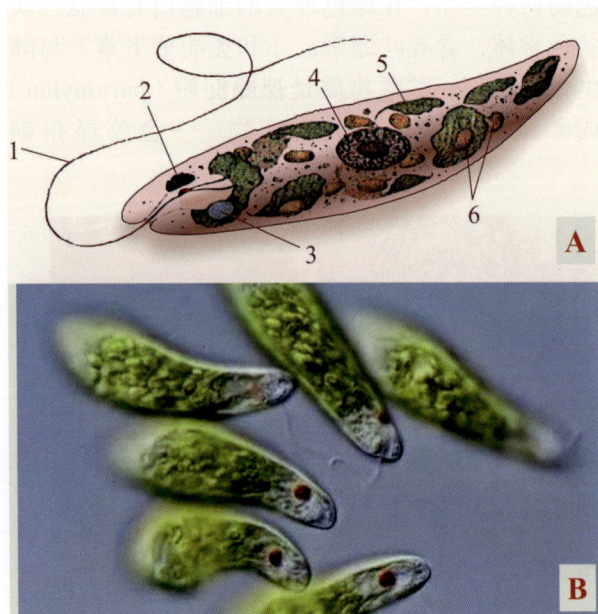

图7-8 裸藻（眼虫）的形态及结构
A. 细胞结构模式；B. 光学显微镜下的游动的裸藻；
1. 鞭毛；2. 眼点；3. 伸缩泡；4. 细胞核；5. 叶绿体；6. 裸藻淀粉颗粒

毛，1个眼点；载色体呈圆盘状。

5. 系统位置

裸藻的系统位置处于独立的一支（图7-1），其色素体最接近陆生植物，系统上与甲藻、褐藻、硅藻、金藻可能有共同祖先。

（二）甲藻门（Dinophyta）

1. 主要特征

本门藻类多为单细胞，近球形，具背腹之分，有2条不等长的鞭毛，排列不对称。少数为群体或分枝的丝状体。甲藻有或无细胞壁。有细胞壁的种类常分两类：一类为纵裂甲藻，其细胞壁由左右两个对称的半片组成，无纵沟和横沟，如原甲藻属。另一类为横裂甲藻，具有一个上锥体和一个下锥体，它们被横向腰带或横沟分隔。上锥体和下锥体通常由若干甲板组成（甲板的数目和排列是区分甲藻属的重要特征）。多数甲藻具一横沟和一纵沟，如多甲藻属。甲藻的色素体数目多，盘状、片状、棒状、带状，常周生，主要色素有叶绿素a和c、类胡萝卜素和**多甲藻黄素（peridinin）**。黄色色素含量比叶绿素含量高出约4倍，故藻体呈黄绿色、金褐色至深棕色。甲藻的细胞核具有始终浓缩的染色体。贮藏物质类似于高等植物中的淀粉。

2. 繁殖

甲藻的繁殖以细胞分裂为主。少数种类能产生游动孢子、不动孢子或厚壁休眠孢子。有性生殖少见，同配生殖见于夜光藻，异配生殖见于三角甲藻等。

3. 分类与分布

甲藻门的藻类是淡水和海洋浮游生物中的重要成员，尤以热带海洋最多，为海洋动物的主要饵料。甲藻门有2000～4000种，仅1纲，甲藻纲（Dinophyceae）分为二个亚纲4个目，即横裂甲藻亚纲（Dinokontae）和纵裂甲藻亚纲（Desmokontae）。常见的有多甲藻属和角甲藻属（图7-9）。

4. 常见代表种属

角甲藻属（*Ceratium*）为常见的海洋浮游甲藻。其中的三角甲藻（*C. tripos*）分布极广（图7-9A）。飞燕角甲藻（*C. hirundinella*）分布于淡水水体中，且可大量繁殖，形成云彩状水华，水体呈现红褐色。

原甲藻属（*Prorocentrum*）细胞卵形或略呈心形，左右侧扁。鞭毛2条，自细胞前端两半壳之间伸出。色素体两个，片状侧生或者粒状。海洋原甲藻（*P. micans*），分布较广，是我国沿岸牡蛎和幼鱼的饵料。大量生殖可形成"**赤潮（red tide）**"，是太

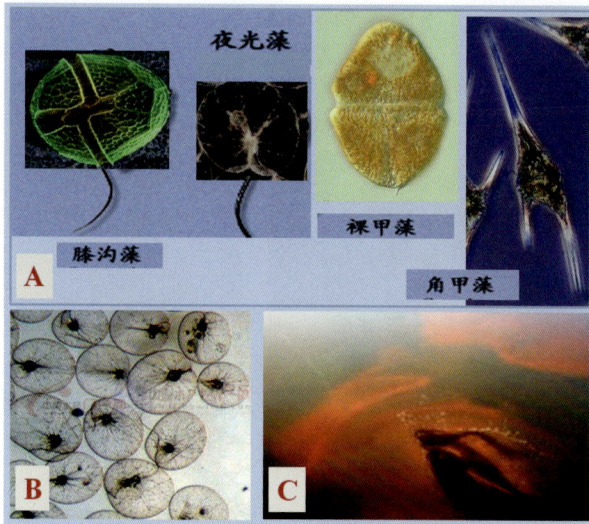

图7-9 常见的甲藻及甲藻引起的赤潮
A.几种常见甲藻；B.显微镜下聚集的夜光藻；C.由夜光藻引起的赤潮

平洋东岸形成赤潮的重要种类。大量生殖时有发光现象。

夜光藻属（Noctiluca）是甲藻门的一个海产属。细胞圆形呈囊状，没有外壳，具有一条能动的鞭毛。细胞大量密集时呈红色，具有发光能力。属表层沿岸种类，分布广，世界各海域均有分布。如果繁殖过剩密集在一起时就形成赤潮，如夜光藻（N. scientillans）（图7-9B，C）。

膝沟藻属（Gonyaulax），有两根鞭毛：一根从甲鞘的纵沟里向下延伸，另一根在一条环沟中，用以保持躯体的漂浮。有的种类也会引起赤潮（图7-9A）。

5.经济价值及危害

甲藻门的藻类是海洋浮游生物的一个重要类群，在海洋生态系统中占有重要的地位，其产量可作为海洋生产力的指标，是小型浮游动物饵料。不少甲藻具有发光能力，如夜光藻，细胞个体大，是研究发光生理的良好材料。甲藻死亡后沉积海底，成为古生代油地层中的主要化石，因此，在石油勘探中，常把甲藻化石作为依据。近年来，近海水域的富营养化，导致甲藻爆发式地增长繁殖（如夜光藻、海洋原甲藻等），形成水华，使水变色，发出腥臭味，形成赤潮，并产生甲藻毒素，对鱼虾贝类危害较大。如果通过无脊椎甲壳类动物，如蚶、牡蛎等富集甲藻细胞所释放的毒素，会对人类产生危害。

6.系统位置

甲藻是间核生物，可能是原核生物向真核生物进化的中间类型，对生物进化理论研究有参考价值。甲藻原来由于有鞭毛会运动而列入原生动物，但系统树上为独立一支（图7-1），具有与硅藻相似的色素。

（三）金藻门（Chrysophyceae）

1.主要特征

藻体为单细胞、群体或分枝的丝状体。有的游动型具1～2条鞭毛，有的为不具鞭毛的球形和不定群体。金藻细胞有的有细胞壁，有的无细胞壁。细胞壁由纤维素组成，在某些种类中还存在**藻鞘**（**lorica**）、**硅质鳞片**（**silicified scale**）和硅质细胞壁。色素体大片状、侧生2枚，主要含有叶绿素a和c，以及属于类胡萝卜素的岩藻黄素，藻体呈黄褐色至金棕色。贮藏物质为金藻昆布糖。

2.繁殖

金藻以营养繁殖为主，单细胞纵裂，群体断裂。无性生殖可形成游动孢子，有性生殖仅在少数属中发现，为同配形式。

3.分类与分布

金藻门约有200属1000种，常见的有锥囊藻属和金球藻属，多生于淡水中，常形成群体，海水、咸水中少见。喜生活在透明度大、温度较低、有机质含量少的微酸性、含钙质较少的软水中。

4.常见代表种属

合尾藻属（Synura），又称黄群藻，藻体为球形或椭圆形能运动的群体，群体细胞在中央以胶质互相黏附。合尾藻属生在小池塘或人工储水池等，秋冬或早春出现（图7-10A）。

锥囊藻属（Dinobryon），又称钟罩藻属，生活在贫营养的淡水中（图7-10B）。植物体单细胞或联成树状群体。细胞着生于纤维素的钟形囊壳内，细胞顶端具两条不等长鞭毛，长的一条伸出在囊壳开口处，基部以细胞质短柄附着于囊壳的底部。有一眼点，一至多个收缩泡。

金球藻属（Chrysophaera）生活史的大部分阶段是静止的球状细胞群，并以不规则形状附于基质上。一个黏质被膜内最多有256个细胞。所有细胞均具有一条长的茸鞭型鞭毛和一条短的尾鞭型鞭毛。细胞无壁，有原生质体分泌的果胶质膜，膜上有呈覆瓦状排列的硅质小鳞片。

5.系统位置

金藻由于有鞭毛，原来为原生动物，但有细胞壁，从光合色素看与黄藻相似，所以有时与黄藻置于同一个门，在系统树上与褐藻、硅藻有共同祖先（图7-1）。

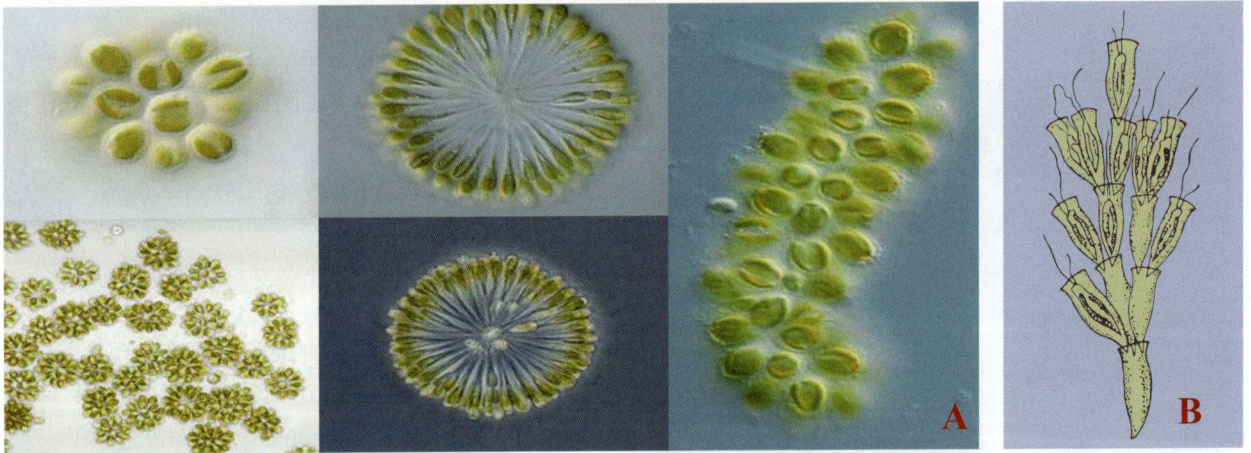

图7-10 金藻门的常见代表
A.光镜下合尾藻（黄群藻）的一种，不同面观的形状；B.锥囊藻（钟罩藻）一种图示

（四）黄藻门（Xanthophyceae）

1.主要特征

藻体为单细胞、群体、丝状体及多核管状体。黄藻细胞常具细胞壁，由2个半片套合而成。有两种类型：单细胞和群体，细胞壁由2个"U"形半片套合而成；丝状体或管状体，细胞壁由2个"H"形半片套合而成。细胞壁主要成分为果胶质、纤维素，偶有SiO_2沉积。色素体1至多个，盘状、片状或带状，常在边缘。含有叶绿素a和c，类胡萝卜素为**硅甲藻黄素（diadinoxanthin）、黄藻黄素（heteroxanthin）和无隔藻黄素酯（vaucheriaxanthin ester）**，不含**墨角藻黄素（fucoxathin）**，藻体呈黄绿色。运动细胞眼点位于叶绿体内。贮藏物质可能是金藻昆布糖。

2.繁殖

黄藻的丝状藻类可通过断裂进行营养繁殖，并以游动孢子和不动孢子等方式进行无性生殖，有时也能产生休眠孢子。而有性生殖在黄藻门不多见，但无隔藻已具有高级的卵式生殖。

3.分类与分布

黄藻门藻类主要为淡水和陆生种类，海水种类极少。约600种，常在纯净、贫营养、温度比较低的水中生长旺盛，有些可以生长在潮湿地表。

4.常见代表种属

无隔藻属（*Vaucheria*），无隔藻目，生于潮湿地表或淡水。藻体为分枝的无隔多核管状体，含多个细胞核和色素体；下部有少数假根附着于泥土中。贮藏食物是油，无淀粉。无性生殖产生复式游动孢子。分枝顶端膨大形成1个游动孢子囊，细胞核均匀地分散在四周，并在对着每个核的地方生出两根鞭毛，此种孢子为复式游动孢子（图7-11C，1）。孢子停止游动后，分泌出细胞壁。孢子立即萌发，形成新的植物体。陆生种类常以静孢子进行生殖。有性生殖已具有高级的卵式生殖方式（图7-11A—

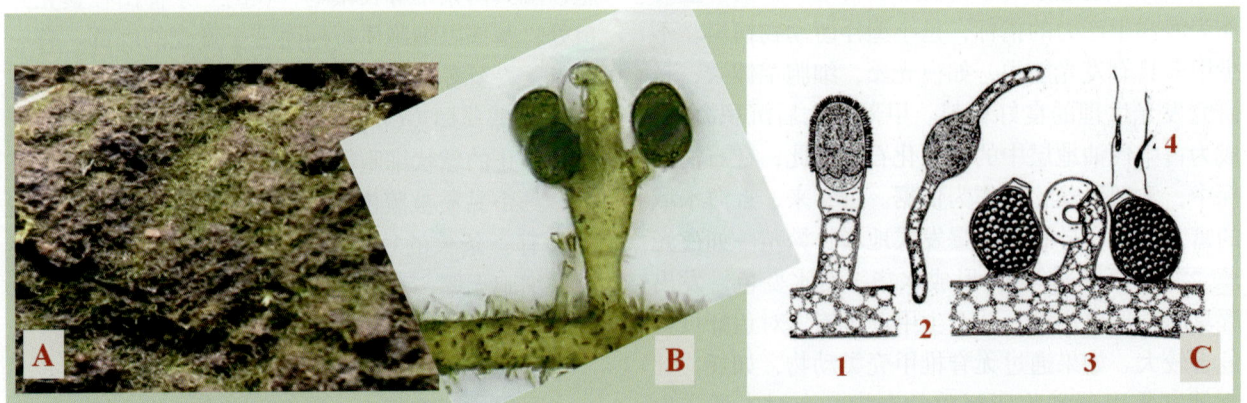

图7-11 无隔藻的形态和生殖特征
A.生于潮湿地表的无隔藻；B.光学显微镜下的无隔藻管状多核细胞及生殖器；C.无隔藻的无性和有性繁殖模式（有性为卵式生殖）
1.无隔藻无性生殖，逸出的游动孢子有多鞭毛；2.游动孢子产生新的丝状体；3.有性生殖，二卵囊，各有一合子，中间的精子囊放出精子；4.放大的具2鞭毛的精子

C）。卵囊和精子囊生于侧生的短枝上。卵囊为圆形或椭圆形，基部有横壁，顶端或侧面生1喙，仅1核发育。精子囊在分枝顶端形成短弯管状，基部有横壁，内生许多具两条不等长鞭毛的精子。精子游动到卵囊的喙进入与卵结合形成合子。合子休眠后经过减数分裂后发育成新的植物体。无隔藻的生活史经历了核相交替过程，但未出现两种植物体的世代交替。

黄丝藻属（*Tribonema*）为黄丝藻目。藻体由单列细胞构成的不分枝丝状体，幼时以一端固着生活。细胞圆柱形或腰鼓形。细胞壁由两个"H"形半片套合而成。细胞核一个，含有大量盘状的色素体，无蛋白核。营养繁殖通过丝状体断裂；无性生殖产生游动孢子或不动孢子等，不动孢子的产生更频繁（图7-12）。有性生殖为同配。

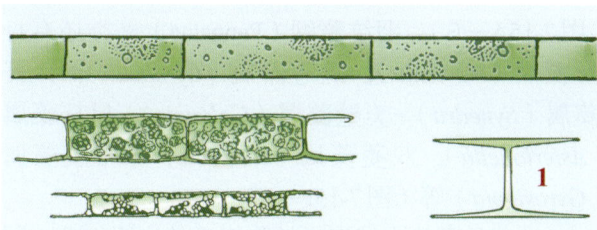

图7-12　黄丝藻的形态
1.示H形的细胞壁

5.系统位置

有的研究者主张放在金藻门，最近分子系统学研究显示其与褐藻门植物最近缘（Robert E. Lee，2012），是一个单系类群。系统树上与褐藻门、金藻门和硅藻门有共同祖先（图7-1）。

（五）硅藻门（Bacillariophyceae）

1.主要特征

藻体以无鞭毛的单细胞为主，有时许多单细胞连接成丝状体或群体。细胞壁是由2个套合的半片组成，称为瓣。硅藻壳中处于外面的半片称**上壳**（**epitheca**），套在里面的半片称为**下壳**（**hypotheca**）（图7-13）。上壳和下壳都是由果胶质和硅质组成的，没有纤维素。色素体1至多数，通常以两个贴近细胞壁的质体形式出现，有时也以大量的圆盘状质体形式出现。硅藻色素体有叶绿素a和c，以及类胡萝卜素（金褐色的墨角藻黄素），它决定了硅藻细胞的金黄色。贮藏物质为金藻昆布糖，存在于原生质内的液泡中。细胞核1个悬浮在细胞的中央。营养体无鞭毛。精子具鞭毛，为茸鞭型。

2.繁殖

硅藻正常的繁殖方法是通过细胞分裂进行营养

繁殖。由一个母细胞产生两个子细胞，母细胞的两个壳面分别成为两个子细胞的上壳，同时子细胞各自产生一个新的下壳。这样形成的两个新硅藻中，一个与母体大小相等，而另一个则较母体为小。如此连续分裂下去，多数个体将越来越小（图7-14A）。这种体积的缩小不是无限的，缩小到一定大小时，以产生**复大孢子**（**auxospore**）方式恢复其大小，即有性繁殖（图7-14B）。

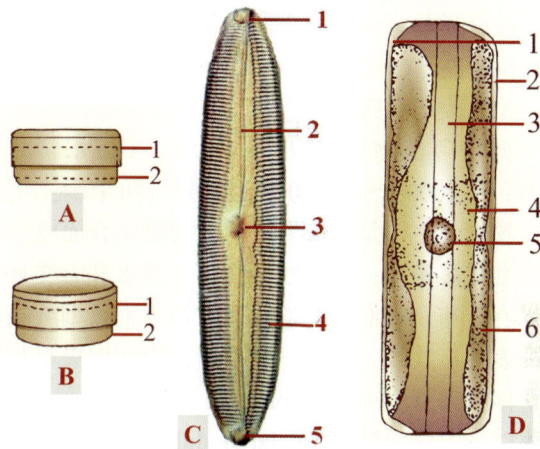

图7-13　硅藻细胞结构示意图
A，B.硅藻细胞上壳、下壳不同角度示意图（1.上壳；2.下壳）；C.羽纹硅藻属细胞壳面观（1.极节；2.壳缝；3.中央节；4.花纹；5.极节）；D.羽纹硅藻属细胞带面观（1.上壳；2.下壳；3.环带；4.细胞质；5.细胞核；6.色素体）

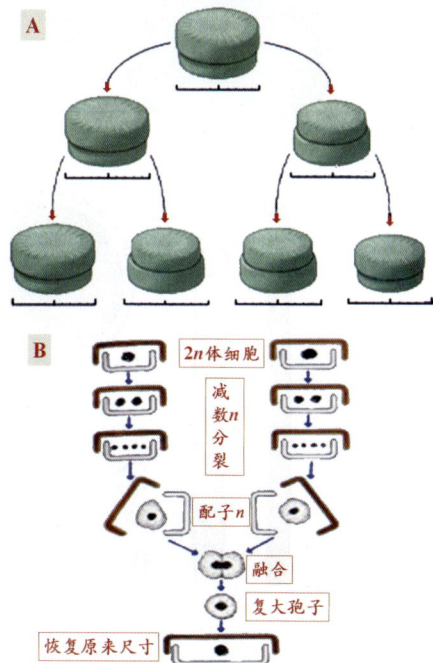

图7-14　硅藻细胞营养繁殖与有性生殖模式
A.正常的营养繁殖，细胞越来越小；B.独特的有性生殖，恢复了细胞的大小

形成复大孢子的方式主要有3种：主要有：①同配型，接合的两个细胞各产生一个配子，而配子接合后只产生一个复大孢子，如扁卵形藻（*Cocconeis placentula*）（图7-14B）。②异配型，欲将接合的两个硅藻，借运动或分泌胶质而相互接近，然后两细胞内的核各进行减数分裂。原生质体亦分成两半，形成两个大小不等的配子，各有两个核，其中一个后来消失，由不同细胞产生的大小不等的配子脱离母细胞壁后，则相互接合形成两个接合子，接合子与母体垂直方向延长成两复大孢子，如披针桥弯藻（*Cymbella lanceolata*）。

3. 分类与分布

硅藻门植物分布很广，淡水、半咸水、海水均有，有10000～12000种。可分为两个纲：①中心硅藻纲，主要是一类海洋浮游类群，壳面纹饰为辐射型或多角型；②羽纹藻纲，在淡水和海洋环境中均有分布，它们细胞的壳面纹饰为羽纹型或条纹型，表面有线纹、肋纹、纵裂缝，壳面中央呈加厚状，称**中央节**（**central nodule**），在壳缝两个末端的细胞壁膨大称为**极节**（**polar nodule**）（图7-13）；有些羽纹硅藻中，壳面中央向下延伸出一无装饰物的区域，称为**假壳缝**（**pseudoraphe**）。

4. 常见代表种属

小环藻属（*Cyclotella*）为中心硅藻纲。植物体单细胞，有些种以壳面互相连接成带状群体。细胞圆盘形或鼓形。壳面圆形，少数种椭圆形，边缘部有辐射状排列的线纹和孔纹，中央平滑或具颗粒。带面平滑没有间生带。载色体多个，小盘状。以细胞分裂进行繁殖，每个细胞产生一个复大孢子（图7-15A）。

羽纹藻属（*Pinnularia*）属于羽纹藻纲。植物体单细胞或连接成丝状群体，壳面线状、椭圆形至披针形，两侧平行，极少数种两侧中部膨大或成对称的波状。壳面两侧具横的平行肋纹，中轴区宽。色素体两块，片状，常各具1蛋白核。

常见的中心硅藻纲（Centricae）藻类还有直链藻属（*Melosira*）、角毛藻属（*Chaetoceros*）、圆筛藻属（*Coscinodiscus*）和三角藻属（*Triceatium*）等（图7-15A—E）；羽纹藻纲（Pennatae）藻类还有舟形藻属（*Navicula*）、桥弯藻属（*Cymbella*）、针杆藻属（*Synedra*）、美壁藻属（*Caloneis*）、星杆藻属（*Asterionella*）、双菱藻属（*Surirella*）和布纹藻属（*Gyrosigma*）等（图7-15F—K）。

硅藻是开放水域海洋植物区系的主要组分，同时也是淡水植物区系的重要组分。硅藻春、秋两季

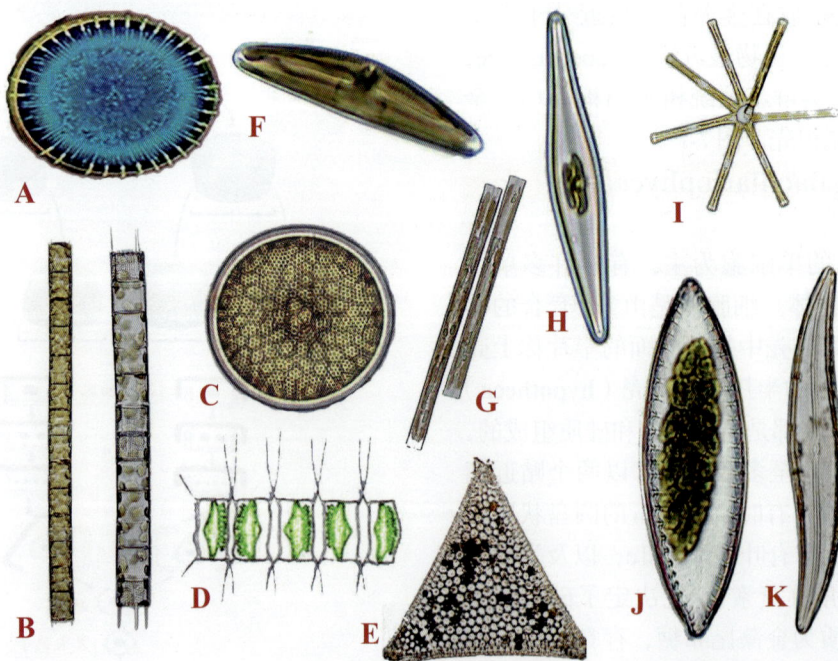

图7-15　硅藻的各种类型

A.小环藻一种；B.颗粒直链藻（生淡水）；C.细弱圆筛藻（生近海）；D.角毛藻一种；E.蜂窝三角藻（生海水潮间带）；F.桥弯藻一种；G.针杆藻一种；H.美壁藻一种；I.华丽星杆藻（生淡水）；J.二列双菱藻（生淡水）；K.尖布纹藻（淡水、海水均有）；（部分改自王全喜等，2008）

生长旺盛，是鱼、贝类等海洋动物的饵料。硅藻大量繁殖，同样能引起赤潮。引起赤潮的硅藻主要有骨条藻、菱形藻、盒形藻、角毛藻、根管藻等。古代硅藻大量沉积的硅藻土，为现代工业的重要原料，可作为工业催化剂载体、过滤剂、吸附剂、磨光及保温材料等，也用于造纸、橡胶、化妆品等工业的填充剂。硅藻化石还可作为地质古生物学家研究地史、古地理和古气候的材料。

5. 系统位置

硅藻与金藻、黄藻相近，有相似的色素，分子特征也相同，有共同的起源（图7-1）。

（六）褐藻门（Phaeophyta）

1. 主要特征

褐藻门是藻类植物中较高级的一个类群。褐藻中没有单细胞或群生种类，它们主要为纤维状薄壁组织或假薄壁组织体（有类似根、茎、叶分化，其内部构造有表皮、皮层和髓的分化，甚至有类似筛管的构造，图7-16）。细胞壁分两层，内层由纤维素组成，外层由褐藻胶组成。色素体1至多数，粒状或小盘状，含叶绿素a和c，以及大量的类胡萝卜素（岩藻黄素、无墨角藻黄素），由于叶黄素的含量超过别的色素，故藻体呈黄褐色或深褐色。贮藏物质为**褐藻淀粉**（laminarin）、**甘露糖醇**（mannitol）和脂类等。有的种类如海带，细胞内含有大量碘。

大多数褐藻的生活史中，都有明显的世代交替现象，有同形世代交替和异形世代交替。同形世代交替即孢子体与配子体的形状、大小相似，如水云属（*Ectocarpus*）；异形世代交替即孢子体和配子体的形状、大小差异很大，多数种类是孢子体较发达，如海带。少数是配子体较发达，如萱藻属（*Scytosiphon*）。

2. 繁殖

有些褐藻以断裂方式进行营养繁殖。无性生殖产生游动孢子和不动孢子。有性生殖为同配、异配或卵式生殖。游动孢子和配子通常具有一根位于前端的茸鞭状鞭毛和一根短的反方向的尾鞭状鞭毛。

3. 分类与分布

褐藻门约有250属，1500种。除少数属种生活于淡水中外，绝大部分海产，营固着生活，是海底森林的主要成分。根据它们的世代交替的有无和类型，一般分为3个纲，即等世代纲（Isogeneratae）、不等世代纲（Heterogeneratae）和无孢子纲（Cyclosporae）。

4. 常见代表种属

水云属（*Ectocarpus*）属于等世代纲水云目。

藻体由单列细胞组成的丝状体，植物体分上下两部分，下部匍匐、细胞单列，由不规则的假根附生在其他物体上；直立部丝状，具有繁茂的分枝。细胞单核，有少数带状或多数盘形的色素体；为明显的同形世代交替植物。

海带属（*Laminaria*）属于不等世代纲海带目。此属的藻类含有薄壁组织，其生长是通过柄部与叶片之间的居间分生组织来实现的。海带（*L. japonica*）的孢子体大，长达1～4m，分固着器、柄和带片三部分。固着器呈分枝的根状，把个体固定于岩石等基物上；柄粗而短呈叶柄状；带片扁平，无中脉，是人们食用的部分。柄和带片组织均分化为表皮、皮层和髓3个部分。髓部中央有筛管状的喇叭丝，具有输送有机养料的功能。孢子体成熟时，在带片的两面丛生许多棒状的游动孢子囊（图7-16），囊内的孢子母细胞经减数分裂或多次有丝分裂产生单倍的侧生双鞭毛的游动孢子。游动孢子萌发后，分别形成体型很小的雌、雄配子体。雄配子体产生具精子的精子囊；雌配子体产生具卵细胞的卵囊。卵成熟后逸出，在母体外与精子结合，合子即萌发成幼小孢子体（新的海带）。这样的生活史称异形世代交替。

海带是经济褐藻，原分布于俄罗斯远东地区、日本和朝鲜北部海域，现在我国渤海湾地区、东海舟山地区和江苏、福建、广东等地沿海也有大量栽培。海带目前已成为世界温带海岸的主要养殖产品，2018年中国的产量达152万吨，占世界产量的90%。

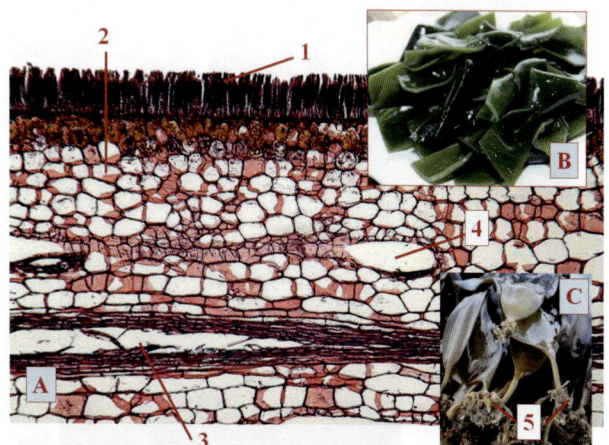

图7-16　海带孢子体的结构

A. 孢子体横切面，示表皮、皮层、髓部和成熟的孢子囊群；
B. 孢子体食用部分；C. 固着生长状态的孢子体
1. 孢子囊群；2. 皮层细胞；3. 髓部，具有喇叭丝；4. 初期的黏液腔；5. 根状固着器和柄

鹿角菜属（*Pelvetia*）属于无孢子纲墨角藻目。该目的海藻为薄壁组织型，从顶端生长。单倍体世代退化为卵子与精子，生活史中的其他时期为二倍体。配子在特异的**生殖窠（conceptacle）**中产生，而配子的精卵融合为卵配。鹿角菜为我国黄海特有的褐藻，藻体褐色，高6～15cm，基部为固着器，是圆锥形的盘状体，中间为扁圆柱状短柄，上部为二叉状分枝（图7-17A）。生殖时在枝顶端形成**生殖托（receptacle）**，生殖托突起处有一开口的腔，叫生殖窠，里面产生雌、雄生殖器官：卵囊和精囊。卵囊是单细胞，经过减数分裂，最后发育成两个卵；精囊也是单细胞，先进行一次减数分裂，再进行多次有丝分裂，形成多数精子。成熟的精子和卵结合后发育成二倍体的植物（图2-12）。

褐藻中除海带、鹿角菜外，裙带菜（*Undaria pinnatifida*）、羊栖菜（*Sargassum fusiforme*）和昆布（*Ecklonia hornem*）等均可食用和药用；马尾藻属（*Sargassum*）除羊栖菜外的其他植物也可作饲料或肥料（图7-17）。此外，还可从马尾藻等褐藻中提取褐藻胶、甘露醇、碘、氯化钾、褐藻淀粉等作食品或医药工业原料。

5.系统位置

褐藻虽然已具有了组织分化，但它的系统位置与金藻、硅藻接近，有共同祖先（图7-1），值得进一步研究。

（七）红藻门（Rhodophyta）

1.主要特征

植物体多为丝状体、叶状体或枝状体，少数为单细胞或群体。藻体常有一定的组织分化，如某些种类分化有"皮层"和髓。细胞壁分两层，内层由纤维素组成，外层由果胶质组成，含琼胶、海萝胶等红藻所特有的果胶化合物。色素体1枚，呈星芒状、带状、扭带状或双凸状等。含有叶绿素a和d，以及藻胆蛋白。藻胆蛋白包括藻蓝素及三种类型的藻红蛋白（即藻红素），其中藻红素含量高，使红藻呈现红色或紫红色。贮藏物质为**红藻淀粉（floridean starch）**，以颗粒形式存在于色素体外的胞质中。

2.繁殖

红藻细胞没有鞭毛，也没有任何退化的鞭毛结构。无性生殖是以多种无鞭毛的静孢子进行的，有的产生单孢子，如紫菜属（*Porphyra*）；有的产生四分孢子，如多管藻属（*Polysiphonia*）。在有性生殖过程中，**不动精子（spermatia）**产生后通过水流被动地运向雌性生殖器官——**果胞（carpogonium）**进行受精。果胞由一个膨大的基部和一个位于顶端通常呈狭窄状的细长**受精丝（trichogyne）**组成。受精的果胞产生产孢丝，产孢丝形成**果孢子囊（carposporangia）**和二倍体的**果孢子（carpospore）**。果孢子发育形成二倍体的**四分孢子体（tetrasporophyte）**，四分孢子体随后产生单倍体的**四分孢子（tetraspore）**。四分孢子通过形成配子体而完成整个生活史。尽管这是大多数红藻的常见生活史，但不同种类间差别较大。

3.分类与分布

红藻门植物有500～600属，6000多种。其中约有200种生于淡水中，其余均为海产，是海洋藻

图7-17　各种褐藻形态

A.鹿角藻；B.马尾藻属，大图为西沙群岛潮水退去后见到的马尾藻；C.裙带菜；D.羊栖菜（马尾藻属，胡仁勇惠赠）；E.昆布属

类植物的主要部分。红藻含2个纲：红毛菜纲和红藻纲。

4. 常见代表种属

紫菜属（*Porphyra*）属于红毛菜纲红毛菜目（Bangiales）。藻体为单层或两层细胞组成的叶状体，紫红色、紫色或紫蓝色，基部以固着器固着于基物上，无柄或有短柄，一般高20～30cm，宽10～20cm。细胞为单核，有1～2个星芒状色素体，中轴位，有蛋白核（图7-18）。我国常见分布和栽培的紫菜有甘紫菜（*P. tenera*）、圆紫菜（*P. suborbiculata*）和长紫菜（*P. dentate*）等。甘紫菜雌雄同株，现以甘紫菜为例来了解紫菜属植物的生活史。在晚秋或初冬，由无性生殖产生单孢子，萌发形成叶状体；次年春天，在叶状体上靠近边缘的营养细胞均可发育成精子囊器，过程为：营养细胞的原生质体分裂产生64个精子囊，规则地排列成4层，每层16个；每个精子囊中仅产生1个不动精子。藻体的另一些营养细胞会转化为果胞，其细胞的一端或两端产生突起，称原始受精丝。不动精子释放出来后随水漂至果胞处，从原始受精丝进入果胞，与果胞内的卵结合形成合子。不经休眠，合子进行有丝分裂，产生8个果孢子（2n），并规则地排列成2层，每层4个。果孢子释放出来后，漂至软体动物的贝壳或其他石灰质基质处，萌发并进入贝壳内发育成丝状体（2n），称为**壳斑藻（conchocelis）**，即为孢子体。藻丝初期细长，称丝状藻丝，后期一些藻丝变粗变短，细胞长短相近，称为膨大藻丝。每个细胞即为1个**壳孢子囊（conchosporangium）**，经减数分裂产生单倍体的无鞭毛的**壳孢子（conchospore）**，壳孢子释放出来后，在水温15℃左右时萌发产生新一代的甘紫菜叶状体。当海水温度较高时，壳孢子只能萌发产生直径

仅几毫米的小紫菜，小紫菜产生单孢子，单孢子再发育成小紫菜；水温15℃左右时，单孢子萌发为大型紫菜。甘紫菜的生活史属于异形世代交替类型。

多管藻属（*Polysiphonia*）属于真红藻纲仙菜目，为海水中最普通的藻。植物体为多列细胞分枝的丝状体，丝状体的中央有1列细胞，称为**中轴管（central siphon）**，其外围有自中轴管产生的边缘细胞，称**围轴管（peripheral siphon）**。有些种的丝状体分化出直立丝状体和匍匐丝状体，基部以单细胞假根固着于海边岩石上，高3～20cm。多管藻属的植物体有单倍体的雌、雄配子体，双倍体的果孢子体及四分孢子体。配子体和四分孢子体在外形上完全相同，是典型的同形世代交替。

5. 经济价值

红藻门的经济价值很高。在红藻类中，紫菜是一种食用藻类，它含有丰富的蛋白质，不仅营养丰富，而且味道鲜美。此外石花菜（*Gelidium amansii*）、海萝（*Gloiopeltis furcata*）等均可食用。鹧鸪菜（*Caloglossa leprieurii*）和海人草（*Digenea simples*）是常用的小儿驱虫药。从石花菜属（*Gelidum*）、江篱属（*Gracilaria*）、麒麟菜属（*Eucheuma*）植物中可提取**琼胶（agar）**（图7-19）。红藻已被应用在食品配料和制药工业，并广泛用作培养基的凝固剂。

6. 系统位置

红藻的系统地位是独特的，是一个单系类群，与绿色植物有共同祖先，在10亿年前与绿色植物分化形成两个支系（图7-1）。

三 绿色植物中的藻类——绿藻门（Chlorophyta）

1. 主要特征

绿藻植物的藻体体型多种多样，有单细胞、群

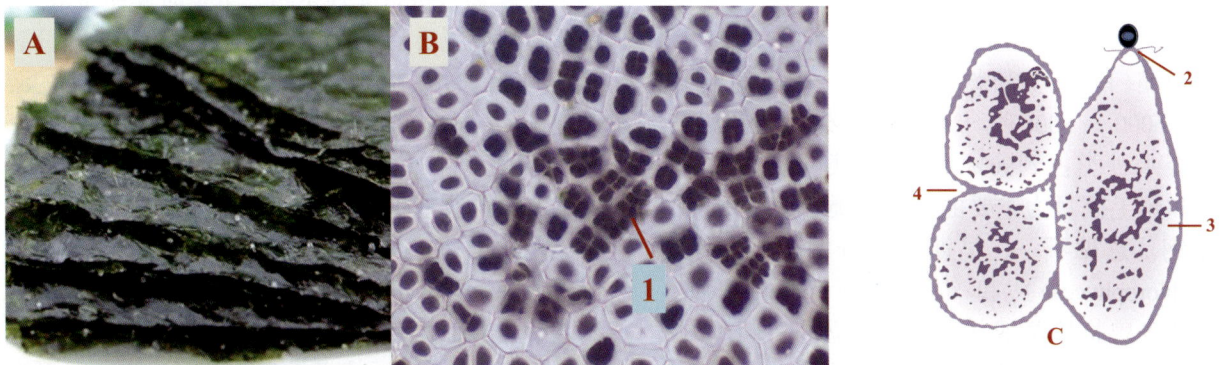

图7-18 紫菜的形态和雌性生殖器官的结构

A.叶状藻体；B.光学显微镜下的紫菜细胞和果孢子，1.每层4个果孢子；C.果孢及受精果孢的第一次分裂；2.原始的受精丝；3.果孢；4.果孢的第一次分裂；右图上的圆球为不动精子

图7-19　红藻门常见种类
A.脆江蓠；B.麒麟菜；C.扁江蓠；D.红藻制成的琼胶；E.石花菜

体、丝状体或叶状体等，其细胞与高等植物相似，也有类似叶绿体的色素体，有相似的色素、贮藏物质及细胞壁成分。色素中以叶绿素a和b最多，还有叶黄素和类胡萝卜素。绿藻的色素体被双层叶绿体被膜包被，但缺乏叶绿体内质网。贮藏的营养物质主要为淀粉，由直链淀粉和支链淀粉组成。光合作用途径也与绿色植物类似。色素体内有一至数个蛋白核。细胞壁的成分主要是纤维素。游动细胞有2条或4条等长的顶生尾鞭型鞭毛。

2. 繁殖

绿藻门植物的繁殖有营养繁殖、无性生殖。无性生殖有多种类型，最简单的是群体、丝状体、叶状体断裂或分裂成两个或多个部分，每一部分长成一个新的群体。绿藻无性生殖时一般以**游动孢子（zoospore）、静孢子（aplanospore）或似亲孢子（autospore）**进行。有性繁殖的方式多种多样，同配、异配和卵配都有存在，有些种类的生活史有世代交替现象。我们将在不同代表植物中加以介绍。

3. 分类与分布

绿藻门是藻类植物中最大的一门，约有400多属，6000～8000种。绿藻门主要为淡水藻类，其中淡水种类占到90%，海水种类只有10%。丝藻目和鞘毛藻目为主要的淡水种类。关于绿藻门的分纲，意见不一，早期一般分两个纲：绿藻纲（Chlorophyceae）和轮藻纲（Charophyceae）。有的学者曾将轮藻纲分出列为独立的一门。2012年，Leliaert等人基于DNA分子序列性状和形态性状提出绿藻由两大谱系组成：一支以**藻质体（phycoplast）**为基础，形成绿藻植物门

（Chlorophyta）；另一支以**成膜体（phragmoplast）**为基础，形成链形植物门（Streptophyta），包括所有陆生植物（图7-20）。

4. 常见代表种属

绿藻纲（Chlorophyceae）或称绿藻植物门，本类群藻类的植物体、细胞结构及繁殖方式差异很大，绝大部分绿藻均属此类，淡水和海水均产，共分11个目。现将常见的简介于下：

（1）衣藻属（*Chlamydomonas*）是团藻目内单细胞类型中的常见植物。本属约有500种，生活于含有机质的淡水沟和池塘中，早春和晚秋较多，常形成大片群落，使水变成绿色。

植物体为单细胞，卵形，细胞内有1个杯状的叶绿体，其底部有1淀粉核。细胞核位于叶绿体的杯中。藻体的前端有2条等长的鞭毛，其基部有2个伸缩泡，旁边有1个红色眼点（图7-21）。在电子显微镜下还可以看到类囊体、线粒体和高尔基体等。

衣藻通常进行无性生殖。生殖时藻体常静止，鞭毛收缩或脱落，变成游动孢子囊。原生质体分裂为2，4，8，16，各形成具有细胞壁和2条鞭毛的**游动孢子（zoospore）**。囊破裂后，游动孢子逸出发育成新个体。

衣藻的有性生殖多数为同配生殖。原生质体分裂成8～64个小细胞，称**配子（gamete）**。配子在形态上和游动孢子相似，只是体形较小。配子从母细胞中放出后，游动不久即成对结合，成为2倍的、具4条鞭毛的合子，合子游动数小时后变圆，形成有厚壁的合子。合子经过休眠，在环境适宜时萌发。萌发时经过减数分裂，产生4个游动孢子。当

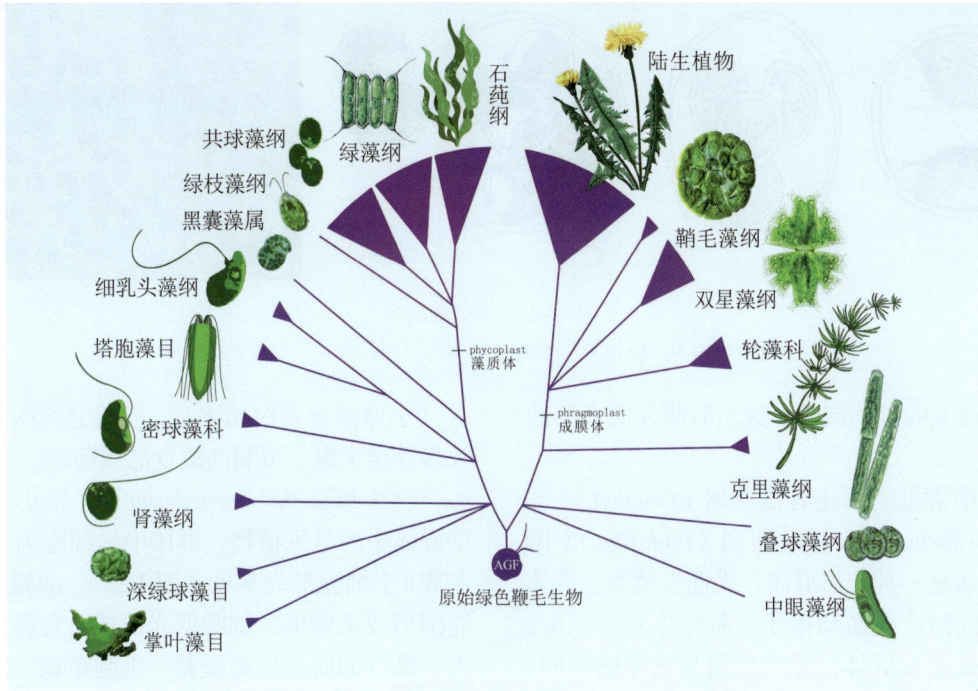

图7-20 绿色植物的分子系统树（以绿藻为主，改自包文美等，2015）

合子壁破裂后，游动孢子游散出来各形成一个新的衣藻个体。

（2）团藻属（*Volvox*）属于团藻目。春夏两季常见生于淤积的浅水池沼中。植物体是由数百至上万个衣藻型细胞组成的球形多细胞群体，衣藻型细胞排列在球体的表面，空心球体内充满胶质和水（图7-21）。多细胞体中只有少数大型的细胞能进行繁殖，称此为**生殖胞**（gonidium）。无性生殖时，少数大型的生殖胞经多次分裂形成**皿状体**（plakea），再经**翻转作用**（inversion）发育成子体，落入母体腔内，母体破裂时放出子体，即为一新植物。有性生殖为卵式生殖，精子囊和卵囊分别产生精子和卵，精子和卵结合形成厚壁的合子。当母体死亡腐烂后，合子落入水中，休眠后经减数分裂，发育成

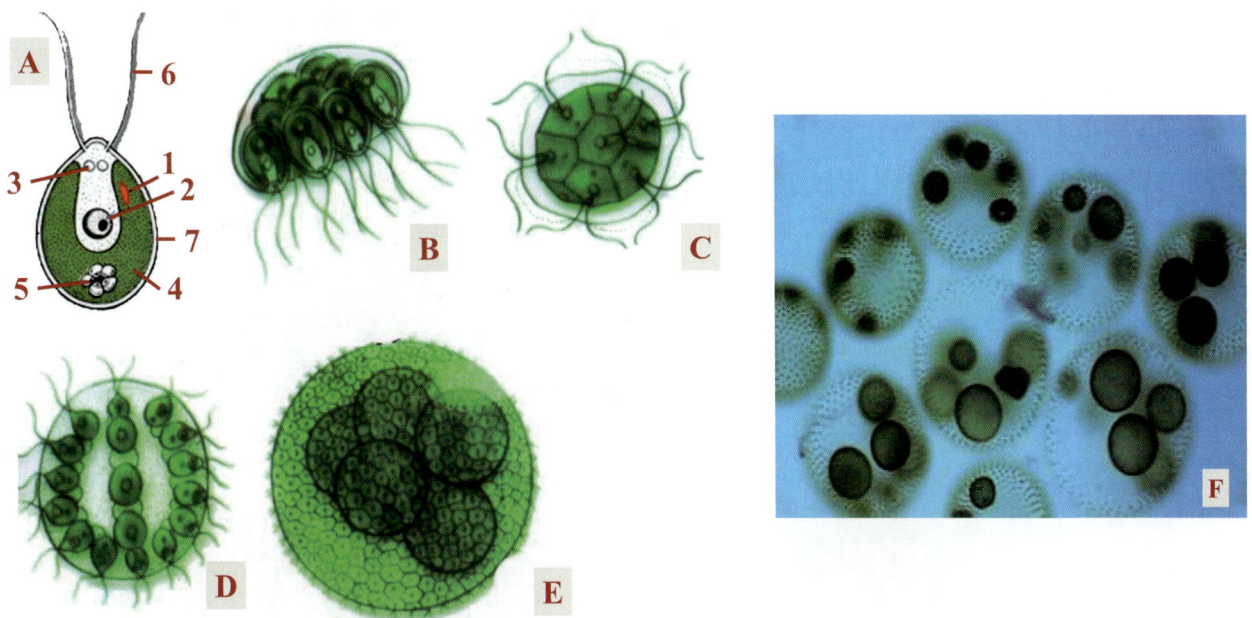

图7-21 团藻目中常见的种类
A.衣藻属细胞的构造（1.眼点；2.细胞核；3.伸缩泡；4.杯状色素体；5.蛋白核；6.鞭毛；7.细胞壁）；
B.盘藻属；C.实球藻属；D.空球藻属；E.团藻属；F.光镜下的团藻

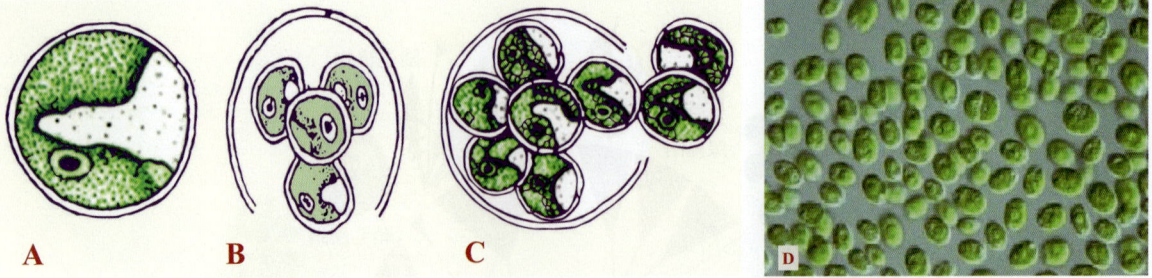

图7-22　小球藻属
A.营养细胞；B、C.似亲孢子的形成和释放；D.纯培养中的小球藻

一个具有双鞭毛的游动孢子，逸出后萌发成一新的植物体。

团藻目中常见的属还有盘藻属（*Gonium*）、实球藻属（*Pandorina*）和空球藻属（*Eudorina*）（图7-21）。盘藻属是一种定形群体，无性生殖时，群体的全部细胞同时产生游动孢子，有性生殖为同配。实球藻属也是定形群体，无性生殖与盘藻属相同，有性生殖是异配。空球藻属是球形或椭圆形群体。从单细胞的衣藻属，群体的盘藻属、实球藻属、空球藻属和多细胞体的团藻属来看，团藻目中有明显的演化趋势。藻类由单细胞、群体到多细胞体；细胞的营养作用和生殖作用，由不分工到分工；有性生殖由同配、异配到卵配3个方面演化。

（3）小球藻属（*Chlorella*）　是小球藻目的常见植物。植物体是单细胞浮游性种类，圆形或椭圆形（图7-22）。体内含有片状和杯状叶绿体，一般无淀粉核。无性生殖时，产生不能游动的**似亲孢子**（**autospore**）。有性生殖尚未发现。分布很广，生活于机质丰富的池塘及沟渠中。

小球藻含蛋白质丰富，可高达50%，又含脂肪及多种维生素，可制高级食品或药物。

（4）栅藻属（*Scenedesmus*）　是小球藻目中定型群体中的常见植物。群体中的细胞为2的倍数，4个或8个细胞最为常见（图7-23）。细胞形状通常是椭圆形或纺锤形。细胞壁光滑或有各种突起，如乳头、纵行的肋、齿突或刺。细胞单核。幼细胞的色素体是纵行片状，老细胞则充满色素体，有1个蛋白核。群体细胞是以长轴互相平行排列成1行，或互相交错排列成两行。群体中的细胞有同形或不同形的。无性生殖产生似亲孢子。栅藻是淡水藻，在各种淡水水域中都能生活，分布极广。

（5）丝藻属（*Ulothrix*）　是丝藻目中常见的植物，喜生活在流动的淡水中，鱼缸中也会生长，少量海生。藻体为单条丝状体，由直径相同的圆筒形细胞上下连接而成，基部一般以单细胞的固着器固着，生长在岩石或木头上。细胞中央有一个细胞核，色素体环带形筒状，位于侧缘，其上含有1个或数个蛋白核。丝状体一般为散生长，除基部固着

图7-23　光学显微镜下栅藻属的各种类型及细胞结构
1.蛋白核；2.细胞核；3.色素体；4.刺状突起

器的细胞外，通过产生细胞横隔壁进行细胞分裂实现丝状体伸长。丝状的藻体细胞都可通过断裂进行营养繁殖。无性生殖时，除固着器细胞外，其他营养细胞均可产生具4或2根鞭毛的游动孢子，1个细胞可产生2，4，8，16或32个游动孢子。游动孢子具眼点和伸缩泡，游动缓慢。其后以鞭毛的一端附着于基质，萌发形成一个基部固定器细胞，分裂延长为单列细胞的丝状体。有性过程为同配生殖，配子的产生过程和游动孢子一样，只是配子数量多。配子在水中游动然后成对结合。来自不同个体的配子，进行结合发生有性过程，称为异宗配合现象。合子经休眠及减数分裂后，形成4～16个游动孢子和静孢子，每个孢子长成一个新的藻体（图7-24）。

（6）石莼属（*Ulva*） 是石莼目植物，海生。藻体是多细胞，为两层细胞组成的薄叶状体（图7-25）。基部的细胞延伸出假根丝，假根丝生在两层细胞之间，并向下生长伸出植物体外，互助紧密交织，构成假薄壁组织状的固着器，固着于岩石上。藻体细胞表面观为多角形，切面观为长形或方形，排列不规则但紧密，细胞间隙富有胶质。细胞单核，色素体片状，位于细胞外侧，有一枚蛋白核。石莼有两种植物体，即**孢子体**（**sporophyte**）和**配子体**（**gametophyte**），两种植物体都由2层细胞组成。成熟的孢子体，除基部细胞外，藻体细胞均可形成孢子囊。孢子母细胞经过减数分裂，形成8～16单倍的、具4根鞭毛的游动孢子。成熟后，游动一段时间，附着在岩石上，失去鞭毛，分泌细胞壁，2～3天后萌发成配子体。配子体成熟后产生配子，配子的形成过程及逸出与游动孢子相似，但配子囊母细胞通过有丝分裂产生16～32个具2条鞭毛的配子。多数为异配生殖，由不同藻体产生的配子才能结合成合子。合子在2～3天萌发为孢子体。石莼

图7-24 丝藻属的无性繁殖和有性生殖

A.丝藻属的无性繁殖和有性生殖模式（1.丝状体的基部，表示固着器细胞及3个营养细胞，每一细胞有1细胞核及1环形片状具蛋白核的色素体；2.游动孢子的形成与逸出；3.配子的形成与逸出，有些配子正成对配合）；B.丝藻属的水中生境

图7-25 石莼属的形态

A.南海海滩上被潮水冲上来的一种石莼；B.石莼的2层细胞的薄叶状体

属的生活史属同形世代交替。

石莼属藻类的俗名有海白菜或绿色紫菜，可以做成沙拉或汤类。干石莼的提取物中含有15%蛋白质、50%糖类和淀粉，可作为粗粮被人类利用。

（7）水绵属（*Spirogyra*） 是接合藻目中的常见植物。本属约300种。常成片生于浅水的水底或漂浮于水面。植物体为不分枝的丝状体，由许多圆筒状细胞纵向连接而成。由于细胞壁外面有多量的果胶质，故藻体表面滑腻，用手触摸即可辨别。细胞质贴近细胞壁，中央有1个大液泡，细胞核由原生质丝牵引，悬挂于细胞中央。每个细胞内含1至数条带状色素体，螺旋状环绕于原生质体的外围，色素体上有1列蛋白核（图7-26）。

水绵的有性生殖为接合生殖，常见的有梯形接合和侧面接合。梯形接合时，在两条并列的单倍体藻丝体上，相对应的细胞各生出1个突起，突起相接触处的壁溶解后形成接合管（**conjugation tube**）。同时，细胞内的原生质体收缩形成配子。一条藻丝体中的配子经接合管进入另一条藻丝体中，相互融合成为合子。两条藻丝体和它们之间所形成的多个横列的接合管，外形很像梯子，因此叫作**梯形接合**（**scalariform conjugation**）。如接合管发生在同一丝状体的相邻细胞间，则叫**侧面接合**（**lateral conjugation**）。合子形成厚壁，随着死亡的母体沉入水底休眠，萌发前经减数分裂，其中3个子核退化，仅1个子核与细胞质一起发育为新的丝状藻体（图7-26 E—G）。

（8）其他常见绿藻 在淡水池塘、溪水中常见的绿藻还有刚毛藻属（*Cladophora*）、新月藻属（*Closterium*）、集星藻属（*Actinastrum*）、盘星藻属（*Pediastrum*）、水网藻属（*Hydrodictyon*）和鼓藻属（*Cosmarium*）等（图7-27）。

轮藻纲（**Charophyceae**），本类群藻类在植物体的结构以及生殖方式上都较绿藻纲复杂，属于高级的绿藻，从分子系统树上（图7-20）可见与陆生植物有最近的共同祖先。有数百种，喜生于静止的淡水。藻体形态上也有单细胞、丝状体和分枝状，有的像水草，有类似的根茎叶分化，包括鞘毛藻属（*Coleochaete*）和双星藻属（*Zygnema*）等。

轮藻属（*Chara*）藻体直立，体高10～60cm，分枝树状，有主枝、侧枝、短枝之分。体表常含有钙质，以单列细胞分枝的假根固着于水底淤泥中。主枝和侧枝分化成节和节间，节的四周轮生有短枝。短枝也分化成节和节间，短枝又被叫作"叶"（图7-28）。无论是主枝还是短枝，顶端均有一个**顶细胞**（**apical cell**），可继续生长。

轮藻的营养繁殖以藻体断裂为主。轮藻的枝状体基部也可长出珠芽，由珠芽长出植物体，相当于无性生殖。有性生殖为卵式生殖。雌雄生殖器官结构复杂，为多细胞，二者皆生于短枝的节上。卵囊球长卵形，位于假叶的上方，内有1个卵细胞。外围有5个螺旋形的管细胞，管细胞的顶端各有1个冠细胞组成冠。精囊球呈球形，位于假叶的下方，外围由8个三角形的盾细胞组成，成熟时鲜红色，中央有盾柄细胞、头细胞、次级头细胞及数条单列细胞的精囊丝，精囊丝的每个细胞内产生1个精子。

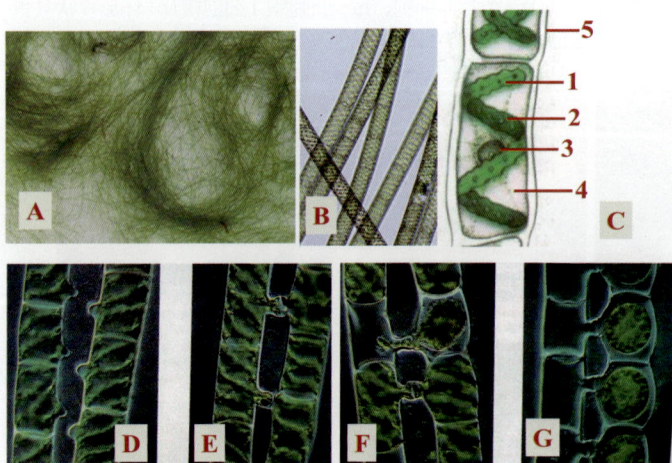

图7-26 水绵的细胞结构与梯形结合有性繁殖（引自Evert et al.，2013）
A.肉眼下水塘中的水绵藻丝体；B.光学显微镜下的丝状藻丝；C.水绵细胞结构模式，1.色素体；2.蛋白核；3.细胞核；4.液泡与原生质；5.细胞壁；D—G.光学显微镜下的水绵的梯形结合

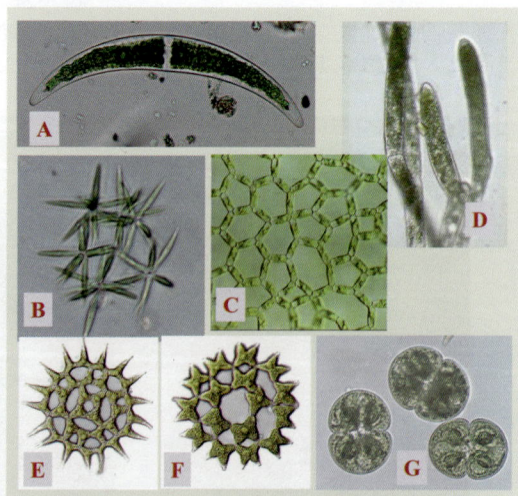

图7-27 其他常见淡水绿藻
A.新月藻一种；B.河生集星藻；C.水网藻；D.刚毛藻；E和F.两种盘星藻；G.鼓藻

图7-28 轮藻属的形态与生殖器构造

A.具雌雄性生殖器的藻体；B.光学显微镜下的藻体短枝一部分，具有雌雄生殖器；C.卵囊球（上），精囊球（下）；D.水体中的轮藻
（丁炳扬惠赠）

精子放出后，进入卵囊与卵受精。合子休眠后，经过减数分裂萌发成为原丝体，然后再长出数个新植物体，因此轮藻藻体是单倍的。

轮藻多生于淡水，少数生长在微咸的水中。它们在清澈的湖底非常普遍，通常大量生长。

轮藻的藻体高度分化，生殖器官外面有一层营养细胞包围，可与高等植物的性器官相比较。因此，有人将它们列为独立一门。

鞘毛藻和双星藻在近年的分子系统学研究中已证实与陆生植物有共同祖先（Chen et al. 2019，图7-29）。鞘毛藻藻体由单列细胞的分枝丝状体构成；所有的种类，都有一些自细胞内向外长出一根细长的刚毛；刚毛基部有鞘（图7-29B）。产淡水，常附着于高等水生植物的体表，或内生于某些植物的细胞之内。在植物系统学中，一般认为与陆生苔藓植物起源有联系，如有些鞘毛藻的假薄壁组织的盘状部分与苔类的原叶体有近似之处；卵器后来由于营养细胞产生的外套，具有多细胞的与器壁相似的构

造，也与苔藓植物的颈卵器有近似之处。生淡水的双星藻丝状体不分枝，由一列圆柱状细胞构成；每个细胞内有2个轴生的星芒状的色素体（图7-29C），也行接合生殖。

5. 经济价值

绿藻门的经济价值很高。绿藻中如石莼、浒苔等历来是沿海人民广为采捞的食用海藻。海产的扁藻、小球藻等单细胞绿藻繁殖快，产量高，含有一定量的蛋白质、糖类、氨基酸和多种维生素，可作食品、饲料或提取蛋白质、脂肪、叶绿素和核黄素等多种产品。有的绿藻可作为药用，如小球藻、孔石莼等。此外，还可利用藻菌共生系统和活性藻的方法来处理生活污水和工业污水。

6. 系统位置

绿藻门与陆生植物有共同祖先，最可能接近陆生植物，有时统称"**绿色植物（green plants）**"。最近的分子系统学和比较基因组工作已经揭示其最可能接近的类群是轮藻纲的鞘毛藻属和双星藻属植物。

（四）其他藻类

（一）隐藻门（Cryptophyta）

1. 主要特征

藻体多为单细胞运动个体，有2条鞭毛，在细胞的凹陷处顶生或侧生（图7-30）。鞭毛上侧生有一排或两排**微管绒毛（microtubular hair）**，根据种类不同其结构亦有异。少数种类能形成不定形群体。大部分种类细胞不具纤维素细胞壁，细胞外有一层**周质体（periplast）**，由质膜和位于质膜下方的系列板片组成。隐藻的有些种类能进行光合作用，有些种类无色素，进行吞噬营养。光合作用色素有叶绿素a、c，β-胡萝卜素等，还有藻胆蛋白（藻蓝蛋白或藻红蛋白，有别于蓝藻和红藻的藻胆蛋白）。色

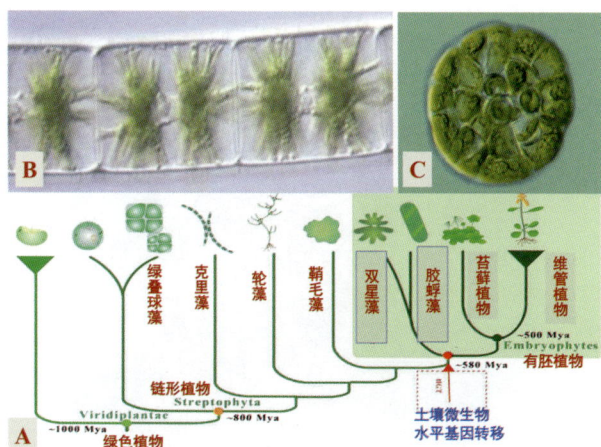

图7-29 绿色植物的系统发育树（A）及双星藻（B）和鞘毛藻（C）（改自Chen et al.2019）

素体1～2个，叶状；储藏物质为淀粉。有些与红藻共生。

2. 繁殖

隐藻的生殖多为细胞纵裂。有的种类能产生游动孢子，有些种类产生厚壁的休眠孢子，也可进行有性生殖。

3. 分类与分布

隐藻在淡水和海水中均有分布。隐藻门仅隐藻纲，约200种，可分为三个目，杯胞藻目（Goniomonadales）：细胞无色且无色素体；隐鞭藻目（Cryptomonadales）：细胞通常呈微红色，色素体含藻红蛋白；蓝隐藻目（Chroomonadales）：细胞通常呈蓝绿色，色素体含藻蓝蛋白。因身体微小（3～50μm），很不显眼而得名。隐藻的细胞含有丰富的多种不饱和脂肪酸，这些是浮游生物生长和发育必不可少的物质，是水肥、水活、好水的标志。

4. 常见代表种属

隐藻属（Cryptomonas）是隐藻目仅有的2个属之一。细胞椭圆形、豆形、卵形、圆锥形等（图7-30）。具有纵沟和口沟，鞭毛2条，略不等长，自口沟伸出。色素体通过中央的淀粉粒连接成双叶状。广布湖泊、鱼池，常见的有卵形隐藻（C. ovata）和啮蚀隐藻（C. erosa）。

5. 系统位置

Pascher 1914年将隐藻置于甲藻门中，后人们依据类囊体结构的不同和藻胆素的有无等趋向于将其分独立为隐藻门。

（二）普林藻门（Prymnesiophyta）

1. 主要特征

又称定鞭藻门（Haptophyta），最显著的特征是附着鞭毛或**定鞭（haptonema）**，丝状结构，在两条长度相等鞭毛之间伸出一条丝状结构，在结构上有别于鞭毛。尽管附着鞭毛存在微管，但它们不具备典型的真核生物的鞭毛和纤毛中微管的"9+2"结构。该附着鞭毛可以弯曲和盘绕，在某些情况下，它允许普林藻细胞捕捉猎物——食物颗粒，功能有点像一个钓鱼竿。在其他情况下，它似乎有助于细胞感应和避免障碍物。该类群的另一特点是藻体的外表面存在小的、扁平的鳞片细胞。这些鳞片由有机物质或钙化的有机物质组成。钙化的鳞片称为**球石（coccoliths）**，如赫氏球石藻（*Emiliania huxleyi*）有12个或更多的球石装饰（图7-31）。球石已构成一个连续的化石记录，最早出现在大约2.3亿年前的三叠纪晚期。

大多数普林藻是光合自养的，含有叶绿素a，c1，c2和β-胡萝卜素、**硅甲藻黄素（diadinoxanthin）**和**硅藻黄素（diatoxanthin）**。与隐藻一样，普林藻的质体被色素体内质网膜包围，与核膜相连。储存产物是金藻昆布糖等。

2. 繁殖

普林藻门出现有性繁殖和异形世代交替，但染色体水平和生活史的许多形式还是未知的。

3. 分类与分布

已知的种类有2目，80属，约300种。近年有新物种不断地被发现。主要分布在热带地区，是海洋浮游植物，也有少量的淡水和陆生种类。本门包括单细胞鞭毛类、群体鞭毛类、不动的单细胞和群体类群。2015年在天津近海分离出一株黄绿色具鞭毛的单细胞藻，已确定为本门藻类。

4. 常见代表种属

赫氏球石藻（*Emiliania huxleyi*）是普林藻目的代表种，其运动细胞具有两条鞭毛。赫氏圆石藻的生活史包含一个不运动的含有球石的双倍体阶段，与一个含有鳞片但不含有球石的单倍体阶段相互交

图7-30　隐藻的形态

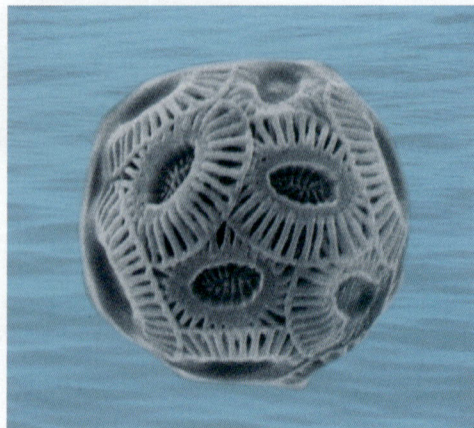

图7-31　赫氏球石藻（具有片状鳞片覆盖）
（改自Evert et al.，2013）

替。小普林藻（*Prymnesium parvum*）大多数有两条光滑近等长的鞭毛。多有一条附生鞭毛或定鞭体，只能弯曲和盘绕，但不能像鞭毛那样灵活地收缩、运动。小普林藻能分泌强力外毒素——**普林藻毒素**（**prymnesin**），即溶血性鱼毒素，可引起鱼类和软体动物死亡。棕囊藻属（*Phaeocystis*）的棕囊藻群体为中空的气球状结构，单个藻细胞位于一薄的黏液层下面。在欧洲的北海及南极外缘海域，在春秋季可形成"囊泡"状藻华。

海洋中的普林藻门植物是食物网的重要组成部分。

5.系统位置

普林藻门原来叫定鞭藻门，原属原生生物。1955年Parke等引入了**定鞭**（**haptonema**）来描述细胞顶端的第3根附生鞭毛，其细胞表面还包裹鳞片，能光合作用，因而单立一门。

（三）灰胞藻门（Glaucophyta）

灰胞藻门为细胞质中含有内共生蓝细菌而非叶绿体的藻类，是一小类淡水真核微藻。由于协同共生的本质，灰胞藻门被认为是叶绿体进化的中间过渡类型。叶绿体进化的内共生理论是由Mereschkowsky在1905年提出的，已被广泛接受。根据这个理论，蓝藻细菌被具有吞噬功能的生物吞噬。通常，蓝藻细菌会被鞭毛虫消化，但是偶尔会发生鞭毛虫不能消化蓝细菌的变异，形成内共生。Pascher在1914年为这种共生关系创建了术语，他称这种内共生的蓝细菌为**蓝色小体**（**cyanelle**），称寄主为**蓝色复合体**（**cyanome**），称二者间为共生关系。灰胞藻门的大多数蓝色小体没有壁，而是被两层膜包围：蓝色复合体的食物泡膜和蓝色小体的细胞质膜。随着不断进化，这两层膜演变成色素体的被膜。

灰胞藻门的色素与蓝藻相似：都含有叶绿素a

和藻胆蛋白；然而灰胞藻门不含有蓝藻中的两种类胡萝卜素——**蓝藻叶黄素**（**myxoxanthophyll**）和**海胆烯酮**（**echinenone**）。

这种由共生现象展现出复合生物的新特征，使Skuja于1954年提出建立灰胞藻门。灰胞藻门植物代表一个非常古老的类群，在进化历史上，许多灰胞藻门的原始种类已灭绝，而现今存活的只是该类群中的少数种类。常见的有蓝载藻（*Cyanophora paradoxa*）是一种淡水鞭毛虫，其细胞质中含有两个蓝色小体，能进行光合作用。

在进化上与红藻、绿藻、高等植物处于一个谱系中。独特的光合细胞器（蓝小体）是该类群最显著特征。

五 各门藻类间的系统演化和亲缘关系

综上所述，藻类并非一个单系类群，它是一类具有光合能力，能自养的植物的总称。其光合作用色素的类型、贮藏物种的种类、游动细胞鞭毛的类型和着生的位置等是藻类植物分门的基础（表7-2）。在过去的十年中，基因测序是藻类系统学研究中最为活跃的领域，它为藻类间谱系关系研究提供了许多重要的新信息。结合人类长期对藻类形态结构的系统研究，已基本揭示了它们之间的关系（图7-1和图7-29）。本节综合前人工作，将自养的、能光合作用的藻类划分为：原核的蓝藻细菌，属于真核原生生物界能光合自养的原生生物，以及属于绿色植物的绿藻和轮藻类群。

蓝藻细菌是原核生物，在地质年代中出现得最早，是光合生物中最原始类型。灰胞藻可能是现存的吞噬蓝藻细菌的生物，是叶绿体进化的中间过渡类型，含有的色素也接近。甲藻、金藻、硅藻、黄藻、褐藻和隐藻都含有叶绿素a，c和β-胡萝卜素，叶黄素等黄色色素，这些类群应具有共同起源；裸

表7-2 藻类各门所含色素和储藏物质

藻类类别	蓝藻门	灰胞藻门	红藻门	隐藻门	甲金硅黄褐藻门	裸藻门	绿、轮藻门	绿色陆生植物
叶绿素	a	a	a, d	a, c	a, c	a, b	a, b	a, b
类胡萝卜素	β-胡、叶黄素		β-胡、叶黄素	α和β-胡、叶黄素	β-胡、叶黄素	β和γ-胡、叶黄素	α和β-胡、叶黄素	α和β-胡、叶黄素
藻胆素	藻蓝素藻红素	藻蓝素藻红素	藻蓝素藻红素	藻蓝素藻红素				
储藏物质	蓝藻淀粉		红藻淀粉	淀粉	金藻昆布糖或褐藻淀粉或淀粉	裸藻淀粉	淀粉	淀粉

注：α-胡=α-胡萝卜素，α和β-胡=α和β-胡萝卜素，γ-胡=γ-胡萝卜素

藻虽与绿色植物有相似的色素和储藏物质，但早期起源还有待研究。红藻的系统地位是独特的，是一个单系类群，与绿色植物有共同祖先，在10亿年前分成不同的支系。绿藻门不同于其他真核藻类，它的光合色素、储藏淀粉与其他绿色陆生植物相同，而且储藏物质是在叶绿体而非细胞质中合成的，毫无疑问与所有其他绿色植物有共同祖先（表7-2，图7-1，图7-29）。

第二节 菌藻共生的地衣

地衣（lichenes）是藻类和真菌共生的复合体。由于藻类与真菌长期紧密地结合在一起，在形态上、结构上、生理上和遗传上都形成一个单独固定的有机体，所以把地衣当作一个独立的门看待。

多数地衣是喜光植物，要求空气新鲜，不耐大气污染，因此，大城市及工业区很少有地衣生长。但地衣的耐寒和耐旱性很强，能在岩石、沙漠或树皮上生长，在高山带、冻土带和南北极，其他植物不能生存，而地衣却能生长繁殖，并形成一望无际的大片地衣群落。

地衣中共生的真菌，绝大多数为子囊菌，少数为担子菌，共生的藻类含绿藻和蓝藻约35属。绿藻门的共球藻属（*Trebouxia*）、橘色藻属（*Trentepohlia*）和蓝藻门的念珠藻属（*Nostoc*），约占全部地衣藻类的90%。通常一种地衣由一种真菌和一种藻类所组成。最近，有研究从基因组揭示：地衣不仅仅由一种子囊菌和一种藻类组成，还发现有第3种共生真菌（一种担子菌）参与。对所有其他地衣进行的分析也揭示每种地衣由三种生物共生组成：一种子囊菌＋一种担子菌＋一种藻类（Toby et al. 2016）。

1.地衣的形态

在地衣植物中，藻类细胞分布在内部，形成藻胞层或均匀分布在疏松的髓层中，菌丝缠绕并包围藻类。在共生关系中，藻类细胞进行光合作用为整个植物体制造有机养分，而菌类则吸收水分和无机盐，为藻类提供光合作用的原料，并围裹藻类细胞，以保持一定的形态和湿度。真菌和藻类的共生不是对等的，受益多的是真菌，将它们分开培养，藻类能生长繁殖，但菌类则饿死。故有人提出了地衣是寄生在藻类上的特殊真菌。

地衣的形态基本上可分为三种类型（图7-32）：

图7-32 地衣的三种形态
A和B.叶状地衣；C.壳状地衣（文字衣）；D—E.枝状地衣（改自Evert et al.，2015），F.一种松萝

（1）壳状地衣 叶状体很薄，以菌丝牢固地紧贴在基质上，有的甚至伸入基质中，因此很难剥离。壳状地衣约占全部地衣的80%。如生于岩石上的茶渍属（*Lecanora*）和生于树皮上的文字衣属（*Graphis*）等。

（2）叶状地衣 叶状体以假根或脐较疏松地固着在基质上，易与基质剥离。如生于草地上的地卷属（*Peltigera*）、石耳属（*Umbilicaria*）和生在岩石或树皮上的梅衣属（*Parmelia*）等。

（3）枝状地衣 个体呈树枝状，直立或下垂，仅基部附着于基质上，如直立的石蕊属（*Cladonia*），悬垂于树枝上的松萝属（*Usnea*）。

此外，还有介于中间类型的地衣，有的呈鳞片状，有的呈粉末状。

2. 地衣的结构

叶状地衣的构造，可分为上皮层、藻胞层、髓层和下皮层。上皮层和下皮层均由致密交织的菌丝构成。藻胞层是在上皮层之下，由少量藻类细胞与菌丝聚集成1层。髓层介于藻胞层和下皮层之间，由一些疏松的菌丝和藻类细胞构成。这样的构造称"**异层地衣**"（**heteromerous lichen**），如蜈蚣衣属（*Physcia*）、梅衣属（*Parmelia*）（图7-33）。还有些属的藻细胞在髓层中均匀分布，不在上皮层之下集中排列成1层（即无藻胞层），这样构造称"**同层地衣**"（**homolomerous lichen**），如猫耳衣属（*Leptogium*）。

叶状地衣多为异层地衣，壳状地衣多为同层地衣，大多无下皮层，髓层与其基质直接相连。枝状地衣多为异层地衣，内部构造呈辐射式，上、下皮

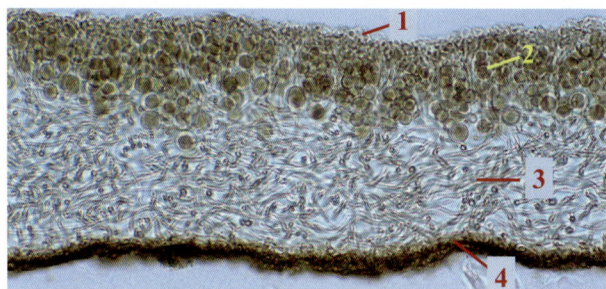

图7-33 异层地衣的结构
1. 上皮层；2. 藻胞层；3. 髓层的真菌菌丝；4. 下皮层

层致密，藻胞层很薄，包围中轴型的髓层（如松萝属），或髓部中空（如石蕊属）。

3. 地衣的繁殖

最常见的是营养繁殖，如地衣体的断裂，即一个地衣体分裂为数个裂片，每个裂片均可发育为新个体；有的地衣表面有由几根菌丝缠绕数个藻细胞组成的**粉芽**（**sodridium**），也可进行繁殖。有性生殖是参与共生的真菌独立进行的。子囊菌产生子囊孢子，担子菌产生担孢子。孢子散出后萌发形成的菌丝，如不能得到所共生的藻类，就会因得不到有机养料而死亡。

4. 地衣的分类

全世界地衣有500余属，26000余种，我国有3085种（Wei，2020）。Alexopoulos（1979）的分类系统主要按照真菌来进行，将其分为3纲，即子囊衣纲（Ascolichens）、担子衣纲（Basidiliolchens）和不完全衣纲（Lichens imperfecti）。各纲的代表种类可参考专门的地衣类书籍。

5. 地衣在自然界中的作用及其经济意义

地衣是自然界的先锋植物，对岩石风化和土壤形成起促进作用。地衣（特别是壳状地衣）常生长在裸露的岩石和峭壁上，能分泌地衣酸，腐蚀岩石，以及地衣死亡后的遗体有机质，可使岩石表面逐渐形成土壤，为以后陆生植物如苔藓植物等的分布创造了条件。

地衣有不少种类具经济价值，如石蕊、松萝等可供药用。许多种类的地衣酸具有抗菌作用。最近发现多种地衣体内的多糖有抗癌作用。石耳（*Gyrophora esculenta*）、石蕊、冰岛衣等可供食用，并提取地衣淀粉、蔗糖、葡萄糖和酒精。有的种类可作饲料。冰岛衣、脐衣、梅花衣等可作天然染料。染料衣（*Roccella tinctoria*）可提取石蕊，作为化学指示剂。此外，多种地衣对SO_2反应敏锐，可作为城市大气污染的监测指示植物。

地衣也有有害的一面，某些地衣生于茶树或柑橘树上，其菌丝侵入树皮，或者导致其他真菌侵入引起病害，危害树木生长。地衣对森林树种云杉、冷杉等也有类似的危害情况。

第三节 苔藓植物的系统与分类

一 苔藓植物的主要特征

苔藓植物（**bryophyte**）是一类结构比较简单、早期登陆成功的陆生植物。植物体已具有多细胞，具有明显的世代交替，而且我们日常见到的是它们的配子体，孢子体不显著，具有以下特征。

1. 植物体有茎、叶的分化，但尚无真正的根

根为单细胞或单列细胞所组成的假根，有吸收

水分、无机盐和固着的作用。一些种类为无茎、叶分化的扁平叶状体（如地钱）。均无真正的维管组织（即维管束构造），输导能力不强。因此，植物体矮小，大多数高度仅几厘米。

2. 雌、雄生殖器官多细胞

雌性生殖器官称**颈卵器（archegonium）**，其外形如瓶状，由细长的颈部（1层颈壁细胞和1列颈沟细胞）和膨大的腹部（多层壁细胞、1个腹沟细胞和1个卵细胞）组成。雄性生殖器官称为**精子器（antheridium）**，外形多呈棒状或球状，其壁也由一层细胞构成，内有多数精子，精子长而卷曲，具2条等长的鞭毛。

3. 合子发育成胚

精子需要借助水进入颈卵器与卵细胞结合形成合子，合子在颈卵器内先发育成胚，再发育成孢子体。颈卵器和胚的出现是苔藓植物由水生向陆生过渡的重要进化性状。

4. 孢子体寄生于配子体上

苔藓植物的生活史具有明显的世代交替，但配子体占优势（即常见的植物体），孢子体不发达，并且寄生在配子体上，不能独立生活。这在绿色植物中是独一无二的。孢子体通常分**基足（foot）**、**蒴柄（seta）**和**孢蒴（capsule）**三部分。基足伸入配子体的组织中吸取养料，细长的蒴柄将孢蒴举在空中，利于孢子散发。孢蒴即孢子囊，是孢子体的主要部分，其内的造孢组织分裂形成大量孢子母细胞，每个孢子母细胞经减数分裂形成4个孢子。

5. 孢子萌发经过原丝体阶段

苔藓植物的孢子在适宜的环境下首先萌发成丝状体，形如丝状绿藻，称**原丝体（protonema）**，生长一段时间，再长成配子体。

苔藓植物、石松类和蕨类植物，以及大多数裸子植物的雌性生殖器官均为颈卵器，所以它们常合称为颈卵器植物。

二 苔藓植物的分类

全球约有苔藓植物22000种，其中，苔类7200多种，藓类12700多种，以及角苔类约215种。我国有苔藓植物3000多种。有关苔藓植物分类系统的发展，可分为三个阶段。早期，把苔藓植物门分为苔纲（Hepaticae）和藓纲（Musci）。1953年美国苔类学家休斯特（Schuster）认为原属于苔纲的角苔目（Anthocerotales）在形态构造上与苔纲和藓纲的差别显著，应在系统演化上占有的独特位置，将其提升为纲，称为角苔纲（Anthocerotae），从而苔藓植物

划分为三纲。目前分子系统树支持分三个独立的谱系图7-34，表明了它们的系统发育关系。因此，按照新的分类系统（Frey，2009）可将苔藓植物分为3个门，即苔类植物门（Marchantiophyta）、藓类植物门（Bryophyta）和角苔植物门（Anthocerotophyta）。

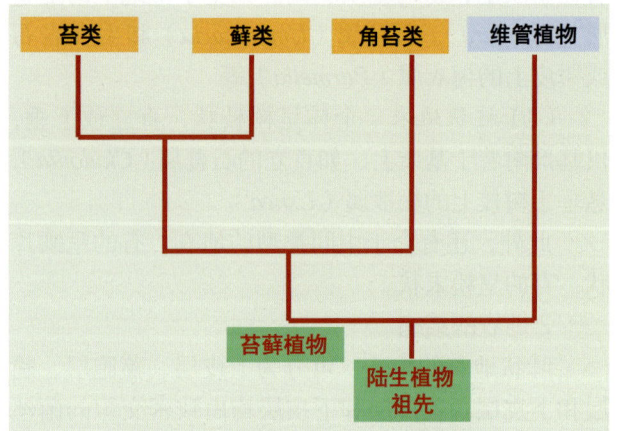

图7-34 苔藓植物的系统发育关系

（一）苔类植物门（Marchantiophyta）

苔类植物的营养体（配子体）为叶状体，或为有茎、叶分化的茎叶体，多有背腹之分，常为两侧对称；假根单细胞；叶不具中肋，细胞内叶绿体多数，无淀粉核；孢子体的构造简单，一般无**蒴轴（columella）**及**蒴盖（lid）**、**蒴齿（peristome）**，具有弹丝；原丝体不发达，每一原丝体通常只形成一个植株。苔类植物多生于阴湿的土表、岩石和树干上。

苔类植物门共有3纲15目87科约7200多种（Söderström et al.，2016），即裸蒴苔纲（Haplomitriopsida，含裸蒴苔目和陶氏苔目）、地钱纲（Marchantiopsida，含地钱目等5目）和叶苔纲（Jungermanniopsida，含叶苔目等8目）。现以地钱纲地钱目（Marchantiales）中的地钱（*Marchantia polymorpha*）和蛇苔（*Conocephalum conicum*）为例，介绍如下。

地钱及蛇苔在我国各地广泛分布，常见于沟旁、井边、墙脚等阴湿处。配子体为绿色、扁平、叉状分枝的叶状体（图7-35），生长点位于分叉凹陷处。在横切面上，可看到叶状体由多层细胞组成，其背面（上面）有一层表皮，分布有菱形或多边形的小区，各区中央有一个通气孔，通向气室。表皮下方有排列疏松的同化组织，细胞内含有较多的叶绿体。同化组织下面是数层排列紧密的大型薄壁细胞，含叶绿体较少，属贮藏组织。在下表皮上，还

图7-35 苔配子体及生殖器托
A.蛇苔叶状体（配子体）；B.一种地钱的雌雄生殖器托；1.叶状体；2.雄器托；3.雌器托；4.通气孔

能见到许多多细胞的鳞片和单细胞的假根，具有固着、吸收和保持水分的作用。

地钱主要以胞芽进行营养繁殖。胞芽生于叶状体背面的**胞芽杯**（gemma cup）中，呈绿色圆片形，两侧有缺口，下部具柄（图7-36）。成熟后自柄处脱落，萌发成新的植物体。

地钱的配子体为雌雄异株。有性生殖时，分别在雌雄配子体上产生伞形有柄的雌器托（颈卵器托）和雄器托（精子器托）。雌器托的托盘边缘有指状分裂的芒线，两芒线之间有一列倒悬瓶状的颈卵器。雄器托的托盘边缘波状浅裂，内生有许多精子器（图7-37）。成熟后的颈卵器其颈沟细胞和腹沟细胞解体，精子游入颈卵器中与卵结合形成合子。合子在颈卵器内先发育成胚，直接在地钱配子体上发育成孢子体（图7-38）。孢子体成熟后，孢蒴内的

孢子母细胞经过减数分裂发育成孢子，此外在孢蒴内，具有长条形、壁上有螺旋状增厚的弹丝。孢蒴成熟后开裂，孢子借弹丝的力量散出，在适宜的环境中萌发成雌性或雄性的原丝体，进而发育成新的雌、雄配子体（叶状体）（可见图2-13）。

苔类植物中叶状体类型常见的还有：地钱纲的石地钱（*Reboulia hemisphaerica*）、钱苔（*Riccia glauca*）、毛地钱（*Dumortiera hirsuta*）；茎叶体类型常见的有叶苔纲的光萼苔（*Porella platyphylla*）、耳叶苔属（*Frullania*）等（图7-39）；以及裸蒴苔纲的裸蒴苔目和离瓣苔目植物（图7-39）。

（二）藓类植物门（Bryophyta）

藓类植物（mosses）多为辐射对称、无背腹之分的茎叶体；假根由单列细胞组成；叶常具中肋，细胞内叶绿体多数，无淀粉核；孢子体构造较苔类

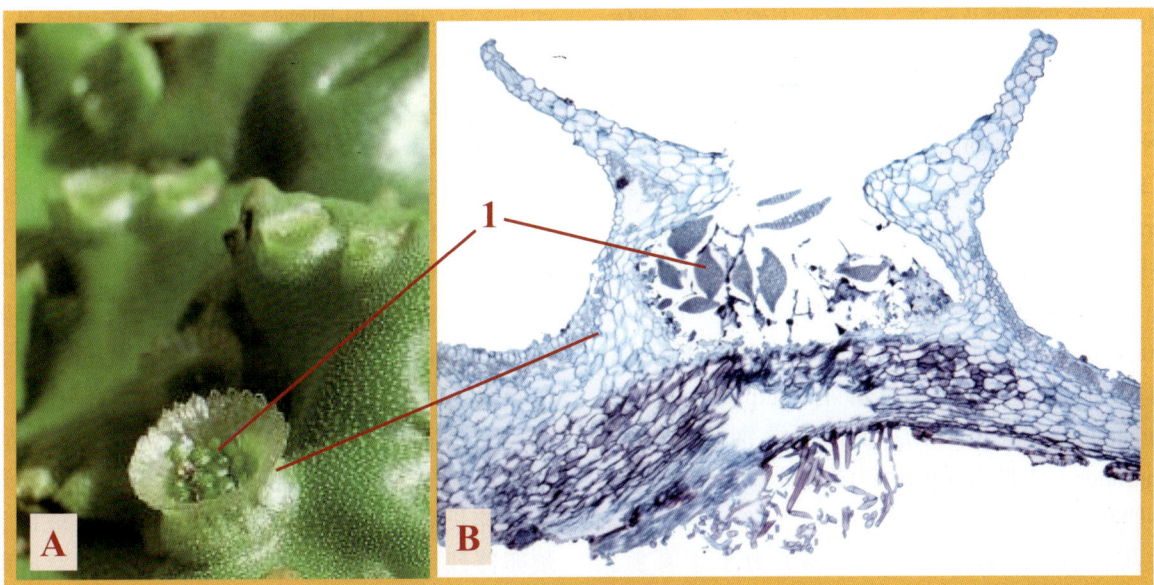

图7-36 地钱胞芽杯活体和切片
A.地钱叶状体和胞芽杯；B.胞芽杯纵切示内部构造；1.胞芽

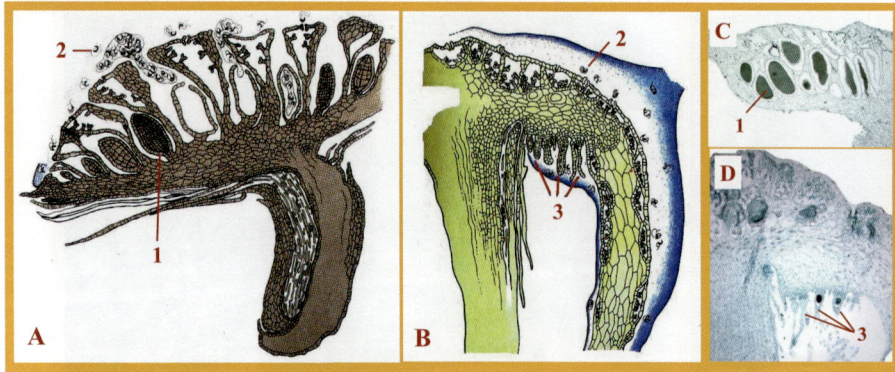

图7-37　地钱雌雄器托纵切面及模式图
A.雄器托模式图；B.雌器托模式图；C—D.显微镜下的精子器和颈卵器；1.精子器；2.带鞭毛需
水游动的精子；3.颈卵器（A、B改自Evert等，2013）

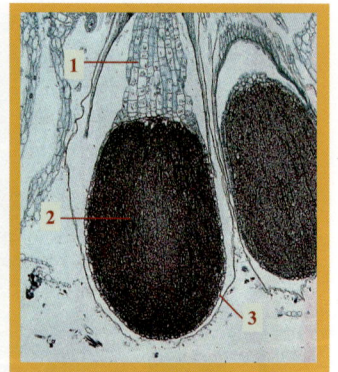

图7-38　地钱孢子体，示寄生在
配子体上
1.蒴柄；2.孢子与弹丝；3.孢蒴

图7-39　常见苔类植物
A.石地钱；B.石地钱雌性生殖器托；C.一种钱苔；D.短萼耳叶苔；E.暗绿耳叶苔；F.圆叶裸蒴苔（张力惠赠）

复杂，孢蒴有蒴轴及蒴盖、蒴齿，无弹丝。原丝体发达，每一原丝体常形成多个植株。

薛类植物门包括藻苔纲（Takakiopsida）、泥炭藓纲（Sphagnopsida）、黑藓纲（Andreaeopsida）、黑真藓纲（Andreaopsida）、四齿藓纲（Tetraphidopsida）、长台藓纲（Oedipodiopsida）、金发藓纲（Polytrichopsida）和真藓纲（Bryopsida）8纲。其下分34目，130科，约13000种（Frey et al. 2009）；或6个纲：藻苔纲、泥炭藓纲、黑藓纲、黑真藓纲、金发藓纲和真藓纲（https://bryology.uconn.edu/classification/#）。现以真藓纲葫芦藓目（Funariales）中最常见的葫芦藓为例说明藓类植物的一般特征。

葫芦藓（*Funaria hygrometrica*）为土生喜氮、喜钙的小型藓类，常见于林间及庭园，遍布全国。植株高2～3cm，直立，有茎叶分化；茎短小，基部生多数假根。叶螺旋状着生，叶片除中肋外，由1层细胞构成（图7-40）。

葫芦藓雌雄同株，雌、雄生殖器官分别生于不同的枝端。雄枝端的叶较大，开展，聚生成花朵状，其中央有许多个橘红色的棒状的精子器，并间生有隔丝，总称为**雄器苞（perigone）**。精子器内有许多螺旋状、具2鞭毛的精子。雌枝端叶片紧包成芽状，其内有几个颈卵器，总称为**雌器苞（perigynium）**（图7-40B，图7-41）。受精后，合子在颈卵器内发育为胚，胚逐渐发育形成孢子体。通常只有一个颈卵器发育成孢子体。在发育过程中，颈卵器随孢子体的发育而增大，当孢子体的蒴柄迅速伸长而将孢蒴顶出颈卵器之外时，被顶裂的颈卵器残留部分附着在孢蒴的顶端，发育成**蒴帽（calyptra）**。所以蒴帽实际上是配子体的一部分。

孢子体分为孢蒴、蒴柄、基足三部分。葫芦藓

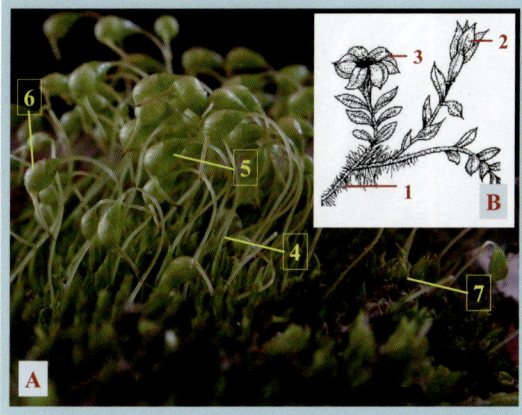

图7-40　葫芦藓的植物体
A.寄生在配子体上的孢子体；B.配子体；1.假根；2.雌器
苞；3.雄器苞 4.蒴柄；5.孢蒴；6.蒴帽；7.具茎叶的配子体

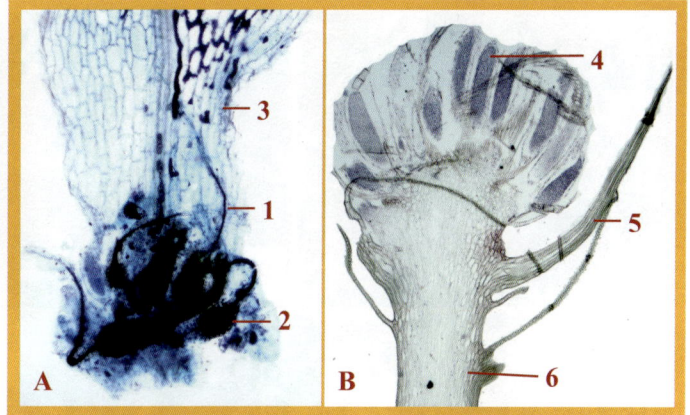

图7-41　葫芦藓的雌器苞（左）和雄器苞（右）纵剖面
A.雌配子体顶端雌器苞纵切；B.雄配子体顶端雄器苞纵切；1.颈卵器
颈部；2.颈卵器腹部；3.雌配子体的叶；4.精子器；5.雄配子体上的叶；
6.雄配子体上的茎

的孢蒴梨形，蒴帽兜状。孢蒴的构造较为复杂，顶部有蒴盖，蒴盖脱落后可见两层蒴齿层，每层16枚，共32枚。孢蒴有多层细胞的壁，中央为蒴轴（图7-42）。蒴轴外围的造孢组织发育成孢子母细胞，经减数分裂成孢子。孢蒴成熟后，孢子散出，在适宜的环境中萌发成为原丝体。

葫芦藓的原丝体为绿色、分枝的丝状体，能独立生活。原丝体上形成多个芽体，每个芽体再形成

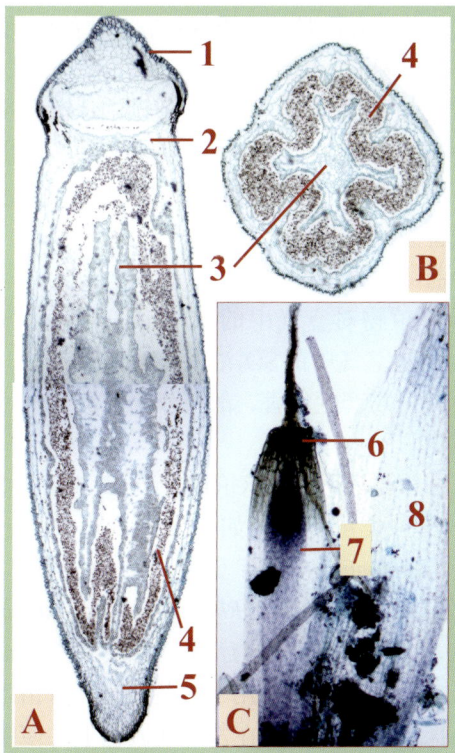

图7-42　藓的孢蒴
A.孢蒴纵切；B.孢蒴横切；C.寄生在配子体上的幼孢子体；
1.蒴盖；2.环带；3.蒴轴；4.孢子；5.蒴台；6.蒴帽；7.幼孢子体；
8.藓配子体枝端的叶

具有茎、叶和假根的配子体。

常见的藓类植物有（图7-43）：泥炭藓属（*Sphagnum*），生长于沼泽、森林洼地和山区水湿等地。茎直立或倾斜，丛生成垫状，上部不断生长，下部逐渐死亡，无假根。叶无中肋，叶细胞有两种，一种是细长小型的活细胞，具叶绿体，彼此相互连接成网状；另一种是大型无色的死细胞，具很强的吸水和贮水能力。金发藓属（*Polytrichum*）、提灯藓属（*Mnium*）、立碗藓属（*Physomitrium*）、仙鹤藓属（*Atrichum*）、鼠尾藓属（*Myuroclada*）、凤尾藓属（*Fissidens*）等是平原、丘陵常见的藓类植物。黑藓属（*Andreaea*）是分布于高寒山地和两极地区的藓类（图7-43）。

（三）角苔植物门（Anthocerotophyta）

角苔植物门的植物体（配子体）均为叶状体（图7-44）；细胞内仅有1～8个大型叶绿体，叶绿体内有**蛋白核**（**pyrenoid**）；精子器和颈卵器均生于配子体表皮下；孢子体无蒴柄，但孢蒴基部有居间分生组织，可使孢蒴伸长，孢蒴细圆柱形，具蒴轴。

角苔植物门包含光孢角苔纲（Leiosporocerotopsida）和角苔纲（Anthocerotopsida）2纲，共5目，5科，14属 约215种（Söderström et al.，2016）。我国常见的有角苔（*Anthoceros punctatus*）和台湾角苔（*A. formosae*），分布从东北到西南。

三　苔藓植物的起源与演化

关于苔藓植物的来源问题，目前尚无一致的意见，有人认为起源于绿藻，其理由为：含有相同的光合作用色素、相同的贮藏淀粉；精子均具有2条

图7-43 常见藓类
A.泥炭藓属；B.东亚小金发藓；C.鼠尾藓属；D.匐灯藓属；E.黑藓属；F.波叶提灯藓；G.凤尾藓属

等长的顶生鞭毛；孢子萌发时所形成的原丝体，与丝藻也很相似；轮藻的卵囊与精子囊的构造与苔藓植物的颈卵器和精子器相近。但也有人认为苔藓植物是由裸蕨类植物退化而来的，裸蕨类出现于志留纪，而苔藓植物出现于泥盆纪中期，要比裸蕨晚数千万年。从进化顺序上说，它们很可能起源于同一祖先。最近的分子系统学研究已表明现存陆生植物在5亿多年前，与鞘毛藻、双星藻和轮藻有共同祖先（图7-20，图7-29），支持与绿藻和轮藻有共同祖先的观点。

由于苔藓植物的配子体占优势，孢子体依附在配子体上，但配子体构造简单，没有真正的根，没有输导组织，喜阴湿，在有性生殖时，必须借助于水，因而在陆地上难于进一步适应和发展。这都表明它还是由水生到陆生的过渡类型。

（四）苔藓植物在自然界中的作用及其经济意义

除海洋外，世界各地均有苔藓植物生长，在高山、沼泽、冻原、雨林常可形成大片苔藓群落。苔藓植物在自然界中的作用及其经济意义主要表现在如下方面。

1.陆生植物的开拓者

苔藓植物是继地衣之后，首先出现在陆地上的有胚植物。它能分泌一些酸性物质，溶解岩面，同时能积蓄空气中的物质和水分，加上本身残体的堆积，经悠久岁月后，逐渐形成了土壤，为其他高等植物的生长创造了条件。因此，它是陆生植物的开拓者之一。

2.保持水土

苔藓植物一般都有很强的吸水力，尤其是当密集丛生成片时，其贮水量可达体重的10～20倍。因此，对林地和山野的水土保持有重要的作用。

3.促进湖泊、沼泽陆化

藓类植物遗体的沉积，能使湖泊、沼泽逐渐陆化，为相继出现的陆生草本、灌木和乔木提供了基础，从而使湖泊、沼泽演替为森林。相反，也能使森林演替为沼泽。

4.监测大气污染

苔藓植物对空气中的SO_2和HF等有毒气体很敏感，例如空气中的SO_2浓度达到$0.5mg/m^3$时，就会对苔藓植物产生危害，故可作为监测大气污染的指示植物。

5.园林和药用等经济价值

不少种类可药用，如金发藓（即中药土马鬃 Polytrichum commune）有乌发、活血、利大小便等功效；暖地大叶藓（Rhodobryum giganteum）对治疗心血管病有较好的疗效；泥炭藓（Sphagnum palustre）等苔藓植物可用于包装运输新鲜苗木，或作为苗床的覆盖物；现在苔藓在园艺上的使用也越来越多（图7-45）；泥炭藓或其他藓类所形成的泥炭，还可作燃料和肥料，但从生态环境保护角度，我们是不提倡用苔藓来作包装、燃料和肥料的。

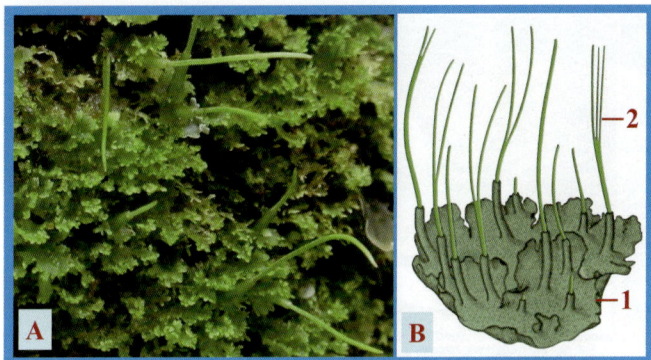

图7-44 角苔
A.具有孢子体的叶状体（配子体，张力惠赠）；B.单个叶状体模式；
1.叶状体；2.孢蒴（上半部已开裂）

图7-45 苔藓在园艺上的使用
（王健惠赠）

第四节 石松类与蕨类植物的系统与分类

一 石松类与蕨类植物的主要特征

石松类和蕨类植物（lycophytes and ferns，有时用lycophytes and monilophytes），以前又称羊齿植物。相比苔藓植物，它们进一步适应了陆生环境，有了真正的根，出现了维管组织，并有了明显的根、茎、叶分化和世代交替现象。无性生殖产生孢子囊和孢子，有性生殖时，产生精子器和颈卵器，受精卵发育成胚。因此它虽属于高等的孢子植物，但仍然属于颈卵器植物。它与苔藓植物相比，又产生了许多进化特征。

1.孢子体发达，出现了真根和维管组织

石松类和蕨类植物的孢子体远比配子体发达，常见的植物体就是孢子体，大多为多年生草本，少数为木本（如桫椤 *Alsophila spinulosa*，图7-46A）。除少数原始类群仅具假根（如松叶蕨）外，都具有真正的根（但属于不定根，图7-47）。植物体已有维管组织的分化，中柱类型多为较原始的原生中柱、管状中柱和网状中柱，极少为真中柱，一般没有形成层，不能进行次生生长。石松类植物具有地上茎（图7-46E—F），而蕨类大多数为根状茎。石松类和蕨类植物的叶根据形态结构和起源可分为两类：一类是**小型叶（microphyll）**（图7-46E—F），没有叶柄和叶隙，只具有单一叶脉。另一类是**大型叶（macrophyll）**（图7-46A—D），有叶柄，叶隙有或无，叶脉多分支。此外，叶还有**同型叶（homomorphic leaf）**：形状相同，没有营养叶和孢子叶之分；以及**异型叶（heteromorphic leaf）**：叶分孢子叶和营养叶，且形状不同，如紫萁属（图7-46C）。

2.孢子囊（及孢子叶）常集生成孢子叶穗、孢子囊穗、孢子囊群或孢子果

较原始的小型叶石松类和蕨类的木贼、松叶蕨等，其孢子囊单生在孢子叶的叶腋或基部，在茎顶端的孢子叶常聚集成穗状或球状，称**孢子叶穗（sporophyll spike）**或**孢子叶球（strobilus）**（图7-46F，图7-50A）；较进化的蕨类其孢子囊常成群聚生在叶的背面或边缘，称为**孢子囊群（sorus）**（图7-46B，图7-55B）；有的水生蕨类（如槐叶苹和满江红）其孢子囊集生在特化的**孢子果（sporocarp）**内（图7-47A—E）；也有的（如瓶尔小草）集生在一个特化的孢子叶上称孢子囊穗（图7-48）。大多数石松类和蕨类植物产生的孢子大小相同，萌发的配子体两性，称为**同型孢子（isospory）**；而石松类的卷柏、水韭和少数水生蕨类植物的孢子有大小之分，其大小孢子分别发育成雌雄配子体，这种孢子称**异型孢子（heterospory）**（图7-47B—C，图7-51C—D）。

3.配子体大多数能独立生活

石松类和蕨类植物的配子体称为原叶体。石松类群植物的配子体为常为块状或圆柱状，埋于或半埋于土中，通过菌根获取营养（如石松 *Lycopodium japonicum*）；多数蕨类植物的配子体为扁平的叶状体，具叶绿体，能独立生活（图7-49）。配子体腹面着生精子和颈卵器，精子器产生的精子（多鞭毛）要借助水到达颈卵器与卵结合，受精卵在颈卵器内发育成胚，待幼孢子体长大时其配子体会死亡，成熟的孢子体独立生活并占优势地位。

石松类和蕨类植物的维管组织还较原始，木质部大多无导管，韧皮部无筛管和伴胞，因此输导能力不强，无形成层故不能进行次生生长；产生孢

图7-46　石松类与蕨类植物的形态

A.桫椤具有木质的茎干，大型三回羽状分裂的叶；B.瓦韦属示同型叶（单叶），孢子囊群生叶背；C.紫萁的异型叶、孢子叶和营养叶；D.革叶耳蕨的同型叶，二回羽状；E.石松类植物深绿卷柏的地上茎和叶，属小型叶；F.垂穗石松的地上茎和叶，属小型叶；1.叶；2.茎；3.孢子叶；4.石松类植物的地上茎和小型叶；5.生于茎顶端的孢子叶穗；6.生于叶背面的孢子囊群

图7-47　水生蕨类的孢子果和异型孢子

A.槐叶蘋的孢子体；B.槐叶蘋大孢子果横切示大孢子；C.槐叶蘋小孢子果横切示小孢子；D.满江红孢子体；E.满江红背面着生的孢子果；1.大孢子；2.小孢子；3.孢子果；（B和C由刘保东惠赠）

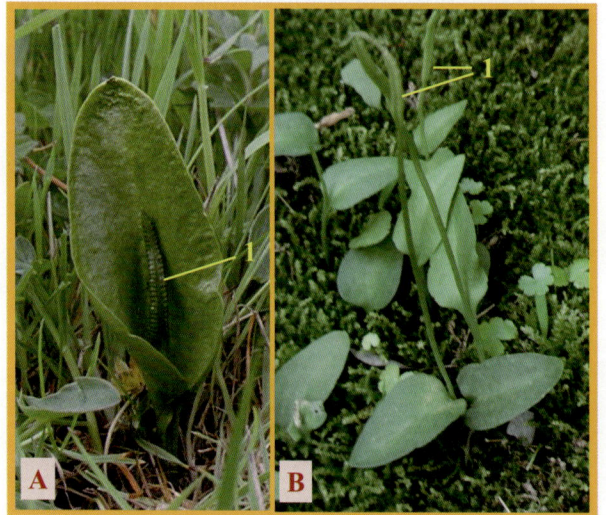

图7-48　两种瓶尔小草的孢子囊穗

A.瓶尔小草；B.心叶瓶尔小草；1.孢子囊穗

子，不产生种子；精子有鞭毛，受精还离不开水等特征又有别于种子植物。因此石松类和蕨类植物是介于苔藓植物和种子植物间适应陆生环境演化出的两个独立谱系的类群，既是高等的孢子植物，又是原始的维管植物。

二　石松类和蕨类植物的分类

　　现代石松类和蕨类植物约13000种，其中大多数为草本植物，广布于世界各地，多生长于阴湿和温暖的环境中。我国约有2600种。在分类上，早期曾经被认为是一个自然类群而被列为蕨类植物门（Pteridophyta）。1954年，我国植物学家秦仁昌发表"中国蕨类植物科属名词及分类系统"，建立了一个蕨类植物分类系统，并于1978发表"中国蕨类植物科属的系统排列和历史来源"一文，该系统将早期的蕨类植物门划分为5个亚门、63个科、223属，5个亚门为松叶蕨亚门（Psilophytina）、石松亚门（Lycophytina）、水韭亚门（Isoephytina）、木贼亚门（Sphenophytina）和真蕨亚门（Filicophytina）。其中前四亚门为小型叶蕨类，又称为拟蕨类植物

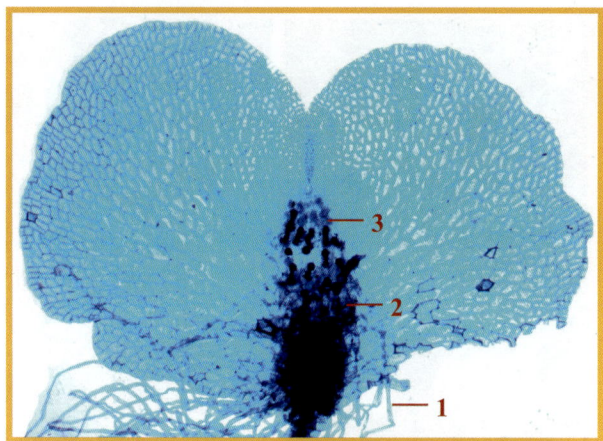

图7-49　蕨类原叶体
1.假根；2.精子器；3.颈卵器

（fern allies），被认为是一些较原始而古老的蕨类植物，曾经在地球上占统治地位，如今人们使用的煤炭，其中一部分就是远古时代这些拟蕨类植物的遗体，但现存的种类很少。真蕨亚门为大型叶蕨类，是相对进化的类型，也是现生蕨类植物的主要组成类群。

分子系统学的发展揭示了原来的蕨类植物门并非单系类群，在Judd（2008）《植物系统学》一书中显示它实际上包括两大类：石松类和蕨类。最新的分子系统学研究结果进一步支持石松类、蕨类为并系，并解析了石松类、蕨类以及种子植物的系统发育关系，即石松类植物是现生维管植物的最基部分支，而其余的蕨类和种子植物为姐妹群。石松类仅包括原来的石松亚门和水韭亚门，蕨类包括松叶蕨亚门、木贼亚门和真蕨亚门。Christenhusz和张宪春等（2011）发表了基于形态学和DNA序列数据的石松类和蕨类植物分类系统，该系统包括两大类（石松类和蕨类），后者包括木贼亚纲（Equisetidae）、瓶尔小草亚纲（Ophioglossaidae）、合囊蕨亚纲（Marattiidae）和水龙骨亚纲（Polypodiidae）四个亚类群，共14目、48科。2016年，世界蕨类植物系统发育研究组（Pteridophyte Phylogeny Group，PPG）基于分子系统发育研究，提出了现代蕨类植物分类系统（即PPG Ⅰ，图7-3）。PPG Ⅰ系统把石松类和蕨类植物都处理为纲，即石松纲（Lycopodiopsida）和水龙骨纲（Polypodiopsida），在科的等级上根据最新分子系统学研究结果也略有调整。总体而言，将早期我们认识的蕨类植物分为两大谱系，即2纲，14目，51科，337属。本书采用该系统，对现存石松类和蕨类植物各个类群进行简要描述。

（一）石松纲（Lycopodiopsida）

石松纲植物在石炭纪时最为繁盛，有高大乔木及草本，后绝大多数相继绝灭，现存的类群包括石松目（Lycopodiales）、水韭目（Isoetales）和卷柏目（Selaginellales）3目、3科18属约1330多种，其中水韭目与卷柏目关系较近，形成姐妹群（图7-3）。

1.石松目（Lycopodiales）

石松目植物的孢子体有真根，茎多为二叉分枝，通常具原生中柱。小型叶，螺旋状排列，仅1条叶脉。孢子囊单生孢子叶腋或近基部，孢子叶通常集生于枝端形成孢子叶穗。孢子同型或异型。本目植物在石炭纪时最为繁盛，有高大乔木及草本，后绝大多数类群相继灭绝。现存石松目仅有石松科，5属，约300余种。我国有5属66种。常见的有石松属的石松（Lycopodium japonicum）（图7-50），又名伸筋草，常分布于酸性土壤。全草可入药，也可提取染料；垂穗石松（L. cernuum）也为长江流域以南各地区常见种（图7-46E）。石杉属（Huperzia）的长柄石杉（H. javanica，蛇足石杉为其别名）分布于黄河以南地区，全草含生物碱（图7-50）。藤石松属（Lycopodiastrum）的藤石松（L. casuarinoides）（图7-50）和马尾杉属（Phlegmariurus）的闽浙马尾杉（Ph. mingcheensis）也是常见的石松科植物。

2.水韭目（Isoetales）

水韭目孢子体为草本，茎粗短块状，具原生中柱。叶线形丛生似韭菜，具叶舌。孢子有大小之分（图7-51）。本目现仅存水韭科水韭属，全世界约有250种，绝大多数为水生或沼生。我国有5种，均为国家一级保护野生植物，其中中华水韭（Isoetes sinensis）（图7-51），分布于长江中下游地区。东方水韭（I. orientalis）为2005年新发表的华东特有种。

3.卷柏目（Selaginellales）

卷柏目植物通常土生或石生，极少附生，一般为多年生草本植物，茎具原生中柱或管状中柱。孢子体通常直立或匍匐，腹面有时生有细长的根托，其先端有不定根。叶鳞片状，螺旋排列或排成4行，单叶，具叶舌。孢子叶穗通常生于茎或枝的先端，孢子异型。本目现仅存卷柏科卷柏属，有700余种。我国有72种。常见的有卷柏（俗称九死还魂草，Selaginella tamariscina，图7-52A）、深绿卷柏（S. doederleinii）（图7-46E）及翠云草（S. uncinata）和伏地卷柏（S. nipponica）等（图7-52B—D）；此外，常见的还有江南卷柏（S. moellendorffii）可作药用，或作地被植物绿化用。

图7-50　石松科常见植物
A.石松；B.藤石松；C.长柄石杉（蛇足石杉）
（B和C由严岳鸿团队惠赠）

图7-51　中华水韭形态特征
A.植株（孢子体）形态；B.叶基部纵切示孢子囊；C.大孢子囊
及大孢子；D.小孢子囊及小孢子；1.根；2.块茎；3.叶基孢子囊
外形；4.纵切的孢子囊；5.大孢子囊内的大孢子；6.小孢子囊
内的小孢子（C和D由刘保东惠赠）

图7-52　卷柏科常见植物形态
A.卷柏；B.翠云草；C—D.伏地卷柏：C.具有2型叶的营养体；D.茎顶端的孢子叶和大小孢子囊，其紫色的为小孢子囊，淡黄色的为大
孢子囊

（二）水龙骨纲（Polypodiopsida）

水龙骨纲即现存的蕨类植物（Monilophytes
或ferns），包含四亚纲：木贼亚纲（Equisetidae）、
瓶尔小草亚纲（Ophioglossidae）、合囊蕨亚纲
（Marattiidae）和水龙骨亚纲（Polypodiidae），约11
目、48科319属10500多种。

1. 木贼亚纲

木贼亚纲仅有木贼目（Equisetales），茎具明显
的节和节间，节间中空，由管状中柱转化为具节中
柱；小型叶，鳞片状，轮生；孢子叶球（穗）生于
枝顶，孢子同型，具弹丝。本目植物在石炭纪时，
曾盛极一时，有乔木及草本，生沼泽多水地区，后

大都绝灭，现仅存1个属，即木贼属（*Equisetum*），共约15种，全球广布；我国有10种。本纲常见的有木贼（*E. hyemale*）（图7-53A）和节节草（*E. ramosissima*），广布北半球，我国各地均产，全草药用，也是旱地杂草；问荆（*E. arvense*），地上茎分营养枝和孢子枝，通常具有轮生分支，也可入药（图7-53B—C）。

2. 瓶尔小草亚纲

瓶尔小草亚纲包括松叶蕨目（Psilotales）和瓶尔小草目（Ophioglossales）。松叶蕨目植物是原始的陆生植物类群。孢子体仅有假根，地上茎二叉分枝，叶为退化的小型叶，无叶脉或仅有单一叶脉，孢子囊2～3枚聚生于枝端或叶腋，孢子同型。配子体雌雄同株，生地下，无叶绿体。本目植物大多已绝迹，现存仅1科2属，我国只有松叶蕨属（*Psilotum*）的松叶蕨（*P. nudum*）（图7-54）。松叶蕨目的另一属为梅溪蕨属（*Tmesipteris*），为附生植物，它的孢子囊袋状生于叶基，仅分布于南太平洋。

瓶尔小草目目前已合并为一个科：瓶尔小草科，全世界有4属约80种，我国有3属22种。常见植物有瓶尔小草（*Ophioglossum vulgatum*），为多年生小草本，植株高10～20cm，单叶幼时不拳卷，孢子囊穗呈柱状，自不育叶基部生出（图7-48）；分布于长江中下游及以南各地和陕西南部，全草可入药。华东阴地蕨（*Botrychium japonicum*）和阴地蕨（*B. ternatum*）分布同上，叶二型，孢子叶单生（图7-55A）。

3. 合囊蕨亚纲

合囊蕨亚纲仅包括合囊蕨目（Marattiales），主要分布于热带地区，该目植物一般具有大型一至二回的羽状复叶，具厚壁的孢子囊在叶下显著簇生，以前称厚囊蕨。这个分支现存约150种，我国有3属约30种，其中大部分属于合囊蕨科（Marattiaceae）的莲座蕨属（*Angiopteris*）和合囊蕨属（*Ptisana*）。该分支历史上具有很长时间的化石记录，其中灭绝类群如辉木属（*Psaronius*）是石炭纪沼泽的重要组成成分。与化石类群比较发现，现存种类具有明显形态静滞现象，可能与其在演化过程中具有较慢的分子变异速率有关。常见种类有莲座蕨属的莲座蕨（*A. evecta*）（图7-55B）和福建莲座蕨（*A. fokiensis*），为多年生大型蕨类，自晚三叠世就已出现。莲座蕨根茎肥大肉质，叶奇数二回羽裂，具长柄。孢子囊具数层细胞组成的厚壁，孢子囊群矩圆形，生侧脉前端羽片边缘。

4. 水龙骨亚纲

水龙骨亚纲也称薄囊蕨类（leptosporangiates），该分支植物的孢子囊由1个原始细胞发育而来，孢子囊壁系单层细胞构成，具有各式环带；孢子囊通常聚集成孢子囊群，着生在孢子叶的背面、边缘，囊群盖有或无，多样性非常丰富（图7-56）。配子体为长心形的叶状体（图7-49）。孢子较少，大多数种类为同型孢子；仅少数水生蕨类形成孢子果，具异型孢子。水龙骨亚纲包括基部类群的4个目，即紫萁目（Osmundales）、膜蕨目

图7-53　木贼科植物形态
A. 木贼植株（孢子体）；B. 问荆生殖枝；C. 问荆营养枝；
1. 孢子叶穗；2. 轮生退化的鳞片状叶；3. 营养枝及轮状分枝；
（B，C由刘保东惠赠）

图7-54 松叶蕨形态
A.野生孢子体形态；B.具孢子囊的孢子体
C.茎局部和孢子囊放大（1.地上茎；2.退化的叶；3.孢子囊；
（C由严岳鸿团队惠赠）

图7-55 阴地蕨和莲座蕨形态
A.阴地蕨，孢子叶和营养叶二型；B.莲座蕨，大型羽状复叶，
左下图为叶背面孢子囊群，右下图为叶柄基部的莲座状着生

（Hymenophyllales）、里白目（Gleicheniales）和莎草蕨目（Schizaeales）；以及核心薄囊蕨类的三个目：槐叶萍目（Salviniales）、杪椤目（Cyatheales）和水龙骨目（Polypodiales），全世界约有1万多种，我国约2000多种。

（1）紫萁目（Osmundales） 仅包括紫萁科，叶异型，有营养叶和孢子叶之分，后者无叶绿体，孢子囊成熟后即枯死。常见的有紫萁（Osmunda japonica），为酸性土的指示植物（图7-57A）。

（2）膜蕨目（Hymenophyllales） 现生种类一般为附生或少为陆生植物。根状茎通常横生。叶片膜质，大部分只有一层细胞组成，仅有膜蕨科（Hymenophyllaceae）。膜蕨科植物的植株矮小、结构简单。常见的有团扇蕨（Gonocormus minutes）和华东膜蕨（Hymenophyllum barbatum，图7-57B）。

（3）里白目（Gleicheniales） 包含罗伞蕨科（Matoniaceae）、双扇蕨科（Dipteridaceae）、里白科（Gleicheniaceae）3科，不同科之间形态差异较大，罗伞蕨科主要分布于东南亚，双扇蕨科和里白科在我国均有分布。双扇蕨科的常见植物有双扇蕨（Dipteris conjugata）和喜马拉雅双扇蕨（D. wallichii）（图7-57D，F），它的叶片及主脉多回两歧分叉，形成不等长排列成扇形的裂片。里白科常见植物有芒萁（Dicranopteris pedata），其叶近革质，叶轴一至二回二叉分支、羽状深裂至全裂，分布于我国热带与亚热带地区，生于强酸性土壤的山

图7-56 蕨类（水龙骨亚纲）孢子囊群的形态多样性
A.狗脊属；B.石韦属；C.铁线蕨属；D.铁角蕨属；E.耳蕨属；F.复叶耳蕨属；G.针毛蕨属；H.瓦韦属

图7-57 水龙骨亚纲常见植物（1）

A.紫萁；B.华东膜蕨；C.芒萁；D.双扇蕨；E.里白；F.喜马拉雅双扇蕨；G.海金沙；箭头指孢子叶和孢子囊穗（F由金冬梅惠赠）

坡或林缘（图7-57C）。另一个常见种为广布东亚的里白（*Diplopterygium glaucum*）（图7-57E）。

（4）莎草蕨目（Schizaeales） 包含海金沙科（Lygodiaceae）、莎草蕨科（Schizaeaceae）和双穗蕨科（Anemiaceae）3科。我国常见的有海金沙科植物（图7-57G），分布于热带和亚热带地区，它的叶轴可伸长，似缠绕藤本。叶片羽状或掌状分裂，能育羽片通常比不育羽片狭长。

（5）槐叶蘋目（Salviniales） 该目为蕨类中独特的水生类群，叶漂浮水面，茎纤细横走，在根、茎及叶柄中存在通气组织，如图7-47A—C所示，它的孢子异型，大孢子的体积比小孢子大得多。雌雄配子体分别在大小孢子囊内发育。槐叶蘋目包括槐叶蘋科（Salviniaceae）和蘋科（Marsileaceae）2科。其中，槐叶蘋科的大孢子囊数个生于形体较小的孢子果中，内生少数大孢子；小孢子囊则生于较大的孢子果中，内有大量小孢子。常见的植物有槐叶蘋（*Salvinia natans*）和满江红（*Azolla imbricata*）（图7-47）。槐叶蘋为小型漂浮植物，茎细长，三叶轮生，每个节处着生有两片形如槐叶的浮水叶和一片羽毛状的沉水叶，孢子果4～8个簇生于沉水叶的基部，异型孢子。槐叶蘋为全草可供药用。满江红，又称绿萍或红萍，生水田或静水池塘中，与有固氮能力的鱼腥藻（*Anabaena azollae*）共生，常冬春水田放养作绿肥或饲料。而蘋科植物也是浅水或湿生植物，同样产生孢子果和异型孢子，孢子果的壁由羽片变态而形成，但是与槐叶蘋科植物不同的是，蘋科植物大小孢子囊生于同一孢子果内。蘋科的常见植物有蘋（*Marsilea quadrifolia*），又称田字蘋或四叶蘋，其孢子果双生或单生于短柄上，生于叶柄基部（图7-58A）。

（6）桫椤目（Cyatheales） 桫椤目属于核心薄囊蕨类，包括桫椤科（Cyatheaceae）、瘤足蕨科（Plagiogyriaceae）、金毛狗科（Cibotiaceae）等8科。本目植物形态较为特殊，且差异较大，既有现存最高大的树蕨，也有具横走茎的小型蕨类。桫椤目植物是现存古老的树状蕨类植物，在距今约1.8亿年前，与恐龙一样，同属"爬行动物"时代的两大标志。现只在热带和亚热带地区有零星分布，我国产2属，主要分布于云南、广西、广东、海南、台湾、浙江等地，濒临灭绝，为国家一级重点保护植物。常见的有桫椤（*Alsophila spinulosa*），其茎干粗壮直立，圆柱形，不分枝，叶片2～4回羽状复叶。孢子囊群圆形，生于羽片背面小脉分叉处（图7-46A，图7-58B）。

（7）水龙骨目（Polypodiales） 水龙骨目是核心薄囊蕨类的主要成员，位于蕨类植物演化支的顶端，大多数为陆生种类。水龙骨目约有47科近万种植物，占蕨类植物物种总数的90%以上。水龙骨目包括6个亚目，它们的叶大多羽状分裂。孢子囊具有发育良好的垂直型环带，中间为孢子囊柄隔断，常聚生为各式孢子囊群，孢子同型。

袋囊蕨亚目（Saccolomatineae）和鳞始蕨亚目（Lindsaeineae）互为姐妹类群，一起构成了水龙骨目的基部群。袋囊蕨科（Saccolomataceae）是仅1属，分布热带，我国不产。鳞始蕨科（Lindsaeaceae）

图7-58　水龙骨亚纲常见植物（2）
A.水生的蘋（"田"字形叶）；B.木本的杪椤；C.乌蕨，右下图可见孢子囊生于小叶先端边缘；D.一回羽状复叶的团叶鳞始蕨
（D由金冬梅惠赠）

我国产4属约20种，有东亚常见的团叶鳞始蕨（*Lindsaea orbiculta*）和乌蕨（*Odontosoria chinensis*）（图7-58C—D）。

　　凤尾蕨亚目（Pteridineae）是水龙骨目的近基部群，该亚目仅包括凤尾蕨科（Pteridaceae），但有着非常丰富的物种多样性，且不同属间植物形态差异较大。全世界广布，约有50属、950种，约占薄囊蕨类物种数的1/10，我国产约占1/4。凤尾蕨科植物一般为土生小型或大型蕨类，根茎短，一回羽状或二至三回羽裂，少为单叶。其孢子囊群线形，生在羽片边缘的叶脉上。常见的种有井栏边草（*Pteris multifida*，图7-59A）、半边旗（*P. semipinnata*）（图7-59D）和蜈蚣草（*P. vittata*）等。此外水蕨属的水蕨（*Ceratopteris thalictroides*）系广布热带和亚热带湿地的一年生蕨类，为国家二级保护植物。

　　碗蕨亚目（Dennstaedtiineae）仅有碗蕨科（Dennstaedtiaceae），一般为土生、大中型蕨类植物。根状茎横走，被毛。叶一型，一至四回羽状细裂或罕为掌状。孢子囊群圆形或线形，生叶缘或近叶边的小脉顶端。常见有蕨属（*Pteridium*）的蕨（*P. aquilinum* var. *latiusculum*）（图7-59D），为山坡荒地的先锋植物，幼叶常被食用，名蕨菜。但蕨中含有原蕨苷（ptaquiloside），它是一种致癌物质，在蕨的各部分中都有，蕨菜中含量更高，因此建议少吃或不吃蕨菜。该科常见还有鳞盖蕨属（*Microlepia*），如广布种边缘鳞盖蕨（*M. marginnata*）（图7-59E）。

　　铁角蕨亚目（Aspleniineae）包括铁角蕨科（Aspleniaceae）、岩蕨科（Woodsiaceae）、蹄盖蕨科（Athyriaceae）、金星蕨科（Thelypteridaceae）、乌毛蕨科（Blechnaceae）等11个科。铁角蕨科常见有铁角蕨（*Asplenium trichomanes*）（图7-59C），植株一般高10～30cm；根茎短而直立，密被鳞片；叶多数，簇生；叶柄栗褐色；叶片长线形，一回羽状，羽片对生；孢子囊群阔线形，通常生于上部侧脉，每羽片4～8枚。乌毛蕨科植物一般为陆生，有些呈树状，常具匍匐枝，顶端被鳞片。叶单型或二型，幼时常为红色，叶片羽状分裂或一回羽状。孢子囊群常呈链状或线形，广布于热带和亚热带；常见有乌毛蕨科狗脊属（*Woodwardia*）的狗脊（*W. japonica*）（图7-59F）和胎生狗脊（*W. prolifera*）（图7-59G—H）。金星蕨科的金星蕨（*Parathelypteris glanduligera*）（图7-59I）是江南常见蕨类。另外，铁角蕨科铁角蕨属的巢蕨（*Asplenium nidus*）为热带森林常见附生蕨类，多用作园林观赏（图7-60A）。

图7-59 水龙骨亚纲常见植物（3）

A.井栏边草（箭头指叶边缘的孢子囊群）；B.半边旗；C.铁角蕨；D.蕨；E.边缘鳞盖蕨；F.狗脊；G.胎生狗脊；H.胎生狗脊的胎生现象；I.金星蕨（注意A和B的孢子囊群着生位置；E由周喜乐惠赠）

水龙骨亚目（Polypodiineae）包括水龙骨科（Polypodiaceae）、鳞毛蕨科（Dryopteridaceae）、三叉蕨科（Tectariaceae）、骨碎补科（Davalliaceae）、肾蕨科（Nephrolepidaceae）等9个科。其中水龙骨科大多为中小型附生植物，少土生，根状茎多横走，叶片形态简单；常见种类有日本水龙骨（Polypodiodes niponica），一回羽状复叶，附生于岩石上，根状茎药用（图7-60B）；瓦韦（Lepisorus thunbergianus）和粤瓦韦（L. obscurevenulosus）（图7-60C），单叶，孢子囊群着生于中脉两侧各成一行；石韦（Pyrrosia lingua），单叶，孢子囊群在中脉两侧排成多行，几布满叶背面（图7-60D）；热带

雨林分布的鹿角蕨属（Platycerium）和亚热带至热带分布的槲蕨属（Drynaria）的许多种常作观赏用，如原产澳大利亚的二歧鹿角蕨（P. bifurcatum）（图7-60E）和分布于云南的绿孢鹿角蕨（P. wallichii）；以及广布种槲蕨（D. roosii）（图7-60F）和鱼尾蕨（Polypodium punctatum）（图7-60M）。

水龙骨亚目下的鳞毛蕨科广布世界各洲，主要分布于北半球温带和亚热带山区，有25属，2100种以上，我国也有近500种。常见的有鳞毛蕨属（Dryopteris）、耳蕨属（Polysticum）、复叶耳蕨属（Arachniodes）和贯众属（Cyrtomium）等；常见的有两色鳞毛蕨（D. setosa）、黑足鳞毛蕨（D. fuscipes）、

图7-60　水龙骨亚纲常见植物（4）

A.巢蕨；B.日本水龙骨；C.粤瓦韦；D.石韦；E.二歧鹿角蕨；F.槲蕨；G.观光鳞毛蕨；H.多芒复叶耳蕨；I.贯众；J.肾蕨；K—L.圆盖阴石蕨，K.孢子囊群形态，L.被毛的根状茎形态；M.鱼尾蕨（注意各种蕨类的孢子囊群特征）

观光鳞毛蕨（*D. tsoongii*）（图7-60G）、多芒复叶耳蕨（*A. aristatissima*）（图7-60H）、贯众（*C. fortunei*）（图7-60I）等，均为亚热带森林中草本层的常见种。该类群肾蕨科（Nephrolepidaceae）的肾蕨（*Nephrolepis auriculata*），骨碎补科的圆盖阴石蕨（*Humata tyermanni*）常用作观赏，前者还用作切花（图7-60J—L）。

（三）石松类与蕨类植物的起源与演化

根据分子系统发育研究和历史化石证据，我们已知石松类植物（包括石松、卷柏和水韭）是独立的一个谱系，它与所有其他的维管植物（蕨类植物与种子植物）有共同祖先，其起源时间约为4.35

亿年前的古生代志留纪。而我们早期认识的蕨类植物（只包括松叶蕨类、木贼类和薄囊蕨类）与种子植物为姐妹群。古代的石松类和木贼类，以及鳞木类、卢木类是具有高大的乔木状茎杆，在石炭纪（3.4亿年前）曾经遍布世界各地，到2.8亿年前的二叠纪，随着地球变冷、变干旱，这些木本类群逐渐衰退，草本的石松类和蕨类兴起。关于石松类与蕨类植物的起源问题，近期的研究已使植物学家的意见基本倾向于：石松类与蕨类植物，以及种子植物与轮藻、双星藻和鞘毛藻共享最近共同祖先。其主要理由是：它们都有相似的光合作用色素、贮藏物质淀粉以及世代交替现象，游动精子都有鞭毛等。当然，4亿多年前，登陆成功的维管植物如何走向不同的谱系——石松类、种子植物（裸子植物和有花植物）和蕨类植物？一直是人们感兴趣的问题，有待进一步从分子、形态和化石等方面进行综合的研究。

四 石松类和蕨类植物与人类的关系

在现代的植物景观中，石松类和蕨类植物与种子植物相比，只不过是一个较小的类群，但在古生代中期，石松类和蕨类植物数量众多，组成大面积的沼泽森林，盛极一时，占据了植物界的主导地位。今日人类大量使用的煤炭，就是石炭纪时代石松类和蕨类植物的遗体。自中生代后期起，木本高大的石松类和蕨类植物渐趋衰退，时至今日，它在植物界中的作用已大为逊色。但其与人类生活仍有直接或间接的关系，主要有以下几方面。

1. 观赏

许多石松类植物和蕨类植物由于具有奇特而优雅的体态，有很高的观赏价值。如肾蕨、鹿角蕨（*Platycerium alcicorne*）、巢蕨、铁线蕨（*Adiantum capillus-veneris*）、蜈蚣草（*Pteris vittata*）、黄山鳞毛蕨（*Dryopteris huangshanensi*）、紫萁等可盆栽观赏；桫椤、福建莲座蕨、金毛狗（*Cibotium barometz*）、薄盖短肠蕨（*Allantodia hachijoensis*）等可作大型盆景；圆盖阴石蕨、槲蕨等可作悬挂盆景；复叶耳蕨属、耳蕨属、铁角蕨属的许多种，以及灯笼草（垂穗石松*Palhinhaea cernua*）、光里白（*Diplopterygium laevissimum*）、乌蕨、肾蕨、槲蕨等可配置插花或制作"干花"工艺品。假毛蕨属（*Pseudocyclosorus*）、翠云草、粗毛鳞盖蕨（*Microlepia strigosa*）等可作公园地被植物。用石松类和蕨类植物制作人工景观已成为园艺上的又一发展趋势（图7-61）。

2. 食用

一些石松类和蕨类植物的嫩叶可作蔬菜，如蕨的幼叶有特殊的清香味，不但新鲜时作菜用（须注意用米泔水或清水浸泡去除有毒成分原蕨苷等），还可加工成干菜供食用；其根状茎富含淀粉，可制蕨粉。在东北等地作蕨菜食用的主要是桂皮紫

图7-61　用石松类和蕨类制作的人工景观
（上海崇明岛，严岳鸿惠赠）

萁（*Osmundastrum cinnamomeum*），又名薇菜。蹄盖蕨科的菜蕨（*Callipteris esculenta*）和水蕨科的水蕨（*Ceratopteris thalictroides*）是西南地区早春的重要蔬菜，后者在东南亚有栽培，在我国分布于黄河以南，资源很少，已被列为国家二级重点保护植物。

3. 药用

一些石松类和蕨类植物很早就被应用于医治疾病，在明代李时珍的《本草纲目》中就有记载。至今可供药用的石松类和蕨类植物达100多种，如石松、蛇足石杉、海金沙、阴地蕨、骨碎补等。近年的研究表明，一些石松类和蕨类植物含黄酮类、甾类、生物碱等化学成分，因此可以进一步在石松类和蕨类植物中发掘药物资源。

4. 绿肥和饲料

水生的蕨类植物满江红是优良的绿肥和饲料。碗蕨科的蕨也可作厩肥或覆盖苗床的良好材料。

5. 作指示植物

石松类与蕨类植物对外界环境条件的反应具有敏感性，因而可作为指示植物。如芒萁、狗脊等为酸性土指示植物；蜈蚣草、铁线蕨、井栏边草等则为钙质土或石灰岩的指示植物。

第五节　裸子植物的系统与分类

一 裸子植物的主要特征

裸子植物门（Gymnospermae）与蕨类植物一样保留着颈卵器，具维管组织，生活史中具明显的世代交替且孢子体发达。但它与蕨类植物相比，有以下进化特征。

1. 孢子体发达，具形成层和次生结构

裸子植物的孢子体都是多年生木本植物，许多为高大乔木（图7-62A），具有形成层和次生结构；中柱类型为网状中柱，木质部大多数只有管胞，极

少有导管，韧皮部中只有筛胞而无筛管和伴胞。

植物的繁殖和分布。

2.具裸露的胚珠和种子

裸子植物的孢子叶大多数聚生成球果状，称**孢子叶球（strobilus）**，通常单性；小孢子叶聚生成小孢子叶球，每个小孢子叶上着生2至多数小孢子囊（图7-62B—E）；大孢子叶羽状分裂或特化成珠领、珠鳞、珠托和套被，丛生或聚生成大孢子叶球，每个大孢子叶上着生1至数枚裸露的胚珠（图7-62F—H）。胚珠受精后发育成种子，种子具翅或无翅。种子由胚、胚乳（雌配子体的一部分）和种皮组成。种子的出现，使胚得到了保护及营养物质，有利于

3.配子体简化，出现花粉管

裸子植物的配子体比蕨类植物退化，且完全寄生在孢子体上。许多小孢子母细胞经减数分裂成无数个小孢子，小孢子发育成雄配子体仅经过3次分裂，产生4个细胞（包括2个退化的原叶细胞、1个生殖细胞和1个管细胞）。精子大多无鞭毛。花粉一般在4个细胞时由风力传送，经珠孔直达胚珠，在珠心上方形成花粉管，直达胚囊；一般是传粉后生殖细胞再分裂为柄细胞和1枚精细胞（精子）（图7-63）；花粉管将精子送到裸露胚珠内与卵细胞结合

图7-62　裸子植物的主要特征

A.天目山世界上最高大的金钱松，孢子体发达；B—E.黑松小孢子叶球、小孢子叶和小孢子囊以及退化的雄配子体；B.黑松春天成熟的小孢子叶球；C.幼期的小孢子叶球纵切示多个螺旋排列的小孢子叶；D.小孢子叶和小孢子囊及小孢子；E.黑松成熟花粉（4细胞，具气囊）；F—H.黑松大孢子叶球结构；F.第2年成熟的大孢子叶球（球果）；G.幼期大孢子叶球纵切示珠鳞和苞鳞；H.胚囊发育时期的大孢子叶球及胚珠切片；

1.小孢子囊；2.气囊；3.两个退化的原叶细胞；4.生殖细胞；5.管细胞；6.种鳞；7.珠鳞；8.裸露的胚珠及胚囊；9.苞鳞

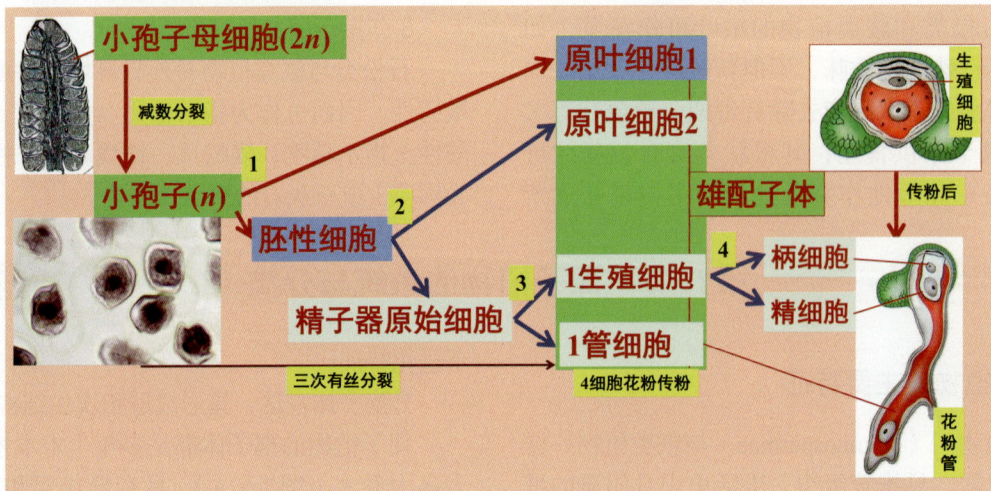

图7-63　裸子植物雄配子体简化成4细胞花粉，出现花粉管（图中线条上的数字表明小孢子的有丝分裂次数）

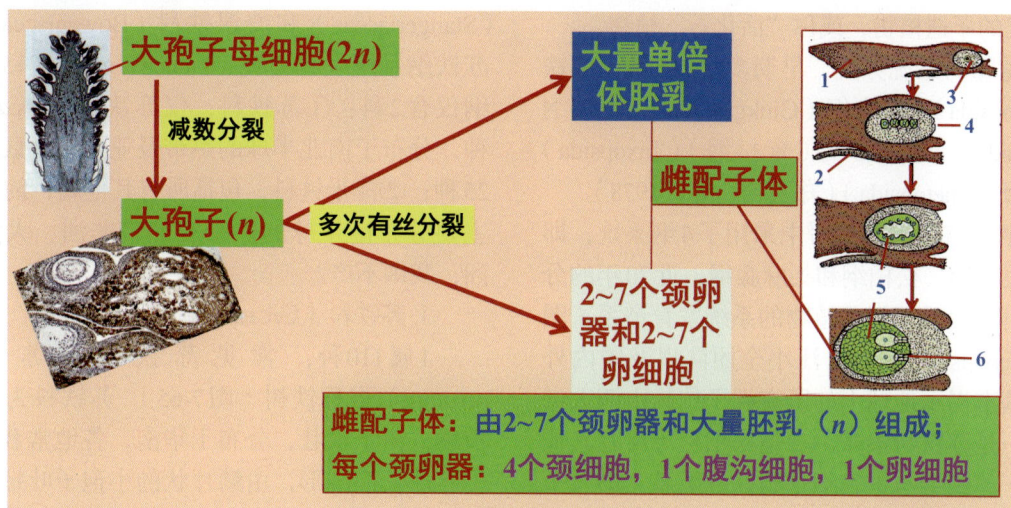

图7-64 裸子植物雌配子体发育与结构简图

1.珠鳞；2.苞鳞；3.大孢子母细胞；4.减数分裂后的4个子细胞，位于珠孔端3个消失，合点端1个发育成大孢子；5.分裂中的胚乳和成熟的胚乳细胞；6.简化的颈卵器

形成合子。花粉管的产生，可将精子直接送到卵细胞，使受精作用摆脱了水的限制，对适应陆地生活具有重大意义。大孢子母细胞经减数分裂也形成4个子细胞，仅合点端一个发育成大孢子，大孢子再经多次分裂发育成雌配子体（成熟胚囊），其中单倍体的胚乳占了大部分，近珠孔端产生2至多个结构简化的颈卵器，仅有2～4个颈壁细胞、1个腹沟细胞和1个卵细胞，无颈沟细胞（图7-64）。

4.裸子植物常具多胚现象

多胚现象（polyembryony）的产生有两个途径：一个是简单多胚现象，由一个雌配子体上的几个颈卵器同时受精，形成多胚；另一个是裂生多胚现象，仅一个卵受精，但在发育过程中，原胚分裂成几个胚。

总之，花粉管和种子的形成，是植物进化过程中的一次飞跃，是裸子植物的重要特征。裸子植物是既保留了颈卵器，又能产生种子，是介于蕨类植物和被子植物之间的一群维管植物。

被子植物和蕨类植物两者在生殖器官形态结构上使用两套在系统发育上有密切关系的对应名词，在裸子植物中常并用或混用，现对照分列于表7-3。

二 裸子植物的分类

裸子植物门（Gymnospermae）出现于3亿年前的古生代晚期泥盆纪，历经古生代的石炭纪、二叠纪，中生代的三叠纪、侏罗纪、白垩纪，新生代的第三纪、第四纪，最盛时期是中生代。裸子植物谱系经历了多次演变更替，老的种类相继灭绝，新

表7-3 被子植物−石松类与蕨类植物生殖器官形态术语比较

被子植物	石松类与蕨类植物
花 flower	孢子叶球 strobilus
雄花 male flower	小孢子叶球 microstrobilus
雄蕊 stamen	小孢子叶 microsporophyll
花粉囊 pollen sac	小孢子囊 microsporange
花粉母细胞 pollen mother cell	小孢子母细胞 microspore mother cell
花粉粒（单核期）pollen grain	小孢子 microspore
花粉粒（2~3核）	雄配子体 male gametophyte
雌花 female flower	大孢子叶球 ovulate strobilus
心皮 carpel	大孢子叶 macrosporophyll
胚珠（珠心）ovule	大孢子囊 macrosporangium
胚囊母细胞 embryo sac mother cell	大孢子母细胞 macrospore mother cell
单核胚囊 embryo sac	大孢子 macrospore
成熟胚囊	雌配子体 female gametophyte

的种类陆续演化出来。现存裸子植物多是从约6500万年前至520万年前之间的新生代第三纪逐渐演化而来的，经过第四纪冰川繁衍至今。现存的裸子植物共有13科，83属，约1000种。我国是裸子植物种类最多、资源最丰富的国家，有9科，36属，约200种（另引种2科：南洋杉科和金松科），其中不

少是第三纪的孑遗植物，或称"活化石"植物。

裸子植物的系统分类，早期多分成5纲：苏铁纲（Cycadopsida）、银杏纲（Ginkgopsida）、松柏纲（Coniferopsida）、红豆杉纲（紫杉纲）（Taxopsida）和买麻藤纲（Gnetopsida）（郑万钧，等，1978）。

在《中国植物志》编写中采用了4纲系统，即苏铁纲、银杏纲、松柏纲和买麻藤纲。近20年的分子系统学研究揭示了裸子植物的系统发育谱系（图7-4，Christenhusz，2011）。汪小全团队以及国内外所有研究基本揭示地球上的所有裸子植物由两大谱系构成：一是苏铁与银杏，二是松柏杉等所有其他裸子植物，苏铁纲与银杏纲是姐妹群关系。第二个谱系又可分为三大群：松科（Pinaceae）、买麻藤纲及Conifer II（除松科外的其他松柏纲裸子植物，本教材称之为柏杉类，下同）。松科与买麻藤纲是姐妹群，有最近的共同祖先；所有其他杉、柏、红豆杉等构成一个单系类群。也就是说现存裸子植物由五大类组成：苏铁纲、银杏纲、松科和买麻藤纲，以及除松科外的所有柏杉类植物（Conifer II）。本教材综合前人研究，按照苏铁纲、银杏纲、松科和买麻藤纲、Conifer II（柏杉类）顺序介绍。

（一）苏铁纲（Cycadopsida）

常绿木本植物，茎干粗壮常不分枝。叶二型：鳞叶小，早落；营养叶大型羽状深裂，集生于茎顶，幼时拳卷（与蕨类植物共有原始特征）。孢子叶球顶生，雌雄异株。精子具多数鞭毛。

苏铁纲历史上曾包含3～4个科：苏铁科（Cycadaceae）、泽米铁科（Zamiaceae）、托叶铁科（Stangeriaceae）和波温铁科（Boweniaceae）。最新苏铁纲系统发育研究（Fabien, et al. 2015）表明本纲仅含2科：①苏铁科，仅苏铁属（Cycas）约110种，分布于南北半球的热带及亚热带地区，我国有25种；②泽米铁科，包括所有其他属，约200多种，主要分布南半球的热带亚热带非洲、大洋洲和美洲，我国不产。

1. 苏铁科（Cycadaceae）

1属110种，常见苏铁属的苏铁（Cycas revoluta）俗称铁树（图7-65）。苏铁科为常绿木本植物，树干粗壮，分布于华南，各地常栽培；小孢子叶球长椭圆形，由鳞片状的小孢子叶螺旋状排列而成，每个小孢子叶的背面生有许多由3～5个小孢子囊组成的小孢子囊群。大孢子叶球球形，大孢子叶密被淡黄色绒毛，上部羽状分裂，下部成狭长的柄，柄的两侧生有2～6枚胚珠。胚珠有1层珠被，珠心顶端有花粉室，与珠孔相通。种子成熟时红色（图7-65）。苏铁为优美的观赏树种，公园、庭园常见栽培，长江流域以北多盆栽。茎内髓部富含淀粉，可供食用；种子含油和淀粉，微有毒，可食用和药用，有收敛、止咳及止血之效。本属常见还有仙湖苏铁（C. fairylakea）、华南苏铁（C. rumphii）、四川苏铁（C. szechuanensis）和海南苏铁（C. hainanensis），以及古老孑遗种攀枝花苏铁（C. panzhihuaensis）等，均可栽种作观赏（图7-66A—C）。本属野生资源稀少，均已列入国家一级重点保护野生植物。

图7-65 苏铁植物、大小孢子叶及种子形态

A.植株形态；B.大孢子叶球（雌球花）；C.大孢子叶；D.成熟的大孢子叶和种子；E.小孢子叶球（雄球花）；F.一片小孢子叶及许多小孢子囊（海南苏铁）；1.发育中的胚珠；2.成熟的种子具有肉质的外种皮、骨质的中种皮和种仁（胚乳占主要成分）；3.具有肉质种皮的种子；4.小孢子囊

2. 泽米铁科（Zamiaceae）

本科主要分布于南半球非洲、大洋洲和美洲，约9属220多种。常见有非洲苏铁属（*Encephalartos*）约60多种，主产非洲南部和东部（图7-66E和G），一些非洲苏铁的茎髓具有面包性质的淀粉质，被当地土著人食用，俗称"面包棕榈"。华南、西南地区还引种原产中美洲的泽米铁（*Zamia furfuracea*）和原产墨西哥的双子铁（*Dioon edule*）等（图7-66D和F），此外，产南非的蕨铁属（*Stangeria*）和生长在澳大利亚东北部的波温铁（*Bowenia spectabilis*）也有引种（图7-66H—I）。

（二）银杏纲（Ginkgopsida）

3. 银杏科（Ginkgoaceae）

本纲现仅存银杏科（Ginkgoaceae）的银杏（*Ginkgo biloba*）一种，为世界著名的活化石及孑遗植物，化石曾广布北半球。傅承新团队近20年研究揭示，目前仅我国浙江西天目山、重庆与贵州交界处以及广西等地存在孑遗的居群（图7-67）（Zhao, et al. 2019），但现已广泛栽培于世界各地。

银杏为高大而多分枝的乔木。枝分顶生营养性长枝和侧生生殖性短枝，长枝节间长，髓小，皮层薄，木质部厚；短枝则相反。小孢子叶球呈柔荑花序状，生于短枝顶端的鳞片腋内，小孢子叶有短柄，柄端具有2个（稀为3～7个）悬垂的小孢子囊。大孢子叶球很简单，通常仅有1长柄，顶端具2个环形的大孢子叶（特化称为珠领），大孢子叶上各生1个胚珠，但通常只有1个发育成种子；种子近球形，种皮分3层：外种皮黄色，肉质；中种皮白色，骨质；内种皮红色，薄纸质，胚乳肉质且丰富（图7-68）。

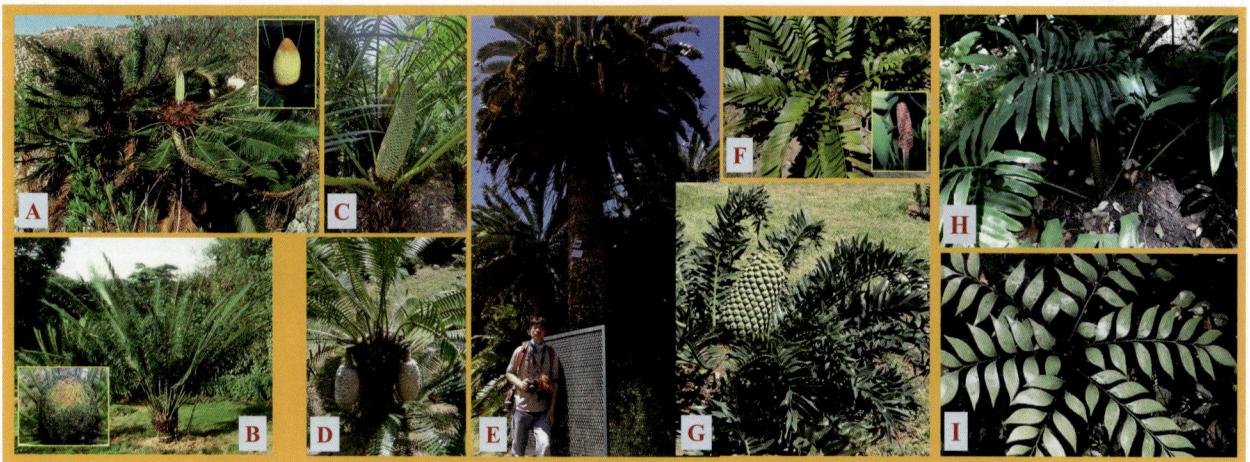

图7-66 苏铁纲各科常见植物

苏铁科：A.攀枝花苏铁；B.仙湖苏铁；C.海南苏铁；泽米铁科：D.双子铁；F.泽米铁；E和G.非洲苏铁属，E.*Encephalartos woodii*；G.*Encephalartos* sp.；H.蕨铁；I.波温铁

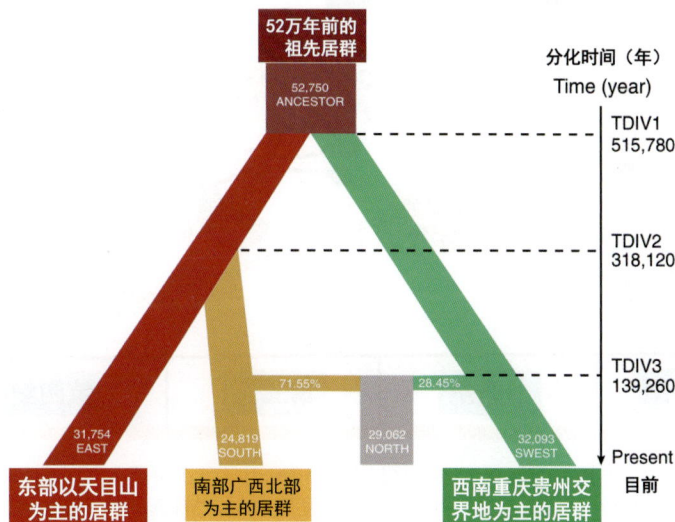

图7-67 基于基因组重测序的银杏种内进化历史

银杏树形优美，为优良的行道树及园林绿化树种。木材细密，是优良的用材树种。具有中种皮的种子即白果，种仁供食用及药用，有润肺、止咳、强壮等功效。近年的研究表明，叶含黄酮类、银杏内酯和白果内酯等生物活性化合物，对治疗心脑血管疾病和预防老年痴呆性疾病有很好效果，已作为重要的药用植物。

（三）松科（Pinaceae）

4. 松科

松科是裸子植物里最大的一科。近20年的研究揭示松科系一独立的谱系，与买麻藤纲植物为姐妹群（图7-4）。松科叶针形或条形，叶和大、小孢子叶均螺旋状排列；小孢子叶具2个花粉囊，小孢子多数有气囊；珠鳞与苞鳞分离，每珠鳞具2枚胚珠，发育成2粒种子。种子有翅或无翅。松科共11属约231种，我国11属均产（3属特有：金钱松属、银杉属和长苞铁杉属），约75种。

松属（Pinus），常绿乔木，单轴分枝，主干直立，侧枝常轮生。具长枝和短枝；长枝上生鳞片叶，腋内生极短的短枝，短枝顶生1束针形叶，每束通常2、3或5枚叶，基部常有薄膜状的叶鞘包围。小孢子叶球（雄球花）常多数聚生于新生的长枝近基部。小孢子两侧多具气囊，适于风力传播。大孢子叶球（雌球花）1至数个着生于新枝的顶端侧生（图7-69）。春季开花传粉，花粉要在第二年萌发，受精后大孢子叶球发育形成球果，珠鳞木质化而成为种鳞，不脱落，种子多具翅以利风力传播。松属约110多种，大多是温带和亚热带针叶林或针阔混交林的建群种或优势种，也是重要用材树种。针叶二枚一束的如马尾松（P. massoniana）和黄山松（P. taiwanensis）广布华东至华南，系姐妹种，垂直替代分布种（图7-69A—B）。原产日本的黑松（P. thunbergii）二针一束粗硬，常作海岸防护和园林绿化用（图7-62B—H，图7-69E）。针叶三枚一束的

图7-68　银杏植株形态及大小孢子叶（球）特征

A.浙江天目山古银杏；B.雌株的长短枝及叶形；C.大孢子叶（珠领）和胚珠；D.成熟裸露的种子和白果，常一个发育；E.雄株具有柔荑状小孢子叶球的短枝；F.广西盘县（今盘州市）古银杏；G.贵州务川古银杏；H.银杏形态的进化历史；1.长枝；2.短枝；3.珠孔；4.珠领；5.具有肉质种皮的种子；6.退化的胚珠；7.小孢子叶球；8.具有骨质中种皮的白果；9.肉质的外种皮；10.种仁及大量单倍体的胚乳

图7-69 松属常见植物

A.黄山松（黄山迎客松），右下图为雄球花和幼期雌球果；B.马尾松具有当年雄球花和去年的成熟雌球果；C—D.日本五针松，五针一束，C.约60多年的老植株，D.幼雌球果和雄球花（右上图）；E.黑松具有雄球花的枝条，二针一束；F—G.白皮松，F.高大的植株和树皮特征，G.三针一束的叶；H.红松；I.毛枝五针松；J.北美纽叶松（摄于黄石）

如白皮松（*P. bungeana*）（图7-69F—G）。针叶五枚一束有红松（*P. koraiensis*），分布东北，种子可食用，为国家一级保护野植物；华山松（*P.armandii*）分布华北至西北。日本五针松（*P. parviflora*）（图7-69C—D）引种常作盆景观赏；而我国云南分布的毛枝五针松（*P. wangii*）分布稀少，系国家一级保护野生植物，昆明植物所孙卫邦团队已引种成功（图7-69I）。此外，分布我国西藏和云南及南亚的乔松（*P. wallichiana*）叶五针一束，长而下垂，姿态美丽（图7-69H）。北美也分布多种松属植物，其中

我国引种栽培的湿地松（*P. elliottii*）和火炬松（*P. taeda*）常2～3针一束混生，抗病抗虫性强，是广泛栽种的绿化树种。北美常见二针一束的扭叶松（*P. contorta*）也是我国引种栽培的绿化树种（图7-69J）。

金钱松属（*Pseudolarix*），落叶乔木，枝有长、短枝之分。叶条形，短枝上的叶辐射平展呈圆盘状，入秋变黄似金钱；球果当年成熟。本属仅有金钱松（*P. kaempferi*）一种，我国特产，分布华东和华中的局部地区，处于渐危状态，被列为国家二级重点保护野生植物。木材纹理通直，树姿优

图7-70　松科其他常见属种

A和B.金钱松：A.天目山最高的植株，右上图为幼期的大孢子叶球，B.簇生短枝的叶；C.北美一种冷杉，具有圆形叶痕；D—E.日本冷杉：D.植株外形，左上图为叶痕，E.枝叶特征；F—G.百山祖冷杉：F.百山祖三棵原生树之一，G.直立的大孢子叶球和叶型；H.落叶松叶形和大孢子叶球；I—J.雪松：I.植株外形，下图为小孢子叶球特征，J.具有幼期大孢子叶球的枝条；K.北美云杉；L.西南山区的云杉及大孢子叶球；M.长苞铁杉枝叶及大孢子叶球；（J由杜红拍摄，冉进华惠赠，F为陈利萍惠赠）

美，是优良的材用树种和世界五大庭院树之一（图7-70A—B）。

冷杉属（*Abies*），常绿乔木，枝具圆形而微凹的叶痕（图7-70C—G）。叶单生，先端微2裂。球果直立，当年成熟，种鳞与种子一同脱落。约40多种，分布于亚洲、欧洲、北美及非洲北部高山地带。我国有17种，常组成大面积森林，是优良的用材和园林树种，如东北的臭冷杉（*A. nephrolepis*）；四川的冷杉（*A. fabri*）；产浙江南部的百山祖冷杉（*A. beshanzuensis*）（图7-70F，G），现存仅3株母树，处于极濒危状态，被列为国家一级保护植物。原产日本的日本冷杉（*A. firma*）在我国华东地区广泛引种栽培（图7-70D—E）；图7-70C是北美常见的一种冷杉。

雪松属（*Cedrus*）的雪松（*C. deodara*）原分布于喜马拉雅山脉，常绿乔木，塔形树冠高大雄伟，常栽培，是优良园林树种（图7-70I—J）。

此外，本科还有银杉（*Cathaya argyrophylla*），被列为我国一级重点保护植物；云杉属（*Picea*）广布北半球，为优良造林树种（图7-70K—L）；南方山区的铁杉属（*Tsuga*）（图7-70M）、油杉属（*Keteleeria*）和黄杉属（*Pseudotsuga*）植物，以及北方山区的落叶松属（*Larix*）（图7-70H）的一些种类也是常见的。

（四）买麻藤纲（倪藤纲）（Gnetopsida）

本纲植物是由三类差异很大的植物组成的一个古老谱系。其次生木质部有导管，无树脂道。叶对生或轮生。孢子叶球有类似花被的盖被，或有两性的痕迹。胚珠具**珠孔管**（**micropylar tube**）。精子无鞭毛，颈卵器极其退化或无，具有被子植物的某些特征。但系统树（图7-4）表明其与松科有共同祖先，应该属于裸子植物进化树上的一个盲枝。

本纲植物包括3科，3属，约90种。我国有2科2属，约26种。

5. 麻黄科（Ephedraceae）

常见有草麻黄（*Ephedra sinica*），草本状，叶退化成鳞片状，对生而基部连合，雌雄异株，具有颈卵器；雄球花由数对苞片组合而成，每苞有1雄花，每花有2～8雄蕊，花丝合生；雄花外包有膜质假花被；雌球花仅顶端1～3片苞片生有雌花，雌花具顶端开口的囊状假花被，包于胚珠外；种子浆果状，外层红色、肉质状物质由大孢子叶外的苞片发育来（图7-71A）。还有广布北方干旱区域的中麻黄（*E. intermedia*）（图7-71B—C）。本科在全球干旱区广布，约50种；我国产16种，分布东北、华北及西北等地，是著名的中药材，含麻黄碱，枝叶及根均供药用。

6. 买麻藤科（Gnetaceae）

常见有买麻藤（*Gnetum montanum*）和小叶买麻藤（*G. pavifolium*），常绿大藤本，叶对生，卵状椭圆形；雌雄异株，雄球花穗状单生或数枚顶生于枝上，各轮总苞排列紧密，每轮总苞有雄花20～80，雄花具杯状肉质假花被，雄蕊通常2；雌球花穗常侧生于老枝上，每轮总苞有雌花4～12，假花被囊状紧包于胚珠外；雌配子体不形成颈卵器；胚珠的外珠被分化为肉质外层与骨质内层，肉质外层与假花被合生并发育成假种皮。种子核果状，包于红色或橘红色肉质假种皮中（图7-71D—E）。主产热带亚热带亚洲，约40种；我国9种，分布于华南及云南，北可达福建武夷山。

图7-71 买麻藤纲三个科植物特征

A—C.麻黄科：A.草麻黄雌株和大孢子叶球，具有红色假种皮（来自苞片）的成熟种子；B和C.中麻黄的雄株和小孢子叶球（新疆独库公路旁）；D和E.小叶买麻藤：D.雌株，具有成熟种子，红色为肉质假种皮，E.雄株，小孢子叶穗生茎干上；F.生于纳米比亚干旱荒漠的百岁兰，雌株和雄株形成一植株丛，左上图为小孢子叶球，右上图为大孢子叶球；（A和F由冉进华惠赠，F由汪小全和冉进华拍摄于纳米比亚）

7. 百岁兰科（Welwitschiaceae）

仅一种为百岁兰（*Welwitschia mirabilis*）（图7-71F），树干粗短，顶端着生一对大型叶子，可生存百年以上；雌雄异株，雌株有多个大孢子叶球，似松科植物的雌球果，但有两枚假花被成管状，胚珠的珠被伸长成珠孔管。雄株的雄球花（小孢子叶球）也有两对假花被，每个小孢子叶具6枚基部合生的雄蕊，小孢子叶球中央有一个不发育的胚珠；雌球花一般可结许多雌球果，种子数量可达万粒；雌配子体也没有颈卵器。该植物仅分布于非洲安哥拉及东南部干旱区域。

（五）柏杉类（Conifer Ⅱ）

Conifer Ⅱ（柏杉类）植物常绿或落叶乔木，稀灌木，茎多分枝，常有长、短枝之分，具树脂道。叶鳞形、条形、披针形、钻形或刺状，单生，螺旋状着生或交互对生，稀轮生。孢子叶球（雌球花和雄球花）单性，常呈球果状；雌雄同株或异株。雄配子体精子无鞭毛。大孢子叶常宽厚，称珠鳞（种子成熟时叫种鳞或果鳞），或为囊状、盘状称套被或珠托。每1珠鳞的背面有1苞鳞，珠鳞和苞鳞半合生或完全合生。种子有翅或无翅，有的具肉质假种皮或外种皮，胚乳丰富，子叶2～10枚。

Conifer Ⅱ（柏杉类）植物是现代裸子植物中种类最多、分布最广的类群。现代柏杉类植物约有6科58属，约380余种，广布南北两半球。我国是柏杉类植物较丰富的国家，具有一些特有属种和第三纪孑遗植物，产4科，21属，约69种，分布几遍全国。

8. 柏科（Cupressaceae）

本节的柏科是广义的，包括以前的杉科（Taxodiaceae）植物，常绿或落叶乔木，无长、短枝之分。叶鳞形、条状披针形、钻形、刺形和线形，螺旋状排列或成假二列，或交互对生或对生。大小孢子叶螺旋状排列或交互对生。小孢子叶常具2～4个花粉囊，小孢子无气囊。珠鳞与苞鳞半合生或合生，珠鳞腹面有1至多枚胚珠。球果当年成熟，种鳞木质或革质，具2～9粒种子。全世界约30属，130余种，我国有12属，约36种，分布几遍全国。

杉木属（Cunninghamia），常绿乔木，叶条状披针形，与大小孢子叶均为螺旋状着生；苞鳞大于珠鳞，小孢子叶具3个花粉囊，珠鳞有3枚胚珠。我国特有属，共2种。常见杉木（*C. lanceolata*）（图7-72A），为秦岭以南造林面积最大的速生用材树种。

柳杉属（Cryptomeria），常绿乔木，叶钻形，与大小孢子叶均为螺旋状排列；珠鳞有2～5枚胚珠，主要分布于我国华东和日本（图7-72B），仅一种。在英文版《中国植物志》中，已将中国柳杉（*C. sinensis*）修订为日本柳杉（*C. japonica*）的变种。柳杉有许多高大古树，以浙江西天目山的柳杉林最具特色。

水杉属（Metasequoia），落叶乔木，叶条形，与大小孢子叶均为对生，种鳞有种子5～9粒。仅水杉（*M. glyptostroboides*）一种（图7-72C—D），我国特产，列为国家一级重点保护植物。其化石在

图7-72 柏科常见属种植物（1）

A.杉木植株及雌、雄球花形态；B.野生柳杉植株（日本京都芦生的天然柳杉）及雌、雄球花形态；C-E.秋季的水杉（C），以及对生的叶（D），及大孢子叶球（E）；F.台湾杉；G-H.北美红杉；I-J.水边的池杉植株和早春的枝和叶

世界上早就发现，但活植株直到20世纪40年代才在湖北西部发现，是名副其实的活化石植物，适应性强，现国内外广泛栽培作绿化和观赏。

台湾杉属（*Taiwania*），零星分布于我国西南和台湾岛，具有长达2cm的四棱钻形叶，仅1种台湾杉，又称秃杉（*T. cryptomerioides*）（图7-72F）。

与上述形态相近的植物还有：水松（*Glyptostrobus pensilis*），产于华南、西南；分布于北美的巨杉（世界爷）（*Sequoiadendron giganteum*）和北美红杉（*Sequoia sempervirens*）（图7-72G—H），国内已有引种；以及引自北美的池杉（*Taxodium distichum* var. *imbricatum*），常栽种水边作绿化观赏（图7-72I—J）。

侧柏属（*Platycladus*），小枝扁平，排成一平面，直展或斜展。叶鳞形，交互对生；大孢子叶球有4对珠鳞，仅中间2对各生1～2枚胚珠。球果当年成熟，开裂，种鳞扁平。仅侧柏（*P. orientalis*）1种，我国特有，分布于南北各地，有许多变种，为常见的庭园绿化树种（图7-73A，B）。

柏木属（*Cupressus*），与侧柏属相似，球果第二年成熟，种鳞4～8对，盾形。有20种，我国产5种。柏木（*C. funebris*），小枝排成一平面，下垂。我国特产，分布于黄河以南各地。

刺柏属（*Juniperus*），现研究证实该属包括原来的圆柏属（*Sabina*），小枝圆柱形，不排成一平面。叶鳞形或刺状二型，有时同一植株上两种叶并存。球果熟时种鳞愈合，肉质，不开裂。约67种，我国有23种。常见的如圆柏（*J. chinensis*），分布于华北至华南，为普遍栽培的庭园树种，有龙柏（全为鳞形叶）（图7-73C，D）、塔柏（多为刺形叶）等栽培变种。刺柏（*J. formosana*）（图7-73F），中国特有，广布华东至西南，叶三枚轮生全为刺型。

柏科常见的还有福建柏（*Fokienia hodginsii*），以及我国特有的崖柏（*Thuja sutchuenensis*），仅分布长江三峡，为国家一级保护野生植物。此外，引种栽培的美国香柏（*Thuja occidentalis*）和日本花柏（*Chamaecyparis pisifera*）等也是城市常见的绿化树种（图7-73E，H）。柏科分布南北两半球，图7-73G为南非柏属（*Widdringtonia*），是非洲常见的裸子植物。

9. 红豆杉科（紫杉科）（Taxaceae）

常绿乔木或灌木。小孢子叶有3～9个花粉囊，小孢子无气囊；胚珠直生，基部有盘状或漏斗状的珠托，种子有由珠托变成的假种皮。全世界约5属21种，主产北半球，我国有4属12种。常见有红豆杉属（*Taxus*），假种皮红色，如广布我国华东、华

图7-73 柏科常见属种植物（2）

A—B.侧柏，A.初秋小枝和鳞叶，及大孢子叶球，B.春天小枝、鳞叶和幼期大孢子叶球；C—D.龙柏，圆柏的园艺变种，C.植株外形显示枝条扭转，D.鳞叶及球形的大孢子叶球；E.日本花柏鳞叶及大孢子叶球；F.刺柏，刺叶3枚轮生及大孢子叶球；G.南非柏属的鳞叶及大孢子叶球；H.北美香柏小枝和鳞叶

南至西南的喜马拉雅红豆杉（*T. wallichiana*）及其两个变种：红豆杉（var. *chinensis*）和南方红豆杉（var. *mairei*），均为珍稀树种（图7-74A），系国家保护植物；同属的短叶红豆杉（*T. brevifolias*）原产北美，引种栽培。该属植物树皮含紫杉醇，可用于提取治疗癌症的药物；目前整个属已被列入国家一级保护野生植物。

榧树属（Torreya），为东亚—北美间断分布，其中榧树（*T. grandis*）分布于长江中下游山区，叶背气孔带常与中脉带等宽，核果状种子，外面肉质的为假种皮。其栽培变种的种子即"香榧子"，为著名干果，以浙江诸暨枫桥产的较佳（图7-74B—C）。

本科许多种类属濒危植物，已列入国家二级重点保护名录，如白豆杉（*Pseudotaxus chienii*）我国特产单种属，散见在江南（图7-74D），假种皮白色；以及穗花杉（*Amentotaxus argotaenia*），仅分布于东亚的中国和越南。

10. 罗汉松科（Podocarpaceae）

罗汉松科在裸子植物中是一大科，全世界约有19属170多种，但主产南半球，我国仅4属15种。常见的罗汉松（*Podocarpus macrophyllus*）熟时肉质假种皮紫黑色，种托肉质圆柱形，红色或紫红色（图7-74E—G）；还有竹柏属（*Nageia*）的竹柏（*N. nagi*）、长叶竹柏（*N. fleuryi*）均为庭园绿化和观赏树种（图7-74H—I）。我国海南分布的陆均松（*Dacrydium pierrei*）是陆均松属唯一分布在我国的种类。

此外，本类群（Conifer Ⅱ，柏杉类）还有：①三尖杉科（Cephalotaxaceae），常见的有：三尖杉（*Cephalotaxus fortunei*）（图7-75A），其枝、叶、根、种子可提取三尖杉生物碱，供制抗癌药物；粗榧（*C. sinensis*），灌木或小乔木，叶背气孔带宽于中脉，我国特有种，药用或栽培观赏（图7-75B）。②南洋杉科（Araucariaceae），分布于东南亚至大洋洲、新西兰的南洋杉（*Araucaria cunninghamii*），具有显著轮生的侧枝，我国有引种作观赏（图7-75C）。③金松科（Sciadopityaceae）为东亚日本特有，仅日本金松（*Sciadopitys verticillata*）1种，叶二型，具有鳞片叶和合生叶，我国也有引种栽培（图7-75D）。

三 裸子植物的起源与演化

由于裸子植物通常具有颈卵器，现存的苏铁和银杏等裸子植物还具有多数鞭毛的游动精子，所以一般认为裸子植物与蕨类植物有共同祖先。苏铁等具大型叶、厚囊型孢子囊及异型孢子等特征，与起源于中泥盆纪地层的原始蕨类化石植物古蕨属（*Archaeopteris*）相似，它可能是裸子植物的远祖。上泥盆纪出现的种子蕨（pteridosperm），虽还无真正的种子，但却具有胚珠，它可能是向裸子植物演化的过渡类型。

图7-74　红豆杉科和罗汉松科常见植物

A.红豆杉，具有珠托发育来的红色假种皮；B—C.榧树，B.浙江诸暨的古榧树，C.榧树枝叶及具有肉质假种皮的种子；D.白豆杉，假种皮白色；E—G.罗汉松，E.栽培观赏的植株，左上图为小孢子叶球，F.枝叶形态，G.披针形叶、红色或紫色的种托及具有假种皮的种子；H—I.长叶竹柏，H.枝叶及具有假种皮的种子，I.具有小孢子叶球的枝条；1.由珠托发育来的红色假种皮；2.种托（幼时称珠托）；3.具有假种皮的裸露种子

图7-75 三尖杉科、南洋杉科和金松科植物
A.三尖杉枝叶形态，叶较长下弯；B.粗榧枝叶形态，叶背气孔带较宽；C.大洋洲路边的南洋杉行道树，大枝轮生；D.日本金松，合生叶轮生

据化石研究，种子蕨类植物在石炭纪和二叠纪时期，在北半球曾极为繁荣，后可能演化出拟苏铁植物（cycadeoideinae）（本内苏铁benettitinae）和苛得狄植物（cordaitinae）。拟苏铁植物可能直接起源于髓木（medullosa）类的种子蕨植物，现存的苏铁纲植物与髓木植物以及拟苏铁植物均有许多共同之处，可能是它们的后裔。银杏和松柏杉类植物，也应该是苛得狄植物的后裔。买麻藤植物在现代的裸子植物中是比较特殊和孤立的一群，根据孢子叶球的特性，很可能是强烈退化和特化了的拟苏铁植物的后裔。可见，种子蕨是一种原始的种子植物，是介于蕨类和苏铁类之间的一个类群。现代的苏铁纲植物显然是现代裸子植物最原始的类群。

近20年的分子系统学对现存裸子植物的研究也支持苏铁纲在裸子植物的原始地位，并认为其与银杏纲为姐妹群，位于裸子植物的基部；也揭示了松科与买麻藤纲有共同祖先，而所有（除松科外）原来放在松柏纲和红豆杉纲的植物是一个单系类群，称为ConiferⅡ分支，属于较进化的类群（图7-4）。目前，裸子植物系统发育的初步框架已经显露，当然还需要从比较基因组、化石和发育形态学等方面做深入研究。

四 裸子植物与人类的关系

裸子植物的很多种类是温带、亚热带针叶林和针阔叶混交林的建群种或优势种，如南方的马尾松、东北的红松和落叶松、横断山脉的冷杉和云杉等。因此，裸子植物作为森林生态系统的重要组成部分，发挥着极其重要的生态作用。除此以外，裸子植物还与经济建设和人们的日常生活有密切的关系，主要表现在如下几方面。

1.重要的材用树种

裸子植物的大部分种类的木材都可利用，在传统的林业生产中占有举足轻重的地位，如我国南方的杉木和北方的红松，西南的云杉等在建筑、家具、包装等方面广泛使用。

2.重要的工业原料

裸子植物的木材纤维是造纸的重要原料，还可提取树脂、栲胶、芳香油等工业原料。

3.庭园绿化的重要树种

裸子植物的很多种类树姿优美，都可在庭园栽培作绿化和观赏树种。世界五大庭园树种：雪松、南洋杉、金钱松、日本金松和巨杉都是裸子植物。此外，银杏、冷杉、水杉、柳杉、侧柏、圆柏等也都是优良的园林树种。

4.药用植物的重要成员

草麻黄的茎、银杏的种子（白果）是传统的药材。银杏的叶近年已成为制造治疗心血管药物的重要原料。从红豆杉的树皮中提取的紫杉醇，对治疗癌症有很好效果。

5. 深受欢迎的干果

白果、香榧子、松子（红松或华山松的种子）等松脆可口、别具风味，是著名的干果，深受人们喜爱。

6. 森林生态系统的重要组成

裸子植物多数为木本植物，构成世界温带、寒温带及亚热带高山的森林生态系统的主体，是人类赖以生存的生物多样性关键一环，对裸子植物森林和物种的保护已成为人类生态文明建设的重要工作。

第六节　被子植物的系统与分类

一 被子植物的主要特征

被子植物门（Angiospermae）是植物界最高级、种类最多的一个类群。现知约有29万余种，隶属于1.3万多属，416科（APG Ⅳ，2016）。我国有十分之一，约2.9万余种，隶属于3100余属，约260个科。自新生代以来，它们就在地球上占据绝对优势。被子植物之所以能有如此众多的种类、如此广泛的适应性，这与其结构上的复杂化、完善化，生殖方式的高效化和多样化，从而提高了生存竞争能力是分不开的。被子植物除了裸子植物所具有的胚珠受精后发育成种子、花粉产生花粉管传送精子、有胚乳等特征外，还具有以下进化特征。

1. 孢子体进一步完善和多样化

在结构上，被子植物的木质部绝大多数有导管，韧皮部有筛管和伴胞，输导组织更加完善，适应能力加强。在生态习性上，既有乔木，如高大的如澳大利亚的王桉（*Eucalyptus regnans*）高100m；也有灌木，更多的是多年生至一年生草本，最小的如无根萍（*Wolffia arrhiza*），植物体细如沙粒，长仅1～1.5mm。在生态适应上，既有自养的绿色植物（包括土生、水生、砂生、石生和附生），也有异养的寄生、腐生和**真菌异养**（myco-heterotrophy）植物。

2. 具有真正的花

裸子植物尚无真正的花，而被子植物才出现了由**花托**（receptacle）、**花萼**（calyx）、**花冠**（corolla）、**雄蕊群**（androecium）**和雌蕊群**（gynoecium）组成的繁殖器官：真正的花。在长期的自然选择和进化过程中，花各部的数目、形态都发生了复杂的变化，以适应于虫媒、风媒、鸟媒和水媒传粉，造就了极其丰富多样的被子植物。

3. 子房包藏胚珠并发育成果实

被子植物的胚珠包藏于由心皮（大孢子叶）组成的子房内，得到了子房的很好保护。子房在受精后发育成具不同质地、不同色、香、味和多种散布机制的果实。

4. 具有特殊的双受精现象

被子植物花粉具有2个精子，在传粉受精时，其中一个与卵细胞结合形成合子，发育成胚；另一个则与2个极核结合，发育成3n染色体的胚乳。幼胚以三倍体的胚乳为营养，具有更强的生活力。

5. 配子体进一步简化

被子植物的雌、雄配子体进一步简化，均不能独立生活，完全寄生在孢子体上。雄配子体成熟时大多仅具2个细胞（2核花粉粒），其中一个为营养细胞，另一个为生殖细胞（传粉后分裂形成2个精子），少数植物在传粉前生殖细胞分裂成2个精子（即3核花粉粒）。雌配子体即为成熟的胚囊，通常具7个细胞8个核（3个反足细胞、1个中央细胞具有2个极核、2个助细胞和1个卵细胞）。从系统发育上看，反足细胞是原叶体的残余，数目有时较多或消失。助细胞和卵细胞合称卵器，是颈卵器的残余。配子体的简化在生物学上具有进化的意义。

被子植物因具有真正的花，所以又称为**有花植物**（flowering plant）或**显花植物**（anthophyta）。

二 被子植物的分类

自边沁和虎克（Bentham & Hooker，1862—1883）首次在植物属志（*Genera Plantarum*）中将被子植物划分成单子叶植物和双子叶植物两大类群后的一百多年来，大多数分类系统（包括流行多年的四大分类系统：恩格勒系统、哈钦松系统、塔赫他间系统和克朗奎斯特系统）都赞同这一划分。但近年，大量的植物比较形态学、化学分类学、古植物学、分支分类学和分子系统学研究的结果，对这一传统分类提出了挑战。1999年，Judd等人在*Plant Systematics*一书中，综合分子系统学的研究成果（APG Ⅰ系统，1998），提出了一个被子植物分类体系，将被子植物部分首先划分成4个基本类群，即双子叶古草本群（non-monocot paleoherbs）、单子叶植物群（monocots）、木兰复合群（magnoliid complex）和真双子叶植物（eudicots或三沟花粉植物群tricolpates）。21世纪来，分子生物学的高速发展大大推动了分子系统学的研究和发展，以Mark Chase等一批植物分类学家组成的被子植物系统发育研究组于1998年发表了以分子系统发育研究为基础的现代被子植物分类系统——APG系统。随后于2003年、2009年和2016年，又依次发表了该系统的第二版（APG Ⅱ）、第三版（APG Ⅲ）和第四版（APG Ⅳ），陆续完善了以分子系统学研究结合形态和系统发育的新系统，使被子植物的系统发育框架基本定型。APG Ⅳ系统将被子植物分为六大演化支：被子植物基部类群（basal angiosperms）、木兰类植物（magnoliids）、金粟兰目（Chloranthales）、单子叶植物（monocots）、金鱼藻目（Ceratophyllales）、真双子叶植物（eudicots），但单子叶植物、金粟兰目和木兰类植物的系统位置仍然有待解决（图7-76左）。最近，我国的两个研究团队分别对金粟兰和四川金粟兰进行了基于全基因组的系统发育基因组分析，均支持金粟兰目和木兰类群是姐妹群，而单子叶植物是（（真双子叶植物，金鱼藻目），（木兰类植物，金粟兰目））的姐妹（图7-76右）。

Ⅰ. 被子植物基部类群（basal angiosperms）

（一）无油樟目（Amborellales）

本目仅1科1属1种，即无油樟（*Amborella trichopoda*，图7-77），是现存被子植物中最早分化出来的类群。因此，无油樟是现存其他所有被子植物的姐妹群（sister group）。

1.无油樟科（Amborellaceae）

本科仅1属1种，产于南太平洋新喀里多尼亚岛。

科的特征（图7-77）：常绿灌木，有时攀缘状。单叶，互生，羽状脉，边缘波状或有疏齿。聚伞圆锥花序腋生，雌雄异株，偶有雄株上产生一些两性花的情况，性别决定系统为ZW型；花被片5～8，雄花具数枚螺旋状排列的雄蕊，花药三角形；雌花具数枚螺旋状排列的离生心皮。聚合核果具柄，肉质。染色体数：$2n = 2x = 26$。

（二）睡莲目（Nymphaeales）

本目包含独蕊草科（Hydatellaceae）、莼菜科（Cabombaceae）和睡莲科，均为水生植物，是现存被子植物的早期分支之一。

2.睡莲科（Nymphaeaceae，water lily family）

本科为水生植物，5属60～70种，广布世界各地。我国约3属8种，南北均产。Engler系统采用广义的睡莲科（含8属100多种），Hutchinson和Judd系统将之分为莲科（Nelumbonaceae）和睡莲科2个科，Cronquist系统分为莲科、睡莲科、莼菜科3个科，而Takhtajan（1997）则分为3目4科（增加了萍蓬草科Nupharaceae）。分子系统学研究发现睡莲科属于睡莲目，与莲科并不近缘；莲科与悬铃木科（Platanaceae）为姐妹群，并与山龙眼科（Proteaceae）和清风藤科（Sabiaceae）近缘，因此APG Ⅳ将莲科等4科置于山龙眼目（Proteales），睡莲科仅包括睡莲属、萍蓬草属、芡属和王莲属等。

附1 睡莲科其他常见属种

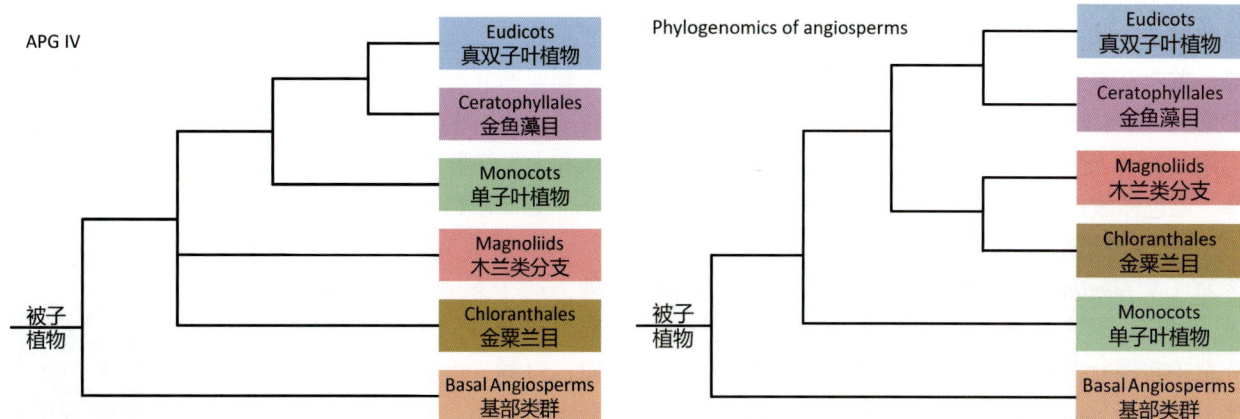

科的特征（图7-78）：水生草本。具根状茎。叶盾状、心形或戟形，漂浮水面。花单生；萼片4～6，有时呈花瓣状；花瓣缺至多数，常过渡成雄蕊；雄蕊多数，螺旋状着生；雌蕊多室，子房上位至下位，胚珠多数；浆果海绵质。染色体基数：$x = 10，12，14～18，29$。

睡莲属（*Nymphaea*），叶柄、叶脉和果实无刺；

图7-76　被子植物系统发育树，示六大演化支及其关系
左图：根据APG Ⅳ绘制；右图：根据基因组学数据分析的结果绘制（Ma et al.2021，Guo et al.2021）

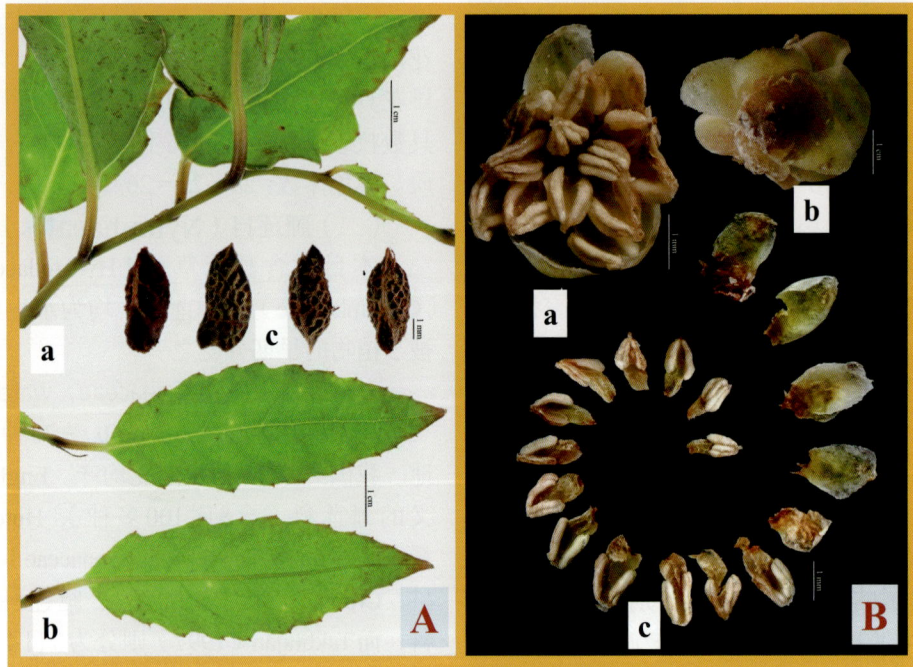

图7-77　无油樟（*Amborella trichopoda*）形态特征

A.枝叶和内果核（a.枝叶，叶互生；b.叶基宽楔形，叶缘具疏锯齿，叶面散布油腺点；c.内果核：无油樟成熟果实为红色核果，内果核似悬钩子属，表面具网格状凹陷）；B.雄花解剖（a.雄花正面观，雄蕊多数；b.雄花背面观；c.雄花离析，花被片与雄蕊在花托上呈螺旋状排布；雄蕊花丝短，药隔宽大，花药三角形，每枚雄蕊具2个花粉囊，每个花粉囊2室）

子房半下位，花多色，昼开夜合，故称睡莲（图7-78，图7-78G）。该属共50～60种，我国有5种，多数种类是常见栽培的水生花卉，如印度红睡莲（*N. rubra*）、白睡莲（*N. alba*）、黄睡莲（*N. mexicana*）等。睡莲（*N. tetragona*）花较小。侏儒睡莲（*N. thermarum*）又被称为卢旺达睡莲，是世界上最小的睡莲，花直径约1cm，开花时植株直径约10cm。它于1987年在非洲卢旺达的一处温泉湿地被发现，于2008年野外灭绝，2009年在英国邱园人工繁殖成功，现在我国一些植物园有栽培。本属染色体数：$2n$ = 18，20，24，28，42，56，84，112。

芡属（*Euryale*）仅芡（*E. ferox*）1种，叶柄、叶背脉上和花萼均多刺；子房下位；产于印度北部，东亚至东北亚，我国广布。种子供药用称"鸡头米"，或称芡实。芡实中富含淀粉，以前人们专门用其制作芡粉，用于"勾芡"，现一般用淀粉代替。染色体数：$2n = 58$。

本科常见的还有：萍蓬草属（*Nuphar*）的萍蓬草（*N. pumila*，图7-78H），叶二型：沉水叶膜质，皱褶；浮水叶纸质或近革质，平整，花黄色；分布于我国北部至东部，栽培供观赏。王莲属的王莲（*Victoria amazonica*）和小王莲（*V. cruziana*，图7-78I）叶浮水，大型，直径可达2m；花似睡莲；原产南美，常在世界各地温室或热带地区栽培，为著名观赏植物。

本目莼菜科的莼菜（*Brasenia schreberi*，图7-78 J）产华东，嫩叶可食用，为杭州特色名菜之一；外来种水盾草（*Cabomba caroliniana*），沉水草本，原产北美，我国华东地区因作为水族箱常用的观赏水草引入而逃逸。独蕊草科为水生小草本，仅2属10种，生长在大洋洲沿海和印度西部，以前被错误认为是单子叶植物。

附2　睡莲目其他科属

（三）木兰藤目（Austrobaileyales）

本目包含木兰藤科（Austrobaileyaceae）、苞被木科（Trimeniaceae）、五味子科，是现存被子植物的早期分支之一。木兰藤科仅分布澳大利亚西北部，苞被木科产于印尼苏拉威西岛、新几内亚岛至澳大利亚东部和太平洋群岛。

附3　木兰藤目其他科属

五味子科（Schisandraceae）

本科有3属（含八角属），约70种，产于东亚、东南亚、美国东南部、墨西哥、西印度群岛。我国有3属，54种，南北均产。乔木、灌木或藤本。单叶，互生或在枝顶簇生，全缘或具齿。花单生或簇生叶腋，两性或单性异株；花被片5至多数，螺旋

附4　五味子科其他常见属种

图7-78 睡莲科和莼菜科植物特征

A—F.睡莲（品种"保罗·斯泰森"）（*Nymphaea tetragona* 'Paul Stetson'），A.花冠正面观：花被片多数；雄蕊多数；B.柱头具25辐射线（数量不稳定）；C.花部离析：花被片、雄蕊在花托上呈螺旋状排列；D.左：最内部雄蕊药室退化；中：中部雄蕊侧面观，药室可见，药隔先端淡蓝色；右：外轮雄蕊，花丝基部扁平，药室长线形，药隔先端伸出；E.子房横切片：子房具25室（数量不稳定），室间分离，每室具大量胚珠；F.花葶横切片，内部具大量空腔，起到通气和漂浮的作用；G.睡莲叶和花；H.萍蓬草（*Nuphar pumila*）浮水叶和花；I.小王莲（*Victoria cruziana*）浮水叶；J.莼菜科的莼菜（*Brasenia schreberi*）浮水叶和花

状排列成数轮；雄蕊4至多数，1轮至数轮；心皮7至多数。果实为单轮排列的聚合蓇葖果，或为长穗状或球状的聚合浆果。染色体数：$2n = 2x = 28$。常见植物有五味子（*Schisandra chinensis*，图7-79A）为木质藤本，产北方，果实入药即中药"五味子"；华中五味子（*S. sphenanthera*）和南五味子（*Kadsura longipedunculata*，图7-79B），产于长江以南地区，果实也可入药。原来独立一科八角科（Illiciaceae）的八角（*Illicium verum*），小乔木，主产广西，蓇葖果为调味品；与之同属的红毒茴（莽草，*I. lanceolatum* 图7-79C），果实似八角，但有剧毒，分布华东。区别：红毒茴果实心皮多为10～13个，果先端尖、有小钩，而八角果实心皮为8～9个，先端钝，无钩。

II. 单子叶植物（monocots）

现代研究已揭示单子叶植物是一次起源的单系类群，APG Ⅳ 系统表明单子叶植物由11个目构成

（见附录和图6-5），共有约77科6万余种。

（四）菖蒲目（Acorales）

本目仅有1科（菖蒲科）1属（菖蒲属）2种，是单子叶植物的最基部类群。

3.菖蒲科（Acoraceae，sweet flag family）

本科产北半球温带至热带地区。菖蒲属过去一直被认为是天南星科的成员，直到最近才从天南星科中分立出来。分子系统学研究表明，菖蒲属是其他所有单子叶植物的姐妹群，这意味着它与天南星科的关系并不近缘。菖蒲属具有一些特征可以与天南星科区分开来：等面叶，花序梗中有两个独立的维管系统，无针晶体，种子有外胚乳，有特殊的油细胞等。

科的特征（图7-80）：多年生草本，具匍匐根状茎；叶二列，基部鞘状，互相套叠；肉穗花序，外被叶状的箭形佛焰苞；花两性，花被片6，雄蕊6，花丝长线形，与花被片等长；子房上位，2～3

图7-79 五味子科植物特征

A.五味子（*Schisandra chinensis*）植株和聚合浆果，花后花托伸长；B.南五味子（*Kadsura longipedunculata*）植株和聚合浆果，花托不伸长；C.红毒茴（*Illicium lanceolatum*）枝叶、花和果

图7-80 菖蒲科植物特征

A.菖蒲（*Acorus calamus*）植株和肉穗花序；B.金钱蒲（*A. gramineus*）生境、植株和肉穗花序

室；每室胚珠多数；浆果，藏于宿存花被之下。染色体基数：$x = 12$。我国南北均有分布。

菖蒲属（*Acorus*），仅2种，菖蒲（*A. calamus*，图7-80A）叶具中肋，叶片剑状线形，长而宽，长70～100（～150）cm，宽1～2（～2.5）cm，染色体数 $2n = 24, 36, 48$；金钱蒲（*A. gramineus*，图7-80B）叶不具中肋，叶片线形，较狭而短，长20～45（～55）cm，宽0.5～1（～1.4）cm，染色体数 $2n = 24$。两种的根茎均入药。

（五）泽泻目（Alismatales）

本目包含天南星科、泽泻科、水鳖科（Hydrocharitaceae）、水蕹科（Aponogetonaceae）、眼子菜科（Potamogetonaceae）、花蔺科（Butomaceae）

等14科，大多为水生或沼生植物。该目是单子叶植物系统树近基部的一个分支。

4.天南星科（Araceae，arum family）

本科为主产热带和亚热带的一个草本科，约117属，4000余种。我国有35属（包括引种）约200种，主要分布于华东至华南。APG Ⅳ系统中，本科包含原来分立的浮萍科（Lemnaceae），而菖蒲属则被分出另立为菖蒲科（Acoraceae，菖蒲目）。

科的特征（图7-81）：陆生或水生草本，稀为木质藤本；具块茎、球茎或根茎；体内含水汁、乳汁或针状结晶体（草酸钙结晶）。叶常基生，如茎生则互生，形状各异，全缘或掌状、羽状裂；叶柄基部有膜质鞘。花小，两性或单性，排成肉穗花序，外具一佛焰苞（常有各种颜色）；两性花常具4～6片鳞片状花被，单性花常无花被；雄花位于花序上部，雌花位于下部，有时中部具中性花；雄蕊1～6（～12），有时合生；雌蕊2～3（～15）心皮合生，子房上位。浆果。染色体基数：$x = 7 \sim 17$。本科有常见蔬菜芋，高产饲料大薸，还有许多药用植物和观赏植物。

本科分类的主要依据是植株有无地上茎、叶形及叶片分裂与否、花两性或单性、肉穗花序顶端有无附属物等性状。常见属种有：

芋属（*Colocasia*），直立草本，有肉质球茎或有一短而粗的根状茎；叶盾状，卵状心形；佛焰苞有粗柄，花单性同株，花序有附属物，中部有中性花；无花被，雄蕊6～8枚合生；雌花子房1室，

图7-81 天南星科植物特征

A—J.半夏（*Pinellia ternata*）：A.花期植株：具块茎；叶柄长，基部具鞘，鞘内（图中红色箭头所指）和叶片基部（图中白色箭头所指）具珠芽；花序柄长于叶柄，佛焰苞绿色，管部圆柱形，檐部长圆形，先端钝；附属器呈S形弯曲，伸出佛焰苞。B.块茎纵切，扁球形。C.下：雌花侧面观，无被花，子房卵圆形；上：雌花纵剖，1室1胚珠，胚珠呈葫芦形。D.雄花序轴横切片。E.佛焰苞喉部横切片。F.右：幼叶卵状心形；左：叶片生长过程中发生细胞溶解，变成3深裂；中：老株叶片为3全裂。这种方式形成的称之为假复叶。G.块茎侧面观，具须根。H.佛焰苞纵剖，佛焰苞喉部具隔膜，隔膜以下为雌花序，隔膜以上为雄花序，间隔约3mm；附属器为雄花序轴先端的延伸。I.雌花序轴纵切，雌花紧密排列一侧。J.佛焰苞纵切，喉部隔膜有缝隙连通，小型传粉昆虫可通过喉部缝隙到达雌花序进行传粉。当无传粉者时，风力、动物等其他外力触动附属器进而带动佛焰苞的摆动，有助于上部成熟花粉掉落至下方雌蕊柱头上，完成自花传粉。K.芋（*Colocasia esculenta*）植株、具佛焰苞的肉穗花序和球茎。L.天南星（*Arisaema heterophyllum*）植株和花序。M.大薸（*Pistia stratiotes*）生境、叶和花序

胚珠多数，侧膜胎座；浆果。约13种，主产东亚热带地区，我国有8种。芋（*C. esculenta*，图7-81K），球茎卵形或椭圆形；佛焰苞绿色，上部淡黄色。为南方各地广泛栽培之蔬菜，球茎食用；茎叶可作饲料；也可药用。

半夏属（Pinellia），直立草本，具块茎；叶基生，叶片全缘或分裂；花单性同株，肉穗花序具附属物。约6种，产亚洲东部，我国有5种。半夏（*P. ternata*，图7-81A—J），广布南北，为恶性杂草

之一，有毒，但块茎为良好的止咳药。同属的滴水珠（*P. cordata*）和掌叶半夏（*P. pedatisecta*）也药用。

天南星属（Arisaema），具块茎，叶柄具长鞘，有斑纹；叶片分裂；花单性异株，稀同株；肉穗花序具附属物。约150种，我国100种，主产西南。常见天南星（*A. heterophyllum* 图7-81L）和一把伞南星（*A. erubescens*），前者叶片鸟足状分裂，花序附属物长鞭状，后者叶片放射状分裂，附属物棒状，两者块茎均药用。

本科常见植物还有：大藻（水浮莲，*Pistia stratiotes* 图7-81M），为高产水生饲料，又可作污水净化植物。魔芋（*Amorphophallus rivieri*）块茎药用，或作蔬菜食用。浮萍（*Lemna minor*），浮水小草本，叶状体仅有一条根；紫萍（*Spirodela polyrhiza*），叶状体有数条根；无根萍属的芜萍（*Wolffia arrhiza*），叶状体无根，植物体长仅1～1.5mm，是最小的有花植物；均为常见的水田杂草，但也可作饲料。

附5 天南星科其他属种

本科有许多观赏植物，常见的如马蹄莲（*Zantedeschia aethiopica*）、龟背竹（*Monstera deliciosa*）、广东万年青（*Aglaonema modestum*）、花叶万年青（*Dieffenbachia picta*）、花叶芋（*Caladium bicolor*）、合果芋（*Syngonium podophyllum*）、绿萝（*Epipremnum aureum*）等，均原产热带，多为温室栽培的观叶植物。马蹄莲的花也常作切花用。

5. 泽泻科（Alismataceae，water plantain family）

本科为世界广布的一个水生植物科，约16属100种。我国有6属约18种，南北均产。其中慈姑为水生蔬菜，泽泻为药用植物。

科的特征（图7-82）：水生或沼生草本，有根状茎；叶常基生，基部有开裂的鞘，叶形变化大。花两性或单性；总状或圆锥花序；花被6，二轮，外轮3枚萼片状，宿存，内轮3枚花瓣状，脱落；雄蕊6至多数（稀3枚）；心皮6至多数，分离，螺旋状着生于凸起的花托上或单层轮生于扁平的花托上；子房上位，每子房含1～2枚基生胚珠。多为瘦果，种子无胚乳，胚马蹄形。染色体基数：$x = 5 \sim 13$。

本科分类的主要依据是花两性或单性、雄蕊数

图7-82 泽泻科植物特征

A—F.泽泻慈姑（*Sagittaria lancifolia*）花特征：A.雄花正面观：花瓣3；雄蕊多数；B.雄花纵切片；C.雄蕊，花药基着，纵裂，花丝基部扩大，被腺毛；D.雌花花被离析：花萼3，边缘半透明膜质；花瓣3；E.雌花去花瓣后，花梗和心皮多数；F.雌蕊纵切片；G.慈姑（*S. trifolia* subsp. *leucopetala*）植株和球茎；H.泽泻（*Alisma plantago-aquatica*）植株

目、心皮数目及排列方式等。

慈姑属（*Sagittaria*），为多年生草本。叶形变化大，沉水叶带形，浮水或挺水叶卵形、箭形或戟形；花多单性同株，通常雄花生花序上部，雌花位于下部；花被内轮白色；雄蕊多数；心皮多数离生，螺旋状着生于凸起的花托上。瘦果扁平有翅。约30种，我国有9种。慈姑（*S. trifolia* subsp. *leucopetala*，图7-82G），华东地区普遍栽培，球茎食用或药用。矮慈姑（*S. pygmaea*）叶条形，为水田杂草，也可作饲料和绿肥，或用于水体造景。泽泻慈姑（*S. lancifolia*，图7-82A—F）原产北美洲东南部至南美洲，我国常见引种栽培，供观赏。

泽泻属（*Alisma*，图7-82H），多年生挺水草本；花两性；雄蕊常6枚；心皮10～20，成轮排列。东方泽泻（*A. orientalis*），全国各地零星分布，生于沼泽、浅水池或稻田中，球形根状茎入药。窄叶泽泻（*A. canaliculatum*）为江南常见种。

本目常见水生植物还有水鳖科的水鳖（*Hydrocharis dubia*）和苦草（*Vallisneria natans*），水蕹科（Aponogetonaceae）的水蕹（*Aponogeton lakhonensis*），眼子菜科（Potamogetonaceae）的菹草（*Potamogeton crispus*），以及岩菖蒲科（Tofieldiaceae）的岩菖蒲属（*Tofieldia*，原置于百合科），我国分布有3种。花蔺科（Butomaceae）的花蔺（*Butomus umbellatus*）在北方湿地常见。大叶藻科（Zosteraceae）的大叶藻（*Zostera marina*）生北方沿海，为多年生海生沉水草本。

附6　泽泻目其他科属

（六）薯蓣目（Dioscoreales）

本目包含沼金花科（Nartheciaceae）、水玉簪科（Burmanniaceae）和薯蓣科3科。

6. 薯蓣科（Dioscoreaceae, yam family）

本科4属，800余种，分布于世界热带至温带地区。我国有2属约58种，分布于全国，但主产西南和东南部。其中许多种类具有重要的经济价值，可食用或药用。

附7　薯蓣目其他科属

科的特征（图7-83）：缠绕草质或木质藤本，或为多年生草本，具根状茎或块茎；茎左旋或右旋，或无茎，有刺或无刺；叶在茎上互生，有时中部以上对生，或全部基生，单叶或掌状复叶，具网状脉；花两性或单性异株，稀同株；花单生、簇生或排列成穗状、总状、圆锥状，或具总苞的伞形花序；花被片6，离生或合生；雄蕊6；子

房下位，3室或1室；果实为蒴果、浆果或翅果。常见的属种有：

薯蓣属（*Dioscorea*），缠绕藤本；地下有根状茎或块茎，其形状、颜色、入土的深度、化学成分因种类而不同；单叶或掌状复叶，互生，有时中部以上对生，基出脉3～9，侧脉网状；叶腋内有珠芽（或叫零余子）或无；花单性，雌雄异株，很少同株；雄花有雄蕊6枚，有时其中3枚退化；雌花有退化雄蕊3～6枚或无；蒴果三棱形，每棱翅状，成熟后顶端开裂；种子有膜质翅。约600种，我国约有52种。热带和亚热带地区广为栽培的甘薯（*D. esculenta*）、参薯（*D. alata*）和温带亚热带地区普遍栽培的薯蓣（*D. polystachya*，图7-83I—J）的块根（即山药）常供食用和药用。薯莨（*D. cirrhosa*）为我国中南、西南和台湾的特产，块茎内含鞣质可达30.7%，可提制栲胶及作酿酒的原料，此外还含有一种酚类化合物，是较好的止血药。更重要的是在薯蓣属根状茎组中有不少种类如穿龙薯蓣（*D. nipponica*，图7-83A—H）、盾叶薯蓣（*D. zingibernsis*）等，其根状茎中含有薯蓣皂苷元（diosgenin），是合成避孕药及生产甾体激素类药物的重要原料。

蒟蒻薯属（*Tacca*），原单立一科。多年生草本；具圆柱形或球形的根状茎或块茎；叶全部基生，全缘或羽状分裂至掌状分裂，叶脉羽状或掌状；伞形花序顶生；总苞片2～6（～12），小苞片线形长达30cm或缺；花被钟状，上部6裂；雄蕊6；子房下位，侧膜胎座3，花柱短，柱头3瓣裂，常反折而覆盖花柱；果为浆果；种子多数。约11种，主产于亚洲热带和大洋洲，我国约有4种。常见箭根薯（*T. chantrieri*，图7-83K）和丝须蒟蒻薯（*T. integrifolia*）产于我国华南、西南及东南亚多国，可栽培观赏或入药。

本目的沼金花科植物间断分布于北美、欧洲和东亚至东南亚的温带地区。我国常见仅肺筋草属（*Aletris*，又称粉条儿菜属），主要分布于华东至西南地区。水玉簪科（Burmanniaceae）为腐生草本植物，多产于南半球，我国产3属13种，其中水玉簪（*Burmannia disticha*）分布于华南至西南。

（七）百合目（Liliales）

本目包含藜芦科（黑药花科，Melanthiaceae）、秋水仙科（Colchicaceae）、菝葜科、百合科等10科。

7. 百合科（Liliaceae, lily family）

广义的百合科是一个包含200多属4000多种的庞杂类群，世界广布。近年来的研究表明，广义

图7-83　薯蓣科植物特征

A—H.穿龙薯蓣（*Dioscorea nipponica*），A.雄花期枝条：雄花序穗状，生于叶腋；B.叶片掌状心形，3～5浅裂，中裂片长椭圆形，具3条基出弧形脉直达叶尖，叶基心形；C.雄花底面观：花被片被疏柔毛；D.雄花正面观：花被片6，2轮；雄蕊6，两轮，内向开裂，生于花被片上；E.雄花纵切，留2枚花被片；F.雄花花冠纵切；G.花被纵切，示花丝着生于花被上；H.花被外侧，花被片先端反折。I—J.薯蓣（*D. polystachya*），I.雄株叶和雄花序；J.雌株幼果和栽培植株的块根；K.箭根薯（*Tacca chantrieri*）植株和具长线形小苞片的花序

百合科是一个多系群，包含许多亲缘关系很远的属种。因此，许多属种已从百合科中移到其他科（甚至是目），如岩菖蒲属（*Tofieldia*）被移入泽泻目（Alismatales）独立为岩菖蒲科（Tofieldiaceae）；肺筋草属（*Aletris*）被移入薯蓣目（Dioscoreales）的沼金花科（Nartheciaceae）；无叶莲属（*Petrosavia*）被移入无叶莲目（Petrosaviales）的无叶莲科（Petrosaviaceae）；另有许多属被移入天门冬目（Asparagales）的天门冬科（Asparagaceae）、阿福花科（Asphodelaceae）和石蒜科（Amaryllidaceae）等，或者在百合目内独立成科，如藜芦科（Melanthiaceae）、秋水仙科（Colchicaceae）、菝葜科等。范围重新界定后的狭义百合科仅含16属635种，主要分布于北半球温带至寒带，我国有13属148种，其中有不少种类为重要的观赏、药用植物和蔬菜。

科的特征（图7-84）：多年生草本，具鳞茎或根状茎；叶基生或茎生；单花顶生或排成总状、伞形花序；花被片6，分离，基部具蜜腺；雄蕊6；子房上位，3室，每室有2至多数胚珠，柱头1，3裂；蒴果或浆果。染色体基数：$x = 5 \sim 16$，23。

本科分类的主要依据为地下茎的类型、鳞茎有无鳞被、叶茎生或基生、花序类型及果实类型等。

百合属（*Lilium*），具鳞茎，鳞瓣肉质多数，无鳞被；茎直立，常不分枝。花大，单生或成总状花序；花被片合生成漏斗状；雄蕊花药"丁"字形着生；子房上位；蒴果。约80种，产北温带，我国约40种。卷丹（*L. lancifolium*）、野百合（*L. brownii*）及其变种百合（var. *viridulum* 图7-84 I），野生或栽培作观赏，鳞茎供食用或药用。此外，麝香百合（*L.*

图7-84 百合科植物特征

A—H.浙贝母(*Fritillaria thunbergii*),A.花枝局部:花单生叶腋,俯垂;B.雌蕊成熟期:花柱黄绿色,未落,子房开始膨大,翅较明显;C.柱头3裂;D.花部离析,雄蕊6,2轮;花被6,2轮,黄绿色,具暗紫色脉纹;E.雌蕊,花柱大部分合生,花梗弯曲;F.花被片先端具短柔毛:左:背面,右:腹面;G.雄蕊,花药纵裂,花丝基着;H.子房横切示3心皮中轴胎座。I.百合(*L. brownie* var.*viridulum*)植株和花,以及栽培百合的食用或药用部分,即鳞茎;J.荞麦叶大百合(*Cardiocrinum cathayanum* 卢瑞森摄)植株和花

longiflorum)、岷江百合(*L. regale*)等皆为常见观赏植物。

贝母属(***Fritillaria***),鳞茎近球形,由2～3片肥厚的鳞片组成,无鳞被;叶对生或轮生,先端成卷须状;花单生或成总状花序;蒴果有宽翅。浙贝母(*F. thunbergii*,图7-84A—H),分布江浙一带,常栽培作药用,称"浙贝"。川贝母(*F. cirrhosa*)产我国西南,鳞茎也入药,称"川贝"。皇冠贝母(*F. imperialis*)花数朵轮生于花葶顶端,于叶状苞片群下,花冠钟形,下垂,长约6cm,红色、橙色、黄色,极具观赏价值,原产喜马拉雅山区至伊朗等地。

本科常见的经济植物还有郁金香(*Tulipa* × *gesneriana*)等常栽培观赏;野生的大百合属(*Cardiocrinum*,图

附8 百合目
其他属种

7-84 J)花大而美丽,可栽培观赏。此外,猪牙花属(*Erythronium*)、仙灯属(*Calochortus*)、油点草属(*Tricyrtis*)亦美丽可供观赏。

8.菝葜科(Smilacaceae, greenbrier family)

该科仅1属,即菝葜属(*Smilax*),原有的肖菝葜属(*Heterosmilax*)已被并入该属,210余种,世界广布,以亚洲和美洲的热带或亚热带地区种类最为丰富,少数种类产温带地区。我国有92种,主产于华东至西南。菝葜科具有网状脉,这在单子叶植物中比较特别。菝葜科与狭义百合科(Liliaceae)、金钟木科(Philesiaceae)和菝葜藤科(Ripogonaceae)亲缘关系最近。其与百合科的主要区别在于叶的特征以及雌雄异株;与金钟木科及菝葜藤科的显著不同在于其花单性异株且排成伞形花序,而金钟木科及菝葜藤科花两性,金钟木科花单生,菝葜藤科花

序为总状或穗状。另外，菝葜科多具托叶卷须而呈攀缘状，上述其他各科则常直立或缠绕。研究表明该科起源于北半球。

科的特征（图7-85）：多年生木本，少数为草本。攀缘，也有直立或蔓生。根状茎粗壮而富含淀粉，或有时细弱横走且只在结节处膨大。茎圆柱形或有时具棱，常有刺，有时有疣状突起或刚毛。叶互生，多全缘，有时具刺或细齿；具3～7主脉和网状脉序；叶形变化极大，从狭长披针形、椭圆形、圆形、近三角形到提琴形均有；叶柄多具鞘，鞘上方有成对卷须（托叶变态）或缺，叶柄脱落点位于鞘顶端或叶片基部或两者之间；叶片通常为革质，草本种多为草质；叶片上面绿色光亮，背面颜色稍暗，有时被白粉或具粉尘状毛或短柔毛。花小，单性异株，常排成单个腋生的伞形花序（极少为3个腋生），有时若干伞形花序又排成圆锥花序或穗状花序；花序的基部有时有一枚与叶柄相对的鳞片（先出叶，实为芽鳞）或先出叶存在于具花序枝条的基部；花序托常膨大，有时稍伸长，而使伞形花序多少呈总状；花被片6枚，多黄绿色，离生，有时基部靠合或合生成筒状；雄蕊通常6枚，极少3枚或多达18枚；雌花具3心皮，常具退化雄

图7-85　菝葜科植物特征

A—R.盾叶菝葜（*Smilax weniae*），A.生境；B.枝条；C.叶（正面）；D.叶（背面）；E.叶基部（正面）；F.叶基部（背面），示盾状着生；G.茎上有刺；H.卷须；I.脱落点；J.雌花（正面）；K.雌花（背面）；L.雄花；M.伞形花序（雌）；N.伞形花序（雄）；O.雌花（侧面），示退化雄蕊；P.子房和柱头；Q.雌花花被片（内侧）；R.雌花花被片（外侧）；S.菝葜（*S. china*）雌株的红色浆果；T.大果菝葜（*S. macrocarpa*）雌株枝叶和幼果；U.牛尾菜（*S. riparia*）雌株草质茎叶和幼果；V.穗菝葜（*S. aspera*）上为雄株的雄花序，下为雌株枝叶和红色浆果

蕊；柱头3裂，子房3室，中轴胎座，每室具1～2枚胚珠。浆果通常球形，熟时黑色、蓝色、红色或橙色，有时具粉霜。种子1～3枚。染色体基数：$x=15$，16。

本科分类的主要依据为习性（木本或草本）、茎有无刺、叶脱落点的位置（叶片基部或叶片和叶鞘之间或叶鞘顶端）、有无卷须、花序类型（单伞花序或圆锥花序或总状花序）、花被片离生与否等。

菝葜属（Smilax） 的特征与科同。江南常见有菝葜（S. china，图7-85S），其根状茎可药用或酿酒；土茯苓（S. glabra），茎无刺，根状茎入药；牛尾菜（S. riparia，图7-85U）为多年生草本，其嫩茎叶可作野菜食用，营养丰富，清香可口。穗菝葜（S. aspera，图7-85V）无花序梗使花序呈穗状，分布区横跨亚洲、欧洲和非洲。原产于中南美洲的华丽菝葜（S. ornata）是**沙士（sarsaparilla，一种风靡北美的碳酸饮料）** 的主要原料。花叶菝葜（S. guiyangensis）和盾叶菝葜（S. weniae，图7-85）叶具白色云斑，可供观赏。我国南方常见的还有小果菝葜（S. davidiana）、黑果菝葜（S. glaucochina）、马甲菝葜（S. lanceifolia）等。我国西南至东南亚分布的大果菝葜（S. macrocarpa，图7-85T）其果实大，可作蜜饯食用。近年的研究已揭示原来单立的肖菝葜属（Heterosmilax）为菝葜属的一个组：即花被合生的类群（Qi et al.，2013）。另外，早期在菝葜科的菝葜藤属（Ripogonum）在APG IV 系统中已单立一科菝葜藤科（Ripogonaceae）。

附9 菝葜科其他常见种

本目的藜芦科（Melanthiaceae）有许多原来置于百合科的常见属种，包括藜芦属（Veratrum），在温带及亚热带高海拔区域常见；重楼属（Paris）广布欧洲及亚洲的温带和亚热带地区，有些种具有重要药用价值，是云南白药重要原料之一；以及东亚北美间断分布的延龄草属（Trillium）；秋水仙科（Colchicaceae）有18属225种，广布热带亚热带，我国只有2属：嘉兰属（Gloriosa）和山慈姑属（Iphygenia）各1种，分布于西南地区；菝葜藤科（Ripogonaceae）仅分布于澳大利亚和新西兰，茎缠绕生长，叶与菝葜科相似，系统上也与菝葜科近缘。花须藤科（Petermanniaceae）仅1属1种，分布于澳大利亚北部。金钟木科（Philesiaceae）仅2属2种。产智利南部的智利钟花（Lapageria rosea）为常绿性的攀缘植物，花美丽，是鸟媒花，浆果可食，有园艺品种，是智利的国花。白玉簪

科（Corsiaceae）腐生植物，叶退化成鳞片状，我国仅白玉簪（Corsiopsis chinensis）1种，是张奠湘等（1999）在广东封开发现的该科在中国的新成员。六出花科（Alstroemeriaceae）分布于中、南美洲，约有200种，有不少引种观赏，如鹦鹉六出花（Alstroemeria pulchella）。

（八）天门冬目（Asparagales）

本目包含兰科、鸢尾科、石蒜科及天门冬科等14科。该目的兰科其花形态特征高度特化。

9. 兰科（Orchidaceae, orchid family）

本科是单子叶植物中花的结构适应虫媒传粉而特化的高级类群，约750属28000余种，是种子植物第二大科，广布热带、亚热带和温带，主产南美和亚洲热带。我国有171属1300余种，主要分布于长江以南各地，以云南、海南、台湾和广东居多。本科除白及、天麻等可药用外，有许多种类为名贵的观赏植物；少数可作香料植物，如香荚兰等。

科的特征（图7-86）：多年生陆生、附生或真菌异养草本，陆生及真菌异养种类常具根状茎或块茎，附生的具有肥厚肉质的气生根。茎直立、悬垂或攀缘，往往在基部或全部膨大为具一节或多节的假鳞茎。单叶互生，常二列，有时退化成鳞片状。花葶于假鳞茎上顶生或侧生，穗状、总状、圆锥花序或花单生；多两性，两侧对称；花被片6，2轮；外轮3片萼片花瓣状，内轮侧生2片大小相似，称花瓣，中央一片常特化成唇瓣，呈多种特殊形态；子房常扭转180°使唇瓣位于下方；雄蕊常为1（少2或3），具有显著的雄蕊与雌蕊花柱合生的**合蕊柱（column 或 gynostemium）**；花粉常集成花粉块；雌蕊3心皮合生，1室，子房下位，侧膜胎座；柱头3，在单雄蕊种类中，2个发育，1个成蕊喙，在双雄蕊种类中，3个合生成单柱头。蒴果，种子极多，微小，胚小，无胚乳。染色体基数：$x=6～29$。

附10 兰科其他属种

兰科植物的花，具有独特的适应昆虫传粉的性状。表现为花大，美丽，有香气，易引诱昆虫，蜜腺位于唇瓣基部的距内或合蕊柱的基部；当昆虫落在唇瓣上采蜜时，身体恰好触到合蕊柱上花粉块基部的黏盘上，昆虫离去时，就带走了花粉块，至另一花采蜜时，花粉块恰好又触到有黏液的柱头上，完成授粉。

本科的主要分类依据是习性、块茎有无及形状、假鳞茎有无及形状、花序类型及着生位置、花被（尤其是唇瓣）和合蕊柱的形态等性状。

图7-86　兰科植物特征

A—P.无叶美冠兰（*Eulophia zollingeri*）：A.花冠腹面观，左下为1枚苞片，唇瓣围抱蕊柱；B.花冠背面观，左右各1枚苞片；C.花冠离析（腹面观）：中萼片椭圆状长圆形，先端渐尖；侧萼片长圆形，较中萼片长，基部稍偏斜；花瓣倒卵形，先端具短尖，基部歪；D.花冠离析（背面观）：侧萼片背部中脉隆起；E.唇瓣纵切，生于蕊柱足上；F.唇瓣中裂片纵切片，唇盘上部被乳突状腺毛；G.左：侧萼片；中：中萼片；右：花瓣；H.纵纵切片，唇瓣着生于蕊柱足，唇盘被毛（图中红色箭头所指）；I.蕊柱纵切：具蕊柱足（图中红色箭头所指），花粉团为异花传粉所得；J.花腹面观，除唇瓣；K.蕊柱：花粉团尚在（图中红色箭头所指）；L.蕊柱：自身花粉团已散出，内藏花粉团（图中红色箭头所指）为异花传粉所得；M.花粉团2个，上部背面，下部腹面，具缝隙；N.药帽；O.花粉团，粘上柱头黏液；P.子房横切片；Q.白及（*Bletilla striata*）花；R.铁皮石斛（*Dendrobium officinale*）花茎和花；S.麻栗坡兜兰（*Paphiopedilum malipoense*）植株和具囊状唇瓣的花

兰属（*Cymbidium*），附生或陆生草本，茎极短或变态为假鳞茎。叶常带状，革质，近基生。总状花序直立或下垂，或花单生；花有香味；蒴果长椭圆形。本属约60种，分布于亚洲热带和亚热带。我国约40种，分布于长江以南各地。春兰（*C. goeringii*），花多单生，早春开花。广布于华东至西南等地，常栽培供观赏，浙江为主产地之一。我国栽培历史已达千年以上，品种很多。同属常见栽培的有蕙兰（*C. faberi*），总状花序具多花，春末夏初开花；建兰（*C. ensifolium*），总状花序具花3～7朵，秋季开花；寒兰（*C. kanran*），秋末冬初开花。

均有不少品种。

白及属（*Bletilla*），陆生，具扁平假鳞茎，似荸荠状；叶数枚，近基生；花数朵排成总状花序；萼片与花瓣近似。约5种，分布于东亚。白及（*B. striata*）广布长江流域各地，野生或栽培，药用或观赏（图7-86Q）。

石斛属（*Dendrobium*），附生植物，假鳞茎丛生，伸长呈茎状，多节；总状花序生茎上部节上，具花数朵或仅1朵；花大而艳丽，花被片开展，侧萼片与蕊柱足合生成萼囊；唇瓣3裂。约1800种，主产亚洲热带、大洋洲和太平洋岛屿。我国有60

种，分布于秦岭以南各地，主产西南和台湾。石斛（*D. nobile*）、铁皮石斛（*D. officinale*，图7-86R）、细茎石斛（*D. moniliforme*）等均为名贵药材。石斛属花多美丽，常栽培可供观赏。

兰科的经济植物很多，药用植物如天麻（*Gastrodia elata*），分布于我国西南、东北及华东海拔较高的山区，块茎供药用，近年来，我国各地常引种栽培。观赏植物如卡特兰属（*Cattleya*）、杓兰属（*Cypripedium*）、兜兰属（*Paphiopedilum*，图7-86S）、蝴蝶兰属（*Phalaenopsis*）、万带兰属（*Vanda*）、独蒜兰属（*Pleione*）等多种植物为名贵的观赏植物。园艺学家不仅培育出许多美丽的品种，还通过种间和属间杂交培育出了不少新杂交种。国内外已采用植物组织培养法，大量繁殖兰科植物，供观赏或药用，如蝴蝶兰（*Phalaenopsis aphrodite*）。无叶美冠兰（*Eulophia zollingeri*，图7-86A—P）为真菌异养植物，具块状假鳞茎，分布于东亚、东南亚至大洋洲，我国产地为福建至西南，可供观赏。

10. 鸢尾科（Iridaceae, iris family）

本科约66属，2000余种，世界广布，以南非为其分布中心。我国有2属60多种，多数分布于西南、西北及东北各地。本科植物以花大、鲜艳、花型奇特而著称，且栽培历史悠久，我国引进许多园艺品种及人工杂交种，花型及色泽变化也较大，深为各国园艺界所喜爱。

科的特征（图7-87）：多年生草本，稀为灌木状、一年生草本或真菌异养草本，具根状茎、块茎或鳞茎；叶基生或茎生，常为扁平的剑形，排成两列，基部鞘状；花序通常蝎尾状，或为穗状或单花；花辐射对称或两侧对称，花被片6，排成2轮，下部合生；雄蕊3；花柱1，上部多有三个分枝，分枝圆柱形或扁平呈花瓣状，柱头3～6，子房下位，3室，中轴胎座；蒴果。染色体数：$2n = 6 \sim 64$。

本科分类的主要依据为地下茎的类型、叶是否相互套叠、花的对称性、柱头数量和形状、蒴果形状等。

鸢尾属（*Iris*），根状茎长条形或块状，横走或斜伸。花被管喇叭形、细筒状或甚短而不明显，外轮花被裂片常较内轮的大，上部常反折下垂，基部爪状，多数呈沟状，平滑，无附属物或具有鸡冠状及须毛状的附属物；雄蕊着生于外轮花被裂片的基部，花药外向开裂；雌蕊的花柱单一，上部3分枝，拱形弯曲，有鲜艳的色彩，呈花瓣状，顶端再2裂，柱头生于花柱顶端裂片的基部。染色体数：$2n = 22$，42。常见的有鸢尾（*I. tectorum*）、蝴蝶花

（*I. japonica*，图7-87H—I）、射干（*I. domestica*，原独立一属，染色体和分子序列揭示其是鸢尾属成员）、德国鸢尾（*I. germanica*）、马蔺（*I. lactea*，图7-87A—G）等多种，栽培供观赏或药用。

附11 鸢尾科常见属种

番红花属（*Crocus*），球茎圆球形或扁圆形，外具膜质的包被。叶条形，丛生，与花同时生长或于花后伸长，不互相套叠，叶基部包有膜质的鞘状叶。花茎甚短，不伸出地面；苞片舌状或无；花白色、粉红色、黄色、淡蓝色或蓝紫色；花被管细长；花柱上部3分枝，柱头楔形或略膨大。染色体数：$2n = 6 \sim 64$。我国野生的只有白番红花（*C. alatavicus*）1种；番红花（*C. sativus*，图7-87J），花柱及柱头供药用，即藏红花，原产西南亚，我国各地有栽培。

唐菖蒲（*Gladiolus × gandavensis*）和香雪兰（*Freesia refracta*），原产非洲南部，为著名观赏花卉，常作切花。

11. 石蒜科（Amaryllidaceae, amaryllis Family）

本科是一个具鳞茎的草本科，约有68属，1600余种，广布温带至亚热带，主产南部非洲和南美；我国原产的6属161种，加上引种的约有17属50多种。大部分种类都是园艺上有重要价值的观赏植物。

科的特征（图7-88）：多年生草本，常具鳞茎或根状茎。叶基生，条形。花常成伞形花序，生于花茎顶端，下有1至数枚膜质苞片组成的总苞；花两性，花被花瓣状，裂片6成2轮，有时具副花冠；雄蕊6；子房下位，常3室，中轴胎座，胚珠多数。蒴果或浆果。染色体基数$x = 6 \sim 12$，14，15，23。

本科分类的主要依据是地下茎类型、植株开花时有无叶、花有无副花冠、花丝离生或合生、果实类型等性状。

石蒜属（*Lycoris*），具鳞茎，叶基生，花时常无叶；花被片下部合生，无副花冠；花丝分离；蒴果具三棱，种子近球形，黑色。共20多种，分布于东亚，我国有15种。石蒜（*L. radiata*），叶秋季抽出，次年夏季枯萎，夏秋之交开花。花鲜红色，花被片反卷（图7-88M）。该属分布于华东至西南各地，药用或观赏。中国石蒜（*L. chinensis*），叶春季抽出，夏末枯萎，初秋开花，花橙黄色，分布于江浙一带。该属多种植物的花艳丽，且容易培育杂交品种，观赏价值很高，值得开发利用。

葱属（*Allium*），以前置于百合科或单立葱科。

图7-87　鸢尾科植物特征

A—G.马蔺（*Iris lactea*）：A.花期植株，花葶自叶丛中伸出，聚伞花序；B.聚伞花序侧面观：先端1朵已开放，右侧为去除的部分花被片；侧方尚为花蕾期；C.子房纵切：每室胚珠多数；D.子房横切片：3室，中轴胎座；E.花部离析：花被片6，外轮3枚（图中白色箭头所指），上部反折平展，基部与花丝连合；内轮3枚（图中红色箭头所指），较外轮小，直立；花柱3花瓣状（图中绿色箭头所指），分枝扁平，拱形弯曲；F.左：雄蕊侧面观；中：雄蕊背面观；右：雄蕊腹面观，花药外向开裂，纵裂；G.花柱1分枝局部：上部2裂，裂片有部分重叠，基部具1舌状柱头（图中红色箭头所指）；H—I.蝴蝶花（*I. japonica*）：H.叶片在基部互相套折，I.花俯视形态，可见花柱和柱头花瓣状；J.番红花（*Crocus sativus*），可见橘红色的花柱和柱头

植物体有刺激性葱蒜味；鳞茎有鳞被。叶基生，扁平、圆柱形或半圆柱形，中空；伞形花序顶生，初为膜质总苞所包；花被片分离或基部合生；子房上位；蒴果。约300种，主产北温带，我国有100多种。有多种广为栽培的著名蔬菜，如洋葱（*A. cepa*）、葱（*A. fistulosum*）、蒜（*A. sativum*）、韭菜（*A. tuberosum*）、薤头（*A. chinense*）等，其植物体内均含杀菌素等多种成分，为保健食品。

水仙属（*Narcissus*），具鳞茎，基生叶与花茎同时抽出；具副花冠。约60种，主产地中海沿岸，亚洲海滨温暖地区也有。我国野生仅1变种，水仙（*N. tazetta* var. *chinensis*），花冠白色，有鲜艳黄色杯状副花冠（图7-88K—L），产浙江（普陀水仙）和福建（漳州水仙），冬季盆栽供观赏。另引种有原产

南欧的黄水仙（喇叭水仙，*N. pseudo-narcissus*，图7-88A—J）等两种。

本科观赏植物常见的还有君子兰（*Clivia miniata*）和垂笑君子兰（*C. nobilis*）、文殊兰（*Crinum asiaticum* var. *sinicum*）、朱顶红（*Hippeastrum rutilum*）、水鬼蕉（*Hymenocallis littoralis*）、葱莲（*Zephyranthes candida*）和韭莲（*Z. grandiflora*），原产南美或非洲，各地有引种。

附12 石蒜科其他属种

天门冬科（**Asparagaceae，asparagus family**）

本科约153属，约2500种，世界广布。我国有25属，258种，南北均产。多年生草本，有时为乔木状或灌木状。具鳞茎、球茎或根状茎。总状、穗状、圆锥或聚伞花序。花被片6，常分

图7-88 石蒜科植物特征

A—J.黄水仙（*Narcissus pseudonarcissus*）；A.花期植株：花葶与叶等长；B.花冠正面观：花被片6，两轮，先端具短尖；副花冠先端具褶皱，橙黄色，副花冠筒部杯状，淡黄色；C.柱头3裂，被乳突状毛；D.花被离析，白色，基部淡黄色，内轮稍小于外轮；E.副花冠纵剖展平，呈扇形；F.花被筒纵切：花丝与花被筒合生，雄蕊6；子房下位，花柱粗壮，扁平；G.子房横切片，示中轴胎座，每室胚珠多数；H.子房纵切；I.左：示花丝与花被筒合生；中：雄蕊腹面观，花药纵裂；右：雄蕊背面观，花药背着；J.花药，螺旋状扭曲；K—L.水仙（*N. tazetta* var.*chinensis*）植株、伞形花序和淡黄色副花冠；M.石蒜（*Lycoris radiata*）植株、鳞茎、花序和花等

离，花瓣状；子房上位，稀为下位（龙舌兰族 Agaveae），3室，中轴胎座；蒴果或浆果。天门冬属（*Asparagus*）为多年生直立或攀缘草本，叶退化成鳞片状，常有刺，叶状枝条形或针形；花两性或单性；浆果。300种，我国有20多种，广布。常见有石刁柏（*A. officinalis*）原产中亚至英国，现广为栽培，嫩茎作蔬菜，俗称芦笋。天门冬（*A. cochinchinensis*，图7-89A），广布东亚及东南亚，生于山坡，块根药用。文竹（*A. setaceus*）和非洲天门冬（*A. densiflorus*，图7-89B），均原产非洲，常盆栽供观赏。天门冬科江南常见的植物还有：黄精属

（*Polygonatum*）的玉竹（*P. odoratum*）、黄精（*P. sibiricum*）、多花黄精（*P. cyrtonema*），根茎均可入药，并药食两用；沿阶草属（*Ophiopogon*）的麦冬（*O. japonicus*）其块根入药，也常作城市地被绿化；万年青（*Rohdea japonica*）、吉祥草（*Reineckia carnea*）为药用植物，也可作地被观赏；山麦冬（*Liriope spicata*）、风信子（*Hyacinthus orientalis*，图7-89C）、紫萼（*Hosta ventricosa*）、吊兰（*Chlorophytum comosum*）、蜘蛛抱蛋（*Aspidistra elatior*）等常栽培观赏或作地被。

附13 天门冬科其他属种

图7-89　天门冬科植物特征

A.天门冬（*Asparagus cochinchinensis*）植株叶状枝和浆果；B.非洲天门冬（*A. densiflorus*）叶状枝和花；C.风信子（*Hyacinthus orientalis*）植株、总状花序和花

此外，引进的龙舌兰属（*Agave*）植物也是热带亚热带常见观叶植物。原产南欧的假叶树（*Ruscus aculeata*）我国有引种作观赏。

天门冬目常见的有主产非洲热带的阿福花科（Asphodelaceae）芦荟属（*Aloe*）植物，多引种栽培作观赏或作为化妆品原料，中国芦荟（*Aloe vera* var. *chinensis*）产云南和海南；萱草属（*Hemerocallis*）的萱草（*H. fulva*）可供观赏，同属黄花菜（*H. citrina*）花蕾可作蔬菜或入药；以及黄脂木属（*Xanthorrhoea*）植物，俗称草树，仅分布于澳大利亚荒漠。还有仙茅科（Hypoxidaceae）的仙茅（*Curculigo orchioides*）可栽培作观赏。

附14 天门冬目其他科属

（九）棕榈目（Arecales）

本目仅包含分布世界热带的木本单子叶植物棕榈科，以及仅分布于澳大利亚的鼓槌草科（Dasypogonaceae）。

12.棕榈科（Arecaceae 或 Palmae，palm family）

本科约183属，2450种，主要分布于美洲和亚洲热带；我国约有18属77种，主产华南。本科是热带森林景观的重要组成部分，许多种类也是热带地区重要的经济植物。

科的特征（图7-90）：常绿乔木或灌木，稀为藤本，茎常不分枝。叶互生，集生茎顶部，大形，掌状分裂或羽状分裂，芽时折叠，叶柄基部常扩大成纤维状的鞘。花组成分枝或不分枝的肉穗花序，外有1至数枚佛焰苞状总苞；花两性或单性，雌雄同株或异株；花被、雄蕊均为6，分离或合生；子房上位，1～3室，每室1胚珠。核果或浆果，外果

皮肉质或纤维质。染色体基数 $x = 13 \sim 18$。

本科分类主要依据茎直立还是攀缘、叶分裂方式、花两性或单性、花被和雄蕊分离或合生、果实类型等性状。

棕榈属（*Trachycarpus*），常绿乔木状，叶掌状分裂；花常单性，雌雄异株；花序为多分枝的肉穗花序或圆锥花序；花被基部合生；雄蕊分离；果实为核果，肾形或球形。共8种，分布于亚洲东部，我国有3种。棕榈（*T. fortunei*）为常绿乔木（图7-90G），可分布于亚热带的长江以南各地，栽培作绿化观赏树种；叶鞘纤维可制棕绳、棕床等；果实等也可入药。

槟榔属（*Areca*），乔木状或灌木状；茎有环状叶痕；叶簇生于茎顶，羽状全裂；花序生于叶丛之下，佛焰苞早落；花单性，雌雄同序；雄花多，单生或2花聚生，生于花序分枝上部或整个分枝上，雄蕊3、6、9或多达30或更多。48种，分布于亚洲热带地区和澳大利亚，我国有1种：槟榔（*A. catechu*）常绿乔木状，分布于云南、海南及台湾等热带地，果实作嗜好品或入药。

省藤属（*Calamus*，图7-89A—F），攀缘藤本或直立立灌木，丛生或单生；叶轴具刺；叶羽状全裂；雌雄异株；着生于花序主轴上的一级佛焰苞为长管状或鞘状；外果皮薄壳质，被以紧贴的覆瓦状排列的鳞片。约385种，广布亚洲热带和亚热带地区，少数到大洋洲和非洲，我国约28种，主产于云南、广东及海南等地。省藤（*C. platyacanthoides*），粗壮藤本，茎具刺（图7-90F），分布于华南，茎可编织多种藤器。

图7-90　棕榈科植物特征

A—E.毛鳞省藤（*Calamus thysanolepis*），A.雄株穗状花序，雄花排列两侧，每侧具花11～13枚，花序轴被淡褐色鳞秕；B.雄花
花蕾纵切：花萼杯状；C.雄花离析：雄蕊3，花药背着；具不育雌蕊；D.花冠裂片3：花蕾期花冠裂片镊合状排列；E.花萼裂片3；
F.省藤（*C. platyacanthoides*）茎；G.棕榈（*Trachycarpus fortunei*）雄株植株和花序；H.椰子（*Cocos nucifera*）植株和果实

本科重要的植物还有蒲葵，
（*Livistona chinensis*）与棕榈近似，
但叶柄有倒刺，分布于华南，嫩叶
是制蒲扇的材料，也可药用。棕竹
（*Rhapis humilis*）和鱼尾葵（*Caryota
ochlandra*）原产华南热带地区，华
东地区温室栽培为观叶植物。此外，椰子（*Cocos
nucifera*）为全球热带海岸分布的高大乔木（图
7-90H），果实（椰子）汁液可作饮料，胚乳可食用。

附15 棕榈科
其他属种

（十）鸭跖草目（Commelinales）

本目包含鸭跖草科、雨久花科
（Pontederiaceae）、田葱科（Philydraceae）等5个科。

13.鸭跖草科（Commelinaceae，spiderwort family）

本科约40属650种，产于世界热带和暖温带地
区。我国约15属59种，主产云南、广东、广西和
海南。

科的特征（图7-91）：一年生或多年生草本；
叶互生，有明显的叶鞘；聚伞花序单生或集成圆锥
花序；花两性，稀单性；萼片3，分离或仅在基部
连合，花瓣3，分离，稀在中部合生成筒；雄蕊常
为6，全部能育或仅2～3枚能育，花丝有念珠状长
毛或无毛；果实多为室背开裂的蒴果，稀为浆果状
而不裂。

本科分类的主要性状是花序类型及有无总梗、
花瓣分离或合生、能育雄蕊数目及位置等。

鸭跖草属（*Commelina*），无根状茎；茎上升或
匍匐生根，通常多分枝；叶互生；蝎尾状聚伞花序
藏于佛焰苞状总苞片内，总苞片基部开口或合缝而
成漏斗状、僧帽状；花两侧对称；萼片披针形或卵
圆形，有时窄舟状，内方2基部常合生；花瓣离生，
常为蓝色，匙形或圆形，其中内方（前方）2较大，
明显具爪；能育雄蕊3，退化雄蕊2～3，顶端4
裂，裂片排成蝴蝶状，花丝均长而无毛。蒴果藏于

图7-91　鸭跖草科植物特征

A—H.鸭跖草（*Commelina communis*），A.花期枝叶：叶互生，基部具短鞘；螺状聚伞花序为绿色佛焰苞状总苞包围，生于叶腋；B.佛焰苞状总苞片纵切，呈半圆形；C.雄蕊6，其中4枚顶端特化呈蝴蝶状，亮黄色，2枚可育；D.花部离析：萼片3枚，膜质，上方1枚狭椭圆形，侧方2枚倒卵形，略偏斜；花瓣3，上方2枚大，蓝色，具爪，下方1枚膜质，半透明，呈菱形；E.螺状聚伞花序侧面观，除佛焰苞和花被片：最左侧花梗细长，花果已落，为最先开放的1枚；中：雌蕊发育，花柱伸长，正处于花期；右：尚处于花蕾期；F.左：子房横切片，2室；中：子房纵切；右：子房侧面观；G.下：2粒种子，具不规则窝孔；上：果实2裂片；H.干燥果序；I.紫竹梅（*Tradescantia pallida*）紫色的叶子和花；J.杜若（*Pollia japonica*）植株和花序；K.水竹叶（*Murdannia triquetra*）枝叶和花

总苞片内，2～3室（有时仅1室），蒴果常2～3片裂至基部。170种，世界广布，主产热带和亚热带地区；我国有8种，主产于长江以南。常见的有鸭跖草（*C. communis*，图7-91A—H）和饭包草（*C. benghalensis*），可药用。

紫露草属（*Tradescantia*），多年生草本；无根状茎；叶对生或螺旋状排列；聚伞花序顶生或侧生，单生，簇生或形成圆锥花序；总苞片多佛焰苞状，苞片丝状；花辐射对称，花瓣离生或具爪，在基部融合，白色或粉红色，卵形；雄蕊6，均可育，花丝无毛或有毛；蒴果3瓣裂，卵形，每瓣种子1～2。染色体数：$2n=12$～144。70种，分布于热带美洲；我国常见栽培的有3种：紫竹梅（*T. pallida*，图7-91 I）、吊竹梅（*T. zebrina*）和紫露草（*T. ohiensis*），供观赏。紫竹梅茎叶稍肉质，紫红

色；吊竹梅叶正面紫绿色并杂以银白色条纹，叶背紫红色。

本科常见的还有杜若（*Pollia japonica*，图7-91 J）产于我国华东至西南，日本和朝鲜半岛也有，全草可入药。聚花草（*Floscopa scandens*）广布亚洲和大洋洲热带地区，全草药用。水竹叶（*Murdannia triquetra*，图7-91 K）是我国南方相当普遍的稻田杂草，幼嫩茎叶可供食用，也可用作饲料。蓝姜（*Dichorisandra thyrsiflora*）花蓝紫色，原产热带美洲，我国栽培供观赏。

本目中，雨久花科的雨久花（*Monochoria korsakowii*）为广布种，全草可作家畜、家禽饲料，花美丽，可供观赏；以及原产巴西的外来种凤眼莲（*Eichhornia crassipes*），江南

附16 鸭跖草目其他科属

水塘常见，早年作饲料引进；还有引种在湿地观赏的梭鱼草（*Pontederia cordata*）。田葱科的田葱（*Philydrum lanuginosum*）在华南湿地可见。血草科（Haemodoraceae）仅分布于美洲、大洋洲和非洲。

（十一）姜目（Zingiberales）

本目包含姜科、芭蕉科（Musaceae）、美人蕉科（Cannaceae）、鹤望兰科（旅人蕉科，Strelitziaceae）、竹芋科（Marantaceae）、闭鞘姜科（Costaceae）、兰花蕉科（Lowiaceae）和蝎尾蕉科（Heliconiaceae）8科。

14. 姜科（Zingiberaceae，ginger family）

本科为广布热带和亚热带地区的一草本科，约50属1300种。我国约20属216种（含引种），主产于西南部至东部。其中姜为常见蔬菜植物，此外，有许多著名药用植物，另有一些观赏植物。

科的特征（图7-92）：多年生草本，通常有芳香，具匍匐或块状根茎。叶基生或茎生，二列或螺旋状排列；基部具开放或闭合的叶鞘，鞘顶常有叶舌；叶脉多为羽状斜出平行脉。花两性，两侧对称；单生或组成具苞片的穗状、总状或圆锥花序；花被片6枚，2轮，外轮萼状，常合生成管或佛焰苞状；内轮花冠状，鲜艳；能育雄蕊1枚，退化雄蕊2或4，常花瓣状；雌蕊3心皮合生，子房下位，1～3室，中轴或侧膜胎座。蒴果或浆果，种子具假种皮。染色体基数：$x = 9 \sim 18$。

本科分类的主要性状是地下茎形状、花序类型和着生位置、退化雄蕊形态、胎座及果实类型等。

姜属（Zingiber），根状茎块状，具芳香及辛辣味；叶2列。花序由根茎抽出，穗状花序，具覆瓦状排列的苞片；花冠裂片白色或淡黄色，花冠管长于苞片，唇瓣下弯；退化雄蕊小且与唇瓣合生；中轴胎座，蒴果，种子黑色。约80种，主产热带，我国约12种。姜（*Z. officinale*，图7-92N），根茎淡黄色，有短指状分枝，原产太平洋群岛，现广为栽培。根茎为常见蔬菜或作调味品用，也可药用。蘘荷（*Z. mioga*）分布于我国东南部，野生或栽培，嫩花序可作菜用，根茎可药用。

姜黄属（Curcuma），根状茎肉质、芳香。顶生穗状花序，苞片基部合生，呈囊状。花冠漏斗状；侧生退化雄蕊花瓣状，基部与花丝合生，唇瓣中心部分加厚；花丝短宽，花药"丁"字形，基部有距，无药隔附属体；子房3室。蒴果椭圆形。约50种，分布于东南亚，1种产于澳大利亚，我国有12种，产于东南部至西南部。姜黄（*C. longa*）分布于东南至西南，根茎与块根入药或食用，咖喱即以姜黄为主料。郁金（*C. aromatica*）、温郁金（*C. wenyujin*）等种的块根均作"郁金"入药。

本科的常见植物还有：砂仁（*Amomum villosum*）分布于华南至西南，果入药。山姜（*Alpinia*

附17 姜科其他属种

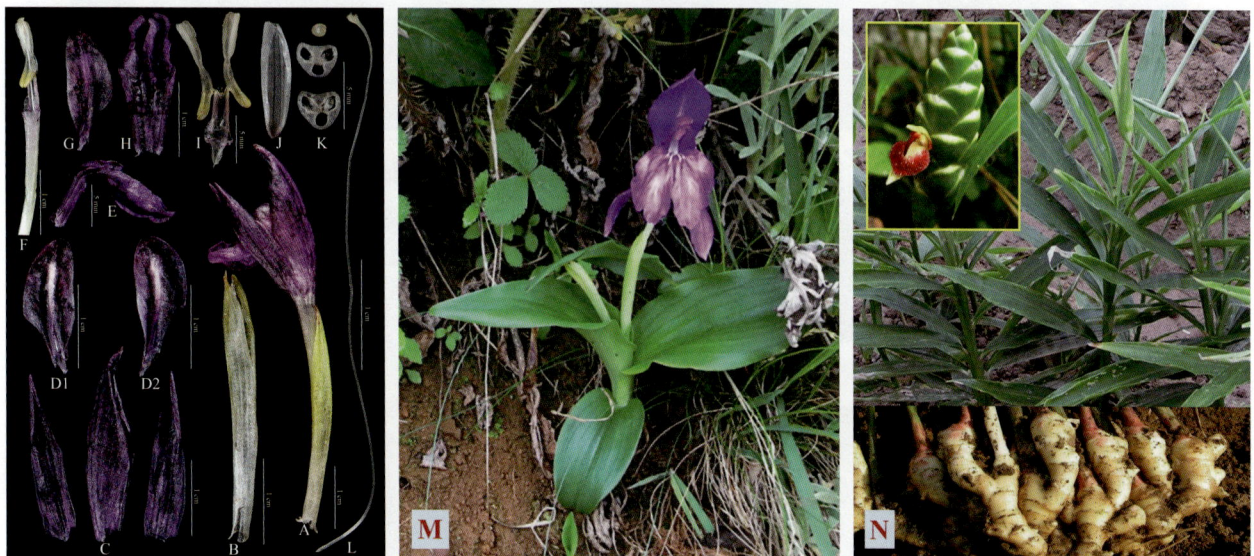

图7-92　姜科植物特征

A—M.高山象牙参（*Roscoea alpina*），A.花冠侧面观：花萼管短于花冠管；B.花萼管状，先端2裂，膜质；C.花冠后方3裂片，左右为侧裂片，中间裂片兜状，较大；D1—D2.侧生退化雄蕊花瓣状，直立，匙形；E.唇状退化雄蕊（唇瓣）侧面观，下弯；F.雌雄蕊侧面观（下部已剪除），示花柱位于可育雄蕊间，柱头稍露出；花药靠合，药室线形；G.侧生退化雄蕊背面观；H.唇状退化雄蕊展平，先端2裂至中部；I.可育雄蕊离析：药隔基部延伸呈距状；J.苞片；K.子房横切片，3室，中轴胎座，最上部为1粒胚珠；L.花柱线形，细长，柱头漏斗状，具缘毛；M.植株；N.姜（*Zingiber officinale*）植株；左上图为具苞片的穗状花序和花，下图为横走的根茎

japonica）为药用植物。艳山姜（*A. zerumbet*）和姜花（*Hedychium coronarium*）江南常见，可栽培观赏。高山象牙参（*Roscoea alpina*，图7-92A—M）生于云南、四川、西藏至克什米尔地区海拔2400～3500m的松林、针叶林和阔叶林混交林下及草地上，花淡紫色，可供观赏。

芭蕉科（Musaceae，banana family）

本科3属，40余种，产于非洲热带、亚洲热带和亚热带地区，澳大利亚北部。我国有3属14种，产于秦岭、淮河以南。多年生草本；叶鞘层层重叠包成假茎；花单性或两性，1～2列簇生于大型、常有颜色的苞片内，下部苞片内的花为雌花或两性花，上部苞片内的花为雄花；花被片部分连合呈管状，顶端具齿裂，内轮中央的1枚花被片离生；发育雄蕊5枚；子房下位，3室，胚珠多数；肉质或革质浆果，不开裂。染色体数：$2n$ =18，20，22。常见植物有：香蕉（*Musa acuminata*，图7-93A），产于全世界热带，为著名水果，浆果食用，三倍体，无种子。芭蕉（*M. basjoo*），可分布到长江流域，常栽培作庭园赏叶植物。地涌金莲属（*Musella*）为我国特有的单种属，地涌金莲（*M. lasiocarpa*，图7-93B）产于云南和贵州，为佛教"五树六花"之一。

姜目除上述植物外，还有不少经济植物，如美人蕉科（Cannaceae）的美人蕉（*Canna indica*）、大花美人蕉（*C. generalis*）等，均原产于美洲，现引种栽培供观赏。旅人蕉科（Strelitziaceae）的旅人蕉（*Ravenala madagascariensis*，图7-93C），原产于马达加斯加，现热带广为栽培观赏；鹤望兰（*Strelitzia reginae*，图7-93D），花形特殊，如鹤之昂首企望，故以得名。原产于南非，为鸟媒植物，现广为栽培供

附18 姜目其他科属

图7-93　姜目其他科属植物

A.香蕉（*Musa acuminata*）植株和果序；B.地涌金莲（*Musella lasiocarpa*）植株和花序；C.旅人蕉（*Ravenala madagascariensis*）植株和花序；D.鹤望兰（*Strelitzia reginae*）植株和两侧对称的花；E.孔雀竹芋（*Calathea makoyana*）植株

观赏或作切花。竹芋科（Marantaceae）的竹芋属（*Maranta*）和肖竹芋属（*Calathea*，图7-93E）等产于热带美洲，世界各地引种观叶。另外，本目的闭鞘姜科（Costaceae）、兰花蕉科（Lowiaceae）和蝎尾蕉科（Heliconiaceae）均为分布热带，许多可供观赏。

（十二）禾本目（Poales）

本目包含莎草科、禾本科、凤梨科（Bromeliaceae）、灯芯草科（Juncaceae）、香蒲科（Typhaceae）等14科。

15.莎草科（Cyperaceae，sedge family）

本科为世界广布的一个草本大科，约106属5400种，主产温带地区。我国有33属800余种，分布于全国各地。其经济意义不及禾本科重要，但荸荠可作水果或蔬菜，有些植物可药用或供编织草席等，亦有不少为农田杂草。

科的特征（图7-94）：多年生，少为一年生草本，常具根茎；地上茎（秆）多为三棱形，实心；叶基生或秆生，常排成3列；叶片条形，基部叶鞘闭合，或叶片退化而仅具叶鞘。花小，2至多朵集成小穗，单一或再排成各种花序，花序下通常有1至多枚叶状、刚毛状或鳞片状总苞片；花两性或单性，生于鳞片（颖片）的腋内，鳞片在小穗轴上2列或螺旋状排列；花被缺或退化成下位刚毛或下位鳞片；雄蕊3（少1～2）；雌蕊2～3心皮合生，子房上位，1室1胚珠。小坚果或瘦果，有时为苞片形成的囊包所包被，种子有胚乳。染色体基数：$x = 5$。

本科分类的主要依据是花两性或单性、小穗排列方式、花鳞片的排列方式、花柱基部是否膨大、柱头数目、小坚果是否具囊苞和下位刚毛等性状。

薹草属（苔草属，*Carex*），多年生草本，具根状茎。秆三棱形。花单性，由1朵单性花组成1个

图7-94 莎草科植物特征

A—H.黑莎草（*Gahnia tristis*），A.花果期枝条：苞片叶状，具鞘，边缘具刺状细齿；B.圆锥花序紧缩呈穗状，内含多个穗状枝花序；C.1枚穗状枝花序；D.1枚小穗：8枚鳞片螺旋状排列，仅最上部1或2枚鳞片中具花；E.小苞片纵剖后展开，基部具短鞘包围小穗柄；F.从左至右分别是小穗中由下而上螺旋状排列的鳞片，逐渐变小，具1中脉；G.左：1朵两性花：雄蕊3，花丝细长，花药线形，药隔先端突出药外，呈长突尖；花柱细长，柱头3，细长；右：两枚最上部的鳞片；H.左：坚果横切面；右：坚果纵切，内具1空腔，可能为不育的子房室；I.莎草（*Cyperus rotundus*）植株与花序；J.荸荠（*Eleocharis dulcis*）花序及球茎（食用部分）

支小穗，雌性支小穗外面包以边缘完全合生的先出叶（果囊）；小穗由多数支小穗组成，小穗1至多数，单一顶生或排列成穗状、总状或圆锥花序。雄花具（2～）3雄蕊；雌花具1雌蕊，花柱有时基部增粗，柱头2～3，果囊三棱形、平凸状或双凸状，具喙小坚果包于果囊内。本属是被子植物最大的属之一，约2000种，世界广布，我国约有527种。乌拉草（C. meyeriana）分布于东北，秆可作填充物、编织或造纸用，为早年"东北三宝"之一。穹隆薹草（C. gibba）、二形鳞薹草（C. dimorpholepis）和短尖薹草（C. brevicuspis）等为田边、路旁常见杂草。

莎草属（*Cyperus*），秆散生或丛生，叶基生。聚伞花序简单或复出，有时缩短成头状，叶状苞片数枚；小穗2至多数，穗轴宿存，鳞片两列，无下位刚毛；花两性，柱头3（极少2）；小坚果三棱形。约600种，我国有62种。莎草（香附子，*C. rotundus* 图7-94 I），广布各地，为恶性杂草之一，也是飞蝗、花稻虱及稻纹枯病的中间寄主，块茎药用或提取香附油作香料。碎米莎草（*C. iria*）、异型莎草（*C. difformis*）、扁穗莎草（*C. compressus*）等为江南各地常见田间杂草。风车草（旱伞草，*C. alternifolius*）常栽培作观赏。

荸荠属（*Eleocharis*），多年生草本，具根状茎，有的根状茎顶端膨大成球茎；秆丛生，圆柱形或四棱柱形，只有叶鞘无叶片；无总苞，小穗单个顶生，花两性，下位刚毛7枚；柱头3，花柱基三角形；小坚果棕色。本属约250种，我国有35种。荸荠（*E. dulcis*，图7-94J）广为栽培，球茎供食用。牛毛毡（*E. yokoscensis*）为水田的矮小杂草，也是水稻铁甲虫的寄主。

飘拂草属（*Fimbristylis*），秆常丛生，叶基生；聚伞花序顶生；花两性，无下位刚毛，花柱基部膨大，常易脱落，柱头2～3。本属约200种，我国有53种，广布，如水虱草（*F. miliacea*）、烟台飘拂草（*F. stauntoni*）、两歧飘拂草（*F. dichotoma*）等，多为稻田或路边湿地常见杂草。

附19 莎草科其他属种

16.禾 本 科（Poaceae或Gramineae，grass family）

本科为世界广布的一个大科，约700余属，11000种以上。我国有200余属，约1700余种，各地皆有分布。禾本科植物能适应多种环境，凡能生长种子植物处，均有其踪迹，为被子植物的第五大科。

本科植物与人类的关系密切，是在农业生产上最重要的一科，包括人类粮食的主要来源、重要的糖用或蔬菜作物、及众多牧用禾草等。本科植物也是许多行业如建筑、造纸、制药、酿造、家具及编织等的重要原料，如竹类和粮食作物等。本科植物常以根状茎蔓延进行无性繁殖，故对绿化环境、保护堤坝、保持水土等方面具有重要的生态意义。此外，本科有很多是田间、路旁杂草，有的还是多种病虫害的中间寄主。

科的特征（图7-95）：1至多年生草本，少为木本（竹亚科）；地上茎通称为秆，有明显的节与节间，节间多中空，少实心，以分蘖方式产生分枝。单叶互生，排成2列；叶由叶片和叶鞘组成（竹类称箨叶和箨鞘），叶片条形至披针形，叶鞘常一侧开放并覆盖，少数闭合；叶片与叶鞘之间常有叶舌和叶耳（竹类称箨舌和箨耳）。花序以小穗为基本单位，再由小穗排成（复）穗状、总状、指状、圆锥状等各式花序；每小穗有一短的小穗轴，基部2枚颖片；轴上着生1至多朵小花；小花多两性；每小花基部有2枚稃片（苞片）；在外的称外稃，顶端具芒或否，在内的称内稃；在内外稃间及子房基部常有2～3枚特化的小鳞片（相当于花被片），称浆片；雄蕊通常3，有时为6枚，花丝细长，花药"丁"字形着生；雌蕊2心皮合生，子房上位，1室1胚珠，花柱2，呈羽毛状。颖果，稀为胞果、浆果；种子胚乳丰富，胚小常偏于一侧。染色体基数：$x = 5$，7，9～13。

本科历史上常分为竹亚科（Bambusoideae）和禾亚科（Agrostidoideae），最新的分子系统学研究揭示该科由多个谱系构成，可分为12个亚科，即柊叶竹亚科（Anomochlooideae，2属4种）；服叶竺亚科（Pharoideae，3属12种）、姜叶竺亚科（Puelioideae，2属11种）形成禾本科基部谱系；稻亚科（Oryzoideae，19属115种）、竹亚科（Bambusoideae，125属1670种）和早熟禾亚科（Pooideae，202属3968种）形成BOP分支；三芒草亚科（Aristidoideae，3属367种）、黍亚科（Panicoideae，247属3241种）、芦竹亚科（Arundinoideae，14属40种）、百生草亚科（Micrairoideae，8属184种）、扁芒草亚科（Danthonioideae，19属292种）和虎尾草亚科（Chloridoideae，124属1602种）形成PACMAD分支（Robert et al. 2017）。本教材仍按照早期的竹亚科和禾亚科讲述。

（1）**竹亚科**（Bambusoideae）多为灌木或乔木状，秆一般为木质。秆生叶（箨叶，即主秆上笋

图7-95 禾本科植物特征

A–G.互花米草（*Spartina alterniflora*），A.穗形总状花序2～3枚，着生于主轴；B.雄蕊：左侧两枚花药未开裂，花药基着，基部具短尖，花丝长约为花药的1/3；右侧两枚花药纵裂，花药几散尽，药囊与花丝脱水萎蔫；C.1枚小花，柱头稍出露，雄蕊未露出；D.自下而上：外颖、内颖、外稃、内稃；E.雄蕊3枚；F.雌蕊，花柱2，柱头呈羽毛状；G.仅1枚小花的小穗，左侧3枚花药，花粉已散出，右侧两枚柱头；H.薏苡（*Coix lacryma-jobi*）植株、花序、具有骨质总苞的雌小穗和种仁；I.毛竹（*Phyllostachys edulis*）茎秆和春芽（毛笋）

壳），与枝生叶明显不同；箨片常缩小而无明显主脉，箨鞘通常厚革质；枝生叶具叶柄和明显中脉，且与叶鞘相连处成一关节而易脱落。浆片通常3枚；雄蕊6或3枚。本亚科约135属1500多种，主产东南亚热带地区及中国的亚热带地区，我国有37属500多种，多分布于江南各地。

刚竹属（毛竹属，*Phyllostachys*），秆散生，圆筒形，在分枝的一侧扁平或有沟槽，每节有2分枝；花序不常见，小穗聚成穗状或头状花序；雄蕊3枚。约50余种，我国均产，分布于黄河以南地区。毛竹（*P. edulis*，图7-95 I），分布于秦岭、汉水流域以南地区，多见于丘陵山地。毛竹的笋供菜用；秆为重要建筑用材和造纸原料，也可编织竹制品。其栽培品种龟甲竹（*P. edulis* 'Heterocycla'）、绿槽毛竹（*P. edulis* 'Viridisulcata'）、黄槽毛竹（*P. edulis* 'Luteosulcata'）为美丽的观赏竹种。同属的早竹（*P. praecox*）、早园竹（*P. propinqua*）、乌哺鸡竹（*P. vivax*）等均为我国华东地区尤其是浙江省常见

的优良食用笋竹，其笋美味可口，可作菜用。灰竹（*P. nuda*）笋也是制作天目山笋干的主要原料。紫竹（*P. nigra*）为观赏竹种，分布可达华北地区，秆可制笛及手工艺品。

箬竹属（*Indocalamus*），灌木状竹类，秆散生或丛生，每节常1分枝，分枝与主秆近等粗；叶片大型。小穗排成圆锥花序；雄蕊3枚。本属约有20多种，我国均产。阔叶箬竹（*I. latifolius*）为华东山地常见野生竹种，叶用作包裹粽子，也可制船篷、斗笠等防雨用品；秆宜作毛笔杆或竹筷。

箣竹属（*Bambusa*），乔木状或灌木状竹类，秆丛生，每节分枝多数，箨叶迟落；小穗簇生，雄蕊6枚。约100多种，我国有60多种，主产于我国华南。孝顺竹（*B. multiplex*）和变种凤尾竹（var. *riviereorum*）为常见栽培的观赏竹种。同属的佛肚竹（*B. ventricosa*）为广东特产，常盆栽作观赏。绿竹（*B. oldhami*）产我国华南至

附20-1 竹亚科其他属种

浙江南部。笋味鲜美，笋期长；竹秆作建筑用材或编制用具，亦为造纸原料。

（2）禾亚科（Agrostidoideae） 一年生或多年生草本，秆通常草质。叶具中脉；叶片与叶鞘之间无明显关节，不易从叶鞘脱落。花具2枚浆片；雄蕊3或6枚。约570属8200多种，全世界广布。我国约170多属约1200余种。

小麦属（Triticum），一至二年生。穗状花序直立，顶生；每个穗节片生1小穗，小穗两侧压扁，含3～9小花；雄蕊3。颖果易与稃片分离（图5-13）。本属约20种，常见栽培的有小麦（T. aestivum），外稃有芒或无。小麦为世界上最主要的粮食作物之一，我国栽种则以北方为主，品种很多。我国西北地区有少量圆锥小麦（T. turgidum）和硬粒小麦（T. durum）栽种。

稻属（Oryza），一至多年生水生或陆生草本；圆锥花序顶生，小穗两侧压扁，颖片退化成两半月形，着生在小穗柄的顶端；含3小花，仅中央小花结实，两侧的小花退化，仅存细小的外稃；结实小花外稃硬纸质；雄蕊6枚，颖果与稃片难以分离（图5-14）。本属约25种，分布于亚洲和非洲。我国有2种。稻（O. sativa），世界上主要粮食作物之一。栽培历史悠久，我国早在6700多年前就已开始栽培。现在从海南岛到黑龙江均有栽培。经过长期驯化，已培育有约4万多个品种，其栽培面积和总产量均居世界第一位。20世纪70年代，我国科学家袁隆平创造的杂交水稻的成功和普及，是水稻栽培史上的一大飞跃。

大麦属（Hordeum），穗状花序顶生，每穗节片具3小穗；小穗背腹压扁，含1小花；雄蕊3；颖果与稃片不易分离。本属约30种，分布于温带地区，我国引入栽培有11种。大麦（H. vulgare）在我国普遍栽培。按小穗的发育特性和结实性可分为六棱、四棱和二棱大麦三种类型，以六棱和二棱大麦栽培较多。

玉蜀黍属（Zea），秆实心，基部节处常有气生支持根。花单性同株，秆顶生雄性开展的圆锥花序；腋生的雌花序为圆柱形肉穗花序，外包有数枚鞘状总苞片；雌小穗集成纵行排列；花柱细长，伸出总苞外称"玉米须"。仅玉米（Z. mays）1种，是世界广为栽培的粮食作物之一，变种和品种很多。传入我国已有近500年的历史，我国南北均有栽种，以硬粒种及马齿种较为常见。

本亚科经济植物还有：薏苡（Coix lacryma-jobi，图7-95H）广布亚洲及太平洋岛屿，种仁在我国入药或食用。甘蔗（Saccharum sinense）为世界主要糖料作物之一，我国南方常见栽培。黑麦（Secale cereale）为粮食作物，在我国西北地区有少量栽培。小黑麦（triticale）是人为创造出来的小麦和黑麦的属间杂种，是一种新的农作物种类。小米（粟，Setaria italica）原产我国，也是我国栽培最早的禾谷类作物之一，广泛栽培。但主产北方，南方仅在山区有零星种植。同属的狗尾草（S. viridis）、金色狗尾草（S. glauca）是常见杂草，为稻苞虫、稻纵卷叶虫等多种病虫害的中间寄主。高粱（Sorghum vulgare）亦为我国北方主要粮食作物之一。菰（茭白，Zizania caduciflora）在我国南北各地分布很广，北方多野生，南方常为栽培。其嫩茎被菰黑粉菌寄生后，畸形生长而膨大，可作菜用，是常见的蔬菜。芦苇（Phragmites australis）、芦竹（Arundo donax），为野生纤维植物，可作造纸原料或编芦帘。结缕草（Zoysia japonica）、细叶结缕草（Z. tenufolia）、假俭草（Eremochloa ophiuroides）等为公园及运动场地草坪用草。

本亚科很多植物为田间、路旁杂草，如稗（Echinochloa crusgalli）、假稻（Leersia japonica）、茵草（Beckmannia syzigachne）等为水田常见杂草。看麦娘（Alopecurus aequalis）、早熟禾（Poa annua）、白茅（Imperata cylindrica var. major）、牛筋草（Eleusine indica）、马唐（Digitaria sanguinalis）、狼尾草（Pennisetum alopecuroides）等为荒地和旱地常见杂草。野青茅（Deyeuxia arundinacea）、野古草（Arundinella hirta）、求米草（Oplismenus undulatifolius）等为山坡或旷野的常见杂草。互花米草（Spartina alterniflora，图7-95）原产于北美洲与南美洲的大西洋沿岸，于1979年引入中国，现已被列入世界最危险的100种入侵种名单。

附20-2 禾亚科其他属种

禾本目常见的还有凤梨科（Bromeliaceae），有原产南美的著名热带水果菠萝（Ananas comosus）和常引种栽培观赏的水塔花属（Billbergia）和附生、气生性的铁兰属（Tillandsia）植物。灯芯草科（Juncaceae）的灯芯草属（Juncus）植物是广布全球的多年生草本。还有香蒲科（Typhaceae）的香蒲属（Typha）植物，在湿地常见。谷精草科（Eriocaulaceae）有1000余种，主产于美洲热带。我国仅谷精草属（Eriocaulon），多分布在华东

附21-1 禾本目其他科属

至西南，喜生稻田、沼泽等湿地。还有主产南非和澳大利亚的帚灯草科（Restionaceae）等，我国仅海南、广西有1种。

此外，单子叶植物还有一个目也常见：露兜树目（Pandanales），包括分布热带南亚热带的露兜树科（Pandanaceae）的露兜树（*Pandanus tectorius*），树形美观作观赏；以及百部科（Stemonaceae）的百部（*Stemona japonica*），花梗与叶中脉合生，产于长江中下游，块根入药。同科的黄精叶钩吻属（*Croomia*）3～6种，间断分布于我国华东、日本和北美，为珍稀保护野生物种。还有翡若翠科（Velloziaceae）植物间断分布于南美洲、非洲马达加斯加、阿拉伯半岛和我国四川的亚高山草甸，我国仅1种芒苞草（*Acanthochlamys bracteata*）。此外，还有霉草科（Triuridaceae）在我国有少量分布。还有单子叶植物无叶莲目的无叶莲科（Petrosaviaceae）有2属：无叶莲属（*Petrosavia*）和尾濑草属（*Japonolirion*）4种，分布于东亚及东南亚岛屿。

Ⅲ. 木兰类植物（magnoliids）

近20年的分子系统学及系统发育研究表明木兰类植物与金粟兰目互为姐妹，即木兰类植物并非真双子叶植物谱系成员，它包括胡椒目、樟目、木兰目以及白樟目（Canellales，我国不产）。

（十三）胡椒目（Piperales）

本目包含马兜铃科（Aristolochiaceae）、三白草科（Saururaceae）、胡椒科，与白樟目（Canellales）近缘。

17.胡椒科（Piperaceae，pepper family）

本科有5属，3600余种，世界热带和亚热带地区广布。我国有3属68种，产南方各地。

科的特征（图7-96）：草本、灌木或攀缘藤本，稀为乔木，常有香气；单叶，互生，稀对生或轮生，具掌状脉或羽状脉；穗状花序，稀为总状花序；花小，两性或单性异株，苞片小，通常盾状或杯状；花被无；雄蕊1～10枚；子房上位，1室，柱头1～5；浆果核果状或小坚果状。染色体数：$2n=20～156$。

附22 胡椒科其他属种

胡椒属（*Piper*），灌木或攀缘藤本，稀为草本或小乔木；叶互生，全缘；穗状花序与叶对生，稀顶生；花小，单性，稀两性，每花有盾状苞片1；雄蕊2～6；柱头3～5，子房1室1胚珠；浆果核果状。本属约2000种，我国有61种。胡椒（*P.*

nigrum，图7-96G）为木质攀缘藤本，原产于产东南亚，世界热带地区广泛栽培，果实含胡椒碱和胡椒挥发油，常用于调味，亦可入药。山蒟（*P. hancei*，图7-96）为攀缘藤本，产于我国南方各地，生于山地溪涧边、密林或疏林中，攀缘于树上或石上，茎叶入药。该属生长迅速，能在较短时间内形成对树干等物体的覆盖，具有较高的园林绿化价值。

草胡椒属（*Peperomia*），一年生或多年生肉质草本；叶互生、对生或轮生，全缘；穗状花序顶生或腋生，稀与叶对生；花两性，常与苞片同着生于花序轴凹陷处；雄蕊2；柱头1，子房1室，含1胚珠；浆果极小，坚果状。本属约1000种，我国有7种。草胡椒（*P. pellucida*）为一年生肉质草本，原产于热带美洲，现广布世界热带亚热带地区，常生于林下湿地、石缝中、宅舍墙角下或为园圃杂草。

马兜铃科（Aristolochiaceae，birthwort family）

本科5～8属，约600种，主产于世界热带和亚热带地区，少数种类分布在温带地区。我国有4属约90种，除华北和西北干旱地区外各地均产。灌木或多年生草本，草质或木质藤本，稀为小乔木或全寄生草本；单叶，互生，具柄，或退化；花单生或簇生，3数，两性，稀单性；花被1（～2）轮，常合生，辐射对称或两侧对称；雄蕊6至多数；心皮3（～5），合生或基部合生，子房下位，稀半下位或上位；蒴果蓇葖状、长角果状或浆果状。马兜铃（*Aristolochia debilis*，图7-97A），因其成熟果实如挂于马颈下的响铃而得名，为草质藤本，花基部膨大呈球形，直径3～6mm，向上收狭成一长管，管长2～2.5cm，直径2～3mm，管口扩大呈漏斗状，传粉策略为"诱捕—囚禁—释放"；传统上以茎入药，但近年来的研究表明：含马兜铃酸的草药，是导致亚洲肝癌的重要原因之一，因此马兜铃已从《中国药典》中除名。细辛（*Asarum sieboldii*，图7-97B）为多年生草本，花被管钟状，花被裂片三角状卵形，产于中国、日本和朝鲜半岛。马蹄香属（*Saruma*）为我国特有的单种属，马蹄香（*S. henryi*）产于中南、西南及西北各地，萼片3，卵圆形，花瓣3，稍比花萼大，雄蕊通常12枚，排成2轮。

附23 马兜铃科其他属种

本目的三白草科（Saururaceae）的三白草（*Saururus chinensis*）全草可入药，以及蕺菜（鱼腥草，*Houttuynia cordata*）的根茎可作蔬菜食用或药用。

附24 胡椒目其他科属

图7-96　胡椒科植物特征

A—F.山蒟（*Piper hancei*）：A.果期枝条：穗状果序与叶对生，浆果橙红色；叶柄短，具叶鞘（图中白色箭头所指），长为叶柄的1/2；B.浆果解剖：自上而下，第一排左侧：浆果正面观，具宿存柱头；第一排右侧：浆果底面；第二排左侧：浆果侧面，外观倒卵球形；第二排右侧：浆果纵剖，含1粒种子；第三排左侧：种子，红褐色，球形；第三排右侧：浆果纵切，示肉质内果皮，种子具硬质胚乳；C.穗状果序，浆果发育情况不同；D.果序除去部分浆果，露出肉质果序轴，被白色长柔毛；E.雌花序，穗状，花柱3或4；F.雌花序横切，左上可见近圆形盾状苞片1枚（图中白色箭头所指）；G.胡椒（*P. nigrum*）植株及果实；H.草胡椒（*Peperomia pellucida*）肉质植株和穗状花序

图7-97　马兜铃科植物

A.马兜铃（*Aristolochia debilis*）植株和花；B.细辛（*Asarum sieboldii*）植株和生于基部的花

（十四）木兰目（Magnoliales）

本目包含木兰科、番荔枝科（Annonaceae）和肉豆蔻科（Myristicaceae）等6科。木兰目是被子植物中较原始的一个目，其原始性状表现在木本、单叶、网状脉、虫媒花、花单生、花托伸长、花各部螺旋状排列、花药长、花丝短、单沟花粉、胚小、胚乳丰富等。

18.木兰科（Magnoliaceae，magnolia family）

本科约有17属，300种，主要分布于亚洲的热带和亚热带，也间断分布于北美。我国有13属，约112种，主要分布于西南部及南部。本科的一些常绿乔木种类是我国亚热带常绿阔叶林的重要树种；许多种类有很大利用价值，如材用、药用、园林绿化及观赏等。本科植物起源古老，有不少是子遗种，具有重要的科学意义，且处于濒危或稀有状态，已被列入国家重点保护野生植物名录。

科的特征 （图7-98）：常绿或落叶的乔木或灌木；常具油细胞，故树皮、叶等有香气。单叶互生，常全缘；托叶大，包被幼芽，脱落后在节上留下环状托叶痕。花大，单生；辐射对称，两性，稀单性；花托伸长或突出；花被片6或9，不分化或略有分化，呈花瓣状；雄蕊多数，分离，螺旋状排列于花托的下半部，花丝短，花药长，药2室纵裂；心皮多数，分离，螺旋状排列于花托的上半部，每心皮含胚珠1～2（或多数）；聚合蓇葖果，稀为具翅的小坚果。种子常悬挂于细长的珠柄上，胚小，胚乳丰富。染色体基数：$x = 19$。

本科的分类主要依据为花顶生或腋生、雌蕊群

图7-98 木兰科植物特征

A—J.鹅掌楸（*Liriodendron chinense*）：A.花期枝条：左侧枝条先端有前一年未落的部分果实；叶马褂状，先端2浅裂，近基部每边具1裂片；B.花离析：花被片3轮，外轮3片，绿色，内2轮常为6枚，黄绿色，具亮黄色纵脉纹；雄蕊多数，螺旋状排列；C.花冠正面观；D.花冠侧面观，除部分花被片及雄蕊：内轮花被片直立，呈杯状冠形，外轮花被片绿色，向外弯垂；E.雌蕊群侧面观；F.上：雄蕊侧面观；下：雄蕊腹面观，药室线形；G.雌蕊群纵切片，每心皮具2悬垂胚珠；H.翅果背腹面观；I.翅果纵剖，基部具1枚成熟种子，另1枚胚珠败育；J.种子，略呈肾形；K.玉兰（*Yulania denudate*）花形态，先花后叶；L—M.荷花玉兰（*Magnolia grandiflora*）：L.聚合蓇葖果开裂露出具有红色假种皮的种子，M.具环状托叶痕的枝条

柄有无、果实类型、胚珠数目等性状进行分属。国外分类学界现在大多采纳广义 *Magnolia* 的概念，即把除鹅掌楸属以外的所有木兰科植物都归于一个广义的木兰属，属下再分成不同的组；我国的分类学家一般倾向于将这些组识别为不同的小属；两种处理均有其合理性。本书采用了小属概念的分类体系。

鹅掌楸属（*Liriodendron*），落叶乔木，因叶分裂形似马褂故又名"马褂木"；聚合果由具翅的小坚果组成而与其他属明显不同。本属白垩纪广布于北半球，现仅残余2种：鹅掌楸（*L. chinense*，分布于我国，图7-98A—J）和北美鹅掌楸（*L. tulipifera*，分布于北美），在植物区系研究上有重要价值，也是著名的园林树种。

木兰属（北美木兰属，*Magnolia*），常绿乔木或灌木，叶互生，常聚生枝顶。花顶生，聚合蓇葖果卵球形，成熟时沿背缝线开裂。常见的有荷花玉兰（广玉兰，*M. grandiflora*，图7-98L），原产于北美东南部。夏季开花，庭院绿化树种。

玉兰属（*Yulania*），落叶乔木或灌木，叶互生，花顶生，聚合蓇葖果成熟时沿背缝线开裂。常见的有玉兰（*Y. denudata*，图7-98K），庭院广泛栽培供观赏。紫玉兰（辛夷，*Y. liliiflora*），花紫红色，花被片略有分化。

含笑属（*Michelia*），花腋生，有雌蕊群柄，心皮成熟时分离或完全合生。含笑（*M. figo*），花被淡黄色，具浓烈的香蕉气味，广为栽培作观赏。白兰花（*M. alba*），花白色，极香，栽培作观赏，花可用以熏茶或提取芳香油。

厚朴属（*Houpoea*），落叶乔木，叶互生，聚生于枝顶，花顶生，聚合蓇葖果圆筒状，成熟时沿背缝线开裂，早期置于木兰属。厚朴（*Houpoea officinalis*）及凹叶厚朴（*H. officinalis* 'Biloba'）为我国特有，树皮入药，浙江龙泉为其主产区。

本目的番荔枝科和肉豆蔻科为主产热带的科，常见有番荔枝（*Annona squamosa*），果实又名释迦果，是原产于美洲热带的著名水果；以及原产印尼的肉豆蔻（*Myristica fragrans*）系著名香料和药用植物。

附25 木兰科其他属种以及木兰目其他科属

（十五）樟目（Laurales）

本目包含樟科、蜡梅科、莲叶桐科（Hernandiaceae）等7科。樟目的性状：花部定数、轮状排列，3基数，雄蕊花丝明显，心皮结合，胚珠少数等。

19. 樟科（Lauraceae，laurel family）

本科约45属，2000～2500余种，分布于亚洲和美洲热带和亚热带，主要产地为东南亚和巴西。我国产25属，440余种，多产于长江流域及其南部诸地，为我国亚热带常绿阔叶林的重要组成成分，其中有许多是优良木材、芳香油原料及药材。

科的特征（图7-99）：常绿或落叶木本，仅无根藤属（*Cassytha*）是无叶寄生缠绕藤本。叶及树皮含芳香油或樟脑的油细胞。单叶互生，通常全缘，三出脉或羽状脉，无托叶。圆锥花序、总状花序或头状花序；花两性或单性，辐射对称，花各部轮状排列，多3基数；花被片6（4）枚，两轮；雄蕊9或12，花药瓣裂；子房上位，3心皮合生1室1胚珠。核果或浆果，种子无胚乳。染色体基数：$x = 7$，12。

本科的分类主要依据为花序类型、花两性或单性、花被片在花后是宿存还是脱落、第三轮雄蕊花药内向或外向、花药室数等性状。

樟属（*Cinnamomum*），叶常为3出脉；圆锥花序，花两性，花被片花后脱落；第三轮雄蕊外向，花药4室。本属约250种，我国46种。樟（*C. camphora*）是杭州市"市树"，产于长江以南各地，为重要用材和绿化树种，其木材抗虫害、耐水湿，木材、枝叶可提取樟脑、樟油，供医药、化工和香料等用，我国产量占世界第一，主产于台湾。肉桂（*C. cassia*）产于华南，药用或调味的桂皮和桂枝即为它的树皮和小枝。阴香（广东桂皮 *C. burmannii*，图7-99A—K）产于华南至东南亚，其树皮可代肉桂用。浙江樟（*C. chekiangense*）、香桂（*C. subavenium*）为优良的绿化树种。

润楠属（*Machilus*），叶具羽状脉，顶芽大。花的构造同樟属，但花被片果时宿存，开展或反曲。本属约75种，我国57种。常见的有红楠（*M. thunbergii*），分布于长江以南各地，木材供建筑、制家具用，种子含油供制皂和润滑油。同属的刨花楠（*M. pauhoi*）、楠木（*M. namu*）及华东楠（*M. leptophylla*）均为优质木材。

楠属（*Phoebe*），花形态似润楠属，但花被片果时直立，紧贴果实。本属约80种，我国30种。紫楠（*P. sheareri* 图7-99L）广布长江以南，木材优良，根、枝、叶含芳香油，可入药，也是优良绿化树种。浙江楠（*P. chekiangensis*）和闽楠（*P. bournei*）为国家二级重点保护野生植物。

木姜子属（*Litsea*），常绿或落叶，叶多为羽状

图7-99 樟科植物特征

A—K.阴香（*Cinnamomum burmannii*）：A.花期枝条：叶互生，长圆形，离基三出脉；聚伞花序排列为圆锥状，生于叶腋；B.下：花冠正面观；上：花冠底面观；C.花被片腹面观，长圆形，密被灰白微柔毛；D.花部离析：花被片6，2轮；雄蕊12，4轮，外侧3轮9枚可育，最内轮3枚退化；E.雌蕊：子房近球形，柱头盘状；F.聚伞花序，有3花；G.第一轮雄蕊背腹面，花丝被毛，花药4室，内向瓣裂；H.第二轮雄蕊，花药4室，内向瓣裂；I.第三轮雄蕊，花丝中部具1对近无柄的三角状黄色腺体，花药4室，外向瓣裂；J.第四轮雄蕊，退化成具柄腺体；K.雄蕊：花药4室，药室长圆形，瓣裂；L.紫楠（*Phoebe sheareri*）植株、花序和花；M.檫木（*Sassafras tzumu*）枝叶和核果幼期（上图）

脉；常为伞形花序；花单性，雌雄异株；花药4室，第三轮雄蕊内向；花时总苞不落。本属总共约200种，我国约50种。山鸡椒（山苍子，*L. cubeba*）产于长江以南各地，叶、花、果均含芳香油，是提取柠檬醛的重要原料，果实也可入药。同属的还有天目木姜子（*L. auriculata*）及木姜子（*L. pungens*）等。

山胡椒属（*Lindera*），落叶或常绿，叶全缘或3浅裂；花序及花构造与木姜子属近似，不同之处在于花药2室，花时总苞早落。本属约100种，我国有40种。山胡椒（*L. glauca*）叶冬季枯而不落，春季发新叶时脱落，主产于江南，果、叶可提芳香油。乌药（*L. aggregata*），分布于江南，根入药。

本科重要经济植物还有：月桂（*Laurus nobilis*）原产地中海，叶和果实供提取食用香精。鳄梨（*Persea americana*）原产美洲的热带水果，我国华南及台湾有栽培。檫木属（*Sassafras*）间断分布东亚和北美，产于长江以南山区的檫木（*S. tzumu*，图7-99M）木材优良，为速生造林树种。

附26 樟科
其他属种

蜡梅科（Calycanthaceae，sweets shrub family）

一个含3属11种的小科，分布于东亚、北美西部、北美东部和澳大利亚东北部。我国有2属7种，主产于华东至西南地区。蜡梅（*Chimonanthus*

praecox，图7-100A），落叶灌木，茎成方形；单叶对生，先花后叶，花黄色芳香。原产于我国中部，近年发现浙江也有野生，各地栽培，是著名花卉。柳叶蜡梅（*Ch. salicifolius*）可采收鲜叶加工成香风茶，用于冲泡饮用；它还是浙西南应用最广的一味畲药，名为"食凉茶"，有"畲药第一味"之称。夏蜡梅属（*Calycanthus*）间断分布于东亚—北美西部—北美东部。夏蜡梅（*C. chinensis*，图7-100B）花大而美丽，于夏初开花，可供观赏，仅产于浙江安吉、临安、天台、东阳，已被列为国家二级重点保护野生植物。

附27 蜡梅科其他属种

IV. 独立的金粟兰目分支

（十六）金粟兰目（Chloranthales）

本目仅金粟兰科一科。最新研究表明本目与木兰类最为近缘（图7-76）。

20. 金粟兰科（Chloranthaceae）

本科有4属，75种，产于热带美洲、马达加斯加、南亚、东亚、东南亚至太平洋岛屿。我国有3属，16种，南北均产。

科的特征（图7-101）：草本、灌木或小乔木。单叶对生，具羽状叶脉，边缘有锯齿；叶柄基部常合生；托叶小。花小，两性或单性，排成穗状花序、头状花序或圆锥花序，无花被或在雌花中有浅杯状3齿裂的花被；两性花具雄蕊1或3，着生于子房的一侧，花丝不明显；雌蕊1，由1心皮所组成，子房上位或半下位，1室，1胚珠；单性花其雄花多数，雄蕊1；雌花少数，具3齿萼状花被。核果卵形或球形。染色体数为：$2n = 16$，26，30，60，90。

本科的分类主要依据习性、花两性或单性、有无花被、雄蕊数目等性状。

草珊瑚属（*Sarcandra*）为亚灌木，无毛；叶对生，通常具多对，叶柄在基部合生成短鞘；叶缘锯齿的齿尖具腺体；穗状花序顶生，集成圆锥状；花两性，无花被和花梗；苞片1枚，宿存；雄蕊1枚，肉质，棒状至扁平；花药2（稀3）室；核果球形或卵形。我国有草珊瑚（*S. glabra*，图7-101A—J），分布于东亚至东南亚、南亚，全草入药；海南草珊瑚（*S. hainanensis*）为我国特有，也可入药。

金粟兰属（*Chloranthus*），多年生草本或灌木；叶对生或在枝顶呈轮生状，边缘有锯齿；穗状花序或排成圆锥花序，顶生或腋生；花无花被；雌雄花合生成对，生于极小的苞腋内；雄蕊1枚、花药2室，或3枚合生、两侧花药1室、中间花药2室或有时缺失；子房1室；核果球形、倒卵形或梨形。丝穗金粟兰（*C. fortunei*）产华中至华东，穗状花序单一，叶缘常为圆锯齿。同属常见的还有及己（*C. serratus*）、宽叶金粟兰（*C. henryi*，图7-101K）、银线草（*C. japonicus*）等，均可全草入药。

此外，雪香兰属（*Hedyosmum* 图7-101L）有41种，主产于热带美洲，中国有1种，为海南岛特产。

V. 独立的金鱼藻目分支

（十七）金鱼藻目（Ceratophyllales）

本目仅金鱼藻科一科。最新研究表明其与真双子叶植物最为近缘（图7-76）。

金鱼藻科（Ceratophyllaceae）

本科有2属，6种，世界广布。我国有1属，3种，南北均产。多年生沉水草本，无根。叶3～11枚轮生，叶片1～4次二叉状分歧，边缘一侧有锯

图7-100 蜡梅科植物特征

A.蜡梅（*Chimonanthus praecox*）先花后叶；B.夏蜡梅（*Calycanthus chinensis*）植株和花，注意副花冠

图7-101 金粟兰科植物特征

A—J.草珊瑚（*Sarcandra glabra*）：A.花期枝条：茎节略膨大；叶对生，叶柄基部合生呈鞘状；穗状花序顶生；B.叶背面观；C.穗状花序，花两性，雄蕊易脱落；D.花侧面观，雄蕊1枚，肉质棒状；雌雄蕊通常着生于花盘，但从图中来看，雄蕊似直接着生于雌蕊远轴端一侧，结合金粟兰科子房下位特征，这"子房状"结构（图D，E，F中绿色卵球形部分）可能有部分花丝、花盘等组织共同愈合形成；E.花近轴端侧面观；F.雌蕊（含其他组织，下同），无花柱，柱头头状；子房卵圆形；G.苞片三角形；H.子房横切片，示1室；I.雌蕊纵切，示雄蕊着生点（图中白色箭头所指）；J.左：雄蕊侧面，示花药纵裂；中和右：雄蕊近轴端侧面观，药隔肉质，宽大，两侧生药室，花丝与药隔无显著分化；K.宽叶金粟兰（*Chloranthus henryi*）植株和花序；L.白苞雪香兰（*Hedyosmum bonplandianum*，杨拓惠赠）植株和花

齿或微齿。花序缩小成单花或具有退化分枝；花单性，雌雄同株，1至多个生于茎节，腋外生，藏于8～15枚基部合生的叶状苞片中，无花被。雄花：雄蕊3至多数，螺旋状排列。雌花：单心皮，子房上位，1室，1胚珠，花柱宿存。瘦果革质，基部0～2刺，上部0～2刺，边缘1～8刺。染色体数：$2n = 12 ～ 72$。金鱼藻（*Ceratophyllum demersum*，图7-102）世界广布，可用于园艺景观、水体修复及饲料。还有多刺金鱼藻（*Fassettia echinata*）产于北美西北部和东部（2021新发现）。

附28 金粟兰科其他属种

图7-102 金鱼藻（*Ceratophyllum demersum*，朱鑫鑫惠赠）
A.植株；B.雄花序和雄花；C.雌花的单心皮雌蕊

Ⅵ. 真双子叶植物（eudicots）

最近150多年来，人们一直认为被子植物由单子叶植物纲和双子叶纲组成，直到上个世纪分子生物学的发展推动了分子系统学的研究的开展，这种观点才有所改变。1998年APG系统的发表揭示了被子植物系统发育的新发现，即被子植物包括基部被子植物、单子叶植物和真双子叶植物（见图7-76）。又经过近20年的研究，科学家确认早期被子植物是由5个相对独立的谱系，即基部被子植物（ANA）、木兰类植物、单子叶植物、金粟兰目和金鱼藻目组成，而剩余的有花植物才属于真正的双子叶植物，称为eudicots。目前，人们已经确定真双子叶植物谱系的内部结构（见图6-5，APG Ⅳ，2016），表明真双子叶植物由一些基部类群（如毛茛目、昆兰树目、山龙眼目等）和核心真双子叶植物（两大超目：蔷薇超目和菊超目）组成。真双子叶植物总共有44目295科，约20余万种。接下来，我们将系统地进行学习。

真双子叶植物基部类群

（十八）毛茛目（Ranunculales）

本目为真双子叶植物的基部类群，包含毛茛科、罂粟科、小檗科（Berberidaceae）、木通科（Lardizabalaceae）、防己科（Menispermaceae）等7科，这些科大多保持着离生的心皮，形态上与被子植物基部的木兰目有相似性。形态性状和分子性状（*rbc*L，*atp*B，18S等）揭示该目是单系的。

21. 罂粟科（Papaveraceae，poppy family）

本科主产于北温带，多为草本，约38属，700余种；我国产19属，443种，南北均产。本科植物大多含生物碱，可供药用。在有些分类系统（如Cronquist系统）中，无乳汁、具总状花序、花两侧对称、雄蕊定数的紫堇亚科被提升为紫堇科（Fumariaceae）。

科的特征（图7-103）：1至多年生草本（稀为灌木），常具乳白色或黄色汁液。叶常分裂，无托叶。花单生或成总状花序；花辐射对称或两侧对称；萼片2（3），早落；花瓣4～6，2轮；雄蕊多数或4～6，分离或连合成二体；子房上位，由2至数个心皮合成一室，侧膜胎座，胚珠多数，蒴果瓣裂或孔裂。染色体基数：$x=6～7$（少为5，8，11）。

本科分类依据为花序类型、花辐射对称或两侧对称、花瓣是否有距或囊、雄蕊数目和果实形状等性状。

罂粟属（*Papaver*）为草本，具白色乳汁；单叶互生，羽状分裂；无花柱，柱头盘状；蒴果球形孔裂。本属约100种，我国有5种。罂粟（*P. somniferum*）原产亚洲西部，未成熟果实的乳汁含吗啡、可待因等，是海洛因和鸦片的原料。花、果可供药用；花鲜艳，也可供观赏。常见栽培作观赏的是同属原产欧洲的虞美人（*P. rhoeas*，图7-103A—K）和原产中亚和北美的野罂粟（*P. nudicaule*，图7-103L）。

紫堇属（*Corydalis*）现多单立1科。1至多年生草本，具块茎、直根或须根。总状花序顶生或腋生；花两侧对称；花瓣4，上面1枚延伸成距；雄蕊6连合成2束。蒴果瓣裂。本属有200多种，我国约有150种，广布，主产于西南。延胡索（*C. yanhusuo*，图7-103M）块茎为中药"元胡"，浙八味之一，主产于浙江；常见有刻叶紫堇（*C.incisa*）、坚距紫堇（*C. sheareri*）、黄堇（*C. pallida*）等多种，均含生物碱，可供药用。

本科花菱草属的花菱草（*Eschscholtzia californica*）原产于北美，栽培供观赏。血水草（*Eomecon chionantha*，图7-103N）我国特有，分布于中国长江以南各地区和西南高海拔山区的多年生草本，全草入药。博落回属博落回（*Macleaya cordata*）为高大草本，根、茎、叶入药。荷包牡丹属荷包牡丹（*Dicentra spectabilis*）花形似荷苞，产于东北，现栽培供观赏。

附29 罂粟科其他属种

22. 毛茛科（Ranunculaceae，buttercup family）

本科是真双子叶植物基部较原始的一个草本类群，约55属，2500余种，广布于世界各地，多见于北温带与寒带。我国约35属，900余种，分布于全国各地。本科有许多经济植物，尤以药用植物较多，有些可作观赏植物，有一些则为有毒植物。广义的毛茛科曾包括芍药属（*Paeonia*），但由于该属心皮厚革质，花有花盘，雄蕊离心发育，具外珠被，染色体基数$x=5$，含有芍药苷等，与其他属明显不同，已单立一科芍药科（Paeoniaceae），分子系统学研究表明系虎耳草目（Saxifragales）的成员。

科的特征（图7-104）：多年生至一年生草本，稀为灌木或木质藤本。叶互生或基生（铁线莲属*Clematis*为对生），掌状或羽状分裂或1至多回三出或羽状复叶，极少全缘。花多为两性，辐射对称或两侧对称；花萼花瓣常分化明显，常各为5枚，有时延伸成**距**（spur），有的花萼花瓣状而无花瓣；雄蕊和雌蕊心皮多数，离生，螺旋状排列，子房上位；果实为聚合蓇葖果或聚合瘦果，稀为浆果。种子胚乳丰富。染色体基数：$x=6～10$，13。

图7-103 罂粟科植物特征

A—K.虞美人（*Papaver rhoeas*），A.花期枝叶：叶互生，羽状分裂；B.花蕾，花梗被平展的刚毛；C.花冠纵剖，除部分花被片；D.雌雄蕊群，雄蕊多数；E.幼果侧面观，子房倒卵形；F.花蕾横切，花萼外被疣基刚毛；G.花瓣半圆形，常具4枚，另偶有小型花瓣，栽培变异；H.柱头正面观，15条，辐射状，连合成扁平、边缘具缺刻的盘状体；I.子房横切片，子房1室，胚珠多数；J.子房横切片展开，心皮15，胎座向内延伸；K.雄蕊：花粉墨绿色，花丝深红色至淡红色；L.野罂粟（*Papaver nudicaule*）花期；M.延胡索（*Corydalis yanhusuo*）植株和花形态；N.血水草（*Eomecon chionantha*）植株和花，可见茎断裂后流出金黄色乳汁

本科以花序类型、花冠辐射对称或两侧对称、花瓣有或缺、有无退化雄蕊、果实类型等为主要分属依据。

毛茛属（*Ranunculus*），直立草本。叶基生或茎生，单叶掌状分裂或掌状三出复叶。花单生或成聚伞花序，辐射对称；聚合瘦果成头状。本属植物皆有毒。本属约400种，我国约产78种，广布。常见的有扬子毛茛（*R. sieboldii*）和毛茛（*R. japonicus*，图7-104G），前者为三出复叶，后者为掌状分裂的单叶。另外还有禺毛茛（*R. cantoniensis*）、小毛茛（猫爪草，*R. ternatus*）、石龙芮（*R. sceleratus*）和刺果毛茛（*R. muricatus*，图7-104A—F）等，均为常见杂草，也可药用。花毛茛（*R. asiaticus*）原产于欧洲东南部，现引种作观赏植物。

铁线莲属（*Clematis*），攀缘木质或草质藤本。羽状复叶或三出复叶，稀单叶，对生；花萼片

4～5，蕾时镊合状排列，无花瓣；雌蕊花柱在果时伸长成羽毛状。本属约250种，我国110种，南北均产。威灵仙（*C. chinensis*）、单叶铁线莲（*C. henryi*，图7-104H）、女萎（*C. apiifolia*）、吴兴铁线莲（*C. huchouensis*）等根可入药。铁线莲（*C. florida*）、大花铁线莲（*C. courtoisii*）、毛花铁线莲（*C. lanuginosa*）等花大而美丽，可供观赏。

乌头属（*Aconitum*），草本，具膨大直根或块根；叶常掌状分裂；总状花序，花两侧对称；萼片5，花瓣状；花瓣2，特化为蜜腺和距；有退化雄蕊；蓇葖果。本属约350种，我国167种，广布。乌头（*A. carmichaeli*）、赣皖乌头（*A. finetianum*）等根含多种乌头碱可供药用，有剧毒。

此外黄连属的黄连（*Coptis chinensis*）、白头翁属的白头翁（*Pulsatilla chinensis*）、唐松草属的华东唐松草（*Thalictrum fortunei*）、天葵属的天

图7-104　毛茛科植物特征

A—F.刺果毛茛（*Ranunculus muricatus*），A.花果期植株：基部多分枝；基生叶与茎生叶均有长柄，叶3中裂至3深裂；B.左：花瓣腹面；右：花瓣背面；花瓣基部有短爪，爪部具蜜槽；C.花被离析：花萼5，反折；花瓣5，倒卵形；D.左：雄蕊腹面观，花药长圆形，2室；右：雄蕊侧面观，示花药纵裂；E.瘦果，未成熟；F.雌雄蕊离析：心皮与雄蕊在花盘上呈螺旋状排布；G.毛茛（*R.japonicas*）花及聚合瘦果；H.单叶铁线莲（*Clematis henryi*）枝叶和花；I.耧斗菜（*Aquilegia viridiflora*）植株、花和花瓣基部的距

葵（*Semiaquilegia adoxoides*）等也可作药用。作观赏植物的有飞燕草（*Consolida ajacis*）、耧斗菜（*Aquilegia viridiflora*，图7-104 I）、秋牡丹（*Anemone hupehensis* var. *japonica*）、侧金盏花（*Adonis amurensis*）、翠雀（*Delphinium grandiflorum*）等。

附30 毛茛科其他属种

小檗科（Berberidaceae，barberry family）

本科有15属，约650种，产于北半球温带地区，热带东非，南美。我国有11属，约303种，产于南北各地。灌木或多年生草本，稀小乔木。茎具刺或无。叶常互生；单叶或羽状复叶；叶脉羽状或掌状。花两性，单生或组成花序。花被常3基数；萼片6～9，常花瓣状，离生，2～3轮；花瓣6；雄蕊与花瓣同数对生，花药2室；子房上位，1室，基生或侧膜胎

附31 小檗科其他属种

座。浆果、蒴果、蓇葖果或瘦果。染色体数：2n = 12,14,16,18,20,24,28,32,56。南天竹属（*Nandina*）的仅一种，南天竹（*N. domestica*，图7-105A）为常绿灌木，叶为2～3回羽状复叶，小叶全缘，花药纵裂，侧膜胎座，产于我国和日本，常栽培供观赏。鬼臼属（八角莲属，*Dysosma*）为多年生草本，花数朵簇生，或伞形状，叶盾状，3～9深裂或浅裂，均以根状茎入药，因过度采挖而野生种群濒临灭绝，本属的所有物种已被列为国家二级重点保护野生植物。其中以六角莲（*D. pleiantha*，图7-105B—C）和八角莲（*D. versipellis*）两种相对常见。两者区别在于：前者花出自叶柄交叉处，后者花簇生于近叶基处。常见的还有小檗属（*Berberis*）、淫羊藿属（*Epimedium*）和十大功劳属（*Mahonia*）等。

毛茛目常见的还有木通科的大

附32 毛茛目其他科属

血藤（*Sargentodoxa cuneata*）, 木通属（*Akebia*）和野木瓜属（*Stauntonia*）植物, 防己科的木防己（*Cocculus orbiculatus*）和东亚北美间断分布的蝙蝠葛属（*Menispermum*）, 以及领春木科（Eupteleaceae）的领春木（*Euptelea pleiospermum*）, 为典型东亚第三纪孑遗植物。此外, 星叶草科（Circaeasteraceae）的独叶草（*Kingdonia uniflora*）为一年生小草本植物, 国家二级重点保护野生植物。

真双子叶基部的类群中, 还有一些重要的科属, 如山龙眼目（Proteales）的山龙眼科（Proteaceae）, 常见有山龙眼属（*Helicia*）产于大洋洲和东亚; 著名的夏威夷果（澳洲坚果, *Macadamia integrifolia*）是该科植物, 原产于大洋洲, 果实有"世界干果之王"美誉; 还有产于南部非洲的帝王花（*Protea cynaroides.*）是有名的观花植物, 南非国花; 悬铃木科（Platanaceae）悬铃木属（*Plantanus*）的种类为世界著名行道树; 莲科（Nelumbonaceae）的莲（荷花, *Nelumbo nucifera*）世界著名水生花卉; 2016年APG IV 才确立清风藤科（Sabiaceae）属于山龙眼目, 其清风藤属（*Sabia*）和泡花树属（*Meliosma*）植物在江南至西南森林常见。还有昆栏树目（Trochodendrales）昆栏树科（Trochodendraceae）的第三纪孑遗植物水青树（*Tetracentron sinense*）; 以及黄杨目（Buxales）黄杨科（Buxaceae）的黄杨属（*Buxus*）植物为常见绿化树种, 如黄杨（*B. sinica*）。

附33 基部及核心真双子叶植物其他目科属

核心真双子叶植物（core eudicots）

在核心真双子叶植物基部, 有产于南半球的大叶草目（Gunnerales）（图6-5）, 大叶草科（Gunneraceae）的大叶草属（*Gunnera*）植物为大型观叶植物; 以及心皮离生的五桠果目（Dilleniales）, 主产于南半球大洋洲, 五桠果（*Dillenia indica*）在我国西南部有分布。

目前, 已经明确核心真双子叶植物由2大分支组成: ①超蔷薇类分支（superrosids）和②超菊类分支（superasterids）。

超蔷薇类分支（superrosids）

该分支有18个目, 包括基部的虎耳草目和葡萄目, 以及真蔷薇类分支（eurosids）, 含豆类和锦葵类植物二大次级分支（图6-5）。

（十九）虎耳草目（Saxifragales）

本目系超蔷薇类分支的基部类群, 包含虎耳草科、景天科、金缕梅科、小二仙草科（Haloragaceae）、连香树科（Cercidiphyllaceae）、芍药科等15科。虽然本目形态上与蔷薇目接近, 但本目有无托叶、雄蕊减少、蒴果、种子有发育良好的胚乳等不同点。

23.金缕梅科（Hamamelidaceae, witchhazel family）

本科约27属, 106种, 主产于亚洲的东部。我国南部为主产区, 有15属, 61种。许多是重要的亚热带森林植被, 也有不少是具有经济价值的植物。

科的特征（图7-106）: 木本, 具星状毛。单叶互生。花序头状、穗状或总状; 萼筒与子房壁结合, 子房半下位; 花萼与花瓣均4～5枚或缺, 雄蕊多数至4～5枚, 2心皮合生的子房; 花柱宿存, 蒴果, 果皮木质化。染色体数: $2n = 16$, 24, 30, 32。

金缕梅属（*Hamamelis*）, 落叶灌木或小乔木,

图7-105　小檗科植物形态, A.南天竹（*Nandina domestica*）; B—C.六角莲（*Dysosma pleiantha*）

芽裸露；头状或短穗状花序；花两性，4基数；花瓣条状，花药2室，单瓣开裂；子房2室，每室1胚珠。本属约6种，东亚—北美间断分布，我国仅金缕梅（H. mollis）1种，产于华中至华东。

附34 金缕梅科其他属种

本科常见的还有：檵木（Loropetalum chinense，图7-106A—K），灌木，叶背面、小枝和萼筒均具星状毛，产于长江下游以南地区，其变种红花檵木（var. rubrum），叶和花红色，是优良的观赏树种，广泛栽培。蚊母树（Distylium racemosum），常绿小乔木，叶面常有虫瘿，分布于浙江以南，栽培作绿化树种。银缕梅（Shaniodendron subaequale 图7-106L—N），1940年在山东临朐山旺组距今2.5千万年的地层中发现化石，后来在苏南和浙北发现

活植物，堪称"活化石"，已被列为国家一级重点保护野生植物。长柄双花木（Disanthus cercidifolius subsp. longipes）产于湖南、江西、浙江，为国家二级重点保护野生植物，原亚种：双花木（D. cercidifolius subsp. cercidifolius）仅产于日本。

芍药科（Paeoniaceae，peony family）

本科1属，约33种，产于北美西部、北非、欧亚大陆温带地区。我国约有15种，主产于西南和西北地区，少数种类分布于东北、华北及长江两岸各地。多年生草本或亚灌木；花大而美丽；萼片5，宿存，花瓣5～10；雄蕊多数，心皮2～5，离生。牡丹（Paeonia × suffruticosa，图7-107A），亚灌木，复叶，花多色，原产于陕西，著名观赏花卉。根皮入药称"丹皮"。芍药（P. lactiflora，图7-107B）与牡丹的区别为：本种为多年生草本，花白色或粉红色；

图7-106 金缕梅科植物特征

A—K.檵木（Loropetalum chinense），A.花期枝条，头状花序，具花4～8朵，生于枝顶；B.叶背，全缘，叶基偏斜，沿脉疏被星状毛；C.头状花序正面观（左）与底面观（右），除花瓣；萼裂至中部；D.花侧面观：具带状花瓣4枚，白色，先端圆钝或凹缺；E.花离析：下：花萼纵切；上：4枚花瓣；F.花萼裂片4；G.花萼纵切，示下位子房，内可见2枚胚珠；H.花萼侧面观，除萼裂片，示可育雄蕊与不育雄蕊（图中白色箭头所指）互生；I.可育雄蕊，花丝长约0.5mm，药隔延伸呈角状；J.雌雄蕊群正面观，除可育雄蕊，示4枚不育雄蕊，呈鳞片状，中央具2枚花柱，极短；K.子房横切片，2室；L—N.银缕梅（Shaniodendron subaequale），L.早春的花序，M.树干木栓层斑块状脱落，N.枝叶形态

分布较广，栽培观赏；根入药为"赤芍"、"白芍"。

虎耳草科（Saxifragaceae，saxifrage family）

早期广义的虎耳草科包括约80属，有许多木本属，如溲疏属（*Deutzia*）、绣球属（*Hydrangea*）等，现已独立一科绣球科（Hydrangeaceae）。目前的虎耳草科是狭义的，约38属，620余种，产于北半球亚热带、温带和寒带地区，南美安第斯山区。我国有14属，268种，南北均产。多为草本，少为灌木。单叶或复叶，互生，稀对生，稀有托叶。聚伞状、圆锥状或总状花序，稀单花；花两性，稀单性；双被，稀单被；花被片4～5（6～10），萼片花瓣状；花冠辐射对称，稀两侧对称，花瓣常离生，稀无花瓣；雄蕊（4～）5～10，花丝离生，花药2室；心皮2，稀3～5，多少合生，子房多室而具中轴胎座，或1室具侧膜胎座，胚珠多数，花柱离生或多少合生。蒴果或蓇葖果。

本科主要有虎耳草属（*Saxifraga*），约有400种，我国有200多种，其中以虎耳草（*S. stolonifera*，图7-108A）最为常见。其叶片近心形、肾形至扁圆形，花瓣白色，5枚，3枚较短，中上部具紫红色斑点，基部具黄色斑点。槭叶草（*Mukdenia rossii*，图7-108B）分布于我国东北至朝鲜半岛，叶基生，掌状5～7（～9）浅裂至深裂，可供观赏。岩白菜（*Bergenia purpurascens*）产于我国西南至喜马拉雅南麓，叶基生，革质，倒卵形、狭倒卵形至近椭圆形，先端钝圆，边缘具波状齿至近全缘，基部楔形，常栽培供观赏。本科常见的还有东亚北美间断分布的落新妇属（*Astilbe*）和黄水枝属（*Tiarella*）等。

附35 虎耳草科其他科属

景天科（Crassulaceae，stonecrop family）

本科有35属，约1500种，世界广布。我国有12属，约232种，各地均产，主产于西南地区。肉质草本至（亚）灌木。叶常互生或螺旋状排列，基部叶常集成莲座状，单叶，稀复叶，全缘或具圆锯齿至浅裂，稀深裂，无托叶。花序常顶生，多花，常为聚伞圆锥花序；常雌雄同株；萼片4或5；花瓣常4或5；雄蕊4～10；子房上位，心皮常4或5，包被鳞片状蜜腺，每心皮具几至多枚胚珠，侧膜胎座或中轴胎座。聚合蓇葖果，稀为蒴果。景天酸代谢（CAM）途径即得名于本科，指生长在热带及亚热带干旱及半干旱地区的一些肉质植物（最早发现于景天科）所具有的一种光合固定二氧化碳的附加途径，其叶片气孔白天关闭，夜间开放。景天属（*Sedum*）有470余种，杭州景天（*S. hangzhouense*，图7-109A）植株草质，花茎上的叶互生，叶片长2～3cm，模式标本采自浙江杭州灵隐；佛甲草（*S. lineare*）为广布种，园艺上可作地被或屋顶绿化。生长于青藏高原的大花红景天（*Rhodiola crenulata*）是国家二级重点保护野生植物。八宝（*Hylotelephium erythrostictum*，图7-109B）叶对生，少有互生或3枚轮生，比节间短，全草入药，也常栽培供观赏。瓦松（*Orostachys fimbriata*）为多年生肉质草本，叶基生，莲座状，常生于岩石、旧屋顶或树干上。景天科有许多当今流行的多肉植物，如观音莲（长生草，*Sempervivum tectorum*）等。

虎耳草目常见的重要科属还有小二仙草科的狐尾藻（*Myriophyllum verticillatum*），是南北各地常见水生植物。连香树科的连香树（*Cercidiphyllum japonicum*）系第三纪孑遗植物，是国家二级重点保护野生植物，分布于中国和日本，可供园林绿化。交让木科（虎皮楠科，Daphniphyllaceae）仅交让木属（*Daphniphyllum*）一属，广布长江以南森林。蕈树科（阿丁枫科，Altingiaceae），原来置于金缕梅科，

图7-107　芍药科植物特征
A.牡丹（*Paeonia* × *suffruticosa*）；B.芍药（*Paeonia lactiflora*）

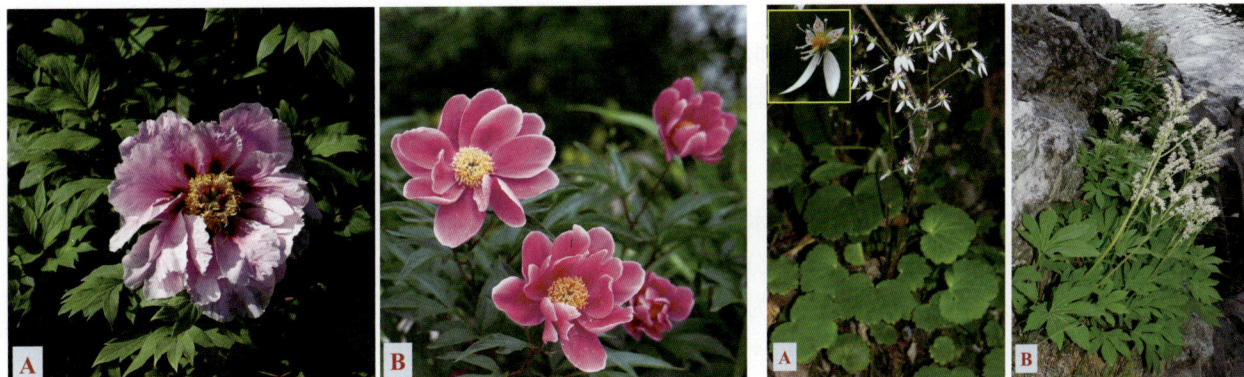

图7-108　虎耳草科植物特征
A.虎耳草（*Saxifraga stolonifera*）植株和花；B.槭叶草（*Mukdenia rossii*）植株和花序

图7-109　景天科植物特征
A.杭州景天（*Sedum hangzhouense*）；B.八宝（*Hylotelephium erythrostictum*）。

其蕈树属（*Atingia*）分布于江南森林，材用和作香料用。鼠刺科（Iteaceae）、扯根菜科（Penthoraceae）和茶藨子科（Grossulariaceae）原来均置于虎耳草科，有许多常见植物，如主产东亚的鼠刺属（*Itea*）系华东至西南森林常见树种；扯根菜属（*Penthorum*）东亚北美间断分布，全草可供入药；茶藨子属（*Ribes*）广布温带或热带高山，其浆果可生食或作酒、饮料等，我国东北有栽种。此外，锁阳科（Cynomoriaceae）仅1属2种，我国1种，分布于我国西部、中亚至地中海沿海荒漠区，全草入药。

附36 虎耳草目其他属种

（二十）葡萄目（Vitales）

本目仅葡萄科1科，是核心真双子叶植物的次基部类群。

24.葡萄科（Vitaceae, grape family）

本科为分布热带和温带地区的一个多为木质藤本的科，有14～15属，约800种。我国有9属，156种，南北均产。其中葡萄为著名的果树，还有不少为药用植物。

科的特征（图7-110）：多为木质藤本（少为草质），具与叶对生的茎卷须。单叶掌状分裂或复叶，互生。花小，两性或单性异株，或为杂性同株，排成聚伞、圆锥或伞房花序，常与叶对生；萼微小，4～5裂；花瓣4～5，镊合状排列，分离或顶部粘合成帽状，常早落；雄蕊与花瓣同数而对生；花盘（floral disc）明显，环状或浅裂；雌

蕊多为2心皮合生，子房上位，常为2室中轴胎座，每室2胚珠。浆果，种子多胚乳。染色体基数：$x = 11 \sim 14$，16，19，20。

本科的分类主要依据为小枝髓的颜色、卷须顶端是否有吸盘、花序类型、花4基数或是5基数、花瓣顶端是否粘合等特征。

葡萄属（*Vitis*），落叶木质藤本，卷须顶端无吸盘，树皮无皮孔，常呈片状剥落；髓褐色。单叶常掌状分裂。圆锥花序；花两性或单性，5基数；花瓣基部离生而顶部联合成帽状，早落；花盘由5枚腺体组成；浆果。葡萄（*V. vinifera*，图7-110H），浆果椭圆形或球形，熟时紫黑色、红色或黄绿色，被白粉。原产西亚，引入我国已有2000多年历史，现南北均有栽种，品种繁多，以新疆吐鲁番等地所产最著名。浙江以杭州、富阳及上虞等地栽培较多。葡萄果实除生食外，可制葡萄干及酿酒等；根、藤入药。同属植物约有60多种，其中20多种果可食或作砧木用。分布江南各省的刺葡萄（*V. davidii*）、蘡薁（*V. bryoniifolia*）和葛藟葡萄（*V. flexuosa*），分布于东北至华北等地的山葡萄（*V. amurensis*）等种的果实可生食或酿酒；根、全株或果实可药用。

蛇葡萄属（*Ampelopsis*），与葡萄属的区别是髓白色、伞房状聚伞花序、花瓣离生。白蔹（*A. japonica*）和蛇葡萄（*A. glandulosa*）广布南北，均可药用。广东蛇葡萄（*A. cantoniensis*，图7-110A—G）叶为二回羽状复叶。

地锦属（*Parthenocissus*），落叶木质藤本，髓

图7-110　葡萄科植物特征

A—G.广东蛇葡萄（*Ampelopsis cantoniensis*），A.多歧聚伞花序；B.单个聚伞花序：中间1朵花先开，花被片已落，两侧花尚处花蕾期；C.左：雌雄蕊纵切，花盘发达（图中红色箭头所指）；子房下部与花盘合生，基底胎座；右：花蕾纵切，花瓣镊合状；D.花纵切，除花瓣，花丝沿花盘弯折，雄蕊内向开裂；具花柱，柱头头状；E.花瓣离析，花瓣5，先端兜帽状；雄蕊与花瓣对生；F.花纵切片；G.左：种子背面观，种脐突起呈狭椭圆形（图中白色箭头所指），两侧具肋纹；中：种子背面，基部具喙（图中白色箭头所指）；右：种子腹面观，中棱脊突出（图中白色箭头所指）；H.葡萄（*Vitis vinifera*）枝叶与浆果，可见卷须与叶对生；I.三叶崖爬藤（*Tetrastigma hemsleyanum*）植株、花序、浆果和块根

白色，卷须顶端具吸盘；复叶或单叶；聚伞花序；花瓣5，离生。本属约12种，我国有9种。爬山虎（*P. tricuspidata*）、绿叶地锦（*P. laetevirens*），产于各地，常攀缘于墙壁及岩石上，可作为庭园垂直绿化植物，根茎可入药。

本科的乌蔹莓属（*Causonis*）与爬山虎属相似，不同之处在于卷须无吸盘、花序腋生、花4基数。乌蔹莓（*C. japonica*），鸟足状复叶，在长江流域以南各地常见杂草，但全草可药用。崖爬藤属（*Tetrastigma*）植物热带亚热带森林常见，其三叶崖爬藤（三叶青，*T. hemsleyanum*，图7-110 I）系江南民间清热解毒草药，

附37 葡萄科
其他属种

近年广为栽种，块根入药。

葡萄科还有一类植物：葡萄瓮属（*Cyphostemma*），系块茎多肉植物，产非洲，可栽培作观赏。

真蔷薇类分支 I：豆类植物（fabids）

豆类分支包括8个目76科（图6-5）。

（二十一）豆目（Fabales）

本目包含豆科、远志科（Polygalaceae）、海人树科（Surianaceae）和皂皮树科（Quillajaceae）4科。

25. 豆科（Fabaceae 或 Leguminosae，legume family）

豆科的范围各个系统常有不同，在 Engler 和 Takhtajan 系统豆科下设3个亚科，即含羞草亚科、

云实亚科和蝶形花亚科。但在哈钦松、克朗奎斯特等系统中，这三个亚科皆分立成3个科归属于豆目。豆科是被子植物中仅次于菊科和兰科的第三大科，约750属19500种，广布全世界，我国约有167属1673种，各地均产。本科经济价值较高，有许多重要的栽培植物，包括油料和粮食作物、蔬菜、绿肥、观赏、药用植物以及材用树种，是农林牧业生产上很重要的一个科。

科的特征： 木本至草本，常具根瘤。叶互生，多羽状复叶或三出复叶，有时为单叶；有托叶及小托叶，叶枕发达。总状、头状或圆锥花序；花辐射对称或两侧对称；花萼通常合生，常5裂；花瓣镊合状、上向覆瓦状（假蝶形花冠）排列，更多的是下向覆瓦状排列（蝶形花冠）；雄蕊10枚，有时多数或5枚，常连合成两体雄蕊，少数全部分离或连合成单体雄蕊；雌蕊单心皮，子房上位，边缘胎座，荚果，种子无胚乳。染色体基数：$x = 5 \sim 14$。

本科在传统上，主要根据习性、花的对称性、花瓣形态和排列方式、雄蕊数目和连合与否等，分成3个亚科：含羞草亚科、云实亚科和蝶形花亚科。最新的分子系统学研究支持将豆科分为6个亚科，即从云实亚科中分出紫荆亚科（Cercidoideae）、甘豆亚科（Detarioideae）、山姜豆亚科（Duporquetioideae）和酸榄豆亚科（Dialioideae），加上狭义的云实亚科；传统意义上的含羞草亚科则被并入狭义的云实亚科中；蝶形花亚科保持不变。为了便于理解，本书仍按照传统的三亚科进行讲解，分3亚科检索表如下：

1. 花辐射对称；花瓣镊合状排列，中下部常合生；雄蕊通常多数，分离

　⋯⋯⋯⋯⋯⋯ 含羞草亚科 Mimosoideae

1. 花两侧对称，花瓣覆瓦状排列，雄蕊10～5枚。

　2. 花冠不为蝶形，各花瓣多少不相似；花瓣在芽中通常为上升的覆瓦状排列，即假蝶形花冠；雄蕊常分离

　⋯⋯⋯⋯⋯⋯ 云实亚科 Caesalpinioideae

　2. 花冠蝶形，各花瓣极不相似、在芽中为下降的覆瓦状排列；雄蕊多为二体雄蕊

　⋯⋯⋯⋯⋯⋯ 蝶形花亚科 Faboideae

（1）含羞草亚科（Mimosoideae）（图7-111）多为木本，1～2回羽状复叶；花辐射对称，穗状或头状花序；花瓣蕾时为镊合状排列；雄蕊多数，稀与花瓣同数，花丝离生，稀合生。本亚科约40属

2000种，分布于热带和亚热带地区。

合欢属（Albizia），落叶乔木或灌木；二回羽状复叶；花瓣小而不显著；雄蕊多数，花丝远长于花冠；荚果扁平。本属约50种，我国有17种。合欢（A. julibrissin，图7-111），主产于华东、西南、华南。栽培作行道树；树皮、花药用。山合欢（A. kalkora）用途同合欢。

本亚科常见的还有：含羞草（Mimosa pudica），草本，二回羽状复叶，受触动即闭合而下垂；原产于美洲，盆栽观赏，现热带各地已归化为常见杂草。此外，台湾相思树（Acacia confusa），乔木，叶片退化，叶柄扁

图7-111　豆科含羞草亚科植物特征

合欢（Albizia julibrissin），A.花期枝条：左侧：2～3枚头状花序簇生，再组成总状花序，生于枝顶；右侧：一个头状花序，具花15～20朵，总花梗细长；B.二回偶数羽状复叶背面；C.二回偶数羽状复叶腹面；D.花侧面观，除雌雄蕊，花冠与花萼黄绿色，不显眼，外均被短柔毛；E.花冠纵剖后展平，裂片近等大；F.花萼纵剖后展平，浅裂；G.雄蕊群，雄蕊约30枚，花丝自上而下由深红色至白色渐变，花丝自下部1/5处合生成筒；H.雌蕊，略长于雄蕊，花柱长超过子房10倍；I.种子：左上：子叶背面；右上：子叶内侧，胚呈黄绿色；左下：成熟种子，种皮厚，具马蹄形痕；右下：幼嫩种子，位于荚果中部；J.花侧面观，辐射对称；K.一个头状花序，蕾期；L.左：成熟干燥的荚果，浅褐色；右：未完全成熟荚果

化成叶片状；产于华南，为荒山造林及水土保持的优良树种。

（2）云实亚科（苏木亚科Caesalpinioideae） 木本；花两侧对称，假蝶形花冠；雄蕊10，常分离。本亚科约150属2200种，分布热带、亚热带。

紫荆属（*Cercis*），落叶灌木；单叶全缘；总状花序或在老枝上簇生；雄蕊10，稀5，分离；荚果扁平。本属约8种，分布于北温带，我国有5种。紫荆（*Cercis chinensis*），花先于叶开放；原产于我国及日本，栽培供观赏。

本亚科江南常见还有：云实（*Biancaea decapetala*），为有刺灌木，生山坡灌丛。根、果药用。皂荚（*Gleditsia sinensis*），落叶乔木，枝刺圆锥形有分枝，材用树种；荚果煎汁可代皂。此外，还有药用植物决明（*Cassia tora*），分布于长江以南各地；染料植物苏木（*Biancaea sappan*），分布于华南和西南，心材红色，提取染料。红花羊蹄甲（紫荆花，*Bauhinia* × *blakeana*），花紫红色，能育雄蕊5，原产香港，为一杂交种，几乎全年均可开花，在华南广泛栽培作观赏或行道树，该花的图案即为香港特别行政区区徽的核心部分。

（3）蝶形花亚科（Faboideae，Papilionoideae）（图7-112） 木本或草本，三出复叶或羽状复叶，稀单叶；花序各种；花两侧对称，蝶形花冠；雄蕊10，结合成（9）+1或（5）+（5）两体或单体。

大豆属（*Glycine*），草本，羽状3出复叶；总状花序短，腋生，花小；雄蕊多为单体；荚果种子间常收缩。本属约10种，我国产6种。大豆（*G. max*），荚果密生长硬毛，种子黄色、绿色或黑色。原产于中国，现全世界广为栽培，是我国四大油料作物之一，各地均产，以东北、华北为主。大豆种子富含蛋白质（38%）和脂肪（18%～20%）。可制豆腐和食用油。同属的野大豆（*G. soja*，图7-112L），被认为是栽培大豆的祖先，是大豆育种的重要种质资源，为国家二级重点保护植物。

野豌豆属（*Vicia*），一年生或多年生草本，多数蔓生。偶数羽状复叶，顶端小叶通常退化成卷须，少数变为刚毛状。多为总状花序，雄蕊（9）+1。荚果扁平，种子2至数粒。约200种，我国产于40种。蚕豆（*V. faba*），原产南欧、北非，现为南方广为栽培的蔬菜和杂粮。种子富含蛋白质、淀粉供食用。同属有多种为田间杂草，如大巢菜（救荒野豌豆，*V. sativa*）、小巢菜（*V. hirsuta*）、广布野豌豆（*V. cracca*）等可作饲料或绿肥。

落花生属（*Arachis*） 落花生（*A. hypogaea*）为一年生草本，羽状复叶；花冠黄色，花后子房柄延伸入土中，果实在地下成熟，不开裂。原产于巴西及非洲，现广为栽培，以山东、河北为主要产区，浙江新昌的小京生也很出名，是重要的干果和油料作物。种子含蛋白质20.6%～34.6%，脂肪55%左右。花生油是很好的食用油，又是重要工业用油。

豇豆属（*Vigna*），多为缠绕性草本，羽状三出复叶；托叶盾着；总状花序；龙骨瓣具囊状附属物，雄蕊（9）+1；荚果线状圆柱形。本属约150种，我国有16种。常见栽培的如豇豆（*V. unguiculata*），荚果细长达40～90cm，种子多褐色。本属系广为栽培之蔬菜，品种很多。绿豆（*V. radiata*）和赤豆（*V. angularis*），荚果长5～10cm，种子食用。

豌豆属（*Pisum*） 的豌豆（*P. sativum*）为二年生攀缘草本，羽状复叶，顶端小叶成卷须；托叶大于小叶；荚果侧扁。本属原产地中海，现广为栽培，嫩荚、嫩梢及种子作菜用，也可代粮。

本亚科有很多植物经济植物，可作饲料或绿肥的有紫云英（*Astragalus sinicus*）、南苜蓿（*Medicago polymorpha*）、苜蓿（*M. sativa*）、猪屎豆（*Crotalaria pallida*）、草木樨（*Melilotus officinalis*）、白车轴草（*Trifolium repens*）、田菁（*Sesbania cannabina*，图7-112A—L）以及两型豆（*Amphicarpaea edgeworthii*，图7-112N）等。药用植物有黄芪（*Astragalus membranaceus*）、甘草（*Glycyrrhiza uralensis*）、槐（*Styphnolobium japonicum*）和苦参（*Sophora flavescens*）、葛（*Pueraria montana*）等。苦参全草还能作农药，防治稻、麦、蔬菜等害虫。用材树种如著名的紫檀（*Pterocarpus indicus*），广东、云南有栽培，木材通称"红木"；黄檀（*Dalbergia hupeana*），主要分布于长江流域及以南诸地；花榈木（*Ormosia henryi*）和红豆树（*O. hosiei*），分布于江南；以上各种材质优良，可制优质家具或供雕刻用。观赏植物有紫藤（*Wisteria sinensis*）、香豌豆（*Lathyrus odoratus*）、羽扇豆（*Lupinus micranthus*）、槐及其品种龙爪槐、刺槐（*Robinia pseudoacacia*，图7-112M）等。

附39 豆科蝶形花亚科其他属种

本目远志科（Polygalaceae）的远志（*Polygala tenuifolia*）广布北半球温带地区，多年生草本，根可入药。

（二十二）蔷薇目（Rosales）

本目包含蔷薇科、桑科、荨麻科、鼠李科、榆科和大麻科（Cannabaceae）等9个科。本目在形态

图7-112 豆科蝶形花亚科植物特征

A—L.田菁（*Sesbania cannabina*），A.花冠腹面观（底面观）；B.花萼纵切，一分为二；C.花序总状，排列疏松，花冠（翼瓣）具黑褐色斑纹；D.翼瓣；E.雌蕊；F.雄蕊，9枚合生；G.离生雄蕊1枚，基部膝曲；H.花冠纵切；I.翼瓣，具爪，爪部具2道脊，微隆起；J.花纵切，去花瓣，示离生雄蕊与合生雄蕊；K.龙骨瓣；L.植物枝叶；M.刺槐（*Robinia pseudoacacia*）的叶柄基部膨大（叶枕）及一对托叶刺；N.两型豆（*Amphicarpaea edgeworthii*）植株和蝶形花朵；（N为陈炳华拍摄）

上是差异很大的一大类群，特别是桑科、荨麻科、榆科等以往长期被当作柔荑花序类，置于金缕梅亚纲，但分子系统学证据及胚乳减少或消失等特征支持将其归入本目。

26.蔷薇科（Rosaceae，rose family）

本科为主产北温带的一个大科，约90属2520种，全世界都有分布。我国约有46属约1000种，广布全国。本科植物许多为重要的落叶（少数常绿）果树和观赏植物，还有不少为药用植物，是园艺学上重要一科。

科的特征（图7-113）：乔木、灌木或草本；叶多为互生，单叶或复叶，多有托叶。花两性，辐射对称，单生或呈各种花序；花托突起、平坦或凹陷，花被与雄蕊常在下半部分愈合成一蝶状、杯状、坛状的托杯（被丝托，hypanthium）；萼片、花瓣和雄蕊均着生在托杯的边缘，子房上位，下位花或周围花，或子房下位，上位花；萼片、花瓣均5枚，有时有副萼；雄蕊通常多数，雌蕊心皮多数至1枚，分离或联合。果实为蓇葖果、瘦果、核果、梨果，或由蓇葖果、瘦果、核果聚生成的聚合果。种子胚小常无胚乳。染色体基数：$x=7$，8，9，17。

一般根据托叶有无、花托形状、雌蕊心皮数目及联合与否、子房位置和果实类型等性状，将蔷薇科分为四个亚科。最新的分子系统学研究（Xiang et al. 2017）支持将本科分为三个亚科：仙女木亚科（Dryadoideae）、新界定的蔷薇亚科和扩大范围的桃亚科。本书仍按传统的四亚科进行讲解。

（1）绣线菊亚科（Spiraeoideae） 木本，常无托叶；花托扁平或微凹；心皮多为5，分离或基部连合，子房上位；蓇葖果。

绣线菊属（*Spiraea*），落叶灌木，单叶；常为伞房或伞形花序。本属约80多种，广布北温带；我国约有50多种。麻叶绣线菊（*S. cantoniensis*）、李叶绣线菊（笑靥花，*S. prunifolia*，图7-113K左上图），分布于华北至华南，栽培观赏。粉花绣线菊（*S. japonica*，图7-113K）、中华绣线菊（*S. chinensis*）等多种丘陵、山地常见，也可作观赏植物。

（2）蔷薇亚科（Rosoideae） 木本或草本；叶常为复叶，托叶发达；花托突起或凹陷；心皮多数，分离，子房上位；聚合瘦果或聚合核果。

蔷薇属（*Rosa*），落叶或常绿灌木，具皮刺，叶多为奇数羽状复叶；花单生或为伞房花序；心皮

图7-113 蔷薇科植物特征

A—K.东京樱花（*Prunus yedoensis*），A.花期枝条：总状花序短缩，呈伞形；B.一花序，有花4朵，总花梗极短缩；苞片长圆形，中部以上有锯齿；花梗细长，被毛；萼筒管状，萼裂片平展；C.花纵切：托杯（萼筒）结构，即花被、花丝基部合生的结构；子房上位，花柱伸出萼筒外，与雄蕊群等长；D.雄蕊：花药背着，2室；E.雌蕊：花柱中下部被毛，子房无毛；F.托杯（萼筒）纵剖展平，示外侧结构：萼裂片5，卵状三角形；雄蕊多数，花丝长短不一；G.萼筒横切，示5枚萼裂片，边缘有细锯齿；H.左：花冠离析，花瓣5，先端凹缺；右：托杯（萼筒）局部；I.托杯（萼筒）局部放大，示花丝着生于萼筒，雄蕊高低错落；J.左上：子房横切，1室，取出一枚胚珠置于左下；右上与右下：子房横切，示2枚胚珠，后期仅1枚发育，另一枚被吸收；K.粉花绣线菊（*Spiraea japonica*）植株、花序，右上图为李叶绣线菊的花；L.月季（*Rosa chinensis*）花解剖示子房上位、离生心皮和多雄蕊；M.垂丝海棠（*Malus halliana*）植株和花；N.火棘（*Pyracantha fortuneana*）植株和果实（梨果），子房下位

多数，着生在凹陷的花托与托杯结合成的壶状体内面；聚合瘦果（又称蔷薇果）。本属约200多种，分布于北半球，我国约80种。野蔷薇（*R. multiflora*），各地普遍有野生，可作繁殖月季的砧木，有许多栽培品种，如七姐妹（*R. multiflora* 'Carnea'）花重瓣，粉红色，常栽培作绿篱。玫瑰（*R. rugosa*），枝被皮刺和腺毛，小叶表面皱缩；原产于我国，现世界广泛栽培观赏。月季花（*R. chinensis*，图7-113L），枝具皮刺但无毛，小叶表面光滑；原产于我国，现成为世界各国广为栽培的著名花卉，品种达数千之多；除观赏外，花作香料，提取芳香油；花、根和叶还可药用。同属常见的还有金樱子（*R. laevigata*）、硕苞蔷薇（*R. bracteata*）等，均为野生，可药用或提取栲胶；金樱子果还可酿酒。缫丝花（刺梨，*R. roxburghii*），果味酸甜，富含维生素，可制保健饮料；花重瓣，大而美丽，栽培观赏。

悬钩子属（*Rubus*），灌木或亚灌木（少为草本），常有刺；单叶或复叶；雌蕊心皮常多数，离生于凸起的花托上，聚合核果。本属约750种，主产北半球；我国近200种，以江南分布较多。常见的有茅莓（*R. parvifolius*）、蓬蘽（*R. hirsutus*）、山莓（*R. corchorifolius*）、掌叶覆盆子（*R. chingii*）、盾叶莓（*R. peltatus*）、高粱泡（*R. lambertianus*）和插田泡（*R. coreanus*）等多种，果均可食用或酿酒。此外，黑莓（*R. fruiticosus*）和红莓（覆盆子，*R. idaeus*）在欧美栽培已久，有许多园艺品种。

本亚科还有多种经济植物，如草莓（*Fragaria ananassa*），花托花后增大肉质，即食用的主要部分，为重要草本水果，现各地有栽培，果生食或制果酱等。棣棠花（*Kerria japonica*），分布于江南，栽培观赏。地榆（*Sanguisorba officinalis*）、龙牙草（*Agrimonia pilosa*）、蛇莓（*Duchesnea indica*）及委陵菜属（*Potentilla*）多种植物均可药用，常野生山坡、路旁。

（3）苹果亚科（Maloideae） 木本；常单叶，有托叶；心皮2～5合生，多与凹陷花托愈合成下位子房；梨果。

梨属（*Pyrus*），落叶；伞房花序，花白色；花药常红色；花柱2～5条，分离。梨果含石细胞。本属约25种；我国14种，南北均产，多为重要果树及作栽培梨的砧木。常见的有沙梨（*P. pyrifolia*），原产我国，多栽培于长江流域及以南各地，品种甚多，如安徽砀山的"紫酥梨"、宣城的"雪梨"、浙江的"三花梨"、江西上饶的"早梨"。沙梨果肉脆甜多汁，除生食外，可制蜜饯。白梨（*P.*

bretschneideri）为我国黄河流域普遍栽培的梨树之一，历史悠久，优良品种很多，如鸭梨等。此外，豆梨（*P. calleryana*），在黄河以南各地野生，常作栽培梨的砧木。

苹果属（*Malus*），落叶灌木或乔木；伞房或伞形花序；花白色、粉红或蔷薇红色；花药黄色，花柱2～5，基部合生；梨果无石细胞。本属约35种，我国约22种。苹果（*M. pumila*），原产欧洲；为重要的落叶果树之一，现世界广为栽培；我国主产辽东、山东半岛及华北地区；果鲜食或加工酿酒等。花红（*M. asiatica*），果较小；产我国北部，现栽培作水果。同属的垂丝海棠（*M. halliana*，图7-113M）、海棠花（*M. spectabilis*）、西府海棠（*M. micromalus*）等均为庭园常见的观赏植物。

本亚科常见的经济植物还有枇杷（*Eriobotrya japonica*），原产于四川，现江南栽培作水果，以江苏震泽、浙江塘栖和福建莆田所产的最为著名；果生食、酿酒或制罐头；叶和种子药用。山楂（*Crataegus pinnatifida*）和野山楂（*C. cuneata*），前者产北方，果生食或制酱、糕；后者江南有野生，也可食。木瓜（*Pseudocydonia sinensis*）和贴梗海棠（*Chaenomeles speciosa*），二者果实皆供药用，又是常见观赏植物。此外，火棘（*Pyracantha fortuneana*，图7-113N），常绿灌木，入冬果红色，分布于江南，也栽培观赏。

（4）桃亚科（Amygdaloideae） 木本；单叶，有托叶，叶柄顶端常有腺体；托杯凹陷呈杯状；心皮1枚，子房上位；核果。

李属（*Prunus*），落叶小乔木或灌木，叶柄近顶端常有2腺体；核果，仅1粒种子。本属约200多种，我国有120多种，广布。多为果树或庭园绿化、观赏树种。有人主张将本属分为李属（*Prunus*）、桃属（*Amygdalus*）、杏属（*Armeniaca*）、樱属（*Cerasus*）等多个属。

李属重要经济植物检索表

1. 叶缘有大小不等的重锯齿；果实无纵沟
   ·················· 樱桃 *P. pseudocerasus*
1. 叶缘为单锯齿；果实有纵沟。
   2. 叶腋常为3芽并生，两侧的副芽为花芽；顶芽存在 ·················· 桃 *P. persica*
   2. 叶腋常生1腋芽；顶芽常早亡。
      3. 果皮无毛，常被白色蜡粉；花白色，花叶同时开放；叶倒卵形或倒披针形

·····················李 *P. salicina*

3. 果皮有毛；花粉红或白色，先于叶
开放；叶宽卵形或卵形。

4. 小枝绿色，枝端成刺状；叶基
部宽楔形，叶缘有细锐锯齿

·····················梅 *P. mume*

4. 小枝红褐色；叶基部圆形，
叶缘有细钝锯齿

·····················杏 *P. armeniaca*

桃（*P. persica*），原产我国北部和中部地区，现广为栽培，品种极多，浙江奉化的"奉化水蜜桃"与"上海水蜜桃"、山东"佛桃"、北京"白桃"等均为著名品种；桃除食用外，桃仁等可入药；本种有很多园林观赏品种，如寿星桃（*P. persica* 'Densa'）、碧桃（*P. persica* 'Duplex'）、垂枝桃（*P. persica* 'Pendula'）等较为常见。梅（*P. mume*），原产于我国西南，主产于长江以南各地，浙江以奉化、长兴及杭州塘栖等地栽培较多；果食用或药用；梅也是著名观赏树种，品种很多，如"红梅"、"绿萼梅"、"垂枝梅"等。李（*P. salicena*），原产于我国中部，现广为栽培；果食用，核仁等可入药。杏（*P. armeniaca*），多分布于长江以北诸地；果食用，种仁为常用中药。樱桃（*P. pseudocerasus*），原产于我国长江流域，栽培作水果；种仁、树皮可入药。本属常见的还有郁李（*P. japonica*）、山樱花（*P. serrulata*）和日本晚樱（*P. lannesiana*）、东京樱花（*P. yedoensis*，图7-113A—K）、紫叶李（*P. cerasifera* 'Pissardii'）等为常见栽培的观赏植物。

附40 蔷薇科其他属种

27. 桑科（Moraceae, mulberry family）

本科产热带、亚热带的一个木本科，约39属1125种。我国有9属144种，主要分布于长江流域以南各地。其中桑树与蚕桑事业密切相关。另有不少药用植物及野生纤维植物，还有重要的果树和橡胶植物等。

科的特征（图7-114）：大多数为木本，常有乳汁，有的含橡胶，叶内常有钟乳体。单叶互生，托叶早落。花单性，雌雄同株或异株；头状、穗状、柔荑、圆锥状花序或隐头花序（花聚生于肉质中空的壶状花序托内）；花单被，花被片常4枚；雄花的雄蕊与花被片同数而对生，花丝在蕾中内曲或直立；雌花2心皮合生，子房上位。果为由核果或瘦果聚生而成的聚花果。胚弯曲。染色体基数：$x = 7$，12～16。

本科主要依据小枝有无环状托叶痕、花序类型、花丝在蕾中的状态、果实类型等性状进行属的划分。

桑属（*Morus*），落叶乔木或灌木；叶缘具锯齿或缺刻，常掌状脉；穗状花序腋生，花丝内弯，雌花花被片在结果时增大，肉质，包被核果。本属约12种，我国9种，南北均产。主要的有桑（*M. alba*），聚花果称桑椹，黑或红紫色；原产于我国，栽培历史悠久，浙江省杭嘉湖一带最多；叶饲蚕，桑椹、根内皮、桑叶、桑枝均药用，茎皮纤维可造纸。同属常见还有华桑（*M. cathayana*）、鸡桑（*M. australis*，图7-114A—G）。

榕属（*Ficus*），多常绿，小枝具环状托叶痕。叶常全缘；托叶大，包于芽外。雌雄同株（序），隐头花序，花丝在蕾中直伸。聚花果（榕果）形状多样，小果实为瘦果。本属约1000种，主产热带，我国约产90种，主产于华南至西南。常见有无花果（*F. carica*），原产地中海沿岸，现栽培，果可生食或制蜜饯，也可药用。榕树（*F. microcarpa*），常绿大乔木，气生根着地增粗成树干状，形成奇特的独木成林现象，分布于华南，常作行道树。印度榕（*F. elastica*），原产印度，现栽培；乳汁含硬橡胶，常作观叶植物。薜荔（*F. pumila*，图7-114 I）常绿藤本，叶二型，生花序枝上的叶大、革质，不生花序枝上的叶小而薄；广布于华东至华南，果可制凉粉供食用。

本科植物尚有构树（*Broussonetia papyrifera*，图7-114H），乔木，叶形多变，雌花序为球形头状，绿化树种。柘树（*Maclura tricuspidata*）和葨芝（*M. cochinchinensis*，图7-114J），江南常见，叶也可饲蚕。还有产于云南的见血封喉（*Antiaris toxicaria*），树液有剧毒。热带水果菠萝蜜（*Artocarpus heterophyllus*），聚花果长25～60cm，重达20千克。

附41 桑科其他属种

28. 荨麻科（Urticaceae, nettle family）

本科为分布于热带和温带，大多数为草本的科，约55属2000余种。我国约有26属430种，全国各地均有分布。其中苎麻为重要纤维植物。

科的特征（图7-115）：多数为草本，稀为灌木，无乳汁，表皮细胞常有钟乳体，有些属有螫毛。茎皮有较长的纤维。单叶互生或对生，常有托叶。花单性，细小，聚伞花序常集成头状或假穗状花序；花单被，雄蕊与花被片同数而对生，花丝在芽中内

图7-114 桑科植物特征

A—G.鸡桑（*Morus australis*），A.雌花期枝条：叶基心形至宽楔形，先端尾状，叶缘有粗锯齿；雌花序生于当年生枝基部，具长总梗，花序呈短椭圆形或近球形；B.雄花期枝条：雄花序具短梗；C.左：雄花序侧面观；自上而下，右1：雄花正面观，示花被片4，雄蕊4，与花被片对生，基部具退化雌蕊；右2：雄花侧面观；右3：退化雌花纵切，无花柱；右4：退化雌花；D.雌花，花柱伸出花被片，柱头2裂，内面被柔毛；E.雌花序纵剖，花序轴被柔毛；F.雌花纵剖，子房内具1枚斜挂的胚珠；G.种子各面观，呈圆锥状；H.构树（*Broussonetia papyrifera*）植株、雄花序和聚花果；I.薜荔（*Ficus pumila*）植株及隐头花序形成的聚花果；J.葨芝（*Maclura cochinchinensis*）植株和聚花果

曲；单心皮子房上位。瘦果或核果，种子有胚乳。染色体基数：$x＝7$，12，13。

本科分属的主要依据是植物体有无螯毛、叶序、雌花花被片数目、柱头形状等。

苎麻属（*Boehmeria*），主要为多年生草本，无螯毛，叶具三出脉；花柱线形宿存。瘦果完全为花被管所包被。本属约100种，我国20余种。苎麻（*B. nivea*），原产我国，现南北均有栽培，为重要麻纺织纤维作物之一；以湖南、江西和四川产量最多；我国苎麻总产量占世界首位。其他常见种有大叶苎麻（*B. japonica*）、悬铃叶苎麻（*B. tricuspis*，图7-115F），华东地区均有分布。

冷水花属（*Pilea*），一年生或多年生草本，无螯毛；叶对生；柱头画笔头。透茎冷水花（*P. pumila*）、冷水花（*P. notata*）、山冷水花（*P. japonica*，图7-115A—E）等为山地林缘或林下阴湿处的常见植物；花叶冷水花（*P. cadierei*）原产于越南，因叶有美丽的白色花斑，现栽培观赏。

荨麻属（*Urtica*），广布于北半球温带和亚热带，约35种，中国产35种，多具螯毛，常见荨麻（*U. fissa*）和裂叶荨麻（*U. lobatifolia*）全草可入药。

本科常见植物还有：糯米团属的糯米团（*Gonostegia hirta*）、花点草属的花点草（*Nanocnide japonica*）等为田间或山野杂草，也可药用。紫麻（*Oreocnide frutescens*，图7-115G）为灌木，茎皮纤维发达，根、茎、叶入药。庐山楼梯草（*Elatostema*

图7-115　荨麻科植物特征

A—E.山冷水花（*Pilea japonica*），A.果期枝条：叶对生，同对的叶不等大，叶基楔形，下部全缘，基出3脉；雌聚伞花序具纤细长梗，团伞花簇缩成头状；B.散出瘦果的雌花正面观，内侧具5枚半透明鳞片状退化雄蕊；C.雌花正面观，瘦果成熟中；D.瘦果侧面观，卵形，压扁；E.种子，成熟时褐色；F.悬铃叶苎麻（*Boehmeria tricuspis*）植株和花序；G.紫麻（*Oreocnide frutescens*）植株和花序；H.浙江蝎子草（*Girardinia chingiana*）植株和蛰毛（箭头）

stewardii）、赤车（*Pellionia radicans*）和浙江蝎子草（*Girardinia chingiana*，图7-115H）等为山坡阴湿地常见药用植物。

鼠李科（Rhamnaceae，buckthorn family）

本科有58属，约1000种，广布于世界温带至热带地区。我国有13属，130多种，南北均产，主产江南各省。乔木、灌木或木质攀缘藤本，常有枝刺或托叶刺。单叶互生或近对生。花小，两性（稀单性），聚伞花序腋生；花萼、花瓣均4～5；雄蕊与花瓣同数且对生；花盘肉质，发达；子房上位或半下位。核果、蒴果或翅果。重要的经济植物有枣属（*Zizyphus*）的枣（*Z. jujuba*，图7-116A），落叶灌木或小乔木，具托叶刺；核果。枣是特产我国的果树，多见于华北、西北等地，已有3000多年栽培历史。果生食或制干果（红枣），也可药用；根、树皮及种仁可入药；也是优质蜜源植物。鼠李属（*Rhamnus*）的冻绿

附43 鼠李科其他属种

（*Rh. utilis*）、长叶冻绿（*Rh. crenata*，图7-116B）和圆叶鼠李（*Rh. globosa*）等为华东地区常见的落叶灌木，生山坡林下，茎、叶药用或作染料。此外，枳椇（拐枣，*Hovenia acerba*），落叶乔木，核果球形；果柄肉质可食，也可药用，木材可制家具等。雀梅藤（*Sageretia thea*），攀缘灌木，分布于长江以南各地；常栽培作盆景，嫩叶可代茶。

榆科（Ulmaceae，elm family）

目前的榆科是一个小科，过去的许多属已被证明是大麻科成员（见大麻科）。本科有8属，35种，分布于北半球温带。我国产3属，25种，各地广布。乔木。单叶互生，2列。羽状脉，基部不对称，具托叶。有限花序成簇，腋生；花两性或单性，雌雄同株、异株或杂性；花辐射对称，不显著，具花托杯；花瓣4～9；雄蕊4～9，与花瓣对生，花丝分离；心皮2，合生，子房上位，顶生胎座；翅果或小坚果。染色体数：$2n = 28$，56，84。江南常见的有榆属的白榆（*Ulmus pumila*）和榔榆（*U. parvifolia*），常作绿化树种，木材坚硬可作工业用材。长序榆（*U. elongata*，图7-117A）仅在浙江、福建、安徽和江西有零星分布，数量极少且濒临灭绝，已被列为国家二级重点保护野生植物。长序榆属于榆属长序榆组，该组原有种均产于北美。长序榆的发现，不仅丰富了我国榆属植物资源，而且对探讨北美和东亚植物区系具有科学意义。榉属的大叶榉（*Zelkova schneideriana*，图7-117B）为著名硬木之一。大叶榉野生资源因长期利用已较稀少，也被列为国家二级重点保护野生植物。

附44 榆科
其他属种

大麻科（Cannabaceae，hemp family）

现有的大麻科包括原来榆科的一些属，有青檀属（*Pteroceltis*）、朴树属（*Celtis*）和糙叶树属（*Aphananthe*）等（Yang et al.，2013）。广义大麻科有10属，约180种，产于世界热带和温带地区。我国有7属，25种，各地广布。乔木、藤本或草本，无乳汁。叶互生或对生，具腺毛，全缘或掌状分裂。聚伞花序单生于叶腋；花单性，雌雄同株或异株，不显著。雄花：花被片5，雄蕊5，与花被片对生。雌花：子房上位，1室，具2个干柱头和1枚倒生胚珠。核果、翅果或瘦果。大麻（*Cannabis sativa*，图7-118A）是大麻属的唯一物种，通常分为2个亚种：原亚种（subsp. *sativa*），也叫"工业大麻"，分布于北纬30°以北，四氢大麻酚含量低于0.3%，具较高而细长、稀疏分枝的茎和长而中空的节间，主要用于生产纤维和油，如印度锡金邦、不丹、中国通常栽培的"火麻"；以及印度亚种（subsp. *indica*），也叫"毒品大麻"，分布于北纬30°以南，四氢大麻酚含量高于0.3%，其植株较小，多分枝而具短而实心的节间，用于提取四氢大麻酚，供药用或制作毒品。研究表明，两个亚种之间可以轻松杂交，且工业大麻也可具有较高含量的四氢大麻酚。因此，无论是《联合国禁止非法贩运麻醉药品和精神药物公约》还是《中华人民共和国禁毒法》，对于大麻的认定都是大麻属的所有植物，不区分工业大麻和毒品大麻。啤酒花（*Humulus lupulus*）为多年生缠绕藤本，果穗供制啤酒，增加啤酒的风味；此外，同属的葎草（*H. scandens*），为常见杂草。青檀属为我国特有的单种属，青檀（*Pteroceltis tatarinowii*，图7-118B）具有翅果状坚果，茎皮为制作宣纸的必需原料。

蔷薇目常见还有胡颓子科（Elaeagnaceae）的

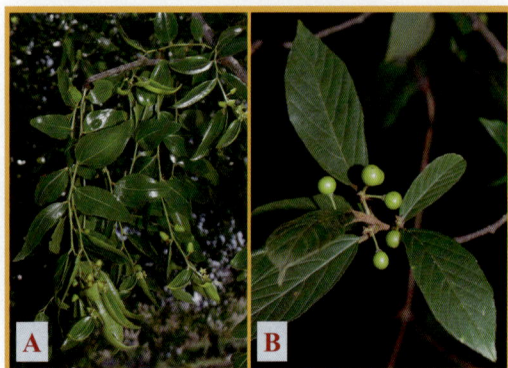

附45 大麻科
其他属种

图7-116 鼠李科植物特征
A.枣（*Zizyphus jujuba*）植株和花；B.长叶冻绿（*Rhamnus crenata*）植株和幼果

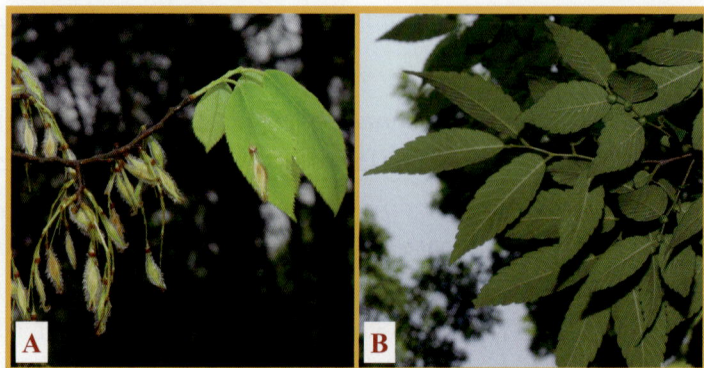

图7-117 榆科植物特征
A.长序榆（*Ulmus elongata*）枝条及幼果；B.大叶榉（*Zelkova schneideriana*）枝条及幼果

图7-118　大麻科植物特征

A.大麻（*Cannabis sativa*）枝叶、雌花序（左上）和种子（右下）；B.青檀（*Pteroceltis tatarinowii*）枝叶和翅果状坚果

胡颓子属（*Elaeagnus*）和沙棘属（*Hippophae*），灌木、乔木或藤本，叶背被银白色或褐色至锈色盾形鳞片，有时有星状绒毛；沙棘属中的沙棘（*H. rhamnoidese*）是优良的固沙植物，果可榨汁饮用。

附46 蔷薇目
其他属种

（二十三）壳斗目（Fagales）

本目包含壳斗科、胡桃科、桦木科、木麻黄科（Casuarinaceae）、杨梅科等7科。该目具腺毛或星状毛，单性花，花瓣退化或缺，下位子房，每室具1～2胚珠等共同特征。

29.壳斗科（山毛榉科, Fagaceae, beech family）

本科有7属900余种，主产热带及北半球的亚热带。南半球原有一属（*Nothofagus*），现已单列一科。我国有7属约300种，广布，以南方为多。本科许多植物为亚热带常绿阔叶林的建群种，材质坚重耐磨，供材用，也是主要造林树种，经济意义较大。另有不少植物的种子（俗称"橡子"）富含淀粉和可溶性糖类，为重要木本粮食植物或干果类果树。

科的特征（图7-119）：常绿或落叶乔木，稀为灌木。单叶互生，羽状脉，有托叶，早落。花单性，单被，雌雄同株；雄花集成柔荑花序，直立或下垂；雄蕊与花被裂片同数或多数；雌花1～3朵生于1总苞内，总苞由多数覆瓦状排列的小苞片组成；子房下位，3～6室，每室2胚珠，但整个子房常仅1个胚珠发育为种子；花柱与子房室同数。坚果，总苞果时增大木质化，呈盘状、碗状或封闭的球状，称为壳斗（cupule），半包或全包坚果，外有鳞片或刺。种子无胚乳，子叶肥厚、富含淀粉。染

色体基数：$x = 12$。

本科常见植物分属检索表

1. 雄花头状花序。坚果三角状卵形，常2个着生于壳斗中，果熟时常4瓣裂，枝具顶芽
　　…………………………… 水青冈属（*Fagus*）
1. 雄花为柔荑花序。
　　2. 雄花序直立或斜展。
　　　3. 落叶乔木或灌木，小枝无顶芽；子房6室；壳斗内具坚果1～3枚
　　　………………… 栗属（*Castanea*）
　　　3. 常绿乔木，小枝有顶芽；子房常3室；壳斗内具坚果1枚，稀3枚。
　　　　4. 叶常二列，边缘有锯齿，极少全缘；壳斗球形，全部包围坚果，稀为杯状壳斗 ……
　　　　　……… 锥属（*Castanopsis*）
　　　　4. 叶常螺旋状排列，全缘，罕有齿缺；壳斗盘状或杯状，稀全包坚果
　　　　　……… 石栎属（*Lithocarpus*）
　　2. 雄花序细柔下垂。
　　　5. 叶脱落或常绿，壳斗外的小苞片螺旋状排列，结果时不结合成同心环带
　　　………………… 栎属（*Quercus*）
　　　5. 叶常绿，壳斗外的小苞片（鳞片）轮状排列，结果时结成同心环带
　　　……… 青冈属（*Cyclobalanopsis*）

栗属（*Castanea*），约12种，分布于北温带，我国4种。板栗（*C. mollissima*），每总苞内常含3个坚果；原产于我国，栽培历史达2000多年，为著名木本粮食植物，主产华北至华南，果实食用，木材耐水湿，可供材用。同属还有：茅栗（*C. seguinii*，图7-119G）每总苞有2～3个坚果；以及锥栗（*C. henryi*），每总苞内仅1个坚果，较小；均可食用，也为优良用材树种。

锥属（*Castanopsis*），约130种，我国约60种。苦槠（*C. sclerophylla*），广布长江以南各地；木材坚硬、耐湿抗腐，供材用；种子富含淀粉，去单宁

后可食用或制"豆腐"用。江南常见种类还有米槠（*C. carlesii*）、甜槠（*C. eyrei*）、栲（*C. fargesii*）等，是亚热带常绿阔叶林主要成分，多为用材树种。

石栎属（柯属，*Lithocarpus*），约300种，我国约110种。短尾柯（*L. brevicaudatus*），叶片形状、大小变化很大；分布于长江以南各地；木材坚硬可供制器具用，种子含淀粉。石栎（柯，*L. glaber*），分布与用途同绵柯。多穗石栎（*L. polystachyus*），叶可制作"甜茶"，也可提取食用天然色素褐色素。

青冈属（*Cyclobalanopsis*），约150种，我国约产70种。青冈（*C. glauca*，图7-119H）分布于江

图7-119 壳斗科植物特征

A—E.栓皮栎（*Quercus variabilis*），A.花期枝条，雄花序为柔荑花序，与当年枝叶同出；B.叶：示腹面与背面，叶缘有芒刺，侧脉12对以上，叶背密被星状绒毛；C.一个冬芽中发出(2～)5根柔荑花序，雄花常3～5朵簇生呈头状花序疏松排列在花序轴上；D.雄花离析：上：5枚雄蕊（非定数）；下：花被片，不规则开裂，密被长柔毛；E.下：由雄花组成的头状花序，部分文献志书记载雄花具10枚或以上雄蕊，实则包含了若干朵雄花；上：1枚雄花正面观，示6枚雄蕊，花丝较长，花药2室，纵裂；F.分布北美的舒马栎（*Q. shumardii*）植株和具壳斗状总苞的坚果；G.茅栗（*Castanea seguinii*）植株和雄柔荑花序；H.青冈（*Cyclobalanopsis glauca*）植株和具有同心圆壳斗的坚果

南各地，树皮光滑；木材坚硬，可作建筑、制革、纺织或酿造工业原料。同属常见的还有小叶青冈（*C. myrsinaefolia*）、细叶青冈（*C. gracilis*）、云山青冈（*C. nubium*）等，也是亚热带常绿阔叶林主要成分，多为用材和绿化树种。

栎属（***Quercus***），约450种，我国约120种。麻栎（*Q. acutissima*），分布较广，全国大多数地区均有生长。材用树种，种子含淀粉，作工业原料或酿酒用；幼叶可养柞蚕；茎段可培养香菇、木耳等。同属的栓皮栎（*Q. variabilis*，图7-119A—E），木栓层发达，厚达10cm，质轻软，为电、热、音的不良导体；不透水、气，为软木工业重要原料。北美和欧洲栎属的有些种叶常分裂，如舒马栎（*Qeurcus shumardii*，图7-119F）。

附47 壳斗科其他属种

30.胡桃科（Juglandaceae，walnut family）

本科为木本小科，有10属约71种，主产北温带。我国有8属27种，南北均产。其中的胡桃、山核桃为重要的干果类果树或木本油料植物，其他多为用材树种。

科的特征（图7-120）：落叶乔木，芽常裸露，体内常具树脂。奇数羽状复叶互生，无托叶。花单性，雌雄同株，单被或无被；雄花组成柔荑花序，直立或下垂；雄蕊3至多数；雌花单生或簇生，或为直立或下垂的柔荑花序；雌蕊2心皮合生，子房下位，1室或不完全2～4室。核果或具翅的坚果（翅由苞片发育而成）。种子无胚乳，子叶常皱褶，含丰富的油脂。染色体基数：$x = 16$。

本科的分属以小枝髓充实或薄片状、雄花序直立或下垂、核果或坚果、果实有翅或无翅等性状为主要依据。

胡桃属（***Juglans***），乔木，枝髓具片状分隔。雄柔荑花序下垂；雌花成直立穗状花序，有花被；子房上部1室，下部4室；核果，外果皮肉质；内果皮骨质，有雕纹。约20余种分布于北温带，我国5种。核桃（*J. regia*，图7-120M），原产于我国西北及中亚，栽培已有2000多年，现主产华北。种仁含油高（60%～70%），营养丰富，供食用或榨油，为优质食用油，系重要木本油料。核桃楸（*J. mandshurica*），产于华东至华南，可作嫁接核桃的砧木。

山核桃属（***Carya***），乔木，枝髓实心，芽常裸露。雄柔荑花序常3条呈一束，下垂；雌花2～10朵成直立穗状花序；无花被（变形成柱头盘），柱

头乳头状。核果，外果皮干后革质，不规则4裂，内果皮骨质平滑，有纵棱。本属约15种，主产美洲，我国4种。山核桃（*C. cathayensis*，图7-120N），为干果类果树及重要油料植物，以产浙江昌化的最著名。美国山核桃（碧根果，*C. illinoensis*），原产北美，引种栽培，用途似山核桃，也可作行道树。

本科常见植物尚有：枫杨（*Pterocarya stenoptera*，图7-120A—L），乔木，羽状复叶叶轴有狭翅；雌花序果时下垂，坚果具翅（由苞片发育而来）；分布于辽东、华北及长江流域以南各地，常作行道树。化香树（*Platycarya strobilacea*），乔木，果序球果状，小坚果扁平，具狭翅；分布于华东至西南；树皮、叶和果含鞣质，可制栲胶，叶和果也可入药或作农药。青钱柳（*Cyclocarya paliurus*），产于华东、华中至华南，为我国特产的单种属植物，坚果具圆盘状翅，形似青色的铜钱故名，嫩叶可代茶具降血糖作用。黄杞（*Alfaropsis roxburghiana*），常绿乔木，翅果，浙南至华南分布。

附48 胡桃科其他属种

杨梅科（Myricaceae，wax myrtle family）

本科3属，约50种，产于温带、亚热带地区和热带高山地区。我国有1属4种，产于华东、华南至西南。芳香灌木或乔木。根部常共生固氮根瘤菌。单叶互生，羽状脉，全缘或羽状深裂，多无托叶。柔荑花序腋生，有苞片；花单性，多雌雄异株，稀同性及两性花；花被无；雄花序单生枝条腋部，有苞片包被；雄蕊2至多数（常4～8），花丝短，分离或基部合生；雌花多单生于苞片腋内，有时2～4枚聚生，具2～4苞片；雌蕊2心皮，1室，1直生胚珠，柱头2裂，子房上位。核果或小坚果，表面平滑或者有囊状突起，常被蜡质。染色体数：$2n = 16，32，48，80，96$。杨梅（*Morella rubra*，图7-121A）为常绿乔木，分布于中国、日本、韩国、菲律宾，是我国江南的著名水果，栽培品种众多，常见品种有"东魁"、"荸荠"、"水晶"等。同属的蜡杨梅（*M. cerifera*）为常绿小乔木，全株有香气，叶蜡质有光泽，叶背密布黄色腺点，果蓝色，直径3mm左右，外被厚厚的蜡层，原产北美东南部，现浙江沿海地区常有栽培；果实可制蜡，植株耐盐，可供滨海、园林绿化观赏。香蕨木（*Comptonia peregrina*，图7-121B）叶羽状深裂，枝叶极芳香，特产于北美东北部。高山杨梅（*Canacomyrica monticola*）为

附49 杨梅科桦木科其他属种

图7-120　胡桃科植物特征

A—L.枫杨（*Pterocarya stenoptera*），A.花期枝条，雌花序穗状，生于当年生枝顶；一回羽状复叶，叶柄基部稍膨大，小叶对生，无柄，叶轴有窄翅；B.小枝纵切片，示片状髓；C.叶柄横切片，髓部呈箭头状；D.雄花序，呈柔荑花序，下垂，被稀疏星状毛；E.雄蕊，花药纵裂，花丝极短；F.雄花：左上：雄花背面观，具1枚褐色苞片（图中白色箭头所指），花被片5裂；右上：雄花背面观，具1枚苞片，花被片3裂，边缘有花药露出；左下：雄花腹面观，雄蕊11（不定数）；右下：雄花纵切后侧面观，示雄蕊着生于伸长的花盘上；G.左上：雌花纵切，具1枚线形苞片（图中白色箭头所指）；右上：雌花纵剖，除部分小苞片，花被片4，钻形（图中白色箭头所指）；左下：雌花顶面观；右下：雌花横切片，苞片（图中白色箭头所指）2枚，幼时内卷并与子房贴生；H.雌花花序局部，雌花贴生于花序轴，无梗；I.雌花背面观；J.雌花腹面观；K.雌花侧面观；L.翅果果期；M.核桃（*Juglans regia*）植株和核果；N.山核桃（*Carya cathayensis*）植株和核果

该属的唯一成员，特产于新喀里多尼亚高海拔的原生林中，是本科的基部类群。

桦木科（Betulaceae，birch family）

　　本科有6属，150～200种，产北半球，少数种类延伸至南半球（苏门答腊和南美安第斯山区）。我国有6属，89种，南北均产。落叶乔木或灌木。单叶互生，叶缘具重锯齿或单齿，稀浅裂或全缘，羽状脉。花单性，雌雄同株，风媒；雄花序为下垂的柔荑花序，雄花1～3朵成小花序聚生在总苞片内，有花被或缺，雄蕊（1～）2～20；雌花序球果状、穗状、总状或头状，雌花1～3（～5）朵成小花序聚生在总苞片内；子房2室，每室具1或2枚胚珠，花柱2，果为具翅或不具翅的小坚果或坚果。染色体数：$2n = 16$，22，28，42，56，64，84，112。白桦（*Betula platyphylla*，图7-122A）是东北森林的主要树种之一，也是重要用材树种。江南常见有江南桤木（*Alnus trabeculosa*）、川榛（*Corylus heterophylla* var. *sutchuanensis*，图7-122B）、雷公鹅耳枥（*Carpinus viminea*）等，江南桤木可作绿化树种，川榛的坚果可食用。天目铁木（*Ostrya*

图7-121 杨梅科植物特征
A.杨梅（*Morella rubra*）枝叶和果实；B.香蕨木（*Comptonia peregrina*）植株和幼果

图7-122 桦木科植物特征
A.白桦（*Betula platyphylla*）植株及白色树皮；B.川榛（*Corylus heterophylla* var. *sutchuanensis*）植株及具总苞片的坚果

rehderiana）、普陀鹅耳枥（*C. putoensis*）和天台鹅耳枥（*C. tientaiensis*）均为浙江特有的珍稀濒危树种。天目铁木特产于临安西天目山，野生的仅存5株；普陀鹅耳枥特产于舟山普陀山，野生的仅存1株，有"地球独子"之称；天台鹅耳枥特产于浙江天台等地；前两种已被列为国家一级重点保护野生植物，后一种已被列为国家二级重点保护野生植物。

壳斗目中分布于大洋洲、东南亚的木麻黄科（Casuarinaceae）植物叶退化，小枝绿色，可用于海岸防风和防海啸、防海浪侵蚀、固沙等，对海岸带生态系统的恢复、贫瘠的沿海沙地和严重退化的南方山区丘陵地区的土壤改良等均有重要作用。现世界热带和亚热带广泛引种栽培，我国引种最多的是木麻黄（*Casuarina equisetifolia*）。

附50 壳斗目其他科属

（二十四）葫芦目（Cucurbitales）

本目包含葫芦科和秋海棠科（Begoniaceae）等8科。葫芦科以往多放在合瓣花、聚药雄蕊类中，与桔梗科接近。但目前形态研究揭示其下位子房、侧膜胎座、有的花瓣离生、两层珠被而与秋海棠科更接近，分子系统学证据也支持置于葫芦目。

31.葫芦科（Cucurbitaceae, gourd family）

本科为主产热带、亚热带的一个多攀缘或匍匐的草质藤本科。本科约95属960种，产于热带和亚热带地区，少数种类延伸至温带地区。我国产30属，约147种，多分布于华南至西南。本科经济价值高，包括多种瓜果蔬菜和药用植物。

科的特征（图7-123）：攀缘或匍匐草质藤本，常有螺旋状卷须（枝条变态），生叶腋。单叶互生，多掌状分裂，少为复叶。花单性，雌雄同株或异

株，单生或成总状、聚伞或圆锥花序；花萼管状，5裂；花瓣5，合生或分离；雄花雄蕊多为5枚，常两两结合，1枚分离，形似3枚，药室常呈"S"形；子房下位，3心皮合生1室，侧膜胎座。瓠果，肉质或后变干燥硬质；种子多数，常扁平，无胚乳。染色体基数：$x = 7 \sim 14$。

黄瓜属（香瓜属*Cucumis*），约30多种，我国广为栽培的有2种。黄瓜（*C. sativus*），果有具刺尖的瘤状突起。原产南亚和非洲，现为世界主要蔬菜之一。甜瓜（香瓜，*C. melo*），果不具瘤状突起。原产印度，栽培已久，品种很多，瓜形状、颜色因品种而异。通常有香、甜味，如黄金瓜、雪梨瓜、枣儿瓜、白兰瓜和哈密瓜等。其亚种菜瓜（subsp. *agrestis*），果皮淡绿色，具深浅纵条纹，无香甜味，江南各地栽培较多。

南瓜属（*Cucurbita*），约25种，多产南美，我国广为栽培的有3种。南瓜（*C. moschata*），果实形状多样，有扁球形、椭圆形或狭颈状，供菜用或饲料用；种子食用或榨油，也可入药。笋瓜（*C. maxima*），原产印度，果实圆柱形，作蔬菜或饲料。

冬瓜属（*Benincasa*），仅2种。我国栽培有冬瓜（*B. hispida*，图7-123L），瓠果长圆形，被针状毛或白蜡粉，原产我国南部和南亚。果为夏秋主要蔬菜之一；种子及外果皮药用。

丝瓜属（*Luffa*），约8种，热带分布，我国栽培有2种。丝瓜（*L. cylindrica*），瓠果圆柱形。原产印度尼西亚，果嫩时作菜用，熟后其网状纤维药用或洗涤器皿用。另有广东丝瓜（*L. acutangula*），果实具纵锐棱，华南一带栽培较多，用途同丝瓜。

葫芦属（*Lagenaria*），仅1种3变种，广为栽培。葫芦（*L. siceraria*），瓠果葫芦状。原产印度，果嫩时食用，熟后作盛器或药用。其品种瓠子（*L.*

图7-123　葫芦科植物特征

A—J.马㼎儿（*Zehneria indica*）A.花期枝条：雄花单生；叶被糙毛；B.花蕾期枝条：叶三角状卵形，3浅裂，掌状脉；C.雌花纵切，示下位子房，花盘黄绿色，发达，果期宿存；D.子房横切片，示3室，侧膜胎座，胚珠水平着生；E.果实（瓠果），果梗纤细；F.未成熟种子；G.果实横切面；H.左：雄花侧面观，花药伸出冠筒，沿药室纵裂缝一侧被橙黄色毛，起到聚集花粉的作用；右：雄花底面观，花萼裂片线形；I.雄花正面观，花冠裂片黄白色，长卵圆形，被短柔毛；中央露出3枚花药，其中2枚2室，1枚1室（图中红色箭头所指），3枚花药靠合形成3条缝隙，便于访花昆虫吻器插入吸食花蜜的同时带走花粉（马炜梁，2018）；J.雄花冠筒纵剖后展开：退化子房球形，无花柱结构；雄蕊着生于冠筒，花丝极短，药隔宽，花药纵裂；K.栝楼（*Trichosanthes kirilowii*）枝叶和瓠果；L.冬瓜（*Benincasa hispida*）雄花；M.浙江雪胆（*Hemsleya zhejiangensis*）枝叶、花序和花

siceraria 'Hispida'），瓠果长圆柱形，作蔬菜；瓠瓜（var. *depressa*），瓠果梨形，嫩时作蔬菜，老后作水瓢。

西瓜属（*Citrullus*），约4种，产于非洲和亚洲热带。我国广为栽培仅一种。西瓜（*C. lanatus*），瓠果大型，胎座组织（瓜瓤）发达；果形、皮色、瓜瓤色、种皮色因品种而异。原产非洲，世界性果品之一，夏季解渴消暑之佳品；种子可食用，有些品种专供食用瓜子，而三倍体西瓜无种子，即为无籽西瓜。

本科的蔬菜作物还有苦瓜（*Momordica charantia*）和佛手瓜（*Sechium edule*）。油渣果（*Hodgsonia macrocarpa*），系著名油料作物，产于华南，果可食，种子榨油供食用。药用植物有绞股蓝（*Gynostemma pentaphyllum*），分布华东至华南，全草入药，含有类似人参皂苷的绞股蓝皂苷，称为"南方人参"。栝楼（*Trichosanthes kirilowii*，图7-123K）和王瓜（*T. cucumeroides*）以根、瓜皮和种子入药。马㼎儿（*Zehneria indica*，图7-123A—J）常见于路旁、田边及灌丛中，全草入药。浙江雪胆（*Hemsleya zhejiangensis*，图7-123M），模式标本采自浙江乌岩岭国家自然保护区，块根入药。

葫芦目常见还有秋海棠科（Begoniaceae）的秋海棠属（*Begonia*），有1000余种，多为多年生

附51 葫芦科其他常见属种

肉质草本,喜阴湿环境,变异很大,我国主产于华南至西南,不少是栽培花卉。四数木科(Tetramelaceae)为2个单种属,主要分布于我国云南至东南亚热带,通常具明显的板状根,我国只有四数木(Tetrameles nudiflora)1种,为国家二级重点保护野生植物。马桑科(Coriariaceae)仅1属15种,零星散布于地中海至东亚至南美洲等地,我国有3种,分布于西北、西南及台湾;马桑(Coriaria nepalensis)的果实可提酒精,种子榨油可作油漆和油墨。风生花科(Apodanthaceae)有2属12种内寄生草本植物,分布于热带美洲、东非和西澳。过去系统位置不明,2016年确定属葫芦目。

附52 葫芦目其他科属

(二十五)卫矛目(Celastrales)

本目有卫矛科和鳞球穗科2个科。

卫矛科(Celastraceae,bittersweet family)

本科有94属,约1400多种,世界广布。我国有15属,257种,南北均产。灌木或乔木,有时为木质藤本。单叶互生或对生。花单生或成聚伞花序;花小,淡绿色;花盘显著;子房上位。蒴果、浆果、翅果或核果;种子常有假种皮。

卫矛属(Euonymus),灌木或乔木;叶对生;蒴果,假种皮橙色。本属约有150种,我国有120多种。卫矛(E. alatus,图7-124A),枝上具木栓翅,可入药;冬青卫矛(大叶黄杨,E. japonicus),日本和我国的舟山群岛有野生,常栽培作绿篱或绿化树种;以及肉花卫矛(E. carnosus,图7-124B)分布于中国和日本。

南蛇藤属(Celastrus),藤状灌木,叶互生,蒴果。本属约有50种,我国有22种。南蛇藤(C. orbiculatus,

附53 卫矛科其他属种

图7-124C)和大芽南蛇藤(C. gemmatus),广布南北,可作垂直绿化用或药用。

此外,雷公藤属的雷公藤(Tripterygium wilfordii),落叶蔓性灌木,小坚果具3片膜质翅,分布于长江流域各地,植物有剧毒,根可药用或作杀虫剂。

(二十六)金虎尾目(Malpighiales)

本目包含金虎尾科(Malpighiaceae)、杨柳科、大戟科、金丝桃科(Hypericaceae)、藤黄科(Clusiaceae)、红树科(Rhizophoraceae)、堇菜科、西番莲科(Passifloraceae)等36科,在APG Ⅳ系统中是科数最多的目之一。

32.杨柳科(Salicaceae,willow family)

本科为主产北温带的一个木本科,有58属,约1800种。我国产13属,约380多种,南北均产。本科许多种类可作庭园绿化树或行道树。

科的特征(图7-125,附图54):落叶乔木、灌木或匍匐灌木。单叶互生,有托叶。花常单性,雌雄异株,柔荑花序,有时总状或穗状花序;每花下有1苞片,基部有杯状花盘或腺体(由花被退化而来);雄花雄蕊2或多数;上位子房,2(4~5)心皮合生,侧膜胎座。多为蒴果,种子多数,有些基部围以株柄上长出的白色丝状柔毛;多无胚乳,胚直立。染色体基数:$x = 19$,22。

杨属(Populus),有顶芽,单轴分枝,冬芽有芽鳞多枚,叶片较宽;柔荑花序下垂;苞片顶端细裂;花有杯状花盘,雄蕊4至多数,风媒。本属约有100多种,我国有30多种,主要分布北方。加拿大杨(P. × canadensis),原产欧洲,系杂交种,广为栽培作绿化树种,多见雄树;木材可制纸、火柴杆、牙签等。响叶杨(P. adenopoda),江南丘陵有分布。银白杨(P. alba),分布于北方常栽培作绿化

图7-124 卫矛科植物特征
A.卫矛(Euonymus alatus);B.肉花卫矛(E.carnosus);C.南蛇藤(Celastrus orbiculatus)

图7-125 杨柳科植物特征

A—K.山桐子（*Idesia polycarpa*），A.雌花期枝条：叶互生，叶柄先端与中部各具1～2个扁平腺体；顶生圆锥花序下垂；B.雌花花冠正面观：花瓣缺，花萼数不定，自左往右分别为6枚，5枚和4枚；C.雌花花萼分离；D.雌花中的退化雄蕊群，部分退化雄蕊呈腺体状；E.花柱5，柱头卵圆形；F.子房横切片，1室，侧膜胎座；G.左：浆果，成熟时橙红色；中：果实横切片；右：果实纵切片，果肉黄色，种子黑色，多数；H.雄花期枝条：顶生圆锥花序下垂；I.雄花花萼，6枚，被毛，较雌花花萼长；J.雄花离析，雄蕊在花托上呈轮状排列，花丝不等长；具退化雌蕊；K.雄蕊：花丝基部被柔毛，花药基着；L.垂柳（*Salix babylonica*）雄性植株花期枝叶和柔荑花序；M.一种欧洲的高山葡匐柳，侏儒柳（*S.herbacea*）雌株花序及果序；N.新疆的箭杆杨（*Populus nigra* var.*thevestina*）植株示单轴分枝特性

树种。钻天杨（*P. nigra* var. *italica*），原产西亚及南欧，树形美观，生长快，现长江、黄河流域广为栽培。分布于西北及中亚的箭杆杨（*Populus nigra* var. *thevestina*）植株狭窄挺拔（图7-125N）。胡杨（*P. euphratica*）分布于西北及中亚地区，是荒漠地区特有的珍贵森林资源，可栽培观赏。

柳属（*Salix*），顶芽退化而成合轴分枝，冬芽仅1枚芽鳞，叶披针形或椭圆形；柔荑花序常直立，苞片全缘，有1～2枚腺体，雄蕊常为2；虫媒。约300种，我国约210种，广布。江南常见的垂柳（*S. babylonica*，图7-125L），在我国广为栽培，为常见护堤树、行道树或绿化树种。河柳（*S. chaenomeloides*）是平原地区河岸边常见的绿化树。银叶柳（*S. chienii*）在山区溪流岸边常见。喜马拉雅山脉和欧洲阿尔卑斯山脉等高海拔地区还有葡匐生长的柳树（如侏儒柳，*S. herbacea*，图7-125M）。

本科的常见植物还有：山桐子（*Idesia polycarpa*，图7-125A—K）原置于大风子科（Flacourtiaceae），分布于中国、日本及朝鲜半岛，为山地营造速生混交林和经济林的优良树种；

附54 杨柳科其他属种

花多芳香，有蜜腺，为蜜源植物；树形优美，果实长序，结果累累，果色朱红，可供观赏。

原属大风子科（Flacourtiaceae）的植物，近年分子系统学研究揭示大多应归于杨柳科，包括常见的柞木（*Xylosma racemosum*），落叶灌木，茎有枝刺，材用、药用或园林观赏用。山拐枣（*Poliothyrsis sinensis*）为我国特有的落叶乔木，材用或蜜源植物。

33.大戟科（Euphorbiaceae，spurge family）

本科为广布全世界的一个大科，包含217属，约6745种，主产热带。我国约56属，253种，主要分布于西南及江南地区。本科有很多经济植物，具有重要经济价值。

科的特征（图7-126）：乔木、灌木或草本，常具乳汁。多为单叶互生，具托叶。花序多种；花单性，雌雄同株或异株，双被、单被或无被；有花盘或腺体；雄蕊5至多数，有的仅有一枚，花丝分离或合生；雌蕊3心皮合生，常3室，子房上位，中轴胎座。蒴果，少为浆果或核果，种子有胚乳。染色体基数：$x = 7 \sim 12$。

图7-126 大戟科植物特征

A—K.白木乌桕（*Neoshirakia japonica*），A.花期枝条：单性花，雌雄同序组成顶生总状花序，雄花在花序轴上部，有时全为雄花；雌花在基部；B.雌花侧面观：柱头3，外卷，花柱基部合生；萼片3，三角形；苞片3深裂达基部，裂片披针形，中裂片较长；C.雌花纵切，胚珠每室1枚；D.子房横切片，3室，中轴胎座；E—H.每个苞片内具雄花2～3朵，如E和F具2雄花，G和H具3雄花；雄花苞片基部两侧各具1月牙形腺体；I.雄花背面观，每朵雄花具雄蕊3；J.雄花正面观，雄蕊与3枚花萼裂片互生，具花丝；K.雄花侧面观，花药2室；L.乌桕（*Triadica sebifera*）秋天的枝叶和果皮脱落后具白色假种皮的种子；M.猩猩草（*Euphorbia cathophora*）植株及花序和花序下的红色叶片，右图为杯状聚伞花序的结构（1.杯状总苞，2.雄花序下的苞片，3.中央1雌花花梗，4.许多雄花，5.一开放雄花的花梗，6.花丝与雄蕊，可见花丝与花梗间的关节，7.子房，8.杯状花序总梗）；N.橡胶树（*Hevea brasiliensis*）植株和割胶流出的白色乳汁本科的主要分类性状是花序类型、花被有无及轮数、雄花有无退化子房、雄蕊数目和胚珠数目等。

油桐属（*Vernicia*），落叶乔木，具白色乳汁。单叶，叶柄顶端有2腺体。顶生圆锥状聚伞花序，双被花，雌雄同株；雄花雄蕊8～20。核果大型，种子富含油质。本属约6种，我国有3种，产于江南各地。油桐（*V. fordii*），叶全缘；核果近球形，果皮光滑。本属原产我国，主产于华中和西南。种仁含油46%～70%，即桐油，系我国特产，产量占世界总产量70%以上。桐油为干性植物油，是油漆及涂料工业的重要原料。同属的木油桐（*V. montana*），叶常3～5裂，果实具3棱和网纹，主产华南，用途同油桐。

乌桕属（*Triadica*），乔木或灌木，含乳汁、有毒；单叶全缘，叶柄顶端有2腺体。雌雄同株，顶生或侧生穗状花序，无花瓣；雄花雄蕊2～3；蒴果室背开裂。本属约120种，主产热带，我国有10种。乌桕（*T. sebifera*，图7-126L），是我国南方特产重要木本油料之一。假种皮（蜡层）为制造蜡烛、肥皂、蜡纸及硬脂酸的原料；种仁榨油称青油，供制油漆和润滑油等；木材可供制家具、农具；叶入秋变红色，是优良绿化树种。同属的山乌桕（*T. cochinchinensis*），产于华东至华南，为丘陵山地常见的秋色叶植物。

大戟属（*Euphorbia*），草本或灌木，有的茎肉质，有乳汁；单叶在茎上互生，在花枝上对生或轮生；杯状聚伞花序再集成聚伞花序，每一杯状聚伞花序外观似一朵花，内含多数雄花和一雌花，外围萼状杯形的总苞；花小，单性，无花被；雄花仅1枚雄蕊；雌花单生于杯状花序的中央；子房3室，每室有1胚珠。蒴果。本属约有2000种，分布于热带和温带地区；我国约60多种，广布。常见的有泽漆（*E. helioscopia*）、大戟（*E. pekinensis*）、斑地锦（*E. maculata*）、续随子（*E. lathyris*）等多种，根或种子药用，有的为田间杂草。该属栽培作观赏的有一品红（*E. pulcherrima*）、铁海棠（*E. milii*）、银边翠（*E. marginata*）、猩猩草（*E. cathophora*，图7-126M）等多种。

本科尚有不少重要经济植物，如橡胶树（*Hevea brasiliensis*，图7-126N）是世界上天然橡胶的主要来源，原产于巴西，现广东至海南岛有栽培。木薯（*Manihot esculenta*），块根肉质含淀粉，热带非洲和美洲

作粮食用，原产巴西，现广东、广西、云南有栽种，但因体内含氰基苷，食用前须水浸并煮熟去毒。重阳木（*Bischofia polycarpa*），分布于中部以南各地，材用树种，也常栽培作绿化树种。巴豆（*Croton tiglium*），分布于长江以南地区，浙江南部有少量野生，为著名杀虫植物，种子含巴豆油及毒蛋白等，有大毒，入药为泻剂。变叶木（*Codiaeum variegatum*）和红背桂（*Excoecaria cochinchinensis*）为热带栽培观赏植物。蓖麻（*Ricinus communis*），原产非洲，种子含油高达70%，为重要工业原料。白木乌桕（*Neoshirakia japonica*，图7-126A—K）分布于长江流域，花序柔美优雅，秋季叶色红火，冬季褐果垂挂，可供观赏。

堇菜科（Violaceae, violet family）

本科约22属，1100种，世界广布，但主产热带地区。我国有3属，101种，分布全国，主产西南地区。草本至灌木或乔木。单叶基生或互生，具羽状或掌状脉；具托叶。花两性，辐射或两侧对称；萼片5；花瓣5，异形，覆瓦状至旋转排列，有时在近轴面有距；雄蕊常5，远轴端的2个花药或所有花药背部具腺状或距状蜜腺，向内散发花粉；心皮常3，合生，子房上位，侧膜胎座，花柱1。蒴果室背开裂。常见的如堇菜属（*Viola*），多年生草本，花两侧对称，花瓣有距，侧膜胎座，蒴果瓣裂。紫花地丁（*V. philippica*，图7-127A）和长萼堇菜（*V. inconspicua*）广布田间路旁，全草可入药。三色堇（*V. tricolor*）和角堇菜（*V. cornuta*，图7-127B）花色多样，原产欧洲，现为各地广泛栽培的庭园草花。

金虎尾目有许多科也是我们常见的，如藤黄科（Clusiaceae）的莽吉柿，俗称山竹（*Garcinia mangostana*），原产印尼马鲁古群岛，现亚洲和非洲热带地区广泛栽培，我国也有引种，为著名的热带水果，可生食或制果脯。金丝桃科（Hypericaceae）的金丝桃属（*Hypericum*）有400多种，广布北半球；金丝桃（*Hypericum monogynum*）常栽培供观赏。亚麻科（Linaceae）的亚麻（*Linum usitatissimum*）为一年生草本，原产地中海，现广为栽培，韧皮纤维供纺织用，种子可供榨油食用。西番莲科（Passifloraceae）的西番莲（*Passiflora caerulea*）为木质藤本，叶5深裂和近缘种鸡蛋果（百香果，*P. edulis*）草质藤本，叶三裂，花均美丽可供观赏，两者浆果均可食用，有"果汁之王"的美誉；原产南美洲，现世界热带广为栽种。金莲木科（Ochnaceae）的金

附55 大戟科其他属种

附56 金虎尾目及豆类分支其他科属

图7-127 董菜科植物特征
A.紫花地丁（*Viola philippica*）；B.角菫菜（*Viola cornuta*）

莲木（*Ochna integerrima*）分布于广东和广西及东南亚；同属分布非洲的鼠眼木（*O. serrulata*），俗名米老鼠树，均可栽培观赏。大花草科（Rafflesiaceae）为寄生植物，分布于热带和温带，我国产西南和台湾，有寄生花（*Sapria himalayana*）1种，多寄生于葡萄科崖爬藤属植物的根部，仅一朵花。

该目的红树科（Rhizophoraceae）有16属120余种，我国6属13种，生长于世界热带海岸的潮汐带，有特殊的植物"胎生现象"。还有研究发现，原来在大戟科的一些属构成一个独立的分支，成立了叶下珠科（Phyllanthaceae），其中叶下珠属（*Phyllanthus*）和算盘子属（*Glochidion*）为江南常见灌木。

古柯科（Erythroxylaceae）植物世界广布，主产南美洲，我国有2属4种。其产南美洲的古柯（*Erythroxylum novogranatense*）叶子可入药，曾是可口可乐的重要配方原料，提取的古柯碱，属于中枢神经兴奋剂，为重要的局部麻醉药物，亦为毒品可卡因的原植物。

在豆类植物分支中，还有酢浆草目（Oxalidales），包括酢浆草科（Oxalidaceae）和杜英科（Elaeocarpaceae）等7个科。酢浆草科植物主产南美洲和非洲，具有典型的5基数花，常见酢浆草属（*Oxalis*）的酢浆草（*O. corniculata*）开小黄花，为广布杂草；大花酢浆草（*O. bowiei*）原产非洲，花粉色较大，现栽种为地被草花；以及阳桃（*Averrhoa carambola*）原产东南亚，现广为栽种的热带水果，浆果五棱形。杜英科的杜英属（*Elaeocarpus*）植物为常绿乔木，长江以南各地常见，可作园林绿化树

种；猴欢喜属的猴欢喜（*Sloanea sinensis*）为常绿乔木，具有红色刺毛的蒴果，可供园林观赏。此外，蒺藜目（Zygophyllales）的蒺藜科（Zygophyllaceae）和刺球果科（Krameriaceae）植物均为适应我国西北以及中亚干旱区的旱生植物，果实具刺，具有防风固沙作用。蒺藜（*Tribulus terrestris*），一年生草本，羽状复叶，是草场有害植物。

真蔷薇类分支Ⅱ：锦葵类植物（malvabids）
锦葵类分支包括8个目59科（图6-5）。

（二十七）桃金娘目（Myrtales）

该目包含千屈菜科、柳叶菜科（Onagraceae）、桃金娘科（Myrtaceae）、野牡丹科（Melastomataceae）等9科。

34.千屈菜科（Lythraceae，loosestrife family）

本科32属，约600种，产世界热带和亚热带地区，少数种类延伸至温带地区。我国有11属，45种。APGⅣ（2016）系统中，千屈菜科的范围与以往的系统有较大变化，包括Engler系统和Cronquist系统的海桑科（Sonneratiaceae）、菱科（Trapaceae）和石榴科（Punicaceae）。本科有些种类是常见观赏植物，也有的是果品。

科的特征（图7-128）：乔木、灌木、草本或水生草本。单叶对生，少轮生或互生，具羽状脉。花单生或成各式花序。花两性，辐射对称，偶两侧对称，有发育良好的花盘；萼片常4～8，分离或稍连合，镊合状；花瓣常4～8，分离，覆瓦状，在蕾时常皱缩；雄蕊4至多数；心皮2至多数，连合，子房上位至下位，中轴胎座。蒴果，稀浆果或核果状。

本科分类的主要依据是习性、叶序、花序类型、花各部数目、萼筒是否有距、果实类型、种子有无翅等性状。

紫薇属（*Lagerstroemia*），灌木或乔木，落叶或常绿；叶对生或近对生。圆锥花序，花辐射对称，花梗在苞片着生处有关节；花萼半球形或陀螺状；花瓣常6，具细长的瓣柄，边缘有皱缩；子房上位，蒴果。本属约55种，分布于亚洲和大洋洲，我国有18种。紫薇（*L. indica*，图7-128J），落叶小乔木，树皮光滑，片状脱落，花淡红色或淡紫色，园艺品种较多，各地庭园栽培供观赏或作盆景。大花紫薇（*L. speciosa*），落叶乔木，花多而大，艳丽夺目，华南地区常见栽培。

菱属（*Trapa*），常独立一科，分子系统学揭示其为千屈菜科成员。一年生浮水草本，根二型：主根细长，黑色，着生于水底泥中，须根羽状，密集或稀疏，淡绿褐色。茎圆柱形、细长或粗短。浮水叶互生，菱形或肾形，聚生于茎端，在水面形成莲座状"菱盘"，叶柄中部有气囊。花两性，白色或淡粉色，单生叶腋，萼片、花瓣、雄蕊各4枚。花丝纤细，花药背着，呈"丁"字形；花柱细，柱头头状，子房半下位，2室，每室1倒生胚珠，仅1胚珠发育。果实核果状，形态变异大，无角、二角或四角。果实称菱角，子叶富含淀粉，可生食或熟食，茎和叶亦可用作蔬菜。最新研究揭示本属分布于欧亚大陆淡水湖泊，仅含2种：欧菱（*T. natans*，

图7-128　千屈菜科植物特征

A—I.石榴（*Punica granatum*），A.花期枝条：叶全缘，先端微凹或具短尖；花单生，花瓣皱褶；B.花蕾纵切；C.花纵切：花萼肉质、厚实；雄蕊多数；子房下位；D.花瓣，形状不规则，大小不等；E.雄蕊：左侧3枚出现瓣化，右侧为正常雄蕊，花药背着，药室线形，花丝红色；F.下：子房上部横切片，侧膜胎座；上：子房上下部的叠生区域横切片，兼具侧膜胎座和中轴胎座；G.种子纵切：外种皮肉质为主要食用部位；内种皮骨质；胚直，洁白；H.果实纵切：萼裂片宿存；种子多数；I.果实横切片；J.紫薇（*Lagerstroemia indica*）植株及花；K.欧菱（*Trapa natans*）植株及花；L.海桑（*Sonneratia caseolaris*）植株和花

图7-128K），$2n = 48$（$2x$）、96（$4x$），以及细果野菱（*T. incisa*）$2n = 48$（$2x$）。中国古代称二角者为"菱"，欧菱最常见的品种是乌菱；四角者为"芰"，多野生，其中果实最小的细果野菱已被列为国家二级重点保护野生植物；无角菱则特产于嘉兴南湖，又被称为"南湖菱"。所有栽培菱均来源于二倍体欧菱，长江流域可能是其起源中心（Lu et al., 2021）。菱果肉鲜嫩，B族维生素含量高，嫩菱生食，老菱熟食。

本科重要的经济植物还有石榴（*Punica granatum*，图7-128A—I），外种皮酸甜供食用；果皮、根皮及花药用；花色美丽，花期长，为优良庭园树种或作盆景。观赏植物还有细叶萼距花（*Cuphea hyssopifolia*）、黄薇（*Heimia myrtifolia*）等。也有一些为水田杂草，如节节菜（*Rotala indica*）、水苋菜（*Ammannia baccifera*）等。还有原海桑科的海桑属（*Sonneratia*，图7-128L）植物，广布热带海岸红树林，在我国海南有分布，果实可食。

附57 千屈菜科其他属种

本目还有柳叶菜科（Onagraceae）植物，广布温带至亚热带，与千屈菜科接近，但子房下位，常见的有月见草（*Oenothera biennis*），草本，原产北美，我国南北有逸生，常栽培作观赏；倒挂金钟，（*Fuchsia hybrida*）半灌木，原产墨西哥，广为引种作观花植物；此外，柳叶菜属（*Epilobium*）和丁香蓼属（*Ludwigia*）植物喜生湿地和水边，如黄花水龙（*L. peploides* subsp. *stipulacea*）。

桃金娘科（Myrtaceae）植物主产大洋洲，美洲和亚洲热带也有，约3000种。常见桉属（*Eucalyptus*），有600种，我国华南引种多种，是速生材用树种，有些是世界上最高大的被子植物；红千层属（*Callistemon*）和岗松属（*Baeckea*）主要分布于澳大利亚，我国有引种栽培观赏；番石榴（*Psidium guajava*）和洋蒲桃（莲雾，*Syzygium samarangense*）在华南、海南和台湾有引种，为热带水果；桃金娘（*Rhodomyrtus tomentosa*）和赤楠（*Syzygium buxifolium*）在华东和华南有分布。

附58 桃金娘目其他科属

野牡丹科（Melastomataceae）植物主产热带，约3000种。常见有野牡丹属（*Melastomax*），我国主要分布于华南地区。此外还有使君子科（Combretaceae）的使君子（*Quisqualis indica*）庭园观赏藤状灌木，果为有效的驱虫剂。

（二十八）无患子目（Sapindales）

本目包含芸香科、无患子科、棟科（Meliaceae）、苦木科（Simaroubaceae）、漆树科、橄榄科（Burseraceae）等9科。该目多数植物具复叶或分裂叶，雄蕊数目减少，下位花盘，心皮合生，每室仅1～2胚珠。

35.无患子科（Sapindaceae, soapberry family）

本科是主产热带和亚热带的一个木本科，有143属，1700～1900种。有许多重要的经济植物属于本科，如热带果树荔枝、龙眼，优良绿化树种或行道树无患子等。

科的特征（图7-129）：乔木或灌木，稀为攀缘藤本。叶常互生，羽状或掌状复叶，稀单叶。总状花序、圆锥花序或聚伞花序。花小，单性，雌雄同株或异株，稀杂性同株。花辐射对称或两侧对称；萼片通常4～5；花瓣4～5或缺；雄蕊通常8或较少；具肉质花盘；子房上位，由2～3个心皮组成，通常3室具中轴胎座，每室具有1或2胚珠。果为蒴果，或核果状、浆果状，全缘或深裂成分果瓣。种子有或无肉质假种皮。染色体基数：$x = 11$，15，16。

本科分类的主要依据是习性、卷须有无、花序类型、花辐射对称或两侧对称、花瓣有无、果实类型、种子有无假种皮等性状。

附59 无患子科其他属种

无患子属（*Sapindus*），落叶乔木或灌木，一回偶数羽状复叶；圆锥花序，有花瓣，子房3室，每室1胚珠；果为核果状，深裂为3果瓣，通常仅1个发育；种子无假种皮。约13种，分布于美洲、亚洲和大洋洲热带至亚热带；我国有4种，分布于长江以南。无患子（*S. saponaria*，图7-129P），在我国东部、南部及西部均有，常作行道树，根和果也可药用，果皮可代皂。

荔枝属（*Litchi*），与无患子属近似，区别在于为常绿乔木，无花瓣，成熟果实果皮革质或脆壳质，散生圆锥状或瘤状突起，种子具白色肉质假种皮。本属共2种，我国和菲律宾各1种。荔枝（*L. chinensis*，图7-129Q），为我国南部广泛栽培的著名果树，栽培历史悠久，假种皮供鲜食或干制煮食，核可入药。

槭属（*Acer*），原归属槭树科，分子系统学揭示它是无患子科成员。叶对生，单叶掌状分裂，稀三出或羽状复叶，2心皮2室，翅果。约200种。我国有140多种。鸡爪槭（*A. palmatum*，图7-129R）及其栽培品种红枫（*A. palmatum* 'Atropurpureum'），常

图7-129　无患子科植物特征

A—O.复羽叶栾树（*Koelreuteria bipinnata*），A.由螺状聚伞花序排列成总状花序；B.花期枝条；C.奇数二回羽状复叶，羽片边缘具不规则锯齿；D.螺状聚伞花序，左侧为雄花；E.下：雌花侧面观，除花瓣，花丝短；上：雌花花瓣，基部具爪；F.雄花花冠侧面观，瓣片向后反折，瓣爪具鸡冠状鳞片，深红色；G.雌花侧面观；H.花瓣各面观：瓣片光滑，瓣爪被柔毛，鸡冠状附属物由黄转红；I.雄花离析：花瓣4；雄蕊8，花丝被长柔毛；退化雌蕊1；J.花萼裂片5；K.雄蕊纵切片；L.雄花侧面观，除花萼和部分花瓣，示雄蕊群；M.蒴果纵剖，每室具2胚珠，生于胎座中部；N.蒴果横切片，具3棱，3室，中轴胎座；O.雌蕊侧面观，基部为花盘围绕；P.无患子（*Sapindus mukorossi*）秋叶和核果幼期；Q.荔枝（*Litchi chinensis*）植株和成熟核果；R.鸡爪槭（*Acer palmatum*）秋叶和翅果

栽培作观赏。三角枫（*A. buergerianum*），广布，常作绿化树种。秀丽槭（*A. elegantulum*）、色木槭（*A. mono*）、稀花槭（*A. pauciflorum*）等深秋叶变红色，是南方山地的主要色叶植物。羊角槭（*A. miaotainse* subsp. *yanjuechi*），特产于浙江西天目山，为第三纪孑遗种，是国家二级重点保护野生植物。

本科经济植物还有：龙眼（*Dimocarpus longan*），果实幼时有小瘤状突起，成熟时平滑，也为岭南佳果，白色假种皮食用。特产我国北部的文冠果（*Xanthoceras sorbifolium*），种子油供食用或工业用。栾树（*Koelreuteria paniculata*）和复羽叶栾树（*K. bipinnata*，图7-129A—O）具蒴果，为广布的材用树种，江南常栽种作行道树。

36. 芸香科（Rutaceae，rue family）

本科为广布于热带和亚热带的一个木本科（稀为草本），有155属，约1600种，主产非洲南部及澳洲。我国约23属，127种，分布于全国，但以长江以南为多。其中柑橘属许多种为南方重要果树。此外，还有不少药用植物和芳香植物。

科的特征（图7-130）：乔木或灌木（稀为草本），全体含芳香油腺，常在叶、花、果皮上呈油浸状透明小点。叶互生（稀对生），羽状、掌状或单身复叶

（稀为单叶）。花两性（少单性），多为辐射对称；花萼片与花瓣均4～5枚；花盘位于雄蕊和子房之间，雄蕊常为花瓣的二倍，或多数；子房上位，4～14室，中轴胎座。蒴果、柑果、核果，很少为翅果或浆果。染色体基数：$x = 7 \sim 9$，11，13。

本科分属的主要性状是习性、枝具刺否、叶对生或互生、叶类型和果实类型等。

柑橘属（*Citrus*），约20多种，主产东亚；我国约有15种。常绿灌木或小乔木，常具枝刺。叶互生，单身复叶（羽状三出复叶退化，仅剩顶生小叶，与叶柄联合处有关节）。花单生或簇生，或为聚伞或圆锥花序；子房8～14室。柑果，内果皮内侧充满半透明的汁胞。种子无胚乳。柑橘（宽皮橘，*C. reticulata*），果皮疏松易剥离。橘是我国柑橘类果树的重要代表，已有3000多年的栽培历史，为我国特产水果之一，主产于华东、华南至西南地区，也是浙江主要果树，主产于黄岩、温州、衢州等地。通常分柑和橘两类，各有很多栽培品种。橘除食用外，干果皮即"陈皮"；橘络、叶、核仁等也皆入药。果皮橙黄色，不易剥离。柚（*C. maxima*，图7-130 O），果大，直径10～25cm。从浙江南部至两广一带均有栽种，著名的变种或品种有：沙田柚（*C. maxima* 'Shatian'）、文旦（*C. maxima* 'Wentan'）等。同属的经济植物还有：香橼（*C. medica*）及其品种佛手

图7-130　芸香科植物特征

A—M.枳（*Citrus trifoliata*），A.花期枝条：嫩枝扁，具枝刺，刺尖干枯状；花单生；B.叶背腹面：叶柄具狭长翼叶，指状3出叶；C.花冠底面观：花萼5；花瓣5，匙形；D.花冠正面观；E.雌雄蕊侧面观：雄蕊常20；F.雌雄蕊纵剖，除大部分雄蕊：花丝着生于花盘下方，花盘黄色，被毛；雌蕊被毛，花柱粗短，柱头扩大；G.花冠纵切片：子房上位，胚珠每室多枚；H.雄蕊；I.花被离析；J.雌蕊纵切；K.子房横切片，5～7室，中轴胎座，每室胚珠2列；L.雌蕊侧面观；M.幼果侧面观；N.金柑（*C. japonica*）植株和小型柑果，箭头示单身复叶关节；O.柚（*C. maxima*）植株和大型柑果，箭头示单身复叶；P.野花椒（*Zanthoxylum simulans*）植株的羽状复叶、果序和幼果（蓇葖）

（'Figered'）；橙（*C.* × *aurantium*）也是我国原产的著名水果之一，是柚和橘的杂交种，以广东产的最为著名；国外引种后又培育出许多品种，如加州的甜橙等；另外，其栽培品种代代花（*C.* × *aurantium* 'Daidai'），花可熏茶，即"代代花茶"。柠檬（*C.* × *limon*），也是杂交种，热带水果，果味极酸，华南有栽种。枳（*C. trifoliata*，图7-130）有棘刺，常栽培作绿篱，或用作柑橘类果树的砧木，果可入药名"枳壳"。金柑（*C. japonica*，图7-130N）原为独立一属（*Fortunella*），FOC并入柑橘属，与柑橘相似，区别是柑果直径不超过3cm，子房3～6室；常见栽培的有许多不同品种，分布于长江以南各地，果供生食、制蜜饯或药用。

花椒属（*Zanthoxylum*），常绿或落叶灌木或小乔木，常具皮刺；叶互生，单数羽状复叶。花单性，聚伞花序或圆锥花序。蓇葖果开裂，种子黑色有光泽。本属约250种，我国有40多种，南北均产。花椒（*Z. bungeanum*）分布于华北至西南，果为著名调味品，也可药用或提取芳香油。野花椒（*Z. simulans*，图7-130P）和竹叶花椒（*Z. armatum*）分布于长江流域以南及河南、河北等地；果实、叶、根供药用。

本科常见的植物还有日本常山（*Orixa japonica*）、黄檗（*Phellodendron amurense*）、吴茱萸（*Tetradium reticarpum*）等皆可药用。芸香（*Ruta graveolens*），原产欧洲，现国内有栽培，全草含芳香油，可作调香原料，也可入药。黄皮（*Clausena lansium*），为南方果树，果可食，也可入药。九里香（*Murraya paniculata*），

附60 芸香科 其他属种

花极香，可作华南庭园观赏树种，也是药用植物。

漆树科（Anacardiaceae，cashew famliy）

本科81属，800余种，主产热带与亚热带地区，少数至温带地区。我国有17属，55种。乔木或灌木，稀亚灌木或藤本，常分泌树脂。叶互生；单叶，3小叶或羽状复叶，托叶无或不显。花序顶生或腋生；花小，辐射对称，花梗常具关节，花被常2轮；萼片（3～）4～5，基部常融合，花瓣（3～）4～5（～8）；子房上位。果多为核果和翅果，有的花后花托肉质膨大成棒状或梨形的假果。染色体基数：$x = 7 \sim 30$。漆树（*Toxicodendron vernicifluum*），我国特产，分布较广，乳液含漆酚，易引起人体皮肤过敏。乳液是制生漆的原料。野漆树（*T. succedaneum*）和盐肤木（*Rhus chinensis*，图7-131A）为江南山地常见种，后者为五倍子蚜虫的寄主，幼枝及叶上的虫瘿即五倍子，药用或工业用。杧果（*Mangifera indica*）原产亚洲热带，我国南方广为栽种，为著名热带水果。腰果（*Anacardium occidentale*，图7-131B），原产美洲，华南有引种，果分上下两部分，下部为花托形成的肉质假果，可食，也叫腰果苹果（cashew apple）；真果是生在假果顶端的肾形坚果，著名的食用坚果。黄连木（*Pistacia chinensis*），为材用或绿化树种，同属的阿月浑子（开心果，*P. vera*）核果可食用，原产于南欧至中亚，是世界著名干果之一，现广为栽种。

附61 漆树科 其他属种

无患子目常见还有橄榄科（Burseraceae）的橄榄（*Canarium album*）主产热带，核果可制作蜜饯，也可入药。楝科（Meliaceae）的楝（*Melia*

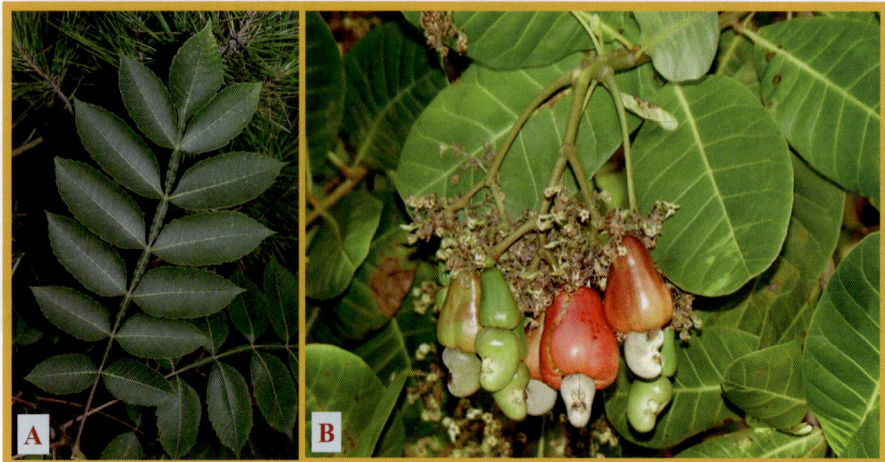

图7-131 漆树科植物特征
A.盐肤木（*Rhus chinensis*）羽状复叶叶轴具翼；B.腰果（*Anacardium occidentale*）植株及果实，下部红色的为花托形成的肉质假果，其顶端着生肾形坚果

azedarach）和香椿（*Toona sinensis*）也在我国常见，后者的嫩叶早春可作蔬菜食用。此外，楝科分布于华南的米仔兰（*Aglaia odorata*），花虽小但很香，栽培供观赏。苦木科（Simaroubaceae）的臭椿（*Ailanthus altissima*）产于东亚，树皮、根皮和果实可入药；该种在北美已成为外来入侵种。

附62 无患子目
其他科属

（二十九）锦葵目（Malvales）

本目包含锦葵科、瑞香科（Thymelaeaceae）、龙脑香科（Dipterocarpaceae）等10科。这些科大多具互生的叶、叶缘具锦葵型（malvoid）齿、花萼合生、雄蕊多数等特征。

37.锦葵科（Malvaceae，mallow family）

APG Ⅳ（2016）系统揭示的锦葵科是一个大分支，包含原来的椴树科、梧桐科和木棉科植物。本科广布于热带及温带地区，约240多属，4300余种。我国约有51属，240余种（包括引种的），南北均产。其中有许多种类为重要的纤维作物和观赏植物。

科的特征（图7-132，图7-133）：草本或木本，茎皮具发达的韧皮纤维，并具黏液。叶互生，单叶掌状分裂或全缘，常具掌状脉，稀掌状复叶。花多两性，单生或簇生叶腋；萼外常具由苞片变成的副萼（3至多数），萼片5，常基部合生，镊合状排列；花瓣5，旋转状排列，近基部与雄蕊管贴合；雄蕊多数，花丝联合成管，组成单体雄蕊，药1室，花粉粒具刺；子房上位，中轴胎座。蒴果或分果。种子有胚孔。染色体基数：$x = 5 \sim 12$，33，39。

棉属（*Gossypium*），1年生灌木状草本，嫩茎、叶、副萼及花梗上有油腺。叶掌状分裂。种子卵形，表皮细胞延伸成纤维。本属约35种，广布热带及亚热带地区。现广为栽培的有4种，但以陆地棉为主，约占栽培面积的95%以上，其品种繁多。陆地棉（*G. hirsutum*，图7-132Q），原产中美，19世纪传入我国，现主产黄河及长江中下游各地。棉纤维是重要纺织原料，种子可榨油，棉籽壳可用于栽培食用菌。此外，还有树棉（中棉，*G. arboreum*），原产我国，黄河以南有栽培；草棉（*G. herbaceum*），原产西亚，适于我国西北生长，这两种纤维品质差，产量低，已渐被陆地棉取代。海岛棉（*G. barbadense*），原产美洲热带，适于亚热带栽培，纤维长，能纺高档细纱或与涤纶混纺等，但产量低，我国华南及新疆有栽培。

木槿属（*Hibiscus*），木本或草本。花单生叶腋。本属约190种，我国约20种，广布。大麻槿（红麻，

洋麻，*H. cannabinus*），原产非洲，现南北各地广为栽培，为著名的麻类作物。木芙蓉（*H. mutabilis*），广布华北至华南，栽培观赏。木槿（*H. syriacus*），分布于东亚，栽培作绿篱。朱槿（扶桑，*H. rosa-sinensis*，图7-132S），盆栽观赏。

锦葵属（*Malva*），一至多年生草本。花单生或簇生叶腋。本属约30种，我国5种，多为栽培种类。锦葵（*M. cathayensis*，图7-132R），栽培观赏或药用，也是棉病虫害的中间寄主，因此可做棉病虫害发生的预测植物。

椴树属（*Tilia*），落叶乔木，具星状毛，叶片基部常偏斜。聚伞花序下垂，花序轴与大形舌状的苞片结合。核果，无钩刺。本属约50种，主产北温带，我国约30种。南京椴（*T. miqueliana*，图7-133A），分布华东各地。木材轻软，供制家具、造纸、制铅笔等；也是优质蜜源植物。白毛椴（*T. endochrysea*），分布于华东和华南，用途同南京椴。

黄麻属（*Corchorus*），草本或亚灌木，花单生或数朵集成聚伞花序，无大型苞片。蒴果室背开裂，无钩刺。本属约40种，多产热带，我国约有4种。黄麻（*C. capsularis*），为著名麻类作物，原产印度，现江南各地广为栽培，杭州以萧山、余杭等地为多。

原来独立的梧桐科，有梧桐属（*Firmiana*）落叶乔木，单叶，掌状3～5裂，约15种，分布于亚洲。我国常见有梧桐（*F. simplex*，图7-133B），可栽培作绿化树种，木材适于制乐器和家具等；蓇葖果果皮膜质，种子炒熟可食。可可属的可可（*Theobroma cacao*）原产美洲，常绿乔木，种子是制作巧克力的原料。

原来独立的木棉科，有木棉属（*Bombax*）木棉（*B. ceiba*，图7-133C）花大美丽，常称为"英雄树"，也称"攀枝花"，是广州市市花；果实内富于棉毛纤维，常供枕头、垫褥、救生器材等的填充料。原产马来西亚的榴槤（榴莲，*Durio zibethinus*）是热带名果，蒴果果实大达40cm，有异味，假种皮可食用，我国云南、海南和台湾有栽培。瓜栗（*Pachira aquatica*）的果皮未熟时可食，种子可炒食，原产墨西哥和哥斯达黎加，我国西双版纳有栽培；同属的光瓜栗（*P. glabra*）即常盆栽观赏的"发财树"。猴面包树属（*Adansonia*）树干高大、耐旱，其未成熟果皮可食，主产非洲热带和马达加斯加，中国华南偶有栽培。

原来独立的椴树科，常见的还有田麻（*Corchoropsis crenata*），为常见农田杂草，全草也可入药。蚬木（*Excentrodendron hsienmu*），为世界

珍贵用材树种之一，木材重、坚硬，供建筑和作砧板用，产于我国广西、云南以及越南和老挝等密林中。扁担杆（*Grewia biloba*），分布于江南各地的山地，茎皮纤维可制人造棉等。

本科常见的观赏植物还有蜀葵属（*Althaea*）的蜀葵（*A. rosea*）、秋葵属（*Abelmoschus*）的黄蜀葵（*A.*

manihot）和咖啡黄葵（秋葵，*A. esculentus*）、梵天花属（*Urena*）的地桃花（*U. lobata*，图7-132A—P）等。秋葵的嫩果还可作蔬菜食用。

锦葵目还有多个热带亚热带分布的科，如瑞香科、龙脑香科（Dipterocarpaceae）、红木科（Bixaceae）和半日花科（Cistaceae）。瑞香科多为木本，韧皮纤维发达，常见的有

附63 锦葵科其他常见属种

附64 锦葵目其他科属

图7-132 锦葵科植物特征

A—P.地桃花（*Urena lobata*），A.花期枝条：花常单生叶腋；B.果期枝条：叶3中裂，3浅裂或不裂，叶缘有锯齿；萼与副萼（小苞片）宿存；果具柄，被锚状刺；C.花纵切，示单体雄蕊，子房上位；D.花侧面观：残留2枚线形托叶（着生于叶柄基部）；外轮小苞片（副萼），内轮为花萼，小苞片与花萼裂片互生；花瓣玫红色，密被毛；E.单体雄蕊，花丝合生呈管状，花药集中于上部1/3处；F.子房横切片，5室，每室为一个分果爿；G.单体雄蕊纵剖；H.雌蕊侧面观，花柱上部分裂，柱头被毛；I.小苞片基部1/3处合生，离生部分狭三角形；J.花萼基部约1/4处合生，萼裂片长圆形，先端渐尖；K.花瓣5枚，近基部深红色，具有蜜导的作用；L.柱头分离，部分柱头已粘上花粉；M.果实正面观，分果爿5，密被毛与锚状刺，便于散播；N.果实横切面，示分果爿与中轴分离，胚的截面呈 π 形；O.左：分果爿侧面观；右：分果爿腹面观；P.左：种子腹面观，示种脐；右：种子侧面观；Q.陆地棉（*Gossypium hirsutum*）植株、花（具有单体雄蕊）和开裂的蒴果，白色纤维状毛生于种子表面；R.锦葵（*Malva cathayensis*）植株和花，右上图可见副萼（小苞片）；S.朱槿（*Hibiscus rosa-sinensis*）的花，具有长花柱和单体雄蕊

图7-133　锦葵科植物（2）

A.南京椴树（*Tilia miqueliana*）枝叶与花序（与花序梗合生的苞片）；B.梧桐（*Firmiana simplex*）植株和蓇葖果；C.木棉（*Bombax ceiba*）花枝（先花后叶）

结香（*Edgeworthia chrysantha*），落叶灌木，早春先花后叶，常栽培观赏；沉香属（*Aquilaria*）分布于我国华南至东南亚，其老茎受伤后所积得的树脂，俗称沉香，可作香料原料；野外常见有狼毒属（*Stellera*）、荛花属（*Wikstroemia*）和瑞香属（*Daphne*），有不少为有毒植物。龙脑香科为热带雨林的标志性植物，主要分布于亚洲热带，著名的有望天树（*Parashorea chinensis*），高大常绿乔木，我国西双版纳和广西有分布，现为国家一级保护野生植物。坡垒（*Hopea hainanensis*）在我国海南、云南、广东、广西有分布，坚果具2枚翅状萼片，该属植物为著名材用树种，以及含有芳香树脂，可用于喷漆工业及药用。半日花科的半日花（*Helianthemum songaricum*）分布于我国西北至中亚，矮小灌木，花黄色，耐旱，可供观赏。此外还有文定果科（Muntingiaceae）的文定果果实可食用；红木科（胭脂树科，Bixaceae）的红木产热带，种子假种皮可提胭脂树红。

（三十）十字花目（Brassicales）

本目含十字花科、白花菜科（Cleomaceae）、番木瓜科（Caricaceae）等17科。

38.十字花科（Brassicaceae 或 Cruciferae，mustard family）

本科为主要分布北温带的一个草本科，有334属3350～3660种，以地中海地区最多。我国产90多属380多种，分布于全国，以西北地区为最多。本科植物在农业上有重要意义，尤其是叶菜类蔬菜大多属于该科。还有许多油料作物、药用植物和观赏植物，也有不少为田间杂草。

科的特征（图7-134）：草本。叶互生，无托叶，基生叶莲座状，多羽状分裂或全缘。花两性，总状花序，萼片4，花冠4，呈"十"字形，花托上常有蜜腺；雄蕊6，2轮，外轮2枚短，内轮4枚长，呈四强雄蕊；子房上位，2心皮合生，侧膜胎座，常具次生的假隔膜，因而子房呈2室。长角果或短角果，种子多数，无胚乳，胚弯曲。染色体基数：$x = 4 \sim 15$。

芸薹属（*Brassica*），约40种，广布。大量栽培作蔬菜的有①白菜，包括结球的大白菜（*B. campestris* subsp. *pekinensis*）和不结球的白菜（subsp. *chinensis*），后者含7个变种：普通白菜（var. *communis*）、塌菜（var. *rosularis*）、菜心（var. *parachinensis*）、紫菜薹（var. *purpura*）、薹菜（var. *tai-tsai*）、分蘖菜（var. *multiceps*）和白菜型油菜（var. *utilis*）；②芥菜（*B. juncea*）包括食用块根的大头菜（根用芥菜，var. *megarrhiza*）、茎基部膨大成瘤状的榨菜（茎瘤芥，var. *tumida*）、叶柄基部瘤状膨大的叶瘤芥（var. *stumata*）和腌制雪菜的雪里蕻（分蘖芥，var. *multiceps*）等十多个变种；③甘蓝（*B. oleracea*），包括基生叶结球的结球甘蓝（包心菜，var. *capitata*）、顶部花轴短缩肥厚的花椰菜（花菜，var. *botrytis*）、顶端及腋芽间花轴短缩肥厚的青花菜（var. *italica*）；④膨大肉质根供食用的芜菁甘蓝（*Brassica napobrassica*）。上述种类在我国均为常见蔬菜，品种丰富，分布广泛。作油料作物栽培的有甘蓝型油菜（欧洲油菜 *B. napus*，图7-134A—J）、白菜型油菜、芥菜型油菜（*B. juncea* var. *gracilis*）等。现我国大面积栽培的是以欧洲油

图7-134　十字花科植物特征

A—J.甘蓝型油菜（欧洲油菜*Brassica napus*），A.花部离析：花萼4，沿中脉对折；花瓣4，具长爪，瓣片卵圆形；雄蕊6枚，排成2轮，外轮2枚较短，与花萼对生，内轮4枚较长，与花萼互生；B.雌蕊纵切：柱头黄色，头状；隔膜完全，每室具1列胚珠；C.左：内轮雄蕊背面观，花药基着，基部戟形；中：内轮雄蕊侧面观；右：外轮雄蕊腹面观，药室纵裂；D.花瓣纵切片，瓣片与爪几成90°；E.花瓣；F.幼果；G.果实纵切，胚珠通过珠柄着生于隔膜上；H.子房横切片；I.左：子房横切片，取出胚珠，示2室；右：胚珠横切；J.植株和花序；K.诸葛菜（*Orychophragmus violaceus*）植株和花；L.紫罗兰（*Matthiola incana*）植株和花序

菜为基本材料育成的甘蓝型油菜，细胞分类学研究结果表明它是由芸薹（*B. rapa*）和原产地中海沿岸的野生甘蓝（*B. oleracea*）自然杂交后而来的。芜菁甘蓝与甘蓝型油菜相同，也来源于芸薹属的芜菁与甘蓝杂交成的异源四倍体。作观赏植物栽培的有羽衣甘蓝（*B. oleracea* var. *acephala*），不结球，叶皱缩具鲜艳颜色，为观叶植物。

　　萝卜属（*Raphanus*），花白色，长角果圆柱形，在种子间有收缩，不开裂。本属8～10种。我国仅栽培萝卜（*R. sativus*），原产欧洲，直根粗壮，肉质，为食用部分，形状、大小及颜色随品种而异，系本科重要根菜。种子可入药称"莱菔子"，干枯老根

也可入药。

　　本科常见作蔬菜的还有豆瓣菜（*Nasturtium officinale*）、辣根菜（*Cochlearia officinalis*）和荠菜（*Capsella bursa-pastoris*）。常见观赏植物有紫罗兰（*Matthiola incana*，图7-134L）、桂竹香（*Erysimum × cheiri*）和香雪球（*Lobularia maritima*），均原产南欧，为观花植物；诸葛菜（*Orychophragmus violaceus*，图7-134K）为原产我国东部的观花植物。

　　本科也有不少为药用植物，如菘蓝（*Isatis tinctoria*）的根入药即"板蓝根"，干燥的叶名"大青叶"，茎叶所提制的中药名"青黛"，均作药用。具抑菌、抗病毒等生理活性，用于治疗多种疾病。

本科不少植物为常见杂草，如碎米荠（*Cardamine occulta*）、蔊菜（*Rorippa indica*）、北美独行菜（*Lepidium virginicum*）等。其中有的是油菜病毒病、霜霉病、白锈病菌和菜蚜等病虫害的寄主；有些可药用，如蔊菜所含的蔊菜素和蔊菜酰胺，可治气管炎。拟南芥（*Arabidopsis thaliana*），因其染色体基数 $x = 5$，是已知数目较少的植物，现被用作分子生物学研究的模式植物，为分子生物学发展作出了很大贡献。

附65 十字花科其他属种

附66 十字花目其他科属

十字花目下还有多个科，如叠珠树科（Akaniaceae）、山柑科（Capparaceae）、番木瓜科（Caricaceae）、白花菜科（Cleomaceae）、辣木科（Moringaceae）、木樨草科（Resedaceae）、刺茉莉科（Salvadoraceae）和旱金莲科（Tropaeolaceae）。重要的类群有山柑科的山柑（*Capparis spinosa*）是一种在荒漠、干旱地区具有极高栽培价值的抗旱植物。山柑是中国新疆重要的药用植物资源，也是优良的固沙植物和牧草。木樨草科的节蒴木属（*Borthwickia*）仅节蒴木（*B. trifoliata*）1种，分布于缅甸和我国云南，灌木或小乔木，蒴果长方柱状，种子纵向排列呈念珠状，十分奇特，可栽种观赏。番木瓜科的番木瓜（*Carica papaya*）是著名热带水果或作蔬菜食用，原产美洲热带，现世界热带广为栽种。白花菜科的白花菜（*Gynandropsis gynandra*）一年生草本，叶掌状复叶，是低海拔村边、道旁、荒地或田野间常见杂草，全草入药或制作腌菜食用；原产美洲热带的醉蝶花（*Tanenaga hassleriana*）是很好的草本花卉，常有引种。刺茉莉科我国仅刺茉莉一种（*Azima sarmentosa*），产于海南岛。主产美洲热带的旱金莲科，在我国有引种旱金莲（*Tropaeolum majus*），多年生蔓生草本，可供垂直绿化用。

此外，在锦葵类植物分支中，还有一些常见的、重要的目和科，如腺椒树目（Huerteales）的十齿花科（Dipentodontaceae），牻牛儿苗目（Geraniales）的牻牛儿苗科（Geraniaceae），缨子木目（Crossosomatales）的旌节花科（Stachyuraceae）和省沽油科（Staphyleaceae），以及我国不产的苦榄木目的苦榄木科（Picramniaceae）。牻牛儿苗科的老鹳草属（*Geranium*）于植物世界广布，我国南北常见。有

附67 锦葵类植物分支其他目科

些是路边杂草，如老鹳草（*G. wilfordii*）和原产美洲的野老鹳草（*G. carolinianum*），均可入药，前者还可作地被植物。也包括原产非洲南部的草本花卉天竺葵（*Pelargonium hortorum*）及其近缘种，多年生，伞形花序，花单瓣或重瓣，广为栽培观赏。旌节花科为东亚特有科，仅1属，主要分布于中国西南和日本，其中的中国旌节花（*Stachyurus chinensis*）华东常见落叶灌木，早春二月先花后叶，有观赏价值。省沽油科植物多分布亚洲和美洲热带、亚热带，江南常见的有省沽油属（*Staphylea*）和野鸦椿属（*Euscaphis*），两者均有药用价值。

🔵 超菊类（superasterids）

超菊类包括基部类群和真菊类分支，有基部的石竹目、檀香目等20目47科（图6-5）。

（三十一）石竹目（Caryophyllales）

本目包含石竹科、蓼科、商陆科（Phytolaccaceae）、紫茉莉科（Nyctaginaceae）、苋科、番杏科（Aizoaceae）、仙人掌科（Cactaceae）及马齿苋科（Portulacaceae）等38科。该目的形态学及分子系统学研究都支持其是一个明显单系的类群。

39.蓼科（Polygonaceae，knotweed family）

本科为主产北温带的一个草本科，约50属1150种，世界广布。我国产12属236种，分布于全国各地。其中荞麦可供食用，大黄、何首乌、虎杖等可入药，其余大多为田间杂草。

科的特征（图7-135）：草本，稀为木本，茎节常膨大。单叶互生，全缘；托叶膜质，鞘状包茎，称托叶鞘（stipular sheath）。花两性，稀单性，簇生或由花簇组成穗状、头状、总状或圆锥花序；花被片3～6，花瓣状，宿存，有时在果时增大并变形；雌蕊由3（2～4）心皮合生，子房上位，1室1基生胚珠。瘦果三棱形或凸镜形，常被宿存花被包被。种子胚乳丰富，胚S形。染色体基数：$x = 6 ～ 11$。

蓼属（*Persicaria*）：近年研究揭示，原来的蓼属并非单系类群，包括3个谱系。一是原来蓼属春蓼组（*Polygonum* sect. *Persicaria*）等成员组成新的蓼属（*Persicaria*），即本属；二是原来的蓼属萹蓄组（Sect. *Polygonum*）形成新的狭义的 *Polygonum*；三是原来的拳参组（Sect. *Bistoria*）独立为拳参属（*Bistoria*）。本属草本或草质藤本，稀为亚灌木，节常膨大，托叶鞘显著。花簇常组成穗状或头状花序；花被片5，常有色彩；雄蕊常8枚，雌蕊柱头2～3。本属约230种，世界广布，我国约100余种。江南常见的有酸模叶蓼（*P. lapathifolia*，图7-135H）、

图7-135 蓼科植物特征

A—G.虎杖（*Reynoutria japonica*），A.雄花花枝，圆锥花序腋生；B.雄花花冠纵切；C.圆锥花序分枝，花序轴上具苞片，每个苞片内具花2～4朵；D.雄花花冠底面观，花被5，深裂，其中3枚中部具狭翅；E.花被裂片；F.雄蕊群；G.退化雌蕊；H.酸模叶蓼（*Persicaria lapathifolia*）植株和穗状花序；I.金荞麦（*Fagopyrum dibotrys*）植株和花序，黄色箭头示膜质托叶鞘；J.何首乌（*Pleuropterus multiflorus*）植株和果序

水蓼（辣蓼，*P. hydropiper*）、长鬣蓼（*P. longiseta*）、尼泊尔蓼（*P. nepalensis*）等均为常见杂草。蓼蓝（*P. tinctoria*）叶可作靛蓝染料，也可入药。

萹蓄属（Polygonum），草本或低矮灌木。叶柄基部具节，托叶鞘通常呈锯齿状；花腋生，单生或簇生，有时形成疏松多叶的穗状花序。花被4～5裂，果期不扩大。雄蕊5～8。本属50～80种，广布世界各地，我国16种。常见的如萹蓄（*P. aviculare*），一年生平卧草本，广布杂草，可供入药或作饲料。

荞麦属（Fagopyrum），草本，花簇组成总状花序；花被片5，果时增大；雄蕊8；花柱3。瘦果三棱形，胚位于胚乳中间。本属约10种，分布于欧亚，我国有8种。荞麦（*F. esculentum*），栽培或野生，种子含淀粉达67%，供食用，也是一种良好的蜜源植物，还可入药。此外常见野生的金荞麦（*F. dibotrys*，图7-135I）分布于长江以南地区，块根入药。

酸模属（Rumex），草本，叶茎生或基生；托叶鞘易破裂、早落；花簇组成圆锥花序；花被片6，成2轮，内轮3枚，果时增大呈翅状；雄蕊6。本属约120种，我国约30种。酸模（*R. acetosa*）花单性，雌雄异株；广布，检疫性杂草，为地老虎的寄主；根及全草入药。羊蹄（*R. japonicus*）花两性；广布长江以南的杂草，根药用。

本科常见的还有何首乌（*Pleuropterus multiflorus*，图7-135J）、虎杖（*Reynoutria japonica*，图7-135A—G）、拳参（*Bistorta officinalis*）的块

根或根茎药用。药用大黄（*Rheum offcinale*）分布于西南等地，根状茎及根药用。竹节蓼（*Homalocladium platycladum*）茎扁平，叶状，多节，原产南太平洋所罗门群岛，栽培供观赏。

附68 蓼科其他属种

40.石竹科（Caryophyllaceae，pink family）

本科为世界分布的一个草本科，约97属2200种，主产北温带，尤以地中海地区较多。我国约33属396种，各地均有分布。其中有些种类为药用和观赏植物，有许多为田间杂草。

科的特征（图7-136）：草本，茎节常膨大。单叶对生，多线形至披针形，基部常相连合。花两性，整齐；单生或二歧聚伞花序；萼片4～5，分

离或结合成筒；花瓣4～5，常有爪（瓣柄）；雄蕊1～2轮，与花瓣同数或为其2倍；雌蕊2～5心皮合生，子房上位，特立中央胎座，1室或基部不完全2～5室，胚珠1枚至多数（基生）。蒴果，顶端齿裂或瓣裂。种子具各式雕纹，胚弯曲包围外胚乳。染色体基数：$x = (6) 9 \sim 15 (17, 19)$。

本科的主要分类依据为花萼分离还是合生、花瓣是否分裂和是否有瓣柄、花柱数目和果实是瓣裂还是齿裂、种子雕纹形态等。

石竹属（*Dianthus*），花单生或二歧聚伞花序；萼合生成管状，具5齿；花瓣5，明显具柄；雄蕊10，2轮；花柱2，特立中央胎座。本属约300种，我国仅12种。石竹（*D. chinensis*，图7-136G—H）产于我国北部和长江流域各地，现栽培观赏，亦供

图7-136 石竹科植物特征

A—F.繁缕（*Stellaria media*），A.花果期植株，整体铺散，分枝辐射状；B.花冠正面观：花萼5，花瓣5，雄蕊3，柱头3；C.花冠纵切：特立中央胎座；D.花部离析：花瓣2深裂。E.果期枝条：茎一侧被单列毛；叶对生，叶柄基部稍联合为鞘；花果集中于上部叶腋；F.幼果纵切，花萼宿存；G—H.石竹（*Dianthus chinensis*）花与无柄对生叶，基部联合及节膨大；I.浅裂剪秋罗（*Lychnis cognata*）植株和花；J.矮雪轮（*Silene pendula*）植株和花

药用。麝香石竹（康乃馨，*D. caryophyllus*）花有香气，重瓣，原产南欧，栽培供切花用。须苞石竹（*D. barbatus*）和日本石竹（*D. japonicus*），皆为栽培观赏植物。

繁缕属（*Stellaria*），二歧聚伞花序；萼片离生；花瓣2裂，无瓣柄；花柱3；蒴果瓣裂。本属约100种，我国有50余种。繁缕（*S. media*，图7-136A—F）为广布全国的杂草，是霜霉病或菌核病菌的中间寄主。全草可入药，嫩时也可作蔬菜。雀舌草（*S. alsine*），广布，为麦地和菜地常见杂草。

附69 石竹科其他属种

本科的孩儿参（太子参，*Pseudostellaria heterophylla*）、王不留行（*Gypsophila vaccaria*）、剪秋罗（*Lychnis fulgens*）等为常见药用植物。蝇子草属的高雪轮（*Silene armeria*）、矮雪轮（*S. pendula*，图7-136J）和锥花霞草（*Gypsophila elegans*）等常栽培作观赏。而鹅肠草（牛繁缕，*Stellaria aquatica*）、漆姑草（*Sagina japonica*）、蚤缀（无心菜，*Arenaria seropyllifolia*）、球序卷耳（*Cerastium glomeratum*）等为农田或路边常见杂草。

41.苋科（Amaranthaceae，amaranth family）

本科在以往的系统中大多分苋科和藜科（Chenopodiaceae）2个科。但二者在形态上区别很小，分子系统学研究支持合并成一个科。本科主要分布于温、寒带的滨海、干旱或盐碱地区，草本，约有188属，2300～2500余种，广布全世界。我国约有50属220种，全国分布，尤以西北部为最多。本科有一些经济植物，如糖用作物甜菜（根用和叶用），蔬菜作物菠菜、苋菜，观赏植物鸡冠花、锦绣苋等；还有不少耐盐碱的盐生植物。

科的特征（图7-137）：一至多年生草本，少数为灌木或半灌木。单叶互生，少对生，有时肉质。花小、单被（常无花瓣），两性或单性，簇生或集成穗状或再组成圆锥花序；花被片3～5，有的花后常增大宿存；雄蕊与花被片同数而对生，有时花丝基部合生；子房由2～3心皮结合而成，子房上位，1室1弯生胚珠。胞果（果皮薄、囊状、不开裂，含1种子的果实），常为花被包被。种子扁平，胚环状（包围胚乳）或螺旋形。染色体基数：$x = 6$，9。

本科主要的分类性状有枝和叶互生或对生、花单性或两性、花被果时是否增大或变成翅、胚环形且螺旋状。

苋属（*Amaranthus*），一年生草本，叶互生。花单性或两性，雌雄同株、异株或杂性同株；花被片干膜质，果时不增大；花丝离生；胚环状。本属有40种，我国约15种，南北均产，全为归化种。苋（*A. tricolor*，图7-137G）原产印度，现广为栽培作蔬菜，老茎还可腌渍加工即"苋菜梗"；全草可入药，种子和叶富含赖氨酸，有特殊营养价值。江南常见的还有凹头苋（*A. bilitum*）、刺苋（*A. spinosus*）等，多为田间杂草，也可作饲料或药用，有的为棉铃虫、棉蚜及番茄线虫病的中间寄主。

甜菜属（*Beta*），叶互生。花簇生叶腋，两性；花被片5；胞果，种子横生，胚环形包围胚乳。本属约12种，我国主要栽培甜菜（*B. vulgaris*，图7-137H），原产欧洲。有不同用途的变种：糖用甜菜（var. *saccharifera*）为北方重要糖料作物，根制糖；紫菜头（var. *rosea*）直根较小，紫色，菜用；厚皮菜（var. *cicla*）根不肥大，叶大，菜用；饲用甜菜（var. *lutea*）作饲料多栽于北方。

藜属（*Chenopodium*），植株常被粉粒（泡状毛），如有腺毛则有强烈气味。花小，两性；花被片5，果后稍增大。种子横生，胚环形。本属约250种，广布于温带，我国有20余种。藜（*C. album*），广布，属检疫性杂草，是棉铃虫、地老虎的寄主。全草可入药；嫩茎叶也可食用。江南常见还有小藜（*C. serotinum*）等，为常见杂草；小藜是棉蚜、霜霉病及菌核病菌的寄主。

本科常见的还有菠菜（*Spinacia oleracea*），原产伊朗，作蔬菜，也可入药。地肤（*Kochia scoparia*），种子入药即"地肤子"。牛膝属（*Achyranthes*）的牛膝（*A. bidentata*）和柳叶牛膝（*A. longifolia*）为常见杂草，根及全草也可入药。青葙属（*Celosia*）的青葙（*C. argentea*，图7-137I）广布，生田间路边，种子入药即中药"青葙子"；鸡冠花（*C. cristata*）花序扁平红色似鸡冠，为一年生观赏草花。千日红属（*Gomphrena*）的千日红（*G. globosa*）头状花序紫红色或白色，栽培观赏。莲子草属（*Alternanthera*）的锦绣苋（*A. bettzickiana*），叶有色彩，常作花坛组字或作图案用。同属的空心莲子草（*A. philoxeroides*），为多年生草本，既可水生也可旱生，原产巴西，抗日战争时引种作饲料栽培，现已逸出呈野生状态，成为难以防除的杂草。适于盐碱环境的有碱蓬属（*Suaeda*）、盐角草属（*Salicornia*）、猪毛菜属（*Kali*）等多种植物；适于干旱的荒漠生长的有梭梭属（*Haloxylon*）和沙蓬属（*Agriophyllum*）等属的植物。浆果苋（*Deeringia amaranthoides*，图7-137A—

附70 苋科其他属种

图7-137 苋科植物特征

A—F.浆果苋（*Deeringia amaranthoides*），A.枝条，叶卵状披针形，先端渐尖，单叶互生；总状花序兼腋生与顶生；B.总状花序；C.花部离析：花被片5；雄蕊5；子房上位，柱头3，花柱基部合生；D.雄蕊各面观：花药背着，2室，纵裂；E.柱头3；F.子房横切面，1室；G.苋（*Amaranthus tricolor*）植株；H.甜菜（*Beta vulgaris*）植株、雄花即肥大直根；I.青葙（*Celosia argentea*）植株和花序

F）产于华南、西南至东南亚，全草入药。

仙人掌科（Cactaceae，cactus family）

本科为著名的肉质沙生植物，约124属，1500种，主产美洲热带和亚热带地区，有1属延伸至热带非洲及斯里兰卡。叶常退化成刺，花两性整齐，大而美丽；雄蕊多数，子房下位，浆果。我国引种观赏数百种，最常见的有仙人掌（*Opuntia dillenii*）、昙花（*Epiphyllum oxypetalum*）、金琥（*Echinocactus grusonii*，图7-138A）等，均供观赏。巨人柱（*Carnegiea gigantea*，图7-138B）原产墨西哥和美国交界处的索诺拉沙漠，是本科中最高大雄伟的种

附71 仙人掌科其他属种

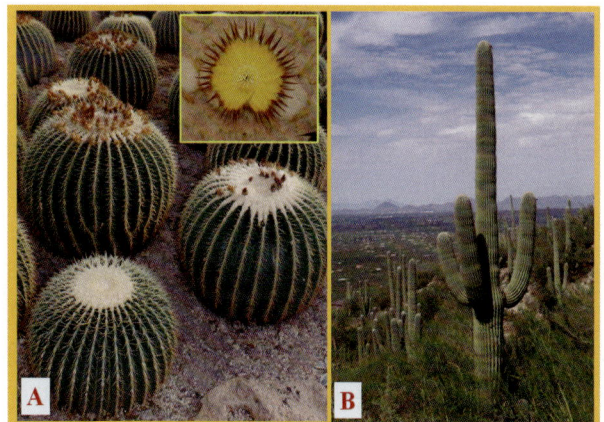

图7-138 仙人掌科植物特征

A.金琥（*Echinocactus grusonii*）植株和花；B.巨人柱（*Carnegiea gigantea*）植株和生境

类，高可达20m。量天尺属（*Hylocereus*）的一些种类果实可食用，如火龙果（*H. undatus*）和黄龙果（*H. megalanthus*）。

石竹目的猪笼草科（Nepenthaceae）和茅膏菜科（Droseraceae）是著名的食虫植物。猪笼草（*Nepenthes mirabilis*），叶片顶端变成捕虫囊，分布于华南至东南亚，常温室栽培供观赏。茅膏菜（*Drosera peltata*），小草本，叶片密生头状黏腺毛。长江以南有分布，生于贫瘠的山坡草丛。貉藻属（*Aldrovanda*）仅1种，分布于欧亚大陆，我国黑龙江有分布。浮水或沉水草本，能光合作用，但无根，由特化的捕食叶消化浮游生物。

附72 石竹目其他科属

石竹目常见的科还有：番杏科（Aizoaceae）、落葵科（Basellaceae）、晶粟草科（Gisekiaceae）、粟米草科（Molluginaceae）、紫茉莉科（Nyctaginaceae）、商陆科（Phytolaccaceae）、白花丹科（Plumbaginaceae）、马齿苋科（Portulacaceae）、土人参科（Talinaceae）、柽柳科（Tamaricaceae）等。番杏科的番杏（*Tetragonia tetragonioides*）东南沿海一带有分布，一年生肉质草本，可作蔬菜食用；冰叶日中花（冰菜，*Mesembryanthemum crystallinum*）1～2年生草本，茎匍匐，叶肉质，叶面有发亮囊状颗粒，原产纳米比亚等地，现世界各地栽种作蔬菜；还有些日中花植物是很好的观花植物。落葵科的落葵（木耳菜，*Basella alba*）是原产非洲的一年生缠绕草本，茎肉质，叶富含钙和铁，常引种栽培作蔬菜，也可入药。粟米草（*Mollugo stricta*）分布于我国秦岭、黄河以南至亚洲热带和亚热带，系空旷荒地、农田和海岸沙地的杂草，全草可入药。紫茉莉科主产美洲热带，其紫茉莉属（*Mirabilis*）和叶子花属（*Bougainvillea*）是世界广为栽培的观赏花卉。商陆科的商陆属（*Phytolacca*）多产南美，有4种产我国，美洲商陆（*P. americana*）为入侵植物，全株有毒，常见路边。白花丹科主产于干旱地区，我国以新疆分布为主，常见补血草（*Limonium sinense*）分布于中国滨海各地；喜生沿海潮湿盐土或砂土；该植物是重要的配花材料，俗称"勿忘我"，除作鲜切花外，还可制成自然干花；也可入药。马齿苋科的马齿苋（*Portulaca oleracea*）为一年生平卧肉质草本，全草入药或嫩时作蔬菜；同属大花马齿苋（*P. grandiflora*）俗称"太阳花"，栽培作地被花卉。土人参科的土人参（*Talinum paniculatum*）原产美洲热带，现在亚洲逸生，也栽培作蔬菜。柽柳科为

第三纪古地中海孑遗植物，常见柽柳属（*Tamarix*），分布于亚欧大陆干旱地区，我国主产华北和西北，灌木或小乔木，叶小鳞片状，是重要的固沙防风植物。

石竹目还有水卷耳科（Montiaceae）等23科不常见或我国不产的植物。

在超菊类基部还有红珊藤目（Berberidopsidales）和檀香目（Santalales），后者包括铁青树科（Olacaceae）、檀香科（Santalaceae，含槲寄生科）、桑寄生科（Loranthaceae）、青皮木科（Schoepfiaceae）、蛇菰科（Balanophoraceae）等。重要物种包括铁青树科的铁青树（*Olax imbricata*）产于我国海南和台湾，分布地区可达东南亚和南亚，系攀缘灌木；檀香科的檀香（*Santalum album*）原产太平洋岛屿，东南亚及我国广东有引种，常绿小乔木，被称为"黄金之树"，全身是宝，心材是名贵的中药，根和主干碎材可提炼精油，俗称"液体黄金"，木材也是雕刻工艺的优良材料；该科的米面蓊（*Buckleya henryi*）为半寄生灌木，江南有分布；还有槲寄生属（*Viscum*）为半寄生常绿灌木或半灌木，聚伞花序，通常寄生于栎属、杨属、松属等乔木，枝叶可入药。桑寄生科的桑寄生属（*Loranthus*）为半寄生植物，穗状花序，多寄生于壳斗科、蔷薇科、桦木科等科属植物上。青皮木科的青皮木（*Schoepfia jasminodora*），秦岭以南广布的落叶小乔木。蛇菰科的蛇菰属（*Balanophora*）植物分布于亚洲和大洋洲热带亚热带，我国主产长江以南各地，为一至多年生肉质草本，无正常根，靠根茎上的吸器寄生于寄主植物的根上，全草入药。

附73 菊类超目基部其他目科

菊类分支（asterids）

菊类分支包括基部的山茱萸目和杜鹃花目，以及真菊类分支（euasterids）的2大次级谱系：唇形类植物（lamiids）和桔梗类植物（campanulids）（图6-5）。

（三十二）山茱萸目（Cornales）

本目包含山茱萸科、绣球科等7科。本目被认为是菊类分支的基部类群。

山茱萸科（Cornaceae，dogwood family）

本科有7属，约115种，产于北半球温带地区、南美西北部、非洲、南亚、东南亚至大洋洲。我国有7属，47种，产于西南、华南至华东地区。乔木或灌木，毛常钙化，呈"Y"形或"T"形着

生。叶对生，稀互生和螺旋状排列，单叶，常全缘，偶有锯齿，羽状脉至掌状脉，二级脉序常平滑弧形伸向叶缘或形成一系列的环；无托叶。花两性或单性（雌雄同株或异株），辐射对称。萼片4或5，离生或合生，常具小齿，有时缺；花瓣4或5，离生，覆瓦状或镊合状排列；雄蕊4～10，花丝离生；心皮2或3，合生，子房下位，中轴胎座，胚珠1，核果或浆果状核果。山茱萸（*Cornus officinalis*，图7-139A）产于中国、日本及朝鲜半岛，叶对生，伞形花序生于枝侧，有4枚绿色芽鳞状总苞片，核果长椭圆形，果肉药用，称"萸肉"。红瑞木（*Swida alba*）叶对生，伞房状聚伞花序顶生，无总苞片，常引种栽培作庭园观赏植物。香港四照花（*Dendrobenthamia hongkongensis*），叶对生，头状花序上有白色花瓣状的总苞片，果实为聚合状核果。草茱萸（*Chamaepericlymenum canadense*，图7-139B）为多年生草本，高13～17cm，叶对生或于枝顶近于轮生，总苞片4，白色花瓣状，宽卵形，花小，白绿色，直径约2mm，产于我国东北、日本、朝鲜半岛、俄罗斯远东至北美洲。灯台树（*Bothrocaryum controversum*）叶互生，伞房状聚伞花序顶生，无花瓣状总苞片，分布于东亚至南亚。有些学者主张对山茱萸属（*Cornus*）取广义概念，即将梾木属（*Swida*）、四照花属（*Dendrobenthamia*）、草茱萸属（*Chamaepericlymenum*）、灯台树属（*Bothrocaryum*）以及其他近缘属全部归于*Cornus*这一个属。

附74 山茱萸科其他属种

目前的山茱萸科还包括原来八角枫科（Alangiaceae）的八角枫属（*Alangium*），该属植物分布于亚洲至非洲，在我国长江流域以南各地森林常见。

绣球科（Hydrangeaceae，hydrangea family）

本科有17属，190种，主产于北半球温带至亚热带地区，在南美安第斯山区及太平洋岛屿也有分布。我国有11属，125种，南北均产。灌木、草本或藤本，稀小乔木。叶常对生，单叶，无托叶。花两性或兼具不孕花，辐射对称，二型或一型；萼片4或5，合生；花瓣4或5，离生；雄蕊为8或10至多数；柱头2～5，心皮2～5，合生，子房半下位至下位，具肋，蜜腺盘常在子房顶部。蒴果，室背开裂或室间开裂。绣球（*Hydrangea macrophylla*，图7-140A）、白花重瓣溲疏（*Deutzia scabra* 'Candidissima'），为庭园常见观赏灌木。钻地风（*Schizophragma integrifolium*），可作垂直绿化。黄山梅（*Kirengeshoma palmata*，图7-140C）为多年生草本，花黄色，大而美丽，可作为观赏植物。蛛网萼（*Platycrater arguta*，图7-140B）为落叶灌木，萼片3～4，合生，轮廓三角形或四方形，半透明，具密集柔弱的网脉，果时仅网脉留存，似蛛网一般。黄山梅和蛛网萼均间断分布于华东和日本，种群稀少，都被列为国家二级重点保护野生植物。常见还有山梅花属（*Philadelphus*）东亚北美间断分布，我国南北均有分布，可栽培观赏；草绣球属（*Cardiandra*）在中国—日本分布，亚灌木，也具有花瓣状不育花，栽培观赏或药用。

附75 绣球科其他属种

山茱萸目还有蓝果树科（珙桐科，Nyssaceae）的喜树（*Camptotheca acuminata*），速生落叶大乔木，我国特有，其含有的喜树碱已证明具有抗肿瘤作用，另外也可作绿化树种；以及著名的鸽子树——珙桐（*Davidia involucrata*，图7-139C）分布于我国西南，是特有的单种属植物，落叶乔木，花序下的

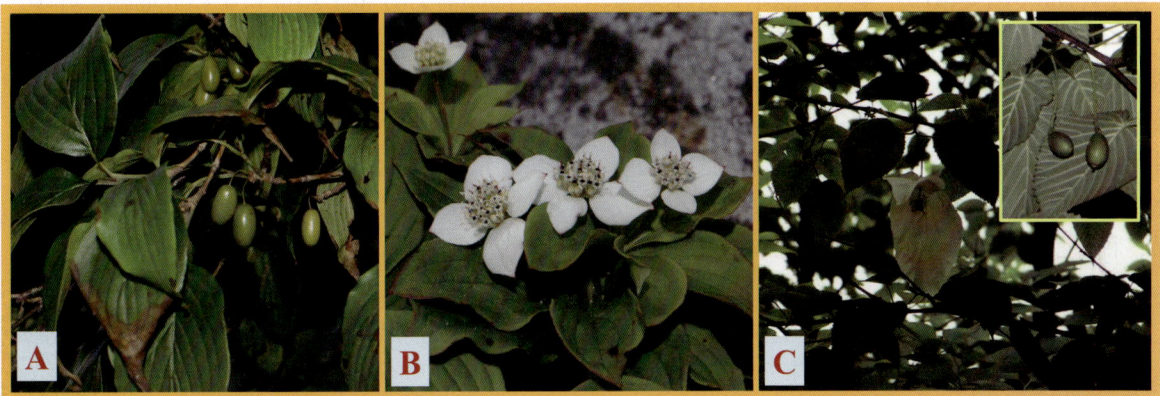

图7-139 山茱萸科和蓝果树科植物特征

A.山茱萸（*Cornus officinalis*）植株和未成熟果实（核果）；B.草茱萸（*Chamaepericlymenum canadense*）植株和花序（具有4枚白色叶状苞片）；C.珙桐（*Davidia involucrata*）植株、具2枚白色大苞片的花序及幼果

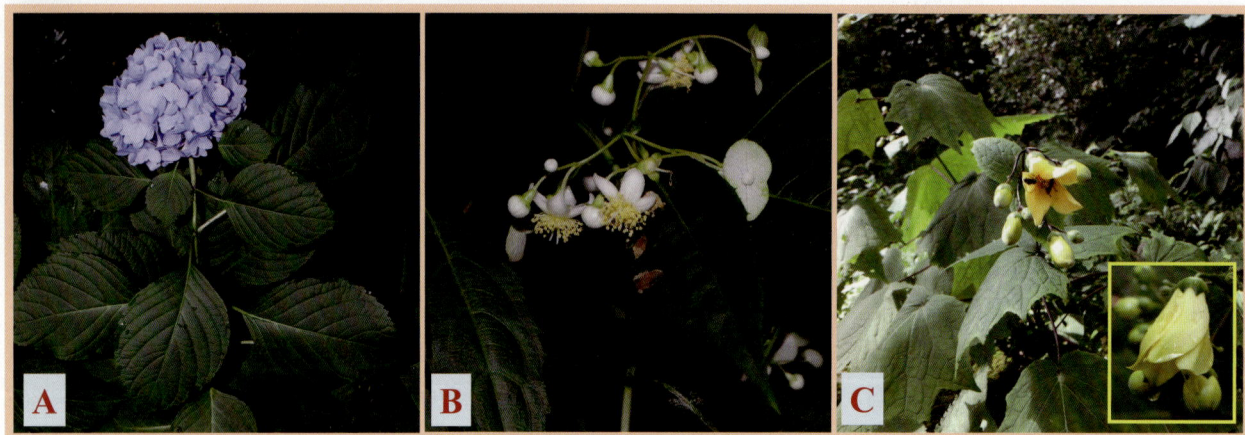

图7-140 绣球科植物特征

A.绣球（*Hydrangea macrophylla*）植株和花序；B.蛛网萼（*Platycrater arguta*）植株、花序和花；C.黄山梅（*Kirengeshoma palmata*）植株和花

2枚苞片白色，远看似鸽子，是国家一级重点保护野生植物。此外还有水穗草科（Hydrostachyaceae）等4科植物我国不产或少见。

（三十三）杜鹃花目（Ericales）

本目包含报春花科（含紫金牛科）、山茶科、杜鹃花科、柿科、安息香科（Styracaceae）、山矾科（Symplocaceae）、猕猴桃科等18科。这些科以往常被分成几个目，如报春花目、山茶目、杜鹃花目和柿目等。但它们多数叶缘具山茶型齿，即单叶脉延伸入锯齿，齿端有不透明的帽状或腺状体，且分子系统学证据支持将这些科归在一个目。

42. 报春花科（Primulaceae，primrose family）

本科约58属，2590种，世界广布，以北半球为多。我国有17属，约650多种，分布于全国，主产西南。其中不少为著名的观赏植物，如报春花类和仙客来；有些可供药用，也有不少为田间、山坡路旁常见杂草。

科的特征（图7-141）：草本、灌木、乔木或藤本。单叶互生，螺旋状排列，对生或轮生，基部常形成莲座状。花两性，辐射对称，花萼4或5；花冠裂片4或5，覆瓦状或旋转状排列；雄蕊与花冠裂片同数而对生；子房上位，特立中央胎座或基底胎座，胚珠倒生至弯生。蒴果，瓣裂或周裂；或浆果，种子嵌入肉质胎座轴中；或核果。染色体基数：$x = 5$，$8 \sim 15$，17，19，22。

本科的主要分类性状为是否具茎生叶、花序类型、花冠裂片在蕾时的排列方式、果实类型等。

报春花属（Primula），叶全为基生；花序伞形或轮伞形；花冠筒长于花冠裂片，裂片覆瓦状排列；蒴果瓣裂。本属约500种，主产北温带；我国约300种，主产西南，多数可供观赏。华东常见的有毛茛叶报春（*P. cicutarifolia*）和安徽羽叶报春（*P. merrilliana*，图7-141L），小草本，生阴湿岩石上。可供观赏的有报春花（*P. malacoides*）、藏报春花（*P. sinensis*）、四季报春（*P. obconica*）等均为原产我国的著名高山花卉。

珍珠菜属（Lysimachia），直立或平卧草本，叶多茎生，花单生或排成总状、伞房状或圆锥花序，花冠裂片旋转状排列；蒴果瓣裂，种子光滑。本属约180种，分布于温带和亚热带；我国有120多种，主产西南。江南产数十种，常见的有：过路黄（*L. christinae*）、泽珍珠菜（*L. candida*，图7-141M）、珍珠菜（矮桃，*L. clethroides*）等均为山坡或路旁常见，全草可入药。

紫金牛属（Ardisia），原来属于紫金牛科（Myrsinaceae）。常绿灌木植物，少数为乔木。本属共有300种，分布于热带和亚热带地区。叶多互生，聚伞、伞形或圆锥花序，果球形红色，是优良的冬季观果植物。常见有紫金牛（*Ardisia japonica*）和朱砂根（*A. crenata*），多盆栽观赏或药用。

本科的仙客来（*Cyclamen persicum*，图7-141N）为著名的观赏花卉，原产南欧；花红色或白色，温室栽培观赏。点地梅（*Androsace umbellata*，图7-141A—K）花葶通常数枚自叶丛中抽出，伞形花序4～15花，花冠白色，喉部黄色。本科还包括原来置于紫金牛科的杜茎山属（*Maesa*）植物，在长江流域以南各地区常见。

附76 报春花科其他属种

图7-141　报春花科植物特征

A—K.点地梅（*Androsace umbellata*），A.花果期植株，3枚花葶自叶丛抽出；B.基生叶片，叶基浅心形；C.花冠背腹面；D.伞形花序，具5花；E.花冠离析，花冠裂片白色，近喉部黄色；雄蕊着生于冠筒，与花冠裂片对生；F.花纵切，花冠喉部缢缩；雄蕊藏于花冠；子房上位，花柱短；G.部分花冠纵剖，花冠裂片倒卵形；H.花冠筒部纵切示雌雄蕊，雄蕊花丝着生于冠筒中部，花丝稍短于花药；I.子房横切片，特立中央胎座；J.果萼背面，萼裂片裂至基部，密被短柔毛；K.幼果，果实光滑，果萼宿存；L.安徽羽叶报春（*Primula merrilliana*，邵剑文摄）植株和花；M.泽珍珠菜（*Lysimachia candida*）总状花序和花；N.仙客来（*Cyclamen persicum*）基生叶和花

43. 山茶科（Theaceae，tea family）

本科为主要分布东亚热带和亚热带的木本科，包括9属，约250种。我国6属，145种，原来的柃属、杨桐属等已另立五列木科（Pentaphylacaceae）。本科许多种类是长江流域和南方各地常绿阔叶林的建群种或优势种。其中茶和油茶为重要经济植物，此外，材用和观赏树种也较多，如木荷、山茶、金花茶等。

科的特征（图7-142）：常绿（少落叶）木本，单叶互生，常革质。花单生，有时成花序，两性（稀单性）；萼片5（4至多数），覆瓦状排列；花瓣5（4～∞），分离或略连生；雄蕊多数，呈1至数轮，分离或集成数束；子房上位（稀下位），中轴胎座。蒴果、核果或浆果，种子略具胚乳，含大量油脂。染色体基数：$x = 15$，21。

本科的主要分类性状是花两性或单性、花药着生方式、果实类型、果实是否具中轴、种子具翅与否等。

山茶属（*Camellia*），常绿灌木或小乔木。花多单生，两性，苞片不定数，有时向内逐渐变成萼片；萼片常多于5，宿存；花瓣5～7；雄蕊多数，花药丁字着生；子房上位。蒴果，种子无翅。本属

图7-142　山茶科植物特征

A—K.木荷（*Schima superba*），A.花冠正面观：花瓣5～6枚，最外一枚（图中红色箭头所指）特化；雄蕊多数；B.花冠离析：左上角一枚较小，为偶见，常4枚卵圆形花瓣与1枚特化花瓣组成；C.雄蕊群，花丝不等长，多数，基部联合；D.雌蕊，花柱粗壮，柱头头状；E.雄蕊：花丝肉质，基部稍联合；F.雌蕊纵切，示子房被毛；G.花蕾纵切，其中1枚花瓣（图中红色箭头所指）将其余花瓣包裹；H.花蕾纵切；I.花蕾侧面观，红色箭头所指即为最外侧特化花瓣；J.种子，肾形，具薄翅；K.植株和幼果（蒴果）；L.油茶（*Camellia oleifera*）枝叶和花；M.天目紫茎（*Stewartia gemmata*，林汉扬摄）枝叶和花

约200多种，我国约有180种，主产东南至西南部。茶（*C. sinensis*），原产我国，栽培和制茶至少已有2500年的历史。茶叶内含咖啡碱、多种维生素、鞣质及氨基酸、糖类、矿物质等，富有营养，并能提神、活经络、利尿、助消化及杀菌。茶叶为我国重要出口物资之一，浙江省产量居全国第一位。油茶（*C. oleifera*，图7-172L），种子含油38%～54%，其中油酸和亚油酸等不饱和脂肪酸占85%左右，为优质食用油，是南方重要木本油料树种，以湖南、江西和浙江为最多。浙江红山茶（*C. chekiangoleosa*），花红色，产江南，用途同油茶，也可供观赏。本属观赏植物有山茶（茶花，*C. japonica*），花大多色，

栽培品种多重瓣，为著名观赏植物，现广为栽培，品种极多。滇山茶（*C. reticulata*），产云南，重瓣，品种很多。金花茶（*C. petelotii*），花黄色，产我国广西和越南北部，为珍稀观赏树种。

木荷属（*Schima*），常绿乔木，花单生叶腋，萼片5，宿存，花瓣5；花药"丁"字形着生；蒴果，种子具翅。本属约30种，我国有14种。常见的有木荷（*S. superba*，图7-142A—K），分布于长江以南各地，重要用材树种，木材为细木工用材，也可作园林绿化树种或防火树种。

本科常见的还有紫茎（*Stewartia*

附77 山茶科
其他属种

sinensis）和天目紫茎（*S. gemmata*，图7-142M），落叶乔木，分布华东至华中，为珍稀树种。

44.杜鹃花科（Ericaceae，heath family）

APGⅣ（2016）系统采用广义的杜鹃花科概念，包括鹿蹄草科（Pyrolaceae）、水晶兰科（Monotropaceae）和岩高兰科（Empetraceae），有124属，约4100种，世界广布，主产热带高山、亚洲东部、非洲南部和北美东部。我国约23属，837种，广布，以西南地区最多。其中杜鹃花属很多种为著名观赏植物，有些属种则为小水果或药用植物。

科的特征（图7-143）：灌木或小乔木，稀附生或真菌异养草本。单叶互生，有时对生或轮生。花两性，辐射对称或稍两侧对称；花萼4～5裂，宿存；花冠合瓣，5（4～7）裂，裂片常覆瓦状；雄蕊为花冠裂片的2倍，少与裂片同数或更多，着生在花盘上，花药多孔裂；子房上位或下位，2～5室（稀较多），中轴胎座，胚珠多数。蒴果，少为浆果和核果，种子有胚乳。染色体基数：$x = 8$，11～13。

本科的主要分类性状是子房位置、果实类型、蒴果开裂方式、花药或花丝是否有附属物。

杜鹃花属（*Rhododendron*），常绿或落叶灌木。花冠漏斗形、辐状、钟形或筒形，常稍两侧对称；

图7-143 杜鹃花科植物特征

A—F.羊踯躅（*Rhododendron molle*），A.花期枝条，总状花序生于枝顶，因花序轴短缩，呈伞形；B.花，除去花冠，花梗基部具线形小苞片；C.花冠纵切后展开，橙红色；D.花部离析：雄蕊5枚，长短不一；雌蕊花柱细长，柱头头状，子房被毛；花萼裂片狭三角形，具睫毛；E.子房纵切，每室具胚珠多数；外侧密被柔毛及疏刚毛（较长的毛被）；F.子房横切，中轴胎座，常5室，偶有6室；G.映山红（*Rh. simsii*）早春先花后叶花枝；H.蓝莓（*Vaccinium corymbosum.*）植株和浆果；I.四叶石南（*Erica tetralix*）植株和花序

雄蕊为花冠裂片的倍数，稀更多或与其同数，雄蕊无附属物；子房上位，蒴果室间开裂。本属约800种，主产北半球寒、温带及热带高山地区；我国约600种，广布，以西南最多。本属植物大多具较高观赏价值，是我国闻名世界的三大名花之一（另两种是报春花和龙胆花），云南则为杜鹃花王国，但多数还处于野生状态。江南常见的有映山红（杜鹃，*Rh. simsii*），花鲜红或深红，为酸性土指示植物，根有毒，花、叶可入药。满山红（*Rh. mariesii*），花淡紫色。云锦杜鹃（*Rh. fortunei*），花粉红色，大而艳丽，浙江天台山有成片的云锦杜鹃林，是天台"杜鹃花节"的主角。马银花（*Rh. ovatum*），花紫白色。羊踯躅（*Rh. molle*，图7-143），花黄色，叶及花有毒，可入药作麻醉剂，也可作农药。此外，常见栽培的有锦绣杜鹃（*Rh.* × *pulchrum*），雄蕊10；皋月杜鹃（*Rh. indicum*），雄蕊5。

乌饭树属（*Vaccinium*），常绿或落叶灌木；花冠筒状、壶状或钟状，雄蕊背面有附属物；子房下位，浆果。本属约300种；我国约65种。乌饭树（*V. bracteatum*），果熟时紫黑色，可食用，也可入药；嫩叶的汁水可染米煮乌米饭食用，故名"乌饭树"。越橘（*V. vitisidaea*），产东北，浆果红色可生食或制果酱、酿酒。蓝莓（*V. corymbosum*，图4-143H），原产于北美洲，品种很多，现引种栽培，果实作小水果生食。

本科的马醉木（*Pieris japonica*）和毛果珍珠花（*Lyonia ovalifolia* var. *hebecarpa*），为江南山坡常见种，根、叶药用。吊钟花属（*Enkianthus*）分布于东亚，常见有灯笼树（*E. chinensis*）生于海拔1000m以上山坡，可栽培观赏；以及吊钟花（*E. quinquefloprus*）冬春之交开花，温室栽培观赏。四叶石南（*Erica tetralix*，图7-143I），原产西北欧，花红色极美观，栽培观赏。鹿蹄草

附78 杜鹃花科其他属种

（*Pyrola calliantha*），常绿草本，生林下，全草入药。水晶兰属（*Monotropa*）真菌异养草本，全体白色，叶退化为鳞片状，花单一顶生，常见种有水晶兰（*M. uniflora*），分布于东亚与北美，海拔800m以上林下。

柿树科（Ebenaceae，persimmon family）

本科4属，约540种，分布于热带、亚热带。我国仅有柿属1属60种。乔木或灌木，落叶，少常绿；单叶互生，全缘；花单性，多雌雄异株；萼片宿存，果时增大；花冠合生，裂片旋转状排列；子房上位，中轴胎座；浆果，种子胚乳丰富。柿属（*Diospyros*），落叶或常绿，无顶芽；雄花为聚伞花序，雌花单生，花萼、花冠常4裂；浆果球形或椭圆形，种子大而扁平。本科约200多种，广布热带地区；我国约50多种，主产长江以南各地。柿（*D. kaki*，图7-144A），原产长江流域，现黄河以南广为栽培，为著名果树，品种很多，果生食、酿酒或制柿饼，柿叶富含维生素C，可代茶饮用，木材质硬，可制作家具。君迁子（*D. lotus*，图7-144B），果均较小，也可食用。本属植物心材黑褐色，统称"乌木"，是一种名贵木材，以印度产的乌木（*D. ebenum*）最著名，我国台湾产的异色柿（*D. philippensis*）也是乌木的材源。

附79 柿树科猕猴桃科其他属种

猕猴桃科（Actinidiaceae，kiwifruit family）

本科3属，约360种，分布于亚洲热带至温带。我国有3属66种，主产西南。藤状灌木，髓实心或层片状，花两性、杂性或单性异株，浆果或蒴果。著名种类有中华猕猴桃（*Actinidia chinensis*，图7-145A），原产中国，分布江南；浆果被粗毛，可食用，富含维生素C；1847年引种至欧洲，1906年传至新西兰，现已培育出若干优良品种，在世界广泛栽培。该属很多种类果实也可食用，如狗

图7-144 柿树科植物特征
A.柿（*Diospyros kaki*）植株与花；B.君迁子（*D. lotus*）植株与幼果（浆果）

图7-145 猕猴桃科植物特征
A.中华猕猴桃（*Actinidia chinensis*）植株、花和果实；B.毛花猕猴桃（*A. eriantha*）植株和花

枣猕猴桃（*A. kolomikta*）、软枣猕猴桃（*A. arguta*）、毛花猕猴桃（*A. eriantha*，图7-145B）、金花猕猴桃（*A. chrysantha*）等。

杜鹃花目常见植物还有安息香科（Styracaceae）、山矾科（Symplocaceae）、凤仙花科（Balsaminaceae）、帽蕊草科（Mitrastemonaceae）、岩梅科（Diapensiaceae）、玉蕊科（Lecythidaceae）、五列木科（Pentaphylacaceae）、花荵科（Polemoniaceae）等。安息香科植物主产北半球，我国主产长江流域以南各地，安息香属（*Styrax*）和白辛树属（*Pterostyrax*）为落叶或常绿灌木或乔木，花被基部合生，亚热带森林常见；秤锤树属（*Sinojackia*）为我国特有，核果下垂似秤锤，可作园林观赏；银钟花属（*Halesia*）间断分布于东亚与北美。山矾科植物仅1属山矾属（*Symplocos*），广布于亚洲、大洋洲和美洲热带和亚热带，我国主产华东至西南，灌木或乔木，可作绿化树种。凤仙花科的凤仙花属（*Impatiens*）花两侧对称；蒴果弹裂，喜生阴湿处，其中凤仙花（*I. balsamina*）为常见观赏花卉。帽蕊草科为寄生植物，我国仅帽蕊草（*Mitrastemon yamamotoi*）1种，产于台湾至西南。岩梅科植物为高山分布的地被亚灌木或草本植物。玉蕊科主产热带的高大乔木，著名的种类有炮弹树（*Couroupita guianensis*），海南有栽培观赏；巴西栗（*Bertholletia excelsa*）被称为"雨林巨人"，果实称"鲍鱼果"，营养丰富可食用。花荵科植物主产北美，我国仅花荵属（*Polemonium*）2种，产北方，花蓝紫色，美丽可栽种供观赏；天蓝绣球属（*Phlox*）植物为引种的草花。此外，还有食虫植物瓶子草科（Sarraceniaceae）叶特化呈捕虫器，主产美洲。产南非的捕虫木科（Roridulaceae），叶有黏虫作用。本目还有山榄科（Sapotaceae）等9科分布不多或我国不产的植物。山榄科在海南有引种的蛋黄果（*Pouteria campechiana*）等热带水果。

五列木科（Pentaphylacaceae）原置于山茶科，分子系统学研究支持独立一科，包括柃木属（*Eurya*）、杨桐属（*Adinandra*）、厚皮香属（*Ternstroemia*）、红淡比属（*Cleyera*）等植物，主产亚洲和美洲热带亚热带，是我国华东至西南山区常见的常绿灌木和小乔木。

真菊类分支 I：唇形类植物（lamiids）

唇形类植物分支（lamiids）有植物8个目41科，花瓣多数合生。

附80 杜鹃花目其他科属

（三十四）龙胆目（Gentianales）

本目包含龙胆科、茜草科、夹竹桃科、马钱科（Loganiaceae）等5科。本目植物叶对生或轮生，心皮2，合生，中轴胎座或侧膜胎座。

45. 茜草科（Rubiaceae，madder family）

本科为广布世界热带和亚热带的一个大科，约614属13000种以上，是被子植物第四大科。我国有103属约740多种，主产于西南和东南部。其中有不少经济植物，如饮料植物咖啡，药用植物金鸡纳，观赏植物栀子花、六月雪等，还有一些为田间杂草。

科的特征（图7-146）：乔木、灌木或草本。单叶对生或轮生，常全缘，有一对托叶，位于叶柄间或叶柄内，常宿存，有时连合成鞘或呈叶状，使叶呈轮生状。花两性，辐射对称，4～5基数，单生或成各种花序；萼裂片覆瓦状排列，有时其中一片扩大成叶状；花冠管状或漏斗状，裂片镊合状或旋转状；雄蕊与花冠裂片同数而互生，生于花冠筒上，子房下位，多为2心皮合生，常2室，中轴胎座。蒴果、核果或浆果，种子有胚乳。染色体基数：$x = 6 \sim 17$。

本科分类的主要依据是习性、花序类型、花萼裂片是否有一片扩大成叶状、胚珠数目、果实类型等性状。

茜草属（*Rubia*），草本，茎常被倒刺毛；叶4～8枚轮生；聚伞花序，花5基数，子房2室，每室1胚珠。果肉质。本属约50种，我国约12种，广布。江南常见的有东南茜草（*R. argyi*），多年生蔓生草本，茎方形，有倒刺；叶常4片轮生；果球形。根药用。

猪殃殃属（*Galium*），草本，叶4～10枚轮生；花4基数；果干燥。其他同茜草属。本属约300种，广布于温带地区，我国约50种。常见的有拉拉藤（*G. spurium*），广布，为田间、庭园常见杂草，全草可入药。同属的四叶葎（*G. bungei*）也为常见杂草。

栀子属（*Gardenia*），栀子（*G. jasminoides*，图7-146J）为常绿灌木，托叶在叶柄内合成鞘，叶对生或3叶轮生；花单生，花冠裂片旋转状，白色芳香；胚珠多数；果黄色有棱，药用或提取天然食用色素；江南常见，生于山区溪边或山坡林下。其品种白蟾（*G. jasminoides* 'Fortuniana'），花大，重瓣，栽培供观赏。

耳草属（*Hedyotis*），草本、亚灌木或灌木，直立或攀缘，约420种，主产于亚洲热带和亚热带地区；我国约50种，产于长江以南各地。细梗耳草

图7-146 茜草科植物特征

A—I.细梗耳草(*Hedyotis tenuipes*)，A.花期枝条：叶对生，具叶柄间卵状三角形托叶；聚伞花序，兼腋生与顶生；B.花侧面观；C.花冠纵切：花冠内侧几全被毛；雄蕊着生于冠筒中部；子房下位，花柱伸出冠筒外，柱头头状；D.花冠纵切；E.花冠纵剖后展开：花冠4裂，雄蕊4枚；F.萼筒沿花柱基横切，示蜜腺盘；G.子房横切：2室，每室胚珠多数；H.花侧面观，除花冠，示花萼4裂；I.花蕾纵切，花冠裂片镊合状；J.栀子（*Gardenia jasminoides*）植株和花；K.大叶白纸扇（*Mussaenda shikokiana*，龚维惠赠）植株、花序和花，白色的为特化的萼片；L.鸡屎藤（*Paederia scandens*）植株和花

（*H. tenuipes*，图7-146 A—I），分布于广东和福建；金毛耳草（*H. chrysotricha*）在山谷林下或山坡灌木丛中常见。

本科植物常见的还有六月雪属（*Serissa*）的六月雪（*S. japonica*），常庭园栽培观赏。原产我国南部和马来西亚的龙船花（*Ixora chinensis*），现为世界广为栽培的花卉。我国特产的香果树（*Emmenopterys henryi*），为落叶乔木，萼5裂，其中1枚裂片扩大成叶状；胚珠多数，蒴果，分布于华东至西南，材用树种，国家二级重点保护野生植物。玉叶金花属（*Mussaenda*）

附81 茜草科其他属种

的大叶白纸扇（*M. shikokiana*，图7-146K），为落叶灌木；花萼5裂，其中1枚扩大成花瓣状，白色；花冠黄色。小粒咖啡（*Coffea arabica*），原产于热带非洲，我国华南有引种，种子供制饮料或药用。金鸡纳树（*Cinchona ledgeriana*），原产于秘鲁，树皮含奎宁，是治疟疾的特效药。鸡屎藤（*Paederia scandens*，图7-146L）为缠绕灌木，广布东亚、东南亚，也可观赏、药用，叶片可食用。

46.夹竹桃科（Apocynaceae，dogbane family）

本科为热带、亚热带分布的一个科，有366属，约5100种。我国有87属，423种，主产长江以南各地。其中有不少种为药用植物和观赏植物。本科包

含以往分立的萝藦科（Asclepiadaceae）。

科的特征（图7-147）：木本或草本，常蔓生，有乳汁或水汁。单叶对生或轮生，全缘，常无托叶。花两性，花萼合生成筒状或钟状，常5裂；花瓣合生，多为高脚碟形或漏斗形，5裂，旋转状排列，花冠喉部常有鳞片或毛；雄蕊着生花冠筒上或喉部，花药常箭形，花粉粒分离或粘合成块；有花盘，心皮2，分离或合生，子房上位，中轴或侧膜胎座。蓇葖果，偶呈浆果或核果状。染色体基数：$x=8\sim12$。本科植物常有毒，尤以种子和乳汁毒性最大。

本科分类的主要依据是习性、叶序、花冠形态、花药形状及具毛否、花粉粒分离或成块、果实类型等。

夹竹桃属（*Nerium*），常绿灌木，含水汁，叶轮生；花冠漏斗状，玫瑰红色或白色，喉部具分裂呈线形的副花冠；花药箭头形，药隔延长成丝状。蓇葖果2，种子具毛。夹竹桃（*N. indicum*），原产印度，现广为栽培作城市绿化树种，抗污染力强；叶含强心苷，可入药，但有剧毒。

络石属（*Trachelospermum*），木质藤本，含乳汁，叶对生；花冠高脚碟状，无副花冠，花药箭头

图7-147 萝藦科植物特征

A—K.萝藦（*Metaplexis japonica*），A.花期枝条：叶卵状心形，叶耳圆；聚伞花序排列为总状，腋生；B.花冠纵剖，除部分花被片：花冠裂片反折，腹面被长柔毛；副花冠着生于合蕊柱基部，裂片呈兜状（图中白色箭头所指）；花丝合生成圆锥状，由着粉腺将相邻药室的2个花粉块连在一起，组成一个载粉器（图中红色箭头所指），花药顶端有白色膜片；C.聚伞花序：花序梗长，小苞片披针形；常具2花，萼裂至基部，披针形；D.合蕊冠离析：雄蕊5，每枚雄蕊先端具白色膜片和2个药室；花柱（图中上部）短，先端延伸成长喙；E.上：载粉器背面观；下：载粉器腹面观；每个载粉器由着粉腺、花粉块柄和2个花粉块组成；F.花冠纵切后展平，冠筒较短，柔毛主要集中在花冠裂片内侧；G.合蕊柱顶面观，除花柱；H.花冠筒横切片；I.花部离析，外轮5枚萼裂片，内轮花冠裂片；J.合蕊柱纵切，柱头先端2叉；基部具2心皮；K.植株和花序；L.络石（*Trachelospermum jasminoides*）枝叶和具有旋转型花瓣的花；M.红鸡蛋花（*Plumeria rubra*）顶生叶和花

形。果双生，种子顶端具毛。本属约30种，分布于亚洲热带至温带，我国产10种，分布于全国。络石（*T. jasminoides*，图7-147L），产全国大部分地区，根、茎、叶药用。紫花络石（*T. axillare*），生山坡灌丛。

白前属（*Vincetoxicum*），多年生草本或缠绕藤本，叶对生，稀轮生；花冠辐状或钟状，具副花冠；花药顶端有内弯的膜片，每药室1个花粉块；蓇葖果双生或仅一个发育；种子两端有毛。本属约200种，我国有56种。柳叶白前（*V. stauntonii*）、徐长卿（*V. pycnostelma*）等为常用的中药，江南各地均有分布。

萝藦属（*Metaplexis*），多年生草质藤本，含乳汁，具环状副花冠，分布东亚，萝藦（*M. japonica*，图7-147A—K），广布种，长生在路边草丛或灌木丛，可作庭院垂直绿化用或药用。

本科常见的还有罗布麻属（*Apocynum*）主产北半球温带干旱区，我国西北常见罗布麻（*A. venetum*），可药用。长春花（*Catharanthus roseus*），草本或亚灌木，花冠淡红色或白色；原产东非，现广为栽培观赏或药用；含长春花碱，有抗癌、降血压的作用。分布于华南、云南的萝芙木（*Rauvolfia verticillata*）和蛇根木（*R. serpentina*），为治高血压药物的原料。杠柳（*Periploca sepium*）也药用。马利筋（*Asclepias curassavica*）及球兰属（*Hoya*）、肉珊瑚属（*Sarcostemma*）等肉质植物，常栽培供观赏。原

附82 夹竹桃科其他属种

产墨西哥的红鸡蛋花（*Plumeria rubra*，图7-147M）及其品种是目前热带南亚热带广为栽培的观花植物，为落叶灌木或小乔木。

龙胆科（Gentianaceae, gentian family）

本科约80属，700余种，世界广布。我国有22属，约420种，主产西南地区。草本或木本，茎直立或斜升，有时缠绕。单叶对生或基生，全缘，无托叶。花两性，4～5数；花冠漏斗状、管状、钟状或辐状，裂片常右向旋转状排列，雄蕊着生在冠筒上与裂片互生，子房上位，侧膜胎座；蒴果2瓣裂，稀浆果。代表属龙胆属（*Gentiana*）广布温带或亚热带高海拔地区，茎4棱，叶对生，有400多种。龙胆（*G. scabra*）和条叶龙胆（*G. manshurica*）分布较广，根均可入药；笔龙胆（*G. zollingeri*，图7-148A）为一年生小草本（高仅3～6cm），分布于东北、华北、华中和华东。双蝴蝶（*Tripterospermum chinense*，图7-148B）多年生缠绕草本，獐牙菜（*Swertia bimaculata*）为多年生草本，江南各地分布，可作药用。洋桔梗（*Eustoma grandiflorum*）原产美国和墨西哥，现世界各地常见栽培，花多重瓣，用作切花或盆栽。

本目常见的还有马钱科（Loganiaceae）的马钱属（*Strychnos*），分布于热带和亚热带，多为木质藤本，种子有毒；蓬莱葛属（*Gardneria*）的蓬莱葛（*Gardneria multiflora*）江南有分布，根与种子入药。钩吻科（Gelsemiaceae）的钩吻（*Gelsemia elegans*）为一年生草质藤

附83 龙胆目其他科属种

图7-148 龙胆科植物特征

A. 笔龙胆（*Gentiana zollingeri*）植株和花；B. 双蝴蝶（*Tripterospermum chinense*）缠绕草本和成对的花

本，全株极毒，民间称为"断肠草"。其主要的毒性物质是钩吻素。

（三十五）紫草目（Boraginales）

本目仅紫草科一科。

紫草科（Boraginaceae, borage family）

本科约143属，2758种，世界广布。我国有44属，约300种，主产西南地区，草本、灌木至乔木。单叶，无托叶。聚伞花序或螺状聚伞花序，稀单生；花两性，多辐射对称；花萼（3～4）5，常宿存；花冠喉部或筒部常具5个附属物；雄蕊5；雌蕊由2心皮组成，子房2室，每室有1枚胚珠，或子房4（～2）裂，每裂瓣含1枚胚珠。核果，种子1～4；或小坚果4（～2），由子房裂瓣形成。引种有玻璃苣（*Borago officinalis*，图7-149A），原产地中海地区，一年生草本芳香植物，可作蜜源植物，鲜叶可作蔬菜，鲜叶及干叶又可用于调味。厚壳树（*Ehretia acuminata*），分布于华东至西南，为用材树种或绿化树种。紫草（*Lithospermum erythrorhizon*）分布东亚，我国以长江以北为主，花蓝色，根紫色入药。附地菜（*Trigonotis peduncularis*，图7-149B）、柔弱斑种草（*Bothriospermum zeylanicum*）等为田间路旁之杂草。

附84 紫草科其他属种

（三十六）茄目（Solanales）

本目包含茄科（含菟丝子属）、旋花科、田基麻科等5个科。

47.旋花科（Convolvulaceae, morning glory family）

本科有58属，约1650种，世界广布。我国有20属，约128种，全国广布，华南和西南地区尤盛。其中有很多重要经济植物，粮食作物如甘薯，蔬菜如蕹菜。

科的特征（图7-150）：草本、亚灌木或灌木，或为寄生，稀为乔木。植物体常有乳汁，具双韧维管束。茎缠绕或攀缘，平卧或匍匐，偶有直立。单叶互生，螺旋排列，寄生种类无叶或退化。花单生于叶腋，或少至多花组成腋生聚伞花序。花整齐，两性，5数；花萼分离或仅基部连合，外萼片常比内萼片大，宿存，或在果期增大；花冠合瓣，漏斗状、钟状、高脚碟状或坛状，冠檐近全缘或5裂，极少每裂片又具2小裂片，蕾期旋转折扇状或镊合状至内向镊合状，花冠外常有5条明显的被毛或无毛的瓣中带；雄蕊着生花冠筒基部或中部稍下；子房上位，由2（稀3～5）心皮组成，常1～2室，中轴胎座，花柱1～2。蒴果，或为不开裂的肉质浆果，或果皮坚硬干燥呈坚果状。染色体基数：$x = 9 \sim 13$。

本科分类的主要依据是习性、花序类型、花萼形态、花冠形状、花柱数目和果实类型等。

甘薯属（Ipomoea），草本或灌木，常缠绕或匍匐，蒴果。本属约300种，我国有20种。甘薯（番薯，*I. batatas*），原产热带美洲，现广泛栽培，块根作杂粮用，还可酿酒，提取淀粉等，嫩叶可作蔬菜，茎和老叶可作饲料。蕹菜（空心菜，*I. aquatica*），湿生，无块根，种子有毛，原产我国，现长江流域各地常栽培作蔬菜。还有热带亚热带海滩生长的厚藤（*I. pes-caprae*，图7-150J），在我国东南沿海沙滩常见，可起固沙作用，也可入药。

牵牛属（Pharbitis），形态上与甘薯属相近，但萼片长而先端渐尖；子房3室，每室2胚珠。牵牛（*P. nil*）和圆叶牵牛（*P. purpurea*），二者皆原产美洲，

图7-149　紫草科植物特征

A.玻璃苣（*Borago officinalis*）顶部花序和叶；B.附地菜（*Trigonotis peduncularis*）植株和花序螺状聚伞花序

图7-150　旋花科植物特征

A—I.打碗花（*Calystegia hederacea*），A.花期枝条：叶片3裂，叶基心形，中裂片长圆状披针形，侧裂片近三角形；单花腋生，花冠钟状；B.苞片宽卵形，先端锐尖，背部具1龙骨状突起；C.花蕾，花冠旋卷；D.花部离析：两侧为2枚苞片；中间为5枚花萼，长圆形；E.雄蕊群，花丝基部扩大并与花冠筒合生，下部被腺毛；花药外向开裂，基着；F.雌蕊：花柱1细长，柱头2，子房为环状花盘围绕；G.雌蕊局部纵切：子房上位；H.花冠纵剖后展开，先端粉色，往基部变淡至白色；I.子房横切，2室4胚珠；J.厚藤（*Ipomoea pes-caprae*）植株和花；K.金灯藤（*Cuscuta japonica*）植株和花；L.茑萝（*Ipomoea quamoclit*）植株和花

现广为栽培作观赏，种子入药。

菟丝子属（*Cuscuta*），因其为寄生缠绕性草本，无叶或退化成鳞片状，在有些分类系统中被提升为菟丝子科（Cuscutaceae），分子系统学研究仍支持置于旋花科。菟丝子（*C. chinensis*），茎纤细，果熟时被花冠全部包住；金灯藤（*C. japonica*，图7-150K）为广布种，茎较粗，常有红色斑纹；常见的还有南方菟丝子（*C. australis*），均为旱地恶性杂草之一，也属检疫性杂草。菟丝子通过吸器寄生在豆类作物、苋科、菊科、蓼科和锦葵科等植物上，造成寄主受害死亡

附85 旋花科其他属种

或抑制其生长。

此外，茑萝（*Ipomoea quamoclit*，图7-150L）、月光花（*I. alba*）等常见栽培观赏。打碗花（*Calystegia hederacea*，图7-150A—I）为广布的田间杂草。马蹄金（*Dichondra micrantha*）产于江南各地，全草入药，也栽作草坪。

48.茄科（Solanaceae，nightshade family）

本科为分布热带和温带的一个草本或灌木科，约102属2460种，主产美洲。我国约20属，102种，全国均有分布。本科中有很多重要的经济植物，如作物和蔬菜马铃薯、辣椒、番茄、茄子等，卷烟工业原料的烟草，以及不少药用植物。

科的特征（图7-151）：直立或蔓生草本或灌木（稀为小乔木）；体内具双韧维管束。单叶互生，全缘、各式羽裂或复叶，或在开花枝上有大小不等的2叶对生。花两性，单生或为聚伞花序，常因花轴与茎结合使花序生于叶腋之外；花萼与花冠常5裂，萼宿存，花冠辐状、钟状或漏斗状，裂片镊合状或折叠；雄蕊与花冠裂片同数而互生，着生于花冠筒上，花药孔裂或纵裂；有花盘；雌蕊常2心皮合生，子房上位，中轴胎座，胚珠多数。蒴果或浆果。种子有丰富的胚乳。染色体基数：$x = 7 \sim 12$，$17 \sim 18$，$20 \sim 24$。

本科分类的主要依据是花序类型、花萼形态、花冠形状、花药开裂方式和果实类型等。

茄属（*Solanum*），草本、灌木或小乔木，单叶，稀羽状复叶。聚伞花序，花冠辐射状或浅钟状，蕾时常折叠；花药顶孔开裂；浆果。本属约1400种，主产美洲；我国有39种（含引种）。马铃薯（*S. tuberosum*，图7-151L），原产南美洲，现世界广为

图7-151　茄科植物特征

A—K.苦蘵（*Physalis angulata*），A.花期枝条：叶缘具波状牙齿；花单生叶腋；B.下：花冠底面观，示花萼5裂，裂片披针形，被短柔毛；上：花冠侧面观，果梗纤细，雌雄蕊内藏；C.花萼纵剖后展平，示内侧面：花萼裂片等大，内侧离生部分亦被短柔毛，萼筒内侧光滑；D.花冠纵剖后展平，示内侧面：花冠5浅裂，被短柔毛；雄蕊5，2枚较短，3枚较长，较长的3枚雄蕊花药先开裂，花丝着生于冠筒仅基部；冠筒中下部具5个腺窝（红色箭头所指），与花丝互生，腺窝周围被白色长柔毛，可减缓蜜腺汁的挥发；E.雌蕊侧面观；F.幼果纵剖：花萼花后膨大，包裹果实；G.果实横切片，2室，图中红线表示1枚心皮；H.不同发育时期果实，从右往左，花萼随着果实发育不断膨大，呈囊状；I.子房纵切；J.左：花丝较短的雄蕊，花药未裂；中与右：花丝较长的雄蕊腹面观与背面观，花药基着，纵裂；K.种子：近椭圆形，胚环形；L.马铃薯（*Solanum tuberosum*）植株和花；M.黑果枸杞（*Lycium ruthenicum*）植株、花和果实；N.矮牵牛（*Petunia* × *atkinsiana*）植株和花

栽培，块茎作粮食或蔬菜；也可制造淀粉、糖和酒精等制品。茄（*S. melongena*），原产亚洲热带，现广为栽培，茄果作蔬菜，根可入药。同属常见的还有：龙葵（*S. nigrum*），世界广布杂草，全草入药；白英（*S. lyratum*），野生山坡路旁，供药用。珊瑚樱（*S. pseudocapsicum*），小灌木，原产南美，栽培供观赏，但有毒。

辣椒属（*Capsicum*），一年生或多年生草本，或半灌木状；单叶互生。花单生或簇生；花冠辐状；花药纵裂。浆果少汁液，常具辣味。本属约30种，产中、南美洲。我国仅栽培1种：辣椒（*C. annuum*），含辣椒素及多种维生素，为常见蔬菜。栽培品种或变种很多，常见的有菜椒（圆椒，var. *grossum*），果大而膨胀，不辣或稍有辣味；还有朝天椒（var. *conoides*）、牛角椒（var. *longum*）、簇生椒（var. *fasciculatum*）等果供食用或供观赏。

烟草属（*Nicotiana*）的烟草（*N. tabacum*）为一年生高大草本，常有黏质柔毛或腺毛。单叶互生。顶生圆锥状聚伞花序，萼管状钟形，花冠长管状漏斗形，淡红色，蒴果。本属原产南美，现广泛栽培。叶为卷烟原料，含尼古丁，也可药用或作农药用；用茎秆浸汁可杀蚜虫。同属花烟草（*N. alata*），花黄绿或淡紫色，原产南美，栽培作观赏。

本科常见经济植物还有番茄（*Solanum lycopersicon*），原产南美洲，现广为栽培，品种甚多；果菜用或作水果。洋金花（*Datura metel*）原产印度和曼陀罗（*D. stramonium*）广布，其叶、花均含莨菪碱，为中药麻醉剂。枸杞（*Lycium chinense*），广布全国，为钙质土指示植物，根（地骨皮）和果（枸杞子）药用，嫩枝叶可作野菜用；同属的宁夏枸杞（*L. barbarum*），果较大，商品食用枸杞大多为本种；还有分布于西北干旱区的黑果枸杞（*L. ruthenicum*，图7-151M），是近年兴起的食用枸杞。矮牵牛（碧冬茄，*Petunia* × *atkinsiana*，图7-151N）和夜香树（*Cestrum nocturnum*）均为原产南美的观赏植物。苦蘵（*Physalis angulata*，图7-151A—K）花萼钟状，果时增大完全包围浆果，灯笼状，广布黄河流域以南各地，全草入药。还有原产我国的酸浆（*Physalis alkekengi*）北方称"姑娘"，浆果可作小水果食用。

茄目常见的还有分布于美洲、非洲和亚洲的热带的田基麻科（Hydroleaceae），其中田基麻（*Hydrolea zeylanica*）在我国华南有分布，为田间杂草。

附86 茄科田基麻科其他属种

（三十七）唇形目（Lamiales）

本目包含木樨科、玄参科、唇形科、车前科（Plantaginaceae）、列当科（Orobanchaceae）、紫葳科、爵床科（Acanthaceae）、苦苣苔科（Gesneriaceae）、狸藻科（Lentibulariaceae）、马鞭草科、透骨草科（Phrymaceae）等24科。与茄目接近，是系统发育上达到高度专化的类型。本目植物由含寡糖、横列型气孔、柳叶菜型胚、胚乳常有明显的吸器等特征，分子系统学证据也将它们联系起来。

49. 木樨科（Oleaceae, olive family）

本科为广布于温带和热带地区的一个科，约24属，615种。我国有10属，约160种，南北均产。其中许多为观赏植物，也有不少为药用和材用树种。

科的特征（图7-152）：乔木或灌木，叶对生，单叶或羽状复叶。花两性（稀单性），辐射对称，常组成圆锥花序、聚伞花序或簇生；花萼、花冠常4裂；雄蕊2，与花冠裂片互生，花药2室；2心皮合生，子房上位；果为核果、浆果、蒴果或翅果。染色体基数：$x = 10 \sim 14$，23，24。

本科分类的主要性状是叶类型、花序类型、果实类型等。

女贞属（*Ligustrum*），落叶或常绿，单叶，全缘。顶生圆锥或总状花序；花白色，核果。本属约50种，我国约38种。女贞（*L. lucidum*），主产江南各地，栽培作绿化树种及绿篱用；枝叶可放养白蜡虫；果实可药用。女贞抗SO_2的能力强，适宜城市、工厂绿化。小蜡（*L. sinense*），分布于江南各地，也栽培作绿化或绿篱用。日本女贞（*L. japonicum*，图7-152K）是在华东地区广泛栽培作绿化树种，有多个品种。

木樨属（*Osmanthus*），常绿，单叶，全缘或具锯齿；圆锥花序或花簇生叶腋；核果多卵形。本属约40种，我国有30多种。桂花（木樨，*O. fragrans*，图7-152L），原产我国西南部，现南方广为栽培作观赏，系杭州市市花；花可作香料或制糖桂花食用，也可药用。栽培品种较多，如丹桂（'Aurantiacus'）和金桂（'Thunbergii'），前者花橙红色，后者淡橙黄色。同属的宁波木樨（*O. cooperi*），华东特产，生山坡杂木林中。柊树（*O. heterophyllus*，图7-152A—J）产于我国台湾，日本也有，现栽培供观赏。

素馨属（*Jasminum*），灌木，茎直立或攀缘，叶为三出复叶、羽状复叶或单叶；花萼及花冠常4～9裂，浆果。本属约300种，分布于东半球，我

图7-152 木樨科植物特征

A—J.柊树（*Osmanthus heterophyllus*），A.花期枝条：叶缘具针状尖头；1～2个聚伞花序簇生叶腋；B.聚伞花序具3花，苞片合生至中部，呈二唇形，先端有短尖；C.花侧面观；D.花冠裂片4，长椭圆形；E.花侧面观，除花冠，示雄蕊2枚；柱头2裂；F.左：花苞纵切；花苞侧面观，花冠裂片覆瓦状排列；G.花纵切片：花冠筒合生部分极短；H.雌蕊：萼筒未除去，可见不等大萼裂片；I.雄蕊：药隔宽大，先端具小短尖；药室呈月牙形，基部耳形；右，示上部柱头；J.花离析：花冠裂片4，雄蕊2，与裂片互生；K.日本女贞（*Ligustrum japonicum*）植株、花序和2基数花；L.桂花（*O. fragrans*）枝叶和腋生花；M.探春花（*Jasminum floridum*）互生叶和花

国约44种。茉莉花（*J. sambac*），原产印度，现南方普遍栽培作观赏，花可提取香精或供熏制花茶用，也可药用。原产我国的云南黄素馨（野迎春，*J. mesnyi*）、迎春花（*J. nudiflorum*）和探春花（*J. floridum*，图7-152M）是庭院常见栽培观赏植物。三者区别是：探春花枝及叶互生、常落，花期较晚；其余二种枝及叶对生，但迎春花为落叶，先花后叶；而云南黄素馨为半常绿，花与叶同时开放。

本科常见还有：连翘属（*Forsythia*）的金钟花（*F. viridissima*），落叶灌木，枝具片状髓；花黄色，先

附87 木樨科
其他属种

叶开放；蒴果；分布于长江流域以南各地，现广泛栽培作观赏。同属的连翘（*F. suspensa*），枝髓部常中空，单叶或三出复叶；分布于长江以北，也栽培供观赏；果药用。白蜡树属（*Fraxinus*）的白蜡树（*F. chinensis*），单数羽状复叶，花无花冠，翅果；为我国特产树种；枝叶可放养白蜡虫，供提取工业用白蜡，也可作绿化树种。同属的水曲柳（*F. mandschurica*），分布于北方，为优良用材树种。油橄榄（木樨榄，*Olea europeae*），原产地中海，现江南各地引种，为著名的木本油料树种，果实也可食用。丁香属（*Syringa*）的紫丁香（*S. oblata*），是北方常见绿化观赏树种，江南偶有栽培。

50. 玄参科（Scrophulariaceae，figwort family）

目前玄参科约包含60属，1600种。研究表明原有的玄参科并非单系类群，大多数属在APG Ⅳ（2016）系统中已被移到其他科，如泡桐属独立成泡桐科；母草属及近缘属独立为母草科；金鱼草属、柳穿鱼属、石龙尾属等归入车前科，马先蒿属、鹿茸草属、独脚金属等归入列当科，通泉草属、野胡麻属等移入通泉草科；但分子系统学研究也将原马钱科的醉鱼草属（*Buddleja*）置于本科。我国约6属，66种，南北均产。其中有不少药用植物，但也有些为田间杂草。

科的特征（图7-153）：草本、木本。叶互生、对生或轮生，无托叶。花两性，常两侧对称，排成各种花序。萼片4～5，宿存；花瓣合生，常2唇形，裂片4～5，蕾中覆瓦状排列；雄蕊4，2强（稀2或5），生花冠筒上；子房2心皮合生，上位，中轴胎座，胚珠常多数。蒴果。染色体基数：$x=6～18$。

本科分类的主要依据是花序类型、花萼形态、花冠形态及有距否、能育雄蕊数目等性状。

玄参属（*Scrophularia*），约200种，主产北温带、地中海地区；我国约30种，南北均有分布。草

图7-153 玄参科植物特征

A—N.玄参（*Scrophularia ningpoensis*），A1.聚伞花序腹面观；A2.聚伞花序背面观；B.雌蕊：子房周围具淡黄色花盘；C.花侧面观，除花冠，示花萼裂片；D.花冠腹面观：下唇中裂片反折；E.花腹面观：花梗下部具腺毛，上部光滑；F.花背面观：花冠上唇裂片2，部分重叠，冠筒卵球形；G.花纵剖：子房上位，退化雄蕊大（图中白色箭头所指），卵圆形；H.左：花萼裂片圆形，背面观；中：花萼纵剖后展开，5裂，下部1/3处联合；右：花萼裂片腹面观；I.花冠纵剖示内侧面：可育雄蕊4，未成熟，花丝弯曲，不育雄蕊暗紫红色（图中白色箭头所指）；J.花冠横剖，示4枚可育雄蕊，向内弯曲，花丝密被腺毛；不育雄蕊与可育雄蕊对生（图中白色箭头所指）；柱头头状；K.雌蕊纵切，示上位子房基部收窄，为花盘所包围，每室胚珠多数；L.子房横切片，2室，中轴胎座；M.未成熟雄蕊，药室未裂；N.成熟雄蕊，花丝直伸，花药贯通成1室，横生于花丝顶端；O.北玄参（*S. buergeriana*，陈川摄）植株、花序和肉质根；P.黑喉毛蕊花（*Verbascum nigrum*）植株和花序；Q.砾玄参（*S. incisa*，王瑞红摄）植株、生境和花

本，具肉质根，叶对生，常有透明腺点；花冠筒球形或卵形，能育雄蕊4。玄参（*S. ningpoensis*，图7-153A—N），分布于黄河以南地区，主产浙江，块根入药，为"浙八味"之一。同属的北玄参（*S. buergeriana*，图7-153O），主产于华北至东北，与玄参同效。西北和中亚分布的砾玄参（*S. incisa*，图7-153Q）生干旱区溪滩，根入药为蒙药。藏玄参属（*Oreosolen*）原为单种属，产于西藏喜马拉雅山和唐古拉山，现已并入玄参属。

毛蕊花属（*Verbascum*），约200余种，主产欧亚温带地区；我国约6种。草本，叶通常为单叶互生，基生叶常呈莲座状；花冠通常黄色，稀紫色，具短花冠筒，5裂，裂片几相等，呈辐状；雄蕊5或4。毛蕊花（*V. thapsus*），广布于北半球，我国江苏、四川、西藏、新疆、云南、浙江有分布。黑喉毛蕊花（*V. nigrum*，图7-153P）在欧洲路边常见。

醉鱼草属（*Buddleja*），原马钱科。本属约100种，分布于美洲、非洲和亚洲热带亚热带，我国广布（除东北和新疆外），有20种，常见有醉鱼草（*B. lindeyana*），灌木，全株有小毒，捣碎能使河里活鱼麻醉，故有"醉鱼草"之称。

本科还有石玄参（*Nathaliella alaica*），多年生石生植物，分布于我国新疆和静，吉尔吉斯斯坦也有分布。

原来在玄参科的一些属已上升为科，如泡桐科（Paulowniaceae）1属6种，泡桐属（*Paulownia*）为常见落叶速生乔木，仅分布中国，世界多地有

附88 玄参科其他属种

引种。母草科（Linderniaceae）约17属200多种，我国4属19种，常见的母草属（*Lindernia*），一年生小草本，主产亚洲热带亚热带；蝴蝶草属（*Torenia*），草本，主产热带亚洲和非洲，蓝猪耳（*Torenia fournieri*）常见栽培花卉，原产越南。

列当科（Orobanchaceae）原来仅包括寄生的草本植物，分子系统学研究揭示原玄参科的许多属与列当科是单系发生的，因此目前的列当科包括寄生、半寄生、自养的草本。常见有：寄生的列当属（*Orobanche*，图7-154A）我国主产西北，常寄生旱地作物根部，致使减产，属检疫杂草。寄生的肉苁蓉属（*Cistanche*）分布于地中海区、非洲和亚洲，我国有肉苁蓉（*C. salsa*）等5种，产西南部和西北部，全草入药。寄生的野菰属（*Aeginetia*）仅4种，分布于东亚至东南亚，我国常见野菰（*A. indica*）生山坡草丛，全草入药。以及原来玄参科的马先蒿属（*Pedicularis*），分布于北半球，有500多种，我国有300多种，主产西南地区。该属植物为半寄生草本，具有叶绿素但又通过根寄生，一些种可入药。独脚金属（*Striga*）半寄、生小草本，我国3种，分布于江南，全草可入药。松蒿属（*Phtheirospermum*）为多年生草本，我国2种，分布较广，全草入药。常见还有鹿茸草属（*Monochasma*）。我国特有的地黄属（*Rehmannia*）共6种，南北均有分布，常见有地黄（*R. glutinosa*）和天目地黄（*R. chingii*，图7-154B），前者为我国传统药用植物。

车前科（Plantaginaceae）原来主要为常见的车前属（*Plantago*），其代表种车前（*P. asiatica*，图

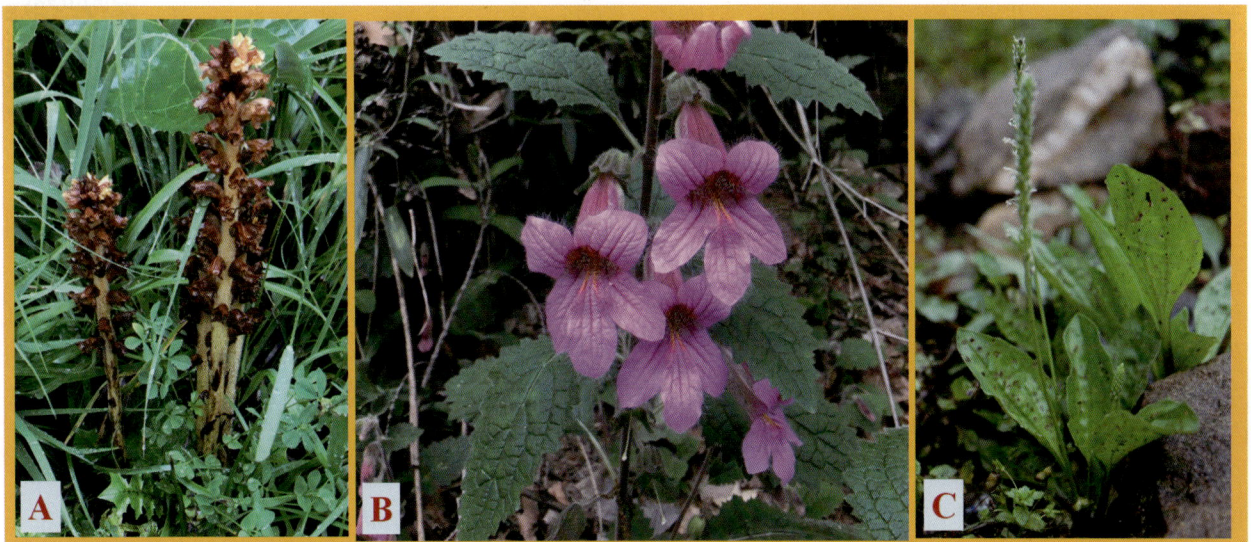

图7-154　列当科和车前科常见植物
A.列当一种（*Orobanche* sp.）植株和花序；B.天目地黄（（*Rehmannia chingii*）植株和花；C.车前（*Plantago asiatica*，冯钰摄）植株和花序

7-154C），广布亚洲，喜生车道上，故名车前。叶基生，典型穗状花序，嫩叶可食用，全草入药。分子系统学支持一些原玄参科的属与车前近缘，包括婆婆纳属（*Veronica*），分布于欧亚大陆的多年生小草本，路边常见；腹水草属（*Veronicastrum*）为东亚北美间断分布的多年生草本。还有栽培观赏的金鱼草（*Antirrhinum majus*）原产地中海，现世界广为栽种草本花卉；柳穿鱼属（*Linaria*）的一些种也可栽种观赏；原产西欧的毛地黄（*Digitalis purpurea*）也常栽培观赏，是强心剂原料植物。石龙尾属（*Limnophila*）为东亚东南亚水生、沼生草本，是室内水族箱栽种植物。原来杉叶藻科（Hippuridaceae）的水生植物杉叶藻（*Hippuris vulgaris*）也属于车前科。

近年研究揭示广布的通泉草属（*Mazus*）和几个近缘属应置于通泉草科。通泉草属是分布东亚、东南亚至大洋洲的多年生草本，有些种是路边杂草。

51.唇形科（Lamiaceae，Labiatae，mint family）

被子植物的第六大科，约236属，7173种，世界广布。分子系统学研究揭示原来马鞭草科的一些属（如紫珠属、大青属、牡荆属、豆腐柴属和莸属等）应归入唇形科。我国约96属，970种，全国广布。其中多数种类含芳香油，供药用或提取芳香油，也有不少为观赏植物。

科的特征（图7-155，图7-156）：多为草本至灌木，稀乔木。茎多四棱形。叶常交互对生，偶为轮生，极稀互生。花序聚伞式，或再形成轮伞花序及穗状、圆锥状的复合花序；花萼宿存，果时常增大，多为二唇形；花冠二唇形，蜜腺发达，冠檐常5裂，常呈2/3式或4/1式二唇形，偶为单唇形；雄蕊常4枚，2强，有时退化为2枚；花盘下位，明显，其裂片有时呈指状增大；花柱顶端常2裂。果实多为4小坚果。常含二萜类化合物。染色体基数：$x = 5 \sim 11$，13，$17 \sim 30$。常见有：

薄荷属（*Mentha*），多年生草本，有香气，叶背有腺点；花有苞片，花萼辐射对称或略二唇形，花冠近辐射对称；雄蕊4，近等长。小坚果平滑。本属约30种，我国有12种，江南常见的有：薄荷（*M. canadensis*），分布于华北、华东至华南。全草含薄荷油和薄荷脑，为高级香料，产量占世界第一位。全草也可药用。皱叶留兰香（*M. crispata*），原产欧洲，全草含芳香油，栽培作香料或药用。

水苏属（*Stachys*），多年生草本，稀为小灌木。轮伞花序2至多花，常再组成穗状花序；花萼辐射

对称或二唇形；花冠二唇形，二强雄蕊。小坚果圆钝。本属约200种，产亚洲温带，我国有9种。甘露子（*S. sieboldii*），地下有螺旋状块茎，可食用，多制酱菜。分布于华北、华东至西南。同属的水苏（*S. japonica*），为广布田间、路旁杂草。

鼠尾草属（*Salvia*），多年生草本，单叶或单数羽状复叶。轮伞花序由2～8朵小花组成，再集成各种花序；花萼，花冠均二唇形；能育雄蕊2枚，药隔细长成杠杆状，仅上端药室发育。本属约1000种，世界广布；我国86种。一串红（*S. splendens*），花萼和花冠均为红色，原产巴西，栽培观赏。作观赏的还有蓝花鼠尾草（*S. farinacea*）和朱唇（*S. coccinea*）。本属药用植物有丹参（*S. miltiorrhiza*，图7-155N），根含丹参酮，供药用。荔枝草（*S. plebeia*），为常见的田间、路旁杂草；也可药用。

黄芩属（*Scutellaria*），草本或半灌木。轮伞花序具2花，排成总状；花萼二唇形，果时闭合，后2裂，上裂片背部有一半圆形盾片；花冠二唇形，二强雄蕊。小坚果横生。约300种；我国有100多种，分布于全国。大多药用，如黄芩（*S. baicalensis*，图7-155A—K）、韩信草（*S. indica*）、半枝莲（*S. barbata*）等。

本科的经济植物还有：罗勒（*Ocimum basilicum*）、薰衣草（*Lavandula angustifolia*）等为芳香性植物，我国各地常有栽培。五彩苏（*Coleus scutellarioides*）叶彩色，为常见栽培的观赏植物。药用植物很多，约有160种，华东常见的有紫苏（*Perilla frutescens*）、夏枯草（*Prunella vulgaris*）、藿香（*Agastache rugosa*）、血见愁（*Teurcrium viscidum*，图7-155L）、益母草（*Leonurus artemisia*，图7-155M）、活血丹（*Glechoma longituba*）、海州香薷（*Elsholtzia splendens*）、显脉香茶菜（*Isodon nervosus*）等。

附89 唇形科其他属种

此外，原来置于马鞭草科的一些类群已被证明属于唇形科。重要的有：

紫珠属（*Callicarpa*）灌木或小乔木，叶背有黄、橙色腺点，分布于亚洲、美洲和大洋洲，约100多种，我国约40余种，产华东至西南，浆果常紫色，可作观果树种。常见的有紫珠（*C. bodinieri*，图7-156A）和老鸦糊（*C. giraldii*）等。

大青属（*Clerodendrum*）灌木或乔木，分布于热带亚热带地区，400余种，我国有30多种，产华东至西南，常见有大青（*C. cyrtophyllum*），茎叶可入药；以及海州常山（*C. trichotomum*，图7-156B），

图7-155　唇形科植物特征

A—K.黄芩（*Scutellaria baicalensis*），A.聚伞花序对生，近枝顶；B.两侧对称花；C.花侧面观，示上唇和下唇；D.合生的萼片；E.二强雄蕊，子房基部有橙色花盘；F—G.雄蕊；H.雄蕊的个字形着生花药；I.基生花柱和单一的柱头；J—K.基生花柱、四小坚果幼期和花盘；L.血见愁（*Teurcrium viscidum*）植株和花序；M.益母草（*Leonurus artemisia*）植株、花序和花；N.丹参（*Salvia miltiorrhiza*，祁哲晨惠赠）植株、花序和花

图7-156　唇形科其他常见植物

A.紫珠（*Callicarpa bodinieri*）植株与果实；B.海州常山（*Clerodendrum trichotomum*）植株和具宿存花萼的核果；C.狭叶兰香草（*Caryopteris incana* var. *angustifolia*）植株和花解剖

花果美丽，可栽种观赏。

牡荆属（*Vitex*）乔木或灌木，掌状复叶。主要分布于热带，约250种，我国约20种，南北均产。有些品种药用，有些可栽种观赏。常见牡荆（*V. negundo* var. *cannabifolia*）。

此外，还有原马鞭草科的狭叶兰香草（*Caryopteris incana* var. *angustifolia*，图7-156C）、豆腐柴（*Premna microphylla*），以及单花莸（*Schnabelia nepetifolia*，Cantino et al., 1999年已转入四棱草属）等均为江南山区常见植物，大多数可药用。豆腐柴的叶富含果胶，可作"清凉豆腐"食用。

爵床科（Acanthaceae, acanthus family）

本科约250属，4000种，广布世界热带至亚热带地区。我国有41属，约310种，主产长江流域以南各地。多为草本、灌木或藤本；节常膨大具关节。单叶对生，常具钟乳体。花两性，两侧对称；花萼常4～5裂；花冠近整齐，或二唇形；能育雄蕊2或4，2强，花药1或2室；退化雄蕊1或3或无；子房上位，2室，中轴胎座，稀不完全的4室，具1分离的翅状中央胎座，胚珠倒生，着生于珠柄钩上，稀无珠柄钩。蒴果室背开裂。染色体数：$2n = 18 \sim 56$。常见的有爵床（*Justicia procumbens*，图7-157A）和少花马蓝（*Strobilanthes oligantha*，图7-157B）。翠芦莉（*Ruellia simplex*）、金苞花（*Pachystachys lutea*）、蛤蟆花（*Acanthus mollis*）为常见的观赏花卉。

马鞭草科（Verbenaceae, verbena family）

本科32属，约840种，广布热带至温带地区。我国有5属，8种，产于长江以南地区，原来许多属已被移入唇形科。草本、藤本、灌木或乔木。单叶，交互对生，稀轮生。雄蕊4，二强雄蕊，花丝贴生于花冠；花冠弱二唇形；子房上位，2心皮，2室，每室1～2胚珠。蒴果，熟时2或4裂，或为核果。常见的有马鞭草属（*Verbena*）的马鞭草（*V. officinalis*，图7-158A），多年生草本，广布全国，药用。同属的美女樱（*V. hybrida*，图7-158B）和细叶美女樱（*V. tenera*）均为原产南美的观赏花卉。马缨丹属（*Lantana*），分布于热带美洲，马缨丹（五色梅，*L. camara*，图7-158C）我国华东至华南有逸生，栽种供观赏，叶也可药用。

附90 爵床科和马鞭草科其他属种

在唇形目中，还有许多常见的科属，包括芝麻科（Pedaliaceae）、紫葳科（Bignoniaceae）、苦苣苔科（Gesneriaceae）、狸藻科（Lentibulariaceae）、角胡麻科（Martyniaceae）等。常见有胡麻科的芝麻（*Sesamum indicum*）原产中东地中海沿岸，现世界栽培的一年生直立草本植物，种子食用或榨油。紫葳科的凌霄属（*Campsis*）仅2种，东亚北美间断分布，是常见栽种的木质藤本、垂直绿化花卉。常见引种观赏的还有非洲凌霄（*Podranea ricasoliana*），粉花凌霄（*Pandorea jasminoides*）和硬骨凌霄属（*Tecomaria*）植物；原产南美的炮仗花（*Pyrostegia venusta*）和原产非洲的火焰树属（*Spathodea*）华南、海南有引种作绿化观赏乔木；原产美洲热带的蓝花楹属（*Jacaranda*）也是引种观赏的乔木，木材是很好的雕刻材料。还有分布东亚的梓树（*Catalpa ovata*）是华东常见的绿化乔木；角蒿属

附91 唇形目和其他唇形类分支科属植物

图7-157　爵床科植物特征
A.爵床（*Justicia procumbens*）植株和花；B.少花马蓝（*Strobilanthes oligantha*）植株和花

图7-158　马鞭草科植物特征

A.马鞭草（*Verbena officinalis*）植株和花序；B.美女樱（*V. hybrida*）植株、花序和花；C.马缨丹（五色梅，*Lantana camara*）植株、花序和花

（*Incarvillea*）在我国有11种，是优良的药用、观赏草本植物，一至多年生，适宜干旱河谷种植。

在唇形类植物分支中还有一些目和科，包括丝缨花目（Garryales）的丝缨花科（Garryaceae）和杜仲科（Eucommiaceae）；茶茱萸目（Icacinales）的茶茱萸科（Icacinaceae）和钩药茶科（Oncothecaceae）；以及水螅花目（Metteniusales）的水螅花科（Metteniusaceae）和黄漆姑目（Vahliales）黄漆姑科（Vahliaceae）。

杜仲科仅1属1种。杜仲（*Eucommia ulmoides*）是我国特有种，分布于长江流域各地，落叶乔木，翅果，叶具有丰富的丝状物，含杜仲胶。丝缨花科还包括原来置于桃叶珊瑚科（Aucubaceae）的桃叶珊瑚属（*Acuba*）；常绿小乔木或灌木，7种，产于东亚，我国有5种，常见桃叶珊瑚（*A. chinensis*）和引种的花叶青木（洒金桃叶珊瑚，*A. japonica* 'Variegata'），栽种作绿化和观赏树种。茶茱萸科是一个广布热带的藤本为主的科，我国有25种，主要分布于西南。

真菊类分支 II：桔梗类植物（campanulids）

该分支含7目29科。

（三十八）冬青目（Aquifoliales）

本目包含冬青科、粗丝木科、青荚叶科等5个科，置于桔梗类植物分支的基部。

冬青科（Aquifoliaceae，holly family）

本科仅1属（冬青属*Ilex*），约420种，产北美东部、中南美洲、西印度群岛、欧洲、撒哈拉以南非洲、南亚、东亚、东南亚至澳大利亚北部、太平洋岛屿。我国约有204种。乔木或灌木。单叶，常互生，叶片常革质，具锯齿；托叶微小，黑色，早落。雌雄异株；聚伞花序、伞形花序、簇生或单生；花小，白色、粉红或红色，辐射对称；花萼、花瓣4～8，花瓣覆瓦状；子房上位。果为浆果状核果，内果皮木质或石质，分核常4～6。有多种植物为长江以南地区常绿阔叶林的常见种，如冬青（*I. chinensis*，图7-159A），药用或材用；枸骨（*I. cornuta*，图7-159B），常栽培作庭园绿化树种或药用；铁冬青（*I. rotunda*）和大叶冬青（*I. latifolia*）等也常见，大叶冬青的叶制茶名：苦丁茶，具保健作用。欧洲冬青（*I. × altaclerensis*）是欧洲制作圣诞花环的主要树种之一。

本目还有粗丝木科（也称金檀木科，Stemonuraceae）的粗丝木属（*Gomphandra*），原置于茶茱萸科，分布热带，我国有海南粗丝木（*G. tetrandra*）等2种，产海南、云南、广西和广东。心翼果科（Cardiopteridaceae）仅1属3种的草质藤本，有乳汁，我国云南、广东和广西有分布。青荚叶科（Helwingiaceae）的青荚叶属（*Helwingia*），在早期分类中多置于山茱萸科。东亚特有，8种，我国有5种，南北均产。多为落叶灌木，叶互生，雌雄异株，花序梗与叶中脉合生，即雌雄花和浆果状核果均生叶面

附92 冬青目
其他科属

图7-159　冬青科和青荚叶科植物
A.冬青（*Ilex chinensis*）植株和红色核果；B.枸骨（*I. cornuta*）具刺的叶和红色核果；C.青荚叶（*Helwingia japonica*）雄株与叶面上着生的雄花序

上；常见青荚叶（*H. japonica*，图7-159C）俗称"叶上珠"。

（三十九）菊目（Asterales）

本目包含菊科、桔梗科、花柱草科（Stylidiaceae）、睡菜科（Menyanthaceae）、草海桐科（Goodeniaceae）等11科，是被子植物适应虫媒传粉的高级类群。

52.菊科（Asteraceae 或 Compositae，aster family）

本科是被子植物中最大的一科，广布全世界（热带相对较少），约1690属，24000～30000种。我国约有253属2350种，广布全国。本科也是较特化的科之一。经济价值也较大，有不少的油料作物、药用植物、蔬菜和观赏植物，也有许多田间常见杂草。

科的特征（图7-160，图7-161）：多为草本，稀灌木，体内有的含芳香油或树脂道，有的含白色乳汁。叶互生，稀对生或轮生，单叶或分裂，或为复叶，无托叶。花小，集成头状花序，再由头状花序集生成总状、穗状、圆锥状或聚伞状等多种花序。头状花序下有1至多轮总苞片组成的总苞；萼片通常退化成毛状（称冠毛）、刺状、鳞片状或缺；花冠主要有管状（筒状）和舌状两种；头状花序上的花有多种组合：有的边缘为舌状花而中央为管状花，有的全为管状花，也有的全为舌状花；小花多两性，少单性；雄蕊5枚，花药聚合，称"聚药雄蕊"；雌蕊两心皮合生，子房下位。瘦果，种子无胚乳。染色体基数：$x = 8 \sim 29$。

菊科的花冠形态极为复杂，通常可分为5种不同的类型，即：①管状花，是辐射对称的两性花，花冠5裂，裂片等大，如蓟；②舌状花，是两侧对称的两性花，5个花冠裂片结合成1个舌片，如蒲公英；③二唇花，是两侧对称的两性花，上唇2裂，下唇3裂；④假舌状花，两侧对称的雌花或中性花，舌片仅具3齿，如向日葵的边缘花；⑤漏斗状花，无性，花冠呈漏斗状，5～7裂，裂片大小不等，如矢车菊的边缘花。

近年的分子系统学和系统发育基因组研究揭示菊科由13个谱系（分支）组成，可分为13个亚科。传统上本科根据头状花序的花冠类型、乳汁有无，通常可分成两个亚科：

（1）管状花亚科（Tubuliflorae）（图7-160）　植物体不含乳汁，常具挥发油腺或树脂道；头状花序全为管状花，或中央为管状花，边缘为舌状花、漏斗状花。管状花亚科包括菊科的大部分种，通常分为12个族，除Arctoinalis族主产非洲我国不产外，其他11个族我国均有分布。

向日葵属（*Helianthus*），一年生或多年生草本，体内有树脂道；下部叶常对生，上部叶互生；头状花序总苞外轮叶状，边缘舌状花中性，黄色，中央为管状花，小花基部有托片（小苞片）；瘦果倒卵形。本属约100种，主产北美，我国引种4～5种。向日葵（*H. annuus*），是重要油料作物之一。菊芋（*H. tuberosus*），块茎含淀粉和菊糖，常盐渍后作菜用。

菊属（*Chrysanthemum*），多年生草本，有香气。头状花序单生枝顶或集成伞房状，总苞片3～4层；舌状花1至多层，雌性，能结实；管状花黄色。瘦果有纵肋，无冠毛。我国约30种。菊花（*Ch. × morifolium*），为原产我国的著名观赏花卉，品种甚多，花色、叶形变化很大，有的全为舌状花，分布于全国。滁菊、杭白菊为不同变型或品种，是常

图7-160 菊科管状花亚科植物特征

A—H.马兰（*Aster indicus*），A.花期枝条：2个头状花序，舌状花白色，先端略微淡紫色，管状花黄色；B.头状花底面观：具3层覆瓦状排列总苞片；C.头状花序纵切片：两侧为舌状雌花，中央为管状两性花；D.舌状雌花侧面观：柱头微露出，舌片基部合生呈管状，下位瘦果（菊果）被毛；E.管状两性花侧面观：冠筒上部呈钟状，具5枚冠裂片，反折，冠筒下部变狭呈细管状；F.管状花冠筒纵剖展开，示外侧面，冠筒被毛；G.雌蕊：花柱合生部分较子房长，花柱分枝先端靠合；H.聚药雄蕊纵剖后展开，示内侧面；I.野菊（*Chrysanthemum indicum*）植株和头状花序；J.高山火绒草（雪绒花，*Leontopodium alpinum*）植株和头状花序；K.旱雪莲（*Syncarpha vestita*）丛生植株和头状花序

见栽培的药用植物，花序药用。同属的野菊（*Ch. indicum* 图7-160I），几乎广布全国各地，花序小，舌状花硫黄色。花序和叶可入药。南茼蒿（*Ch. segetum*），为我国南方普遍栽培的蔬菜，即茼蒿菜。

蓟属（*Cirsium*），1至多年生草本，叶互生，叶片常羽状深裂或有锯齿，边缘有针刺。头状花序全为管状花，瘦果具冠毛。本属约300种，分布于北温带；我国有50种。蓟（*C. japonicum*），分布于全国，全草供药用或作饲料。刺儿菜（*C. arvense* var. *integrifolium*），全国大部分地区均有分布，为常见杂草之一，全草也可药用。

蒿属（*Artemisia*），草本、亚灌木或小灌木，茎叶有香味，叶互生，常1～3回羽状分裂，稀不裂而仅具细齿。头状花序小，常集成圆锥状；花全为管状花；外缘1轮雌性，结实；中央部分两性或雄性，结实或不育。瘦果无冠毛。本属约300种，广布北半球温带；我国约180种。艾蒿（*A. argyi*），常见栽培，茎叶可提取芳香性艾油，也可入药，民间还在端午节与菖蒲一起作避邪用。同属常见植物有野艾蒿（*A. lavandulifolia*）、茵陈蒿（*A. capillaris*）、牡蒿（*A. japonica*）、奇蒿（*A. anomala*）等皆为常见杂草，也可药用。黄花蒿（*A. annua*）可作嫁接菊花的砧木，制作大立菊；含青蒿素，是治疗痢疾药物的原植物。

本亚科的经济植物很多。除作蔬菜的蒿菜外，药用的有白术（*Atractylodes macrocephala*）、千里光（*Senecio scandens*）、蒲儿根（*Senecio oldhamianus*）、东风菜（*Aster scaber*）、一枝黄花（*Solidago decurrens*）、牛蒡（*Arctium lappa*）等。除虫菊（*Tanacetum cinerariifolium*）是著名的杀虫植物，头状花序中含除虫菊素甲、乙和灰菊素甲、乙4种杀虫成分，常制作农业杀虫剂，也是制蚊香的重要原料。

常见栽培观赏的有：大丽花（*Dahlia pinnata*）、百日菊（*Zinnia elegans*）、金盏菊（*Calendula officinalis*）、雏菊（*Bellis perennis*）、翠菊（*Callistephus chinensis*）、秋英（大波斯菊，*Cosmos bipinnata*）、万寿菊（*Tagetes erecta*）、孔雀草（*T. patula*）、瓜叶菊（*Pericallis hybrida*）。千里光属（*Senecio*）的翡翠珠（*S. rowleyamus*）原产非洲南部，叶子肉质球形；高山火绒草（雪绒花，*Leontopodium alpinum*，图7-160J）产于欧洲阿尔卑斯山高海拔地区，是著名的高山花卉之一。图7-160K是分布于南非的旱雪莲（*Syncarpha vestita*），头状花序边缘花花瓣白色、干硬、丛生，可栽培观赏。

山坡、田间路旁常见的杂草有鼠曲草（*Pseudognaphalium affine*）、泥胡菜（*Hemistepta lyrata*）、一年蓬（*Erigeron annuus*）、小蓬草（小飞蓬，*E. canadensis*）、鳢肠（*Eclipta prostrata*）、腺梗豨莶（*Sigesbeckia pubescens*）、钻叶紫菀（*Symphyotrichum subulatum*）、鬼针草（*Bidens pilosa*）等，有的为病虫害的中间寄主，有的可作药用。

本亚科有许多外来种，如入侵植物加拿大一枝黄花（*Solidago canadensis*）和薇甘菊（*Mikania micrantha*）；以及广布的归化植物一年蓬、小蓬草等。

（2）舌状花亚科（Liguliflorae）（图7-161）植物体常含乳汁，无香气。头状花序全为舌状花，小花两性。

蒲公英属（*Taraxacum*），叶基生成莲座状；头状花序单生花葶顶端。本属约2000种，我国有100种。蒲公英（*T. mongolicum*，图7-161O），为全国广布的田间、山坡、路旁杂草，属恶性杂草，为棉红蜘蛛、棉铃虫等的中间寄主；也可入药。

莴苣属（*Lactuca*），一至多年生草本，叶基生或茎上互生；头状花序总苞片3至多层，由内向外渐变短。瘦果多少扁平，具长喙，冠毛多而细，基部常连成环。本属约50种，我国约7种。莴苣（*L. sativa*），原产地中海沿岸，现普遍栽培作蔬菜。品种较多，如莴笋（var. *angustata*），茎发达食用；卷心莴苣（var. *capitata*），叶莲座状卷心；生菜（var. *romasa*），叶狭长不卷心；玻璃生菜（var. *crispa*），叶排列疏松，莲座状，阔卵形，叶缘皱缩；均可食用。野外常见有翅果菊（*L. indica*，图7-161A—M）。

苦荬菜属（*Ixeris*），一至多年生草本，基生叶常有柄，茎生叶互生常无柄；头状花序少数或成伞房状；外层总苞极短小。瘦果有10纵肋，喙部常渐次变细。本属约50种，产于东亚，我国约20种。剪刀股（*I. japonica*），多年生有匍状茎的草本，分布于华东至中南各地，为田间路旁常见杂草。同属的多头苦荬（*I. polycephala*）等均为山野、田间常见种。

本亚科大多为杂草，除上述外，还有苦苣菜（*Sonchus oleraceus*，图7-161N）、稻槎菜（*Lapsana apogonoides*）、黄鹌菜（*Youngia japonica*）和红果黄鹌菜（*Y. erythrocarpa*，图7-161P）等属种。

菊科是一个相对较年轻的大科，在形态结构上有许多进化的特点。如绝大多数为草本植物，部分种类具块茎、块根、匍匐茎或根状茎等，有利于适应各种环境；具总苞的头状花序，形如一朵花，周边舌状花起到招引昆虫传粉的作用，中间盘花数量多的可达数百个，以及异花传粉的特点（雄蕊先熟）均有利于种族的繁衍；萼片特化成冠毛、刺毛，连萼的瘦果，有利于果实的远距离传播。这些特化之处，使它得以快速发展和分化，从而达到属种和个体数均为现今被子植物之冠。

附93 菊科其他属种

桔梗科（Campanulaceae，bellflower family）

本科约84属，2380种，世界广布。我国有14属，159种，南北均产。多草本，有乳汁。单叶互生，无托叶。花序多样；花两性，辐射或两侧对称，具花盘；花萼筒5裂；花冠常5裂，管状或钟状，或二唇形至一唇形；雄蕊常5；心皮2～5，合生，子房下位、半下位；花蜜盘在子房之上，环状或管状；花柱近顶部有收集花粉的毛，胚珠多数。蒴果或浆果，室背开裂或孔裂。本科多种植物可供药用，如桔梗（*Platycodon grandiflorus*，图7-162A）、轮叶沙参（*Adenophora tetraphylla*）、党参（*Codonopsis pilosula*）和同属羊乳（*C. lanceolata*，图7-162B）等均以根入药，花辐射对称，南北均有分布。半边莲（*Lobelia chinensis*，图7-162C）为多

图7-161 菊科舌状花亚科植物特征

A—M.翅果菊（*Lactuca indica*），A.花序下叶片；B.下部全缘的叶片；C.头状花序组成的聚伞花序；D.具有总苞的头状花序，有2朵开放的舌状花；E—G.一朵花的不同方向，示子房下位，萼片特化的冠毛，舌状花冠顶端5裂，聚药雄蕊和2个柱头；H.花丝、花药、花柱和柱头；I.去掉雄蕊的花柱和柱头；J.5枚聚合的花药；K—M.具喙的瘦果；N.苦苣菜（*Sonchus oleraceus*）植株和花序，可见叶断裂后流出的乳汁；O.蒲公英（*Taraxacum mongolicum*）植株、全部舌状花的头状花序和带冠毛的果实；P.红果黄鹌菜（*Youngia erythrocarpa*）植株和全部舌状花的头状花序

图7-162 桔梗科植物特征

A.桔梗（*Platycodon grandiflorus*）植株和花；B.羊乳（*Codonopsis lanceolata*）植株和花；C.半边莲（*Lobelia chinensis*）植株和花

年生矮小草本，花两侧对称，花冠裂片偏向一侧，江南广布，全草药用。

菊目还包括睡菜科（Menyanthaceae）、草海桐科（Goodeniaceae）、五膜草科（Pentaphragmataceae）和花柱草科（Stylidiaceae）等。睡菜科多为水生浮叶草本植物，以往置于龙胆科，广布热带至温带，5属，我国2属，分别为睡菜属（*Menyanthes*）和荇菜属（*Nymphoides*），可供水面绿化用。草海桐科，主产大洋洲热带，我国有2属3种，生于南方海边开旷砂地或海岸峭壁上，常见草海桐（*Scaevola taccada*）是重要海岛防风固沙植物，花可供观赏。花柱草科植物，主产大洋洲。五膜草科主产东南亚，我国广东、广西、海南产2种。

附94 桔梗科其他属种及菊目其他科属

（四十）川续断目（Dipsacales）

本目包含忍冬科（广义）和五福花科（Adoxaceae）。

53. 忍 冬 科（Caprifoliaceae, honeysuckle family）

本科约36属，810种，世界广布，主产于北温带。我国约20属，144种。本科许多种类为药用植物，也有些种类为观赏植物和野生蔬菜。分子系统学研究揭示传统意义的忍冬科是复系的，应扩大并包括原来川续断科（Dipsacaceae）、北极花科（Linnaeaceae）、刺续断科（Morinaceae）、败酱科（Valerianaceae）和黄锦带科（Diervillaceae）的植物；但将荚蒾属、接骨木属等归入五福花科。

科的特征（图7-163）：草本、灌木或藤本。叶对生，单叶，有时为羽状分裂或复叶，羽状脉。各种花序，花两性，两侧对称或辐射对称。萼片5，连合；花冠二唇形，常上唇2裂，下唇3裂或上唇1裂下唇4裂；或花冠辐射对称。雄蕊（3～）4或5，着生花冠上；心皮2～5合生，子房下位，中轴胎座，柱头头状。蒴果、浆果、核果或瘦果。

本科分类的主要依据是习性、叶类型、花序类型、相邻两花是否合生于同一花梗上、果实类型等性状。

忍冬属（*Lonicera*），直立或缠绕灌木；单叶全缘；花常双生叶腋，相邻两花合生于同一花梗上；花冠钟形、筒形或漏斗形，5裂或二唇形，上唇1裂，下唇4裂，浆果。本属约200种；我国主产，约有100种。忍冬（*L. japonica*，图7-163I），半常绿藤本，花白色，后变黄色，故称"金银花"，广布南北各地，花蕾入药，也常栽培作观赏。金银忍冬（*L.*

maackii，图7-163A—H），分布于华北至西南，栽培作绿化树种。该属的多种植物的花、藤作药用。

七子花属（*Heptacodium*），我国特有属，仅1种七子花（*H. miconioides*，图7-163J），分布于浙江、湖北、安徽，为国家二级重点保护植物。小乔木，树皮片状剥落，小花序头状（具7朵花），再组成圆锥花序；花冠白色，宿存花萼果时红色。本属可栽培观赏。

锦带花属（*Weigela*），落叶灌木，东亚—北美间断分布，约10种，我国2种。锦带花（*W. florida*，图7-163K）分布于东亚温带至北亚热带，适于栽种观赏的落叶灌木。海仙花（*W. coraeensis*）原产朝鲜半岛，花冠大而色艳，初淡红色，后变深红色或带紫色，现栽培观赏。

败酱属（*Patrinia*），约20种，分布于中亚至东亚，我国13种，南北均产。常见有败酱（*P. scabiosaefolia*）和白花败酱（*P. villosa*），为多年生草本，根状茎具腐败臭味，基生叶为单叶有锯齿，茎生叶常羽状分裂，伞房状聚伞花序，瘦果，分布广，茎叶略具苦味，可作保健野生蔬菜食用，根入药。

本科常见的资源植物：六道木属（*Abelia*）的糯米条（*A. chinensis*），分布于江南，以及杂交观赏种：大花六道木（*Abelia × grandiflora*）是常见绿化观赏灌木；蝟实属（*Kolkwitzia*）为我国特有的单种属，产于黄河流域，也可栽种观赏。还有原败酱科的缬草属（*Valeriana*）的缬草（*V. officinalis*），广布，可入药；原川续断科的川续断属（*Dipsacus*）的日本续断（*D. japonicus*），多年生草本，叶羽状分裂，头状花序，总花梗上具刺，花蓝紫色，瘦果，分布于亚洲东部，瘦果连同宿存的小总苞、花萼入药，名"巨胜子"。

附95 忍冬科其他属种

五福花科（Adoxaceae, moschatel family）

本科4属（包括原忍冬科的荚蒾属和接骨木属），约220种，产于美洲、北非、东非、欧亚大陆北部、东南亚至澳大利亚。我国4属皆有，约81种，主产于西南地区。灌木，较少为多年生草本或小乔木。叶对生，单叶或一至二回三出复叶或奇数羽状复叶。花序顶生，呈伞形、圆锥形、穗状，或紧缩成头状；花两性，辐射对称，花被合生；雄蕊3～5，生于花冠管上，花丝不裂或2裂几达基部；退化雄蕊3～5，生于内轮，与花冠裂片对生，子房半下位或下位，花柱3～5。核果。常见的有以下几属。

荚蒾属（*Viburnum*），常为灌木，常绿或落叶，

图7-163 忍冬科植物特征

A—H.金银忍冬（*Lonicera maackii*），A.花期枝条：小枝对生；叶对生；花双生于叶腋，花冠二唇形；B.花纵切：花冠筒喉部及筒内壁密被长柔毛；花药丁字状着生，花丝着生于花冠筒喉部；C.子房纵切：苞片条形，小苞片紧包子房中下部（图中红色箭头所指）；萼筒离生，子房近基部稍合生；D.花侧面观，除花冠与雄蕊：小苞片（图中红色箭头所指）联合成对，顶端截形，被柔毛及腺毛；花柱被向上的柔毛；E.花冠纵剖后展开：花冠二唇形，上唇4裂，下唇不裂；F.花萼合生，萼浅裂，被睫毛；G.左：子房横切片，每室具2胚珠；右：子房横切片，取出2室的胚珠置于上方，示3室；H.雄蕊：花丝基部具向上柔毛；I.忍冬（*L. japonica*）植株和成对的花；J.七子花（*Heptacodium miconioides*，金则新惠赠）植株、花序和花；K.锦带花（*Weigela florida*）叶和花

叶全缘、具锯齿或分裂，花为顶生圆锥花序或伞房状花序。荚蒾（*V. dilatatum*），果红色，分布于华北至长江流域各地，药用或作绿化树种。珊瑚树（*V. odoratissimum*，图7-164A），江南各地常栽培作绿化或绿篱树种，耐火力较强，可作森林防火屏障树种。绣球荚蒾（*V. keteleeri* 'Sterile'），大型聚伞花序呈球形，几全由不孕花组成，各地栽培作观赏。蝴蝶戏珠花（*V. thunbergianum*，图7-164B）花序直径4～10cm，外围有4～8朵白色、大型的不孕花，具长花梗，花冠直径达4cm，不整齐4～5裂；中央可孕花直径约3mm，萼筒长约15mm，花冠辐状，黄白色。

接骨木属（*Sambucus*），落叶乔木、灌木或高大草本，奇数羽状复叶。本属20余种，广布北半球温带、亚热带，我国有4种。常见有接骨木（*S. williamsii*），落叶灌木；接骨草（*S. chinensis*），高大草本或半灌木。

五福花属（*Adoxa*）的五福花（*A. moschatellina*，图7-164C）多年生矮

附96 五福花科其他属种

图7-164 五福花科植物特征

A.珊瑚树（*Viburnum odoratissimum*）植株和红色果序；B.蝴蝶戏珠花（*V. thunbergianum*）；C.五福花（*Adoxa moschatellina*）植株和头状花序

小草本，聚伞状头状花序顶生，花黄绿色，无柄，产于北温带的北美、欧洲和亚洲，我国分布于东北、华北、西北和青藏高原、横断山区等地。

（四十一）伞形目（Apiales）

本目包含伞形科（狭义）、五加科、海桐科（Pittosporaceae）等7个科。

54.五加科（Araliaceae, ginseng family）

本科59属，约1460种，广布世界热带和亚热带地区，少数延伸至温带地区。我国有22属，192种，南北均产。

科的特征（图7-165）：灌木、藤本或乔木，稀草本。叶互生或螺旋状着生，羽状或掌状复叶至单叶；叶柄具鞘，具托叶。花两性，聚成伞形花序，再组成总状、穗状、圆锥花序；萼片5，分离；花瓣常5，覆瓦状至镊合状排列；雄蕊5，花丝分离；心皮2～5，合生，柱头2～5。浆果或核果。与伞形科很相似，主要区别在于：多木本，单叶、掌状复叶或羽状复叶，花序多为伞形花序再组成各式花序，心皮2～5，浆果或核果。

人参属（Panax），多年生草本，根膨大成纺锤形或圆柱形，茎单生，掌状复叶，轮生于茎顶，伞形花序单个顶生。著名的东亚—北美间断分布属，11种，分布于东亚、喜马拉雅地区、中南半岛及北美，我国有8种。本属有多种名贵药材，如人参（*P. ginseng*，图7-165P），产东北及朝鲜、日本，根含人参皂苷，为著名补气强壮药。西洋参（*P. quinquefolium*），产北美，根入药，性凉。三七（*P. notoginseng*），产西南，根为著名跌打损伤药。

楤木属（Aralia），乔木、灌木或具根状茎的草本，叶互生，一至四回大型羽状复叶，每羽片小叶3～20，花序顶生，常由伞形、头状、总状花序聚生成圆锥花序，花梗具关节。东亚—北美间断分布，可延伸到东南亚及南美，71种，我国有44种，南北均产。楤木（*A. chinensis*，图7-165N）等种的根皮入药，嫩叶可做菜食用。长刺楤木（*A. spinifolia*，图7-165A—M），密生刺毛，产华东至华南。

此外，五加属（*Eleutherococcus*）的细梗五加（*E. nodiflorus*），分布于江南各地，根皮入药或泡酒（即五加皮酒）；同属白簕（*E. trifoliatus*，图7-165O）三小叶，江南广布，也可入药。中华常春藤（*Hedera nepalensis* var. *sinensis*），江南山区常见，常栽培作垂直绿化。八角金盘属（*Fatsia*）为常绿耐阴灌木，2种，产我国台湾，以及日本。八角金盘（*F. japonica*）是城市背阴处广为栽培的绿化树种（图7-165Q）。树参属（*Dendropanax*），80种，东亚与美洲分布，我国16种，产华东至西南；叶为单叶，有时掌状分裂。刺楸属仅刺楸（*Kalopanax septemlobus*）1种，树干具粗刺，材用或作绿化树种。

附97 五加科其他属种

55.伞形科（Apiaceae或Umbelliferae, carrot family）

本科是约440余属3500余种的大科，为主产北温带的一个草本科，在热带或亚热带的高山上也常见。我国约有90多属，600多种，全国广布。其中有不少蔬菜植物和很多药用植物，具有较高的经济价值。

科的特征（图7-166）：2至多年生草本（稀一年生），体内常含挥发油而具香气，茎节间常中空。

图7-165　五加科植物特征

A—M.长刺楤木（*Aralia spinifolia*），A.幼果果序腹面观，伞形，果梗细长；B.伞形花序：左侧分枝为雄花期，右侧分枝为雌花后期，花瓣与雄蕊已脱落；C.幼果果序背面观，苞片长圆形；D.花部离析：花萼合生，萼齿5；花瓣5，绿色，卵状三角形，内侧具1隆起中脊；雄蕊5，花药背着，近先端弯折；E.花冠底面观；F.花冠正面观；G.花冠正面观，除5枚雄蕊；H.子房横切片，子房5室；I.花冠正面观，示5花柱，柱头具乳突；J.幼果纵切：子房下位；花柱基部合生，分枝5；K.幼果侧面观；L.花蕾纵切片，示花丝着生于花盘边缘；M.纵切片：雄蕊期，花柱未伸长；N.楤木（*Aralia chinensis*）大型羽状复叶和花序；O.白簕（*Eleutherococcus trifoliatus*）三出复叶和伞形花序幼果期；P.人参（*Panax ginseng*）栽培植株、伞形花序和直根（移栽后平放状态）；Q.八角金盘（*Fatsia japonica*）掌状分裂叶及伞形花序

叶互生，常1至数回羽状分裂或3出羽状分裂乃至复叶，叶柄基部常扩大成鞘状抱茎。常为复伞形花序（少为伞形花序），花小，多两性；萼齿5或不明显；花瓣5；雄蕊与花瓣同数而互生；雌蕊由2心皮组成，子房下位，花柱2，基部往往膨大成花柱基，即上位花盘。果为双悬果，成熟时心皮基部分离，顶部连接于1心皮轴上。种子有胚乳，胚小。染色体基数：$x = 4 \sim 12$。

本科分类的主要性状是植株有无匍匐茎、花序上总苞片和小总苞片有无及其形态，双悬果及其上面的棱、瘤、刺等附属物的形态特征。

胡萝卜属（*Daucus*），1～2年生草本，根常肥大肉质。叶2～3回羽状深裂。复伞形花序；总苞片叶状，羽状分裂；双悬果5棱不明显。本属约60种，主产欧洲；我国仅1种1变种。野胡萝卜（*D. carota*，图7-166N），各地均有野生，作饲料或入药；根不肥大。其变种：胡萝卜（var. *sativa*），直根肥大，长圆锥形，橙黄色或红色，原产地中海地区，现广为栽培，为主要根菜类植物。直根作菜用，含丰富的胡萝卜素。

图7-166　伞形科植物特征

A—M.珊瑚菜（*Glehnia littoralis*），A.伞形花序，具花约20枚，花序梗被柔毛；B.花背面观：萼齿5，不等大；C.花腹面观：花瓣先端有内折小舌片；花柱基淡黄色，分泌有汁液；D.花离析；E.不同发育阶段雄蕊；F.花纵切：子房下位，倒圆锥状；花冠左侧的雄蕊花丝弯曲，花药向下未裂，花冠右侧花丝直伸，花药抬起并开裂；处于一朵花中的雄蕊依次成熟，可延长雄花期，增加授粉成功率，从而适应滨海沙滩生境大风不利于昆虫传粉的压力；G.子房横切，示双悬果贴生；H.果实纵剖，示种子倒卵状椭圆形；I.果实横切片：分果2，主棱发达，具木栓质翅，图中红色箭头所指为侧棱，绿色箭头所指为中棱，白色箭头所指为背棱；J.双悬果纵切（垂直于子叶方向）；K.果实背面观；L.分果腹面观；M.伞形果序，除部分果实；N.野胡萝卜（*Daucus carota*）复伞形花序和果实；O.紫花前胡（*Angelica decursiva*）植株和复伞形花序；P.鸭儿芹（*Cryptotaenia japonica*）叶、花序和叶柄基部包茎

芹属（*Apium*），1至多年生草本；叶1～2回羽状分裂或多回3出羽状分裂。复伞形花序，双悬果光滑，卵圆形，果棱线形。本属约30种，产温带；我国有2种。旱芹（芹菜，*A. graveolens*），原产西南亚、北非和欧洲，现普遍栽培作蔬菜，主要食用叶柄；果实可提芳香油；全草也可入药。细叶旱芹（*A. leptophyllum*），为外来杂草，原产加勒比海地区，现在田间、路旁及庭园草地中常见。

当归属（*Angelica*），2至多年生草本；叶三出式羽状或羽状分裂；复伞形花序，总苞片及小总苞片无或有少数叶状苞片；双悬果长椭圆形，背腹扁平，侧棱有宽翅。约50种，分布北半球，我国有30多种。杭白芷（*Angelica dahurica* 'Hangbaizhi'），根粗大，栽培药用，为"浙八味"之一，主产浙江，四川也有。当归（*A. sinensis*）、毛当归（*A. pubescens*）、紫花前胡（*A. decursiva*，图7-166O）等种的根也可入药，为妇科良药。

本科经济植物常见的还有：药用植物如明党参（*Changium smyrnioides*），是我国华东特产的国家二级保护植物；柴胡属（*Bupleurum*）的北柴胡（*B. chinense*）和红柴胡（*B. scorzonerifolium*），主产北方；峨参（*Anthriscus sylvestris*）、白花前胡（*Peucedanum praeruptorum*）为江南各地常见种；蛇床（*Cnidium monnieri*）、川芎（*Conioselinum anthriscoides* 'Chuanxiong'）、珊瑚菜（北沙参，*Glehnia littoralis*，图7-166A—M）等均为常见中药。栽培作蔬菜或调味品的还有芫荽（*Coriandrum sativum*），茎叶作菜和调味品，具强烈芳香气味，故又名香菜；茴香（*Foeniculum vulgare*），双悬果矩圆形，作香料或药用。此外，天胡荽（*Hydrocotyle sibthorpioides*）、积雪草（*Centella asiatica*）、窃衣（*Torilis scabra*）、小窃衣（*T. japonica*）、鸭儿芹（*Cryptotaenia japonica*，图7-166P）等为常见杂草，又常可作药用；鸭儿芹也可作野菜。水芹（*Oenanthe javanica*）也有栽培作蔬菜，但它又是稻瘟病的中间寄主。

伞形目常见还有海桐科（Pittosporaceae），以及仅分布南半球、我国不产的一些小科，如毛柴木科（Pennantiaceae）、南茱萸科（Griseliniaceae）、裂果枫科（Myodocarpaceae）。海桐花科3属300多种，主产南半球，我国仅1属海桐花属（*Pittosporum*）30多种，常绿灌木或乔木，常见的有海桐（*P. tobira*）

附98 伞形科其他属种

和崖花海桐（*P. illicioides*），前者作绿化树种，后者可入药。此外，还有鞘柄木科（Toricelliaceae），该科仅1属鞘柄木属（*Toricellia*）3种，产于我国西南及印度北部。

超菊类分支桔梗类植物分支还有一些不常见或我国不产的目和科，如南鼠刺目的南鼠刺科（Escalloniaceae）、绒球花目的绒球花科（Bruniaceae）和弯药树科（Columelliaceae），盔被花目的盔被花科（Paracryphiaceae）。这些科不大，主要分布于南半球。

附99 桔梗类分支其他目科

结语： 现存被子植物按照APG Ⅳ（2016）有64目416科29万余种。按照Li et al.（2021）基于质体全基因组数据建立的系统含20个超目68目433科（见封底），两者基本接近，但后者增加了4个目级类群，分别是多须草目（Dasypogonales）、蒜树目（Huales）、五蕊茶目（Oncothecales）和清风藤目（Sabiales）。这些被子植物或称有花植物几乎遍布我们这个星球的大部分陆地，它们已经历了1亿多年的历史，且它们的演化随着环境的变迁、人类的影响仍然在不断地进行，即演化一直在路上。

附100 进一步阅读文献

第七节　植物生物多样性保护及可持续利用

生物多样性（biodiversity）是生物与环境形成的生态复合体以及与此相关的各种生态过程的总和，包括生态系统多样性、物种多样性和遗传多样性三个层次。生物多样性是人类赖以生存和发展的基础，为人类提供了丰富多样的生产和生活必需品、健康安全的生态环境和独特别致的景观文化。中国幅员辽阔，陆海兼备，地貌和气候复杂多样，孕育了独特的生态系统，丰富的物种和遗传多样性。从南到北因气温变化而发育的地带性植被类型主要有热带季雨林和雨林、亚热带常绿阔叶林、暖温带落叶阔叶林、温带针叶与落叶阔叶混交林、寒温性针叶林。我国也是世界上植物物种多样性最丰富的国家之一，居世界前三位，截至2021年，全国共统计有高等植物36592种（包括种下单元，下同，中国科学院生物多样性委员会，2021）。

但是，多年来人类对生境的干扰和破坏，全球自然气候变化和人类干扰引起的大气环境变化，以及对生物资源的过度利用和外来物种的入侵等因素推动了生物多样性的丧失（生物多样性公约秘书处，

2020）。据估算，当前的物种灭绝速率比完全自然背景下高约1000倍，全球物种多样性正在减少且在未来有加速的趋势（Barnosky et al., 2011）。目前我国受威胁的野生植物占全部种类的15% ～ 20%，估计超过4000种，其中1000多种处于濒危状态（汪松和解焱，2004）。

一　植物生物多样性的保护

野生植物是自然生态系统的第一生产力和生物多样性核心组成部分，植物多样性丧失将会导致生态系统结构改变和生态功能退化，直接影响生态安全和资源安全（Sukhdev et al., 2010）。同时，野生植物具有很高的药用、材用、观赏等经济价值，部分栽培作物的野生近缘类群对于作物遗传改良具有重要价值，因而野生植物是未来经济社会可持续发展的重要战略资源。所以，保护植物多样性对于实现人与自然和谐发展具有十分重要的意义。近20年以来，尤其是中国特色社会主义进入新时代以来，中国已将植物多样性保护作为生态文明建设的重要内容，

正在积极探索植物多样性有效保护的路径与机制。

开展植物多样性调查、观测与评估是植物生物多样性保护和可持续利用的基础，是制定物种保育与可持续利用政策的科学依据。"十二五"、"十三五"期间，国家组织实施了多项生物多样性保护重大工程，在国家重大战略实施区域开展生物多样性本底调查，评估了多个重点保护植物的受威胁状况与保护成效，如2020年启动的青藏高原第二次科考；2015年浙江大学主持实施的（华东黄山—天目山脉及仙霞岭—武夷山脉生物多样性调查）科技部重大专项，都属于这类工作。1999年国家颁布了第一批国家重点保护野生植物（455种），2021年，又发布了调整后的《国家重点保护野生植物名录》，包括40类1101种，其中Ⅰ级重点保护54种（4类）；Ⅱ级重点保护401种（36类），启动了自然生态系统外来入侵植物的调查和《中国外来入侵植物志》的编写（马金双等，2020）。还开展了对葎草（*Humulus scandens*）、空心莲子草（*Alternanthera philoxeroides*）、凤眼莲（*Eichhornia crassipes*）、加拿大一枝黄花（*Solidago canadensis*）和一年蓬（*Erigeron annuus*）的调查监测和生态环境影响评估。这些项目通过建立永久样线或样方、架设物候相机等方法，以定期复查的形式开展长期和实时监测工作，掌握生物多样性的动态变化，初步构建了国家生物多样性保护监管信息平台，更新了《中国生物多样性红色名录》。与此同时，我国还进一步完善了生物多样性保护政策法规，涉及生物多样性保护的法律和法规主要有《中华人民共和国森林法》《中华人民共和国草原法》《中华人民共和国环境保护法》《中华人民共和国海洋环境保护法》《中华人民共和国种子法》《中华人民共和国野生动物保护法》《中华人民共和国生物安全法》《中华人民共和国自然保护区条例》《中华人民共和国野生植物保护条例》等。

在国际上，很多国家意识到生物多样性的重要性，在联合国环境规划署的推动下产生了《生物多样性公约》（Convention on Biological Diversity），它是一项有法律约束力的国际性公约，旨在保护濒临灭绝的植物和动物，最大限度地保护地球上的多种多样的生物资源。它是1992年联合国环境规划署政府间谈判委员会第七次会议在内罗毕通过的，并由签约国在巴西里约热内卢举行的联合国环境与发展大会上签署。公约于1993年12月29日正式生效，常设秘书处设在加拿大的蒙特利尔。联合国《生物多样性公约》缔约国大会是全球履行该公约的最高决策机构，一切有关履行《生物多样性公约》的重大决定都要经过缔约国大会的通过。自1994年起，每两年数千名来自不同国家的代表齐聚缔约方大会，讨论如何保护生物多样性。我国于1992年6月11日签署该公约，并于1993年12月29日对中国生效。2021年在中国昆明举行了第十五次缔约方大会，习近平总书记提出共同构建地球生命共同体，共同建设清洁美丽的新世界。

国际上与野生植物贸易有关的国际公约有《濒危野生动植物种国际贸易公约》（Convention on International Trade in Endangered Species of Wild Fauna and Flora，CITES）。CITES公约也称华盛顿公约，是一个政府间的国际公约，旨在保护某些野生动植物物种，不致由于国际贸易而遭到过度开发利用。

植物多样性保护主要通过就地保护、迁地保护、种质资源收集保存、人工扩繁等方式实现。就地保护是指通过建立国家公园、自然保护区、保护小区等自然保护地方式保护区域内的生物多样性，尤其珍稀濒危物种。就地保护因为既可以保护生态系统多样性，又可以保护物种多样性和遗传多样性，因而是生物多样性保护中最为有效的一项措施。我国于1956年在广东建立了第一个自然保护区——鼎湖山国家级自然保护区以来，目前已建立各级各类自然保护地近万处，约占陆域国土面积的18%。90%的陆地生态系统类型和71%的国家重点保护野生动植物物种得到有效保护（中华人民共和国国务院新闻办公室，2021）。

迁地保护又叫异地保护，是指将生存和繁衍受到威胁的物种迁入原生地以外的适宜生境来进行植物多样性保护的方式，其迁入地一般为植物园、树木园。迁地保护可有效保护物种多样性和遗传多样性，是就地保护的重要补充。有些植物的原生境遭受严重的人为破坏，或者物种本身由于气候变化等原因，自身无法在自然条件下产生可育后代，因而迁地保护成为对其拯救、保护和持续利用的最重要手段。通过迁入地进行人工繁育，保存其遗传多样性和适应性潜力，使种质得到延续。我国已建立了较为完备的植物迁地保护体系，建立了迁地保护点近200个，现有迁地栽培高等植物23000余种（中华人民共和国国务院新闻办公室，2021），"十四五"还启动了《迁地植物志》的编撰。回归是迁地保护的最终目标，是物种保护及种群恢复的重要策略之一，主要包括增强和重建两种类型（Seddon et al.，2007）。国际自然保护联盟（IUCN）于1995年颁布了回归指南，但不同植物的回归也面临着各不相同的具体困难。国际上最成功案例是有关兰花的回归，英国、澳大利亚、新加坡等国家对多种兰科植物，如羊耳蒜属的罗氏羊耳蒜（*Liparis loeselii*）、杓兰属的杓兰（*Cypripedium calceolus*）、裂缘兰属的 *Caladenia huegelii* 等的回归获得成功（周翔，高江云，2011）。截至2016年，IUCN 也与中国植物保护学者一起成功回归自然植物160余种。回归试验获得成功案例还不多，成功的有报春苣苔（*Primulina tabacum*）、德保苏铁（*Cycas debaoensis*）等，其中，报春苣苔野外回归数量已达上万株，已经产生了F1和F2代（Ren et al., 2010）。2002年，德保苏铁被引种至深圳仙湖植物园进行保育和扩繁，于2008年4月回归至其原产地广西黄连山自然保护区（骆文华等，2014）。浙江的百山祖冷杉（*Abies beshanzuensis*）原生地仅剩3株，近年经过植物生态学者的研究和保护措施的实施，已开始自然更新。

种质资源收集保存是指将可用于繁殖的植物组织，如种子、块根、块茎、离体培养组织收集起来保存于合适的环境中，一般为低温干燥的种质资源库。例如中国的西南野生植物种质资源库已保存野生植物种子一万余种，与英国的千年种子库、挪威的斯瓦尔巴全球种子库等均为全球生物多样性保护的重要设施；2016年开始建设的华东植物种质资源库已保存华东植物种子1447种。种质资源保存是生物多样性保护的重要方式，有利于珍稀濒危植物保护复壮、经济作物的遗传改良等。对于一些野外繁殖能力弱，种群自然更新困难的濒危物种，应通过人工繁育扩大种群。一方面为实施再引进工程、扩大野生种群提供足够的种源；另一方面为生产单位提供优质的种源，扩大栽培面积，以减缓人类对野生资源利用的压力，满足人类生产、生活的需求。采用种子繁殖育苗是保持物种遗传多样性的有效方法，而发展扦插、嫁接和组织培养等无性繁殖技术则适用于难以用种子繁殖植物类群的快速扩繁。

揭示物种濒危的进化与生态机理，重建恢复濒危物种适宜生境，突破繁殖瓶颈，是珍稀濒危植物解濒的重中之重，也是研发目标物种的保护和更新复壮技术体系的理论基础和技术支撑。植物种群衰退是环境和种群演化历史共同作用的结果，由于不同植物类群的演化历史和生物学特性不同，生态因素和遗传因素在物种濒危过程所起的作用有差异（洪德元等，1994），但生境的破坏和适宜生境的丧失是导致物种濒危的直接原因，也是物种濒危的近因。从种群统计随机性角度看，遗传漂变和近交衰退通常导致小种群和片段化隔离种群的遗传多样性

降低、有害等位基因积累及适合度降低，使种群面临更高的灭绝风险（Garner et al., 2016）。珍稀濒危物种生存依赖于特定环境，这种环境既包括地上部分环境，也包括土壤微生物生境及构成。例如，研究人员对濒危植物瓦勒迈松（*Wollemia nobilis*）开展植物-土壤反馈研究发现，与瓦勒迈松共生的真菌提高了土壤中的矿质营养，从而促进了其幼苗生长和种间竞争力（Rigg et al., 2016）。造林实践也证实，对苗木进行菌根土接种，可增强植物的抗旱、抗病等抗逆性，从而能极大提高其移栽成活率（Zarik et al., 2016）。开展珍稀濒危植物保护现状评估和适宜生境预测，已成为濒危植物保护研究的一个热点（邱英雄等，2017），同时结合群体遗传多样性数据，还能够揭示濒危植物的生态脆弱区。相关技术和方法在最近已被成功地应用于舟山新木姜子（*Neolitsea sericea*）（Cao et al., 2018）、领春木（*Euptelea pleiospermum*）（Cao et al., 2020）等濒危植物的保育研究中。

从植物种群生活史过程看，生境散失或片段化还会造成繁殖成功率下降。对濒危物种进行繁殖生物学研究，揭示繁殖过程的薄弱环节和主要限制因子，是发展规模化扩繁技术体系的基础。例如，管毕才等对濒危植物八角莲（*Dysosma versipellis*）开展的繁育生物学和小尺度空间遗传结构研究，不仅阐明了该物种的繁殖瓶颈所在，还基于遗传信息提出了具体的解濒策略（Guan et al., 2010）。除当代气候变化以及人为干扰的影响外，濒危植物的种群衰退也与物种演化历史有关，但以往研究忽视了种群演化历史、分布动态、适应潜力在保护对策制定和保护成效评估中的重要作用。基于种群水平的分子-组学数据，利用溯祖理论，可以重建濒危物种的种群历史动态，结合孢粉、化石信息和重大地质历史事件以及人类活动干扰历史，可以推断濒危植物种群衰退的驱动因素（Chen et al., 2017）。

近年，我国植物多样性保护工作者提出了极小种群（Plant Species with Extremely Small Populations, PSESP）野生植物保护的概念。野外种群数量少（远低于最小生存种群）、生境退化或呈破碎化分布、受人类干扰严重、面临着极高的灭绝风险等特征的野生植物，被称为极小种群。一般指野生植物物种的成熟个体（即开花结实的植株数量）总数少于5000株且每个独立种群的个体数少于500株。云南省在科技部项目支持下开展的这方面工作成效显著，以云南省为例，截至2019年12月，在就地保护方面：云南省已建立了30个保护小区，保护

了23个分布于自然保护区有效保护范围外的极小种群野生植物或一些物种的居群，使就地保护的极小种群野生植物物种数达到67种，保护了以巧家五针松（*Pinus squamata*）、云南金钱槭（*Dipteronia dyeriana*）、多歧苏铁（*Cycas multipinnata*）、华盖木（*Manglietiastrum sinicum*）等为代表的一批典型极小种群野生植物。在迁地保护和人工繁育方面，在云南省内的植物园、树木园或其他种质圃共繁殖栽培了61种极小种群野生植物10万余株，在植物园和种质圃构建了木本极小种群野生迁地保育种群25个；在种质资源收集保存方面：在中国西南野生植物种质资源库保存了20种极小种群野生植物的种子94份。此外，云南省还在所辖州市回归定植了极小种群野生植物16种3万余株，并开展9种8000余株极小种群野生植物近地保护试验示范研究（孙卫邦，2020）。截至2020年12月，巧家五针松、华盖木、毛果木莲（*Manglietia ventii*）、漾濞槭（*Acer yangbiense*）、滇桐（*Craigia yunnanensis*）、云南蓝果树（*Nyssa yunnanensis*）等13个物种已通过实施综合保护措施实现了抢救性保护（孙卫邦，2021）。

二 植物资源的可持续利用

植物与人类的关系非常密切，人类的进化离不开生物。但人类驯化植物是从现代智人开始的，虽然只有1.2万年，然而对植物的成功驯化，才使人类主宰了地球。

如今，植物已成为人类生存的重要必需品，就拿单子叶植物来说，人类生活必需的粮食几乎都是单子叶植物的禾本科（水稻、小麦、玉米、高粱、小米、米仁等）；不少蔬菜，如芋头、荸荠、茭白（菰）、洋葱、葱、蒜、韭菜、黄花菜、笋、芦笋、山药、姜等；热带的不少水果，如椰子、菠萝、香蕉、芭蕉等；制糖原料甘蔗；药用植物，如麦冬、黄精、天麻、白及、姜、砂仁、郁金、莪术、益智、豆蔻等均来自单子叶植物的根、茎、叶、花或果实。许多单子叶植物是世界热带风光、城乡园林绿化和观赏的好材料，如棕榈科、芭蕉科、姜科、露兜树科、兰科、百合科、天南星科、石蒜科、鸢尾科、天门冬科、鸭跖草科、禾本科竹亚科等的许多植物。此外，禾本科、棕榈科、灯芯草科等科的一些物种是建筑材料（毛竹）、编织材料（棕榈、省藤、席草等）；还有一些单子叶植物可用于酿酒、造纸等工业。以及牛、马、羊等家畜的饲料，许多食草动物的食物多来自单子叶植物。另外，单子叶植物还具有碳中和，改善大气环境，防止水土流失

等生态效应。再看苔藓植物、石松类与蕨类植物、裸子植物和被子植物的其他类群（基部被子植物、木兰类群、真双子叶植物），它们同样也是人类的重要资源，构成了人类药用植物、材用植物、园艺植物、农业资源植物、纺织原料植物等植物资源的主体。

但是，人类几千年的发展不光利用了大量野生植物资源，对植物物种多样性生存的环境也构成了威胁。人类直接利用天然植物资源造成了物种丧失，对大气环境的影响和自然生态系统的破坏也间接地影响着植物物种的生存。因此，20世纪90年代，从联合国和各国政府层面提出了生物多样性保护的观念。目前，人们已经意识到我们再不能盲目地、掠夺性地开发野生植物资源了，必须科学地、保护性地、可持续地利用野生植物资源。拿我国中药的主要原植物来说，要从几千年来直接采挖野生种质转变到人工种植、驯化、科学育种、提高品质上来。中华人民共和国成立以来，重要药用植物栽培、育种已取得了很大成绩，如人参、三七、天麻、芍药、杭白菊、玄参、元胡、川贝母、浙贝母、草麻黄、甘草、枸杞、麦冬等，有些虽然野生几乎灭绝，如人参、三七、川贝母、浙贝母、甘草等，但人工栽培已经成功，目前人们正在利用仿生栽培、杂交或分子育种等技术手段向提高品质方向发展。对那些已经驯化成功的农作物来讲，它们的野生近缘种同样是重要的品种改良和育种的重要资源，需要加以保护。

近几十年我国经济和科技的发展，使人们开始从野生植物中去寻找新的药物、新的资源。但是早期往往一发现某种植物有经济价值，这种植物的野生资源就会遭受灭顶之灾，江南的铁皮石斛（*Dendrobium officinale*）就是一个实例。好在科学界已经认识到这一点，及时开展了人工繁育和仿生栽培的研究和技术推广，目前市场上的铁皮石斛商品已全部来自药用植物种植场或工厂生产了（图7-167E）。欧美发达国家人们已基本形成这种观念：即不直接利用野生资源。图7-167A—C是美国威斯康星州立公园里的野生西洋参（*Panax quinquefolium*）和该州的西洋参种植场。近20年，随着科技和经济的发展，我国社会对生物多样性保护的意识也已经形成。三叶青（三叶崖爬藤，*Tetrastigma hemsleyanum*）产业的发展已经开始走上可持续利用的道路。三叶青是葡萄科的一种民间草药，尚未进入药典，但它在民间的抗炎症、清热解毒、提高免疫力方面已证实是有效的。20年前主

图7-167 野生资源的可持续利用

A.浙江大学学生北美植物实习时在威斯康星州立公园见到的野生西洋参；B.威斯康星州立公园的野生西洋参果期；C.许氏西洋参农场的栽培西洋参；D.杭州三叶青药材现代农业园区及驯化成功的药用块根；E.浙江的铁皮石斛已实现工厂化生产（E由森宇控股集团汪玲娟惠赠）

要直接用野生的三叶青，以致目前野生资源正处于枯竭阶段。2005年，浙江大学系统进化与生物多样性研究室暨浙江省药用植物种质资源重点学科开始与企业合作，开展了一系列野生资源评价、人工快繁技术发展、规模化栽培、炮制规范制定、产品研发等方面的研究，目前已经驯化成功（图7-167D），已可以满足制药企业需要。最近，浙江省已将三叶青列入"新浙八味"药用植物进行重点开发和研究。

人类对野生植物多样性的保护和可持续利用虽然已经取得了一些成功，但任重道远。很多物种还需要我们去研究它濒危、稀有的原因，找到更新和复壮的手段，以便使它能与人类共存。在这个基础上，人类用科学地、可持续利用的技术去利用它，为人类造福。这才是生态文明、人类与自然和谐共存的目标。

本章提要

植物界的早期划分：林奈二界说，即动物界、植物界；赫克尔三界说即原生生物界、植物界和动物界；魏泰克五界说，即原核生物界、原生生物界、真菌界、动物界和植物界。原核生物二域学说：细菌域和古菌域，加上真核域，即三域系统。

早期绿色植物分四大类：菌藻植物门、苔藓植物门、蕨类植物门、种子植物门。把孢子繁殖的称隐花植物或孢子植物；种子繁殖的称种子植物，大多数开花结实的称显花植物。早期将藻类、菌类和地衣称低等植物，又称无胚植物，将苔藓、蕨类和种子植物称高等植物，又称有胚植物；将苔藓、蕨类和裸子植物称为颈卵器植物。

植物类群的新划分：20世纪90年代，分子生物学的快速发展推动了生物的进化和分类研究，对植物各类群的划分有了新的见解，揭示了三域六界，揭示了绿色植物包括绿藻和陆生植物（含苔藓、石松类、蕨类、裸子和被子植物五类）。所有菌类形成了独立的真菌界，更接近动物。而原来水生和湿生的藻类（含非自养的水霉，不包括蓝藻）处在原生生物界，由一系列独立的分支组成；蓝藻属细菌域，也称蓝细菌。

藻类大多生活在海水或淡水中，藻体的形态、细胞的结构、所含色素的种类、贮藏营养物质的类别以及生殖方式和生活史类型均多种多样。藻类是一个多系类群，包括属于细菌域的蓝藻，以及属于真核域的裸藻、甲藻、硅藻、金藻、黄藻、褐藻、红藻、绿藻等。

地衣是真菌和藻类的共生体，藻类为共生体制造有机养料，而菌类则吸收水分与无机盐，并围裹着藻细胞使其有安居之地。

苔藓植物是一类结构比较简单的高等植物。植物体有茎、叶的分化，但尚无真正的根。较低等的种类为没有茎、叶分化的扁平叶状体。植物体矮小，我们见到的是它的配子体。雌、雄生殖器官多细胞。雌性生殖器官称颈卵器，雄性生殖器官称精子器。精子借助水进入卵器，与卵结合形成合子，合子发育要经过胚的阶段。颈卵器和胚的出现是苔藓植物由水生向陆生过渡的重要进化性状。合子直接在配子体上萌发长成孢子体，即孢子体寄生于配子体上。苔藓植物的生活史具有明显的世代交替，但配子体占优势，孢子体不发达，并且寄生在配子体上，不能独立生活。孢子萌发需经过原丝体阶段。苔藓植物含苔类植物门、藓类植物门和角苔植物门。苔藓植物系统发育研究表明苔类和藓类是姐妹类群，它们再与角苔类构成一个共同单系。

分子系统学研究揭示广义的蕨类并非单系类群，其中的石松类（包括石松、水韭、卷柏等）是独立的一支，PPG I等研究确认了石松类是所有其他蕨类、种子植物的姐妹群。石松类和蕨类植物具有明显根、茎、叶的分化和世代交替现象，无性生殖产生孢子囊和孢子，有性生殖时，在能独立生活的配子体上产性精子器和颈卵器，受精卵发育成胚。它们既属于高等植物、孢子植物，又是颈卵器植物。但它们与苔藓植物相比，有许多进化的特征：孢子体发达，出现了真根和维管组织；配子体大多数能独立生活，孢子体占优势；但它们的维管组织还较原始，木质部大多无导管，韧皮部无筛管和伴胞。石松植物的叶通常具单一叶脉，无叶隙，被称为小型叶；而真叶植物（蕨类植物、裸子植物、被子植物）的叶通常较为复杂，有叶隙，被称为大型叶。石松类和蕨类植物是介于苔藓植物和种子植物之间的一个类群，既是高等的孢子植物，又是原始的维管植物。早期将蕨类归为蕨类植物门，含5个亚门：松叶蕨亚门、石松亚门、水韭亚门、木贼亚门和真蕨亚门。而最新的PPG I系统将蕨类分为2个纲（石松纲和水龙骨纲，对应石松类和蕨类）14目。

裸子植物既保留着颈卵器，又能产生种子，是介于蕨类植物和被子植物之间的一群维管植物。有以下进化特征：孢子体发达，具形成层和次生结构；具裸露的胚珠和种子；配子体简化，出现花粉管；裸子植物常具多胚现象。裸子植物早期一般分5个纲，即苏铁纲、银杏纲、松柏纲、红豆杉纲和

买麻藤纲。分子系统学研究支持裸子植物分为5大类，即苏铁类、银杏类、松类、买麻藤类和柏杉类（Conifer II）。

被子植物是植物进化的高级阶段，孢子体进一步完善和多样化，已具有真正的花，子房内藏胚珠并发育成果实，具有特殊的双受精现象，配子体进一步简化。

十九世纪被子植物划分为单子叶植物和双子叶植物两大纲，大多数分类系统（包括流行100多年的四大分类系统：恩格勒系统、哈钦松系统、塔赫他间系统和克朗奎斯特系统）都采用这一划分。20世纪90年代末，分子系统学综合形态和解剖、细胞染色体、化石等性状提出新的被子植物分类体系，即4个基本类群：双子叶古草本群、单子叶植物群、木兰复合群和真双子叶植物（APG I）。从1998年到2016年，APG系统不断完善，大量研究使被子植物的系统发育框架已基本定型为六大演化支：被子植物基部类群、木兰类植物、金粟兰目、单子叶植物、金鱼藻目和真双子叶植物。APG IV（2016）系统共有64个目，416个科。

生物多样性（biodiversity）是生物与环境形成的生态复合体以及与此相关的各种生态过程的总和，包括生态系统多样性、物种多样性和遗传多样性三个层次。生物多样性是人类赖以生存和发展的基础，为人类提供了丰富多样的生产和生活必需品、健康安全的生态环境和独特别致的景观文化。

植物生物多样性的保护：野生植物是自然生态系统的第一生产力和生物多样性核心组成部分，植物多样性丧失将会导致生态系统结构改变和生态功能退化，直接影响到生态安全和资源安全。野生植物具有很高的药用、材用、观赏等经济价值，部分栽培作物的野生近缘类群对于作物遗传改良具有重要价值。野生植物是未来经济社会可持续发展的重要战略资源。保护植物多样性对于实现人与自然和谐发展具有十分重要的意义。我国已将植物多样性保护作为生态文明建设的重要内容，正在积极探索植物多样性有效保护的路径与机制。开展植物多样性调查、观测与评估是植物生物多样性保护和可持续利用的基础，是制定物种保育与可持续利用政策的科学依据。植物多样性保护主要通过就地保护、迁地保护、种质资源收集保存、人工扩繁等方式实现。

揭示物种濒危的进化与生态机理，重建恢复濒危物种适宜生境，突破繁殖瓶颈，是珍稀濒危植物解濒的重中之重，也是研发目标物种的保护和更新

复壮的技术体系的理论基础和技术支撑。

植物资源的可持续利用： 人类几千年的发展不光利用了大量野生植物资源，同时对植物物种多样性生存的环境也构成了威胁。这不仅仅是人类直接利用天然植物资源造成的物种丧失，还有人类的生存和活动对大气环境的影响和对自然生态系统的破坏间接地影响植物物种的生存。人类不能再盲目地、掠夺性地开发野生植物资源，必须科学地、保护性地、可持续地利用野生植物资源。要树立不直接利用野生资源的观念。需要研究濒危、稀有的原因，找到更新和复壮的手段，使它能与人类共存。在这个基础上，用科学地、可持续利用的技术去利用它，为人类造福。

选择人类常见的、经济上较为重要的55个科作重点介绍，这些常见科的识别要点如下。

（1）**无油樟科**：常绿灌木。单叶，互生，羽状脉。聚伞圆锥花序腋生，雌雄异株；花被片5～8，雄花具数枚螺旋状排列的雄蕊，雌花具数枚螺旋状排列的离生心皮。聚合核果。

（2）**睡莲科**：水生草本。具根状茎。叶漂浮水面。花单生；萼片4～6；花瓣缺至多数，常过渡成雄蕊；雄蕊多数，螺旋状着生；雌蕊多室，胚珠多数。浆果海绵质。

（3）**菖蒲科**：多年生草本，具匍匐根状茎；叶二列，基部鞘状，互相套迭。肉穗花序，外被叶状的箭形佛焰苞；花两性，花被片6，雄蕊6；子房上位，2～3室。浆果。

（4）**天南星科**：多年生草本，具块茎、球茎或根茎，叶常基生，如茎生则互生，叶柄基有膜质鞘。肉穗花序，具佛焰苞；雌蕊心皮合生，子房上位。浆果。

（5）**泽泻科**：水生或沼生草本，有根状茎；叶常基生，基部有开裂的鞘。总状或圆锥花序；花被片6，排成2轮，外轮3枚萼片状，宿存，内轮3枚花瓣状，脱落；心皮6至多数，离生，螺旋排列或单层轮生，子房上位。瘦果。

（6）**薯蓣科**：缠绕草质或木质藤本，或为多年生草本，具根状茎或块茎；茎左旋或右旋；叶在茎上互生，偶有对生或基生，单叶或掌状复叶，具网状脉。花单生、簇生或排列成穗状、总状、圆锥状或伞形花序；花被片6；雄蕊6；子房下位。蒴果、浆果或翅果。

（7）**百合科**：多年生草本，具鳞茎或根状茎；叶基生或茎生。单花顶生或排成总状、伞形花序；花被片6，分离；雄蕊6；子房上位，3室，中轴胎座，柱头3裂；蒴果或浆果。

（8）**菝葜科**：多年生木本，稀为草本，攀缘，偶有直立或蔓生；茎常具刺；叶互生，叶柄多具鞘，鞘上方有成对卷须。花单性异株，常排成单个腋生的伞形花序，有时若干伞形花序又排成圆锥或穗状花序；花被片6，分离；柱头3裂，子房3室，中轴胎座。浆果。

（9）**兰科**：多年生陆生、附生或真菌异养草本，茎常具一节或多节的假鳞茎；单叶常二列，基部具抱茎的叶鞘。花两侧对称；花被6，排成2轮，内轮中央一片特化为唇瓣，常位于下方；雄蕊1（2，3），有合蕊柱；3心皮1室，侧膜胎座，子房下位。蒴果。

（10）**鸢尾科**：多年生草本，具根状茎、块茎或鳞茎；叶基生或茎生，常为扁平的剑形，排成两列，基部鞘状。花序通常蝎尾状，或为穗状或单花；花被片6，下部合生；雄蕊3；花柱1，柱头3～6，子房下位，3室，中轴胎座。蒴果。

（11）**石蒜科**：多年生草本，常具鳞茎或根状茎。叶基生，条形。花常成伞形花序，生于花茎顶端，下有1至数枚膜质苞片组成的总苞；花两性，花被花瓣状，裂片6，排成2轮，有时具副花冠；雄蕊6；子房下位，常3室，中轴胎座。蒴果或浆果。

（12）**棕榈科**：常绿乔木或灌木，稀为藤本，茎常不分枝。叶互生，集生茎顶部，大型，掌状分裂或羽状分裂，芽时折叠，叶柄基部常扩大成纤维状的鞘。花组成分枝或不分枝的肉穗花序，外有1至数枚佛焰苞状总苞；花被、雄蕊均为6；子房上位，1～3室，每室1胚珠。核果或浆果，外果皮肉质或纤维质。

（13）**鸭跖草科**：一年生或多年生草本；叶互生，有叶鞘；聚伞花序单生或集成圆锥花序；花两性；萼片3，分离或仅在基部连合，花瓣3，分离；雄蕊常为6，全部能育或仅2～3枚能育，花丝有念珠状长毛或无毛。果实多为室背开裂的蒴果，稀为浆果状而不裂。

（14）**姜科**：多年生芳香草本；叶基部具叶鞘，鞘顶常有叶舌。花两侧对称，花被片二轮，外轮萼状，内轮花冠状；发育雄蕊1枚，退化雄蕊花瓣状；子房下位。蒴果或浆果。

（15）**莎草科**：草本；地上茎（秆）多为三棱形，实心；叶常3列，叶鞘闭合。以小穗组成各种花序；花生于鳞片（颖片）腋内，花被缺或退化为下位刚毛或鳞片。小坚果或瘦果状。

（16）**禾本科**：多为草本（少为木本），茎（秆）

圆柱形，常中空，具明显节与节间；叶鞘边缘常分离而覆盖，叶二列互生，常有叶舌、叶耳。花序以小穗为基本单位，小穗具一对颖片（苞片）；每小花具一对稃片（小苞片）和特化的浆片（退化花被片）。颖果。

（17）胡椒科：草本、灌木或攀缘藤本，稀为乔木，常有香气；单叶，互生，稀对生或轮生，具掌状脉或羽状脉。穗状花序，稀为总状花序；花小，两性或单性异株，苞片小，通常盾状或杯状；花被无；雄蕊1～10枚；子房上位，1室，柱头1～5。浆果。

（18）木兰科：木本。单叶互生，具环状托叶痕。花单生，花被常呈花瓣状，3基数；花药长，花丝短；雌雄蕊多数，离生，均螺旋排列在伸长的花托上。聚合菁葖果。

（19）樟科：木本，具油细胞。单叶互生，革质。花小，各部轮状排列，3基数；花被2轮；雄蕊4轮，其中一轮退化，花药瓣裂；雌蕊3心皮合生，1室。核果。

（20）金粟兰科：草本、灌木或小乔木。单叶对生，具羽状叶脉，边缘有锯齿。花小，排成穗状花序、头状花序或圆锥花序；两性花具雄蕊1或3，着生于子房的一侧，雌蕊1，1室，1胚珠；单性花其雄花多数，雄蕊1，雌花少数，具3齿萼状花被。核果。

（21）罂粟科：1至多年生草本（稀为灌木），有白或黄色汁液，无托叶。花各部常2基数，萼片早落；花瓣4～6，排成2轮；雄蕊多数或4～6，分离或连合成二体；心皮合生，子房上位，侧膜胎座。蒴果。

（22）毛茛科：多年生至一年生草本，稀为灌木或木质藤本。叶分裂或复叶。花两性，5基数，常有花萼、花瓣的分化，有的花萼花瓣状而无花瓣；雌雄蕊多数，离生，螺旋状排列，子房上位。聚合瘦果或菁葖果。

（23）金缕梅科：多木本，具星状毛。单叶互生。花序头状、穗状或总状；萼筒与子房壁结合，子房半下位；花萼与花瓣均4～5枚或缺，雄蕊多数至4～5枚，子房2心皮合生，花柱宿存。蒴果。

（24）葡萄科：多为木质藤本（少为草质），卷须与叶对生。单叶掌状分裂或复叶，互生。花小，排成聚伞、圆锥或伞房花序，常与叶对生；花瓣4～5，镊合状排列，分离或顶部粘合成帽状，常早落；花盘明显；子房上位，常为2室，中轴胎座，每室2胚珠。浆果。

（25）豆科：草本或木本，多为复叶，有托叶和小托叶，叶枕发达。花瓣镊合状、上向覆瓦状（假蝶形花冠）排列，更多的是下向覆瓦状排列（蝶形花冠）；雄蕊10枚，有时多数或5枚，常连合成二体雄蕊；雌蕊单心皮，子房上位，边缘胎座。荚果。

（26）蔷薇科：木本或草本，叶互生，常有托叶；花两性，5基数；花托凸起至凹陷，雄蕊多数，花被与雄蕊常在下半部分愈合成一碟状、杯状、坛状的托杯（被丝托）；子房多上位。果实为菁葖果、瘦果、核果或梨果，或聚生成聚合果。

（27）桑科：多木本，常有乳汁。单叶互生，托叶早落（有时具环状托叶痕，如无花果属）。花小，集成多种花序；花单性单被；雄蕊与花被片（萼片）同数而对生；2心皮合生子房。由核果或瘦果聚生成聚花果。

（28）荨麻科：草本，无乳汁。茎皮纤维发达。单叶互生或对生，常有托叶。花单性单被；单心皮子房上位。瘦果或核果。

（29）壳斗科：木本，单叶互生，羽状脉直达叶缘。花雌雄同株，单性单被；雄花为柔荑花序，雌花1～3朵于总苞中，子房下位，3～6室。坚果；总苞木质化成壳斗，部分或完全包被坚果。

（30）胡桃科：落叶乔木，奇数羽状复叶。花单性，单被或无被，雄花序柔荑状，子房下位，1室或不完全2～4室。核果或具翅坚果。

（31）葫芦科：攀缘或蔓生草本，花卷须。叶互生，多掌状分裂。花单性，5基数；花丝常两两结合，1枚独立，形似3枚，药室常呈"S"形；3心皮合生，子房下位，1室，侧膜胎座。瓠果。

（32）杨柳科：落叶乔木、灌木或匍匐灌木。单叶互生，有托叶。花常单性，雌雄异株，柔荑花序，有时总状或穗状花序；每花下有1苞片，基部有杯状花盘或腺体（由花被退化而来）；雄花雄蕊2或多数；子房上位，2（4～5）心皮合生，侧膜胎座。蒴果。

（33）大戟科：草本或木本，有乳汁，单叶互生。花单性，双被、单被或无被；有花盘或腺体；3心皮合生子房，中轴胎座。蒴果。

（34）千屈菜科：乔木、灌木、草本或水生草本。单叶对生，具羽状脉。花单生或成各式花序。花两性，辐射对称，有花盘；萼片常4～8，分离或稍连合，镊合状；花瓣常4～8，分离，覆瓦状；雄蕊4至多数；心皮2至多数，连合，中轴胎座。蒴果，稀浆果或核果状。

（35）无患子科：乔木或灌木。叶常互生，羽状或掌状复叶，稀单叶。总状花序、圆锥花序或聚伞花序。花小，单性。萼片通常4～5；花瓣4～5或缺；雄蕊通常8或较少；具肉质花盘；子房上位，由2～3个心皮组成，通常3室具中轴胎座。蒴果。

（36）芸香科：多为木本，有发达油腺，含挥发油，花香。羽状、掌状或单身复叶，互生。花两性，有花盘，雄蕊为花瓣的二倍或多数；子房上位。蒴果、柑果或核果，稀为翅果。

（37）锦葵科：多草本（稀木本），纤维发达，常具星状毛和黏液。单叶互生，常掌状脉。花两性，常有副萼；单体雄蕊，花药1室；中轴胎座。蒴果或分果。

（38）十字花科：草本。花两性，总状花序，十字花冠；4强雄蕊；2心皮合生子房，1室（由于有假隔膜而呈二室）。侧膜胎座，角果。

（39）蓼科：草本，单叶全缘，互生，有膜质托叶鞘，包茎。花两性，单被，花瓣状，子房3心皮1室，1胚珠。瘦果三棱形或凸镜形，常包于宿存花被内。

（40）石竹科：草本，茎节常膨大。叶对生。花单生或二歧聚伞花序，花两性；雄蕊常为花瓣的2倍；子房上位，特立中央胎座，蒴果。

（41）苋科：一至多年生草本，少数为灌木或半灌木。单叶互生，少对生。花小，单被；花被片3～5，有的花后常增大宿存。子房由2～3心皮结合而成，子房上位，1室1弯生胚珠。胞果（果皮薄、囊状、不开裂，含1种子的果实），常为花被包被。

（42）报春花科：草本、灌木、乔木或藤本。单叶互生，螺旋状排列，对生或轮生，基部常形成莲座状。花两性，4或5基数；花冠合瓣；雄蕊与花冠裂片同数而对生，生花冠上；5心皮合生子房，特立中央胎座。蒴果、浆果或核果。

（43）山茶科：多常绿木本，单叶互生，常革质。花两性，辐射对称，5基数；雄蕊多数，外轮常集生为数束，着生花瓣基部；中轴胎座。蒴果、核果或浆果。

（44）杜鹃花科：灌木或小乔木，稀附生或真菌异养草本。单叶互生，有时对生或轮生。花两性；花冠合瓣，5裂，裂片常覆瓦状；雄蕊为花冠裂片的2倍，少与裂片同数或更多，着生花盘上，花药多孔裂；中轴胎座，胚珠多数。蒴果，少为浆果和核果。

（45）茜草科：木本或草本，叶对生或轮生，有一对托叶，位于叶柄间或叶柄内。花辐射对称，4～5基数；单生或成各种花序；萼裂片覆瓦状排列，有时其中一片扩大成叶状；花冠管状或漏斗状；雄蕊与花冠裂片同数而互生，生于花冠筒上，子房下位，中轴胎座。蒴果、核果或浆果。

（46）夹竹桃科：木本或草本，具乳汁或水汁，单叶对生或轮生。5数花，花萼花冠均合生；花冠喉部常具附属物，裂片旋转覆瓦状排列；花药常箭形；2心皮子房。蓇葖果。

（47）旋花科：草本、亚灌木或灌木，或为寄生，稀为乔木。茎缠绕或攀缘，平卧或匍匐，常具乳汁。单叶互生。花冠常漏斗形，旋转折扇状；子房上位，2心皮，多2室，中轴胎座。蒴果。

（48）茄科：直立或蔓生草本或灌木（稀为小乔木）。单叶互生。花5数，花冠常辐射状；雄蕊与花瓣同数而互生，花药常孔裂；2心皮2室，中轴胎座。胚珠多数。浆果或蒴果。

（49）木樨科：木本，叶常对生。花辐射对称，多2基数；花被常4裂；雄蕊2；2心皮合生子房，2室。核果、浆果、蒴果或翅果。

（50）玄参科：多为草本，单叶对生、互生或轮生。花两性，两侧对称；花4～5基数；花冠常2唇形；雄蕊常4，2强；心皮2，2室，中轴胎座。蒴果。

（51）唇形科：多为草本至灌木，稀乔木，含芳香油，茎多四棱形，叶常对生。花序聚伞式，或再形成轮伞花序及穗状、圆锥状的复合花序；唇形花冠，二强雄蕊；2心皮子房，花柱多基生。4小坚果。

（52）菊科：多为草本，稀灌木，叶多互生。花小，集成头状花序，再由头状花序集生成总状、穗状、圆锥状或聚伞状等多种花序；头状花序下有1至多轮总苞片组成的总苞；花萼退化或成冠毛；花瓣合生，管状或舌状；雄蕊聚药；子房下位，2心皮1室，1胚珠。瘦果。

（53）忍冬科：草本、灌木或藤本。叶对生。各种花序，花两性，两侧对称或辐射对称。萼片5，连合；花冠二唇形，常上唇2裂下唇3裂或上唇1裂下唇4裂，或花冠辐射对称。心皮2～5合生，子房下位，中轴胎座，柱头头状。蒴果、浆果、核果或瘦果。

（54）五加科：灌木、藤本或乔木，稀草本。叶互生或螺旋状着生，羽状或掌状复叶至单叶；叶柄具鞘，具托叶。花两性，5基数，聚成伞形花序，再组成总状、穗状、圆锥花序。浆果或核果。

（55）伞形科：芳香性草本，茎节间常中空，叶柄鞘状包茎。复伞形花序，5基数花；子房下位，上位花盘；2心皮合生。双悬果。

思考题

1. 早期植物各类群是如何划分的？何为低等植物、高等植物、有胚植物、无胚植物、孢子植物、种子植物、维管植物、颈卵器植物、隐花植物、显花植物？

2. 从学科的发展来理解生物界划分的变化历史。

3. 植物界的最新划分如何？何为陆生植物、绿色植物？

4. 藻类的共同特征有哪些？由哪些类群（门）组成，藻类各门的主要特征是什么？各列举常见代表植物2～3种。

5. 地衣有什么特征？根据其外部形态可分为哪几类？

6. 试述藻类、地衣的自然价值和经济意义。

7. 苔藓植物的主要特征是什么？谈谈它们登陆成功的主要进化性状。列举苔类植物门、藓类植物门、角苔植物门的代表植物。

8. 简述苔藓植物与石松类和蕨类植物的异同，并说明后者比前者进化的关键结构。

9. 简述蕨类植物分类的近年研究进展。简述石松类与蕨类的主要特征。

10. 石松类与蕨类植物各由哪些类群组成？举例各类群的代表植物及识别特征。

11. 试用图表说明蕨类的生活史。

12. 哪些蕨类能指示酸性土壤？哪些能指示石灰质土壤？

13. 裸子植物有哪些主要特征？目前可分为哪几个类群？分别举出其代表植物。

14. 试述裸子植物与被子植物的共同特征和区别点。后者有哪些进化特征？

15. 简述裸子植物的生活史及雌雄配子体的发育。

16. 苔藓植物、石松类和蕨类植物和种子植物的世代交替各有何重要特征？指出陆生植物各门首先出现的进化特征及其意义。

17. 为什么说被子植物是现时地球上最进化的植物类群？

18. 术语解释：孢子植物、颈卵器植物、维管植物、孢子囊、囊群、孢子叶球、颈卵器、精子器、原丝体、原叶体、世代交替、原核植物、真核植物、孢子、配子、孢子体、配子体、自养、异养、寄生、腐生、真菌异养、活化石、孑遗植物。

19. 被子植物按APG IV（2016）系统分哪几大类（分支）？有多少科？常见与农业生产、国民经济及人民生活有关的科有哪些？

20. 十字花科植物的主要特征有哪些？有哪些经济植物？

21. 黄瓜、南瓜、冬瓜、西瓜等瓜类属于哪个科？该科有哪些主要特征？

22. 你根据哪些特征去识别豆科植物？简述早期的亚科划分和最新研究进展。本科植物在实际生产及国民经济中有何重要意义？

23. 在所学过的各科中，有哪几种植物是纤维植物？它们各属于何科？

24. 菊科植物的花序和花有哪些主要特征？该科有哪些经济植物？

25. 说明禾本科植物水稻、小麦、大麦、玉米的花序、小穗以及花的结构。该科在生产及国民经济中有何重要意义？

26. 蔷薇科在国民经济中有何价值？以绣线菊、蔷薇、草莓、梨、桃为例，说明如何识别它们？

27. 下列各种植物分别属于哪一科？该植物在花的结构上有何特征？试写其花程式：油菜、蚕豆、茄、棉、黄瓜、桑、茶、桃、梨、向日葵、洋葱、柑桔等。

28. 植物从低级到高级、从简单到复杂的方向发展，对于被子植物的形态特征，一般以什么原则来判断原始和进化的？

29. 了解植物的系统分类地位有什么用处？

30. 指出下列科的区别

石松科与卷柏科	松科与柏科
木兰科与樟科	百合科与兰科
禾本科与莎草科	茄科与木樨科
毛茛科与罂粟科	壳斗科与胡桃科
伞形科与五加科	葡萄科与葫芦科
玄参科和唇形科	
漆树科与槭树属（无患子科）	
十字花科与豆科	山茶科与锦葵科
桑科与荨麻科	天南星科与槟榔科
石竹科、蓼科与苋科	大戟科与芸香科
报春花科与杜鹃花科	夹竹桃科与茜草科

31. 试述单子叶植物的兰科和真双子叶植物的菊科在适应自然、适应进化过程中的成功之处。

32. 指出下列花的性状为哪一科植物所具有：副萼、十字形花冠、高脚碟形花冠、辐状花冠、漏斗状花冠、唇形花冠、蝶形花冠、舌状花冠、花药瓣裂、聚药雄蕊、单体雄蕊、二体雄蕊、多体雄蕊、合蕊柱。

33.指出下列果实特征为哪一科植物所具有：角果、荚果、柑果、双悬果、坚果、颖果、瓠果、盖裂的蒴果、孔裂的蒴果、浆果、核果、聚花果、聚合果、壳斗。

34.药用植物中的"浙八味"是指哪8种植物？它们分别属于什么科？

35.指出下列麻类植物所属的科及主要区别特征：黄麻、苎麻、洋麻、大麻、苘麻、剑麻。

36.指出下列蔬菜所属的科及食用部分的主要特征：白菜、青菜、萝卜、胡萝卜、芹菜、苋菜、菠菜、蒿菜、莴苣。

37.指出下列果树所属的科及果实类型：柑橘、柚、橙、杨梅、枇杷、梨、刺梨、苹果、桃、草莓、葡萄、猕猴桃、无花果、枣、柿、山核桃、板栗、荔枝、龙眼、芒果、阳桃、椰子、香蕉、红毛丹、菠萝、夏威夷果、山竹、火龙果、百香果、腰果。

38.指出我国十大名花：梅花、牡丹花、菊花、兰花（春兰）、月季花、杜鹃花、茶花、荷花、桂花、水仙花，以及蜡梅、芍药、玉兰、报春花、海棠、石榴、丁香、紫薇、紫藤、仙客来、郁金香、康乃馨、唐菖蒲、百合、鹤望兰所属的科及花的主要特征。

39.已知一种植物的学名，如 *Bauhinia variegata*（洋紫荆）或 *Taxus cuspidata*（东北红豆杉），要详细了解它所属的科、形态特征、地理分布、进化和分类历史、以及经济用途，请问如何查阅和研究？

40.掌握各主要科的基本特征、系统位置及代表植物。了解其他常见科重要经济植物。

41.如何开展植物生物多样性保护和可持续利用的研究？

附录 I　APG Ⅳ 被子植物/显花植物

我们在此列出 APG Ⅳ 系统（2016）的分类总表，附以其他分支名称、各目下显示了系统发育关系，用括号套嵌表示（仅 1～2 个科的即为单系或姐妹群。改自 Soltis et al. 2018）。目以下的科间关系参见被子植物系统发育网址：www.mobot.org/MOBOT/research/APweb。斜体名称摘自 Cantino 等（2007）。

符号： *为 APG Ⅲ 后新设立的科；†为 APG Ⅲ 后新设立的目；§为 APG Ⅲ 后调整了其范围的科或目。

基部被子植物（ANA grade）

无油樟目 Amborellales Melikian，A. V. Bobrov & Zaytzeva（1999）

无油樟科 Amborellaceae Pichon（1948），*nom. cons.*

睡莲目 Nymphaeales Salisb. ex Bercht. & J. Presl（1820）

莼菜科 Cabombaceae Rich. ex A. Rich.（1822），*nom. cons.*

独蕊草科 Hydatellaceae U. Hamann（1976）

睡莲科 Nymphaeaceae Salisb.（1805），*nom. cons.*

（Hydatellaceae（Cabombaceae，Nymphaeaceae））

木兰藤目 Austrobaileyales Takht. ex Reveal（1992）

木兰藤科 Austrobaileyaceae Croizat（1943），*nom. cons.*

五味子科 Schisandraceae Blume（1830），*nom. cons.*

苞被木科 Trimeniaceae L. S. Gibbs（1917），*nom. cons.*

（Austrobaileyaceae（Trimeniaceae，Schisaandraceae））

核心被子植物（Mesangiospermae）

木兰类植物 Magnoliids（*Magnoliidae*）

樟目 Laurales Juss. ex Bercht. & J. Presl（1820）

香皮檫科 Atherospermataceae R. Br.（1814）

蜡梅科 Calycanthaceae Lindl.（1819），*nom. cons.*

奎乐果科 Gomortegaceae Reiche（1896），*nom. cons.*

莲叶桐科 Hernandiaceae Blume，*nom. cons.*

樟科 Lauraceae Juss.（1789），*nom. cons.*

玉盘桂科 Monimiaceae Juss.（1809），*nom. cons.*

坛罐花科 Siparunaceae Schodde（1970）

（Calycanthaceae（（Siparunaceae（Gomortegaceae，Atherospermataceae））（Monimiaceae（Hernandiaceae，Lauraceae））））

木兰目 Magnoliales Juss. ex Bercht. & J. Presl（1820）

番荔枝科 Annonaceae Juss.（1789），*nom. cons.*

单心木兰科 Degeneriaceae I. W. Bailey & A. C. Sm.（1942），*nom. cons.*

帽花木科 Eupomatiaceae Orb.，*nom. cons.*

瓣蕊花科 Himantandraceae Diels（1917），*nom. cons.*

木兰科 Magnoliaceae Juss.（1789），*nom. cons.*

肉豆蔻科 Myristicaceae R. Br.（1810），*nom. cons.*

（Myristicaceae（Magnoliaceae（（Himantamdra-ceae，Degeneriaceae）（Eupomatiacae，Annonaceae））））

白樟目 Canellales Cronquist（1957）

白樟科 Canellaceae Mart.（1832），*nom. cons.*

林仙科 Winteraceae R. Br. ex Lindl.（1830），*nom. cons.*

胡椒目 Piperales Bercht. & J. Presl（1820）

§ 马兜铃科 Aristolochiaceae Juss.（1789），*nom. cons.*（含囊粉花科 Lactoridaceae Engl.，*nom. cons.* 鞭寄生科 Hydnoraceae C. Agardh，*nom. cons.*）

胡椒科 Piperaceae Giseke（1792），*nom. cons.*

三白草科 Saururaceae Rich. ex T. Lestib.，*nom. cons.*

（Aristolochiaceae（Piperaceae，Saururaceae）

目前仍为独立谱系的（未能置于具体某个分支的）

金粟兰目 Chloranthales Mart.（1835）

金粟兰科 Chloranthaceae R. Br. ex Sims（1820），*nom. cons.*

单子叶植物 Monocots（*Monocotyledoneae*）

菖蒲目 Acorales Mart.

菖蒲科 Acoraceae Martinov（1820）

泽泻目 Alismatales R. Br. ex Bercht. & J. Presl（1820）

泽泻科 Alismataceae Vent.（1799），*nom. cons.*

水蕹科 Aponogetonaceae Planch.（1856），*nom. cons.*

天南星科 Araceae Juss.（1789），*nom. cons.*

花蔺科 Butomaceae Mirb.（1804），*nom. cons.*

§ 丝粉藻科 Cymodoceaceae Vines（1895），*nom. cons.*

水鳖科 Hydrocharitaceae Juss.（1789），*nom. cons.*

§ 水麦冬科 Juncaginaceae Rich.（1808），*nom. cons.*

*花香蒲科 Maundiaceae Nakai（1943）（自水麦冬科分出）

海神草科 Posidoniaceae Vines（1895），*nom. cons.*

眼子菜科 Potamogetonaceae Bercht. & J. Presl（1823），*nom. cons.*

川蔓藻科 Ruppiaceae Horan.（1834），*nom. cons.*

冰沼草科 Scheuchzeriaceae F. Rudolphi（1830），*nom. cons.*

岩菖蒲科 Tofieldiaceae Takht.（1995）

大叶藻科 Zosteraceae Dumort.（1829），*nom. cons.*

（Araceae（Tofieldiaceae（（Alismataceae（Hydrocharitaceae，Butomaceae））（Scheuchzeriaceae（Aponogetonaceae（Juncaginaceae（Maundiaceae（（Posidoniaceae（Ruppiaceae，Cymodoceaceae））（Zosteraceae，Potamogetonaceae）））））))))）

无叶莲目 Petrosaviales Takht.（1997）

无叶莲科 Petrosaviaceae Hutch.（1934），*nom. cons.*

薯蓣目 Dioscoreales R. Br.（1835）本目内水玉簪科、蒟蒻薯科及水玉杯科 Thismiaceae 之关系存疑，现依APG Ⅲ之观点。

水玉簪科 Burmanniaceae Blume（1827），*nom. cons.*

薯蓣科 Dioscoreaceae R. Br.（1810），*nom. cons.*（含蒟蒻薯科 Taccaceae Dumort. 及水玉杯科 Thismiaceae J. Agardh.）

沼金花科 Nartheciaceae Fr. ex Bjurzon（1846）

（Nartheciaceae（Burmanniaceae，Dioscoreaceae））

露兜树目 Pandanales R. Br. ex Bercht. & J. Presl（1820）

环花草科 Cyclanthaceae Poit. ex A. Rich.（1824），*nom. cons.*

露兜树科 Pandanaceae R. Br.（1810），*nom. cons.*

百部科 Stemonaceae Caruel（1878），*nom. cons.*

霉草科 Triuridaceae Gardner（1843），*nom. cons.*

翡若翠科 Velloziaceae J. Agardh（1858），*nom. cons.*

（Velloziaceae，Triuridaceae，Stemonaceae，（Pandanaceae，Cyclanthaceae））

百合目 Liliales Perleb（1826）

六出花科 Alstroemeriaceae Dumort.（1829），*nom. cons.*

翠菱花科 Campynemataceae Dumort.（1829）

秋水仙科 Colchicaceae DC.（1804），*nom. cons.*

白玉簪科 Corsiaceae Becc.（1878），*nom. cons.*

百合科 Liliaceae Juss.（1789），*nom. cons.*

藜芦科 Melanthiaceae Batsch ex Borkh.（1797），*nom. cons.*

花须藤科 Petermanniaceae Hutch.（1934），*nom. cons.*

金钟木科 Philesiaceae Dumort.（1829），*nom. cons.*

菝葜藤科 Ripogonaceae Conran & Clifford（1985），*nom. cons.*

菝葜科 Smilacaceae Vent.（1799），*nom. cons.*

（Corsiaceae（Campynemataceae（Petermanniaceae（Colchicaceae，Alstroemeriaceae）），Melanthiaceae，（（Philesiaceae，Rhipogonaceae）（Smilacaceae，Liliaceae））))）

天门冬目 Asparagales Link（1829）

石蒜科 Amaryllidaceae J. St.-Hil.（1805），*nom. cons.*

天门冬科 Asparagaceae Juss.（1789），*nom. cons.*

阿福花科 Asphodelaceae Juss.（1789），*nom. cons.*，prop.（= 黄脂木科/刺叶树科 Xanthorrhoeaceae Dumort.，*nom. cons.*）

聚星草科 Asteliaceae Dumort.（1829）

火铃花科 Blandfordiaceae R. Dahlgren & Clifford（1985）

耐旱草科 Boryaceae M. W. Chase，Rudall & Conran（1997）

矛花科 Doryanthaceae R. Dahlgren & Clifford（1985）

仙茅科 Hypoxidaceae R. Br.（1814），*nom. cons.*

鸢尾科 Iridaceae Juss.（1789），*nom. cons.*

鸢尾蒜科 Ixioliriaceae Nakai（1943）（按格式正确拼法为 Ixiolirionaceae）

雪绒兰科 Lanariaceae H. Huber ex R. Dahlgren

兰科 Orchidaceae Juss.（1789），*nom. cons.*

蓝嵩莲科 Tecophilaeaceae Leyb.（1862）

鸢尾麻科 Xeronemataceae M. W. Chase，Rudall & M. F. Fay（2000）

（Orchidaceae（（Boryaceae（Blandfordiaceae（Lanariaceae（Asteliaceae，Hypoxidaceae））))）（（Ixioliriaceae，Tecophilaceae）（Doryanthaceae（Iridaceae（Xeronemataceae（Asphodelaceae（Amaryllidaceae，Asparagaceae）))))))))）

鸭跖草类植物 Commelinids（*Commelinidae*）

§ 棕榈目 Arecales Bromhead（1840）现据DNA测序数据已证明鼓槌草科与棕榈科是姐妹关系，故此目中含鼓槌草科。

棕榈科 Arecaceae Bercht. & J. Presl（1820），*nom. cons.*

鼓槌草科 Dasypogonaceae Dumort.（1829）

禾本目 Poales Small（1903）

凤梨科 Bromeliaceae Juss.（1789），*nom. cons.*

莎草科 Cyperaceae Juss.（1789），*nom. cons.*

沟秆草科 Ecdeiocoleaceae D. W. Cutler & Airy Shaw

（1965）

谷精草科 Eriocaulaceae Martinov（1820），*nom. cons.*

须叶藤科 Flagellariaceae Dumort.（1829），*nom. cons.*

拟苇科 Joinvilleaceae Toml. & A. C. Sm.

灯芯草科 Juncaceae Juss.（1789），*nom. cons.*

花水藓科 Mayacaceae Kunth（1842），*nom. cons.*

禾本科 Poaceae Barnhart（R. Br）（1895），*nom. cons.*

泽蔺花科 Rapateaceae Dumort.（1829），*nom. cons.*

§ 帚灯草科 Restionaceae R. Br.（1810），*nom. cons.* [包括刷柱草科 Anarthriaceae D. W. Cutler & Airy Shaw（1965）和刺鳞草科 Centrolepidaceae Endl.（1836）]

梭子草科 Thurniaceae Engl.（1907），*nom. cons.*

香蒲科 Typhaceae Juss.，（1789）*nom. cons.*

黄眼草科 Xyridaceae C. Agardh（1823），*nom. cons.*

（（Typhaceae，Bromeliaceae）（Rapateaceae（（Mayacaceae（Eriocaulaceae，Xyridaceae））（Thurniaceae（Juncaceae，Cyperaceae）））（Restionaceae））（Ecdeiocoleaceae，Poaceae（Flagellariaceae，Joinvilleaceae））))))))))

鸭跖草目 Commelinales Mirb. ex Bercht. & J. Presl（1820）

鸭跖草科 Commelinaceae Mirb.（1804），*nom. cons.*

血草科 Haemodoraceae R. Br.（1810），*nom. cons.*

钵子草科 Hanguanaceae Airy Shaw（1965）

田葱科 Philydraceae Link（1821），*nom. cons.*

雨久花科 Pontederiaceae Kunth（1816），*nom. cons.*

（（Commelinaceae，Hanguanaceae）（Philydraceae（Haemodoraceae，Pontederiaceae）））

姜目 Zingiberales Griseb.（1854）

美人蕉科 Cannaceae Juss.（1789），*nom. cons.*

闭鞘姜科 Costaceae Nakai（1941）

蝎尾蕉科 Heliconiaceae Vines（1895）

兰花蕉科 Lowiaceae Ridl.（1924），*nom. cons.*

竹芋科 Marantaceae R. Br.（1814），*nom. cons.*

芭蕉科 Musaceae Juss.（1789），*nom. cons.*

鹤望兰科 Strelitziaceae Hutch.（1934），*nom. cons.*

姜科 Zingiberaceae Martinov（1820），*nom. cons.*

（Musaceae，（Strelitziaceae，Lowiaceae），Heliconiaceae，（（Cannaceae，Marantaceae）（Costaceae+Zingiberaceae）））

独立谱系：未能置于各主要分支（真双子叶植物的姊妹群）

金鱼藻目 Ceratophyllales Link（1829）

金鱼藻科 Ceratophyllaceae Gray（1822），*nom. cons.*

注：金鱼藻目既不包括在单子叶中，也不包括在真双子叶中。

真双子叶植物 Eudicots（*Eudicotyledoneae*）

毛茛目 Ranunculales Juss. ex Bercht. & J. Presl（1820）

小檗科 Berberidaceae Juss.（1789），*nom. cons.*

星叶草科 Circaeasteraceae Hutch.（1926），*nom. cons.*

领春木科 Eupteleaceae K. Wilh.（1910），*nom. cons.*

木通科 Lardizabalaceae R. Br.（1821），*nom. cons.*

防己科 Menispermaceae Juss.（1789），*nom. cons.*

罂粟科 Papaveraceae Juss.（1789），*nom. cons.*

毛茛科 Ranunculaceae Juss.（1789），*nom. cons.*

（Eupteleaceae（Papaveraceae（（Lardizabalaceae，Circaeasteraceae）（Menispermaceae（Berberidaceae，Ranunculaceae）))))）

§ **山龙眼目 Proteales** Juss. ex Bercht. & J. Presl（1820）质体全基因组数据分析强烈证明清风藤科应归此目

莲科 Nelumbonaceae Bercht. & J. Presl（1820），*nom. cons.*

悬铃木科 Platanaceae T. Lestib.（1826），*nom. cons.*

山龙眼科 Proteaceae Juss.（1789），*nom. cons.*

清风藤科 Sabiaceae Blume（1851），*nom. cons.*

（Sabiaceae（Nelumbonaceae（Platanaceae，Proteaceae）））

昆栏树目 Trochodendrales Takht. ex Cronq.（1981）

昆栏树科 Trochodendraceae Eichl.（1865），*nom. cons.*

§ **黄杨目 Buxales** Takht. ex Reveal（1996）

§ 黄杨科 Buxaceae Dumort.（1822），*nom. cons.*（含无知果科 Haptanthaceae C. Nelson（2001）及双蕊花科 Didymelaceae Leandri（1937））

核心真双子叶植物 CORE EUDICOTS（大叶草类 *GUNNERIDAE*）

大叶草目 Gunnerales Takht. ex Reveal（1992）

大叶草科 Gunneraceae Meisn.（1842），*nom. cons.*

折扇叶科 Myrothamnaceae Nied.（1891），*nom. cons.*

五瓣花类 *Pentapetalae*（五桠果目 Dilleniales+超蔷薇类 Superrosids+超菊类 Superasterids）

注：五瓣花类范畴要小于核心真双子叶，但包括了超蔷薇类和超菊类。

† **五桠果目 Dilleniales** DC. ex Bercht. & J. Presl（1820）（位置尚待确立）

五桠果科 Dilleniaceae Salisb.（1807），*nom. cons.*

超蔷薇类植物 Superrosids（*Superrosidae*）

§ **虎耳草目 Saxifragales** Bercht. & J. Presl（1820）据

Bellot 等（2016）成果，含锁阳科。

覃树科 Altingiaceae Horan.（1841），*nom. cons.*

隐瓣藤科 Aphanopetalaceae Doweld（2001）

连香树科 Cercidiphyllaceae Engl.（1907），*nom. cons.*

景天科 Crassulaceae J. St. - Hil.（1805），*nom. cons.*

锁阳科 Cynomoriaceae Endl. ex Lindl.（1833），*nom. cons.*

交让木科 Daphniphyllaceae Mü ll. - Arg.（1869），*nom. cons.*

茶藨子科 Grossulariaceae DC.（1805），*nom. cons.*

小二仙草科 Haloragaceae R. Br.（1814），*nom. cons.*

金缕梅科 Hamamelidaceae R. Br.（1818），*nom. cons.*

鼠刺科 Iteaceae J. Agardh（1858），*nom. cons.*

芍药科 Paeoniaceae Raf.（1815），*nom. cons.*

扯根菜科 Penthoraceae Rydb. ex Britton（1901），*nom. cons.*

围盘树科 Peridiscaceae Kuhlm.（1950），*nom. cons..*

虎耳草科 Saxifragaceae Juss.（1789），*nom. cons.*

四心木科 Tetracarpaeaceae Nakai（1943）

（Peridiscaceae（（Paeoniaceae（Altingiaceae（Hamamelidaceae（Cercidiphyllaceae，Daphniphyllaceae）))))（（Crassulaceae（Aphanopetalaceae（Tetracarpaeaceae（Penthoraceae，Haloragaceae）))))（Iteaceae（Grossulariaceae，Saxifragaceae）)))))；不含锁阳科

蔷薇类植物 Rosids（*Rosidae*）

葡萄目 Vitales Juss. ex Bercht. & J. Presl（1820）

葡萄科 Vitaceae Juss.（1789），*nom. cons.*

真蔷薇类植物 Eurosids

豆类植物 Fabids（*Fabidae*）

蒺藜目 Zygophyllales Link（1829）

刺球果科 Krameriaceae Dumort.（1829），*nom. cons.*

蒺藜科 Zygophyllaceae R. Br.（1814），*nom. cons.*

COM分支（卫矛目、酢浆草目和金虎尾目）

卫矛目 Celastrales Link

卫矛科 Celastraceae R. Br.（1814），*nom. cons.*

鳞球穗科 Lepidobotryaceae J. Léonard（1950），*nom. cons.*

酢浆草目 Oxalidales Bercht. & J. Presl

槽柱花科 Brunelliaceae Engl.（1897），*nom. cons.*

土瓶草科 Cephalotaceae Dumort.（1829），*nom. cons.*

牛栓藤科 Connaraceae R. Br.（1818），*nom. cons.*

合椿梅科 Cunoniaceae R. Br.（1814），*nom. cons.*

杜英科 Elaeocarpaceae Juss.（1816），*nom. cons.*

蒜树科 Huaceae A. Chev.（1947）

酢浆草科 Oxalidaceae R. Br.（1818），*nom. cons.*

（Huaceae（（Connaraceae，Oxalidaceae）（Cunoniaceae（Elaeocarpaceae（Brunelliaceae，Cephalotaceae）)))))

§ 金虎尾目 Malpighiales Juss. ex Bercht. & J. Presl

青钟麻科 Achariaceae Harms（1897），*nom. cons..*

橡子木科 Balanopaceae Benth. & Hook. f.（1880），*nom. cons.*

泽茶科 Bonnetiaceae L. Beauvis. ex Nakai（1948）

红厚壳科 Calophyllaceae J. Agardh（1858）

油桃木科 Caryocaraceae Voigt（1845），*nom. cons.*

安神木科 Centroplacaceae Doweld & Reveal（2005）

可可李科 Chrysobalanaceae R. Br.（1818），*nom. cons.*

藤黄科 Clusiaceae Lindl.（1836），*nom. cons.*

泥沱树科 Ctenolophonaceae Exell & Mendonça（1951）

毒鼠子科 Dichapetalaceae Baill.（1886），*nom. cons.*

沟繁缕科 Elatinaceae Dumort.（1829），*nom. cons.*

古柯科 Erythroxylaceae Kunth（1822），*nom. cons.*

§ 大戟科 Euphorbiaceae Juss.（1789），*nom. cons.*

银鹊木科 Euphroniaceae Marc. - Berti（1989）

尾瓣桂科 Goupiaceae Miers（1862）

香膏木科 Humiriaceae A. Juss.（1829），*nom. cons.*

金丝桃科 Hypericaceae Juss.（1789），*nom. cons.*

§ 假杜果科 Irvingiaceae Exell & Mendonça（1951），*nom. cons.*（含猪尿包科 Allantospermum Forman）

§ 黏木科 Ixonanthaceae Planch. ex Miq.（1858），*nom. cons.*

荷包柳科 Lacistemataceae Mart.（1826），*nom. cons.*

亚麻科 Linaceae DC. ex Perleb（1818），*nom. cons.*

五翼果科 Lophopyxidaceae H. Pfeiff.（1951）

金虎尾科 Malpighiaceae Juss.（1789），*nom. cons.*

金莲木科 Ochnaceae DC.（1811），*nom. cons.*

小盘木科 Pandaceae Engl. & Gilg（1912–1913），*nom. cons.*

西番莲科 Passifloraceae Juss. ex Roussel（1806），*nom. cons.*

*蚌壳木科 Peraceae Klotzsch（1859）（自大戟科分出）

叶下珠科 Phyllanthaceae Martynov（1820），*nom. cons.*

苦皮桐科 Picrodendraceae Small（1917），*nom. cons.*

川苔草科 Podostemaceae Rich. ex Kunth（1816），*nom. cons.*

核果木科 Putranjivaceae Meisn.（1842）

大花草科 Rafflesiaceae Dumort.（1829），*nom. cons.*

红树科 Rhizophoraceae Pers.（1807），*nom. cons.*

杨柳科 Salicaceae Mirb.（1815），*nom. cons.*

三角果科 Trigoniaceae A. Juss.（1849），*nom. cons.*

堇菜科 Violaceae Batsch（1802），*nom. cons.*

（（Ctenolophonaceae（Erythroxylaceae，Rhizophoraceae）），Irvingiaceae，Pandaceae，（Ochnaceae（（Bonnetiaceae，Clusiaceae）（Calophyllaceae（Hypericaceae，Podostemaceae）））））（（（Lophopyxidaceae，Putranjivaceae），Caryocaraceae，Centroplacaceae，（Elatinaceae，Malpighiaceae），（Balanopaceae（（Trigoniaceae，Dichapetalaceae）（Chrysobalanaceae，Euphroniaceae））））（（Humiriaceae（（Achariaceae（Goupiaceae，Violaceae）（Passifloraceae（Lacistemataceae，Salicaceae））））））（（Peraceae（Rafflesiaceae，Euphorbiaceae））（（Phyllanthaceae，Picrodendraceae）（Linaceae，Ixonanthaceae）))))）

固氮分支

豆目 Fabales Bromhead（1838）

豆科 Fabaceae Lindl.（1836），*nom. cons.*

远志科 Polygalaceae Hoffmanns. & Link（1809），*nom. cons.*

皂皮树科 Quillajaceae D. Don（1831）

海人树科 Surianaceae Arn.（1834），*nom. cons.*

（Quillajaceae（Fabaceae（Polygalaceae，Surianaceae）))

蔷薇目 Rosales Perleb（1826）

钩毛树科 Barbeyaceae Rendle（1916），*nom. cons.*

大麻科 Cannabaceae Martynov（1820），*nom. cons.*（含朴科 Celtidaceae）

八瓣果科 Dirachmaceae Hutch.（1959）

胡颓子科 Elaeagnaceae Juss.（1789），*nom. cons.*

桑科 Moraceae Gaudich.（1835），*nom. cons.*

鼠李科 Rhamnaceae Juss.（1789），*nom. cons.*

蔷薇科 Rosaceae Juss.（1789），*nom. cons.*

榆科 Ulmaceae Mirb.（1815），*nom. cons.*

荨麻科 Urticaceae Juss.（1789），*nom. cons.*

（Rosaceae（（Rhamnaceae（Elaeagnaceae（Barbeyaceae，Dirachmaceae）))（Ulmaceae（Cannabaceae（Moraceae，Urticaceae）))))）

§ 葫芦目 Cucurbitales Juss. ex Bercht. & J. Presl（1820）

异叶木科 Anisophylleaceae Ridl.（1922）

*风生花科 Apodanthaceae Tiegh. ex Takht.（1987）（在 APG Ⅲ 中未置于目下）

秋海棠科 Begoniaceae C. Agardh，*nom. cons.*

马桑科 Coriariaceae DC.（1824），*nom. cons.*

毛利果科 Corynocarpaceae Engl.（1897），*nom. cons.*

葫芦科 Cucurbitaceae Juss.（1789），*nom. cons.*

野麻科 Datiscaceae Dumort.，*nom. cons.*

四数木科 Tetramelaceae Airy Shaw（1965）

（Anisophylleaceae（（Corynocarpaceae，Coriariaceae）（Cucurbitaceae（Tetramelaceae（Datiscaceae，Begoniaceae）))))；不含风生花科

壳斗/山毛榉目 Fagales Engl.

桦木科 Betulaceae Gray（1821），*nom. cons.*

木麻黄科 Casuarinaceae R. Br.（1814），*nom. cons.*

壳斗科 Fagaceae Dumort.（1829），*nom. cons.*

胡桃科 Juglandaceae DC. ex Perleb（1818），*nom. cons.*

杨梅科 Myricaceae Rich. ex Kunth（1817），*nom. cons.*

南青冈科 Nothofagaceae Kuprian.（1962）

核果桦科 Ticodendraceae Gómez- Laur. & L. D. Gómez（1991）

（Nothofagaceae（Fagaceae（（Myricaceae（Rhoipteleaceae，Juglandaceae）（Casuarinaceae（Ticodendraceae，Betulaceae）))))）

锦葵类植物 Malvids（*Malvidae*）

牻牛儿苗目 Geraniales Juss. ex Bercht. & J. Presl（1820）

牻牛儿苗科 Geraniaceae Juss.（1789），*nom. cons.*

§ 新妇花科 Francoaceae A. Juss.（1832），*nom. cons.*（含婆羽树科 Bersamaceae Doweld、红鹃木科 Greyiaceae Hutch.，*nom. cons.*、寒露梅科 Ledocarpaceae Meyen、蜜花科 Melianthaceae Horan.，*nom. cons.*、喙果木科 Rhynchothecaceae Juss. 及巍安草科 Vivianiaceae Klotzsch，*nom. cons.*）

桃金娘目 Myrtales Juss. ex Bercht. & J. Presl（1820）

双隔果科 Alzateaceae S. A. Graham（1985）

使君子科 Combretaceae R. Br.（1810），*nom. cons.*

隐翼木科 Crypteroniaceae A. DC.（1868），*nom. cons.*

千屈菜科 Lythraceae J. St. - Hil.（1805），*nom. cons.*

野牡丹科 Melastomataceae Juss.（1789），*nom. cons.*

桃金娘科 Myrtaceae Juss.（1789），*nom. cons.*

柳叶菜科 Onagraceae Juss.（1789），*nom. cons.*

管萼木科 Penaeaceae Sweet ex Guill.（1828），*nom. cons.*

萼囊花科 Vochysiaceae A. St. - Hil.（1820），*nom. cons.*

（Combretaceae（（Onagraceae，Lythraceae）（（Vochysiaceae，Myrtaceae）（Melastomatacea

（Crypteroniaceae（Alzateaceae，Penaeaceae）)))))

缨子木目 Crossosomatales Takht. ex Reveal（1993）

脱皮檀科 Aphloiaceae Takht.（1985）

缨子木科 Crossosomataceae Engl.（1897），*nom. cons.*

四轮梅科 Geissolomataceae A. DC，*nom. cons.*

马拉花科 Guamatelaceae S. H. Oh & D. Potter（2006）

旌节花科 Stachyuraceae J. Agardh（1858），*nom. cons.*

省沽油科 Staphyleaceae Martinov（1820），*nom. cons.*

栓皮果科 Strasburgeriaceae Tiegh.（1908），*nom. cons.*

((Staphyleaceae（Guamatelaceae（Crossosomataceae，Stachyuraceae)))（Aphloiaceae（Geissolomataceae，Strasburgeriaceae)))

苦榄木目 Picramniales Doweld（2001）

苦榄木科 Picramniaceae Fernando & Quinn（1995）

无患子目 Sapindales Juss. ex Bercht. & J. Presl

漆树科 Anacardiaceae R. Br.（1818），*nom. cons.*

熏倒牛科 Biebersteiniaceae Schnizl.

橄榄科 Burseraceae Kunth（1824），*nom. cons.*

四合椿科 Kirkiaceae Takht.（1967）

楝科 Meliaceae Juss.（1789），*nom. cons.*

白刺科 Nitrariaceae Lindl.

芸香科 Rutaceae Juss.（1789），*nom. cons.*

无患子科 Sapindaceae Juss.（1789），*nom. cons.*（含文冠果科 Xanthocerataceae Buerki, Callm. & Lowry，即"Xanthoceraceae"）

苦木科 Simaroubaceae DC.（1811），*nom. cons.*

（Biebersteiniaceae，Nitrariaceae，((Kirkiaceae（Anacardiaceae，Burseraceae))（Sapindaceae（Simaroubaceae，Rutaceae，Meliaceae)))）

§ 腺椒树目 Huerteales Doweld（2001）

十齿花科 Dipentodontaceae Merr（1941），*nom. cons.*

柳红莓科 Gerrardinaceae M. H. Alford（2006）

*红毛椴科 Petenaeaceae Christenh., M. F. Fay & M. W. Chase（2010）（自锦葵科分出）

瘿椒树科 Tapisciaceae Takht.（1987）

((Gerrardinaceae，Petenaeaceae)（Tapisciaceae，Dipentodontaceae))

锦葵目 Malvales Juss. ex Bercht. & J. Presl（1820）

红木科 Bixaceae Kunth（1822），*nom. cons.*

§ 半日花科 Cistaceae Juss.（1789），*nom. cons.*（含短瓣香属 *Pakaraimaea* Maguire & P. S. Ashton）

岩寄生科 Cytinaceae A. Rich（1824）

§ 龙脑香科 Dipterocarpaceae Blume（1825），*nom. cons.*

锦葵科 Malvaceae Juss.（1789），*nom. cons.*

文定果科 Muntingiaceae C. Bayer, M. W. Chase & M. F. Fay（1998）

沙莓草科 Neuradaceae Kostel（1835），*nom. cons.*

苞杯花科 Sarcolaenaceae Caruel（1881），*nom. cons.*

龙眼茶科 Sphaerosepalaceae Tiegh. ex Bullock（1959）

瑞香科 Thymelaeaceae Juss.（1789），*nom. cons.*

（Neuradaceae（Thymelaeaceae（Sphaerosepalaceae，Bixaceae，（Cistaceae（Sarcolaenaceae，Dipterocarpaceae)),（Cytinaceae，Muntingiaceae），Malvaceae))

十字花目 Brassicales Bromhead（1838）即广义十字花科。

叠珠树科 Akaniaceae Stapf（1912），*nom. cons.*

肉穗果科 Bataceae Mart. ex Perleb（1838）

十字花科 Brassicaceae Burnett（1835），*nom. cons.*

§ 山柑科 Capparaceae Juss.（1789），*nom. cons.*

白花菜科 Cleomaceae Berchtold & J. Presl（1825）

番木瓜科 Caricaceae Dumort.（1829），*nom. cons.*

丝履花科 Emblingiaceae J. Agardh（1958）

环蕊木科 Gyrostemonaceae Endl.（1841），*nom. cons.*

刺枝木科 Koeberliniaceae Engl.（1895），*nom. cons.*

沼沫花科 Limnanthaceae R. Br.（1833），*nom. cons.*

辣木科 Moringaceae Martynov（1820），*nom. cons.*

忘忧果科 Pentadiplandraceae Hutch. & Dalziel（1928）

§ 木樨草科 Resedaceae Martinov，*nom. cons.*（含节蒴木科 Borthwickiaceae J. X. Su, Wei Wang, Li Bing Zhang & Z. D. Chen（2012）、滨戟木属 *Forchhammeria* Liebm 和斑果藤科 Stixidaceae Doweld，即"Stixaceae"）

刺茉莉科 Salvadoraceae Lindl.（1836），*nom. cons.*

青莲木科 Setchellanthaceae Iltis（1999）

芹味草科 Tovariaceae Pax（1891），*nom. cons.*

旱金莲科 Tropaeolaceae Bercht. & J. Presl（1820），*nom. cons.*

((Akaniaceae，Tropaeolaceae)((Moringaceae，Caricaceae) Setchellanthaceae((Limnanthaceae（Koeberliniaceae(Batidaceae, Salvadoraceae)（Emblingiaceae((Pentadiplandraceae（Borthwickiaceae（Gyrostemonaceae，Resedaceae))) Tovariaceae（Capparaceae（Cleomaceae，Brassicaceae)))))))))

超菊类植物 Superasterids（*Superasteridae*）

红珊藤目 Berberidopsidales Doweld（2001）

毒羊树科 Aextoxicaceae Engl. & Gilg（1920），*nom. cons.*

红珊藤科 Berberidopsidaceae Takht.（1985）

檀香目 Santalales R. Br. ex Bercht. & J. Presl（1820）

APG Ⅳ（2016）由于缺乏檀香目与分支内其他目的关系，故仍依照 APG Ⅲ 系统

蛇菰科 Balanophoraceae Rich.（1822），*nom. cons.*

桑寄生科 Loranthaceae Juss.（1808），*nom. cons.*

羽毛果科 Misodendraceae J. Agardh（1858），*nom. cons.*

铁青树科 "Olacaceae" R. Br.（1818），*nom. cons.*（现认为其是复系的，含兜帽果科 Aptandraceae Miers，檀榛科 Coulaceae Tiegh.，赤苍藤科 Erythropalaceae，Planch. Ex Miq.，蚊母檀科 Octoknemaceae Soler.，润肺木科 Strombosiaceae Tiegh. 和海檀木科 Ximeniaceae Horan.）

山柚子科 Opiliaceae Valeton（1886），*nom. cons.*

檀香科 "Santalaceae" R. Br.（1810），*nom. cons.*（含榄仁檀科 Amphorogynaceae Nickrent & Der、木玫檀科 Cervantesiaceae Nickrent & Der、柳檀草科 Comandraceae Nickrent & Der、薜檀草科 Nanodeaceae Nickrent & Der）

青皮木科 Schoepfiaceae Blume（1850）

以下按 Nickrent 等（2010）的观点，含蛇菰科 Balanophoraceae.：

*榄仁檀科 Amphorogynaceae Nickrent & Der（2010）（自檀香科单立）

*兜帽果科 Aptandraceae Miers（1853）（自铁青树科单立）

蛇菰科 Balanophoraceae Rich.（1822），*nom. cons.*

*木玫檀科 Cervantesiaceae Nickrent & Der（2010）（自檀香科单立）

*柳檀草科 Comraceae Nickrent & Der（2010）（自檀香科单立）

*檀榛科 Coulaceae Tiegh.（1897）（自铁青树科单立）

*赤苍藤科 Erythropalaceae Planch. ex Miq.（1856）（自铁青树科单立）

§ 桑寄生科 Loranthaceae Juss.（1808），*nom. cons.*

羽毛果科 Misodendraceae J. Agardh（1858），*nom. cons.*

*薜檀草科 Nanodeaceae Nickrent & Der（2010）（自檀香科单立）

*蚊母檀科 Octoknemaceae Tiegh.（1907）（自铁青树科单立）

§ 铁青树科 Olacaceae Juss. ex R. Br.（1818），*nom. cons.*

山柚子科 Opiliaceae Valeton（1886），*nom. cons.*

§ 檀香科 Santalaceae R. Br.（1810）

青皮树科 Schoepfiaceae Blume（1850）

*润肺木科 Strombosiaceae Tiegh.（1900）（自铁青树科和赤苍藤科单立）

*百蕊草科 Thesiaceae Vest（1818）（自檀香科和 Cervantesiaceae 单出）

*槲寄生科 Viscaceae Batsch（1802）（自檀香科和桑寄生科单出）

*海檀木科 Ximeniaceae Horan.（1834）（自铁青树科单出）

（Strombosiaceae，Erythropalaceae，（Coulaceae（Olacaceae，Aptandraceae，Ximeniaceae（Octoknemaceae（（Loranthaceae（Misodendraceae，Schoepfiaceae））（Opiliaceae（Comandraceae（Cervantesiaceae，Thesiaceae）（Nanodeaceae（（Viscaceae，Amphorogynaceae）（Balanophoraceae，Santalaceae）

石竹目 Caryophyllales Juss. ex Bercht. & J. Presl（1820）

玛瑙果科 Achatocarpaceae Heimerl（1934），*nom. cons.*

番杏科 Aizoaceae Martinov（1820），*nom. cons.*

苋科 Amaranthaceae Juss.（1789）

回欢草科 Anacampserotaceae Eggli & Nyffeler（2010）

钩枝藤科 Ancistrocladaceae Planch. ex Walp.（1851），*nom. cons.*

翼萼茶科 Asteropeiaceae Takht. ex Reveal & Hoogland（1990）

商陆藤科 Barbeuiaceae Nakai（1942）

洛葵科 Basellaceae Raf.（1837），*nom. cons.*

仙人掌科 Cactaceae Juss.（1789），*nom. cons.*

石竹科 Caryophyllaceae Juss.（1789），*nom. cons.*

刺戟木科 Didiereaceae Radlk.（1896），*nom. cons.*

双钩叶科 Dioncophyllaceae Airy Shaw（1952），*nom. cons.*

茅膏菜科 Droseraceae Salisb.（1808），*nom. cons.*

露松科 Drosophyllaceae Chrtek，Slavíková & Studnicka（1989）

瓣鳞花科 Frankeniaceae Desv.（1817），*nom. cons.*

晶粟草科 Gisekiaceae Nakai（1942）

南荒蓬科 Halophytaceae S. Soriano（1984）

*蓬粟草科 Kewaceae Christenh.

§ 粟麦草科 Limeaceae Shipunov ex Reveal（2005）

南商陆科 Lophiocarpaceae Doweld & Reveal（2008）

*麻粟草科 Macarthuriaceae Christenh.（自粟米草科分出）

*鬼椒草科 Microteaceae Schäferhoff & Borsch（2010）（自商陆科分出）

§ 粟米草科 Molluginaceae Bartl.（1825），*nom. cons.*

水卷耳科 Montiaceae Raf.（1820）

猪笼草科 Nepenthaceae Dumort.（1820），*nom. cons.*

紫茉莉科 Nyctaginaceae Juss.（1789）, *nom. cons.*

*蒜香草科 Petiveriaceae C. Agardh（1824）（自商陆科分出；含数珠珊瑚科 Rivinaceae）

唐松木科 Physenaceae Takht.（1985）

§ 商陆科 Phytolaccaceae R. Br.（1818）, *nom. cons.*（含萝卜藤科 Agdestidaceae Nakai）

白花丹科 Plumbaginaceae Juss.（1789）, *nom. cons.*

蓼科 Polygonaceae Juss.（1789）, *nom. cons.*

马齿苋科 Portulacaceae Juss.（1789）, *nom. cons.*

棒状木科 Rhabdodendraceae Prance（1968）

肉刺蓬科 Sarcobataceae Behnke（1997）

油蜡树科 Simmondsiaceae Tiegh.（1899）

鹛眼果科 Stegnospermataceae Nakai（1942）

土人参科 Talinaceae Doweld（2001）

柽柳科 Tamaricaceae Link.（1821）, *nom. cons.*

(((Droseraceae (Nepenthaceae (Drosophyllaceae (Ancistrocladaceae, Dioncophylleaceae)))) ((Frankeniaceae, Tamaricaceae)(Polygonaceae, Plumbaginaceae)))(Rhabdodendraceae (Simmondsiaceae ((Asteropeiaceae, Physenaceae)(Macarthuriaceae (Microteaceae ((Caryophyllaceae (Achatocarpaceae, Amaranthaceae))(Stegnospermataceae (Limeaceae ((Lophiocarpaceae (Kewaceae (Barbeuiaceae (Aizoaceae (Gisekiaceae (Sarcobataceae, Phytolaccaceae, Nyctaginaceae, Petiveriaceae))))))))(Molluginaceae (Montiaceae ((Halophytaceae (Didiereaceae, Basellaceae))(Talinaceae (Anacampserotaceae (Portulacaceae, Cactaceae)))))))))))))))))

菊类植物 Asterids（*Asteridae*）

§ 山茱萸目 Cornales Link.（1829）

§ 山茱萸科 Cornaceae Bercht. & J. Presl, *nom. cons.*

铩木科 Curtisiaceae Takht.（1987）

愚人梅科 Grubbiaceae Endl. ex Meisn.（1839）, *nom. cons.*

绣球科 Hydrangeaceae Dumort.（1829）, *nom. cons.*

水穗草科 Hydrostachyaceae Engl.（1894）, *nom. cons.*

刺莲花科 Loasaceae Juss.（1804）, *nom. cons.*

*蓝果树科 Nyssaceae Juss. ex Dumort.（1829）, *nom. cons.*（自山茱萸科另立）

((Cornaceae (Grubbiaceae, Curtisiaceae))(Nyssaceae (Hydrostachyaceae (Hydrangeaceae, Loasaceae))))

杜鹃花目 Ericales Bercht. & J. Presl（1820）

猕猴桃科 Actinidiaceae Gilg & Werderm., *nom. cons.*

凤仙花科 Balsaminaceae A. Rich.（1824）, *nom. cons.*

桤叶树科 Clethraceae Klotzsch（1851）, *nom. cons.*

鞣木科 Cyrillaceae Lindl., *nom. cons.*

岩梅科 Diapensiaceae Lindl.（1836）, *nom. cons.*

柿科 Ebenaceae Gürke（1891）, *nom. cons.*

杜鹃花科 Ericaceae Juss.（1789）, *nom. cons.*

福桂花科 Fouquieriaceae DC.（1828）, *nom. cons.*

玉蕊科 Lecythidaceae A. Rich.（1825）, *nom. cons.*

蜜囊花科 Marcgraviaceae Bercht. & J. Presl, *nom. cons.*

帽蕊草科 Mitrastemonaceae Makino（1911）

五列木科 Pentaphylacaceae Engl.（1897）, *nom. cons.*

花荵科 Polemoniaceae Juss.（1789）, *nom. cons.*

报春花科 Primulaceae Batsch ex Borkh.（1797）, *nom. cons.*

捕虫木科 Roridulaceae Martinov（1820）, *nom. cons.*

山榄科 Sapotaceae Juss.（1789）, *nom. cons.*

瓶子草科 Sarraceniaceae Dumort.（1829）, *nom. cons.*

肋果茶科 Sladeniaceae Airy Shaw（1964）

野茉莉科 Styracaceae DC. & Spreng.（1821）, *nom. cons.*

山矾科 Symplocaceae Desf.（1820）, *nom. cons.*

四贵木科 Tetrameristaceae Hutch.（1959）

山茶科 Theaceae Mirb. ex Ker Gawl.（1816）, *nom. cons.*

((Balsaminaceae (Marcgraviaceae, Tetrameristaceae))((Polemoniaceae, Fouquieriaceae), Lecythidaceae, ((Sladeniaceae, Pentaphylacaceae),(Sapotaceae (Ebenaceae,(Primulaceae)),(Mitrastemonaceae, Theaceae,(Symplocaceae (Styracaceae, Diapensiaceae)),((Sarraceniaceae (Roridulaceae, Actinidiaceae))(Clethraceae (Cyrillaceae, Ericaceae)))))))

真菊类植物 Euasterids

唇形类植物 Lamiids（*Lamiidae*）

†紫草目 Boraginales Juss. ex Bercht. & J. Presl（1820）

紫草科 Boraginaceae Juss.（1789）, *nom. cons.*（含刺钟花科 Codonaceae Weigend & Hilger）

丝缨花目 Garryales Mart.（1835）

杜仲科 Eucommiaceae Engl.（1907）, *nom. cons.*

丝缨花科 Garryaceae Lindl.（1834）, *nom. cons.*

龙胆目 Gentianales Juss. ex Bercht. & J. Presl（1820）

夹竹桃科 Apocynaceae Juss.（1789）, *nom. cons.*

§ 钩吻科 Gelsemiaceae Struwe & V. A. Albert（1995）（含鼠莉木属 *Pteleocarpa* Oliv. 和鼠莉木科 Pteleocarpaceae Brummitt）

龙胆科 Gentianaceae Juss.（1789）, *nom. cons.*

马钱科 Loganiaceae R. Br. ex Mart.（1827），*nom. cons.*

茜草科 Rubiaceae Juss.（1789），*nom. cons.*

（Rubiaceae（Gentianaceae（Loganiaceae（Gelsemiaceae，Apocynaceae ））））

†茶茱萸目 Icacinales van Tieghem（1993）

§ 茶茱萸科 Icacinaceae Miers（1851），*nom. cons.*（有10属移至水螅花科 Metteniusaceae，详见下）

钩药茶科 Oncothecaceae Kobuski ex Airy Shaw（1965）

†水螅花目 / 念珠药目 Metteniusales Takht.（1997）

§ 水 螅 花 科 Metteniusaceae H. Karst. ex Schnizl.（1860—1870）（现含有原属茶茱萸科的10属：柴龙树属 *Apodytes*、胡桃榄属 *Calatola*、麻龙树属 *Dendrobangia*、团烛木属 *Emmotum*、云乌榄属 *Oecopetalum*、玫烛木属 *Ottoschulzia*、假海桐属 *Pittosporopsis*、肖榄属 *Platea*、林蜜莓属 *Poraqueiba*、水螅藤属 *Rhaphiostylis*；共11属）

茄目 Solanales Juss. ex Bercht. & J. Presl（1820）

旋花科 Convolvulaceae Juss.（1789），*nom. cons.*

田基麻科 Hydroleaceae R. Br.

瓶头梅科 Montiniaceae Nakai（1943），*nom. cons.*

茄科 Solanaceae Juss.（1789），*nom. cons.*

楔 瓣 花 科 Sphenocleaceae T. Baskerv.（1839），*nom. cons.*

（（Montiniaceae（Sphenocleaceae，Hydroleaceae ））（Convolvulaceae，Solanaceae ））

唇形目 Lamiales Bromhead（1838）

爵床科 Acanthaceae Juss.（1789），*nom. cons.*

紫葳科 Bignoniaceae Juss.（1789），*nom. cons.*

腺毛草科 Byblidaceae Domin（1922），*nom. cons.*

荷包花科 Calceolariaceae R. G. Olmstead（2001）

香茜科 Carlemanniaceae Airy Shaw（1964）

§ 苦苣苔科 Gesneriaceae Rich. & Juss.（1816），*nom. cons.*（盾药花属 *Peltanthera* Benth. 现已被移出）

唇形科 Lamiaceae Martinov（1820），*nom. cons.*

狸藻科 Lentibulariaceae Rich.（1808），*nom. cons.*

母 草 科 Linderniaceae Borsch，K. Müll. & Eb. Fisch.（2005）

角胡麻科 Martyniaceae Horan.（1847），*nom. cons.*

*通泉草科 Mazaceae Reveal（2011）（自玄参科单立）

木 樨 科 Oleaceae Hoffmanns. & Link（1809），*nom. cons.*

§ 列当科 Orobanchaceae Vent.（1799），*nom. cons.*（含地黄科 Rehmanniaceae Reveal（2011））

泡桐科 Paulowniaceae Nakai（1949）

芝麻科 Pedaliaceae R. Br.（1810），*nom. cons.*

*透骨草科 Phrymaceae Schauer（1847），*nom. cons.*

§ 车前科 Plantaginaceae Juss.（1789），*nom. cons.*

戴缨木科 Plocospermataceae Hutch.（1973）

钟萼桐科 Schlegeliaceae Reveal（1996）

§ 玄参科 Scrophulariaceae Juss.（1789），*nom. cons.*

耀仙木科 Stilbaceae Kunth（1831），*nom. cons.*

四核香科 Tetrachondraceae Wettst.（1924）

猩猩茶科 Thomandersiaceae Sreem.（1977）

马鞭草科 Verbenaceae J. St. - Hil.（1805），*nom. cons.*

（Plocospermataceae（（Carlemanniaceae，Oleaceae）（Tetrachondraceae（（盾药花科 Peltantheraceae Molinari [盾 药 花 属 *Peltanthera* Roth]（Calceolariaceae，Gesneriaceae，# *Santago*））（Plantaginaceae（Scrophulariaceae（Stilbaceae（（Byblidaceae，Linderniaceae）（（Lamiaceae（Mazaceae（Phrymaceae（Paulowniaceae，Orobanchaceae，））））（Thomandersiaceae，Verbenaceae），Pedaliaceae，（Schlegeliaceae，Martyniaceae）Bignoniaceae，Acanthaceae，Lentibulariaceae ））））））

†黄漆姑目 Vahliales Doweld（位置待定）

黄漆姑科 Vahliaceae Dandy（1959）

桔梗类植物 Campanulids（*Campanulidae*）

冬青目 Aquifoliales Senft（1856）

冬青科 Aquifoliaceae Bercht. & J. Presl（1835），*nom. cons.*

心翼果科 Cardiopteridaceae Blume（1847），*nom. cons.*

青荚叶科 Helwingiaceae Decne.（1836）

叶顶花科 Phyllonomaceae Small（1905）

粗丝木科 Stemonuraceae Kårehed（2001）

（（Cardiopteridaceae，Stemonuraceae）（Aquifoliaceae（Helwingiaceae，Phyllonomaceae）））

菊目 Asterales Link.（1829）

岛海桐科 Alseuosmiaceae Airy Shaw

雪叶木科 Argophyllaceae Takht.（1987）

菊科 Asteraceae Bercht. & J. Presl（1820），*nom. cons.*

萼角花科 Calyceraceae R. Br. ex Rich.（1820），*nom. cons.*

桔梗科 Campanulaceae Juss.（1789），*nom. cons.*

草海桐科 Goodeniaceae R. Br.（1810），*nom. cons.*

睡菜科 Menyanthaceae Dumort.，*nom. cons.*

五膜草科 Pentaphragmataceae J. Agardh（1858），*nom. cons.*

新冬青科 Phellinaceae Takht.（1967）

守宫花科 Rousseaceae DC.（1839）

花柱草科 Stylidiaceae R. Br.（1810），*nom. cons.*

（（Rousseaceae，Campanulaceae）（Pentaphragmataceae

（（Alseuosmiaceae（Phellinaceae，Argophyllaceae））（Stylidiaceae（Menyanthaceae（Goodeniaceae（Calyceraceae，Asteraceae）))))))）

南鼠刺目 Escalloniales R. Br.（1835）

南 鼠 刺 科 Escalloniaceae R. Br. ex Dumort.（1829），*nom. cons.*

绒球花目 Bruniales Dumort.（1829）

绒球花科 Bruniaceae R. Br. ex DC，*nom. cons.*

弯药树科 Columelliaceae D. Don（1828），*nom. cons.*

伞形目 Apiales Nakai（1930）即广义伞形科。

§ 伞形科 Apiaceae Lindl.（1836），*nom. cons.*（现含绒苞芹科 Actinotaceae Konstantinova & Melikian（2005））

五加科 Araliaceae Juss.（1789），*nom. cons.*

南 茱 萸 科 Griseliniaceae J. R. Forst. & G. Forst. ex A. Cunn.（1839）

裂果枫科 Myodocarpaceae Doweld（2001）

毛柴木科 Pennantiaceae J. Agardh（1858）

海桐科 Pittosporaceae R. Br.（1814），*nom. cons.*

鞘柄木科 Torricelliaceae Hu（1934）

（Pennantiaceae（存疑）（Torricelliaceae（Griseliniaceae（Pittosporaceae（Araliaceae（Myodocarpaceae，Apiaceae）))))))）

盔被花目 Paracryphiales Takht. ex Reveal（1992）

盔被花科 Paracryphiaceae Airy Shaw（1965）

川续断目 Dipsacales Juss. ex Bercht. & J. Presl（1820）

五福花科 Adoxaceae E. Mey.（1839），*nom. cons.*

忍冬科 Caprifoliaceae Juss.（1789），*nom. cons.*

位置未定

Atrichodendron Gagnep.（标本保存差，不能确定其归属，S. Knapp 曾将其置于茄科）

Coptocheile Hoffmanns.（初分在苦苣苔科，但可能属于唇形目的其他科）

断盘木属 *Hirania* Thulin（初分在无患子科灿椒木属 *Diplopeltis* 下，但有可能不准确，尚待研究）

Gumillea Ruiz & Pav.（曾误置于合椿梅科，应当在美洲苦木目或腺椒树目下）

合萼山柑属 *Keithia* Spreng.（在山柑科下，可能属十字花目）

李叶山柑属 *Poilanedora* Gagnep.（可能不属于山柑科）

Rumpfia L.（无标本，只见于一插图）

附录 II　维管植物科名索引

附录III　Cronquist系统

附录IV　PPGI-2016

附录V　名词索引

附录VI　植物学名索引

参考文献

编 后
POSTSCRIPT

　　本教材第二版的修订和编写历经数年，仅彩色图片的拍摄、编辑等就花费了两年时间。在此，对所有参编人员的辛勤付出表示感谢！尤其需要感谢第一版主编丁炳扬和阮积惠、于明坚当年的贡献；感谢丁炳扬和王全喜教授对本书的审阅；感谢过全生老教授的对本次修订的建议和对解剖图片的提供！在本次编写和修订中，更需要感谢王全喜等在藻类植物相关章节的编写中惠赠照片和提出建议；张宪春、严岳鸿、刘保东、金冬梅、周喜乐等在石松和蕨类植物相关章节的编写中惠赠照片和提供建议；张力、吴玉环、叶文、王健等在苔藓植物相关章节的编写中惠赠照片和提供建议；冉进华等在裸子植物相关章节的编写中惠赠照片和提供建议；李德铢、杨拓、刘军对系统发育原理及被子植物分类部分提出的建议；以及卢宝荣、施苏华、胡仁勇、汪玲娟、陈利萍、陈川、杨拓、王瑞红、朱珊珊、卢瑞森、陈阳、周文彬、朱鑫鑫、朱仁斌、毛礼米等对种子植物照片的贡献。

　　同时，也要特别感谢李德铢团队惠赠质体基因组系统树；感谢马金双、Douglas Soltis、孙航、陈之端、张奠湘、曹家树、孔宏智、赵嫚等对编者咨询的解答，以及对参考文献的支持。也要感谢浙江大学植物系统进化与生物多样性研究室的部分研究生、本科生对本教材编写的贡献，如刘颖、罗雨欣等。

　　本次教材修编者：第一章为傅承新，第二～三章为邱英雄、许吾琴、傅承新，第四章为姜维梅、黄爱军、邓敏、傅承新，第五章为赵云鹏、王一涵、玛青、傅承新，第六章为傅承新、邱英雄、陈士超；第七章前言和第一节为姜维梅、刘妍、傅承新，第二节为热衣木·马木提、傅承新，第三节为姜维梅、傅承新，第四～五节为傅承新、李进、丁开宇，第六节为李攀、葛斌杰、陈士超、祁哲晨、傅承新，第七节为邱英雄、陈洪梁、傅承新；图表及附录为傅承新、陈生荣、李攀、陈士超、蒋金火，被子植物主要科的花解剖图为葛斌杰；全书设计及统稿为傅承新、李攀。

　　感谢中国植物图像库（PPBC）李敏提供附件部分图片（具体信息参见附图1—99）。

　　由于本学科近年发展迅速，仍有一些最新研究进展未能收入，希望在不远将来新的一版中进一步完善。也希望各参编院校、使用院校多提宝贵建议。

傅承新　李攀

2022 年 12 月